예문사

## 주요 저서

**1996** 전산응용기계설계제도

**1997** 제도박사 98 개발

**1998** 기계도면 실기/실습 「도서출판 일진사」

**2001** 전산응용기계제도 실기 「고시연구원」

**2002** Practical Engineering Drawing 시리즈(2권) 저

**2006** Creative Engineering Drawing 시리즈(5권) 저
KS규격집 기계설계 「예문사」

**2007** 전산응용기계제도 실기/실무 「예문사」
전산응용기계제도 실기 출제도면집 「예문사」

**2012** AutoCAD-2D 활용서 「예문사」
AutoCAD-2D와 기계설계제도 「예문사」

**2015** 기능경기대회 공개과제 도면집 「예문사」

**2018** 권사부의 인벤터-3D 실기 「예문사」

**2020** 컴퓨터응용가공선반/밀링기능사 필기 「예문사」

**2023** 기계 인벤터 3D/2D 실기 활용서 「예문사」

## 저자 약력

다솔유캠퍼스 대표

고용노동부 과정평가형 자격 지정종목 검토위원

산업통상자원부 기술표준원 ISO 기계제도 표준위원

## 대표 강좌

권사부의 도면해독 실기이론

기계AutoCAD-2D 3일 완성

인벤터-3D/2D 실기

인벤터-3D 실기

기계제도-2D

# 늘 **기본에 충실히**
# 탑을 쌓듯이 **차근차근**

**아무리 훌륭한 CAD 솔루션이라 할지라도 설계자 위에 있을 수는 없습니다.**
**그것은 설계를 하기 위한 툴이고 도구일 뿐입니다.**
**중요한 것은 창조적인 설계 능력과 도면화할 수 있는 설계 제도 기술입니다.**

이 책은 기계설계제도의 기본에서 기하공차 적용 부분까지 자격증취득은 물론
실무에서도 활용할 수 있도록 심도 있게 구성해 놓았으며,
과제도면은 유형별 분류 및 부품명 해설을 통해 도면 분석에 보다 쉽게 접근할 수 있도록 하였습니다.

이 책이 기계설계분야에 첫발을 내딛는 입문자, 비전공자들에게 밝은 빛이 되어줄 것이라 믿습니다.

다솔유캠퍼스 연구진들의 땀과 정성으로 만든 이 책이 누군가에게는 기회를 만들 수 있는 초석이 되었으면 하는 바람입니다.

권신혁

Creative Engineering Drawing

## Dasol U-Campus Book

**1996**

전산응용기계설계제도

**1998**

제도박사 98 개발

기계도면 실기/실습

**2001**

전산응용기계제도 실기

전산응용기계제도기능사 필기

기계설계산업기사 필기

**2007**

KS규격집 기계설계

전산응용기계제도 실기 출제도면집

**2008**

전산응용기계제도 실기/실무

AutoCAD-2D 활용서

**2011**

전산응용제도 실기/실무(신간)

KS규격집 기계설계

KS규격집 기계설계 실무(신간)

**2012**

AutoCAD-2D와 기계설계제도

**2013**

전산응용기계제도실기 출제도면집

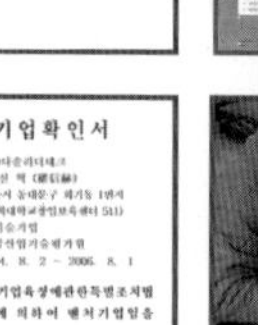

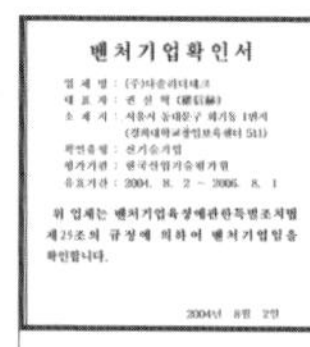


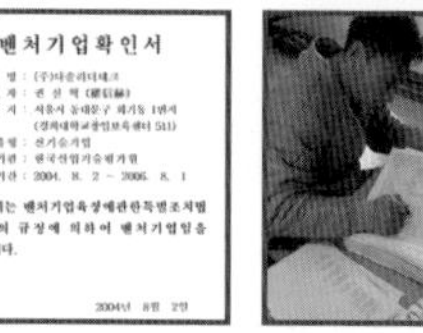

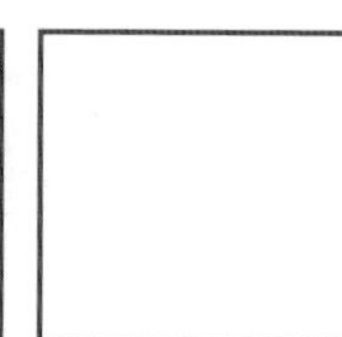

**1996**

다솔기계설계교육연구소

**2000**

㈜다솔리더테크

설계교육부설연구소 설립

**2001**

다솔유캠퍼스 오픈

국내 최초 기계설계제도

교육 사이트

**2002**

(주)다솔리더테크

신기술벤처기업 승인

**2008**

다솔유캠퍼스 통합

**2010**

자동차정비분야

강의 서비스 시작

**2012**

홈페이지 1차 개편

Since 1996

## Dasol U-Campus

다솔유캠퍼스는 기계설계공학의 상향 평준화라는 한결같은 목표를 가지고 1996년 이래 교재 집필과 교육에 매진해 왔습니다.
앞으로도 여러분의 꿈을 실현하는 데 다솔유캠퍼스가 기회가 될 수 있도록 교육자로서 사명감을 가지고 더욱 노력하는 전문교육기업이 되겠습니다.

**2014**

NX-3D 실기활용서
인벤터-3D 실기/실무
인벤터-3D 실기활용서
솔리드웍스-3D 실기/실무
솔리드웍스-3D 실기활용서
CATIA-3D 실기/실무

**2015**

CATIA-3D 실기활용서
기능경기대회 공개과제 도면집

**2017**

CATIA-3D 실무 실습도면집
3D 실기 활용서 시리즈(신간)

**2018**

기계설계 필답형 실기
권사부의 인벤터-3D 실기

**2019**

박성일마스터의 기계 3역학
홍쌤의 솔리드웍스-3D 실기

**2020**

일반기계기사 필기
컴퓨터응용가공선반기능사
컴퓨터응용가공밀링기능사

**2021**

건설기계설비기사 필기
기계설계산업기사 필기
전산응용기계제도기능사 필기

**2022**

UG NX-3D 실기 활용서
GV-CNC 실기/실무 활용서

**2023**

인벤터 3D/2D 실기 활용서

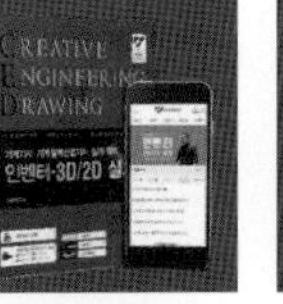

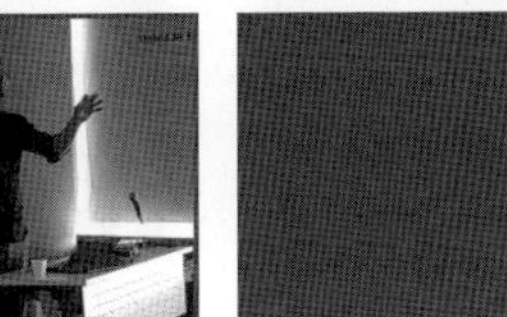

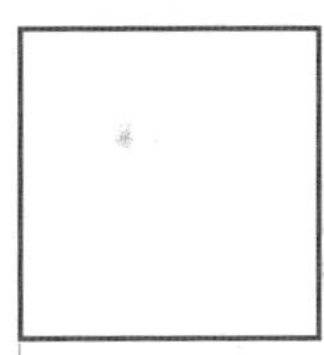

**2013**

홈페이지 2차 개편

**2015**

홈페이지 3차 개편
단체수강시스템 개발

**2016**

오프라인 원데이클래스

**2017**

오프라인 투데이클래스

**2018**

국내 최초 기술교육전문
2018 브랜드선호도 1위

**2020**

홈페지 4차 개편
Live클래스
E-Book사이트(교사/교수용)

**2021**

모바일 최적화 1차 개편
YouTube 채널다솔 개편

**2022**

모바일 최적화 2차 개편

# 이 책의 **특징과 구성**

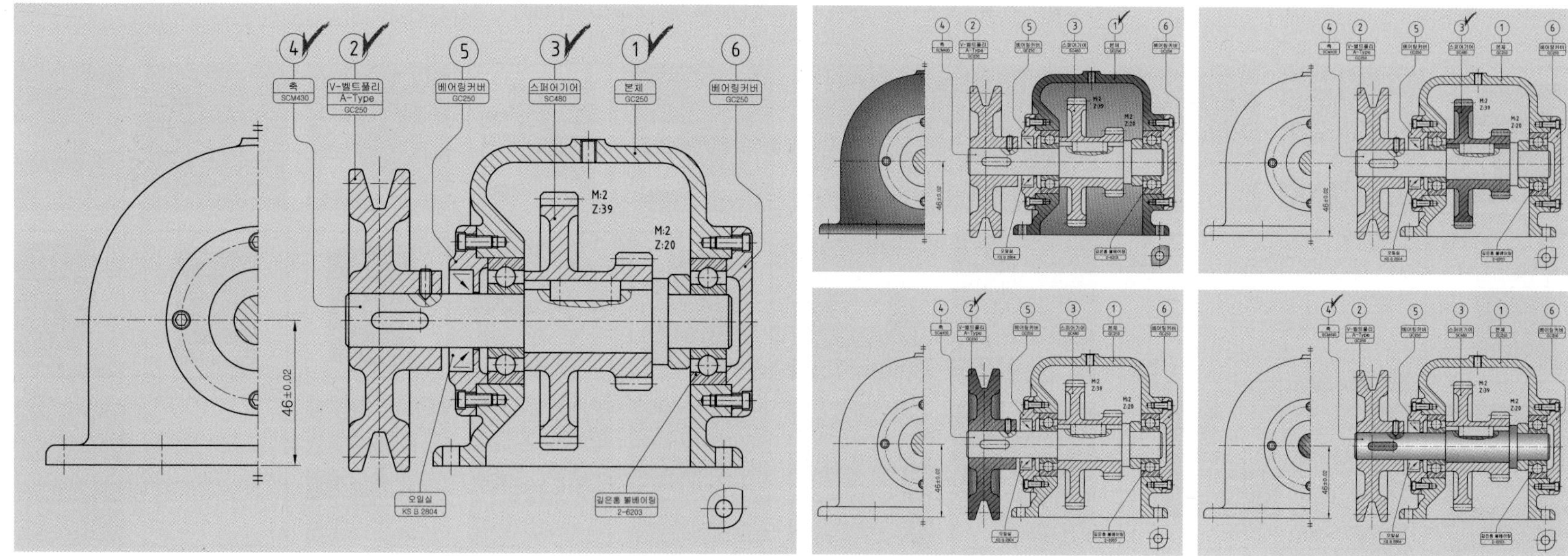


77개의 실전 과제도면

시험에 자주 출제되는 유형별로 과제도면, 2D부품도(모범답안), 3D조립도, 3D구조도 등으로 구성했으며, 형상의 이해를 돕기 위해 주요 부품 별로 채색이 되어 있습니다. 또한 과제도면에 부품명 및 적용된 재질을 표기했습니다.(교육용이며 실제 시험에서는 제시되지 않습니다.)

**01** 2D 부품도

다양한 투상 기법과 치수기입법, 표면거칠기 및 공차 적용법 등을 시험 뿐만 아니라 실무적인 난이도에 맞게 적용했습니다.

**02** 2D 부품도(채색)

부품의 단면부를 한 눈에 알아볼 수 있도록 부품별로 채색을 하여 부품도를 스스로 분석하고 이해할 수 있도록 했습니다.

**03** 3D 조립도

과제의 전체 형상을 3D 조립도로 구현하여 내부와 외부의 구조를 한 눈에 보고 이해 할 수 있습니다.

**04** 3D 구조도

조립된 전체 부품들을 분해하여 각 부품 간의 관계와 위치를 이해하도록 구조도를 배치했습니다.

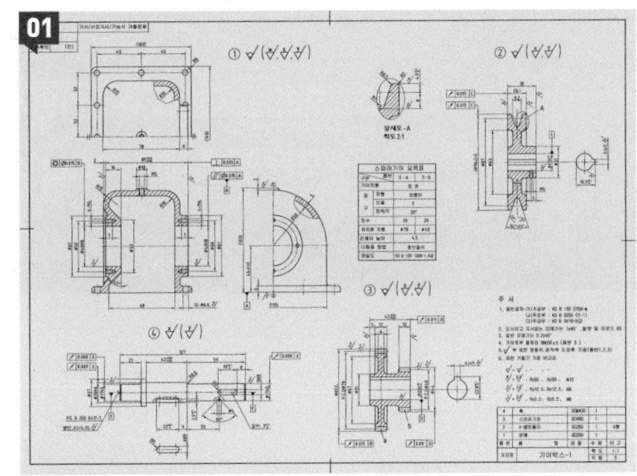


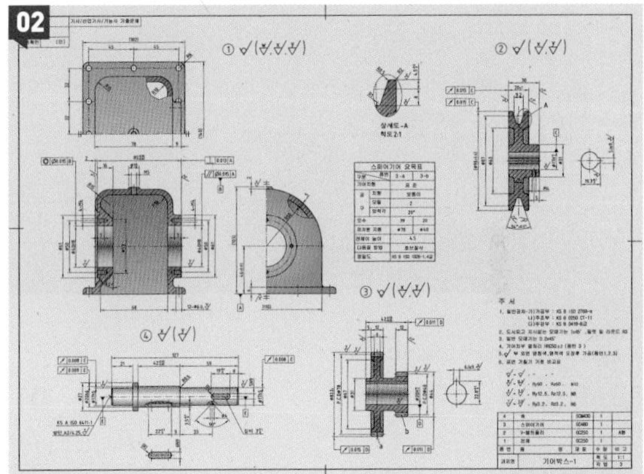


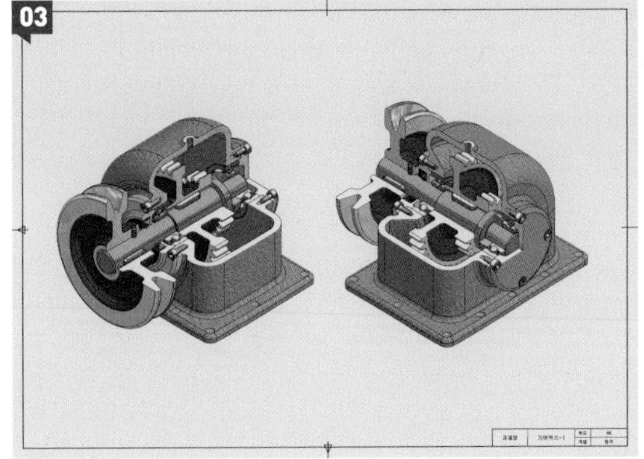


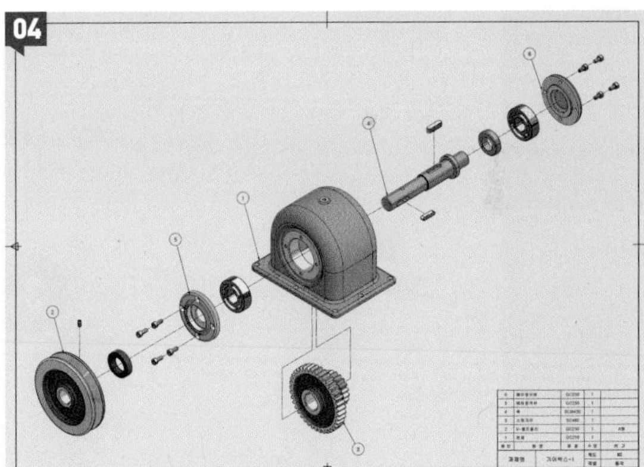

다솔 클래스는 어떤 수업일까요?
교육으로 서비스하는 다솔 최고의 이벤트

# 합격으로 가는 작업형 로드맵

권사부

모든 것은 본인이 노력을 쏟은 만큼의 결과를 얻게 될 것이고,
우리가 기본에 충실하면서 노력 한다면 합격이라는 결과로 돌아올 것입니다.
모든 것에 대한 기회는 스스로 만들어 가는 것이지 그냥 얻어지지 않습니다.
다솔을 통해 그 기회를 만들어가시기 바랍니다.

**01**
**AutoCAD-2D**

2D 부품도 작성을 위한 캐드의 기능을
학습하는 기초 강좌입니다.
기초강좌가 필요하신 분은
고객센터로 요청해 주세요!(무료제공

**03**
**기계제도-2D+첨삭**

합격을 좌우하는 필수 강좌로
내용적으로 완성도 있는 도면을 작성하는
기법이 전수된다.
권사부의 명품 첨삭지도를 받고, 다솔클래스에
참석할 수 있는 다솔의 대표강좌이다.

START

3일

5일

7일

15일 완성

**02**
**3D 모델링**

도면에 핵심을 두고 하는 모델링 강좌.
투상과 모델링이 동시에 되면서 도면을
쉽고 빠르게 하는 기법을 제시한다.
전공자도 입문자도 바로 시작할 수 있는
다솔만의 커리큘럼을 확인하세요!
(인벤터3D, 솔리드웍스3D, 카티아3D)

**03★**
**인벤터3D/2D실기+첨삭**

AutoCAD가 불필요한 강좌,
도면해독 강좌가 포함되어 있고,
인벤터 하나로 3D와 2D를 한 번에 끝내는
권사부의 초특급 최단기 작업형 실기 강좌로
합격률을 최대치로 끌어 올린 강좌!

유튜브 **채널다솔**

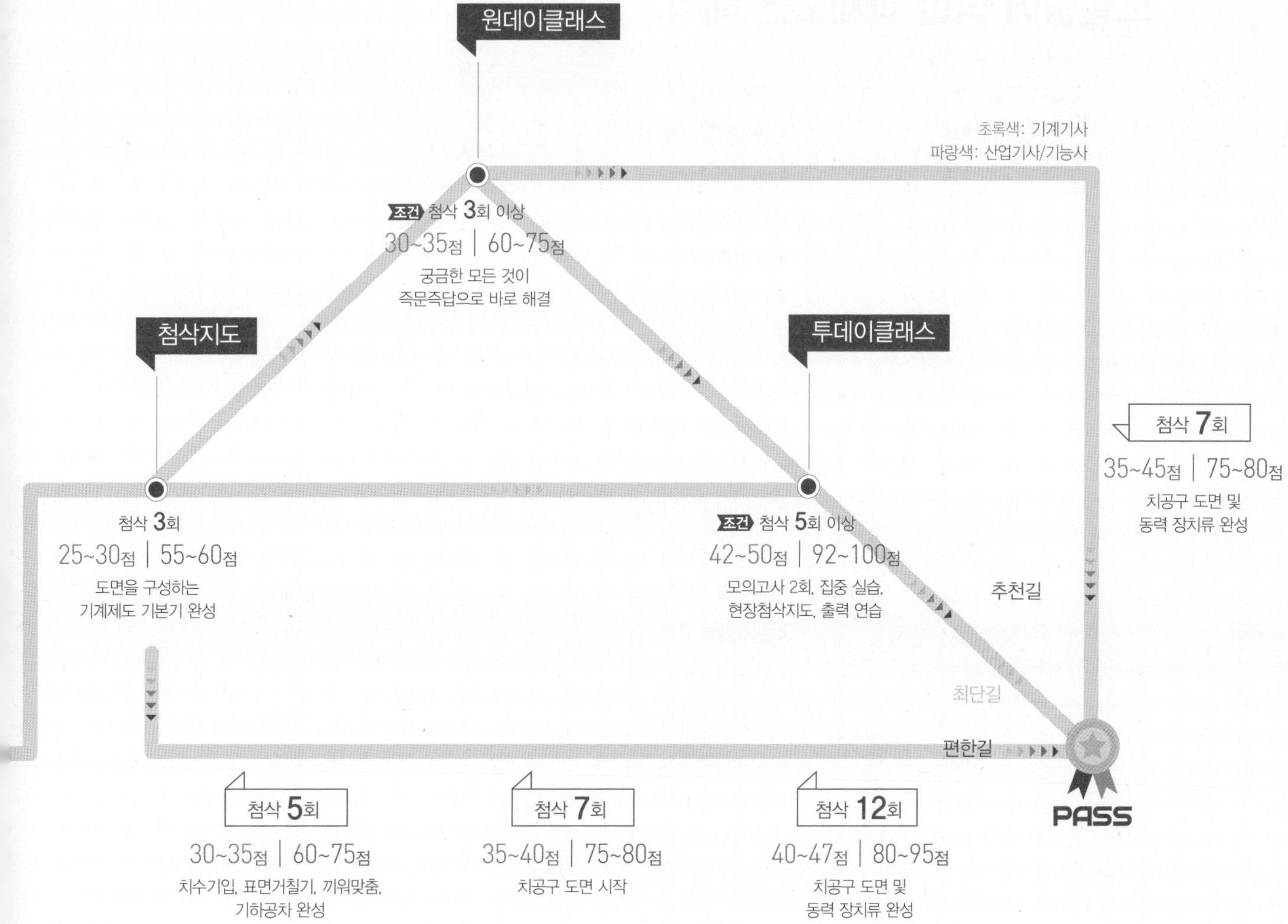

원데이클래스

초록색: 기계기사
파랑색: 산업기사/기능사

조건 첨삭 3회 이상
30~35점 | 60~75점
궁금한 모든 것이
즉문즉답으로 바로 해결

첨삭지도

투데이클래스

첨삭 7회
35~45점 | 75~80점
치공구 도면 및
동력 장치류 완성

첨삭 3회
25~30점 | 55~60점
도면을 구성하는
기계제도 기본기 완성

조건 첨삭 5회 이상
42~50점 | 92~100점
모의고사 2회, 집중 실습,
현장첨삭지도, 출력 연습

추천길

최단길

편한길

PASS

첨삭 5회
30~35점 | 60~75점
치수기입, 표면거칠기, 끼워맞춤,
기하공차 완성

첨삭 7회
35~40점 | 75~80점
치공구 도면 시작

첨삭 12회
40~47점 | 80~95점
치공구 도면 및
동력 장치류 완성

## 첨삭지도

20년 교육 노하우로 정립된 권사부의 명품 첨삭지도.
제도의 기본부터 어떤 도면에도 대응하는 실력이
갖춰지는 다솔의 대표적인 교육 코스.
단계별로 그룹 지도가 진행되고 동영상으로 녹화된
첨삭지도 파일이 개별적으로 전송된다.

## 원데이클래스

혼자서 해결되지 않았던 것들이
즉석에서 답변이 되고, 시험 2~3주 남은
시점에서 효율적인 학습방향을 잡아준다.
조급함이 사라지고 간결한 전략만 남는
다솔 사부님들의 명강이다.

## 투데이클래스

교육으로 서비스 되는 다솔 최고의 이벤트!
합격은 기본이며, 자격증 그 이상의
감동과 교육을 경험하는 클래스.
먹여주고 재워주고 가르쳐주는 전국 유일의
O2O 교육 시스템이다.

# 모델링에 의한 과제도면 해석

# CHAPTER 01

전 산 응 용 기 계 제 도 실 기 출 제 도 면 집

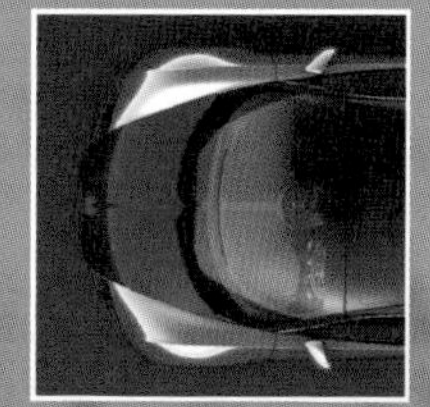

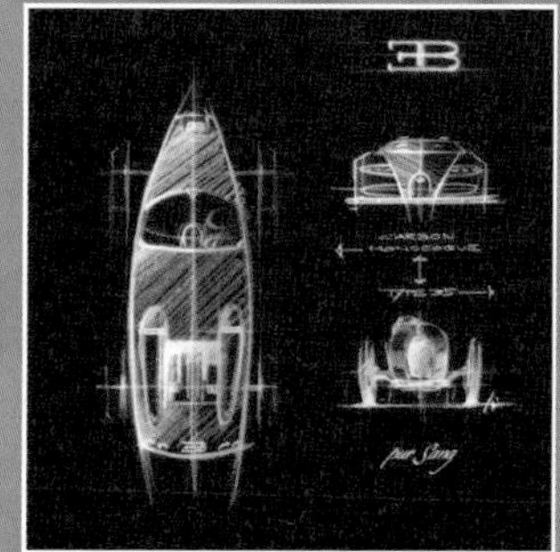

# 모델링에 의한 과제도면 해석

**BRIEF SUMMARY**

이 장에서는 일반기계기사/기계설계산업기사/전산응용기계제도기능사 실기시험에서 출제빈도가 높은 과제도면들을 부품 모델링, 각 부품에서 중요한 치수들을 체계적으로 구성해 놓았다.

**참고 :** 과제도면에 따른 해답도면은 다솔유캠퍼스에서 작도한 참고 모범답안이며 해석하는 사람에 따라 다를 수 있다.

- 기본 투상도법은 3각법을 준수했고, 여러 가지 단면기법을 적용했다.
- 베어링 끼워맞춤공차는 적용 (KS B 2051 : 규격폐지)
- 기타 KS 규격치수를 준수했다.
- 기하공차는 IT5급을 적용했다.
- 표면거칠기 : 산술(중심선), 평균거칠기(Ra), 최대높이(Ry), 10점평균거칠기(Rz) 적용
- 중심거리 허용차 KS B 0420 2급을 적용했다.

## 01 과제명 해설

| 과제명 | 해설 |
|---|---|
| 동력전달장치 | 원동기에서 발생한 동력을 운전하려는 기계의 축에 전달하는 장치 |
| 편심왕복장치 | 원동기에서 발생한 회전운동을 수직왕복 운동으로 바꿔주는 기계장치 |
| 펀칭머신(Punching machine) | 판금에 펀치로 구멍을 내거나 일정한 모양의 조각을 따내는 기계 |
| 치공구(治工具) | 어떤 물건을 고정할 때 사용하는 공구를 통틀어 이르는 말 |
| 지그(Jig) | 기계의 부품을 가공할 때에 그 부품을 일정한 자리에 고정하여 공구가 닿을 위치를 쉽고 정확하게 정하는 데에 쓰는 보조용 기구 |
| 클램프(Clamp) | ① 공작물을 공작기계의 테이블 위에 고정하는 장치<br>② 손으로 다듬을 때에 작은 물건을 고정하는 데 쓰는 바이스 |
| 잭(Jack) | 기어, 나사, 유압 등을 이용해서 무거운 것을 수직으로 들어올리는 기구 |
| 바이스(Vice) | 공작물을 절단하거나 구멍을 뚫을 때 공작물을 끼워 고정하는 공구 |

## 02 표면처리

| 표면처리법 | 해설 |
|---|---|
| 알루마이트 처리 | 알루미늄합금(ALDC)의 표면처리법 |
| 파커라이징 처리 | 강의 표면에 인산염의 피막을 형성시켜 부식을 방시하는 표면처리법 |

## 03 도면에 사용된 부품명 해설

| 부품명(품명) | 해설 |
|---|---|
| 가이드(안내, Guide) | 절삭공구 또는 기타 장치의 위치를 올바르게 안내하는 부속품 |
| 가이드부시(Guide bush) | 본체와 축 사이에 끼워져 안내 역할을 하는 부시, 드릴지그에서 삽입부시를 안내하는 부시 |
| 가이드블록(Guide block) | 안내 역할을 하는 사각형 블록 |
| 가이드볼트(Guide bolt) | 안내 역할을 하는 볼트 |
| 가이드축(Guide shaft) | 안내 역할을 하는 축 |
| 가이드핀(Guide pin) | 안내 역할을 하는 핀 |
| 기어축(Gear shaft) | 기어가 가공된 축 |
| 고정축(Fixed shaft) | 부품 또는 제품을 고정하는 축 |
| 고정부시(Fixed bush) | 드릴지그에서 본체에 압입하여 드릴을 안내하는 부시 |
| 고정라이너(Fixed liner) | 드릴지그에서 본체와 삽입부시 사이에 끼워놓은 얇은 끼움쇠 |
| 고정대 | 제품 또는 부품을 고정하는 부분 또는 부품 |
| 고정조(오)(Fixed jaw) | 바이스 또는 슬라이더에서 제품을 고정하기 위해 움직이지 않고 고정되어 있는 조 |
| 게이지축(Gauge shaft) | 부품의 위치와 모양을 정확하게 결정하기 위해 설치하는 축 |
| 게이지판(Gauge sheet) | 부품의 모양이나 치수 측정용으로 사용하기 위해 설치한 정밀한 강판 |
| 게이지핀(Gauge pin) | 부품의 위치를 정확하게 결정하기 위해 설치하는 핀 |
| 드릴부시(Drill bush) | 드릴, 리머 등을 공작물에 정확히 안내하기 위해 이용되는 부시 |
| 레버(Lever) | 지지점을 중심으로 회전하는 힘의 모멘트를 이용하여 부품을 움직이는 데 사용되는 막대 |
| 라이너(끼움쇠, Liner) | 두 개의 부품 관계를 일정하게 유지하기 위해 끼워놓은 얇은 끼움쇠<br>베어링 커버와 본체 사이에 끼우는 베어링라이너, 실린더 본체와 피스톤 사이에 끼우는 실린더 라이너 등이 있다. |
| 리드스크류(Lead screw) | 나사 붙임축 |
| 링크(Link) | 운동(회전, 직선)하는 두 개의 구조품을 연결하는 기계부품 |
| 롤러(Roller) | 원형단면의 전동체로 물체를 지지하거나 운반하는 데 사용한다. |
| 본체(몸체) | 구조물의 몸이 되는 부분(부품) |

| 부품명(품명) | 해설 |
|---|---|
| 베어링커버(Cover) | 내부 부품을 보호하는 덮개 |
| 베어링하우징(Bearing housing) | 기계부품 및 베어링을 둘러싸고 있는 상자형 프레임 |
| 베어링부시(Bearing bush) | 원통형의 간단한 베어링 메탈 |
| 베이스(Base) | 치공구에서 부품을 조립하기 위해 기반이 되는 기본 틀 |
| 부시(Bush) | 회전운동을 하는 축과 본체 또는 축과 베어링 사이에 끼워넣는 얇은 원통 |
| 부시홀더(Bush holder) | 드릴지그에서 부시를 지지하는 부품 |
| 브래킷(브라켓, Bracket) | 벽이나 기둥 등에 돌출하여 축 등을 받칠 목적으로 쓰이는 부품 |
| V-블록(V-block) | 금긋기에서 둥근 재료를 지지하여 그 중심을 구할 때 사용하는 V자형 블록 |
| 서포터(Support) | 지지대, 버팀대 |
| 서포터부시(Support bush) | 지지 목적으로 사용되는 부시 |
| 삽입부시(Spigot bush) | 드릴지그에 부착되어 있는 가이드부시(고정라이너)에 삽입하여 드릴을 지지하는 데 사용하는 부시 |
| 실린더(Cylinder) | 유체를 밀폐한 속이 빈 원통 모양의 용기. 증기기관, 내연기관, 공기 압축기관, 펌프 등 왕복 기관의 주요부품 |
| 실린더 헤드(Cylinder head) | 실린더의 윗부분에 씌우는 덮개. 압축가스가 새는 것을 막기 위하여 실린더 블록과의 사이에 개스킷(gasket) 또는 오링(O-ring)을 끼워 볼트로 고정한다. |
| 슬라이드, 슬라이더(Slide, Slider) | 홈, 평면, 원통, 봉 등의 구조품 표면을 따라 끊임없이 접촉 운동하는 부품 |
| 슬리브(Sleeve) | 축 등의 외부에 끼워 사용하는 길쭉한 원통 부품. 축이음 목적으로 사용되기도 한다. |
| 새들(Saddle) | ① 선반에서 테이블, 절삭 공구대, 이송 장치, 베드 등의 사이에 위치하면서 안내면을<br>따라서 이동하는 역할을 하는 부분 또는 부품<br>② 치공구에서 가공품이 안내면을 따라 이동하는 역할을 하는 부분 또는 부품 |
| 섹터기어(Sector gear) | 톱니바퀴 원주의 일부를 사용한 부채꼴 모양의 기어. 간헐 기구(間歇機構) 등에 이용된다. |
| 센터(Center) | 주로 선반에서 공작물 지지용으로 상용되는 끝이 원뿔형인 강편 |
| 이음쇠 | 부품을 서로 연결하거나 접속할 때 이용되는 부속품 |
| 이동조(오) | 바이스 또는 슬라이더에서 제품을 고정하기 위해 움직이는 조 |

| 부품명(품명) | 해설 |
|---|---|
| 어댑터(Adapter) | 어떤 장치나 부품을 다른 것에 연결시키기 위해 사용되는 중계 부품 |
| 조(오)(Jaw) | 물건(제품) 등을 끼워서 집는 부분 |
| 조정축 | 기계장치나 치공구에서 사용되는 조정용 축 |
| 조정너트 | 기계장치나 치공구에서 사용되는 조정용 너트 |
| 조임너트 | 기계장치나 치공구에서 사용되는 조임과 풀림을 반복하는 너트 |
| 중공축 | 속이 빈 봉이나 관으로 만들어진 축. 안에 다른 축을 설치할 수 있다. |
| 커버(Cover) | 덮개, 씌우개 |
| 칼라(Collar) | 간격 유지 목적으로 주로 축이나 관 등에 끼워지는 원통모양의 고리 |
| 콜릿(Collet) | 드릴이나 엔드밀을 끼워넣고 고정시키는 공구 |
| 크랭크판(Crank board) | 회전운동을 왕복운동으로 바꾸는 기능을 하는 판 |
| 캠(Cam) | 회전운동을 다른 형태의 왕복운동이나 요동운동으로 변환하기 위해 평면 또는 입체적으로 모양을 내거나 홈을 파낸 기계부품 |
| 편심축(Eccentric shaft) | 회전운동을 수직운동으로 변환하는 기능을 가지는 축 |
| 피니언(Pinion) | ① 맞물리는 크고 작은 두 개의 기어 중에서 작은 쪽 기어<br>② 래크(rack)와 맞물리는 기어 |
| 피스톤(Piston) | 실린더 내에서 기밀을 유지하면서 왕복운동을 하는 원통 |
| 피스톤로드(Piston rod) | 피스톤에 고정되어 피스톤의 운동을 실린더 밖으로 전달하는 작용을 하는 축 또는 봉 |
| 핑거(Finger) | 에어척에서 부품을 직접 쥐는 손가락 모양의 부품 |
| 펀치(Punch) | 판금에 구멍을 뚫기 위해 공구강으로 만든 막대모양의 공구 |
| 펀칭다이(Punching die) | 펀치로 구멍을 뚫을 때 사용되는 안내 틀 |
| 플랜지(Flange) | 축 이음이나 관 이음 목적으로 사용되는 부품 |
| 하우징(Housing) | 기계부품을 둘러싸고 있는 상자형 프레임 |
| 홀더(지지대, Holder) | 절삭공구류, 게이지류, 기타 부속품 등을 지지하는 부분 또는 부품 |

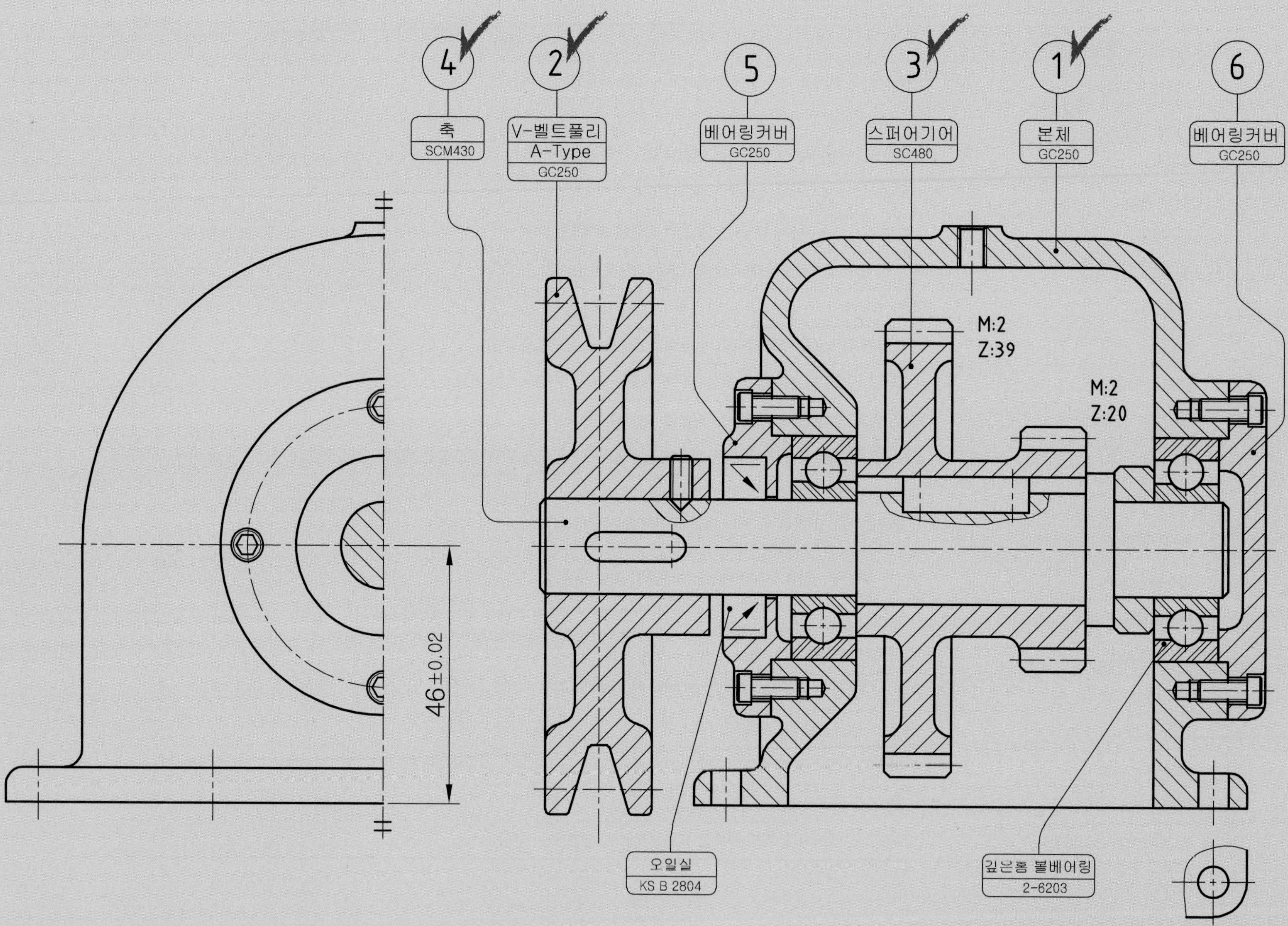
4
축
SCM430
2
V-벨트풀리
A-Type
GC250
5
베어링커버
GC250
3
스퍼어기어
SC480
1
본체
GC250
6
베어링커버
GC250
M:2
Z:39
M:2
Z:20
46±0.02
오일실
KS B 2804
깊은홈 볼베어링
2-6203

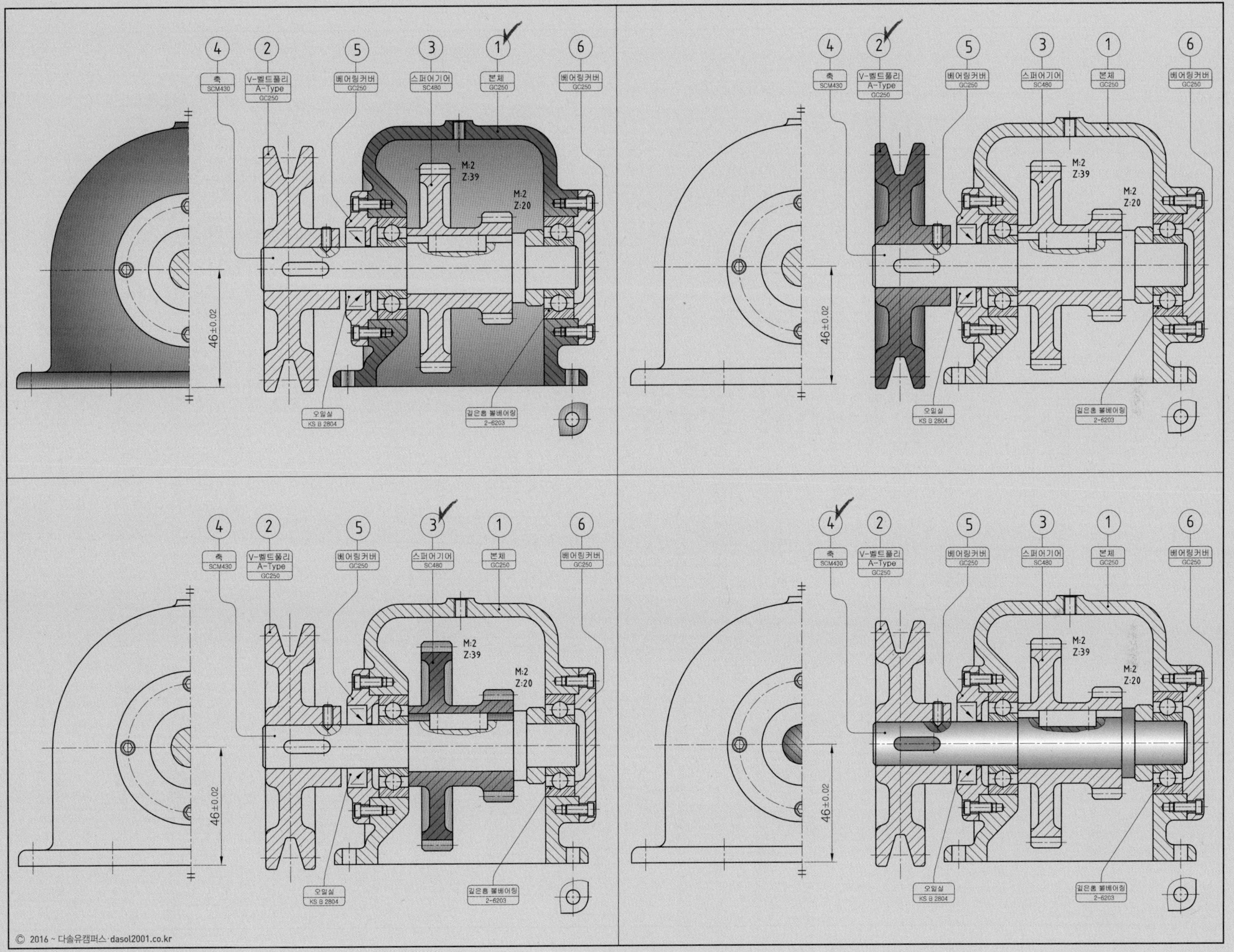
④ 축 SCM430
② V-벨트풀리 A-Type GC250
⑤ 베어링커버 GC250
③ 스퍼어기어 SC480
① 본체 GC250
⑥ 베어링커버 GC250
M:2 Z:39
M:2 Z:20
46±0.02
오일실 KS B 2804
깊은홈 볼베어링 2-6203

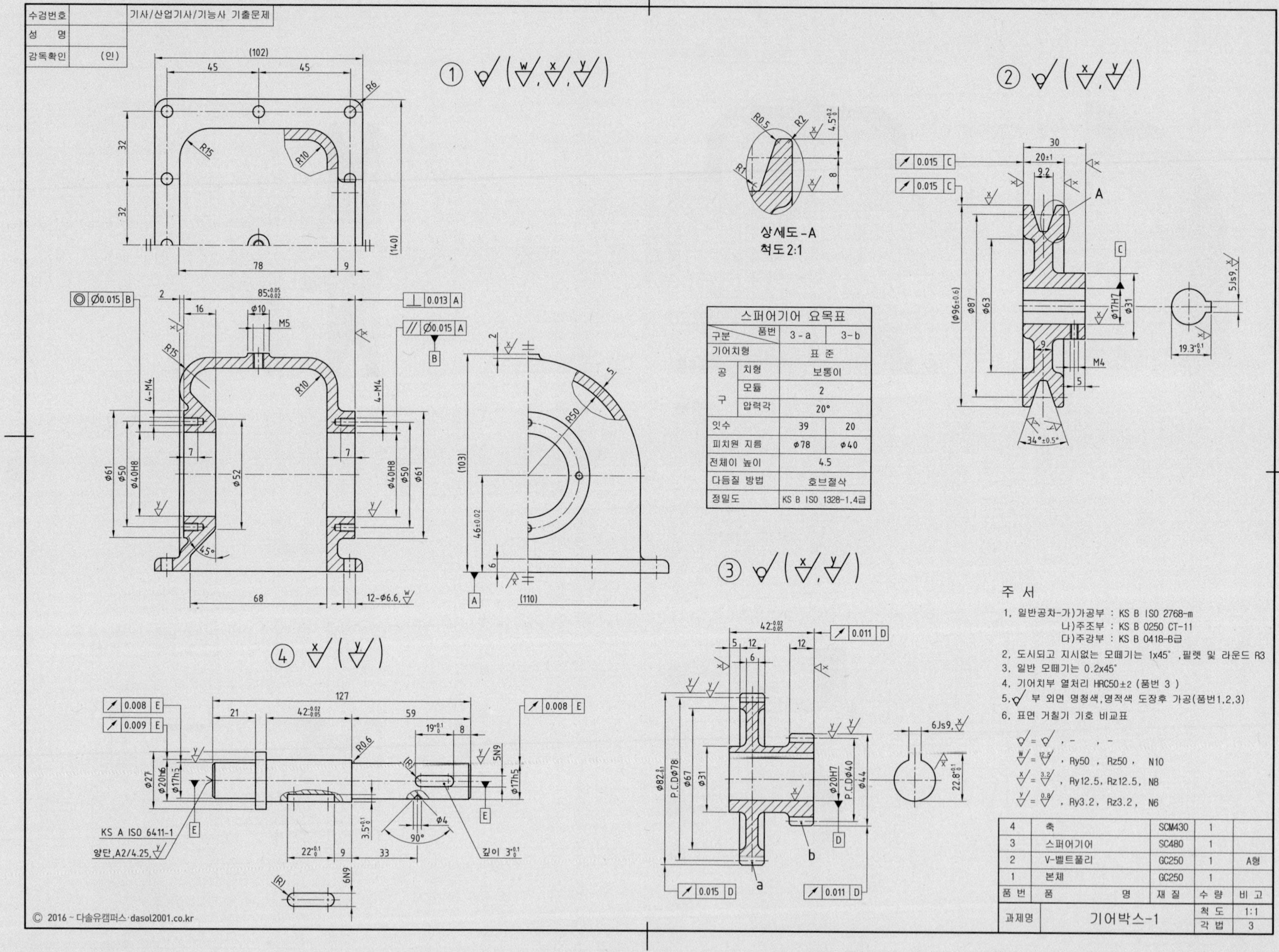


| 스퍼어기어 요목표 | | | |
|---|---|---|---|
| 구분 \ 품번 | | 3-a | 3-b |
| 기어치형 | | 표 준 | |
| 공구 | 치형 | 보통이 | |
| | 모듈 | 2 | |
| | 압력각 | 20° | |
| 잇수 | | 39 | 20 |
| 피치원 지름 | | φ78 | φ40 |
| 전체이 높이 | | 4.5 | |
| 다듬질 방법 | | 호브절삭 | |
| 정밀도 | | KS B ISO 1328-1,4급 | |

| 품 번 | 품 명 | 재 질 | 수 량 | 비 고 |
|---|---|---|---|---|
| 4 | 축 | SCM430 | 1 | |
| 3 | 스퍼어기어 | SC480 | 1 | |
| 2 | V-벨트풀리 | GC250 | 1 | A형 |
| 1 | 본체 | GC250 | 1 | |

| 과제명 | 기어박스-1 | 척 도 | 1:1 |
|---|---|---|---|
| | | 각 법 | 3 |

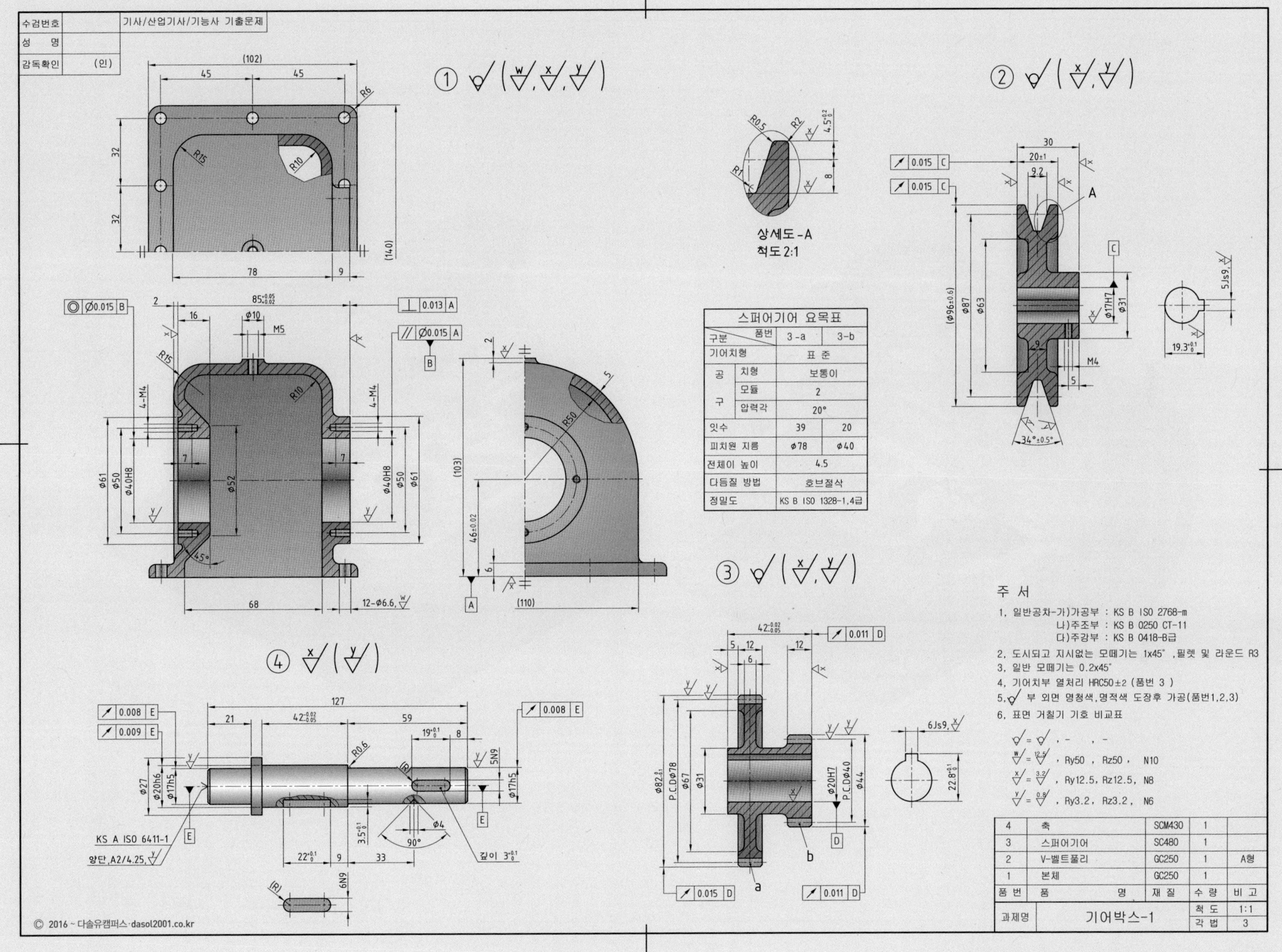
수검번호
기사/산업기사/기능사 기출문제
성 명
감독확인 (인)
상세도-A
척도2:1
스퍼어기어 요목표
구분 품번 3-a 3-b
기어치형 표 준
공구 치형 보통이
모듈 2
압력각 20°
잇수 39 20
피치원 지름 φ78 φ40
전체이 높이 4.5
다듬질 방법 호브절삭
정밀도 KS B ISO 1328-1,4급
주 서
1. 일반공차-가)가공부 : KS B ISO 2768-m
나)주조부 : KS B 0250 CT-11
다)주강부 : KS B 0418-B급
2. 도시되고 지시없는 모떼기는 1x45°,필렛 및 라운드 R3
3. 일반 모떼기는 0.2x45°
4. 기어치부 열처리 HRC50±2 (품번 3)
5. 부 외면 명청색,명적색 도장후 가공(품번1,2,3)
6. 표면 거칠기 기호 비교표
, Ry50 , Rz50 , N10
, Ry12.5, Rz12.5, N8
, Ry3.2, Rz3.2, N6
4 축 SCM430 1
3 스퍼어기어 SC480 1
2 V-벨트풀리 GC250 1 A형
1 본체 GC250 1
품번 품명 재질 수량 비고
과제명 기어박스-1 척도 1:1 각법 3
KS A ISO 6411-1
양단,A2/4.25
© 2016 ~ 다솔유캠퍼스·dasol2001.co.kr

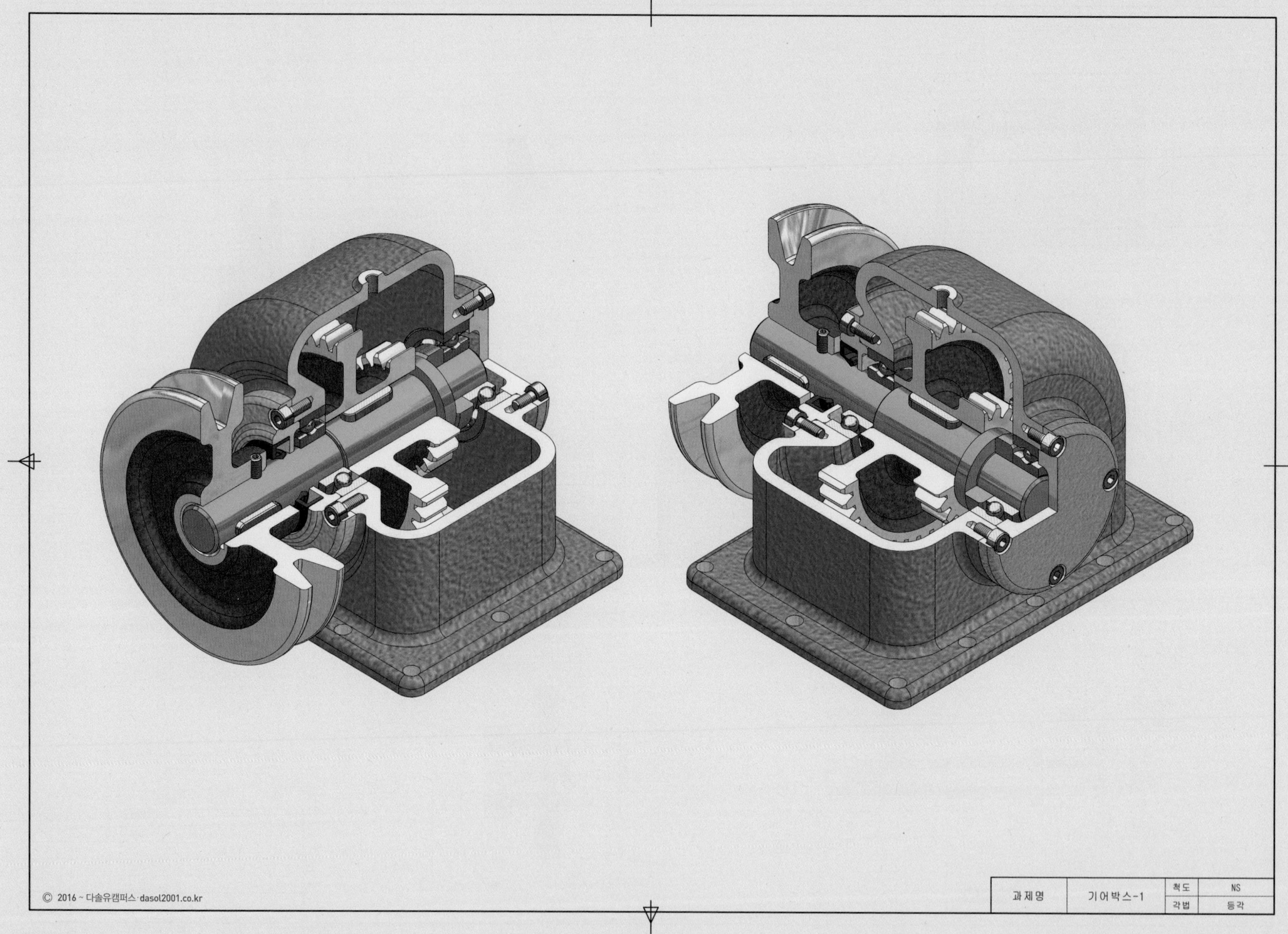

© 2016 ~ 다솔유캠퍼스 dasol2001.co.kr
과제명
기어박스-1
척도
NS
각법
등각

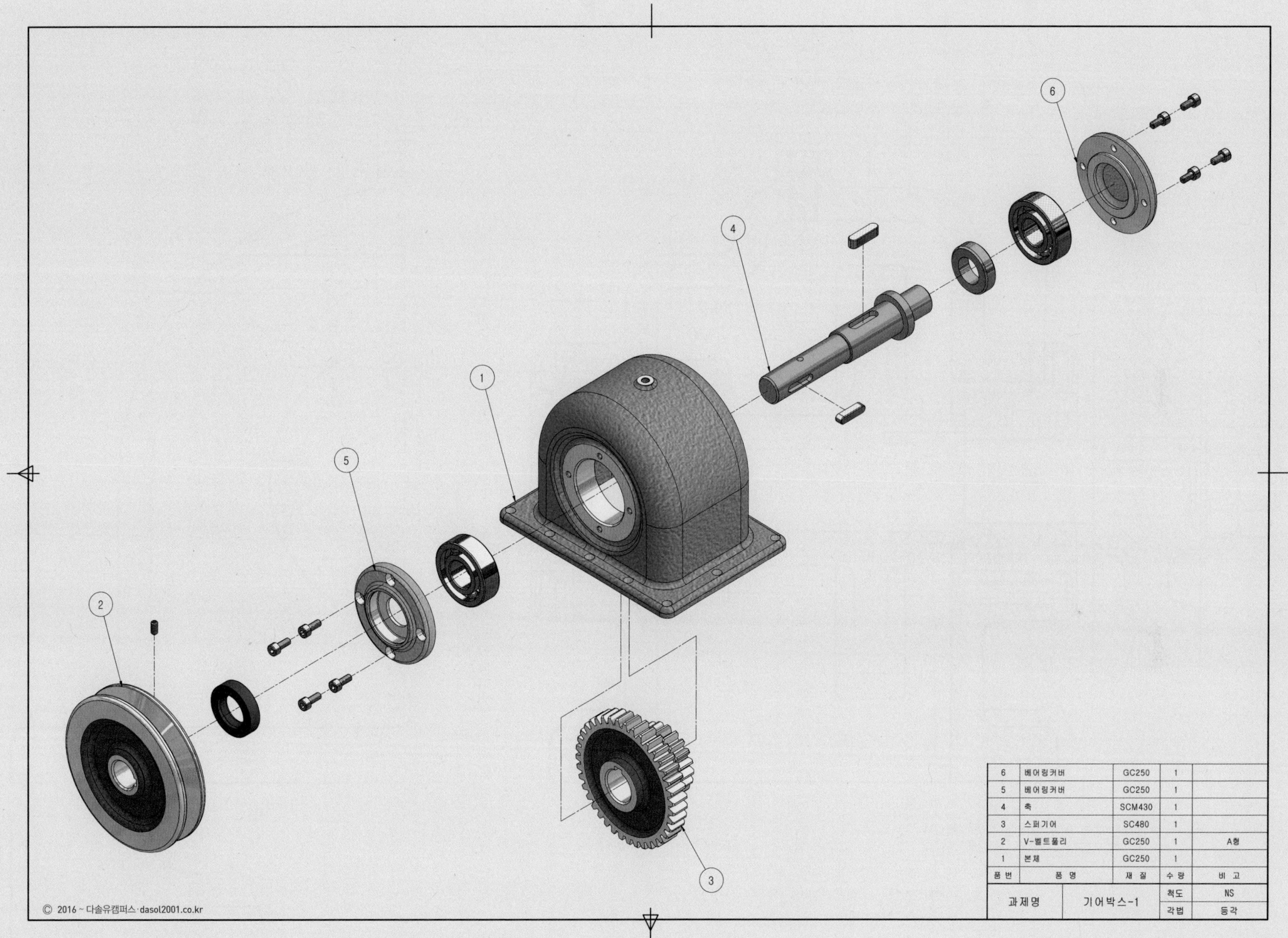


| 품번 | 품명 | 재질 | 수량 | 비고 |
|---|---|---|---|---|
| 6 | 베어링커버 | GC250 | 1 | |
| 5 | 베어링커버 | GC250 | 1 | |
| 4 | 축 | SCM430 | 1 | |
| 3 | 스퍼기어 | SC480 | 1 | |
| 2 | V-벨트풀리 | GC250 | 1 | A형 |
| 1 | 본체 | GC250 | 1 | |

| 과제명 | 기어박스-1 | 척도 | NS |
|---|---|---|---|
| | | 각법 | 등각 |

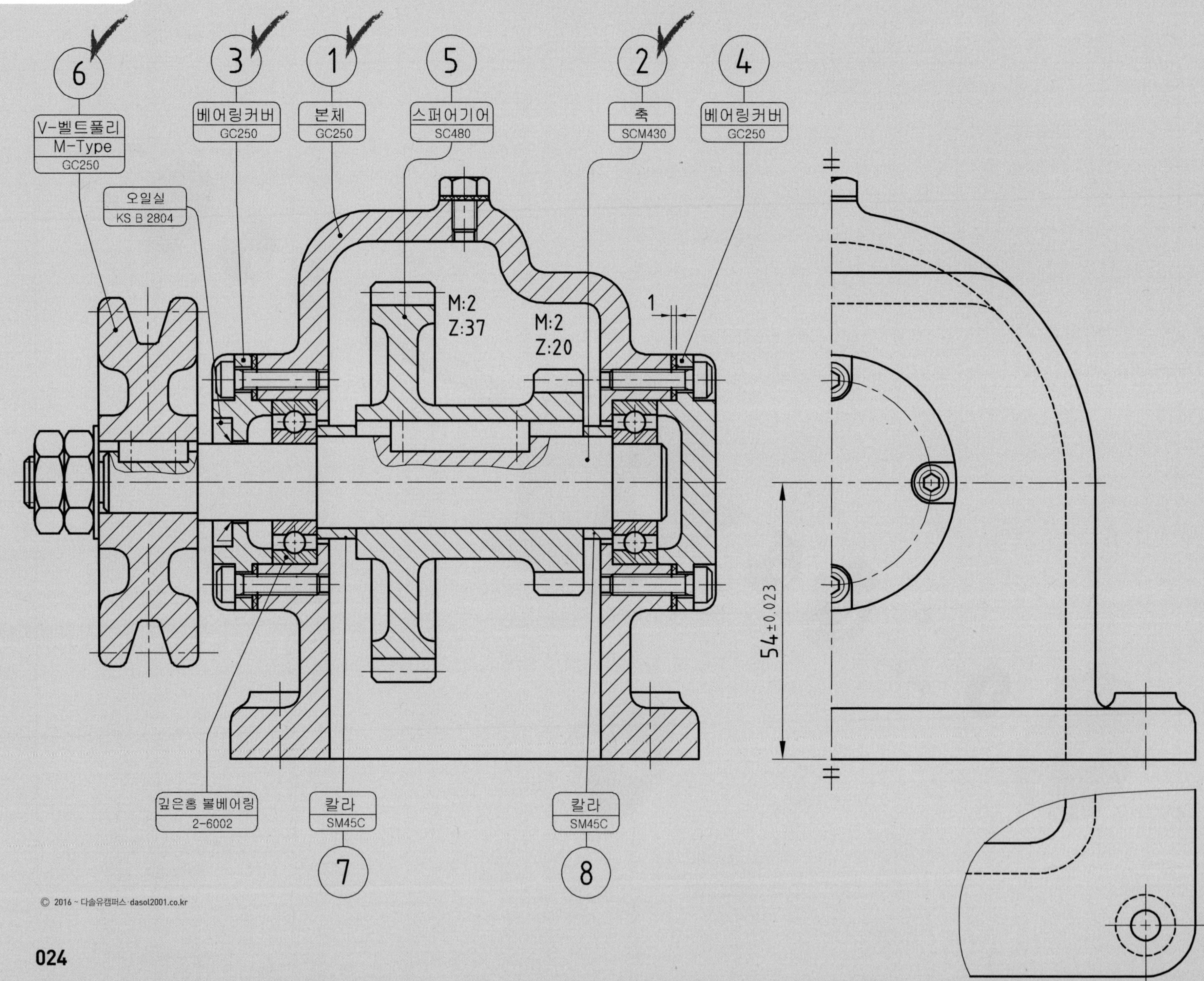

6
V-벨트풀리
M-Type
GC250
3
베어링커버
GC250
1
본체
GC250
5
스퍼어기어
SC480
2
축
SCM430
4
베어링커버
GC250
오일실
KS B 2804
M:2
Z:37
M:2
Z:20
1
54±0.023
깊은홈 볼베어링
2-6002
칼라
SM45C
7
칼라
SM45C
8

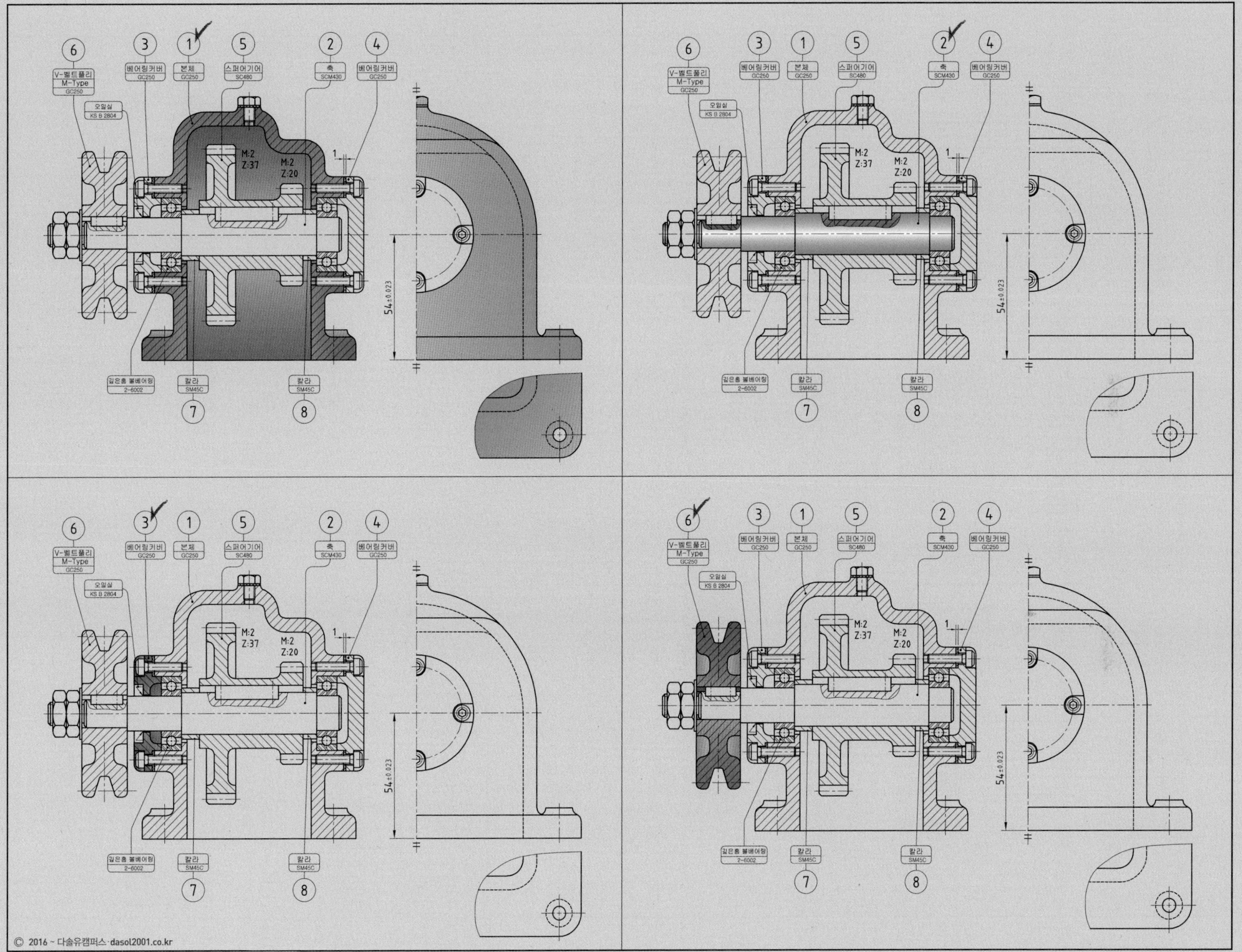

1
본체
GC250
2
축
SCM430
3
베어링커버
GC250
4
베어링커버
GC250
5
스퍼어기어
SC480
6
V-벨트풀리
M-Type
GC250
오일실
KS B 2804
깊은홈 볼베어링
2-6002
7
칼라
SM45C
8
칼라
SM45C
M:2
Z:37
M:2
Z:20
1
54±0.023

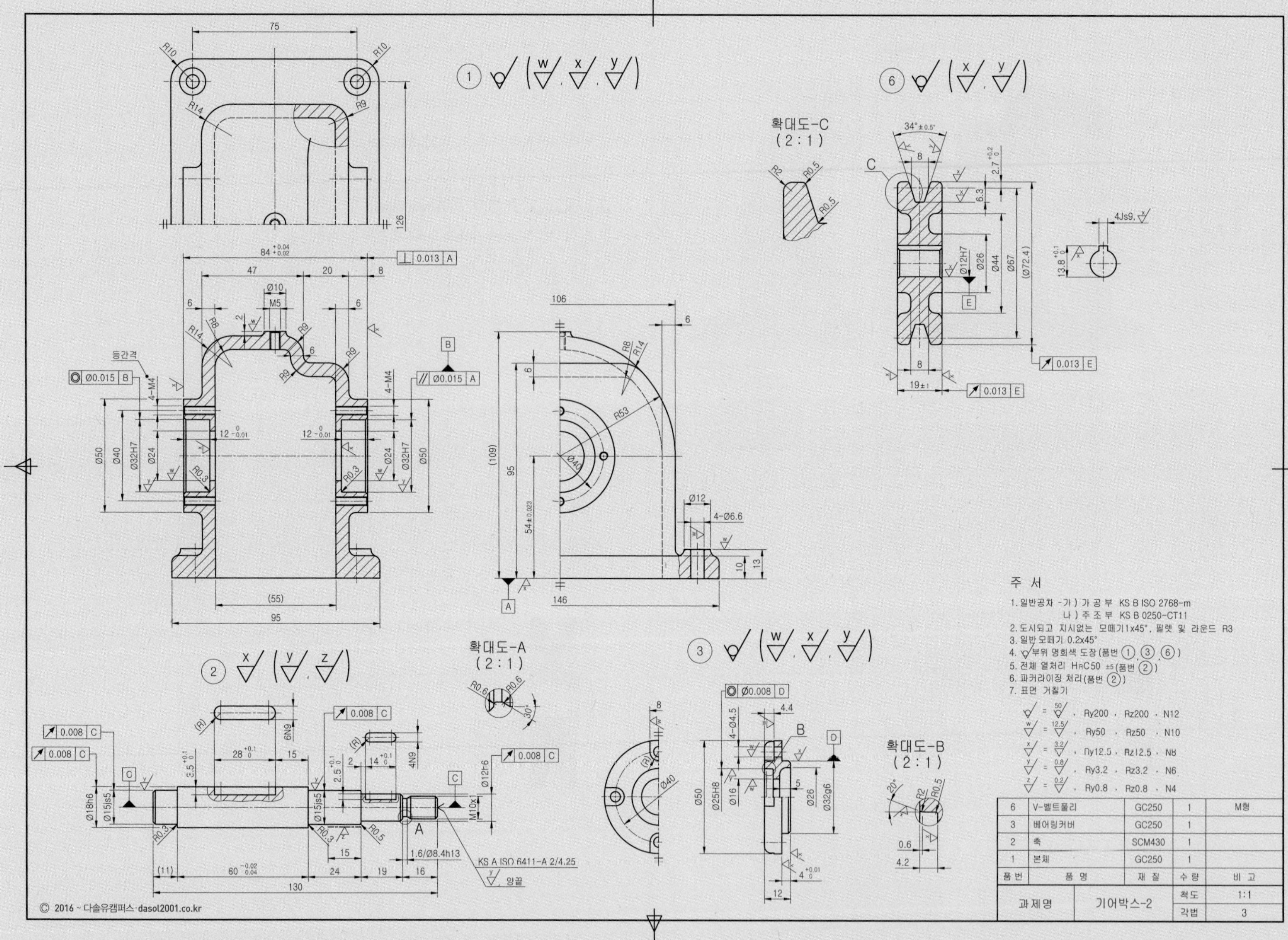

확대도-C (2 : 1)
확대도-A (2 : 1)
확대도-B (2 : 1)
주 서
1. 일반공차 - 가) 가 공 부 KS B ISO 2768-m
나) 주 조 부 KS B 0250-CT11
2. 도시되고 지시없는 모떼기1x45°, 필렛 및 라운드 R3
3. 일반 모떼기 0.2x45°
4. 부위 명회색 도장(품번 ①, ③, ⑥)
5. 전체 열처리 H#C50 ±5(품번 ②)
6. 파커라이징 처리(품번 ②)
7. 표면 거칠기
Ry200 , Rz200 , N12
Ry50 , Rz50 , N10
Ry12.5 , Rz12.5 , N8
Ry3.2 , Rz3.2 , N6
Ry0.8 , Rz0.8 , N4
6 | V-벨트풀리 | GC250 | 1 | M형
3 | 베어링커버 | GC250 | 1 |
2 | 축 | SCM430 | 1 |
1 | 본체 | GC250 | 1 |
품번 | 품 명 | 재 질 | 수 량 | 비 고
과제명 | 기어박스-2 | 척도 1:1 | 각법 3
KS A ISO 6411-A 2/4.25
양끝
© 2016 ~ 다솔유캠퍼스 · dasol2001.co.kr

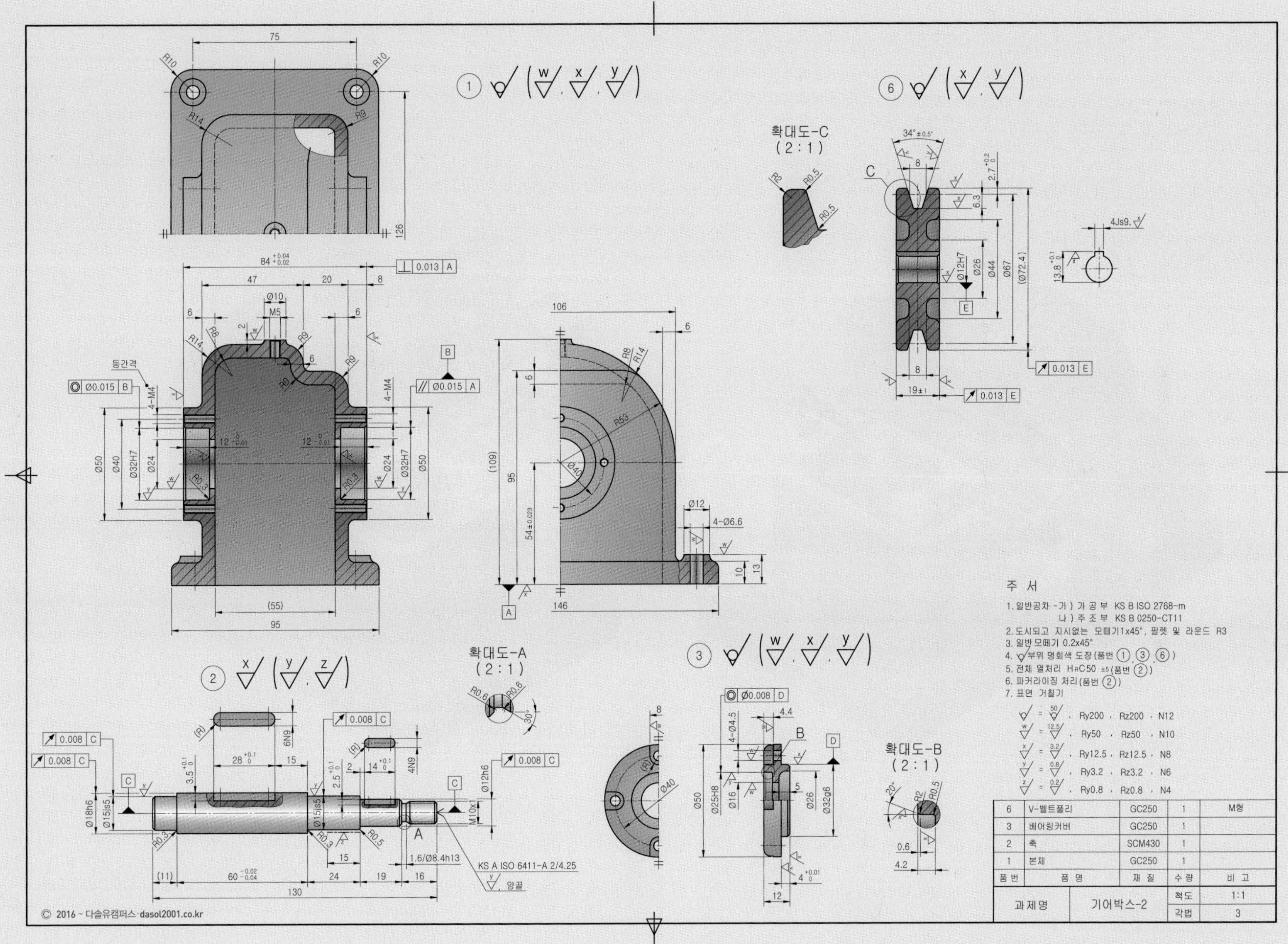


주 서

1. 일반공차 -가) 가 공 부 KS B ISO 2768-m
나) 주 조 부 KS B 0250-CT11
2. 도시되고 지시없는 모떼기1x45°, 필렛 및 라운드 R3
3. 일반 모떼기 0.2x45°
4. 부위 명회색 도장(품번 ①, ③, ⑥)
5. 전체 열처리 HRC50 ±5(품번 ②)
6. 파커라이징 처리(품번 ②)
7. 표면 거칠기

= 50/ , Ry200 , Rz200 , N12
w/ = 12.5/ , Ry50 , Rz50 , N10
x/ = 3.2/ , Ry12.5 , Rz12.5 , N8
y/ = 0.8/ , Ry3.2 , Rz3.2 , N6
z/ = 0.2/ , Ry0.8 , Rz0.8 , N4

| 품 번 | 품 명 | 재 질 | 수 량 | 비 고 |
|---|---|---|---|---|
| 6 | V-벨트풀리 | GC250 | 1 | M형 |
| 3 | 베어링커버 | GC250 | 1 | |
| 2 | 축 | SCM430 | 1 | |
| 1 | 본체 | GC250 | 1 | |

| 과제명 | 기어박스-2 | 척도 | 1:1 |
|---|---|---|---|
| | | 각법 | 3 |

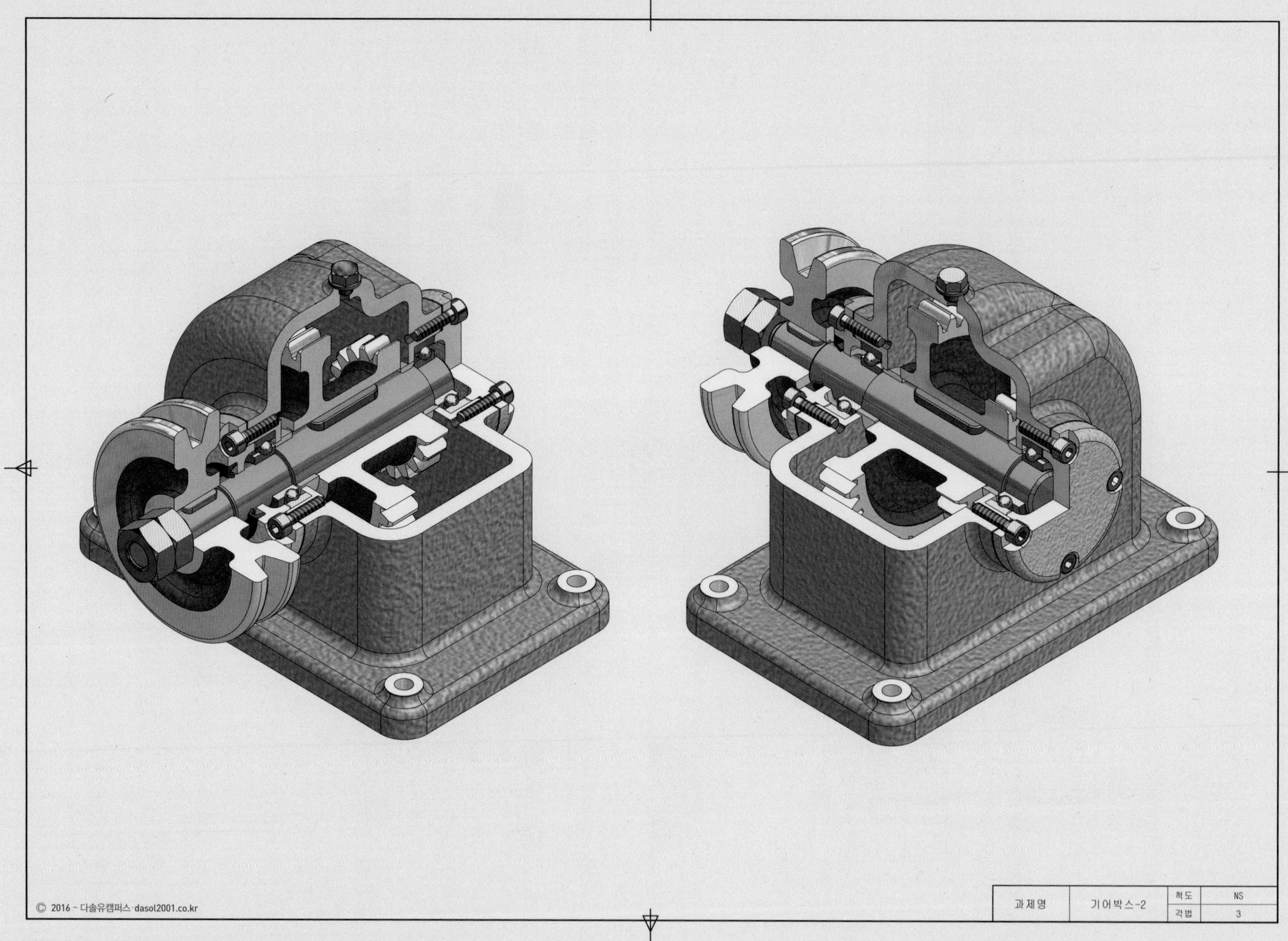
© 2016 ~ 다솔유캠퍼스·dasol2001.co.kr
과제명
기어박스-2
척도
NS
각법
3

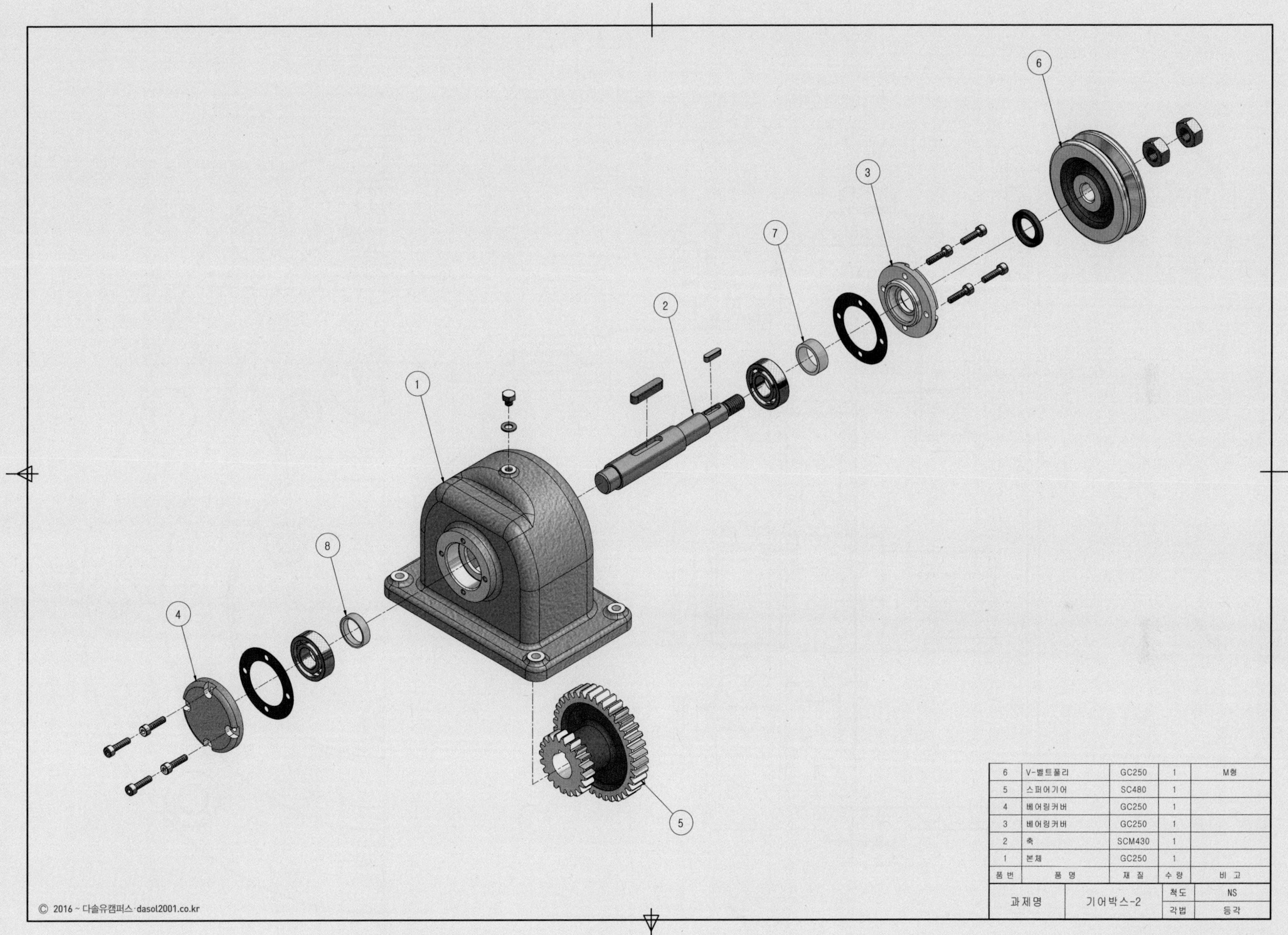


| 6 | V-벨트풀리 | GC250 | 1 | M형 |
|---|---|---|---|---|
| 5 | 스퍼어기어 | SC480 | 1 | |
| 4 | 베어링커버 | GC250 | 1 | |
| 3 | 베어링커버 | GC250 | 1 | |
| 2 | 축 | SCM430 | 1 | |
| 1 | 본체 | GC250 | 1 | |
| 품번 | 품 명 | 재 질 | 수량 | 비 고 |

| 과제명 | 기어박스-2 | 척도 | NS |
|---|---|---|---|
| | | 각법 | 등각 |

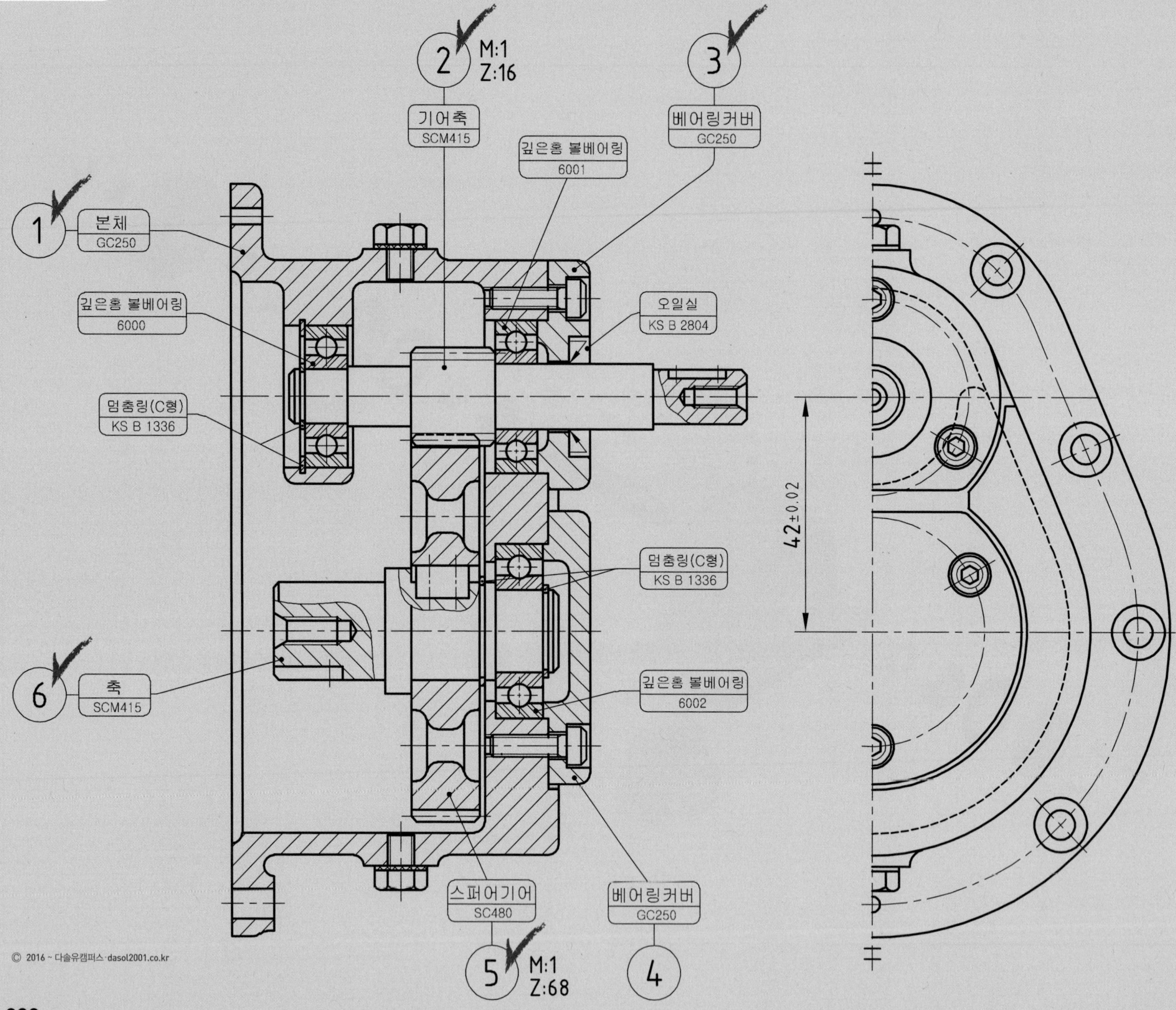
2
M:1
Z:16
기어축
SCM415
3
베어링커버
GC250
깊은홈 볼베어링
6001
1
본체
GC250
깊은홈 볼베어링
6000
오일실
KS B 2804
멈춤링(C형)
KS B 1336
42±0.02
멈춤링(C형)
KS B 1336
6
축
SCM415
깊은홈 볼베어링
6002
스퍼어기어
SC480
베어링커버
GC250
5
M:1
Z:68
4

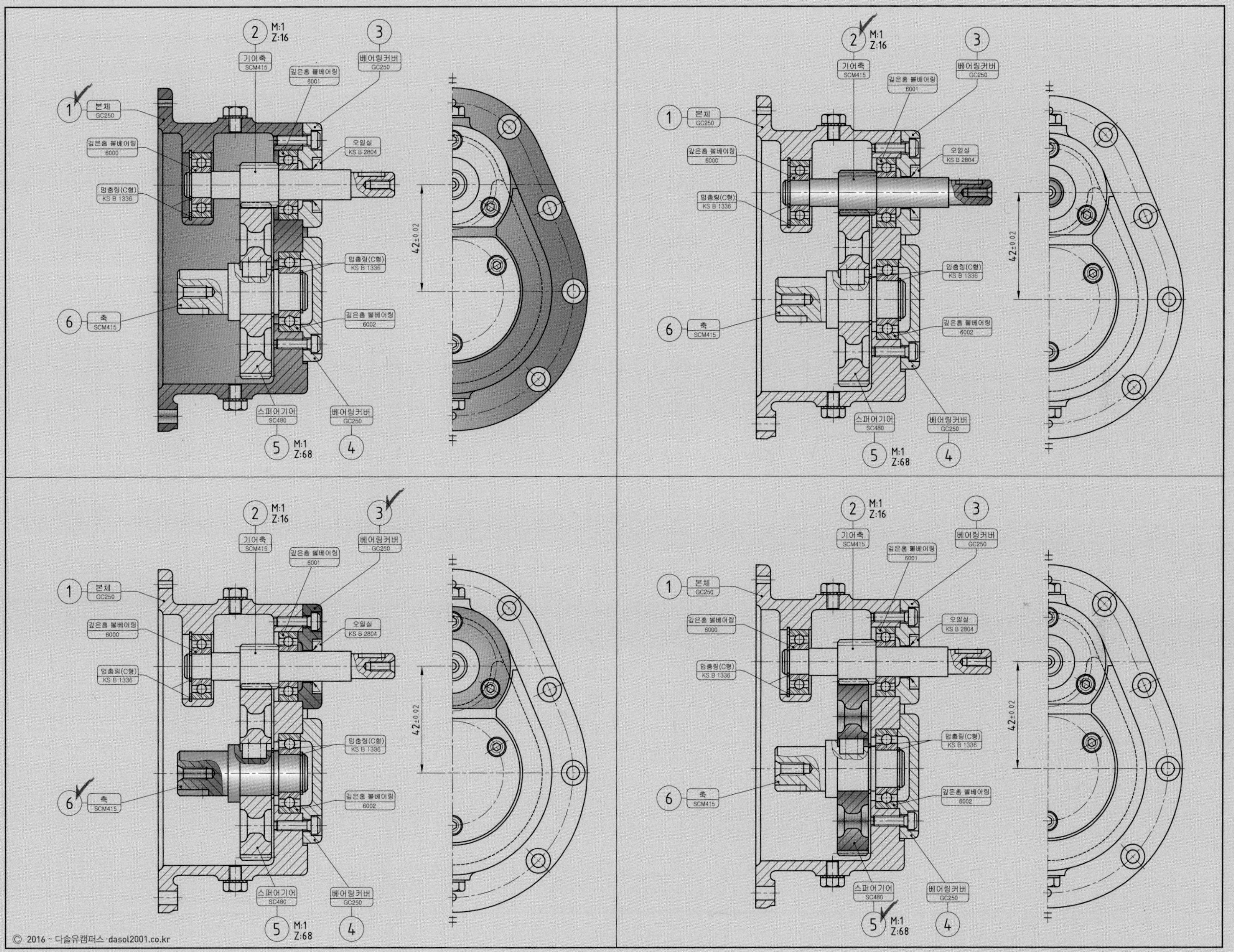

1 본체 GC250
2 M:1 Z:16
기어축 SCM415
3 베어링커버 GC250
깊은홈 볼베어링 6001
깊은홈 볼베어링 6000
오일실 KS B 2804
멈춤링(C형) KS B 1336
42±0.02
멈춤링(C형) KS B 1336
6 축 SCM415
깊은홈 볼베어링 6002
스퍼어기어 SC480
베어링커버 GC250
5 M:1 Z:68
4

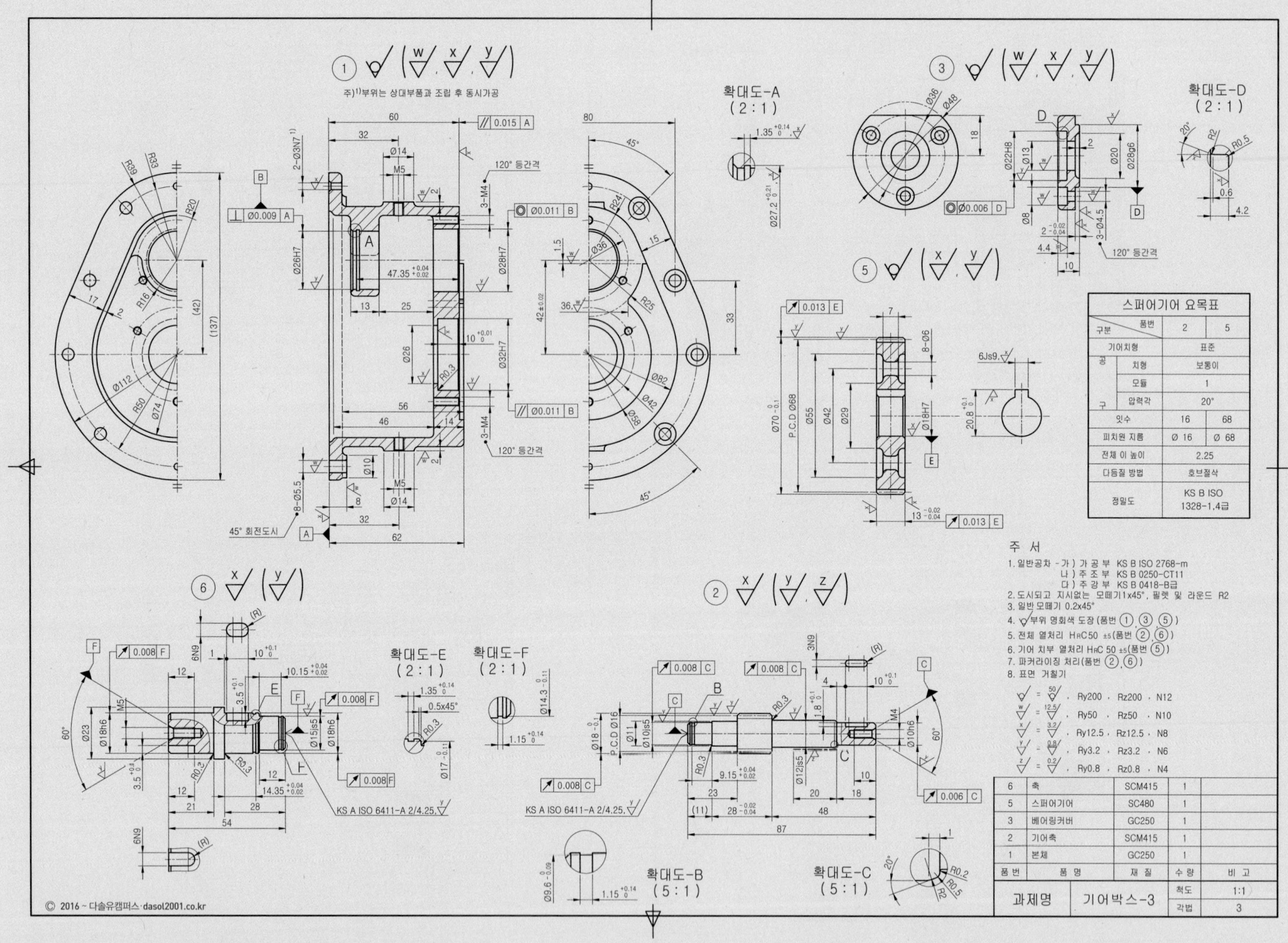

주)1)부위는 상대부품과 조립 후 동시가공
확대도-A (2 : 1)
확대도-B (5 : 1)
확대도-C (5 : 1)
확대도-D (2 : 1)
확대도-E (2 : 1)
확대도-F (2 : 1)
120° 등간격
45° 회전도시
KS A ISO 6411-A 2/4.25
스퍼기어 요목표
구분 / 품번 | 2 | 5
기어치형 | 표준
공구 치형 | 보통이
공구 모듈 | 1
공구 압력각 | 20°
잇수 | 16 | 68
피치원 지름 | Ø 16 | Ø 68
전체 이 높이 | 2.25
다듬질 방법 | 호브절삭
정밀도 | KS B ISO 1328-1,4급
주 서
1. 일반공차 - 가 ) 가 공 부 KS B ISO 2768-m
나 ) 주 조 부 KS B 0250-CT11
다 ) 주 강 부 KS B 0418-B급
2. 도시되고 지시없는 모떼기1x45°, 필렛 및 라운드 R2
3. 일반 모떼기 0.2x45°
4. 부위 명회색 도장(품번 ①, ③, ⑤)
5. 전체 열처리 HRC50 ±5(품번 ②, ⑥)
6. 기어 치부 열처리 HRC 50 ±5(품번 ⑤)
7. 파커라이징 처리(품번 ②, ⑥)
8. 표면 거칠기
= 50 , Ry200 , Rz200 , N12
w = 12.5 , Ry50 , Rz50 , N10
x = 3.2 , Ry12.5 , Rz12.5 , N8
y = 0.8 , Ry3.2 , Rz3.2 , N6
z = 0.2 , Ry0.8 , Rz0.8 , N4
6 | 축 | SCM415 | 1
5 | 스퍼어기어 | SC480 | 1
3 | 베어링커버 | GC250 | 1
2 | 기어축 | SCM415 | 1
1 | 본체 | GC250 | 1
품번 | 품 명 | 재 질 | 수 량 | 비 고
과제명 | 기어박스-3 | 척도 1:1 | 각법 3

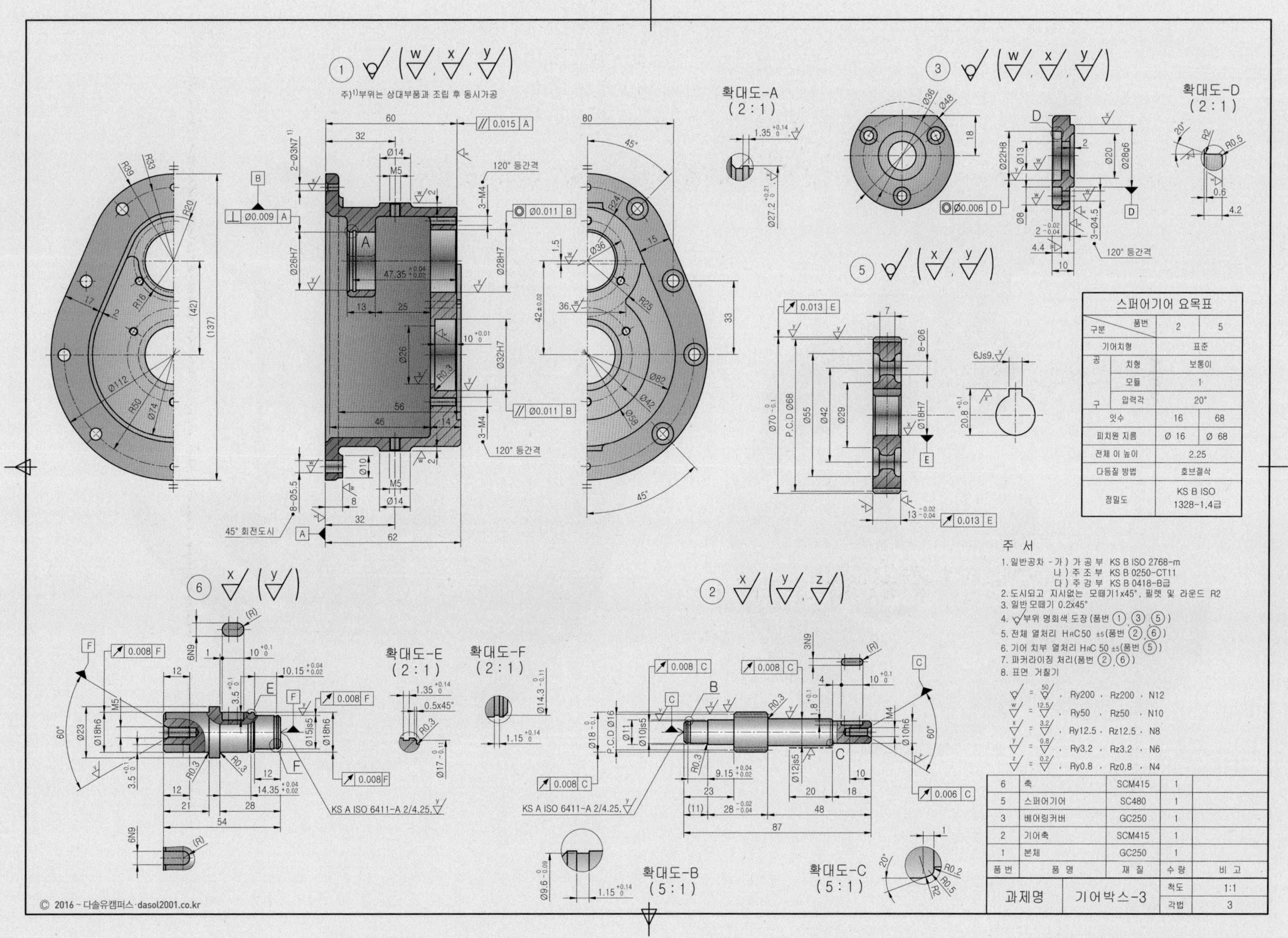


스퍼어기어 요목표

| 구분 | 품번 | 2 | 5 |
|---|---|---|---|
| 기어치형 | | 표준 | |
| 공구 | 치형 | 보통이 | |
| | 모듈 | 1 | |
| | 압력각 | 20° | |
| 잇수 | | 16 | 68 |
| 피치원 지름 | | Ø 16 | Ø 68 |
| 전체 이 높이 | | 2.25 | |
| 다듬질 방법 | | 호브절삭 | |
| 정밀도 | | KS B ISO 1328-1,4급 | |

| 품번 | 품명 | 재질 | 수량 | 비고 |
|---|---|---|---|---|
| 6 | 축 | SCM415 | 1 | |
| 5 | 스퍼어기어 | SC480 | 1 | |
| 3 | 베어링커버 | GC250 | 1 | |
| 2 | 기어축 | SCM415 | 1 | |
| 1 | 본체 | GC250 | 1 | |

| 과제명 | 기어박스-3 | 척도 | 1:1 |
|---|---|---|---|
| | | 각법 | 3 |

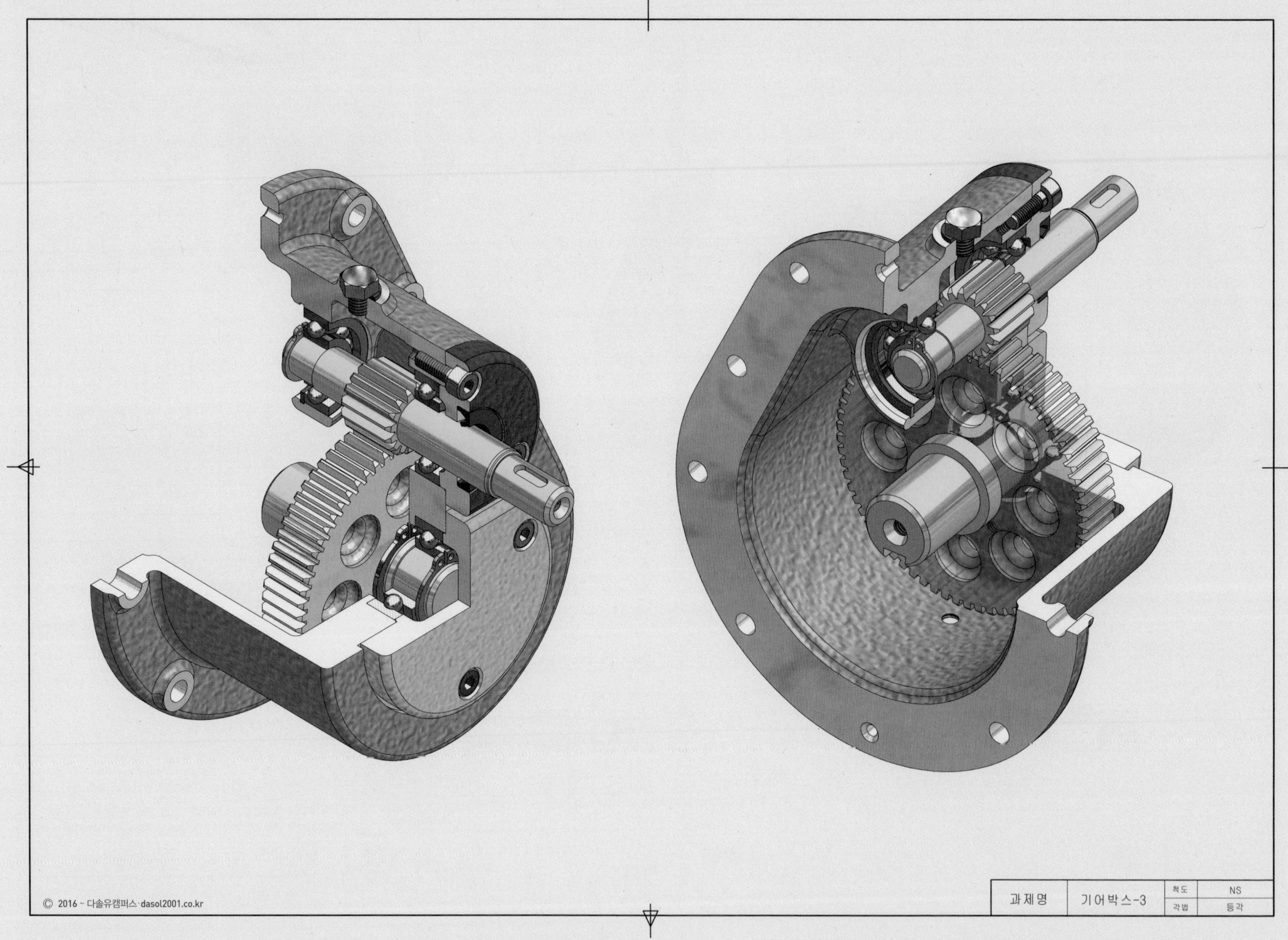

© 2016 ~ 다솔유캠퍼스·dasol2001.co.kr
과제명
기어박스-3
척도
NS
각법
등각

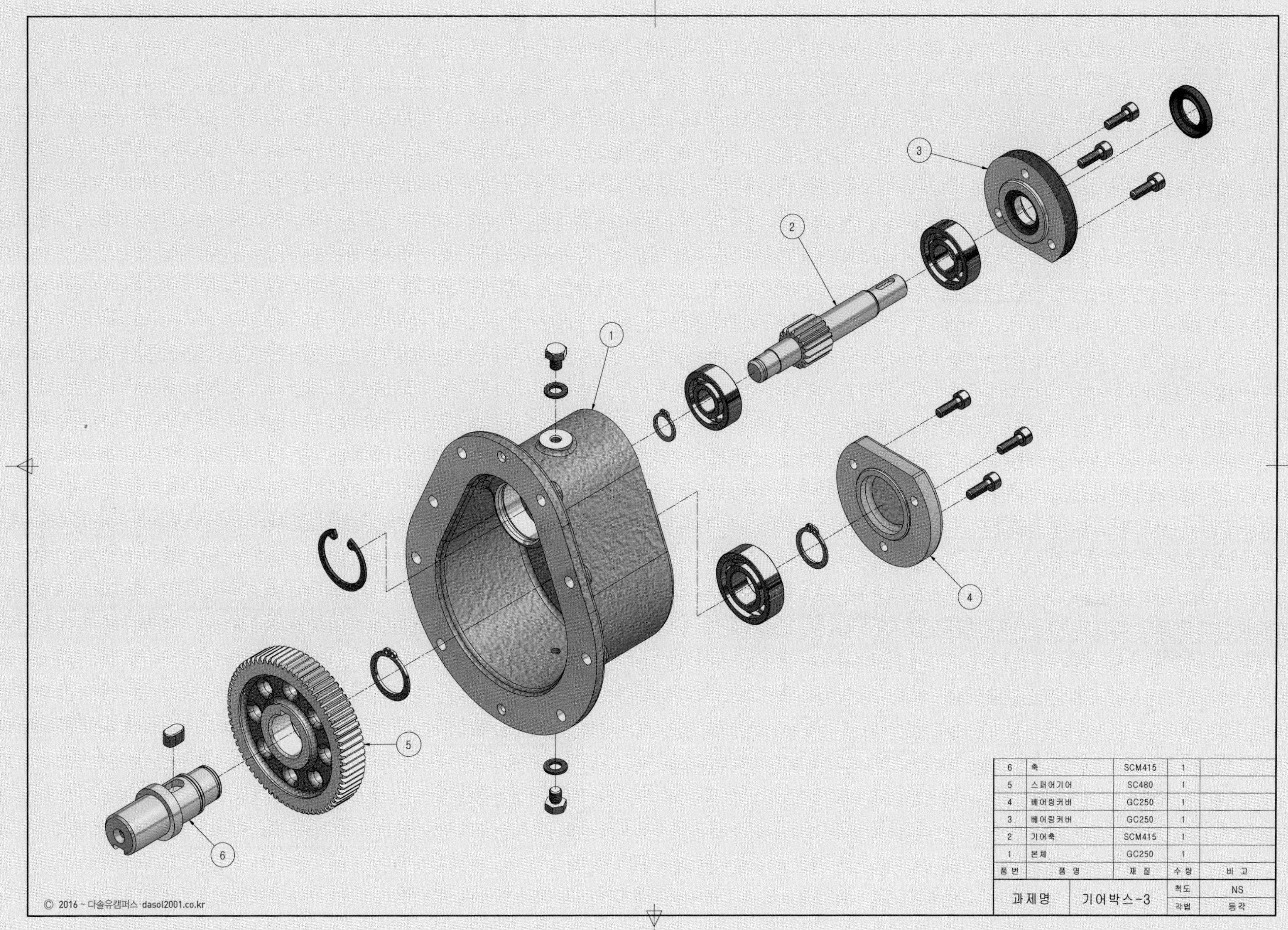


| 품번 | 품 명 | 재 질 | 수 량 | 비 고 |
|---|---|---|---|---|
| 6 | 축 | SCM415 | 1 | |
| 5 | 스퍼어기어 | SC480 | 1 | |
| 4 | 베어링커버 | GC250 | 1 | |
| 3 | 베어링커버 | GC250 | 1 | |
| 2 | 기어축 | SCM415 | 1 | |
| 1 | 본체 | GC250 | 1 | |

| 과제명 | 기어박스-3 | 척도 | NS |
|---|---|---|---|
| | | 각법 | 등각 |

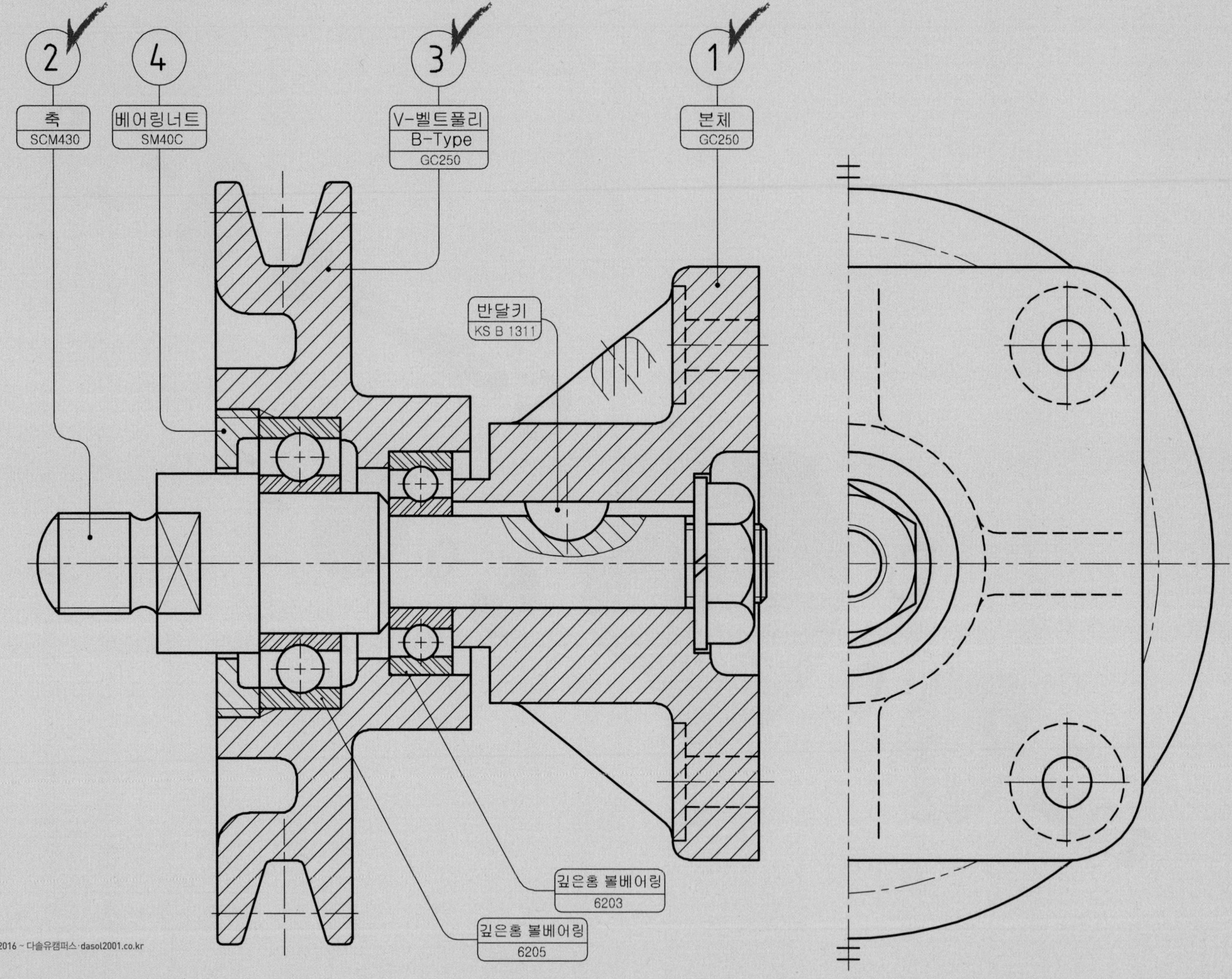
2
축
SCM430
4
베어링너트
SM40C
3
V-벨트풀리
B-Type
GC250
1
본체
GC250
반달키
KS B 1311
깊은홈 볼베어링
6203
깊은홈 볼베어링
6205

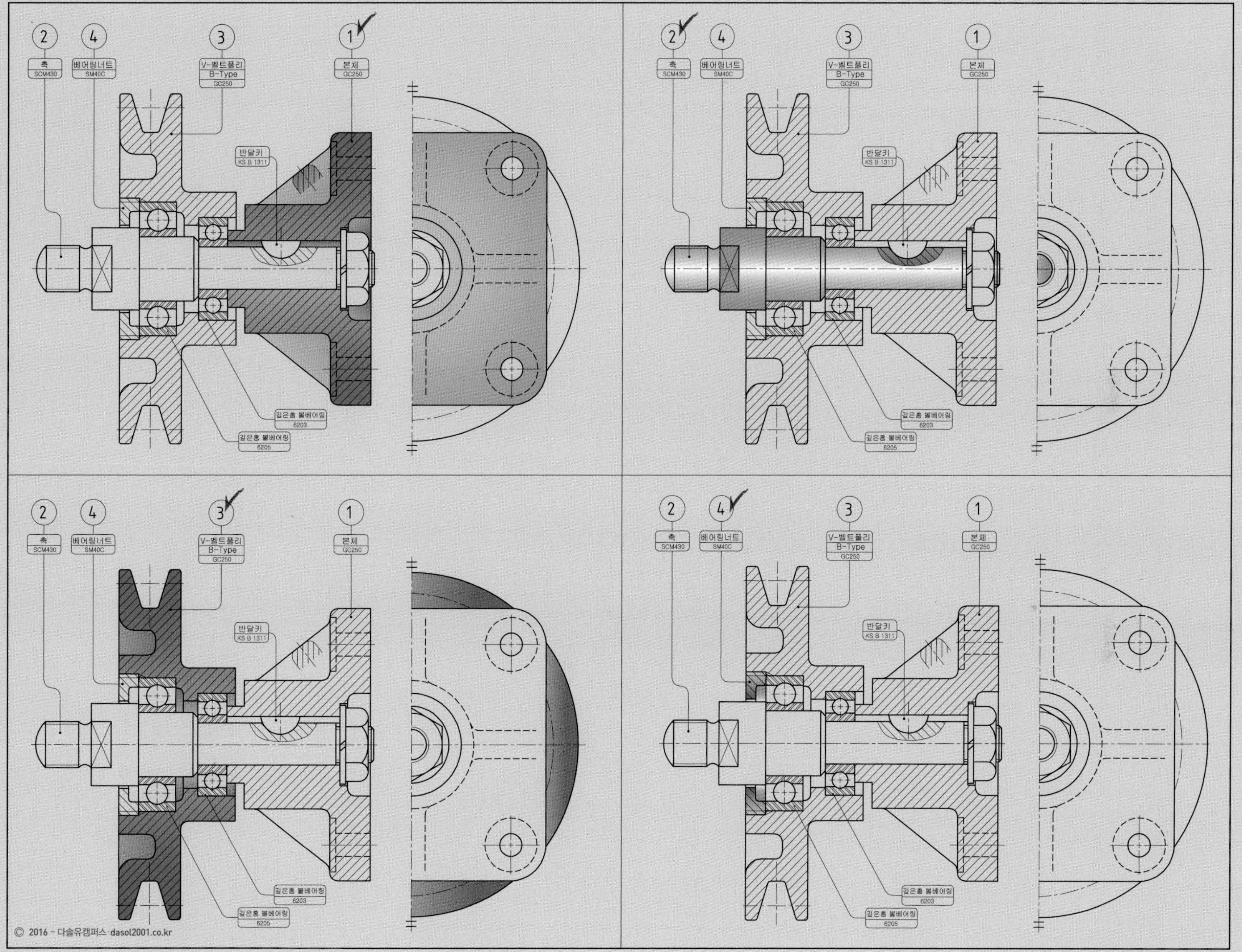
2
4
3
1
축
SCM430
베어링너트
SM40C
V-벨트풀리
B-Type
GC250
본체
GC250
반달키
KS B 1311
깊은홈 볼베어링
6203
깊은홈 볼베어링
6205

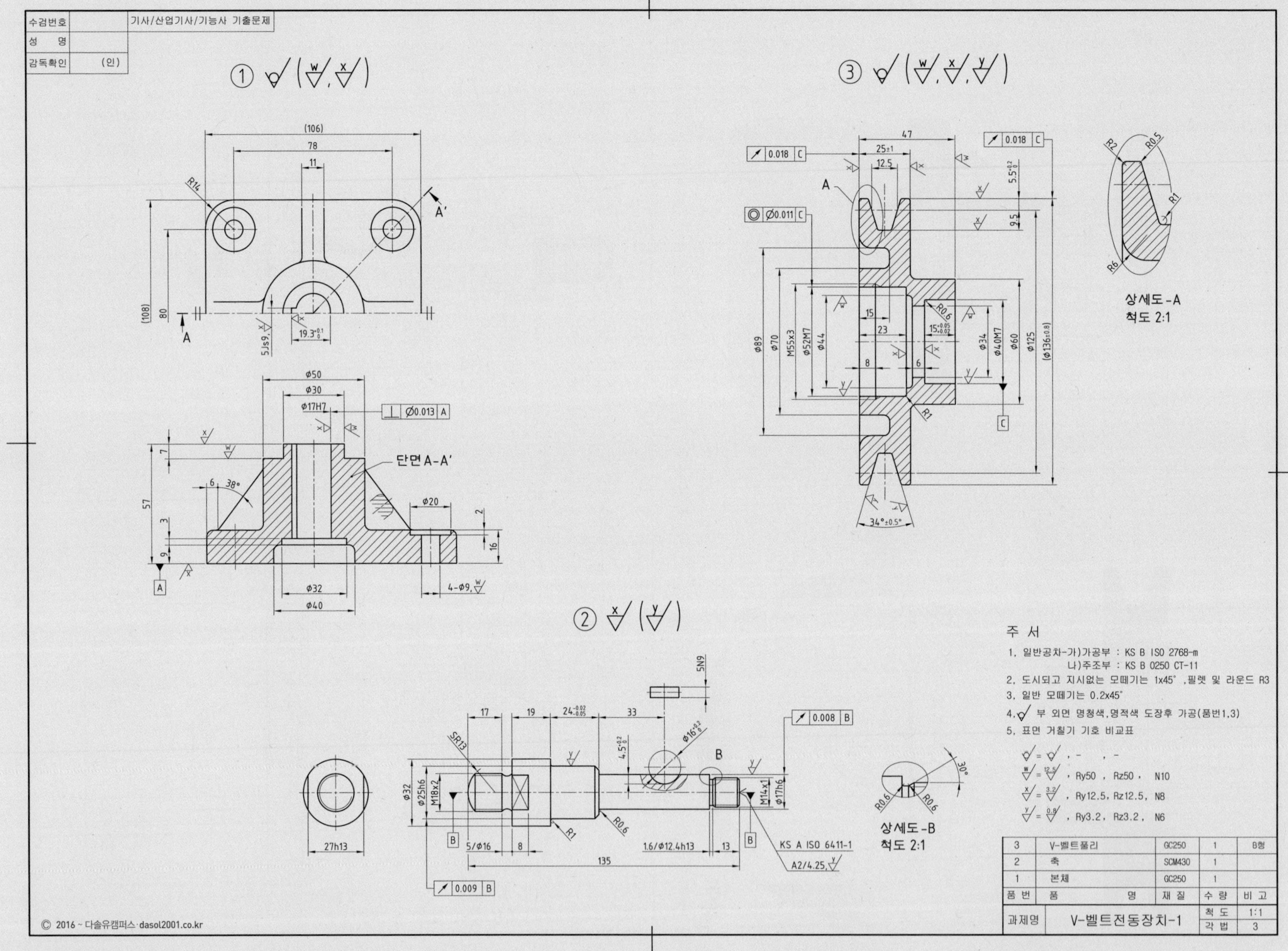


| 품 번 | 품 명 | 재 질 | 수 량 | 비 고 |
|---|---|---|---|---|
| 3 | V-벨트풀리 | GC250 | 1 | B형 |
| 2 | 축 | SCM430 | 1 | |
| 1 | 본체 | GC250 | 1 | |

| 과제명 | V-벨트전동장치-1 | 척 도 | 1:1 |
|---|---|---|---|
| | | 각 법 | 3 |

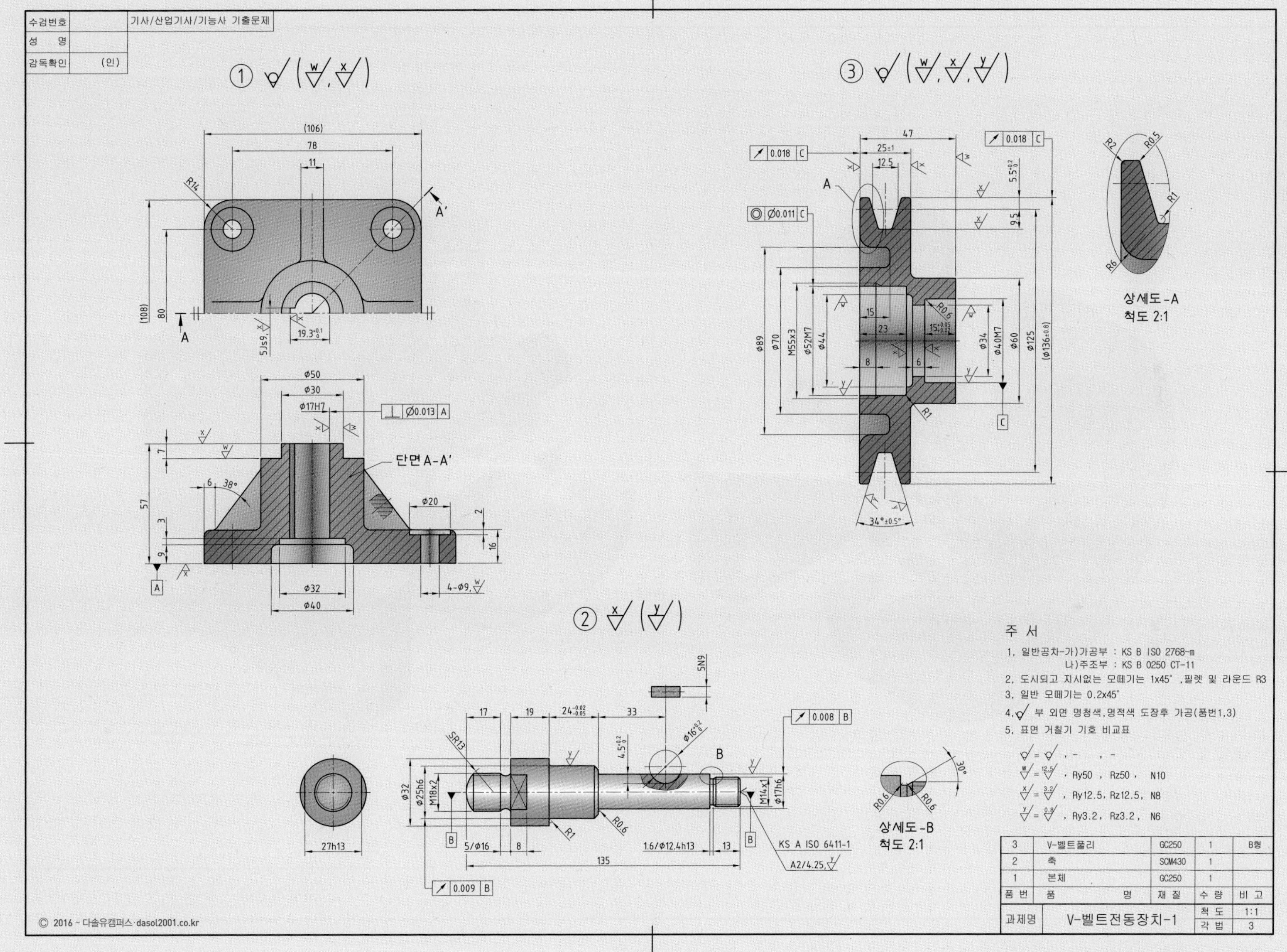


| 품번 | 품명 | 재질 | 수량 | 비고 |
|---|---|---|---|---|
| 3 | V-벨트풀리 | GC250 | 1 | B형 |
| 2 | 축 | SCM430 | 1 | |
| 1 | 본체 | GC250 | 1 | |

| 과제명 | V-벨트전동장치-1 | 척도 | 1:1 |
|---|---|---|---|
| | | 각법 | 3 |

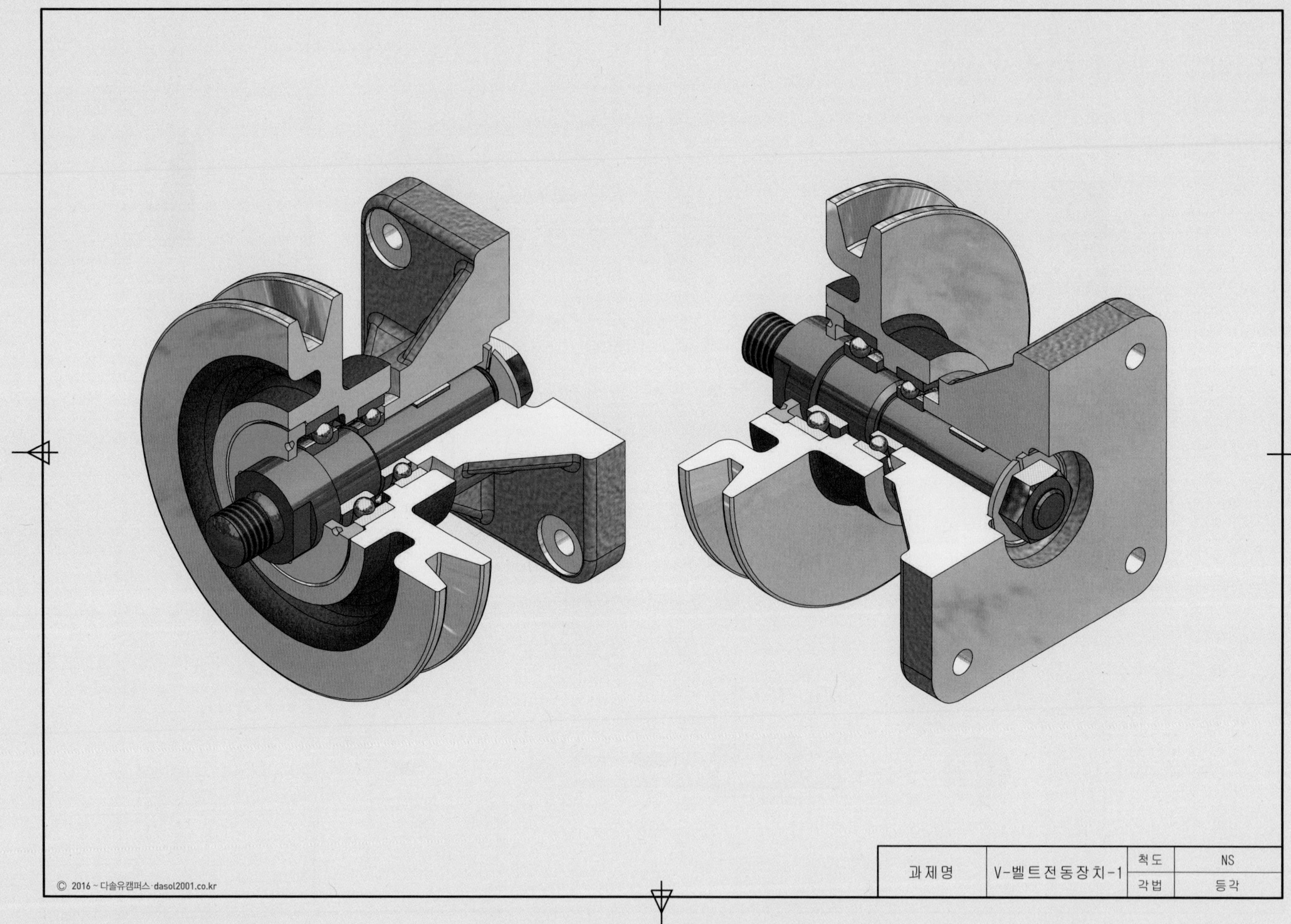
과제명
V-벨트전동장치-1
척도
NS
각법
등각
© 2016 ~ 다솔유캠퍼스·dasol2001.co.kr

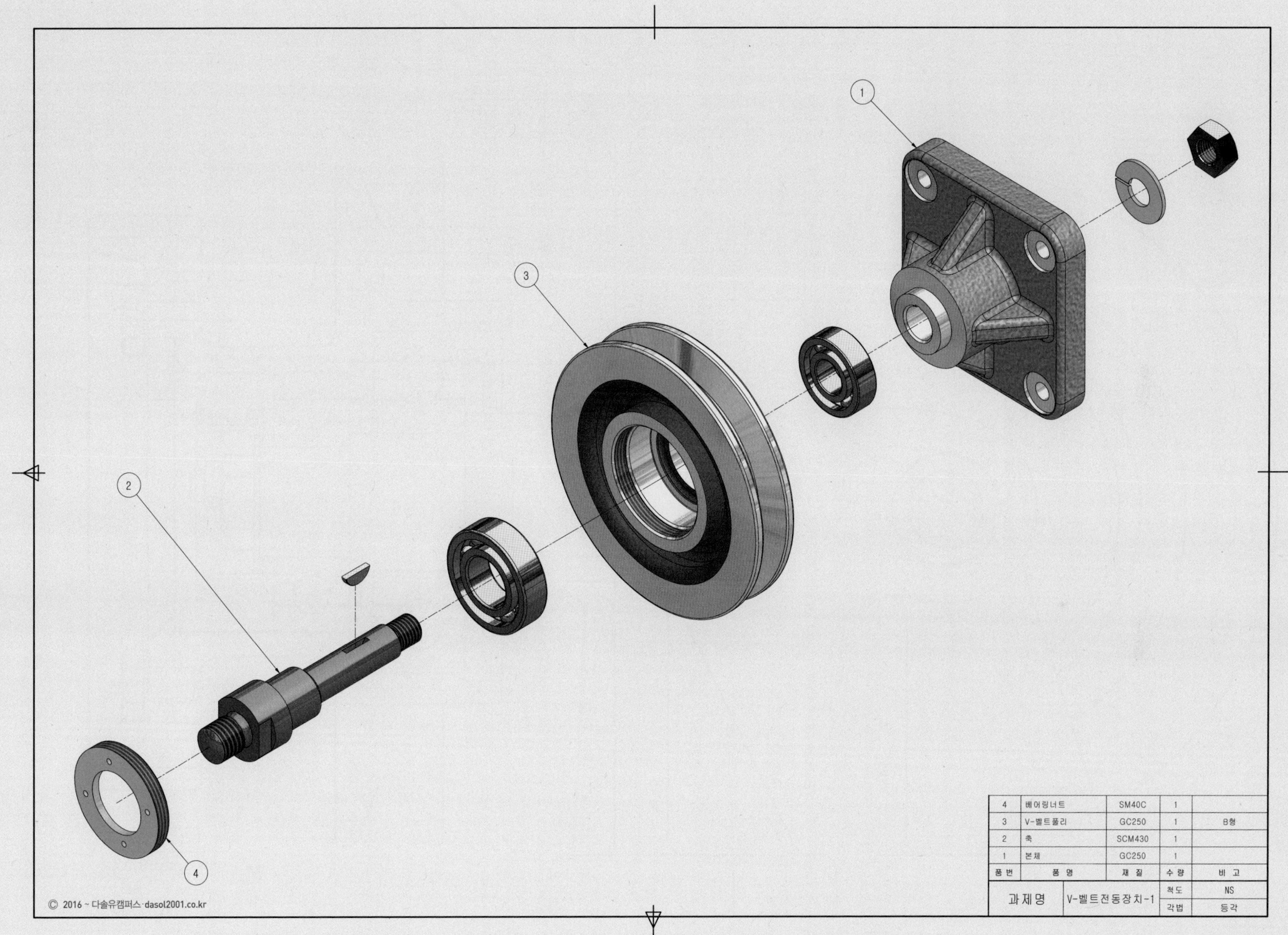


| 4 | 베어링너트 | SM40C | 1 | |
|---|---|---|---|---|
| 3 | V-벨트풀리 | GC250 | 1 | B형 |
| 2 | 축 | SCM430 | 1 | |
| 1 | 본체 | GC250 | 1 | |
| 품 번 | 품 명 | 재 질 | 수 량 | 비 고 |

| 과 제 명 | V-벨트전동장치-1 | 척도 | NS |
|---|---|---|---|
| | | 각법 | 등각 |

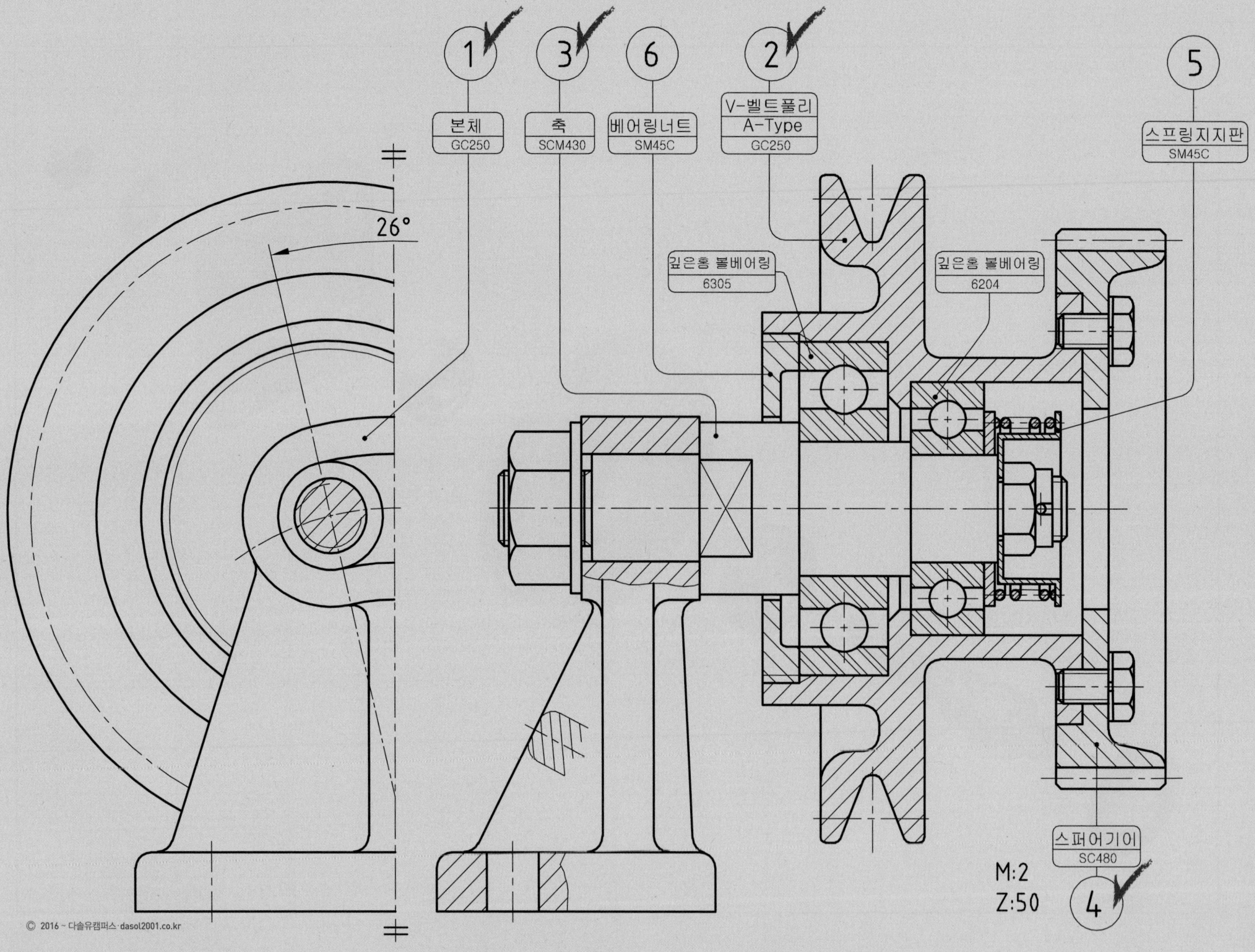
1
본체
GC250
3
축
SCM430
6
베어링너트
SM45C
2
V-벨트풀리
A-Type
GC250
5
스프링지지판
SM45C
26°
깊은홈 볼베어링
6305
깊은홈 볼베어링
6204
스퍼어기이
SC480
4
M:2
Z:50

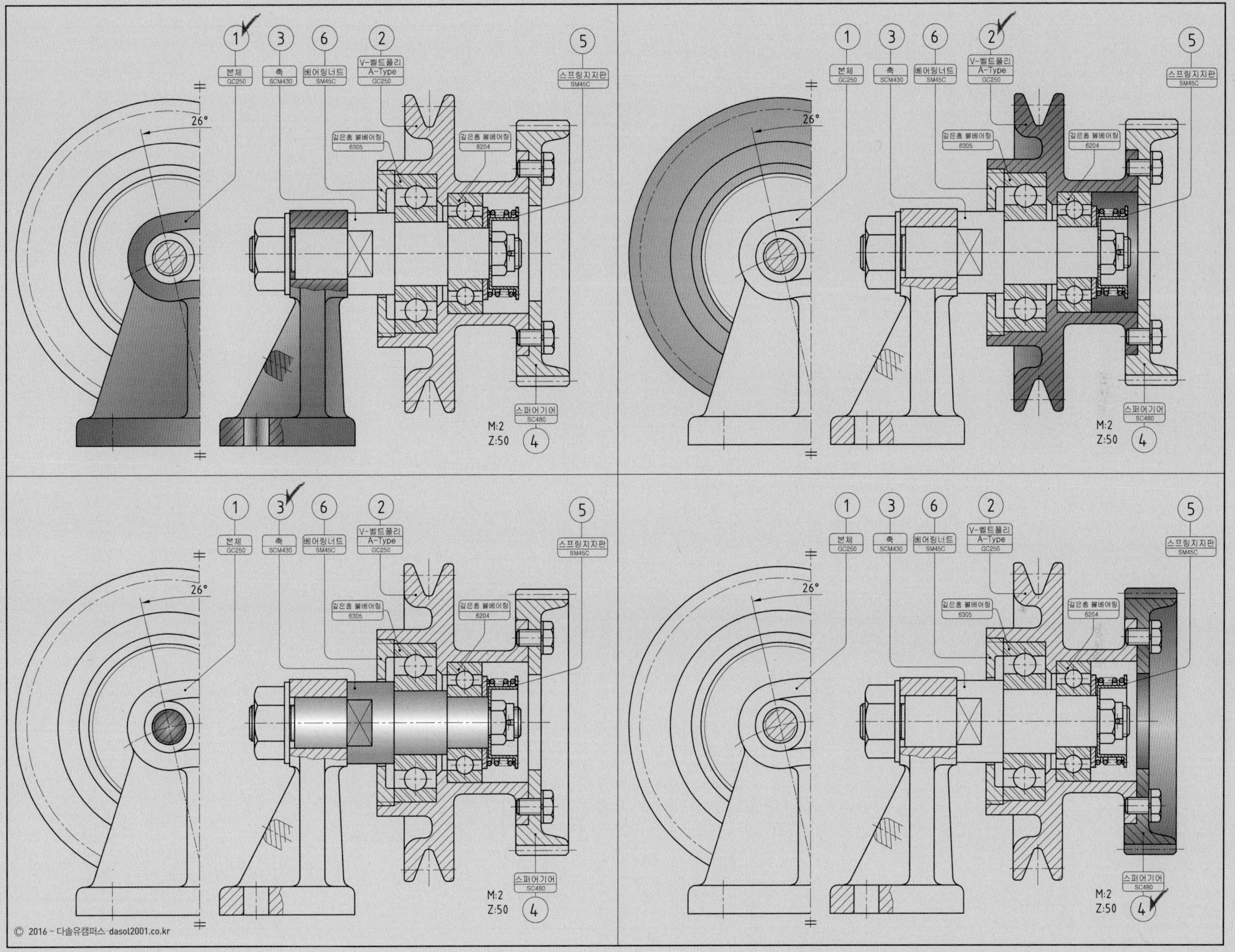
본체
GC250
축
SCM430
베어링너트
SM45C
V-벨트풀리
A-Type
GC250
스프링지지판
SM45C
깊은홈 볼베어링
6305
깊은홈 볼베어링
6204
스퍼어기어
SC480
26°
M:2
Z:50

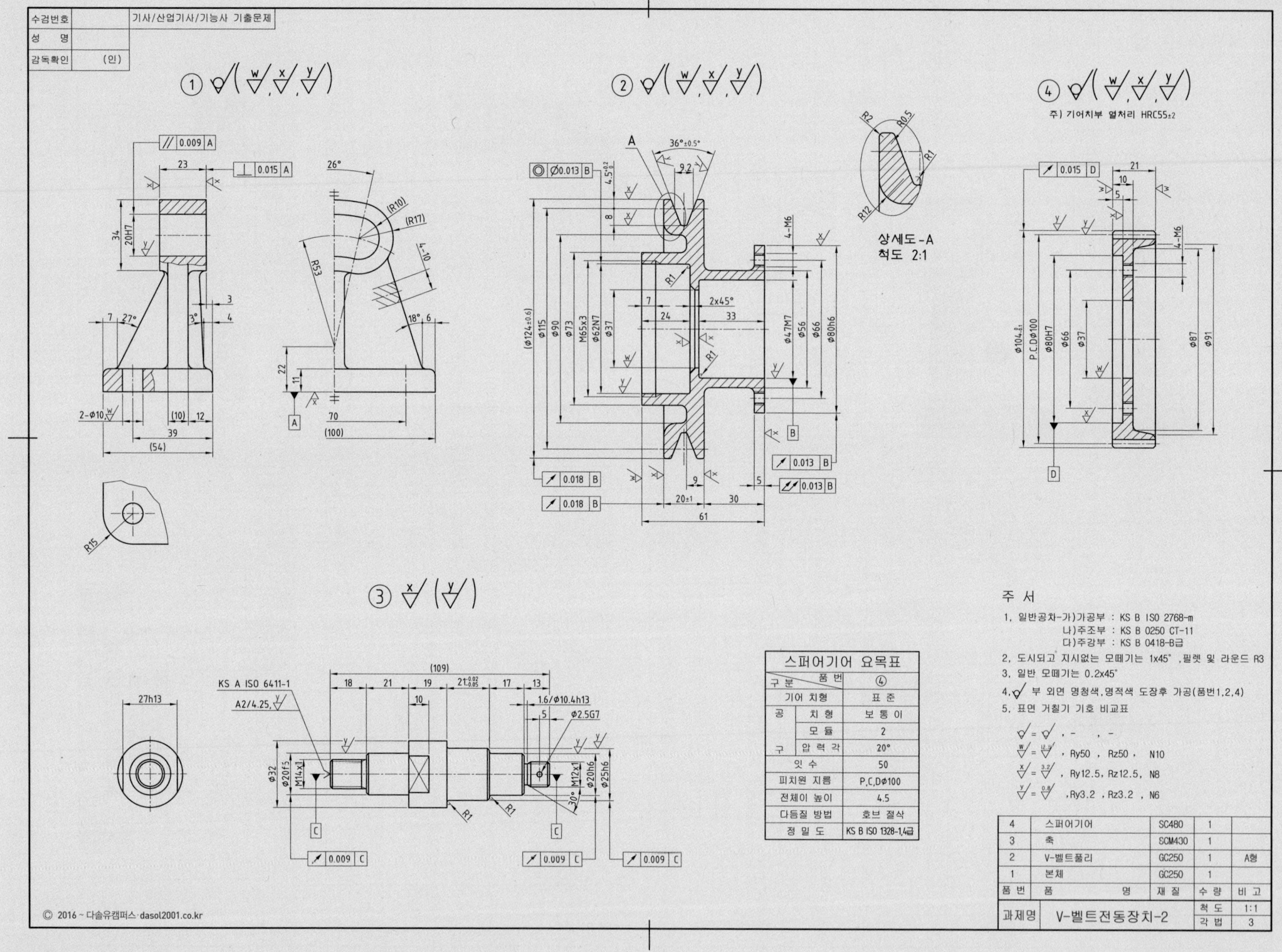

수검번호
성 명
감독확인 (인)
기사/산업기사/기능사 기출문제
상세도-A
척도 2:1
주) 기어치부 열처리 HRC55±2
주 서
1. 일반공차-가)가공부 : KS B ISO 2768-m
나)주조부 : KS B 0250 CT-11
다)주강부 : KS B 0418-B급
2. 도시되고 지시없는 모떼기는 1x45° ,필렛 및 라운드 R3
3. 일반 모떼기는 0.2x45°
4. 부 외면 명청색,명적색 도장후 가공(품번1,2,4)
5. 표면 거칠기 기호 비교표
, Ry50 , Rz50 , N10
, Ry12.5, Rz12.5, N8
,Ry3.2 , Rz3.2 , N6
스퍼어기어 요목표
구분 / 품번 : ④
기어 치형 : 표 준
공구 치 형 : 보 통 이
모 듈 : 2
압 력 각 : 20°
잇 수 : 50
피치원 지름 : P.C.Dø100
전체이 높이 : 4.5
다듬질 방법 : 호브 절삭
정 밀 도 : KS B ISO 1328-1,4급
4 스퍼어기어 SC480 1
3 축 SCM430 1
2 V-벨트풀리 GC250 1 A형
1 본체 GC250 1
품 번 품 명 재 질 수 량 비 고
과제명 V-벨트전동장치-2 척 도 1:1 각 법 3
KS A ISO 6411-1
A2/4.25
© 2016 ~ 다솔유캠퍼스·dasol2001.co.kr

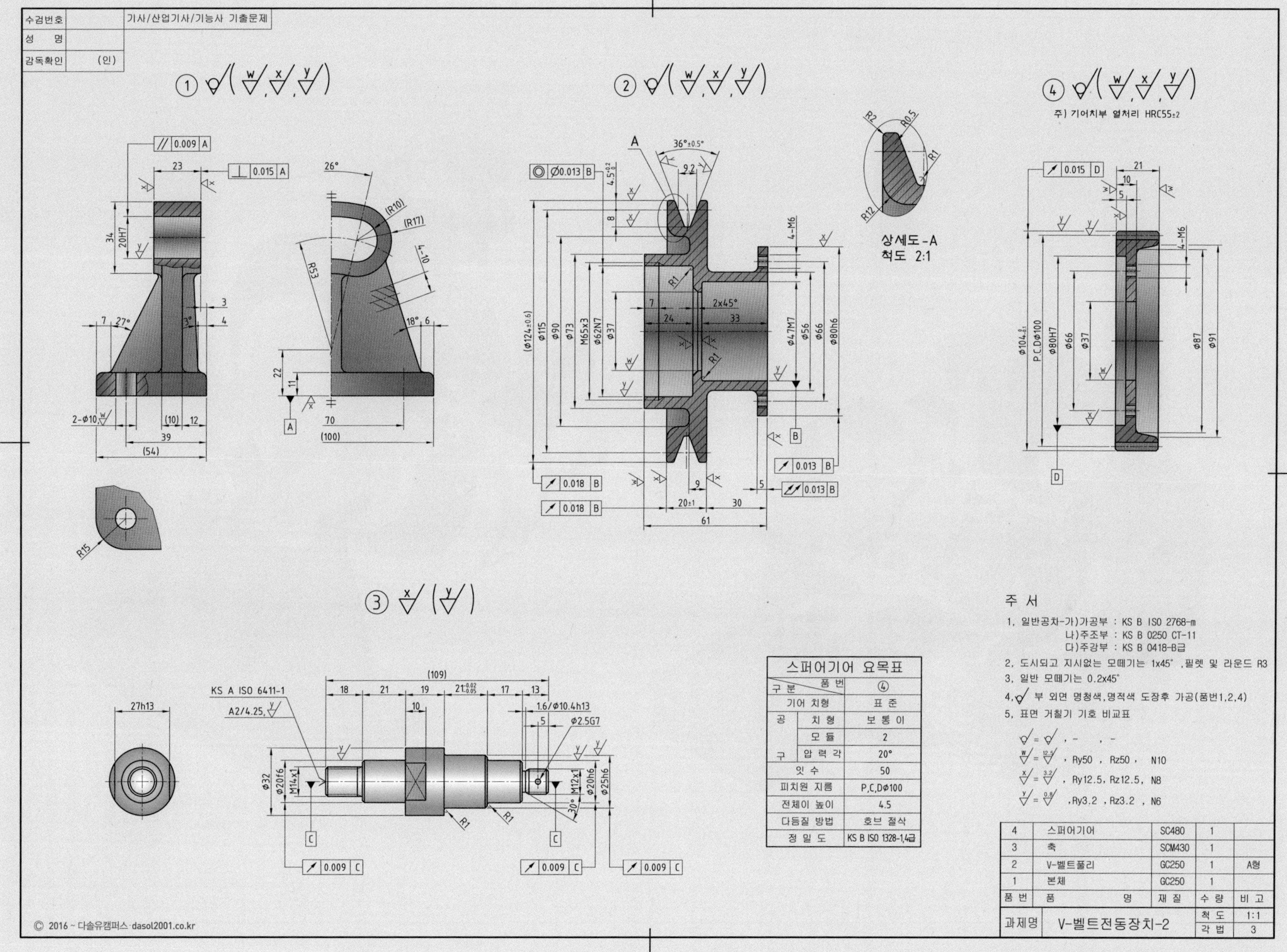


| 스퍼어기어 요목표 | | |
|---|---|---|
| 구분 \ 품번 | | ④ |
| 기어 치형 | | 표 준 |
| 공구 | 치 형 | 보 통 이 |
| | 모 듈 | 2 |
| | 압 력 각 | 20° |
| 잇 수 | | 50 |
| 피치원 지름 | | P,C,Dφ100 |
| 전체이 높이 | | 4.5 |
| 다듬질 방법 | | 호브 절삭 |
| 정 밀 도 | | KS B ISO 1328-1,4급 |

| 품 번 | 품 명 | 재 질 | 수 량 | 비 고 |
|---|---|---|---|---|
| 4 | 스퍼어기어 | SC480 | 1 | |
| 3 | 축 | SCM430 | 1 | |
| 2 | V-벨트풀리 | GC250 | 1 | A형 |
| 1 | 본체 | GC250 | 1 | |

| 과제명 | V-벨트전동장치-2 | 척 도 | 1:1 |
|---|---|---|---|
| | | 각 법 | 3 |

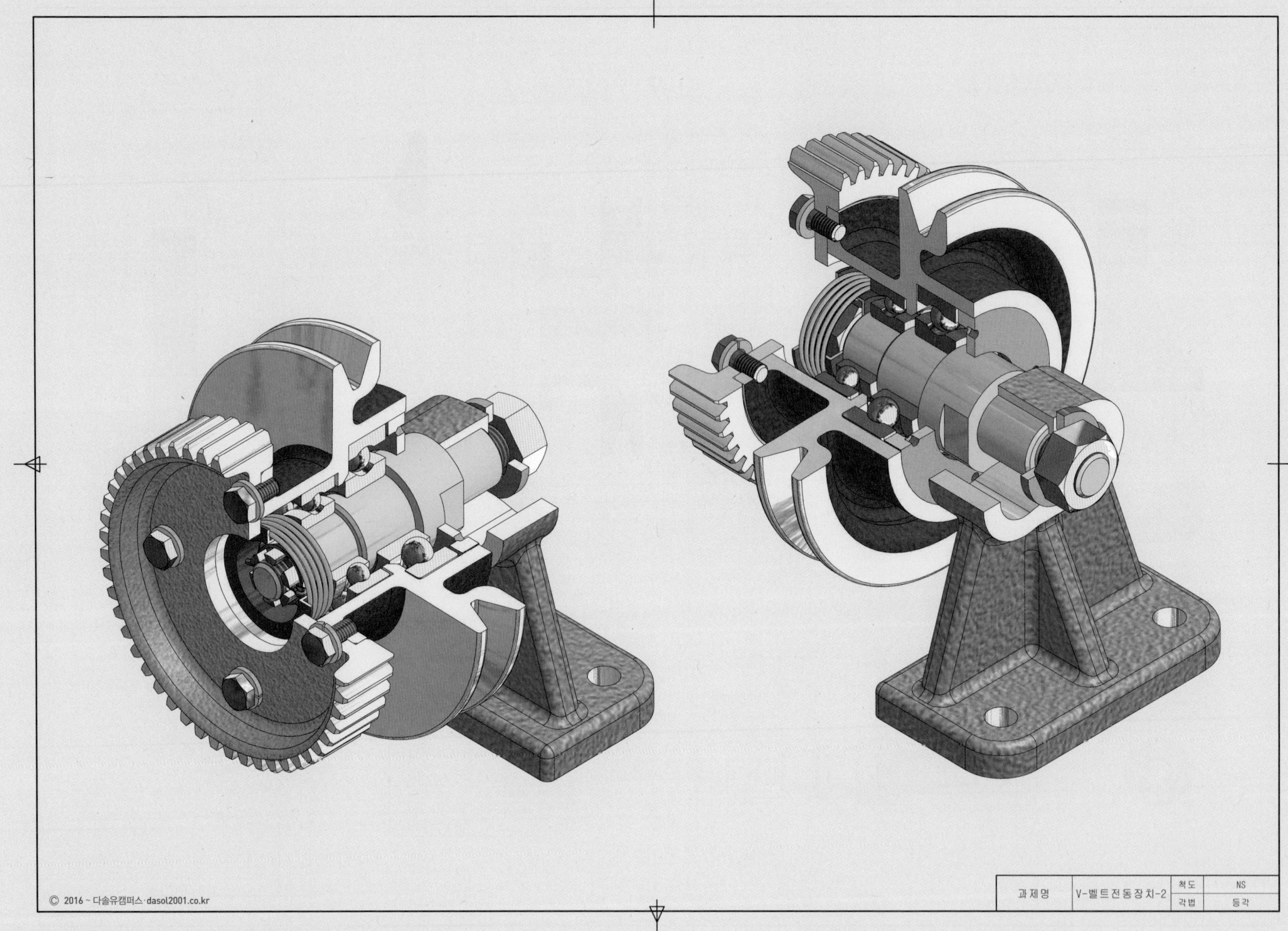
© 2016 ~ 다솔유캠퍼스·dasol2001.co.kr
과제명
V-벨트전동장치-2
척도
NS
각법
등각

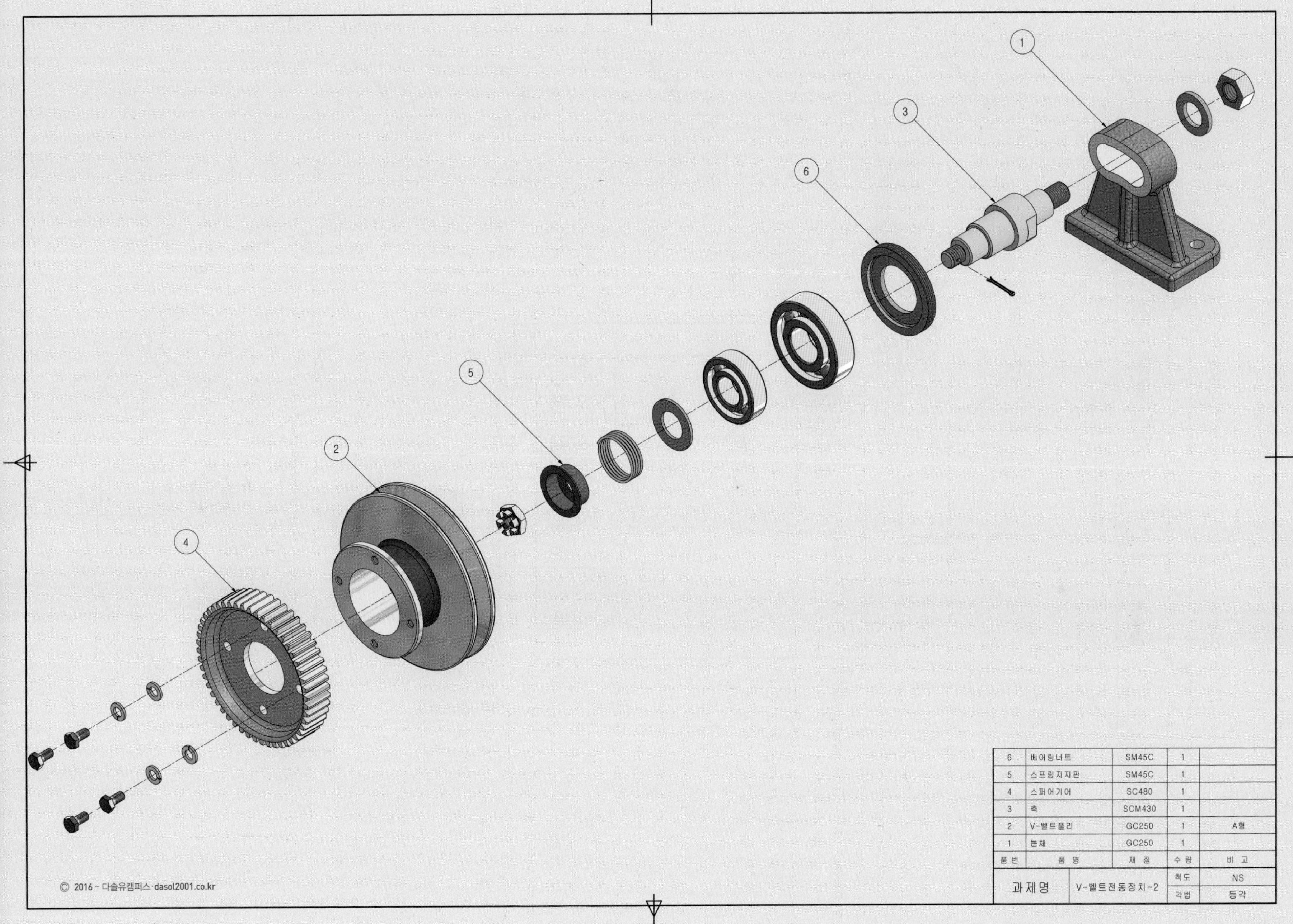


| 6 | 베어링너트 | SM45C | 1 | |
|---|---|---|---|---|
| 5 | 스프링지지판 | SM45C | 1 | |
| 4 | 스퍼어기어 | SC480 | 1 | |
| 3 | 축 | SCM430 | 1 | |
| 2 | V-벨트풀리 | GC250 | 1 | A형 |
| 1 | 본체 | GC250 | 1 | |
| 품번 | 품 명 | 재 질 | 수 량 | 비 고 |
| 과제명 | V-벨트전동장치-2 | | 척도 | NS |
| | | | 각법 | 등각 |

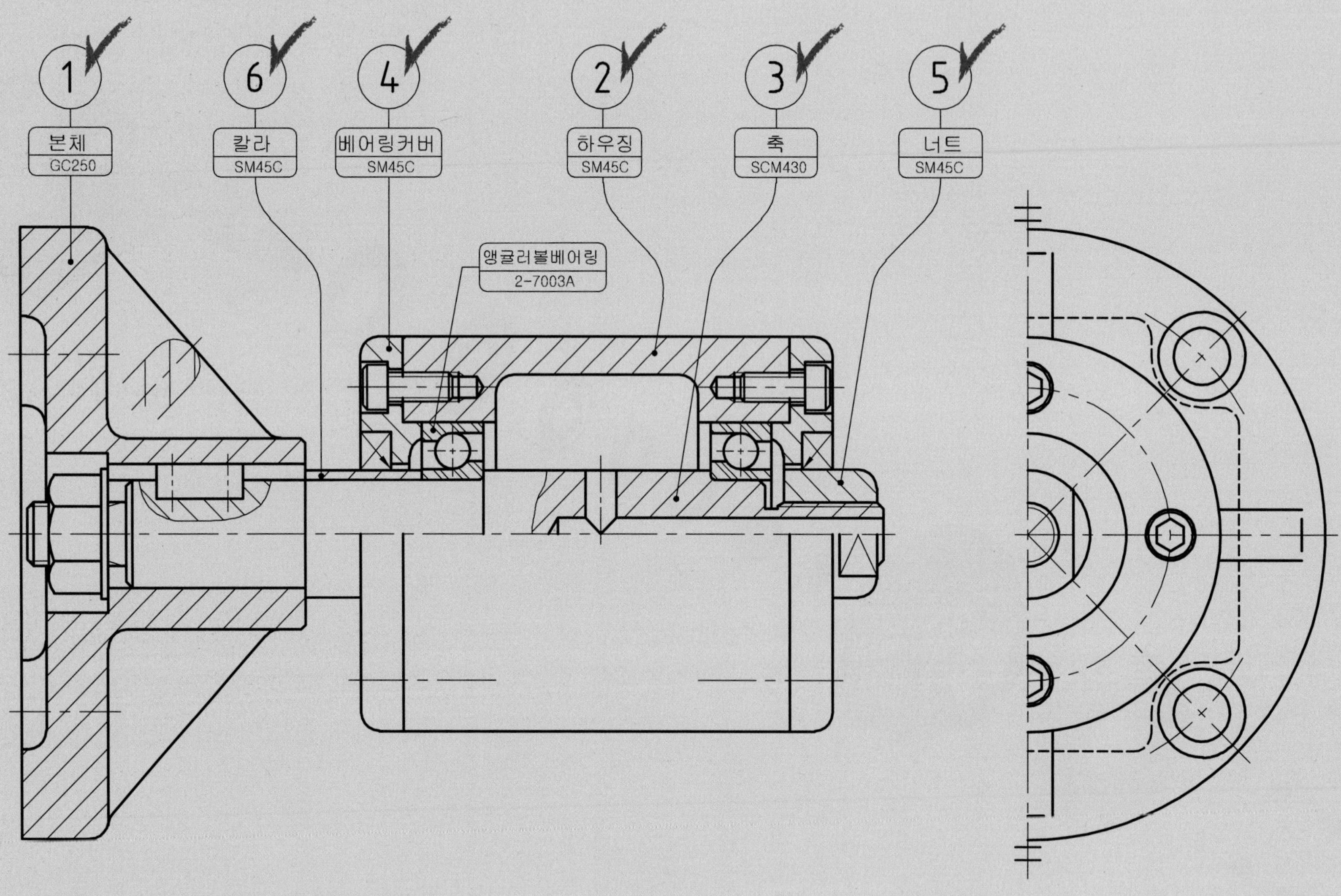
1
본체
GC250
6
칼라
SM45C
4
베어링커버
SM45C
2
하우징
SM45C
3
축
SCM430
5
너트
SM45C
앵귤러볼베어링
2-7003A

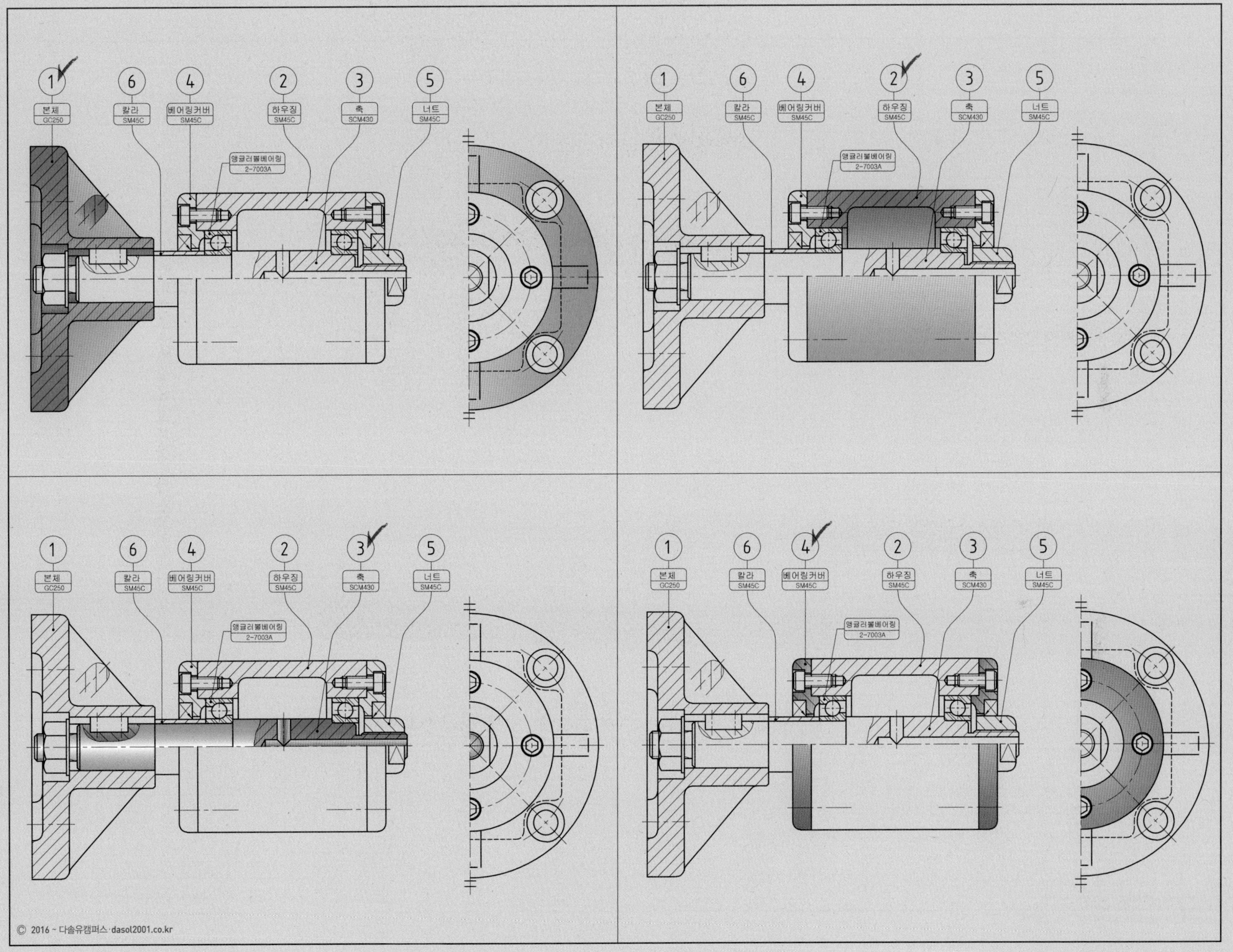
1
본체
GC250
6
칼라
SM45C
4
베어링커버
SM45C
2
하우징
SM45C
3
축
SCM430
5
너트
SM45C
앵귤러볼베어링
2-7003A

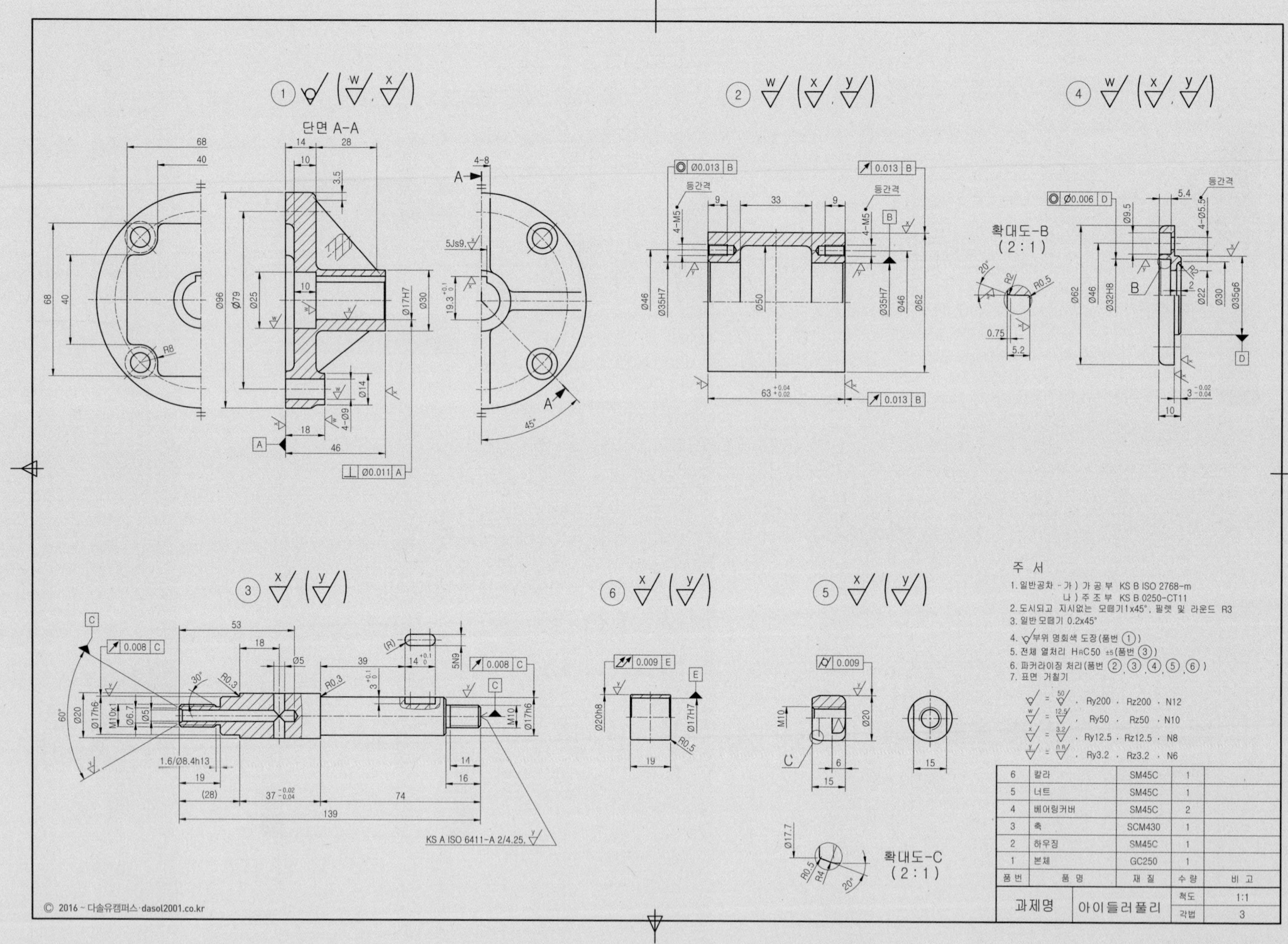


| 품번 | 품 명 | 재 질 | 수 량 | 비 고 |
|---|---|---|---|---|
| 6 | 칼라 | SM45C | 1 | |
| 5 | 너트 | SM45C | 1 | |
| 4 | 베어링커버 | SM45C | 2 | |
| 3 | 축 | SCM430 | 1 | |
| 2 | 하우징 | SM45C | 1 | |
| 1 | 본체 | GC250 | 1 | |

| 과제명 | 아이들러풀리 | 척도 | 1:1 |
|---|---|---|---|
| | | 각법 | 3 |

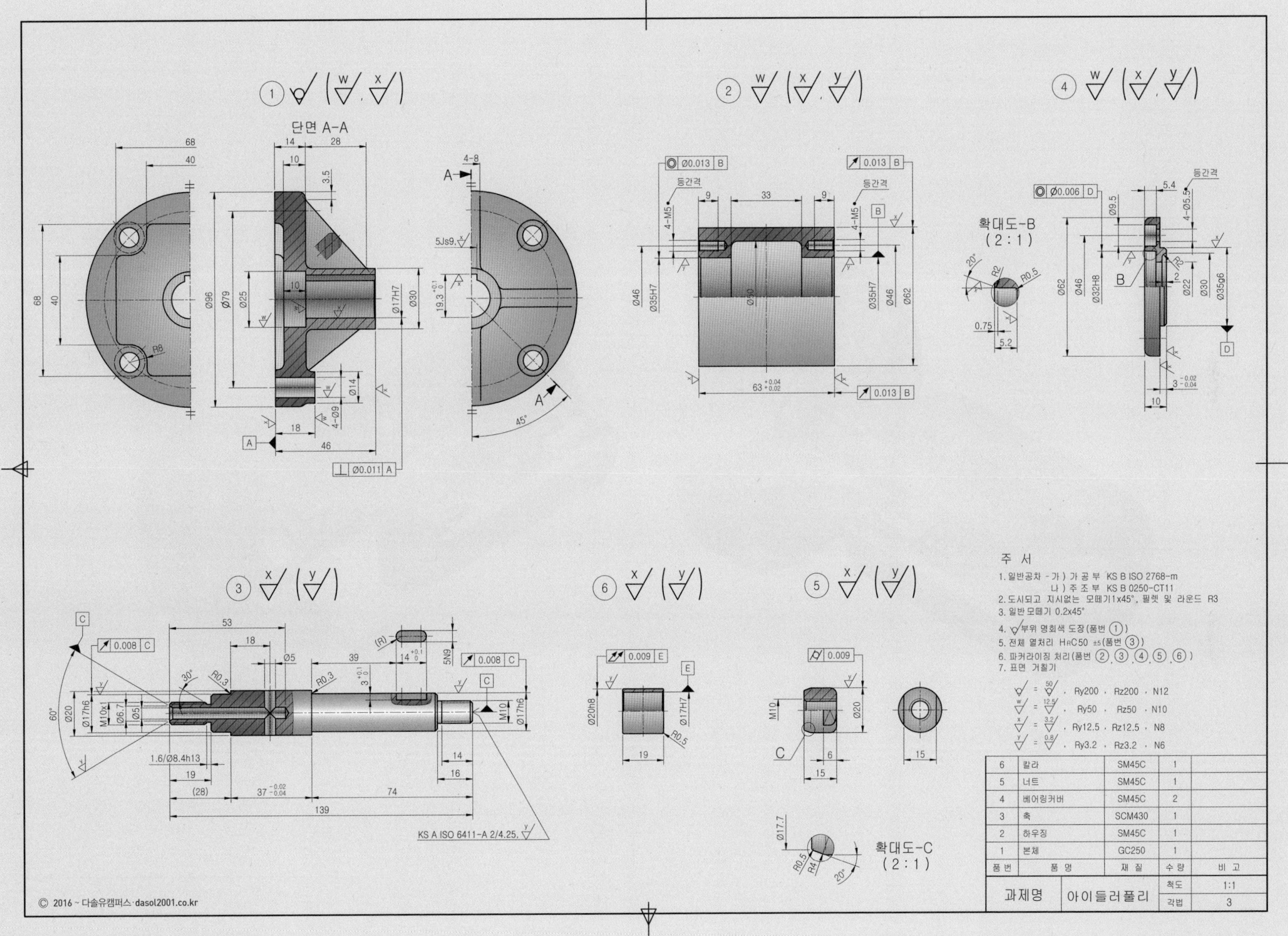


| 품번 | 품 명 | 재 질 | 수 량 | 비 고 |
|---|---|---|---|---|
| 6 | 칼라 | SM45C | 1 | |
| 5 | 너트 | SM45C | 1 | |
| 4 | 베어링커버 | SM45C | 2 | |
| 3 | 축 | SCM430 | 1 | |
| 2 | 하우징 | SM45C | 1 | |
| 1 | 본체 | GC250 | 1 | |

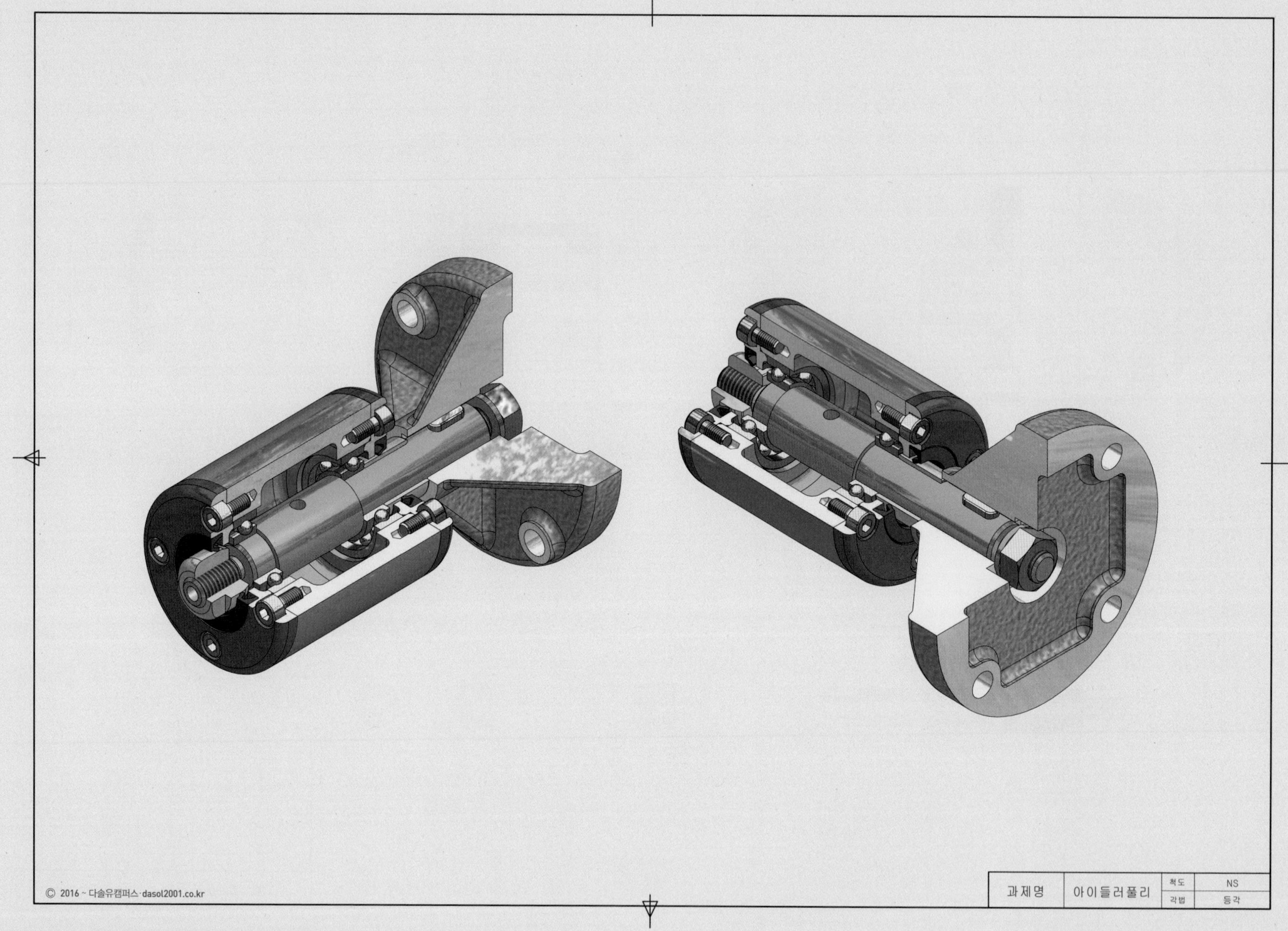

© 2016 ~ 다솔유캠퍼스·dasol2001.co.kr
과제명
아이들러풀리
척도
NS
각법
등각

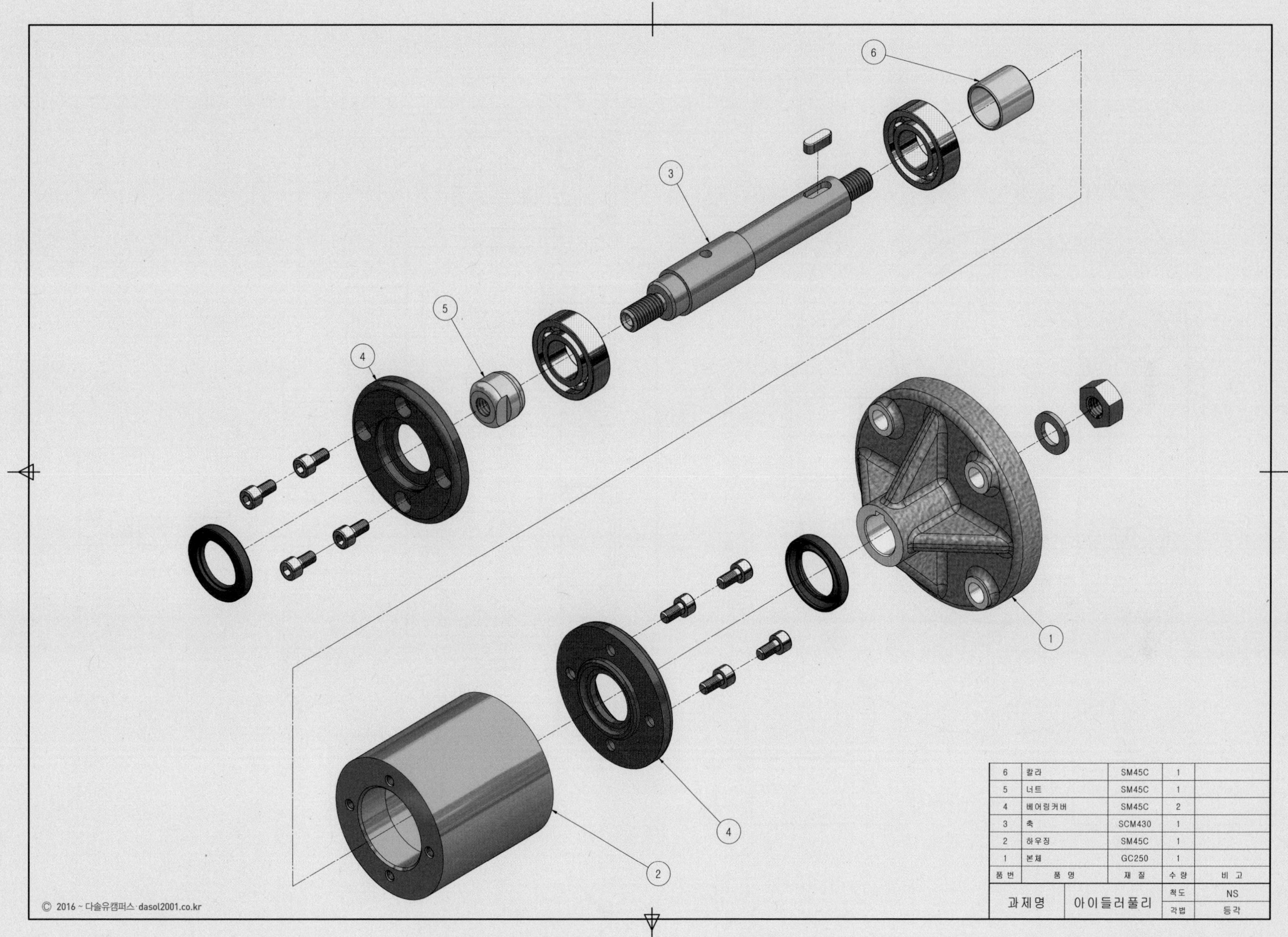


| 6 | 칼라 | SM45C | 1 | |
|---|---|---|---|---|
| 5 | 너트 | SM45C | 1 | |
| 4 | 베어링커버 | SM45C | 2 | |
| 3 | 축 | SCM430 | 1 | |
| 2 | 하우징 | SM45C | 1 | |
| 1 | 본체 | GC250 | 1 | |
| 품 번 | 품 명 | 재 질 | 수 량 | 비 고 |
| 과제명 | 아이들러풀리 | | 척도 | NS |
| | | | 각법 | 등각 |

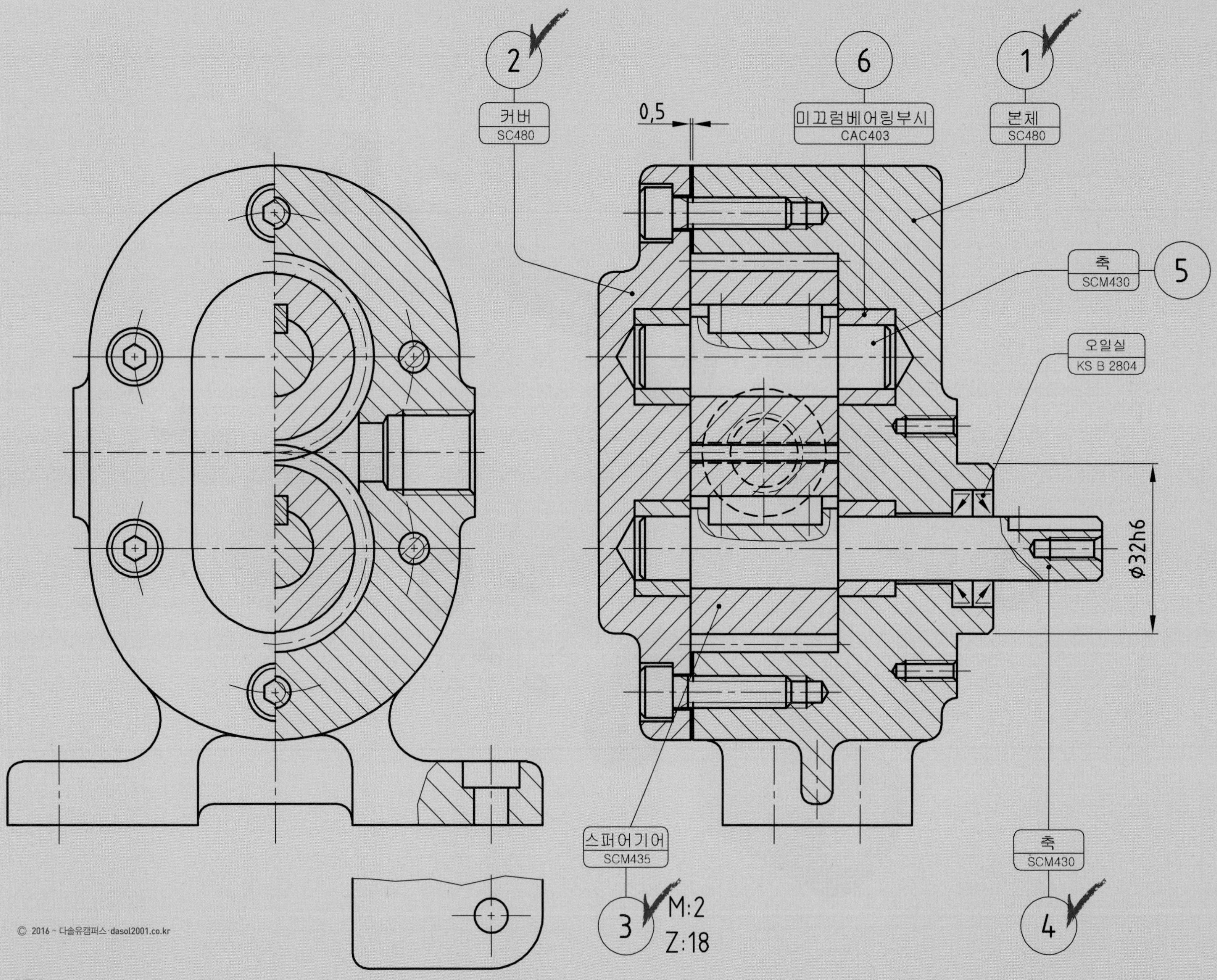
2
커버
SC480
0,5
6
미끄럼베어링부시
CAC403
1
본체
SC480
축
SCM430
5
오일실
KS B 2804
ϕ32h6
스퍼어기어
SCM435
3
M:2
Z:18
축
SCM430
4

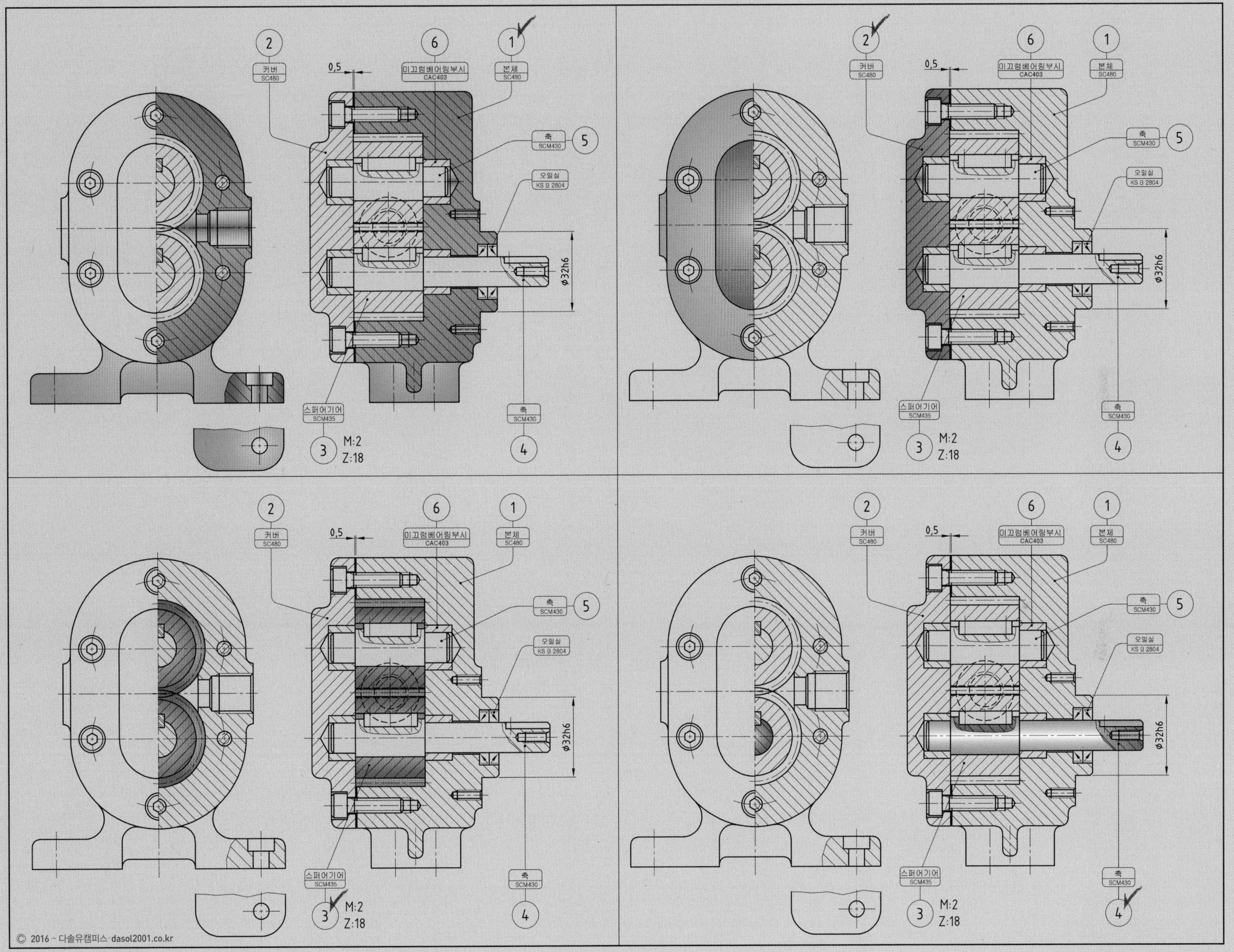
2
커버
SC480
6
미끄럼베어링부시
CAC403
1
본체
SC480
0,5
축
SCM430
5
오일실
KS B 2804
φ32h6
스퍼어기어
SCM435
3
M:2
Z:18
축
SCM430
4

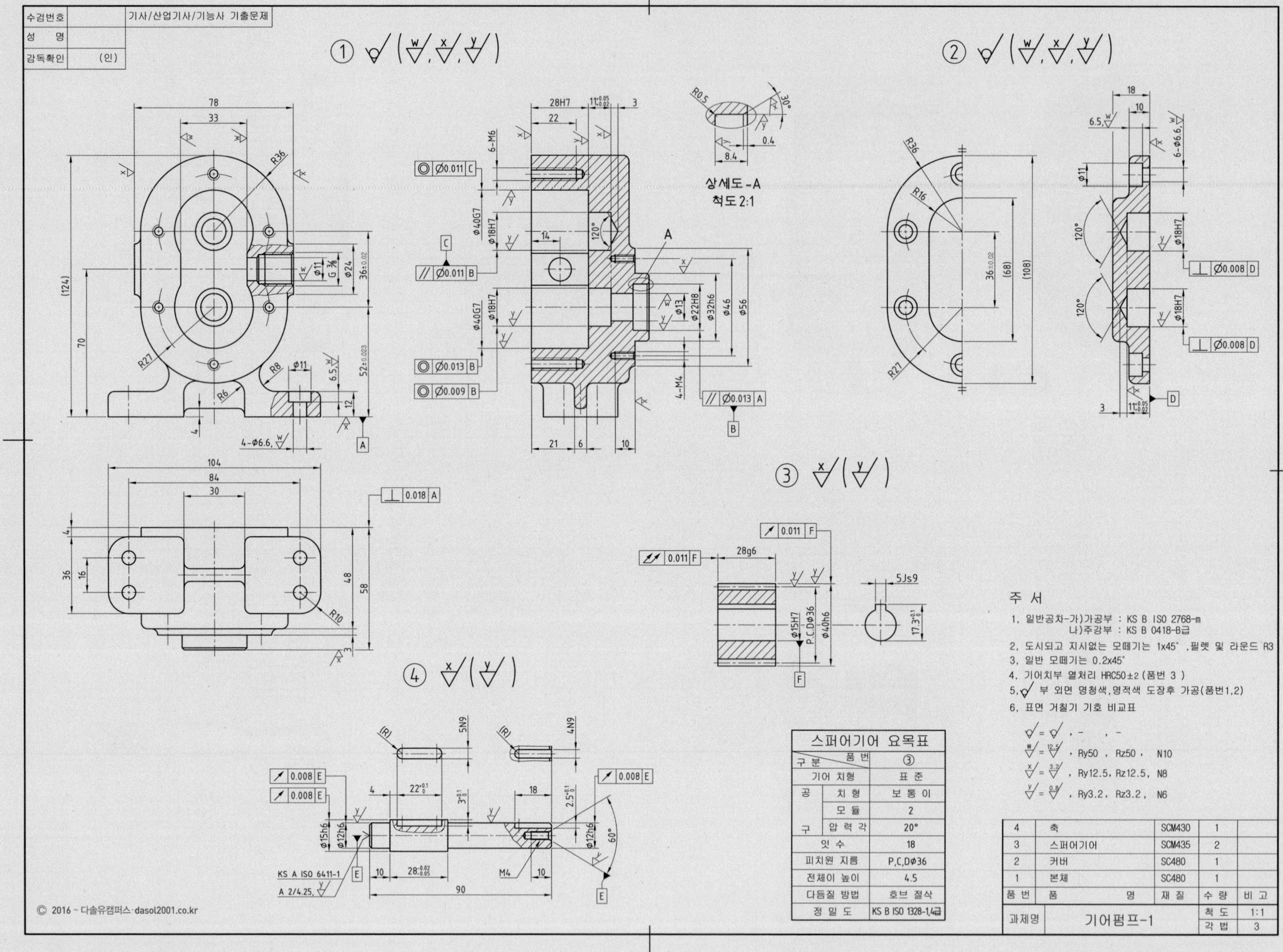


| 스퍼어기어 요목표 | | |
|---|---|---|
| 구분 \ 품번 | | ③ |
| 기어 치형 | | 표 준 |
| 공구 | 치 형 | 보 통 이 |
| | 모 듈 | 2 |
| | 압 력 각 | 20° |
| 잇 수 | | 18 |
| 피치원 지름 | | P,C,Dø36 |
| 전체이 높이 | | 4.5 |
| 다듬질 방법 | | 호브 절삭 |
| 정 밀 도 | | KS B ISO 1328-1,4급 |

| 품 번 | 품 명 | 재 질 | 수 량 | 비 고 |
|---|---|---|---|---|
| 4 | 축 | SCM430 | 1 | |
| 3 | 스퍼어기어 | SCM435 | 2 | |
| 2 | 커버 | SC480 | 1 | |
| 1 | 본체 | SC480 | 1 | |
| 과제명 | 기어펌프-1 | | 척 도 | 1:1 |
| | | | 각 법 | 3 |

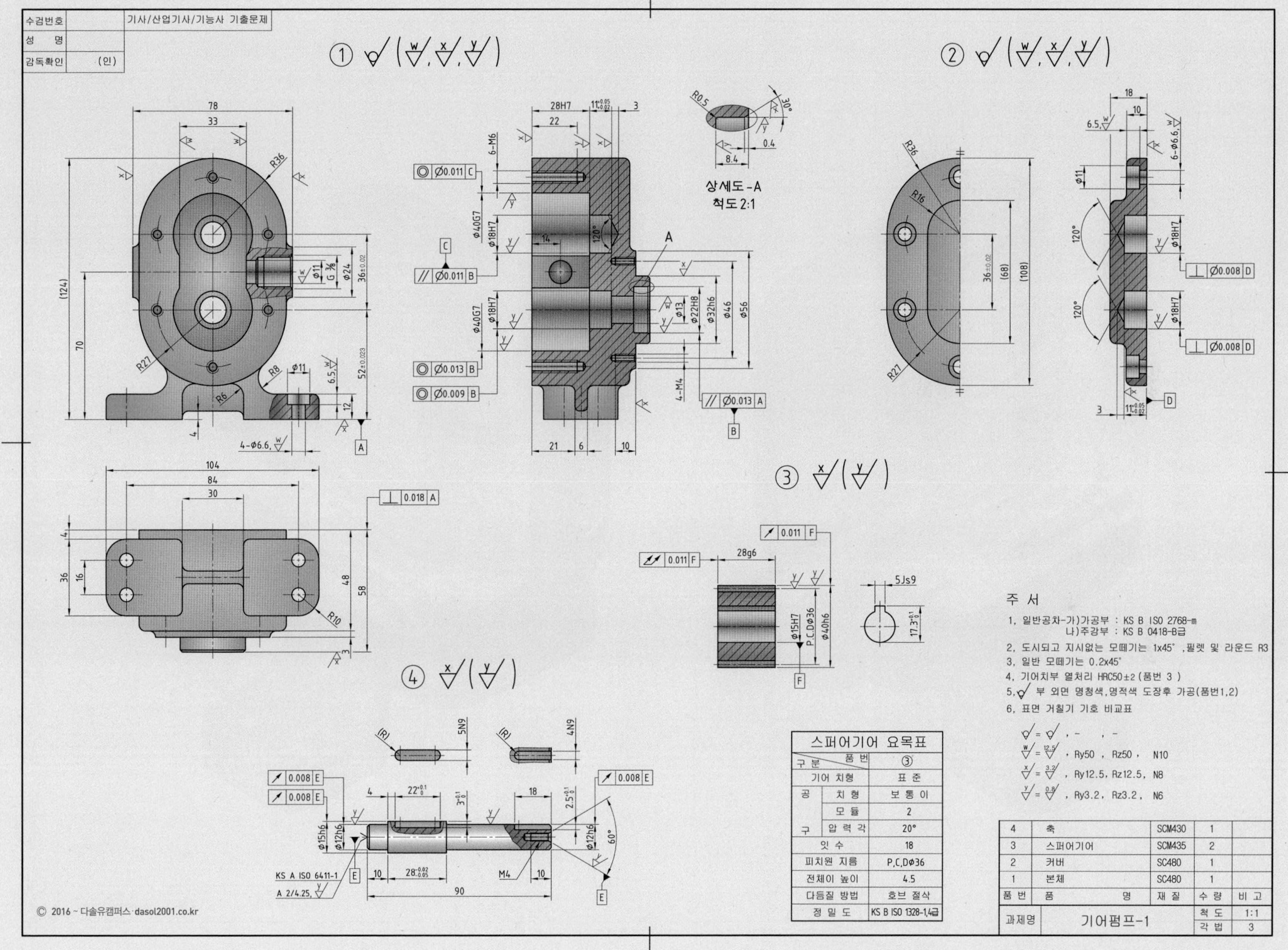


| 스퍼어기어 요목표 | | |
|---|---|---|
| 구분 | 품번 | ③ |
| 기어 치형 | | 표 준 |
| 공구 | 치 형 | 보 통 이 |
| | 모 듈 | 2 |
| | 압 력 각 | 20° |
| 잇 수 | | 18 |
| 피치원 지름 | | P.C.Dø36 |
| 전체이 높이 | | 4.5 |
| 다듬질 방법 | | 호브 절삭 |
| 정 밀 도 | | KS B ISO 1328-1,4급 |

| 품 번 | 품 명 | 재 질 | 수 량 | 비 고 |
|---|---|---|---|---|
| 4 | 축 | SCM430 | 1 | |
| 3 | 스퍼어기어 | SCM435 | 2 | |
| 2 | 커버 | SC480 | 1 | |
| 1 | 본체 | SC480 | 1 | |

| 과제명 | 기어펌프-1 | 척 도 | 1:1 |
|---|---|---|---|
| | | 각 법 | 3 |

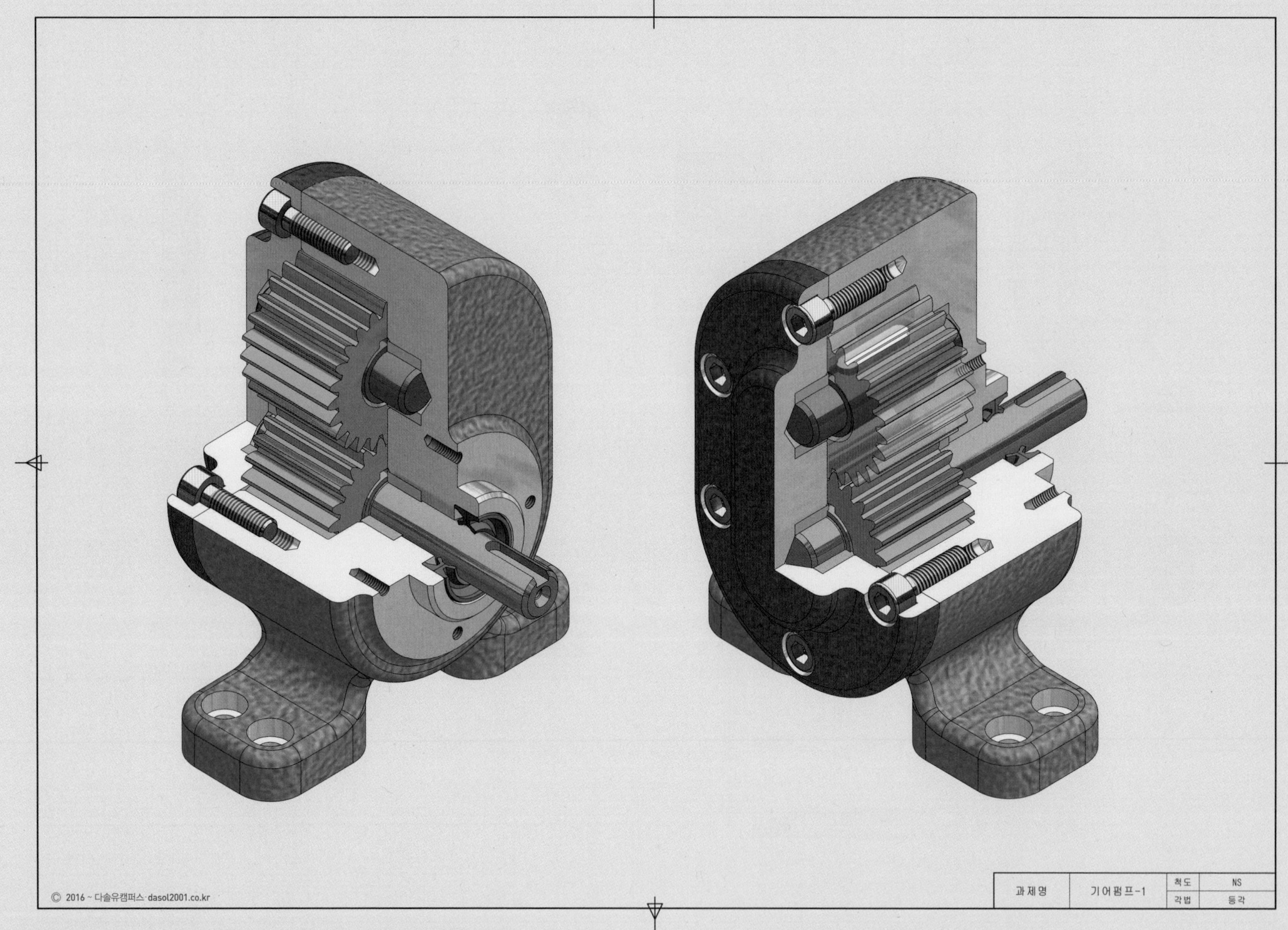
© 2016 ~ 다솔유캠퍼스·dasol2001.co.kr
과제명
기어펌프-1
척도
NS
각법
등각

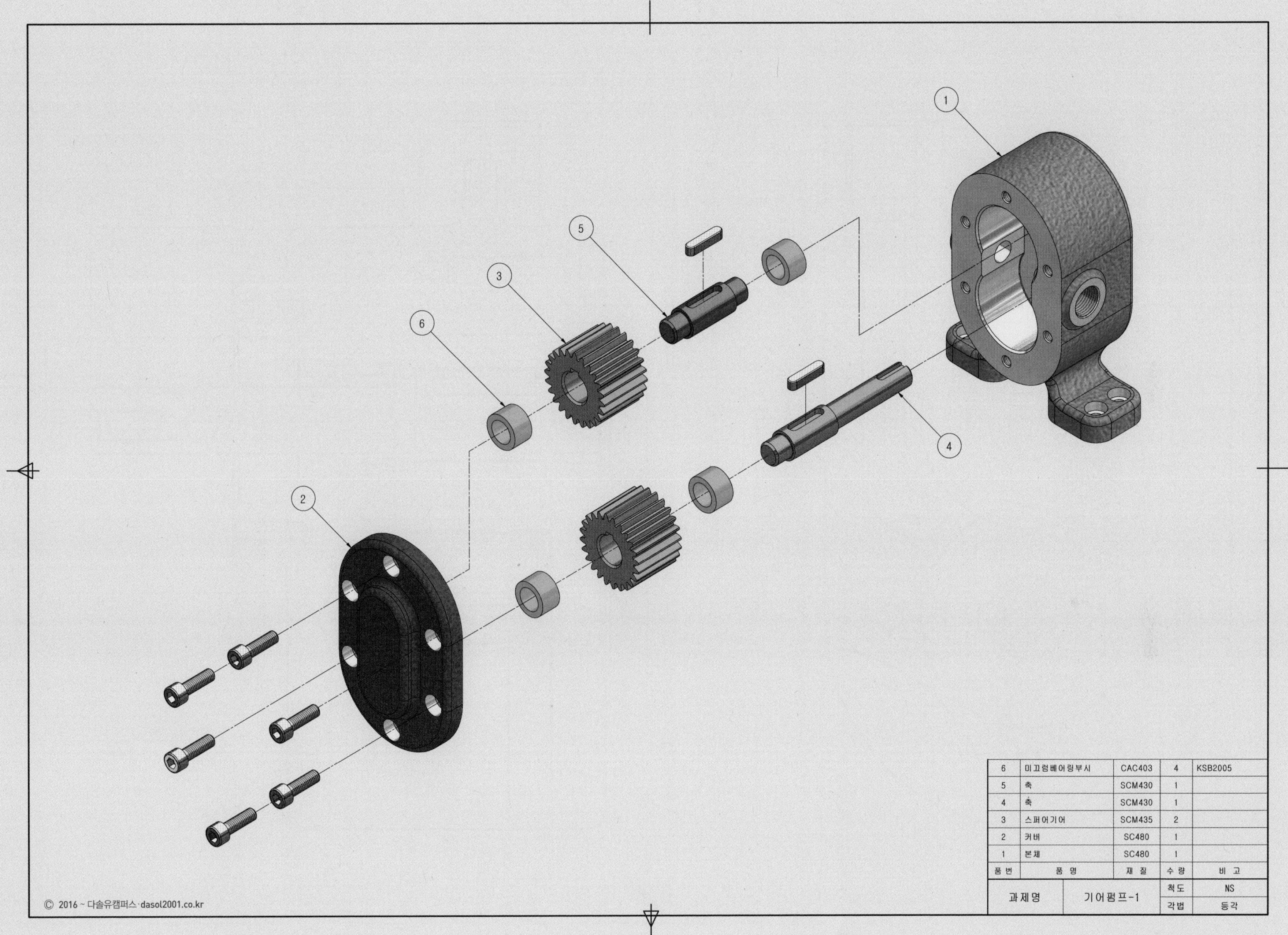


| 6 | 미끄럼베어링부시 | CAC403 | 4 | KSB2005 |
|---|---|---|---|---|
| 5 | 축 | SCM430 | 1 | |
| 4 | 축 | SCM430 | 1 | |
| 3 | 스퍼어기어 | SCM435 | 2 | |
| 2 | 커버 | SC480 | 1 | |
| 1 | 본체 | SC480 | 1 | |
| 품번 | 품 명 | 재 질 | 수 량 | 비 고 |
| 과제명 | 기어펌프-1 | | 척도 | NS |
| | | | 각법 | 등각 |

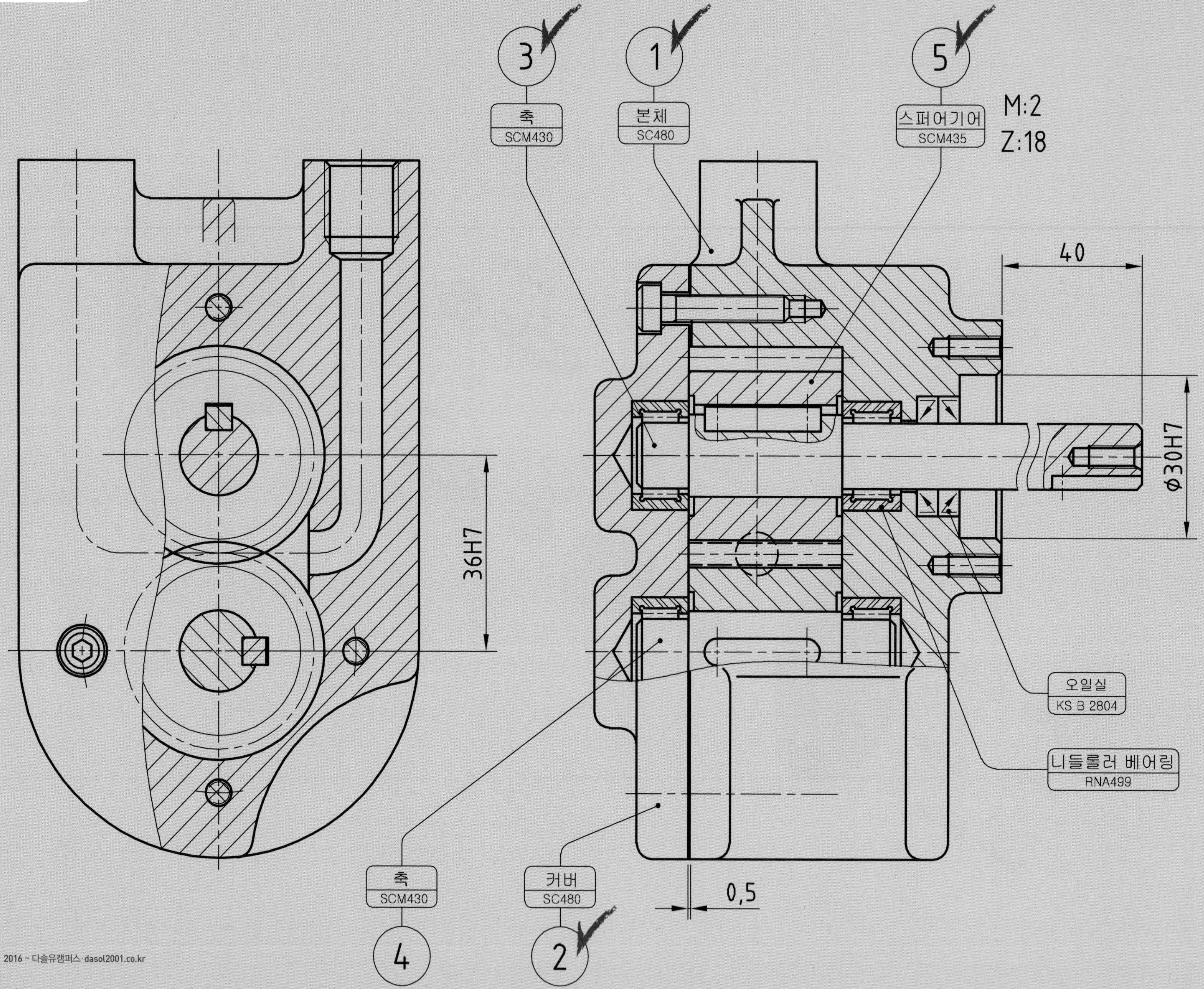
3
1
5
축
SCM430
본체
SC480
스퍼어기어
SCM435
M:2
Z:18
40
36H7
ϕ30H7
오일실
KS B 2804
니들롤러 베어링
RNA499
축
SCM430
커버
SC480
0,5
4
2

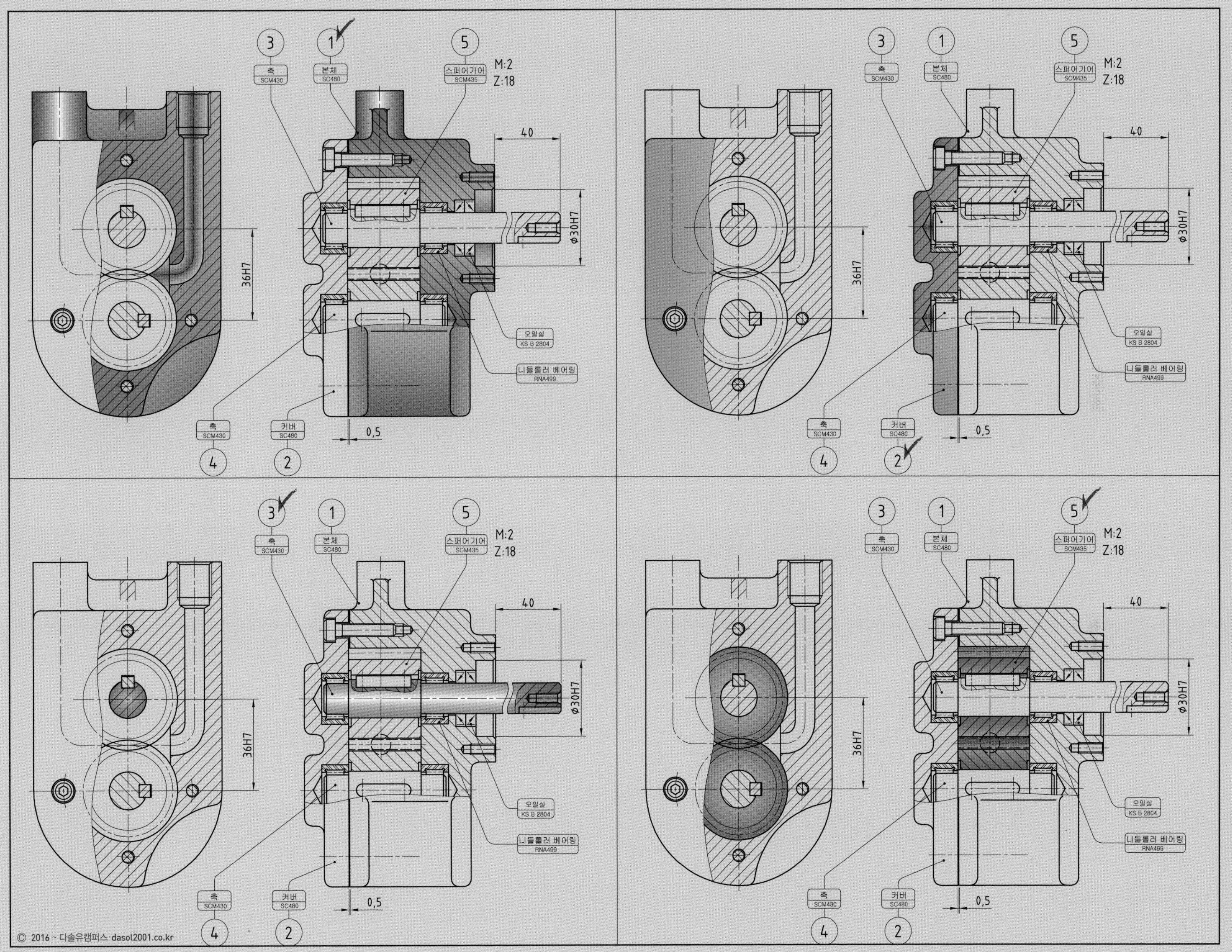

3
1
5
축
SCM430
본체
SC480
스퍼어기어
SCM435
M:2
Z:18
40
36H7
ø30H7
오일실
KS B 2804
니들롤러 베어링
RNA499
축
SCM430
커버
SC480
0,5
4
2

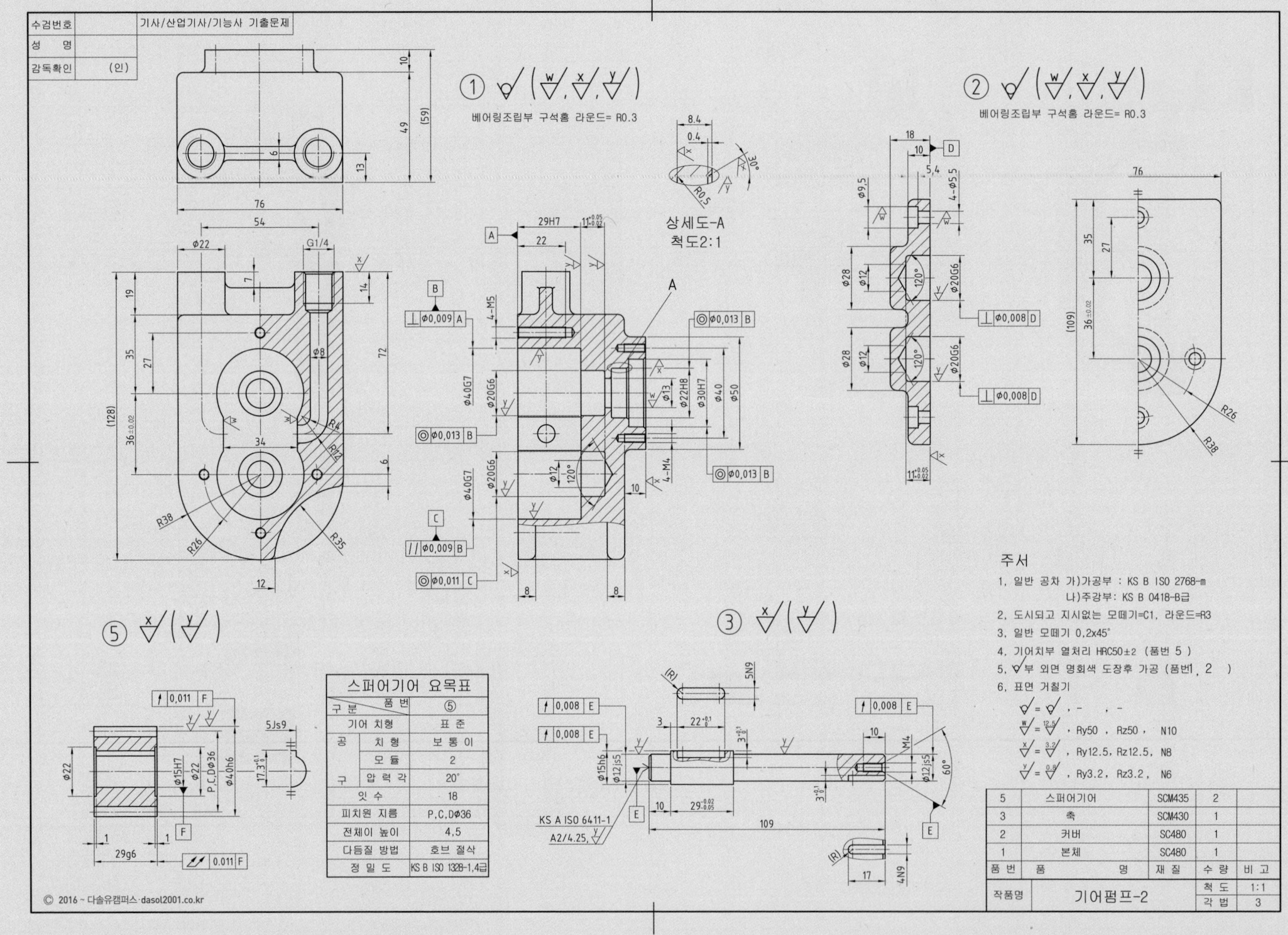
수검번호
성 명
감독확인 (인)
기사/산업기사/기능사 기출문제
① (w, x, y)
베어링조립부 구석홈 라운드= R0.3
② (w, x, y)
베어링조립부 구석홈 라운드= R0.3
상세도-A
척도2:1
⑤ x (y)
③ x (y)
스퍼어기어 요목표
구분 / 품번: ⑤
기어 치형: 표 준
공구 치 형: 보 통 이
공구 모 듈: 2
공구 압 력 각: 20°
잇 수: 18
피치원 지름: P.C.Dø36
전체이 높이: 4.5
다듬질 방법: 호브 절삭
정 밀 도: KS B ISO 1328-1,4급
주서
1. 일반 공차 가)가공부 : KS B ISO 2768-m
나)주강부: KS B 0418-B급
2. 도시되고 지시없는 모떼기=C1, 라운드=R3
3. 일반 모떼기 0.2x45°
4. 기어치부 열처리 HRC50±2 (품번 5 )
5. 부 외면 명회색 도장후 가공 (품번1, 2 )
6. 표면 거칠기
w = 12.5, Ry50 , Rz50 , N10
x = 3.2, Ry12.5, Rz12.5, N8
y = 0.8, Ry3.2, Rz3.2, N6
5 스퍼어기어 SCM435 2
3 축 SCM430 1
2 커버 SC480 1
1 본체 SC480 1
품번 품 명 재 질 수 량 비 고
작품명 기어펌프-2 척도 1:1 각법 3
KS A ISO 6411-1 A2/4.25
© 2016 ~ 다솔유캠퍼스·dasol2001.co.kr

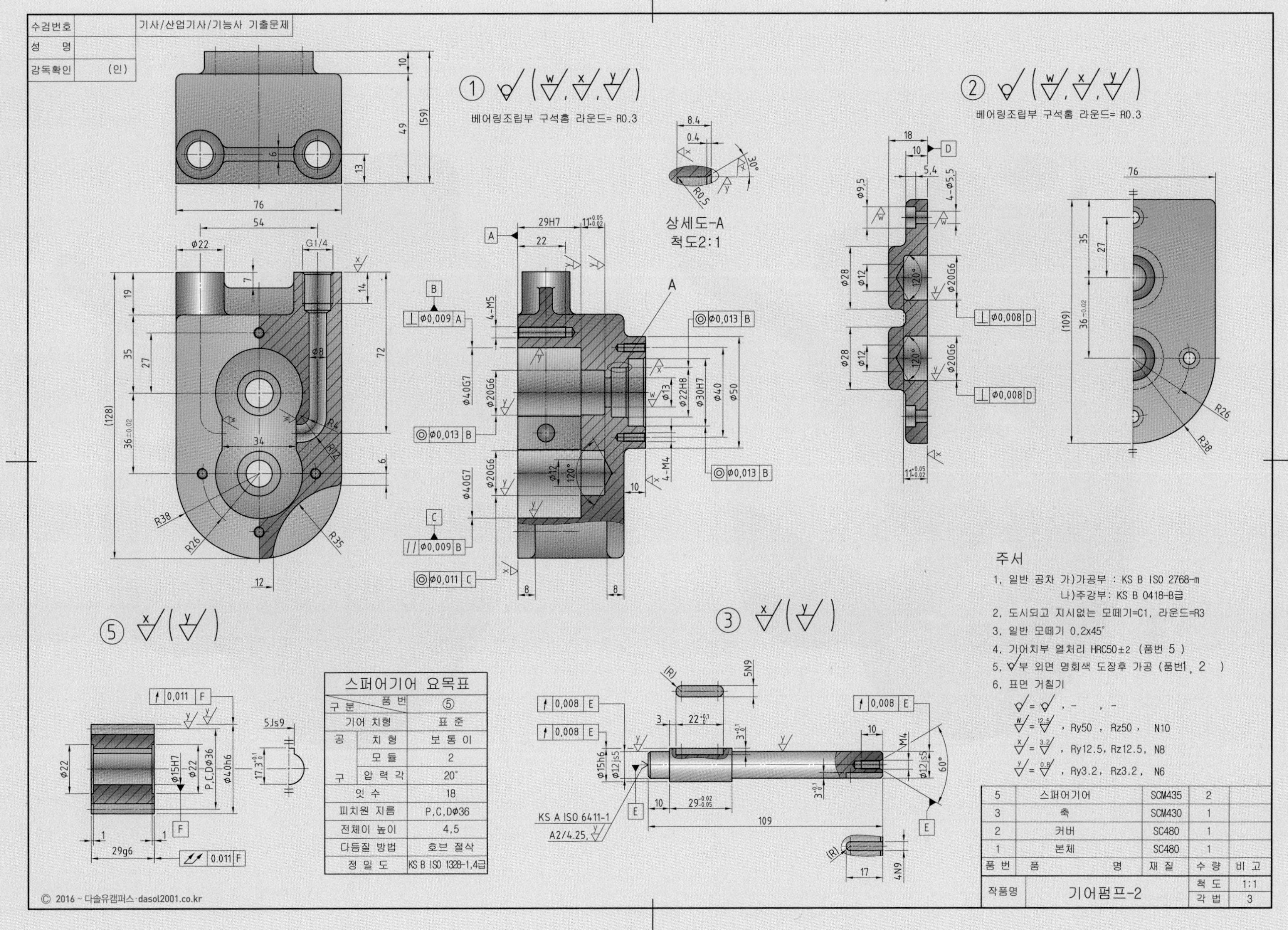


| 스퍼어기어 요목표 | | |
|---|---|---|
| 구분 | 품번 | ⑤ |
| 기어 치형 | | 표 준 |
| 공구 | 치 형 | 보 통 이 |
| | 모 듈 | 2 |
| | 압 력 각 | 20° |
| 잇 수 | | 18 |
| 피치원 지름 | | P.C.D⌀36 |
| 전체이 높이 | | 4.5 |
| 다듬질 방법 | | 호브 절삭 |
| 정 밀 도 | | KS B ISO 1328-1,4급 |

주서

1. 일반 공차 가)가공부 : KS B ISO 2768-m
   나)주강부: KS B 0418-B급
2. 도시되고 지시없는 모떼기=C1, 라운드=R3
3. 일반 모떼기 0.2x45°
4. 기어치부 열처리 HRC50±2 (품번 5 )
5. ∀부 외면 명회색 도장후 가공 (품번1, 2 )
6. 표면 거칠기
   ∀ = ∀ , - , -
   W/ = 12.5/ , Ry50 , Rz50 , N10
   X/ = 3.2/ , Ry12.5, Rz12.5, N8
   Y/ = 0.8/ , Ry3.2, Rz3.2, N6

| 품 번 | 품 명 | 재 질 | 수 량 | 비 고 |
|---|---|---|---|---|
| 5 | 스퍼어기어 | SCM435 | 2 | |
| 3 | 축 | SCM430 | 1 | |
| 2 | 커버 | SC480 | 1 | |
| 1 | 본체 | SC480 | 1 | |

| 작품명 | 기어펌프-2 | 척 도 | 1:1 |
|---|---|---|---|
| | | 각 법 | 3 |

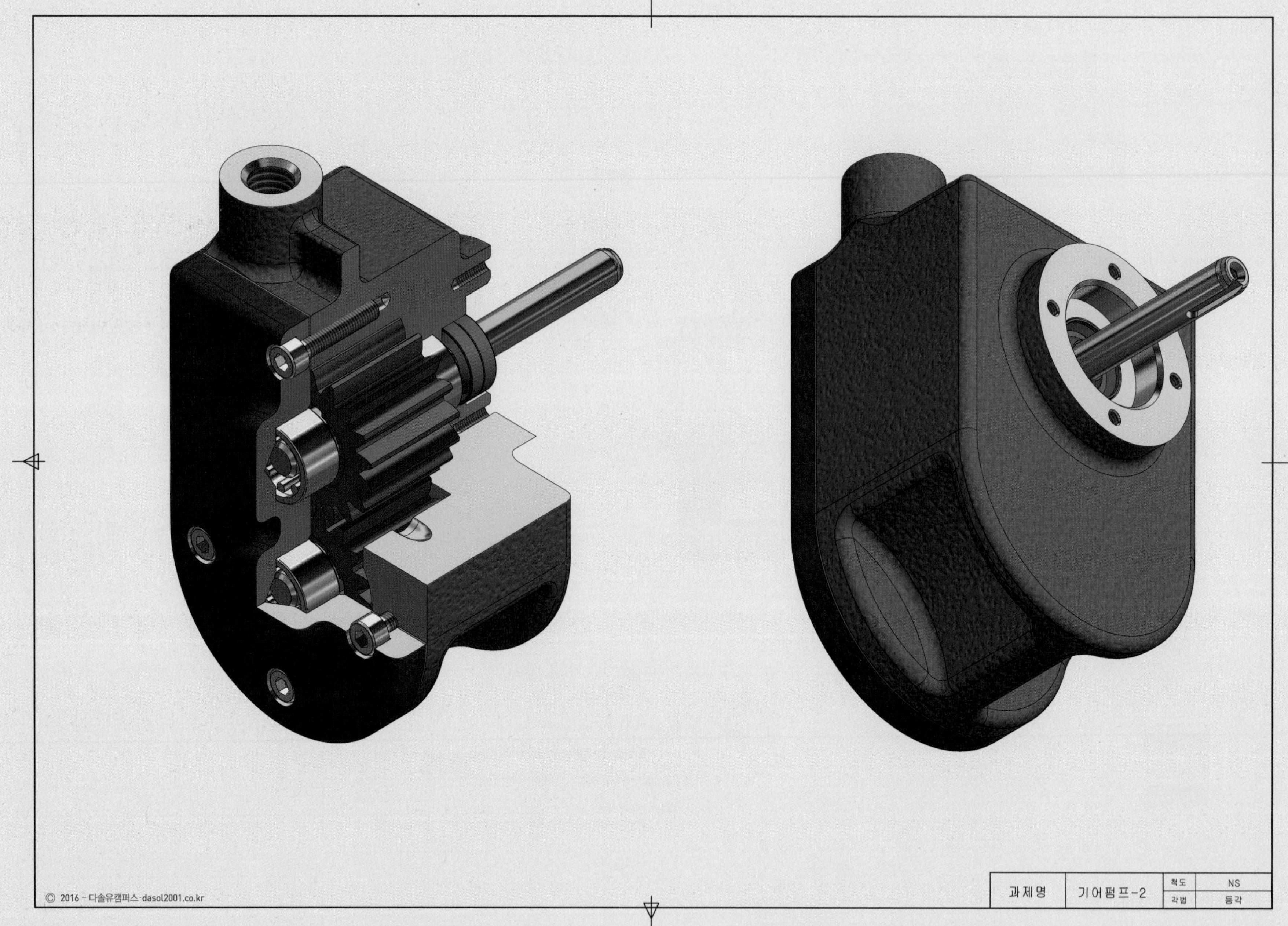
과제명
기어펌프-2
척도
NS
각법
등각
© 2016 ~ 다솔유캠퍼스·dasol2001.co.kr

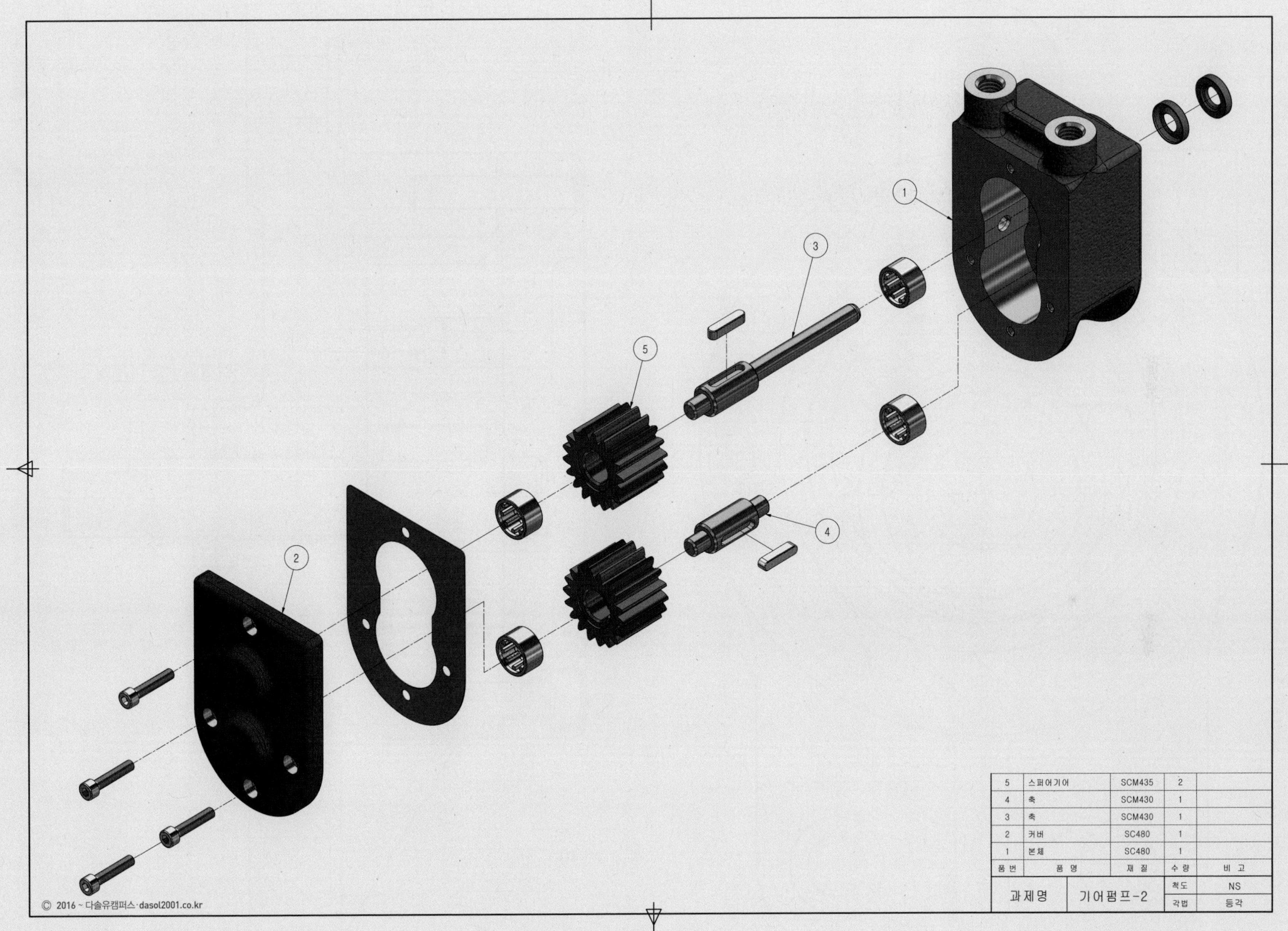


| 5 | 스퍼어기어 | SCM435 | 2 | |
|---|---|---|---|---|
| 4 | 축 | SCM430 | 1 | |
| 3 | 축 | SCM430 | 1 | |
| 2 | 커버 | SC480 | 1 | |
| 1 | 본체 | SC480 | 1 | |
| 품 번 | 품 명 | 재 질 | 수 량 | 비 고 |
| 과제명 | 기어펌프-2 | | 척도 | NS |
| | | | 각법 | 등각 |

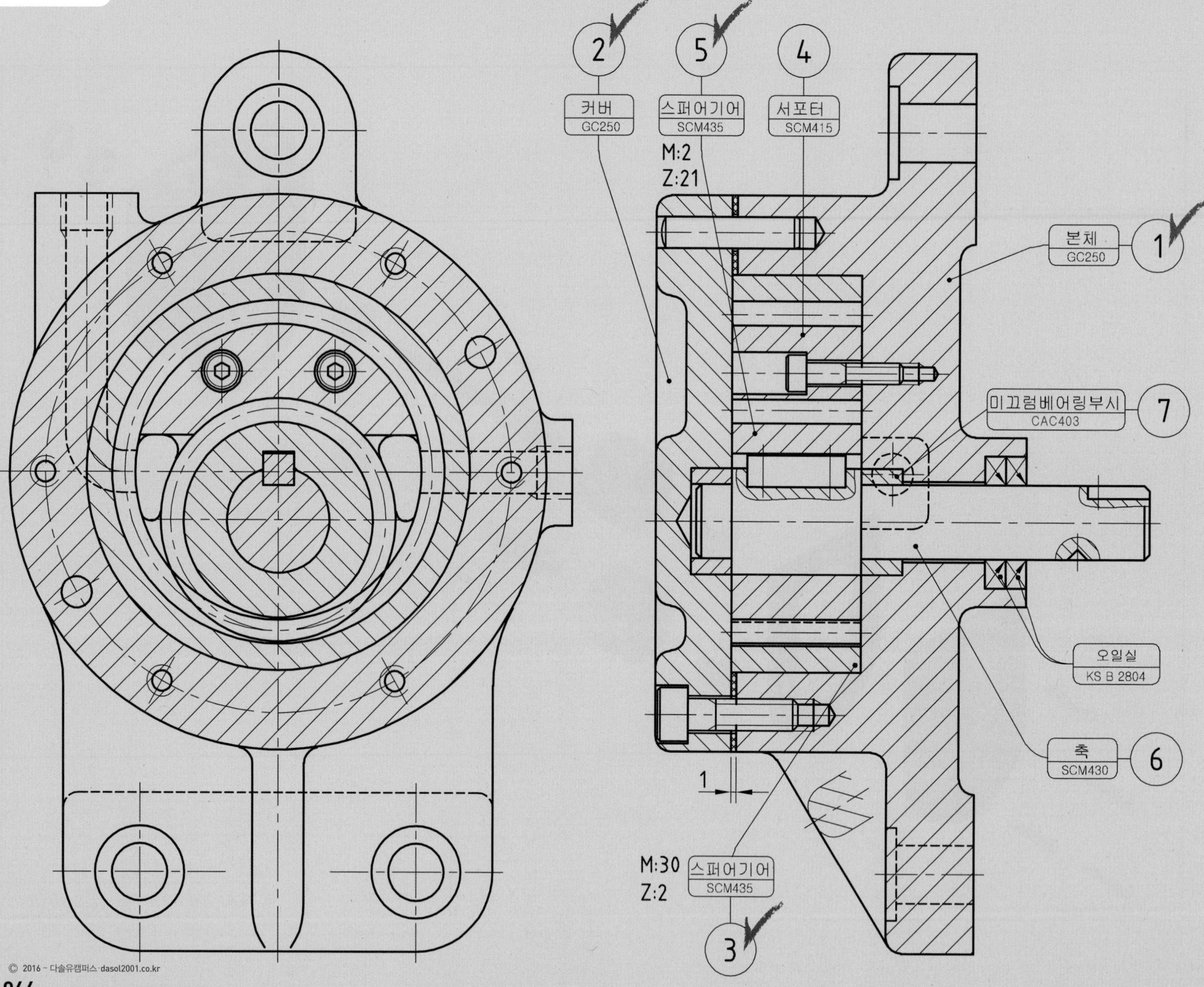
2
커버
GC250
5
스퍼어기어
SCM435
M:2
Z:21
4
서포터
SCM415
본체
GC250
1
미끄럼베어링부시
CAC403
7
오일실
KS B 2804
축
SCM430
6
1
M:30
Z:2
스퍼어기어
SCM435
3

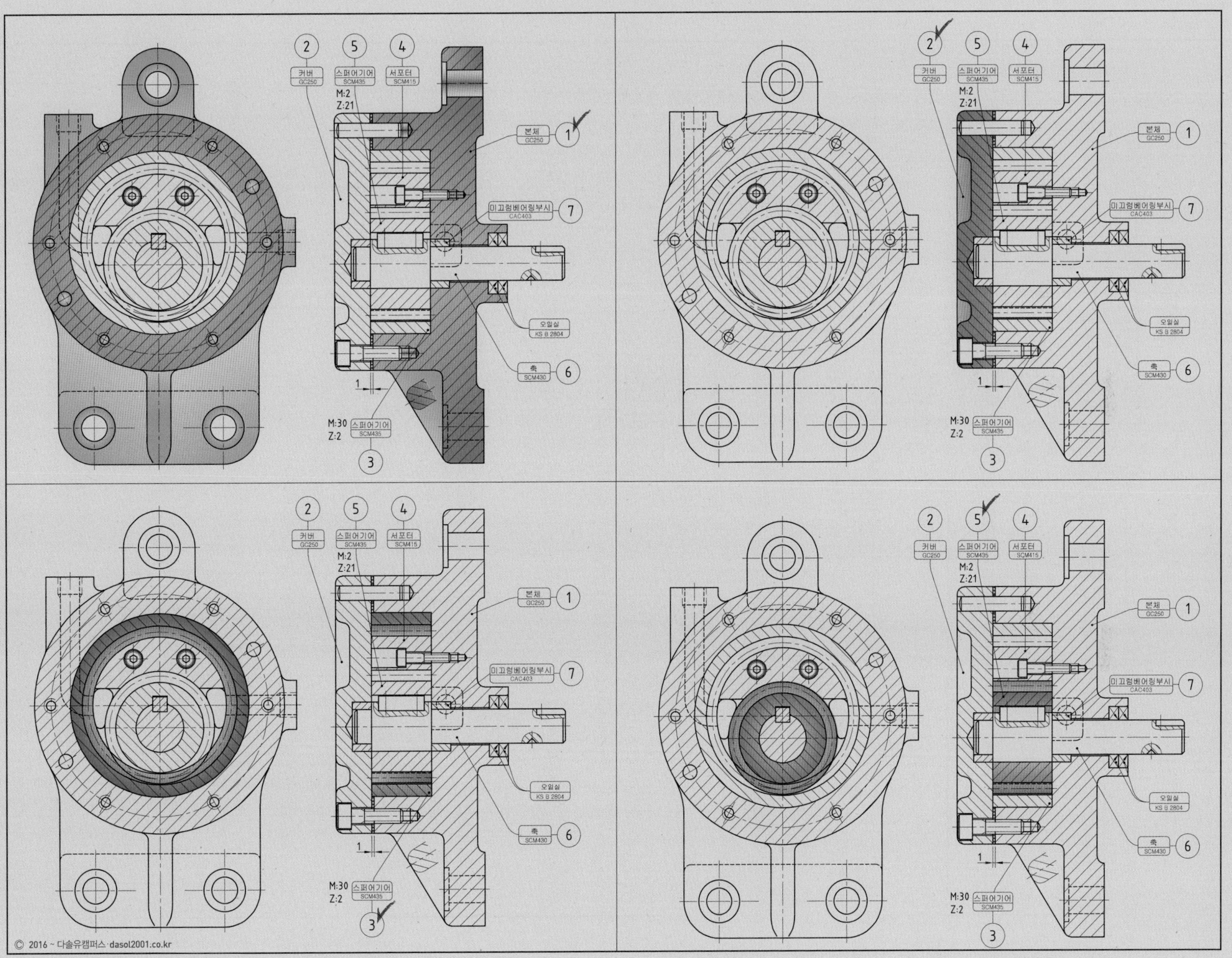
1 본체 GC250
2 커버 GC250
3 스퍼어기어 SCM435 M:30 Z:2
4 서포터 SCM415
5 스퍼어기어 SCM435 M:2 Z:21
6 축 SCM430
7 미끄럼베어링부시 CAC403
오일실 KS B 2804
1

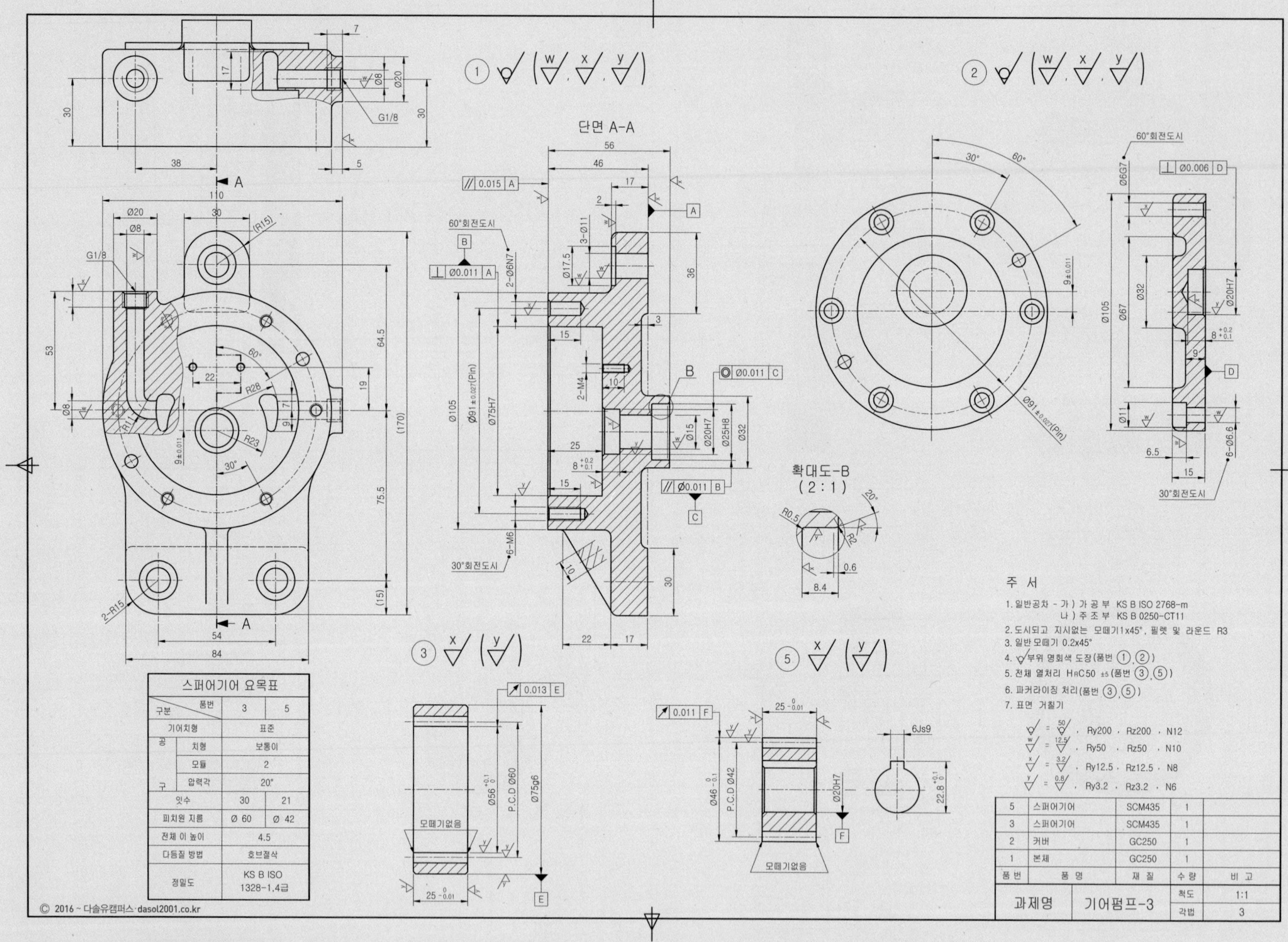


스퍼어기어 요목표

| 구분 \ 품번 | | 3 | 5 |
|---|---|---|---|
| 기어치형 | | 표준 | |
| 공구 | 치형 | 보통이 | |
| | 모듈 | 2 | |
| | 압력각 | 20° | |
| 잇수 | | 30 | 21 |
| 피치원 지름 | | Ø 60 | Ø 42 |
| 전체 이 높이 | | 4.5 | |
| 다듬질 방법 | | 호브절삭 | |
| 정밀도 | | KS B ISO 1328-1, 4급 | |

| 품번 | 품 명 | 재 질 | 수 량 | 비 고 |
|---|---|---|---|---|
| 5 | 스퍼어기어 | SCM435 | 1 | |
| 3 | 스퍼어기어 | SCM435 | 1 | |
| 2 | 커버 | GC250 | 1 | |
| 1 | 본체 | GC250 | 1 | |

| 과제명 | 기어펌프-3 | 척도 | 1:1 |
|---|---|---|---|
| | | 각법 | 3 |

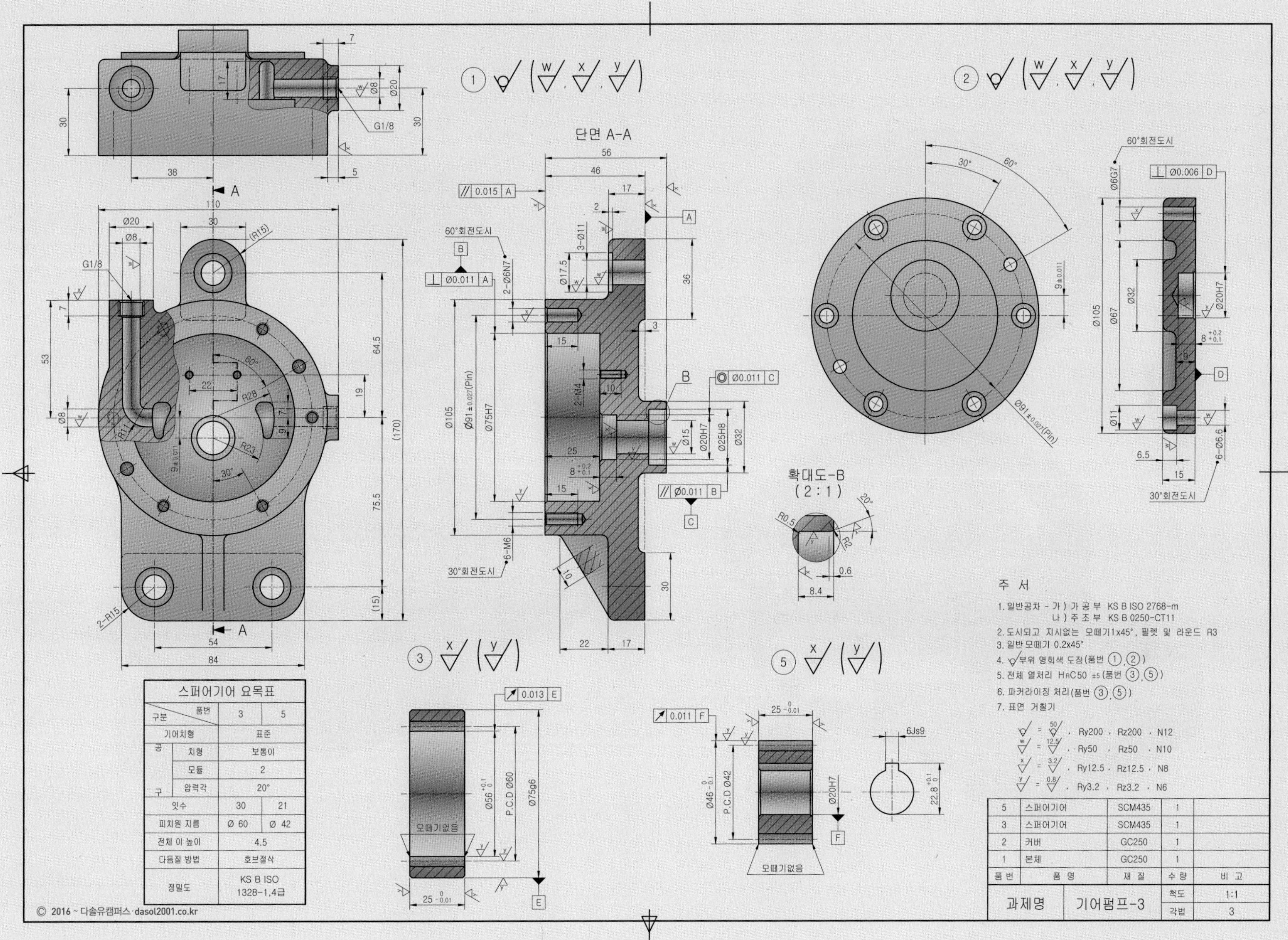

단면 A-A
확대도-B
(2 : 1)
60°회전도시
30°회전도시
주 서
1. 일반공차 - 가) 가 공 부 KS B ISO 2768-m
나) 주 조 부 KS B 0250-CT11
2. 도시되고 지시없는 모떼기1x45°, 필렛 및 라운드 R3
3. 일반 모떼기 0.2x45°
4. 부위 명회색 도장(품번 ①,②)
5. 전체 열처리 HRC50 ±5(품번 ③,⑤)
6. 파커라이징 처리(품번 ③,⑤)
7. 표면 거칠기
Ry200 , Rz200 , N12
Ry50 , Rz50 , N10
Ry12.5 , Rz12.5 , N8
Ry3.2 , Rz3.2 , N6
스퍼어기어 요목표
구분 / 품번 | 3 | 5
기어치형 | 표준
공구 치형 | 보통이
모듈 | 2
압력각 | 20°
잇수 | 30 | 21
피치원 지름 | Ø 60 | Ø 42
전체 이 높이 | 4.5
다듬질 방법 | 호브절삭
정밀도 | KS B ISO 1328-1,4급
5 | 스퍼어기어 | SCM435 | 1
3 | 스퍼어기어 | SCM435 | 1
2 | 커버 | GC250 | 1
1 | 본체 | GC250 | 1
품번 | 품명 | 재질 | 수량 | 비고
과제명 | 기어펌프-3 | 척도 1:1 | 각법 3
모떼기없음

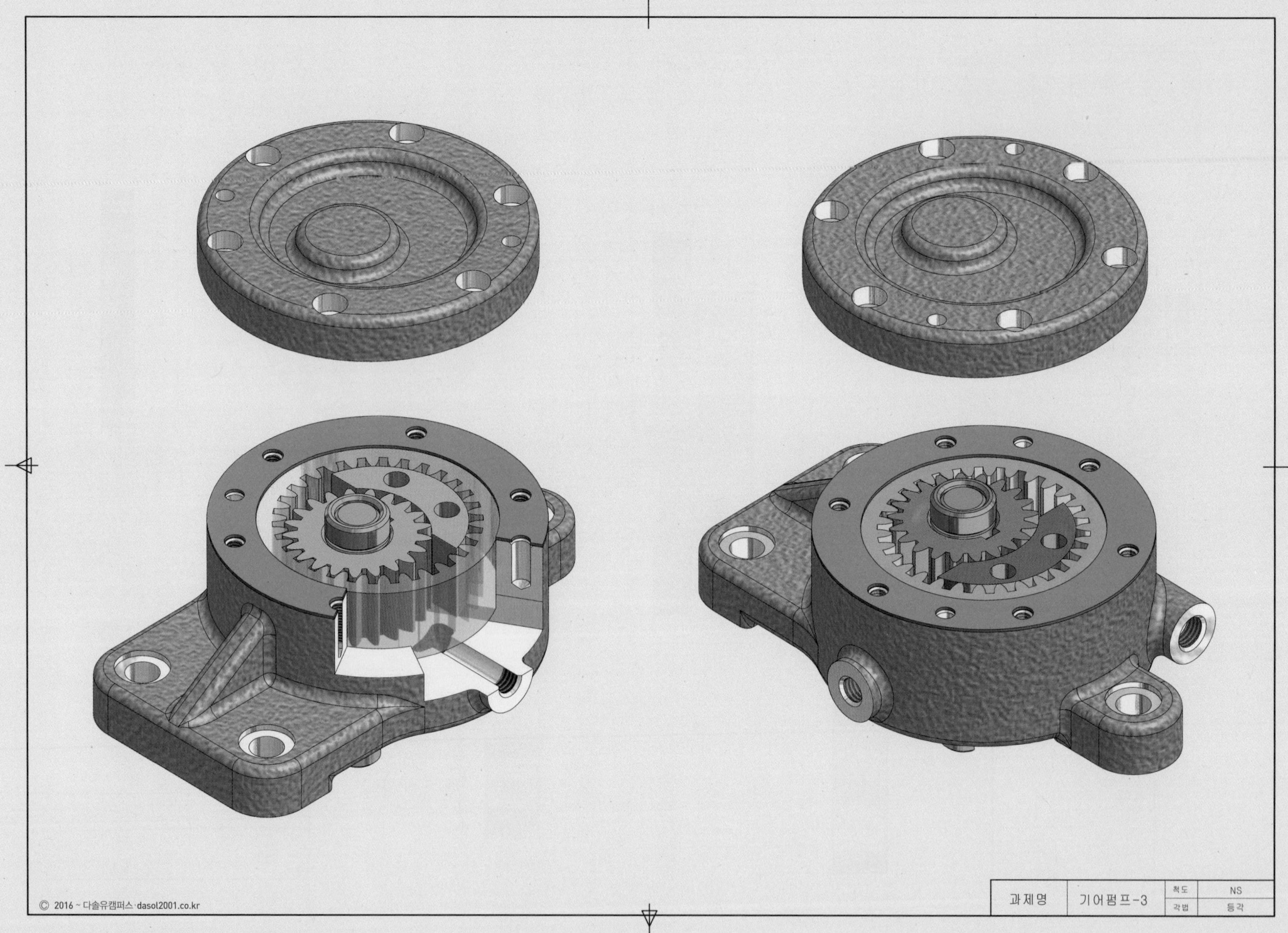

© 2016 ~ 다솔유캠퍼스·dasol2001.co.kr
과제명
기어펌프-3
척도
NS
각법
등각

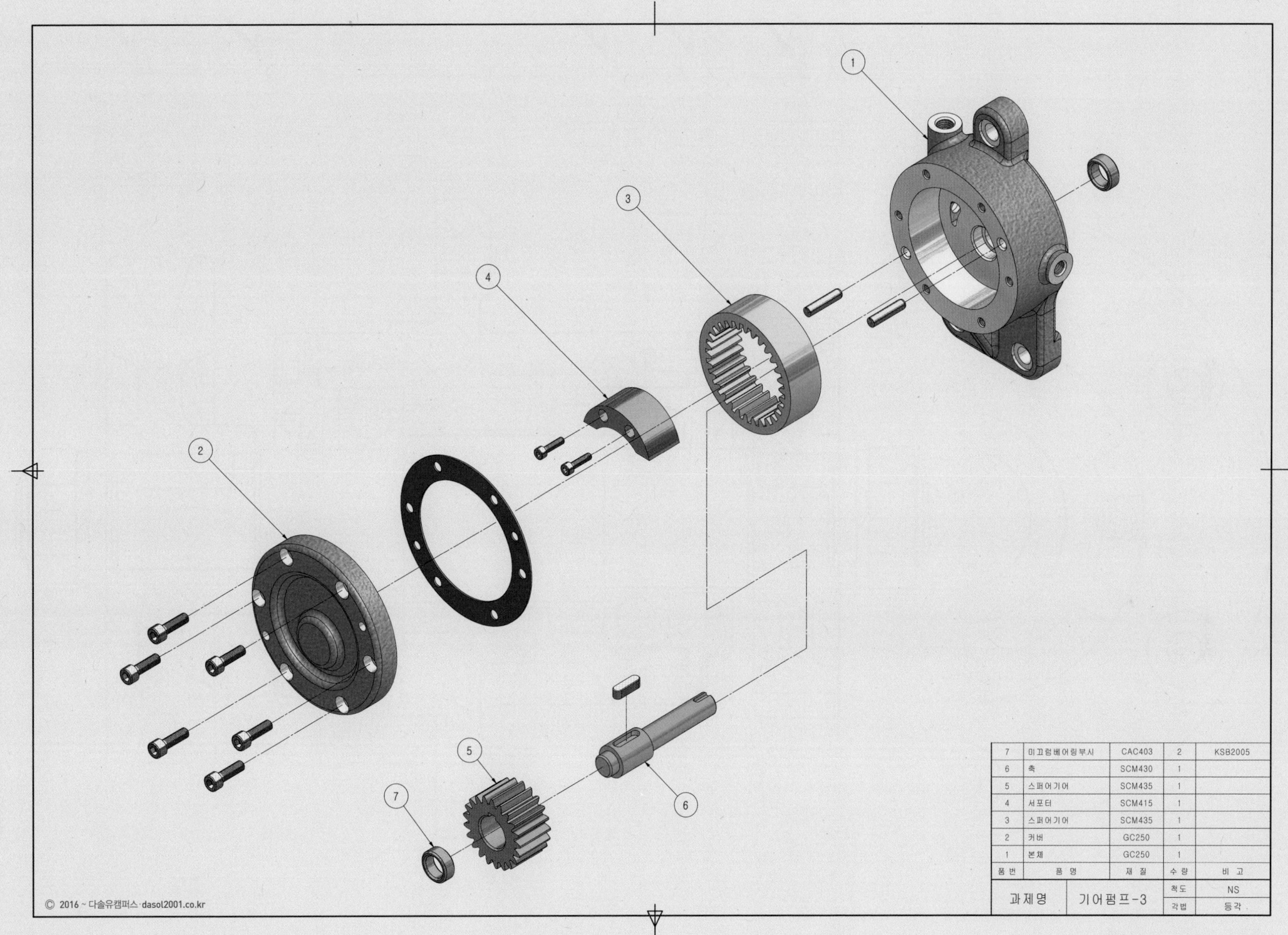


| 7 | 미끄럼베어링부시 | CAC403 | 2 | KSB2005 |
|---|---|---|---|---|
| 6 | 축 | SCM430 | 1 | |
| 5 | 스퍼어기어 | SCM435 | 1 | |
| 4 | 서포터 | SCM415 | 1 | |
| 3 | 스퍼어기어 | SCM435 | 1 | |
| 2 | 커버 | GC250 | 1 | |
| 1 | 본체 | GC250 | 1 | |
| 품번 | 품명 | 재질 | 수량 | 비고 |
| 과제명 | 기어펌프-3 | | 척도 | NS |
| | | | 각법 | 등각 |

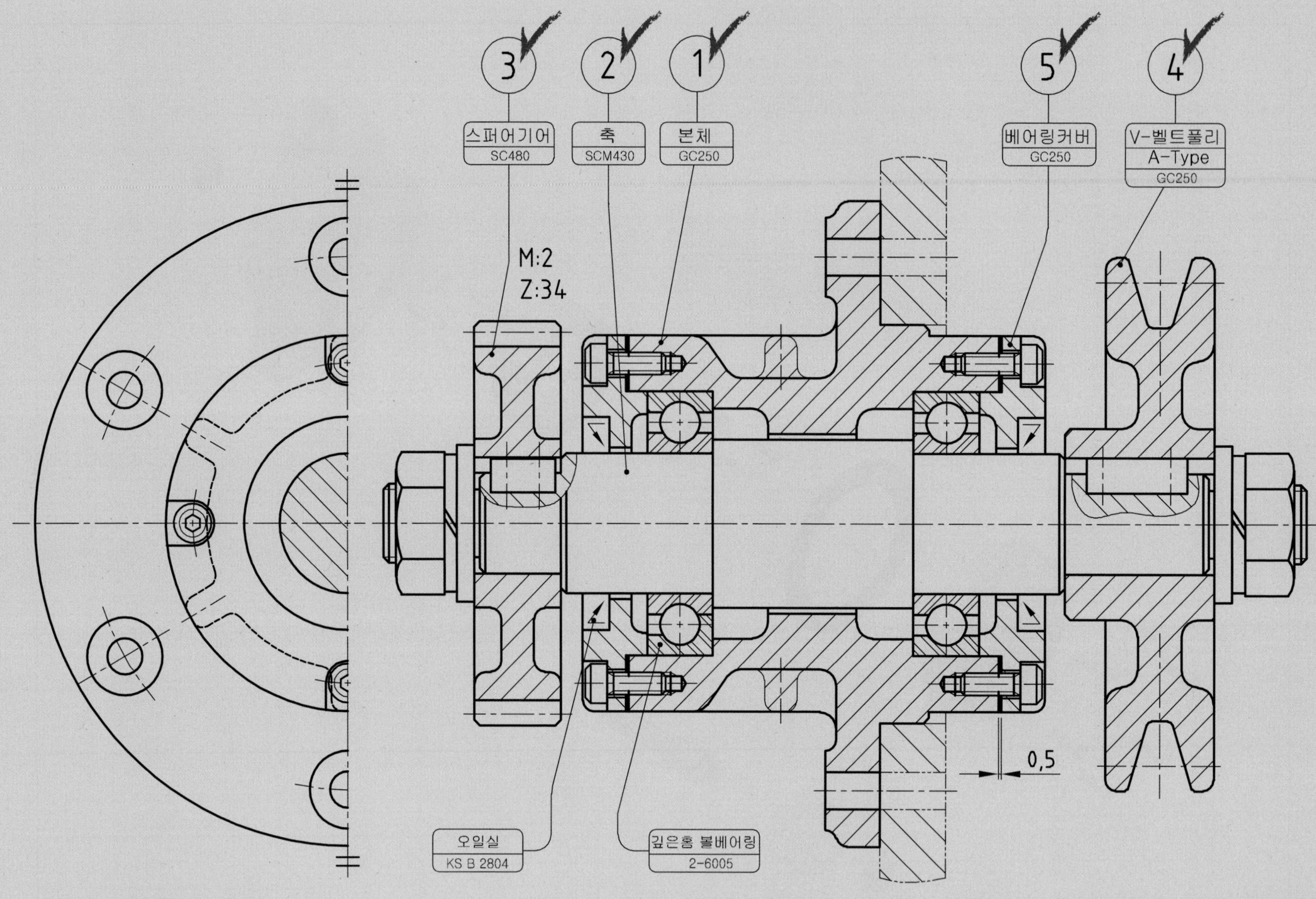
3
2
1
5
4
스퍼어기어
SC480
축
SCM430
본체
GC250
베어링커버
GC250
V-벨트풀리
A-Type
GC250
M:2
Z:34
0,5
오일실
KS B 2804
깊은홈 볼베어링
2-6005

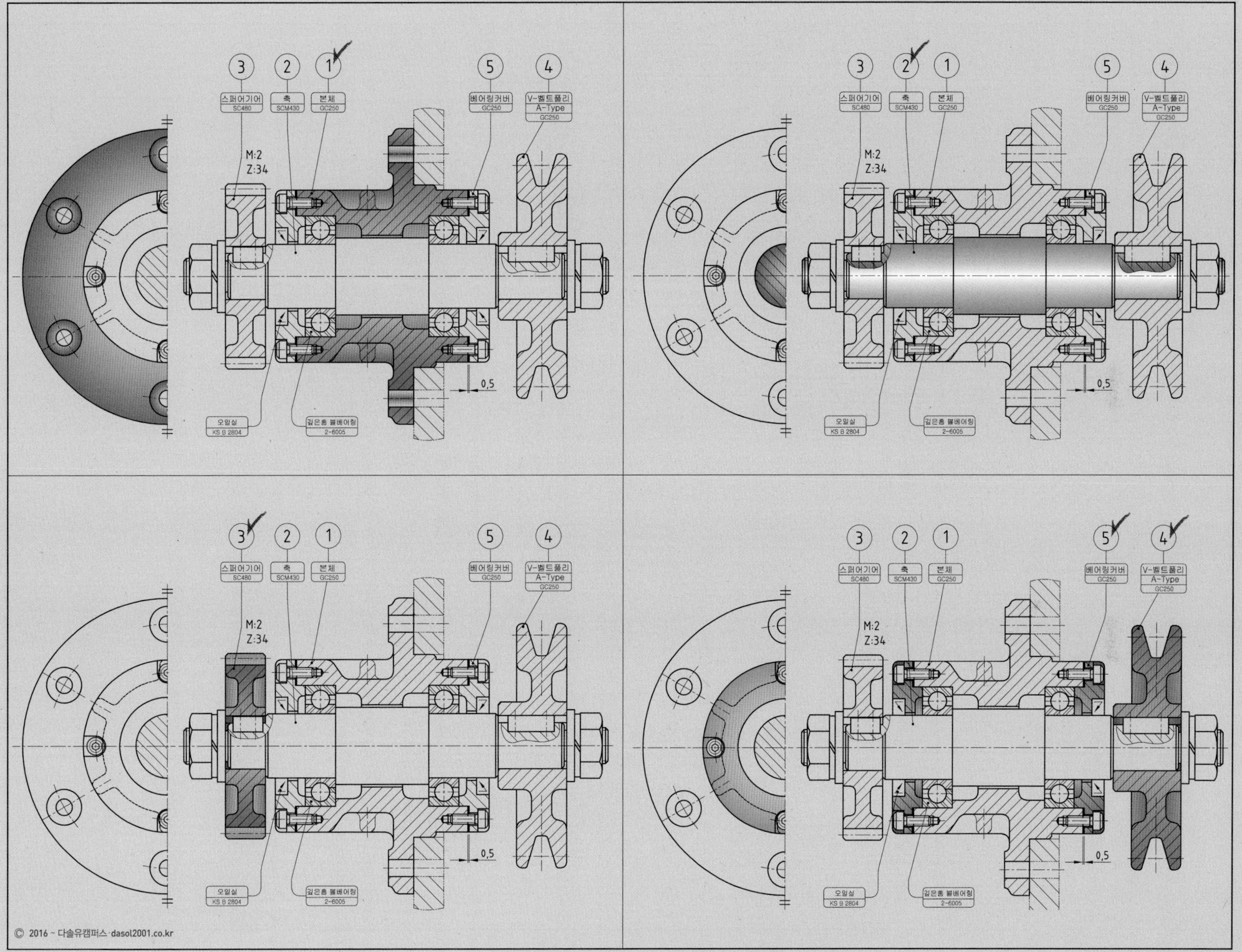
3
2
1
5
4
스퍼어기어
SC480
축
SCM430
본체
GC250
베어링커버
GC250
V-벨트풀리
A-Type
GC250
M:2
Z:34
0,5
오일실
KS B 2804
깊은홈 볼베어링
2-6005

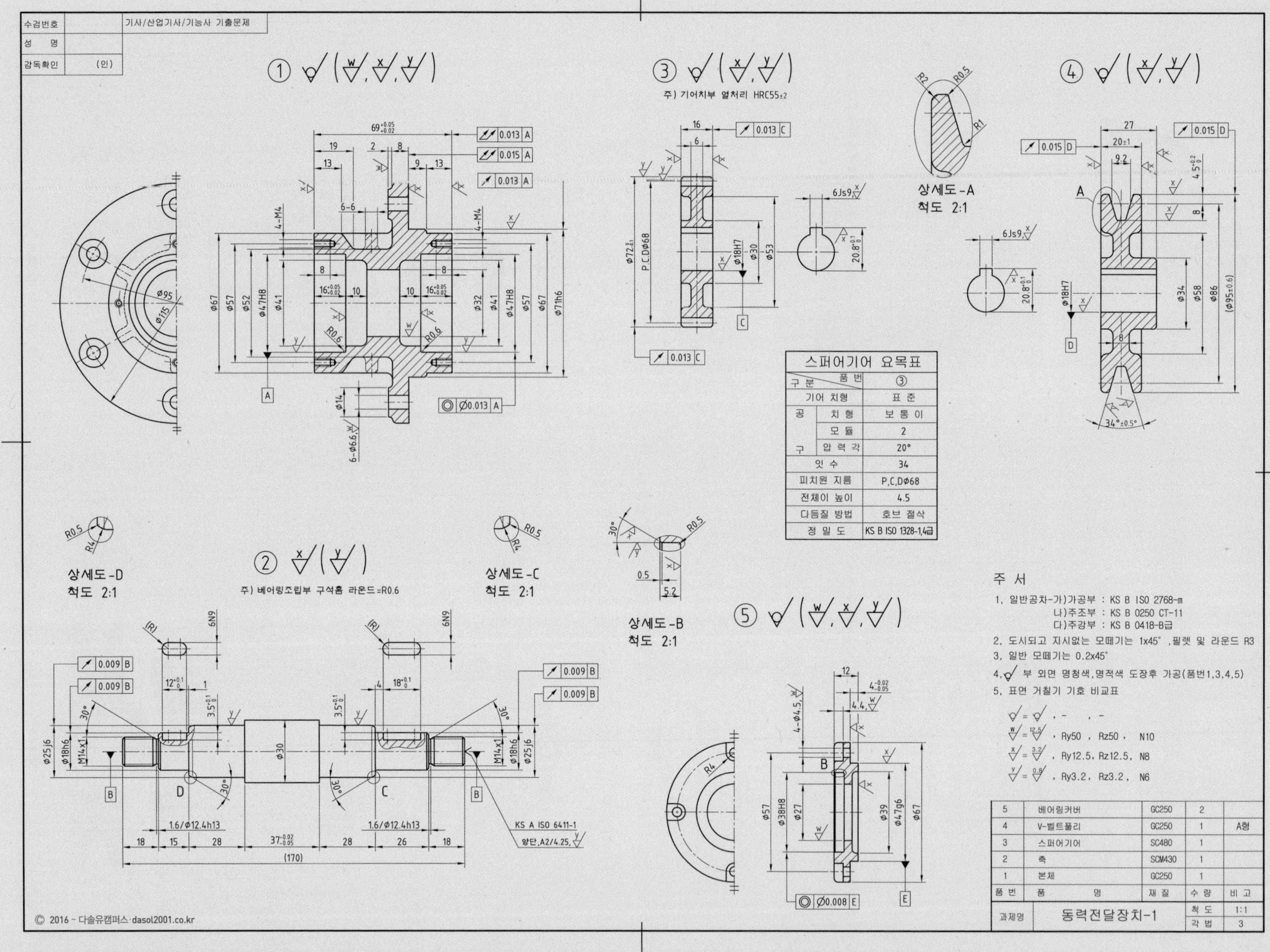
수검번호
기사/산업기사/기능사 기출문제
성 명
감독확인 (인)
주) 기어치부 열처리 HRC55±2
상세도-A
척도 2:1
스퍼어기어 요목표
구분 품번 ③
기어 치형 표 준
공구 치 형 보 통 이
모 듈 2
압 력 각 20°
잇 수 34
피치원 지름 P.C.Dφ68
전체이 높이 4.5
다듬질 방법 호브 절삭
정 밀 도 KS B ISO 1328-1,4급
상세도-D
척도 2:1
주) 베어링조립부 구석홈 라운드=R0.6
상세도-C
척도 2:1
상세도-B
척도 2:1
주 서
1. 일반공차-가)가공부 : KS B ISO 2768-m
나)주조부 : KS B 0250 CT-11
다)주강부 : KS B 0418-B급
2. 도시되고 지시없는 모떼기는 1x45°, 필렛 및 라운드 R3
3. 일반 모떼기는 0.2x45°
4. 부 외면 명청색, 명적색 도장후 가공(품번1,3,4,5)
5. 표면 거칠기 기호 비교표
, Ry50 , Rz50 , N10
, Ry12.5, Rz12.5, N8
, Ry3.2, Rz3.2, N6
KS A ISO 6411-1
양단, A2/4.25
5 베어링커버 GC250 2
4 V-벨트풀리 GC250 1 A형
3 스퍼어기어 SC480 1
2 축 SCM430 1
1 본체 GC250 1
품번 품 명 재 질 수 량 비 고
과제명 동력전달장치-1 척 도 1:1
각 법 3
© 2016 ~ 다솔유캠퍼스 dasol2001.co.kr

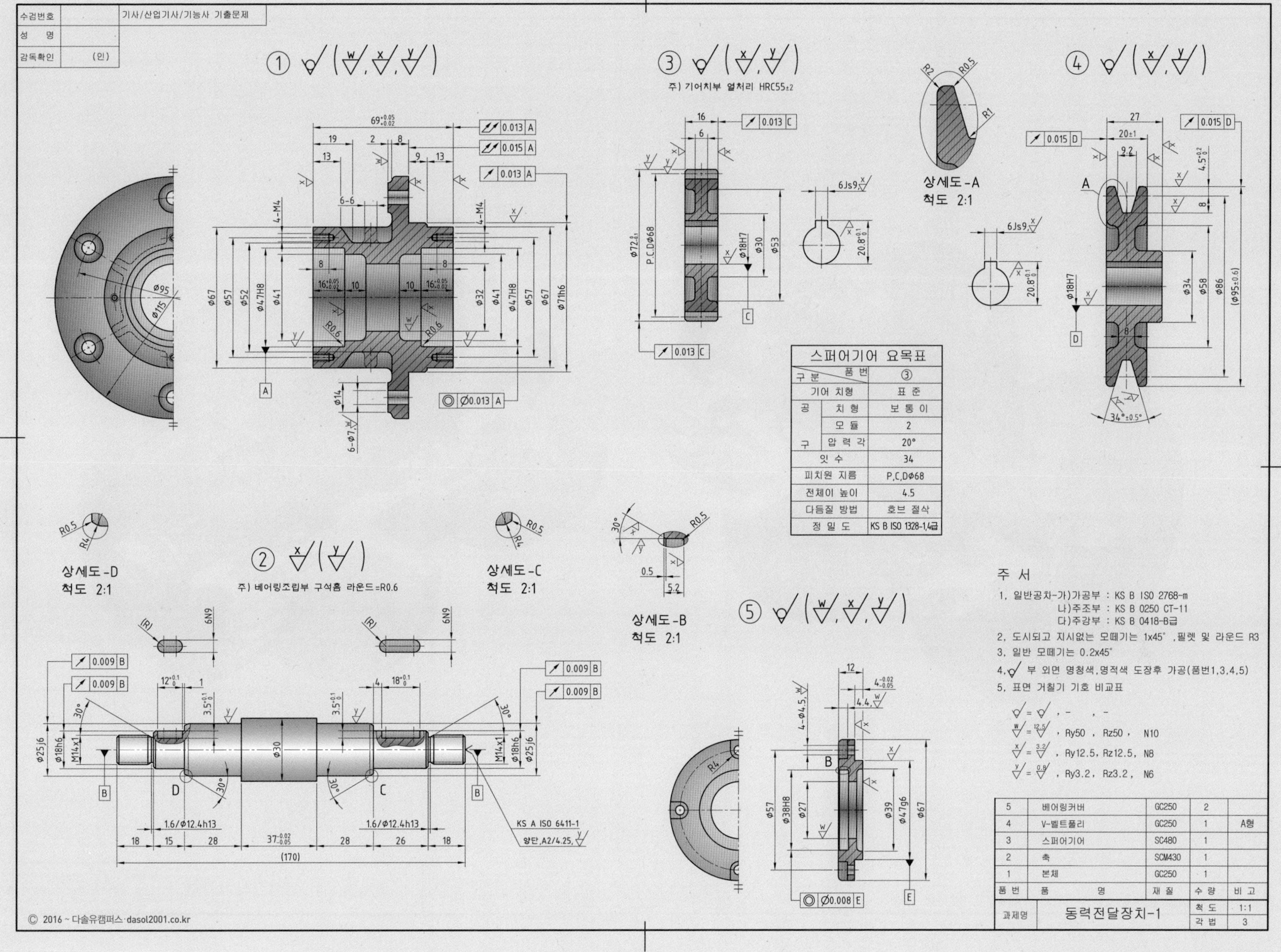

수검번호
성 명
감독확인 (인)
기사/산업기사/기능사 기출문제
주) 기어치부 열처리 HRC55±2
상세도-A
척도 2:1
상세도-D
척도 2:1
상세도-C
척도 2:1
상세도-B
척도 2:1
주) 베어링조립부 구석홈 라운드=R0.6
KS A ISO 6411-1
양단,A2/4.25
스퍼어기어 요목표
구분 / 품번: ③
기어 치형: 표 준
공구 치 형: 보 통 이
공구 모 듈: 2
공구 압 력 각: 20°
잇 수: 34
피치원 지름: P.C.Dø68
전체이 높이: 4.5
다듬질 방법: 호브 절삭
정 밀 도: KS B ISO 1328-1,4급
주 서
1. 일반공차-가)가공부 : KS B ISO 2768-m
나)주조부 : KS B 0250 CT-11
다)주강부 : KS B 0418-B급
2. 도시되고 지시없는 모떼기는 1x45°, 필렛 및 라운드 R3
3. 일반 모떼기는 0.2x45°
4. 부 외면 명청색,명적색 도장후 가공(품번1,3,4,5)
5. 표면 거칠기 기호 비교표
w = 12.5, Ry50, Rz50, N10
x = 3.2, Ry12.5, Rz12.5, N8
y = 0.8, Ry3.2, Rz3.2, N6
5 | 베어링커버 | GC250 | 2 |
4 | V-벨트풀리 | GC250 | 1 | A형
3 | 스퍼어기어 | SC480 | 1 |
2 | 축 | SCM430 | 1 |
1 | 본체 | GC250 | 1 |
품번 | 품 명 | 재 질 | 수 량 | 비 고
과제명 | 동력전달장치-1 | 척 도 1:1 | 각 법 3

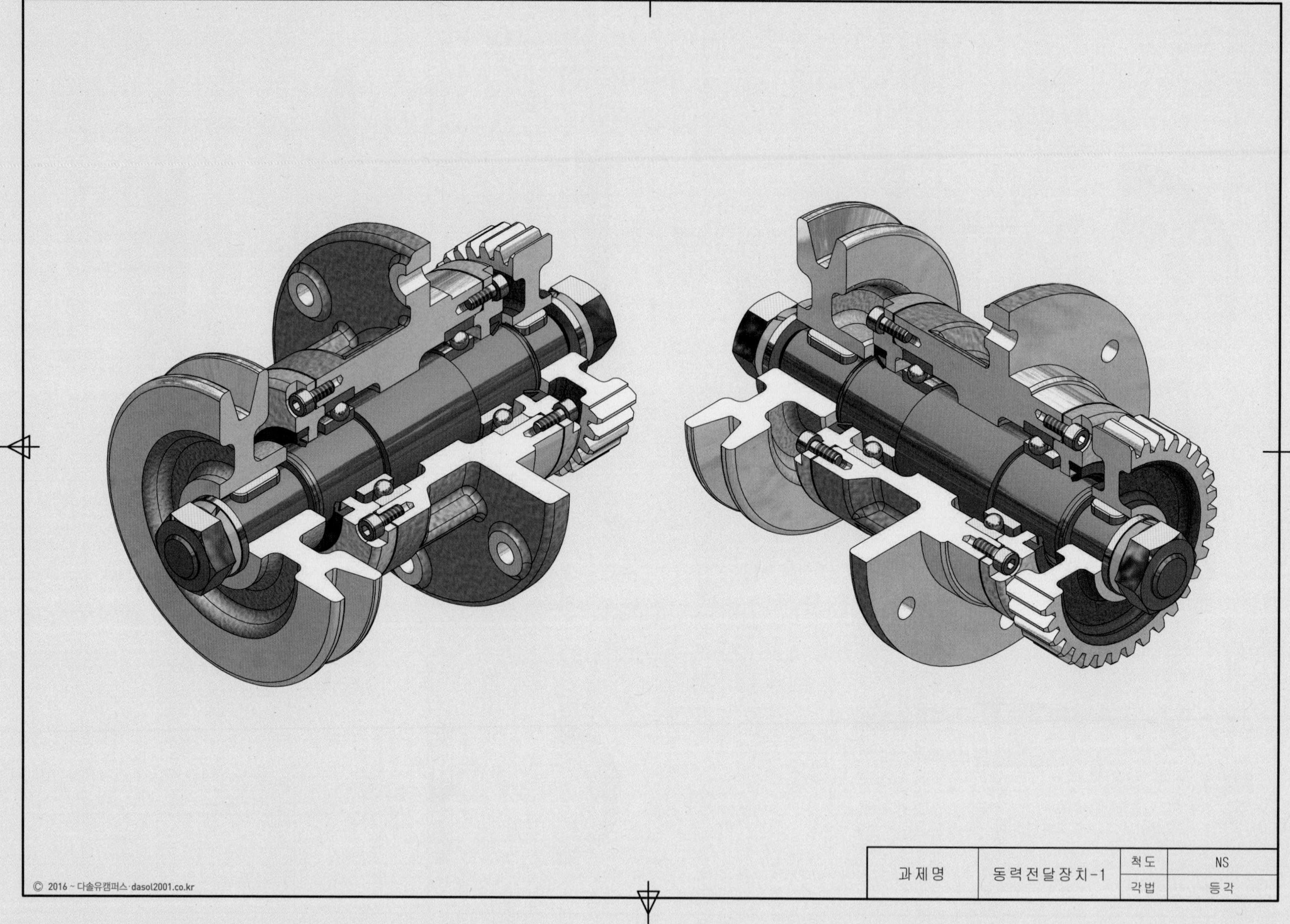
과제명
동력전달장치-1
척도
NS
각법
등각
© 2016 ~ 다솔유캠퍼스 · dasol2001.co.kr

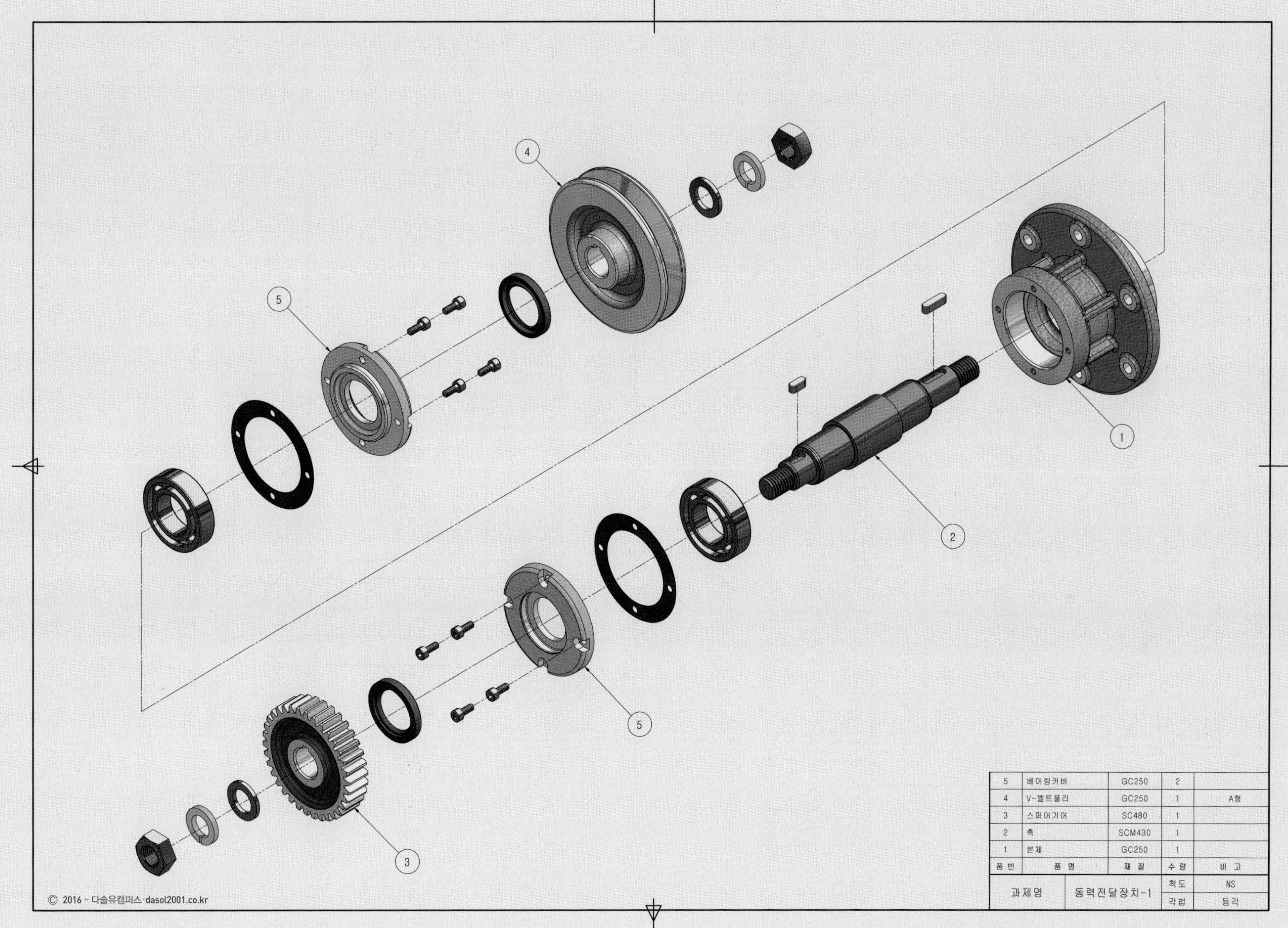


| 5 | 베어링커버 | GC250 | 2 | |
|---|---|---|---|---|
| 4 | V-벨트풀리 | GC250 | 1 | A형 |
| 3 | 스퍼어기어 | SC480 | 1 | |
| 2 | 축 | SCM430 | 1 | |
| 1 | 본체 | GC250 | 1 | |
| 품 번 | 품 명 | 재 질 | 수 량 | 비 고 |
| 과제명 | 동력전달장치-1 | | 척도 | NS |
| | | | 각법 | 등각 |

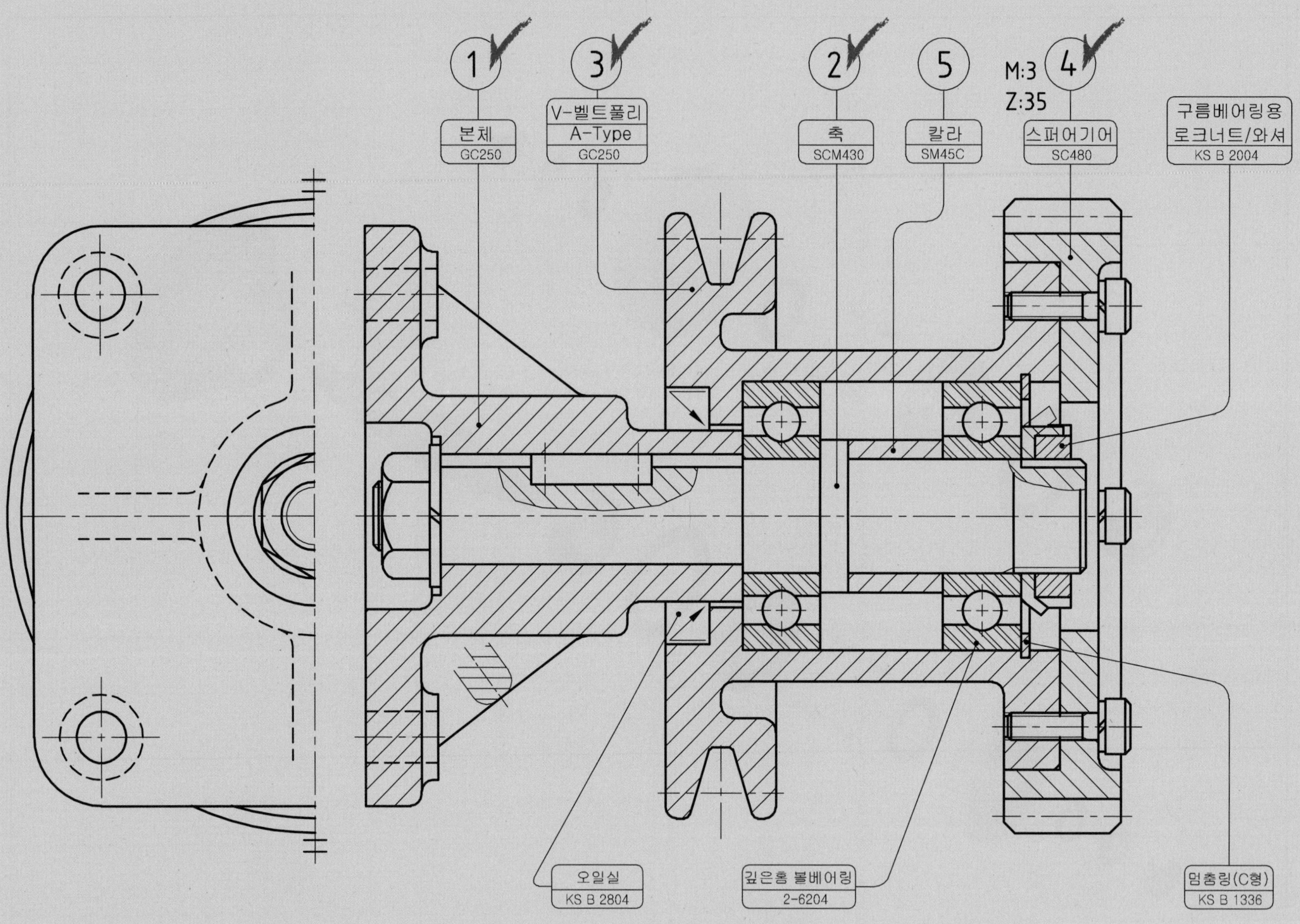

1
본체
GC250
3
V-벨트풀리
A-Type
GC250
2
축
SCM430
5
칼라
SM45C
M:3
Z:35
4
스퍼어기어
SC480
구름베어링용
로크너트/와셔
KS B 2004
오일실
KS B 2804
깊은홈 볼베어링
2-6204
멈춤링(C형)
KS B 1336

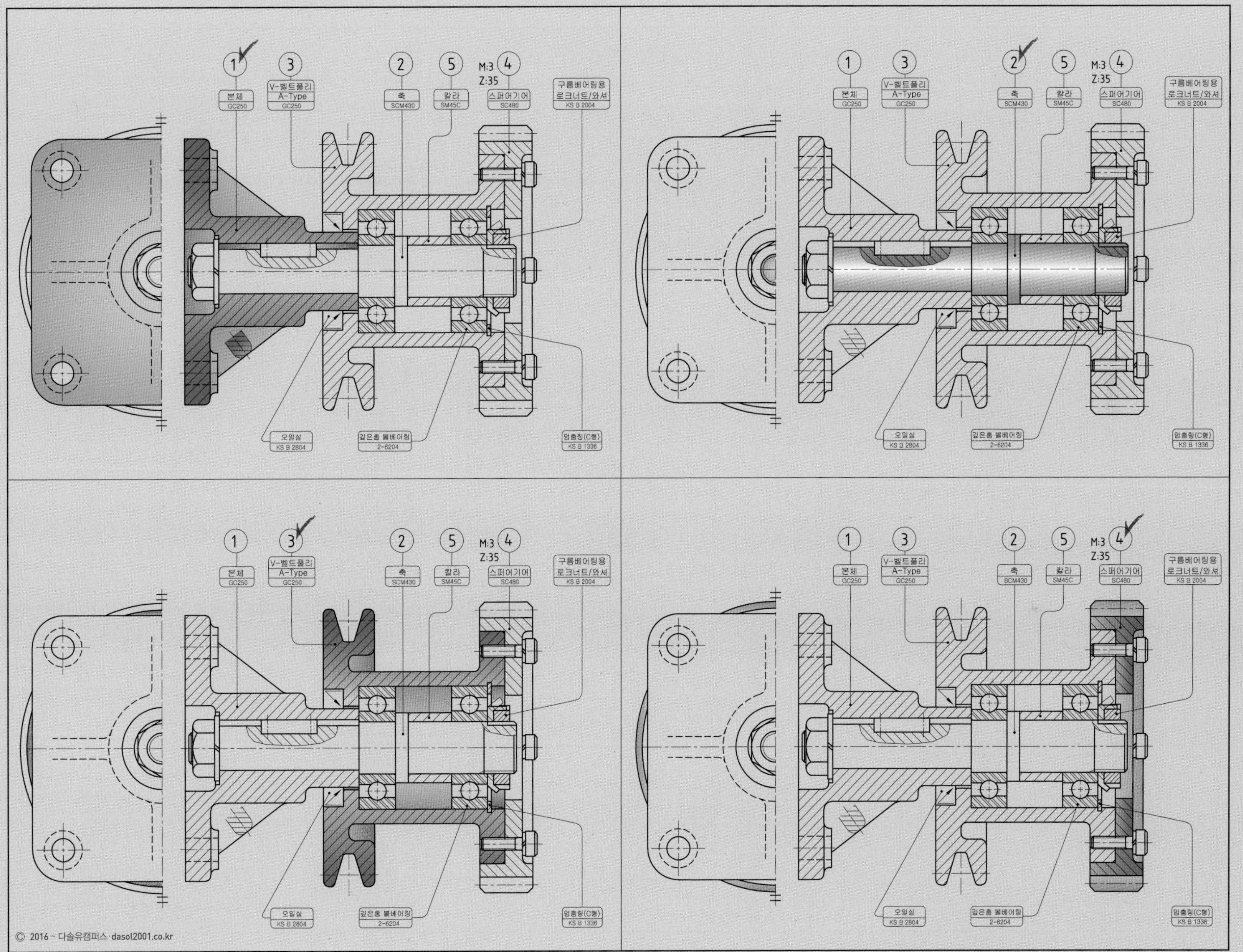

1
3
V-벨트풀리
A-Type
GC250
2
5
M:3
Z:35
4
본체
GC250
축
SCM430
칼라
SM45C
스퍼어기어
SC480
구름베어링용
로크너트/와셔
KS B 2004
오일실
KS B 2804
깊은홈 볼베어링
2-6204
멈춤링(C형)
KS B 1336

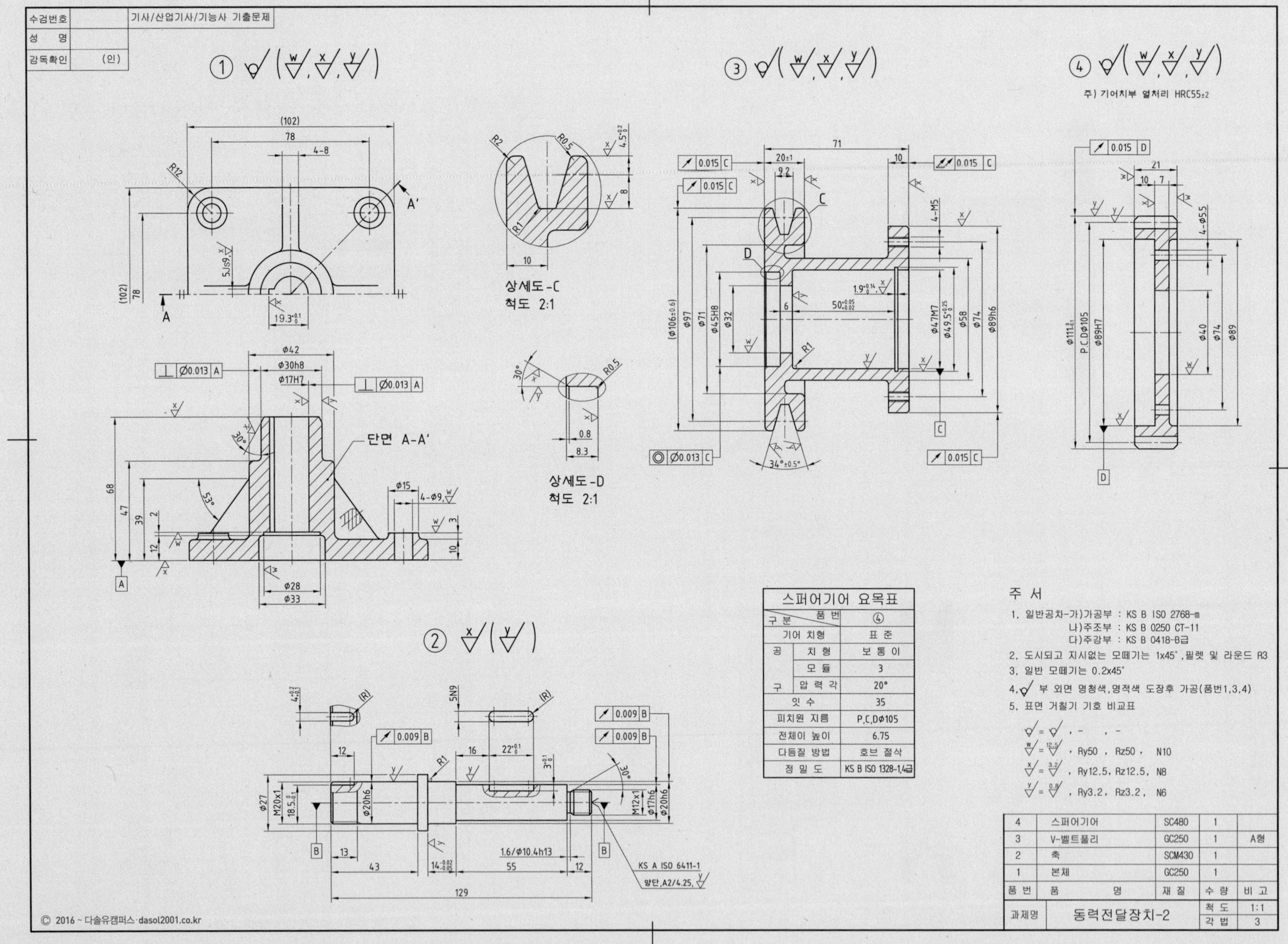

수검번호
성 명
감독확인 (인)
기사/산업기사/기능사 기출문제
주) 기어치부 열처리 HRC55±2
상세도-C
척도 2:1
상세도-D
척도 2:1
단면 A-A'
스퍼어기어 요목표
구분 / 품번: ④
기어 치형: 표 준
공구 치 형: 보 통 이
공구 모 듈: 3
공구 압 력 각: 20°
잇 수: 35
피치원 지름: P.C.Dø105
전체이 높이: 6.75
다듬질 방법: 호브 절삭
정 밀 도: KS B ISO 1328-1,4급
주 서
1. 일반공차-가)가공부 : KS B ISO 2768-m
나)주조부 : KS B 0250 CT-11
다)주강부 : KS B 0418-B급
2. 도시되고 지시없는 모떼기는 1x45°,필렛 및 라운드 R3
3. 일반 모떼기는 0.2x45°
4. 부 외면 명청색,명적색 도장후 가공(품번1,3,4)
5. 표면 거칠기 기호 비교표
, Ry50 , Rz50 , N10
, Ry12.5, Rz12.5, N8
, Ry3.2, Rz3.2, N6
KS A ISO 6411-1
양단,A2/4.25,
4 스퍼어기어 SC480 1
3 V-벨트풀리 GC250 1 A형
2 축 SCM430 1
1 본체 GC250 1
품번 품명 재질 수량 비고
과제명 동력전달장치-2 척도 1:1 각법 3
© 2016 ~ 다솔유캠퍼스·dasol2001.co.kr

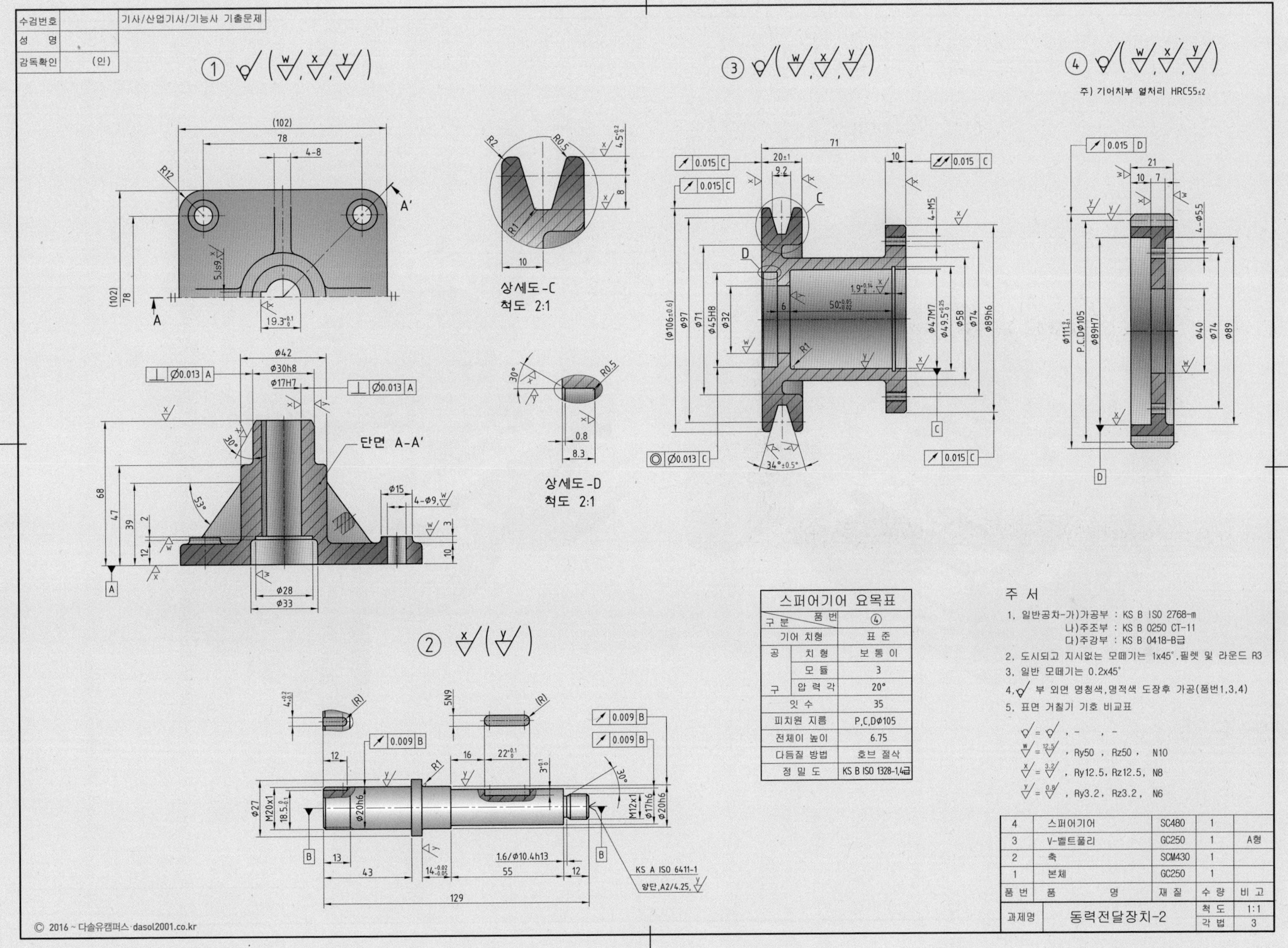

| 수검번호 | | 기사/산업기사/기능사 기출문제 |
|---|---|---|
| 성 명 | | |
| 감독확인 | (인) | |



| 스퍼어기어 요목표 | |
|---|---|
| 구분 \ 품번 | ④ |
| 기어 치형 | 표 준 |
| 공구 치 형 | 보 통 이 |
| 공구 모 듈 | 3 |
| 공구 압 력 각 | 20° |
| 잇 수 | 35 |
| 피치원 지름 | P.C.Dϕ105 |
| 전체이 높이 | 6.75 |
| 다듬질 방법 | 호브 절삭 |
| 정 밀 도 | KS B ISO 1328-1,4급 |

주 서

1. 일반공차-가)가공부 : KS B ISO 2768-m
   나)주조부 : KS B 0250 CT-11
   다)주강부 : KS B 0418-B급
2. 도시되고 지시없는 모떼기는 1x45°,필렛 및 라운드 R3
3. 일반 모떼기는 0.2x45°
4. 부 외면 명청색,명적색 도장후 가공(품번1,3,4)
5. 표면 거칠기 기호 비교표
   - w = 12.5, Ry50 , Rz50 , N10
   - x = 3.2, Ry12.5, Rz12.5, N8
   - y = 0.8, Ry3.2, Rz3.2, N6

| 품 번 | 품 명 | 재 질 | 수 량 | 비 고 |
|---|---|---|---|---|
| 4 | 스퍼어기어 | SC480 | 1 | |
| 3 | V-벨트풀리 | GC250 | 1 | A형 |
| 2 | 축 | SCM430 | 1 | |
| 1 | 본체 | GC250 | 1 | |

| 과제명 | 동력전달장치-2 | 척 도 | 1:1 |
|---|---|---|---|
| | | 각 법 | 3 |

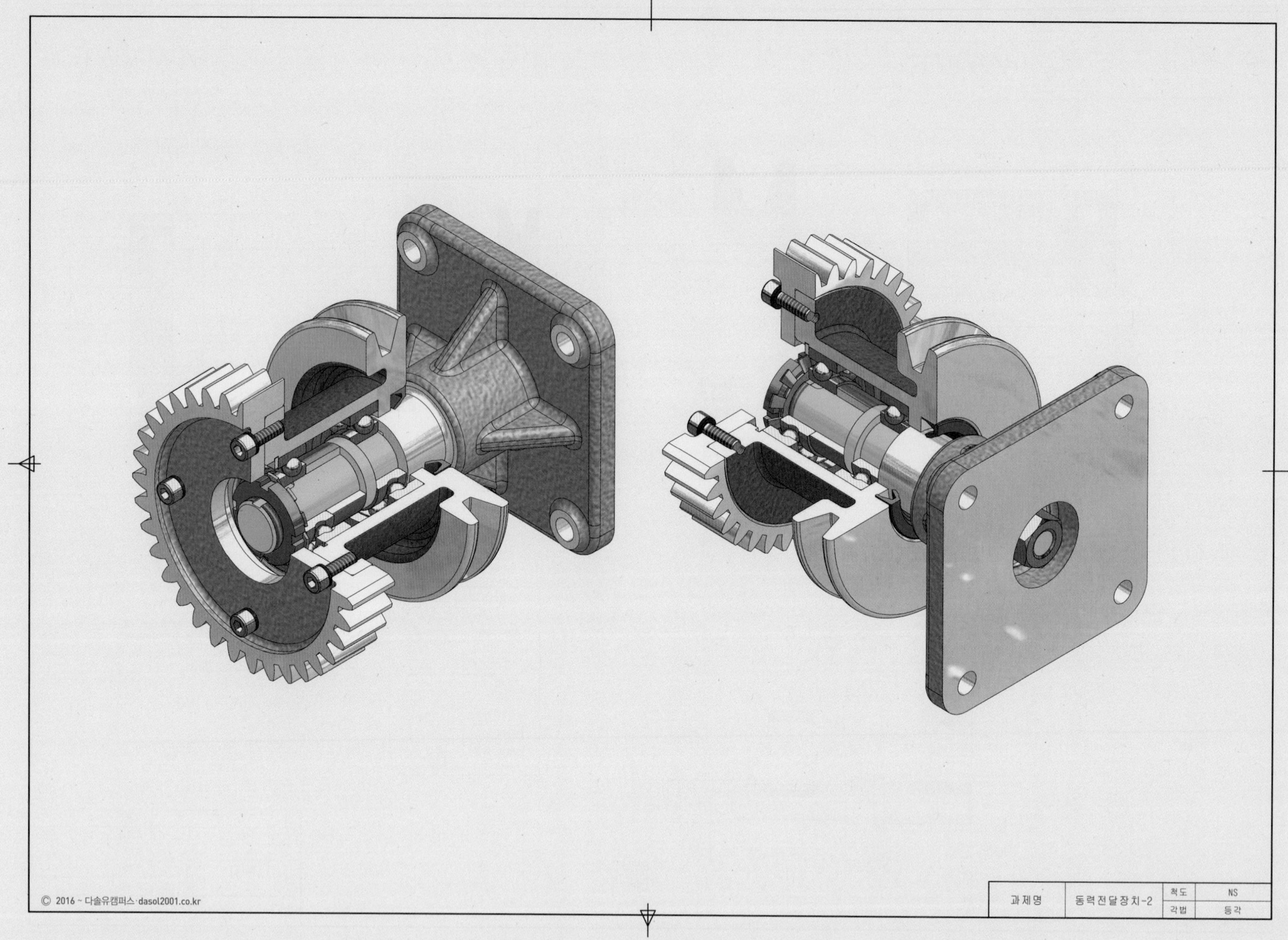
© 2016 ~ 다솔유캠퍼스·dasol2001.co.kr
과제명
동력전달장치-2
척도
NS
각법
등각

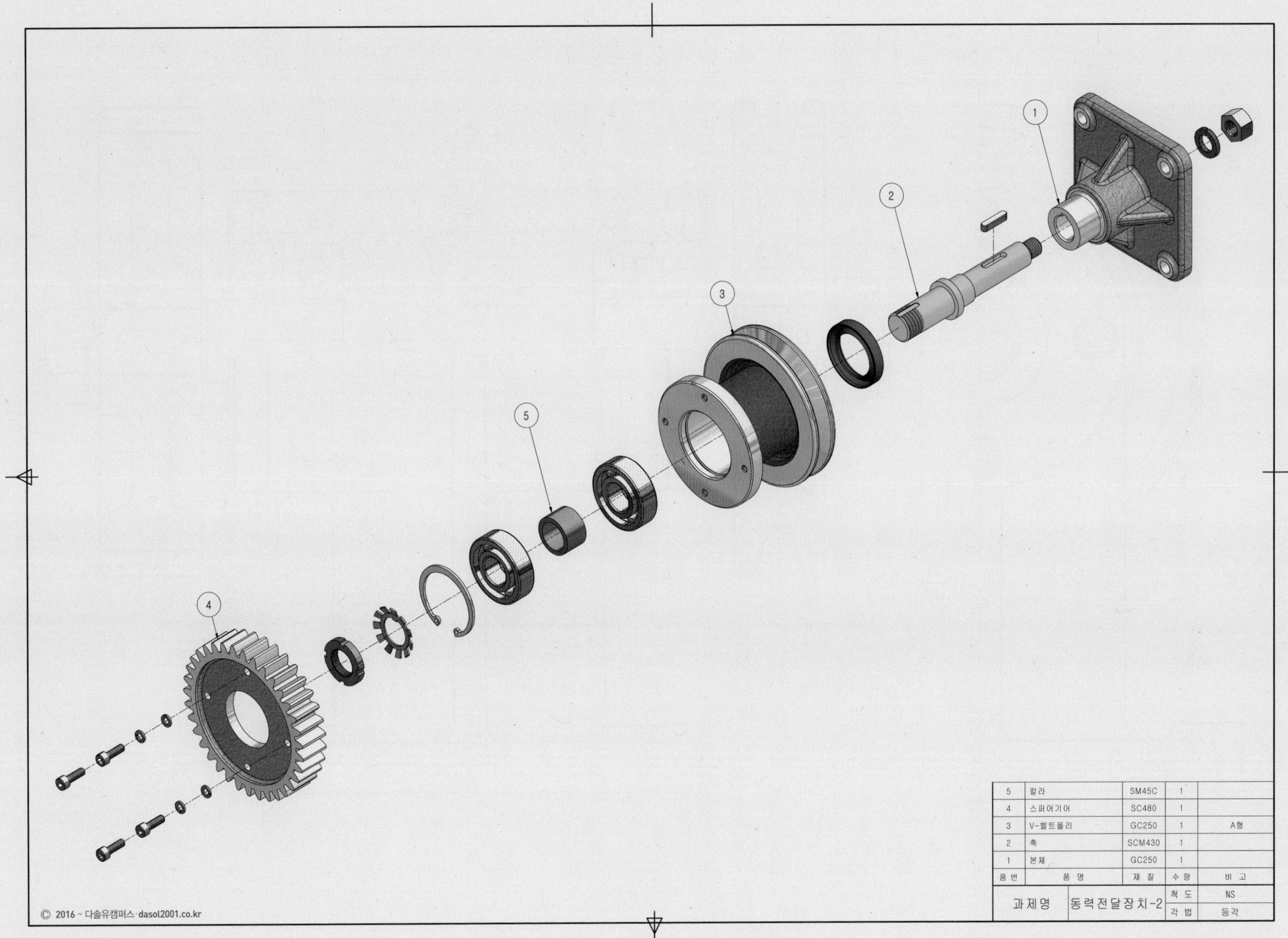


| 5 | 칼라 | SM45C | 1 | |
|---|---|---|---|---|
| 4 | 스퍼어기어 | SC480 | 1 | |
| 3 | V-벨트풀리 | GC250 | 1 | A형 |
| 2 | 축 | SCM430 | 1 | |
| 1 | 본체 | GC250 | 1 | |
| 품 번 | 품 명 | 재 질 | 수 량 | 비 고 |
| 과제명 | 동력전달장치-2 | | 척 도 | NS |
| | | | 각 법 | 등각 |

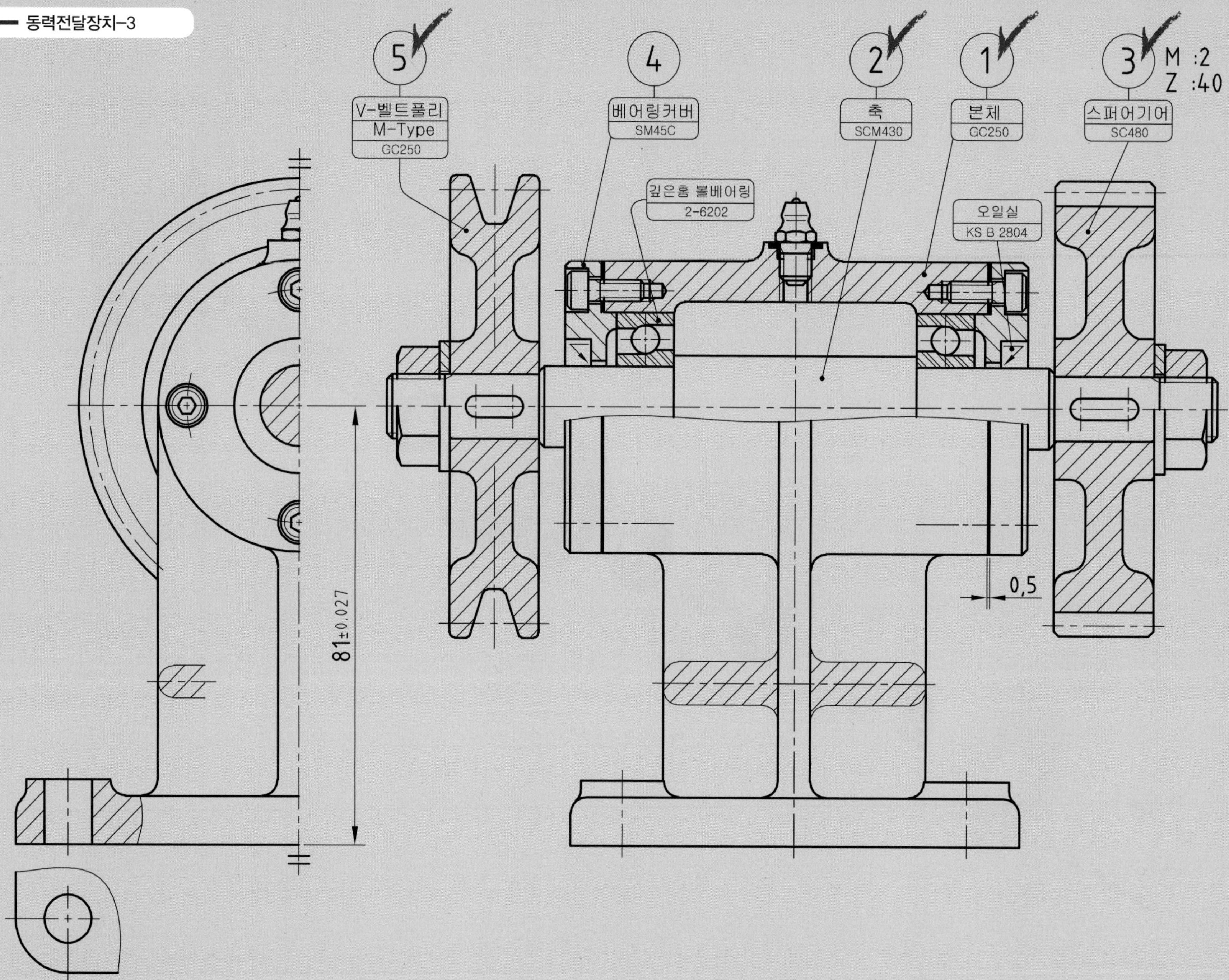
5
V-벨트풀리
M-Type
GC250
4
베어링커버
SM45C
2
축
SCM430
1
본체
GC250
3
M :2
Z :40
스퍼어기어
SC480
깊은홈 볼베어링
2-6202
오일실
KS B 2804
0,5
81±0.027

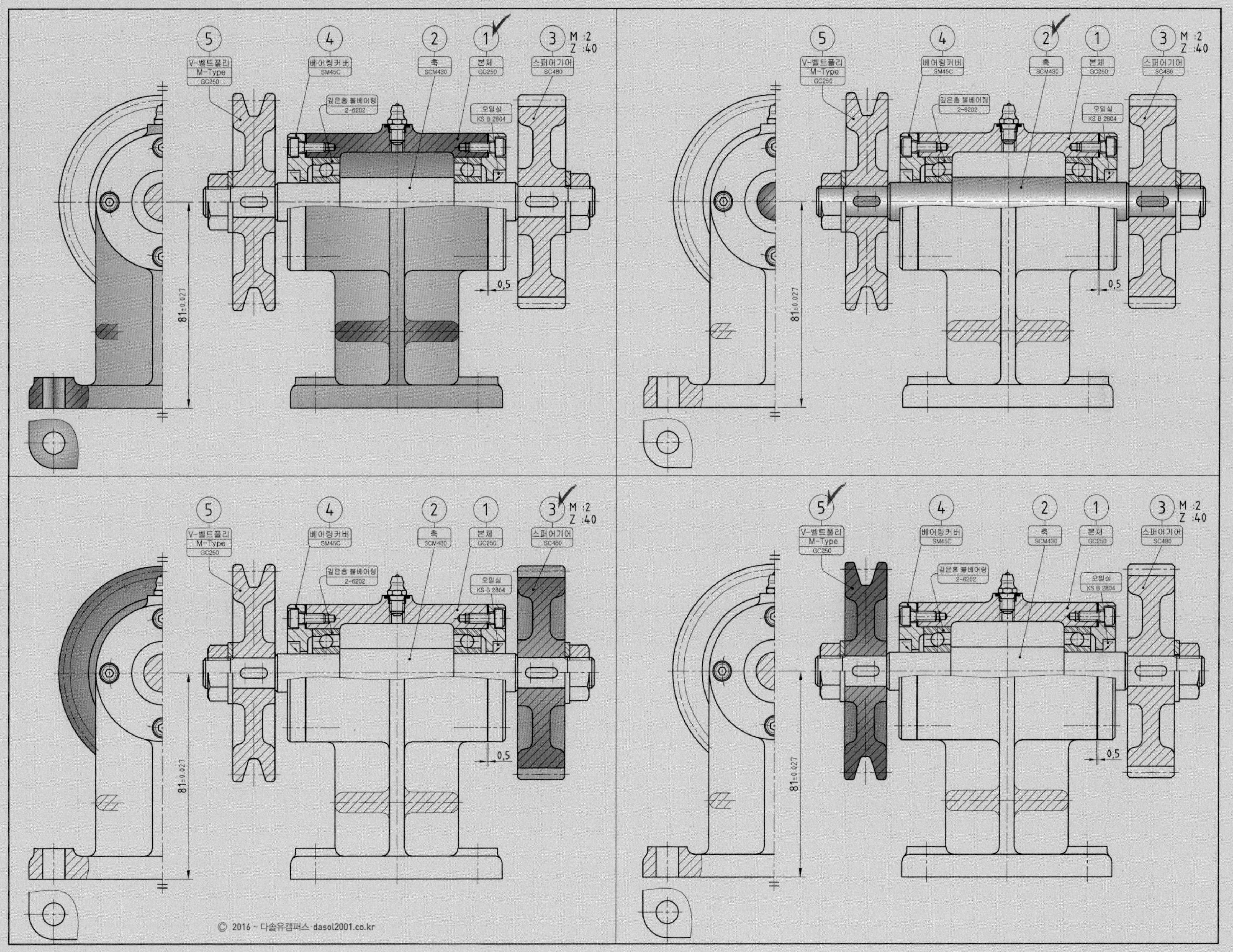
5
4
2
1
3
M :2
Z :40
V-벨트풀리
M-Type
GC250
베어링커버
SM45C
축
SCM430
본체
GC250
스퍼어기어
SC480
깊은홈 볼베어링
2-6202
오일실
KS B 2804
0.5
81±0.027
© 2016 ~ 다솔유캠퍼스 · dasol2001.co.kr

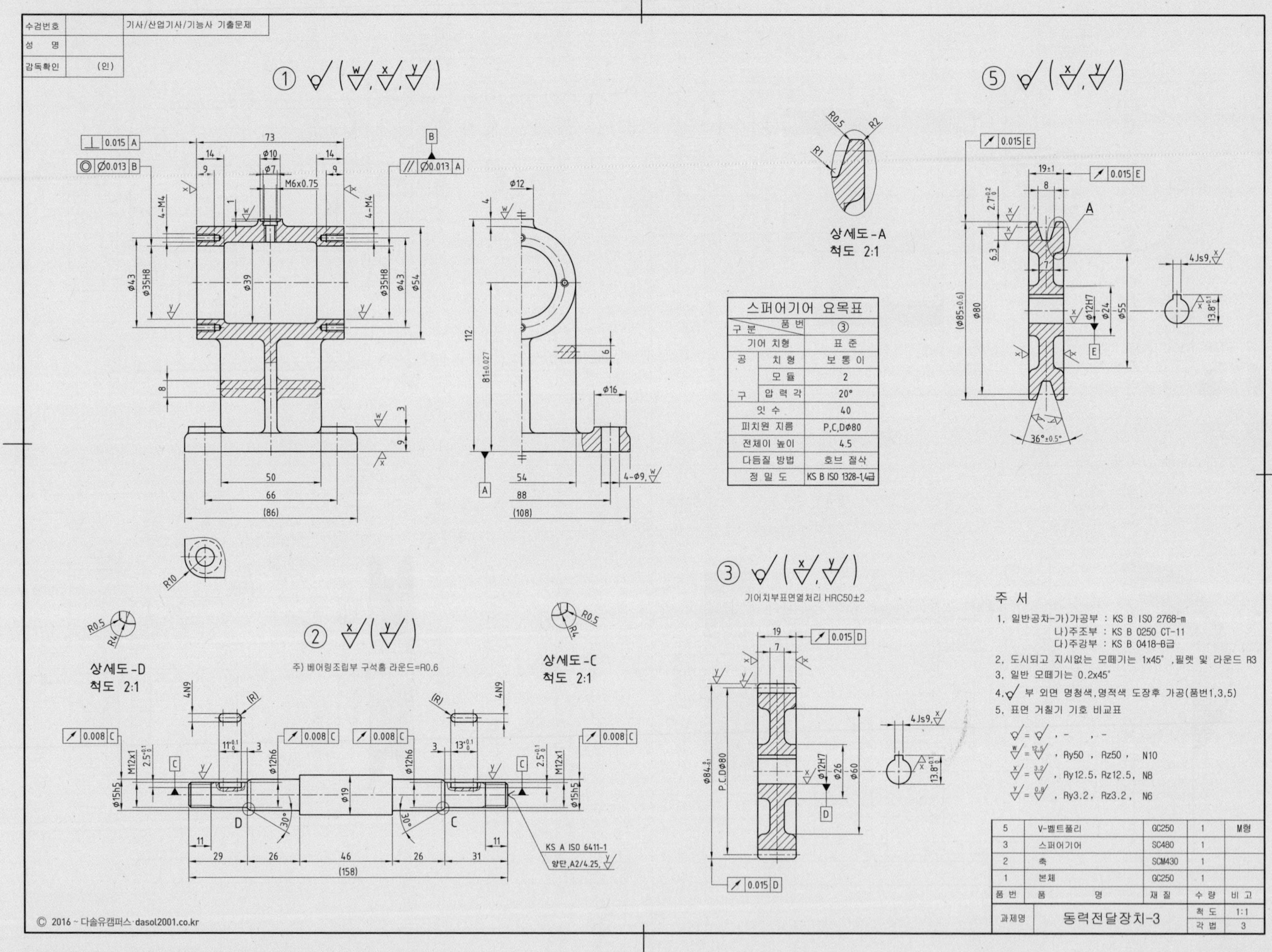
수검번호
성 명
감독확인 (인)
기사/산업기사/기능사 기출문제
상세도-A
척도 2:1
스퍼어기어 요목표
구분 / 품번 ③
기어 치형 표 준
공구 치 형 보 통 이
모 듈 2
압 력 각 20°
잇 수 40
피치원 지름 P.C.Dφ80
전체이 높이 4.5
다듬질 방법 호브 절삭
정 밀 도 KS B ISO 1328-1,4급
상세도-D
척도 2:1
주) 베어링조립부 구석홈 라운드=R0.6
상세도-C
척도 2:1
기어치부표면열처리 HRC50±2
KS A ISO 6411-1
양단,A2/4.25,
주 서
1. 일반공차-가)가공부 : KS B ISO 2768-m
나)주조부 : KS B 0250 CT-11
다)주강부 : KS B 0418-B급
2. 도시되고 지시없는 모떼기는 1x45°, 필렛 및 라운드 R3
3. 일반 모떼기는 0.2x45°
4. 부 외면 명청색, 명적색 도장후 가공(품번1,3,5)
5. 표면 거칠기 기호 비교표
, Ry50 , Rz50 , N10
, Ry12.5, Rz12.5, N8
, Ry3.2, Rz3.2, N6
5 V-벨트풀리 GC250 1 M형
3 스퍼어기어 SC480 1
2 축 SCM430 1
1 본체 GC250 1
품번 품 명 재 질 수 량 비 고
과제명 동력전달장치-3
척 도 1:1
각 법 3
© 2016 ~ 다솔유캠퍼스·dasol2001.co.kr

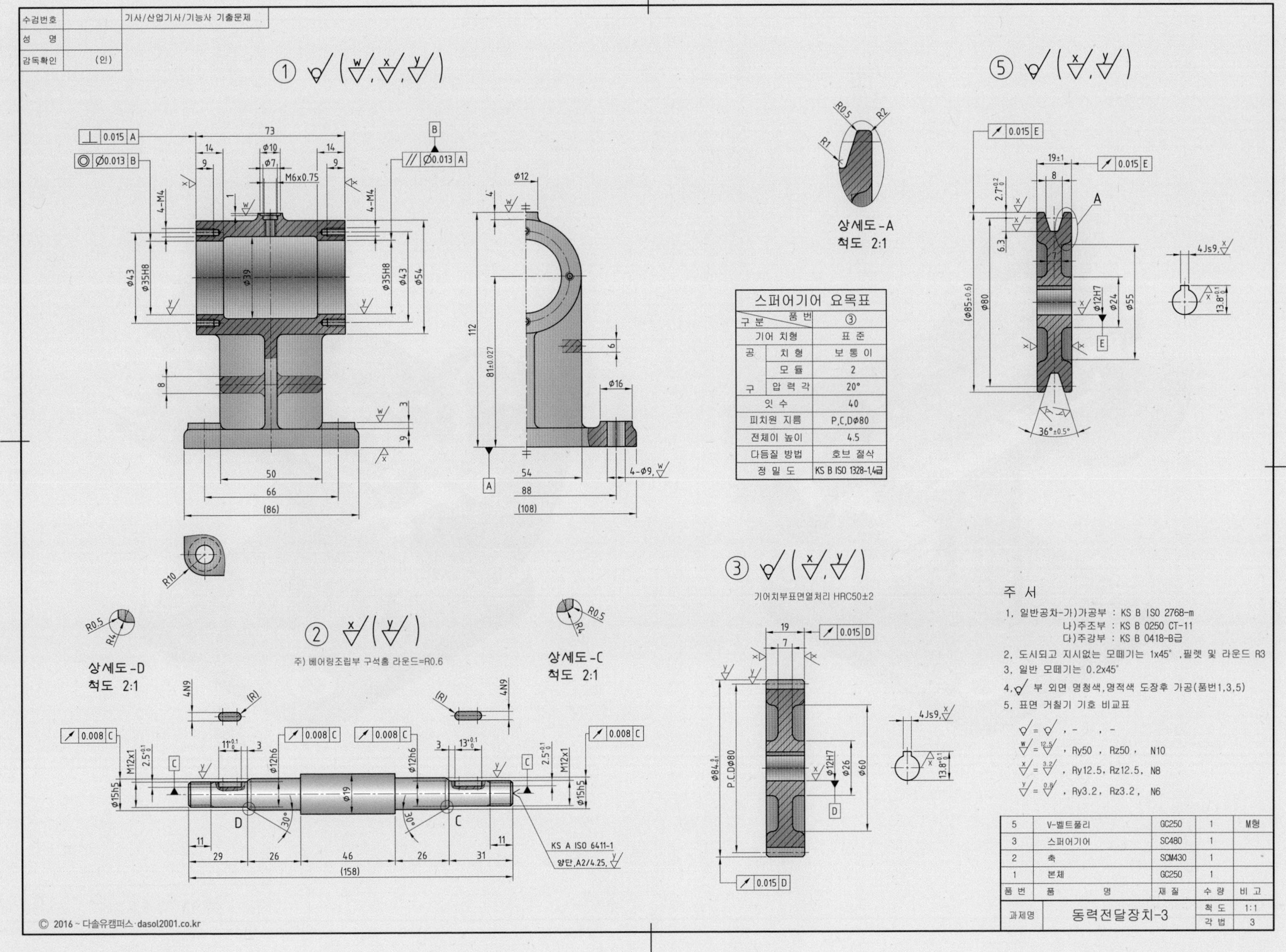

수검번호
기사/산업기사/기능사 기출문제
성 명
감독확인 (인)
상세도-A
척도 2:1
상세도-D
척도 2:1
상세도-C
척도 2:1
주) 베어링조립부 구석홈 라운드=R0.6
기어치부표면열처리 HRC50±2
KS A ISO 6411-1
양단,A2/4.25,

| 스퍼어기어 요목표 | | |
|---|---|---|
| 구분 / 품번 | | ③ |
| 기어 치형 | | 표 준 |
| 공구 | 치 형 | 보 통 이 |
| | 모 듈 | 2 |
| | 압 력 각 | 20° |
| 잇 수 | | 40 |
| 피치원 지름 | | P.C.DØ80 |
| 전체이 높이 | | 4.5 |
| 다듬질 방법 | | 호브 절삭 |
| 정 밀 도 | | KS B ISO 1328-1,4급 |

주 서
1. 일반공차-가)가공부 : KS B ISO 2768-m
나)주조부 : KS B 0250 CT-11
다)주강부 : KS B 0418-B급
2. 도시되고 지시없는 모떼기는 1x45°,필렛 및 라운드 R3
3. 일반 모떼기는 0.2x45°
4. 부 외면 명청색,명적색 도장후 가공(품번1,3,5)
5. 표면 거칠기 기호 비교표
Ry50 , Rz50 , N10
Ry12.5, Rz12.5, N8
Ry3.2 , Rz3.2 , N6

| 품 번 | 품 명 | 재 질 | 수 량 | 비 고 |
|---|---|---|---|---|
| 5 | V-벨트풀리 | GC250 | 1 | M형 |
| 3 | 스퍼어기어 | SC480 | 1 | |
| 2 | 축 | SCM430 | 1 | |
| 1 | 본체 | GC250 | 1 | |

과제명 동력전달장치-3
척 도 1:1
각 법 3

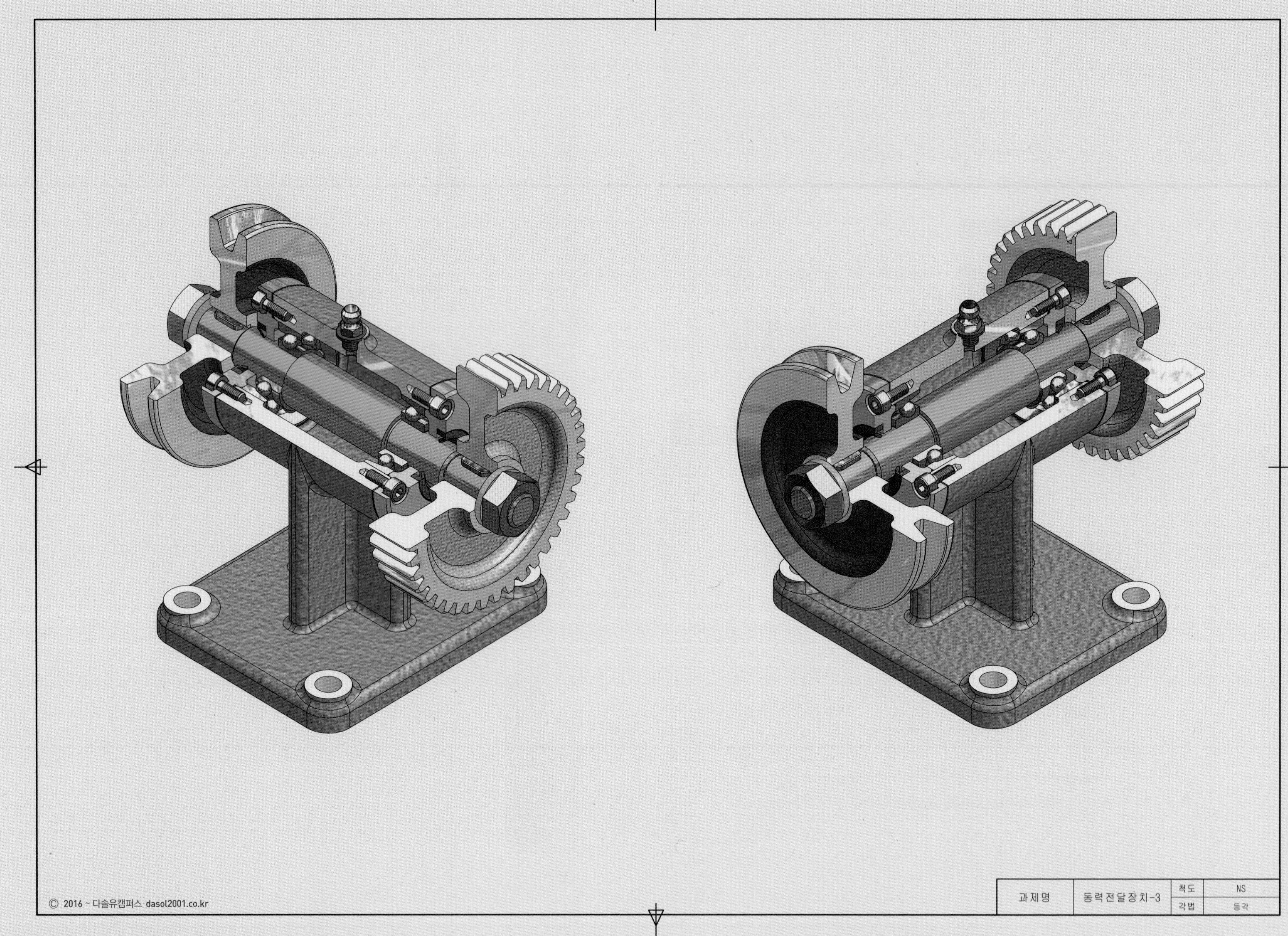
© 2016 ~ 다솔유캠퍼스· dasol2001.co.kr
과제명
동력전달장치-3
척도
NS
각법
등각

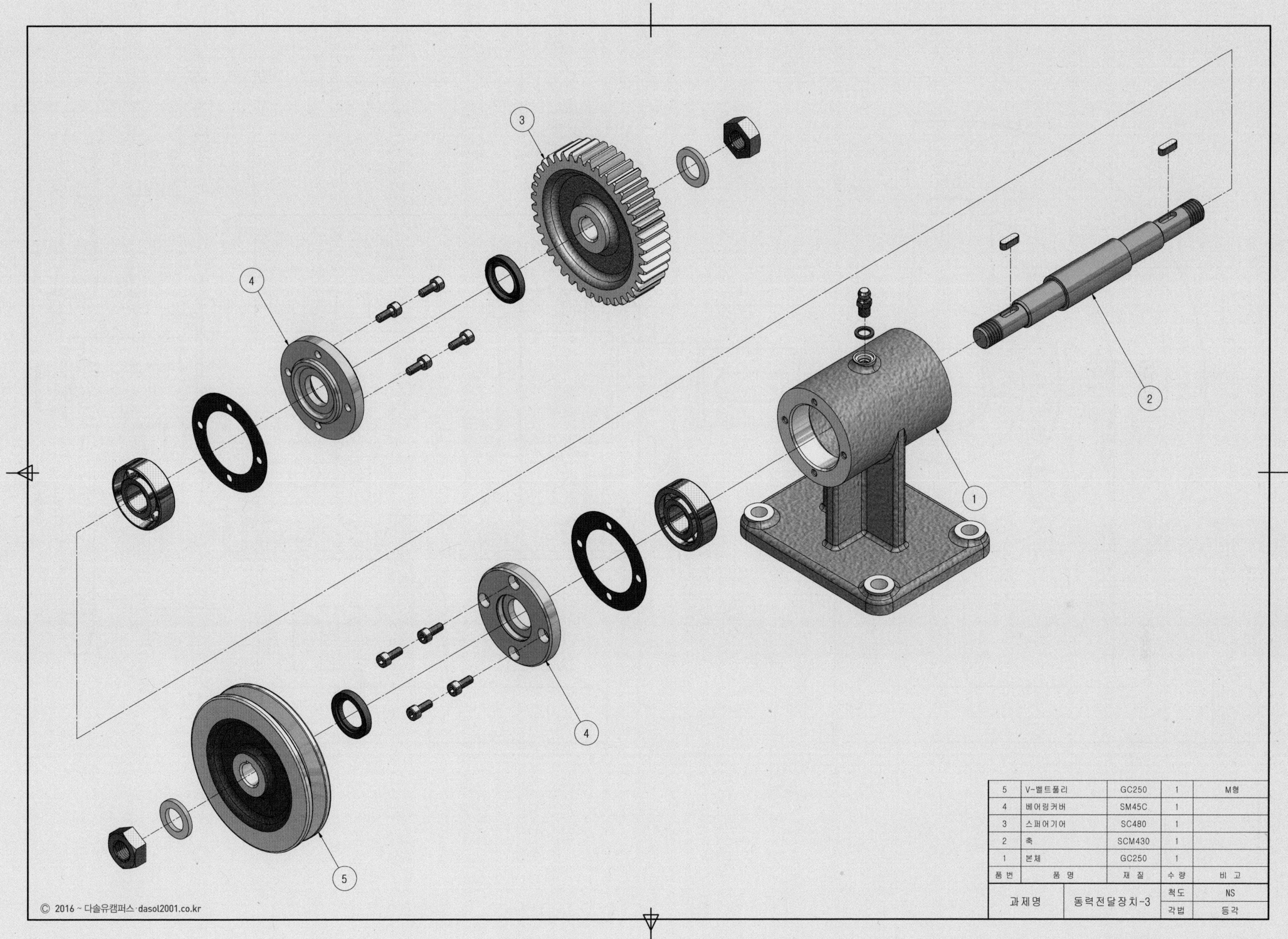


| 품 번 | 품 명 | 재 질 | 수 량 | 비 고 |
|---|---|---|---|---|
| 5 | V-벨트풀리 | GC250 | 1 | M형 |
| 4 | 베어링커버 | SM45C | 1 | |
| 3 | 스퍼어기어 | SC480 | 1 | |
| 2 | 축 | SCM430 | 1 | |
| 1 | 본체 | GC250 | 1 | |

| 과제명 | 동력전달장치-3 | 척도 | NS |
|---|---|---|---|
| | | 각법 | 등각 |

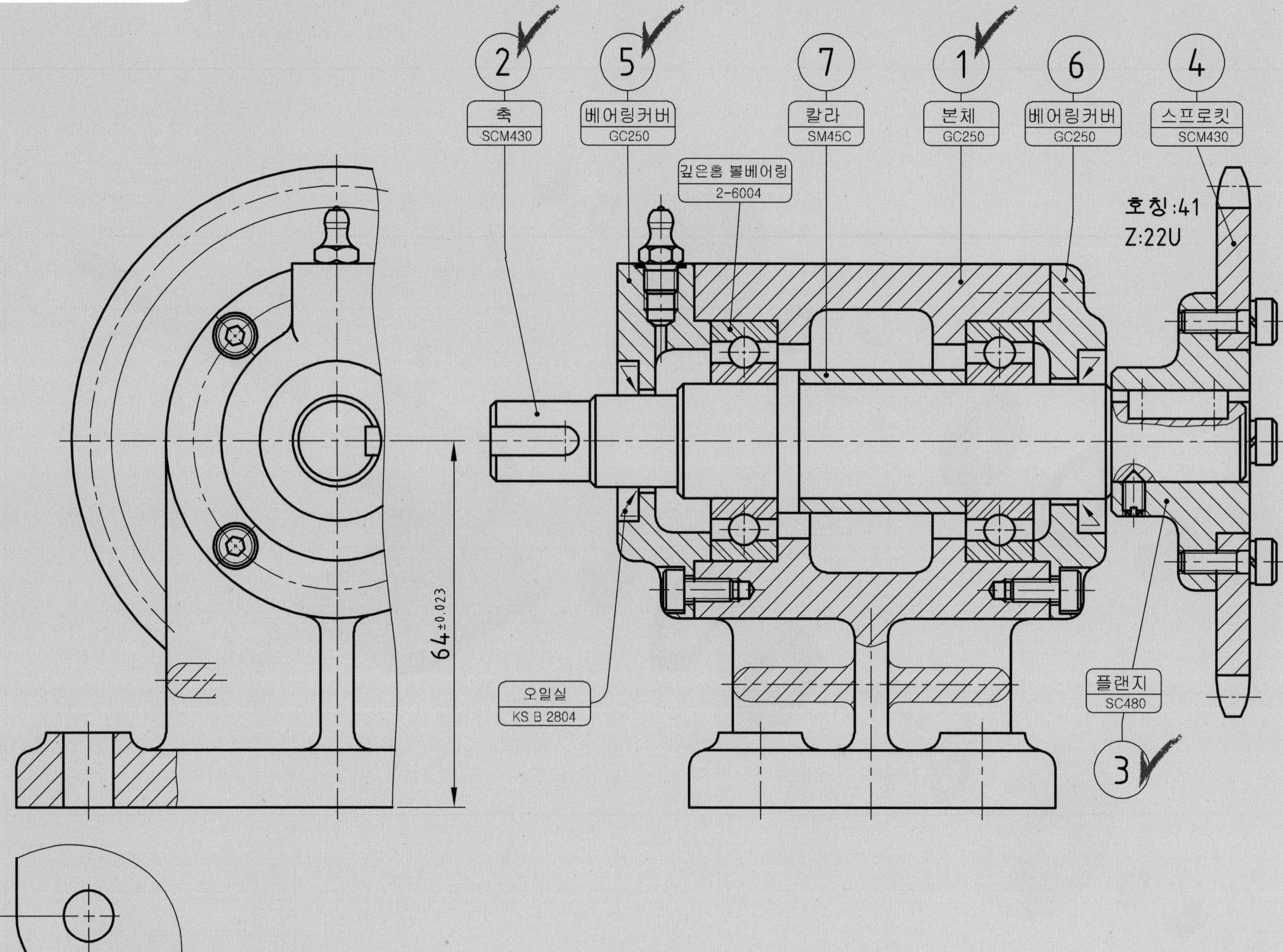
2
축
SCM430
5
베어링커버
GC250
7
칼라
SM45C
1
본체
GC250
6
베어링커버
GC250
4
스프로킷
SCM430
깊은홈 볼베어링
2-6004
호칭:41
Z:22U
64±0.023
오일실
KS B 2804
플랜지
SC480
3

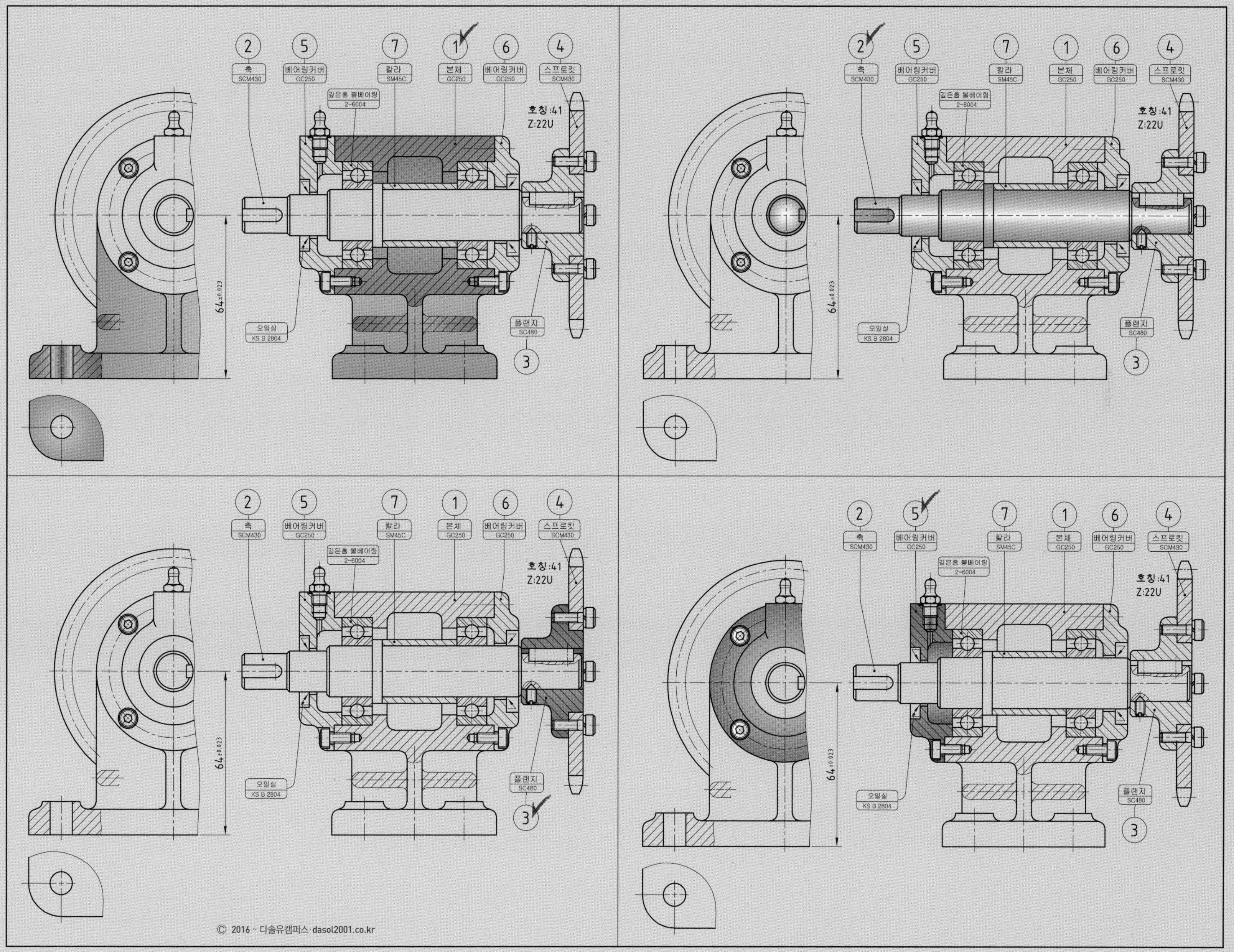

2
축
SCM430
5
베어링커버
GC250
7
칼라
SM45C
1
본체
GC250
6
베어링커버
GC250
4
스프로킷
SCM430
깊은홈 볼베어링
2-6004
호칭:41
Z:22U
오일실
KS B 2804
플랜지
SC480
3
64±0.023
© 2016 - 다솔유캠퍼스·dasol2001.co.kr

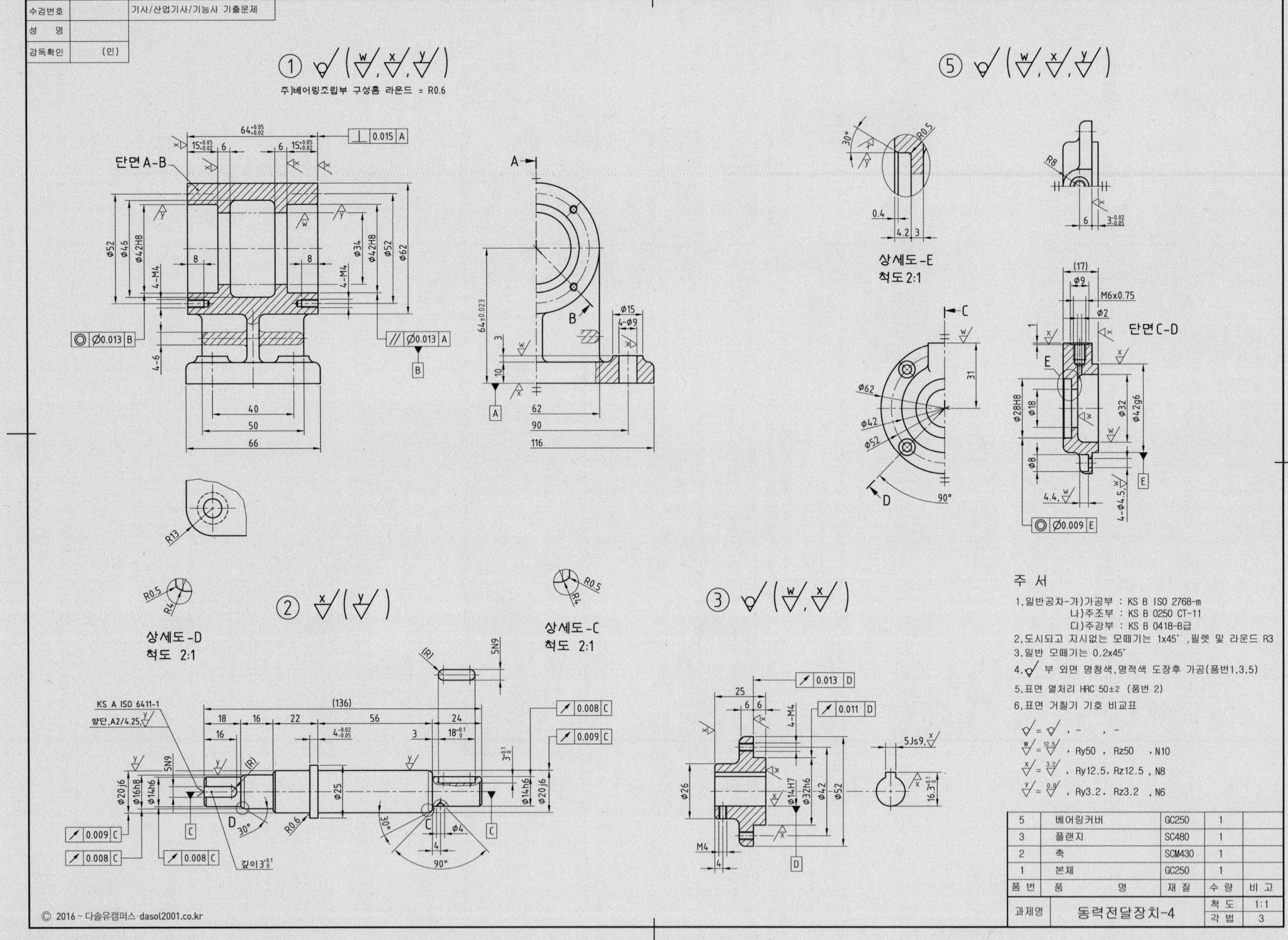

수검번호
성 명
감독확인 (인)
기사/산업기사/기능사 기출문제
① (w, x, y)
주)베어링조립부 구성홈 라운드 = R0.6
단면 A-B
상세도-E
척도 2:1
단면 C-D
⑤ (w, x, y)
상세도-D
척도 2:1
② x (y)
상세도-C
척도 2:1
③ (w, x)
KS A ISO 6411-1
양단,A2/4.25
깊이3
주 서
1.일반공차-가)가공부 : KS B ISO 2768-m
나)주조부 : KS B 0250 CT-11
다)주강부 : KS B 0418-B급
2.도시되고 지시없는 모떼기는 1x45°,필렛 및 라운드 R3
3.일반 모떼기는 0.2x45°
4. 부 외면 명청색,명적색 도장후 가공(품번1,3,5)
5.표면 열처리 HRC 50±2 (품번 2)
6.표면 거칠기 기호 비교표
w = 12.5 , Ry50 , Rz50 , N10
x = 3.2 , Ry12.5, Rz12.5 , N8
y = 0.8 , Ry3.2, Rz3.2 , N6
5 베어링커버 GC250 1
3 플랜지 SC480 1
2 축 SCM430 1
1 본체 GC250 1
품번 품 명 재 질 수 량 비 고
과제명 동력전달장치-4 척도 1:1 각법 3
© 2016 ~ 다솔유캠퍼스·dasol2001.co.kr

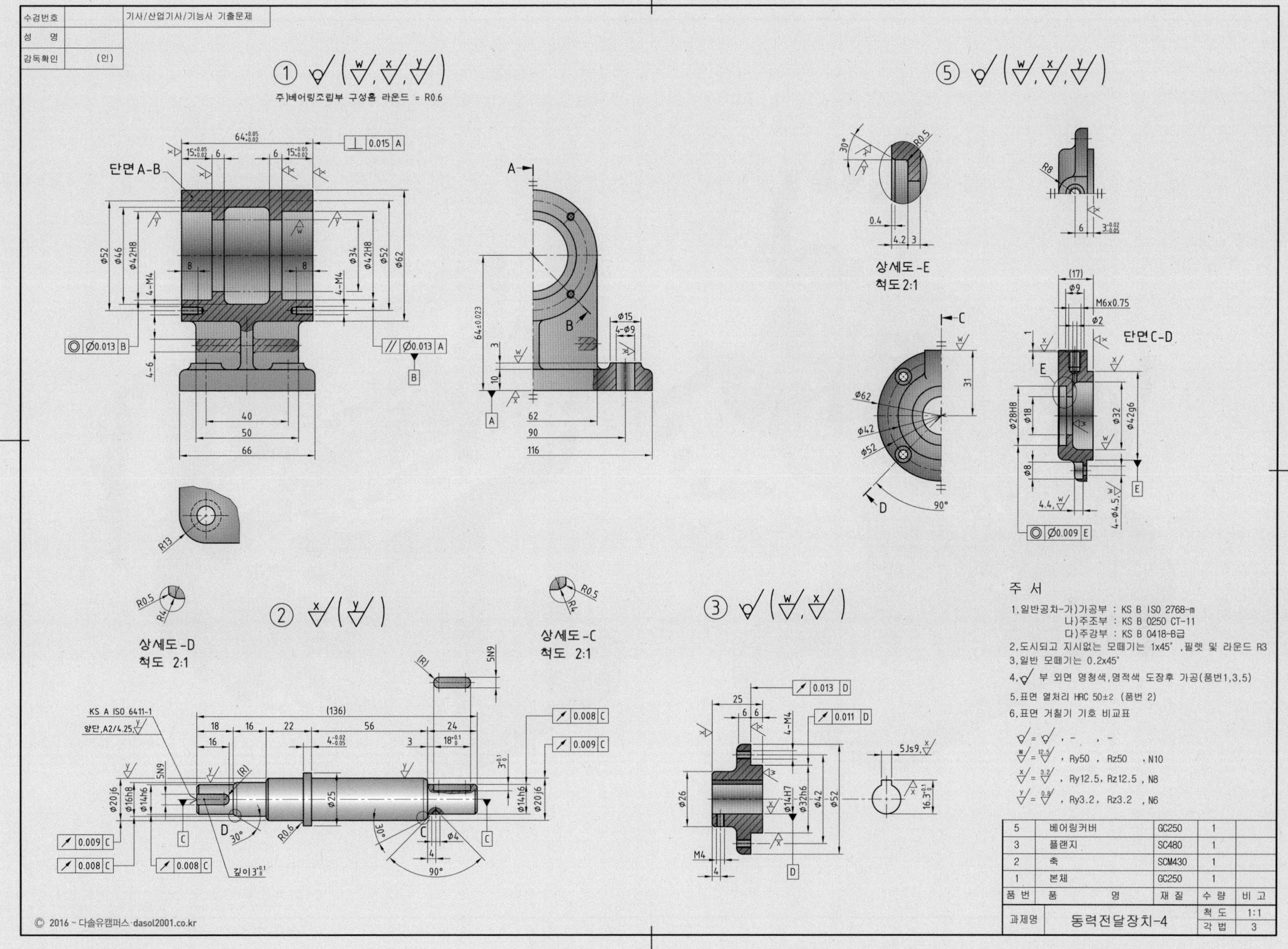
수검번호
성 명
감독확인 (인)
기사/산업기사/기능사 기출문제
주)베어링조립부 구성홈 라운드 = R0.6
단면 A-B
상세도-E
척도 2:1
단면 C-D
상세도-D
척도 2:1
상세도-C
척도 2:1
KS A ISO 6411-1
양단,A2/4.25
깊이3
주 서
1.일반공차-가)가공부 : KS B ISO 2768-m
나)주조부 : KS B 0250 CT-11
다)주강부 : KS B 0418-B급
2.도시되고 지시없는 모떼기는 1x45° ,필렛 및 라운드 R3
3.일반 모떼기는 0.2x45°
4. 부 외면 명청색,명적색 도장후 가공(품번1,3,5)
5.표면 열처리 HRC 50±2 (품번 2)
6.표면 거칠기 기호 비교표
, Ry50 , Rz50 , N10
, Ry12.5, Rz12.5 , N8
, Ry3.2, Rz3.2 , N6
5 베어링커버 GC250 1
3 플랜지 SC480 1
2 축 SCM430 1
1 본체 GC250 1
품 번 품 명 재 질 수 량 비 고
과제명 동력전달장치-4 척 도 1:1 각 법 3
© 2016 ~ 다솔유캠퍼스·dasol2001.co.kr

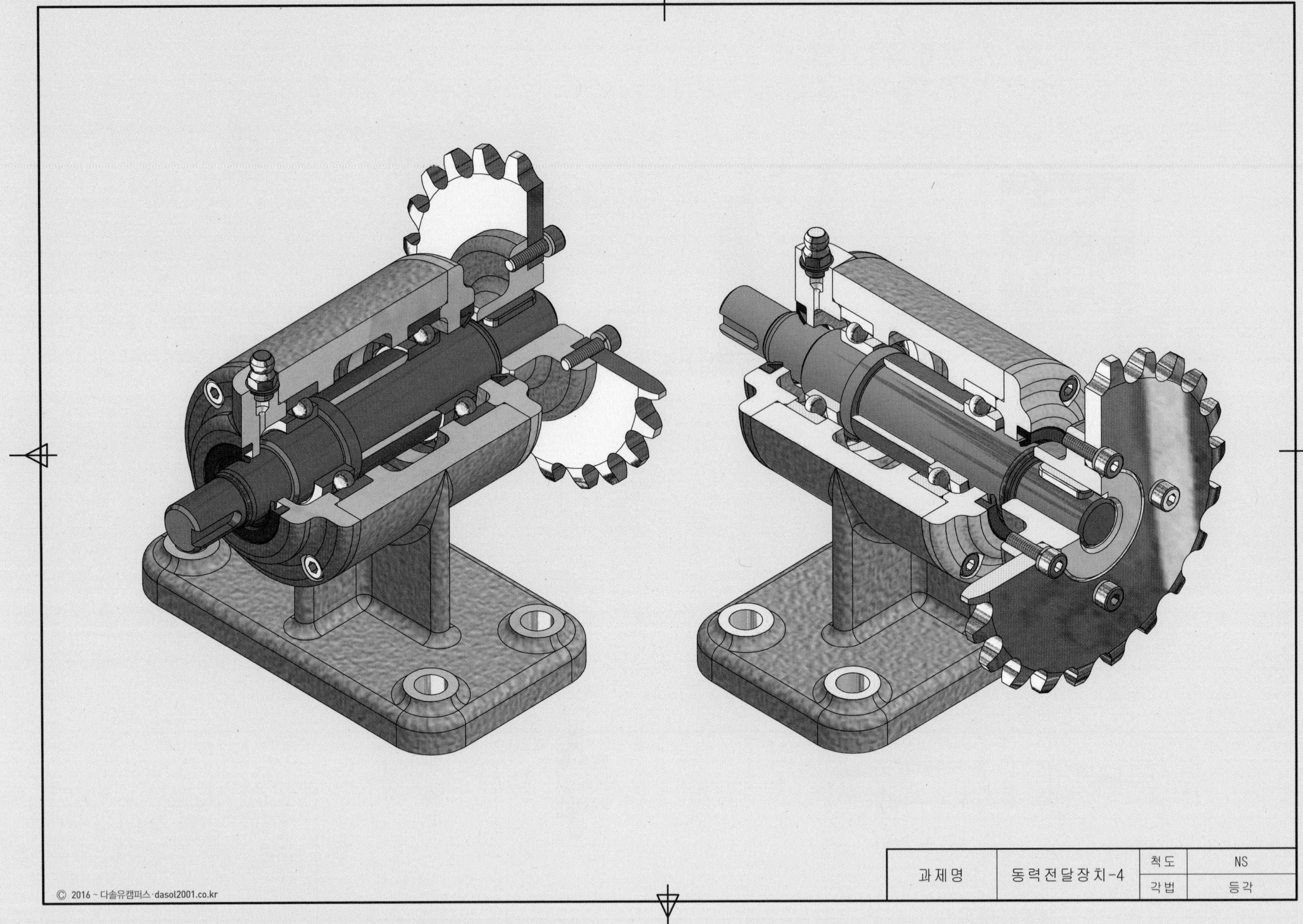
과제명
동력전달장치-4
척도
NS
각법
등각
© 2016 ~ 다솔유캠퍼스 dasol2001.co.kr

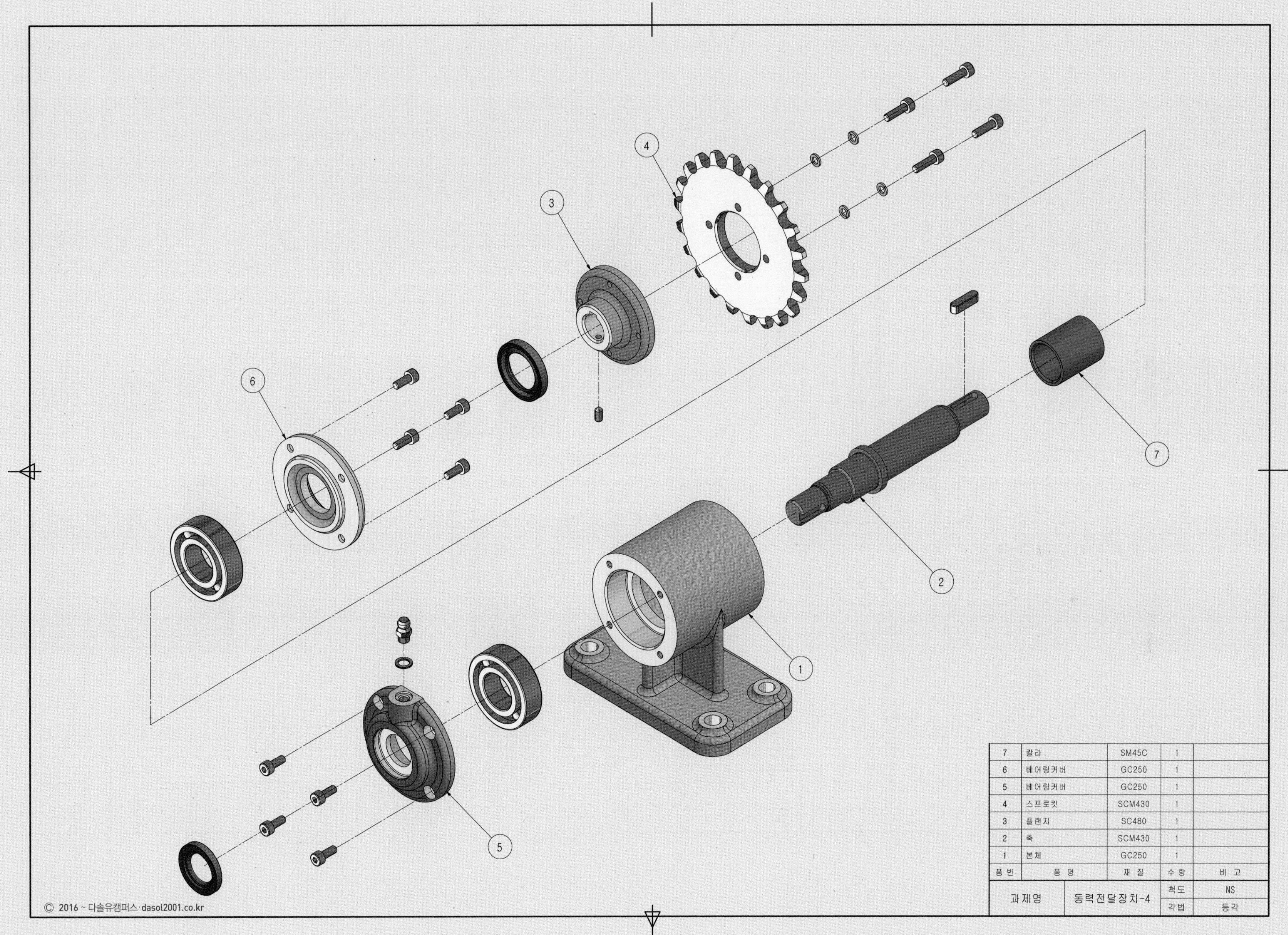


| 품 번 | 품 명 | 재 질 | 수 량 | 비 고 |
|---|---|---|---|---|
| 7 | 칼라 | SM45C | 1 | |
| 6 | 베어링커버 | GC250 | 1 | |
| 5 | 베어링커버 | GC250 | 1 | |
| 4 | 스프로킷 | SCM430 | 1 | |
| 3 | 플랜지 | SC480 | 1 | |
| 2 | 축 | SCM430 | 1 | |
| 1 | 본체 | GC250 | 1 | |

| 과제명 | 동력전달장치-4 | 척도 | NS |
|---|---|---|---|
| | | 각법 | 등각 |

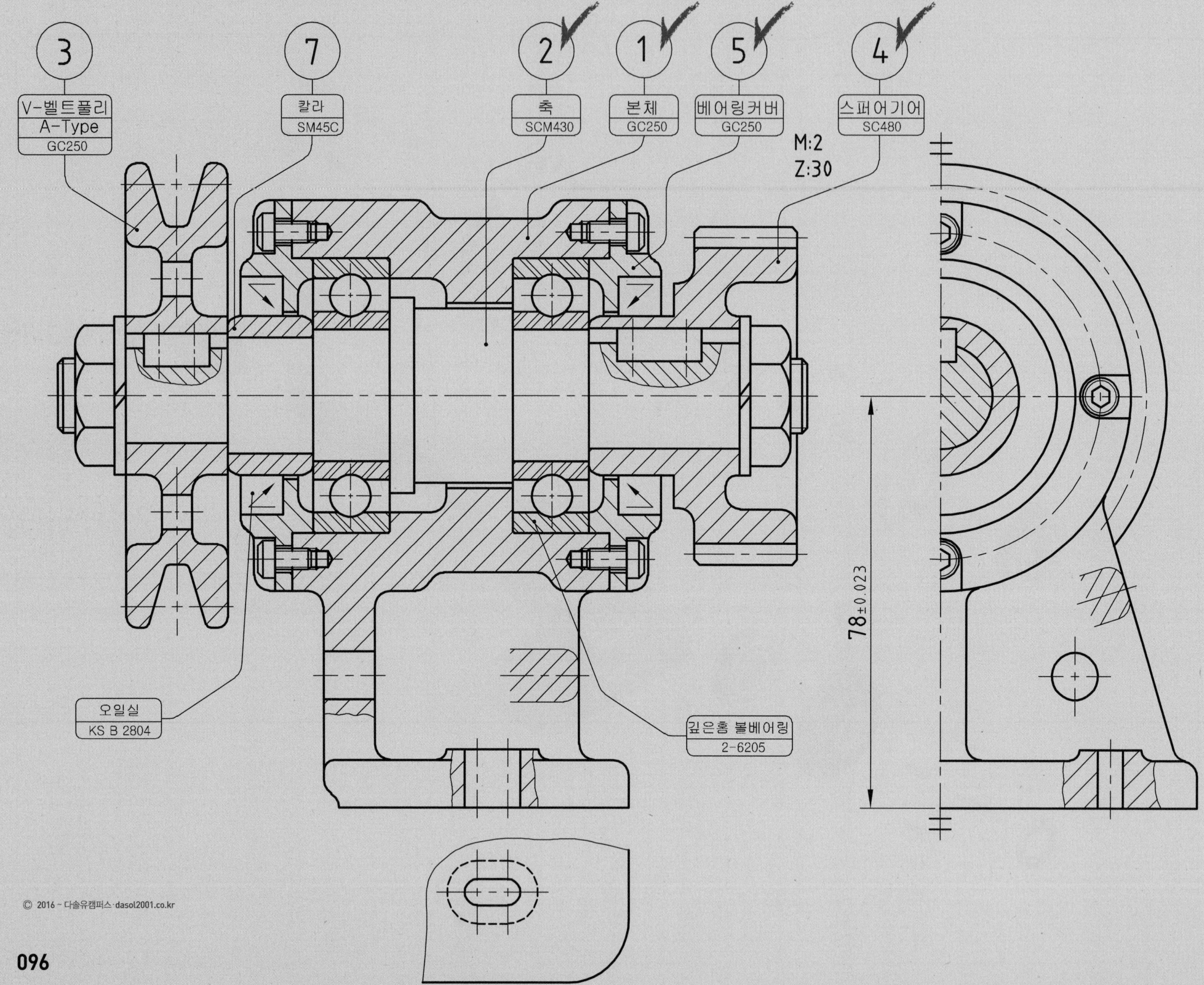
3
V-벨트풀리
A-Type
GC250
7
칼라
SM45C
2
축
SCM430
1
본체
GC250
5
베어링커버
GC250
4
스퍼어기어
SC480
M:2
Z:30
오일실
KS B 2804
깊은홈 볼베어링
2-6205
78±0.023

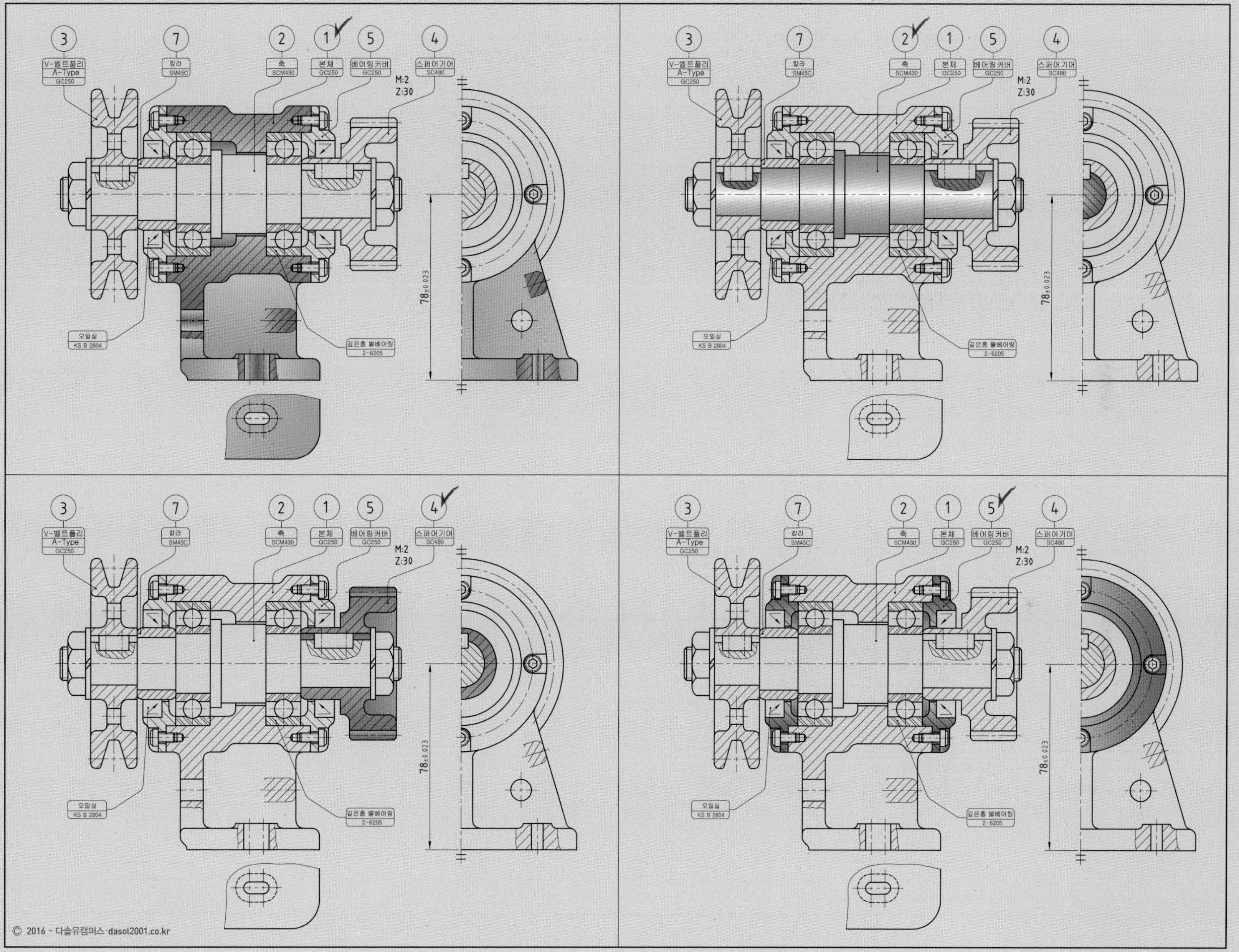
3
7
2
1
5
4
V-벨트풀리
A-Type
GC250
칼라
SM45C
축
SCM430
본체
GC250
베어링커버
GC250
스퍼어기어
SC480
M:2
Z:30
78±0.023
오일실
KS B 2804
깊은홈 볼베어링
2-6205

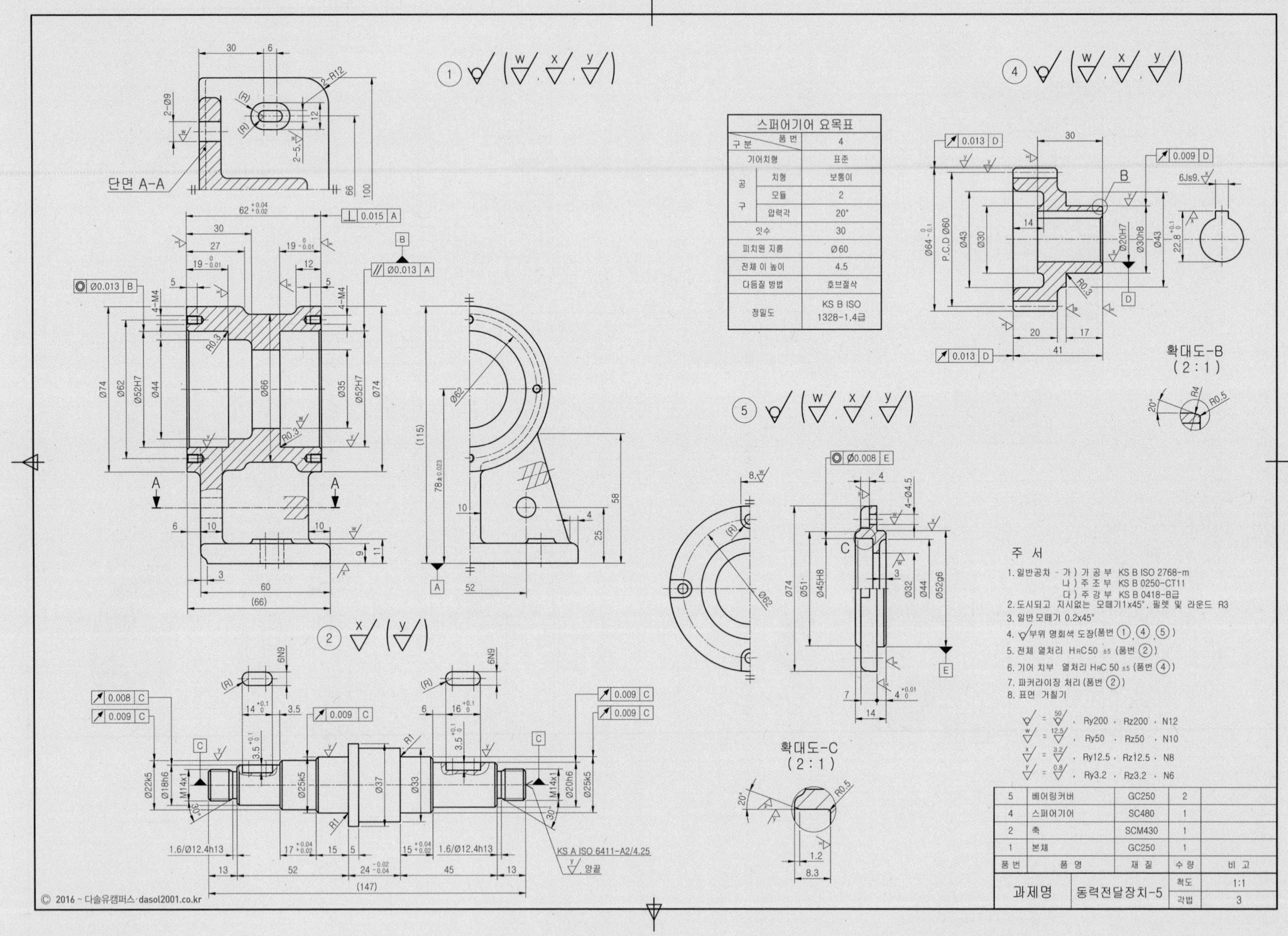


| 스퍼어기어 요목표 | | |
|---|---|---|
| 구분 | 품번 | 4 |
| 기어치형 | | 표준 |
| 공구 | 치형 | 보통이 |
| | 모듈 | 2 |
| | 압력각 | 20° |
| 잇수 | | 30 |
| 피치원 지름 | | Ø60 |
| 전체 이 높이 | | 4.5 |
| 다듬질 방법 | | 호브절삭 |
| 정밀도 | | KS B ISO 1328-1,4급 |

주 서

1. 일반공차 - 가) 가공부 KS B ISO 2768-m
   나) 주조부 KS B 0250-CT11
   다) 주강부 KS B 0418-B급
2. 도시되고 지시없는 모떼기1x45°, 필렛 및 라운드 R3
3. 일반모떼기 0.2x45°
4. ∀부위 명회색 도장(품번 ①, ④, ⑤)
5. 전체 열처리 HRC50 ±5 (품번 ②)
6. 기어 치부 열처리 HRC 50 ±5 (품번 ④)
7. 파커라이징 처리(품번 ②)
8. 표면 거칠기
   ∀ = 50/∀, Ry200, Rz200, N12
   w/∀ = 12.5/∀, Ry50, Rz50, N10
   x/∀ = 3.2/∀, Ry12.5, Rz12.5, N8
   y/∀ = 0.8/∀, Ry3.2, Rz3.2, N6

| 품번 | 품명 | 재질 | 수량 | 비고 |
|---|---|---|---|---|
| 5 | 베어링커버 | GC250 | 2 | |
| 4 | 스퍼어기어 | SC480 | 1 | |
| 2 | 축 | SCM430 | 1 | |
| 1 | 본체 | GC250 | 1 | |

| 과제명 | 동력전달장치-5 | 척도 | 1:1 |
|---|---|---|---|
| | | 각법 | 3 |

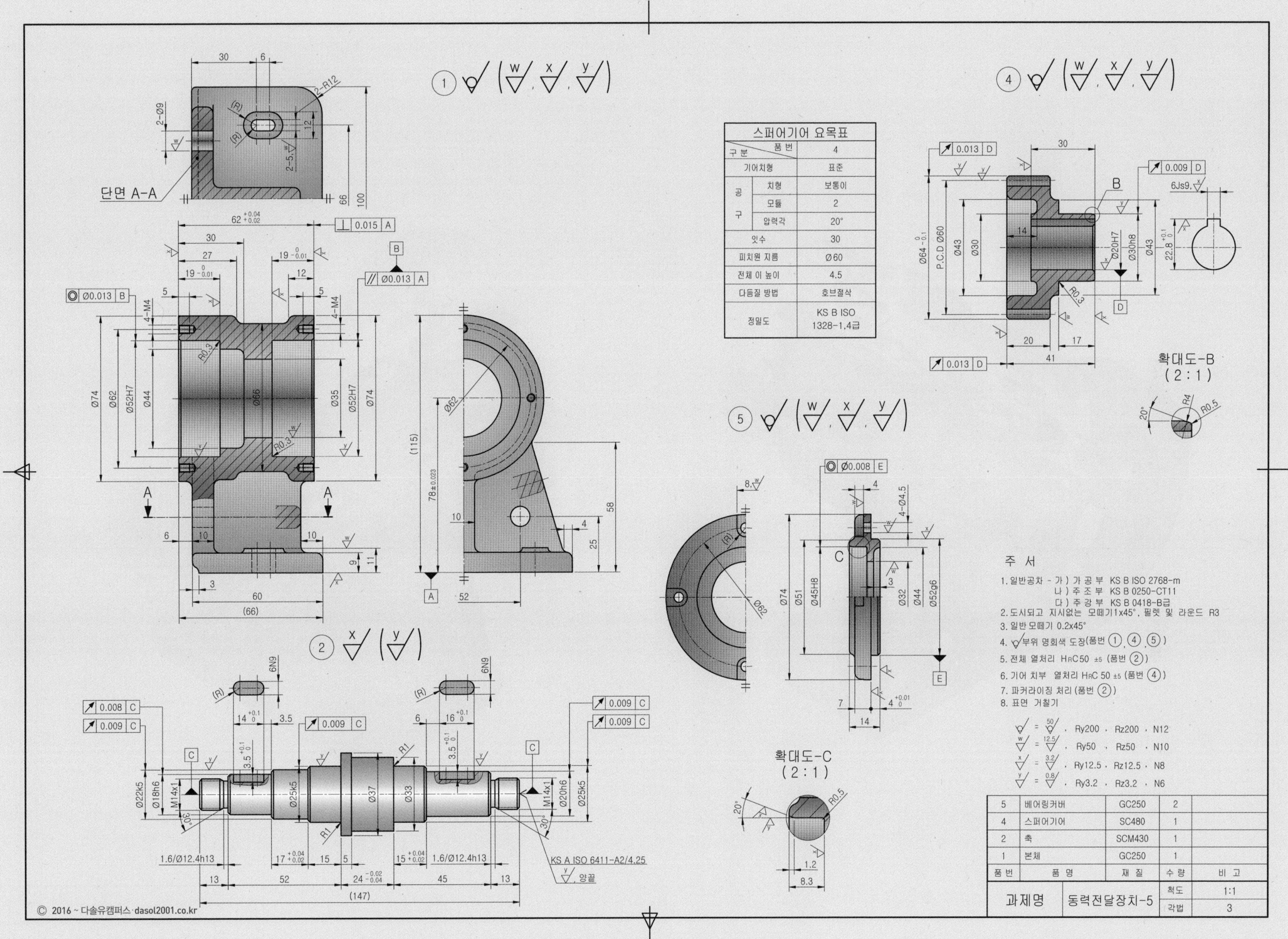

단면 A-A
스퍼어기어 요목표
구분 / 품번: 4
기어치형: 표준
공구 치형: 보통이
공구 모듈: 2
공구 압력각: 20°
잇수: 30
피치원 지름: Ø60
전체 이 높이: 4.5
다듬질 방법: 호브절삭
정밀도: KS B ISO 1328-1,4급
확대도-B
(2 : 1)
확대도-C
(2 : 1)
주 서
1. 일반공차 - 가) 가 공 부 KS B ISO 2768-m
나) 주 조 부 KS B 0250-CT11
다) 주 강 부 KS B 0418-B급
2. 도시되고 지시없는 모떼기1x45°, 필렛 및 라운드 R3
3. 일반 모떼기 0.2x45°
4. 부위 명회색 도장(품번 ①, ④, ⑤)
5. 전체 열처리 HRC50 ±5 (품번 ②)
6. 기어 치부 열처리 HRC 50 ±5 (품번 ④)
7. 파커라이징 처리 (품번 ②)
8. 표면 거칠기
= 50/ , Ry200 , Rz200 , N12
w = 12.5/ , Ry50 , Rz50 , N10
x = 3.2/ , Ry12.5 , Rz12.5 , N8
y = 0.8/ , Ry3.2 , Rz3.2 , N6
5 베어링커버 GC250 2
4 스퍼어기어 SC480 1
2 축 SCM430 1
1 본체 GC250 1
품번 품명 재질 수량 비고
과제명 동력전달장치-5
척도 1:1
각법 3
KS A ISO 6411-A2/4.25
양끝
© 2016 ~ 다솔유캠퍼스·dasol2001.co.kr

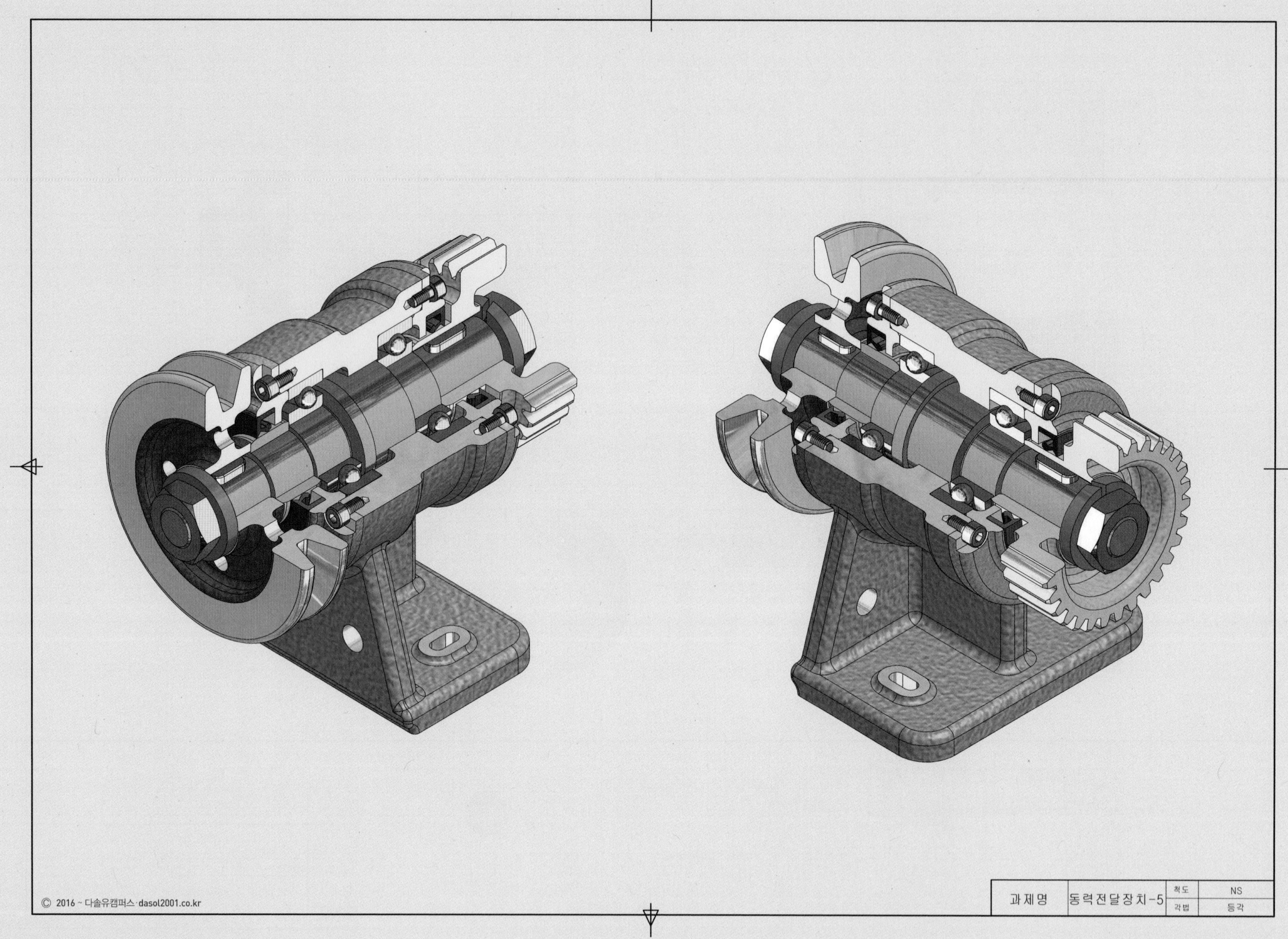
ⓒ 2016 ~ 다솔유캠퍼스·dasol2001.co.kr
과제명
동력전달장치-5
척도
NS
각법
등각

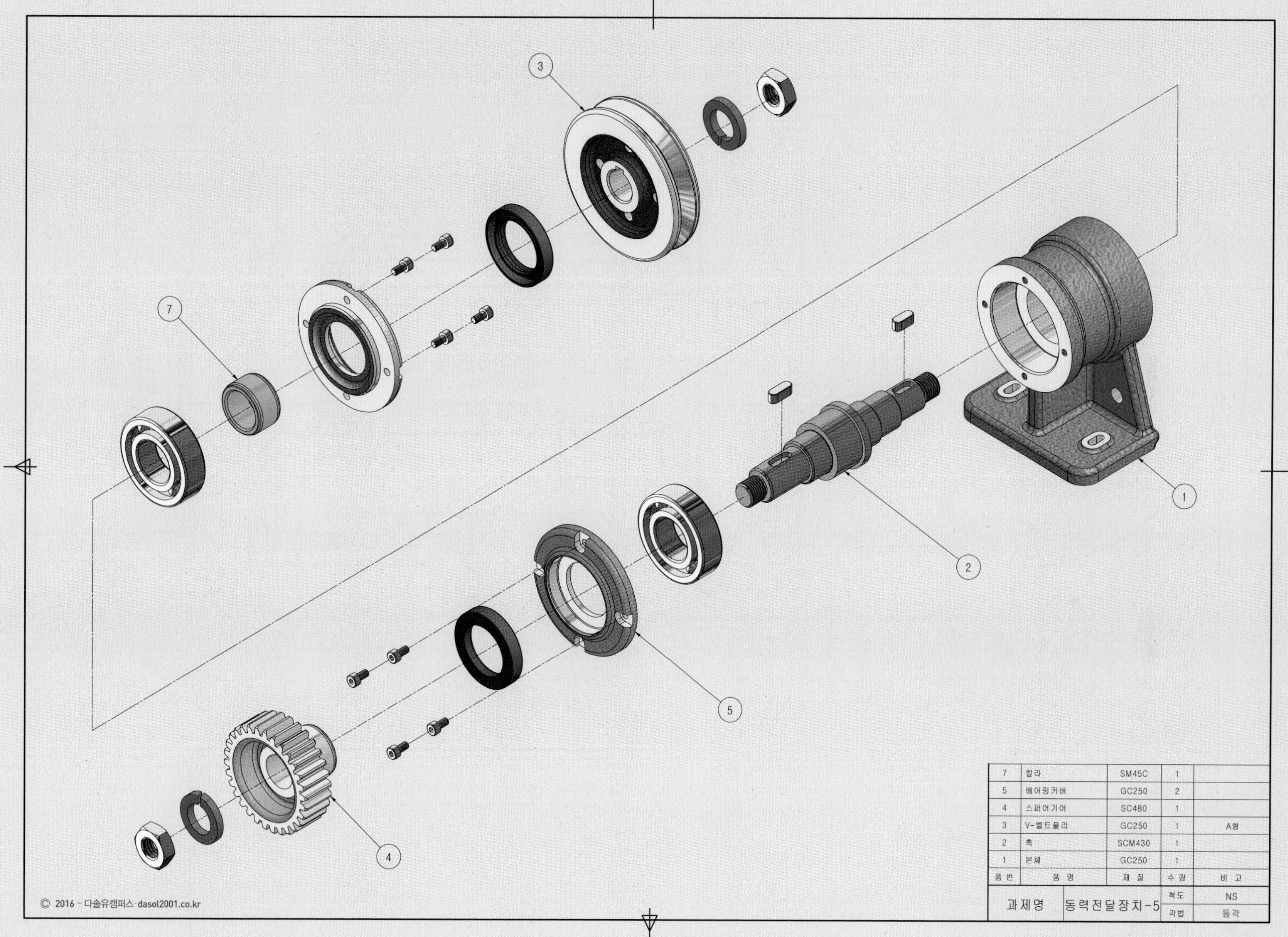


| 7 | 칼라 | SM45C | 1 | |
|---|---|---|---|---|
| 5 | 베어링커버 | GC250 | 2 | |
| 4 | 스퍼어기어 | SC480 | 1 | |
| 3 | V-벨트풀리 | GC250 | 1 | A형 |
| 2 | 축 | SCM430 | 1 | |
| 1 | 본체 | GC250 | 1 | |
| 품번 | 품 명 | 재 질 | 수 량 | 비 고 |
| 과제명 | 동력전달장치-5 | | 척도 | NS |
| | | | 각법 | 등각 |

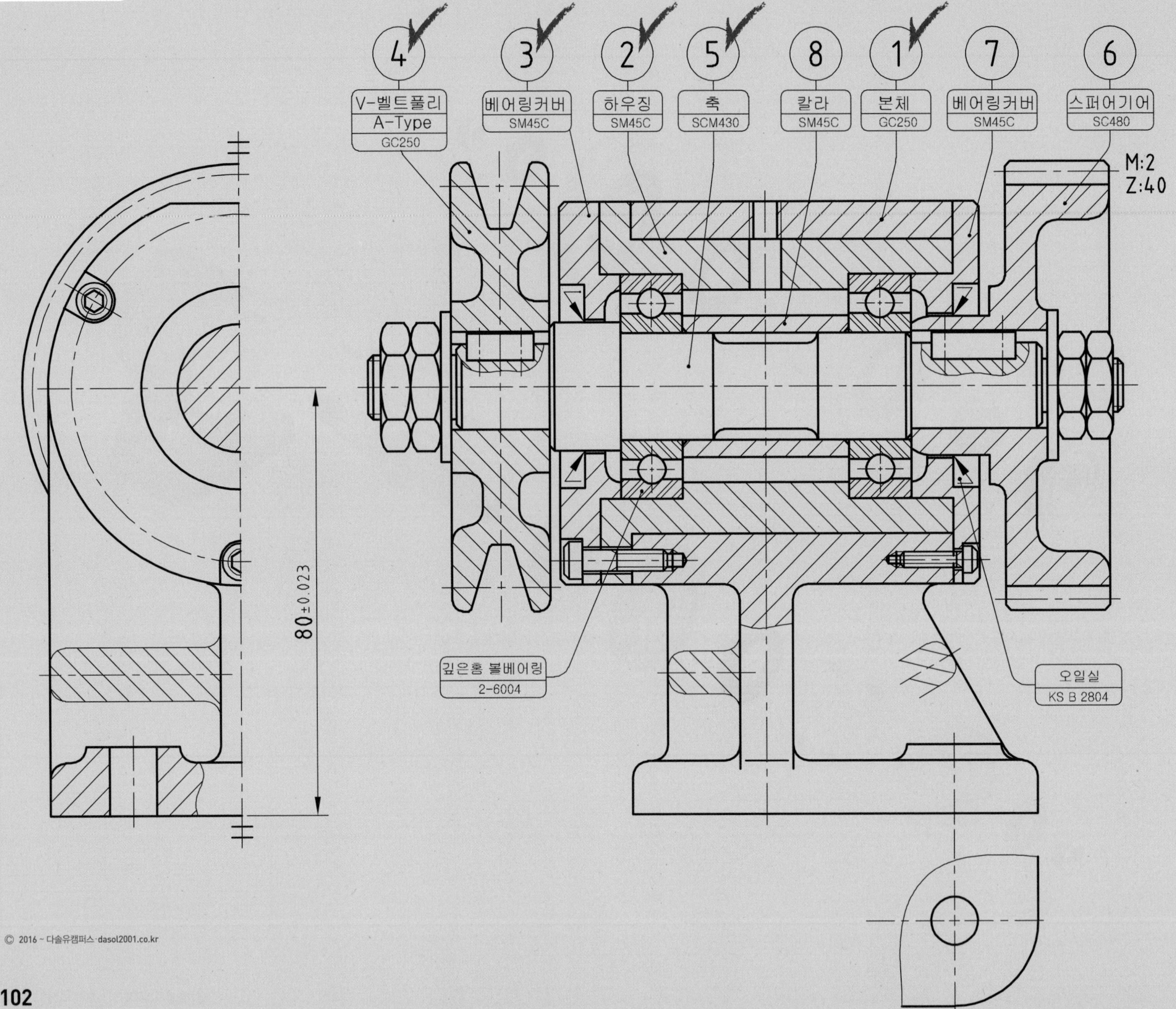
4
V-벨트풀리
A-Type
GC250
3
베어링커버
SM45C
2
하우징
SM45C
5
축
SCM430
8
칼라
SM45C
1
본체
GC250
7
베어링커버
SM45C
6
스퍼어기어
SC480
M:2
Z:40
80±0.023
깊은홈 볼베어링
2-6004
오일실
KS B 2804

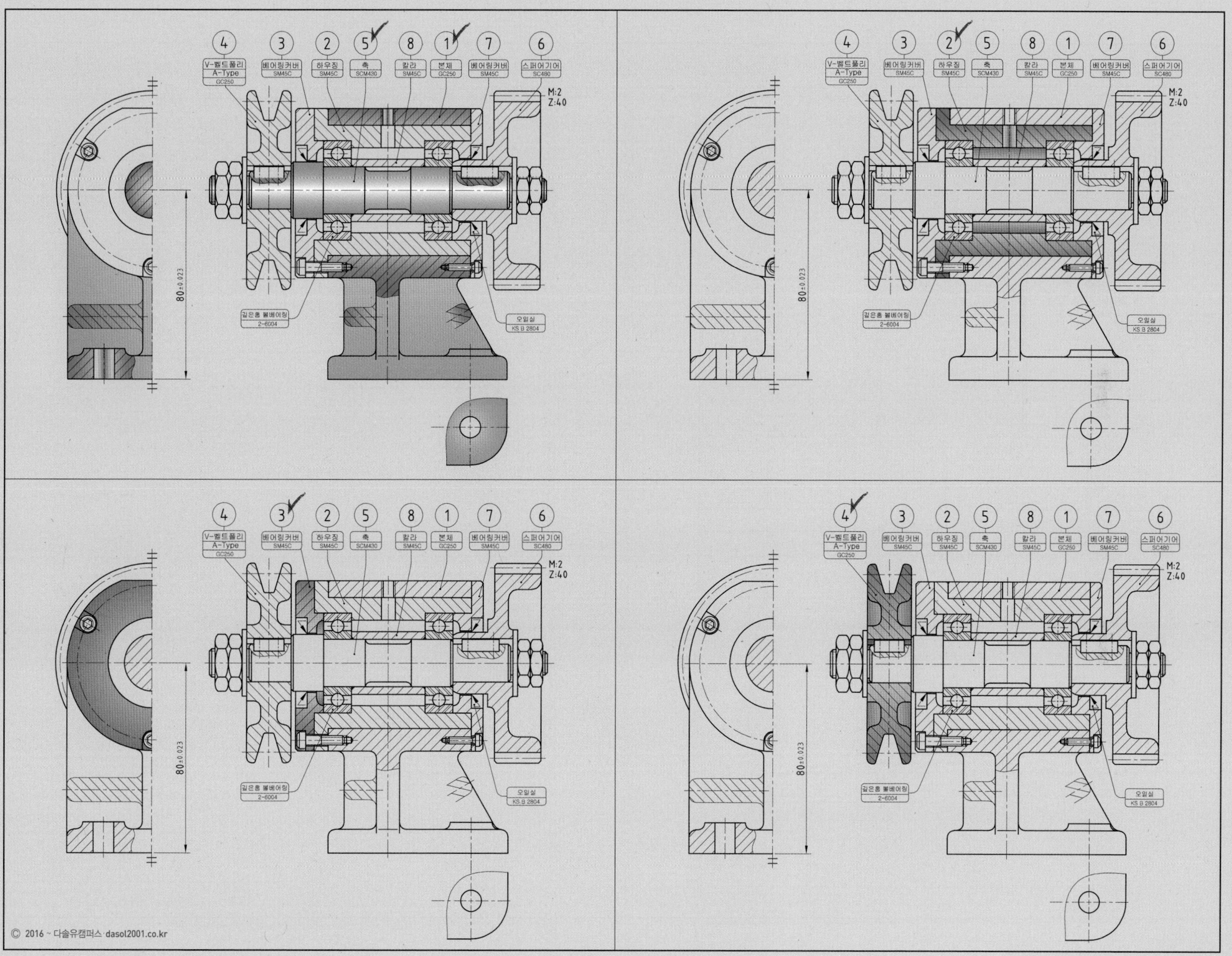

4 V-벨트풀리 A-Type GC250
3 베어링커버 SM45C
2 하우징 SM45C
5 축 SCM430
8 칼라 SM45C
1 본체 GC250
7 베어링커버 SM45C
6 스퍼어기어 SC480
M:2
Z:40
80±0.023
깊은홈 볼베어링 2-6004
오일실 KS B 2804

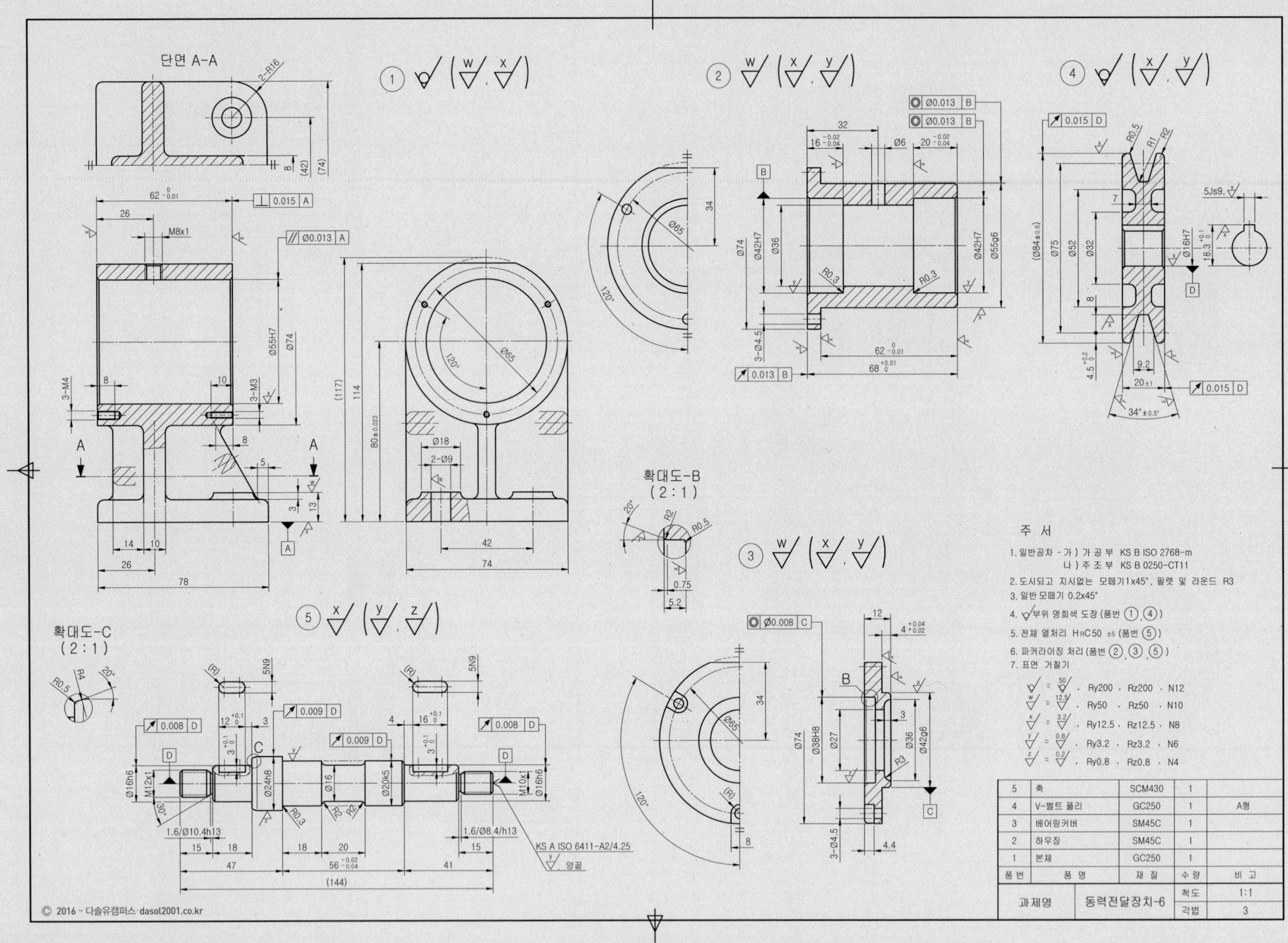
단면 A-A
확대도-B (2:1)
확대도-C (2:1)
주 서
1. 일반공차 - 가) 가 공 부 KS B ISO 2768-m
나) 주 조 부 KS B 0250-CT11
2. 도시되고 지시없는 모떼기1x45°, 필렛 및 라운드 R3
3. 일반 모떼기 0.2x45°
4. 부위 명회색 도장 (품번 ①, ④)
5. 전체 열처리 HRC50 ±5 (품번 ⑤)
6. 파커라이징 처리 (품번 ②, ③, ⑤)
7. 표면 거칠기
Ry200 , Rz200 , N12
Ry50 , Rz50 , N10
Ry12.5 , Rz12.5 , N8
Ry3.2 , Rz3.2 , N6
Ry0.8 , Rz0.8 , N4
5 축 SCM430 1
4 V-벨트 풀리 GC250 1 A형
3 베어링커버 SM45C 1
2 하우징 SM45C 1
1 본체 GC250 1
품번 품 명 재 질 수 량 비 고
과제명 동력전달장치-6 척도 1:1 각법 3
KS A ISO 6411-A2/4.25
양끝
© 2016 ~ 다솔유캠퍼스·dasol2001.co.kr

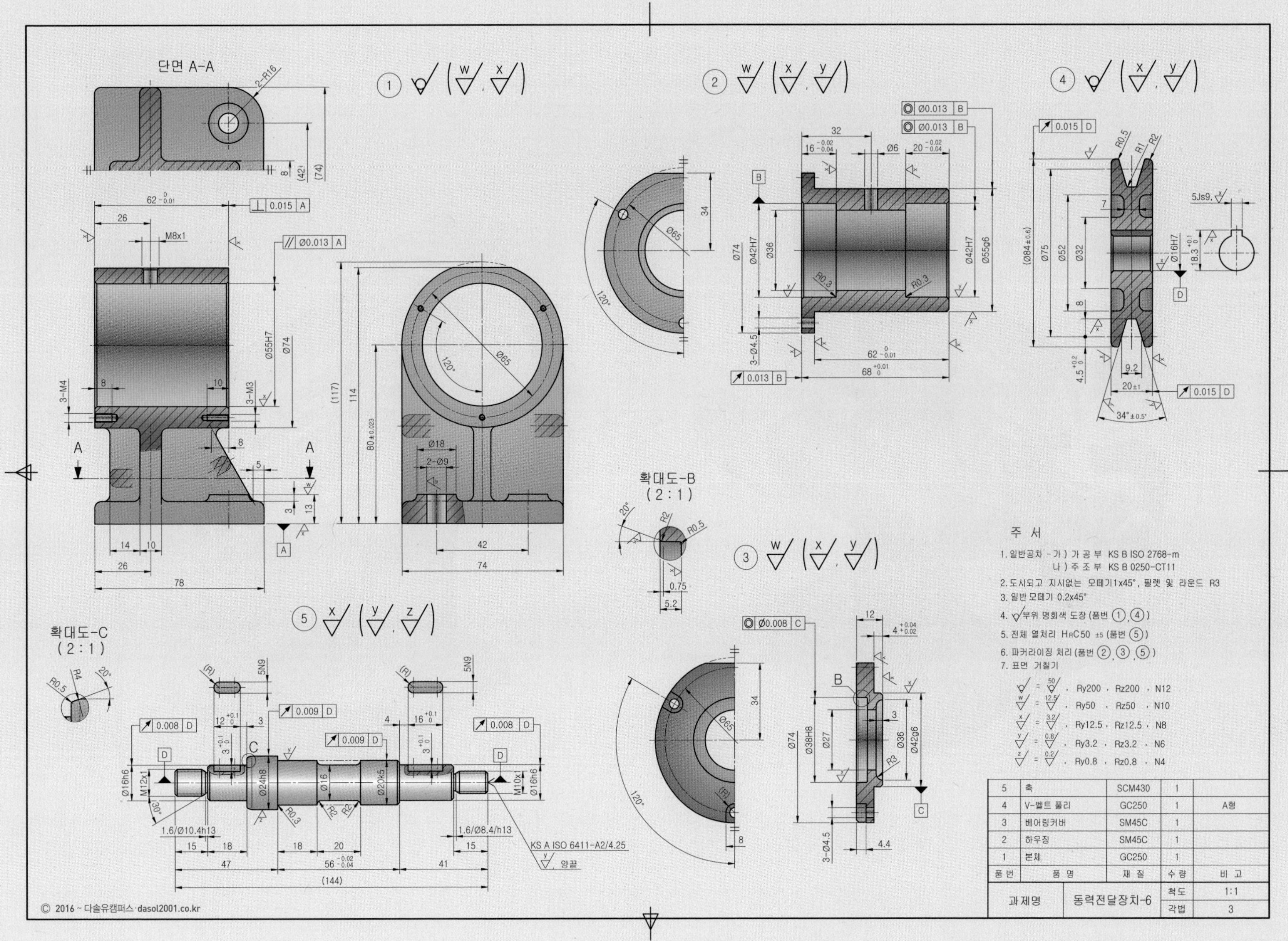


| 품 번 | 품 명 | 재 질 | 수 량 | 비 고 |
|---|---|---|---|---|
| 5 | 축 | SCM430 | 1 | |
| 4 | V-벨트 풀리 | GC250 | 1 | A형 |
| 3 | 베어링커버 | SM45C | 1 | |
| 2 | 하우징 | SM45C | 1 | |
| 1 | 본체 | GC250 | 1 | |

| 과제명 | 동력전달장치-6 | 척도 | 1:1 |
|---|---|---|---|
| | | 각법 | 3 |

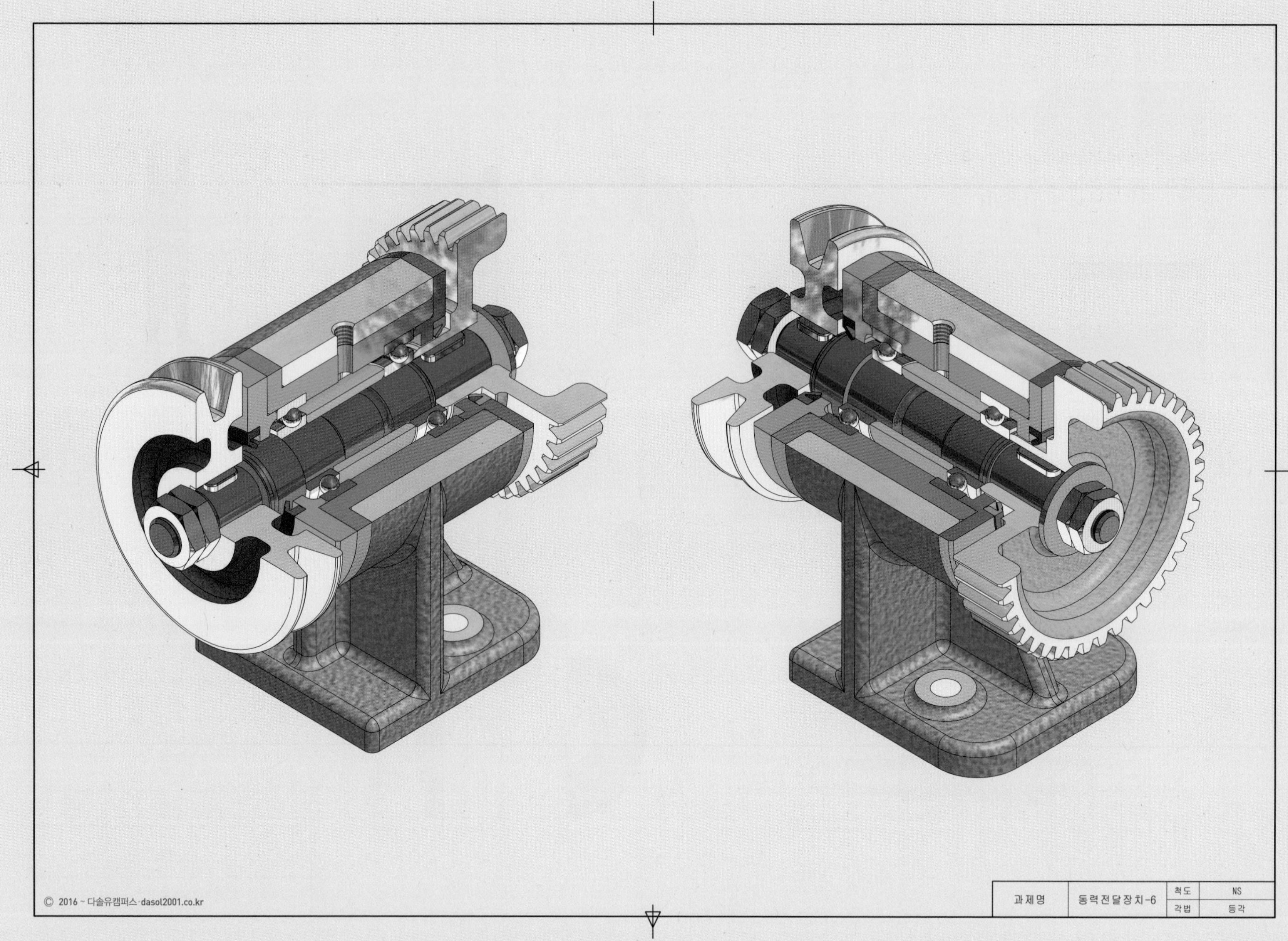
© 2016 ~ 다솔유캠퍼스·dasol2001.co.kr
과제명
동력전달장치-6
척도
NS
각법
등각

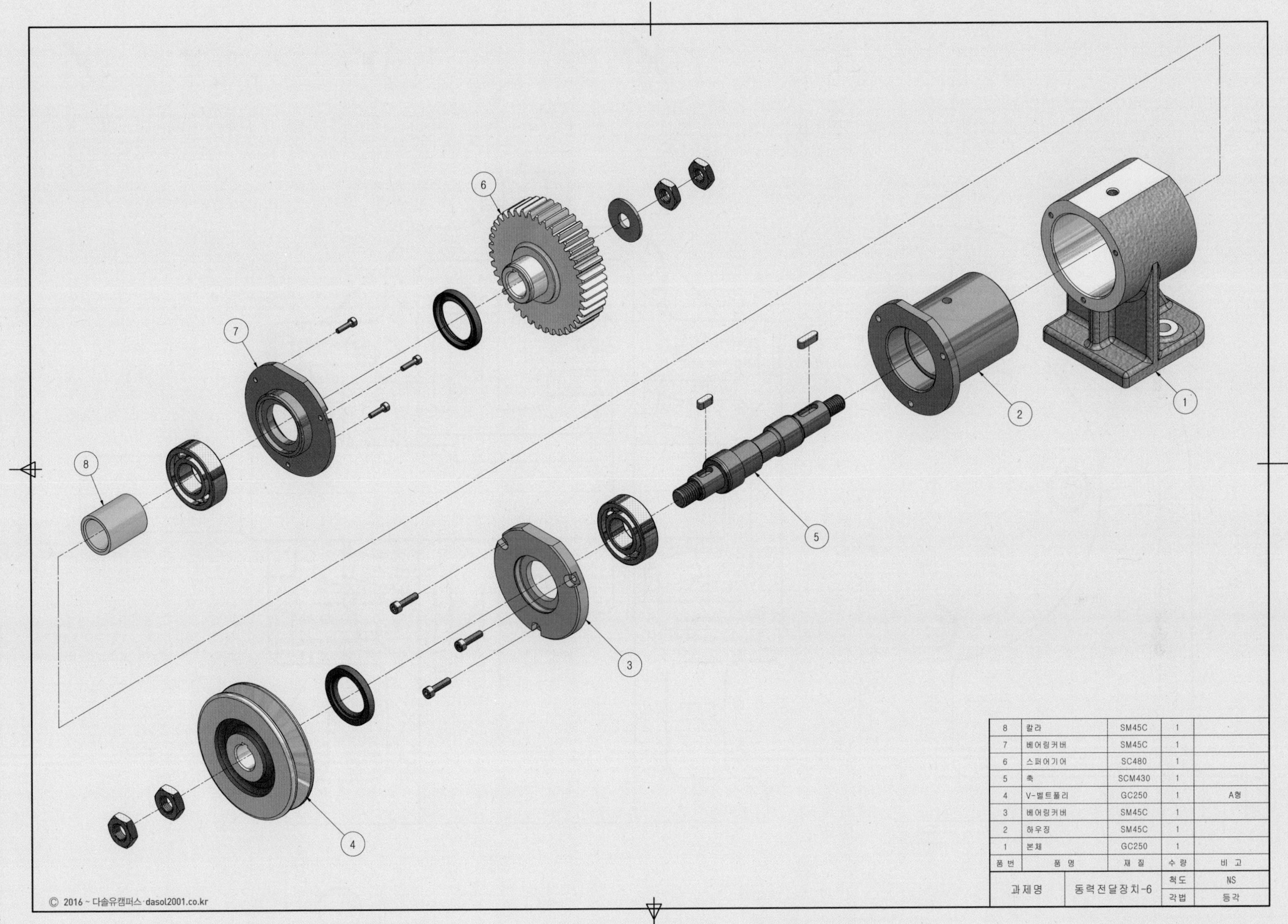


| 8 | 칼라 | SM45C | 1 | |
|---|---|---|---|---|
| 7 | 베어링커버 | SM45C | 1 | |
| 6 | 스퍼어기어 | SC480 | 1 | |
| 5 | 축 | SCM430 | 1 | |
| 4 | V-벨트풀리 | GC250 | 1 | A형 |
| 3 | 베어링커버 | SM45C | 1 | |
| 2 | 하우징 | SM45C | 1 | |
| 1 | 본체 | GC250 | 1 | |
| 품 번 | 품 명 | 재 질 | 수 량 | 비 고 |
| 과제명 | 동력전달장치-6 | | 척도 | NS |
| | | | 각법 | 등각 |

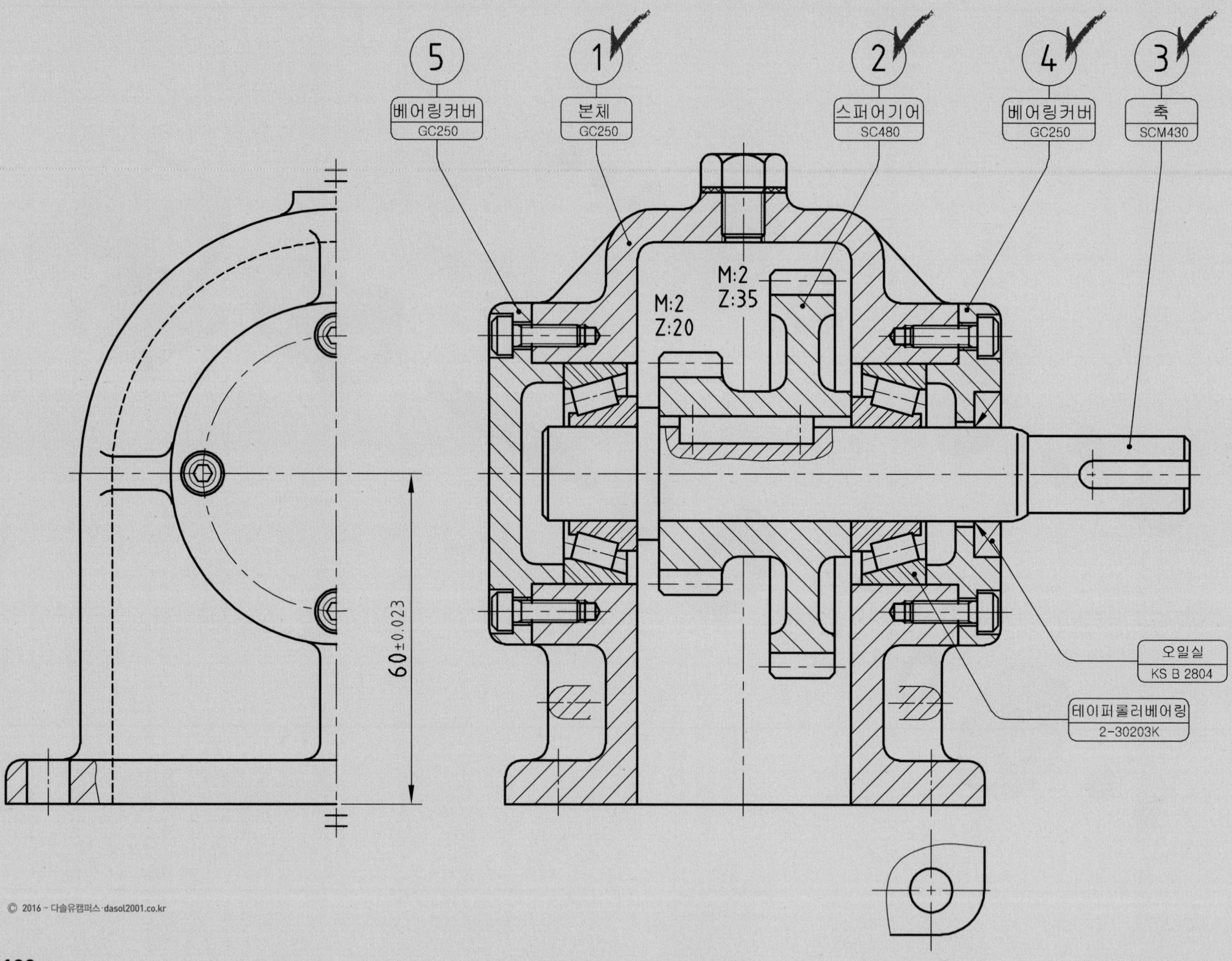
5
베어링커버
GC250
1
본체
GC250
2
스퍼어기어
SC480
4
베어링커버
GC250
3
축
SCM430
M:2
Z:35
M:2
Z:20
60±0.023
오일실
KS B 2804
테이퍼롤러베어링
2-30203K

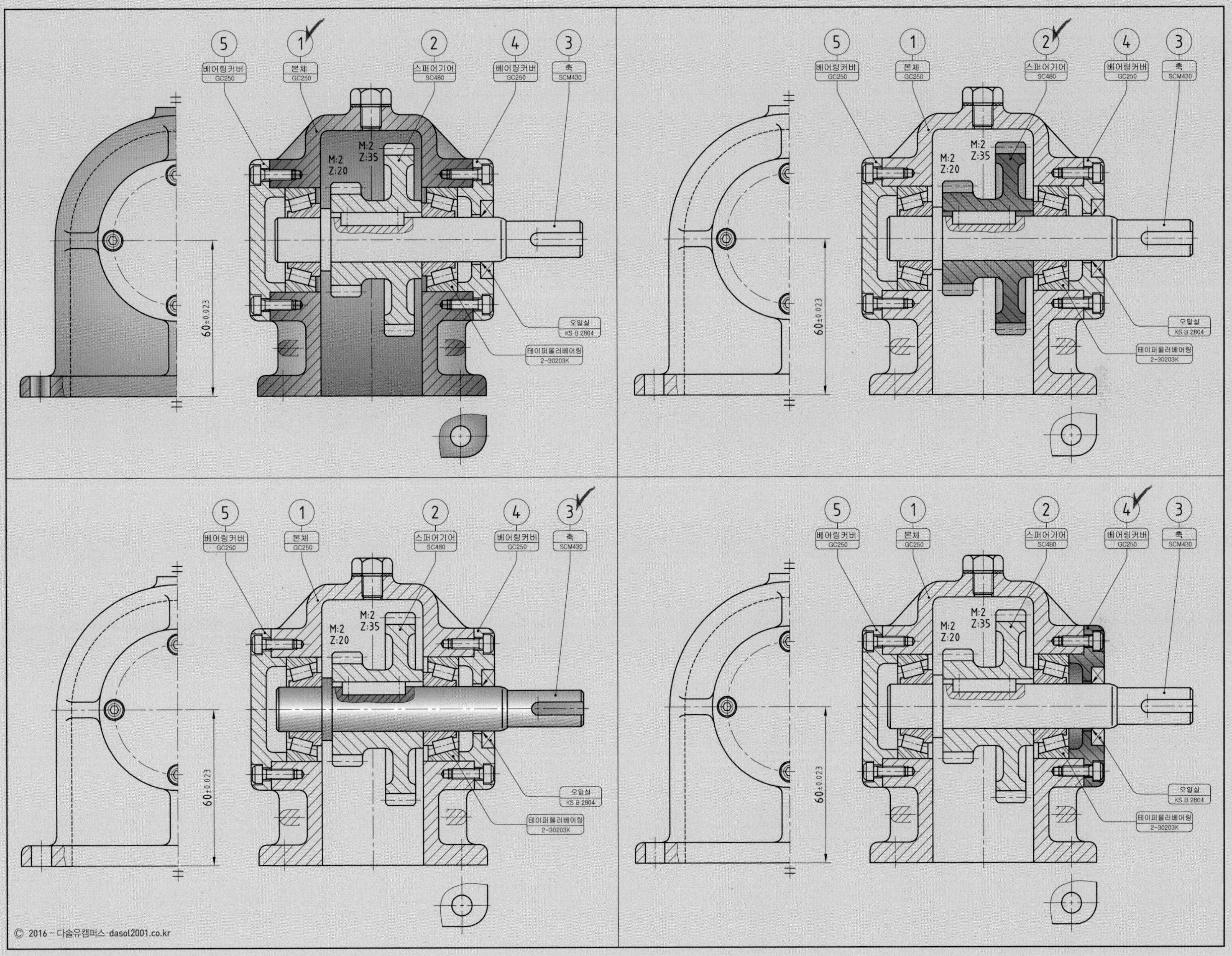
5
베어링커버
GC250
1
본체
GC250
2
스퍼어기어
SC480
4
베어링커버
GC250
3
축
SCM430
M:2
Z:20
M:2
Z:35
오일실
KS B 2804
테이퍼롤러베어링
2-30203K
60±0.023

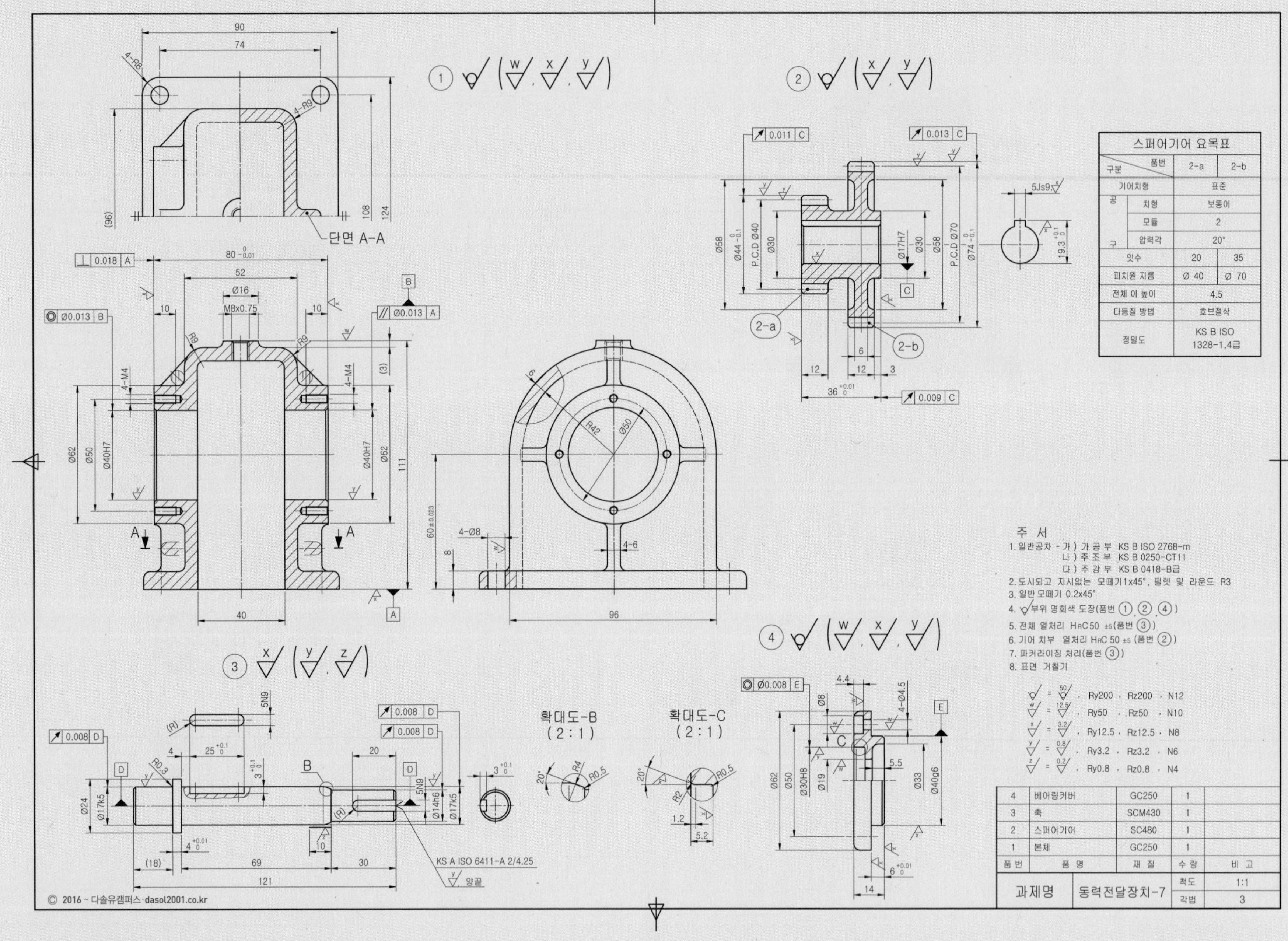


스퍼어기어 요목표

| 구분 \ 품번 | | 2-a | 2-b |
|---|---|---|---|
| 기어치형 | | 표준 | |
| 공구 | 치형 | 보통이 | |
| | 모듈 | 2 | |
| | 압력각 | 20° | |
| 잇수 | | 20 | 35 |
| 피치원 지름 | | Ø 40 | Ø 70 |
| 전체 이 높이 | | 4.5 | |
| 다듬질 방법 | | 호브절삭 | |
| 정밀도 | | KS B ISO 1328-1,4급 | |

| 품번 | 품 명 | 재 질 | 수 량 | 비 고 |
|---|---|---|---|---|
| 4 | 베어링커버 | GC250 | 1 | |
| 3 | 축 | SCM430 | 1 | |
| 2 | 스퍼어기어 | SC480 | 1 | |
| 1 | 본체 | GC250 | 1 | |

| 과제명 | 동력전달장치-7 | 척도 | 1:1 |
|---|---|---|---|
| | | 각법 | 3 |

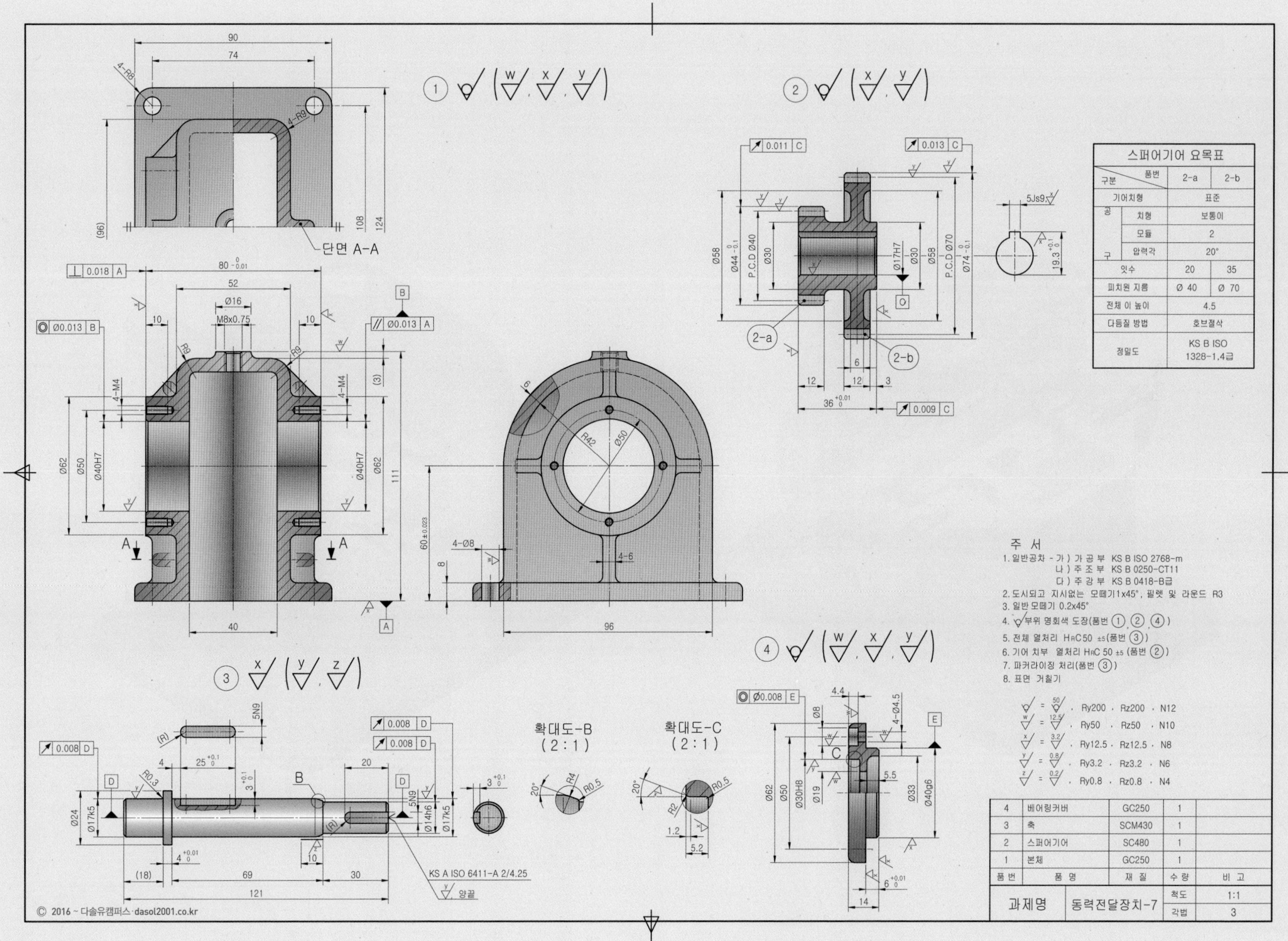

스퍼어기어 요목표

| 구분 | | 품번 2-a | 품번 2-b |
|---|---|---|---|
| 기어치형 | | 표준 | |
| 공구 | 치형 | 보통이 | |
| | 모듈 | 2 | |
| | 압력각 | 20° | |
| 잇수 | | 20 | 35 |
| 피치원 지름 | | Ø 40 | Ø 70 |
| 전체 이 높이 | | 4.5 | |
| 다듬질 방법 | | 호브절삭 | |
| 정밀도 | | KS B ISO 1328-1,4급 | |

주 서

1. 일반공차 - 가 ) 가 공 부 KS B ISO 2768-m
   나 ) 주 조 부 KS B 0250-CT11
   다 ) 주 강 부 KS B 0418-B급
2. 도시되고 지시없는 모떼기1x45°, 필렛 및 라운드 R3
3. 일반 모떼기 0.2x45°
4. 부위 명회색 도장(품번 ①, ②, ④)
5. 전체 열처리 HRC50 ±5(품번 ③)
6. 기어 치부 열처리 HRC 50 ±5 (품번 ②)
7. 파커라이징 처리(품번 ③)
8. 표면 거칠기

= 50/, Ry200 , Rz200 , N12
w = 12.5/, Ry50 , Rz50 , N10
x = 3.2/, Ry12.5 , Rz12.5 , N8
y = 0.8/, Ry3.2 , Rz3.2 , N6
z = 0.2/, Ry0.8 , Rz0.8 , N4

| 품 번 | 품 명 | 재 질 | 수 량 | 비 고 |
|---|---|---|---|---|
| 4 | 베어링커버 | GC250 | 1 | |
| 3 | 축 | SCM430 | 1 | |
| 2 | 스퍼어기어 | SC480 | 1 | |
| 1 | 본체 | GC250 | 1 | |
| 과제명 | 동력전달장치-7 | | 척도 | 1:1 |
| | | | 각법 | 3 |

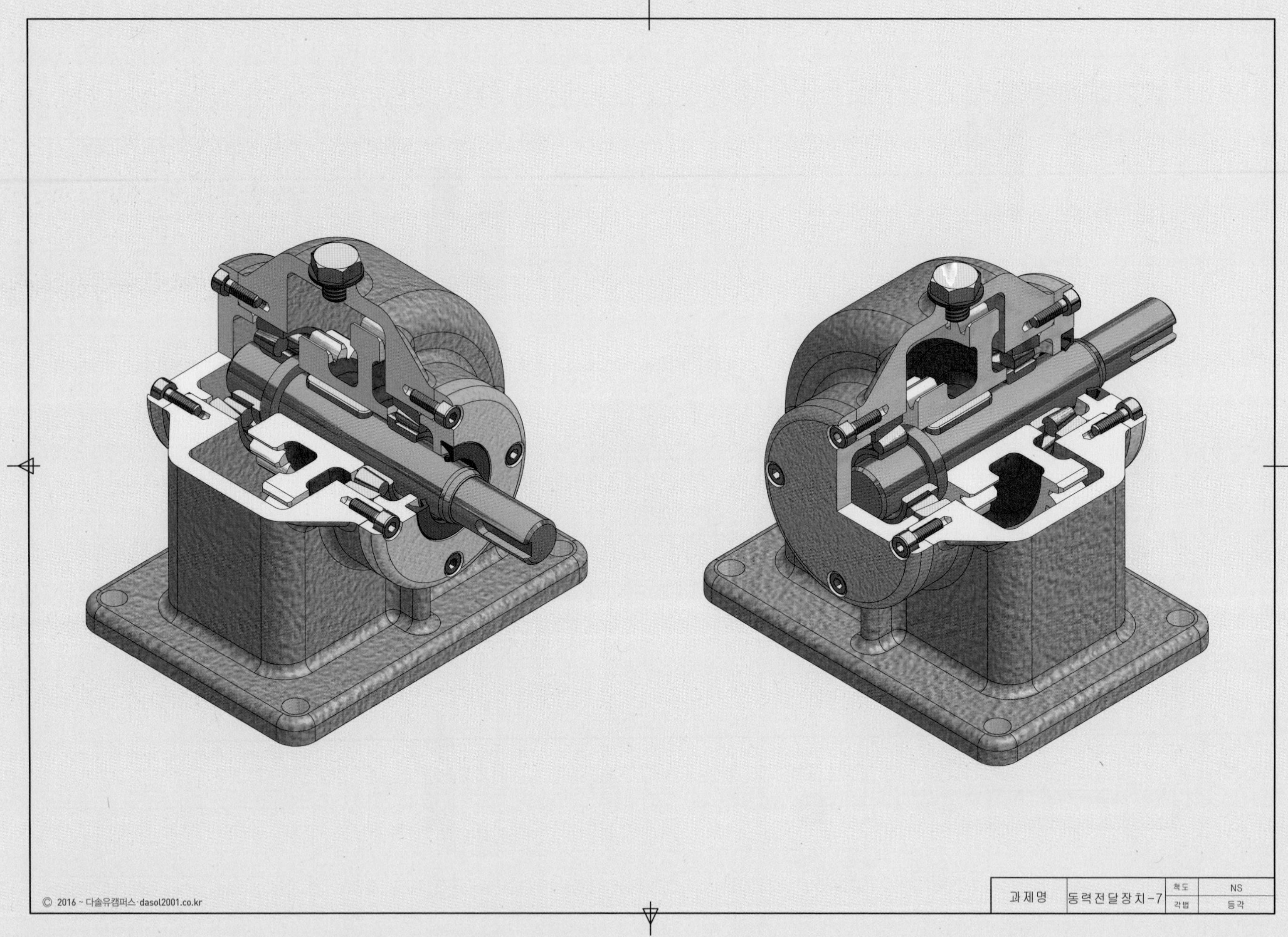

과제명
동력전달장치-7
척도
NS
각법
등각

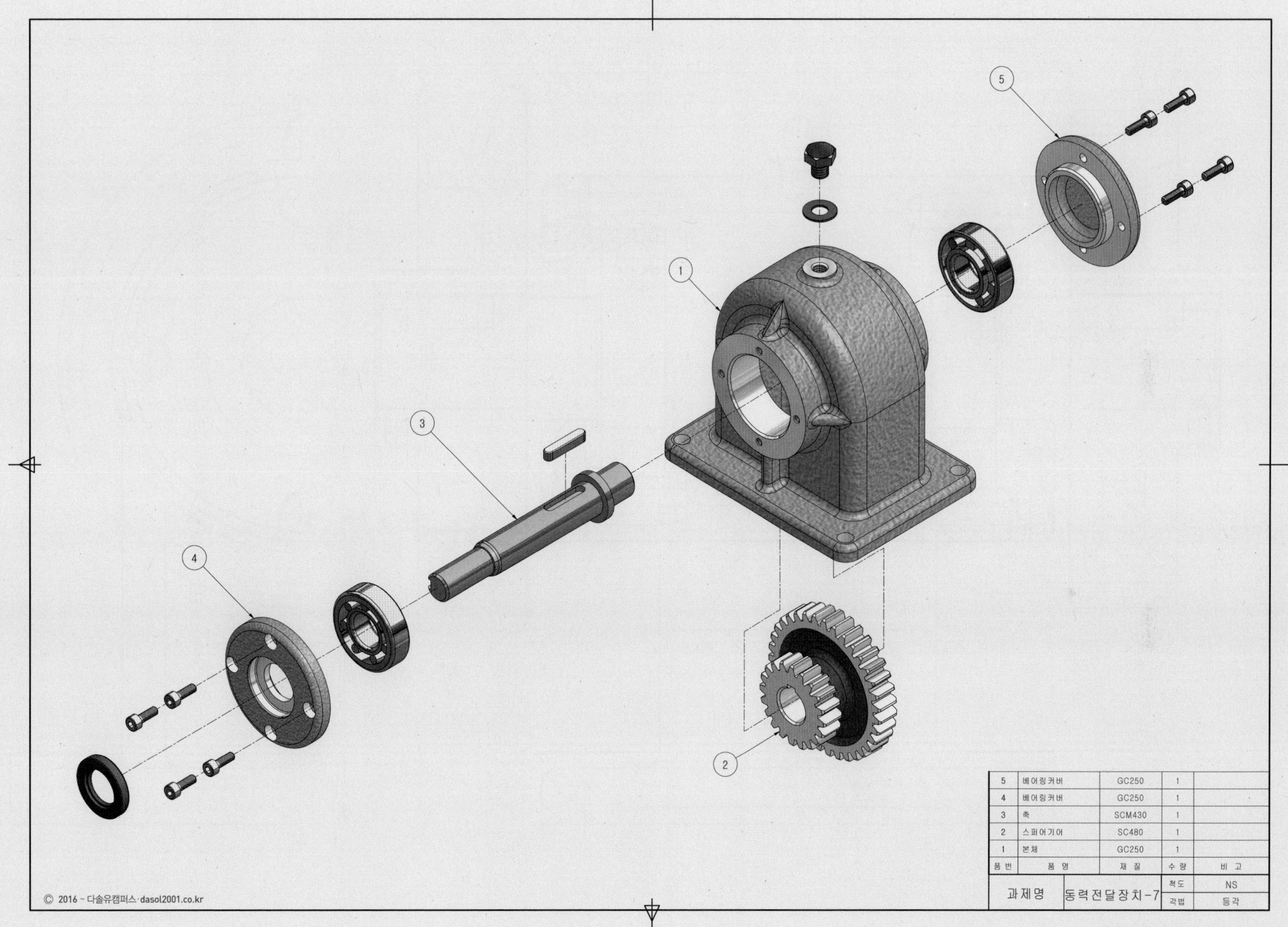


| 5 | 베어링커버 | GC250 | 1 | |
|---|---|---|---|---|
| 4 | 베어링커버 | GC250 | 1 | |
| 3 | 축 | SCM430 | 1 | |
| 2 | 스퍼어기어 | SC480 | 1 | |
| 1 | 본체 | GC250 | 1 | |
| 품 번 | 품 명 | 재 질 | 수 량 | 비 고 |

| 과제명 | 동력전달장치-7 | 척도 | NS |
|---|---|---|---|
| | | 각법 | 등각 |

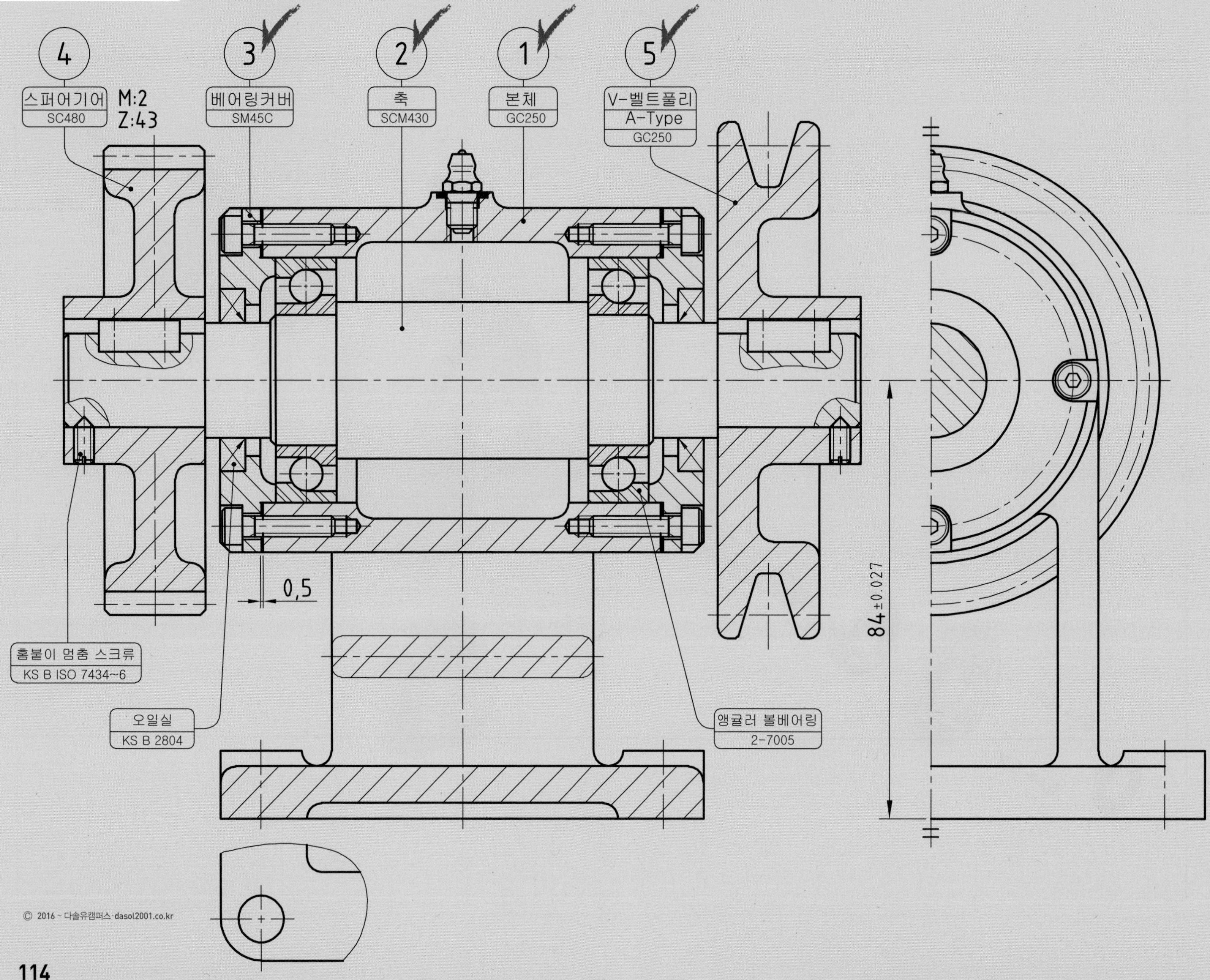

4
스퍼어기어
SC480
M:2
Z:43
3
베어링커버
SM45C
2
축
SCM430
1
본체
GC250
5
V-벨트풀리
A-Type
GC250
0,5
84±0.027
홈붙이 멈춤 스크류
KS B ISO 7434~6
오일실
KS B 2804
앵귤러 볼베어링
2-7005

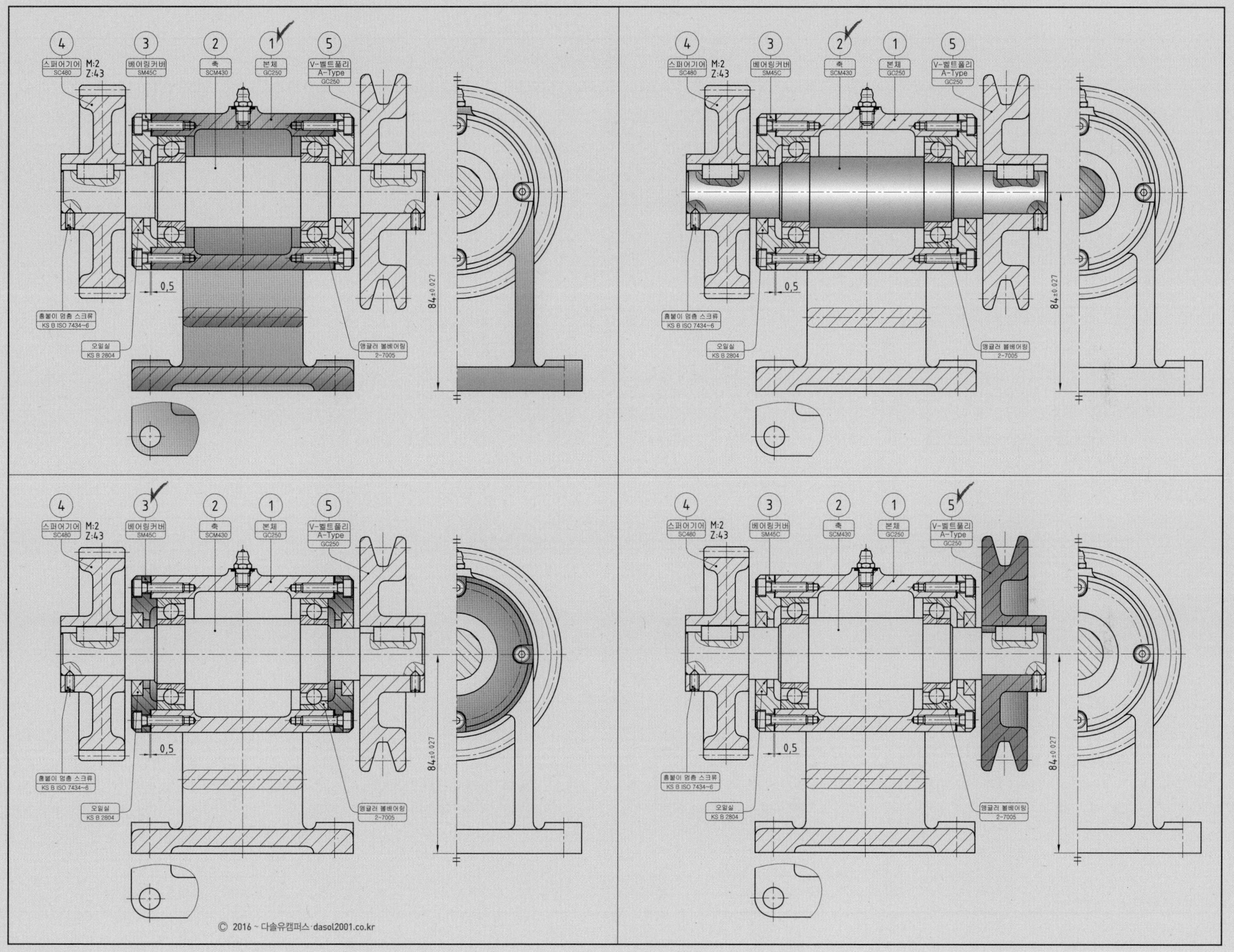
4
3
2
1
5
스퍼어기어
SC480
M:2
Z:43
베어링커버
SM45C
축
SCM430
본체
GC250
V-벨트풀리
A-Type
GC250
0,5
84±0.027
홈붙이 멈춤 스크류
KS B ISO 7434-6
오일실
KS B 2804
앵귤러 볼베어링
2-7005

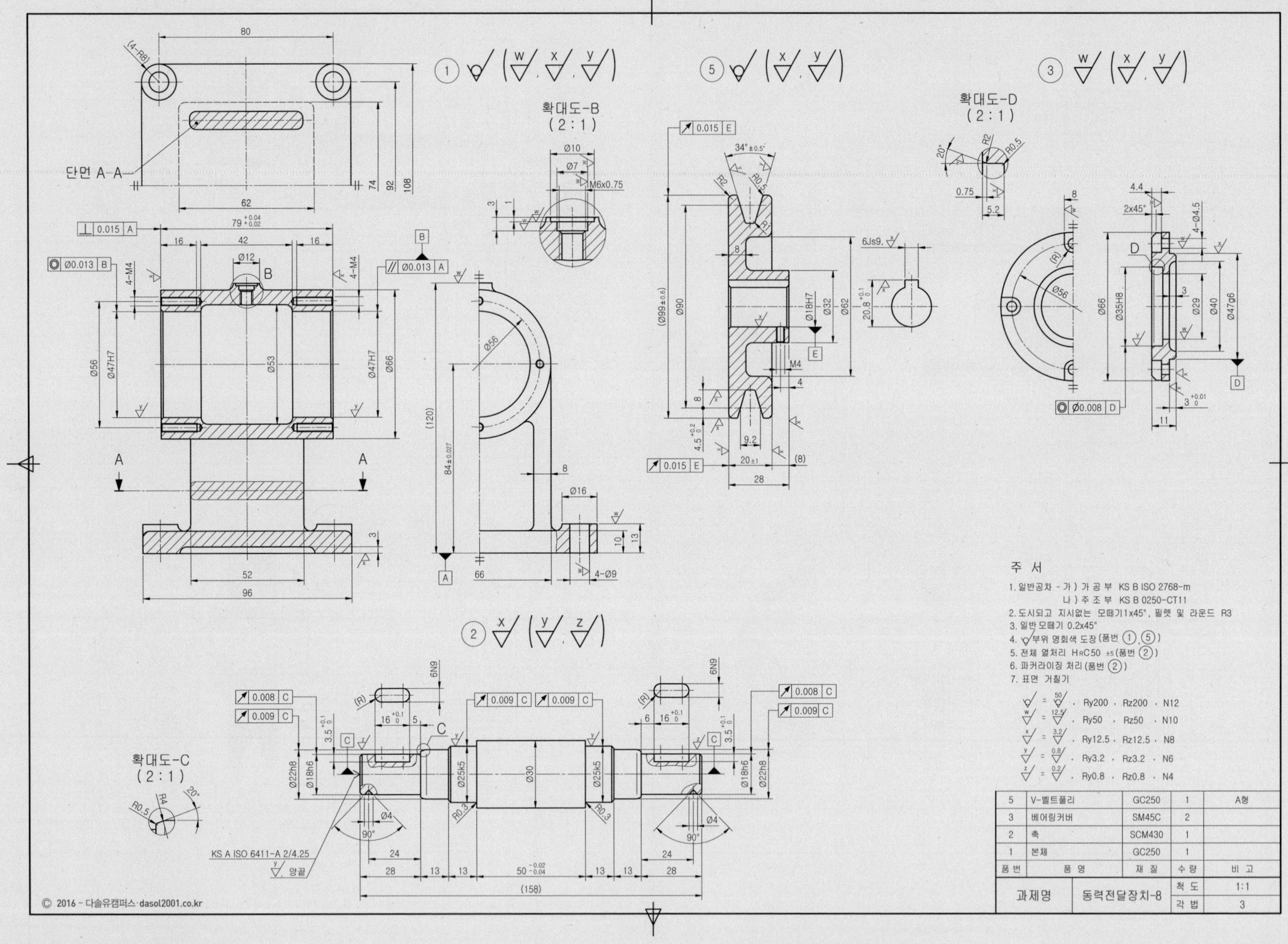


| 5 | V-벨트풀리 | GC250 | 1 | A형 |
|---|---|---|---|---|
| 3 | 베어링커버 | SM45C | 2 | |
| 2 | 축 | SCM430 | 1 | |
| 1 | 본체 | GC250 | 1 | |
| 품번 | 품 명 | 재 질 | 수 량 | 비 고 |
| 과제명 | 동력전달장치-8 | 척 도 | 1:1 | |
| | | 각 법 | 3 | |

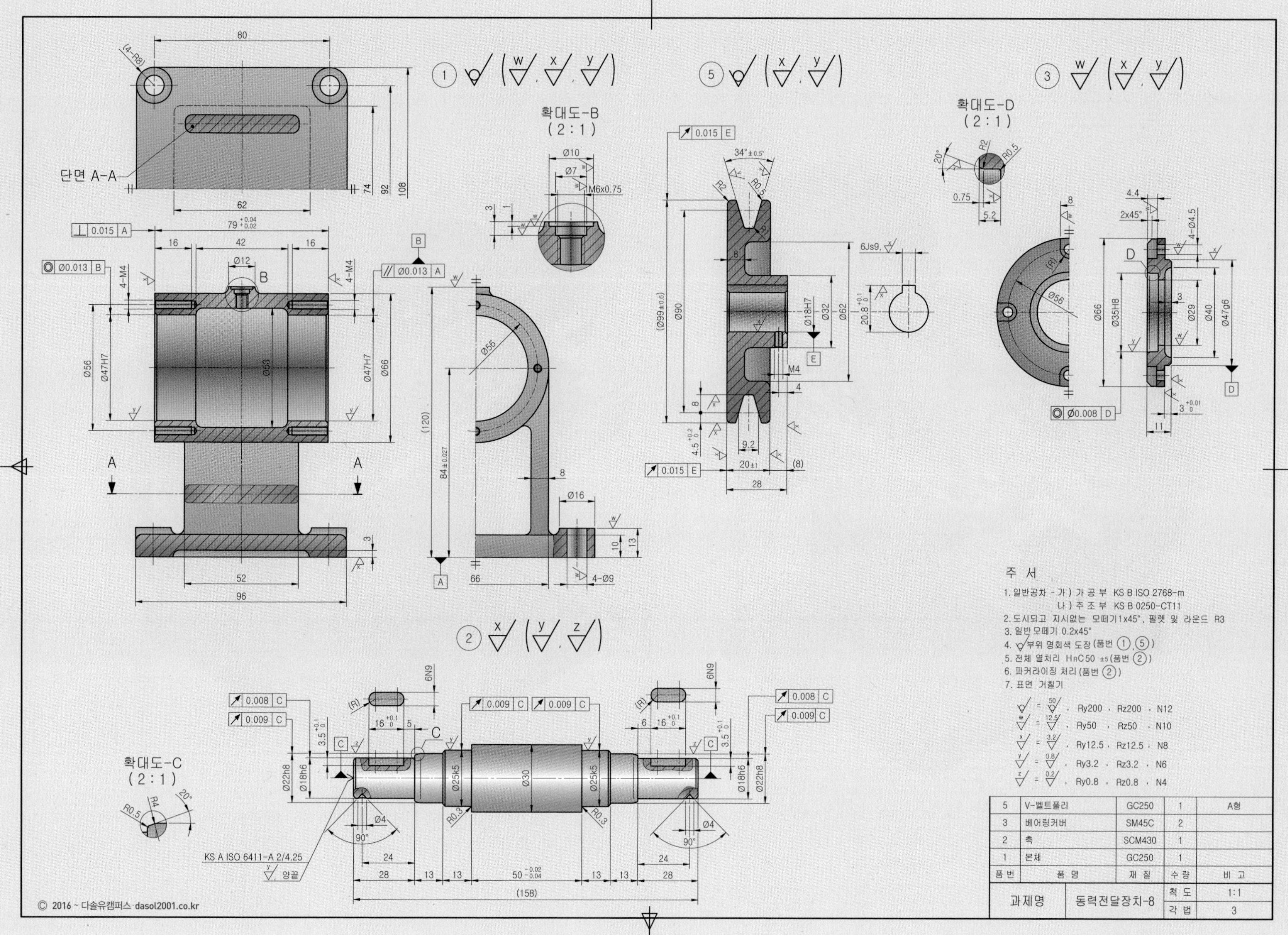


주 서

1. 일반공차 - 가 ) 가 공 부 KS B ISO 2768-m
   나 ) 주 조 부 KS B 0250-CT11
2. 도시되고 지시없는 모떼기1x45°, 필렛 및 라운드 R3
3. 일반 모떼기 0.2x45°
4. 부위 명회색 도장 (품번 ①, ⑤)
5. 전체 열처리 HRC50 ±5 (품번 ②)
6. 파커라이징 처리 (품번 ②)
7. 표면 거칠기

- = 50, Ry200 , Rz200 , N12
- w = 12.5, Ry50 , Rz50 , N10
- x = 3.2, Ry12.5 , Rz12.5 , N8
- y = 0.8, Ry3.2 , Rz3.2 , N6
- z = 0.2, Ry0.8 , Rz0.8 , N4

| 품 번 | 품 명 | 재 질 | 수 량 | 비 고 |
|---|---|---|---|---|
| 5 | V-벨트풀리 | GC250 | 1 | A형 |
| 3 | 베어링커버 | SM45C | 2 | |
| 2 | 축 | SCM430 | 1 | |
| 1 | 본체 | GC250 | 1 | |

| 과제명 | 동력전달장치-8 | 척 도 | 1:1 |
|---|---|---|---|
| | | 각 법 | 3 |

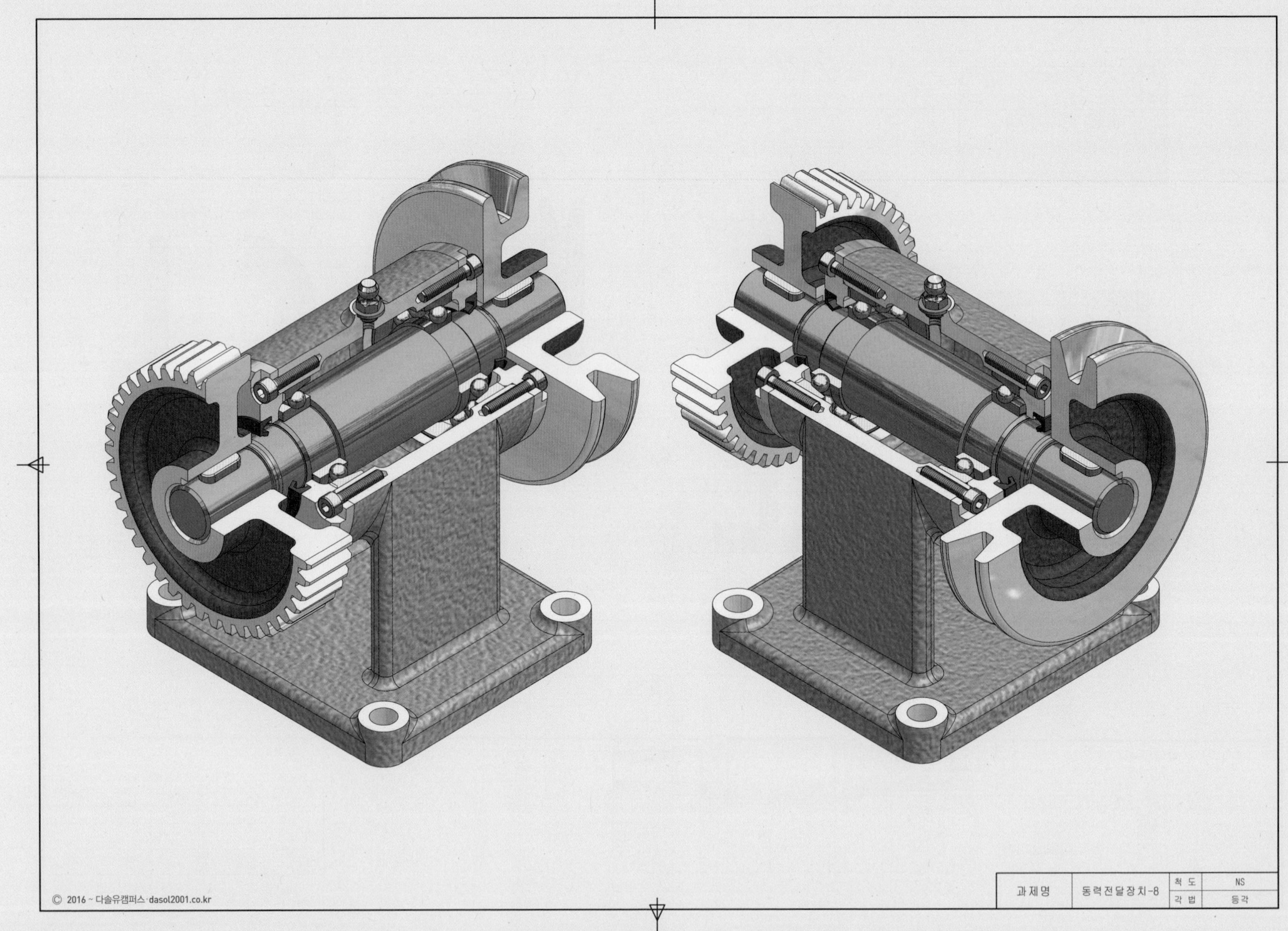

과제명
동력전달장치-8
척도
NS
각법
등각
© 2016 ~ 다솔유캠퍼스 dasol2001.co.kr

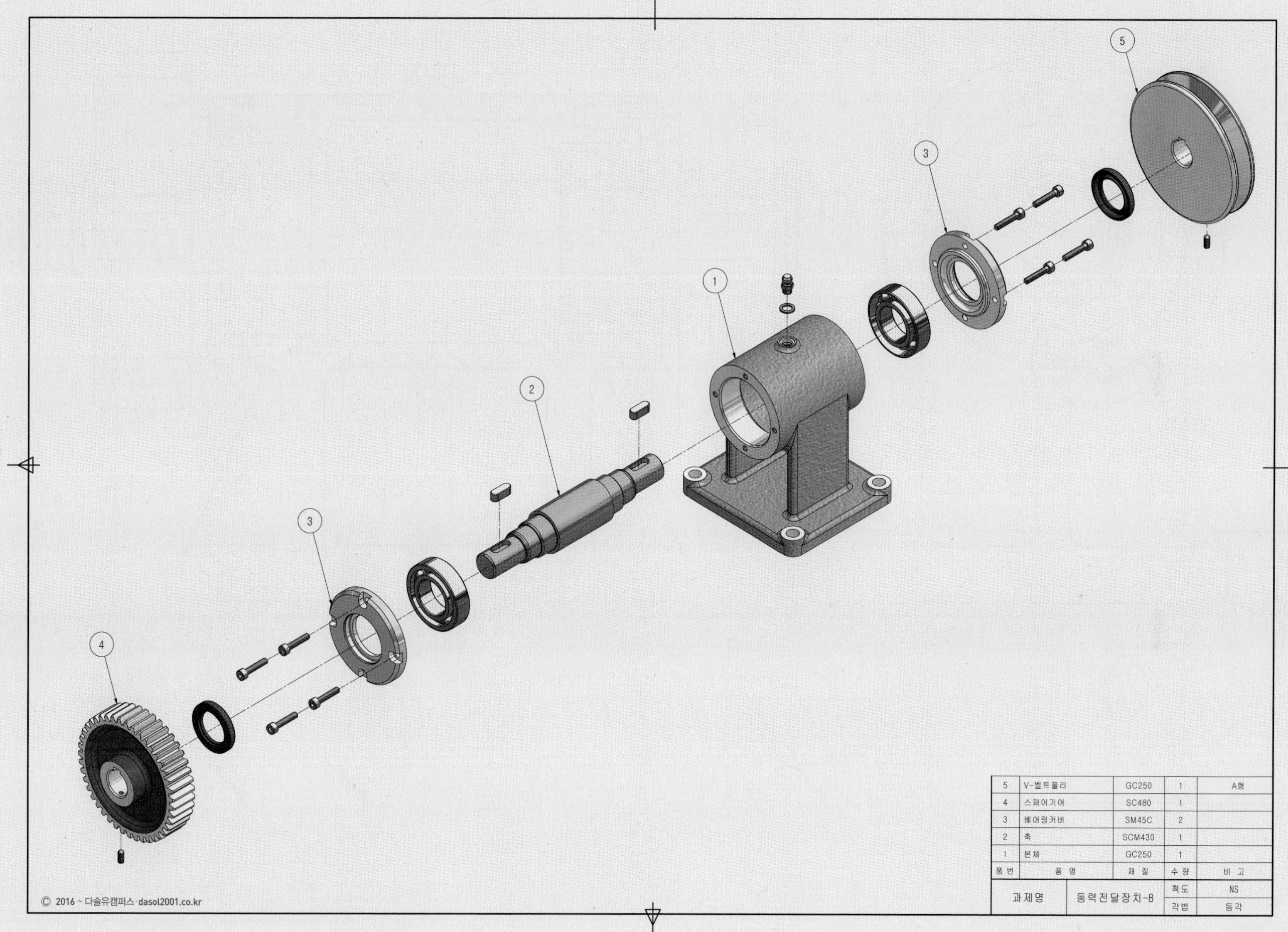


| 품번 | 품명 | 재질 | 수량 | 비고 |
|---|---|---|---|---|
| 5 | V-벨트풀리 | GC250 | 1 | A형 |
| 4 | 스퍼어기어 | SC480 | 1 | |
| 3 | 베어링커버 | SM45C | 2 | |
| 2 | 축 | SCM430 | 1 | |
| 1 | 본체 | GC250 | 1 | |
| 과제명 | 동력전달장치-8 | | 척도 | NS |
| | | | 각법 | 등각 |

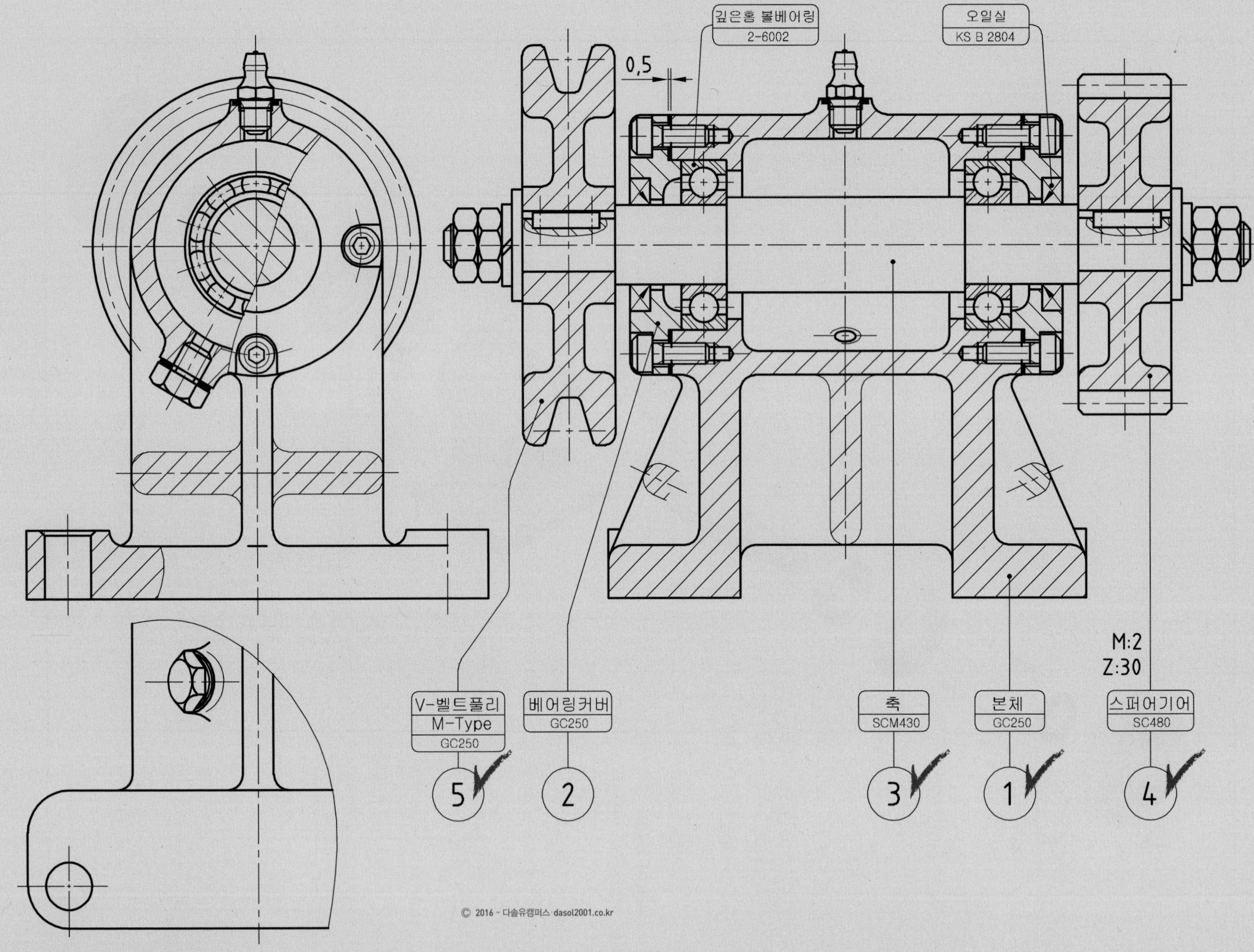

깊은홈 볼베어링
2-6002
오일실
KS B 2804
0,5
M:2
Z:30
V-벨트풀리
M-Type
GC250
5
베어링커버
GC250
2
축
SCM430
3
본체
GC250
1
스퍼어기어
SC480
4

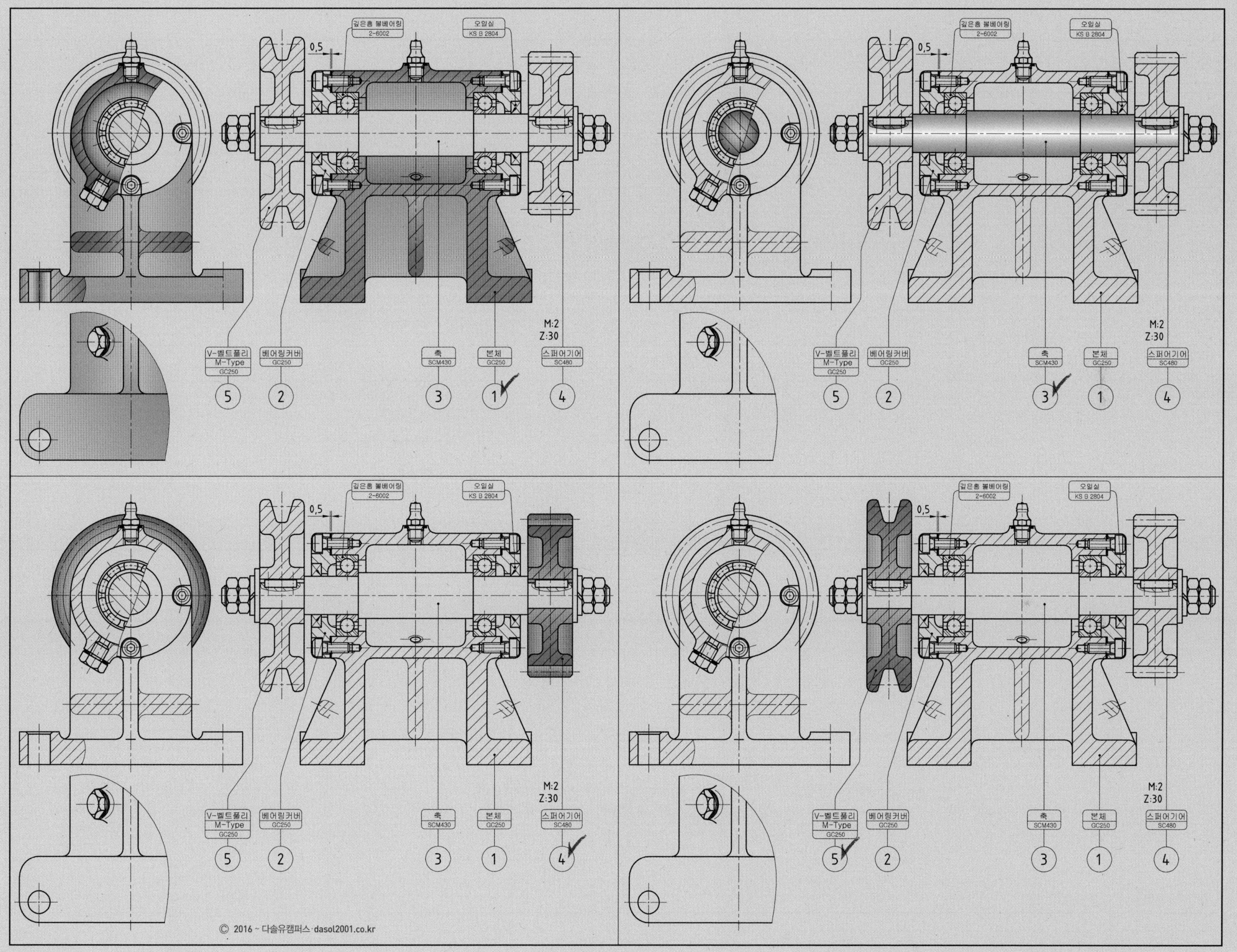
깊은홈 볼베어링
2-6002
오일실
KS B 2804
0,5
M:2
Z:30
V-벨트풀리
M-Type
GC250
베어링커버
GC250
축
SCM430
본체
GC250
스퍼어기어
SC480
5
2
3
1
4
© 2016 ~ 다솔유캠퍼스·dasol2001.co.kr

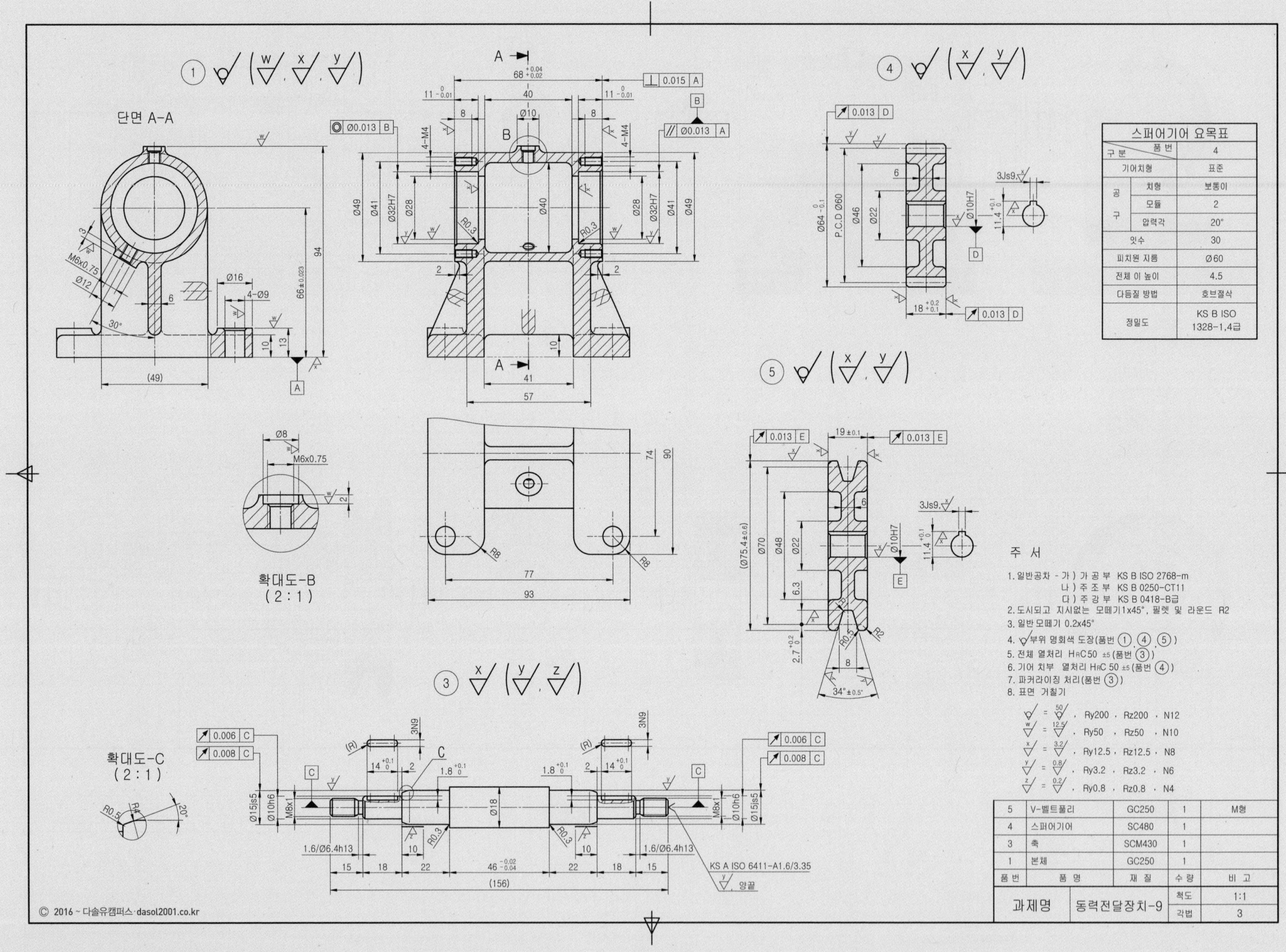

단면 A-A
확대도-B
(2 : 1)
확대도-C
(2 : 1)
스퍼어기어 요목표
구분 / 품번: 4
기어치형: 표준
공구 – 치형: 보통이
공구 – 모듈: 2
공구 – 압력각: 20°
잇수: 30
피치원 지름: Ø60
전체 이 높이: 4.5
다듬질 방법: 호브절삭
정밀도: KS B ISO 1328-1,4급
주 서
1. 일반공차 - 가) 가공부 KS B ISO 2768-m
나) 주조부 KS B 0250-CT11
다) 주강부 KS B 0418-B급
2. 도시되고 지시없는 모떼기1x45°, 필렛 및 라운드 R2
3. 일반모떼기 0.2x45°
4. 부위 명회색 도장(품번 ①, ④, ⑤)
5. 전체 열처리 HRC50 ±5 (품번 ③)
6. 기어 치부 열처리 HRC 50 ±5 (품번 ④)
7. 파커라이징 처리(품번 ③)
8. 표면 거칠기
= Ry200 , Rz200 , N12
= Ry50 , Rz50 , N10
= Ry12.5 , Rz12.5 , N8
= Ry3.2 , Rz3.2 , N6
= Ry0.8 , Rz0.8 , N4
KS A ISO 6411-A1.6/3.35
양끝
5 | V-벨트풀리 | GC250 | 1 | M형
4 | 스퍼어기어 | SC480 | 1 |
3 | 축 | SCM430 | 1 |
1 | 본체 | GC250 | 1 |
품번 | 품명 | 재질 | 수량 | 비고
과제명 | 동력전달장치-9 | 척도 1:1 | 각법 3

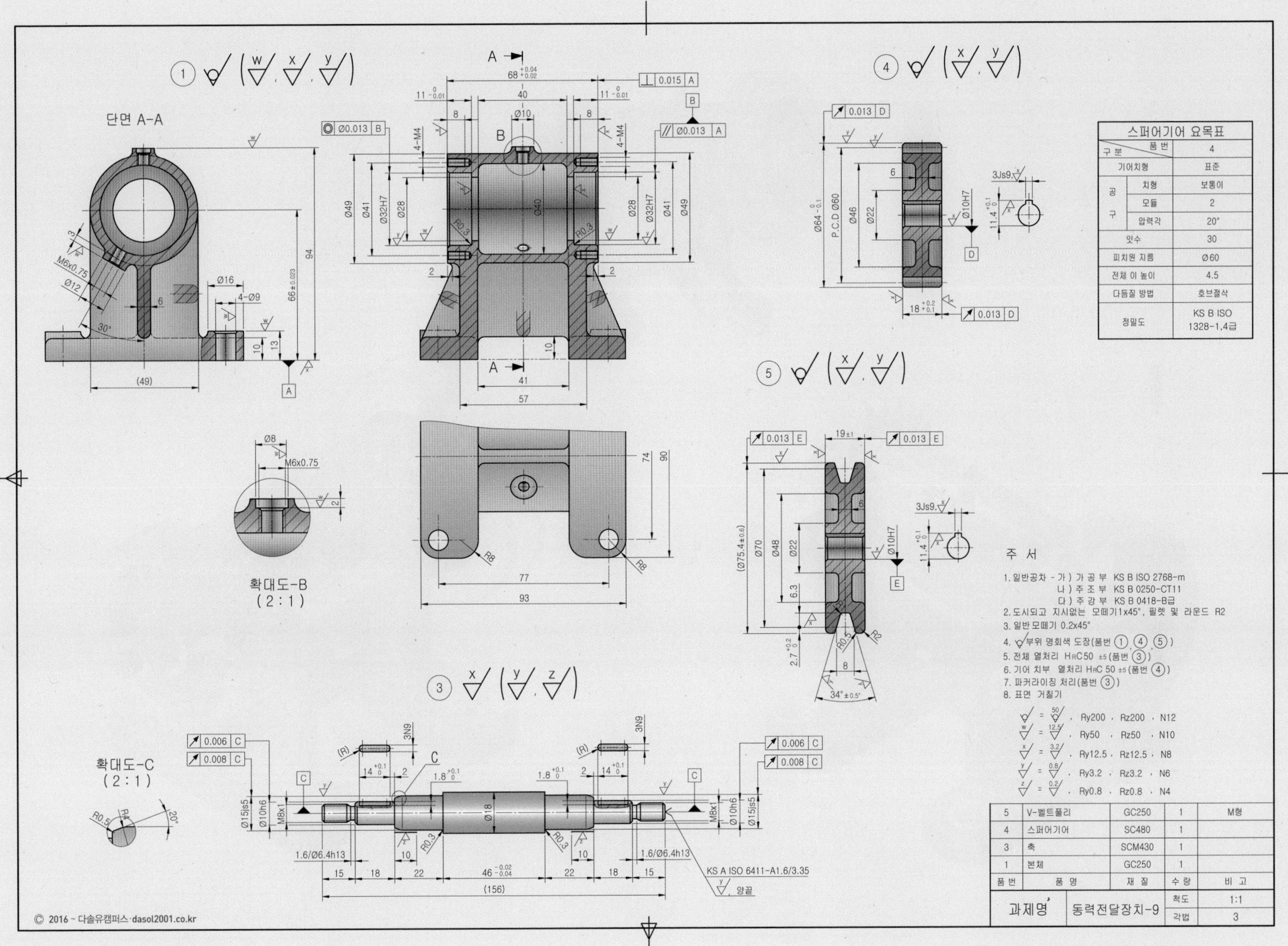


| 스퍼기어 요목표 | | |
|---|---|---|
| 구분 | 품번 | 4 |
| 기어치형 | | 표준 |
| 공구 | 치형 | 보통이 |
| | 모듈 | 2 |
| | 압력각 | 20° |
| 잇수 | | 30 |
| 피치원 지름 | | Ø60 |
| 전체 이 높이 | | 4.5 |
| 다듬질 방법 | | 호브절삭 |
| 정밀도 | | KS B ISO 1328-1, 4급 |

| 품번 | 품명 | 재질 | 수량 | 비고 |
|---|---|---|---|---|
| 5 | V-벨트풀리 | GC250 | 1 | M형 |
| 4 | 스퍼기어 | SC480 | 1 | |
| 3 | 축 | SCM430 | 1 | |
| 1 | 본체 | GC250 | 1 | |
| 과제명 | 동력전달장치-9 | | 척도 | 1:1 |
| | | | 각법 | 3 |

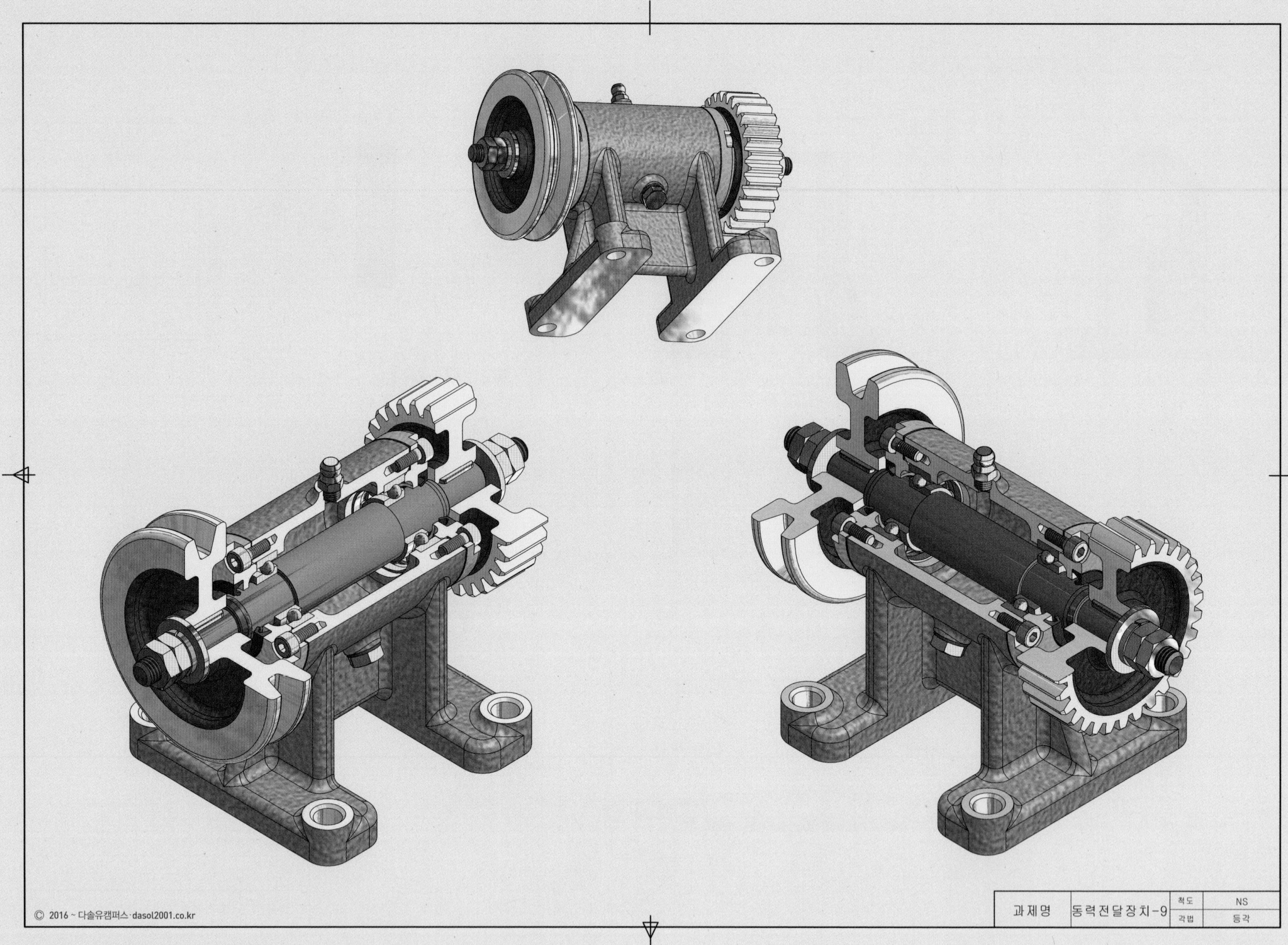
© 2016 ~ 다솔유캠퍼스·dasol2001.co.kr
과제명
동력전달장치-9
척도
NS
각법
등각

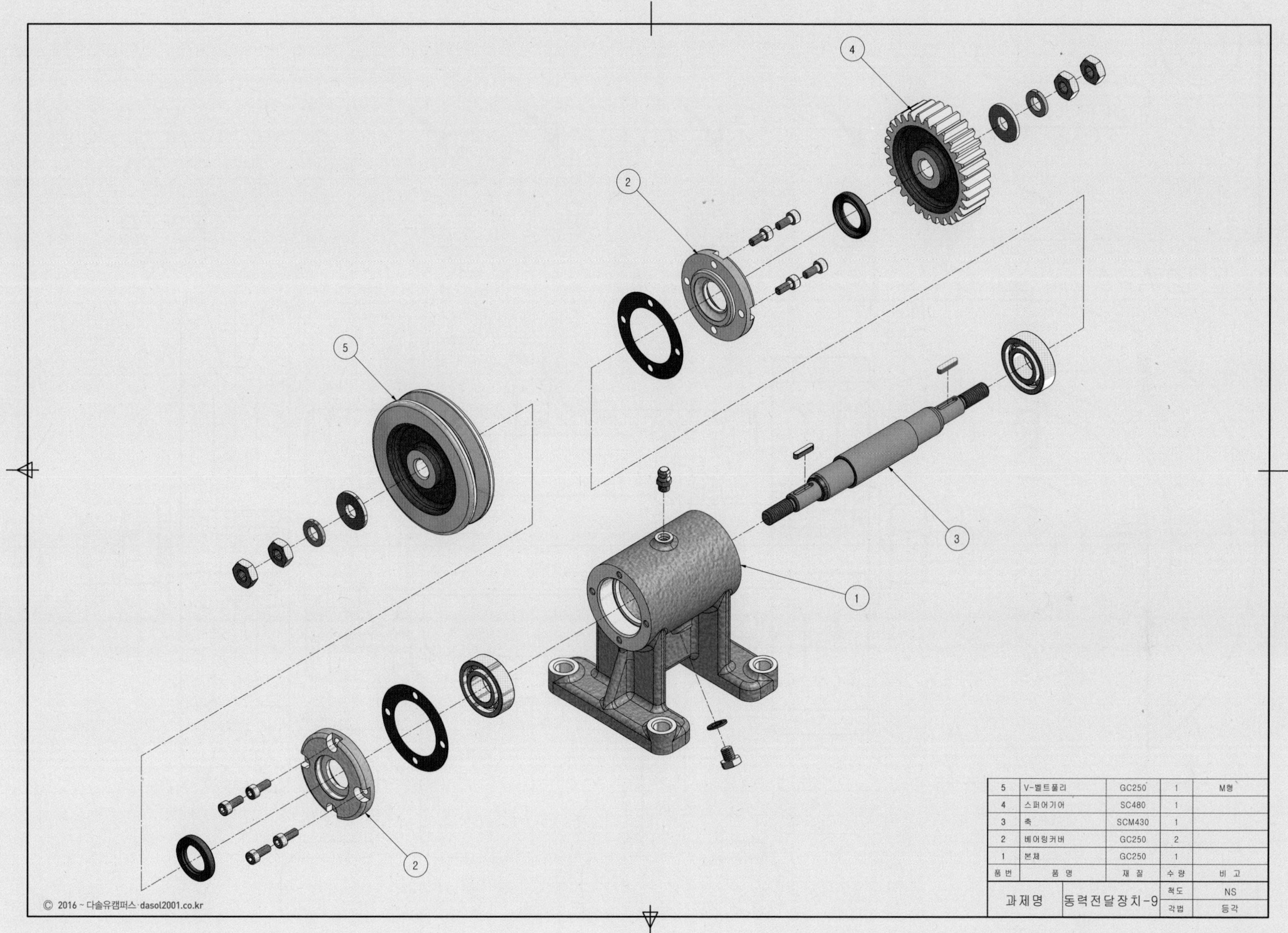


| 5 | V-벨트풀리 | GC250 | 1 | M형 |
|---|---|---|---|---|
| 4 | 스퍼어기어 | SC480 | 1 | |
| 3 | 축 | SCM430 | 1 | |
| 2 | 베어링커버 | GC250 | 2 | |
| 1 | 본체 | GC250 | 1 | |
| 품번 | 품 명 | 재 질 | 수 량 | 비 고 |

| 과제명 | 동력전달장치-9 | 척도 | NS |
|---|---|---|---|
| | | 각법 | 등각 |

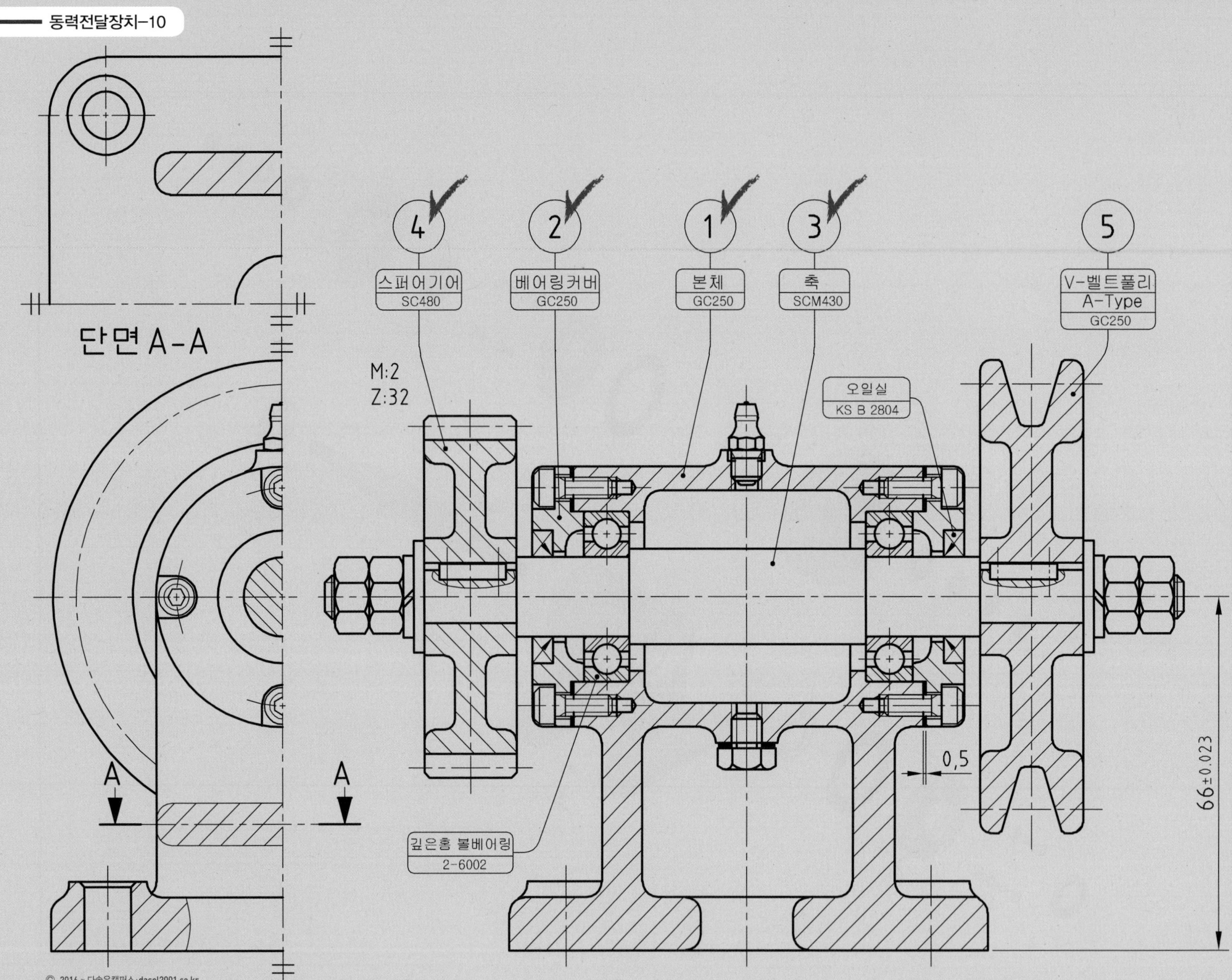
단면 A-A
4
스퍼어기어
SC480
2
베어링커버
GC250
1
본체
GC250
3
축
SCM430
5
V-벨트풀리
A-Type
GC250
M:2
Z:32
오일실
KS B 2804
깊은홈 볼베어링
2-6002
0,5
66±0.023
A
A

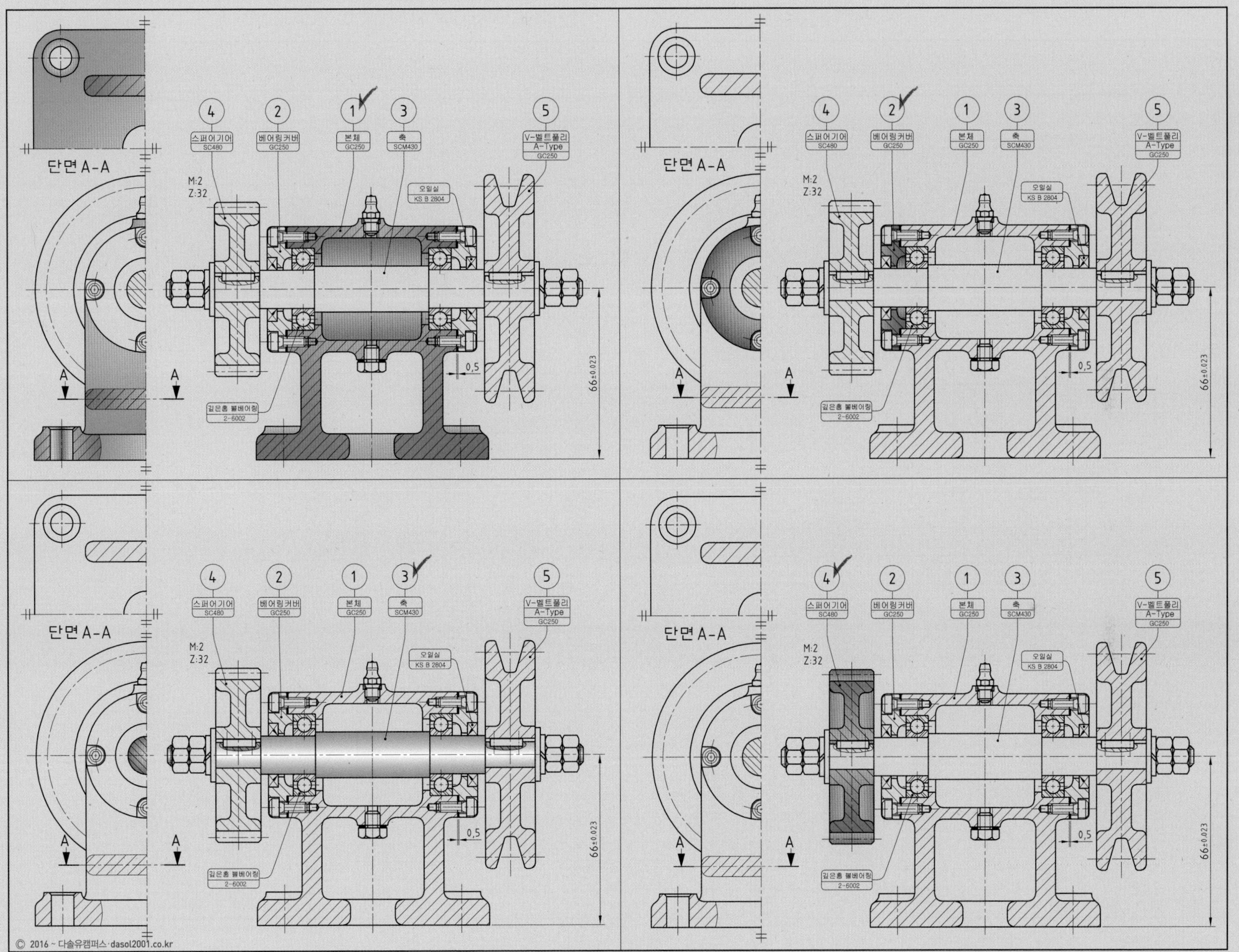
단면 A-A
스퍼어기어
SC480
베어링커버
GC250
본체
GC250
축
SCM430
V-벨트풀리
A-Type
GC250
M:2
Z:32
오일실
KS B 2804
깊은홈 볼베어링
2-6002
0.5
66±0.023
A

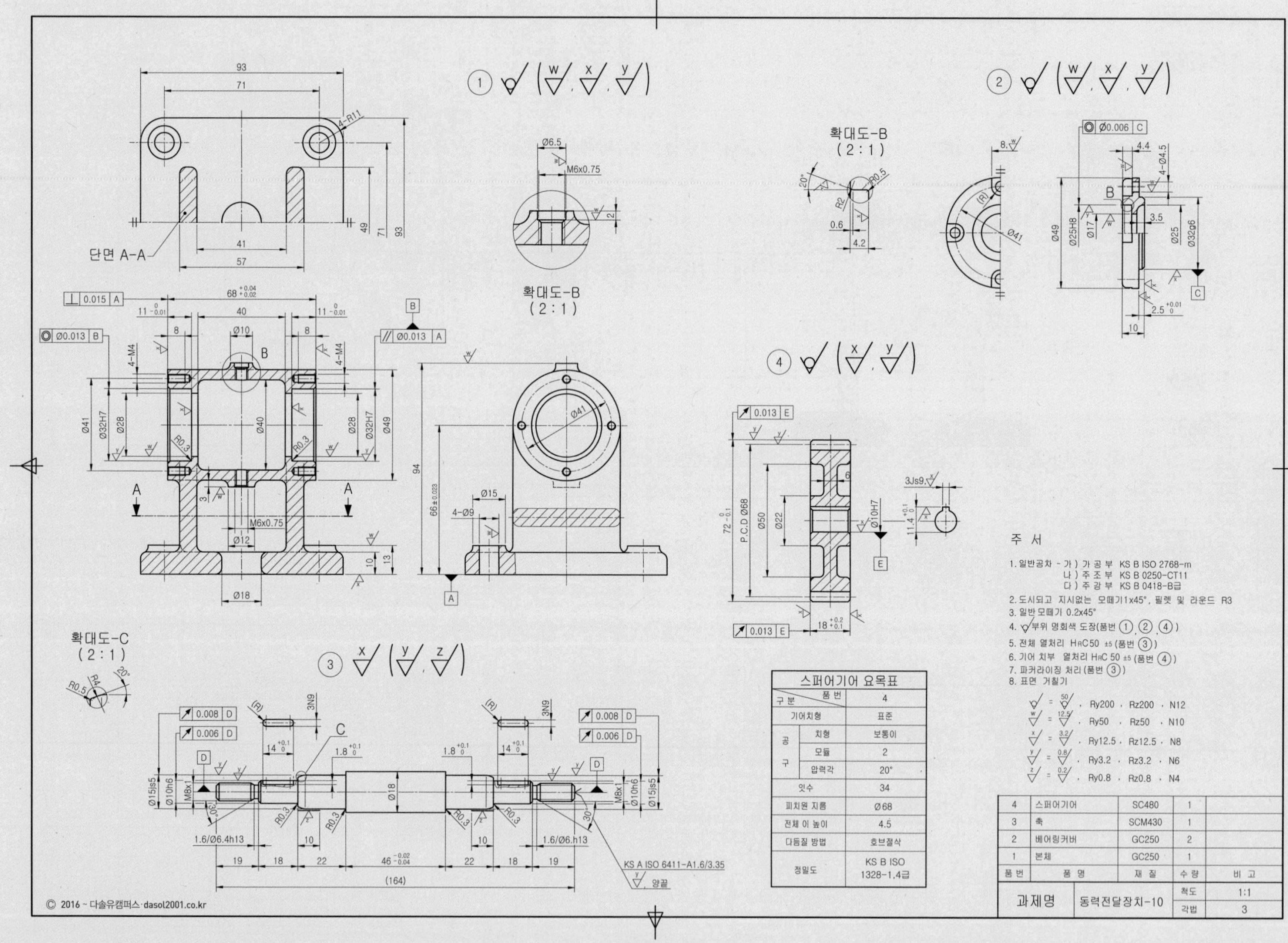


| 스퍼어기어 요목표 | | |
|---|---|---|
| 구분 \ 품번 | | 4 |
| 기어치형 | | 표준 |
| 공구 | 치형 | 보통이 |
| | 모듈 | 2 |
| | 압력각 | 20° |
| 잇수 | | 34 |
| 피치원 지름 | | Ø68 |
| 전체 이 높이 | | 4.5 |
| 다듬질 방법 | | 호브절삭 |
| 정밀도 | | KS B ISO 1328-1,4급 |

| 품번 | 품명 | 재질 | 수량 | 비고 |
|---|---|---|---|---|
| 4 | 스퍼어기어 | SC480 | 1 | |
| 3 | 축 | SCM430 | 1 | |
| 2 | 베어링커버 | GC250 | 2 | |
| 1 | 본체 | GC250 | 1 | |

| 과제명 | 동력전달장치-10 | 척도 | 1:1 |
|---|---|---|---|
| | | 각법 | 3 |

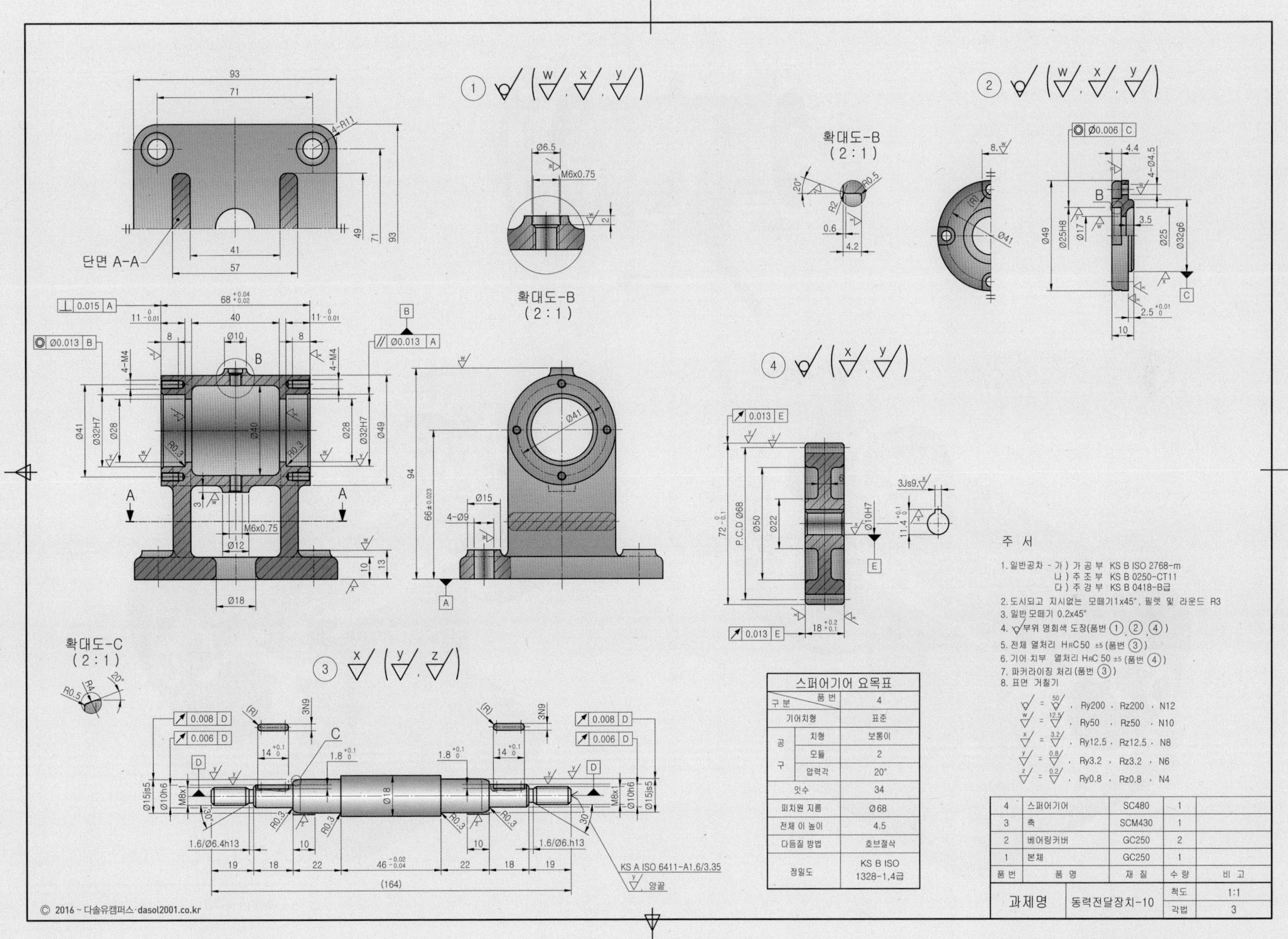
단면 A-A
확대도-B
(2 : 1)
확대도-C
(2 : 1)
M6x0.75
4-M4
4-Ø9
4-Ø4.5
3Js9
3N9
KS A ISO 6411-A1.6/3.35
양끝
주 서
1. 일반공차 - 가) 가 공 부 KS B ISO 2768-m
나) 주 조 부 KS B 0250-CT11
다) 주 강 부 KS B 0418-B급
2. 도시되고 지시없는 모떼기1x45°, 필렛 및 라운드 R3
3. 일반 모떼기 0.2x45°
4. 부위 명회색 도장(품번 ①, ②, ④)
5. 전체 열처리 HRC50 ±5 (품번 ③)
6. 기어 치부 열처리 HRC 50 ±5 (품번 ④)
7. 파커라이징 처리(품번 ③)
8. 표면 거칠기
= 50/, Ry200, Rz200, N12
w = 12.5/, Ry50, Rz50, N10
x = 3.2/, Ry12.5, Rz12.5, N8
y = 0.8/, Ry3.2, Rz3.2, N6
z = 0.2/, Ry0.8, Rz0.8, N4
스퍼어기어 요목표
구분 / 품번: 4
기어치형: 표준
공구 치형: 보통이
공구 모듈: 2
공구 압력각: 20°
잇수: 34
피치원 지름: Ø68
전체 이 높이: 4.5
다듬질 방법: 호브절삭
정밀도: KS B ISO 1328-1,4급
4 | 스퍼어기어 | SC480 | 1
3 | 축 | SCM430 | 1
2 | 베어링커버 | GC250 | 2
1 | 본체 | GC250 | 1
품번 | 품 명 | 재 질 | 수 량 | 비 고
과제명 | 동력전달장치-10 | 척도 1:1 | 각법 3
© 2016 ~ 다솔유캠퍼스·dasol2001.co.kr

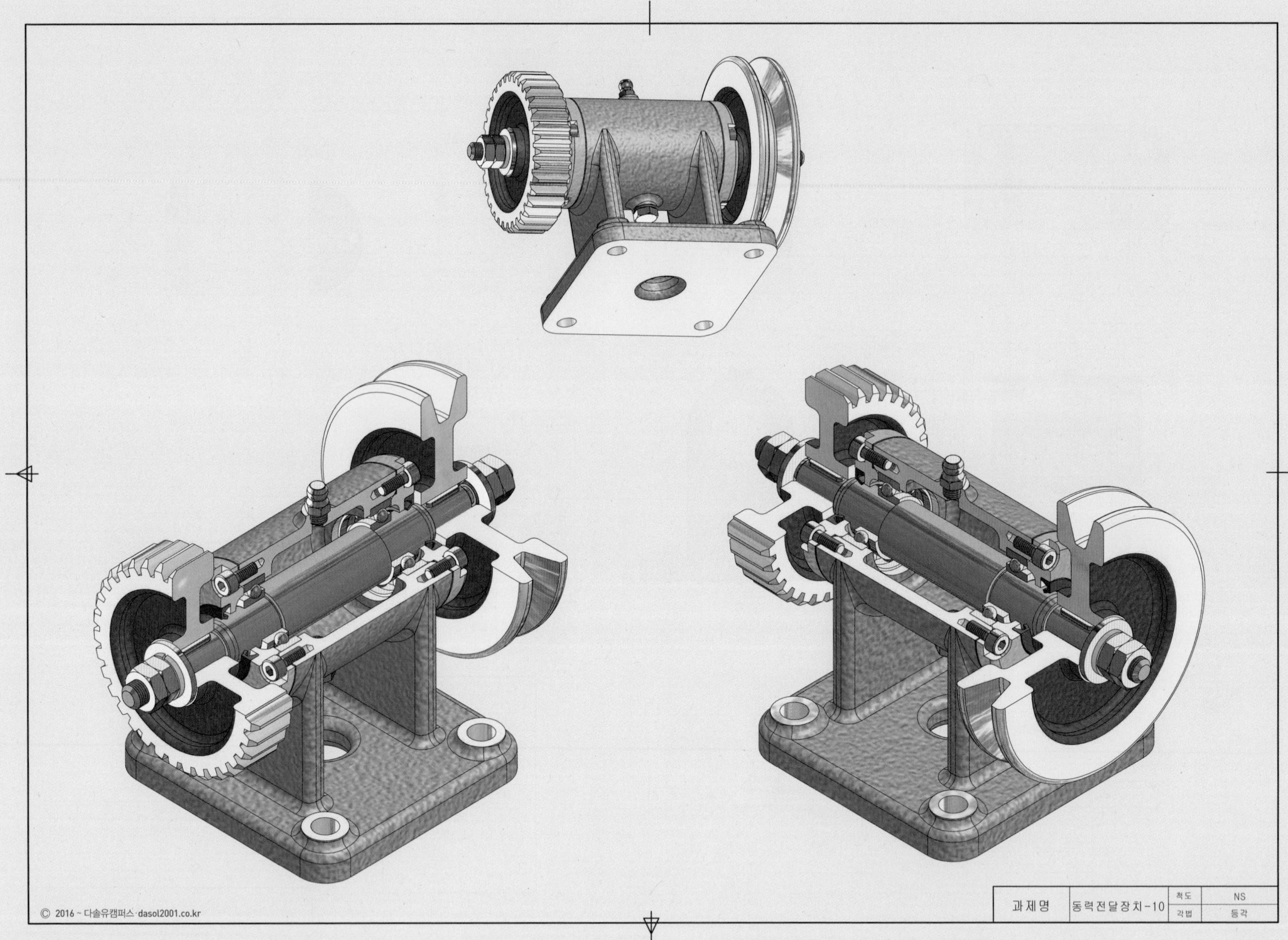

과제명
동력전달장치-10
척도
NS
각법
등각

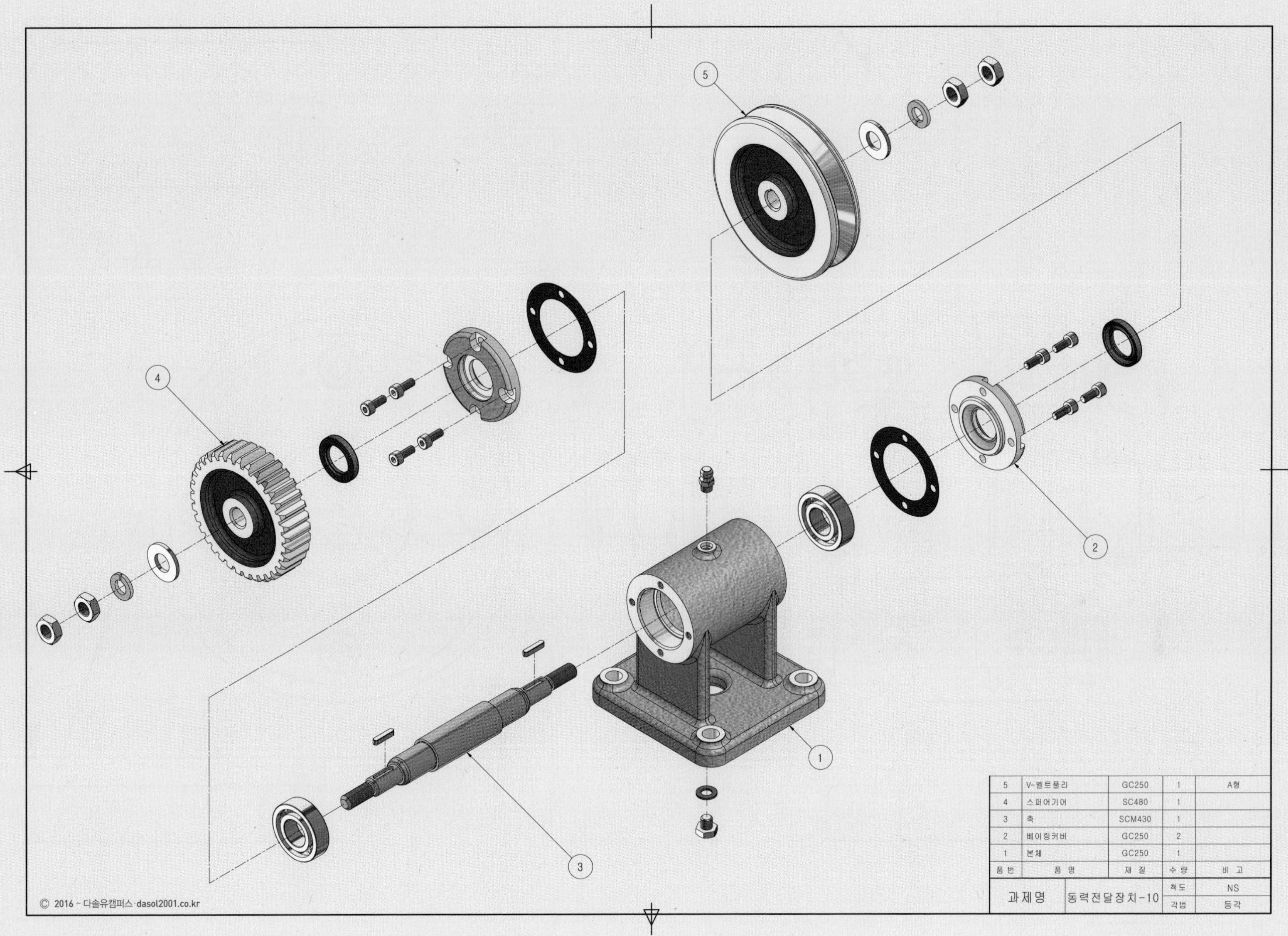


| 5 | V-벨트풀리 | GC250 | 1 | A형 |
|---|---|---|---|---|
| 4 | 스퍼어기어 | SC480 | 1 | |
| 3 | 축 | SCM430 | 1 | |
| 2 | 베어링커버 | GC250 | 2 | |
| 1 | 본체 | GC250 | 1 | |
| 품번 | 품 명 | 재 질 | 수 량 | 비 고 |

| 과제명 | 동력전달장치-10 | 척도 | NS |
|---|---|---|---|
| | | 각법 | 등각 |

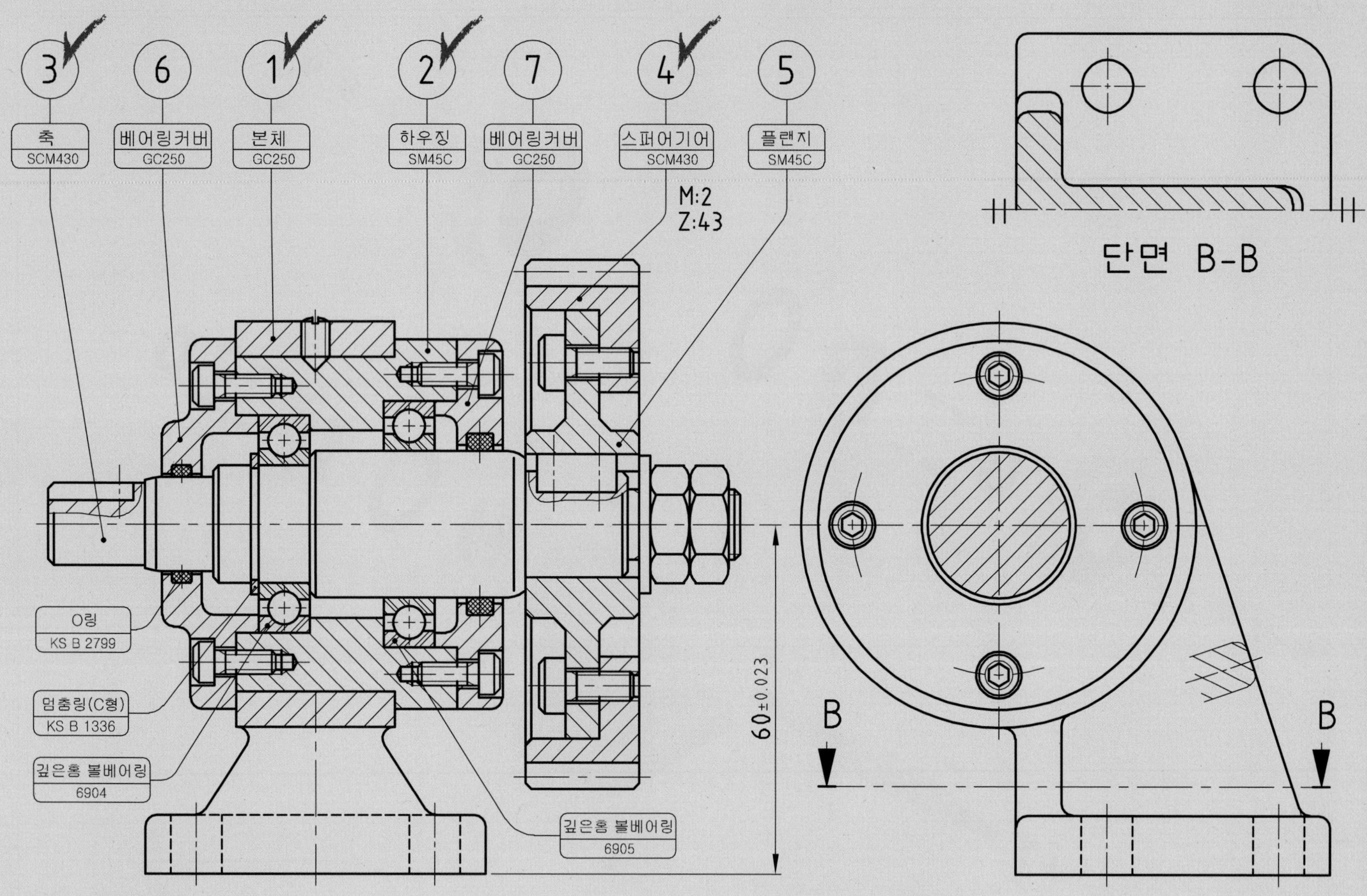
3
6
1
2
7
4
5
축
SCM430
베어링커버
GC250
본체
GC250
하우징
SM45C
베어링커버
GC250
스퍼어기어
SCM430
플랜지
SM45C
M:2
Z:43
단면 B-B
O링
KS B 2799
멈춤링(C형)
KS B 1336
깊은홈 볼베어링
6904
깊은홈 볼베어링
6905
60±0.023
B
B

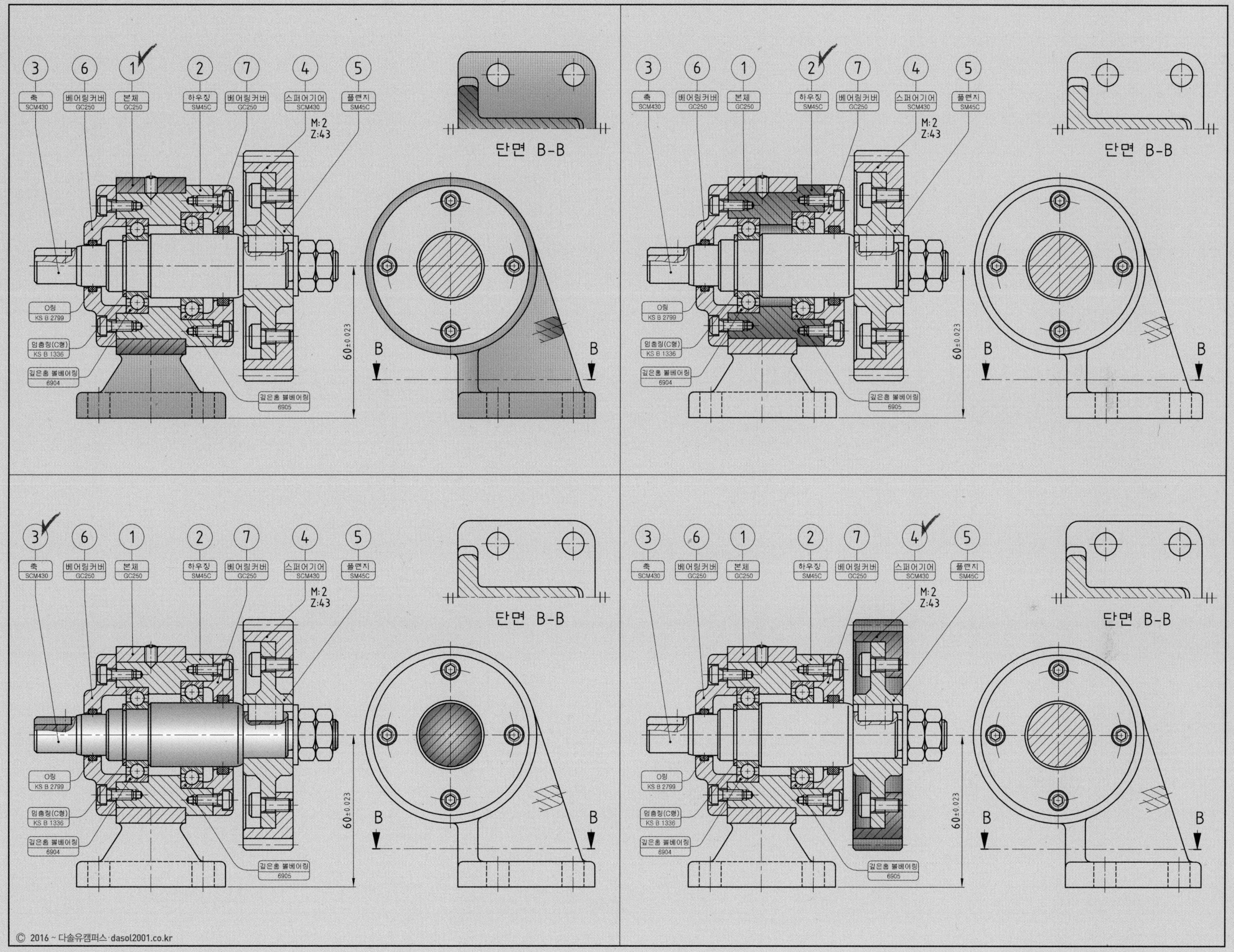
3 축 SCM430
6 베어링커버 GC250
1 본체 GC250
2 하우징 SM45C
7 베어링커버 GC250
4 스퍼어기어 SCM430
5 플랜지 SM45C
M:2
Z:43
단면 B-B
O링 KS B 2799
멈춤링(C형) KS B 1336
깊은홈 볼베어링 6904
깊은홈 볼베어링 6905
60±0.023
B
B
© 2016 ~ 다솔유캠퍼스·dasol2001.co.kr

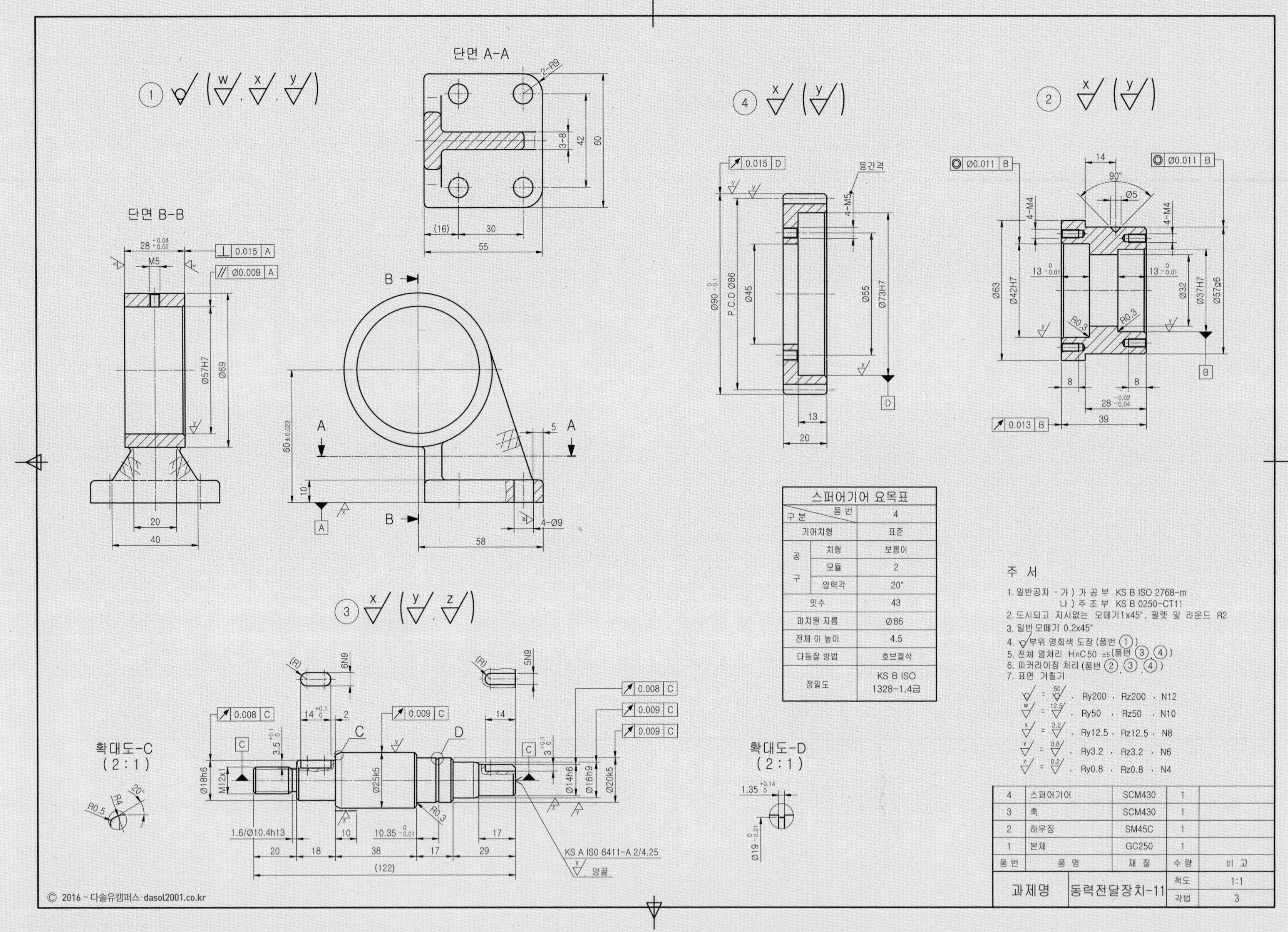


스퍼어기어 요목표

| 구분 \ 품번 | | 4 |
|---|---|---|
| 기어치형 | | 표준 |
| 공구 | 치형 | 보통이 |
| | 모듈 | 2 |
| | 압력각 | 20° |
| 잇수 | | 43 |
| 피치원 지름 | | Ø86 |
| 전체 이 높이 | | 4.5 |
| 다듬질 방법 | | 호브절삭 |
| 정밀도 | | KS B ISO 1328-1,4급 |

주 서

1. 일반공차 - 가) 가 공 부 KS B ISO 2768-m
   나) 주 조 부 KS B 0250-CT11
2. 도시되고 지시없는 모떼기1x45°, 필렛 및 라운드 R2
3. 일반 모떼기 0.2x45°
4. 부위 명회색 도장 (품번 ①)
5. 전체 열처리 HRC50 ±5(품번 ③, ④)
6. 파커라이징 처리 (품번 ②, ③, ④)
7. 표면 거칠기
   - 50 , Ry200 , Rz200 , N12
   - w = 12.5 , Ry50 , Rz50 , N10
   - x = 3.2 , Ry12.5 , Rz12.5 , N8
   - y = 0.8 , Ry3.2 , Rz3.2 , N6
   - z = 0.2 , Ry0.8 , Rz0.8 , N4

| 품번 | 품명 | 재질 | 수량 | 비고 |
|---|---|---|---|---|
| 4 | 스퍼어기어 | SCM430 | 1 | |
| 3 | 축 | SCM430 | 1 | |
| 2 | 하우징 | SM45C | 1 | |
| 1 | 본체 | GC250 | 1 | |

| 과제명 | 동력전달장치-11 | 척도 | 1:1 |
|---|---|---|---|
| | | 각법 | 3 |

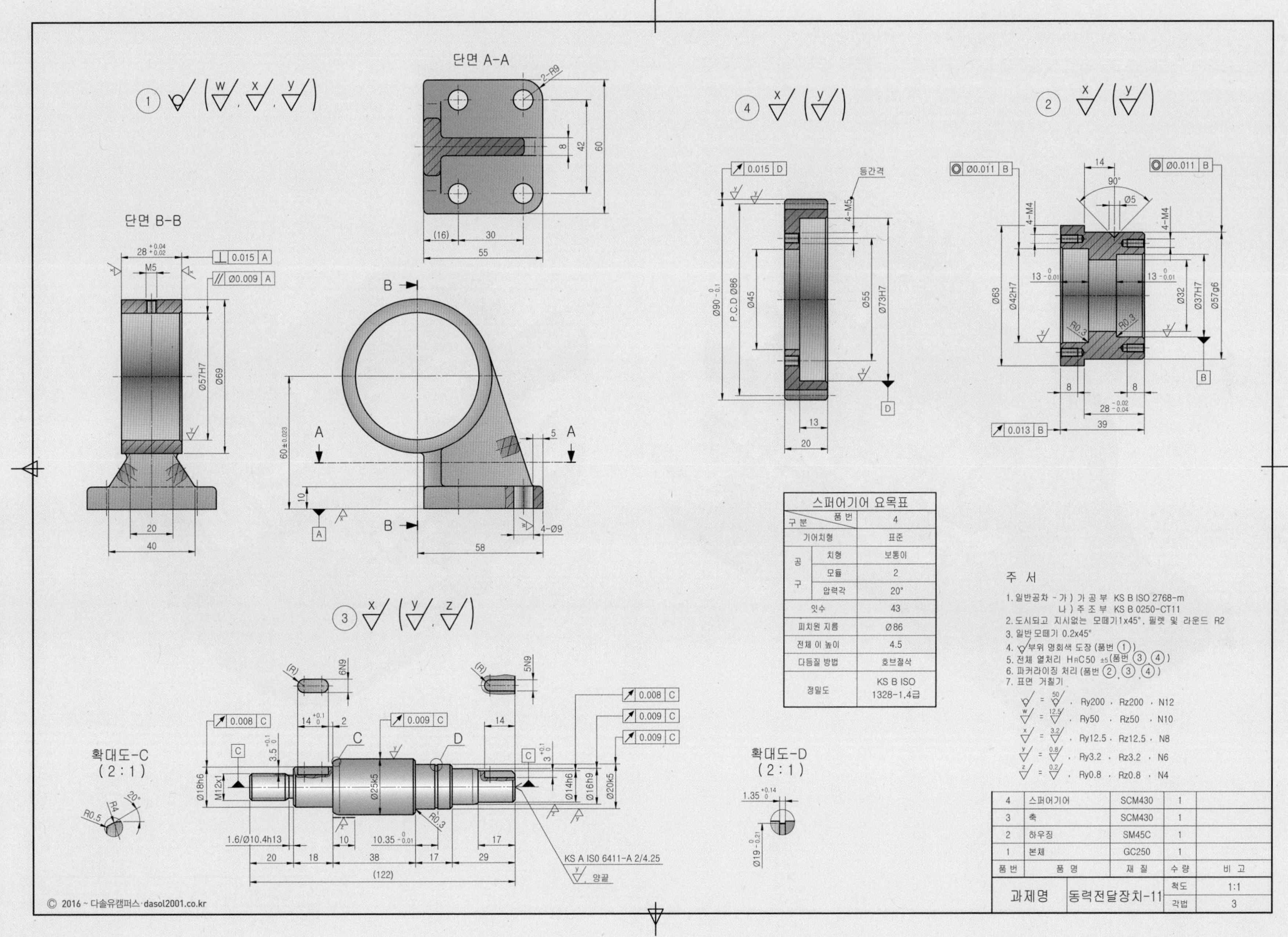
단면 A-A
단면 B-B
확대도-C
(2 : 1)
확대도-D
(2 : 1)
스퍼어기어 요목표
구분 / 품번: 4
기어치형: 표준
공구 치형: 보통이
공구 모듈: 2
공구 압력각: 20°
잇수: 43
피치원 지름: Ø86
전체 이 높이: 4.5
다듬질 방법: 호브절삭
정밀도: KS B ISO 1328-1, 4급
주 서
1. 일반공차 - 가) 가 공 부 KS B ISO 2768-m
나) 주 조 부 KS B 0250-CT11
2. 도시되고 지시없는 모떼기1x45°, 필렛 및 라운드 R2
3. 일반 모떼기 0.2x45°
4. 부위 명회색 도장 (품번 ①)
5. 전체 열처리 HRC50 ±5(품번 ③, ④)
6. 파커라이징 처리 (품번 ②, ③, ④)
7. 표면 거칠기
= 50/ , Ry200 , Rz200 , N12
w = 12.5/ , Ry50 , Rz50 , N10
x = 3.2/ , Ry12.5 , Rz12.5 , N8
y = 0.8/ , Ry3.2 , Rz3.2 , N6
z = 0.2/ , Ry0.8 , Rz0.8 , N4
4 스퍼어기어 SCM430 1
3 축 SCM430 1
2 하우징 SM45C 1
1 본체 GC250 1
품번 품명 재질 수량 비고
과제명 동력전달장치-11 척도 1:1 각법 3
KS A ISO 6411-A 2/4.25
양끝
등간격
© 2016 ~ 다솔유캠퍼스 · dasol2001.co.kr

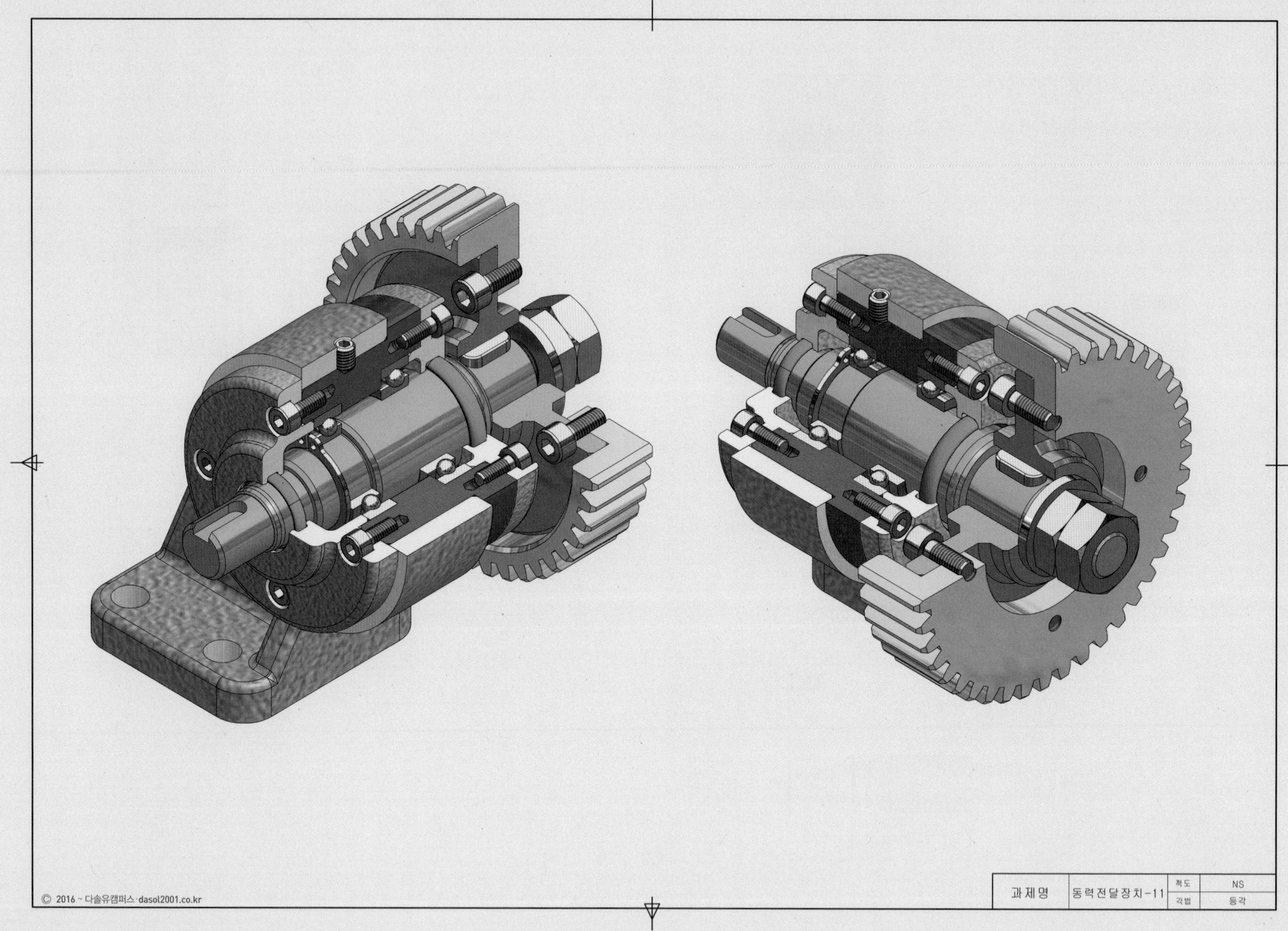
과제명
동력전달장치-11
척도
NS
각법
등각

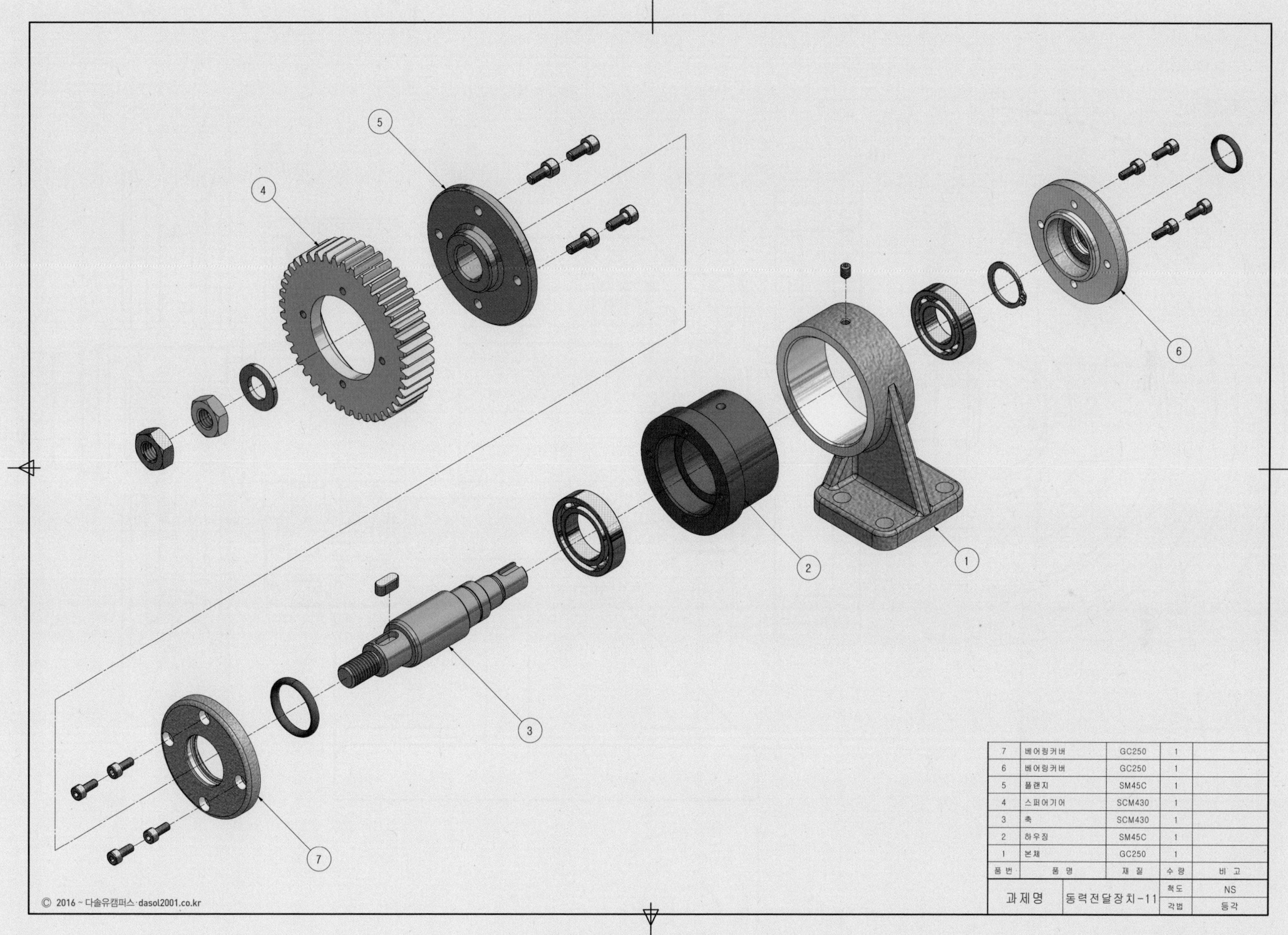


| 품 번 | 품 명 | 재 질 | 수 량 | 비 고 |
|---|---|---|---|---|
| 7 | 베어링커버 | GC250 | 1 | |
| 6 | 베어링커버 | GC250 | 1 | |
| 5 | 플랜지 | SM45C | 1 | |
| 4 | 스퍼어기어 | SCM430 | 1 | |
| 3 | 축 | SCM430 | 1 | |
| 2 | 하우징 | SM45C | 1 | |
| 1 | 본체 | GC250 | 1 | |

| 과제명 | 동력전달장치-11 | 척도 | NS |
|---|---|---|---|
| | | 각법 | 등각 |

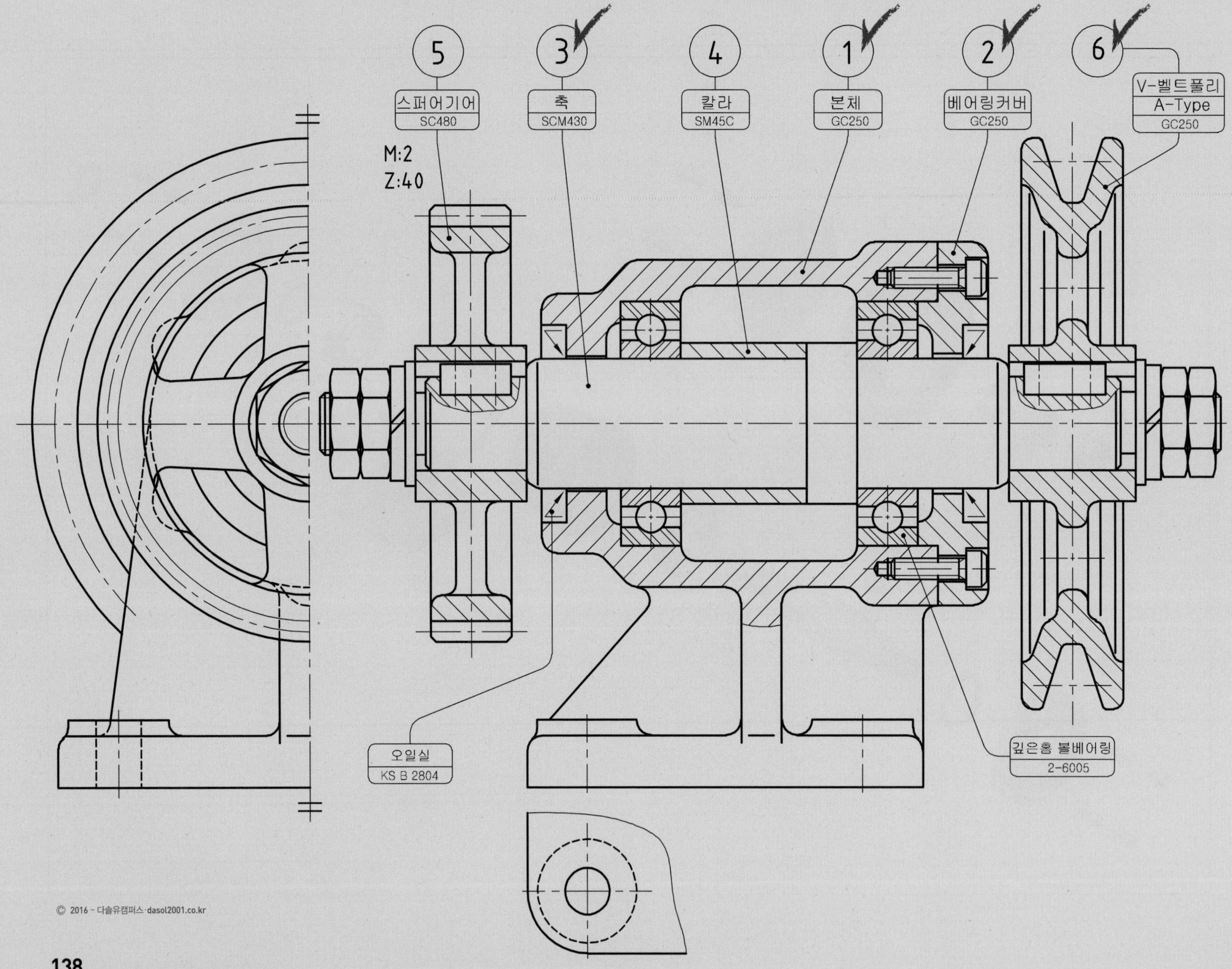
5
3
4
1
2
6
스퍼어기어
SC480
축
SCM430
칼라
SM45C
본체
GC250
베어링커버
GC250
V-벨트풀리
A-Type
GC250
M:2
Z:40
오일실
KS B 2804
깊은홈 볼베어링
2-6005

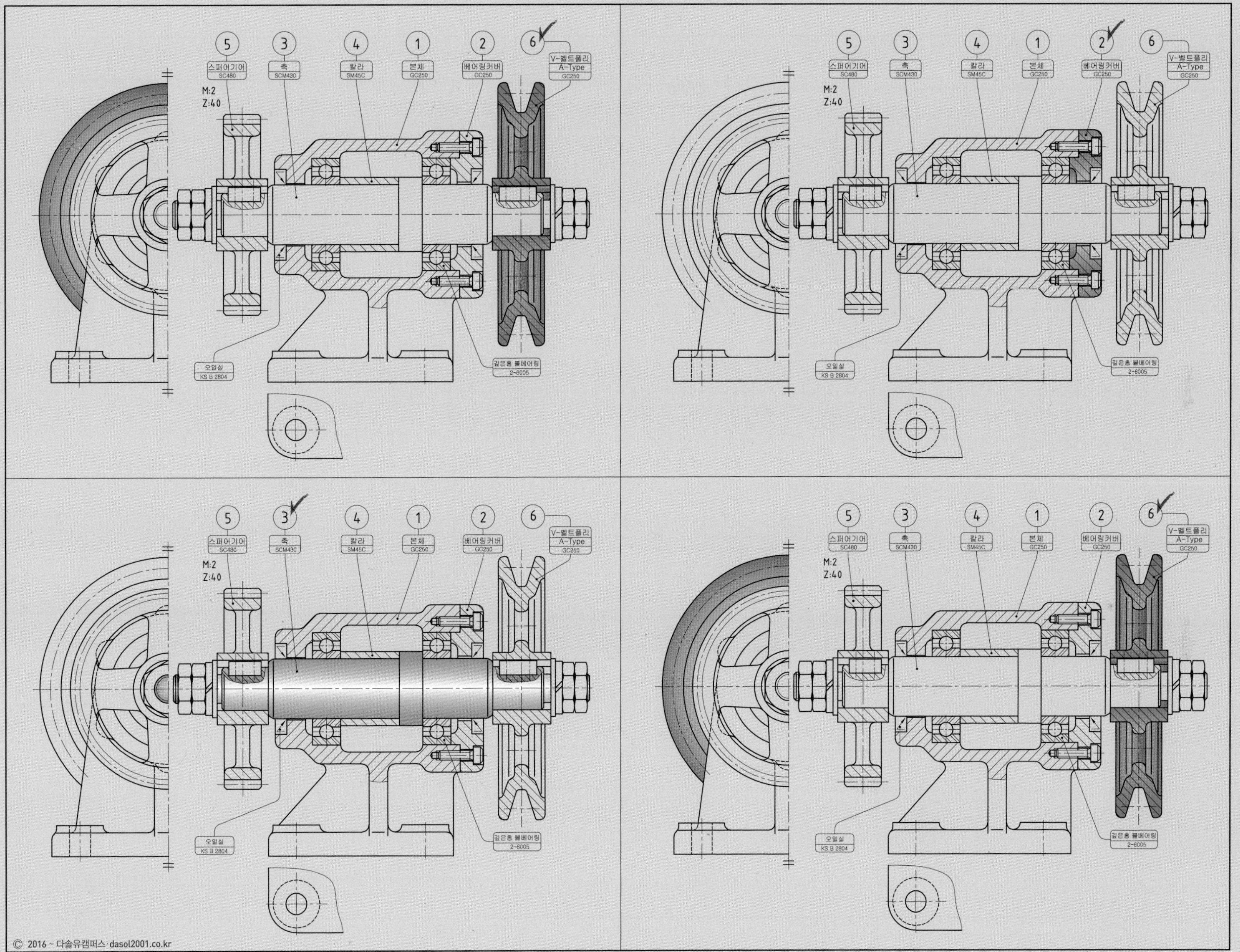
5
스퍼어기어
SC480
3
축
SCM430
4
칼라
SM45C
1
본체
GC250
2
베어링커버
GC250
6
V-벨트풀리
A-Type
GC250
M:2
Z:40
오일실
KS B 2804
깊은홈 볼베어링
2-6005

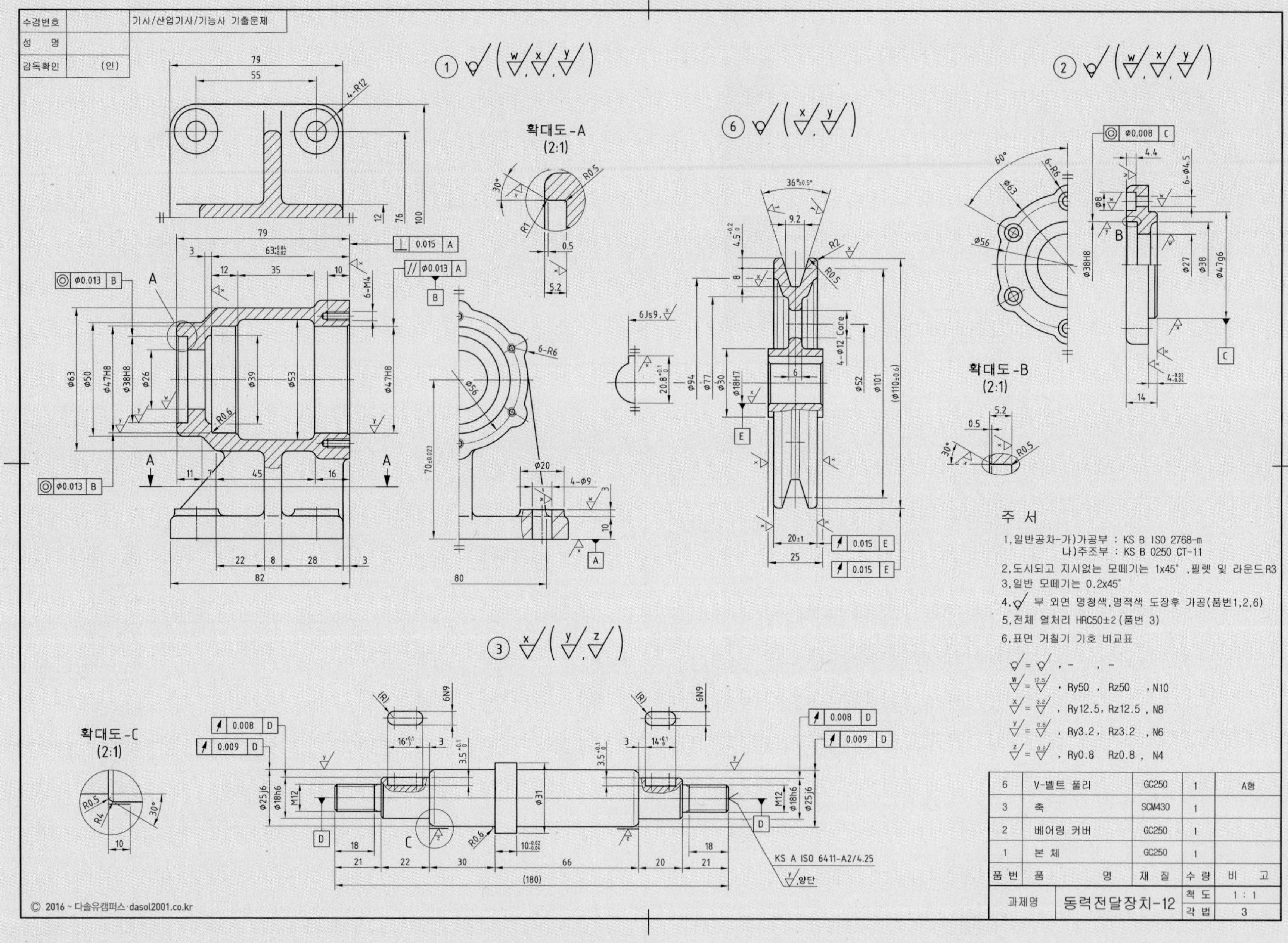
수검번호
기사/산업기사/기능사 기출문제
성 명
감독확인 (인)
확대도-A
(2:1)
확대도-B
(2:1)
확대도-C
(2:1)
주 서
1,일반공차-가)가공부 : KS B ISO 2768-m
나)주조부 : KS B 0250 CT-11
2,도시되고 지시없는 모떼기는 1x45° ,필렛 및 라운드R3
3,일반 모떼기는 0.2x45°
4, 부 외면 명청색,명적색 도장후 가공(품번1,2,6)
5,전체 열처리 HRC50±2(품번 3)
6,표면 거칠기 기호 비교표
Ry50 , Rz50 , N10
Ry12.5, Rz12.5 , N8
Ry3.2, Rz3.2 , N6
Ry0.8 Rz0.8 , N4
KS A ISO 6411-A2/4.25
양단
6 | V-벨트 풀리 | GC250 | 1 | A형
3 | 축 | SCM430 | 1
2 | 베어링 커버 | GC250 | 1
1 | 본 체 | GC250 | 1
품번 | 품 명 | 재 질 | 수 량 | 비 고
과제명 | 동력전달장치-12 | 척 도 | 1 : 1
각 법 | 3
© 2016 - 다솔유캠퍼스 · dasol2001.co.kr

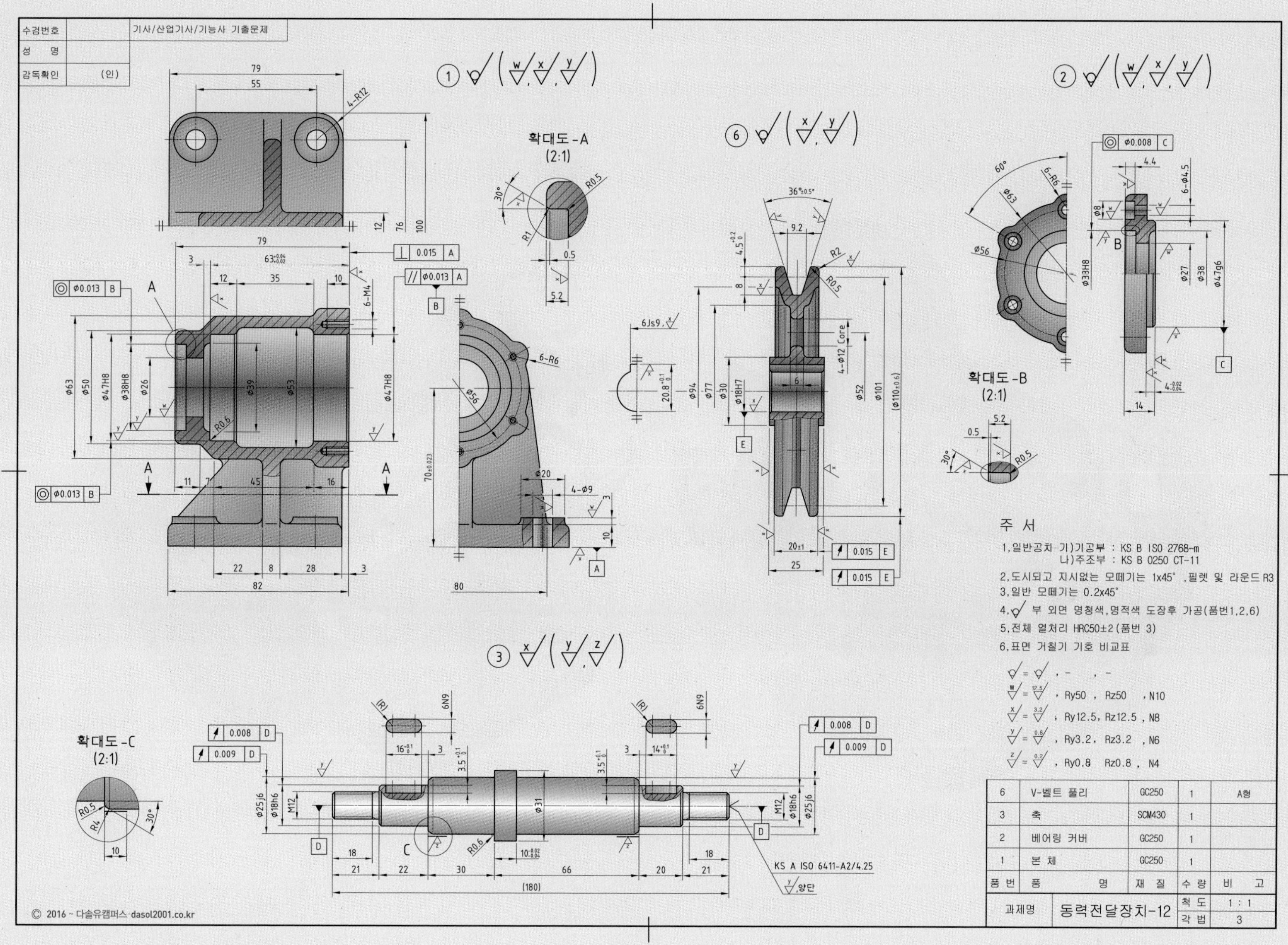
수검번호
성 명
감독확인 (인)
기사/산업기사/기능사 기출문제
확대도-A
(2:1)
확대도-B
(2:1)
확대도-C
(2:1)
주 서
1.일반공차 가)기공부 : KS B ISO 2768-m
나)주조부 : KS B 0250 CT-11
2.도시되고 지시없는 모떼기는 1x45°,필렛 및 라운드 R3
3.일반 모떼기는 0.2x45°
4. 부 외면 명청색,명적색 도장후 가공(품번1,2,6)
5.전체 열처리 HRC50±2 (품번 3)
6.표면 거칠기 기호 비교표
, Ry50 , Rz50 , N10
, Ry12.5, Rz12.5 , N8
, Ry3.2, Rz3.2 , N6
, Ry0.8 Rz0.8 , N4
6 V-벨트 풀리 GC250 1 A형
3 축 SCM430 1
2 베어링 커버 GC250 1
1 본 체 GC250 1
품번 품 명 재 질 수량 비 고
과제명 동력전달장치-12 척도 1:1 각법 3
KS A ISO 6411-A2/4.25
양단
© 2016 ~ 다솔유캠퍼스·dasol2001.co.kr

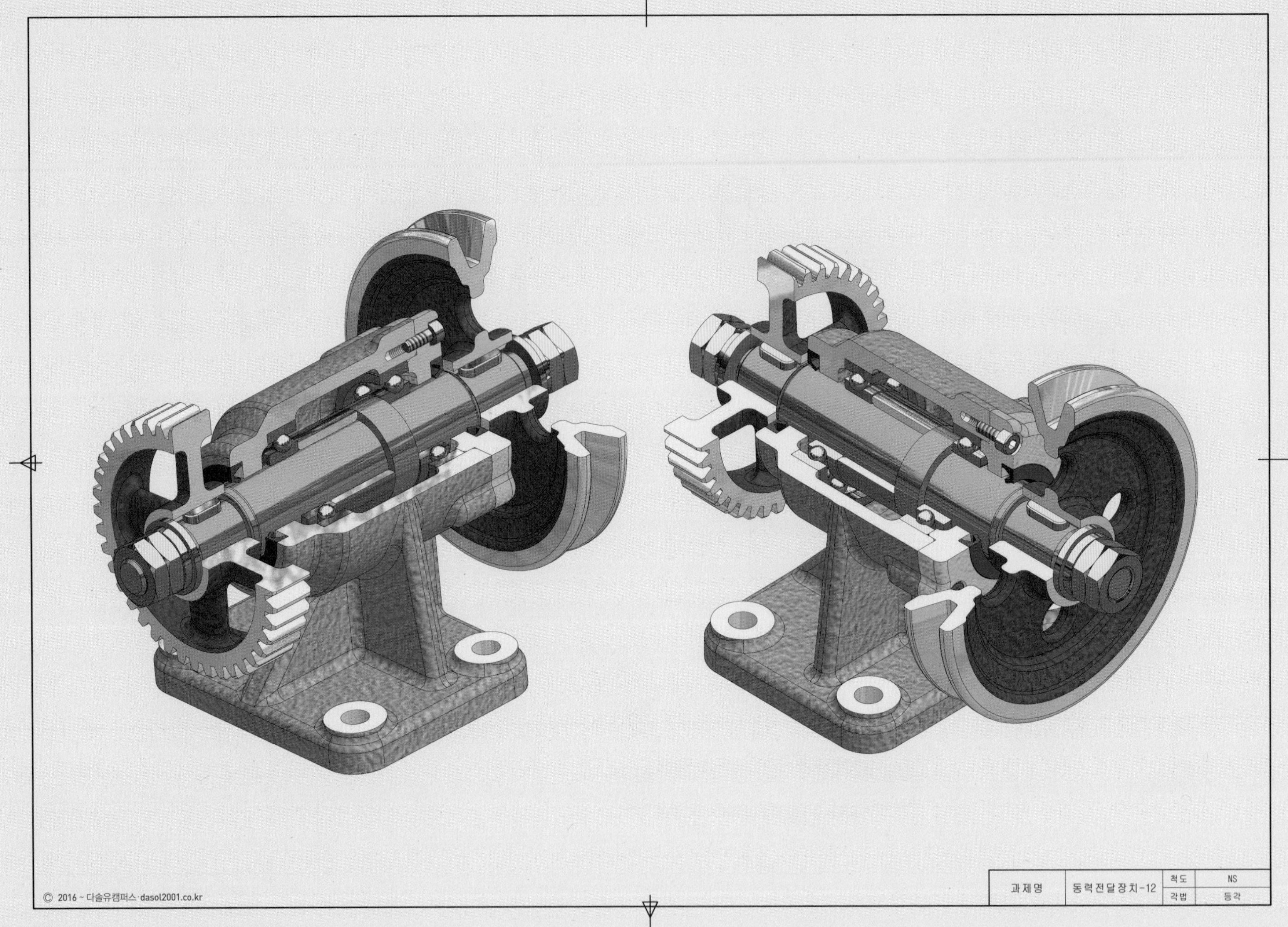

과제명
동력전달장치-12
척도
NS
각법
등각
© 2016 ~ 다솔유캠퍼스·dasol2001.co.kr

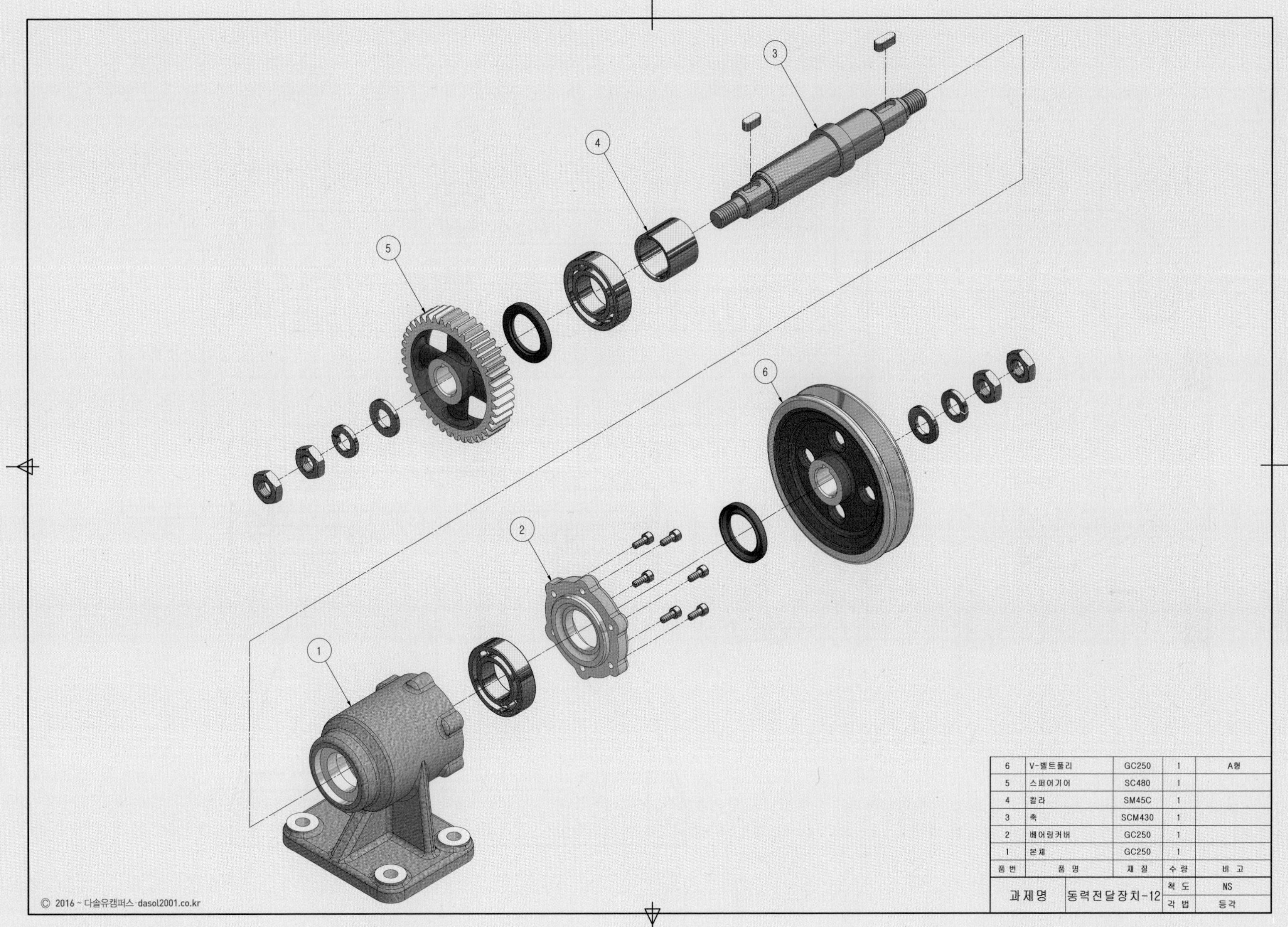


| 품번 | 품명 | 재질 | 수량 | 비고 |
|---|---|---|---|---|
| 6 | V-벨트풀리 | GC250 | 1 | A형 |
| 5 | 스퍼어기어 | SC480 | 1 | |
| 4 | 칼라 | SM45C | 1 | |
| 3 | 축 | SCM430 | 1 | |
| 2 | 베어링커버 | GC250 | 1 | |
| 1 | 본체 | GC250 | 1 | |
| 과제명 | 동력전달장치-12 | | 척도 | NS |
| | | | 각법 | 등각 |

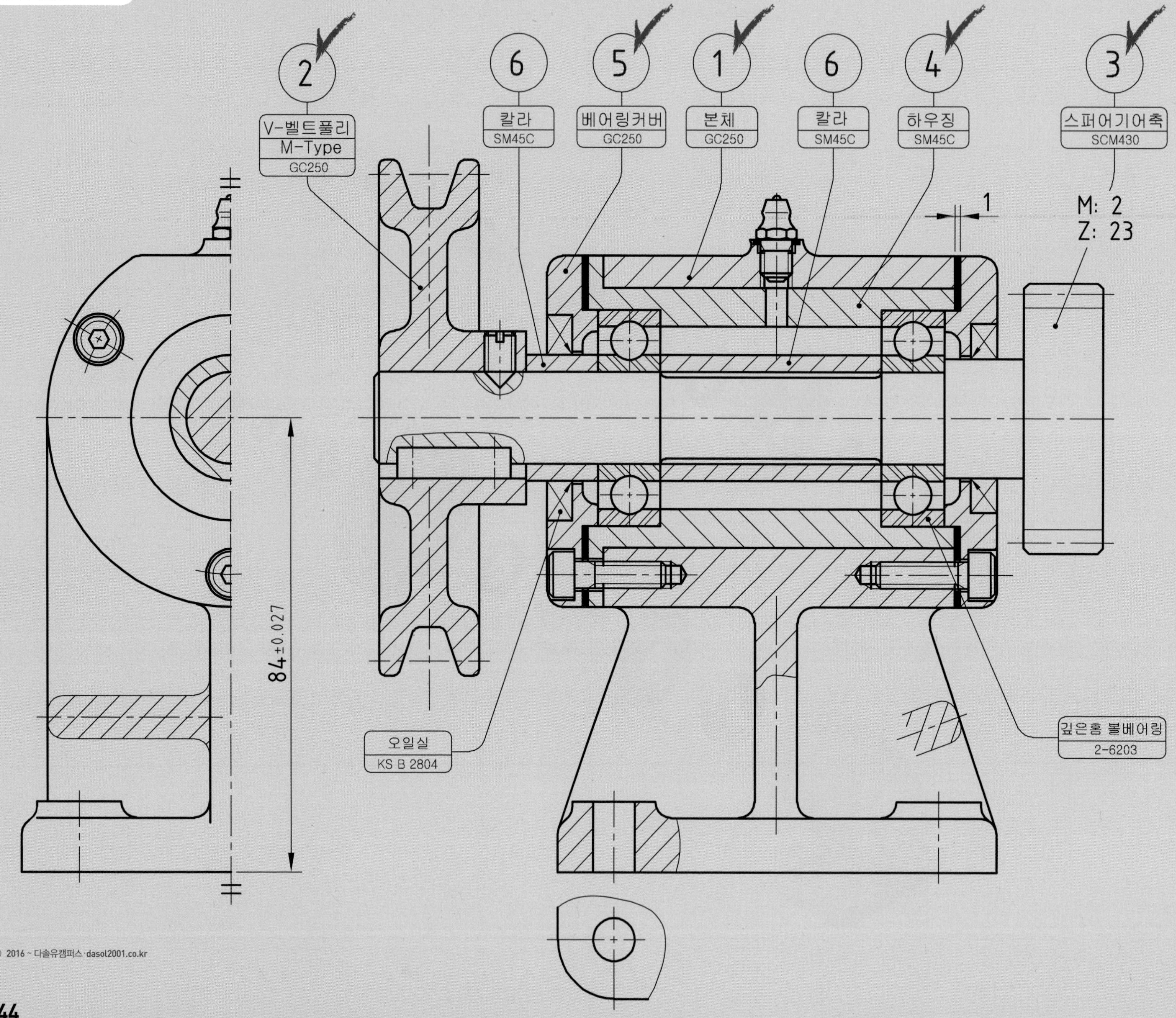
2
V-벨트풀리
M-Type
GC250
6
칼라
SM45C
5
베어링커버
GC250
1
본체
GC250
6
칼라
SM45C
4
하우징
SM45C
3
스퍼어기어축
SCM430
1
M: 2
Z: 23
84±0.027
오일실
KS B 2804
깊은홈 볼베어링
2-6203

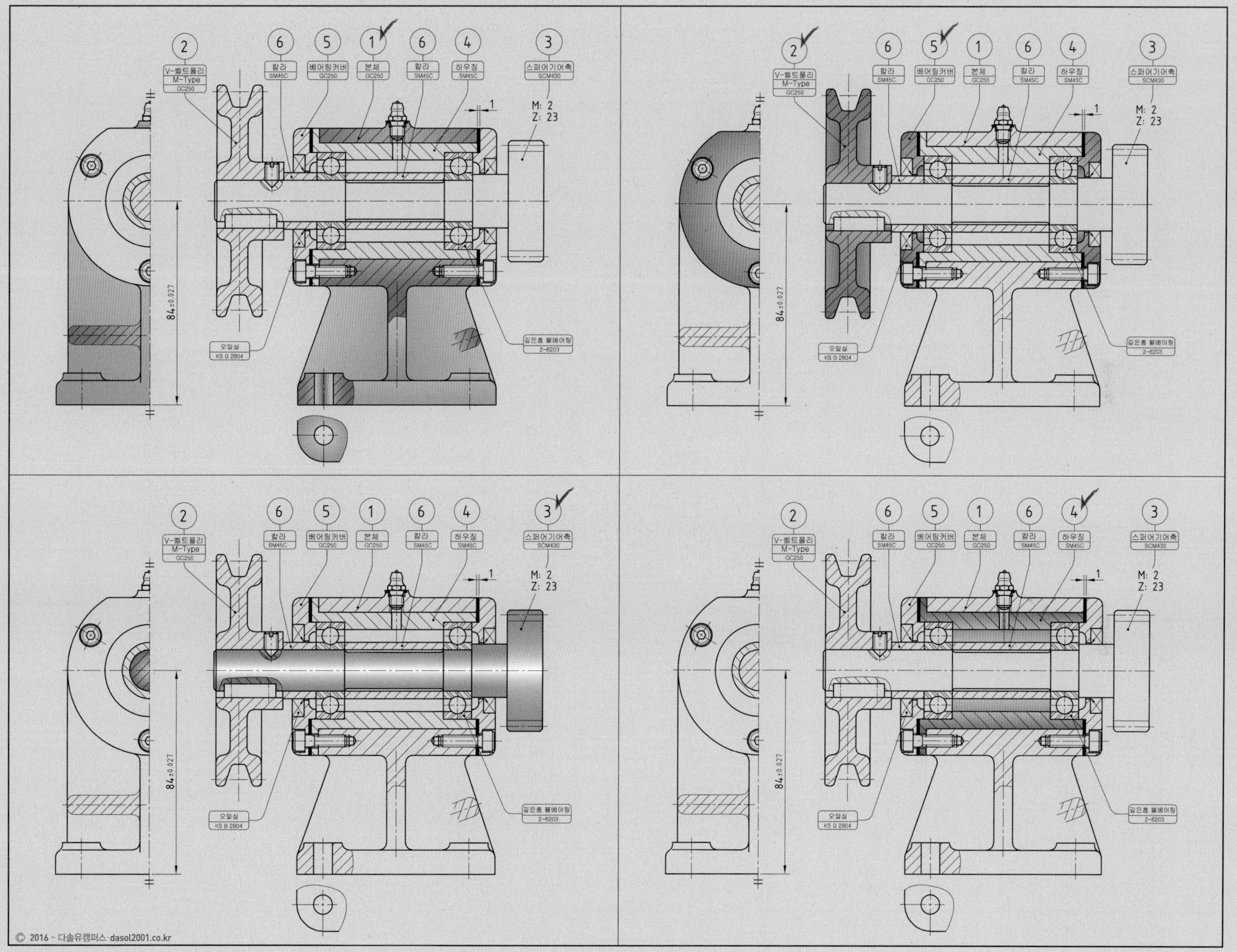
V-벨트풀리
M-Type
GC250
칼라
SM45C
베어링커버
GC250
본체
GC250
칼라
SM45C
하우징
SM45C
스퍼어기어축
SCM430
M: 2
Z: 23
오일실
KS B 2804
깊은홈 볼베어링
2-6203
84±0.027

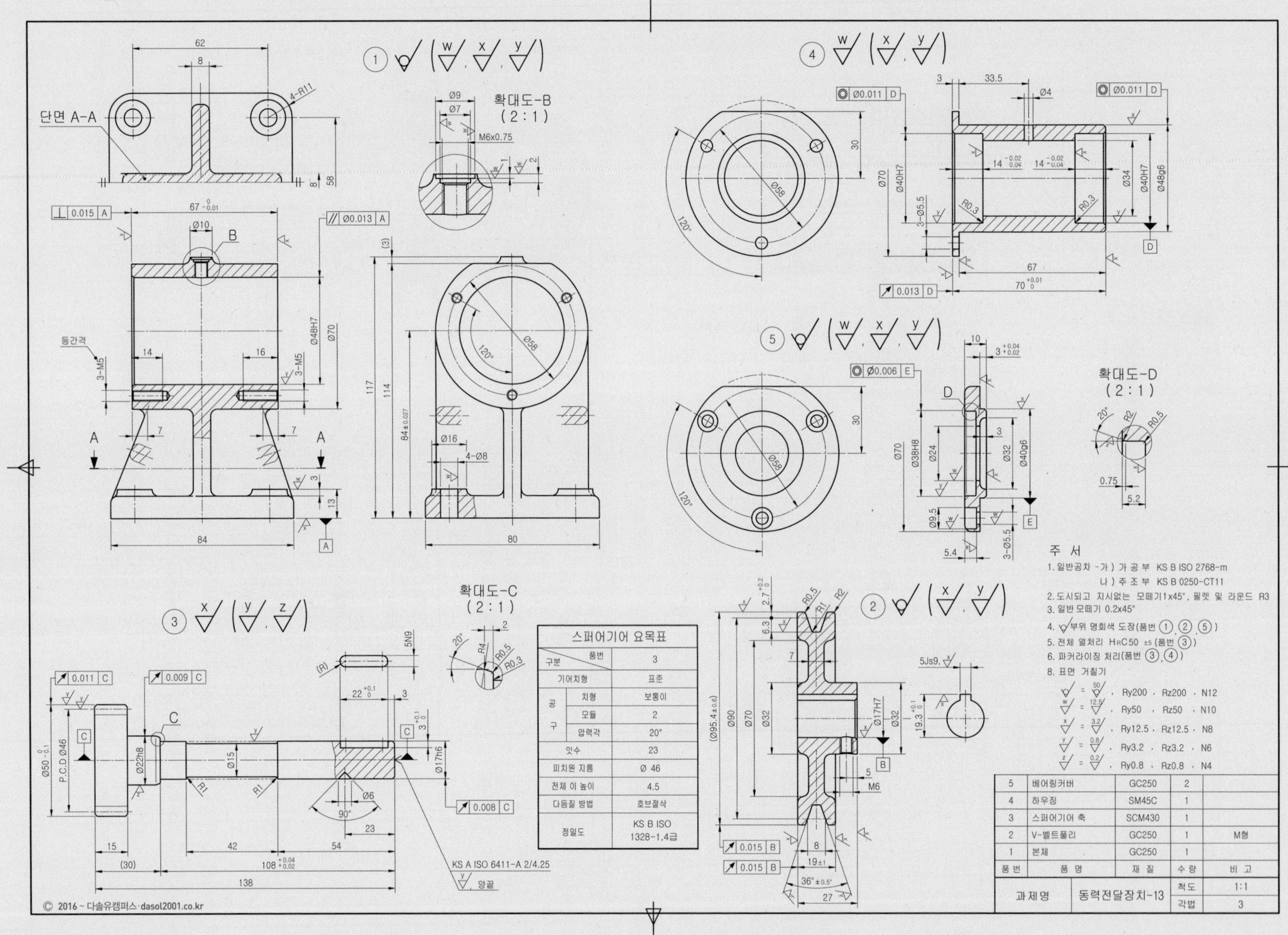


스퍼어기어 요목표

| 구분 | | 품번 3 |
|---|---|---|
| 기어치형 | | 표준 |
| 공구 | 치형 | 보통이 |
| | 모듈 | 2 |
| | 압력각 | 20° |
| 잇수 | | 23 |
| 피치원 지름 | | Ø 46 |
| 전체 이 높이 | | 4.5 |
| 다듬질 방법 | | 호브절삭 |
| 정밀도 | | KS B ISO 1328-1,4급 |

| 품 번 | 품 명 | 재 질 | 수 량 | 비 고 |
|---|---|---|---|---|
| 5 | 베어링커버 | GC250 | 2 | |
| 4 | 하우징 | SM45C | 1 | |
| 3 | 스퍼어기어 축 | SCM430 | 1 | |
| 2 | V-벨트풀리 | GC250 | 1 | M형 |
| 1 | 본체 | GC250 | 1 | |

| 과제명 | 동력전달장치-13 | 척도 | 1:1 |
|---|---|---|---|
| | | 각법 | 3 |

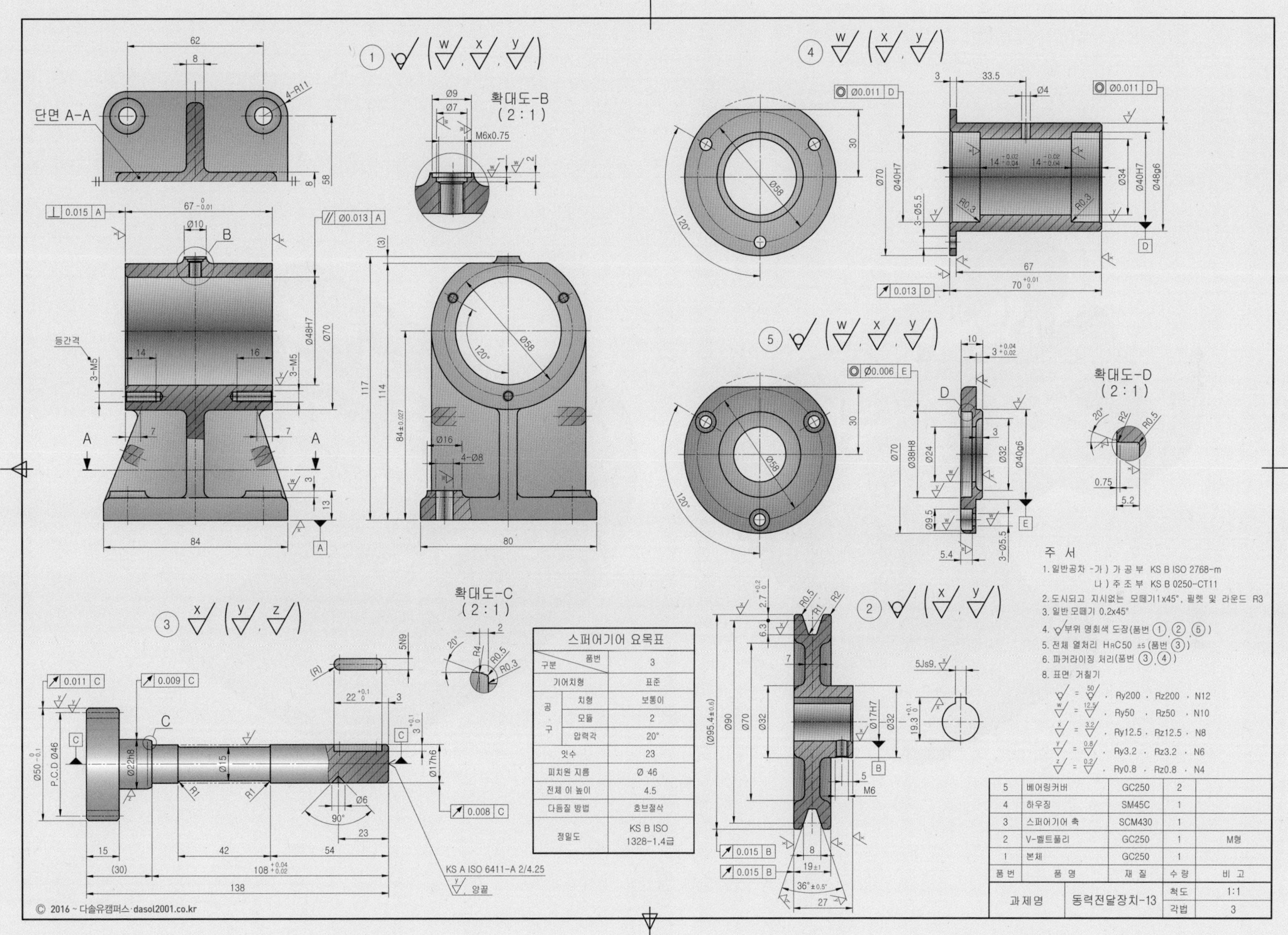


스퍼어기어 요목표

| 구분 \ 품번 | | 3 |
|---|---|---|
| 기어치형 | | 표준 |
| 공구 | 치형 | 보통이 |
| | 모듈 | 2 |
| | 압력각 | 20° |
| 잇수 | | 23 |
| 피치원 지름 | | Ø 46 |
| 전체 이 높이 | | 4.5 |
| 다듬질 방법 | | 호브절삭 |
| 정밀도 | | KS B ISO 1328-1, 4급 |

| 품번 | 품 명 | 재 질 | 수 량 | 비 고 |
|---|---|---|---|---|
| 5 | 베어링커버 | GC250 | 2 | |
| 4 | 하우징 | SM45C | 1 | |
| 3 | 스퍼어기어 축 | SCM430 | 1 | |
| 2 | V-벨트풀리 | GC250 | 1 | M형 |
| 1 | 본체 | GC250 | 1 | |

| 과제명 | 동력전달장치-13 | 척도 | 1:1 |
|---|---|---|---|
| | | 각법 | 3 |

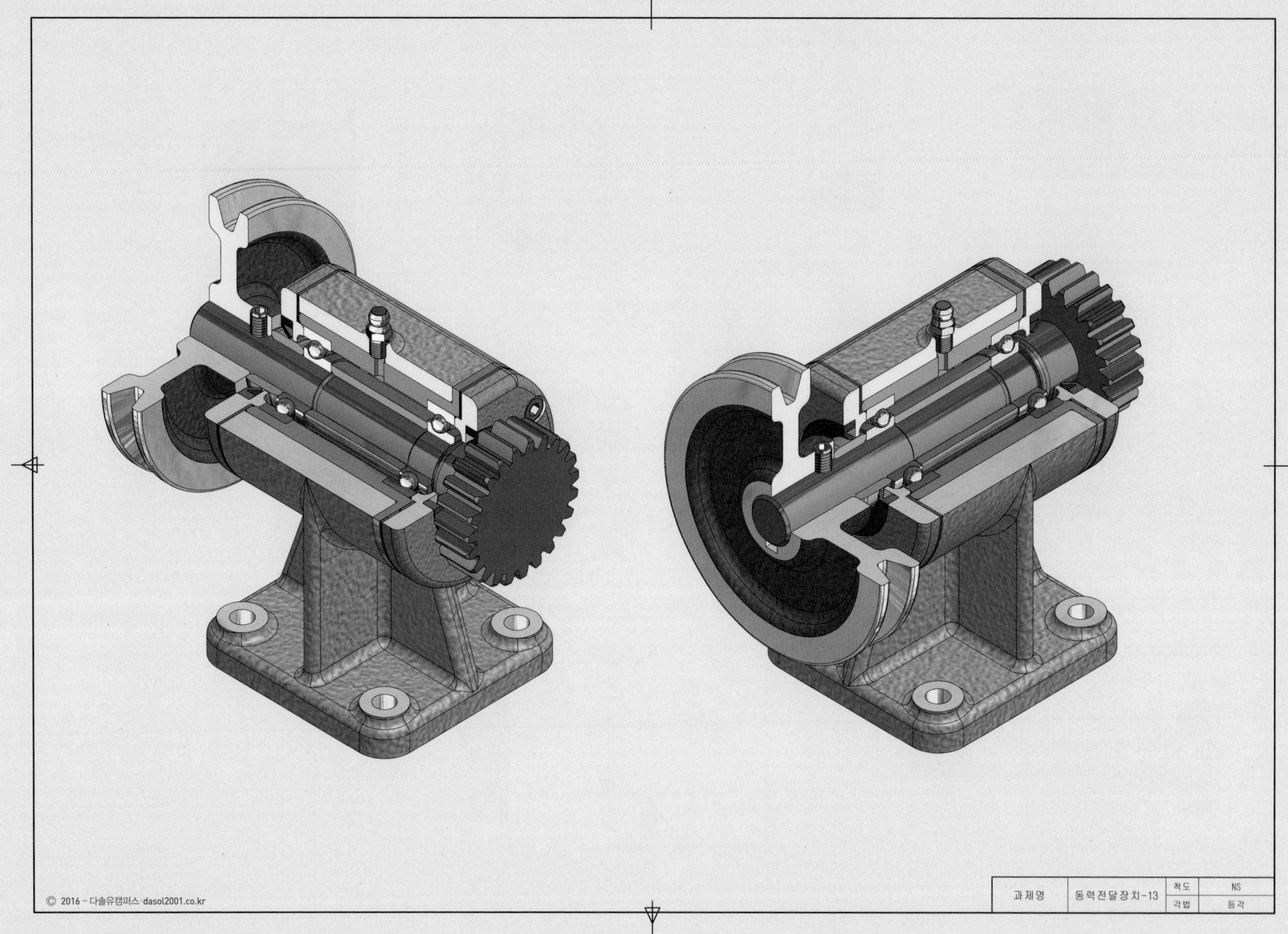
© 2016 ~ 다솔유캠퍼스·dasol2001.co.kr
과제명
동력전달장치-13
척도
NS
각법
등각

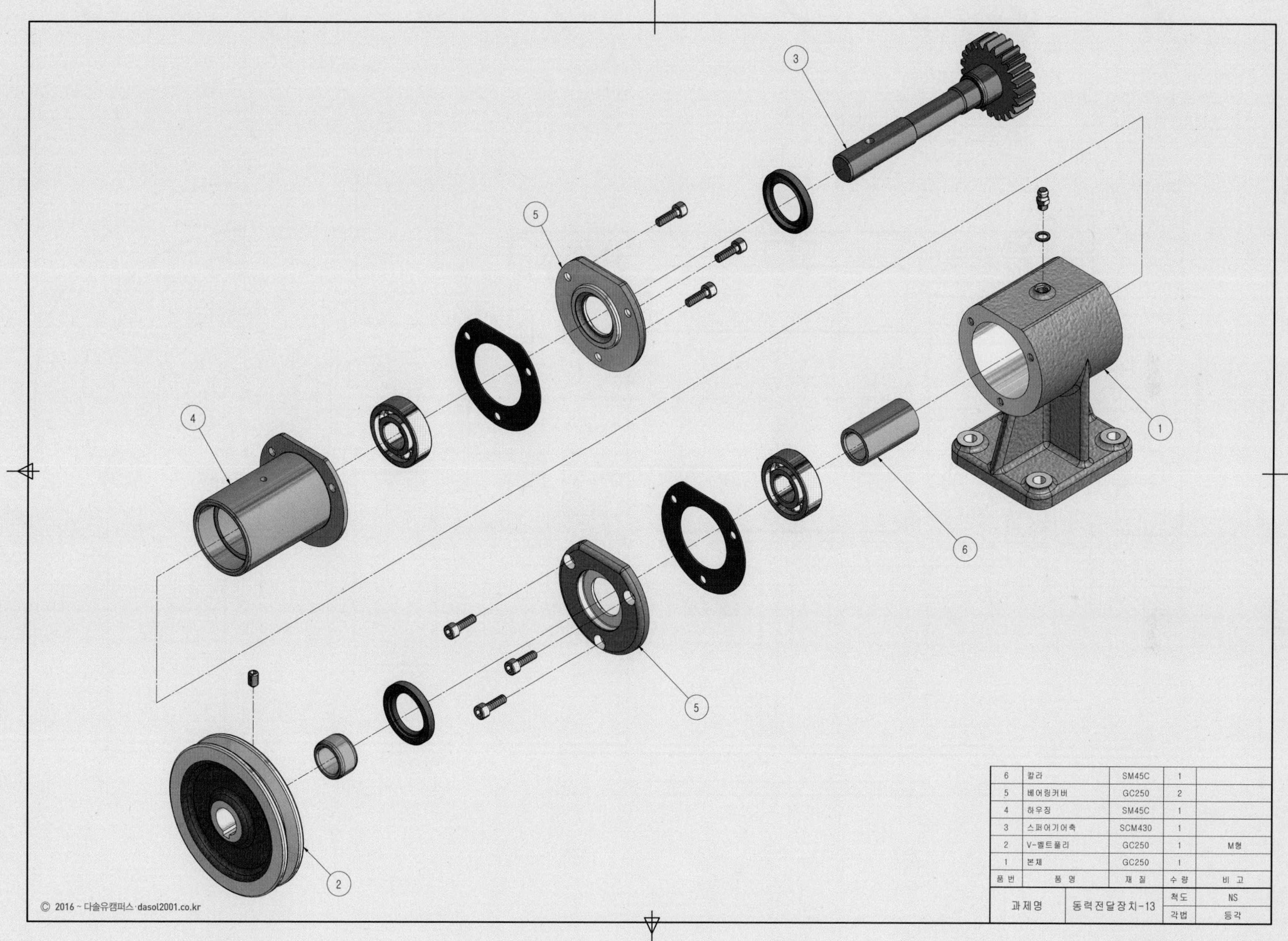


| 6 | 칼라 | SM45C | 1 | |
|---|---|---|---|---|
| 5 | 베어링커버 | GC250 | 2 | |
| 4 | 하우징 | SM45C | 1 | |
| 3 | 스퍼어기어축 | SCM430 | 1 | |
| 2 | V-벨트풀리 | GC250 | 1 | M형 |
| 1 | 본체 | GC250 | 1 | |
| 품번 | 품 명 | 재 질 | 수 량 | 비 고 |
| 과제명 | 동력전달장치-13 | | 척도 | NS |
| | | | 각법 | 등각 |

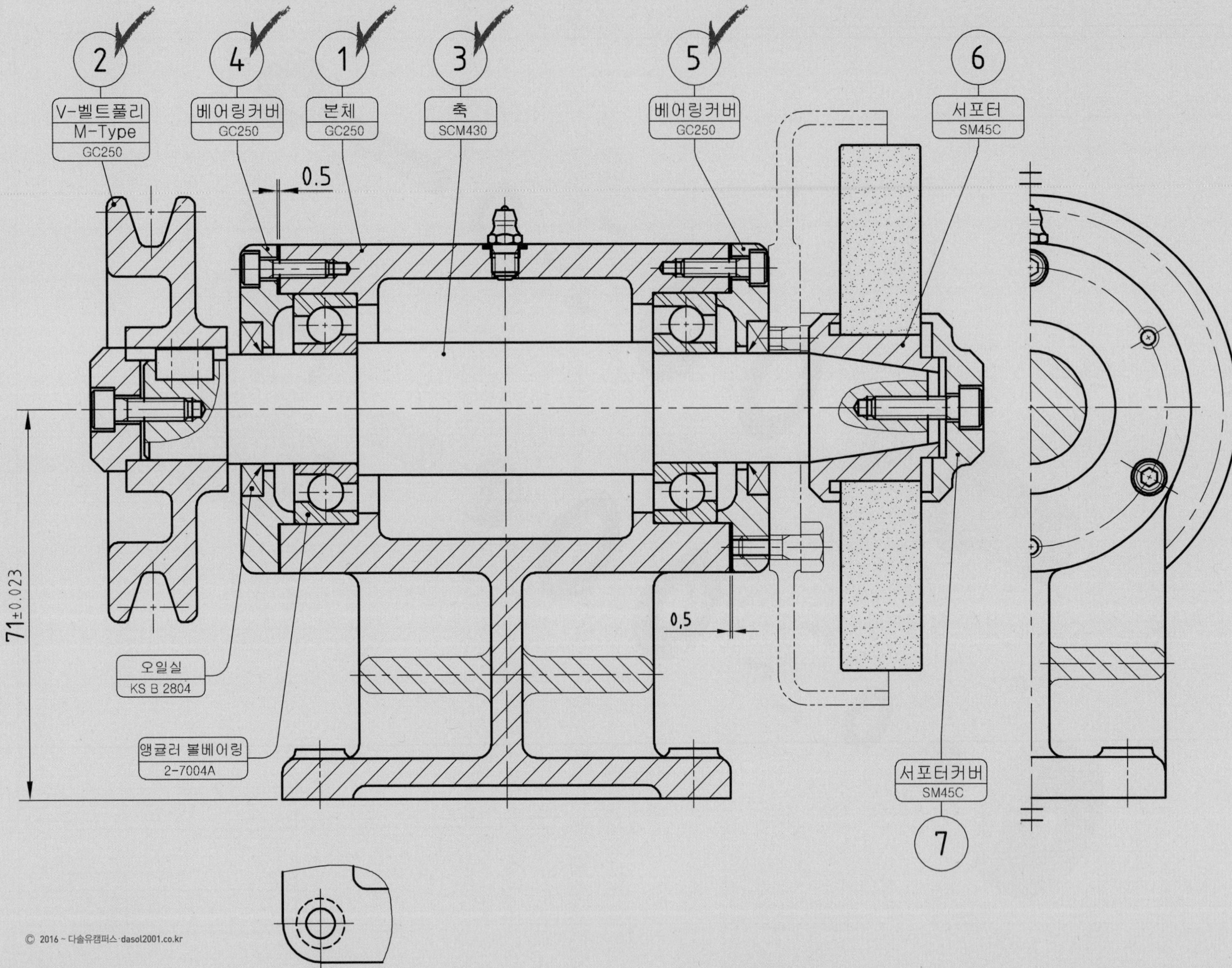
2
V-벨트풀리
M-Type
GC250
4
베어링커버
GC250
1
본체
GC250
3
축
SCM430
5
베어링커버
GC250
6
서포터
SM45C
0.5
0.5
71±0.023
오일실
KS B 2804
앵귤러 볼베어링
2-7004A
서포터커버
SM45C
7

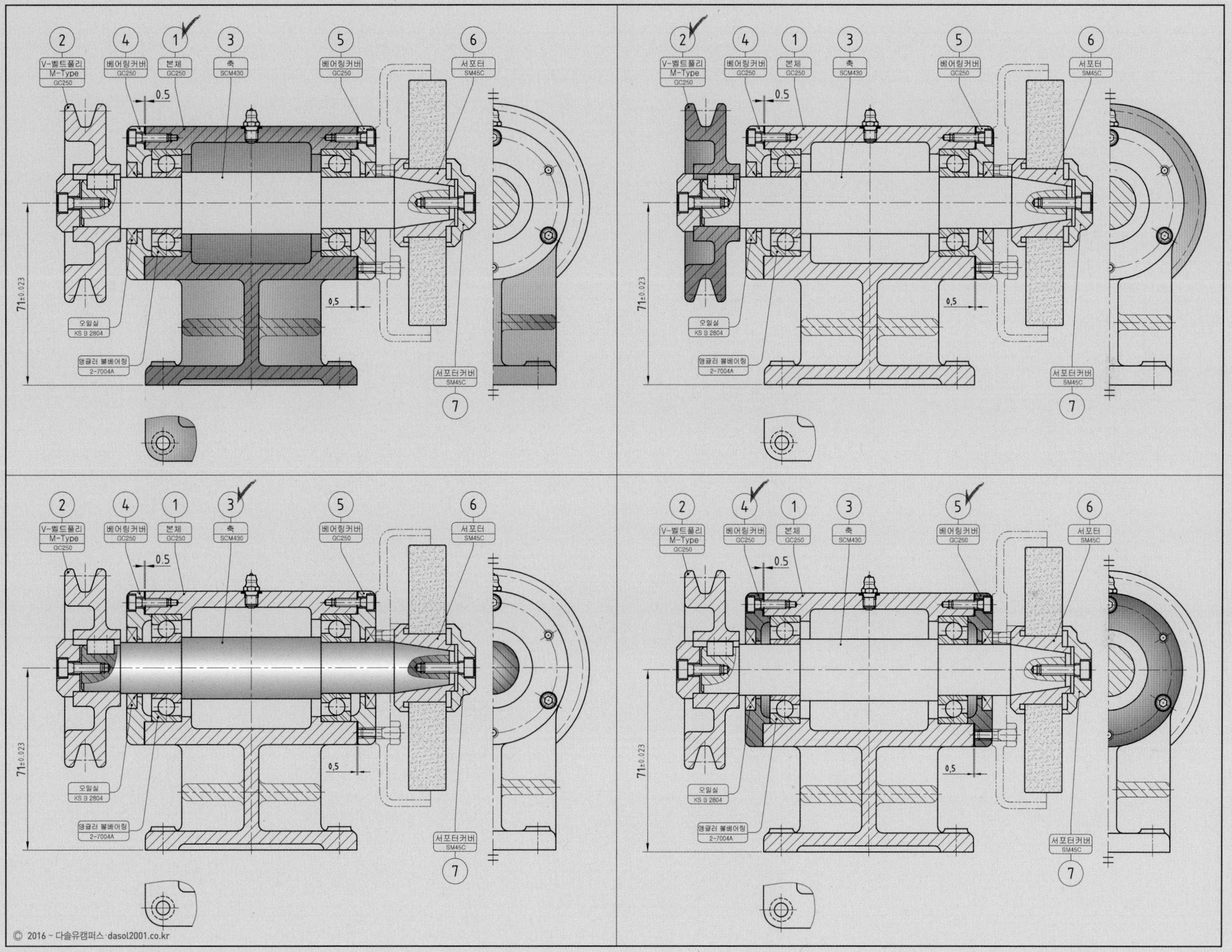

2
V-벨트풀리
M-Type
GC250
4
베어링커버
GC250
1
본체
GC250
3
축
SCM430
5
베어링커버
GC250
6
서포터
SM45C
0.5
0.5
71±0.023
오일실
KS B 2804
앵귤러 볼베어링
2-7004A
서포터커버
SM45C
7

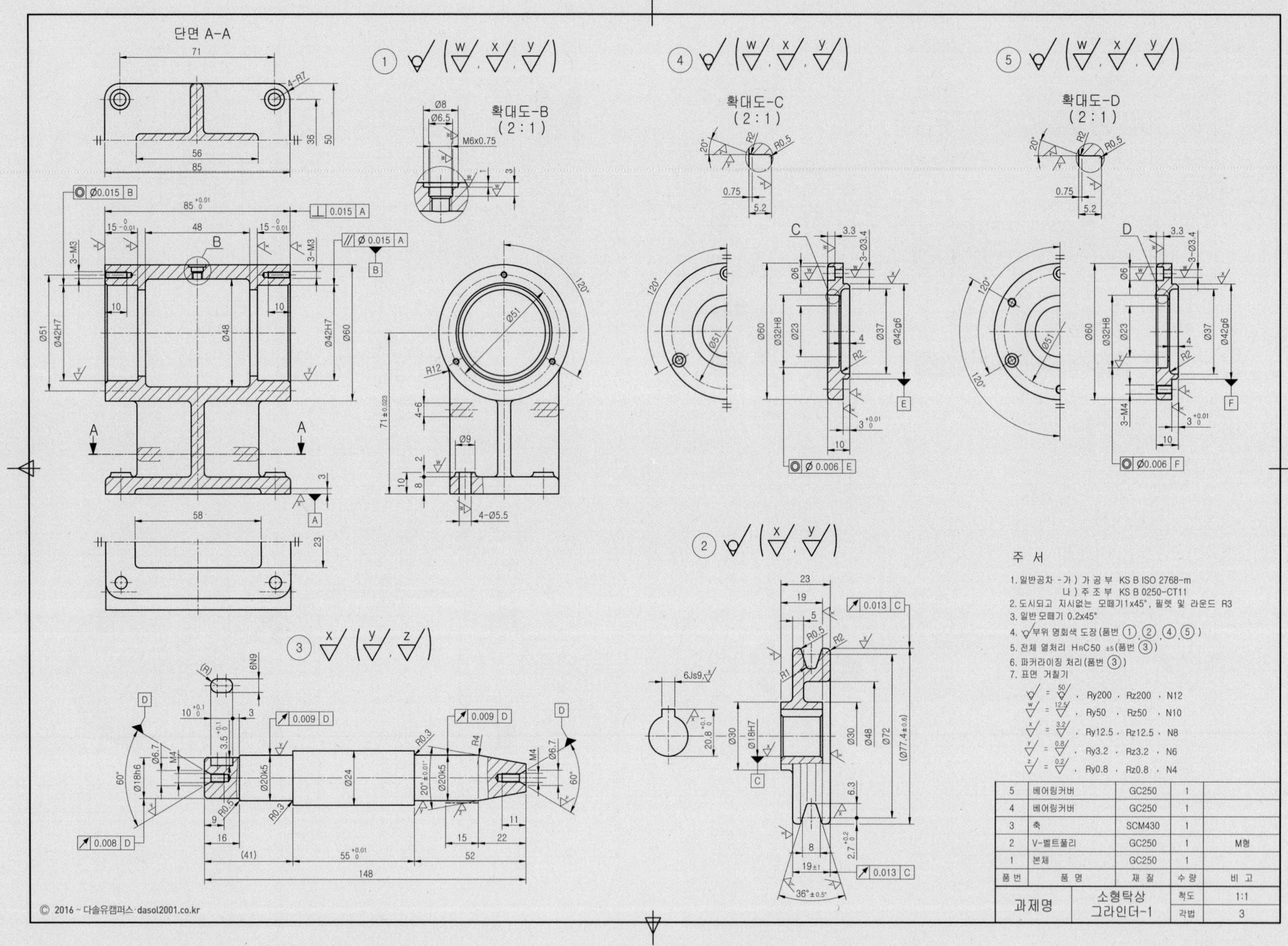
단면 A-A
확대도-B
(2 : 1)
확대도-C
(2 : 1)
확대도-D
(2 : 1)
주 서
1. 일반공차 -가) 가 공 부 KS B ISO 2768-m
나) 주 조 부 KS B 0250-CT11
2. 도시되고 지시없는 모떼기1x45°, 필렛 및 라운드 R3
3. 일반 모떼기 0.2x45°
4. 부위 명회색 도장(품번 ①, ②, ④, ⑤)
5. 전체 열처리 HRC50 ±5(품번 ③)
6. 파커라이징 처리(품번 ③)
7. 표면 거칠기
= 50 , Ry200 , Rz200 , N12
w = 12.5 , Ry50 , Rz50 , N10
x = 3.2 , Ry12.5 , Rz12.5 , N8
y = 0.8 , Ry3.2 , Rz3.2 , N6
z = 0.2 , Ry0.8 , Rz0.8 , N4
5 베어링커버 GC250 1
4 베어링커버 GC250 1
3 축 SCM430 1
2 V-벨트풀리 GC250 1 M형
1 본체 GC250 1
품 번 품 명 재 질 수 량 비 고
과제명 소형탁상 그라인더-1 척도 1:1 각법 3

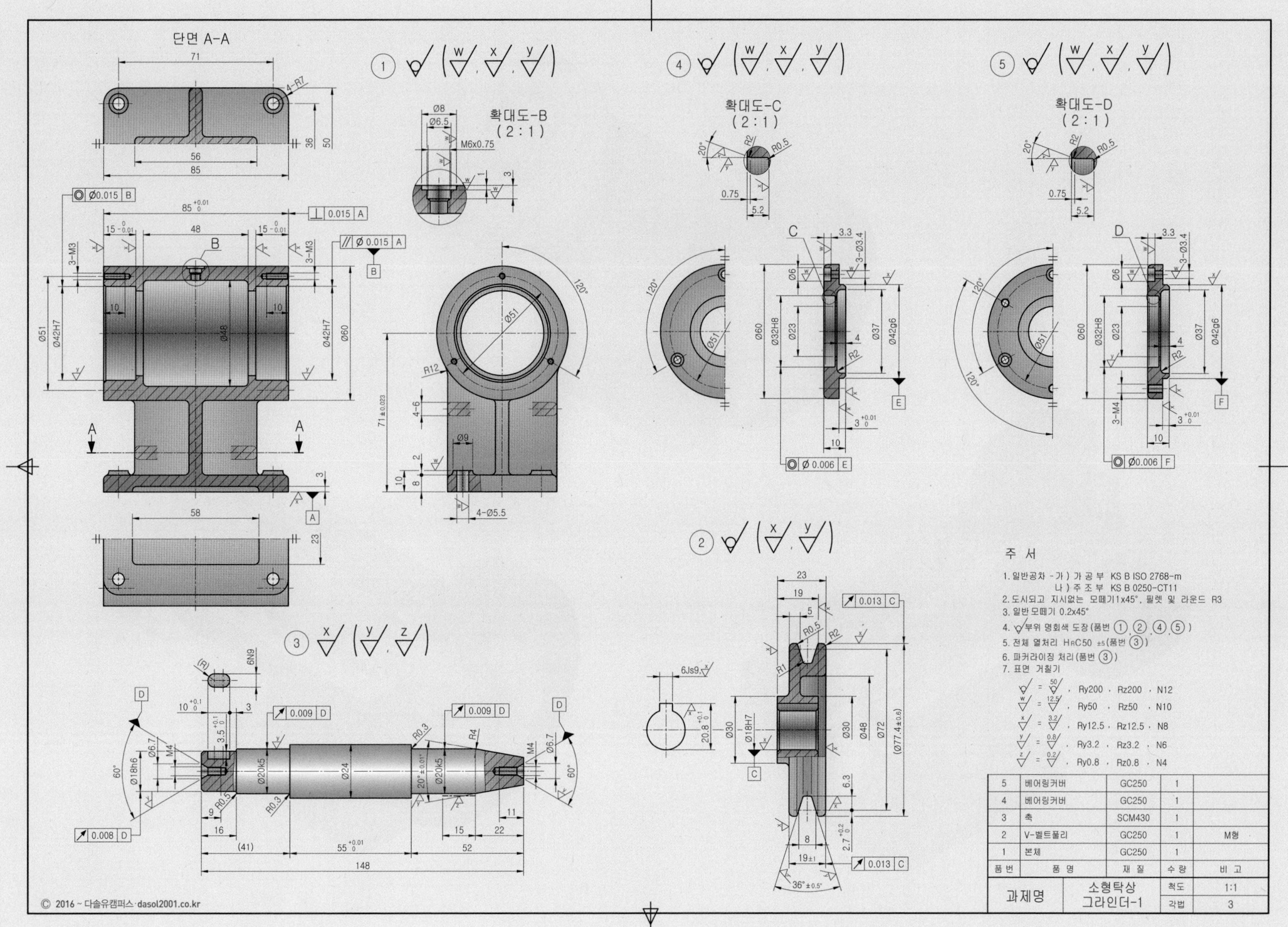
단면 A-A
확대도-B
(2 : 1)
확대도-C
(2 : 1)
확대도-D
(2 : 1)
주 서
1. 일반공차 - 가) 가 공 부 KS B ISO 2768-m
나) 주 조 부 KS B 0250-CT11
2. 도시되고 지시없는 모떼기1x45°, 필렛 및 라운드 R3
3. 일반 모떼기 0.2x45°
4. 부위 명회색 도장(품번 ①,②,④,⑤)
5. 전체 열처리 HRC50 ±5(품번 ③)
6. 파커라이징 처리(품번 ③)
7. 표면 거칠기
= 50/ , Ry200 , Rz200 , N12
w = 12.5/ , Ry50 , Rz50 , N10
x = 3.2/ , Ry12.5 , Rz12.5 , N8
y = 0.8/ , Ry3.2 , Rz3.2 , N6
z = 0.2/ , Ry0.8 , Rz0.8 , N4
5 베어링커버 GC250 1
4 베어링커버 GC250 1
3 축 SCM430 1
2 V-벨트풀리 GC250 1 M형
1 본체 GC250 1
품번 품 명 재 질 수 량 비 고
과제명 소형탁상 그라인더-1 척도 1:1 각법 3

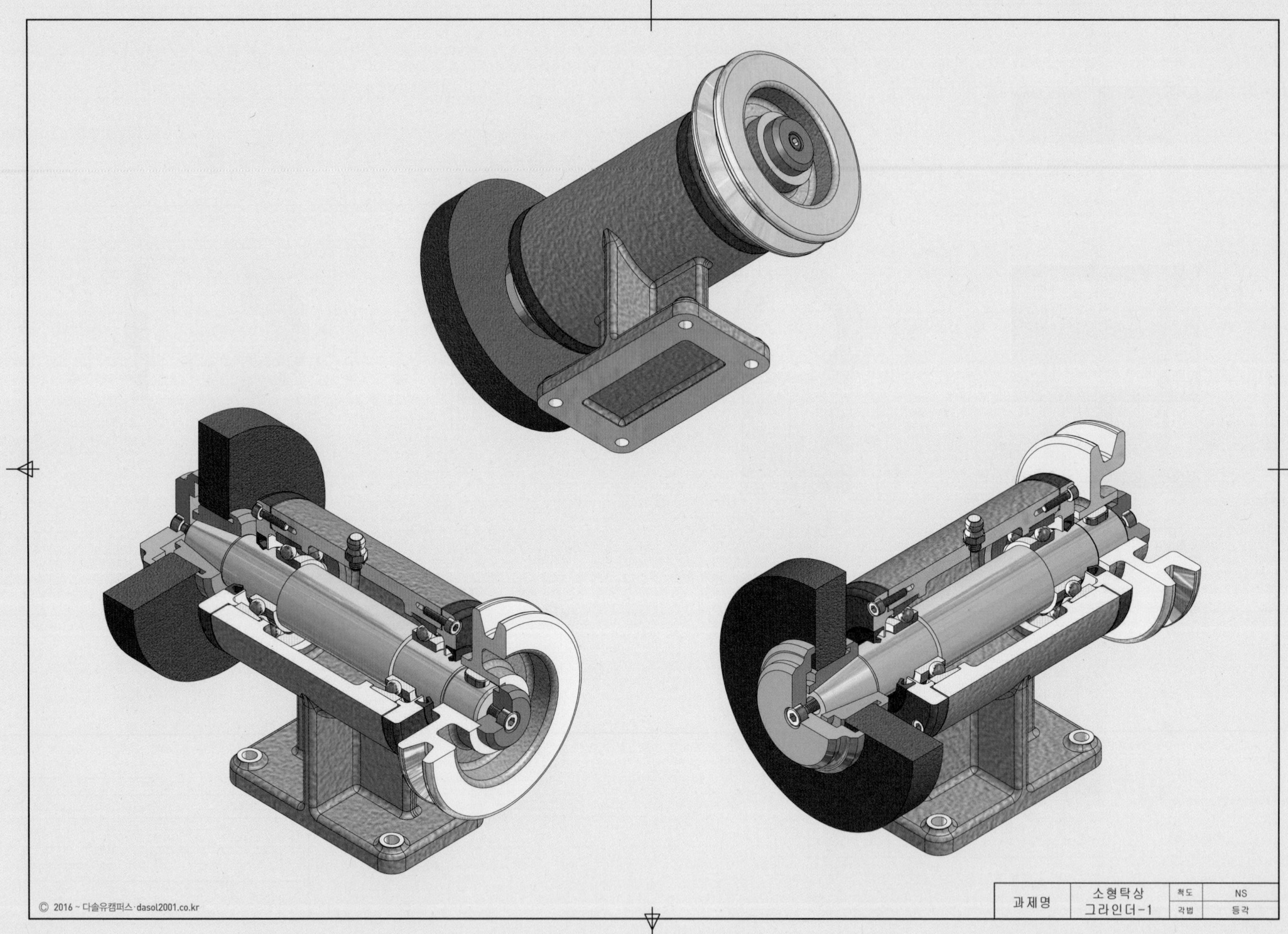
© 2016 ~ 다솔유캠퍼스·dasol2001.co.kr
과제명
소형탁상
그라인더-1
척도
NS
각법
등각

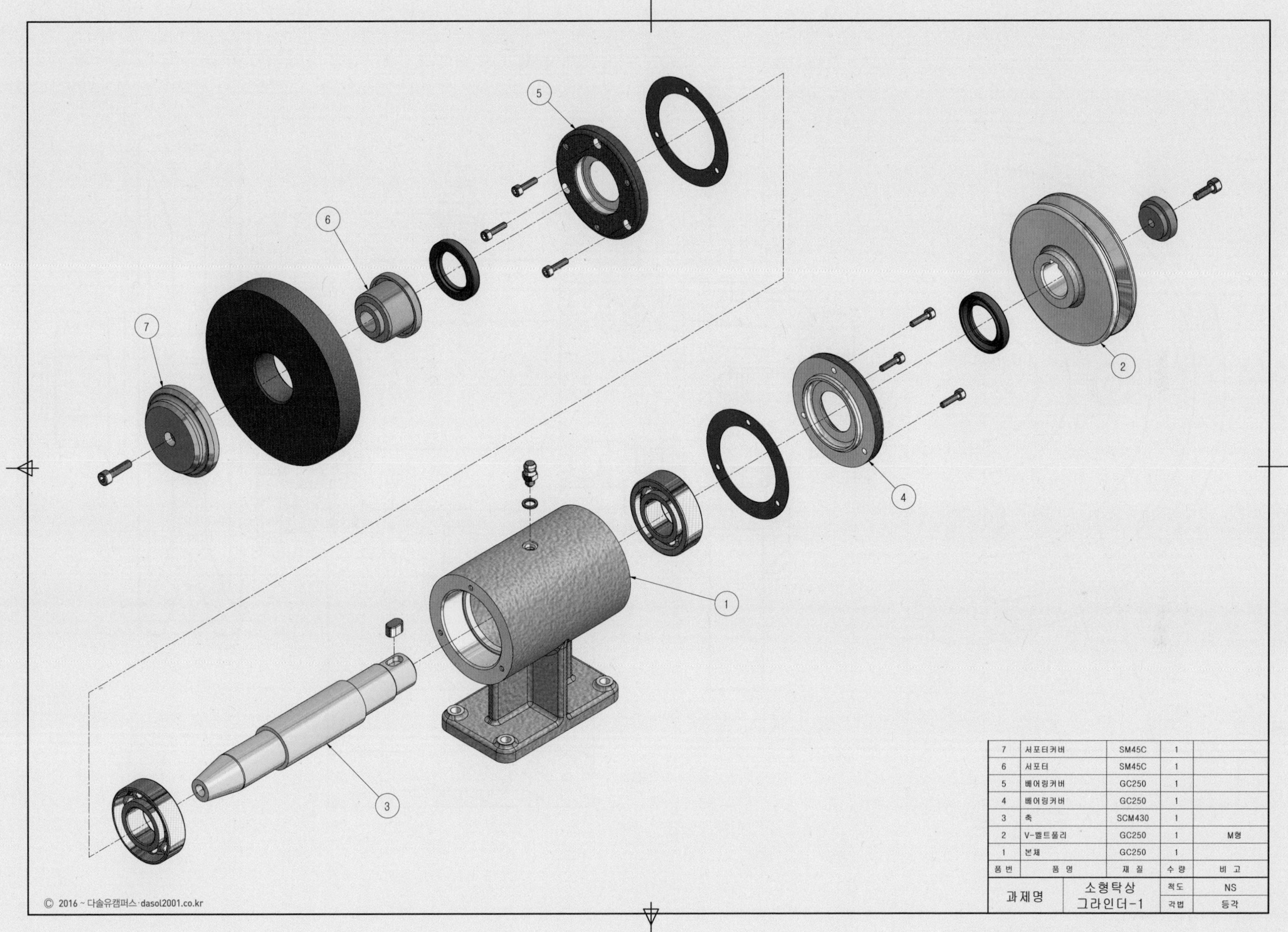


| 7 | 서포터커버 | SM45C | 1 | |
|---|---|---|---|---|
| 6 | 서포터 | SM45C | 1 | |
| 5 | 베어링커버 | GC250 | 1 | |
| 4 | 베어링커버 | GC250 | 1 | |
| 3 | 축 | SCM430 | 1 | |
| 2 | V-벨트풀리 | GC250 | 1 | M형 |
| 1 | 본체 | GC250 | 1 | |
| 품번 | 품 명 | 재 질 | 수 량 | 비 고 |
| 과제명 | 소형탁상 그라인더-1 | | 척도 | NS |
| | | | 각법 | 등각 |

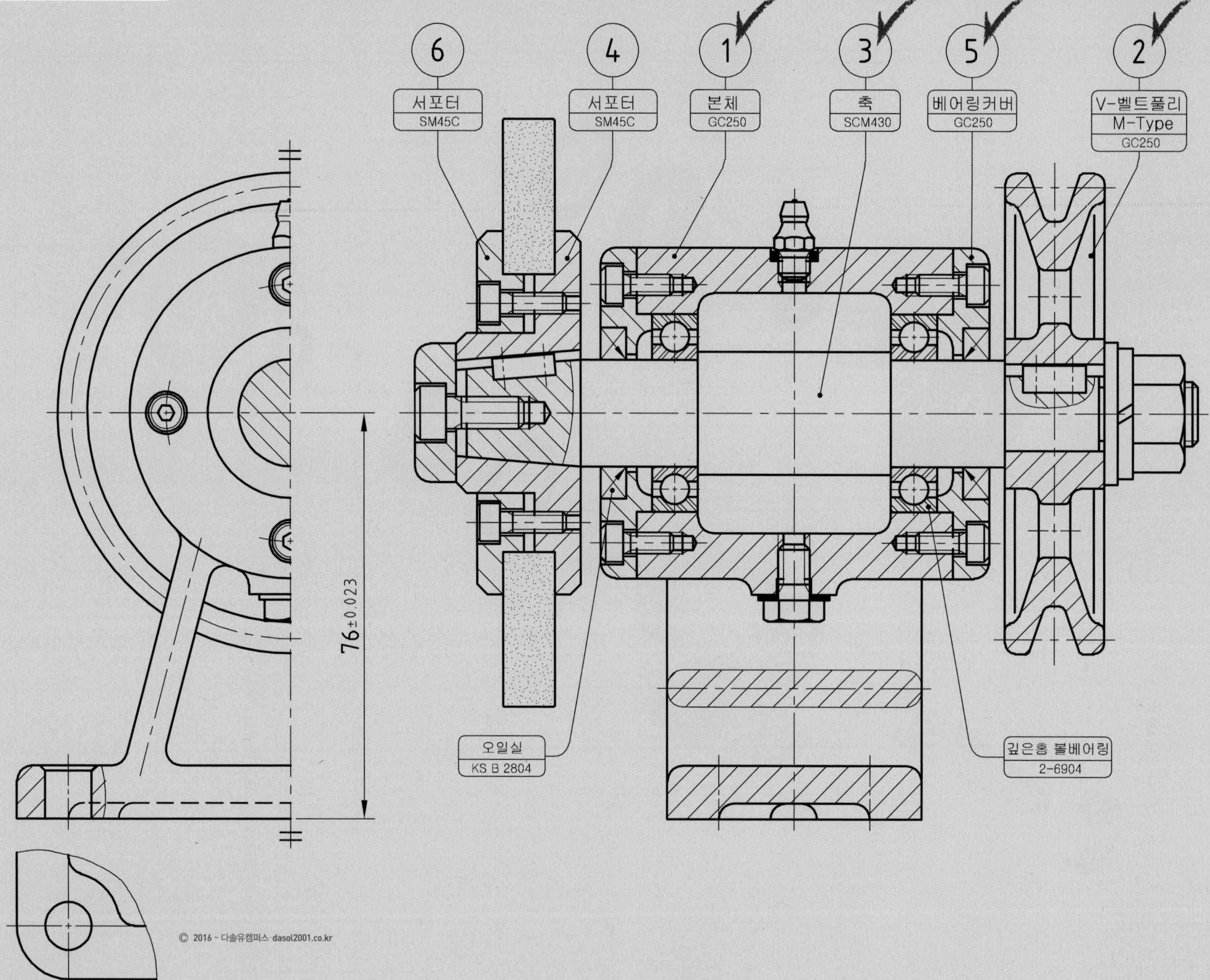
6
서포터
SM45C
4
서포터
SM45C
1
본체
GC250
3
축
SCM430
5
베어링커버
GC250
2
V-벨트풀리
M-Type
GC250
76±0.023
오일실
KS B 2804
깊은홈 볼베어링
2-6904

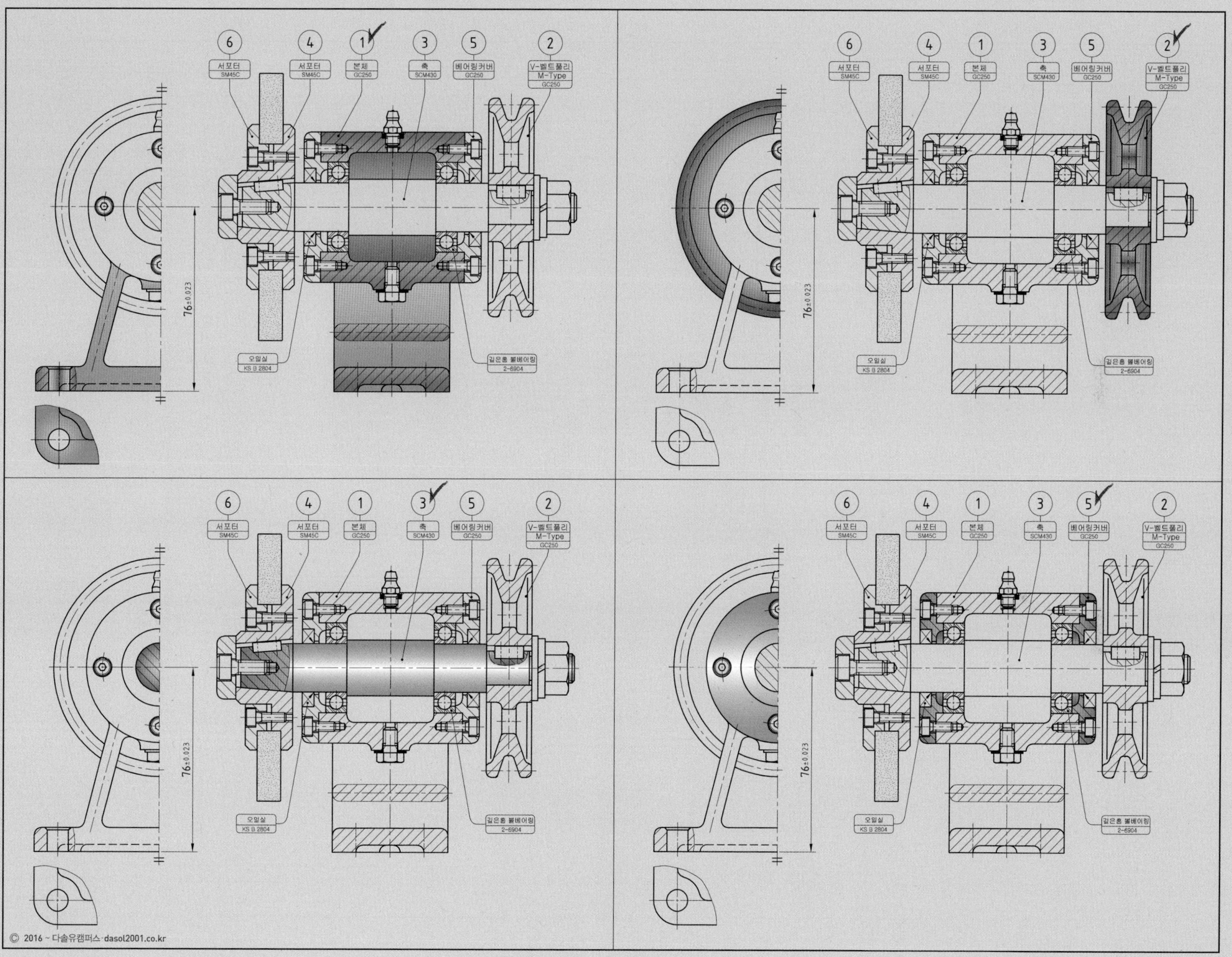
6
서포터
SM45C
4
서포터
SM45C
1
본체
GC250
3
축
SCM430
5
베어링커버
GC250
2
V-벨트풀리
M-Type
GC250
76±0.023
오일실
KS B 2804
깊은홈 볼베어링
2-6904

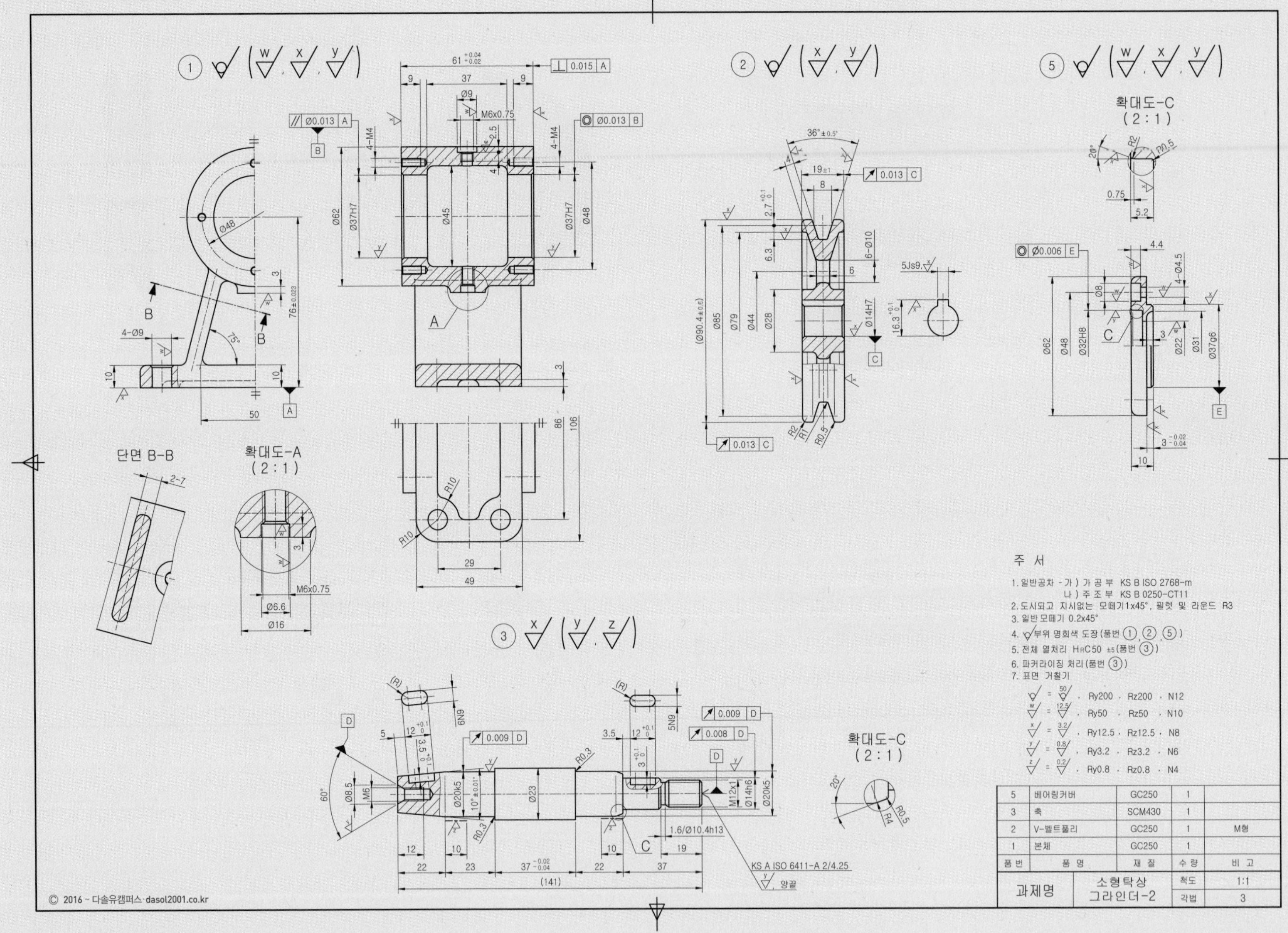
단면 B-B
확대도-A
(2 : 1)
확대도-C
(2 : 1)
주 서
1. 일반공차 - 가 ) 가 공 부 KS B ISO 2768-m
나 ) 주 조 부 KS B 0250-CT11
2. 도시되고 지시없는 모떼기1x45°, 필렛 및 라운드 R3
3. 일반 모떼기 0.2x45°
4. 부위 명회색 도장(품번 ①, ②, ⑤)
5. 전체 열처리 HRC50 ±5(품번 ③)
6. 파커라이징 처리(품번 ③)
7. 표면 거칠기
= 50/, Ry200 , Rz200 , N12
w = 12.5/, Ry50 , Rz50 , N10
x = 3.2/, Ry12.5 , Rz12.5 , N8
y = 0.8/, Ry3.2 , Rz3.2 , N6
z = 0.2/, Ry0.8 , Rz0.8 , N4
5 베어링커버 GC250 1
3 축 SCM430 1
2 V-벨트풀리 GC250 1 M형
1 본체 GC250 1
품번 품 명 재 질 수 량 비 고
과제명 소형탁상 그라인더-2 척도 1:1 각법 3
KS A ISO 6411-A 2/4.25
양끝

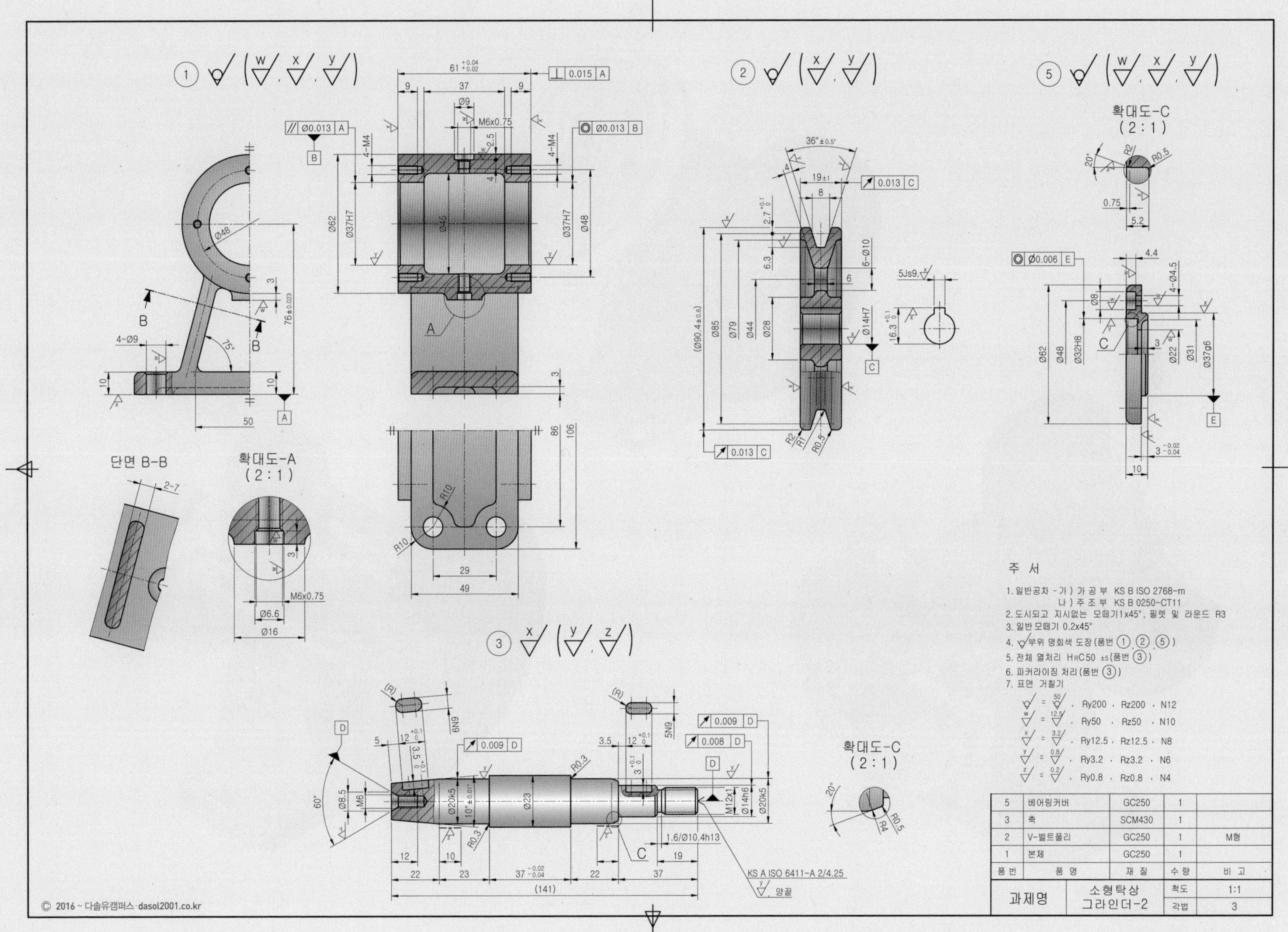


| 5 | 베어링커버 | GC250 | 1 | |
|---|---|---|---|---|
| 3 | 축 | SCM430 | 1 | |
| 2 | V-벨트풀리 | GC250 | 1 | M형 |
| 1 | 본체 | GC250 | 1 | |
| 품 번 | 품 명 | 재 질 | 수 량 | 비 고 |

| 과제명 | 소형탁상 그라인더-2 | 척도 | 1:1 |
|---|---|---|---|
| | | 각법 | 3 |

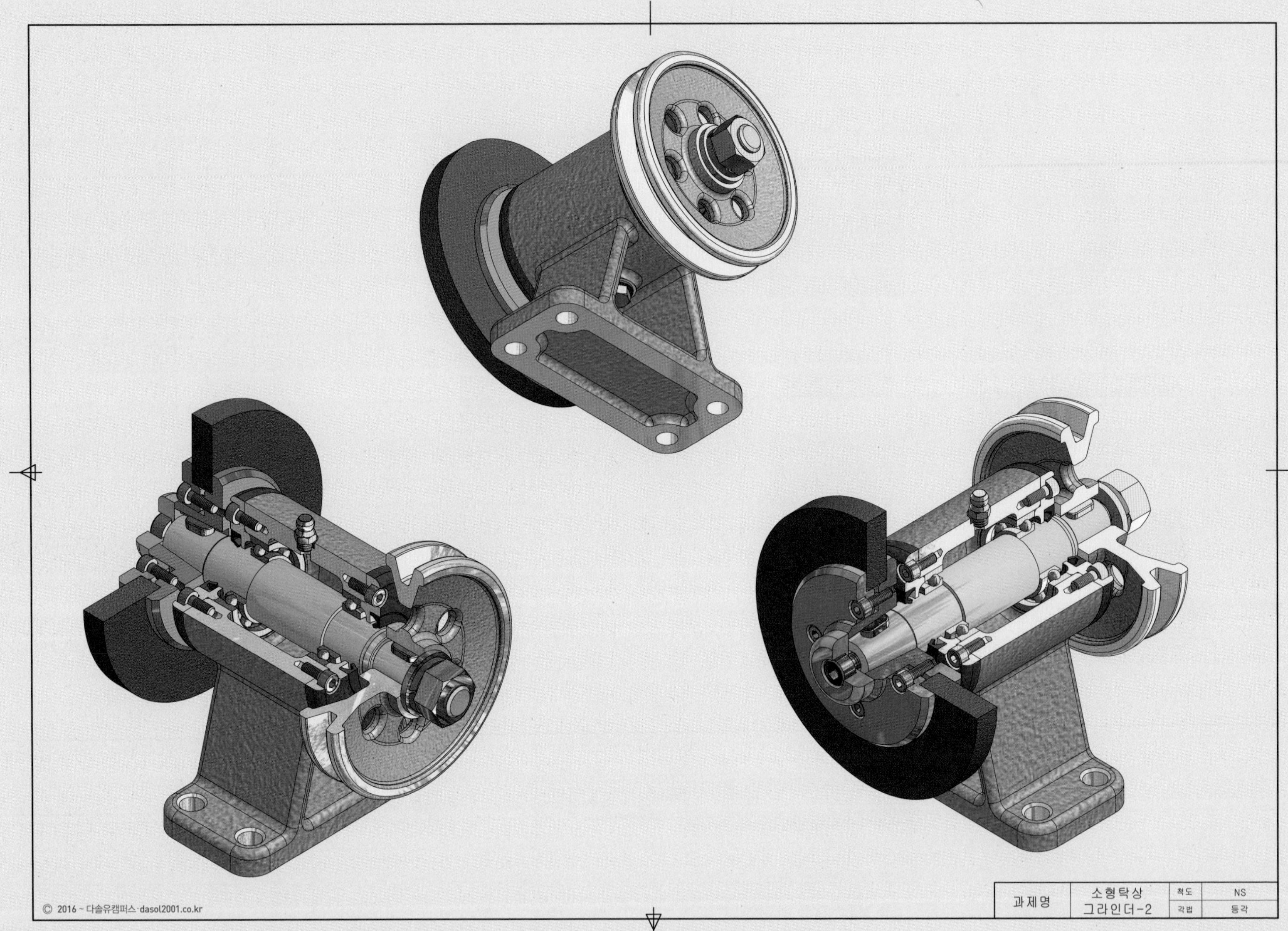
과제명
소형탁상
그라인더-2
척도
NS
각법
등각

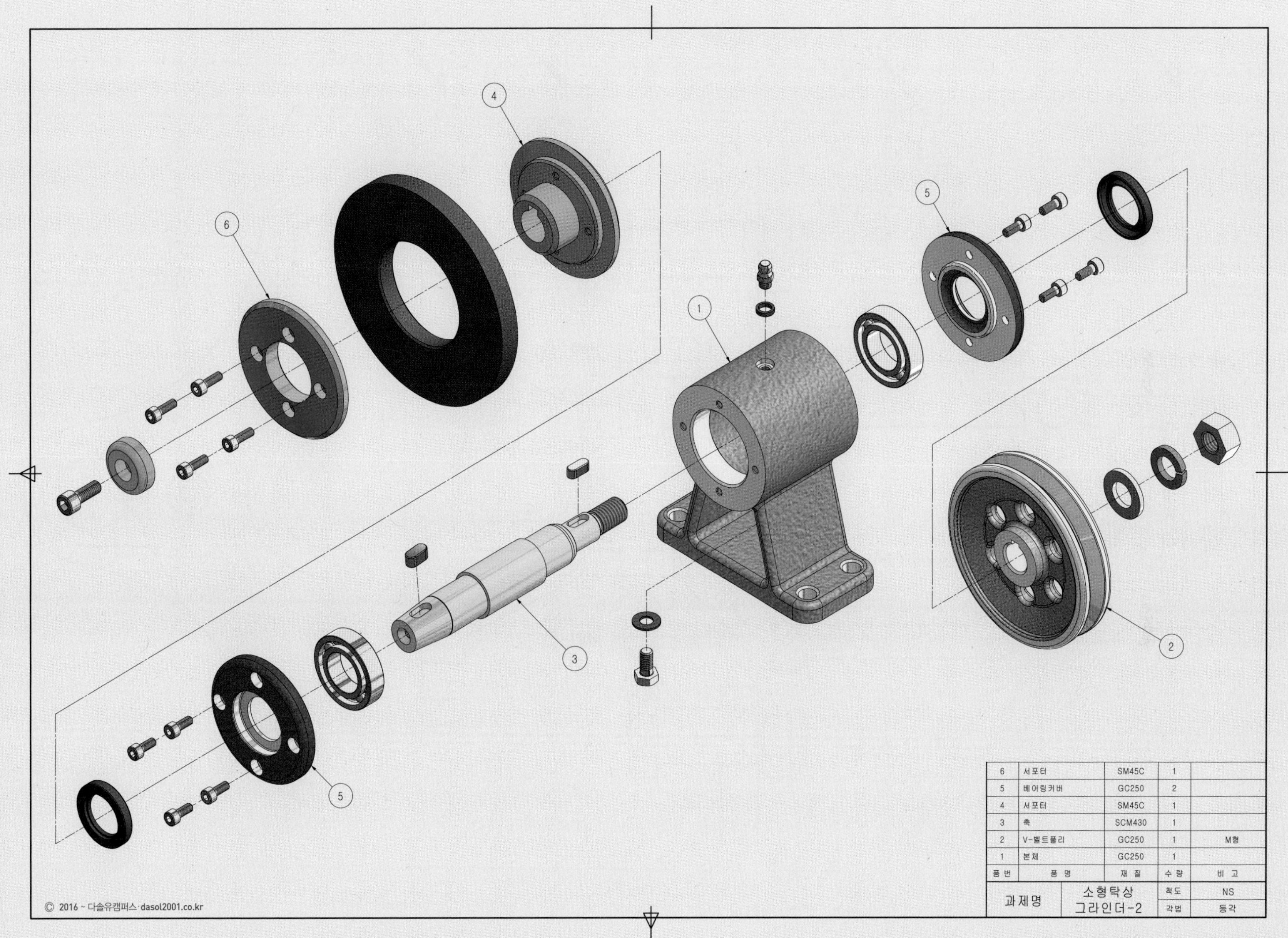


| 6 | 서포터 | SM45C | 1 | |
|---|---|---|---|---|
| 5 | 베어링커버 | GC250 | 2 | |
| 4 | 서포터 | SM45C | 1 | |
| 3 | 축 | SCM430 | 1 | |
| 2 | V-벨트풀리 | GC250 | 1 | M형 |
| 1 | 본체 | GC250 | 1 | |
| 품번 | 품 명 | 재 질 | 수 량 | 비 고 |
| 과제명 | 소형탁상 그라인더-2 | | 척도 | NS |
| | | | 각법 | 등각 |

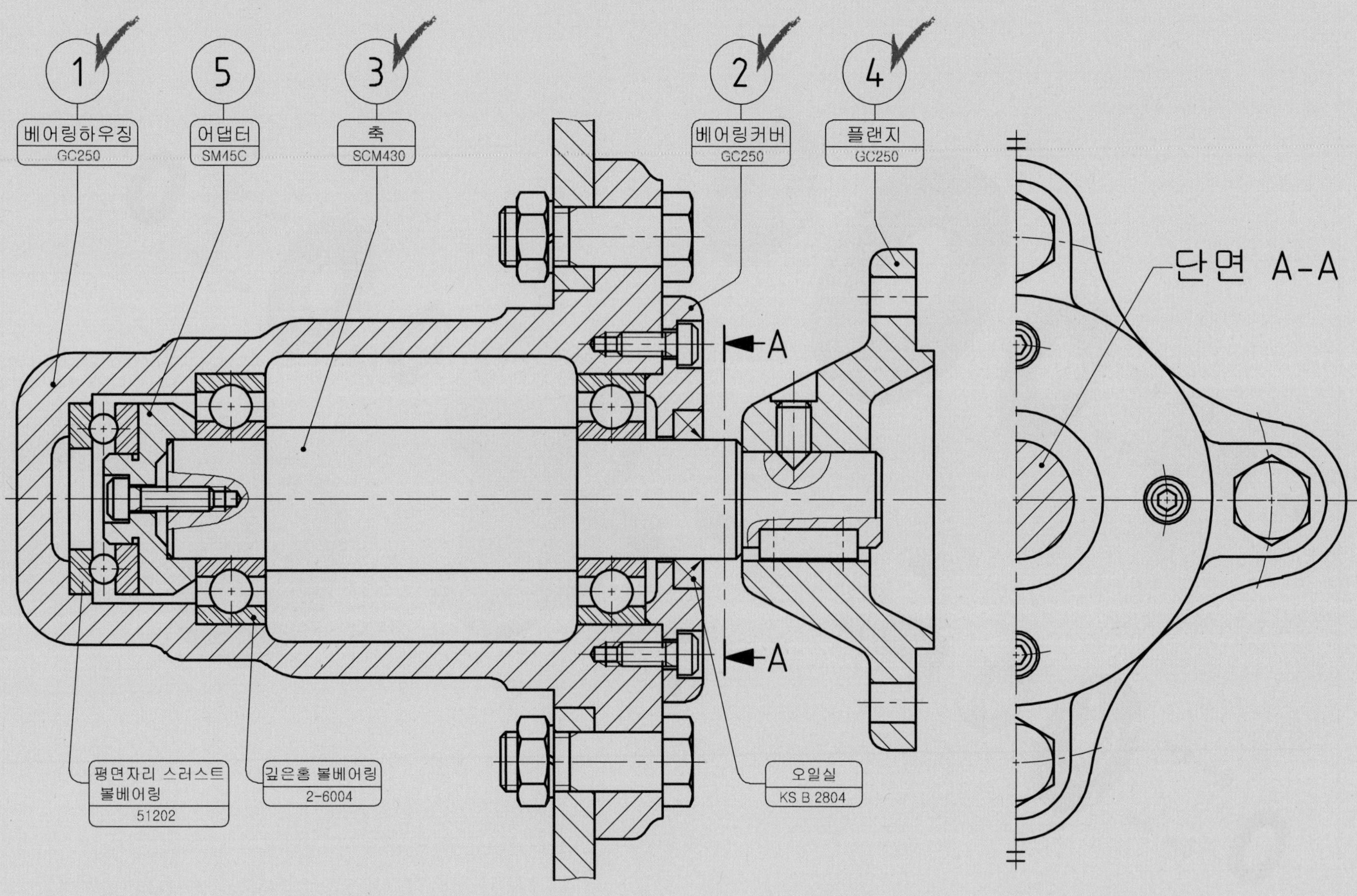
1
5
3
2
4
베어링하우징
GC250
어댑터
SM45C
축
SCM430
베어링커버
GC250
플랜지
GC250
A
A
단면 A-A
평면자리 스러스트 볼베어링
51202
깊은홈 볼베어링
2-6004
오일실
KS B 2804

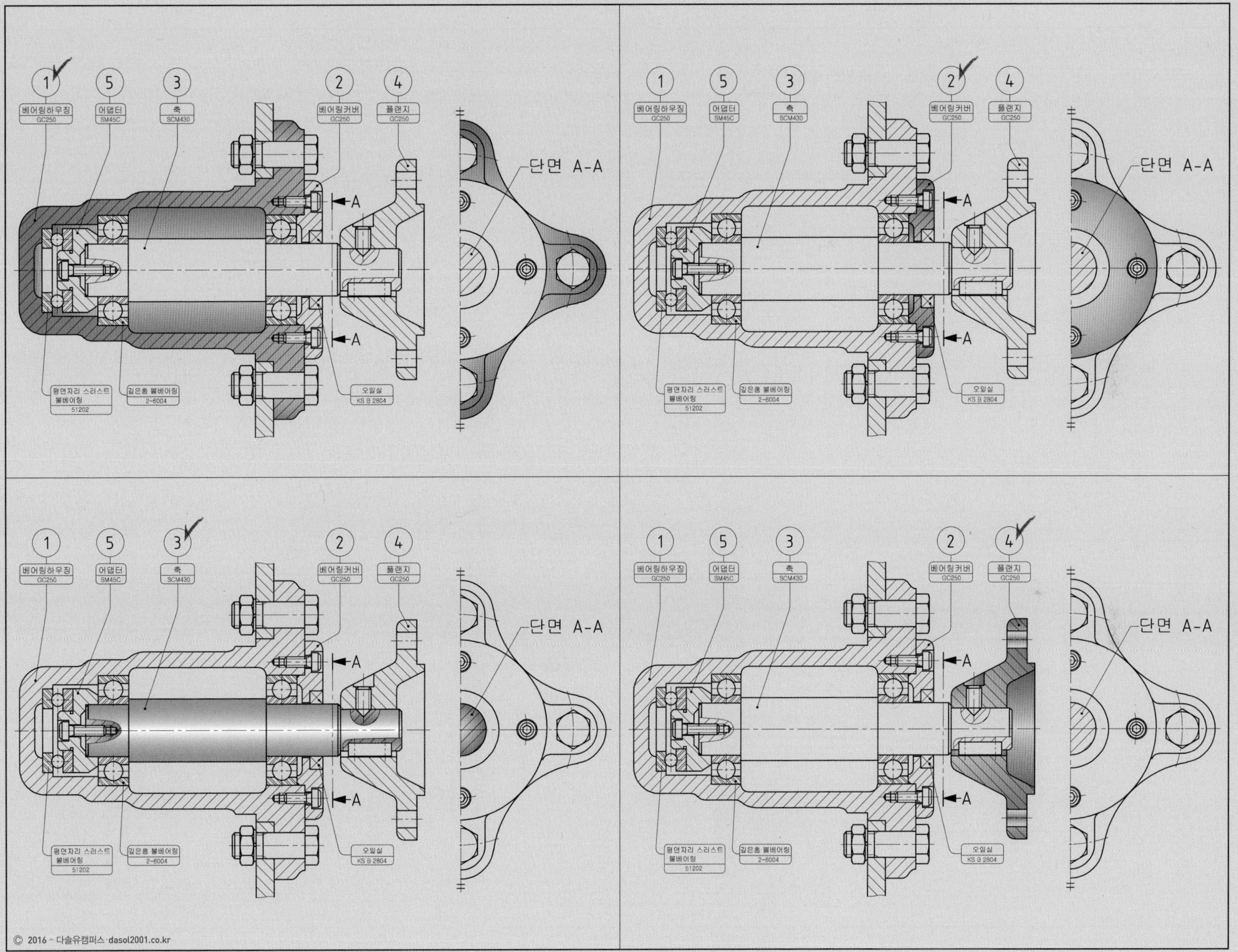

1 베어링하우징 GC250
5 어댑터 SM45C
3 축 SCM430
2 베어링커버 GC250
4 플랜지 GC250
단면 A-A
평면자리 스러스트 볼베어링 51202
깊은홈 볼베어링 2-6004
오일실 KS B 2804

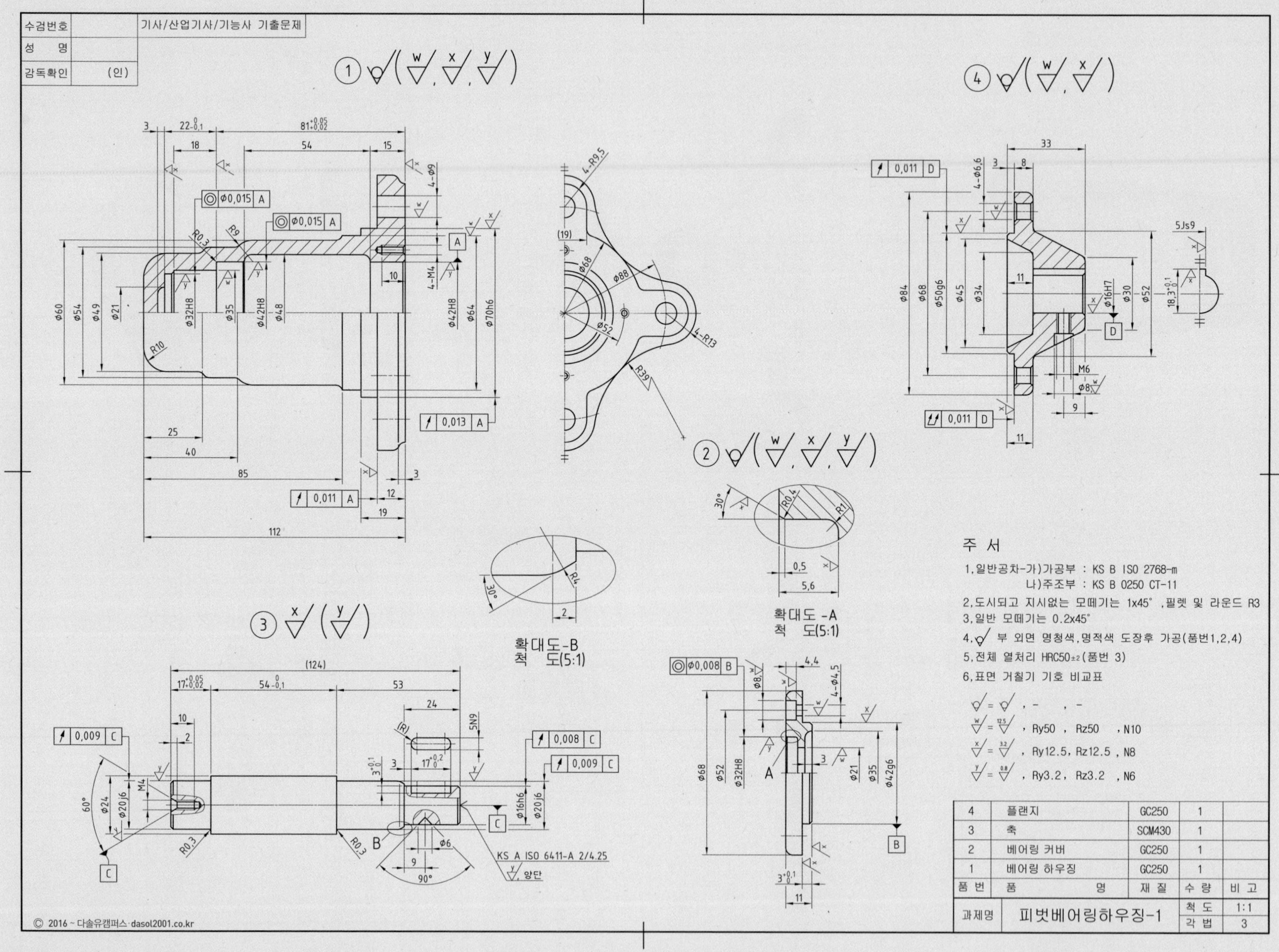

수검번호
성 명
감독확인 (인)
기사/산업기사/기능사 기출문제
확대도-B
척 도(5:1)
확대도 -A
척 도(5:1)
KS A ISO 6411-A 2/4.25
양단
주 서
1.일반공차-가)가공부 : KS B ISO 2768-m
나)주조부 : KS B 0250 CT-11
2.도시되고 지시없는 모떼기는 1x45°,필렛 및 라운드 R3
3.일반 모떼기는 0.2x45°
4. 부 외면 명청색,명적색 도장후 가공(품번1,2,4)
5.전체 열처리 HRC50±2(품번 3)
6.표면 거칠기 기호 비교표
, Ry50 , Rz50 , N10
, Ry12.5, Rz12.5 , N8
, Ry3.2 , Rz3.2 , N6
4 플랜지 GC250 1
3 축 SCM430 1
2 베어링 커버 GC250 1
1 베어링 하우징 GC250 1
품번 품 명 재질 수량 비고
과제명 피벗베어링하우징-1 척도 1:1 각법 3
© 2016 ~ 다솔유캠퍼스·dasol2001.co.kr

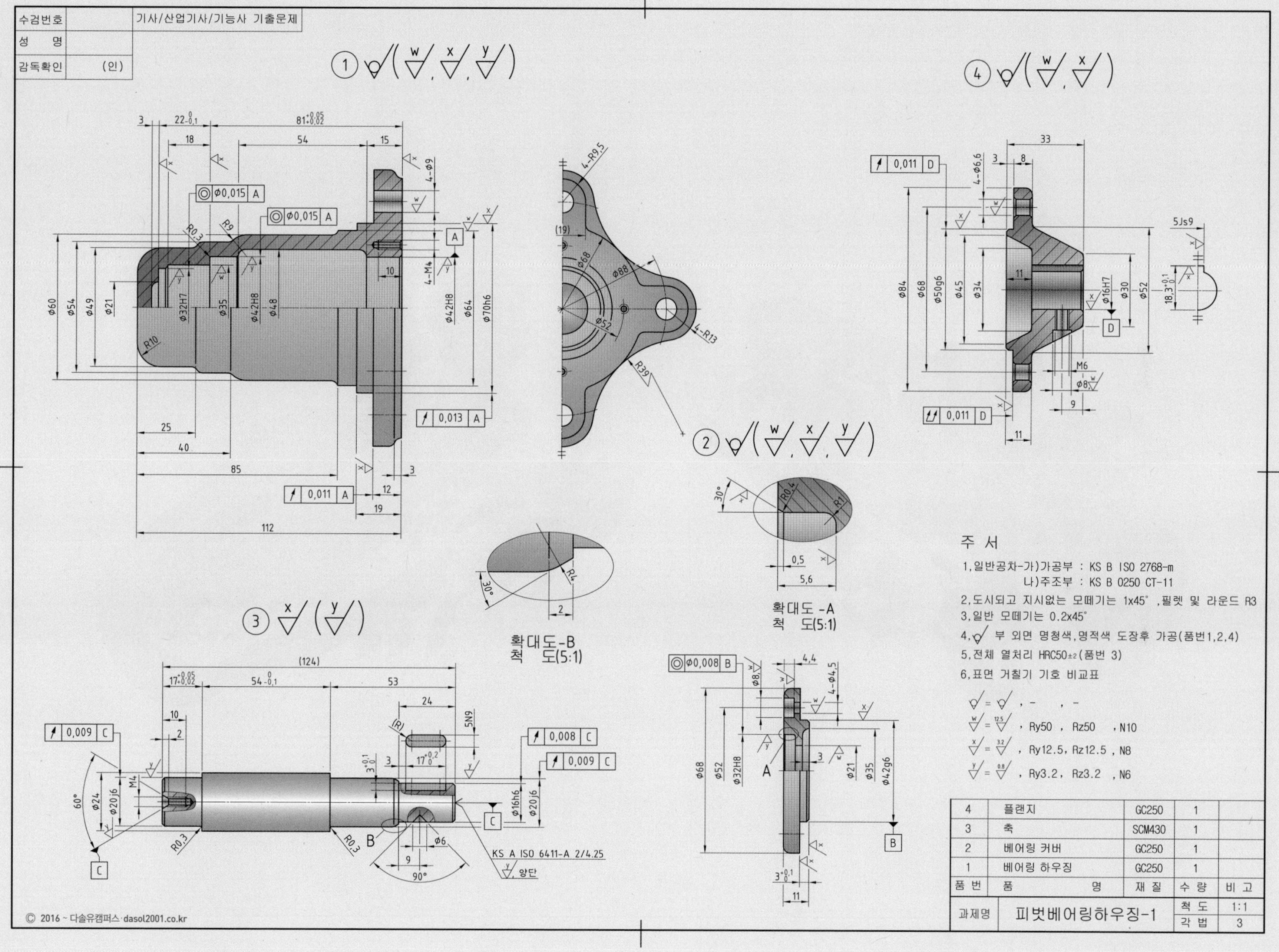
수검번호
기사/산업기사/기능사 기출문제
성 명
감독확인 (인)
① 
② 
③ 
④ 
확대도-B
척 도(5:1)
확대도 -A
척 도(5:1)
KS A ISO 6411-A 2/4.25
양단
주 서
1.일반공차-가)가공부 : KS B ISO 2768-m
나)주조부 : KS B 0250 CT-11
2.도시되고 지시없는 모떼기는 1x45°, 필렛 및 라운드 R3
3.일반 모떼기는 0.2x45°
4. 부 외면 명청색, 명적색 도장후 가공(품번1,2,4)
5.전체 열처리 HRC50±2(품번 3)
6.표면 거칠기 기호 비교표
, Ry50 , Rz50 , N10
, Ry12.5 , Rz12.5 , N8
, Ry3.2 , Rz3.2 , N6
4 플랜지 GC250 1
3 축 SCM430 1
2 베어링 커버 GC250 1
1 베어링 하우징 GC250 1
품 번 품 명 재 질 수 량 비 고
과제명 피벗베어링하우징-1
척 도 1:1
각 법 3
© 2016 ~ 다솔유캠퍼스 dasol2001.co.kr

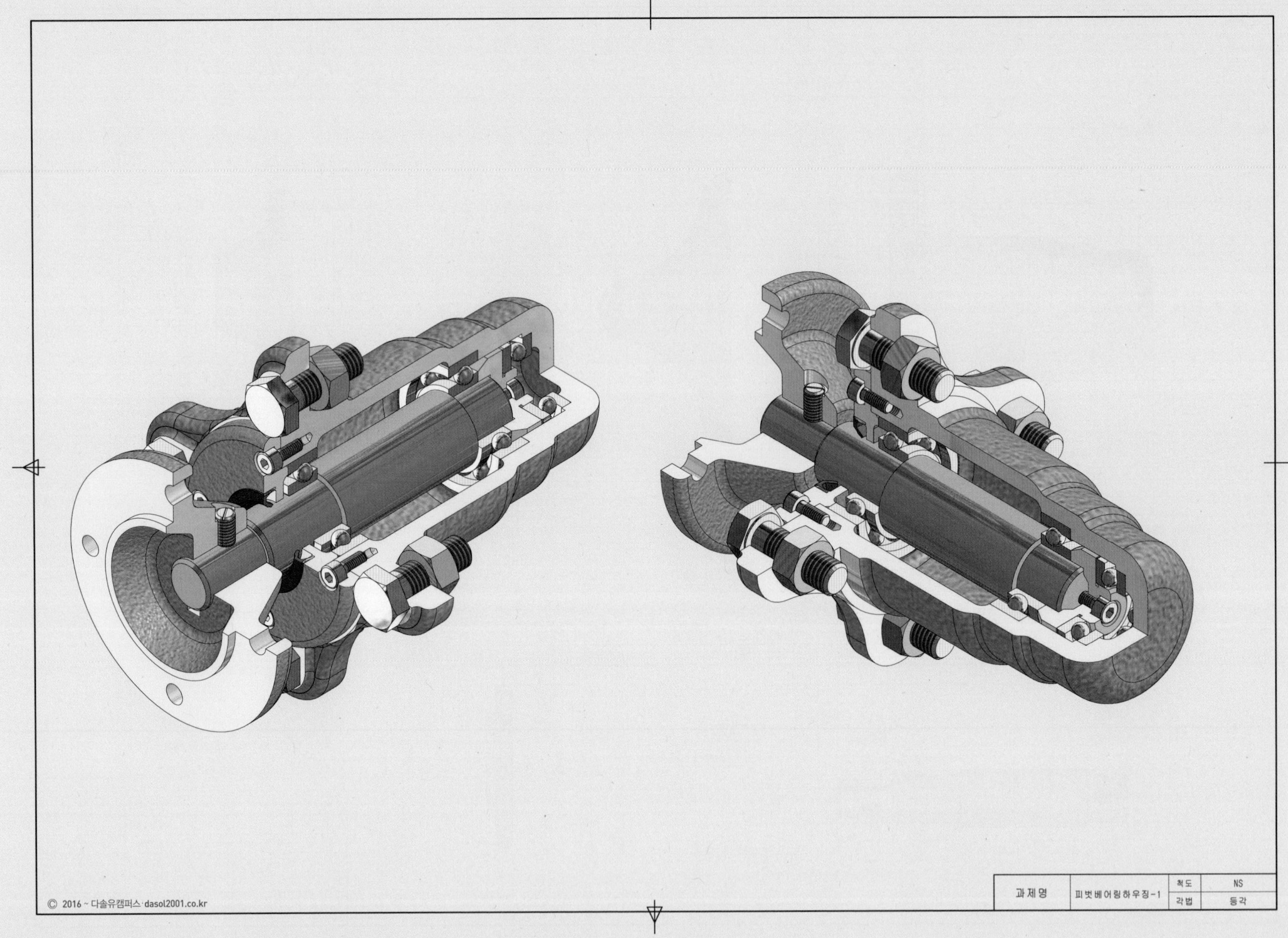
과제명
피벗베어링하우징-1
척도
NS
각법
등각
© 2016 ~ 다솔유캠퍼스 dasol2001.co.kr

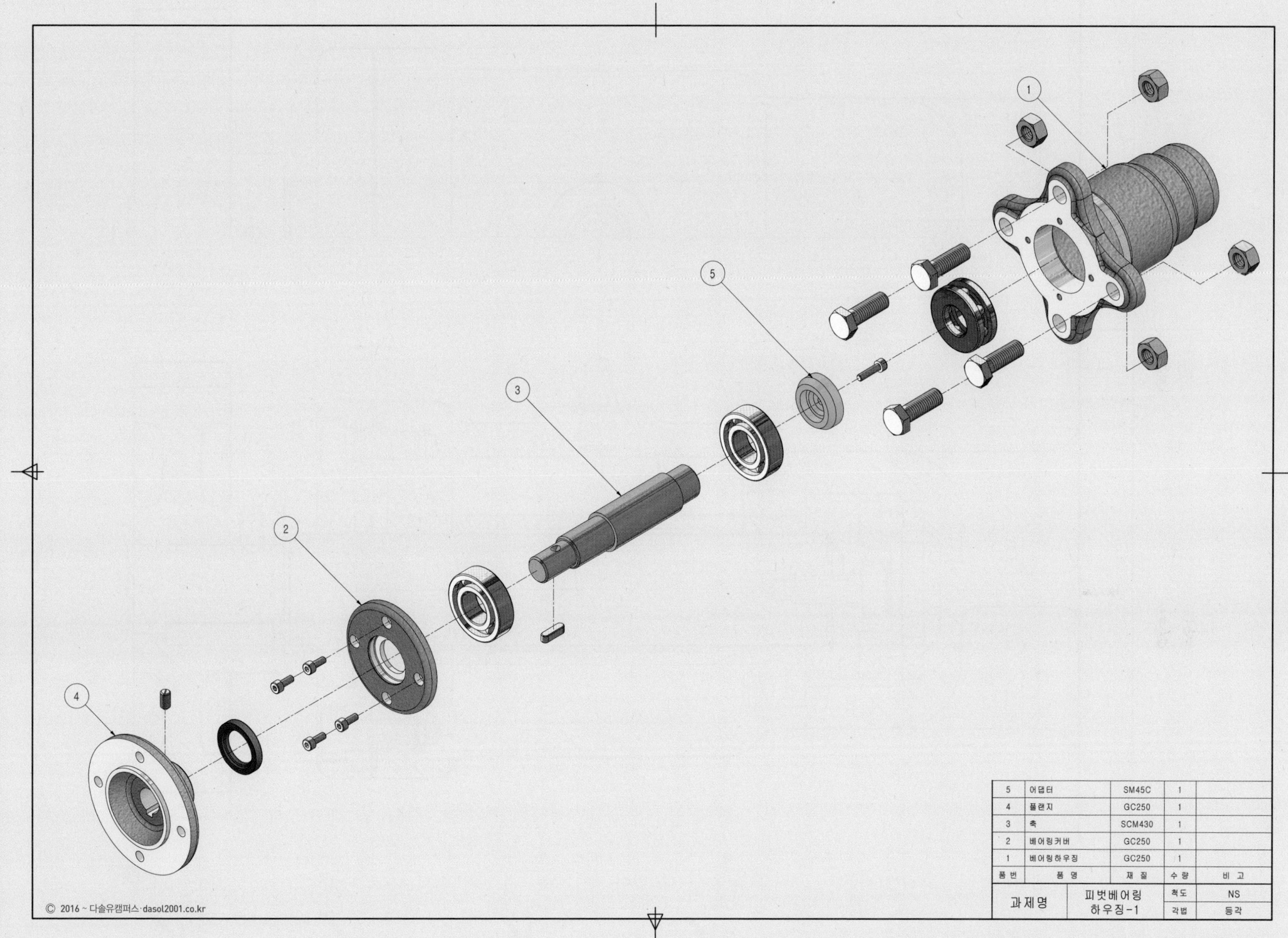


| 5 | 어댑터 | SM45C | 1 | |
|---|---|---|---|---|
| 4 | 플랜지 | GC250 | 1 | |
| 3 | 축 | SCM430 | 1 | |
| 2 | 베어링커버 | GC250 | 1 | |
| 1 | 베어링하우징 | GC250 | 1 | |
| 품번 | 품명 | 재질 | 수량 | 비고 |
| 과제명 | 피벗베어링 하우징-1 | | 척도 | NS |
| | | | 각법 | 등각 |

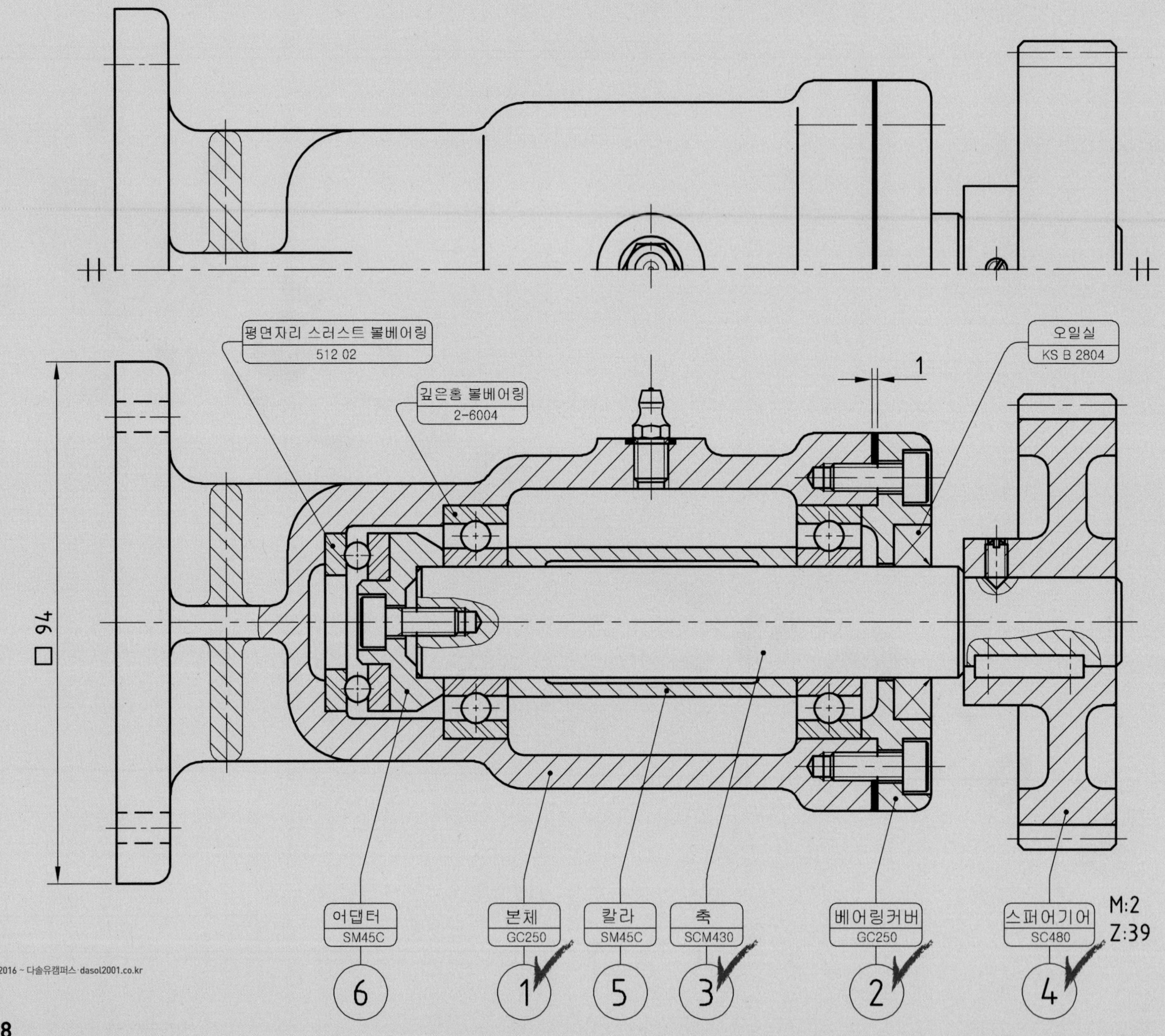
평면자리 스러스트 볼베어링
512 02
깊은홈 볼베어링
2-6004
오일실
KS B 2804
1
□ 94
어댑터
SM45C
본체
GC250
칼라
SM45C
축
SCM430
베어링커버
GC250
스퍼어기어
SC480
M:2
Z:39
6
1
5
3
2
4

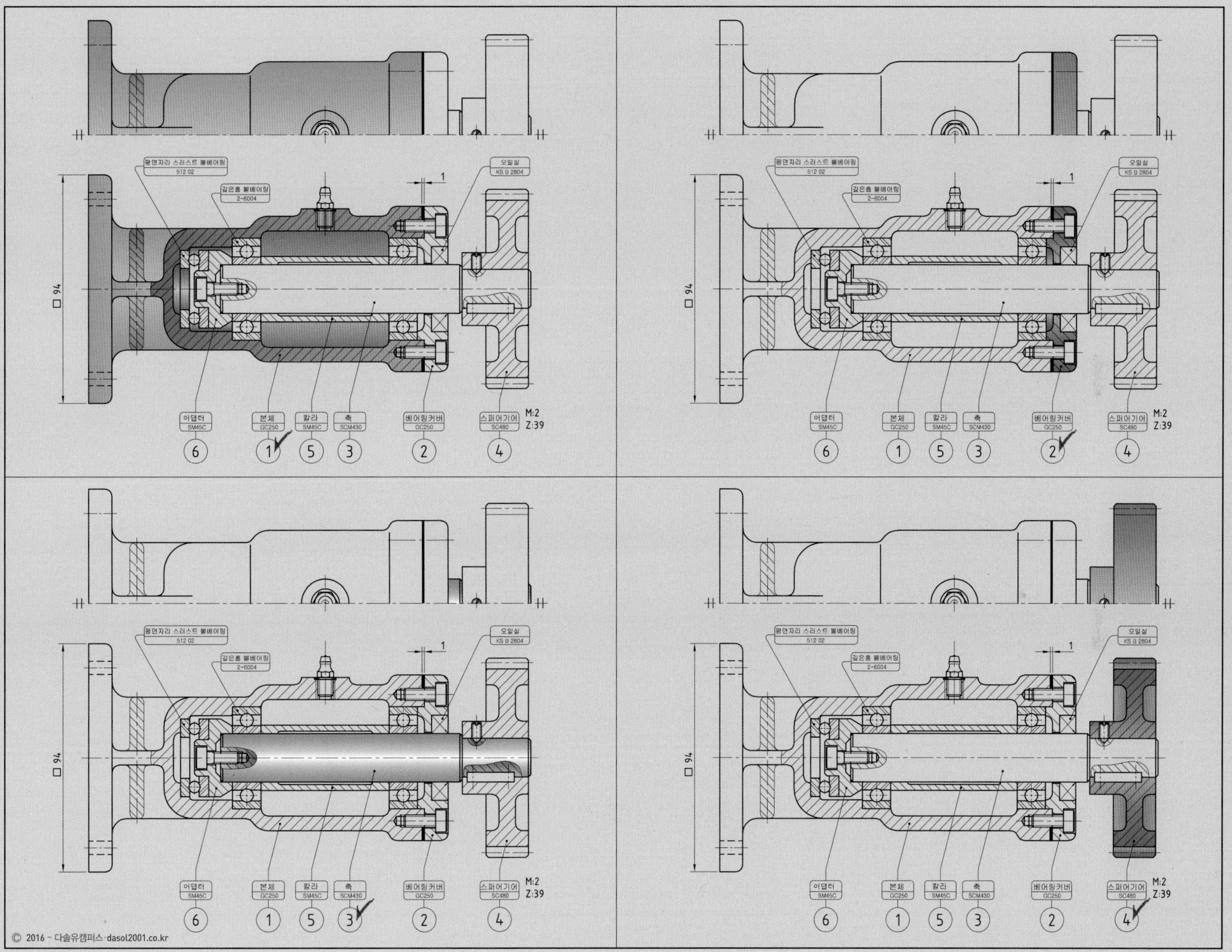
평면자리 스러스트 볼베어링
512 02
깊은홈 볼베어링
2-6004
오일실
KS B 2804
□ 94
어댑터
SM45C
본체
GC250
칼라
SM45C
축
SCM430
베어링커버
GC250
스퍼어기어
SC480
M:2
Z:39
6
1
5
3
2
4

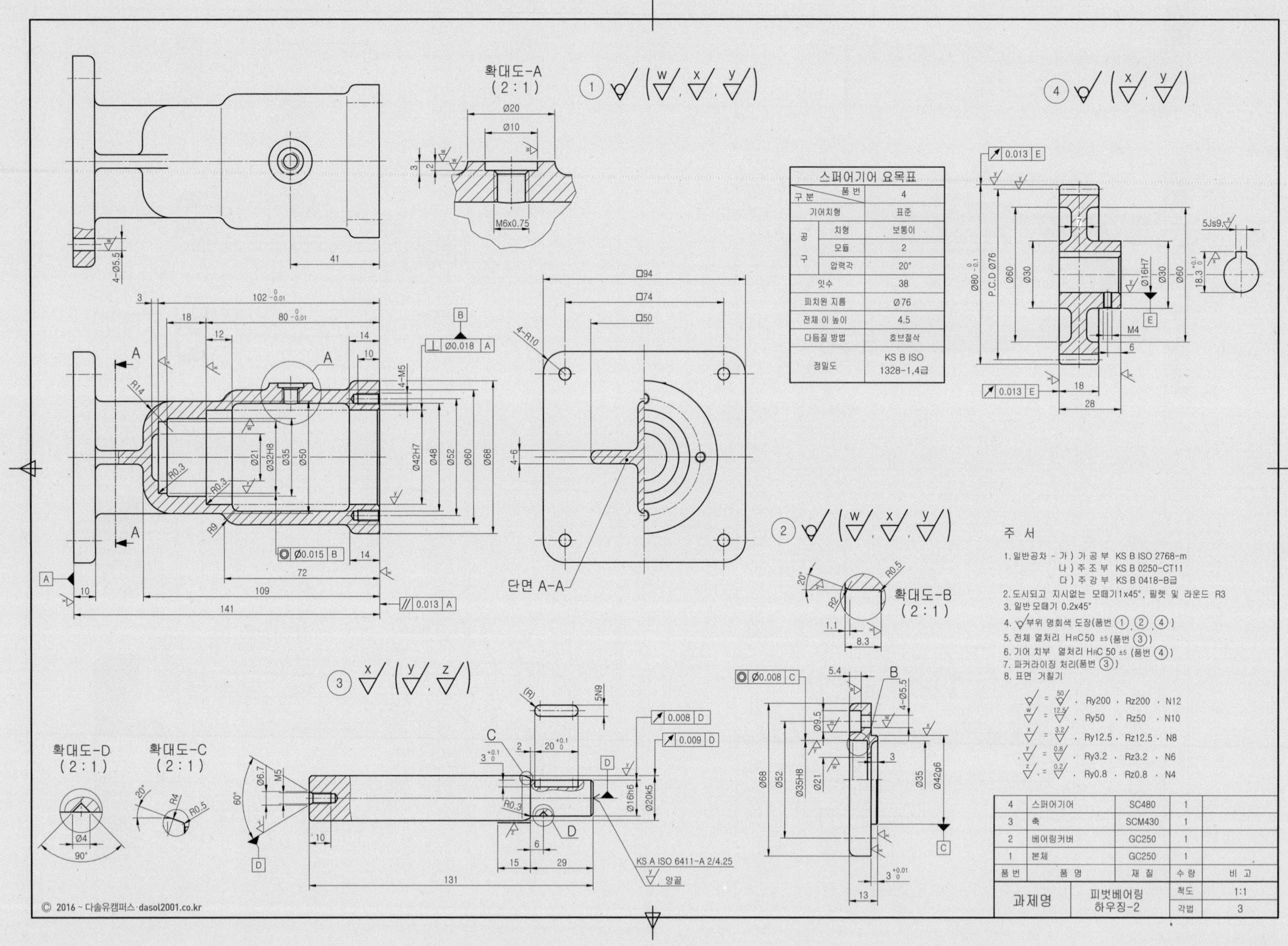


**스퍼어기어 요목표**

| 구분 \ 품번 | | 4 |
|---|---|---|
| 기어치형 | | 표준 |
| 공구 | 치형 | 보통이 |
| | 모듈 | 2 |
| | 압력각 | 20° |
| 잇수 | | 38 |
| 피치원 지름 | | Ø76 |
| 전체 이 높이 | | 4.5 |
| 다듬질 방법 | | 호브절삭 |
| 정밀도 | | KS B ISO 1328-1,4급 |

**주 서**

1. 일반공차 - 가) 가 공 부 KS B ISO 2768-m
   나) 주 조 부 KS B 0250-CT11
   다) 주 강 부 KS B 0418-B급
2. 도시되고 지시없는 모떼기1x45°, 필렛 및 라운드 R3
3. 일반 모떼기 0.2x45°
4. 부위 명회색 도장(품번 ①, ②, ④)
5. 전체 열처리 HRC50 ±5(품번 ③)
6. 기어 치부 열처리 HRC 50 ±5 (품번 ④)
7. 파커라이징 처리(품번 ③)
8. 표면 거칠기
   = 50/, Ry200, Rz200, N12
   w = 12.5/, Ry50, Rz50, N10
   x = 3.2/, Ry12.5, Rz12.5, N8
   y = 0.8/, Ry3.2, Rz3.2, N6
   z = 0.2/, Ry0.8, Rz0.8, N4

| 품번 | 품명 | 재질 | 수량 | 비고 |
|---|---|---|---|---|
| 4 | 스퍼어기어 | SC480 | 1 | |
| 3 | 축 | SCM430 | 1 | |
| 2 | 베어링커버 | GC250 | 1 | |
| 1 | 본체 | GC250 | 1 | |

| 과제명 | 피벗베어링 하우징-2 | 척도 | 1:1 |
|---|---|---|---|
| | | 각법 | 3 |

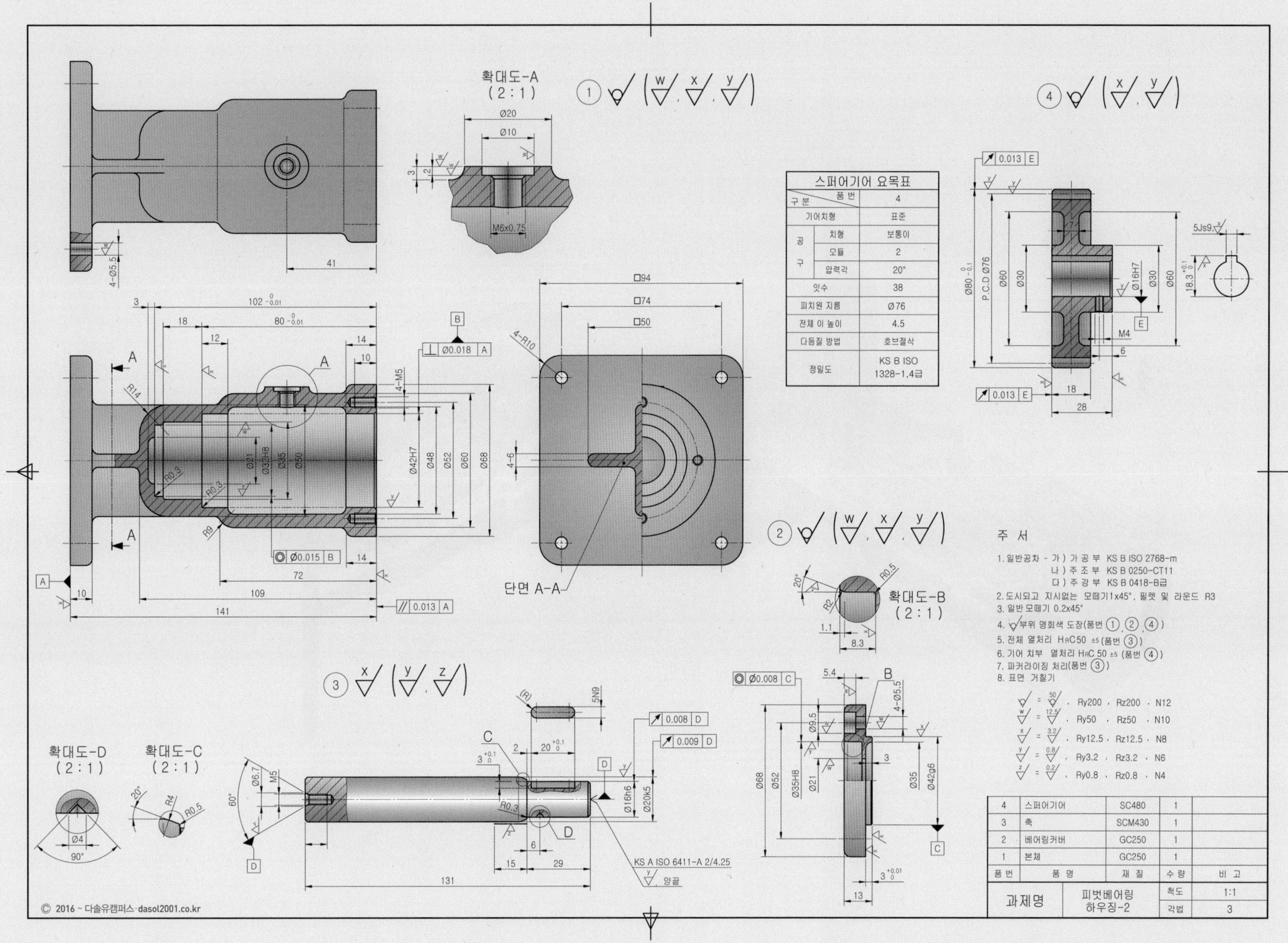


스퍼어기어 요목표

| 구분 | 품번 | 4 |
|---|---|---|
| 기어치형 | | 표준 |
| 공구 | 치형 | 보통이 |
| | 모듈 | 2 |
| | 압력각 | 20° |
| 잇수 | | 38 |
| 피치원 지름 | | Ø76 |
| 전체 이 높이 | | 4.5 |
| 다듬질 방법 | | 호브절삭 |
| 정밀도 | | KS B ISO 1328-1,4급 |

| 품번 | 품명 | 재질 | 수량 | 비고 |
|---|---|---|---|---|
| 4 | 스퍼어기어 | SC480 | 1 | |
| 3 | 축 | SCM430 | 1 | |
| 2 | 베어링커버 | GC250 | 1 | |
| 1 | 본체 | GC250 | 1 | |
| 과제명 | 피벗베어링 하우징-2 | 척도 | 1:1 | |
| | | 각법 | 3 | |

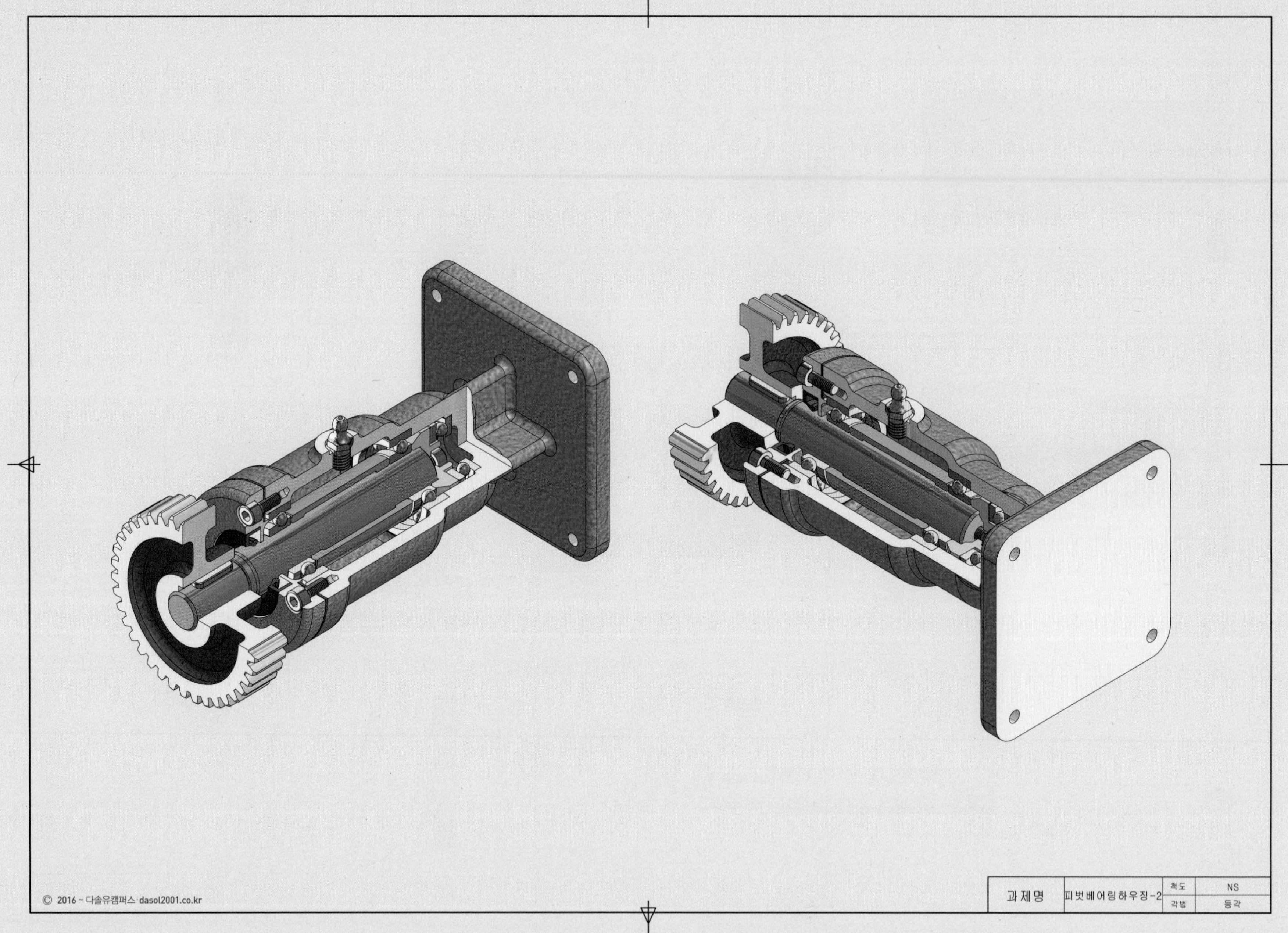
© 2016 ~ 다솔유캠퍼스 dasol2001.co.kr
과제명
피벗베어링하우징-2
척도
NS
각법
등각

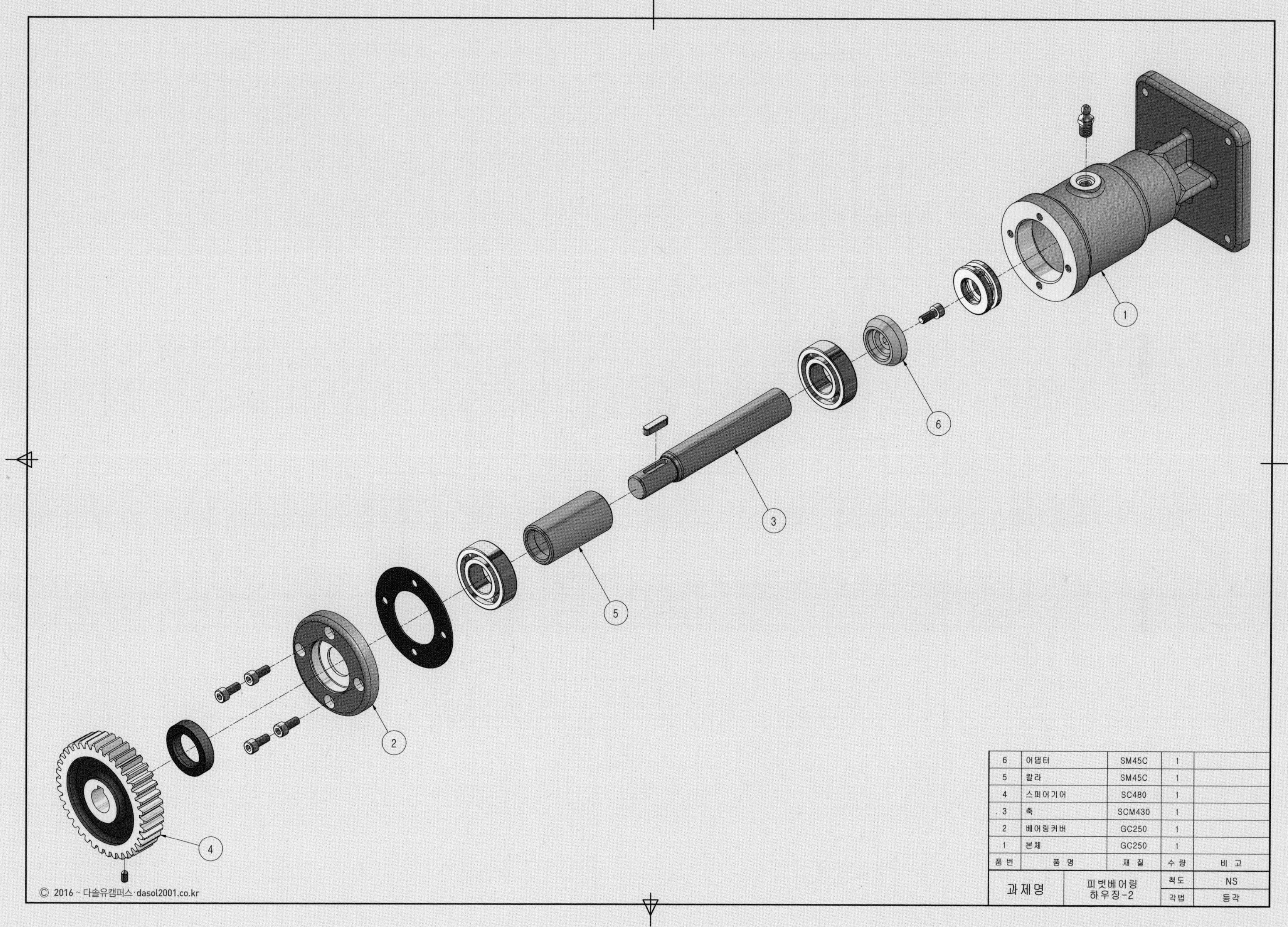


| 6 | 어댑터 | SM45C | 1 | |
|---|---|---|---|---|
| 5 | 칼라 | SM45C | 1 | |
| 4 | 스퍼어기어 | SC480 | 1 | |
| 3 | 축 | SCM430 | 1 | |
| 2 | 베어링커버 | GC250 | 1 | |
| 1 | 본체 | GC250 | 1 | |
| 품번 | 품 명 | 재 질 | 수 량 | 비 고 |
| 과제명 | 피벗베어링 하우징-2 | | 척도 | NS |
| | | | 각법 | 등각 |

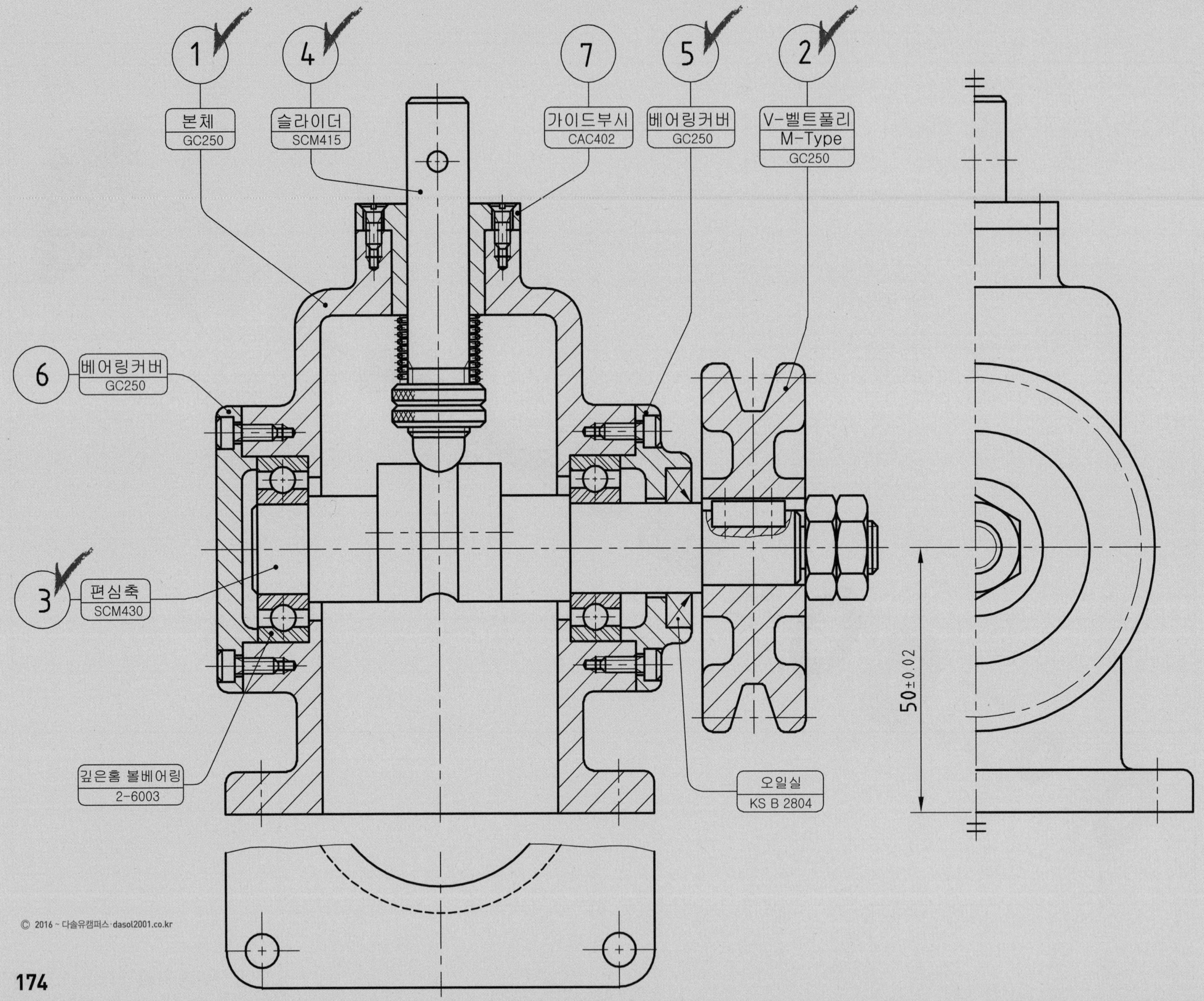

1
본체
GC250
4
슬라이더
SCM415
7
가이드부시
CAC402
5
베어링커버
GC250
2
V-벨트풀리
M-Type
GC250
6
베어링커버
GC250
3
편심축
SCM430
깊은홈 볼베어링
2-6003
오일실
KS B 2804
50±0.02

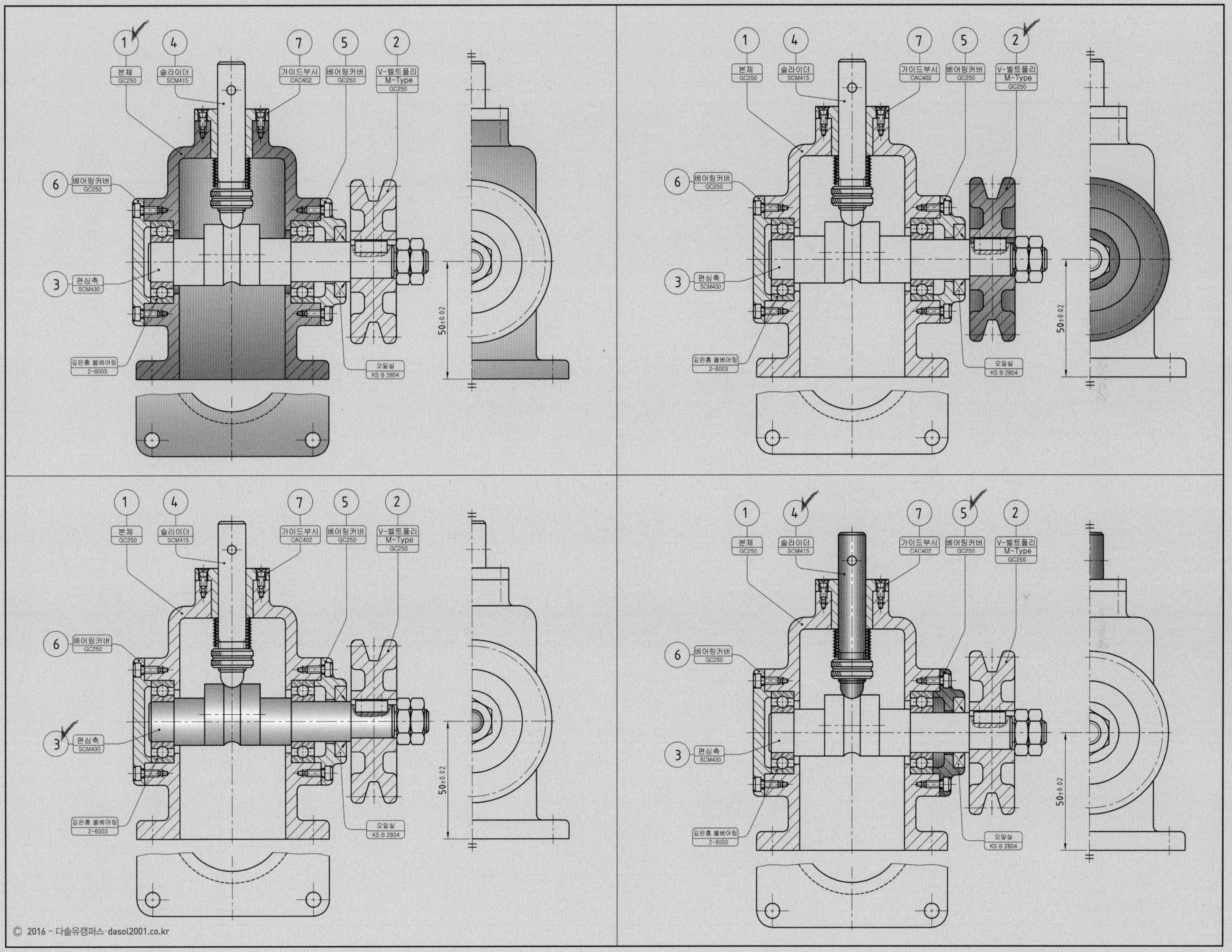

1
4
7
5
2
본체 GC250
슬라이더 SCM415
가이드부시 CAC402
베어링커버 GC250
V-벨트풀리 M-Type GC250
6
베어링커버 GC250
3
편심축 SCM430
깊은홈 볼베어링 2-6003
오일실 KS B 2804
50±0.02

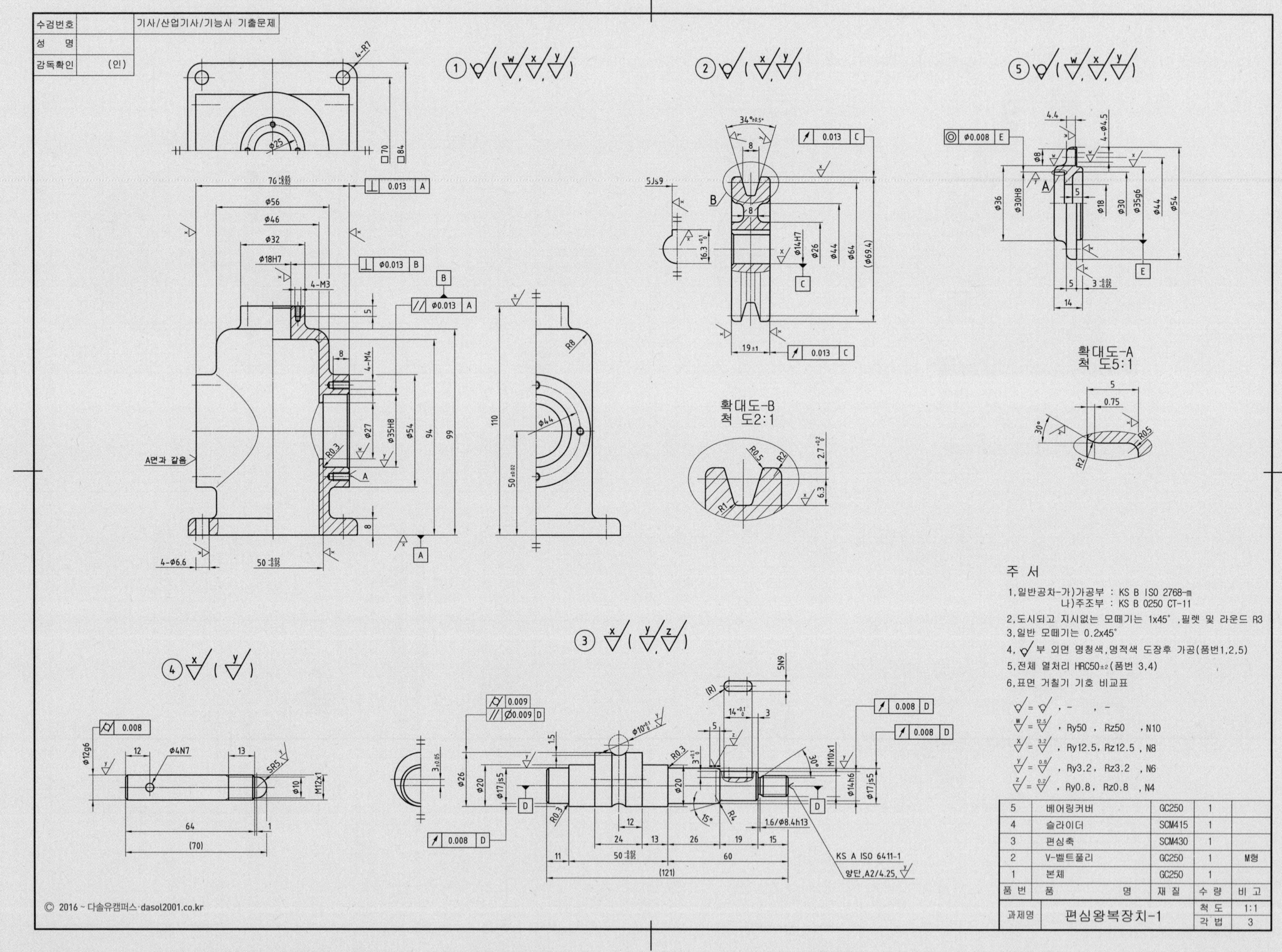

수검번호
성 명
감독확인 (인)
기사/산업기사/기능사 기출문제
확대도-B
척 도2:1
확대도-A
척 도5:1
A면과 같음
주 서
1.일반공차-가)가공부 : KS B ISO 2768-m
나)주조부 : KS B 0250 CT-11
2.도시되고 지시없는 모떼기는 1x45°,필렛 및 라운드 R3
3.일반 모떼기는 0.2x45°
4. 부 외면 명청색,명적색 도장후 가공(품번1,2,5)
5.전체 열처리 HRC50±2(품번 3,4)
6.표면 거칠기 기호 비교표
, Ry50 , Rz50 , N10
, Ry12.5, Rz12.5 , N8
, Ry3.2, Rz3.2 , N6
, Ry0.8, Rz0.8 , N4
KS A ISO 6411-1
양단,A2/4.25,
5 | 베어링커버 | GC250 | 1 |
4 | 슬라이더 | SCM415 | 1 |
3 | 편심축 | SCM430 | 1 |
2 | V-벨트풀리 | GC250 | 1 | M형
1 | 본체 | GC250 | 1 |
품번 | 품 명 | 재 질 | 수 량 | 비 고
과제명 | 편심왕복장치-1 | 척 도 1:1 | 각 법 3

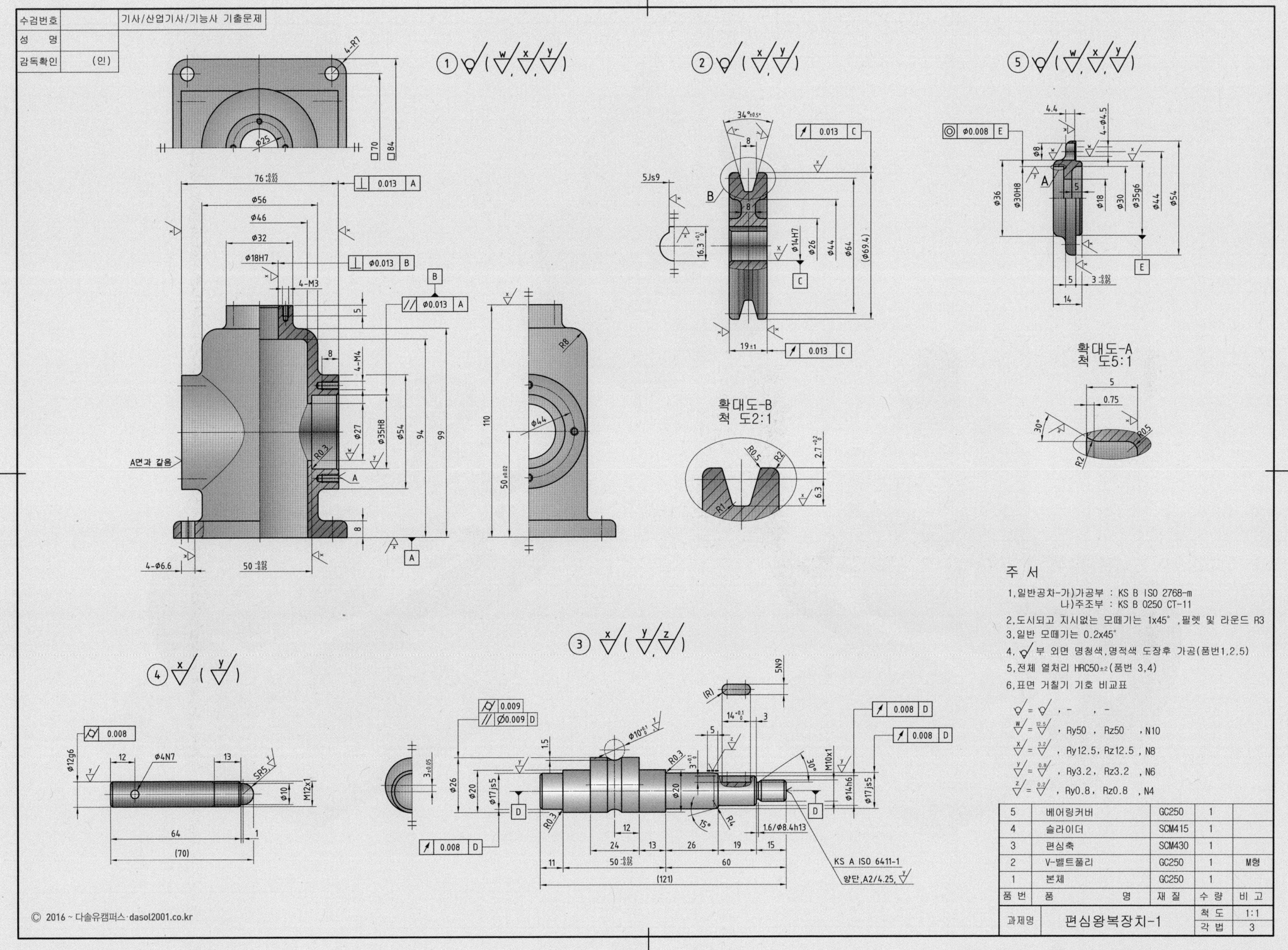
수검번호
성 명
감독확인 (인)
기사/산업기사/기능사 기출문제
확대도-B
척 도2:1
확대도-A
척 도5:1
A면과 같음
주 서
1.일반공차-가)가공부 : KS B ISO 2768-m
나)주조부 : KS B 0250 CT-11
2.도시되고 지시없는 모떼기는 1x45°,필렛 및 라운드 R3
3.일반 모떼기는 0.2x45°
4. 부 외면 명청색,명적색 도장후 가공(품번1,2,5)
5.전체 열처리 HRC50±2(품번 3,4)
6.표면 거칠기 기호 비교표
, Ry50 , Rz50 , N10
, Ry12.5 , Rz12.5 , N8
, Ry3.2 , Rz3.2 , N6
, Ry0.8 , Rz0.8 , N4
KS A ISO 6411-1
양단,A2/4.25,
5 베어링커버 GC250 1
4 슬라이더 SCM415 1
3 편심축 SCM430 1
2 V-벨트풀리 GC250 1 M형
1 본체 GC250 1
품번 품 명 재질 수량 비고
과제명 편심왕복장치-1 척도 1:1 각법 3
© 2016 ~ 다솔유캠퍼스·dasol2001.co.kr

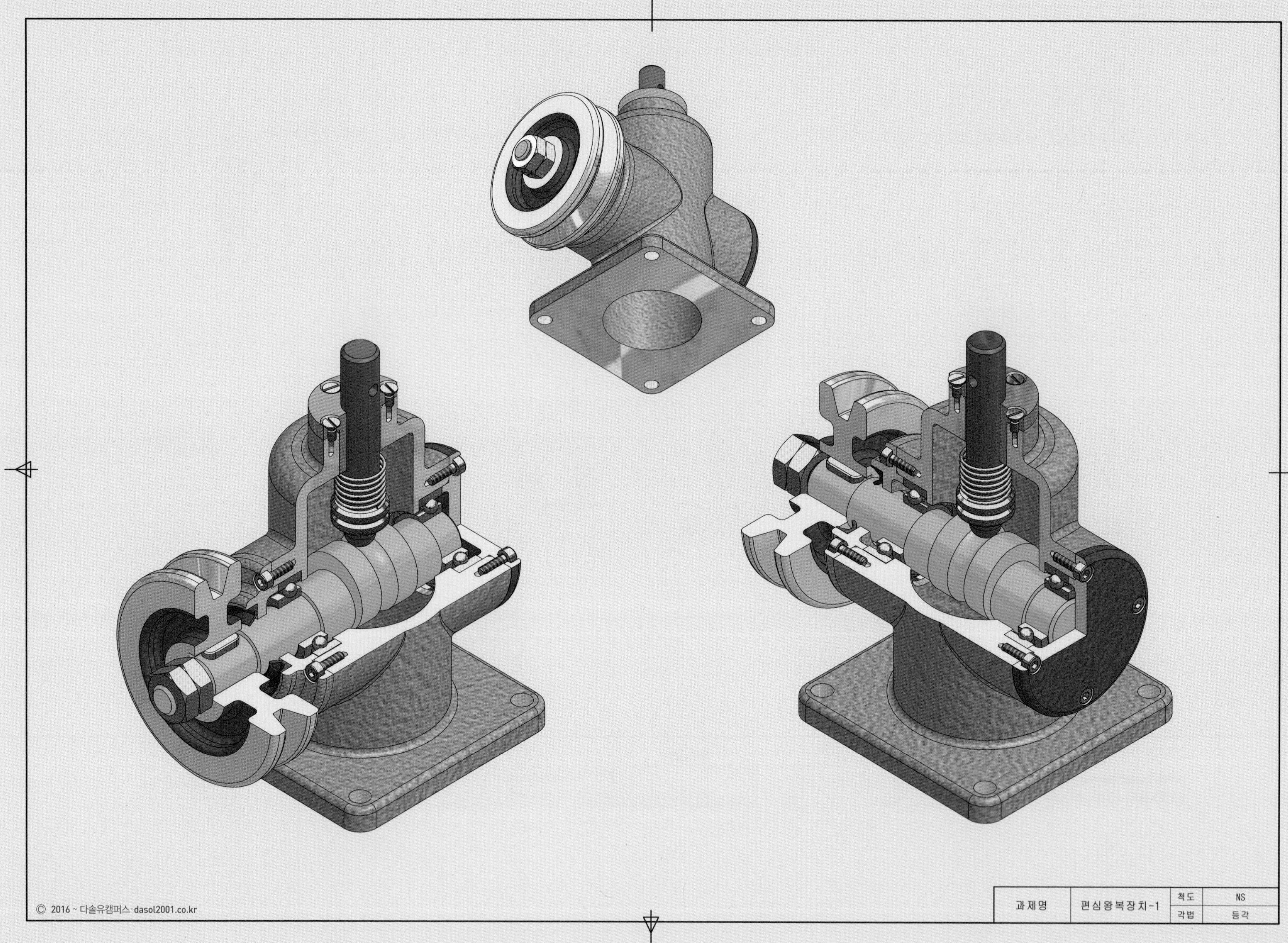
© 2016 ~ 다솔유캠퍼스·dasol2001.co.kr
과제명
편심왕복장치-1
척도
NS
각법
등각

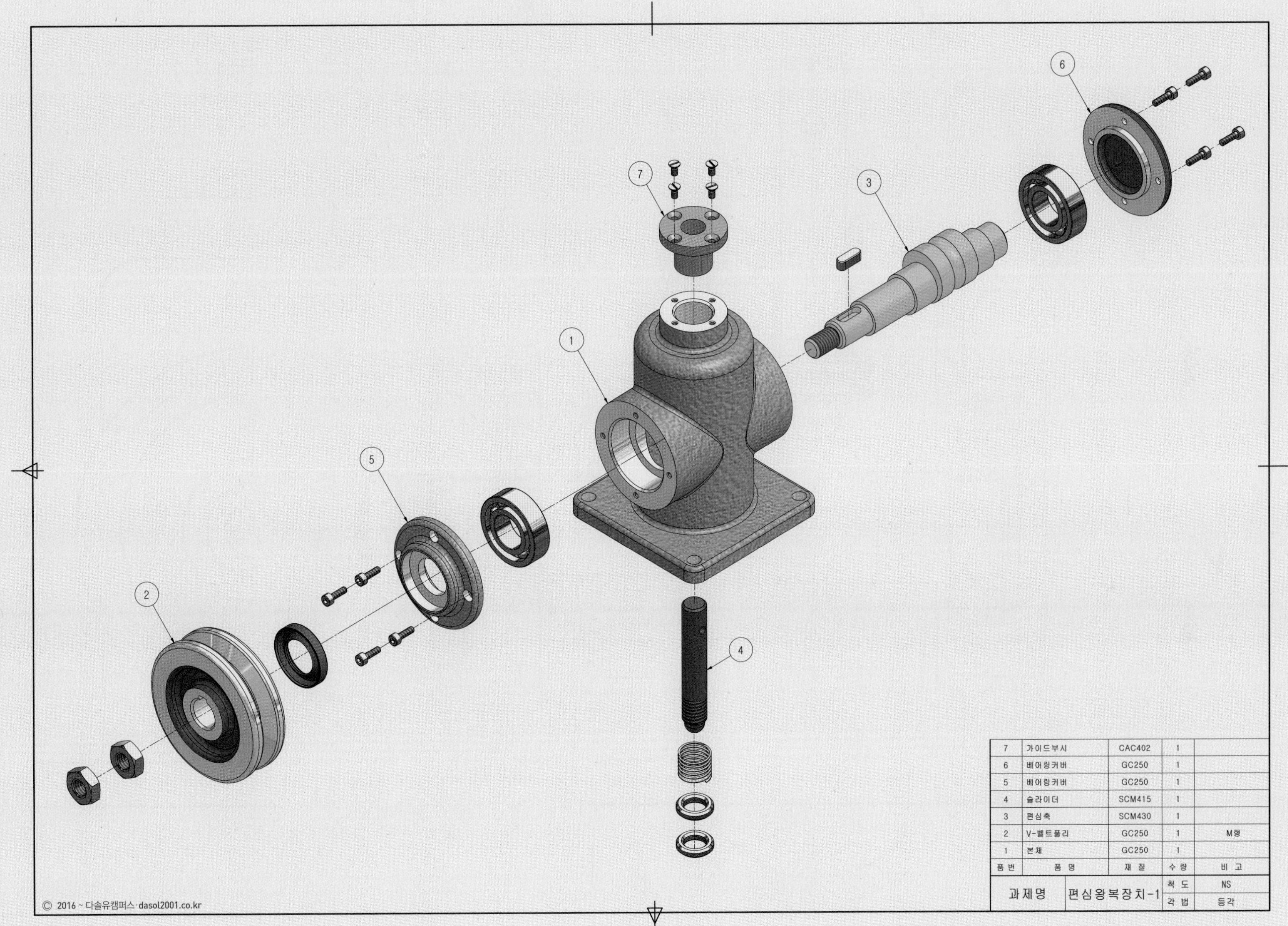


| 7 | 가이드부시 | CAC402 | 1 | |
|---|---|---|---|---|
| 6 | 베어링커버 | GC250 | 1 | |
| 5 | 베어링커버 | GC250 | 1 | |
| 4 | 슬라이더 | SCM415 | 1 | |
| 3 | 편심축 | SCM430 | 1 | |
| 2 | V-벨트풀리 | GC250 | 1 | M형 |
| 1 | 본체 | GC250 | 1 | |
| 품번 | 품명 | 재질 | 수량 | 비고 |
| 과제명 | 편심왕복장치-1 | | 척도 | NS |
| | | | 각법 | 등각 |

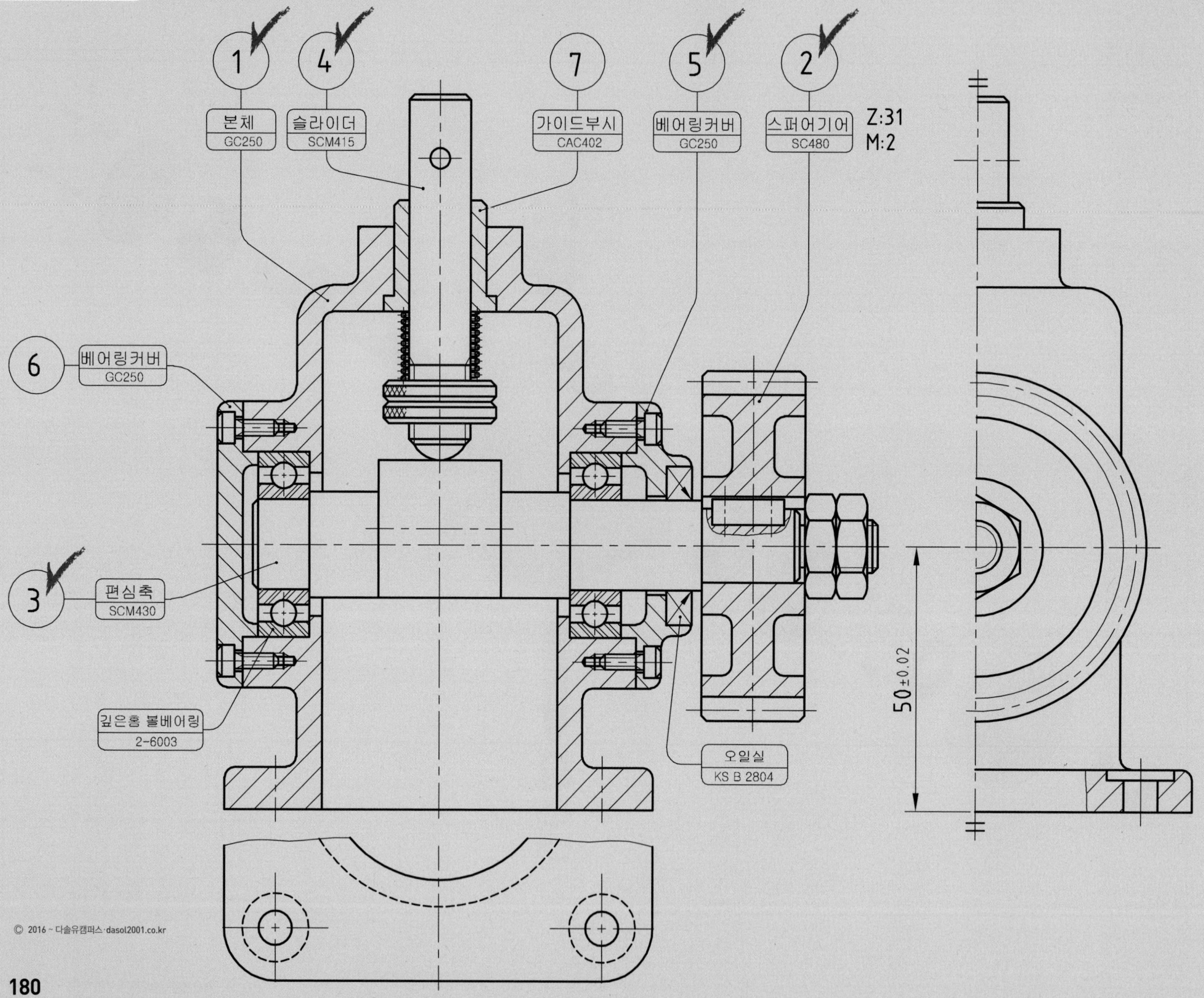
1
4
7
5
2
본체
GC250
슬라이더
SCM415
가이드부시
CAC402
베어링커버
GC250
스퍼어기어
SC480
Z:31
M:2
6
베어링커버
GC250
3
편심축
SCM430
깊은홈 볼베어링
2-6003
오일실
KS B 2804
50±0.02

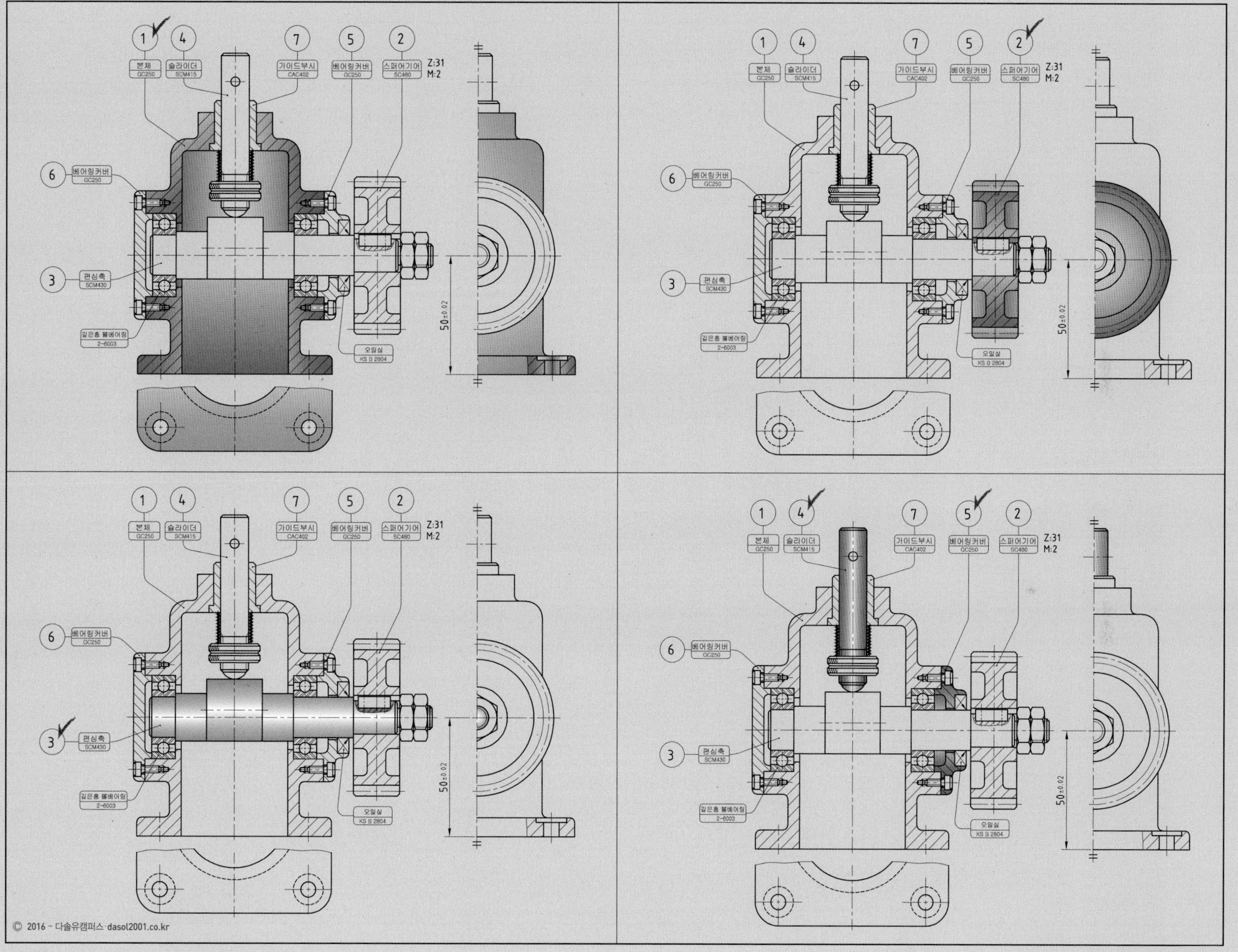
1
4
7
5
2
본체
GC250
슬라이더
SCM415
가이드부시
CAC402
베어링커버
GC250
스퍼어기어
SC480
Z:31
M:2
6
베어링커버
GC250
3
편심축
SCM430
깊은홈 볼베어링
2-6003
오일실
KS B 2804
50±0.02
© 2016 ~ 다솔유캠퍼스 dasol2001.co.kr

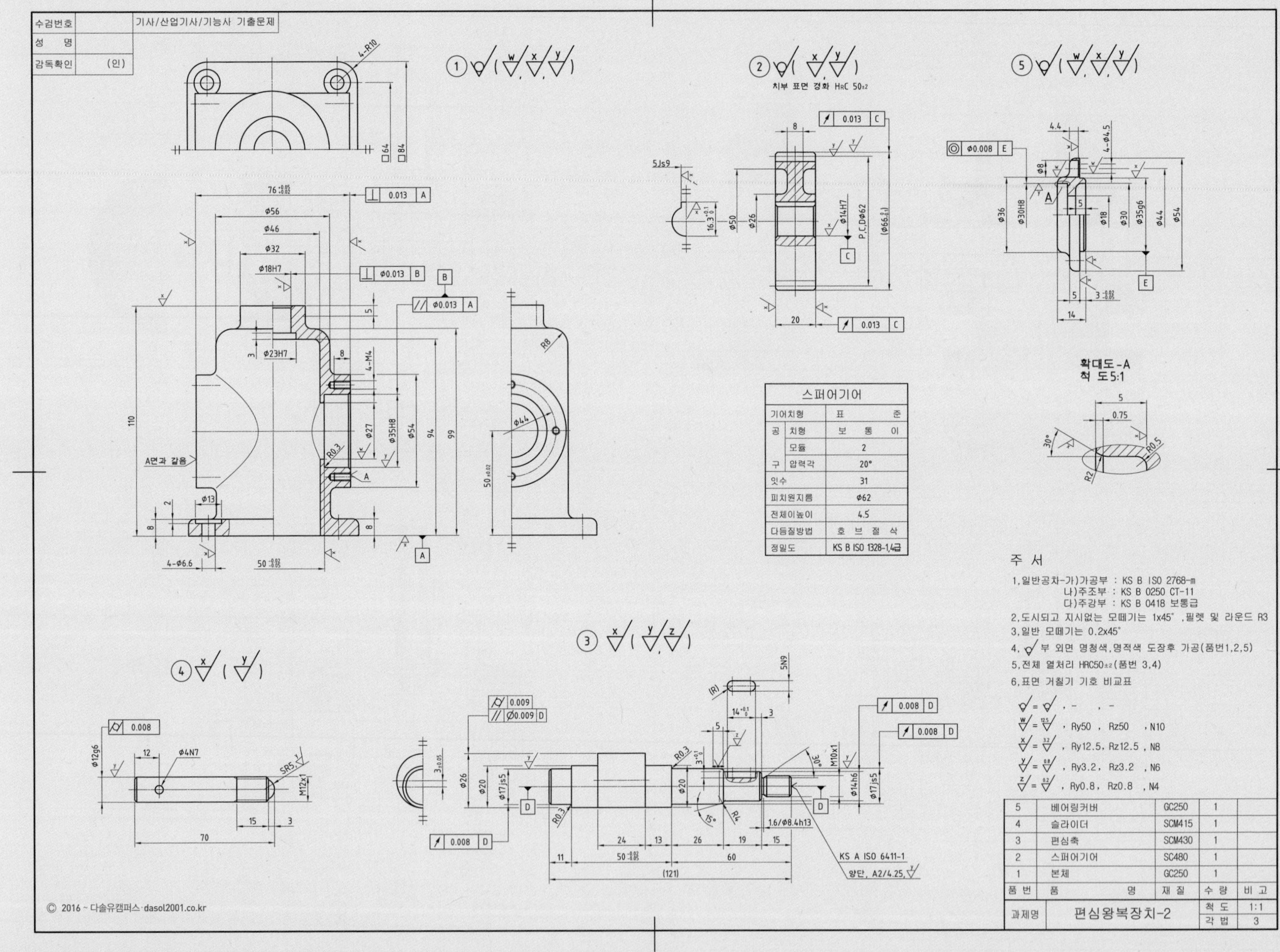


| 스퍼어기어 | | |
|---|---|---|
| 기어치형 | | 표준 |
| 공구 | 치형 | 보통이 |
| | 모듈 | 2 |
| | 압력각 | 20° |
| 잇수 | | 31 |
| 피치원지름 | | φ62 |
| 전체이높이 | | 4.5 |
| 다듬질방법 | | 호브절삭 |
| 정밀도 | | KS B ISO 1328-1,4급 |

| 품번 | 품명 | 재질 | 수량 | 비고 |
|---|---|---|---|---|
| 5 | 베어링커버 | GC250 | 1 | |
| 4 | 슬라이더 | SCM415 | 1 | |
| 3 | 편심축 | SCM430 | 1 | |
| 2 | 스퍼어기어 | SC480 | 1 | |
| 1 | 본체 | GC250 | 1 | |

| 과제명 | 편심왕복장치-2 | 척도 | 1:1 |
|---|---|---|---|
| | | 각법 | 3 |

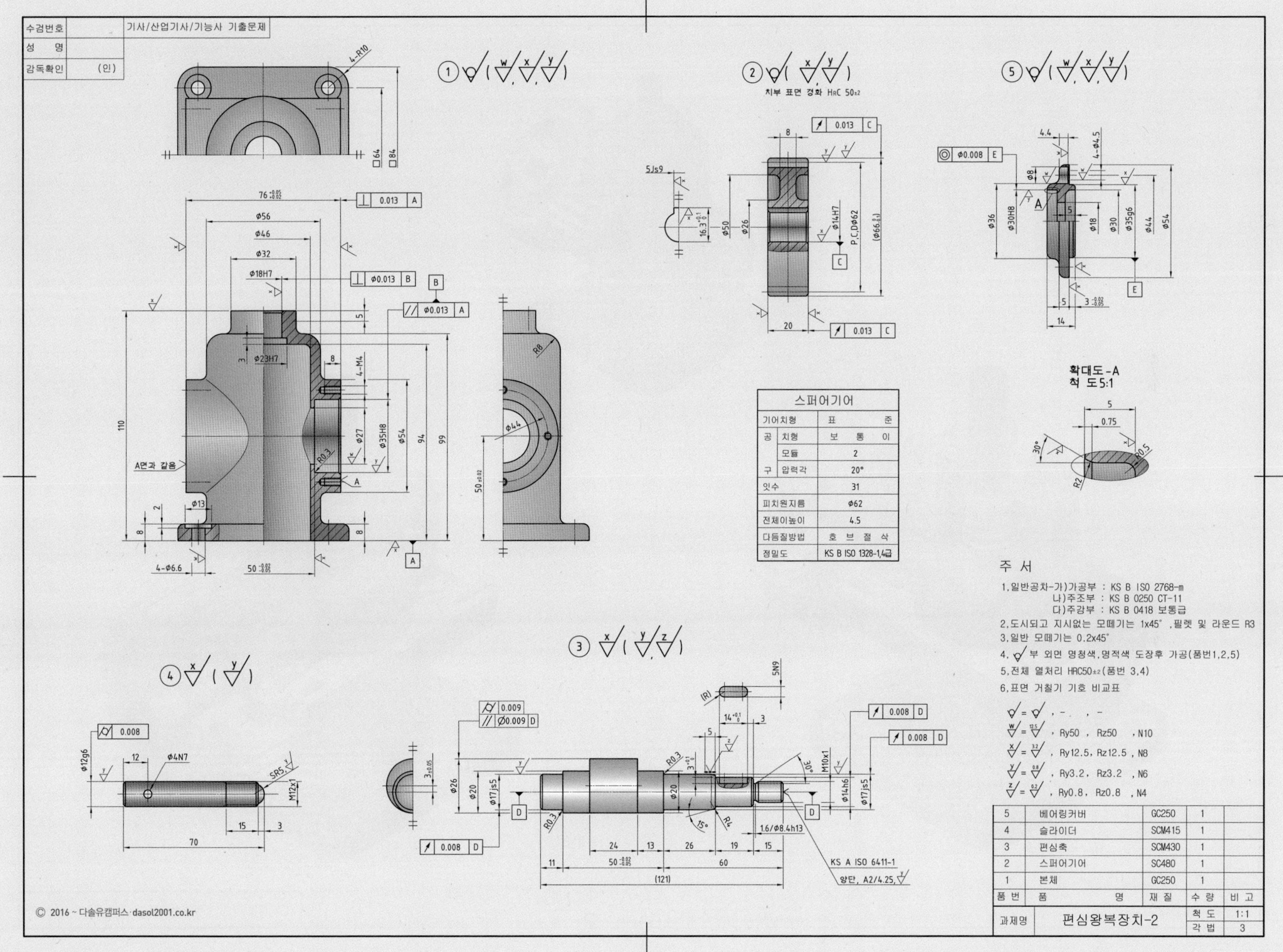
수검번호
기사/산업기사/기능사 기출문제
성 명
감독확인 (인)
치부 표면 경화 HRC 50±2
확대도-A
척 도 5:1
A면과 같음
스퍼어기어
기어치형 표 준
공구 치형 보 통 이
모듈 2
압력각 20°
잇수 31
피치원지름 Ø62
전체이높이 4.5
다듬질방법 호 브 절 삭
정밀도 KS B ISO 1328-1,4급
주 서
1.일반공차-가)가공부 : KS B ISO 2768-m
나)주조부 : KS B 0250 CT-11
다)주강부 : KS B 0418 보통급
2.도시되고 지시없는 모떼기는 1x45°, 필렛 및 라운드 R3
3.일반 모떼기는 0.2x45°
4. 부 외면 명청색, 명적색 도장후 가공(품번1,2,5)
5.전체 열처리 HRC50±2(품번 3,4)
6.표면 거칠기 기호 비교표
, Ry50 , Rz50 , N10
, Ry12.5 , Rz12.5 , N8
, Ry3.2 , Rz3.2 , N6
, Ry0.8 , Rz0.8 , N4
KS A ISO 6411-1
양단, A2/4.25
5 베어링커버 GC250 1
4 슬라이더 SCM415 1
3 편심축 SCM430 1
2 스퍼어기어 SC480 1
1 본체 GC250 1
품번 품 명 재 질 수 량 비 고
과제명 편심왕복장치-2 척 도 1:1 각 법 3

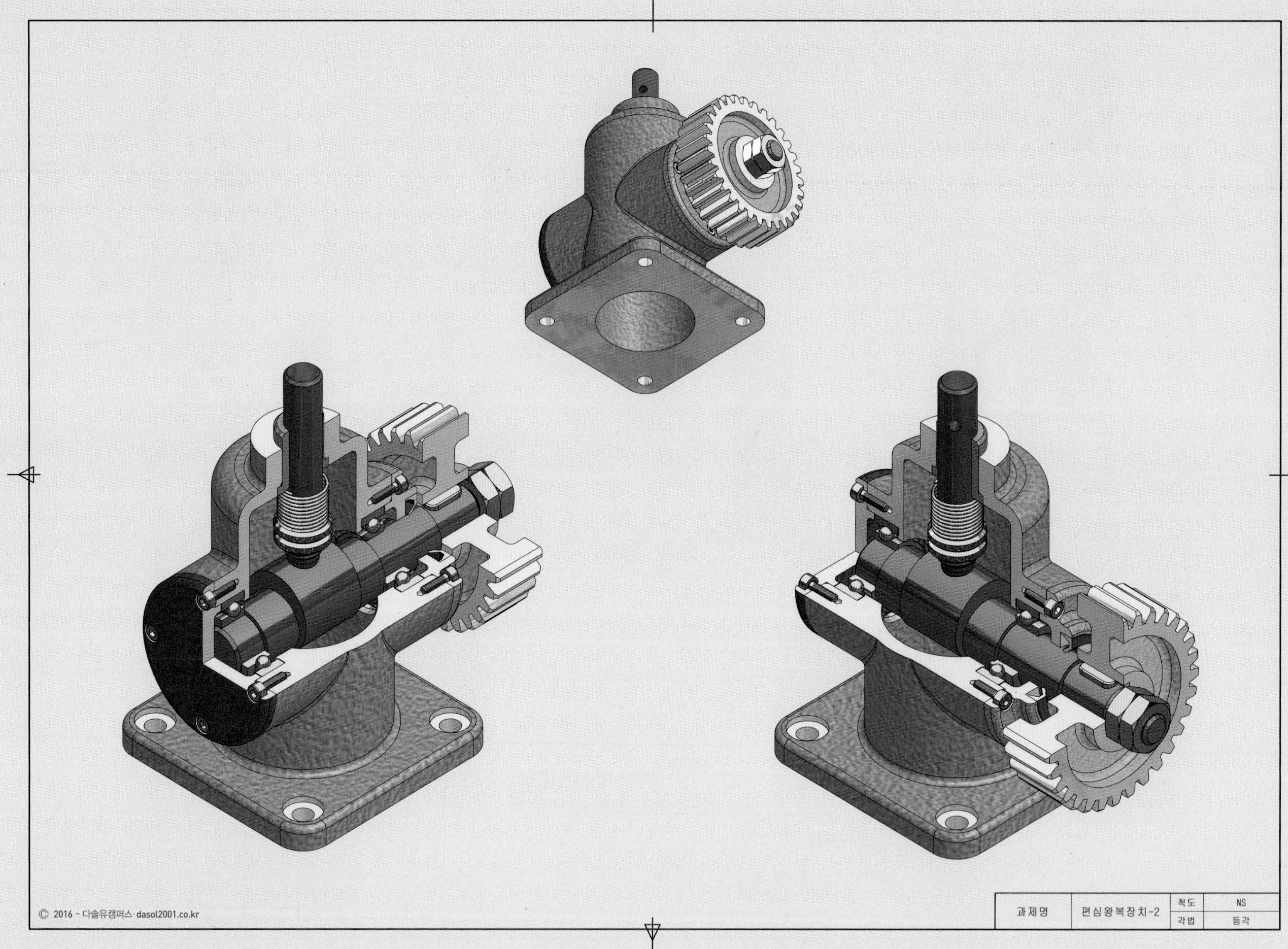
© 2016 ~ 다솔유캠퍼스·dasol2001.co.kr
과제명
편심왕복장치-2
척도
NS
각법
등각

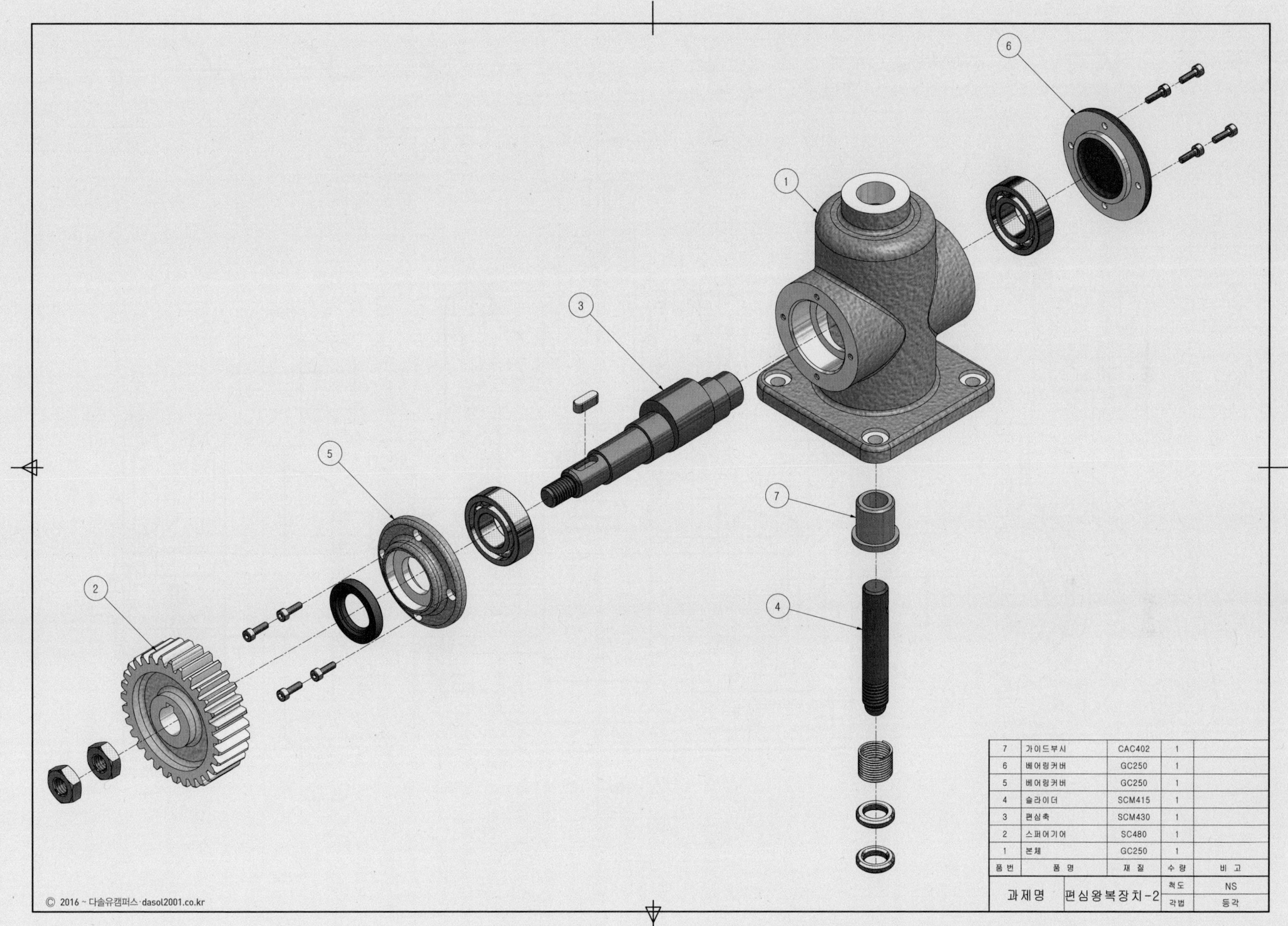


| 7 | 가이드부시 | CAC402 | 1 | |
|---|---|---|---|---|
| 6 | 베어링커버 | GC250 | 1 | |
| 5 | 베어링커버 | GC250 | 1 | |
| 4 | 슬라이더 | SCM415 | 1 | |
| 3 | 편심축 | SCM430 | 1 | |
| 2 | 스퍼어기어 | SC480 | 1 | |
| 1 | 본체 | GC250 | 1 | |
| 품번 | 품명 | 재질 | 수량 | 비고 |
| 과제명 | 편심왕복장치-2 | | 척도 | NS |
| | | | 각법 | 등각 |

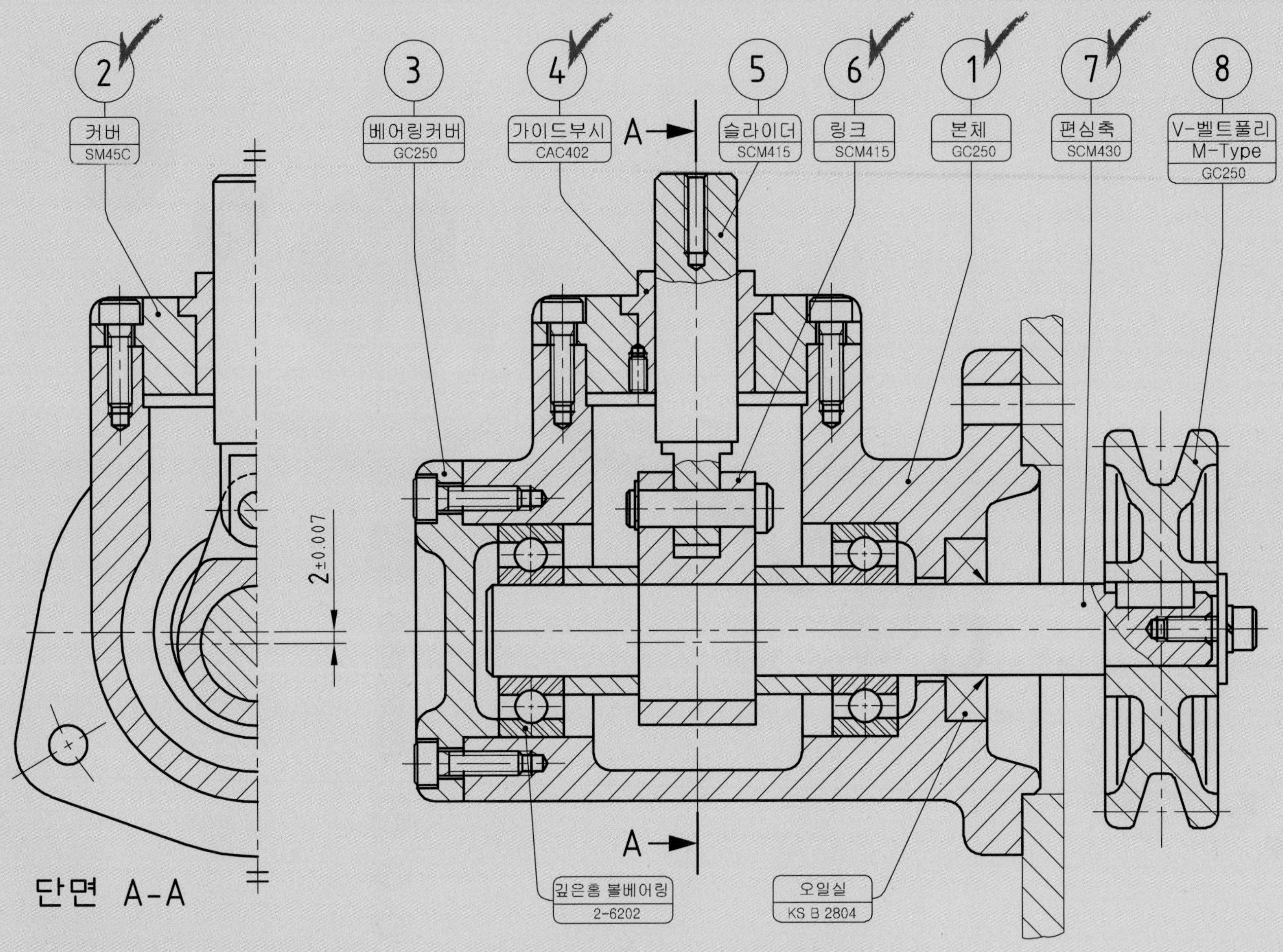
2
커버
SM45C
3
베어링커버
GC250
4
가이드부시
CAC402
A
5
슬라이더
SCM415
6
링크
SCM415
1
본체
GC250
7
편심축
SCM430
8
V-벨트풀리
M-Type
GC250
2±0.007
A
깊은홈 볼베어링
2-6202
오일실
KS B 2804
단면 A-A

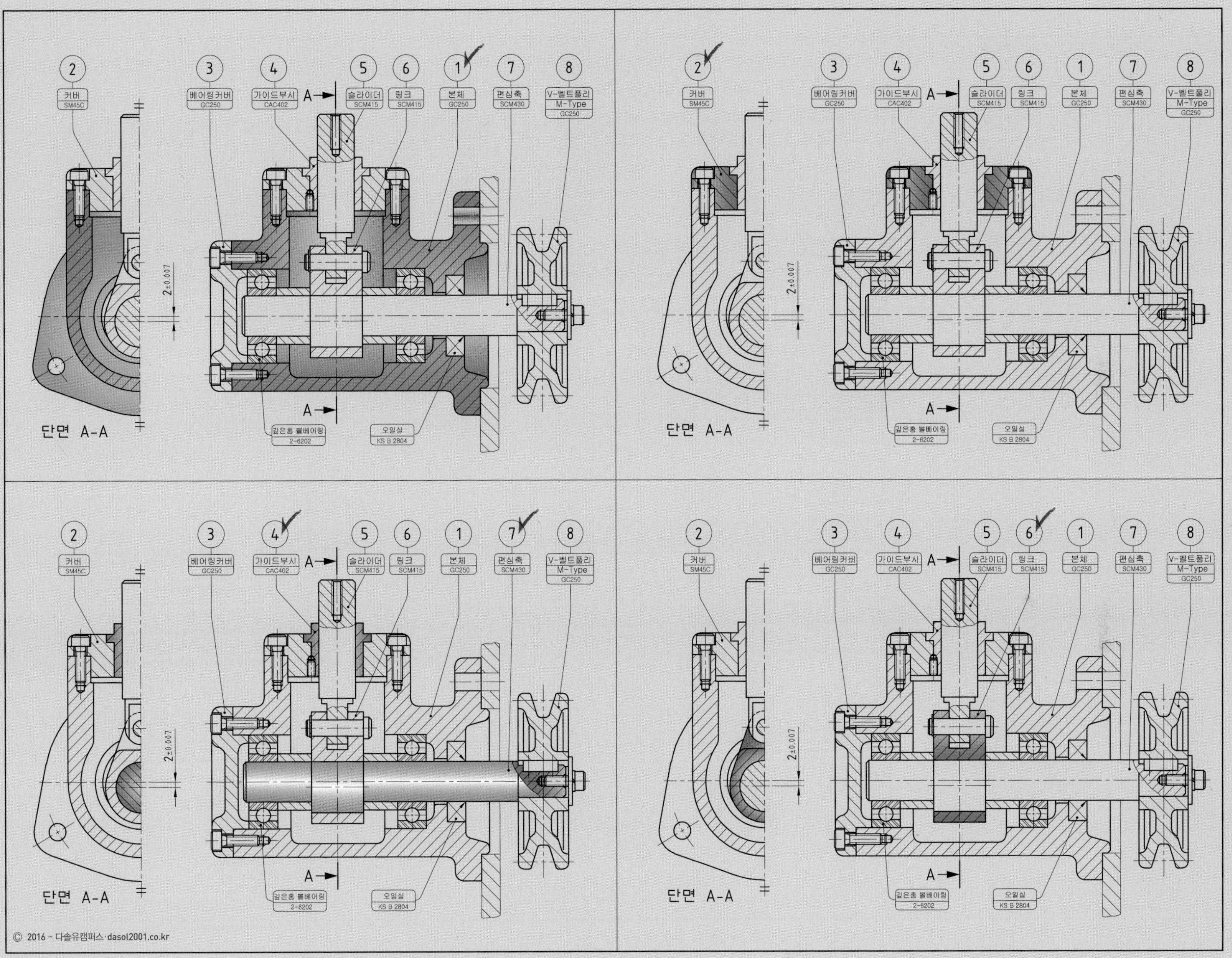
2 커버 SM45C
3 베어링커버 GC250
4 가이드부시 CAC402
5 슬라이더 SCM415
6 링크 SCM415
1 본체 GC250
7 편심축 SCM430
8 V-벨트풀리 M-Type GC250
깊은홈 볼베어링 2-6202
오일실 KS B 2804
A
2±0.007
단면 A-A

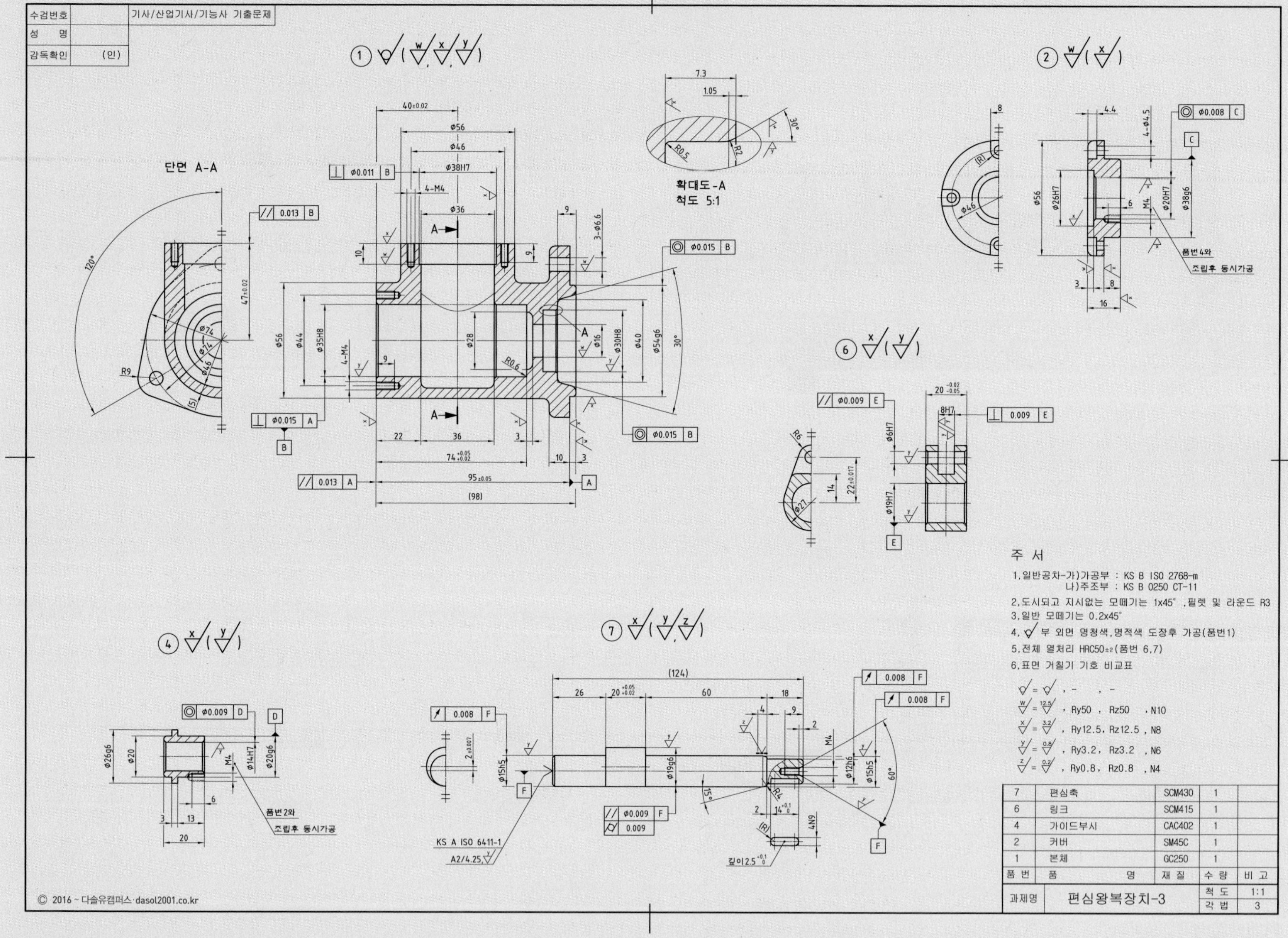
수검번호
성 명
감독확인 (인)
기사/산업기사/기능사 기출문제
단면 A-A
확대도-A
척도 5:1
품번4와
조립후 동시가공
품번2와
조립후 동시가공
KS A ISO 6411-1
A2/4.25
깊이2.5
주 서
1.일반공차-가)가공부 : KS B ISO 2768-m
나)주조부 : KS B 0250 CT-11
2.도시되고 지시없는 모떼기는 1x45°, 필렛 및 라운드 R3
3.일반 모떼기는 0.2x45°
4.부 외면 명청색,명적색 도장후 가공(품번1)
5.전체 열처리 HRC50±2(품번 6,7)
6.표면 거칠기 기호 비교표
, Ry50 , Rz50 , N10
, Ry12.5, Rz12.5 , N8
, Ry3.2, Rz3.2 , N6
, Ry0.8, Rz0.8 , N4
7 편심축 SCM430 1
6 링크 SCM415 1
4 가이드부시 CAC402 1
2 커버 SM45C 1
1 본체 GC250 1
품 번 품 명 재 질 수 량 비 고
과제명 편심왕복장치-3 척 도 1:1 각 법 3
© 2016 ~ 다솔유캠퍼스 · dasol2001.co.kr

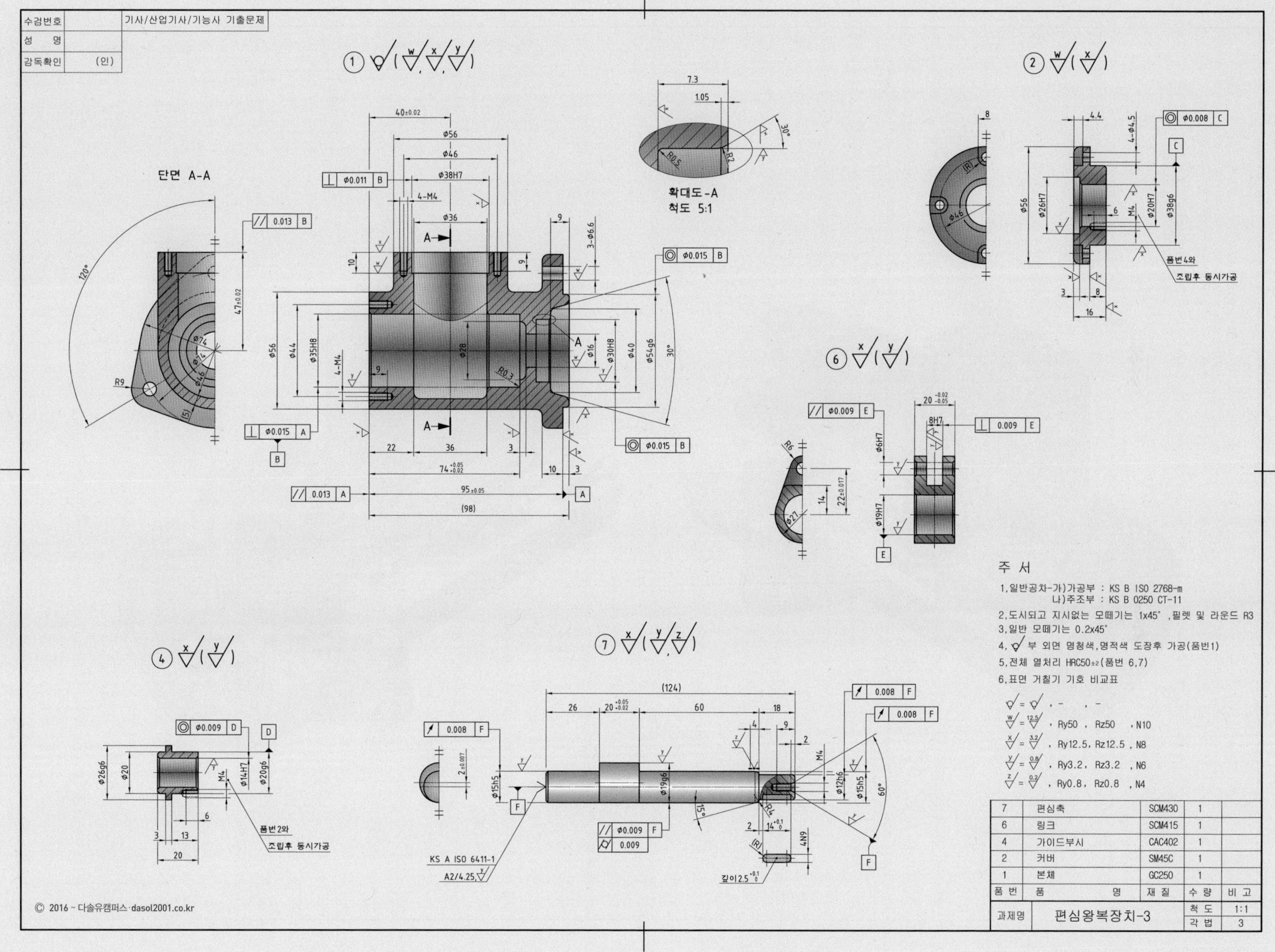
수검번호
기사/산업기사/기능사 기출문제
성 명
감독확인 (인)
단면 A-A
확대도-A
척도 5:1
품번4와
조립후 동시가공
품번2와
조립후 동시가공
KS A ISO 6411-1
A2/4.25
깊이2.5
주 서
1.일반공차-가)가공부 : KS B ISO 2768-m
나)주조부 : KS B 0250 CT-11
2.도시되고 지시없는 모떼기는 1x45°, 필렛 및 라운드 R3
3.일반 모떼기는 0.2x45°
4. 부 외면 명청색,명적색 도장후 가공(품번1)
5.전체 열처리 HRC50±2(품번 6,7)
6.표면 거칠기 기호 비교표
, Ry50 , Rz50 , N10
, Ry12.5, Rz12.5 , N8
, Ry3.2, Rz3.2 , N6
, Ry0.8, Rz0.8 , N4
7 편심축 SCM430 1
6 링크 SCM415 1
4 가이드부시 CAC402 1
2 커버 SM45C 1
1 본체 GC250 1
품 번 품 명 재 질 수 량 비 고
과제명 편심왕복장치-3 척 도 1:1 각 법 3

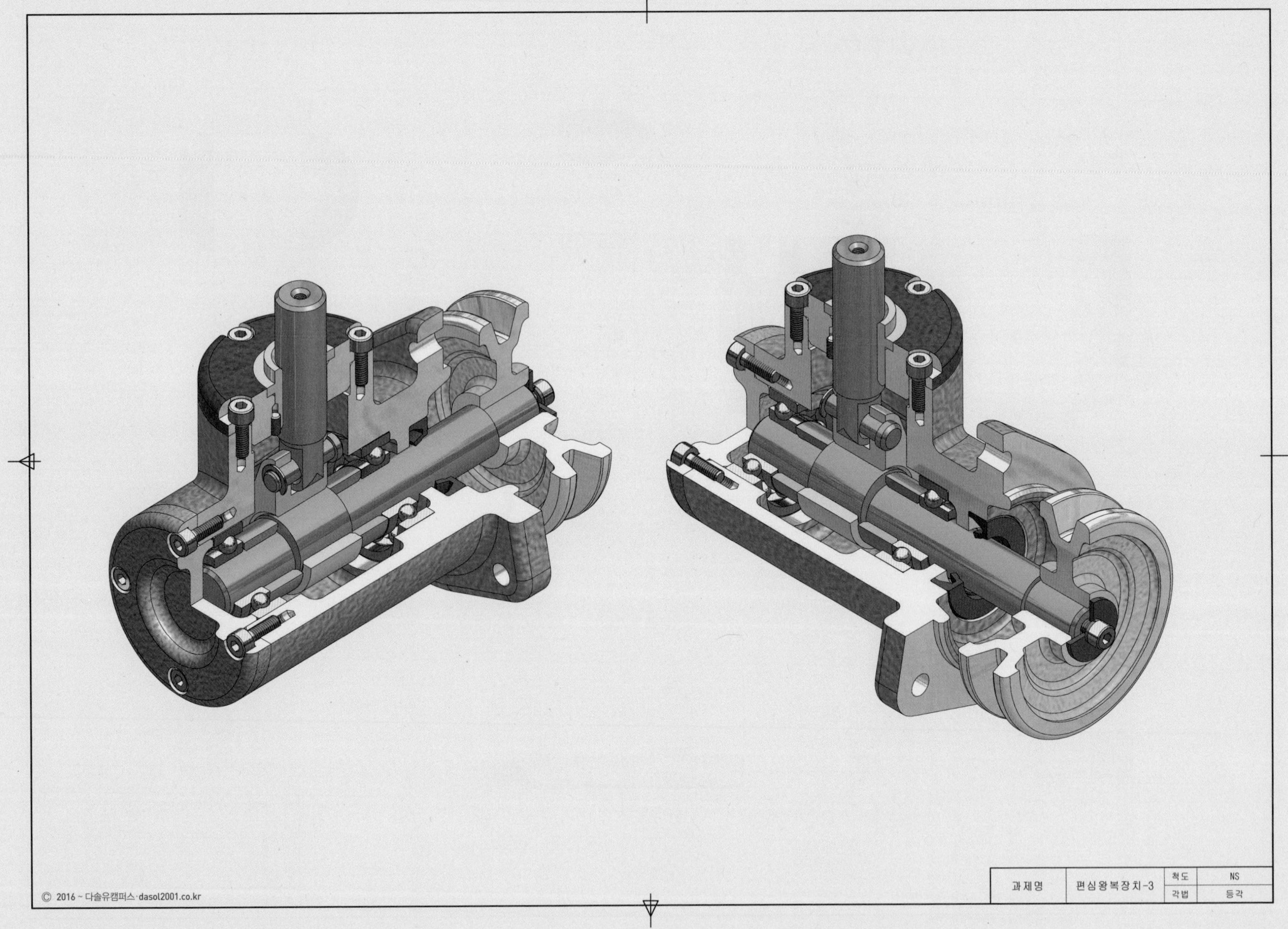
과제명
편심왕복장치-3
척도
NS
각법
등각
© 2016 ~ 다솔유캠퍼스·dasol2001.co.kr

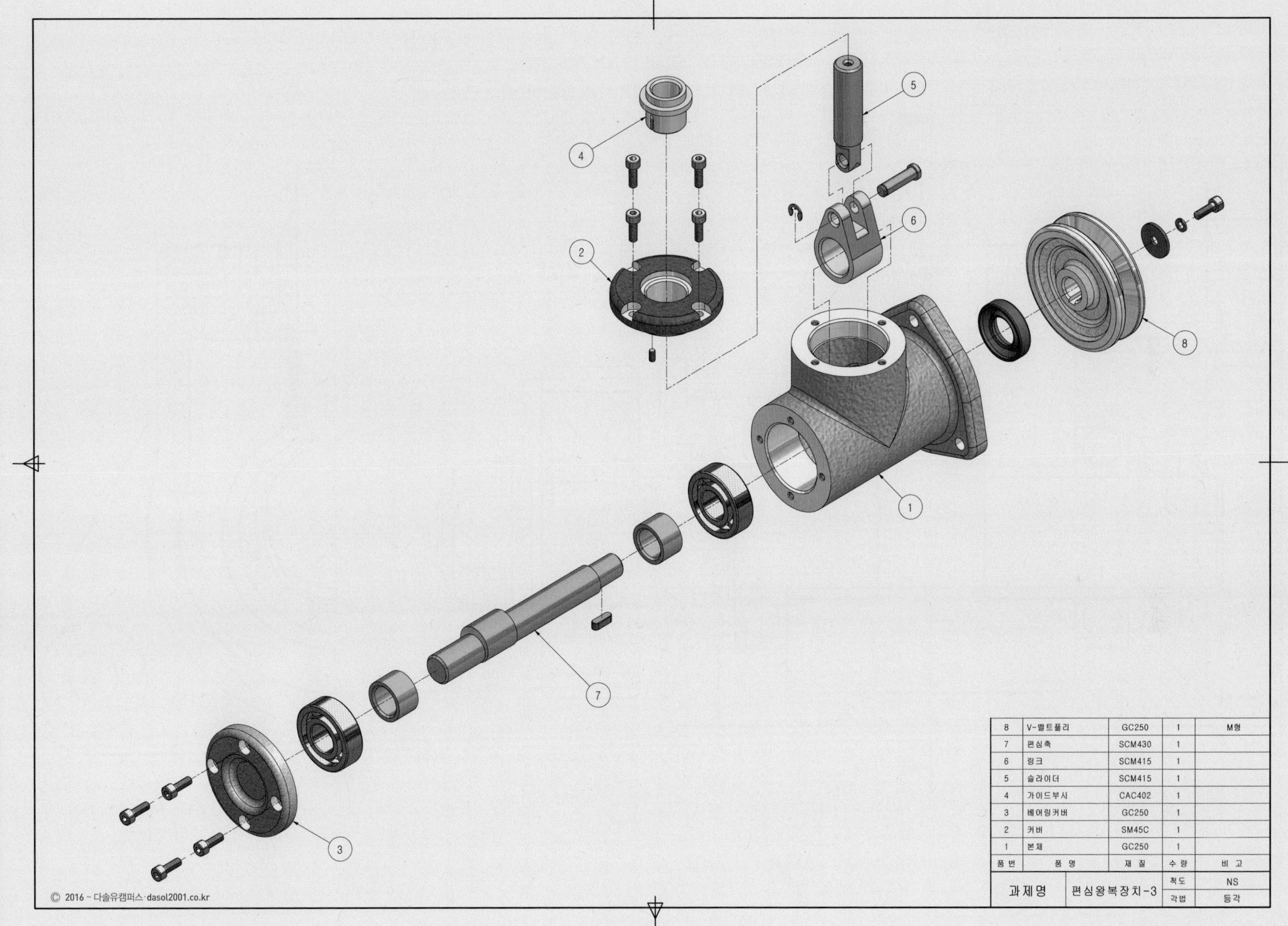


| 8 | V-벨트풀리 | GC250 | 1 | M형 |
|---|---|---|---|---|
| 7 | 편심축 | SCM430 | 1 | |
| 6 | 링크 | SCM415 | 1 | |
| 5 | 슬라이더 | SCM415 | 1 | |
| 4 | 가이드부시 | CAC402 | 1 | |
| 3 | 베어링커버 | GC250 | 1 | |
| 2 | 커버 | SM45C | 1 | |
| 1 | 본체 | GC250 | 1 | |
| 품번 | 품 명 | 재 질 | 수 량 | 비 고 |

| 과제명 | 편심왕복장치-3 | 척도 | NS |
|---|---|---|---|
| | | 각법 | 등각 |

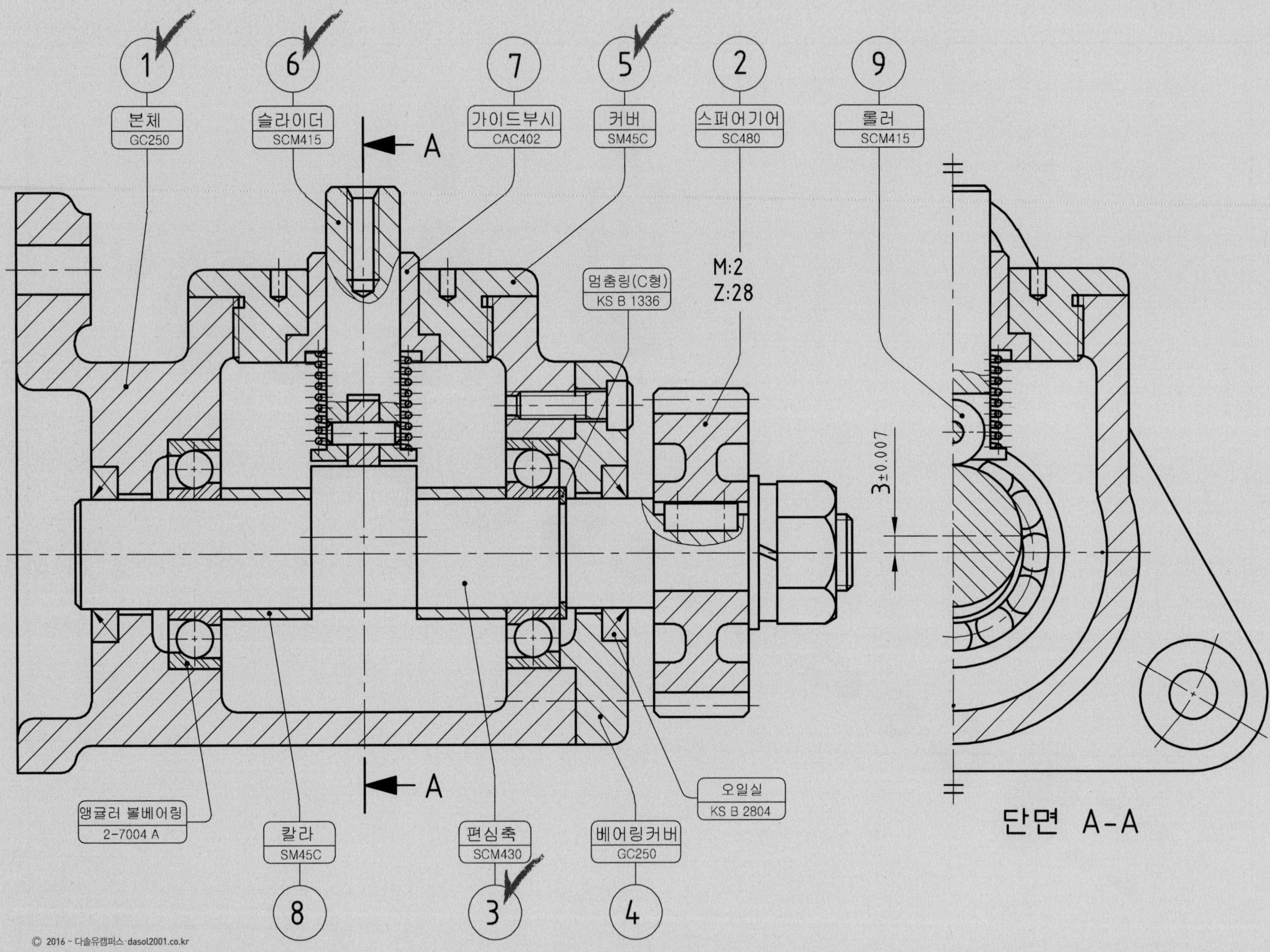

1
본체
GC250
6
슬라이더
SCM415
7
가이드부시
CAC402
5
커버
SM45C
2
스퍼어기어
SC480
9
롤러
SCM415
A
멈춤링(C형)
KS B 1336
M:2
Z:28
3±0.007
A
앵귤러 볼베어링
2-7004 A
칼라
SM45C
편심축
SCM430
베어링커버
GC250
오일실
KS B 2804
8
3
4
단면 A-A

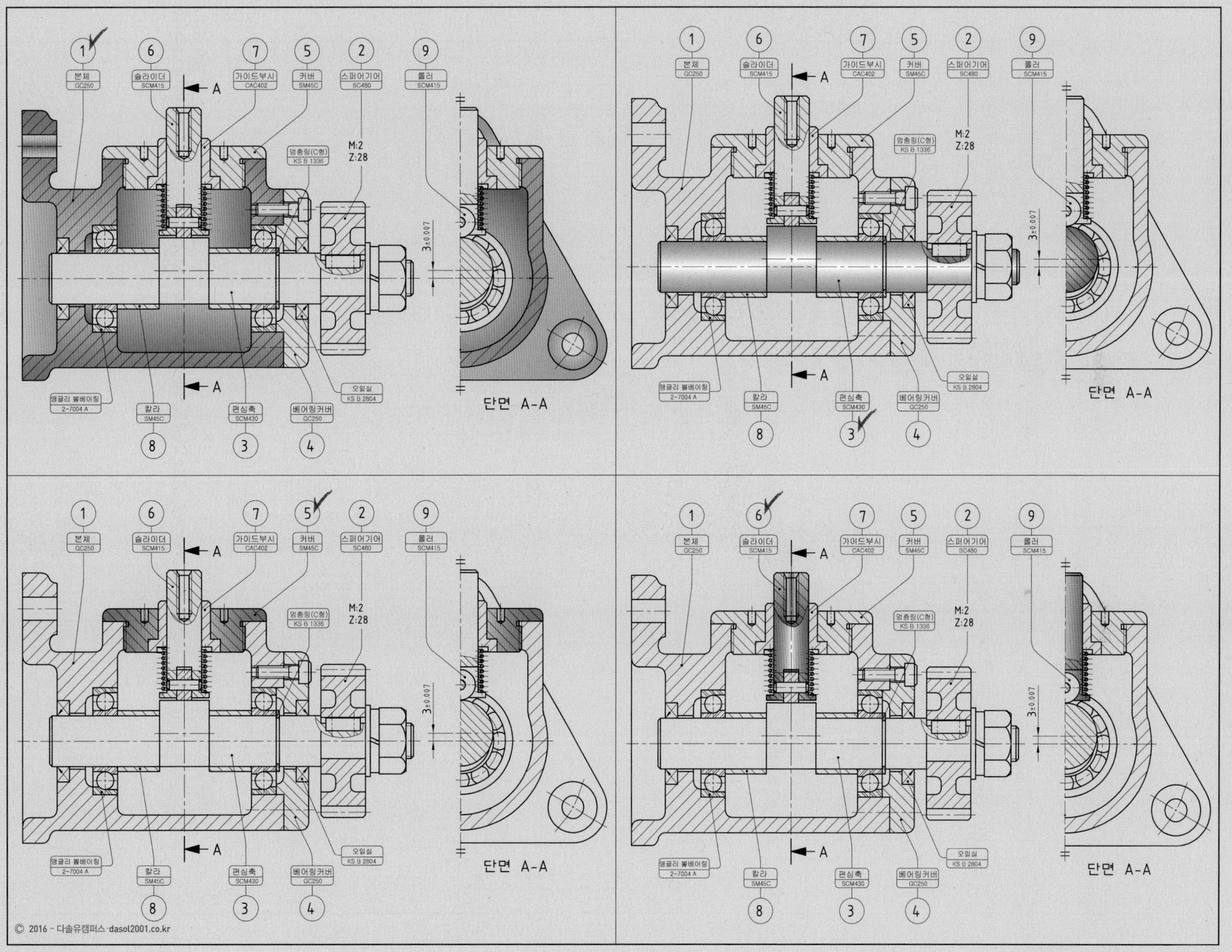
1
본체
GC250
6
슬라이더
SCM415
7
가이드부시
CAC402
5
커버
SM45C
2
스퍼어기어
SC480
9
롤러
SCM415
멈춤링(C형)
KS B 1336
M:2
Z:28
3±0.007
앵귤러 볼베어링
2-7004 A
칼라
SM45C
편심축
SCM430
베어링커버
GC250
오일실
KS B 2804
8
3
4
A
단면 A-A

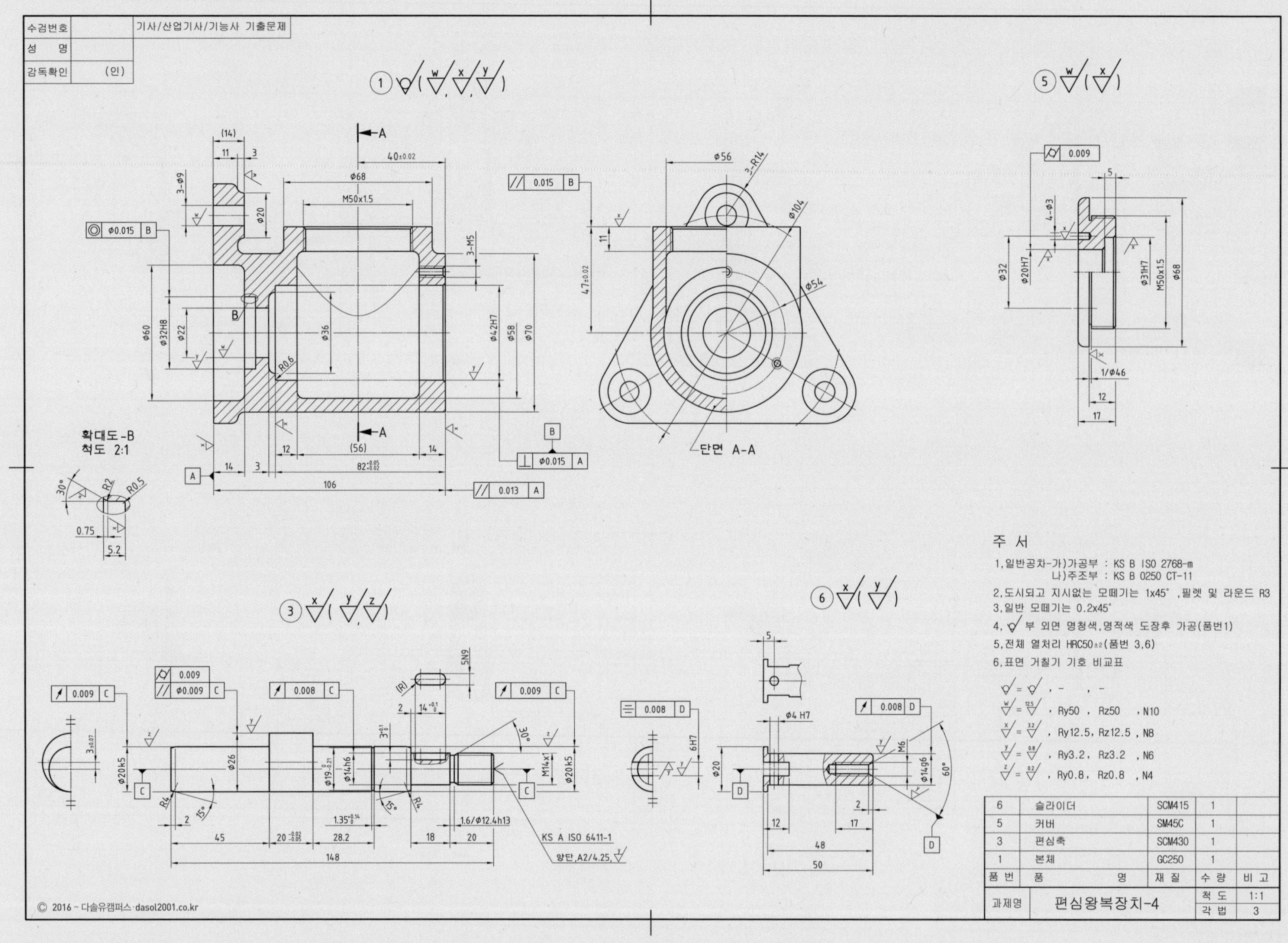
수검번호
기사/산업기사/기능사 기출문제
성 명
감독확인 (인)
확대도-B
척도 2:1
단면 A-A
주 서
1.일반공차-가)가공부 : KS B ISO 2768-m
나)주조부 : KS B 0250 CT-11
2.도시되고 지시없는 모떼기는 1x45°,필렛 및 라운드 R3
3.일반 모떼기는 0.2x45°
4. 부 외면 명청색,명적색 도장후 가공(품번1)
5.전체 열처리 HRC50±2(품번 3,6)
6.표면 거칠기 기호 비교표
, Ry50 , Rz50 , N10
, Ry12.5, Rz12.5 , N8
, Ry3.2, Rz3.2 , N6
, Ry0.8, Rz0.8 , N4
KS A ISO 6411-1
양단,A2/4.25,
6 슬라이더 SCM415 1
5 커버 SM45C 1
3 편심축 SCM430 1
1 본체 GC250 1
품번 품 명 재 질 수 량 비 고
과제명 편심왕복장치-4 척도 1:1 각법 3
© 2016 ~ 다솔유캠퍼스·dasol2001.co.kr

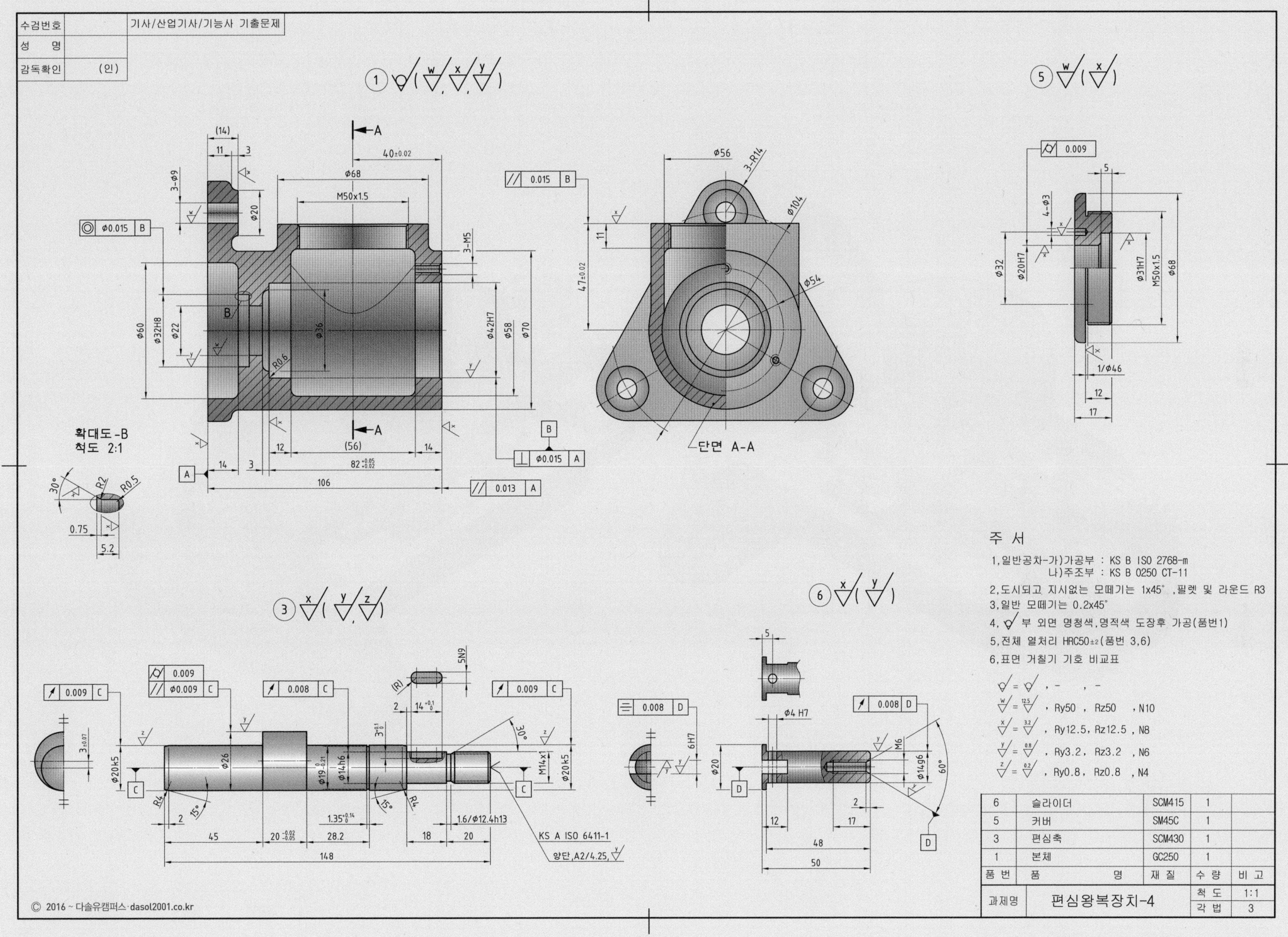

수검번호
기사/산업기사/기능사 기출문제
성 명
감독확인 (인)
단면 A-A
확대도-B
척도 2:1
주 서
1.일반공차-가)가공부 : KS B ISO 2768-m
나)주조부 : KS B 0250 CT-11
2.도시되고 지시없는 모떼기는 1x45°, 필렛 및 라운드 R3
3.일반 모떼기는 0.2x45°
4. 부 외면 명청색, 명적색 도장후 가공(품번1)
5.전체 열처리 HRC50±2(품번 3,6)
6.표면 거칠기 기호 비교표
, Ry50 , Rz50 , N10
, Ry12.5, Rz12.5 , N8
, Ry3.2, Rz3.2 , N6
, Ry0.8, Rz0.8 , N4
KS A ISO 6411-1
양단,A2/4.25,
6 슬라이더 SCM415 1
5 커버 SM45C 1
3 편심축 SCM430 1
1 본체 GC250 1
품번 품 명 재질 수량 비고
과제명 편심왕복장치-4
척도 1:1
각법 3
© 2016 ~ 다솔유캠퍼스 dasol2001.co.kr

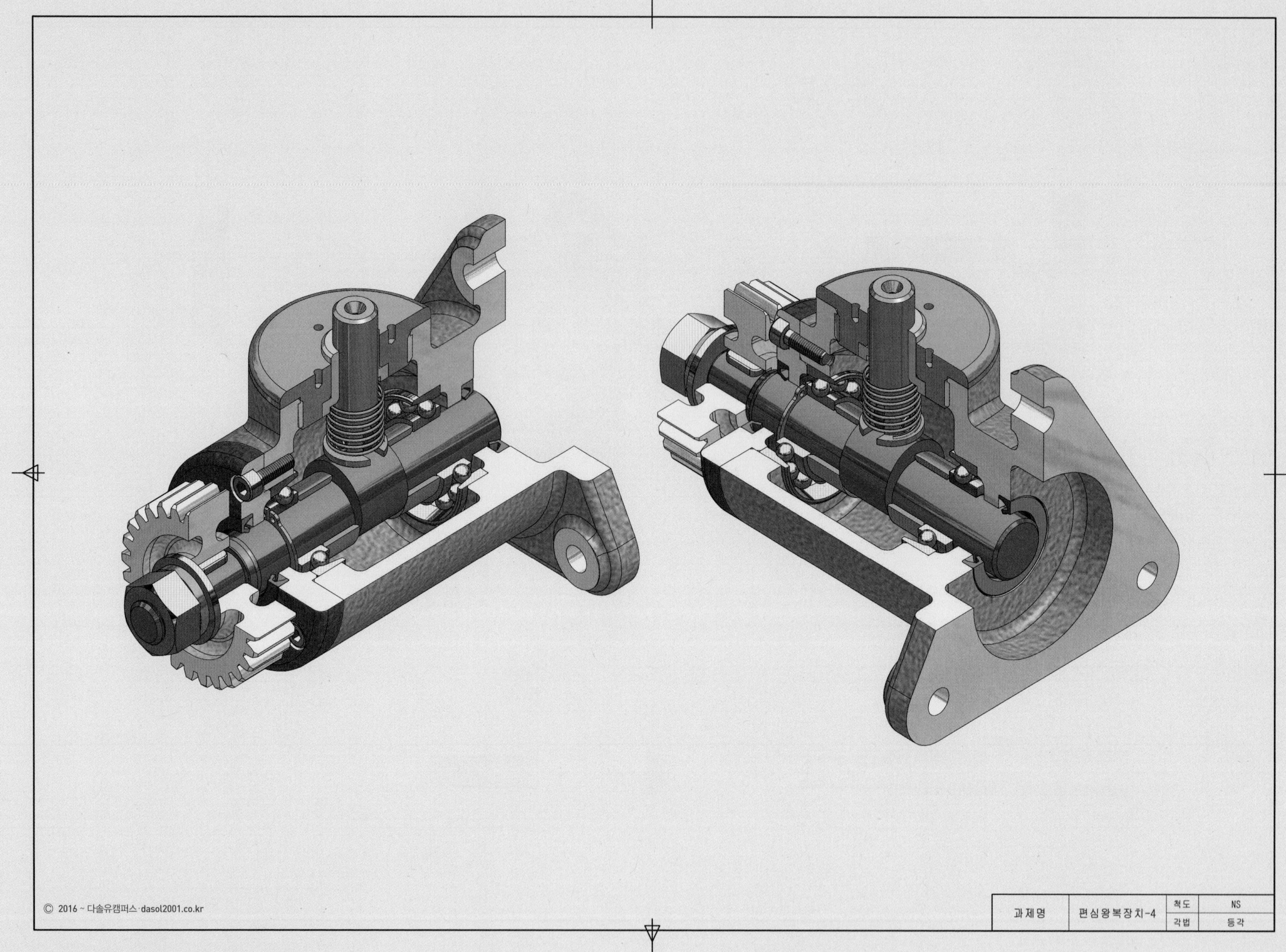
© 2016 ~ 다솔유캠퍼스·dasol2001.co.kr
과제명
편심왕복장치-4
척도
NS
각법
등각

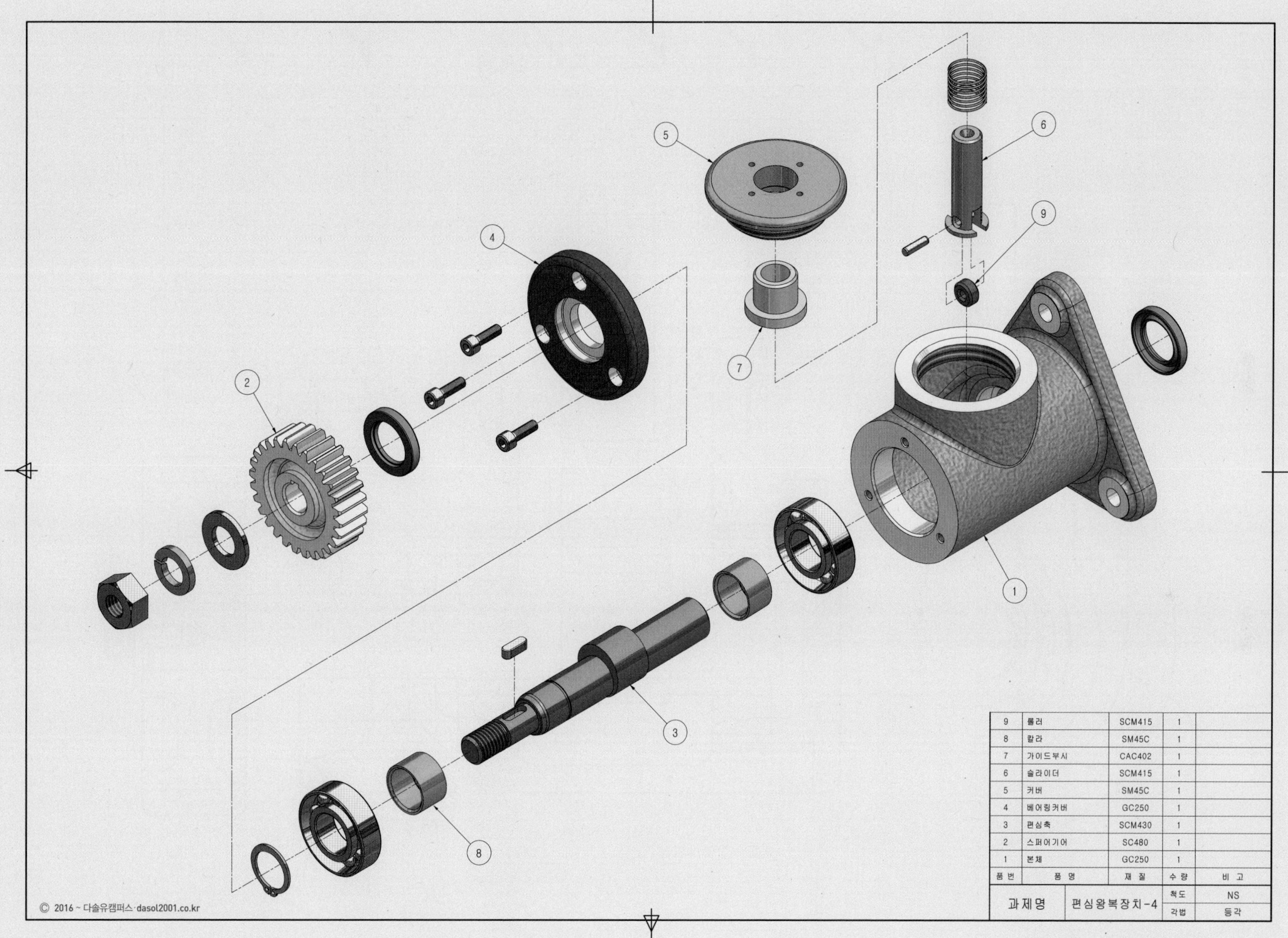


| 9 | 롤러 | SCM415 | 1 | |
|---|---|---|---|---|
| 8 | 칼라 | SM45C | 1 | |
| 7 | 가이드부시 | CAC402 | 1 | |
| 6 | 슬라이더 | SCM415 | 1 | |
| 5 | 커버 | SM45C | 1 | |
| 4 | 베어링커버 | GC250 | 1 | |
| 3 | 편심축 | SCM430 | 1 | |
| 2 | 스퍼어기어 | SC480 | 1 | |
| 1 | 본체 | GC250 | 1 | |
| 품번 | 품 명 | 재 질 | 수 량 | 비 고 |
| 과제명 | 편심왕복장치-4 | | 척도 | NS |
| | | | 각법 | 등각 |

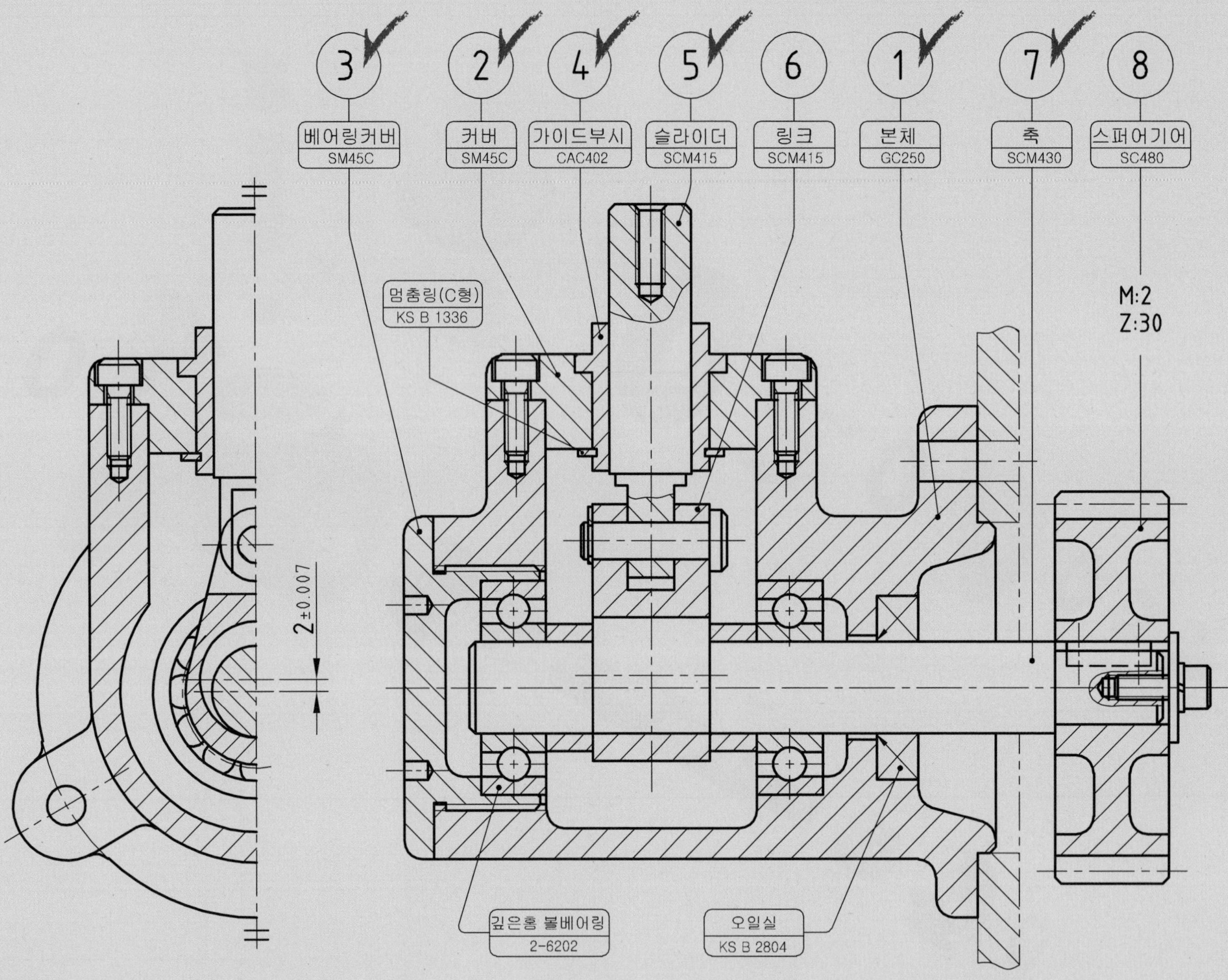
3
베어링커버
SM45C
2
커버
SM45C
4
가이드부시
CAC402
5
슬라이더
SCM415
6
링크
SCM415
1
본체
GC250
7
축
SCM430
8
스퍼어기어
SC480
멈춤링(C형)
KS B 1336
M:2
Z:30
2±0.007
깊은홈 볼베어링
2-6202
오일실
KS B 2804

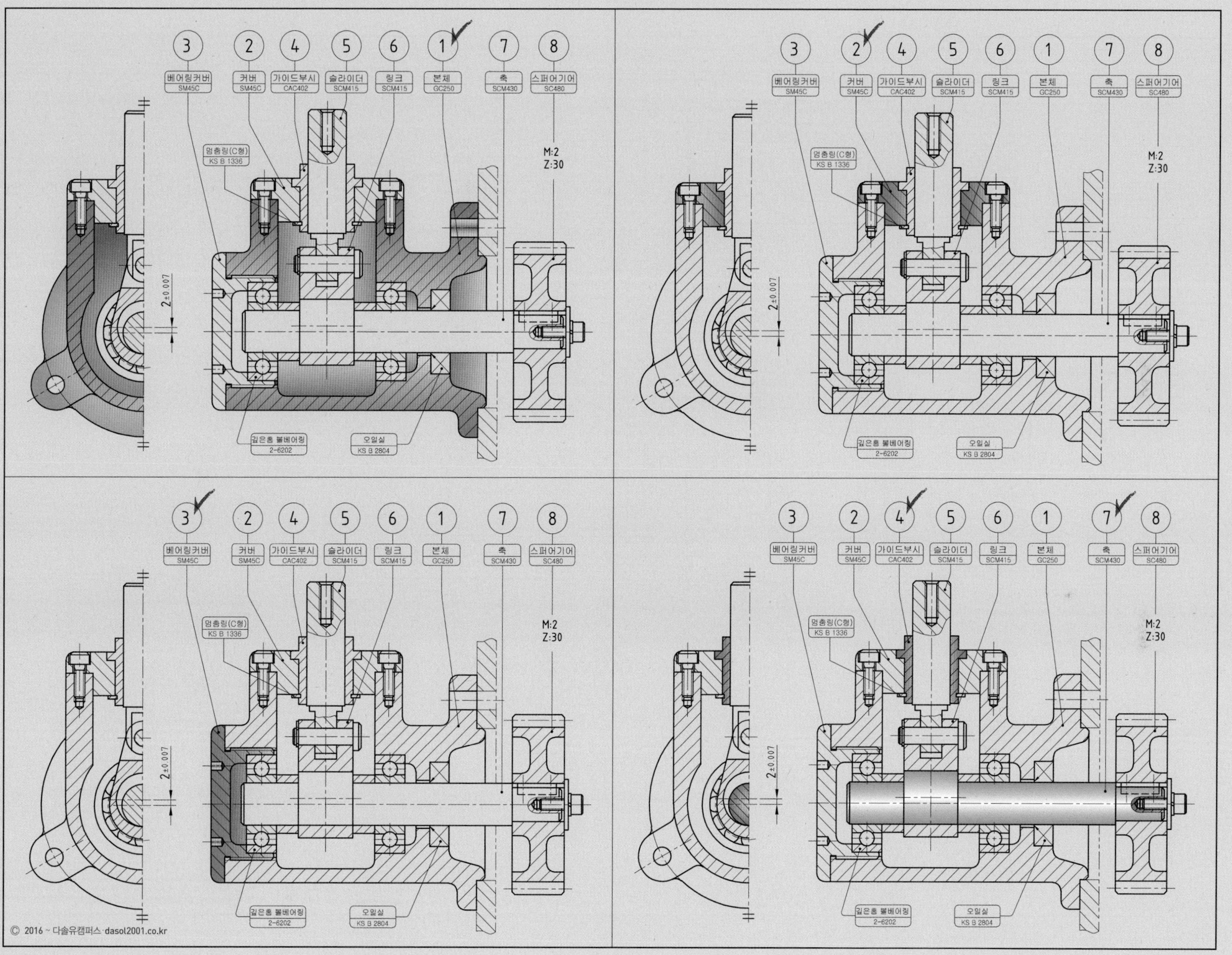
3 베어링커버 SM45C
2 커버 SM45C
4 가이드부시 CAC402
5 슬라이더 SCM415
6 링크 SCM415
1 본체 GC250
7 축 SCM430
8 스퍼어기어 SC480
멈춤링(C형) KS B 1336
M:2
Z:30
2±0.007
깊은홈 볼베어링 2-6202
오일실 KS B 2804
© 2016 ~ 다솔유캠퍼스 dasol2001.co.kr

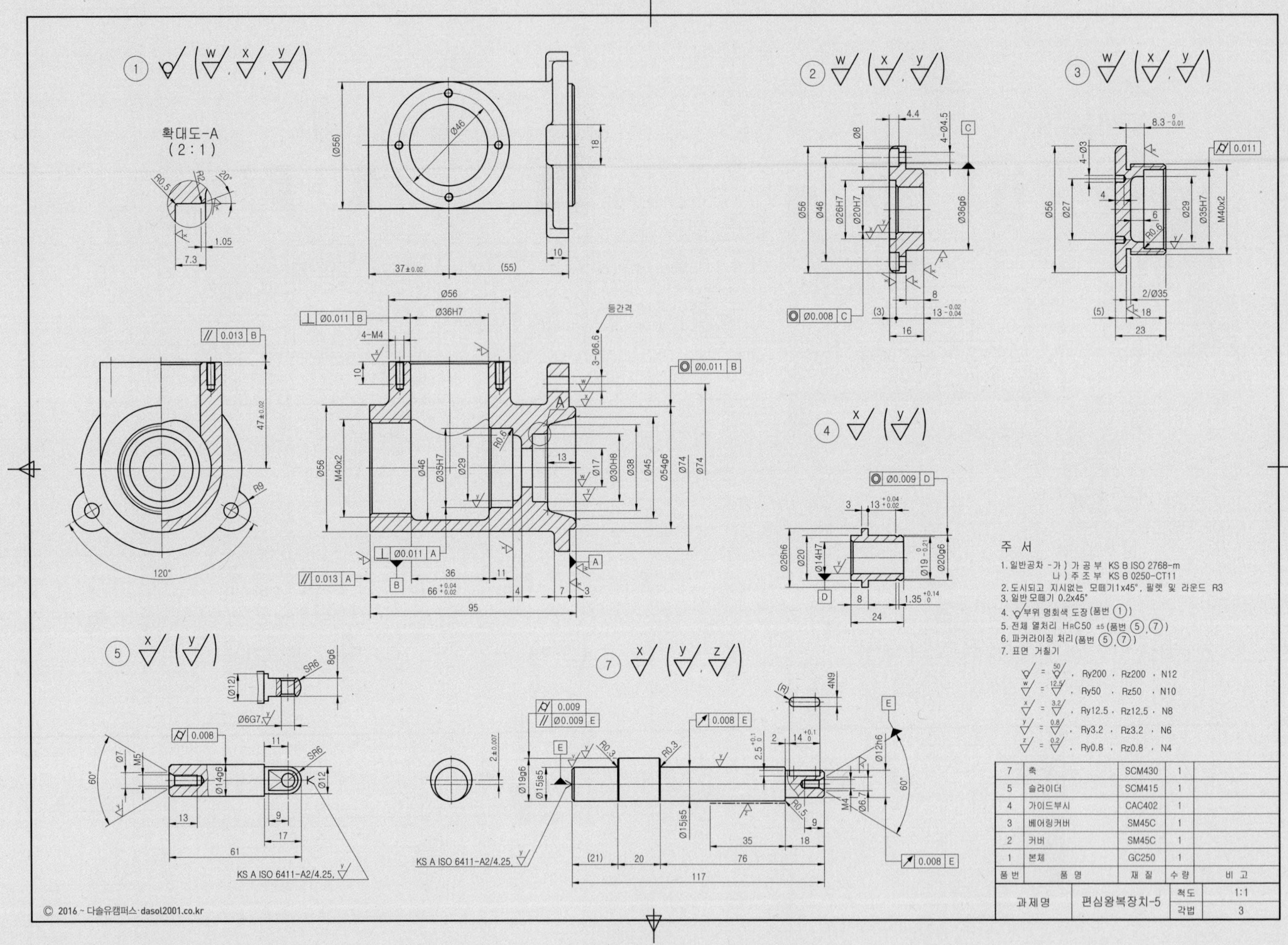


| 품번 | 품명 | 재질 | 수량 | 비고 |
|---|---|---|---|---|
| 7 | 축 | SCM430 | 1 | |
| 5 | 슬라이더 | SCM415 | 1 | |
| 4 | 가이드부시 | CAC402 | 1 | |
| 3 | 베어링커버 | SM45C | 1 | |
| 2 | 커버 | SM45C | 1 | |
| 1 | 본체 | GC250 | 1 | |

| 과제명 | 편심왕복장치-5 | 척도 | 1:1 |
|---|---|---|---|
| | | 각법 | 3 |

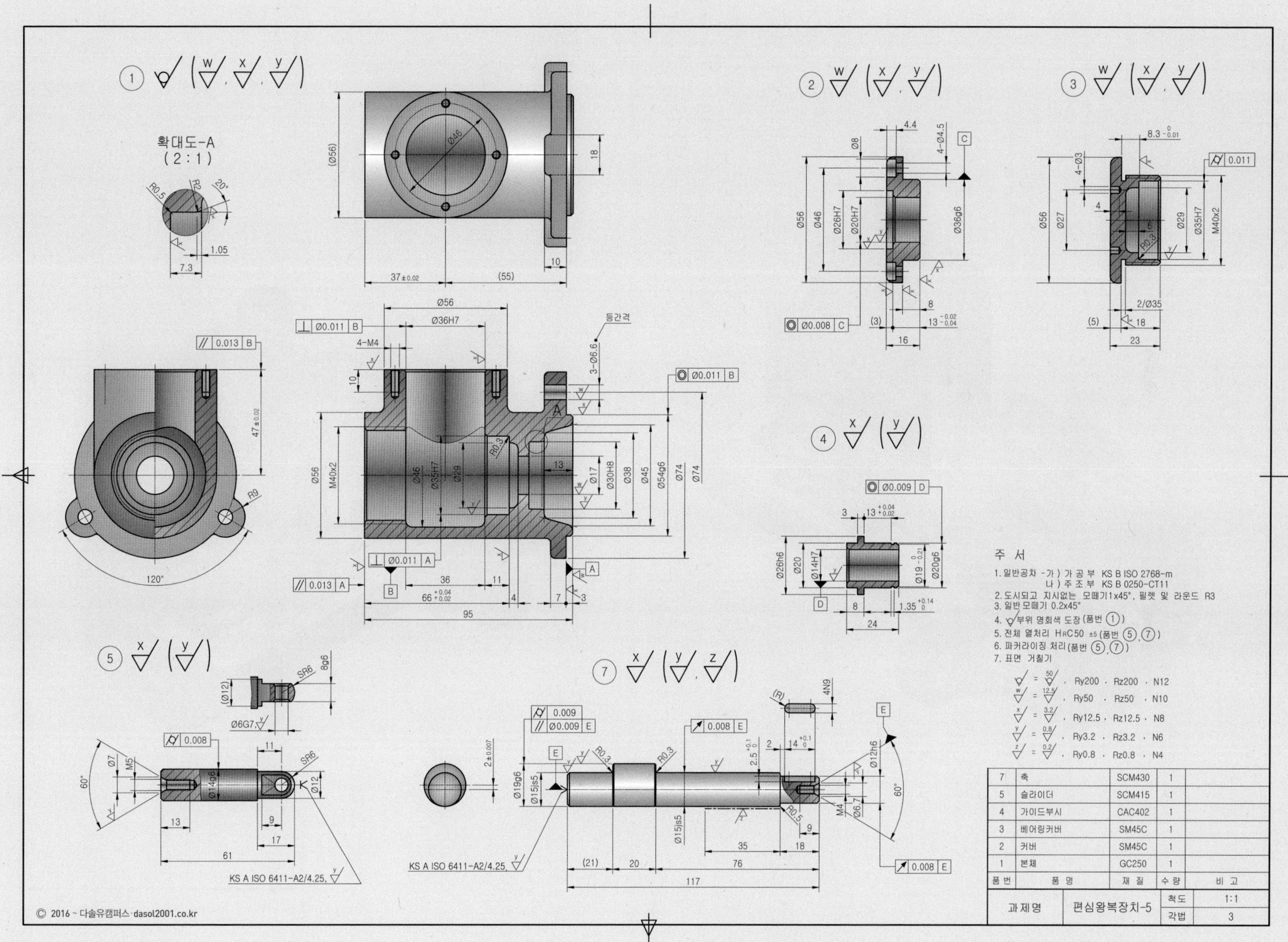
확대도-A
(2 : 1)
주 서
1. 일반공차 -가) 가 공 부 KS B ISO 2768-m
나) 주 조 부 KS B 0250-CT11
2. 도시되고 지시없는 모떼기1x45°, 필렛 및 라운드 R3
3. 일반모떼기 0.2x45°
4. 부위 명회색 도장(품번 ①)
5. 전체 열처리 HrC50 ±5 (품번 ⑤, ⑦)
6. 파커라이징 처리(품번 ⑤, ⑦)
7. 표면 거칠기
Ry200 , Rz200 , N12
Ry50 , Rz50 , N10
Ry12.5 , Rz12.5 , N8
Ry3.2 , Rz3.2 , N6
Ry0.8 , Rz0.8 , N4
7 축 SCM430 1
5 슬라이더 SCM415 1
4 가이드부시 CAC402 1
3 베어링커버 SM45C 1
2 커버 SM45C 1
1 본체 GC250 1
품번 품명 재질 수량 비고
과제명 편심왕복장치-5 척도 1:1 각법 3
KS A ISO 6411-A2/4.25
© 2016 ~ 다솔유캠퍼스 · dasol2001.co.kr

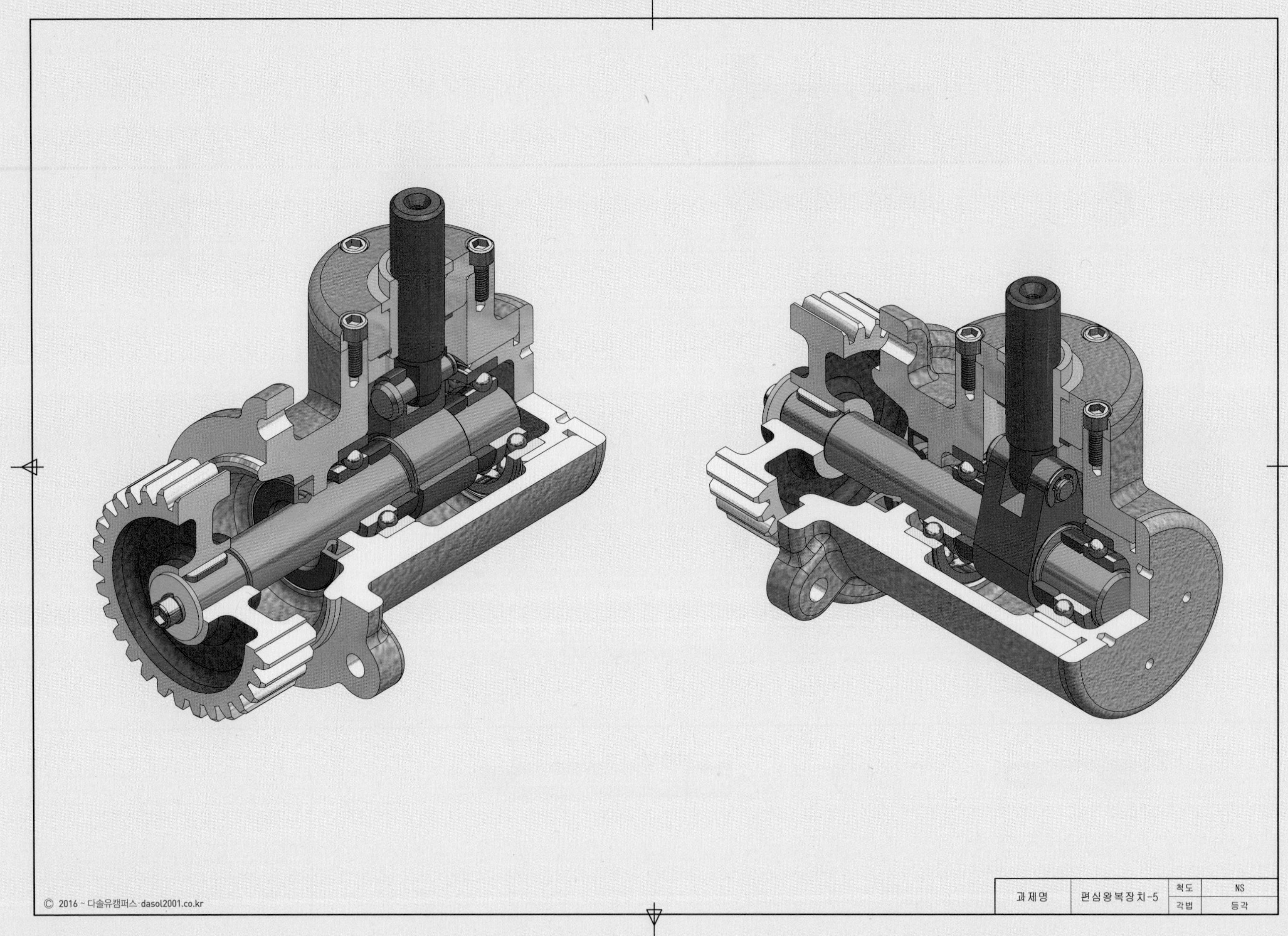
© 2016 ~ 다솔유캠퍼스 dasol2001.co.kr
과제명
편심왕복장치-5
척도
NS
각법
등각

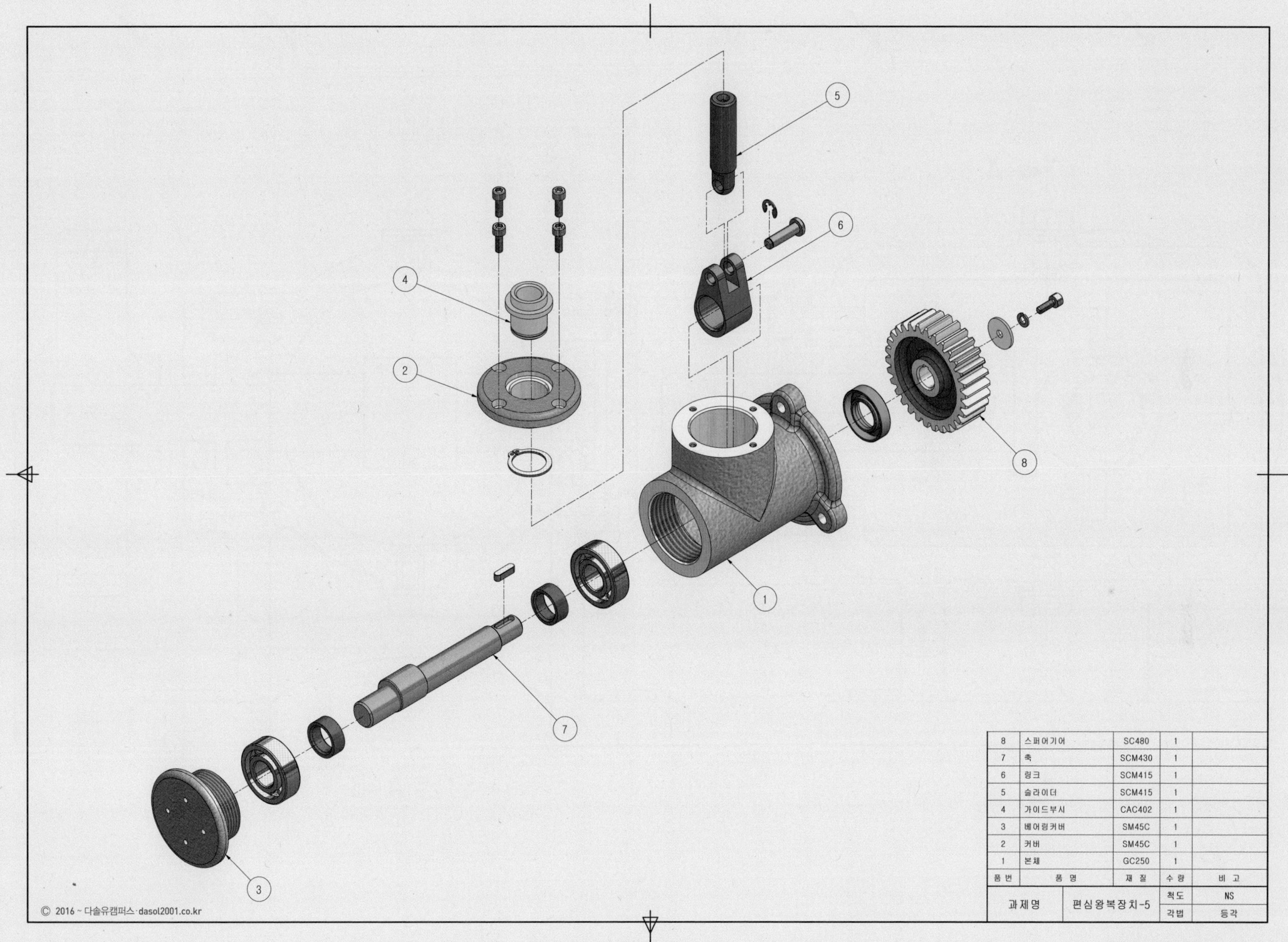


| 품 번 | 품 명 | 재 질 | 수 량 | 비 고 |
|---|---|---|---|---|
| 8 | 스퍼어기어 | SC480 | 1 | |
| 7 | 축 | SCM430 | 1 | |
| 6 | 링크 | SCM415 | 1 | |
| 5 | 슬라이더 | SCM415 | 1 | |
| 4 | 가이드부시 | CAC402 | 1 | |
| 3 | 베어링커버 | SM45C | 1 | |
| 2 | 커버 | SM45C | 1 | |
| 1 | 본체 | GC250 | 1 | |

| 과제명 | 편심왕복장치-5 | 척도 | NS |
|---|---|---|---|
| | | 각법 | 등각 |

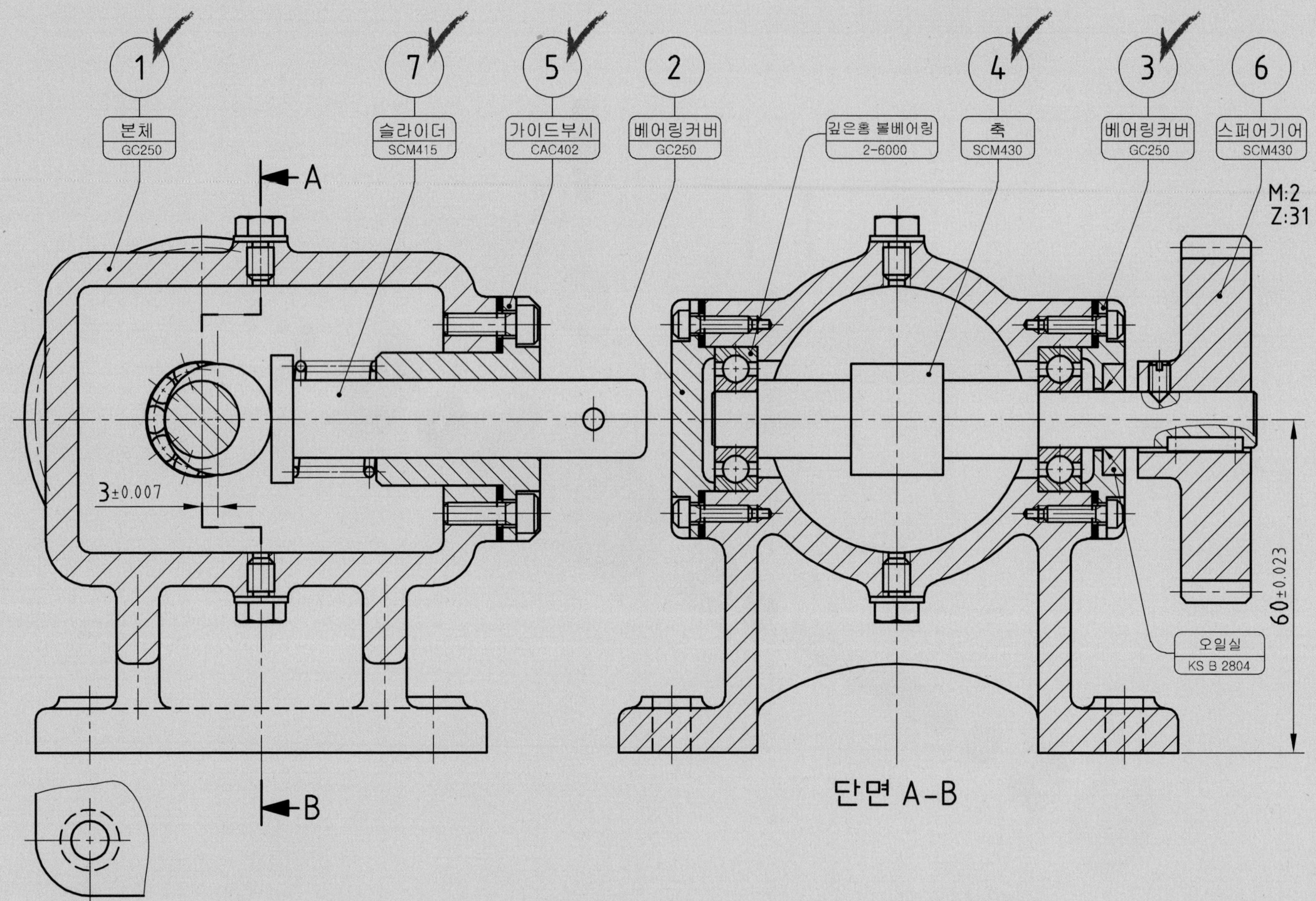
1
본체
GC250
7
슬라이더
SCM415
5
가이드부시
CAC402
2
베어링커버
GC250
깊은홈 볼베어링
2-6000
4
축
SCM430
3
베어링커버
GC250
6
스퍼어기어
SCM430
M:2
Z:31
A
B
3±0.007
60±0.023
오일실
KS B 2804
단면 A-B

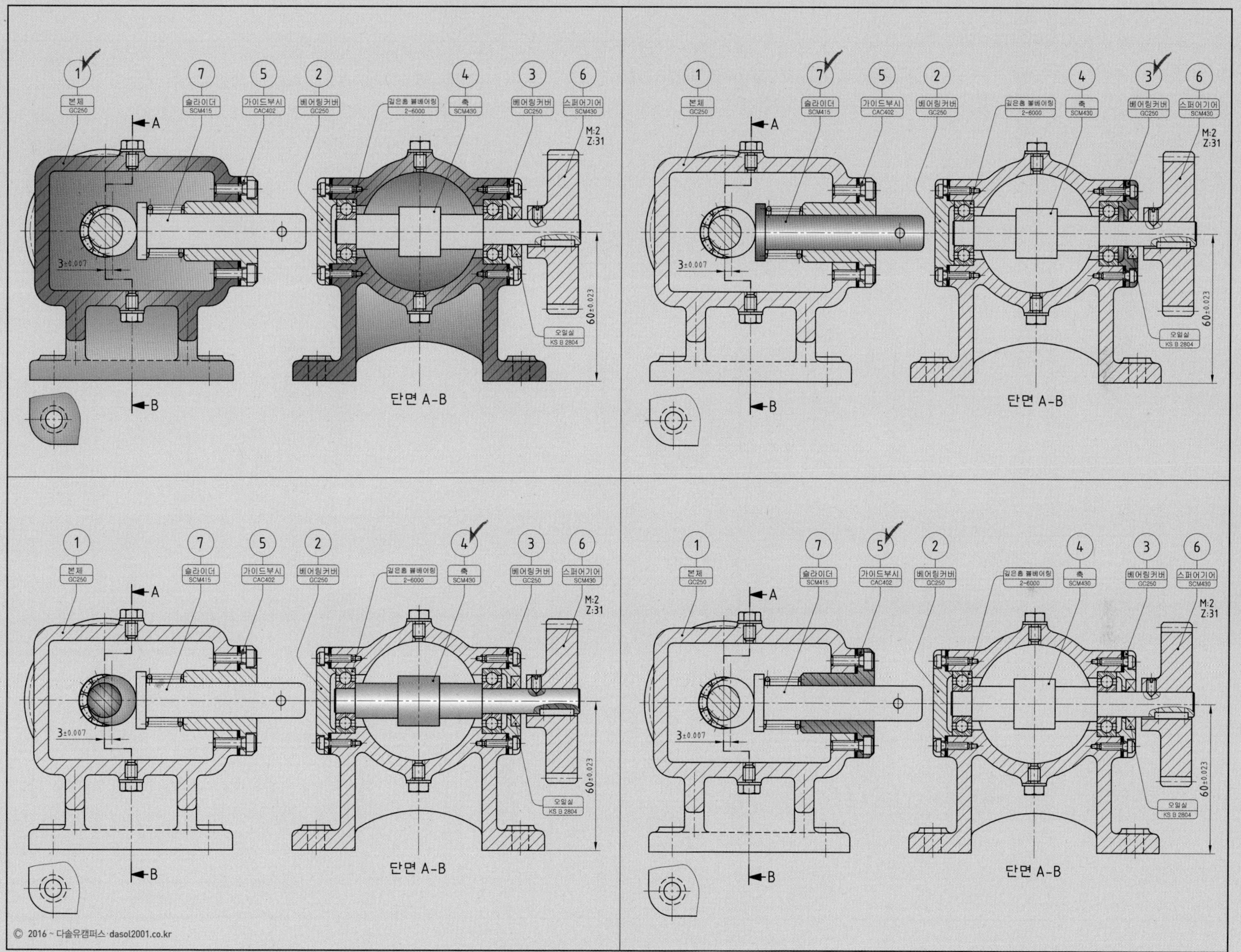

1
본체
GC250
7
슬라이더
SCM415
5
가이드부시
CAC402
2
베어링커버
GC250
깊은홈 볼베어링
2-6000
4
축
SCM430
3
베어링커버
GC250
6
스퍼어기어
SCM430
M:2
Z:31
A
B
3±0.007
60±0.023
오일실
KS B 2804
단면 A-B

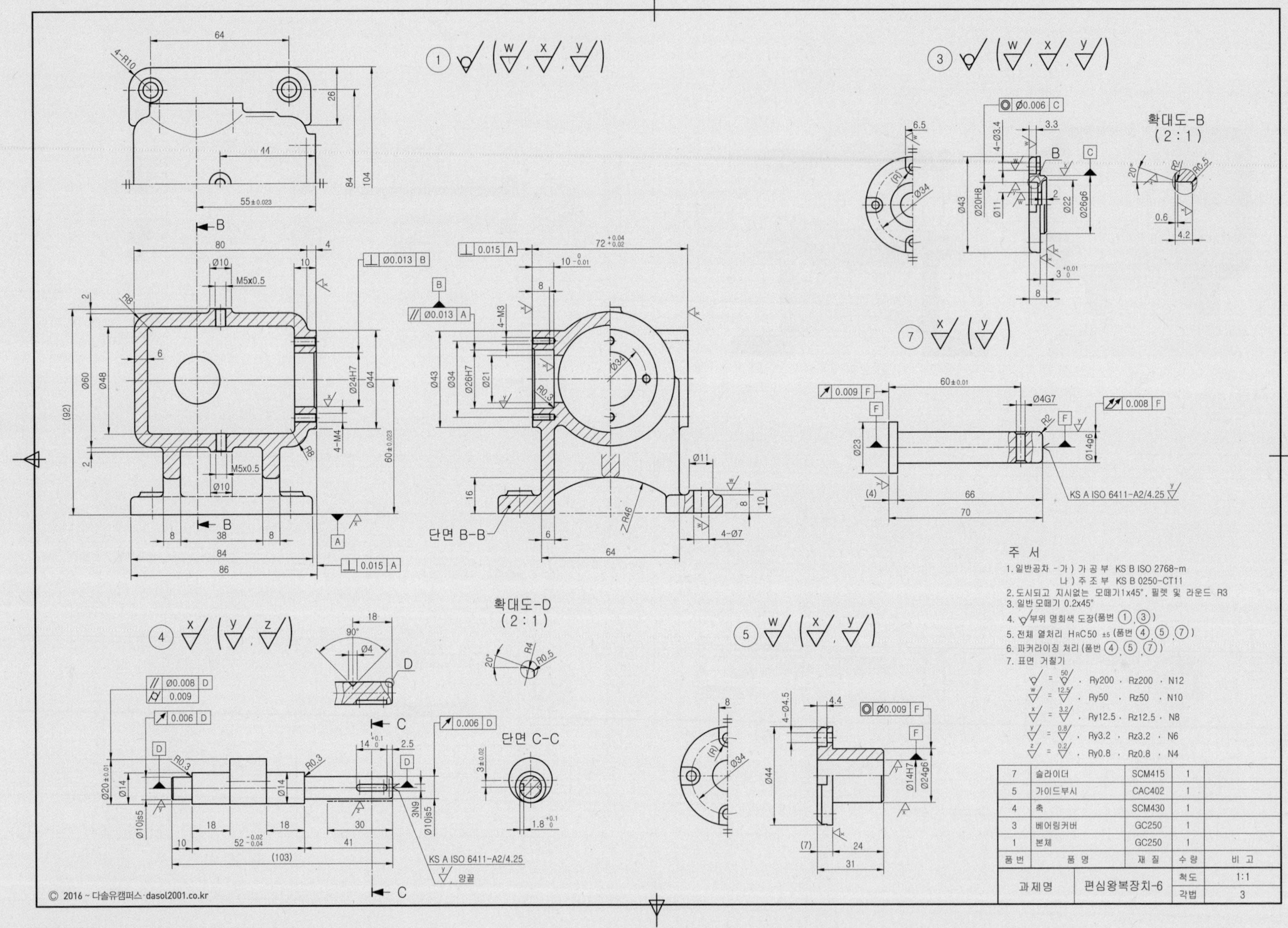

단면 B-B
확대도-B (2:1)
확대도-D (2:1)
단면 C-C
주 서
1. 일반공차 - 가) 가 공 부 KS B ISO 2768-m
나) 주 조 부 KS B 0250-CT11
2. 도시되고 지시없는 모떼기1x45°, 필렛 및 라운드 R3
3. 일반모떼기 0.2x45°
4. 부위 명회색 도장(품번 ①,③)
5. 전체 열처리 HRC50 ±5 (품번 ④,⑤,⑦)
6. 파커라이징 처리(품번 ④,⑤,⑦)
7. 표면 거칠기
= 50/, Ry200, Rz200, N12
= 12.5/, Ry50, Rz50, N10
= 3.2/, Ry12.5, Rz12.5, N8
= 0.8/, Ry3.2, Rz3.2, N6
= 0.2/, Ry0.8, Rz0.8, N4
7 | 슬라이더 | SCM415 | 1
5 | 가이드부시 | CAC402 | 1
4 | 축 | SCM430 | 1
3 | 베어링커버 | GC250 | 1
1 | 본체 | GC250 | 1
품번 | 품명 | 재질 | 수량 | 비고
과제명 | 편심왕복장치-6 | 척도 1:1 | 각법 3
KS A ISO 6411-A2/4.25
© 2016 ~ 다솔유캠퍼스 dasol2001.co.kr

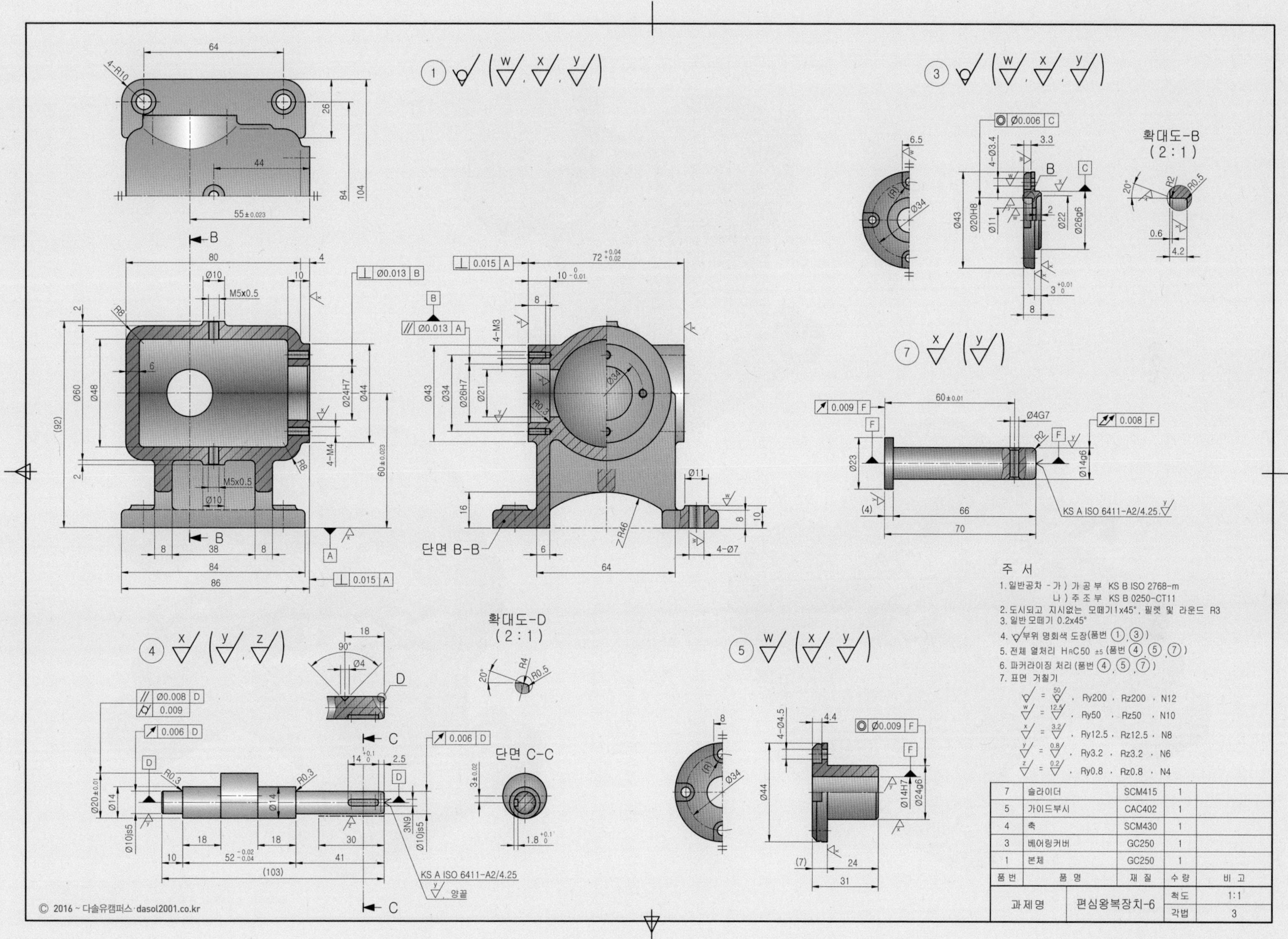
확대도-B
(2 : 1)
단면 B-B
확대도-D
(2 : 1)
단면 C-C
KS A ISO 6411-A2/4.25
양끝
주 서
1.일반공차 - 가 ) 가 공 부 KS B ISO 2768-m
나 ) 주 조 부 KS B 0250-CT11
2.도시되고 지시없는 모떼기1x45°, 필렛 및 라운드 R3
3.일반 모떼기 0.2x45°
4. 부위 명회색 도장(품번 ①,③)
5. 전체 열처리 HRC50 ±5 (품번 ④,⑤,⑦)
6. 파커라이징 처리 (품번 ④,⑤,⑦)
7. 표면 거칠기
Ry200 , Rz200 , N12
Ry50 , Rz50 , N10
Ry12.5 , Rz12.5 , N8
Ry3.2 , Rz3.2 , N6
Ry0.8 , Rz0.8 , N4
7 슬라이더 SCM415 1
5 가이드부시 CAC402 1
4 축 SCM430 1
3 베어링커버 GC250 1
1 본체 GC250 1
품번 품 명 재 질 수 량 비 고
과제명 편심왕복장치-6 척도 1:1 각법 3
© 2016 ~ 다솔유캠퍼스·dasol2001.co.kr

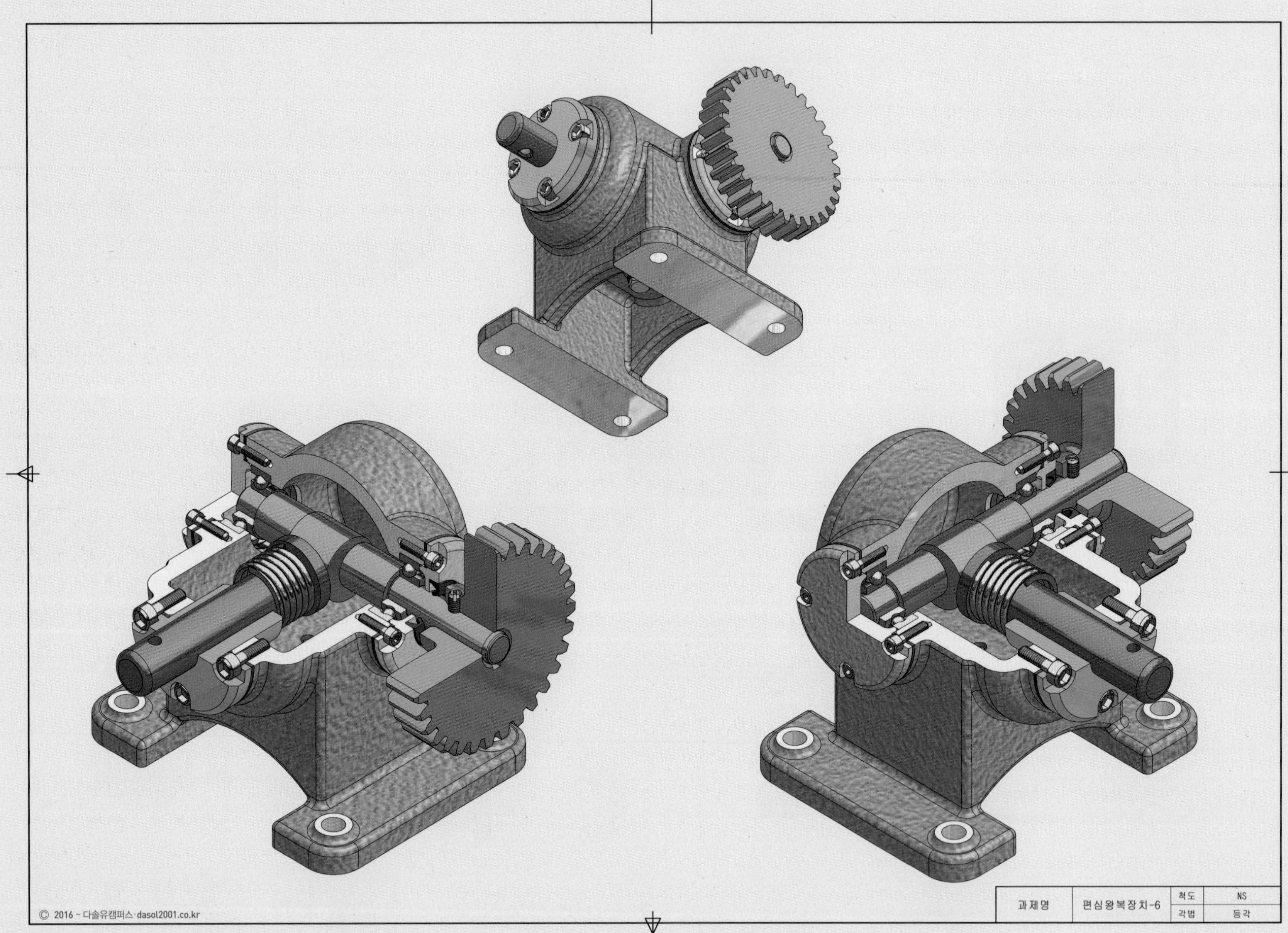

과제명
편심왕복장치-6
척도
NS
각법
등각

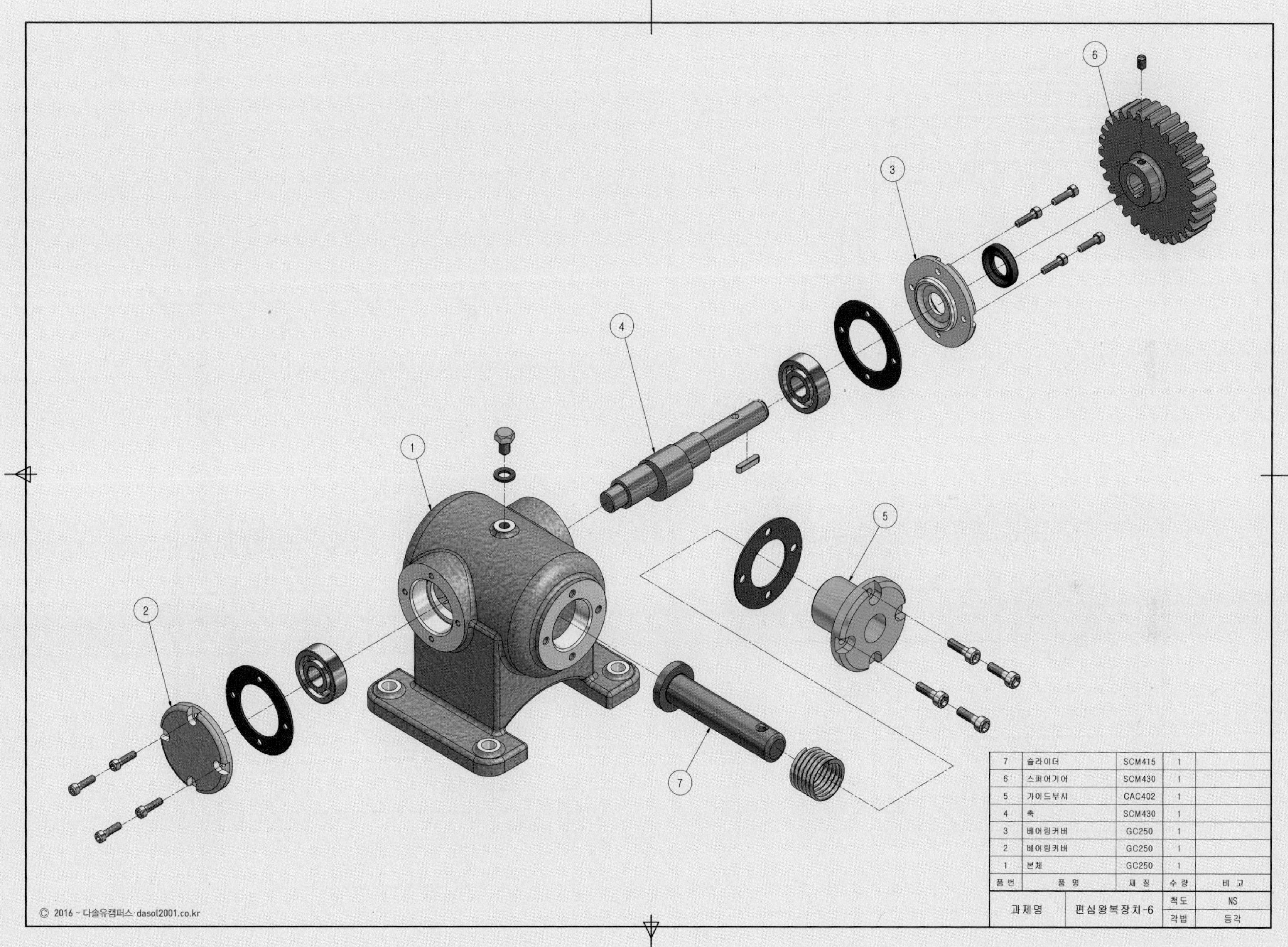


| 7 | 슬라이더 | SCM415 | 1 | |
|---|---|---|---|---|
| 6 | 스퍼어기어 | SCM430 | 1 | |
| 5 | 가이드부시 | CAC402 | 1 | |
| 4 | 축 | SCM430 | 1 | |
| 3 | 베어링커버 | GC250 | 1 | |
| 2 | 베어링커버 | GC250 | 1 | |
| 1 | 본체 | GC250 | 1 | |
| 품 번 | 품 명 | 재 질 | 수 량 | 비 고 |
| 과제명 | 편심왕복장치-6 | | 척도 | NS |
| | | | 각법 | 등각 |

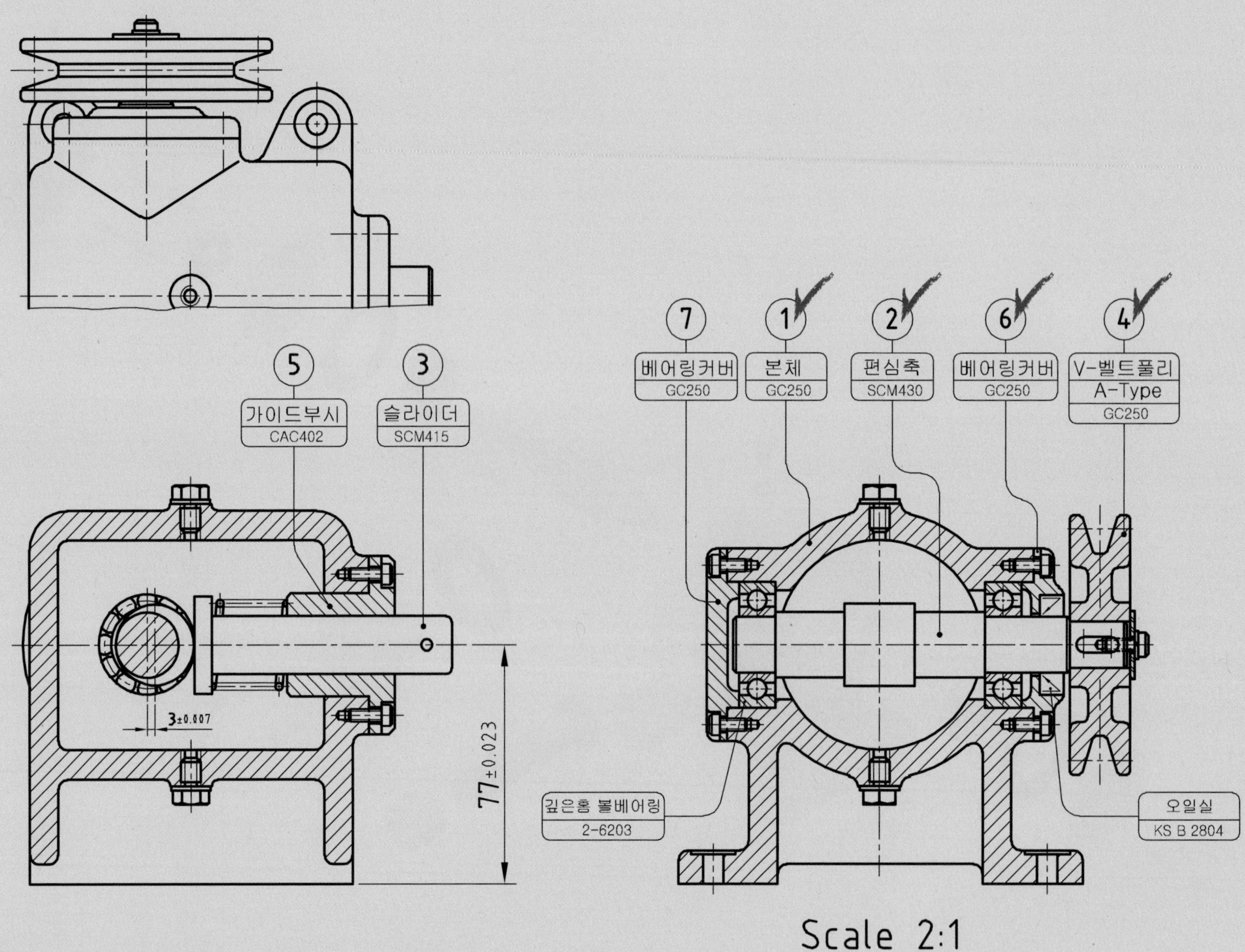

5
가이드부시
CAC402
3
슬라이더
SCM415
3±0.007
77±0.023
7
베어링커버
GC250
1
본체
GC250
2
편심축
SCM430
6
베어링커버
GC250
4
V-벨트풀리
A-Type
GC250
깊은홈 볼베어링
2-6203
오일실
KS B 2804
Scale 2:1

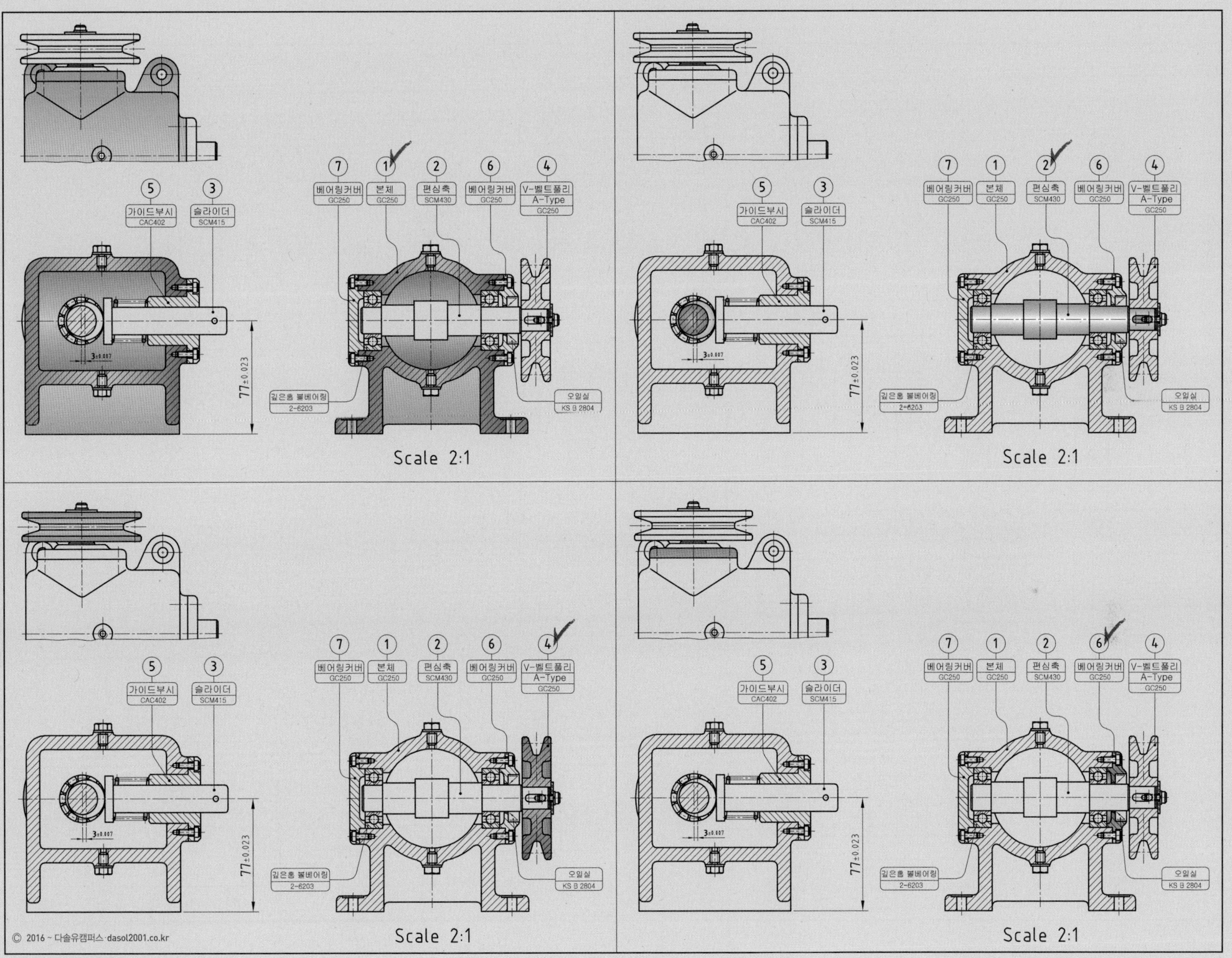

⑦ 베어링커버 GC250
① 본체 GC250
② 편심축 SCM430
⑥ 베어링커버 GC250
④ V-벨트풀리 A-Type GC250
⑤ 가이드부시 CAC402
③ 슬라이더 SCM415
깊은홈 볼베어링 2-6203
오일실 KS B 2804
77±0.023
3±0.007
Scale 2:1

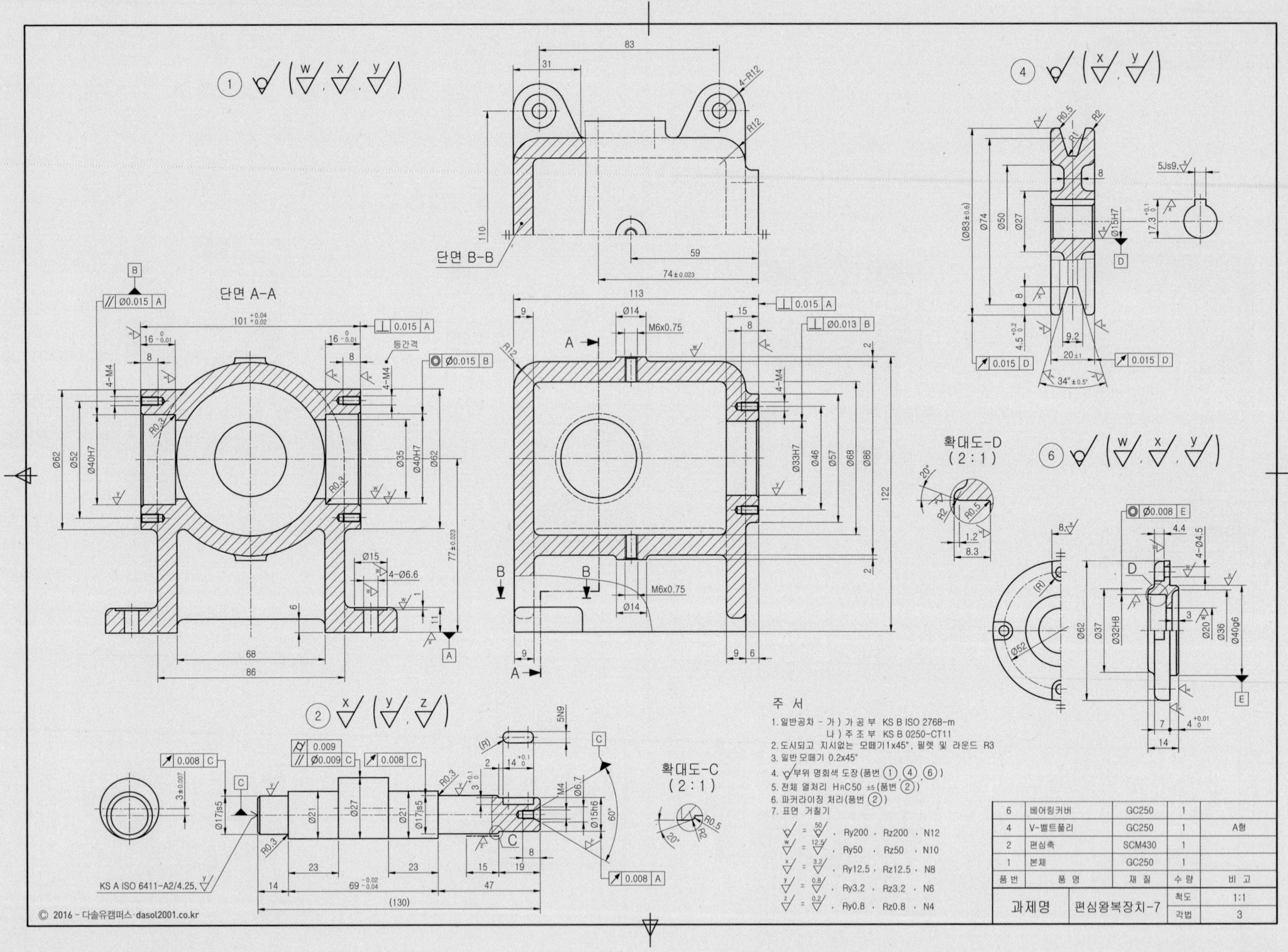
단면 B-B
단면 A-A
확대도-D
(2 : 1)
확대도-C
(2 : 1)
주 서
1. 일반공차 - 가) 가 공 부 KS B ISO 2768-m
나) 주 조 부 KS B 0250-CT11
2. 도시되고 지시없는 모떼기1x45°, 필렛 및 라운드 R3
3. 일반 모떼기 0.2x45°
4. 부위 명회색 도장(품번 ①, ④, ⑥)
5. 전체 열처리 HRC50 ±5(품번 ②)
6. 파커라이징 처리(품번 ②)
7. 표면 거칠기
= 50/ , Ry200 , Rz200 , N12
w = 12.5/ , Ry50 , Rz50 , N10
x = 3.2/ , Ry12.5 , Rz12.5 , N8
y = 0.8/ , Ry3.2 , Rz3.2 , N6
z = 0.2/ , Ry0.8 , Rz0.8 , N4
6 베어링커버 GC250 1
4 V-벨트풀리 GC250 1 A형
2 편심축 SCM430 1
1 본체 GC250 1
품번 품명 재질 수량 비고
과제명 편심왕복장치-7 척도 1:1 각법 3
© 2016 ~ 다솔유캠퍼스·dasol2001.co.kr

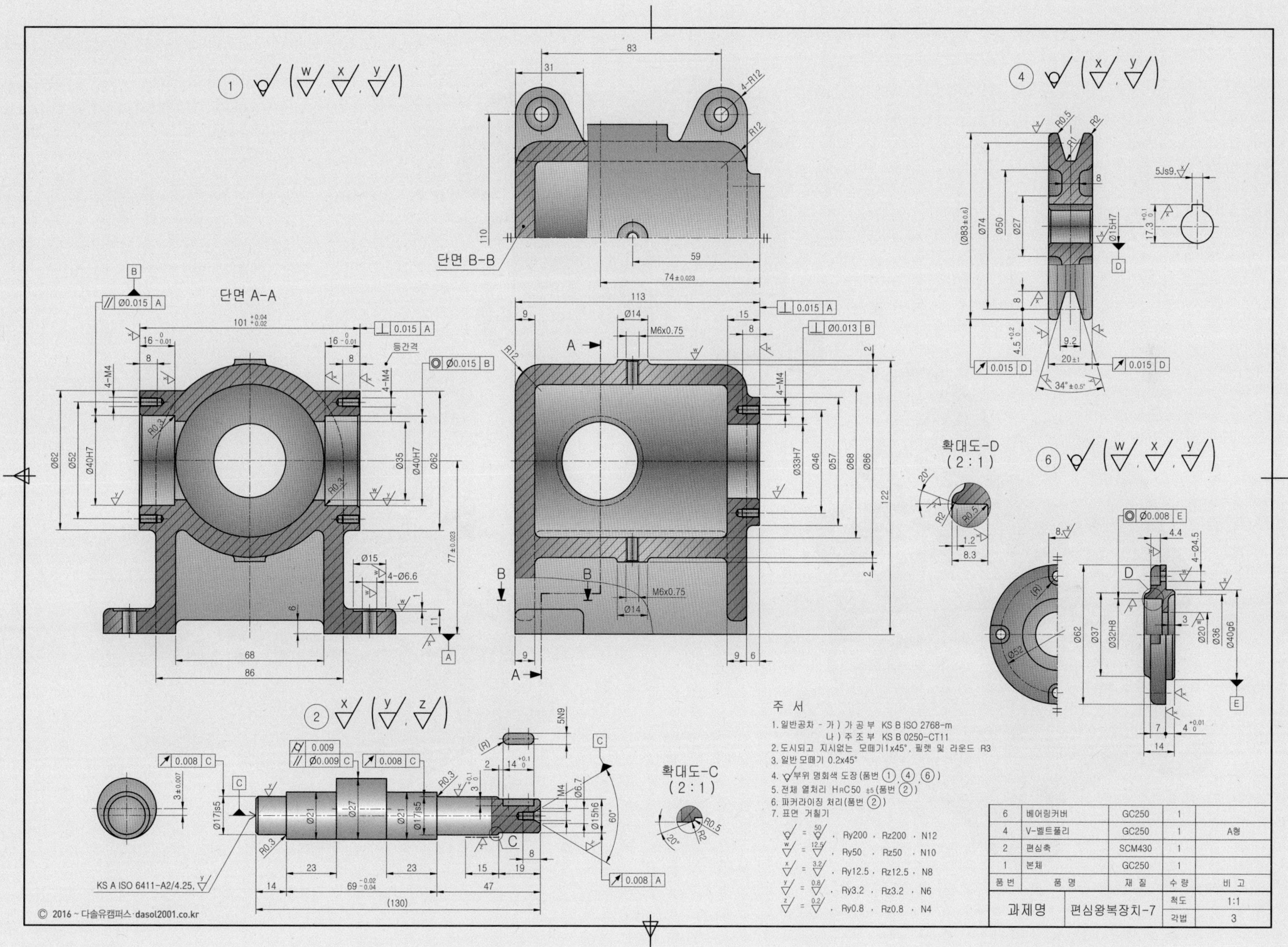
단면 A-A
단면 B-B
확대도-D (2:1)
확대도-C (2:1)
KS A ISO 6411-A2/4.25
주 서
1. 일반공차 - 가) 가 공 부 KS B ISO 2768-m
나) 주 조 부 KS B 0250-CT11
2. 도시되고 지시없는 모떼기1x45°, 필렛 및 라운드 R3
3. 일반 모떼기 0.2x45°
4. 부위 명회색 도장(품번 ①, ④, ⑥)
5. 전체 열처리 HRC50 ±5(품번 ②)
6. 파커라이징 처리(품번 ②)
7. 표면 거칠기
50/ , Ry200 , Rz200 , N12
w = 12.5/ , Ry50 , Rz50 , N10
x = 3.2/ , Ry12.5 , Rz12.5 , N8
y = 0.8/ , Ry3.2 , Rz3.2 , N6
z = 0.2/ , Ry0.8 , Rz0.8 , N4
6 | 베어링커버 | GC250 | 1 |
4 | V-벨트풀리 | GC250 | 1 | A형
2 | 편심축 | SCM430 | 1 |
1 | 본체 | GC250 | 1 |
품번 | 품 명 | 재 질 | 수 량 | 비 고
과제명 | 편심왕복장치-7 | 척도 1:1 | 각법 3
© 2016 ~ 다솔유캠퍼스·dasol2001.co.kr

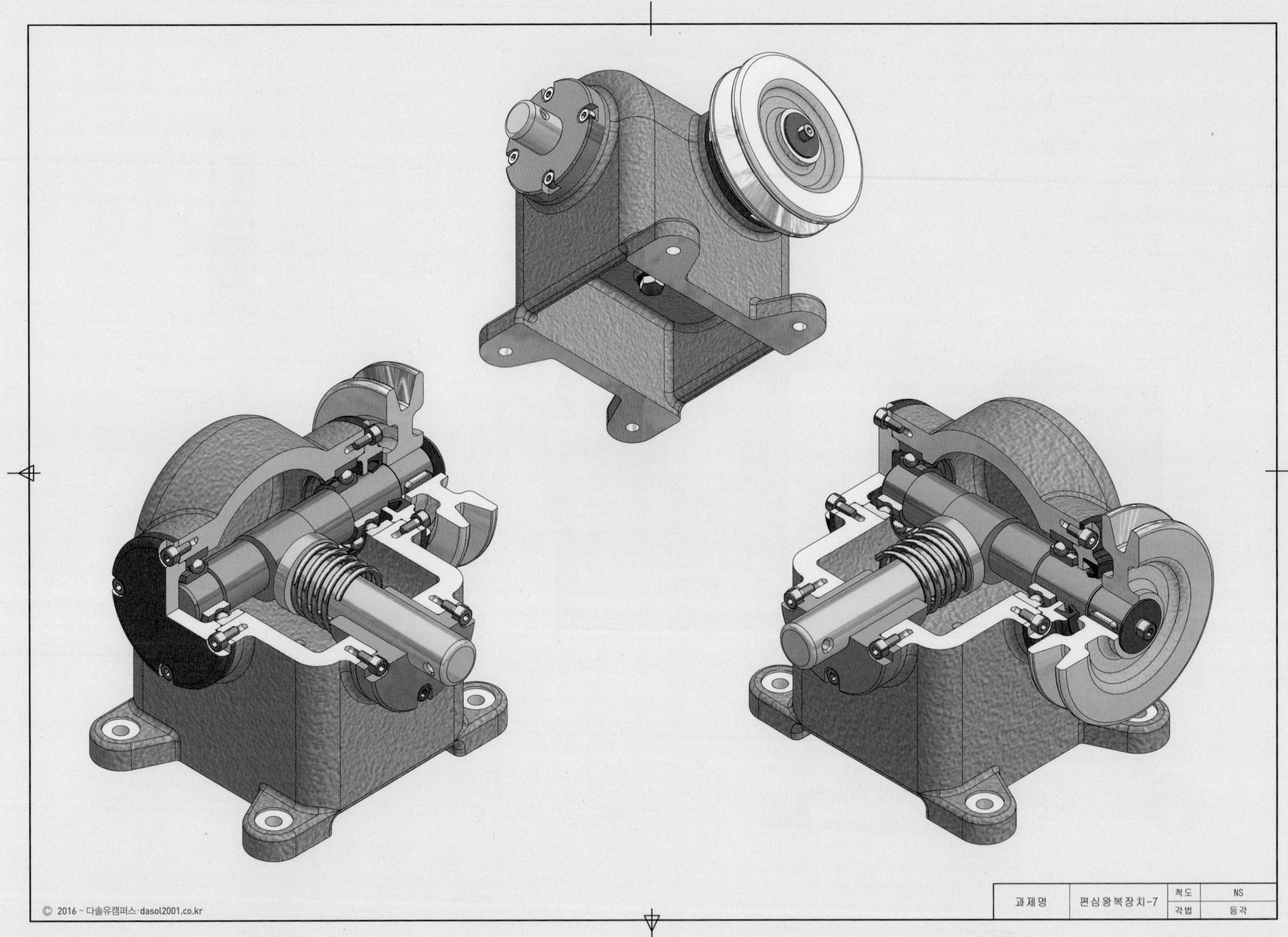

과제명
편심왕복장치-7
척도
NS
각법
등각

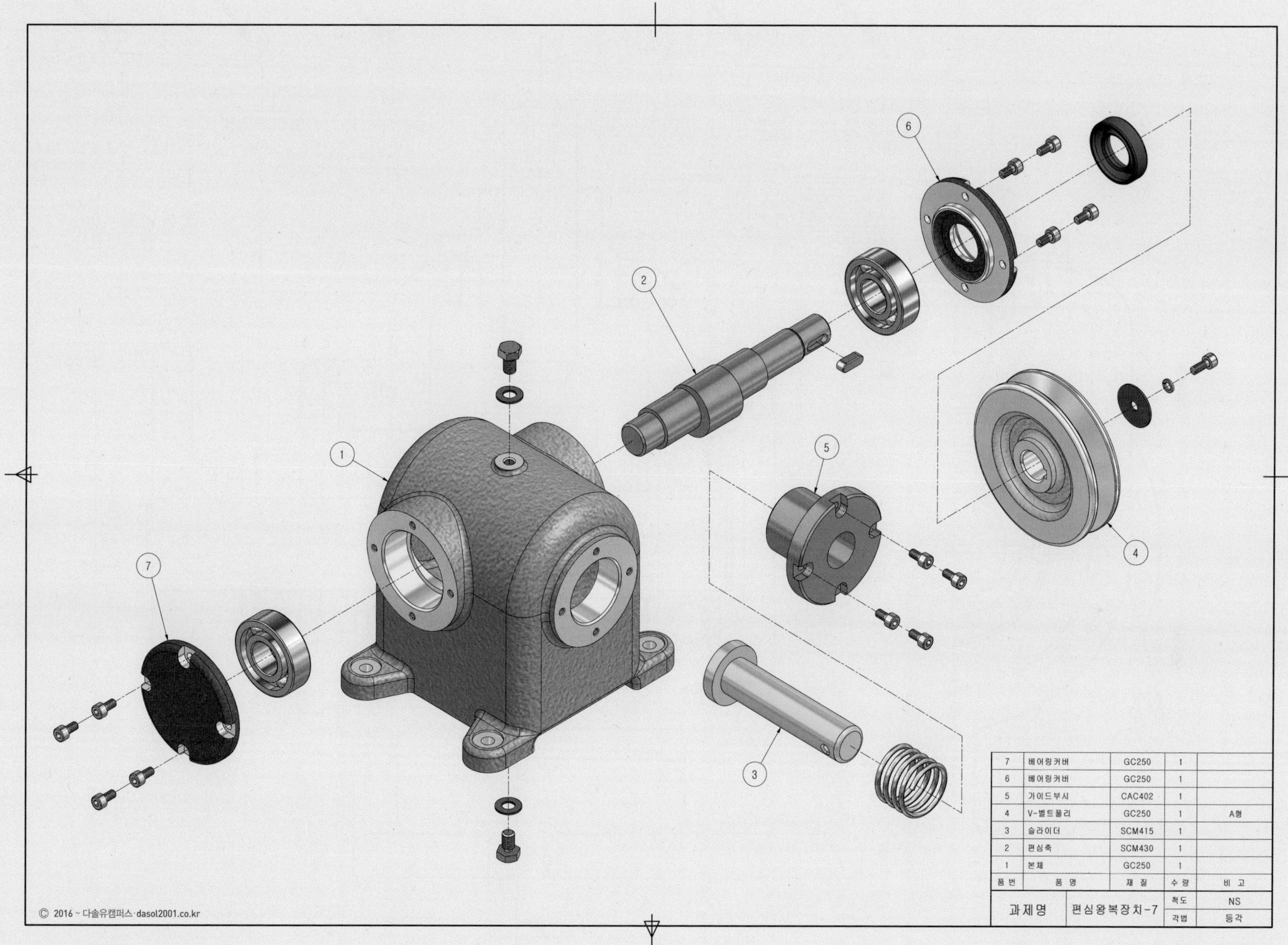


| 품번 | 품명 | 재질 | 수량 | 비고 |
|---|---|---|---|---|
| 7 | 베어링커버 | GC250 | 1 | |
| 6 | 베어링커버 | GC250 | 1 | |
| 5 | 가이드부시 | CAC402 | 1 | |
| 4 | V-벨트풀리 | GC250 | 1 | A형 |
| 3 | 슬라이더 | SCM415 | 1 | |
| 2 | 편심축 | SCM430 | 1 | |
| 1 | 본체 | GC250 | 1 | |

| 과제명 | 편심왕복장치-7 | 척도 | NS |
|---|---|---|---|
| | | 각법 | 등각 |

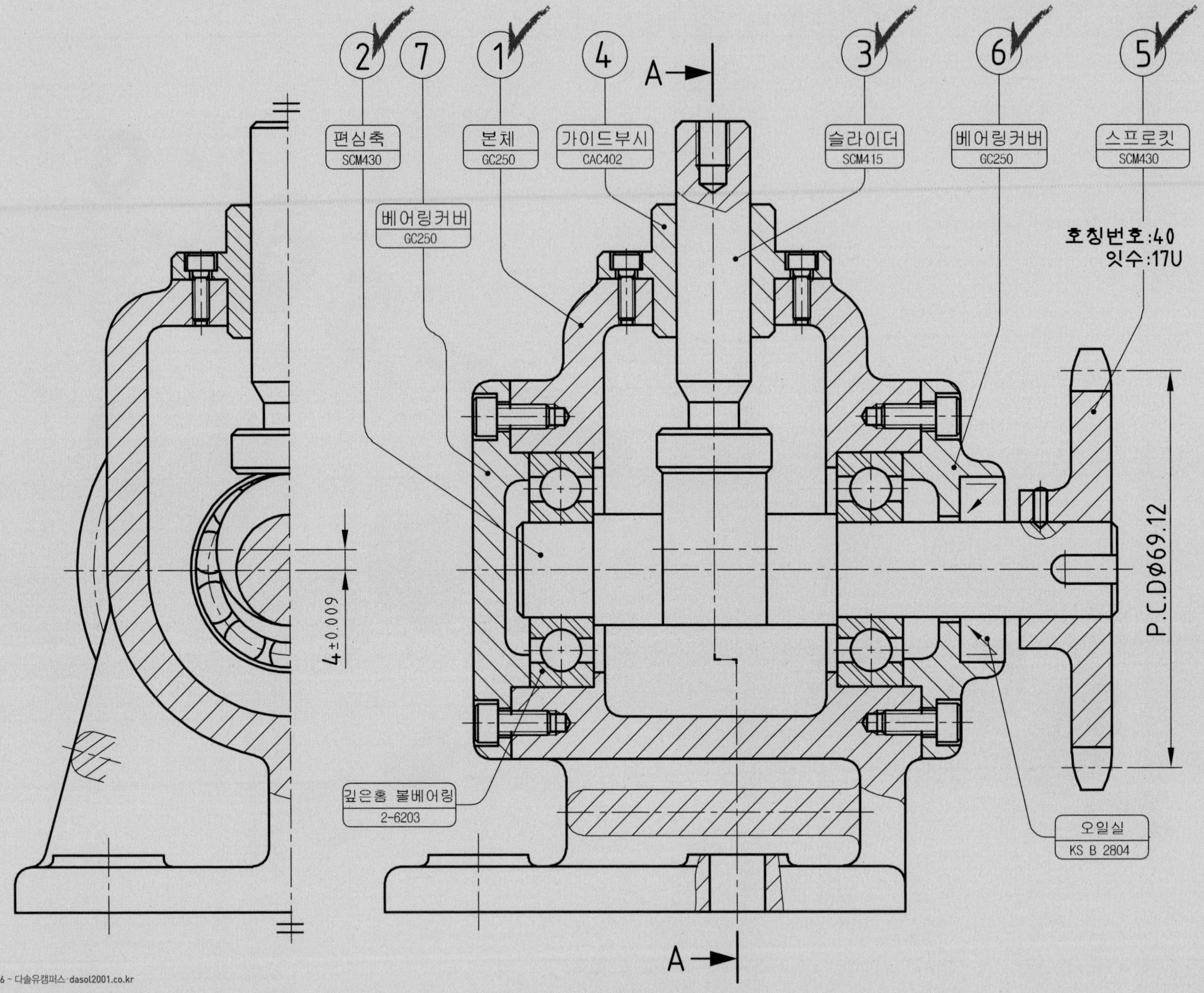
2
7
1
4
3
6
5
A
편심축
SCM430
본체
GC250
가이드부시
CAC402
슬라이더
SCM415
베어링커버
GC250
스프로킷
SCM430
베어링커버
GC250
호칭번호:40
잇수:17U
4±0.009
P.C.DΦ69.12
깊은홈 볼베어링
2-6203
오일실
KS B 2804
A

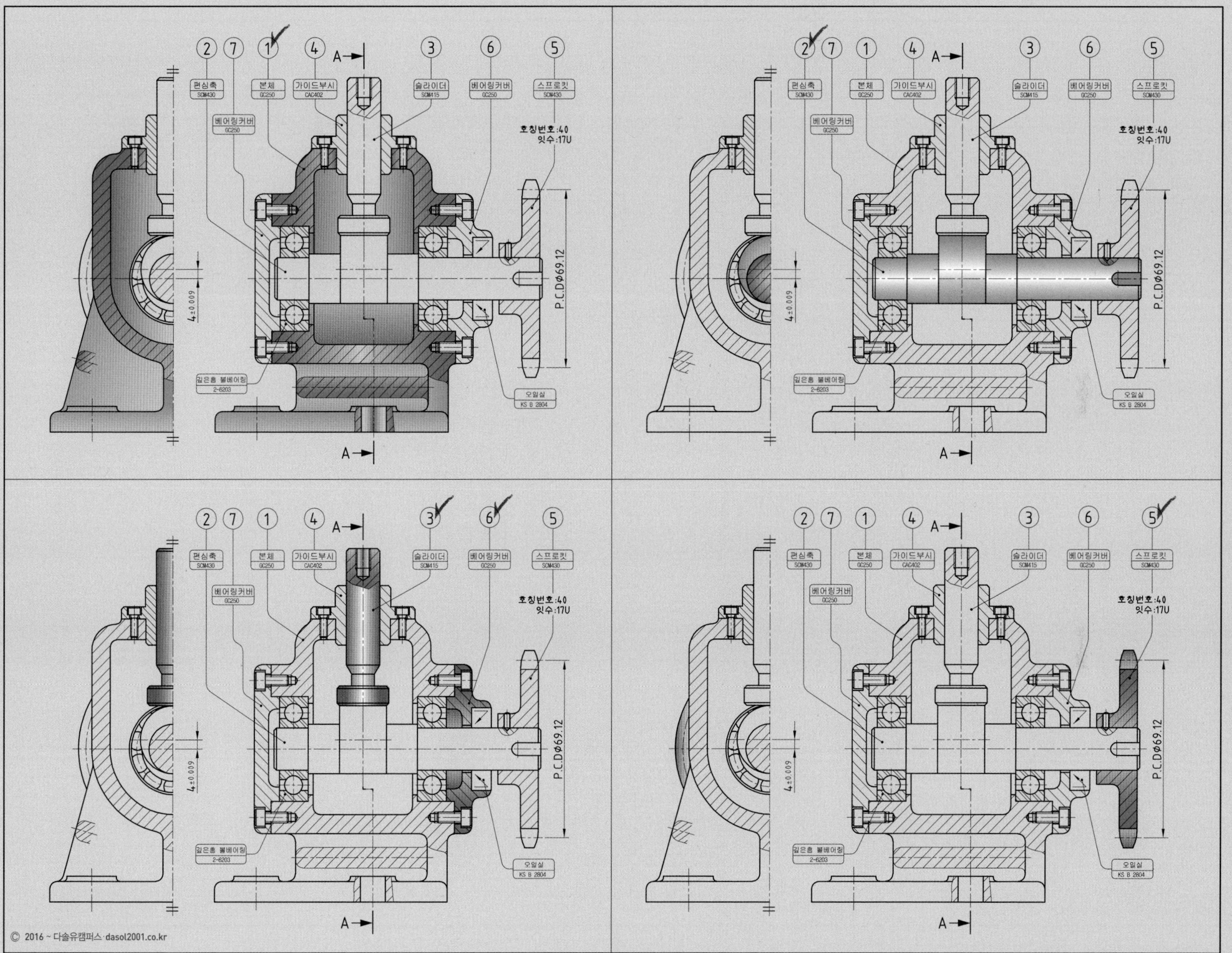

편심축
SCM430
베어링커버
GC250
본체
GC250
가이드부시
CAC402
슬라이더
SCM415
베어링커버
GC250
스프로킷
SCM430
호칭번호:40
잇수:17U
P.C.DΦ69.12
4±0.009
깊은홈 볼베어링
2-6203
오일실
KS B 2804
A

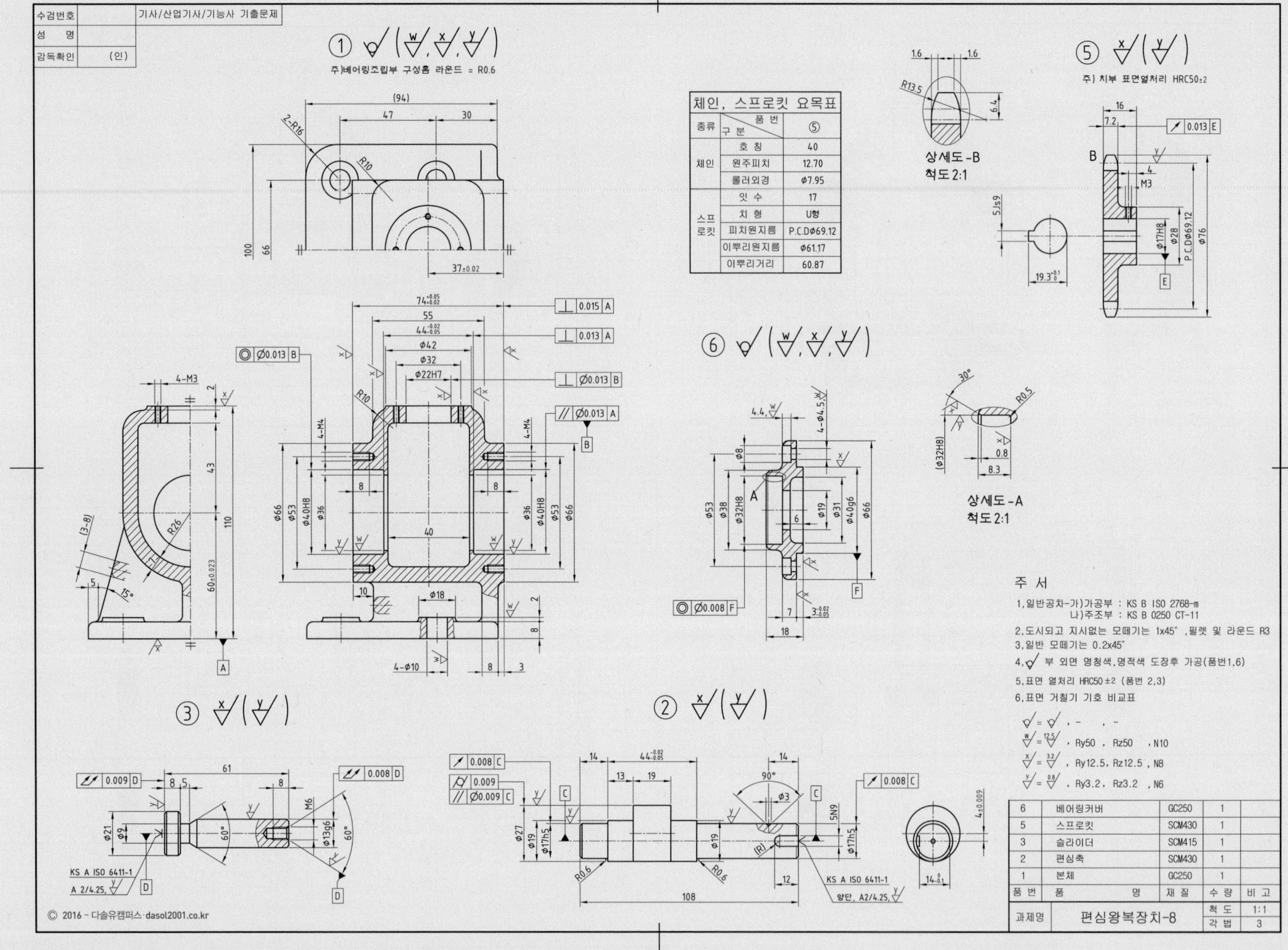


| 종류 | 구분 \ 품번 | ⑤ |
|---|---|---|
| 체인 | 호 칭 | 40 |
| | 원주피치 | 12.70 |
| | 롤러외경 | ϕ7.95 |
| 스프로킷 | 잇 수 | 17 |
| | 치 형 | U형 |
| | 피치원지름 | P.C.Dϕ69.12 |
| | 이뿌리원지름 | ϕ61.17 |
| | 이뿌리거리 | 60.87 |

주 서

1. 일반공차-가)가공부 : KS B ISO 2768-m
   나)주조부 : KS B 0250 CT-11
2. 도시되고 지시없는 모떼기는 1x45°, 필렛 및 라운드 R3
3. 일반 모떼기는 0.2x45°
4. 부 외면 명청색, 명적색 도장후 가공(품번1,6)
5. 표면 열처리 HRC50±2 (품번 2,3)
6. 표면 거칠기 기호 비교표
   - w = 12.5, Ry50 , Rz50 , N10
   - x = 3.2, Ry12.5 , Rz12.5 , N8
   - y = 0.8, Ry3.2 , Rz3.2 , N6

| 품번 | 품 명 | 재 질 | 수 량 | 비 고 |
|---|---|---|---|---|
| 6 | 베어링커버 | GC250 | 1 | |
| 5 | 스프로킷 | SCM430 | 1 | |
| 3 | 슬라이더 | SCM415 | 1 | |
| 2 | 편심축 | SCM430 | 1 | |
| 1 | 본체 | GC250 | 1 | |

| 과제명 | 편심왕복장치-8 | 척 도 | 1:1 |
|---|---|---|---|
| | | 각 법 | 3 |

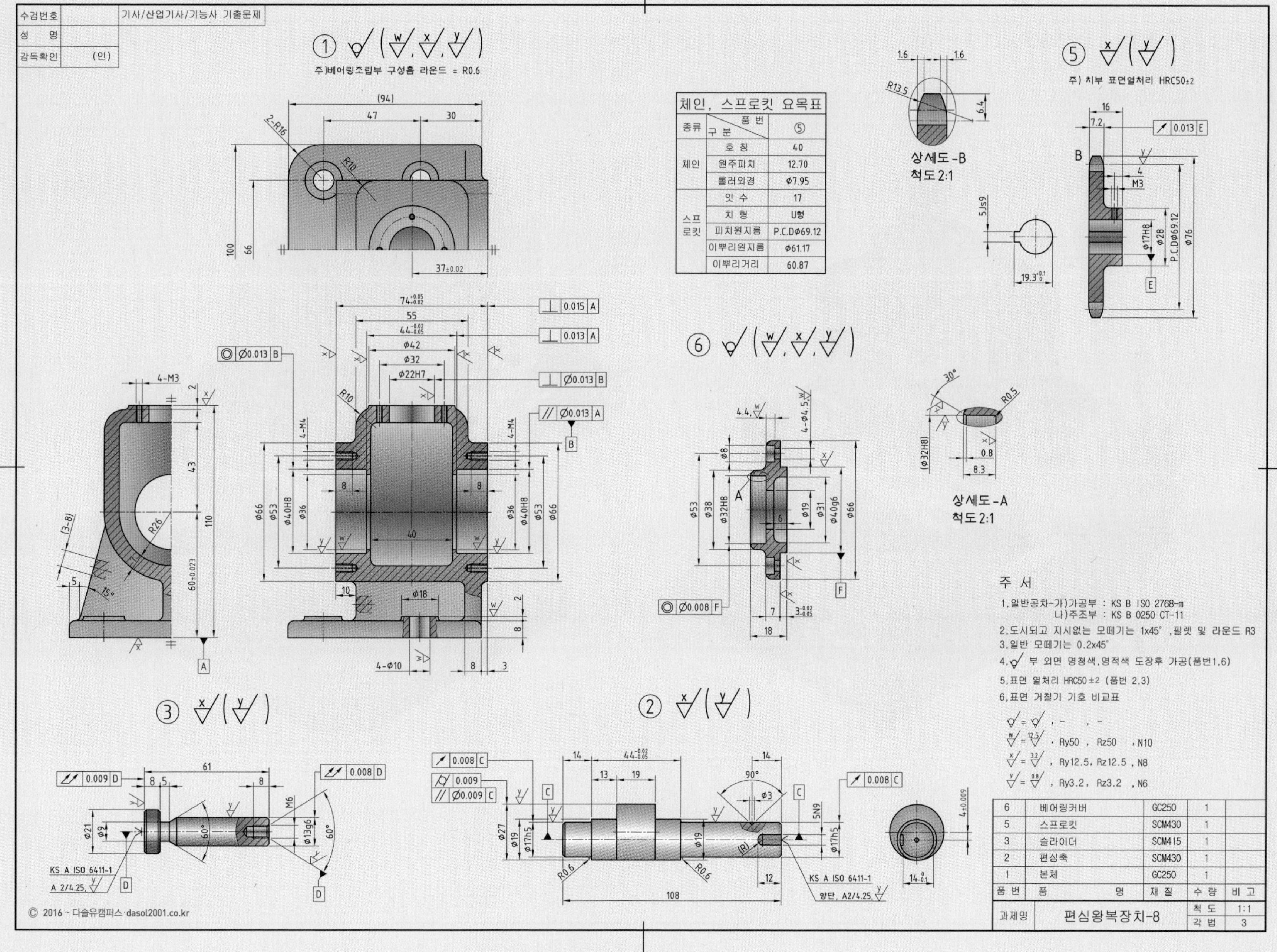


체인, 스프로킷 요목표

| 종류 | 구분 \ 품번 | ⑤ |
|---|---|---|
| 체인 | 호 칭 | 40 |
| | 원주피치 | 12.70 |
| | 롤러외경 | Ø7.95 |
| 스프로킷 | 잇 수 | 17 |
| | 치 형 | U형 |
| | 피치원지름 | P.C.DØ69.12 |
| | 이뿌리원지름 | Ø61.17 |
| | 이뿌리거리 | 60.87 |

| 품 번 | 품 명 | 재 질 | 수 량 | 비 고 |
|---|---|---|---|---|
| 6 | 베어링커버 | GC250 | 1 | |
| 5 | 스프로킷 | SCM430 | 1 | |
| 3 | 슬라이더 | SCM415 | 1 | |
| 2 | 편심축 | SCM430 | 1 | |
| 1 | 본체 | GC250 | 1 | |

| 과제명 | 편심왕복장치-8 | 척 도 | 1:1 |
|---|---|---|---|
| | | 각 법 | 3 |

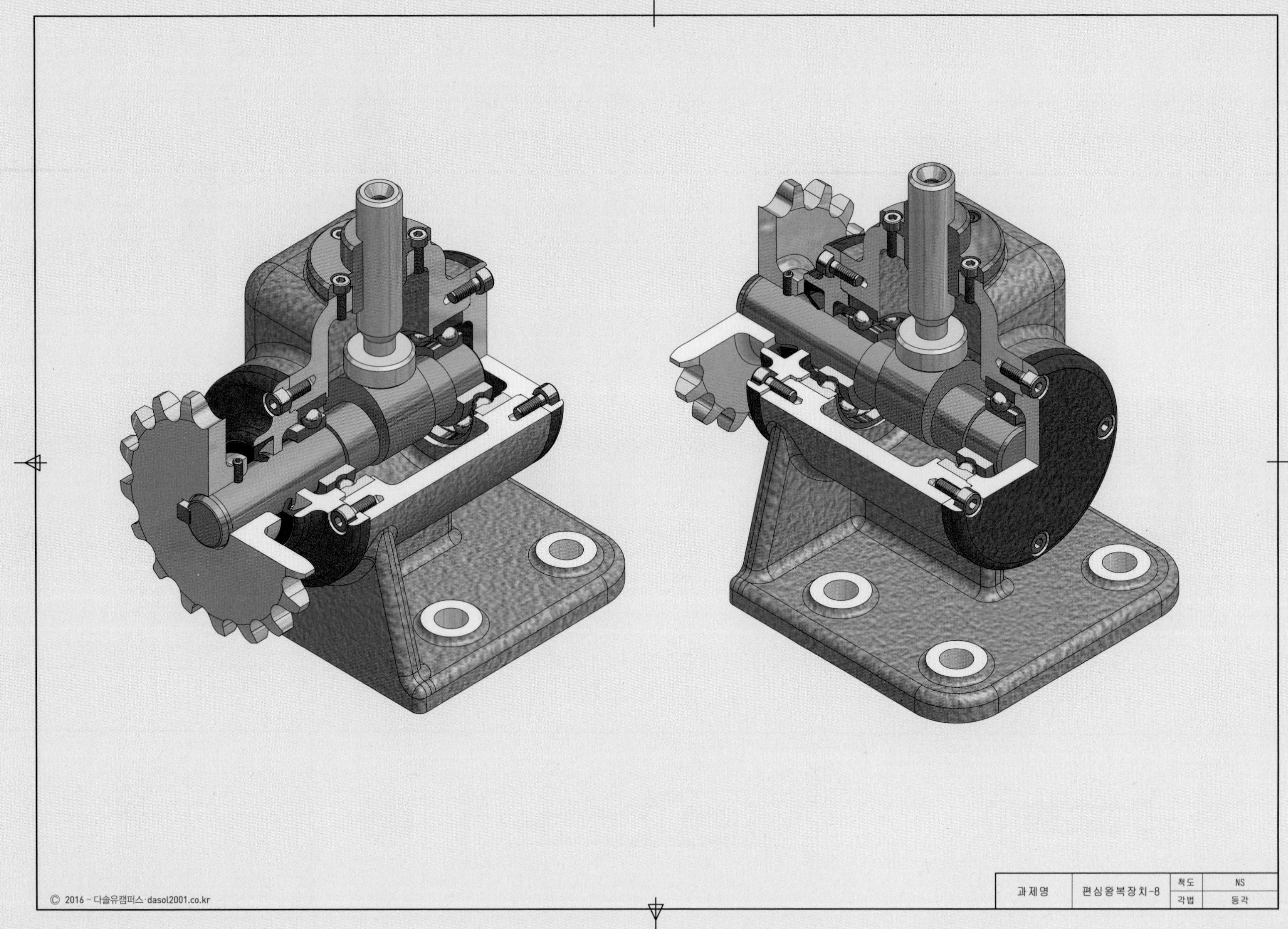
과제명
편심왕복장치-8
척도
NS
각법
등각

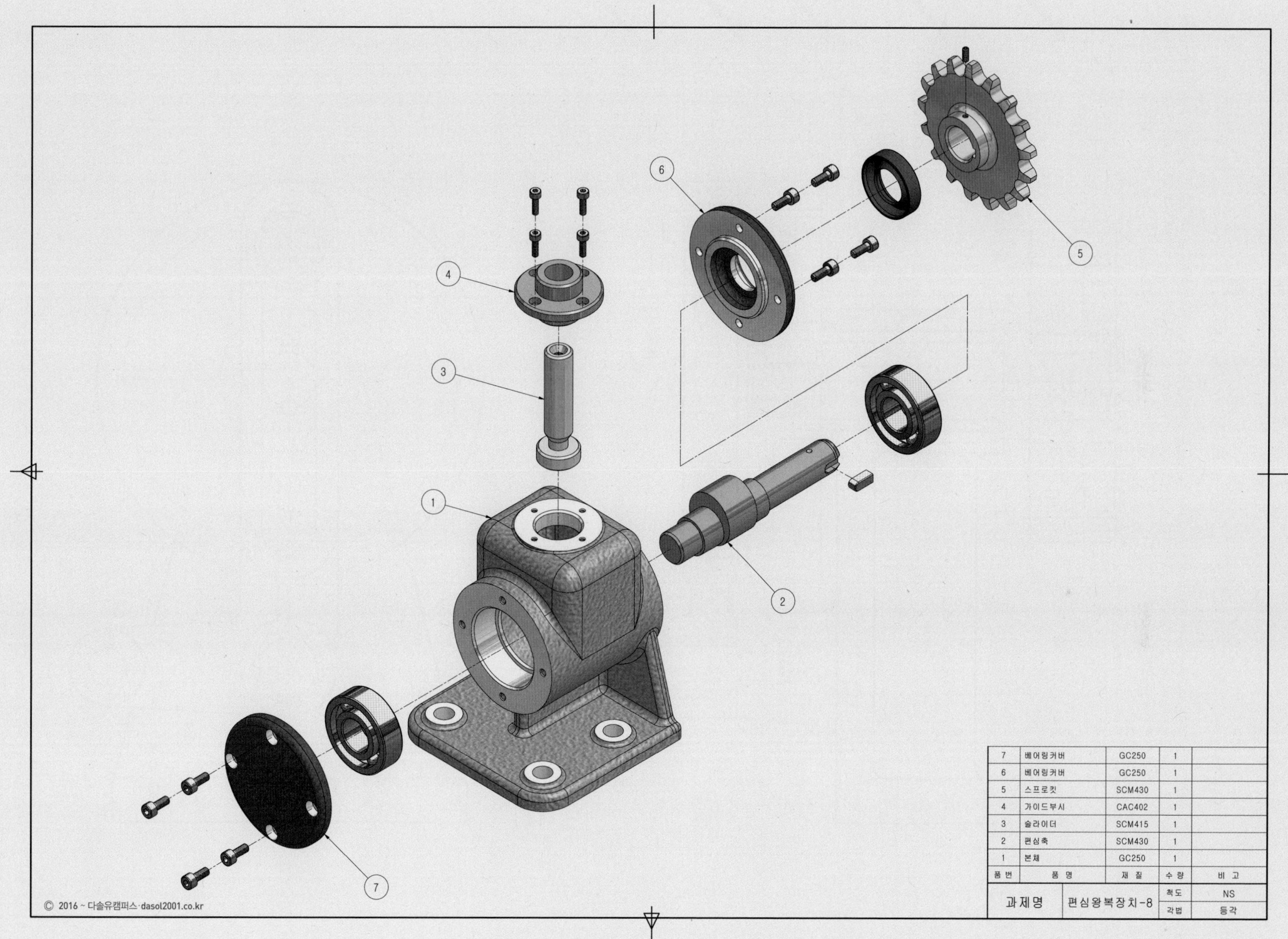


| 품 번 | 품 명 | 재 질 | 수 량 | 비 고 |
|---|---|---|---|---|
| 7 | 베어링커버 | GC250 | 1 | |
| 6 | 베어링커버 | GC250 | 1 | |
| 5 | 스프로킷 | SCM430 | 1 | |
| 4 | 가이드부시 | CAC402 | 1 | |
| 3 | 슬라이더 | SCM415 | 1 | |
| 2 | 편심축 | SCM430 | 1 | |
| 1 | 본체 | GC250 | 1 | |

| 과제명 | 편심왕복장치-8 | 척도 | NS |
|---|---|---|---|
| | | 각법 | 등각 |

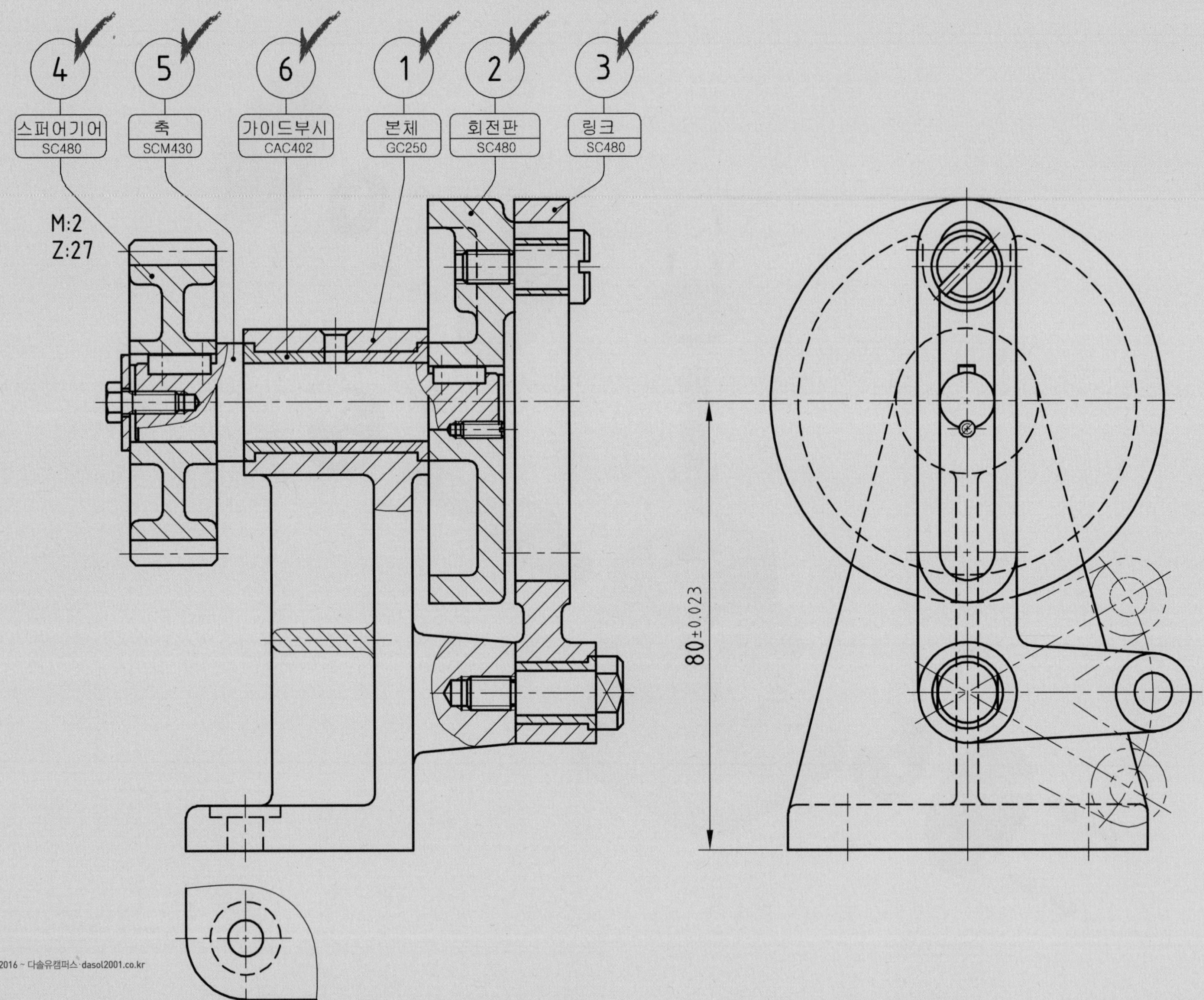
4
스퍼어기어
SC480
5
축
SCM430
6
가이드부시
CAC402
1
본체
GC250
2
회전판
SC480
3
링크
SC480
M:2
Z:27
80±0.023

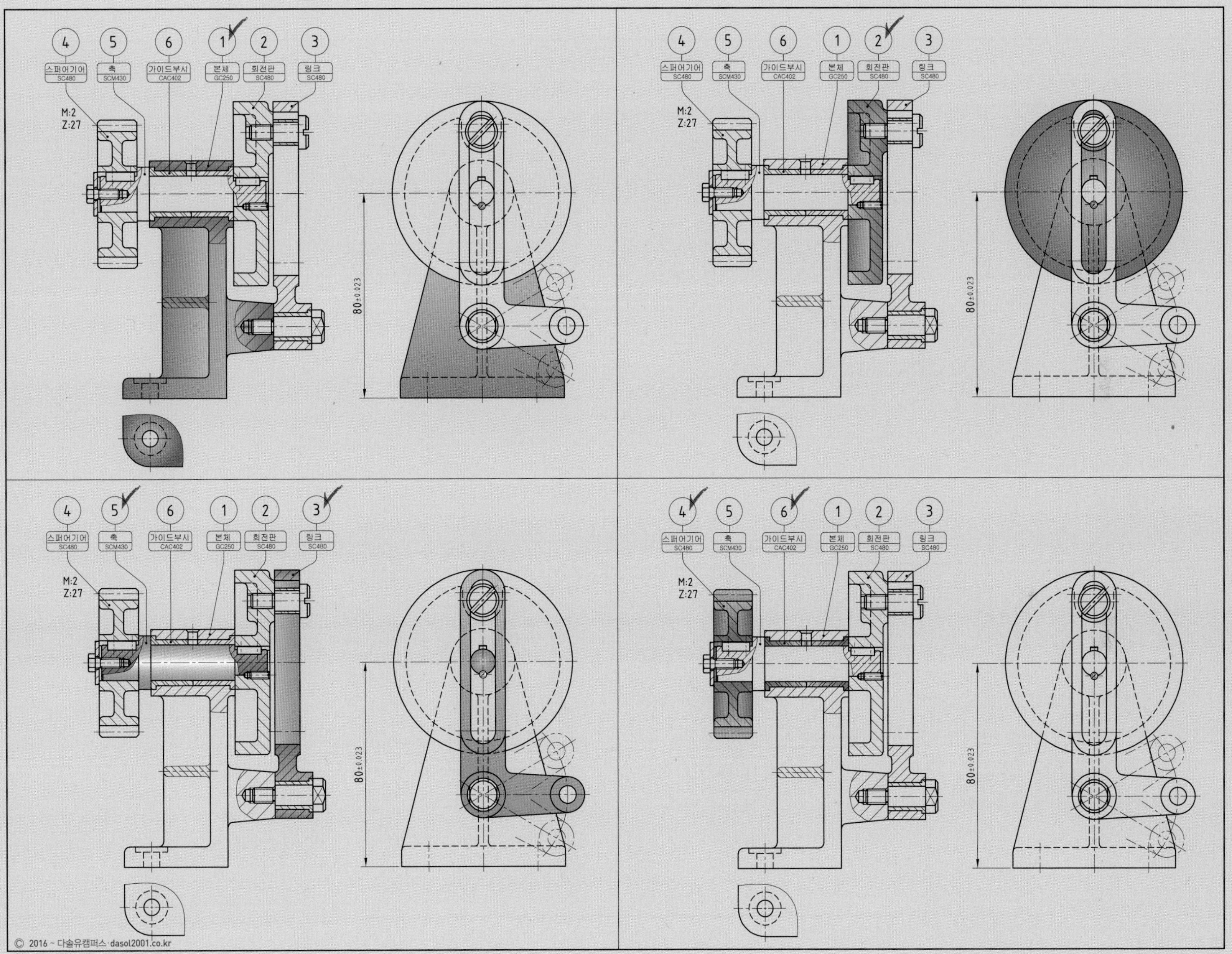
4
5
6
1
2
3
스퍼어기어
SC480
축
SCM430
가이드부시
CAC402
본체
GC250
회전판
SC480
링크
SC480
M:2
Z:27
80±0.023
© 2016 ~ 다솔유캠퍼스 dasol2001.co.kr

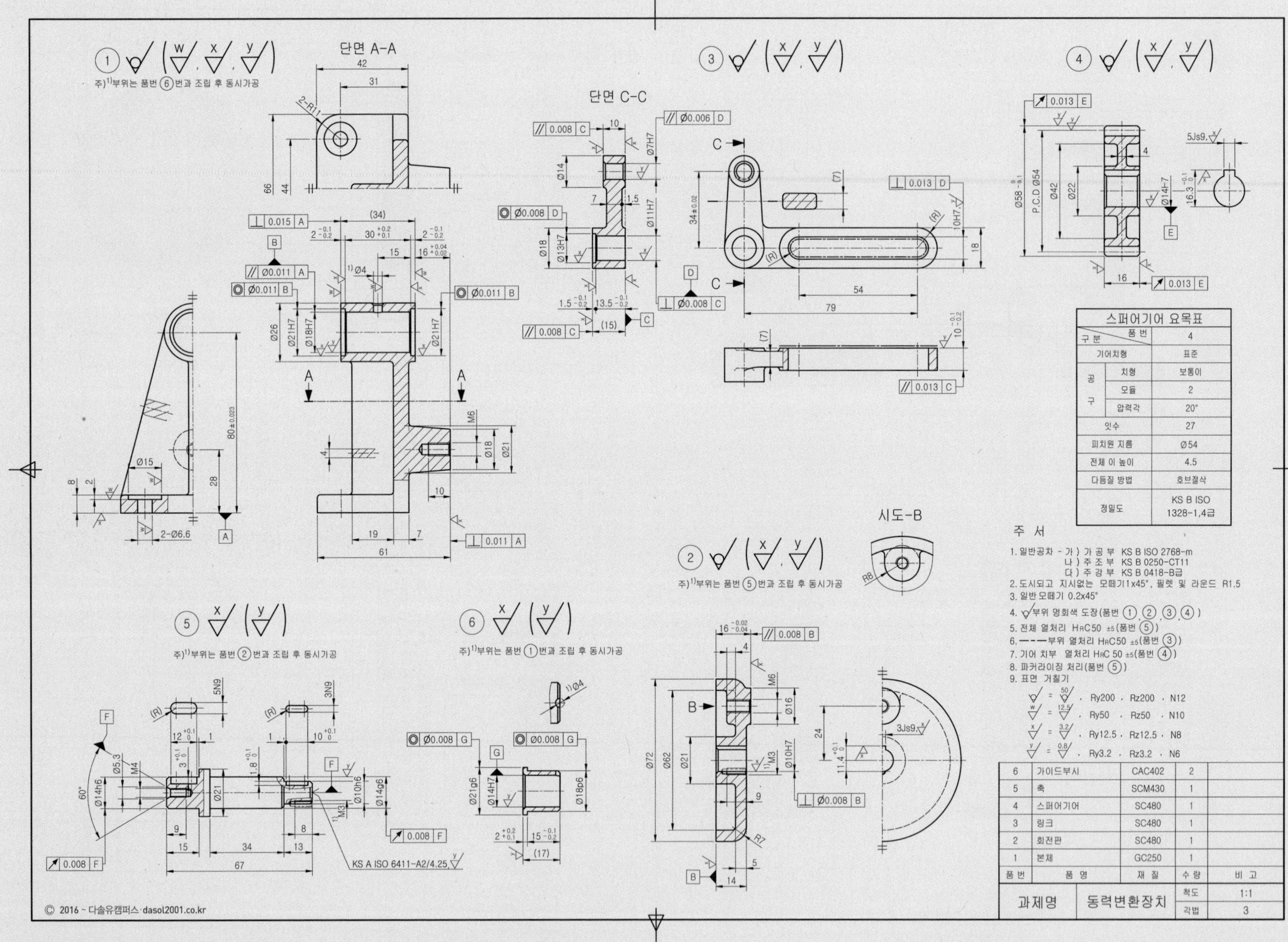


| 구분 \ 품번 | | 4 |
|---|---|---|
| 기어치형 | | 표준 |
| 공구 | 치형 | 보통이 |
| | 모듈 | 2 |
| | 압력각 | 20° |
| 잇수 | | 27 |
| 피치원 지름 | | Ø54 |
| 전체 이 높이 | | 4.5 |
| 다듬질 방법 | | 호브절삭 |
| 정밀도 | | KS B ISO 1328-1,4급 |

주 서

1. 일반공차 - 가) 가 공 부 KS B ISO 2768-m
   나) 주 조 부 KS B 0250-CT11
   다) 주 강 부 KS B 0418-B급
2. 도시되고 지시없는 모떼기1x45°, 필렛 및 라운드 R1.5
3. 일반 모떼기 0.2x45°
4. ∀부위 명회색 도장(품번 ①, ②, ③, ④)
5. 전체 열처리 HRC50 ±5(품번 ⑤)
6. ---부위 열처리 HRC50 ±5(품번 ③)
7. 기어 치부 열처리 HRC 50 ±5(품번 ④)
8. 파커라이징 처리(품번 ⑤)
9. 표면 거칠기
   ∀ = 50/∀ , Ry200 , Rz200 , N12
   w/∇ = 12.5/∇ , Ry50 , Rz50 , N10
   x/∇ = 3.2/∇ , Ry12.5 , Rz12.5 , N8
   y/∇ = 0.8/∇ , Ry3.2 , Rz3.2 , N6

| 품번 | 품 명 | 재 질 | 수 량 | 비 고 |
|---|---|---|---|---|
| 6 | 가이드부시 | CAC402 | 2 | |
| 5 | 축 | SCM430 | 1 | |
| 4 | 스퍼어기어 | SC480 | 1 | |
| 3 | 링크 | SC480 | 1 | |
| 2 | 회전판 | SC480 | 1 | |
| 1 | 본체 | GC250 | 1 | |

| 과제명 | 동력변환장치 | 척도 | 1:1 |
|---|---|---|---|
| | | 각법 | 3 |

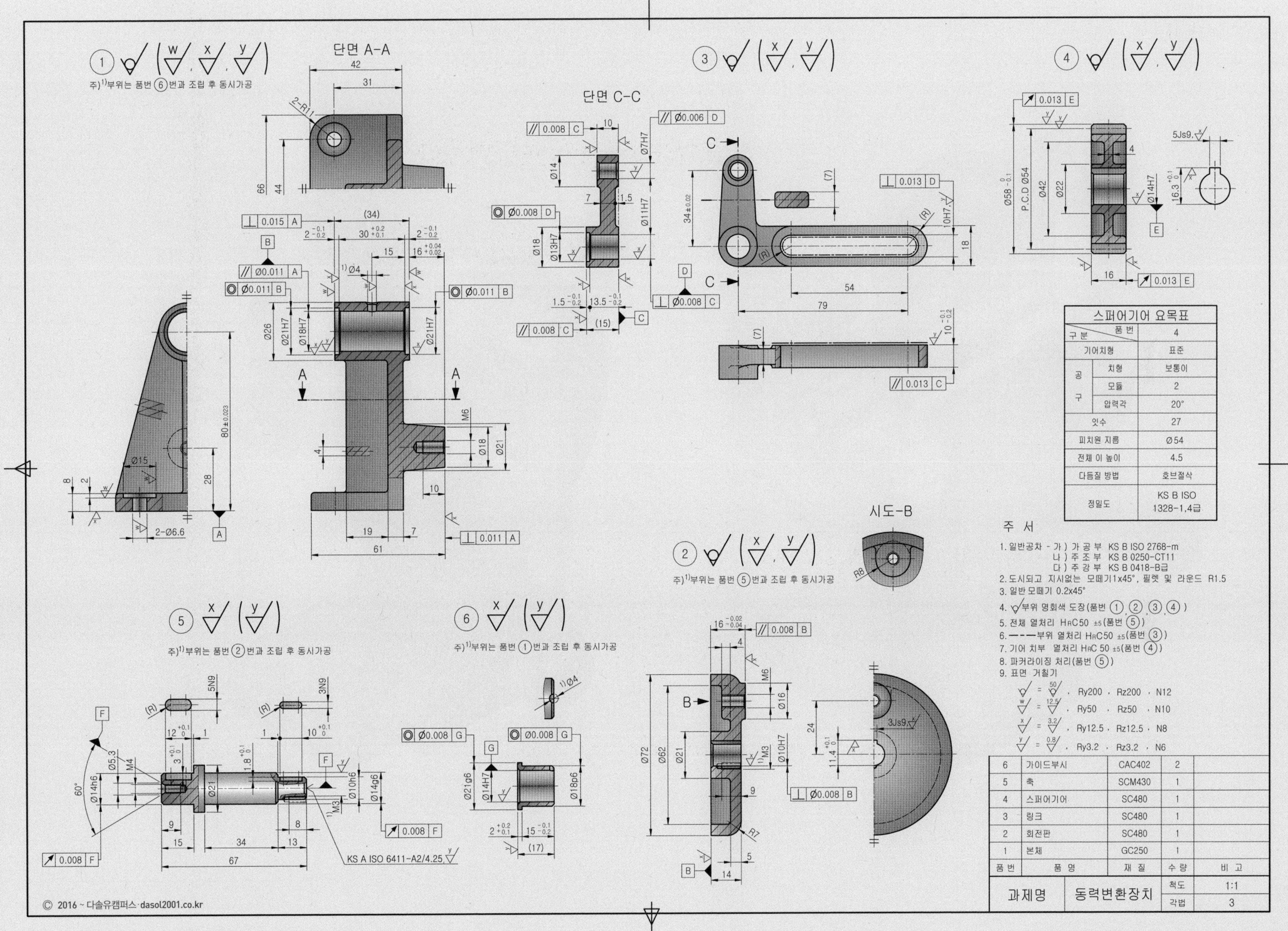


| 스퍼어기어 요목표 | | |
|---|---|---|
| 구분 \ 품번 | | 4 |
| 기어치형 | | 표준 |
| 공구 | 치형 | 보통이 |
| | 모듈 | 2 |
| | 압력각 | 20° |
| 잇수 | | 27 |
| 피치원 지름 | | Ø54 |
| 전체 이 높이 | | 4.5 |
| 다듬질 방법 | | 호브절삭 |
| 정밀도 | | KS B ISO 1328-1,4급 |

| 품번 | 품명 | 재질 | 수량 | 비고 |
|---|---|---|---|---|
| 6 | 가이드부시 | CAC402 | 2 | |
| 5 | 축 | SCM430 | 1 | |
| 4 | 스퍼어기어 | SC480 | 1 | |
| 3 | 링크 | SC480 | 1 | |
| 2 | 회전판 | SC480 | 1 | |
| 1 | 본체 | GC250 | 1 | |

| 과제명 | 동력변환장치 | 척도 | 1:1 |
|---|---|---|---|
| | | 각법 | 3 |

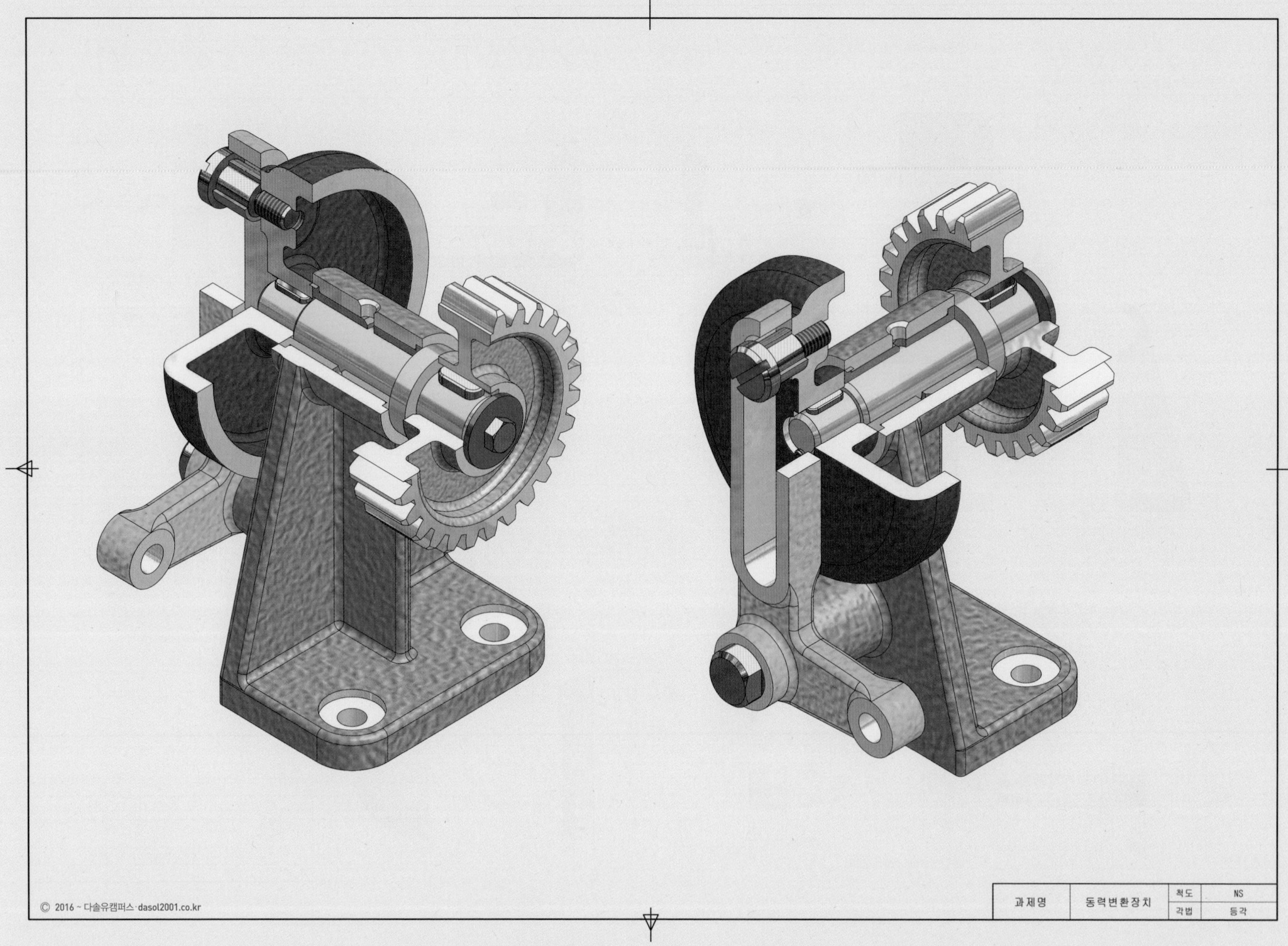

© 2016 ~ 다솔유캠퍼스 dasol2001.co.kr
과제명
동력변환장치
척도
NS
각법
등각

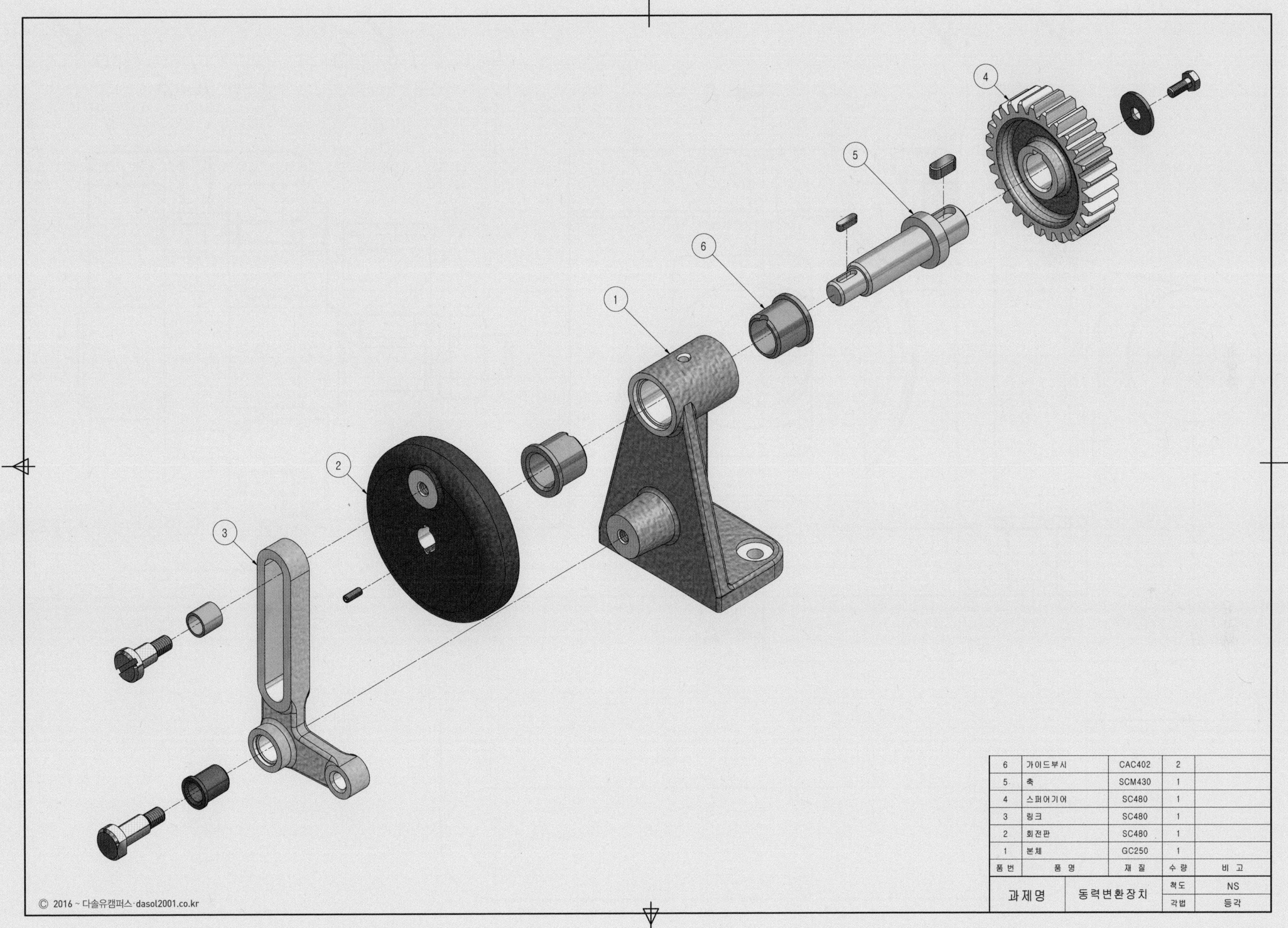


| 6 | 가이드부시 | CAC402 | 2 | |
|---|---|---|---|---|
| 5 | 축 | SCM430 | 1 | |
| 4 | 스퍼어기어 | SC480 | 1 | |
| 3 | 링크 | SC480 | 1 | |
| 2 | 회전판 | SC480 | 1 | |
| 1 | 본체 | GC250 | 1 | |
| 품 번 | 품 명 | 재 질 | 수 량 | 비 고 |
| 과제명 | 동력변환장치 | | 척도 | NS |
| | | | 각법 | 등각 |

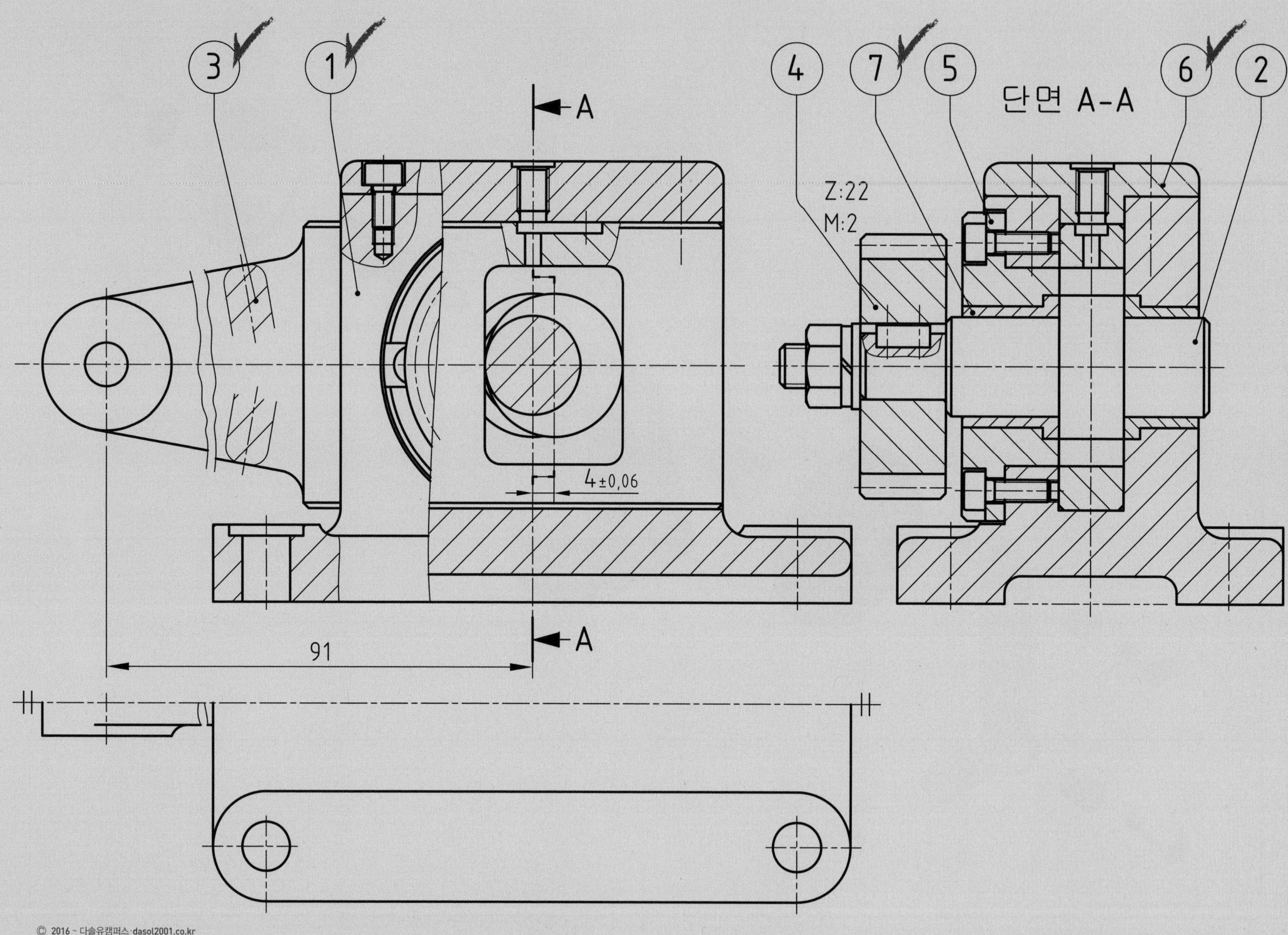
3
1
4
7
5
6
2
단면 A-A
A
A
Z:22
M:2
4±0,06
91

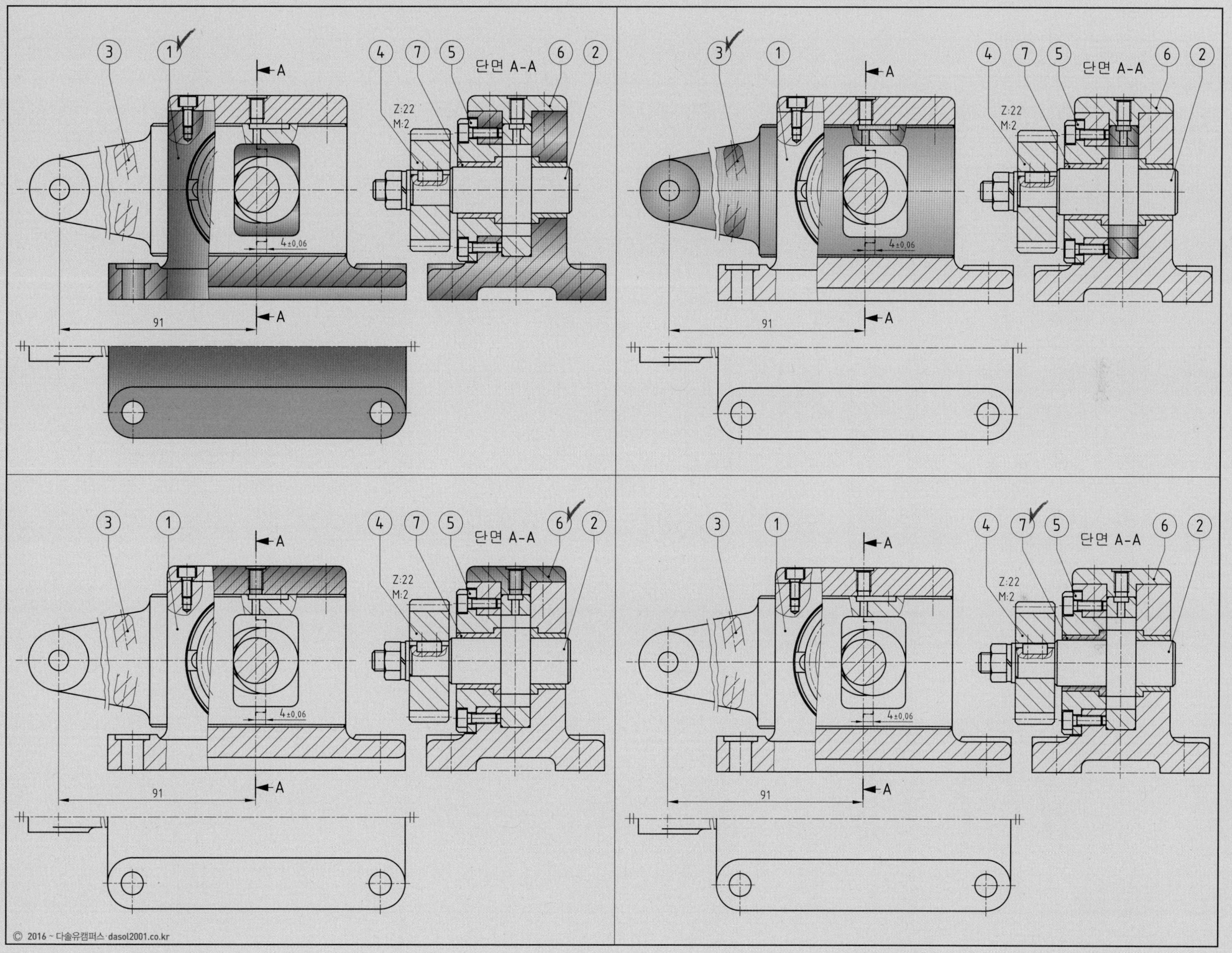

3
1
4
7
5
단면 A-A
6
2
Z:22
M:2
4±0,06
91
A

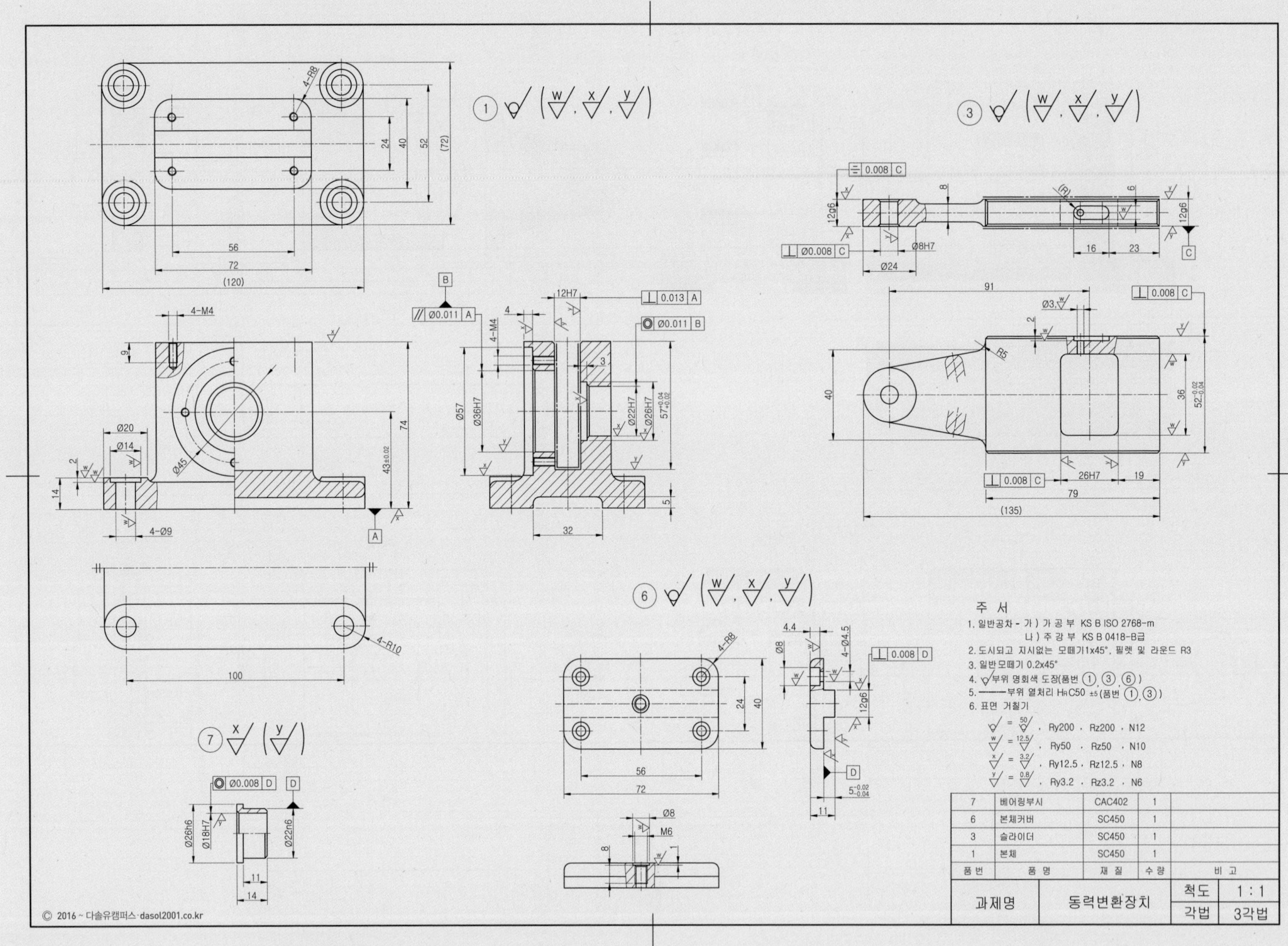


| 품번 | 품 명 | 재 질 | 수 량 | 비 고 |
|---|---|---|---|---|
| 7 | 베어링부시 | CAC402 | 1 | |
| 6 | 본체커버 | SC450 | 1 | |
| 3 | 슬라이더 | SC450 | 1 | |
| 1 | 본체 | SC450 | 1 | |

| 과제명 | 동력변환장치 | 척도 | 1 : 1 |
|---|---|---|---|
| | | 각법 | 3각법 |

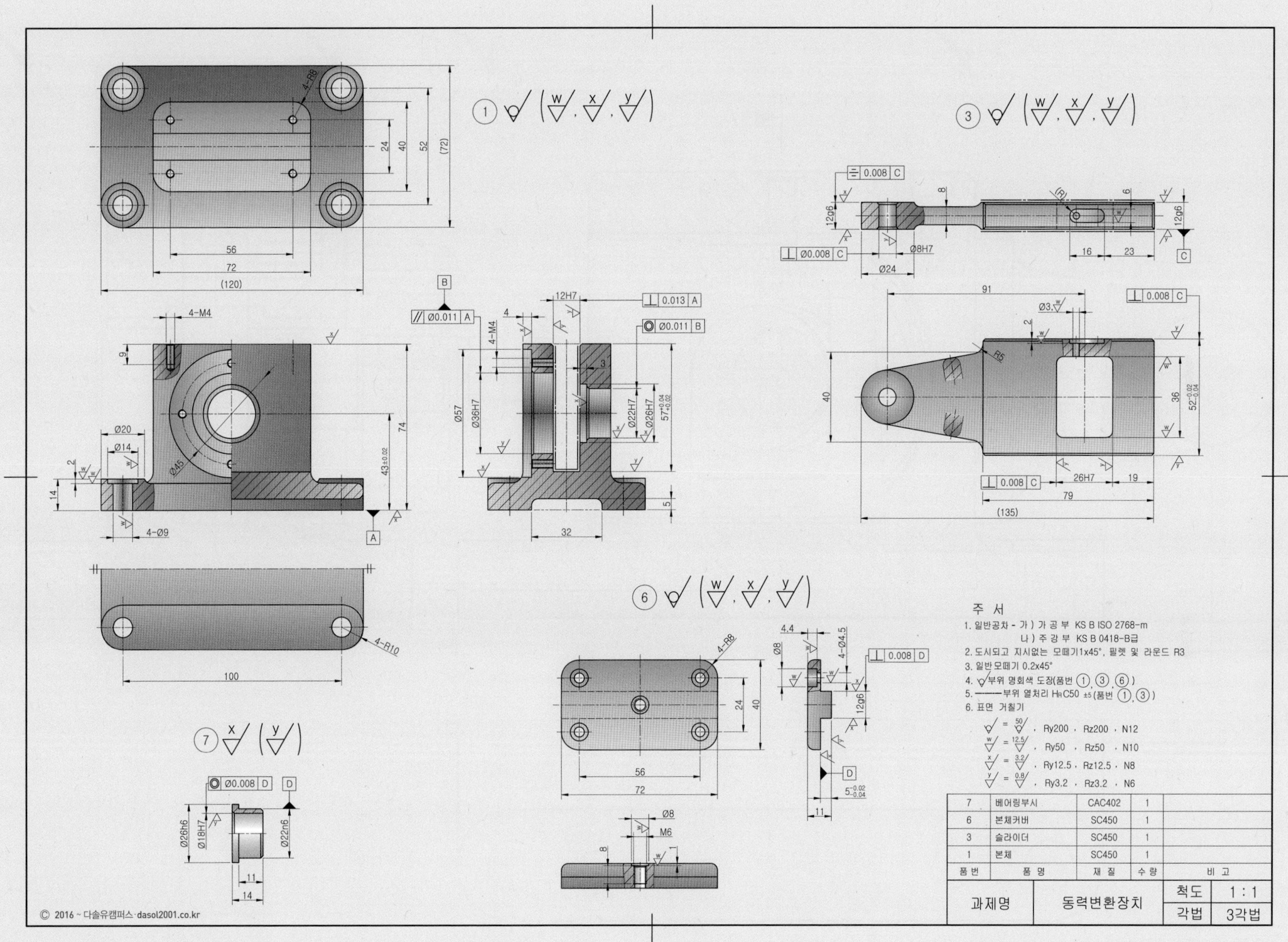

주 서
1. 일반공차 - 가) 가 공 부 KS B ISO 2768-m
나) 주 강 부 KS B 0418-B급
2. 도시되고 지시없는 모떼기1x45°, 필렛 및 라운드 R3
3. 일반모떼기 0.2x45°
4. 부위 명회색 도장(품번 ①, ③, ⑥)
5. 부위 열처리 HRC50 ±5(품번 ①, ③)
6. 표면 거칠기
= 50/ , Ry200 , Rz200 , N12
w/ = 12.5/ , Ry50 , Rz50 , N10
x/ = 3.2/ , Ry12.5 , Rz12.5 , N8
y/ = 0.8/ , Ry3.2 , Rz3.2 , N6
7 | 베어링부시 | CAC402 | 1
6 | 본체커버 | SC450 | 1
3 | 슬라이더 | SC450 | 1
1 | 본체 | SC450 | 1
품번 | 품 명 | 재 질 | 수 량 | 비 고
과제명 | 동력변환장치 | 척도 1 : 1 | 각법 3각법

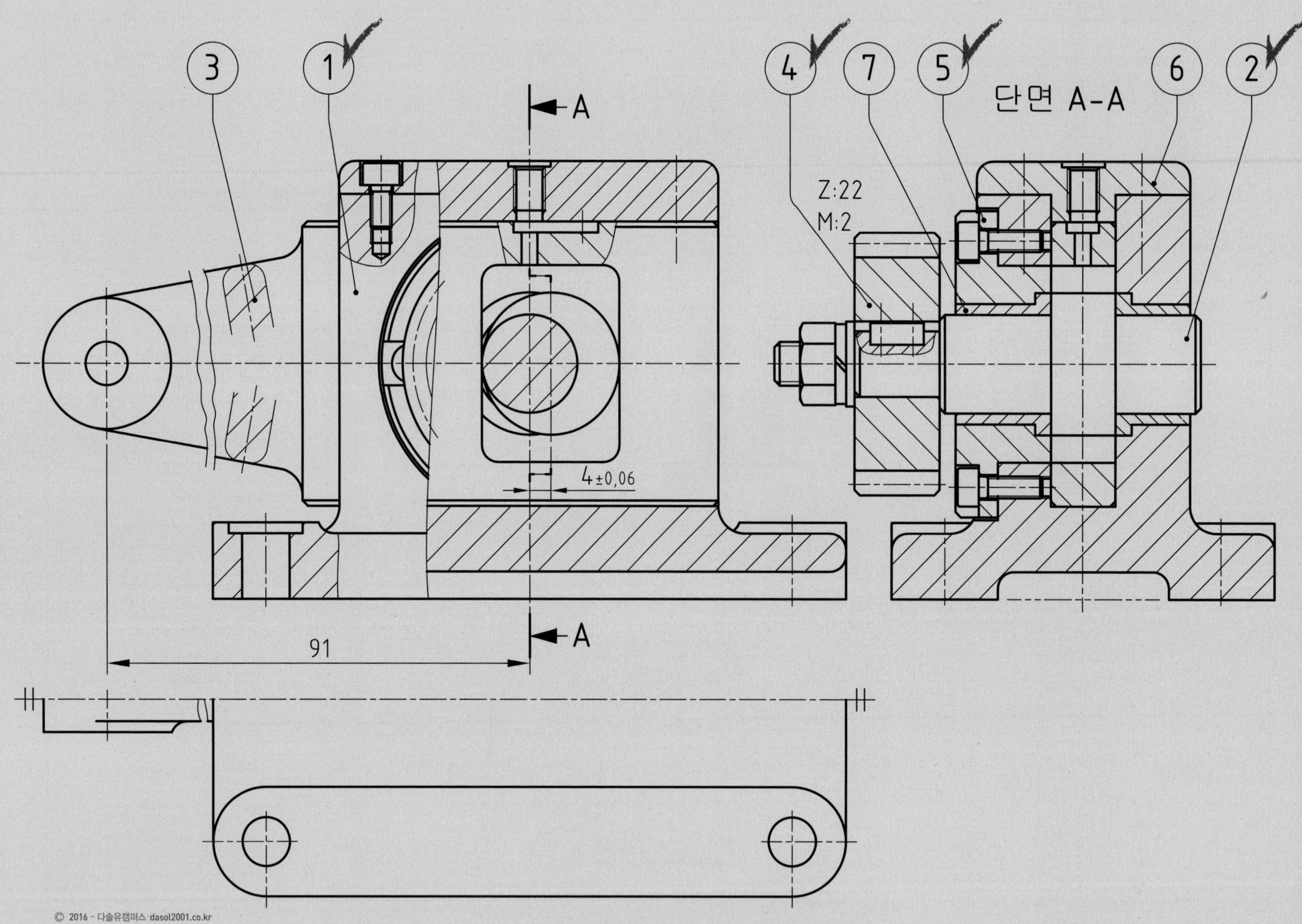
3
1
4
7
5
6
2
단면 A-A
A
A
Z:22
M:2
4±0,06
91

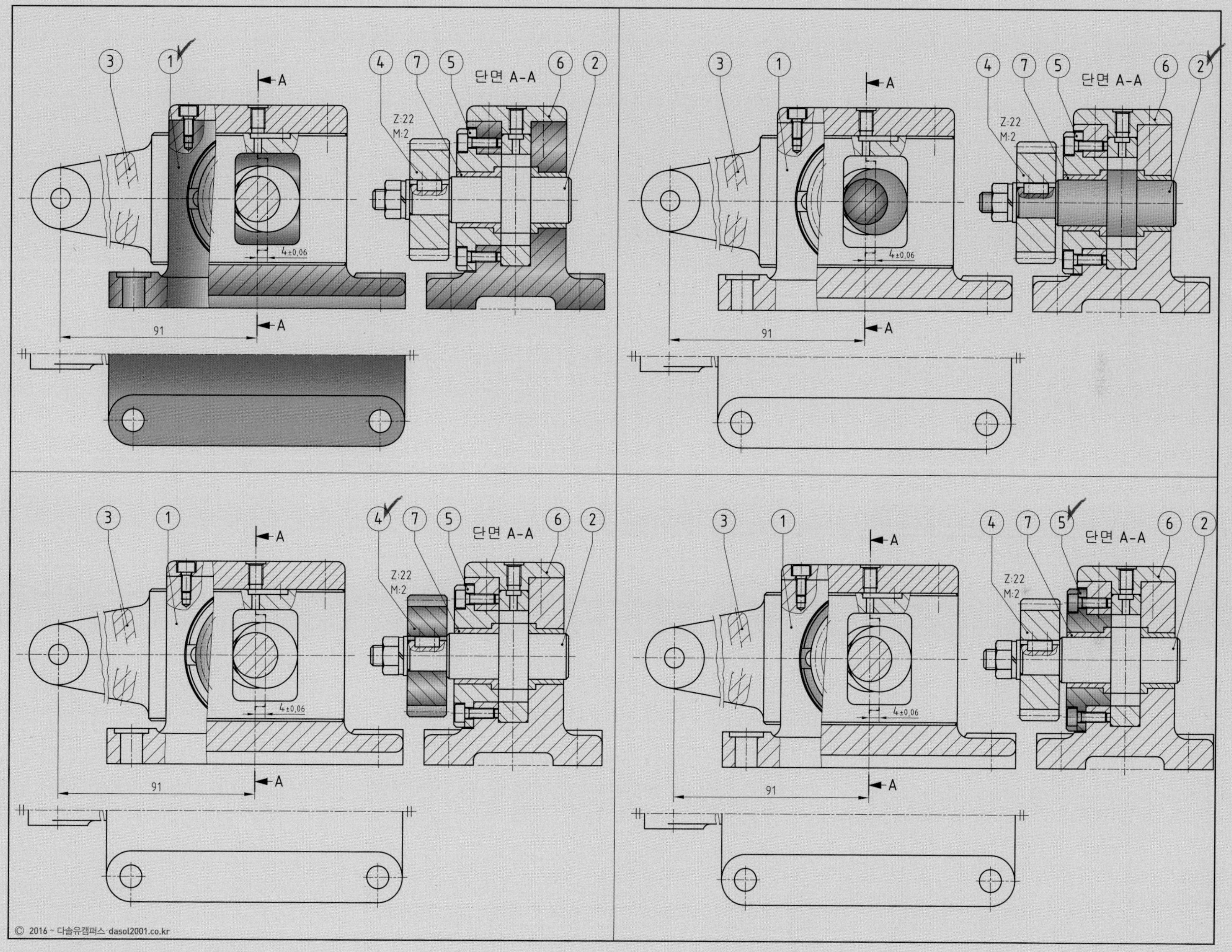
③
①
④
⑦
⑤
단면 A-A
⑥
②
A
Z:22
M:2
4±0.06
91
A
③
①
④
⑦
⑤
단면 A-A
⑥
②
A
Z:22
M:2
4±0.06
91
A
③
①
④
⑦
⑤
단면 A-A
⑥
②
A
Z:22
M:2
4±0.06
91
A
③
①
④
⑦
⑤
단면 A-A
⑥
②
A
Z:22
M:2
4±0.06
91
A

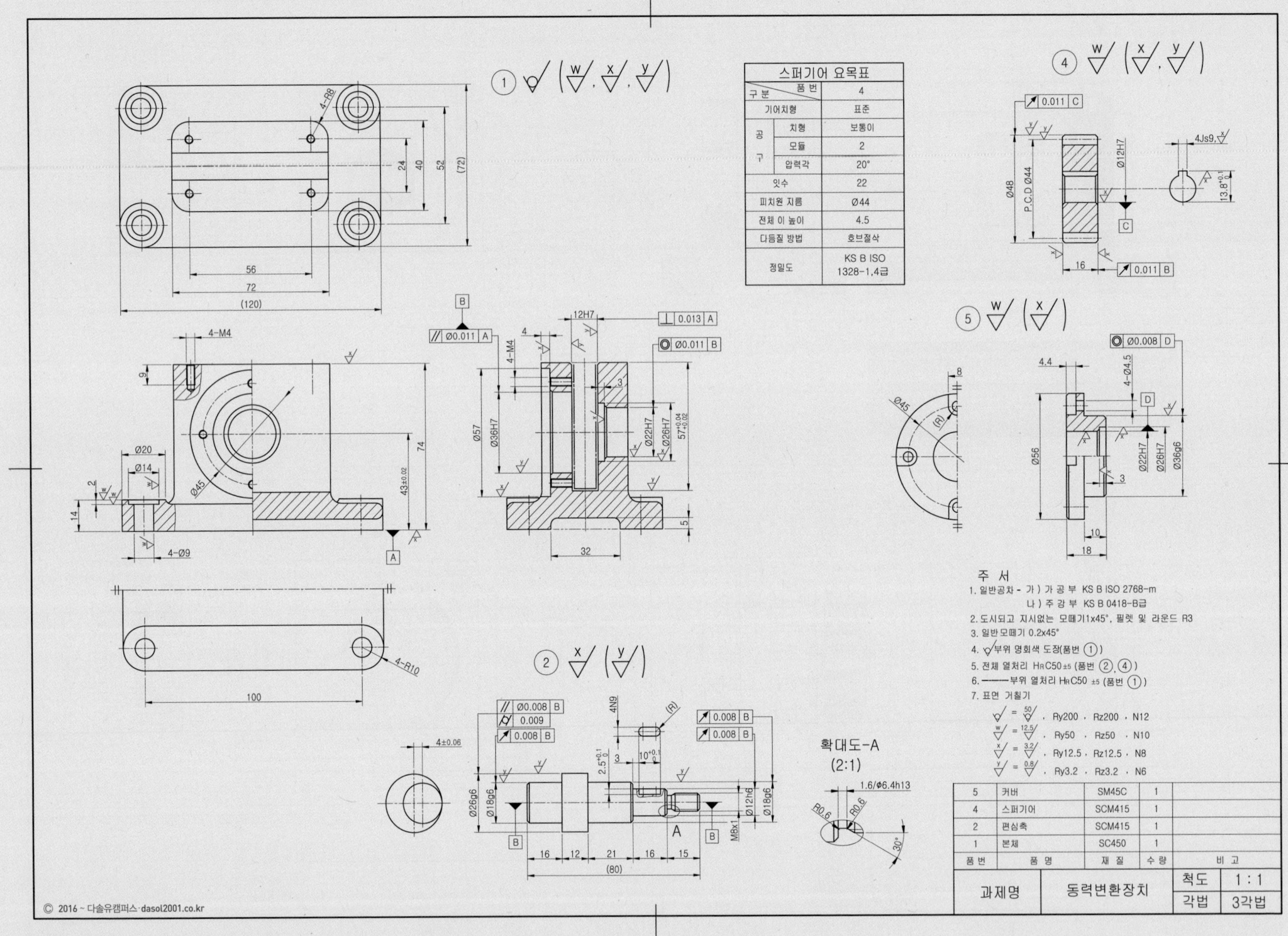
스퍼기어 요목표
구분 / 품번: 4
기어치형: 표준
공구 치형: 보통이
공구 모듈: 2
공구 압력각: 20°
잇수: 22
피치원 지름: Ø44
전체 이 높이: 4.5
다듬질 방법: 호브절삭
정밀도: KS B ISO 1328-1,4급
주 서
1. 일반공차 - 가) 가 공 부 KS B ISO 2768-m
나) 주 강 부 KS B 0418-B급
2. 도시되고 지시없는 모떼기1x45°, 필렛 및 라운드 R3
3. 일반모떼기 0.2x45°
4. 부위 명회색 도장(품번 ①)
5. 전체 열처리 HRC50±5 (품번 ②, ④)
6. 부위 열처리 HRC50 ±5 (품번 ①)
7. 표면 거칠기
Ry200, Rz200, N12
Ry50, Rz50, N10
Ry12.5, Rz12.5, N8
Ry3.2, Rz3.2, N6
5 커버 SM45C 1
4 스퍼기어 SCM415 1
2 편심축 SCM415 1
1 본체 SC450 1
품번 품명 재질 수량 비고
과제명 동력변환장치
척도 1:1
각법 3각법
확대도-A (2:1)
© 2016 ~ 다솔유캠퍼스·dasol2001.co.kr

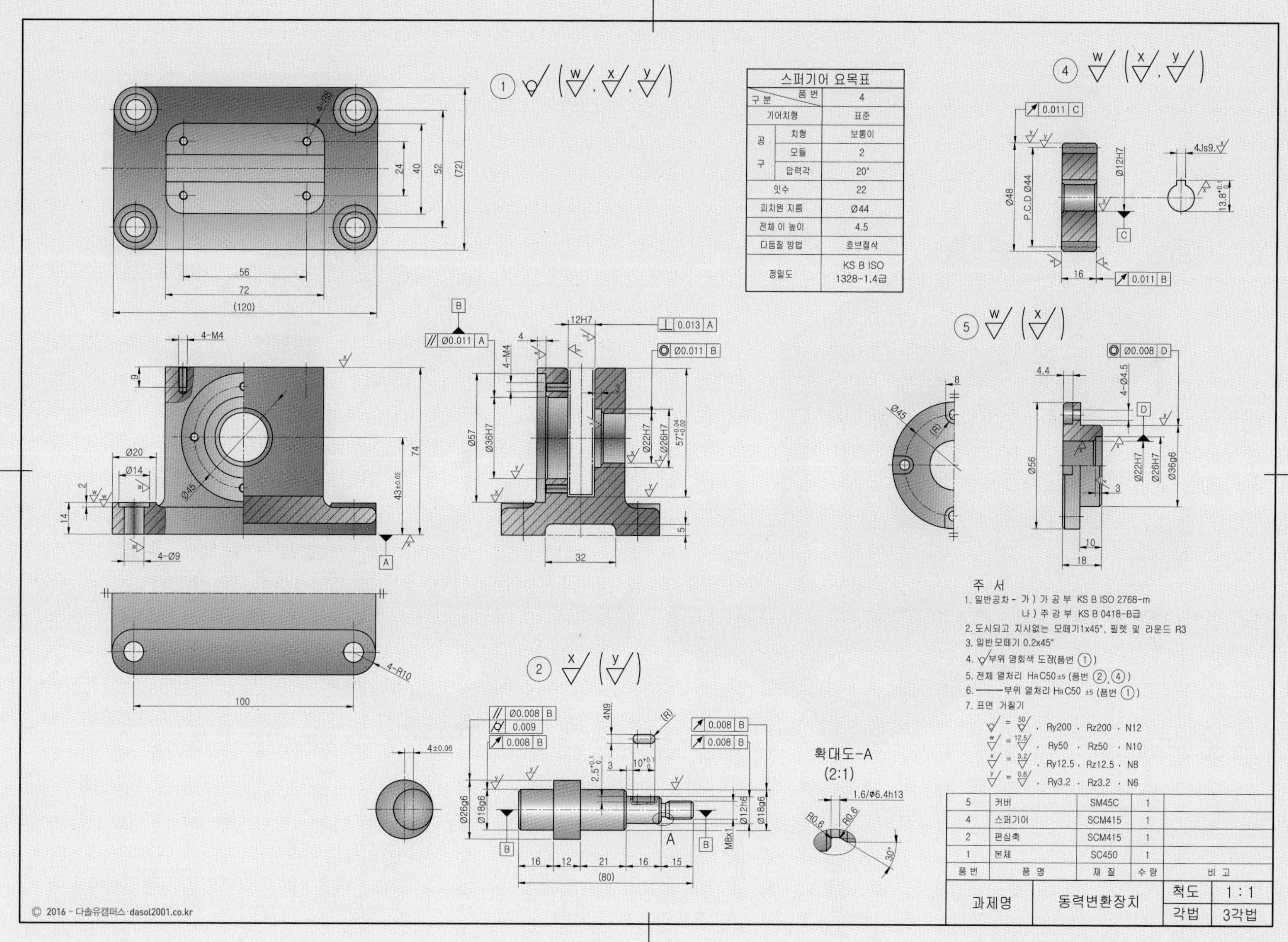
스퍼기어 요목표
구분 / 품번: 4
기어치형: 표준
공구 치형: 보통이
공구 모듈: 2
공구 압력각: 20°
잇수: 22
피치원 지름: Ø44
전체 이 높이: 4.5
다듬질 방법: 호브절삭
정밀도: KS B ISO 1328-1, 4급
주 서
1. 일반공차 - 가) 가 공 부 KS B ISO 2768-m
나) 주 강 부 KS B 0418-B급
2. 도시되고 지시없는 모떼기1x45°, 필렛 및 라운드 R3
3. 일반모떼기 0.2x45°
4. 부위 명회색 도장(품번 ①)
5. 전체 열처리 HRC50±5 (품번 ②, ④)
6. 부위 열처리 HRC50 ±5 (품번 ①)
7. 표면 거칠기
= 50/, Ry200 , Rz200 , N12
w/ = 12.5/, Ry50 , Rz50 , N10
x/ = 3.2/, Ry12.5 , Rz12.5 , N8
y/ = 0.8/, Ry3.2 , Rz3.2 , N6
확대도-A (2:1)
5 커버 SM45C 1
4 스퍼기어 SCM415 1
2 편심축 SCM415 1
1 본체 SC450 1
품번 품명 재질 수량 비고
과제명 동력변환장치 척도 1:1 각법 3각법
© 2016 ~ 다솔유캠퍼스·dasol2001.co.kr

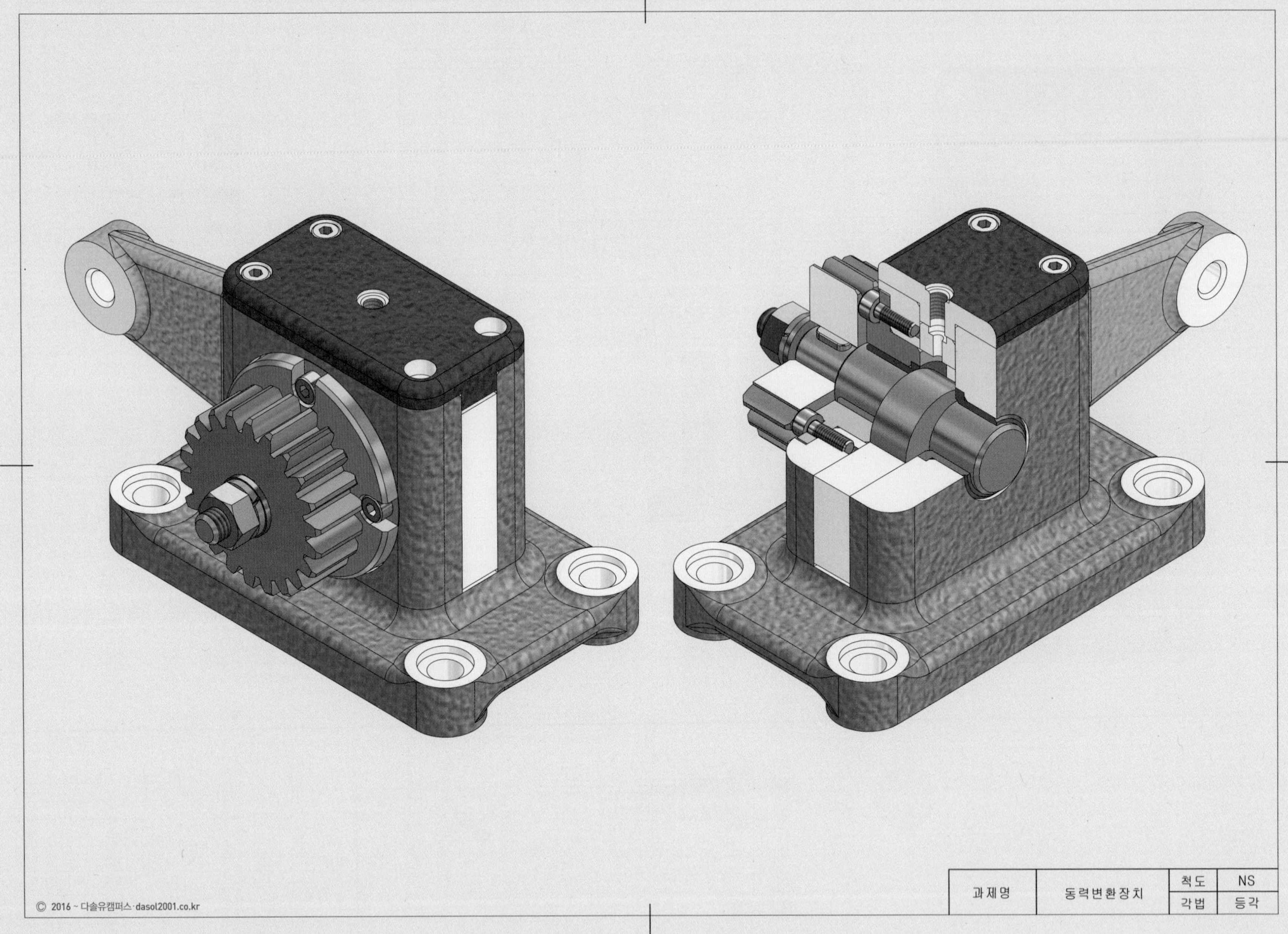

과제명
동력변환장치
척도
NS
각법
등각
© 2016 ~ 다솔유캠퍼스·dasol2001.co.kr

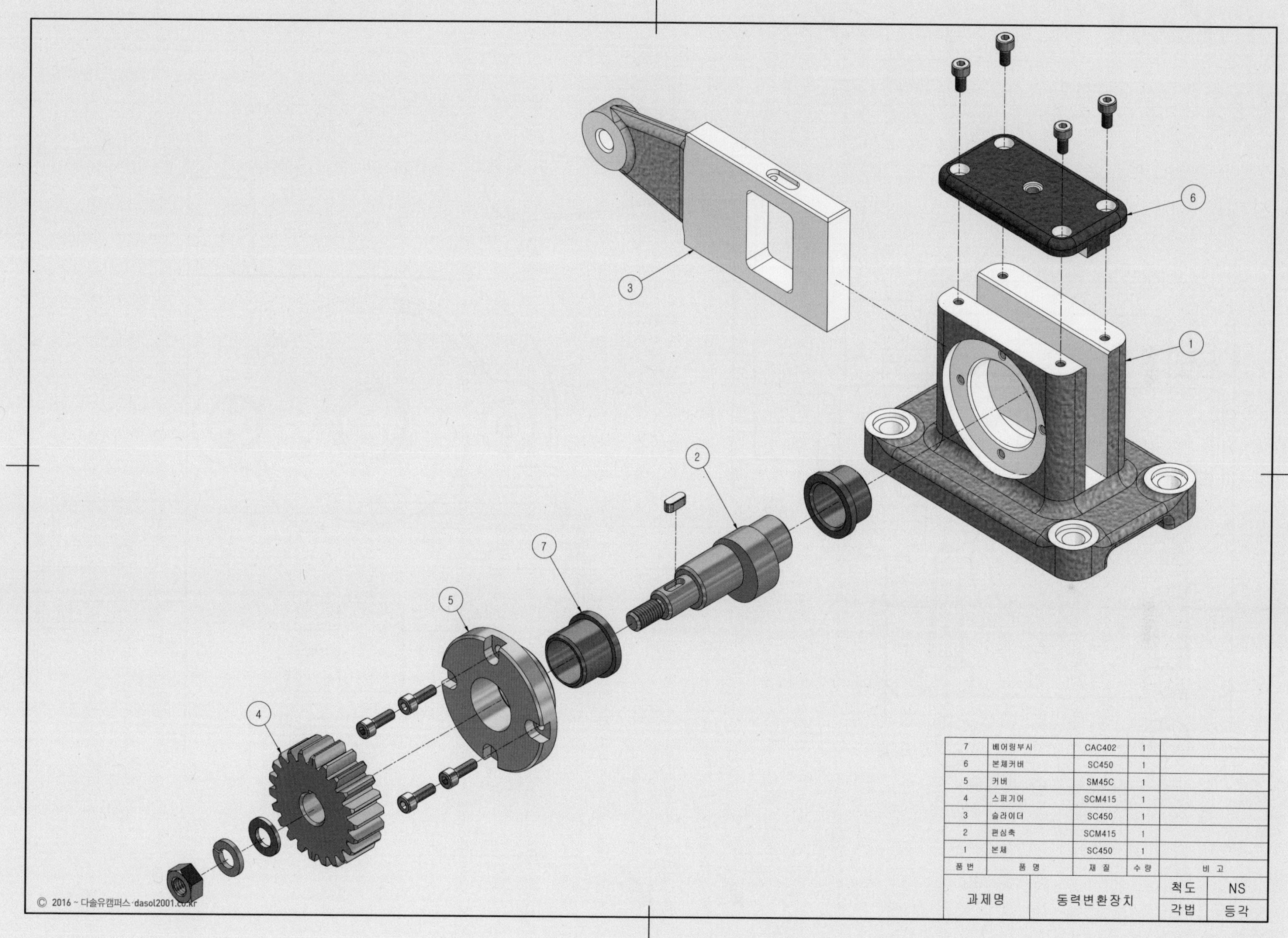


| 7 | 베어링부시 | CAC402 | 1 | |
|---|---|---|---|---|
| 6 | 본체커버 | SC450 | 1 | |
| 5 | 커버 | SM45C | 1 | |
| 4 | 스퍼기어 | SCM415 | 1 | |
| 3 | 슬라이더 | SC450 | 1 | |
| 2 | 편심축 | SCM415 | 1 | |
| 1 | 본체 | SC450 | 1 | |
| 품 번 | 품 명 | 재 질 | 수 량 | 비 고 |

| 과제명 | 동력변환장치 | 척도 | NS |
|---|---|---|---|
| | | 각법 | 등각 |

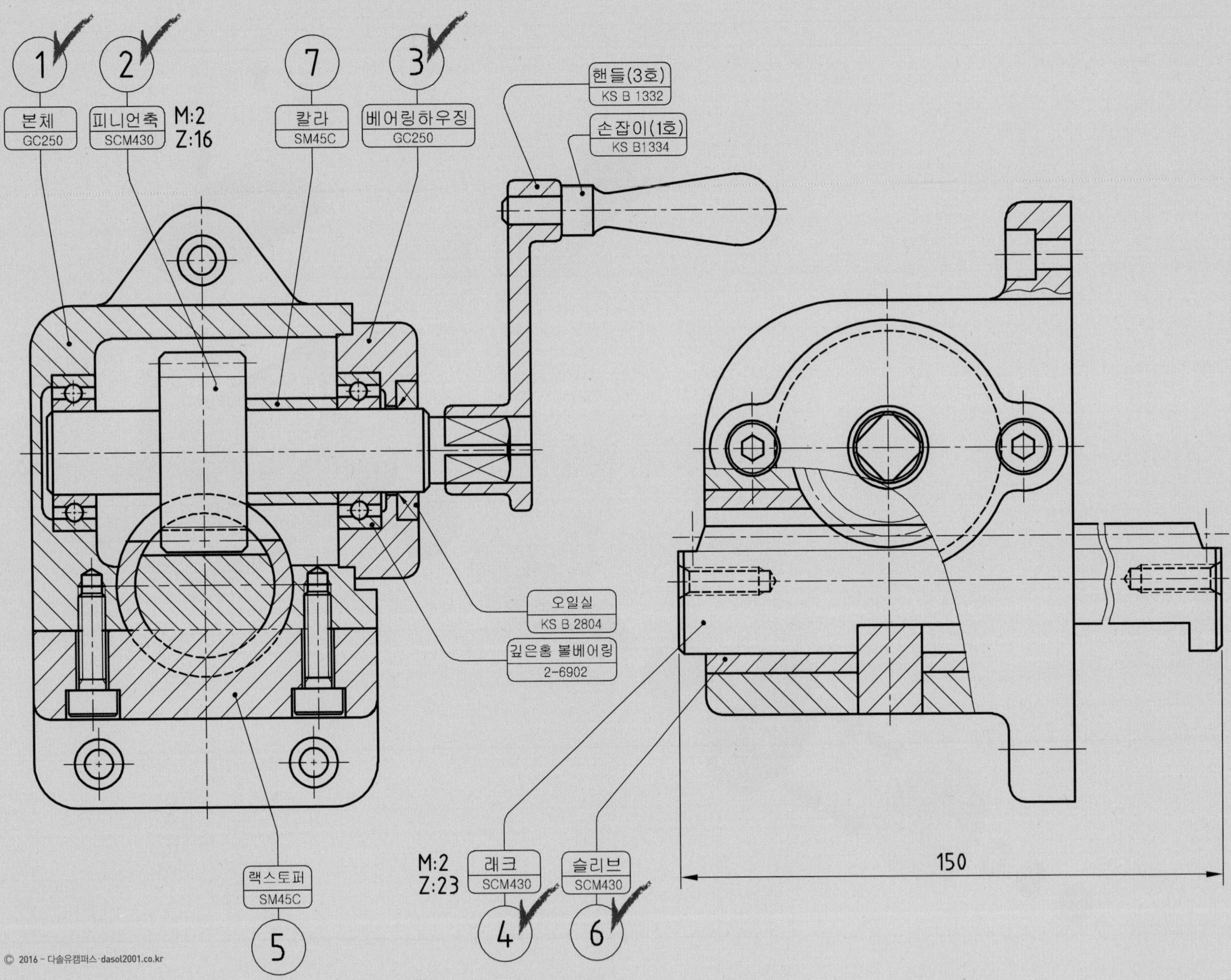
1
본체
GC250
2
피니언축
SCM430
M:2
Z:16
7
칼라
SM45C
3
베어링하우징
GC250
핸들(3호)
KS B 1332
손잡이(1호)
KS B1334
오일실
KS B 2804
깊은홈 볼베어링
2-6902
150
랙스토퍼
SM45C
5
M:2
Z:23
래크
SCM430
4
슬리브
SCM430
6

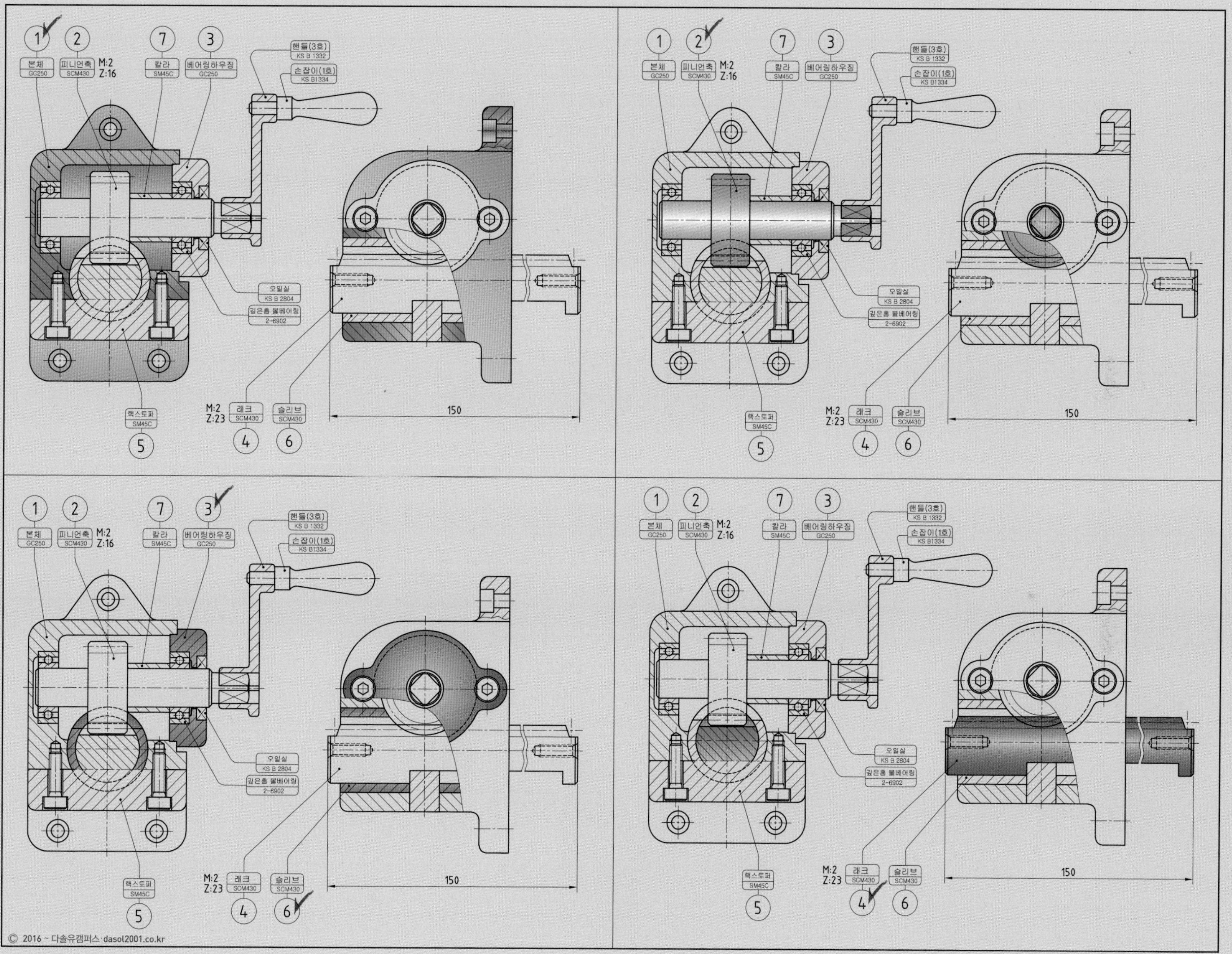
1
2
7
3
본체
GC250
피니언축
SCM430
M:2
Z:16
칼라
SM45C
베어링하우징
GC250
핸들(3호)
KS B 1332
손잡이(1호)
KS B1334
오일실
KS B 2804
깊은홈 볼베어링
2-6902
핵스토퍼
SM45C
5
M:2
Z:23
래크
SCM430
4
슬리브
SCM430
6
150
© 2016 ~ 다솔유캠퍼스·dasol2001.co.kr

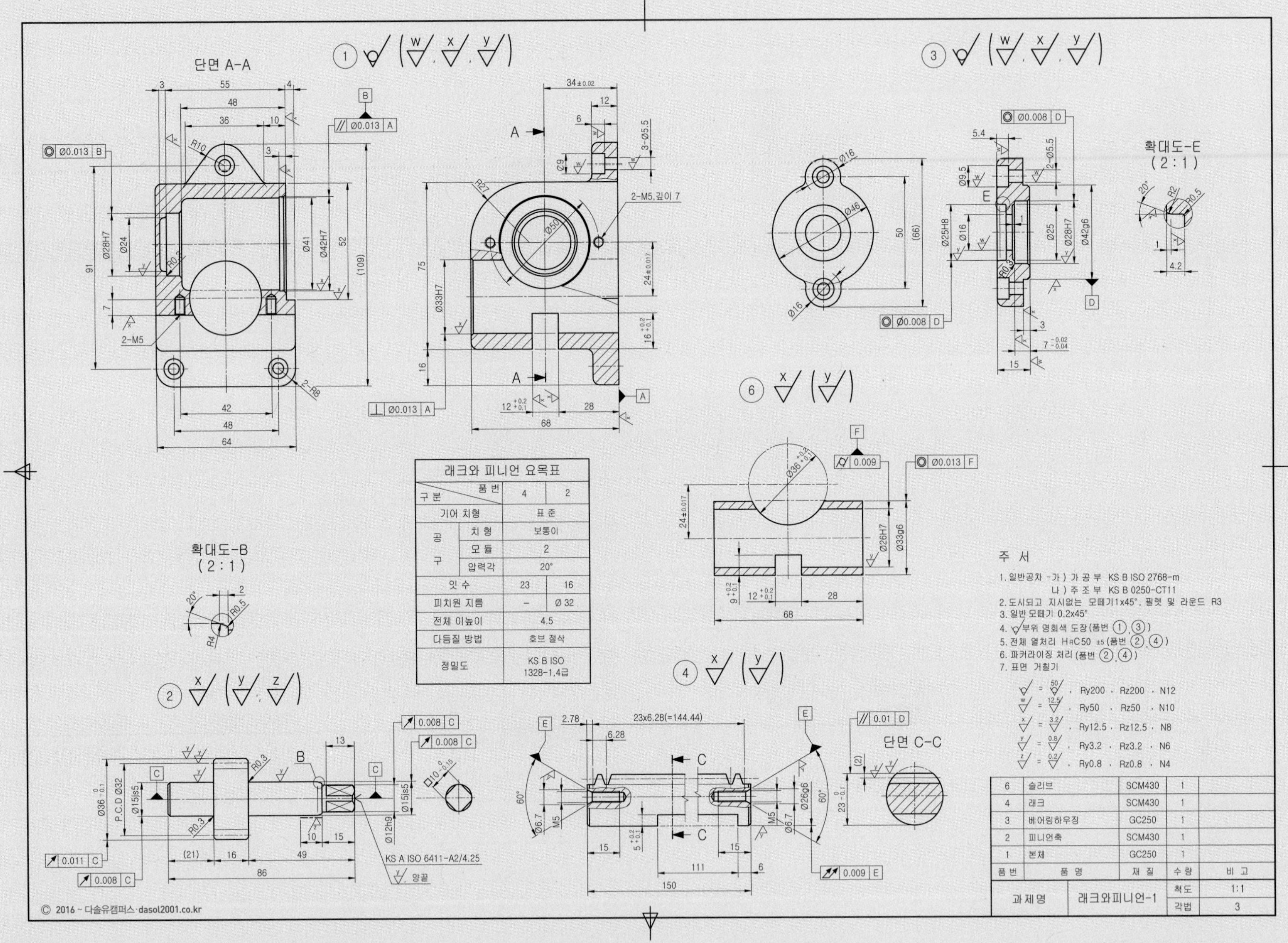


| 구분 \ 품번 | | 4 | 2 |
|---|---|---|---|
| 기어 치형 | | 표 준 | |
| 공구 | 치 형 | 보통이 | |
| | 모 듈 | 2 | |
| | 압력각 | 20° | |
| 잇 수 | | 23 | 16 |
| 피치원 지름 | | – | Ø 32 |
| 전체 이높이 | | 4.5 | |
| 다듬질 방법 | | 호브 절삭 | |
| 정밀도 | | KS B ISO 1328-1,4급 | |

| 품 번 | 품 명 | 재 질 | 수 량 | 비 고 |
|---|---|---|---|---|
| 6 | 슬리브 | SCM430 | 1 | |
| 4 | 래크 | SCM430 | 1 | |
| 3 | 베어링하우징 | GC250 | 1 | |
| 2 | 피니언축 | SCM430 | 1 | |
| 1 | 본체 | GC250 | 1 | |

| 과 제 명 | 래크와피니언-1 | 척도 | 1:1 |
|---|---|---|---|
| | | 각법 | 3 |

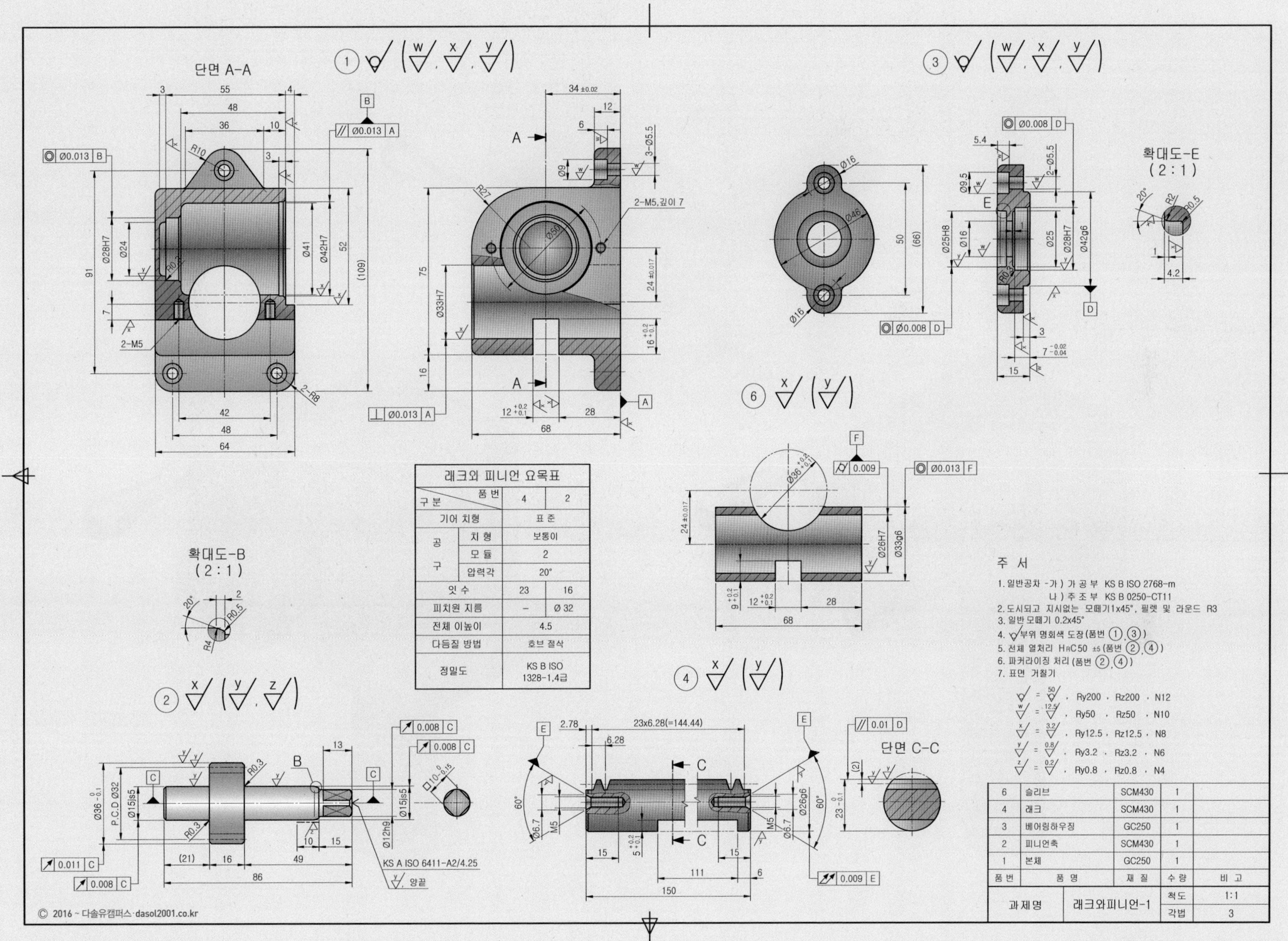

단면 A-A
확대도-E
(2 : 1)
확대도-B
(2 : 1)
단면 C-C
래크와 피니언 요목표
구분 / 품번 | 4 | 2
기어 치형 | 표 준
공구 치 형 | 보통이
공구 모 듈 | 2
공구 압력각 | 20°
잇 수 | 23 | 16
피치원 지름 | - | Ø 32
전체 이높이 | 4.5
다듬질 방법 | 호브 절삭
정밀도 | KS B ISO 1328-1,4급
주 서
1. 일반공차 -가) 가 공 부 KS B ISO 2768-m
나) 주 조 부 KS B 0250-CT11
2. 도시되고 지시없는 모떼기1x45°, 필렛 및 라운드 R3
3. 일반 모떼기 0.2x45°
4. 부위 명회색 도장(품번 1, 3)
5. 전체 열처리 HRC50 ±5(품번 2, 4)
6. 파커라이징 처리(품번 2, 4)
7. 표면 거칠기
= 50/, Ry200, Rz200, N12
w = 12.5/, Ry50, Rz50, N10
x = 3.2/, Ry12.5, Rz12.5, N8
y = 0.8/, Ry3.2, Rz3.2, N6
z = 0.2/, Ry0.8, Rz0.8, N4
6 | 슬리브 | SCM430 | 1
4 | 래크 | SCM430 | 1
3 | 베어링하우징 | GC250 | 1
2 | 피니언축 | SCM430 | 1
1 | 본체 | GC250 | 1
품번 | 품 명 | 재 질 | 수 량 | 비 고
과제명 | 래크와피니언-1 | 척도 1:1 | 각법 3
KS A ISO 6411-A2/4.25
© 2016 ~ 다솔유캠퍼스·dasol2001.co.kr

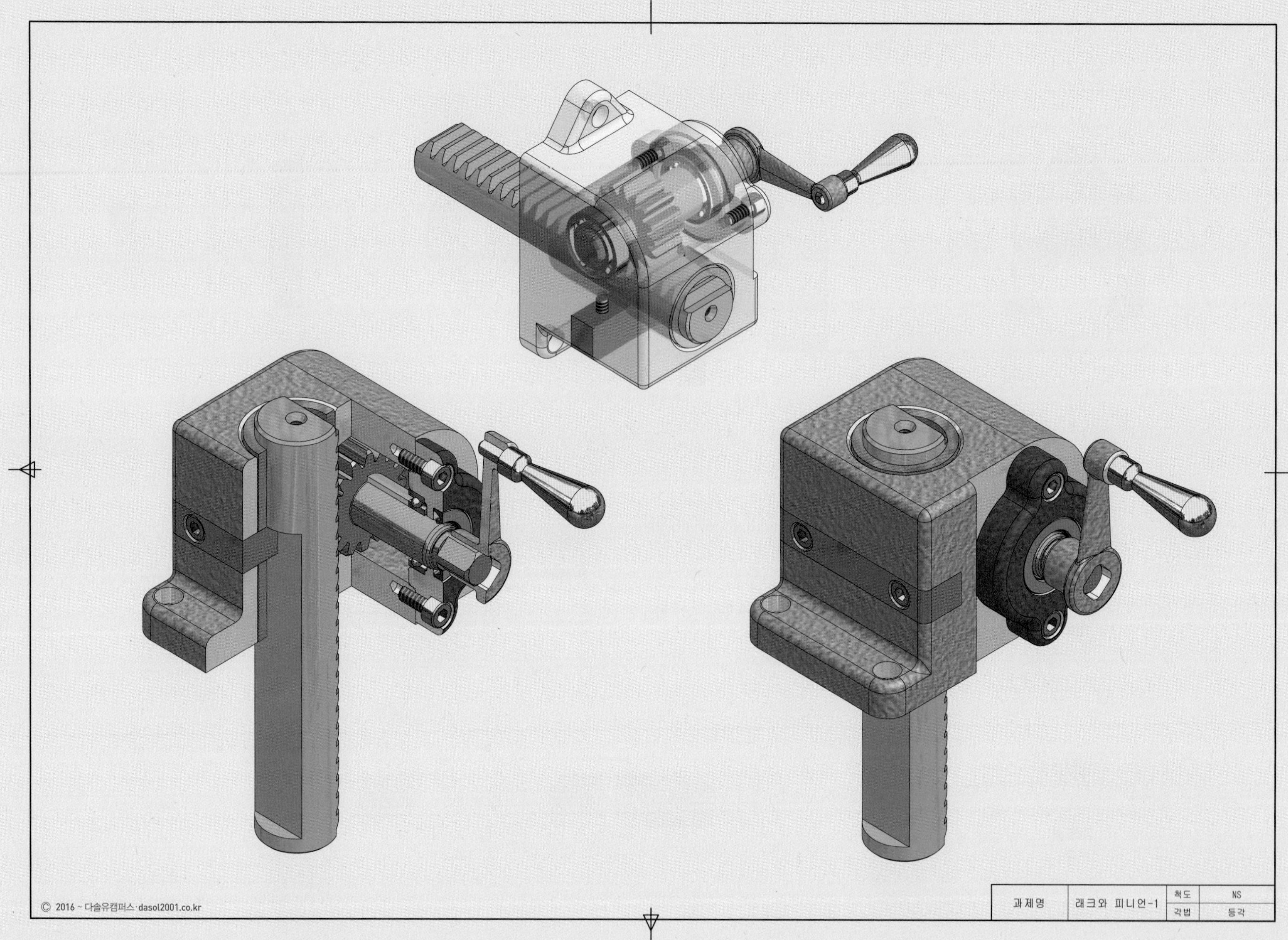
© 2016 ~ 다솔유캠퍼스·dasol2001.co.kr
과제명
래크와 피니언-1
척도
NS
각법
등각

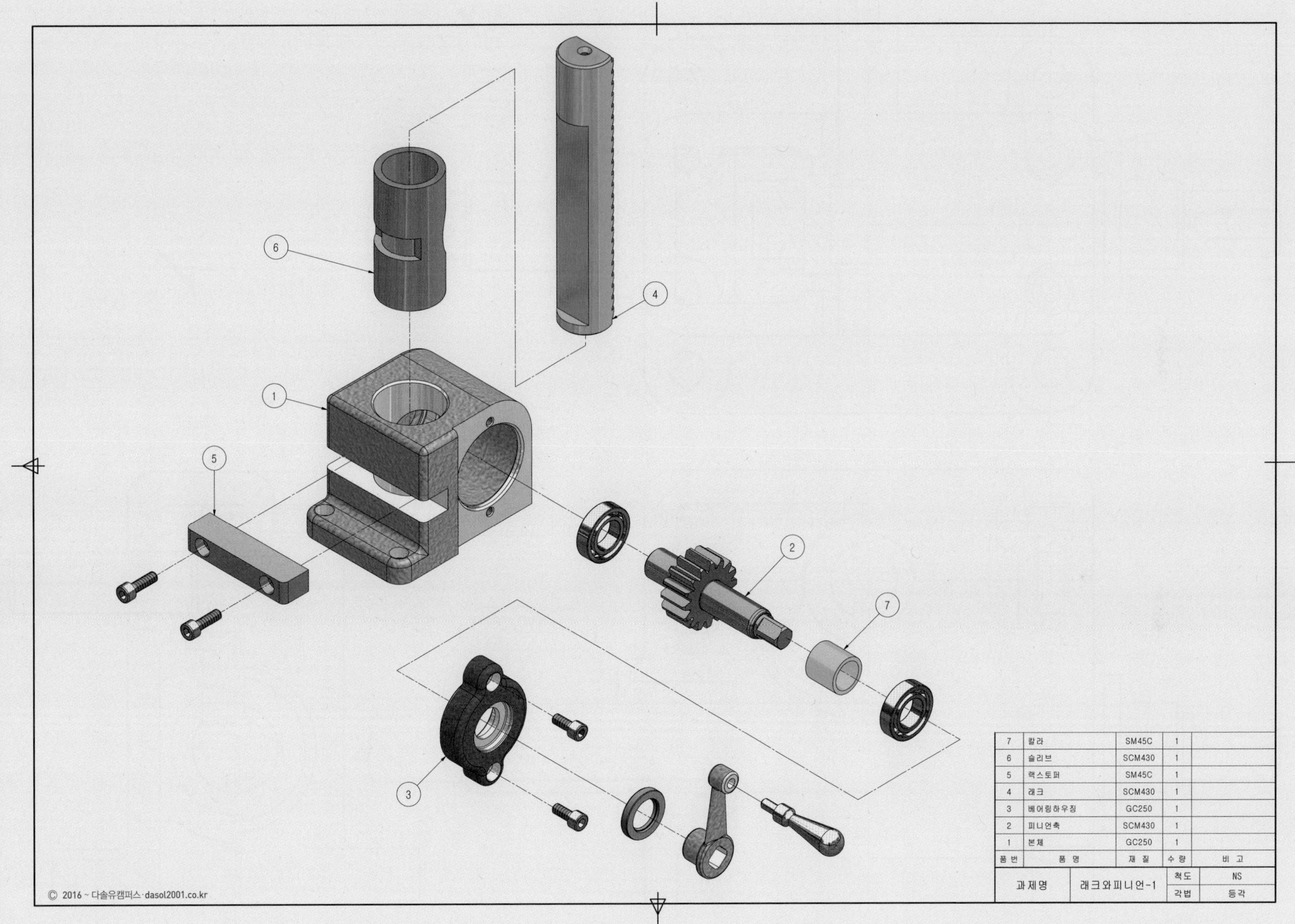


| 7 | 칼라 | SM45C | 1 | |
|---|---|---|---|---|
| 6 | 슬리브 | SCM430 | 1 | |
| 5 | 랙스토퍼 | SM45C | 1 | |
| 4 | 래크 | SCM430 | 1 | |
| 3 | 베어링하우징 | GC250 | 1 | |
| 2 | 피니언축 | SCM430 | 1 | |
| 1 | 본체 | GC250 | 1 | |
| 품번 | 품 명 | 재 질 | 수 량 | 비 고 |

| 과제명 | 래크와피니언-1 | 척도 | NS |
|---|---|---|---|
| | | 각법 | 등각 |

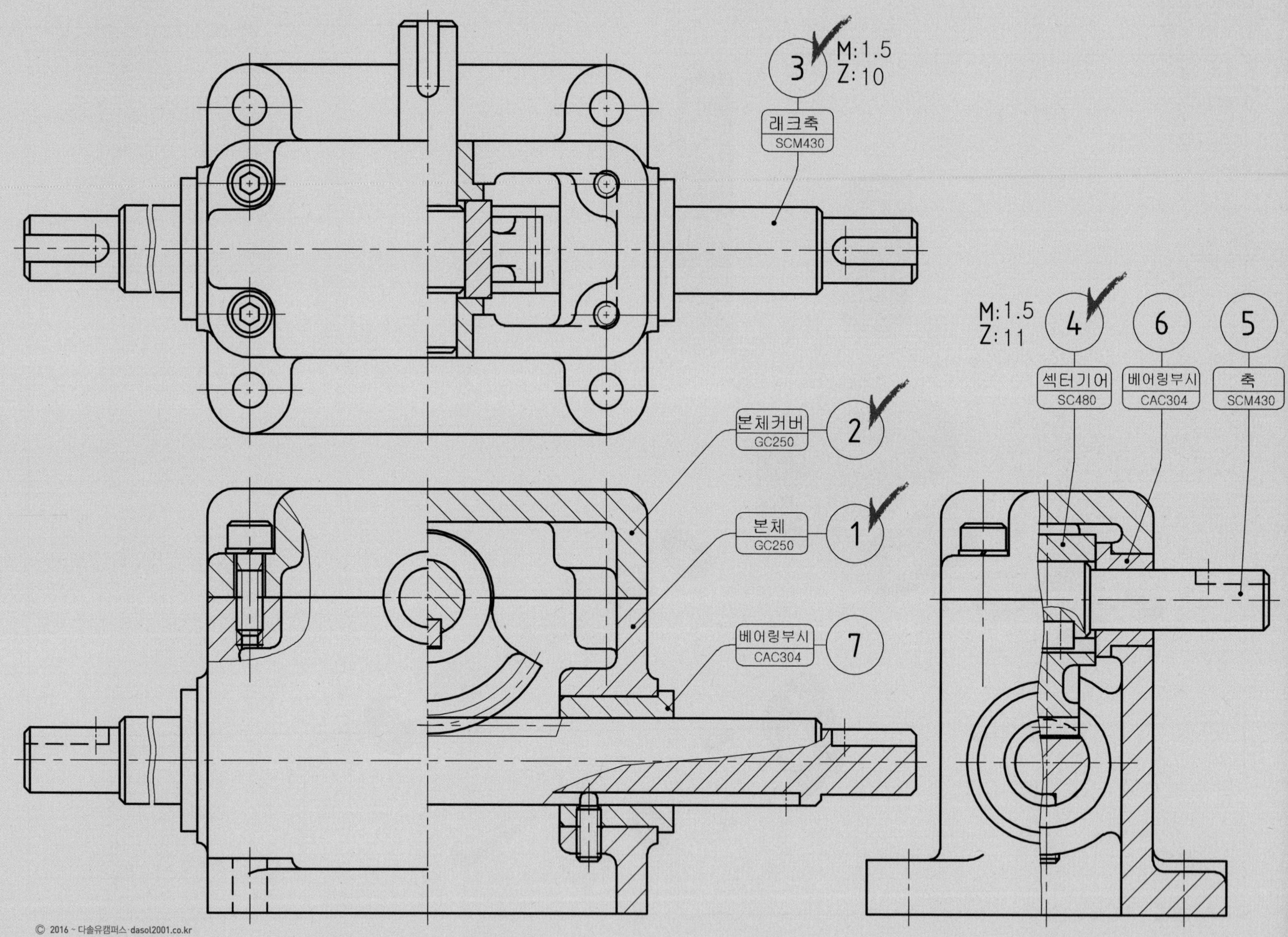
3
M:1.5
Z:10
래크축
SCM430
M:1.5
Z:11
4
섹터기어
SC480
6
베어링부시
CAC304
5
축
SCM430
본체커버
GC250
2
본체
GC250
1
베어링부시
CAC304
7

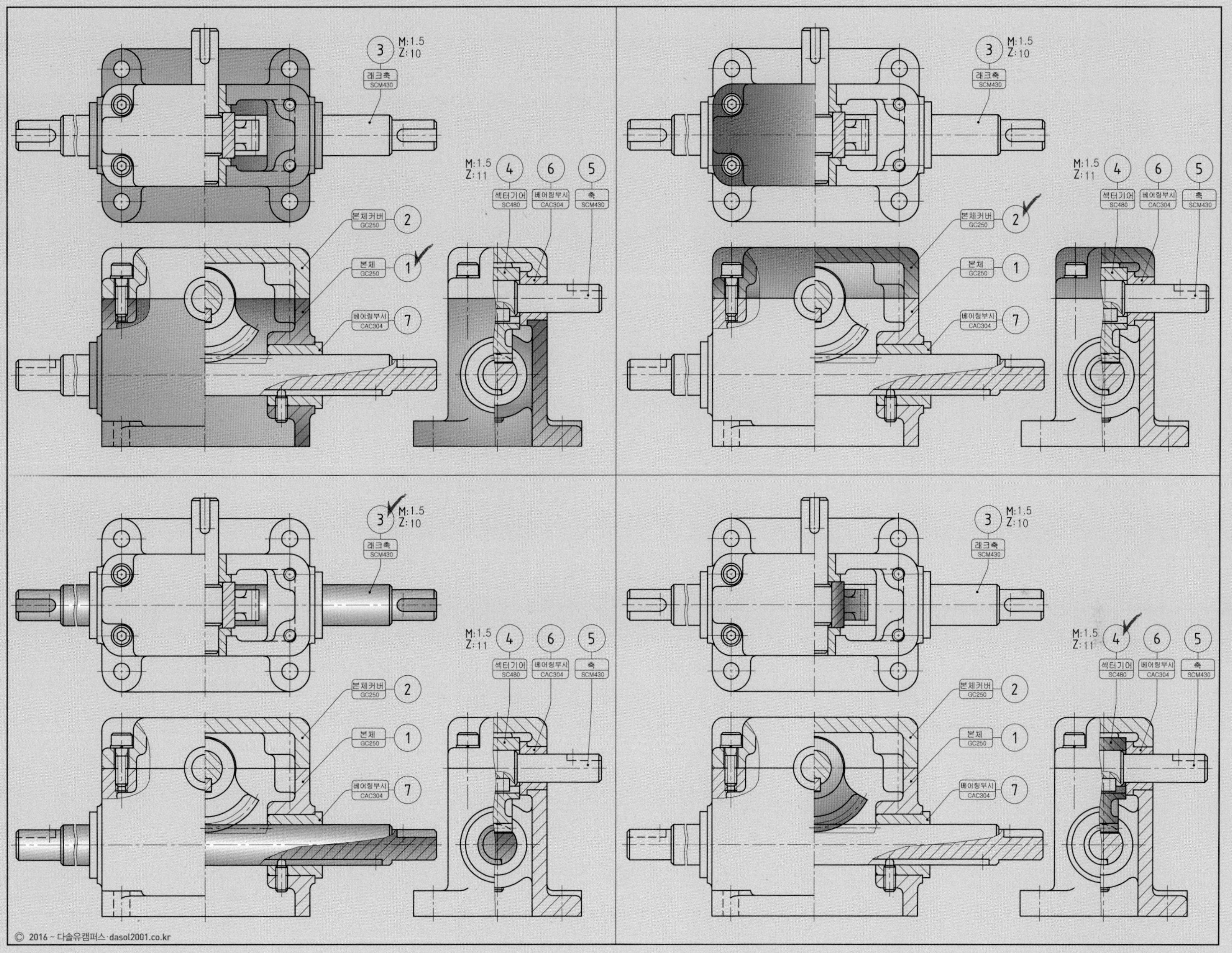
3
M:1.5
Z:10
래크축
SCM430
M:1.5
Z:11
4
6
5
섹터기어
SC480
베어링부시
CAC304
축
SCM430
본체커버
GC250
2
본체
GC250
1
베어링부시
CAC304
7

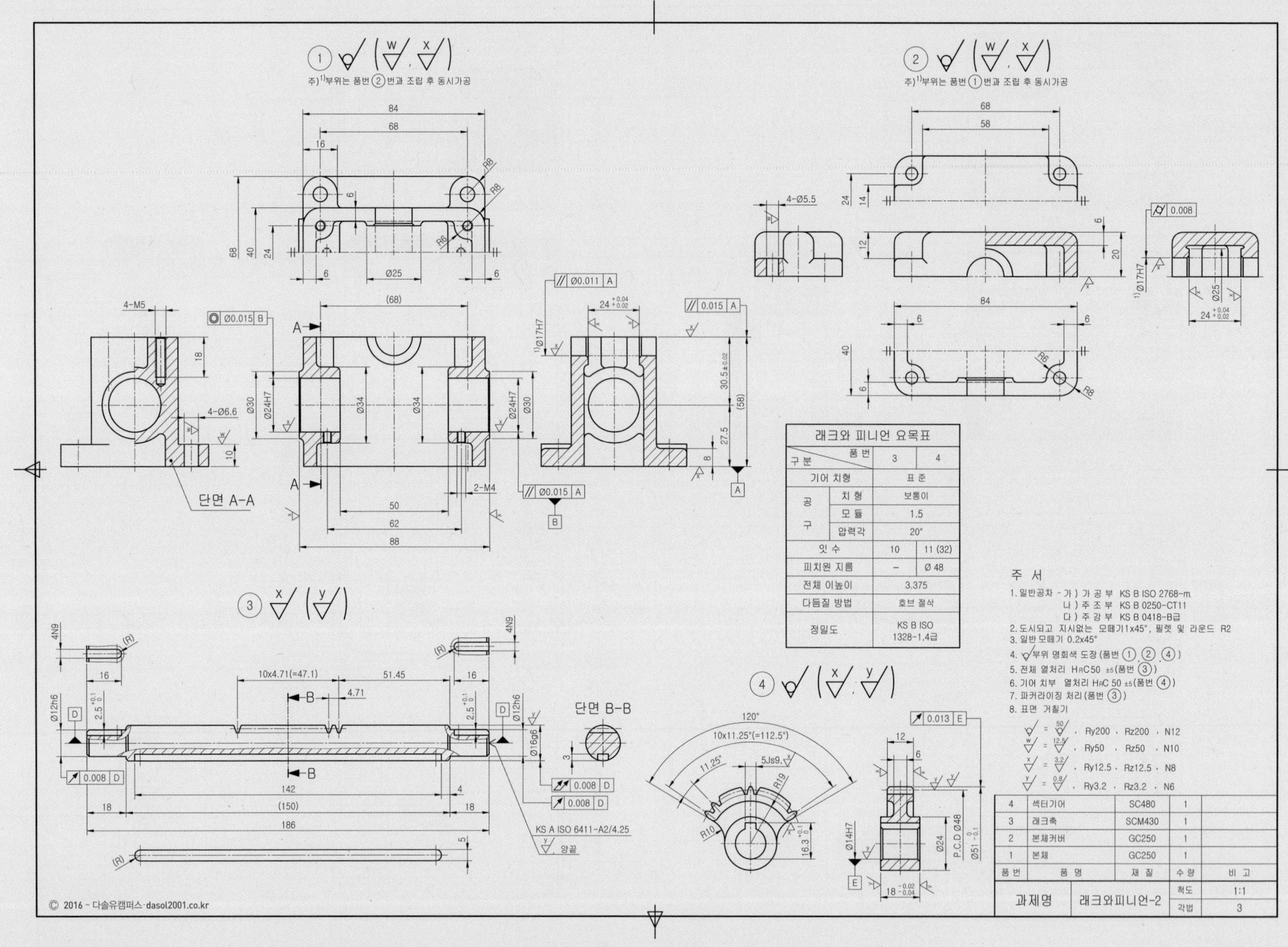

주)[1]부위는 품번 ②번과 조립 후 동시가공
주)[1]부위는 품번 ①번과 조립 후 동시가공
단면 A-A
단면 B-B
래크와 피니언 요목표
구분 / 품번 | 3 | 4
기어 치형 | 표준
공구 치형 | 보통이
공구 모듈 | 1.5
공구 압력각 | 20°
잇 수 | 10 | 11 (32)
피치원 지름 | – | Ø 48
전체 이높이 | 3.375
다듬질 방법 | 호브 절삭
정밀도 | KS B ISO 1328-1,4급
주 서
1. 일반공차 - 가 ) 가 공 부 KS B ISO 2768-m
나 ) 주 조 부 KS B 0250-CT11
다 ) 주 강 부 KS B 0418-B급
2. 도시되고 지시없는 모떼기1x45°, 필렛 및 라운드 R2
3. 일반 모떼기 0.2x45°
4. 부위 명회색 도장 (품번 ①, ②, ④)
5. 전체 열처리 HRC50 ±5(품번 ③)
6. 기어 치부 열처리 HRC 50 ±5(품번 ④)
7. 파커라이징 처리 (품번 ③)
8. 표면 거칠기
= 50/ , Ry200 , Rz200 , N12
w = 12.5/ , Ry50 , Rz50 , N10
x = 3.2/ , Ry12.5 , Rz12.5 , N8
y = 0.8/ , Ry3.2 , Rz3.2 , N6
KS A ISO 6411-A2/4.25
양끝
4 | 섹터기어 | SC480 | 1
3 | 래크축 | SCM430 | 1
2 | 본체커버 | GC250 | 1
1 | 본체 | GC250 | 1
품번 | 품 명 | 재 질 | 수 량 | 비 고
과제명 | 래크와피니언-2 | 척도 1:1 | 각법 3

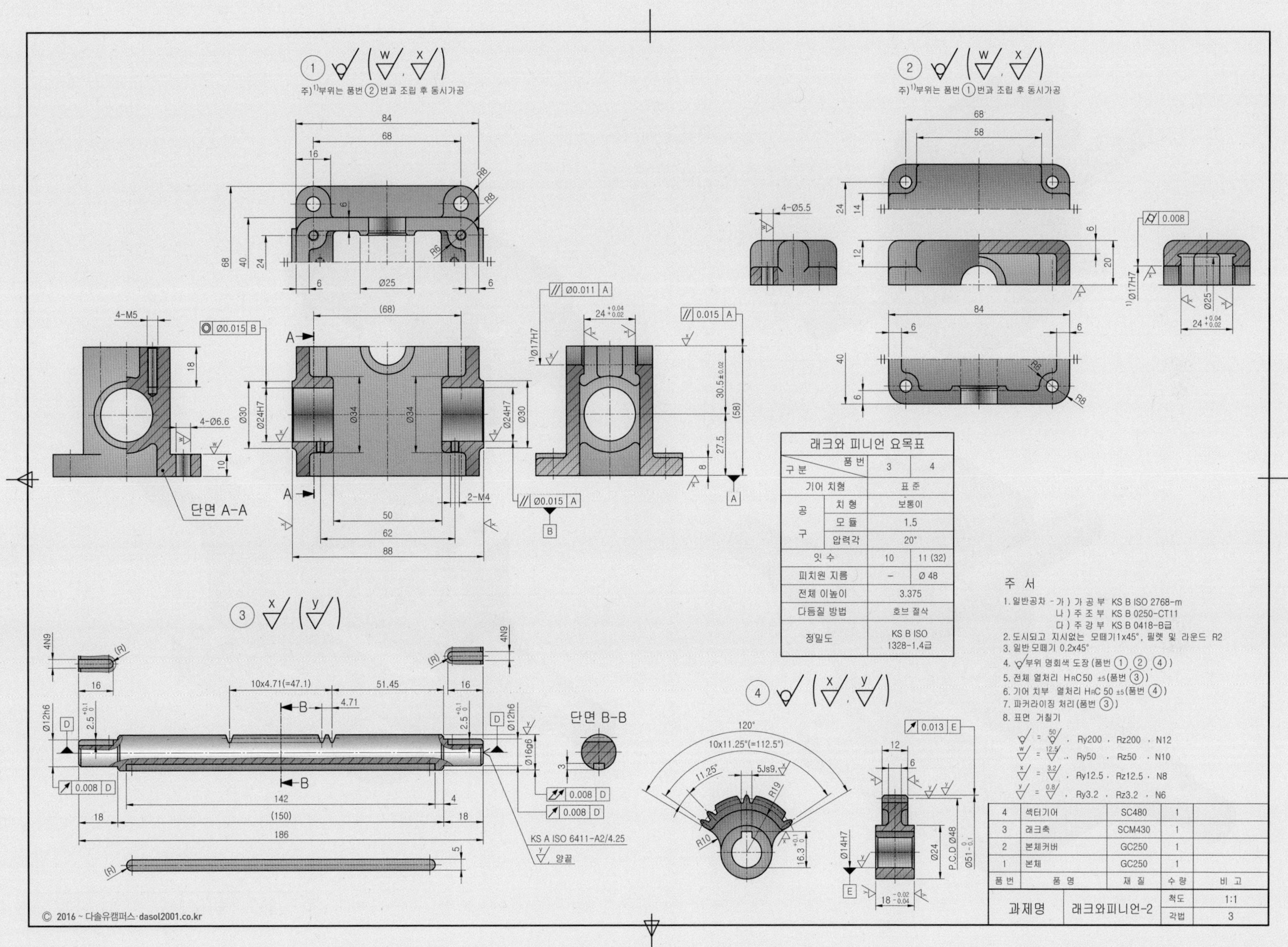


래크와 피니언 요목표

| 구분 | | 품번 3 | 품번 4 |
|---|---|---|---|
| 기어 치형 | | 표준 | |
| 공구 | 치 형 | 보통이 | |
| | 모 듈 | 1.5 | |
| | 압력각 | 20° | |
| 잇 수 | | 10 | 11 (32) |
| 피치원 지름 | | - | Ø 48 |
| 전체 이높이 | | 3.375 | |
| 다듬질 방법 | | 호브 절삭 | |
| 정밀도 | | KS B ISO 1328-1, 4급 | |

| 품번 | 품 명 | 재 질 | 수 량 | 비 고 |
|---|---|---|---|---|
| 4 | 섹터기어 | SC480 | 1 | |
| 3 | 래크축 | SCM430 | 1 | |
| 2 | 본체커버 | GC250 | 1 | |
| 1 | 본체 | GC250 | 1 | |

| 과제명 | 래크와피니언-2 | 척도 | 1:1 |
|---|---|---|---|
| | | 각법 | 3 |

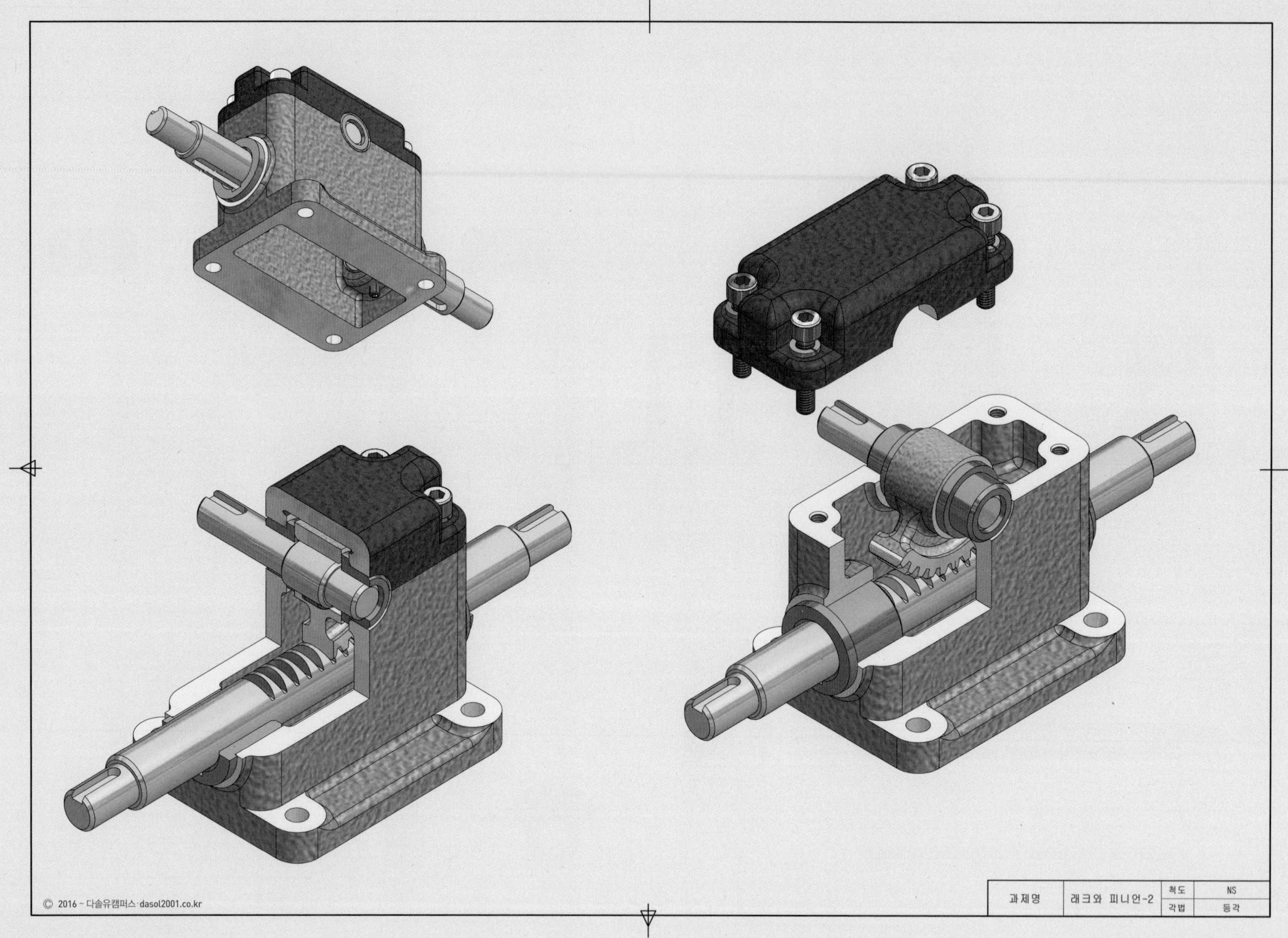
ⓒ 2016 ~ 다솔유캠퍼스·dasol2001.co.kr
과제명
래크와 피니언-2
척도
NS
각법
등각

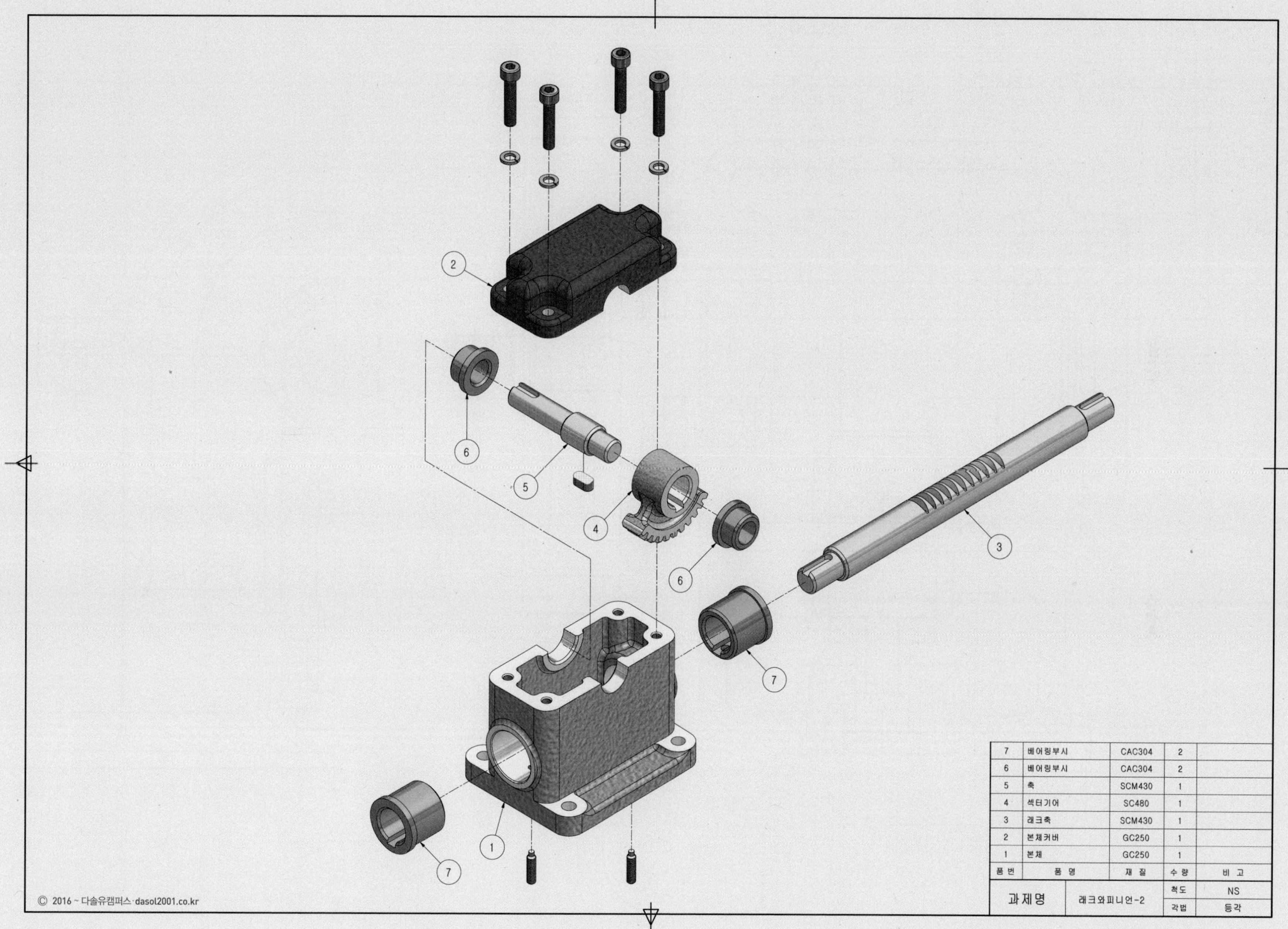


| 7 | 베어링부시 | CAC304 | 2 | |
|---|---|---|---|---|
| 6 | 베어링부시 | CAC304 | 2 | |
| 5 | 축 | SCM430 | 1 | |
| 4 | 섹터기어 | SC480 | 1 | |
| 3 | 래크축 | SCM430 | 1 | |
| 2 | 본체커버 | GC250 | 1 | |
| 1 | 본체 | GC250 | 1 | |
| 품번 | 품 명 | 재 질 | 수 량 | 비 고 |
| 과제명 | 래크와피니언-2 | | 척도 | NS |
| | | | 각법 | 등각 |

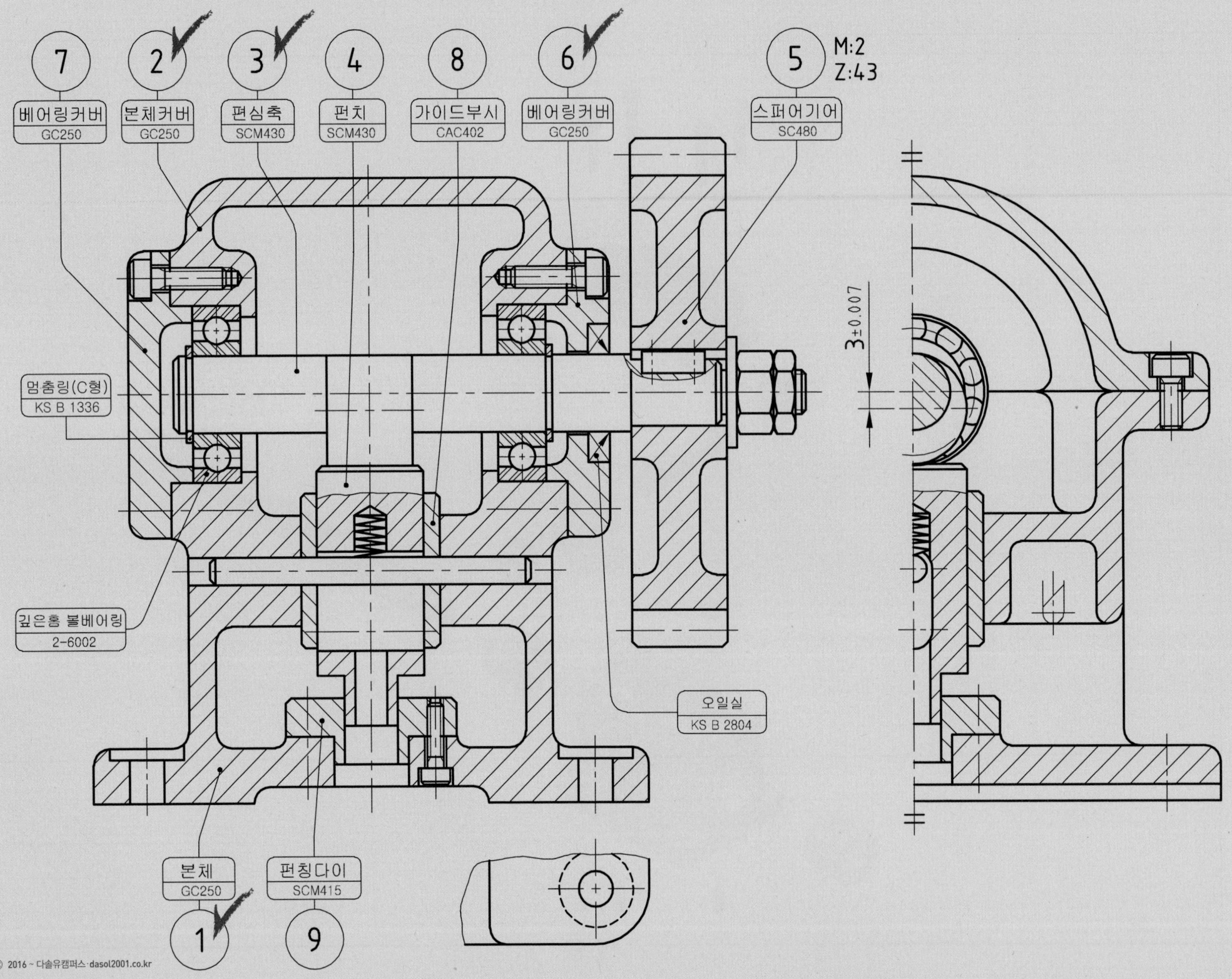
7
베어링커버
GC250
2
본체커버
GC250
3
편심축
SCM430
4
펀치
SCM430
8
가이드부시
CAC402
6
베어링커버
GC250
5
M:2
Z:43
스퍼어기어
SC480
3±0.007
멈춤링(C형)
KS B 1336
깊은홈 볼베어링
2-6002
오일실
KS B 2804
본체
GC250
1
펀칭다이
SCM415
9

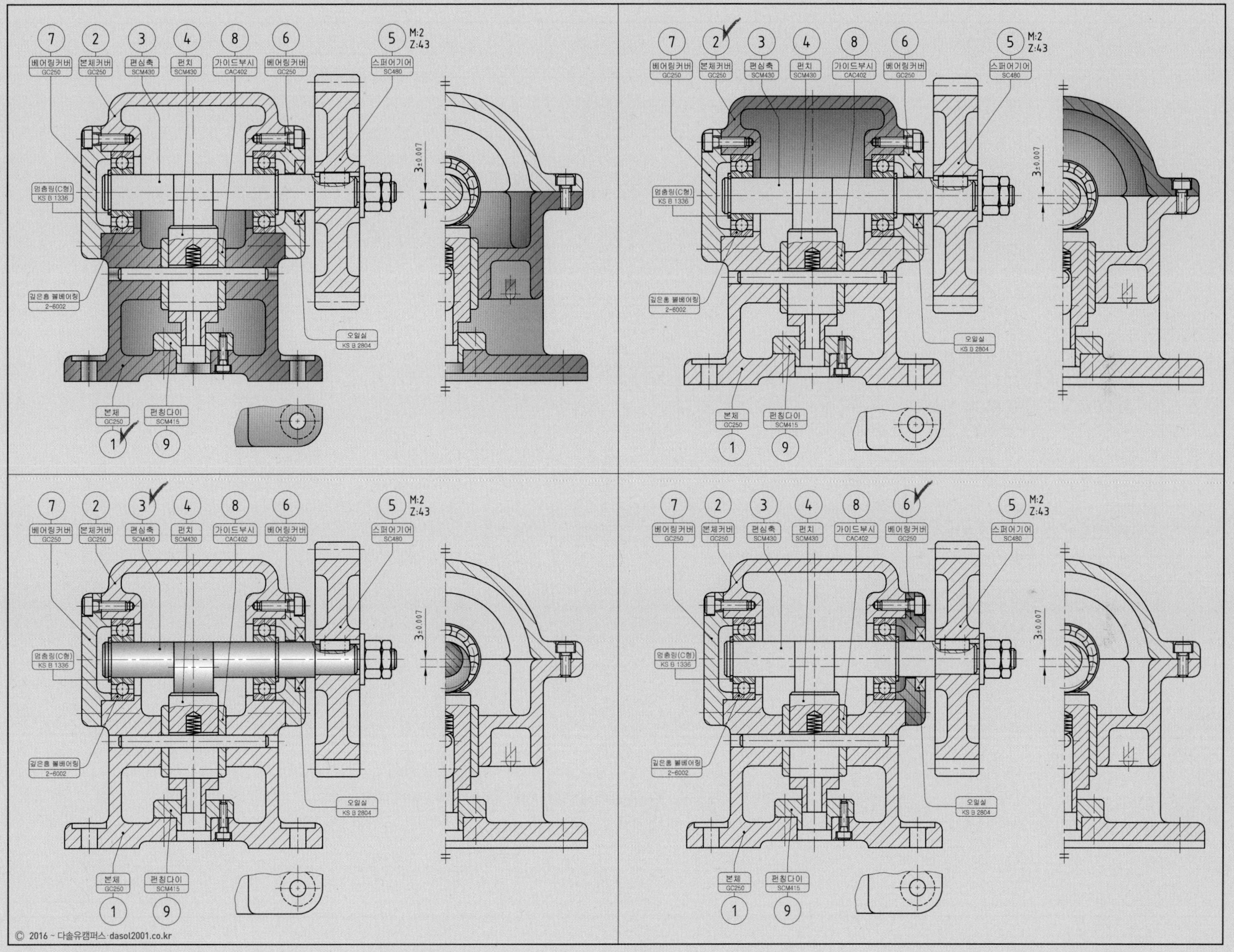
7
2
3
4
8
6
5
M:2
Z:43
베어링커버
GC250
본체커버
GC250
편심축
SCM430
펀치
SCM430
가이드부시
CAC402
베어링커버
GC250
스퍼어기어
SC480
멈춤링(C형)
KS B 1336
깊은홈 볼베어링
2-6002
오일실
KS B 2804
3±0.007
본체
GC250
펀칭다이
SCM415
1
9

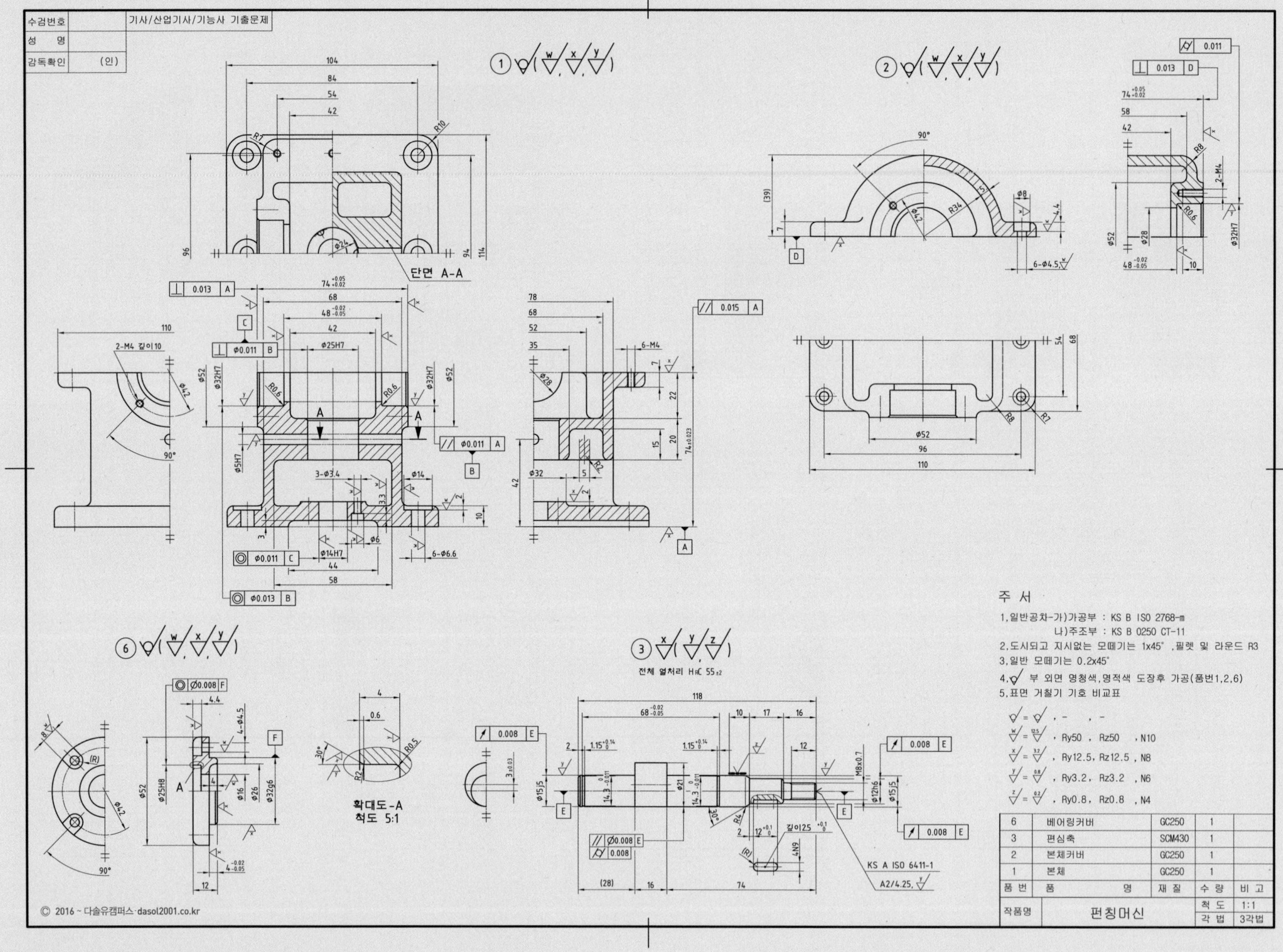


| 품 번 | 품 명 | 재 질 | 수 량 | 비 고 |
|---|---|---|---|---|
| 6 | 베어링커버 | GC250 | 1 | |
| 3 | 편심축 | SCM430 | 1 | |
| 2 | 본체커버 | GC250 | 1 | |
| 1 | 본체 | GC250 | 1 | |

| 작품명 | 편칭머신 | 척 도 | 1:1 |
|---|---|---|---|
| | | 각 법 | 3각법 |

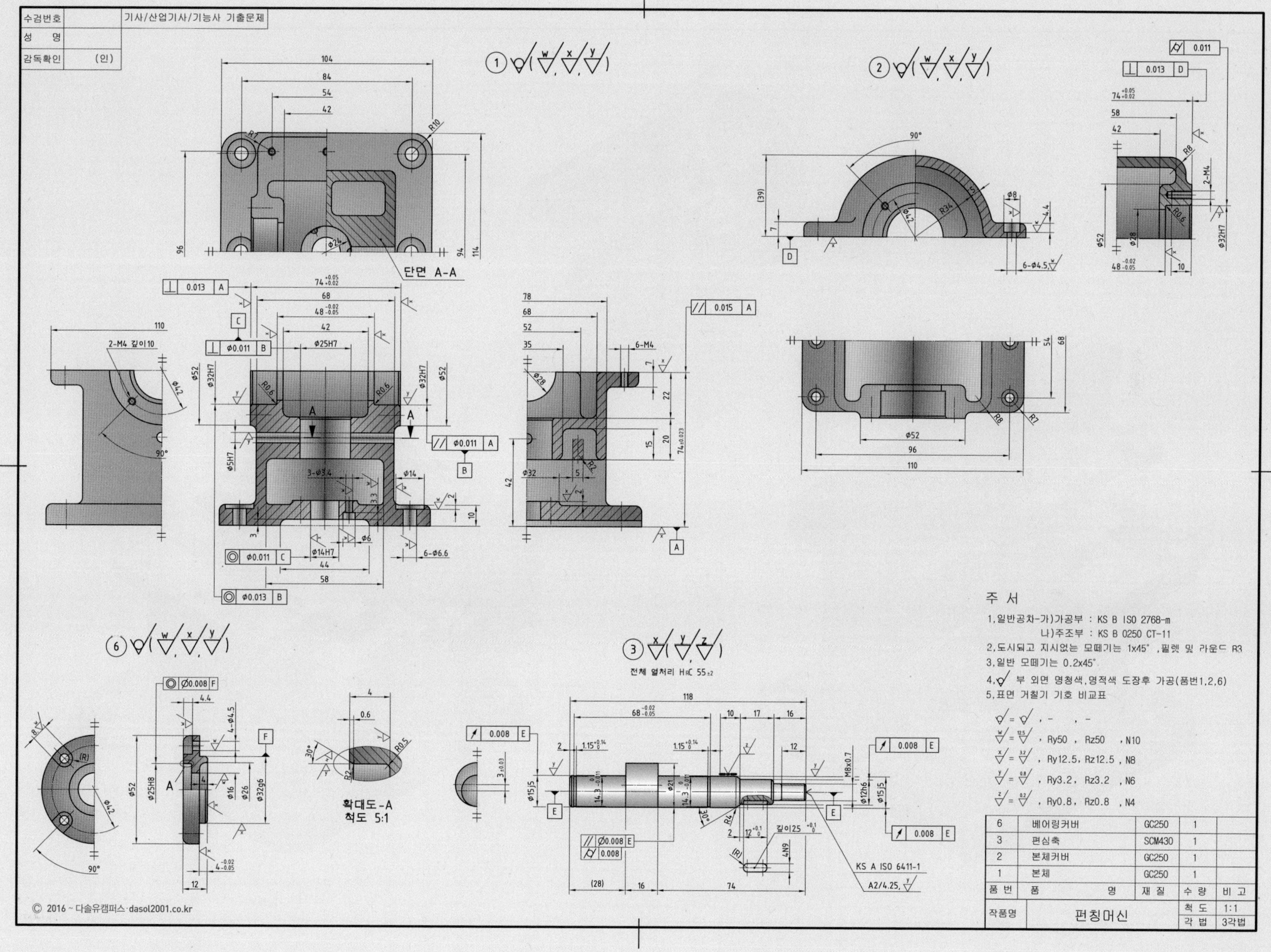


| 품 번 | 품 명 | 재 질 | 수 량 | 비 고 |
|---|---|---|---|---|
| 6 | 베어링커버 | GC250 | 1 | |
| 3 | 편심축 | SCM430 | 1 | |
| 2 | 본체커버 | GC250 | 1 | |
| 1 | 본체 | GC250 | 1 | |

| 작품명 | 편칭머신 | 척 도 | 1:1 |
|---|---|---|---|
| | | 각 법 | 3각법 |

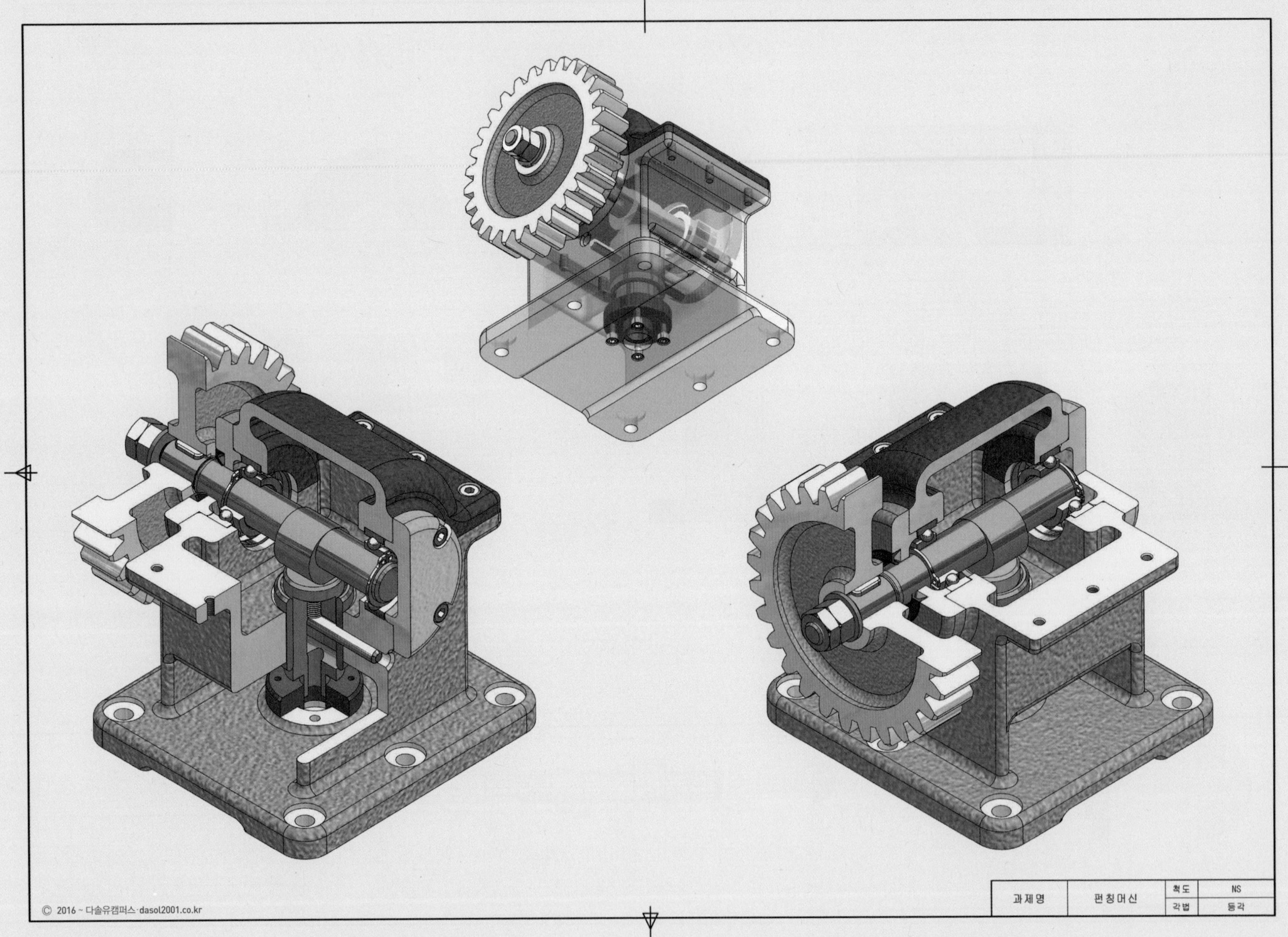
과제명
편칭머신
척도
NS
각법
등각
© 2016 ~ 다솔유캠퍼스·dasol2001.co.kr

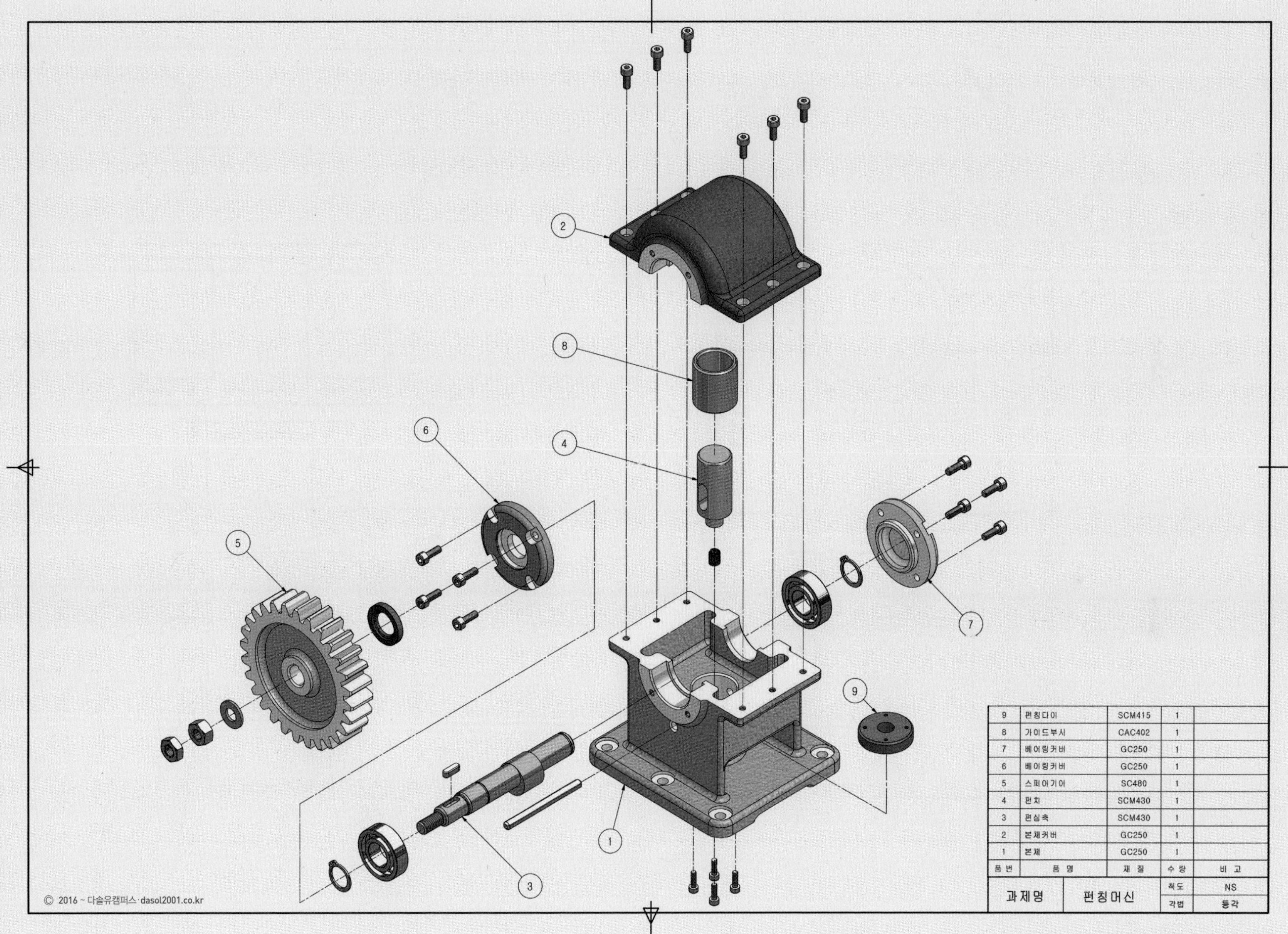


| 9 | 펀칭다이 | SCM415 | 1 | |
|---|---|---|---|---|
| 8 | 가이드부시 | CAC402 | 1 | |
| 7 | 베어링커버 | GC250 | 1 | |
| 6 | 베어링커버 | GC250 | 1 | |
| 5 | 스퍼어기어 | SC480 | 1 | |
| 4 | 펀치 | SCM430 | 1 | |
| 3 | 편심축 | SCM430 | 1 | |
| 2 | 본체커버 | GC250 | 1 | |
| 1 | 본체 | GC250 | 1 | |
| 품번 | 품 명 | 재 질 | 수 량 | 비 고 |
| 과제명 | 펀칭머신 | | 척도 | NS |
| | | | 각법 | 등각 |

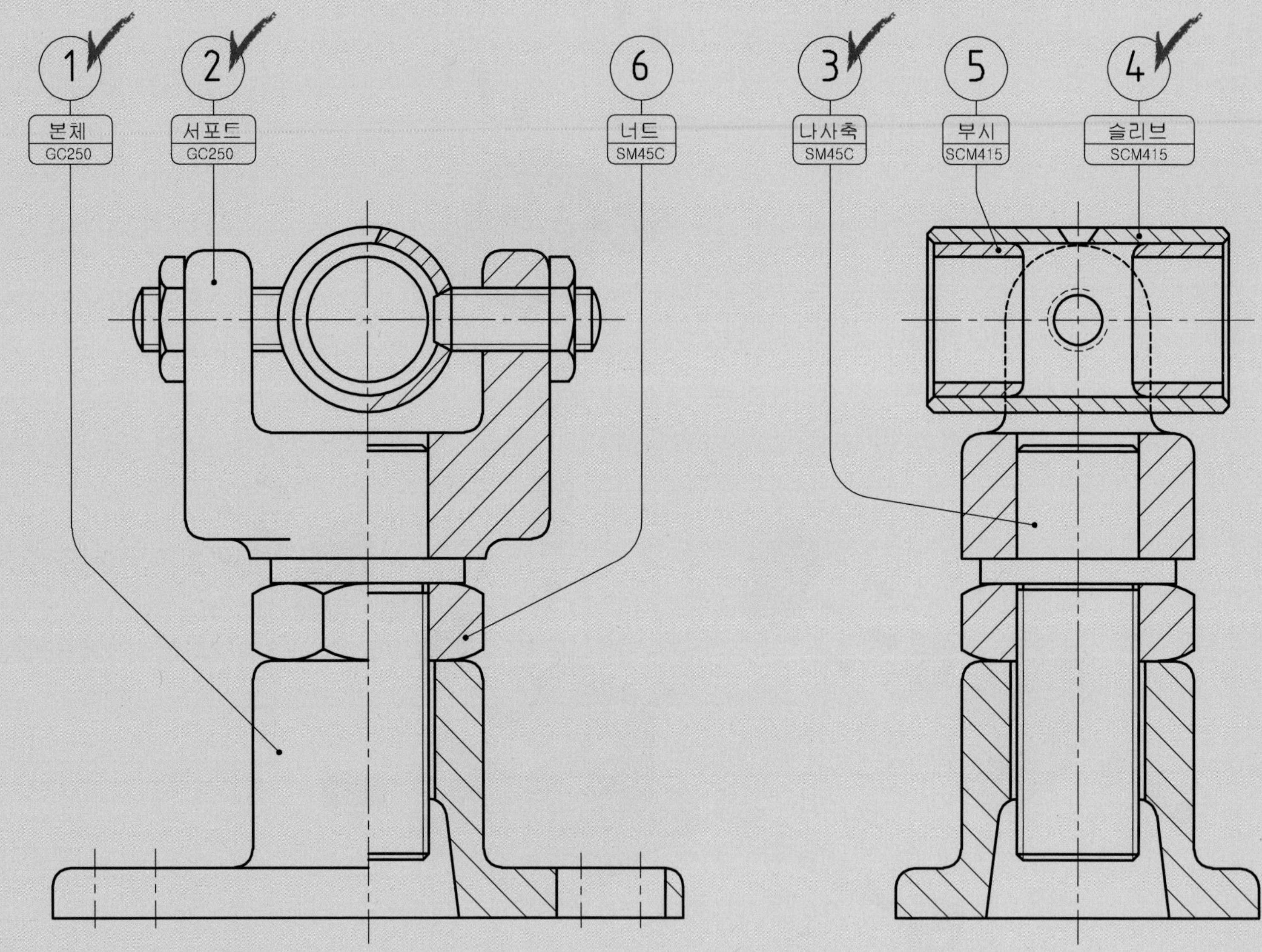
1
본체
GC250
2
서포트
GC250
6
너트
SM45C
3
나사축
SM45C
5
부시
SCM415
4
슬리브
SCM415

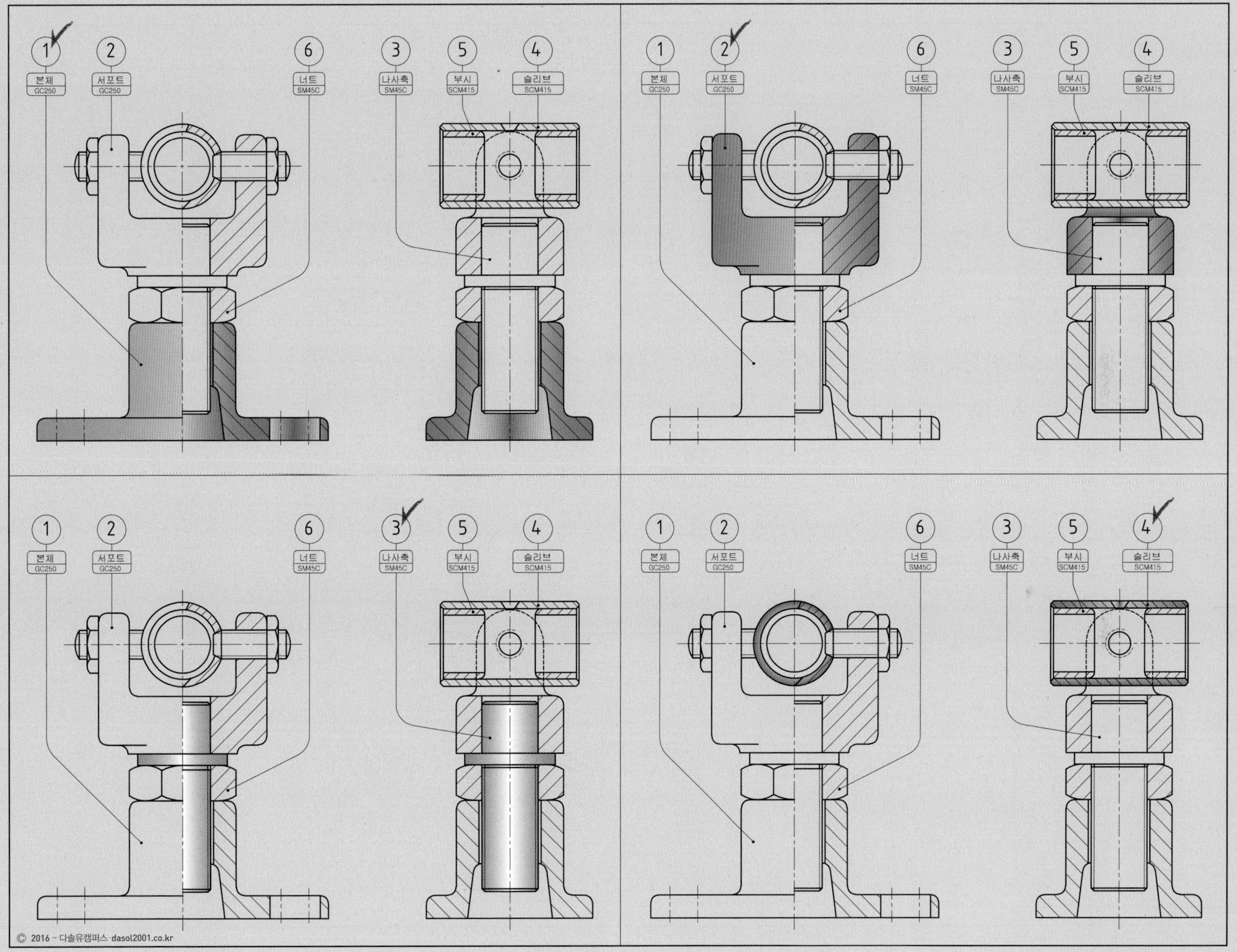
1
2
6
3
5
4
본체
GC250
서포트
GC250
너트
SM45C
나사축
SM45C
부시
SCM415
슬리브
SCM415

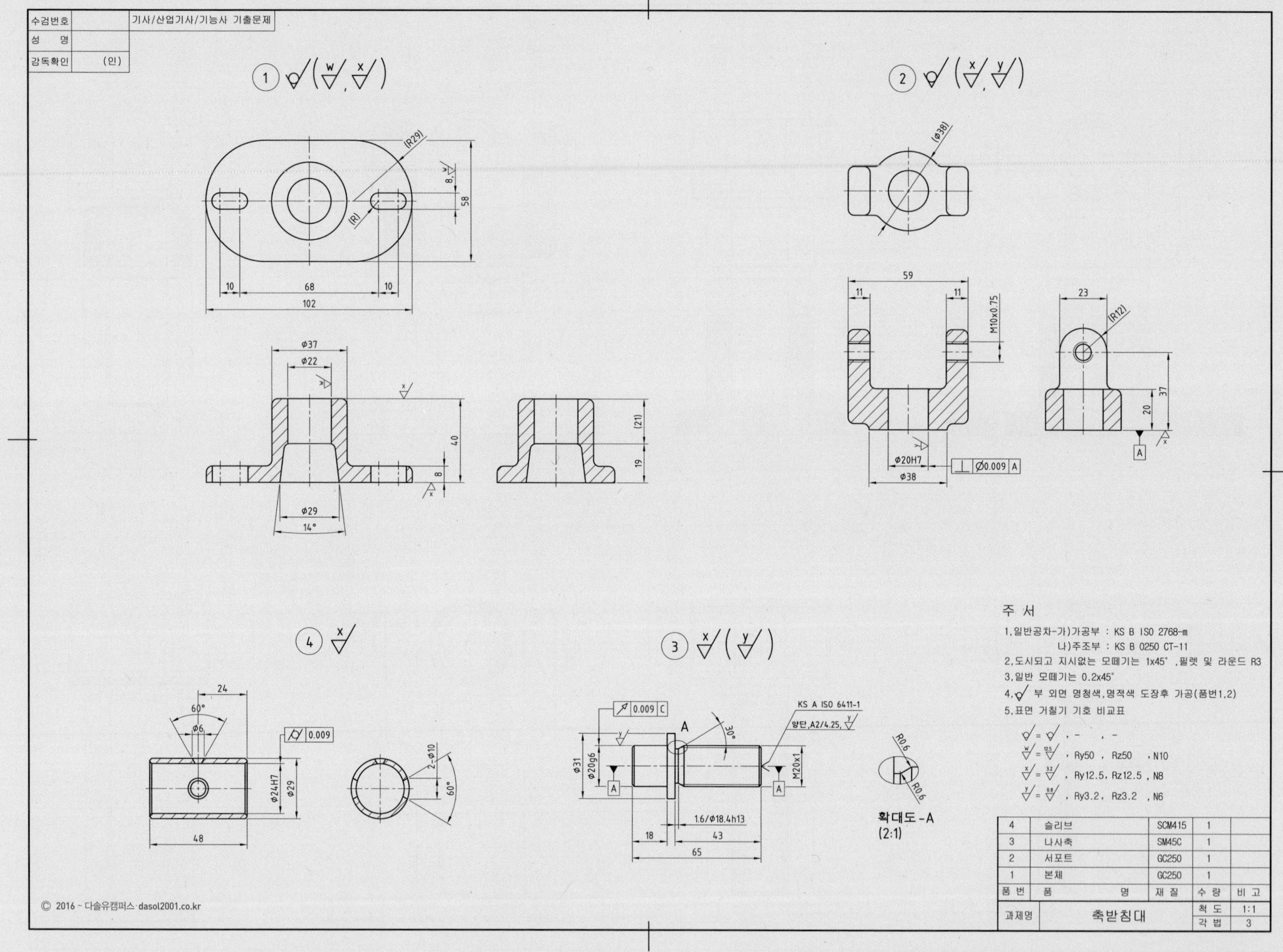


| 품번 | 품명 | 재질 | 수량 | 비고 |
|---|---|---|---|---|
| 4 | 슬리브 | SCM415 | 1 | |
| 3 | 나사축 | SM45C | 1 | |
| 2 | 서포트 | GC250 | 1 | |
| 1 | 본체 | GC250 | 1 | |

| 과제명 | 축받침대 | 척도 | 1:1 |
|---|---|---|---|
| | | 각법 | 3 |

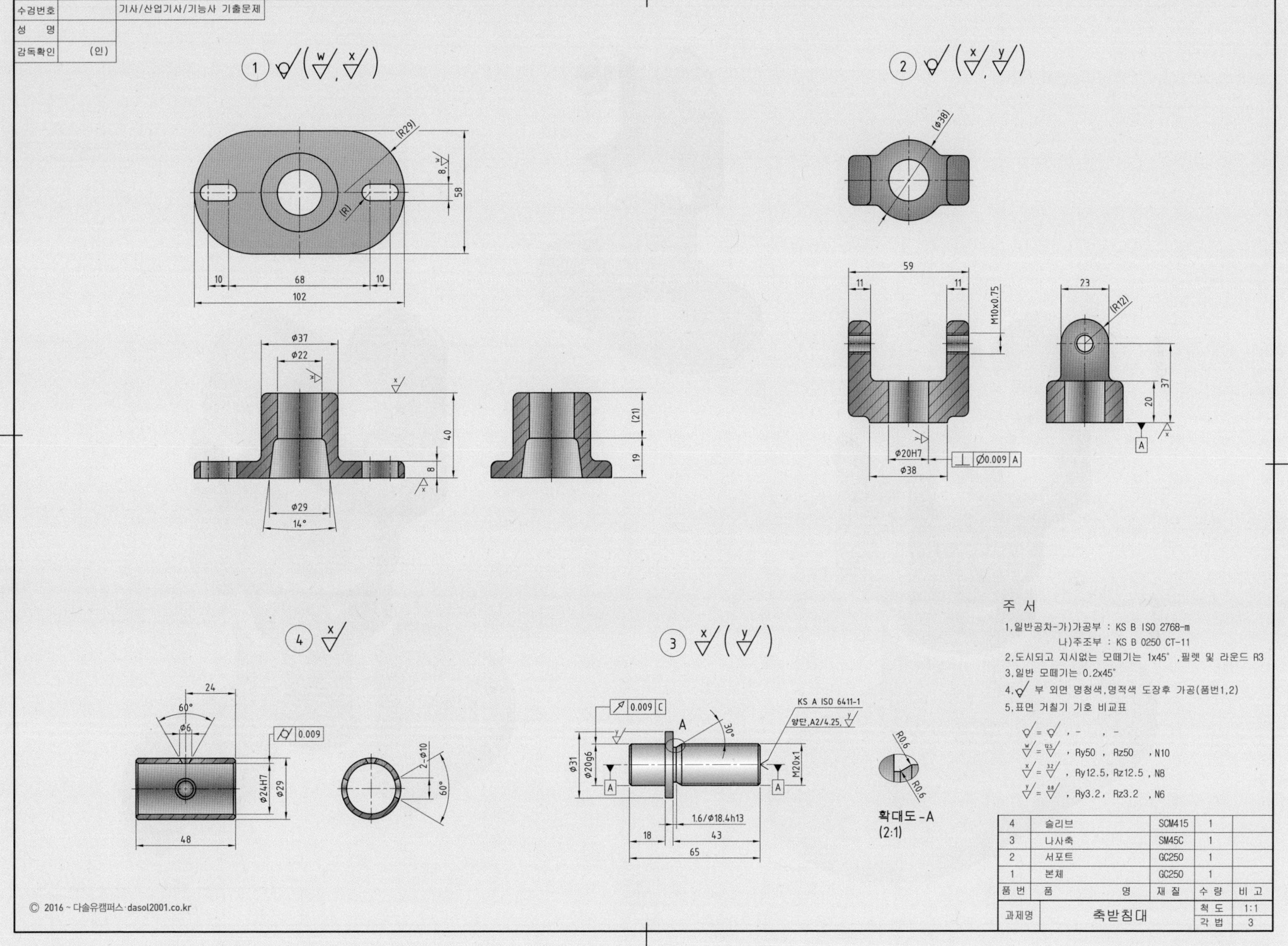
수검번호
기사/산업기사/기능사 기출문제
성 명
감독확인 (인)
①
②
③
④
(R29)
(R)
8
58
10
68
10
102
Φ37
Φ22
40
8
Φ29
14°
(21)
19
(Φ38)
59
11
11
M10x0.75
Φ20H7
Φ38
0.009 A
23
(R12)
20
37
A
24
60°
Φ6
0.009
Φ24H7
Φ29
48
2-Φ10
60°
0.009 C
KS A ISO 6411-1
양단,A2/4.25,
A
30°
Φ31
Φ20g6
M20x1
1.6/Φ18.4h13
18
43
65
R0.6
R0.6
확대도-A
(2:1)
주 서
1.일반공차-가)가공부 : KS B ISO 2768-m
나)주조부 : KS B 0250 CT-11
2.도시되고 지시없는 모떼기는 1x45°, 필렛 및 라운드 R3
3.일반 모떼기는 0.2x45°
4. 부 외면 명청색, 명적색 도장후 가공(품번1,2)
5.표면 거칠기 기호 비교표
Ry50 , Rz50 , N10
Ry12.5, Rz12.5 , N8
Ry3.2, Rz3.2 , N6
4 슬리브 SCM415 1
3 나사축 SM45C 1
2 서포트 GC250 1
1 본체 GC250 1
품번 품명 재질 수량 비고
과제명 축받침대 척도 1:1 각법 3
© 2016 ~ 다솔유캠퍼스·dasol2001.co.kr

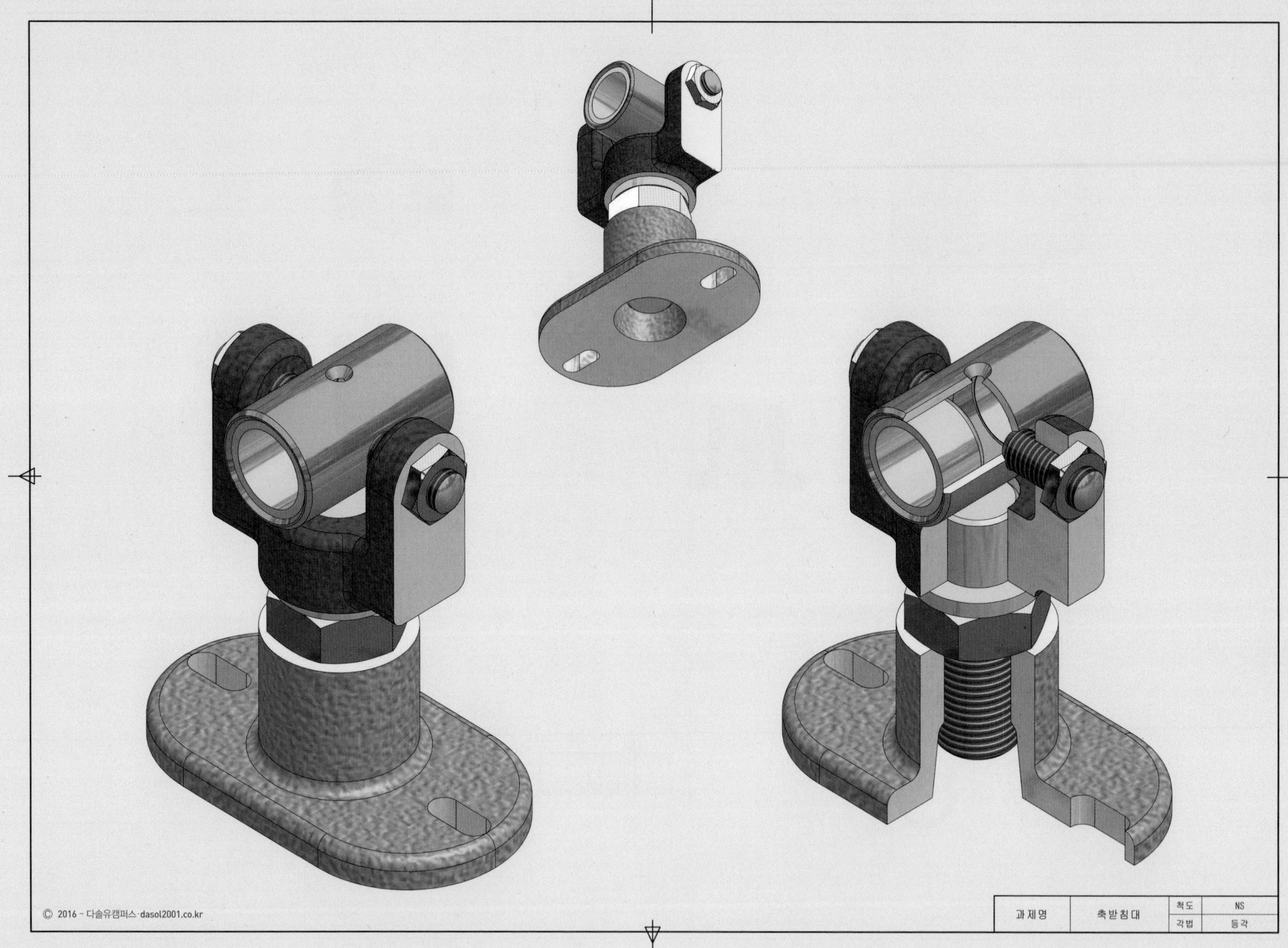

© 2016 ~ 다솔유캠퍼스·dasol2001.co.kr
과제명
축받침대
척도
NS
각법
등각

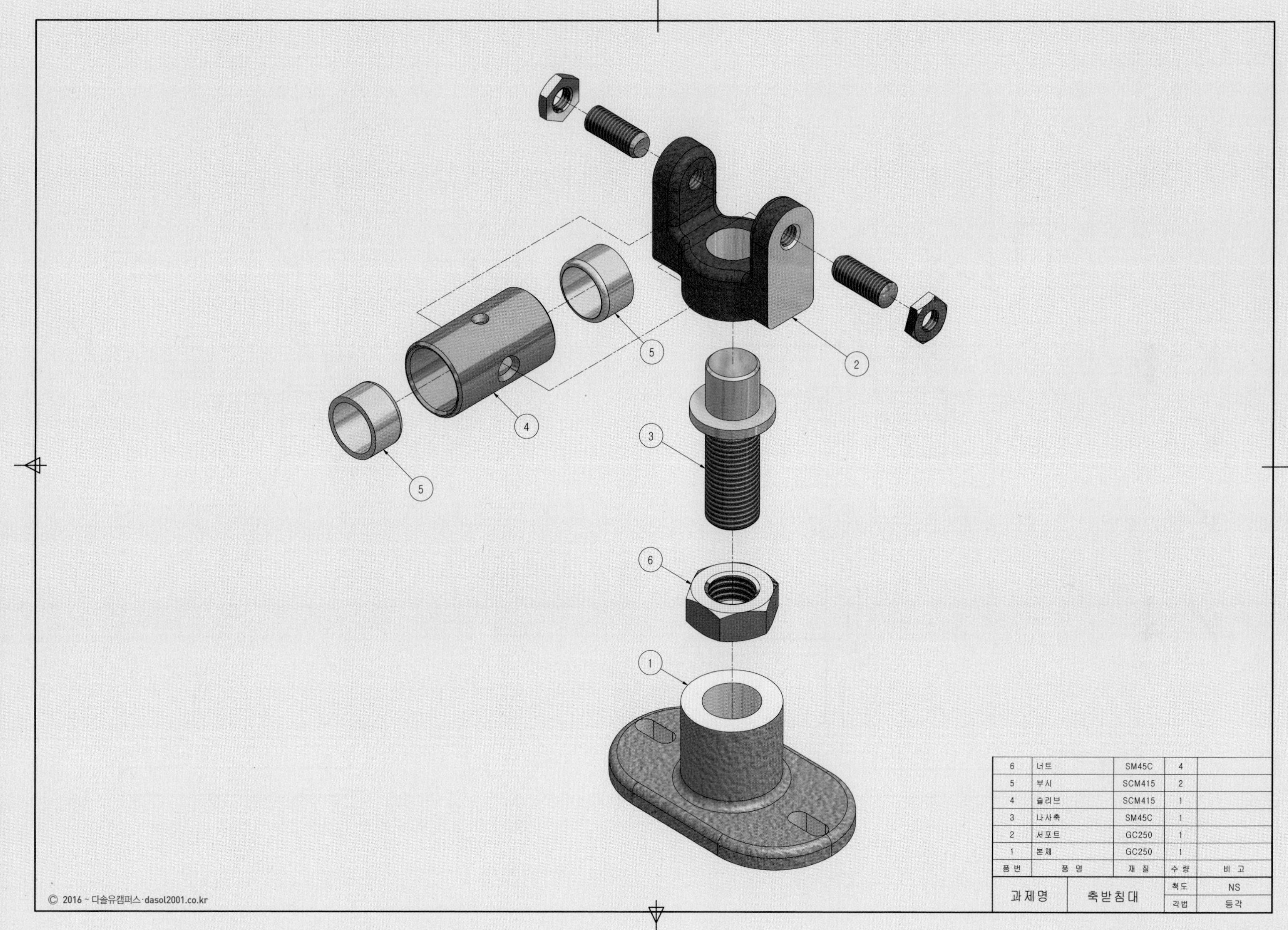


| 품 번 | 품 명 | 재 질 | 수 량 | 비 고 |
|---|---|---|---|---|
| 6 | 너트 | SM45C | 4 | |
| 5 | 부시 | SCM415 | 2 | |
| 4 | 슬리브 | SCM415 | 1 | |
| 3 | 나사축 | SM45C | 1 | |
| 2 | 서포트 | GC250 | 1 | |
| 1 | 본체 | GC250 | 1 | |

| 과제명 | 축받침대 | 척도 | NS |
|---|---|---|---|
| | | 각법 | 등각 |

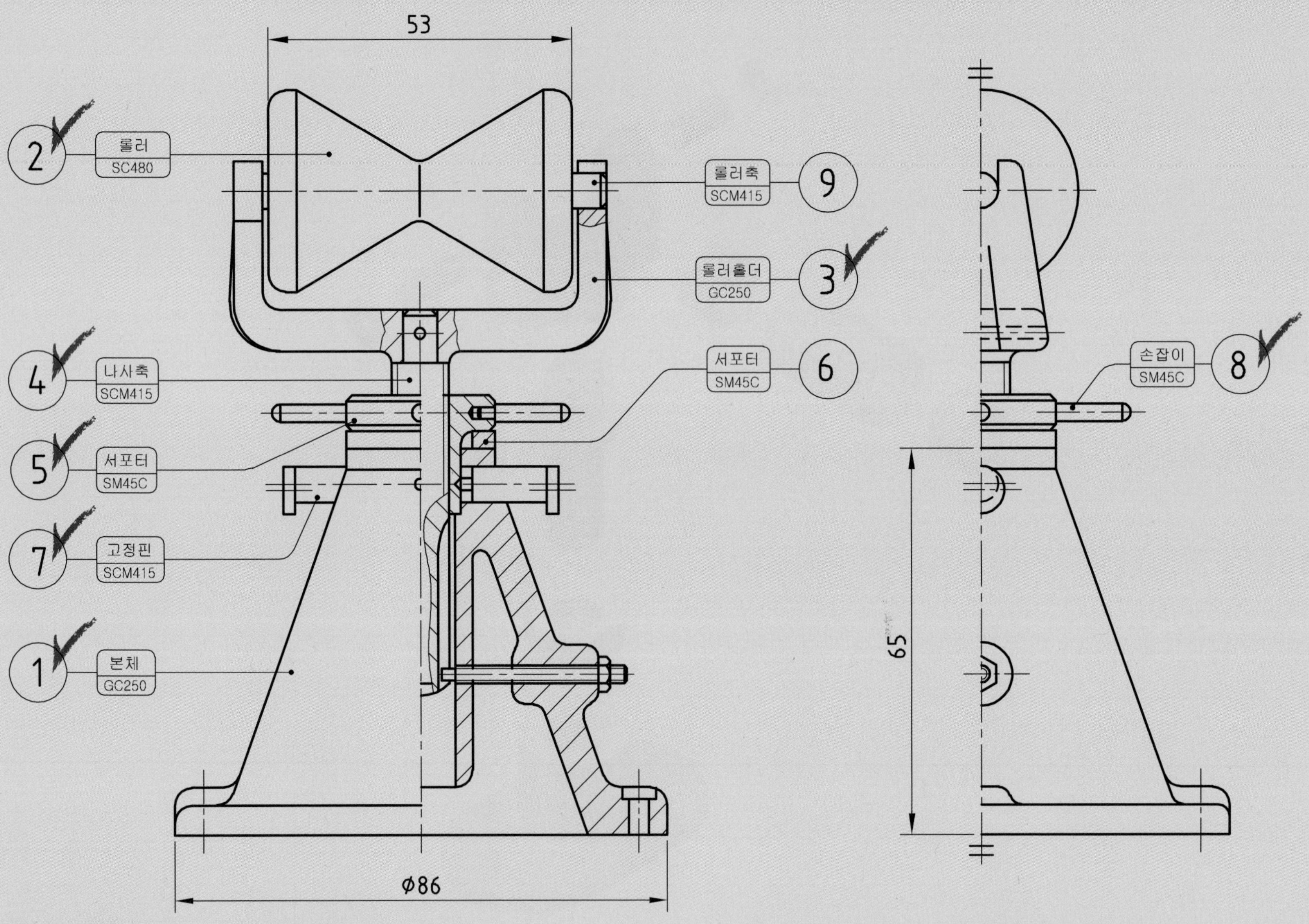
53
2
롤러
SC480
롤러축
SCM415
9
롤러홀더
GC250
3
4
나사축
SCM415
서포터
SM45C
6
5
서포터
SM45C
손잡이
SM45C
8
7
고정핀
SCM415
1
본체
GC250
65
Ø86

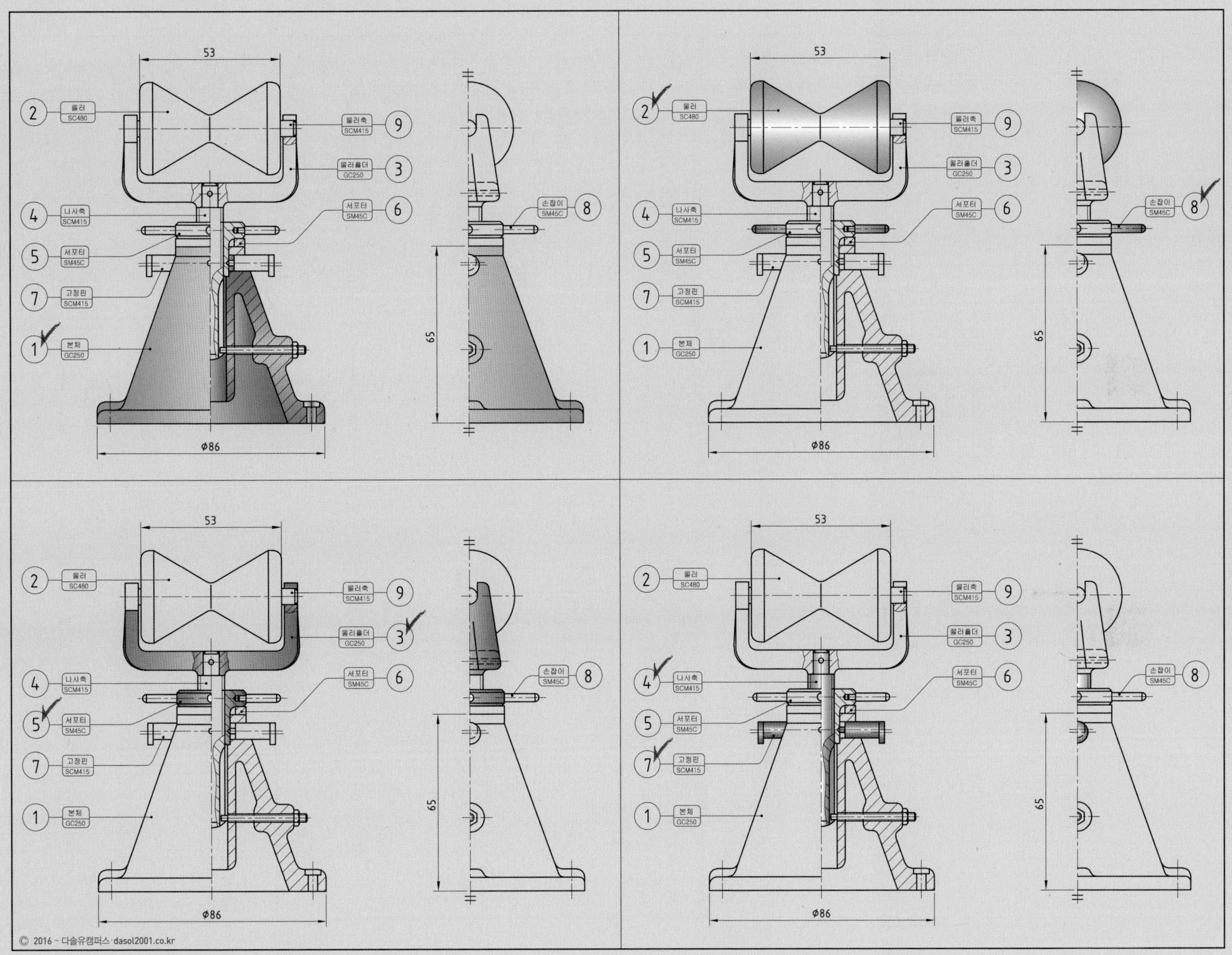
53
2
롤러
SC480
롤러축
SCM415
9
롤러홀더
GC250
3
4
나사축
SCM415
서포터
SM45C
6
5
서포터
SM45C
7
고정핀
SCM415
1
본체
GC250
손잡이
SM45C
8
65
Ø86

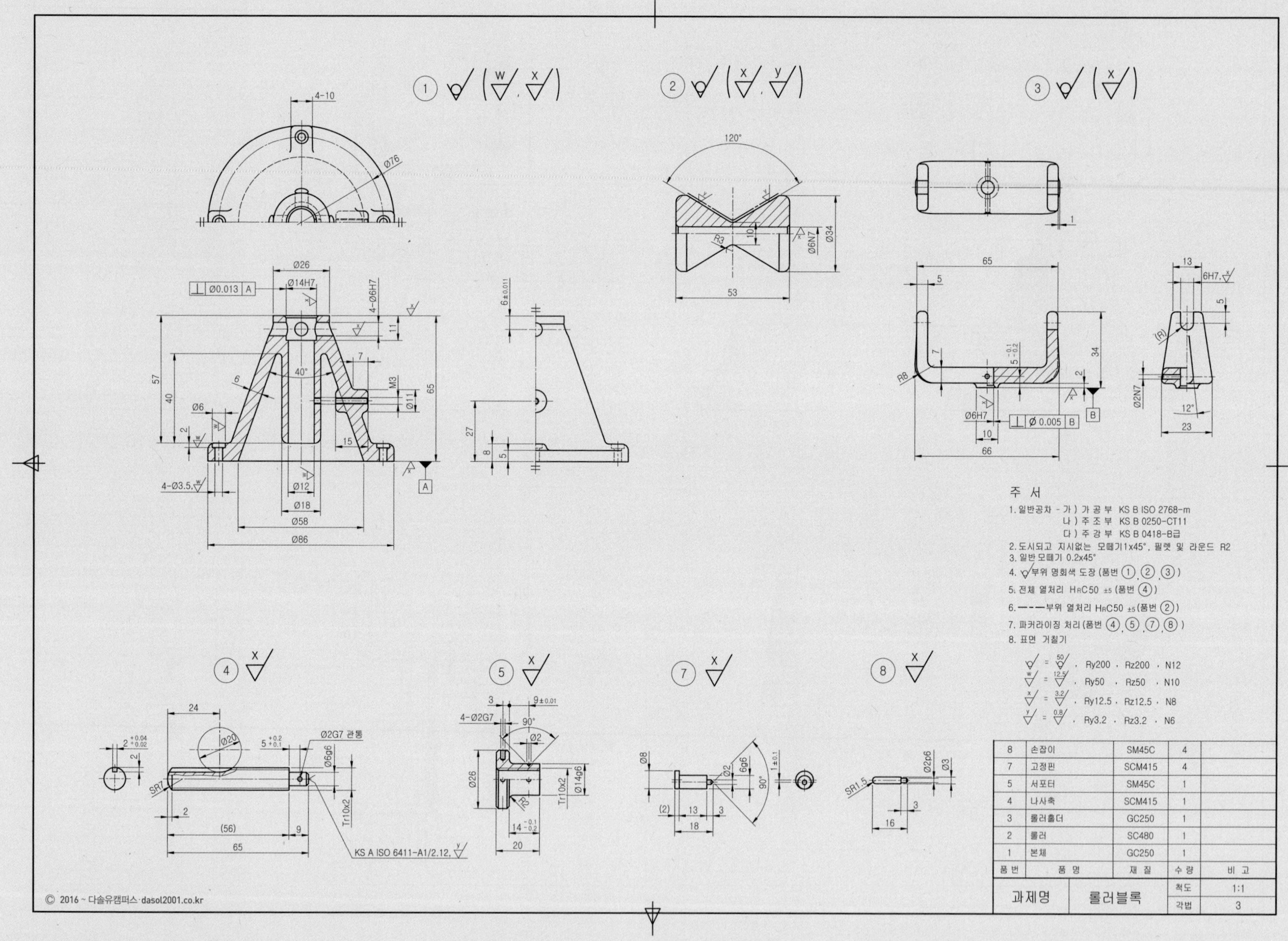
주 서
1. 일반공차 - 가 ) 가 공 부 KS B ISO 2768-m
나 ) 주 조 부 KS B 0250-CT11
다 ) 주 강 부 KS B 0418-B급
2. 도시되고 지시없는 모떼기1x45°, 필렛 및 라운드 R2
3. 일반 모떼기 0.2x45°
4. 부위 명회색 도장 (품번 ①,②,③)
5. 전체 열처리 HRC50 ±5 (품번 ④)
6. 부위 열처리 HRC50 ±5 (품번 ②)
7. 파커라이징 처리 (품번 ④,⑤,⑦,⑧)
8. 표면 거칠기
Ry200 , Rz200 , N12
Ry50 , Rz50 , N10
Ry12.5 , Rz12.5 , N8
Ry3.2 , Rz3.2 , N6
8 손잡이 SM45C 4
7 고정핀 SCM415 4
5 서포터 SM45C 1
4 나사축 SCM415 1
3 롤러홀더 GC250 1
2 롤러 SC480 1
1 본체 GC250 1
품번 품명 재질 수량 비고
과제명 롤러블록 척도 1:1 각법 3
KS A ISO 6411-A1/2.12
Ø2G7 관통
© 2016 ~ 다솔유캠퍼스·dasol2001.co.kr

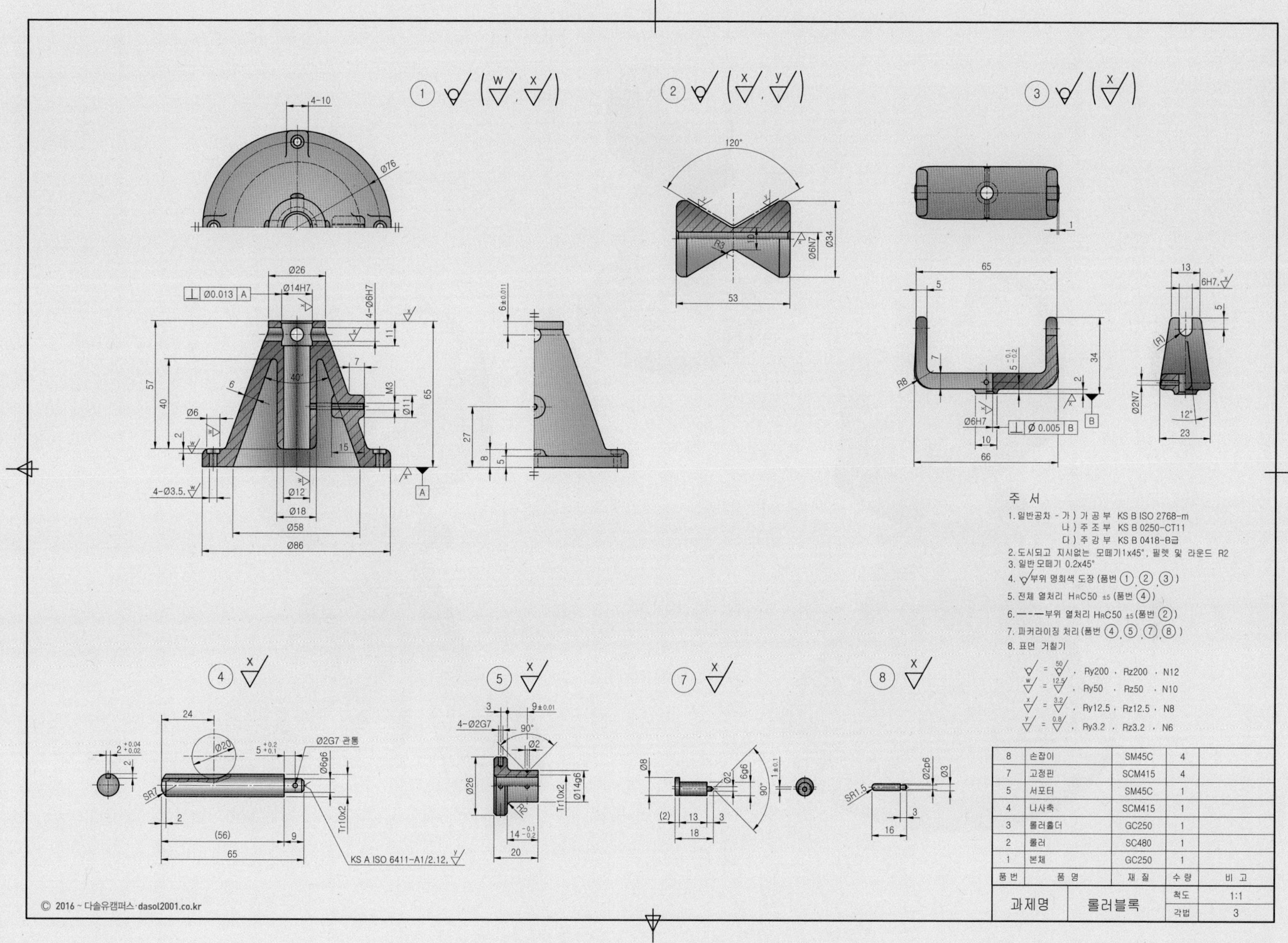

주 서
1. 일반공차 - 가) 가 공 부 KS B ISO 2768-m
나) 주 조 부 KS B 0250-CT11
다) 주 강 부 KS B 0418-B급
2. 도시되고 지시없는 모떼기1x45°, 필렛 및 라운드 R2
3. 일반 모떼기 0.2x45°
4. 부위 명회색 도장 (품번 ①,②,③)
5. 전체 열처리 HRC50 ±5 (품번 ④)
6. 부위 열처리 HRC50 ±5 (품번 ②)
7. 파커라이징 처리 (품번 ④,⑤,⑦,⑧)
8. 표면 거칠기
= 50/, Ry200, Rz200, N12
w = 12.5/, Ry50, Rz50, N10
x = 3.2/, Ry12.5, Rz12.5, N8
y = 0.8/, Ry3.2, Rz3.2, N6
8 | 손잡이 | SM45C | 4
7 | 고정핀 | SCM415 | 4
5 | 서포터 | SM45C | 1
4 | 나사축 | SCM415 | 1
3 | 롤러홀더 | GC250 | 1
2 | 롤러 | SC480 | 1
1 | 본체 | GC250 | 1
품번 | 품 명 | 재 질 | 수 량 | 비 고
과제명 | 롤러블록 | 척도 1:1 | 각법 3
KS A ISO 6411-A1/2.12

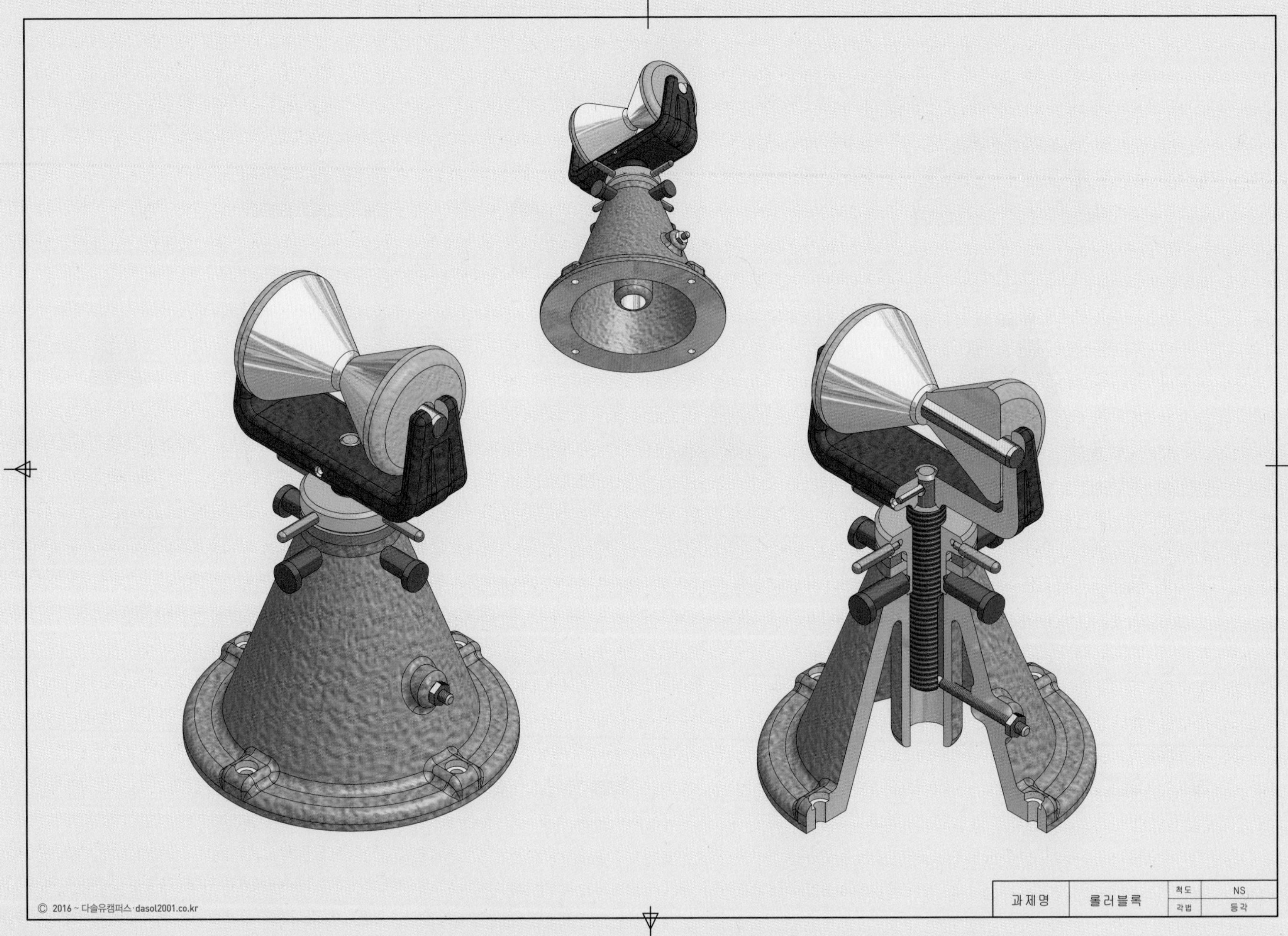
과제명
롤러블록
척도
NS
각법
등각

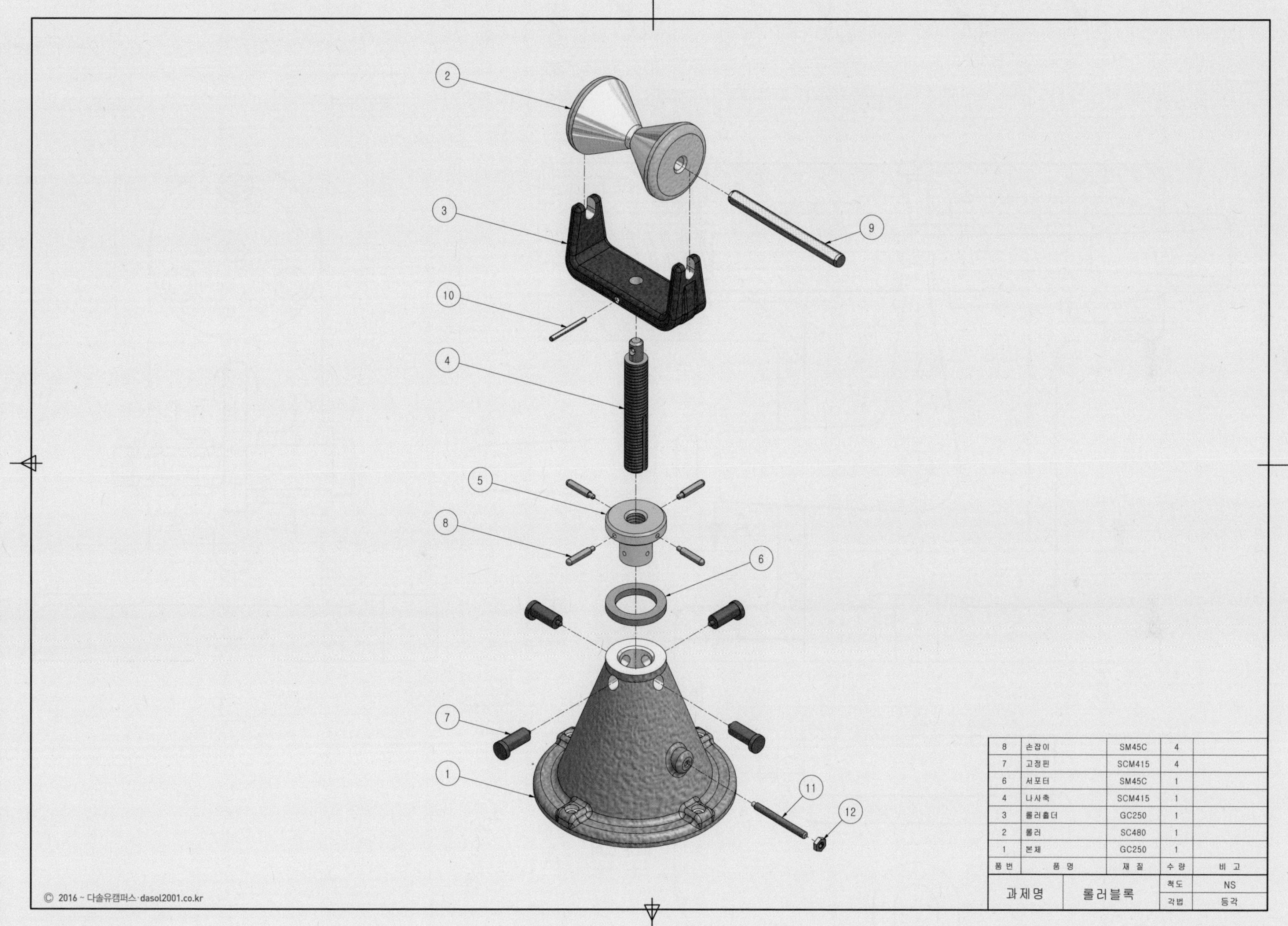


| 8 | 손잡이 | SM45C | 4 | |
|---|---|---|---|---|
| 7 | 고정핀 | SCM415 | 4 | |
| 6 | 서포터 | SM45C | 1 | |
| 4 | 나사축 | SCM415 | 1 | |
| 3 | 롤러홀더 | GC250 | 1 | |
| 2 | 롤러 | SC480 | 1 | |
| 1 | 본체 | GC250 | 1 | |
| 품번 | 품 명 | 재 질 | 수 량 | 비 고 |

| 과제명 | 롤러블록 | 척도 | NS |
|---|---|---|---|
| | | 각법 | 등각 |

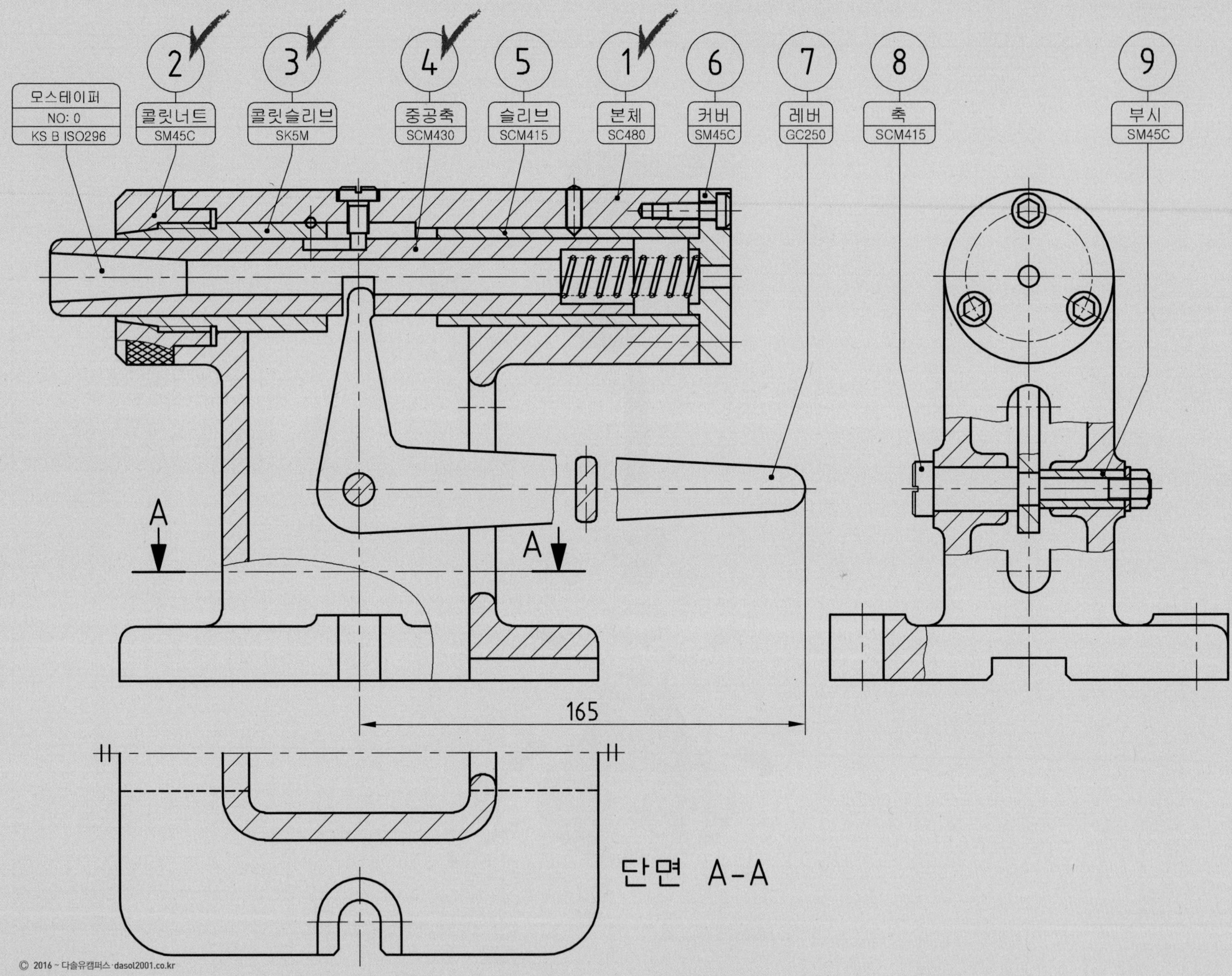
2
3
4
5
1
6
7
8
9
모스테이퍼
NO: 0
KS B ISO296
콜릿너트
SM45C
콜릿슬리브
SK5M
중공축
SCM430
슬리브
SCM415
본체
SC480
커버
SM45C
레버
GC250
축
SCM415
부시
SM45C
A
A
165
단면 A-A

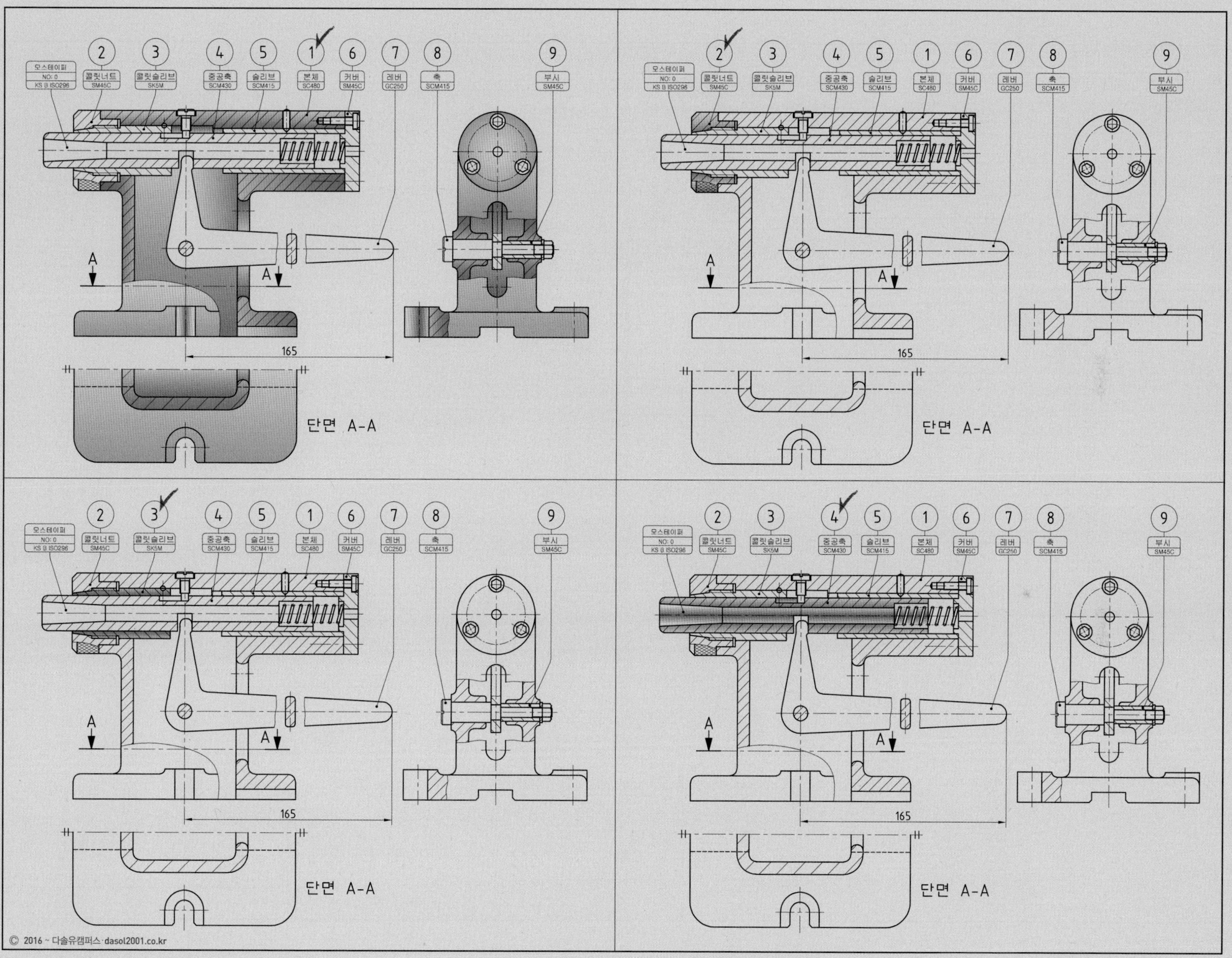
2
3
4
5
1
6
7
8
9
모스테이퍼
NO: 0
KS B ISO296
콜릿너트
SM45C
콜릿슬리브
SK5M
중공축
SCM430
슬리브
SCM415
본체
SC480
커버
SM45C
레버
GC250
축
SCM415
부시
SM45C
A
165
단면 A-A

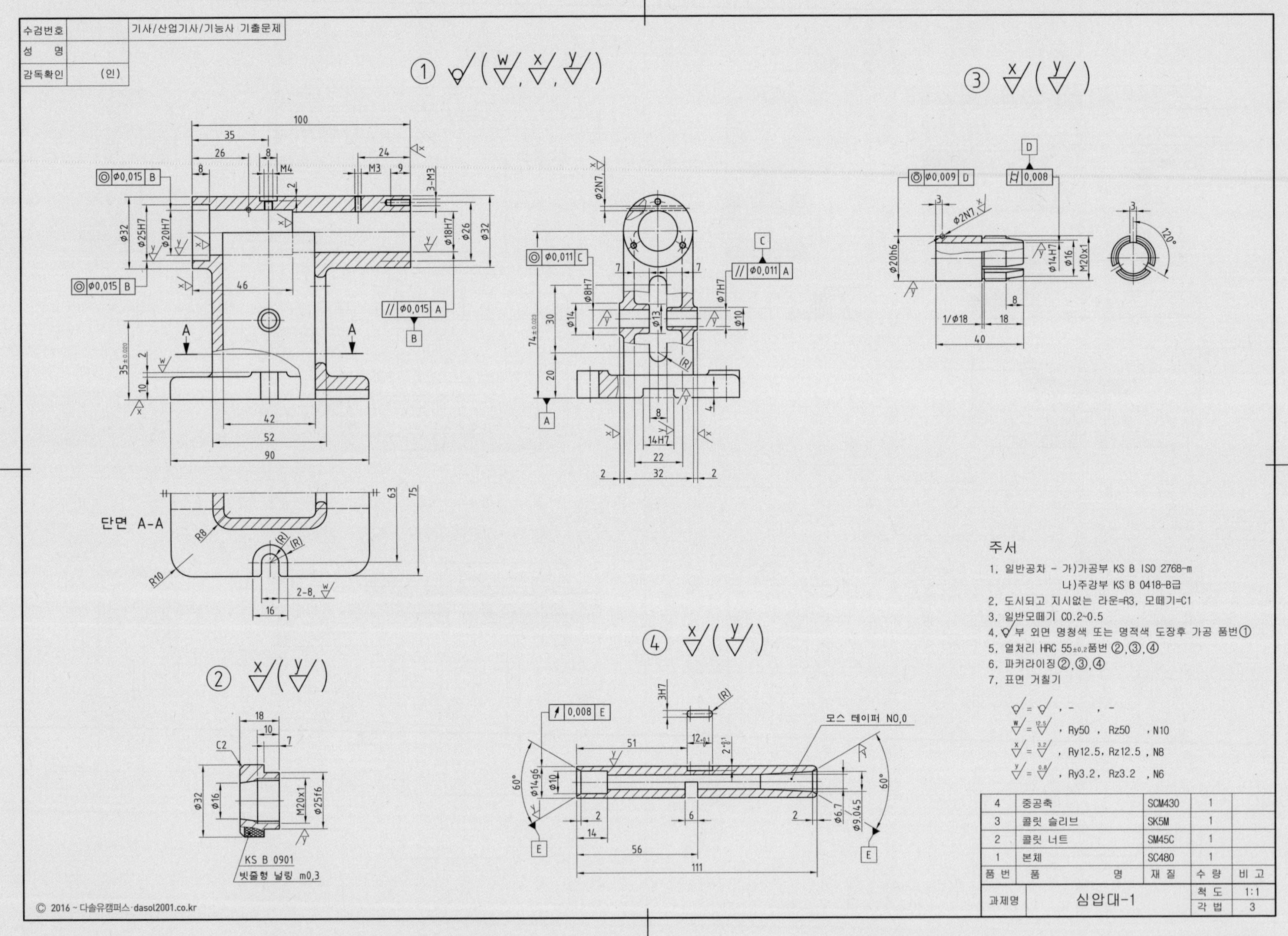


| 품 번 | 품 명 | 재 질 | 수 량 | 비 고 |
|---|---|---|---|---|
| 4 | 중공축 | SCM430 | 1 | |
| 3 | 콜릿 슬리브 | SK5M | 1 | |
| 2 | 콜릿 너트 | SM45C | 1 | |
| 1 | 본체 | SC480 | 1 | |

| 과제명 | 심압대-1 | 척 도 | 1:1 |
|---|---|---|---|
| | | 각 법 | 3 |

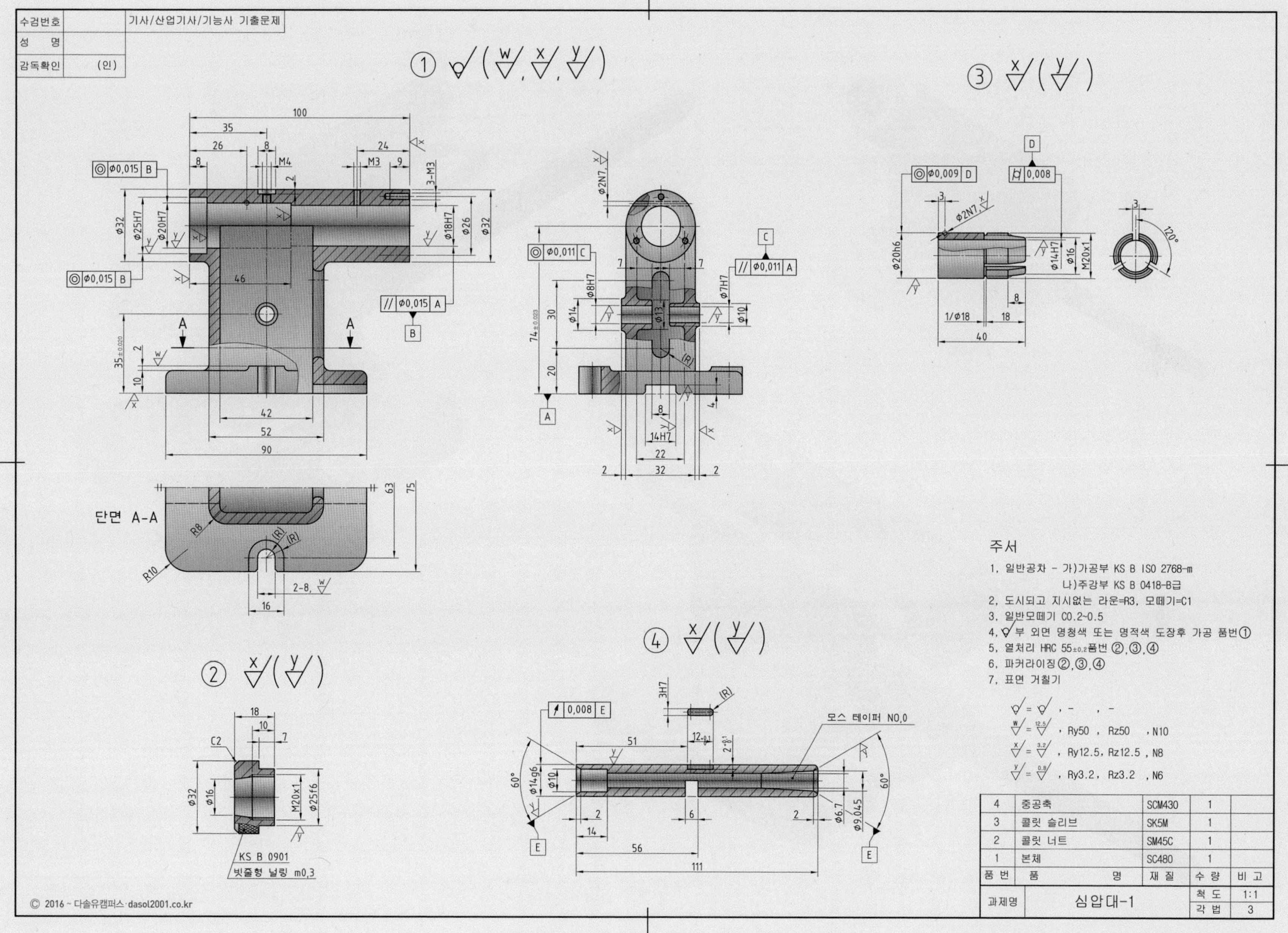


| 품 번 | 품 명 | 재 질 | 수 량 | 비 고 |
| --- | --- | --- | --- | --- |
| 4 | 중공축 | SCM430 | 1 | |
| 3 | 콜릿 슬리브 | SK5M | 1 | |
| 2 | 콜릿 너트 | SM45C | 1 | |
| 1 | 본체 | SC480 | 1 | |
| 과제명 | 심압대-1 | 척 도 | 1:1 | |
| | | 각 법 | 3 | |

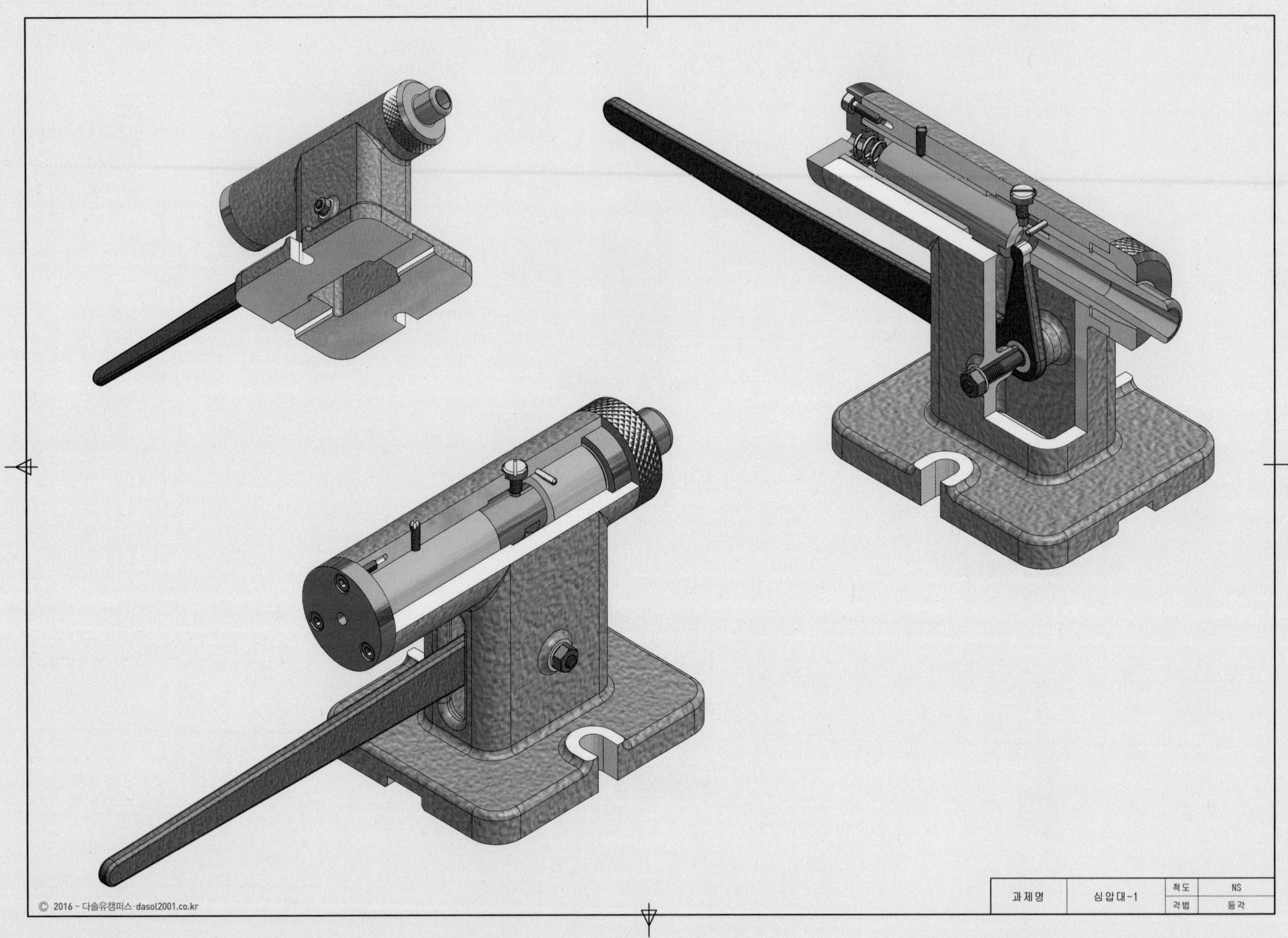

© 2016 ~ 다솔유캠퍼스 · dasol2001.co.kr
과제명
심압대-1
척도
NS
각법
등각

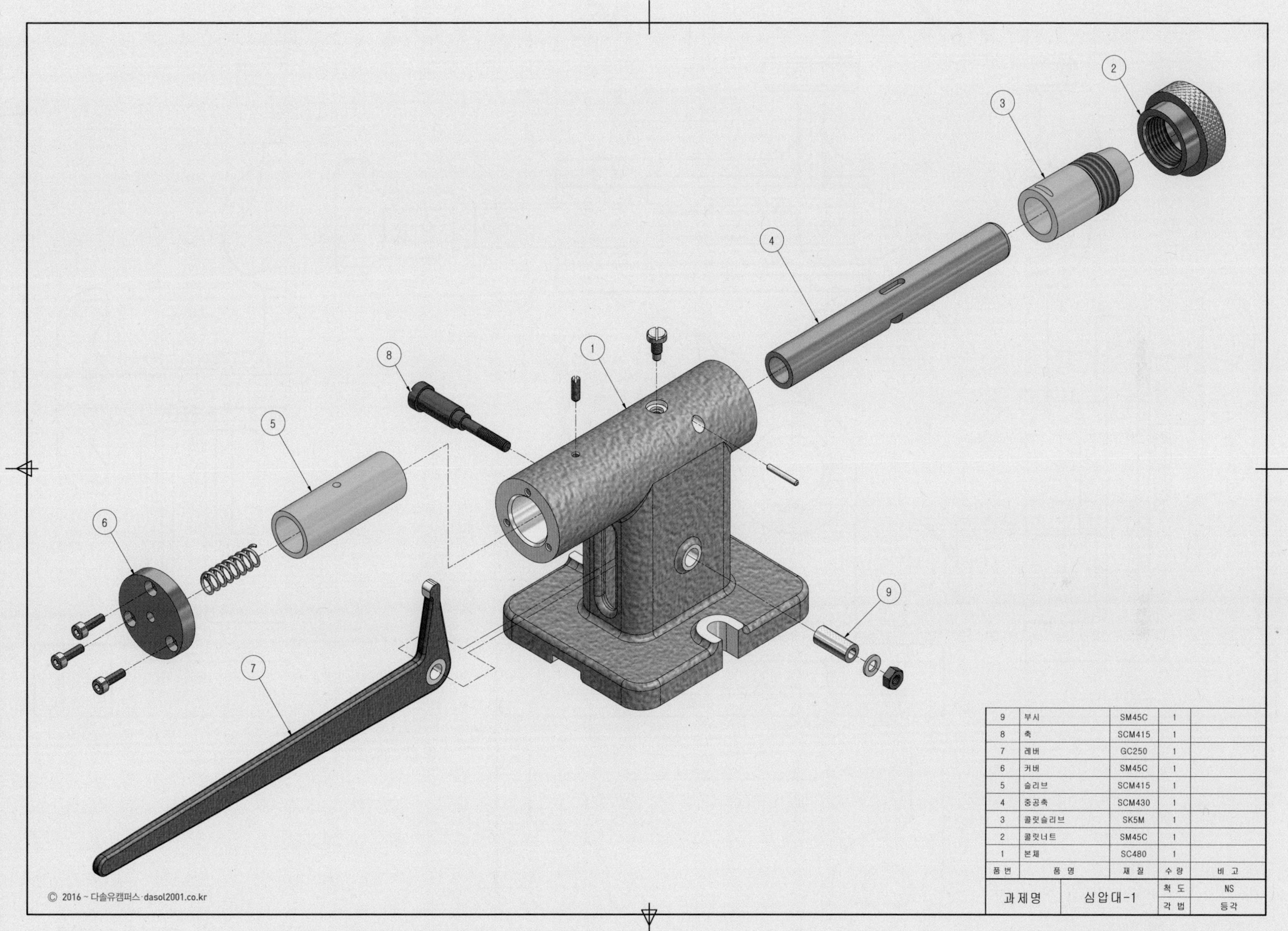


| 품 번 | 품 명 | 재 질 | 수 량 | 비 고 |
|---|---|---|---|---|
| 9 | 부시 | SM45C | 1 | |
| 8 | 축 | SCM415 | 1 | |
| 7 | 레버 | GC250 | 1 | |
| 6 | 커버 | SM45C | 1 | |
| 5 | 슬리브 | SCM415 | 1 | |
| 4 | 중공축 | SCM430 | 1 | |
| 3 | 콜릿슬리브 | SK5M | 1 | |
| 2 | 콜릿너트 | SM45C | 1 | |
| 1 | 본체 | SC480 | 1 | |

| 과제명 | 심압대-1 | 척 도 | NS |
|---|---|---|---|
| | | 각 법 | 등각 |

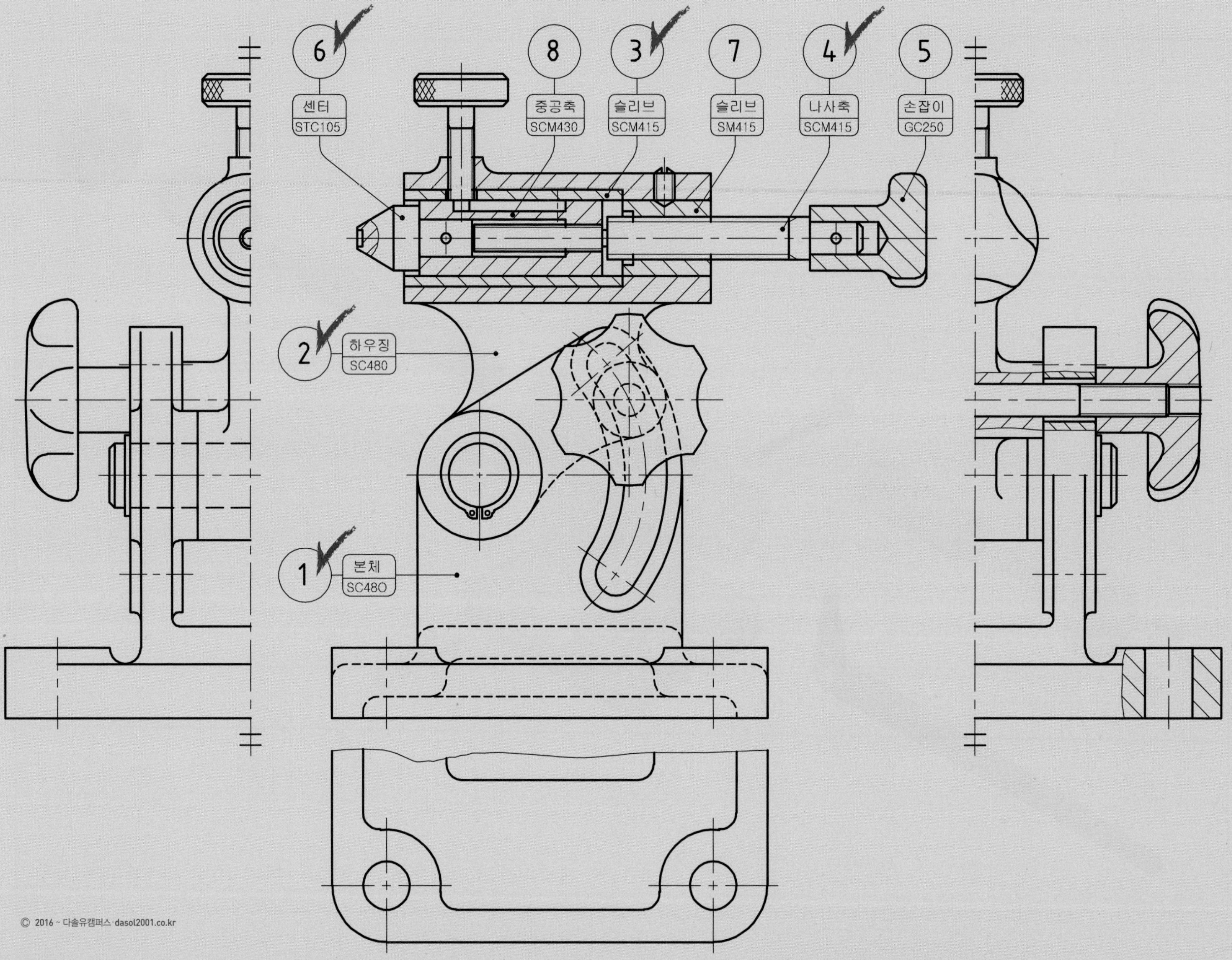
6
센터
STC105
8
중공축
SCM430
3
슬리브
SCM415
7
슬리브
SM415
4
나사축
SCM415
5
손잡이
GC250
2
하우징
SC480
1
본체
SC480

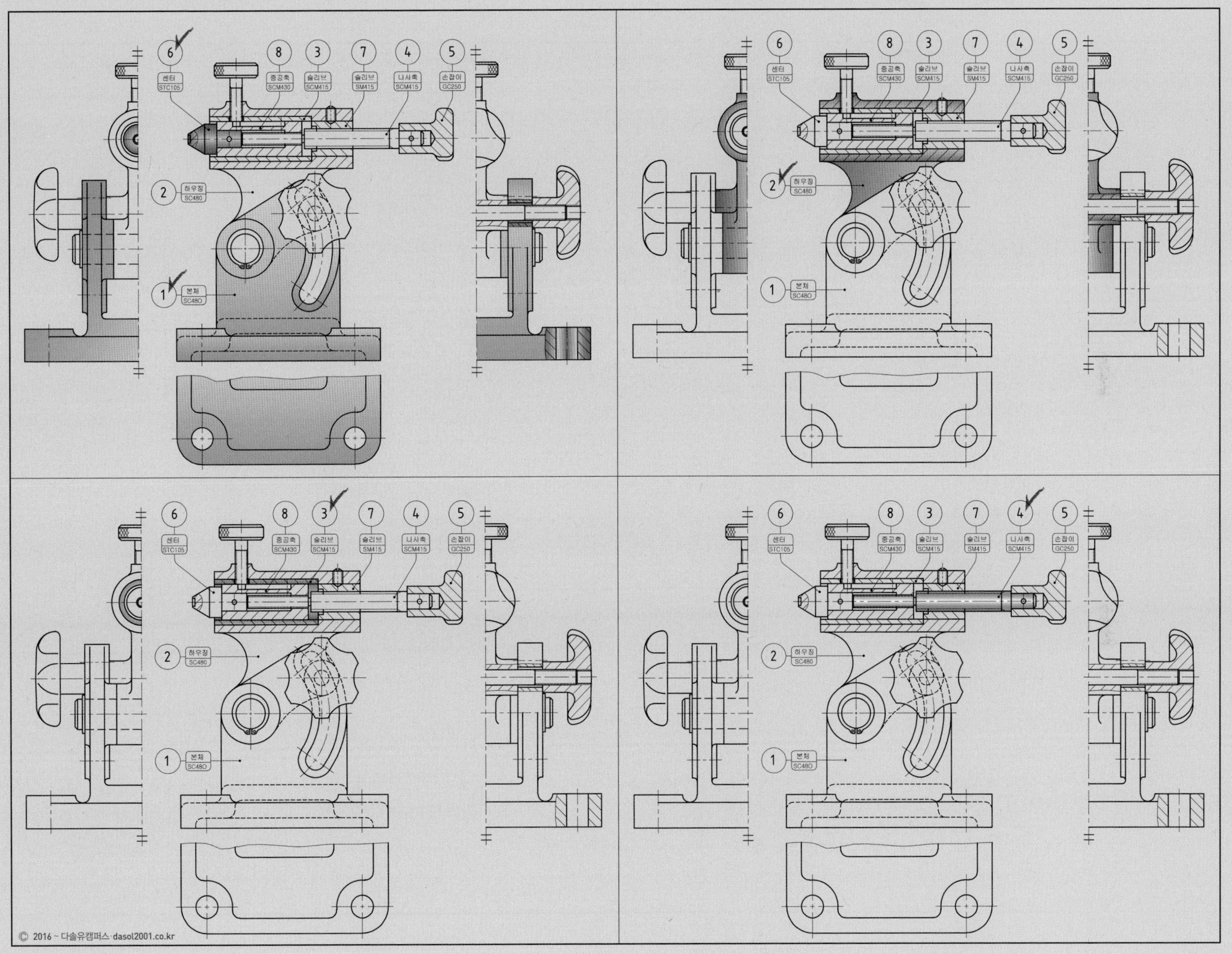
6
센터
STC105
8
중공축
SCM430
3
슬리브
SCM415
7
슬리브
SM415
4
나사축
SCM415
5
손잡이
GC250
2
하우징
SC480
1
본체
SC480

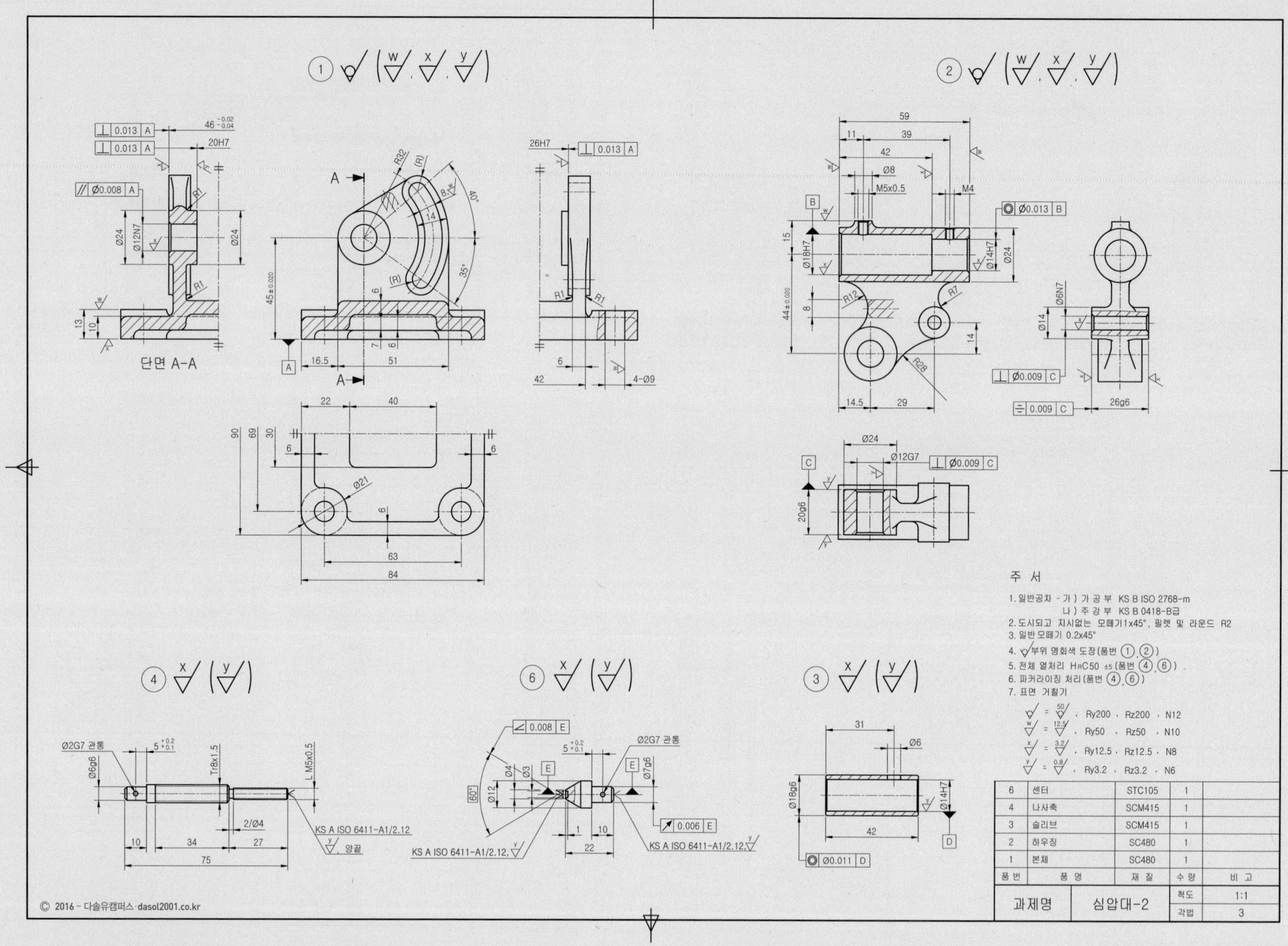

주 서
1. 일반공차 - 가 ) 가 공 부 KS B ISO 2768-m
나 ) 주 강 부 KS B 0418-B급
2. 도시되고 지시없는 모떼기1x45°, 필렛 및 라운드 R2
3. 일반 모떼기 0.2x45°
4. 부위 명회색 도장(품번 ①,②)
5. 전체 열처리 HRC50 ±5 (품번 ④,⑥)
6. 파커라이징 처리(품번 ④,⑥)
7. 표면 거칠기
Ry200 , Rz200 , N12
Ry50 , Rz50 , N10
Ry12.5 , Rz12.5 , N8
Ry3.2 , Rz3.2 , N6
6 센터 STC105 1
4 나사축 SCM415 1
3 슬리브 SCM415 1
2 하우징 SC480 1
1 본체 SC480 1
품번 품 명 재 질 수 량 비 고
과제명 심압대-2 척도 1:1 각법 3
단면 A-A

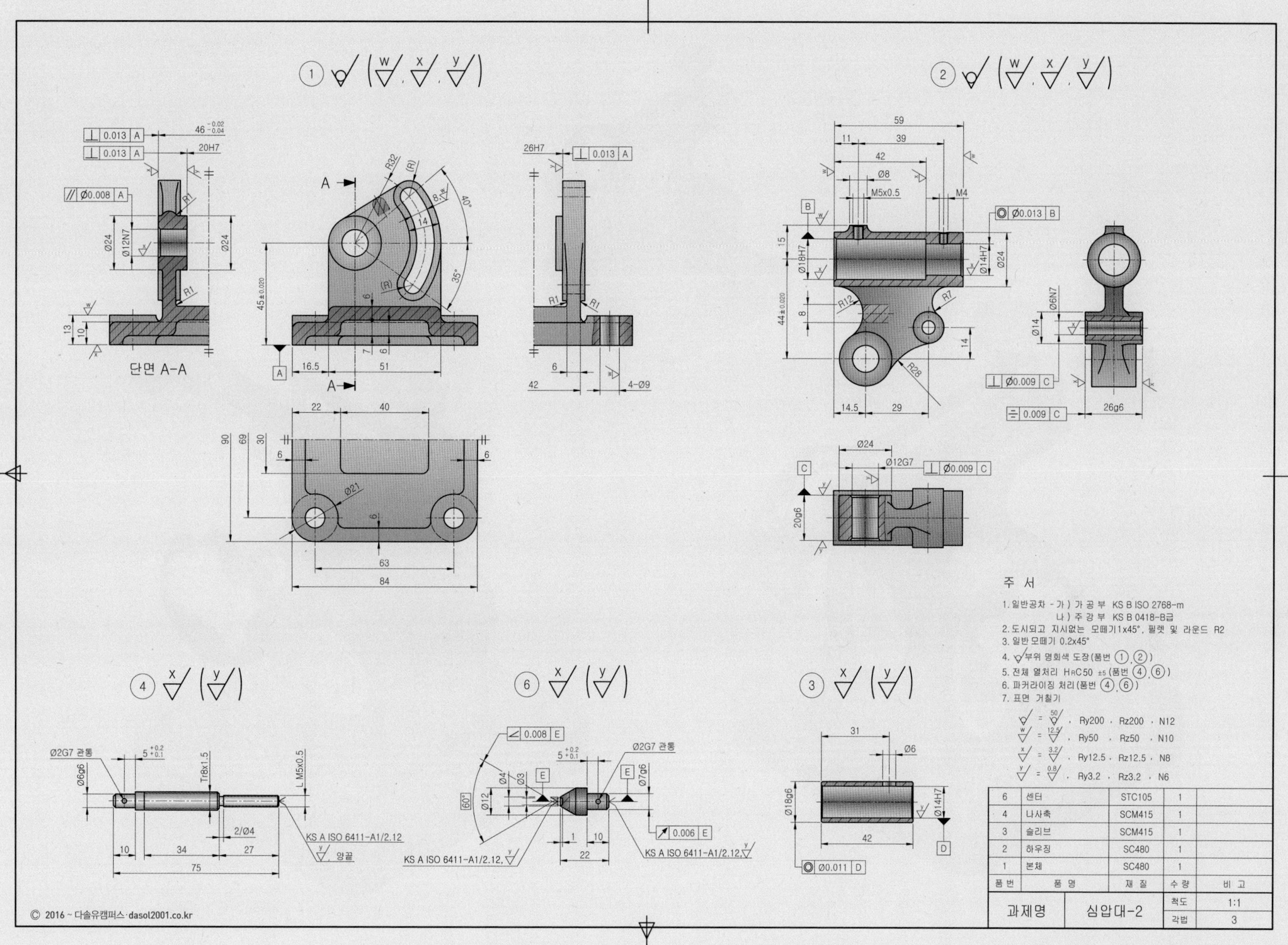


| 품번 | 품 명 | 재 질 | 수 량 | 비 고 |
|---|---|---|---|---|
| 6 | 센터 | STC105 | 1 | |
| 4 | 나사축 | SCM415 | 1 | |
| 3 | 슬리브 | SCM415 | 1 | |
| 2 | 하우징 | SC480 | 1 | |
| 1 | 본체 | SC480 | 1 | |

| 과제명 | 심압대-2 | 척도 | 1:1 |
|---|---|---|---|
| | | 각법 | 3 |

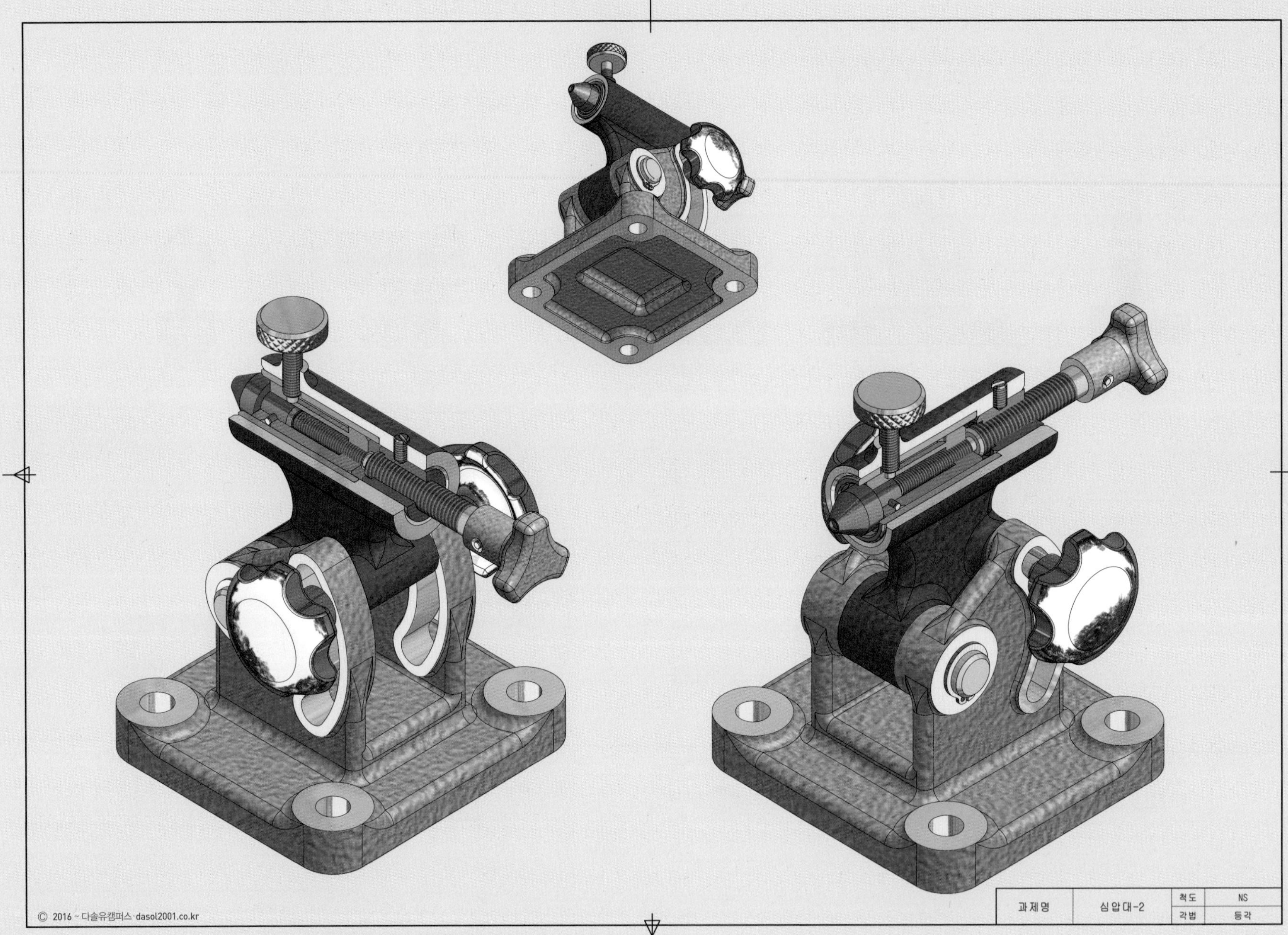

© 2016 ~ 다솔유캠퍼스 dasol2001.co.kr
과제명
심압대-2
척도
NS
각법
등각

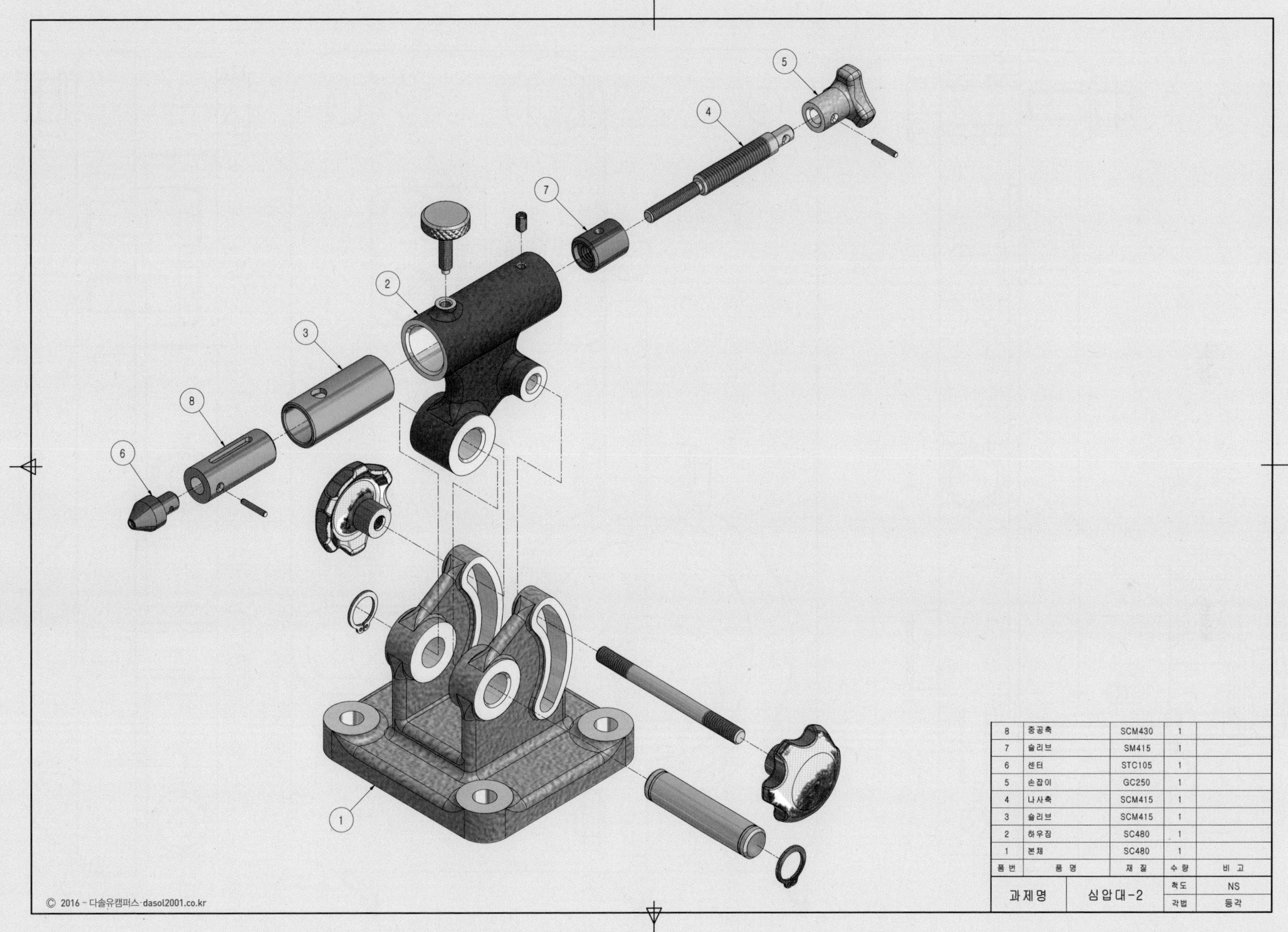


| 8 | 중공축 | SCM430 | 1 | |
|---|---|---|---|---|
| 7 | 슬리브 | SM415 | 1 | |
| 6 | 센터 | STC105 | 1 | |
| 5 | 손잡이 | GC250 | 1 | |
| 4 | 나사축 | SCM415 | 1 | |
| 3 | 슬리브 | SCM415 | 1 | |
| 2 | 하우징 | SC480 | 1 | |
| 1 | 본체 | SC480 | 1 | |
| 품번 | 품 명 | 재 질 | 수 량 | 비 고 |
| 과제명 | 심압대-2 | | 척도 | NS |
| | | | 각법 | 등각 |

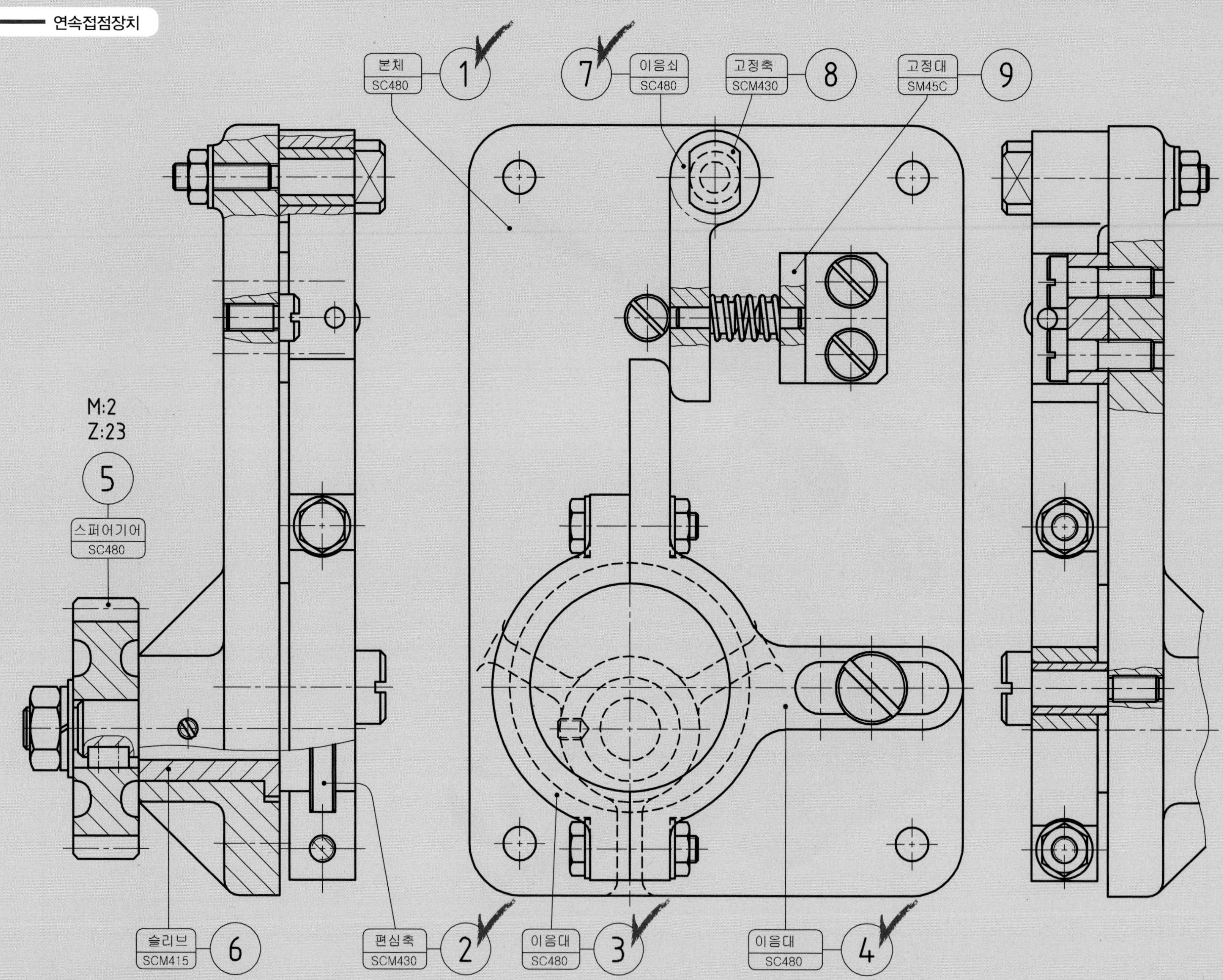
본체
SC480
1
7
이음쇠
SC480
고정축
SCM430
8
고정대
SM45C
9
M:2
Z:23
5
스퍼어기어
SC480
슬리브
SCM415
6
편심축
SCM430
2
이음대
SC480
3
이음대
SC480
4

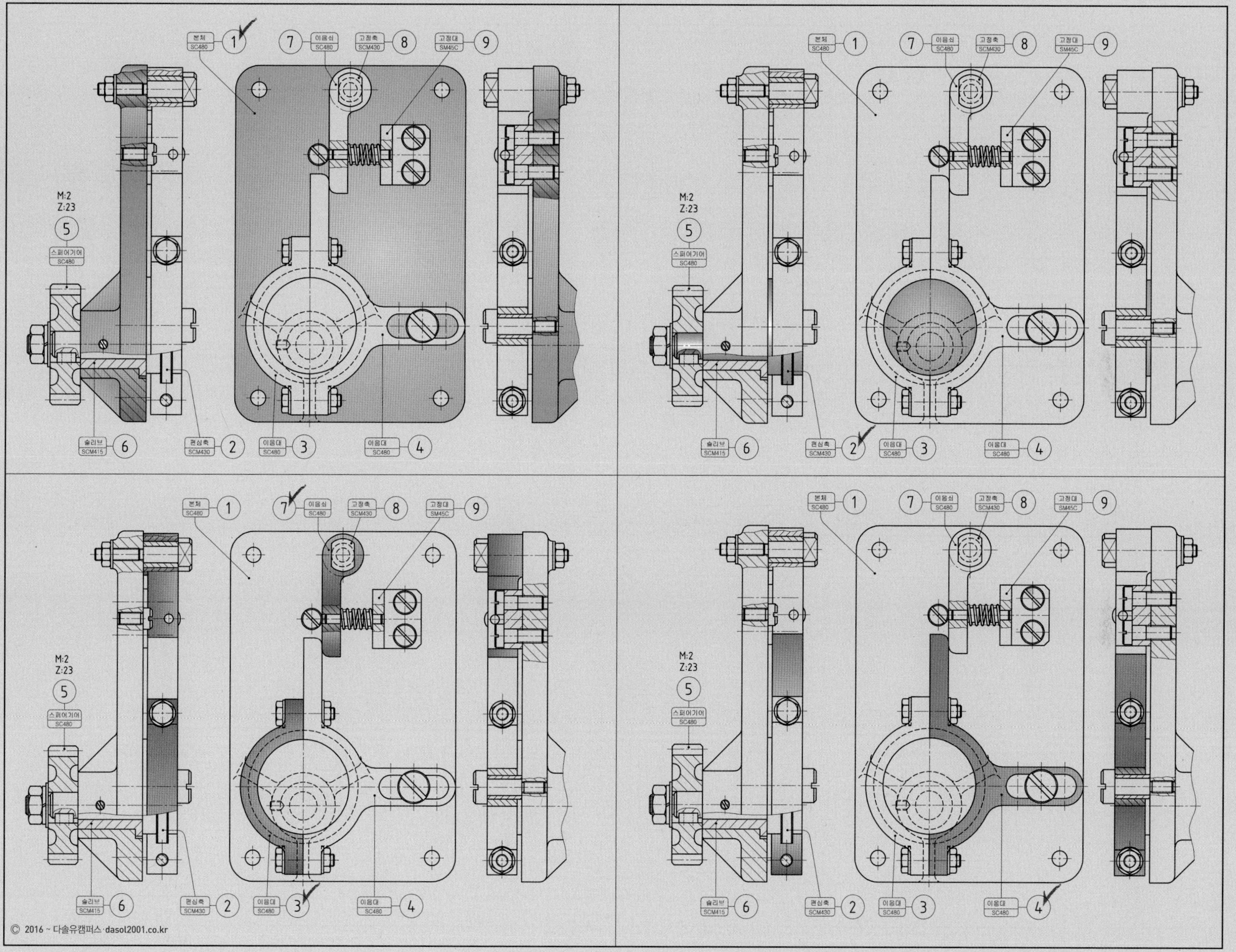
본체 SC480 1
7 이음쇠 SC480
고정축 SCM430 8
고정대 SM45C 9
M:2
Z:23
5
스퍼어기어 SC480
슬리브 SCM415 6
편심축 SCM430 2
이음대 SC480 3
이음대 SC480 4

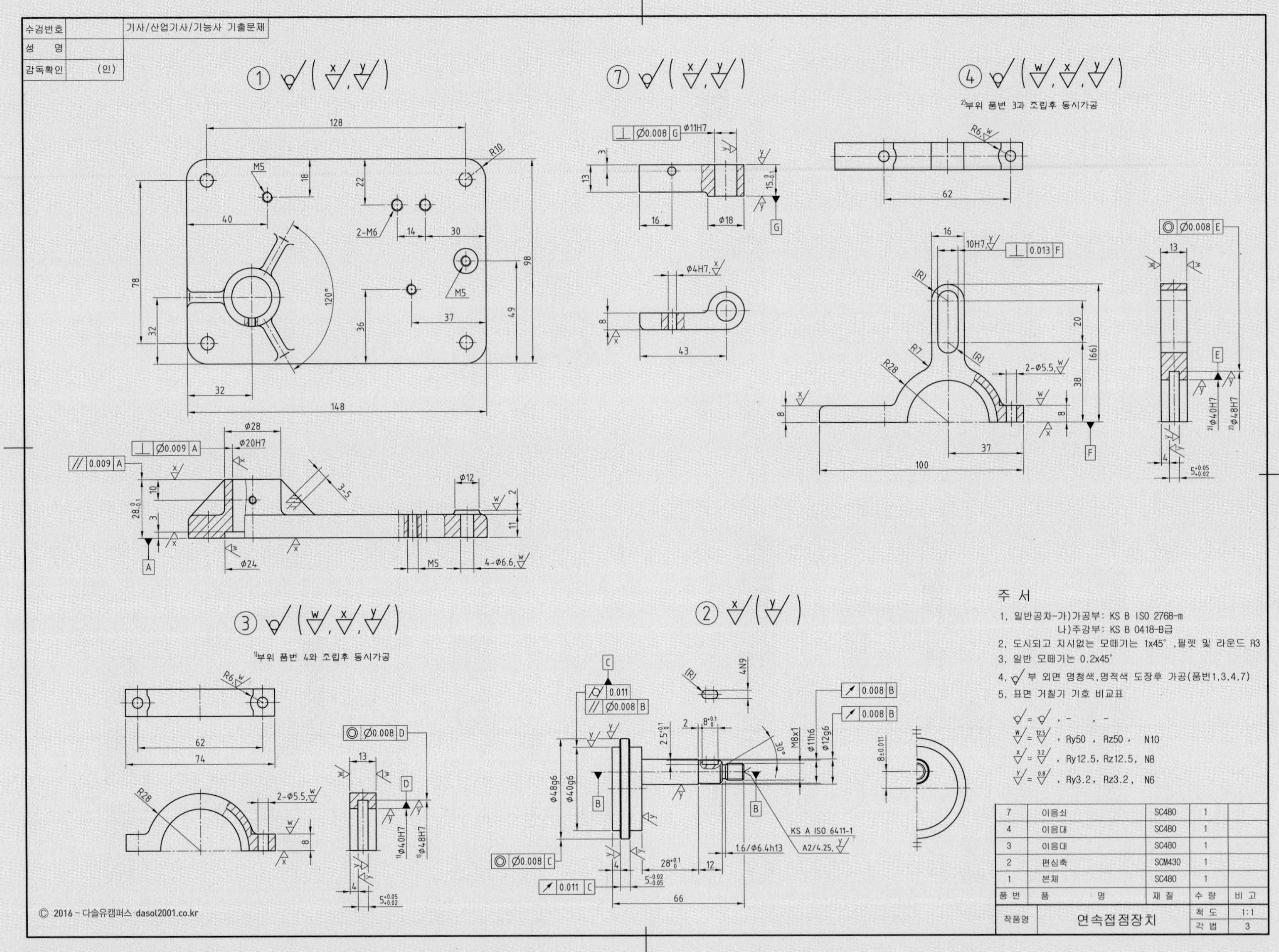


| 품 번 | 품 명 | 재 질 | 수 량 | 비 고 |
|---|---|---|---|---|
| 7 | 이음쇠 | SC480 | 1 | |
| 4 | 이음대 | SC480 | 1 | |
| 3 | 이음대 | SC480 | 1 | |
| 2 | 편심축 | SCM430 | 1 | |
| 1 | 본체 | SC480 | 1 | |

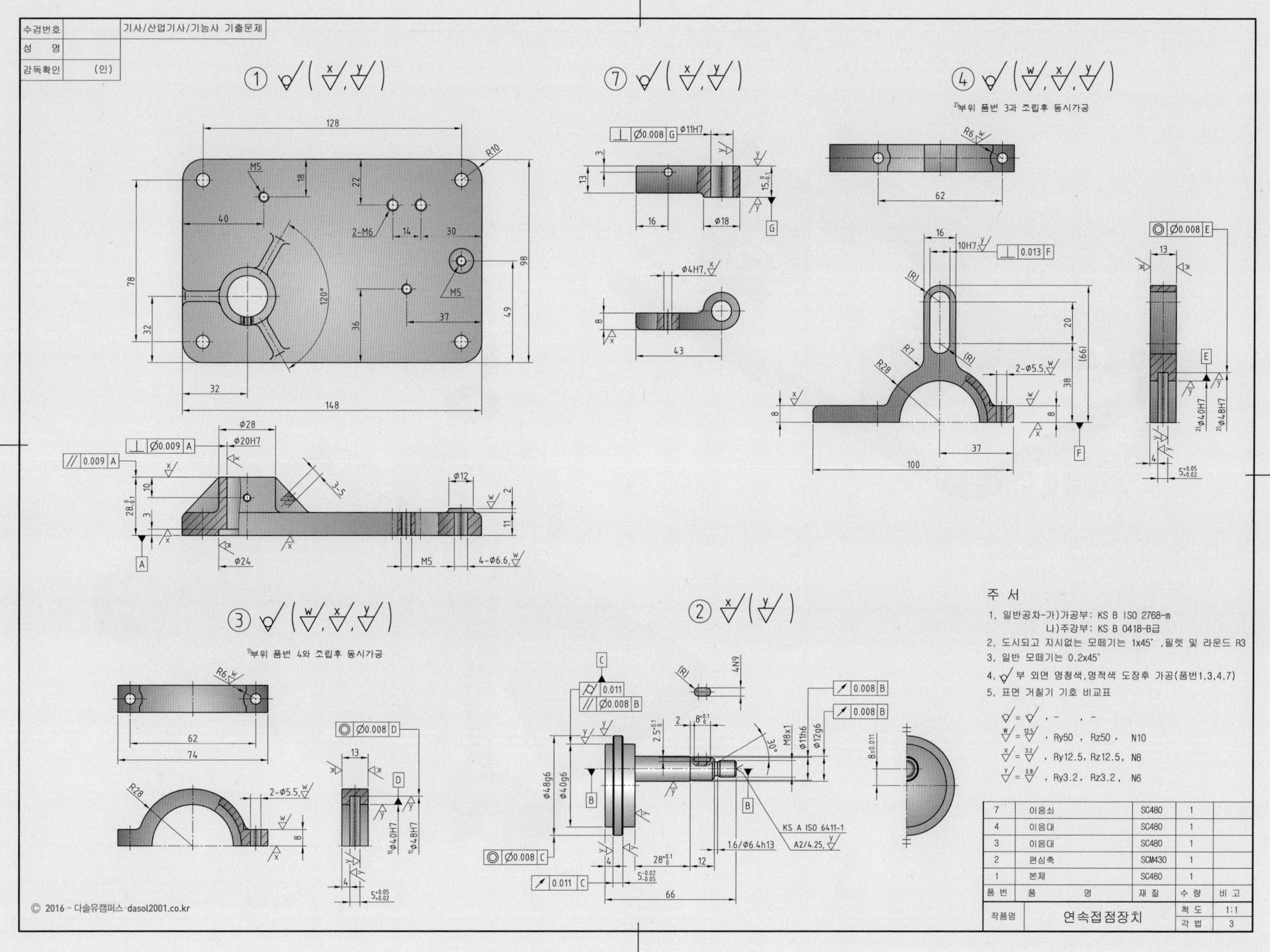


| 품 번 | 품 명 | 재 질 | 수 량 | 비 고 |
|---|---|---|---|---|
| 7 | 이음쇠 | SC480 | 1 | |
| 4 | 이음대 | SC480 | 1 | |
| 3 | 이음대 | SC480 | 1 | |
| 2 | 편심축 | SCM430 | 1 | |
| 1 | 본체 | SC480 | 1 | |

| 작품명 | 연속접점장치 | 척 도 | 1:1 |
|---|---|---|---|
| | | 각 법 | 3 |

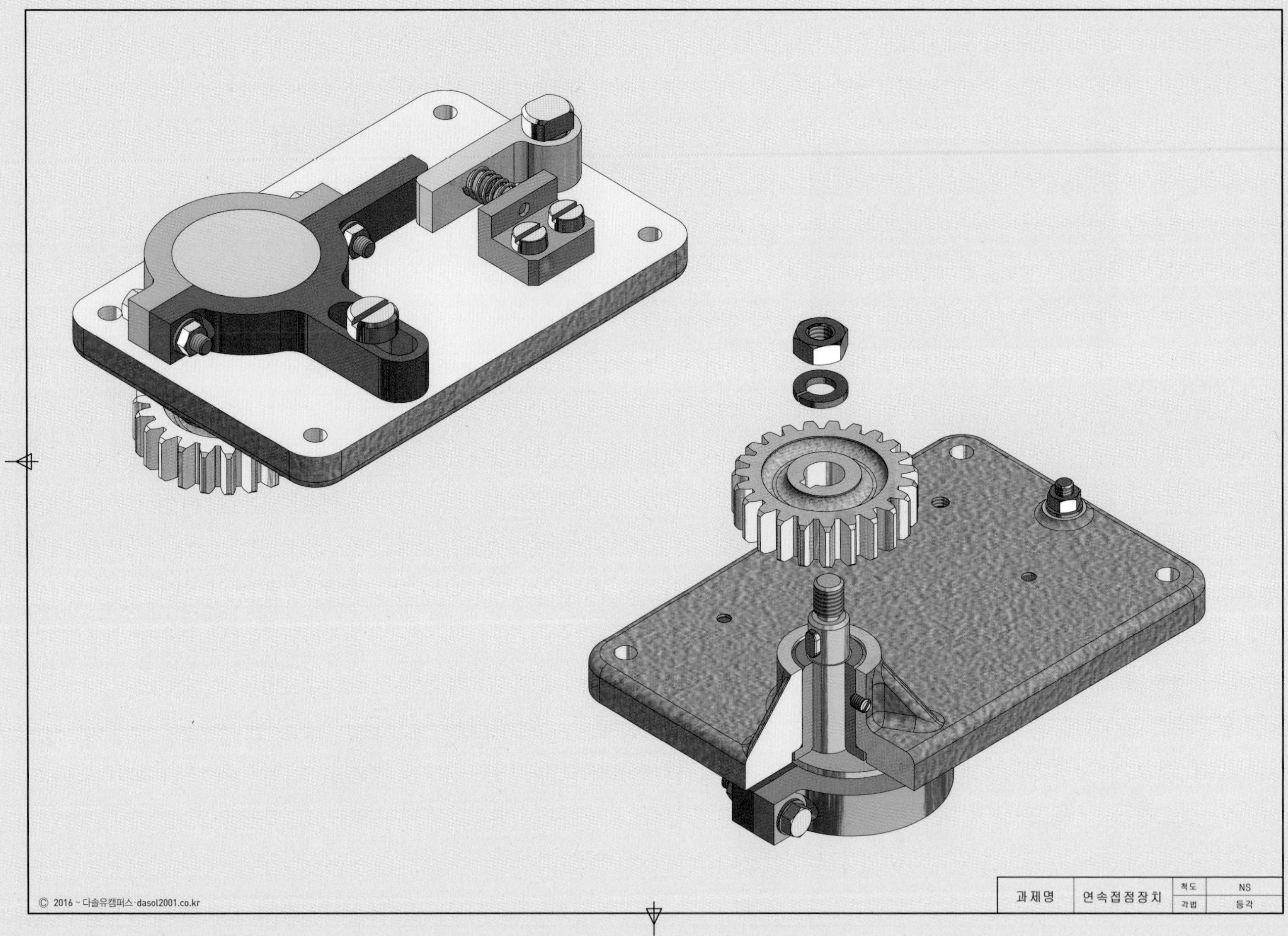
© 2016 ~ 다솔유캠퍼스·dasol2001.co.kr
과제명
연속접점장치
척도
NS
각법
등각

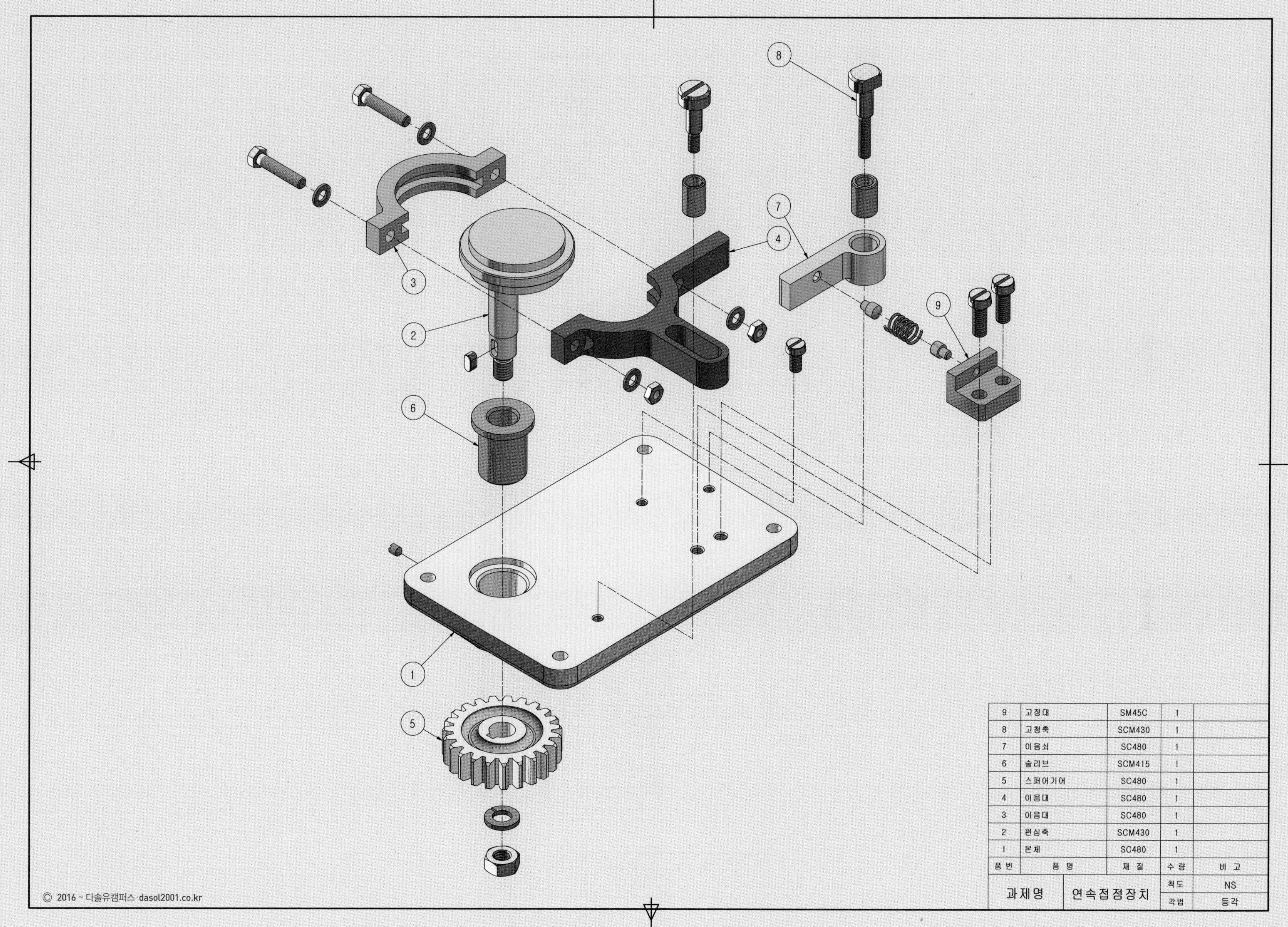


| 9 | 고정대 | SM45C | 1 | |
|---|---|---|---|---|
| 8 | 고청축 | SCM430 | 1 | |
| 7 | 이음쇠 | SC480 | 1 | |
| 6 | 슬리브 | SCM415 | 1 | |
| 5 | 스퍼어기어 | SC480 | 1 | |
| 4 | 이음대 | SC480 | 1 | |
| 3 | 이음대 | SC480 | 1 | |
| 2 | 편심축 | SCM430 | 1 | |
| 1 | 본체 | SC480 | 1 | |
| 품번 | 품 명 | 재 질 | 수 량 | 비 고 |
| 과제명 | 연속접점장치 | | 척도 | NS |
| | | | 각법 | 등각 |

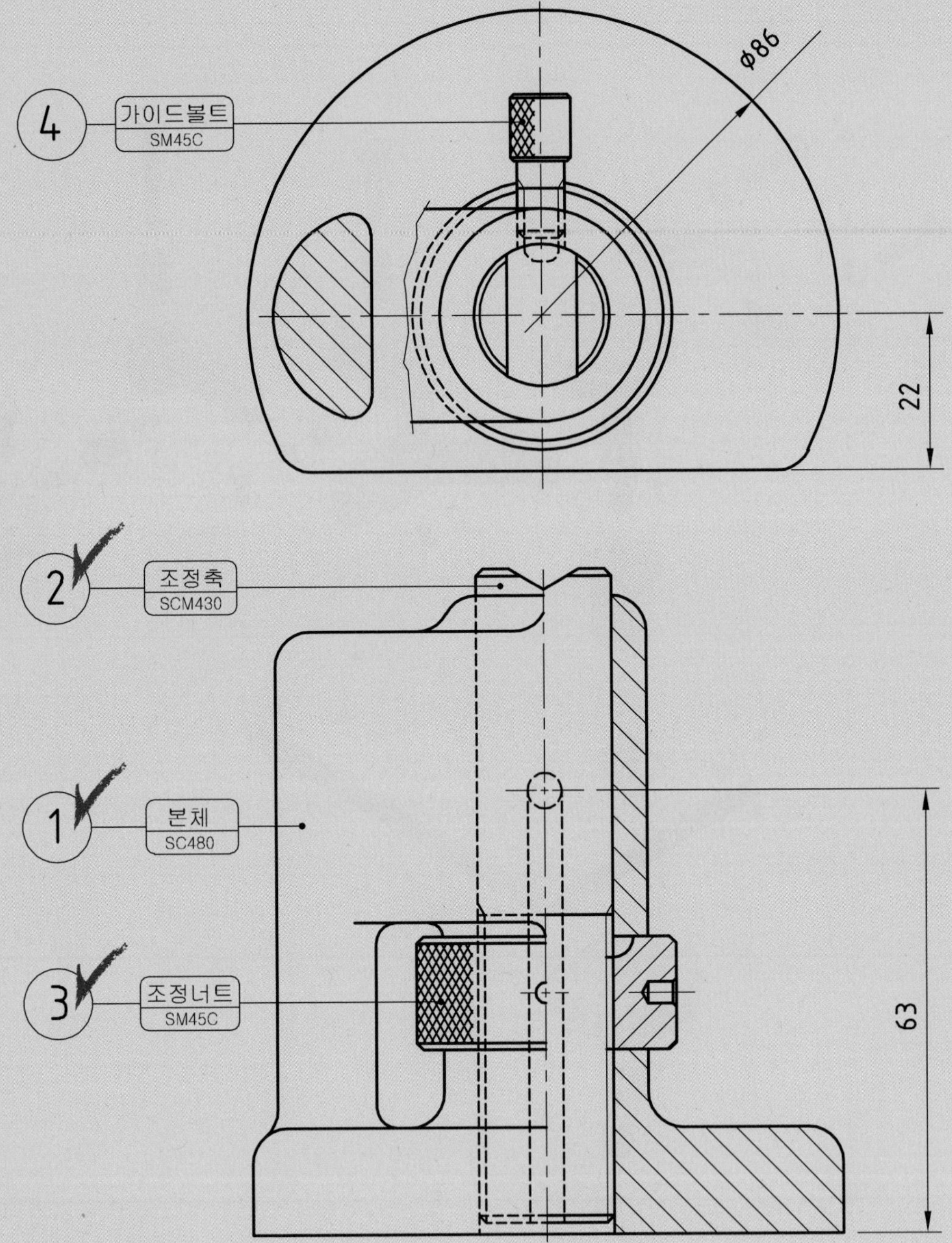
φ86
4
가이드볼트
SM45C
22
2
조정축
SCM430
1
본체
SC480
3
조정너트
SM45C
63

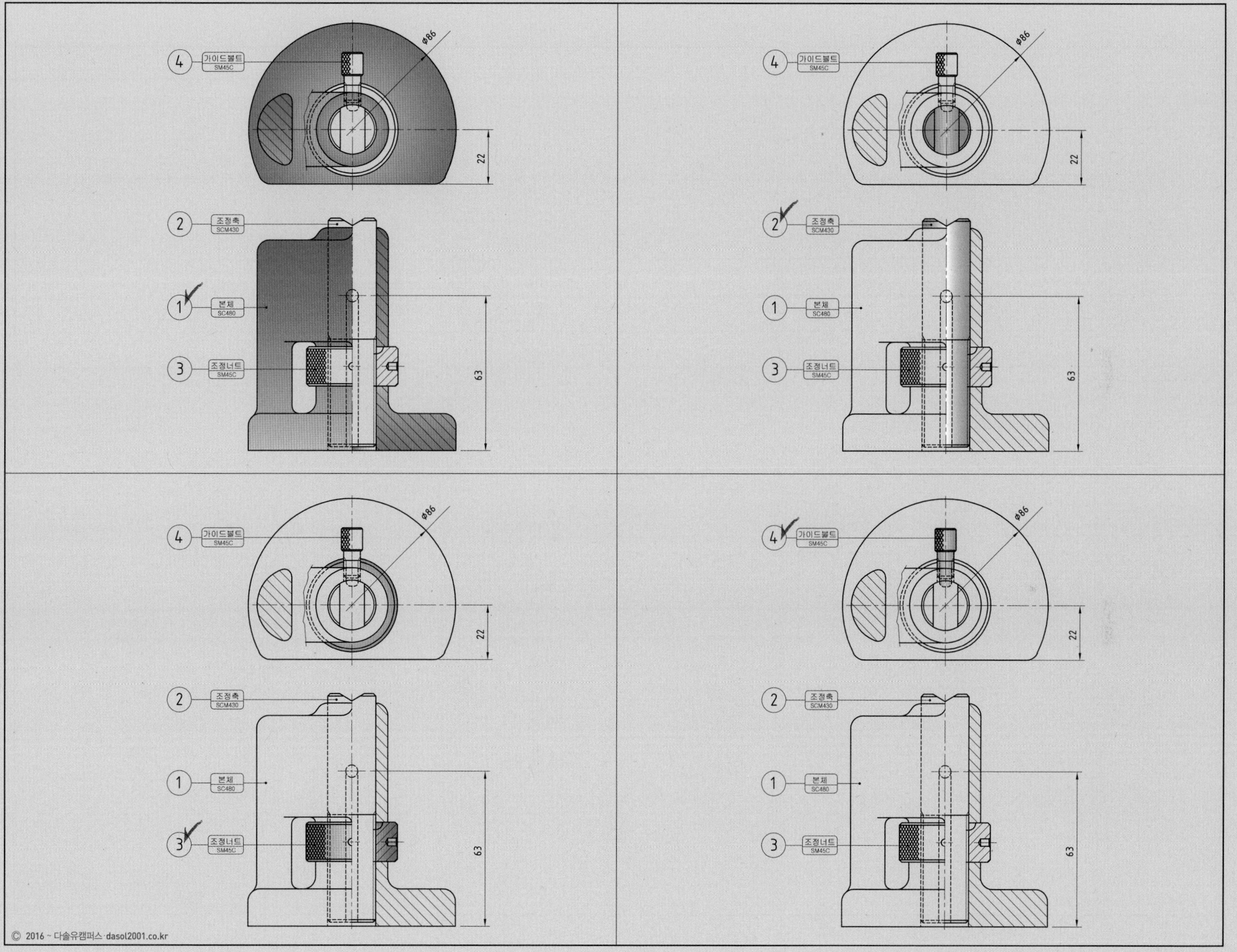
4
가이드볼트
SM45C
φ86
22
2
조정축
SCM430
1
본체
SC480
3
조정너트
SM45C
63

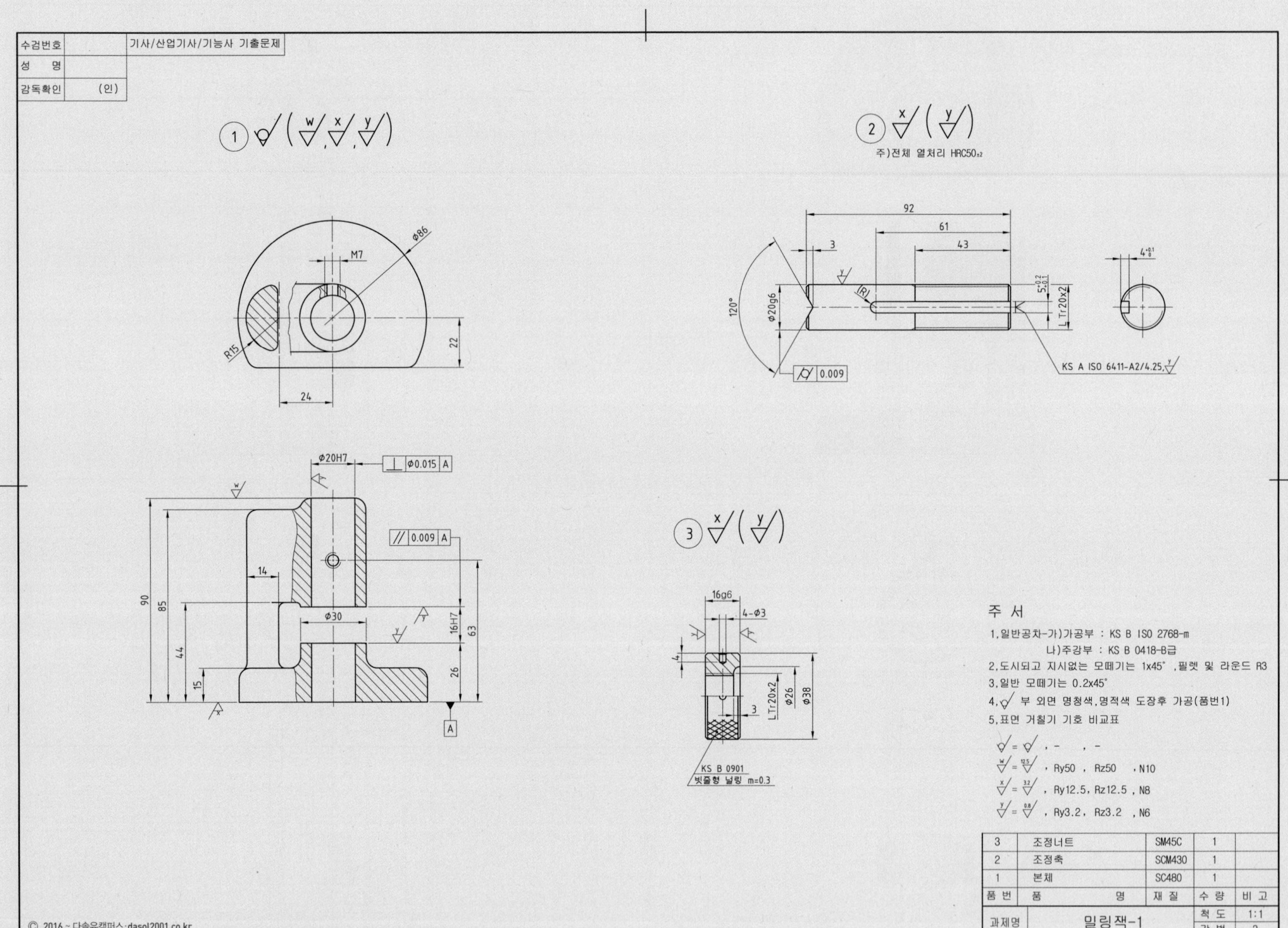
수검번호
기사/산업기사/기능사 기출문제
성 명
감독확인 (인)
주)전체 열처리 HRC50±2
KS A ISO 6411-A2/4.25
KS B 0901
빗줄형 널링 m=0.3
주 서
1.일반공차-가)가공부 : KS B ISO 2768-m
나)주강부 : KS B 0418-B급
2.도시되고 지시없는 모떼기는 1x45°,필렛 및 라운드 R3
3.일반 모떼기는 0.2x45°
4.부 외면 명청색,명적색 도장후 가공(품번1)
5.표면 거칠기 기호 비교표
, Ry50 , Rz50 , N10
, Ry12.5, Rz12.5 , N8
, Ry3.2, Rz3.2 , N6
3 조정너트 SM45C 1
2 조정축 SCM430 1
1 본체 SC480 1
품 번 품 명 재 질 수 량 비 고
과제명 밀링잭-1 척 도 1:1 각 법 3
© 2016 ~ 다솔유캠퍼스 dasol2001.co.kr

| 수검번호 | | 기사/산업기사/기능사 기출문제 |
|---|---|---|
| 성 명 | | |
| 감독확인 | (인) | |

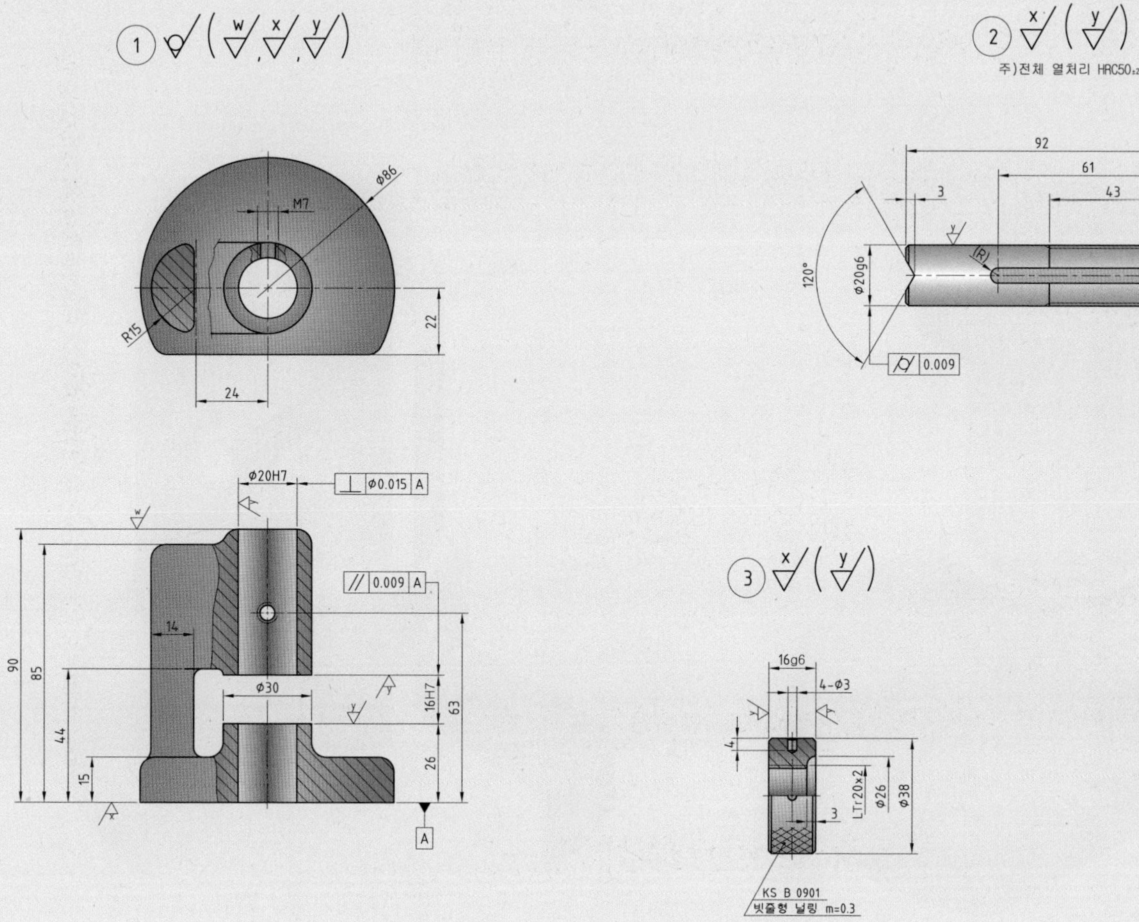

① (w, x, y)

② x (y)

주)전체 열처리 HRC50±2

③ x (y)

92
61
43
3
120°
Ø20g6
5 +0.2 / -0.1
LTr20x2
4 +0.1 / 0
0.009
KS A ISO 6411-A2/4.25

Ø86
M7
R15
22
24

Ø20H7
Ø0.015 A
// 0.009 A
90
85
14
Ø30
16H7
63
44
26
15
A

16g6
4-Ø3
4
LTr20x2
Ø26
Ø38
3
KS B 0901
빗줄형 널링 m=0.3

## 주 서

1.일반공차-가)가공부 : KS B ISO 2768-m
나)주강부 : KS B 0418-B급
2.도시되고 지시없는 모떼기는 1x45°, 필렛 및 라운드 R3
3.일반 모떼기는 0.2x45°
4. 부 외면 명청색,명적색 도장후 가공(품번1)
5.표면 거칠기 기호 비교표

= , - , -
w = 12.5 , Ry50 , Rz50 , N10
x = 3.2 , Ry12.5, Rz12.5 , N8
y = 0.8 , Ry3.2, Rz3.2 , N6

| 품 번 | 품 명 | 재 질 | 수 량 | 비 고 |
|---|---|---|---|---|
| 3 | 조정너트 | SM45C | 1 | |
| 2 | 조정축 | SCM430 | 1 | |
| 1 | 본체 | SC480 | 1 | |
| 과제명 | 밀링잭-1 | 척 도 | 1:1 | |
| | | 각 법 | 3 | |

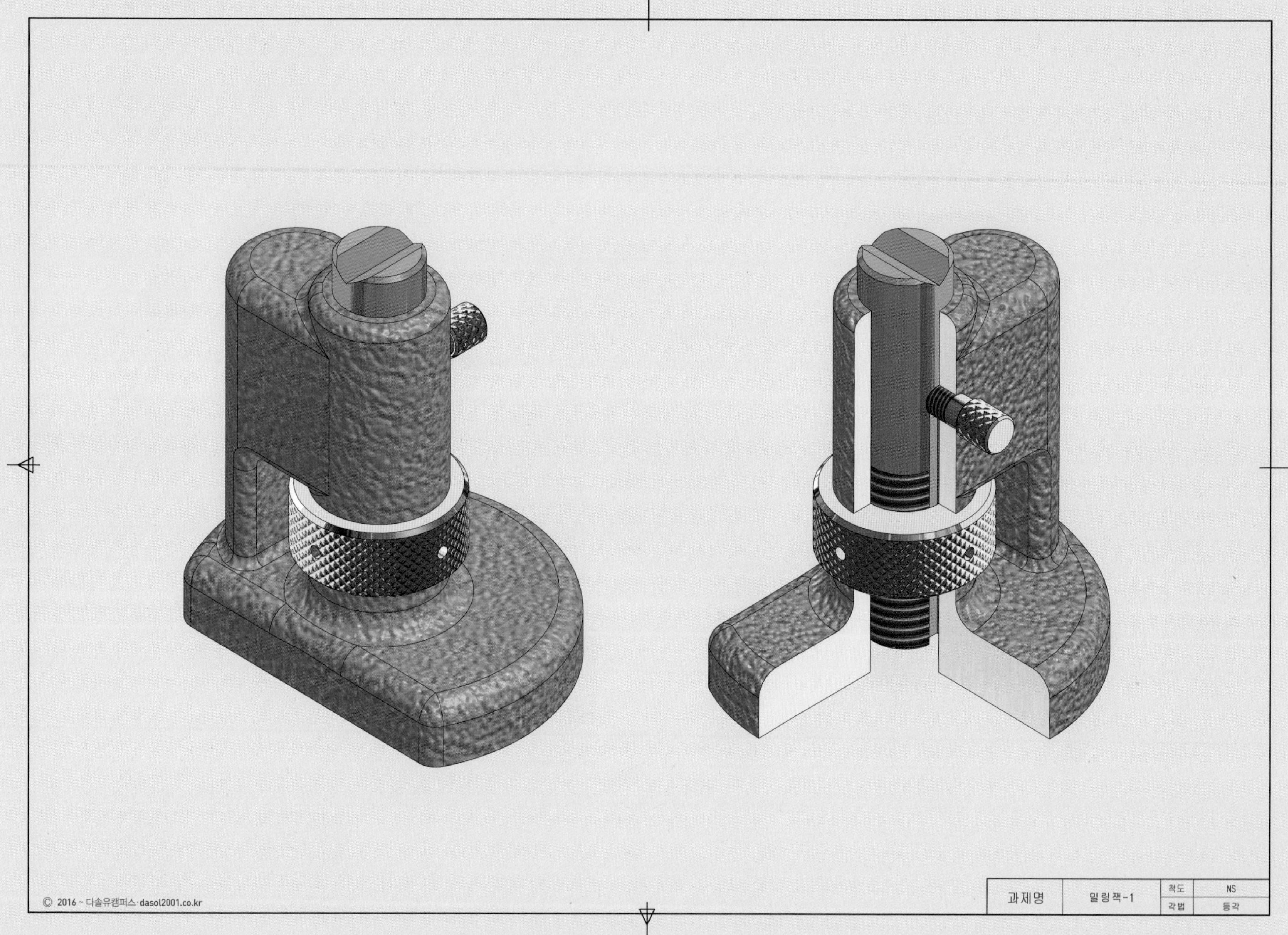

과제명
밀링잭-1
척도
NS
각법
등각

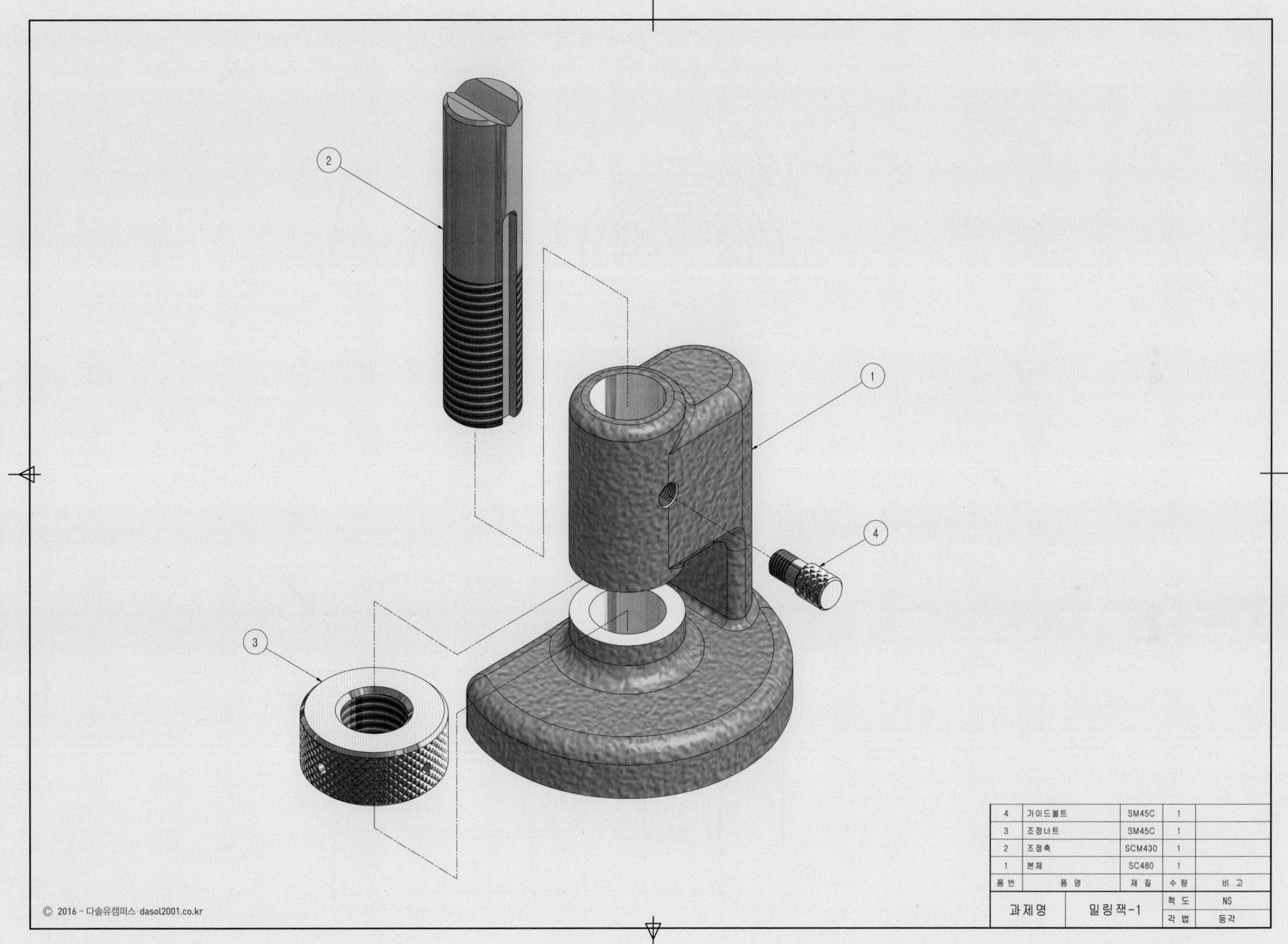


| 4 | 가이드볼트 | SM45C | 1 | |
|---|---|---|---|---|
| 3 | 조정너트 | SM45C | 1 | |
| 2 | 조정축 | SCM430 | 1 | |
| 1 | 본체 | SC480 | 1 | |
| 품번 | 품 명 | 재 질 | 수 량 | 비 고 |

| 과제명 | 밀링잭-1 | 척 도 | NS |
|---|---|---|---|
| | | 각 법 | 등각 |

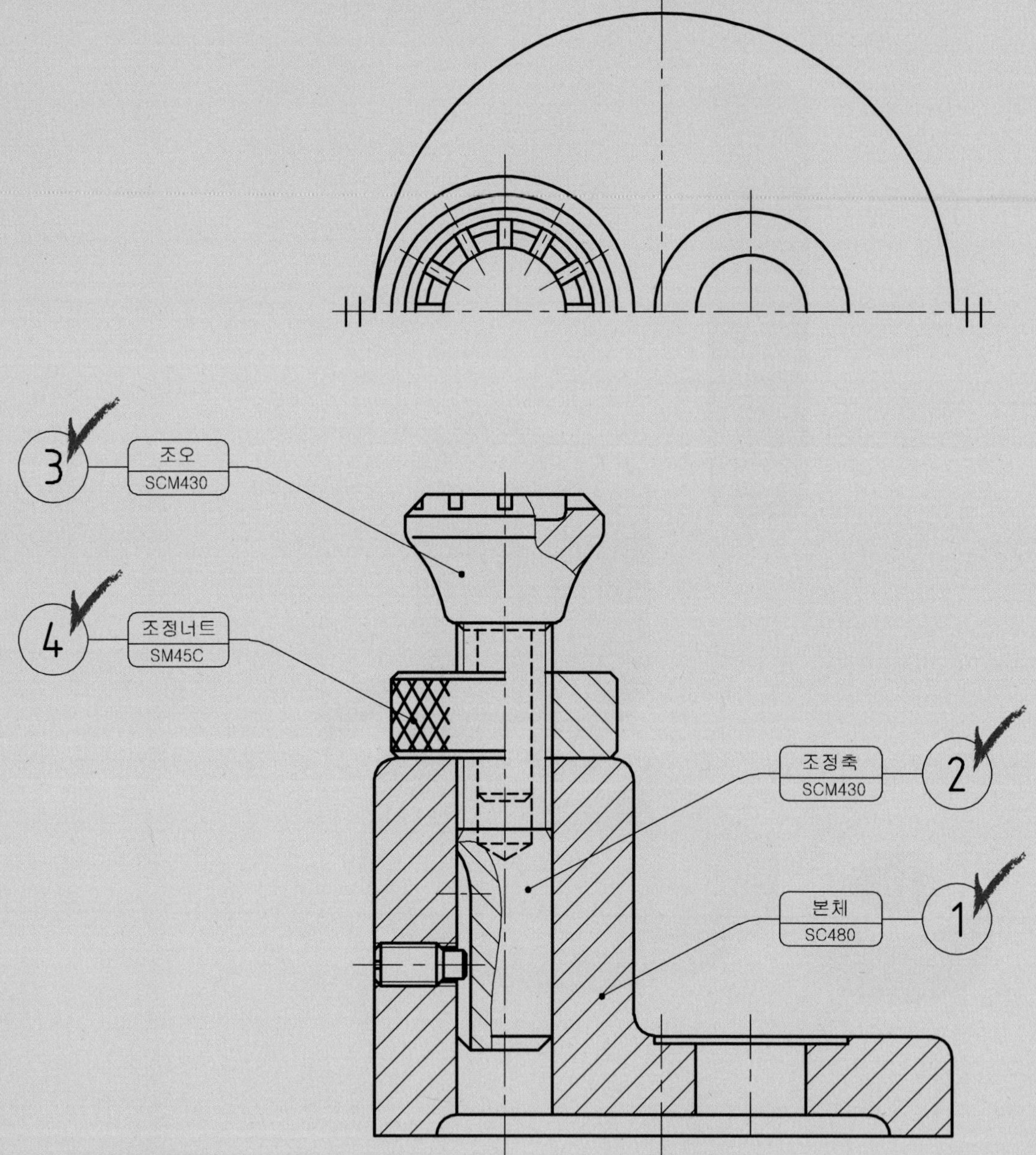
3
조오
SCM430
4
조정너트
SM45C
조정축
SCM430
2
본체
SC480
1

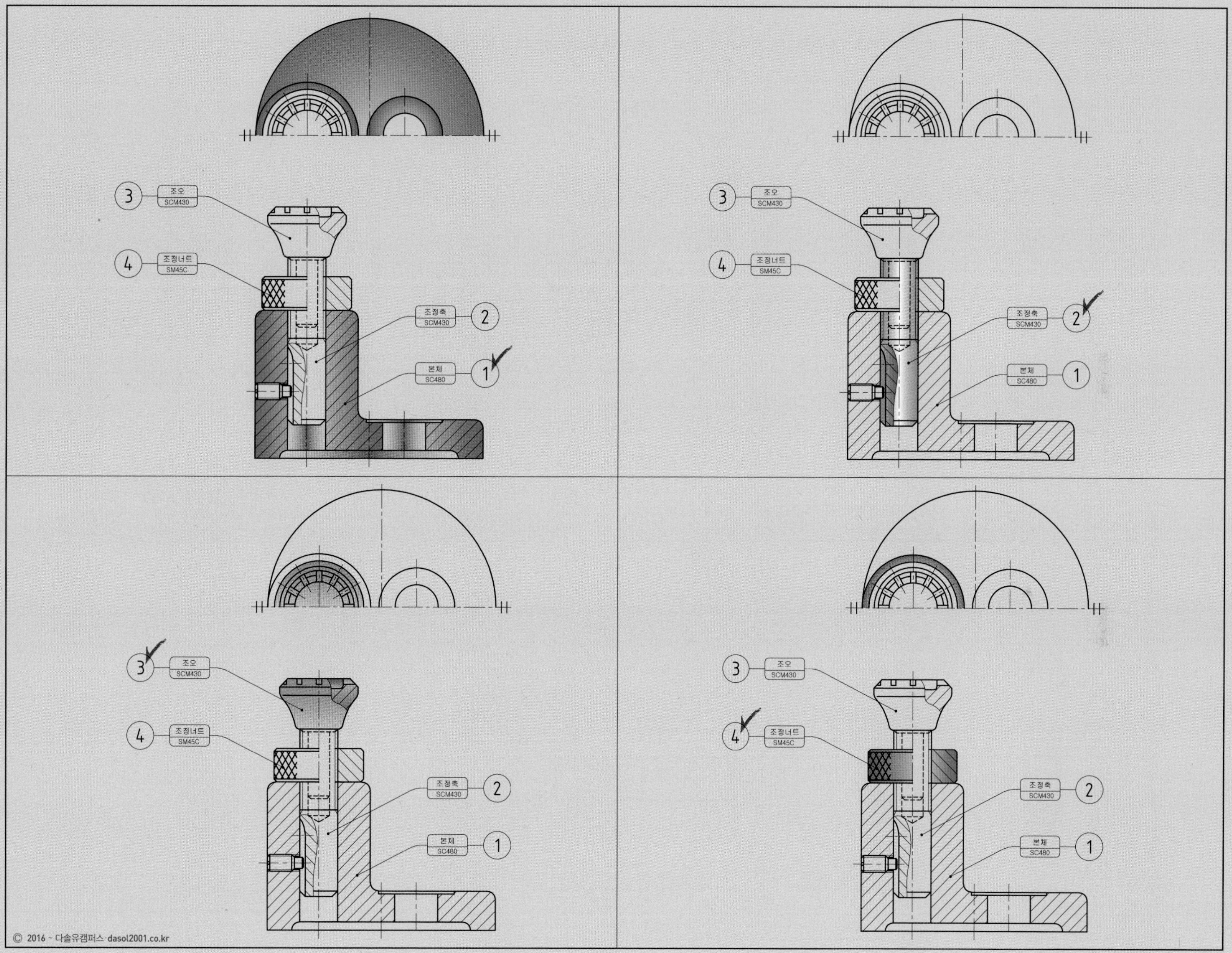
3
조오
SCM430
4
조정너트
SM45C
조정축
SCM430
2
본체
SC480
1
3
조오
SCM430
4
조정너트
SM45C
조정축
SCM430
2
본체
SC480
1
3
조오
SCM430
4
조정너트
SM45C
조정축
SCM430
2
본체
SC480
1
3
조오
SCM430
4
조정너트
SM45C
조정축
SCM430
2
본체
SC480
1

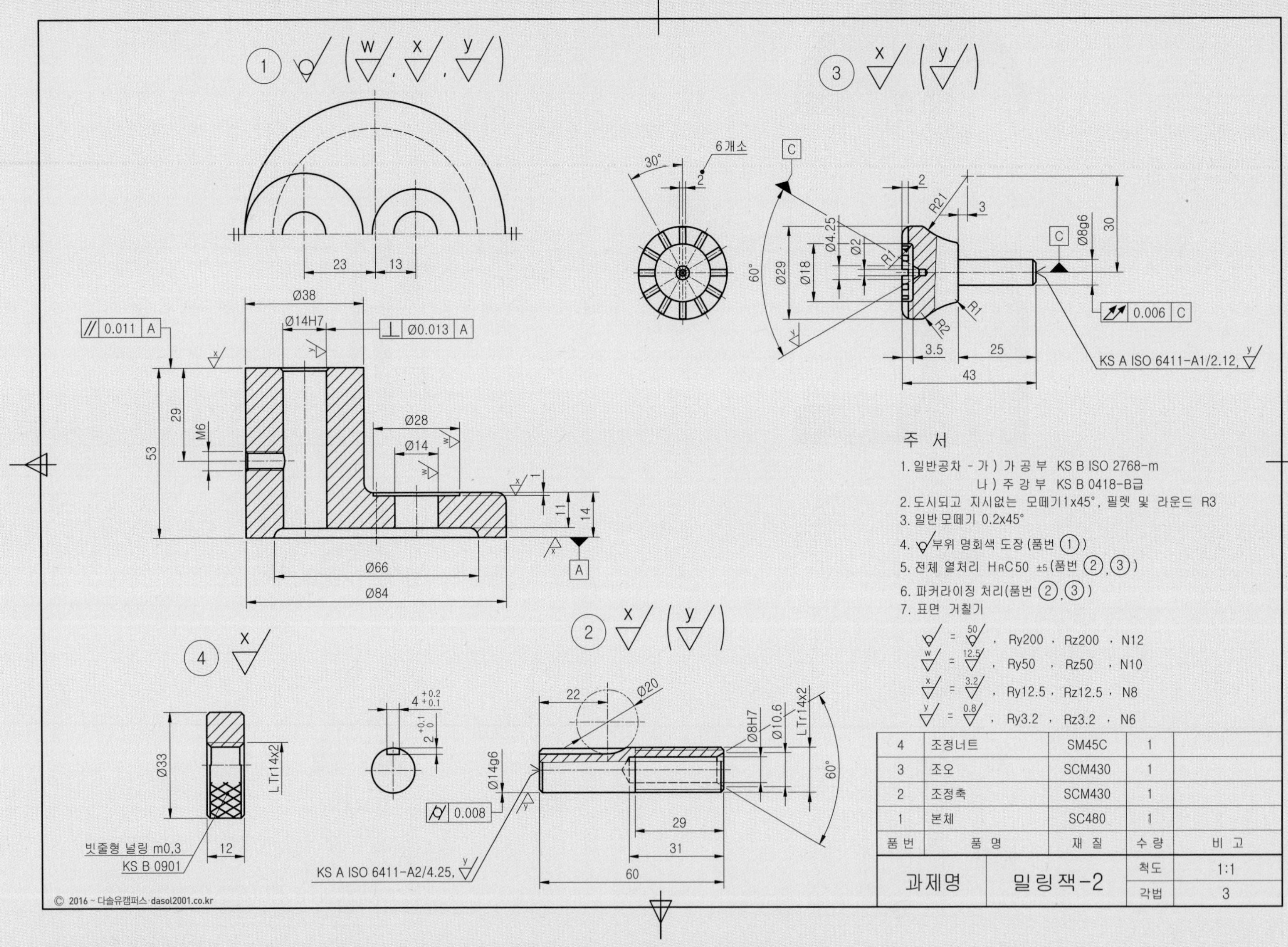


| 품번 | 품 명 | 재 질 | 수 량 | 비 고 |
|---|---|---|---|---|
| 4 | 조정너트 | SM45C | 1 | |
| 3 | 조오 | SCM430 | 1 | |
| 2 | 조정축 | SCM430 | 1 | |
| 1 | 본체 | SC480 | 1 | |
| 과제명 | 밀링잭-2 | | 척도 | 1:1 |
| | | | 각법 | 3 |

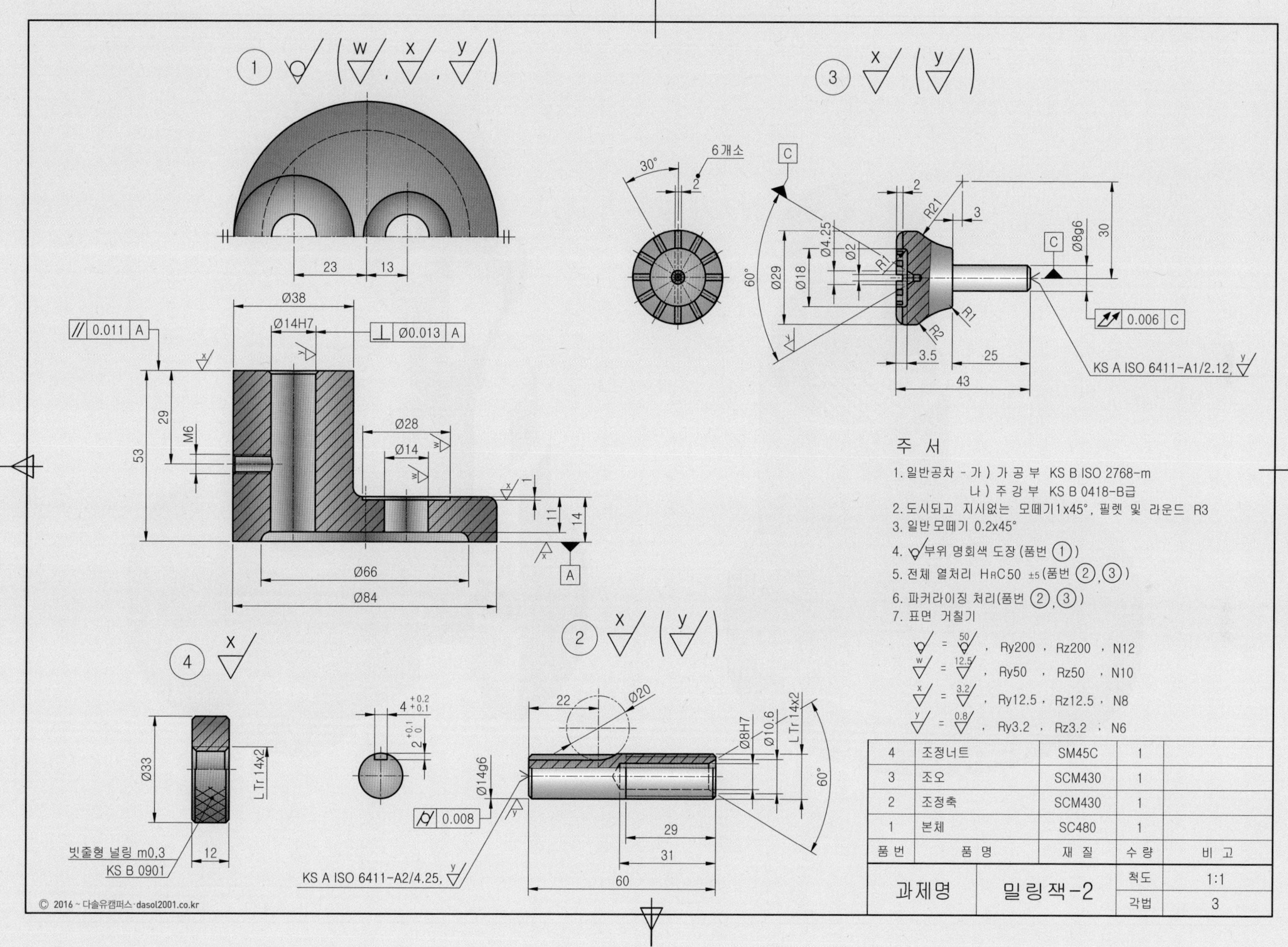
주 서
1. 일반공차 - 가 ) 가 공 부 KS B ISO 2768-m
나 ) 주 강 부 KS B 0418-B급
2. 도시되고 지시없는 모떼기1x45°, 필렛 및 라운드 R3
3. 일반 모떼기 0.2x45°
4. 부위 명회색 도장 (품번 ①)
5. 전체 열처리 HRC50 ±5 (품번 ②,③)
6. 파커라이징 처리(품번 ②,③)
7. 표면 거칠기
Ry200 , Rz200 , N12
Ry50 , Rz50 , N10
Ry12.5 , Rz12.5 , N8
Ry3.2 , Rz3.2 , N6
4 | 조정너트 | SM45C | 1
3 | 조오 | SCM430 | 1
2 | 조정축 | SCM430 | 1
1 | 본체 | SC480 | 1
품번 | 품 명 | 재 질 | 수 량 | 비 고
과제명 | 밀 링 잭 -2 | 척도 1:1 | 각법 3
6개소
KS A ISO 6411-A1/2.12,
KS A ISO 6411-A2/4.25,
빗줄형 널링 m0.3
KS B 0901
© 2016 ~ 다솔유캠퍼스 dasol2001.co.kr

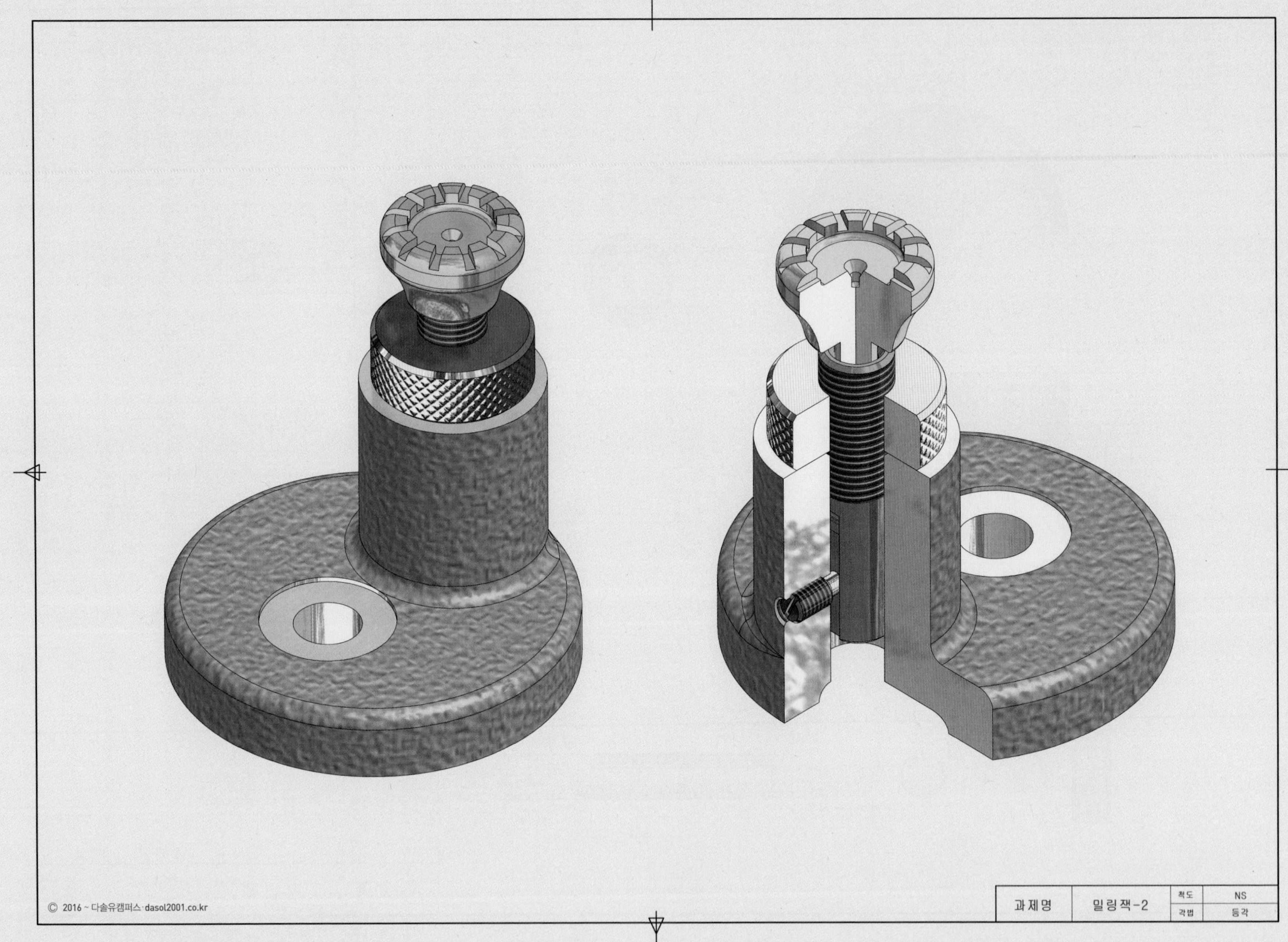

© 2016 ~ 다솔유캠퍼스 · dasol2001.co.kr
과제명
밀링잭-2
척도
NS
각법
등각

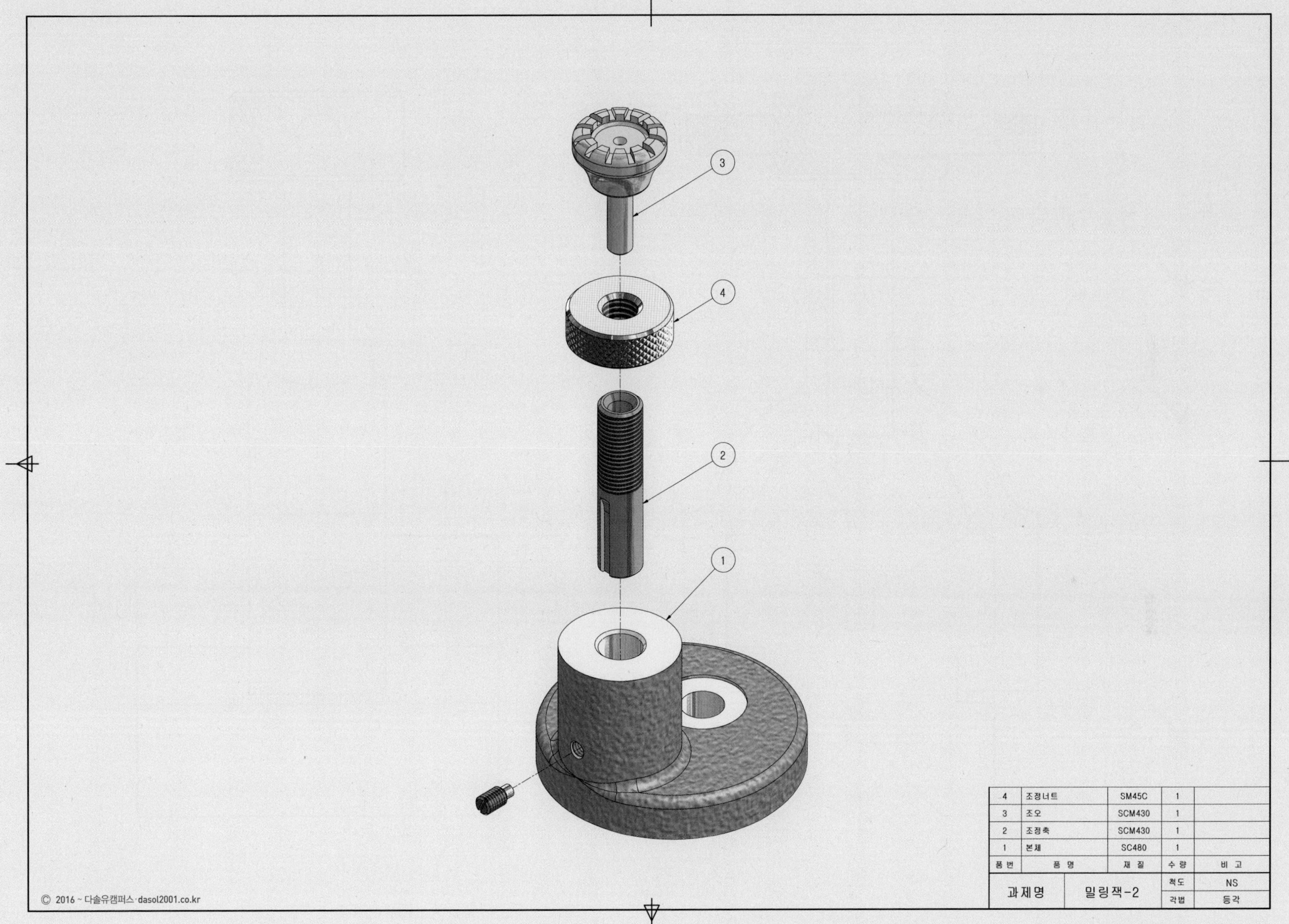


| 4 | 조정너트 | SM45C | 1 | |
|---|---|---|---|---|
| 3 | 조오 | SCM430 | 1 | |
| 2 | 조정축 | SCM430 | 1 | |
| 1 | 본체 | SC480 | 1 | |
| 품 번 | 품 명 | 재 질 | 수 량 | 비 고 |

| 과제명 | 밀링잭-2 | 척도 | NS |
|---|---|---|---|
| | | 각법 | 등각 |

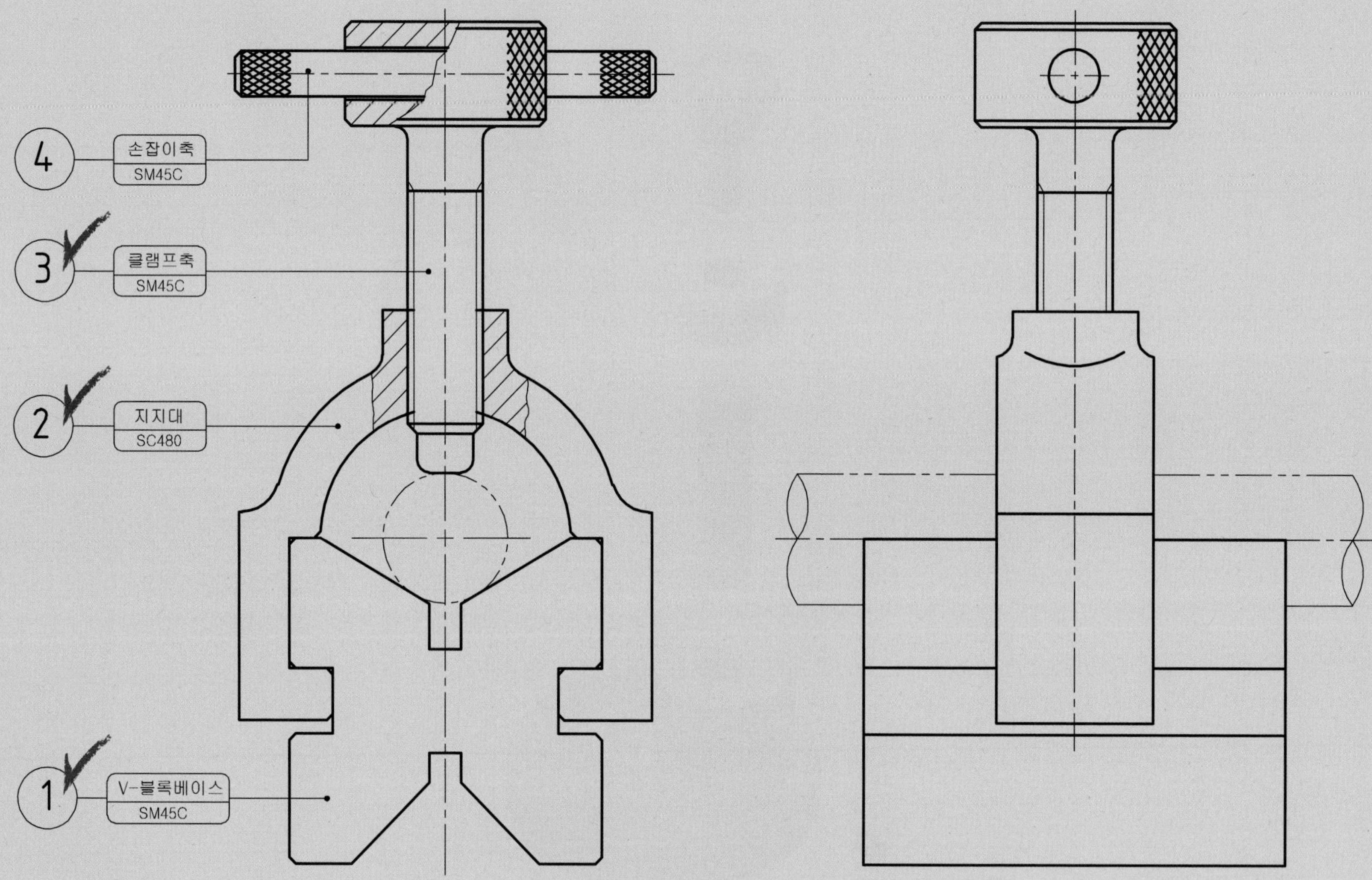
4
손잡이축
SM45C
3
클램프축
SM45C
2
지지대
SC480
1
V-블록베이스
SM45C

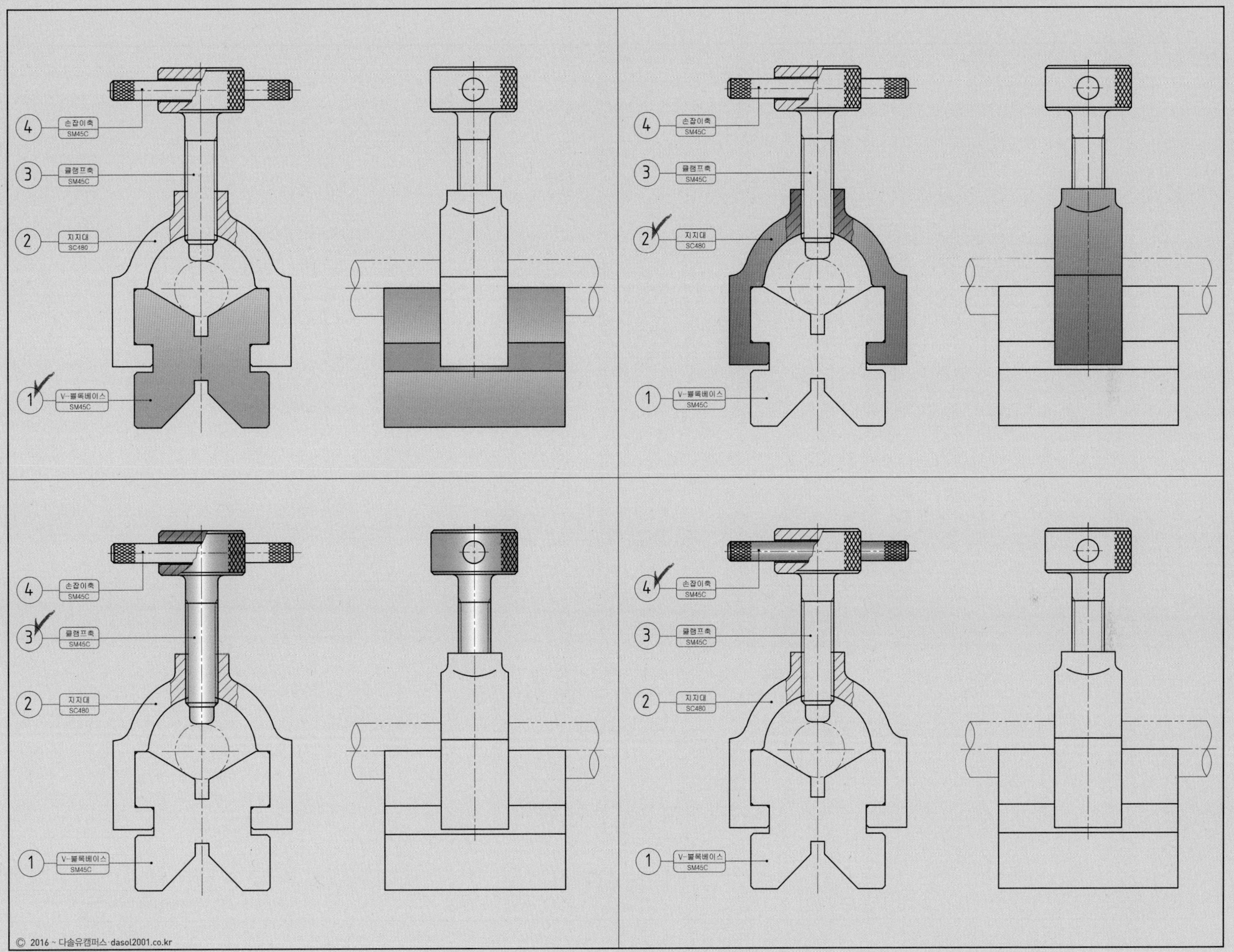
4 손잡이축 SM45C
3 클램프축 SM45C
2 지지대 SC480
1 V-블록베이스 SM45C
4 손잡이축 SM45C
3 클램프축 SM45C
2 지지대 SC480
1 V-블록베이스 SM45C
4 손잡이축 SM45C
3 클램프축 SM45C
2 지지대 SC480
1 V-블록베이스 SM45C
4 손잡이축 SM45C
3 클램프축 SM45C
2 지지대 SC480
1 V-블록베이스 SM45C

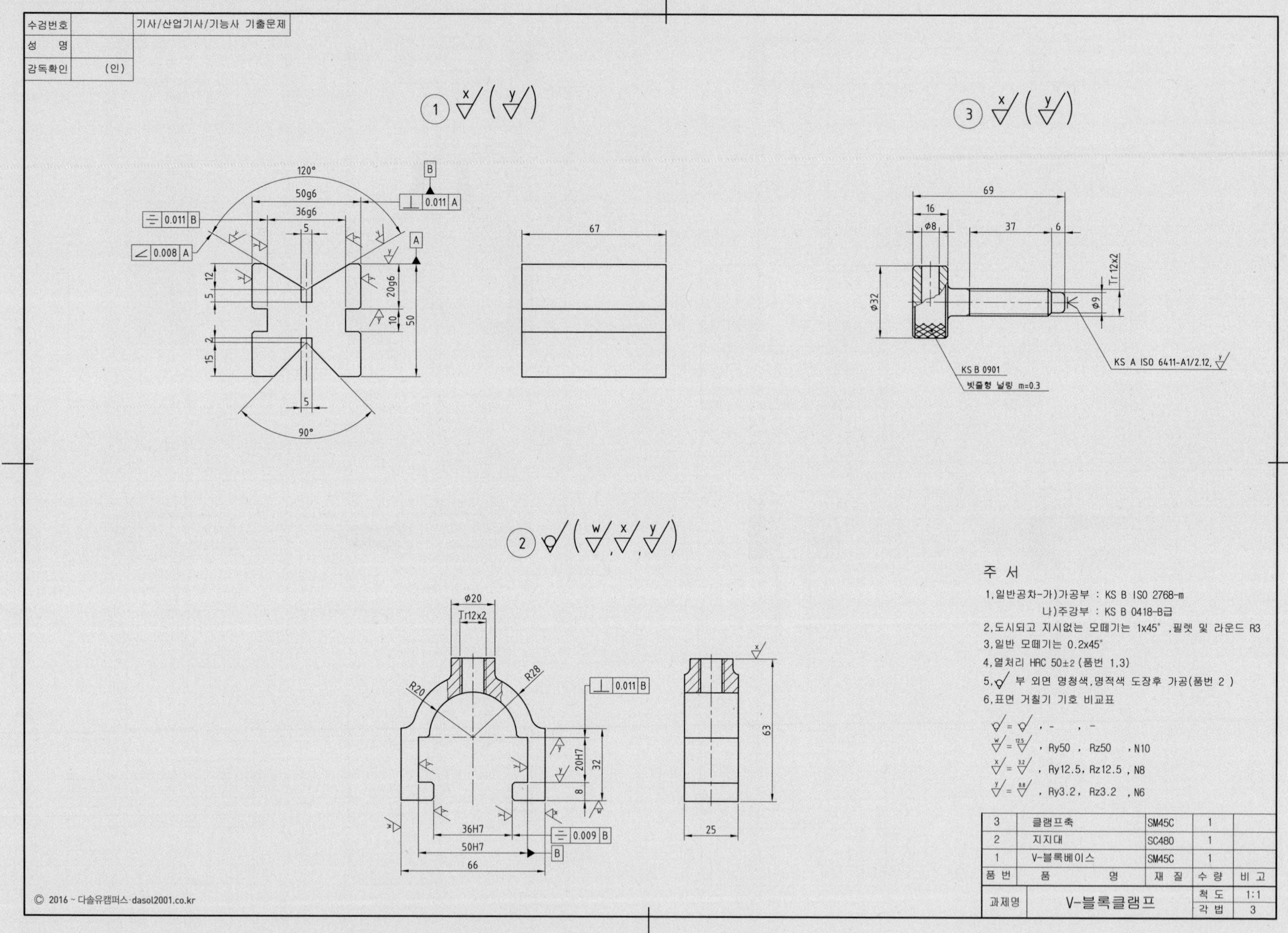

수검번호
기사/산업기사/기능사 기출문제
성 명
감독확인 (인)
주 서
1.일반공차-가)가공부 : KS B ISO 2768-m
나)주강부 : KS B 0418-B급
2.도시되고 지시없는 모떼기는 1x45°, 필렛 및 라운드 R3
3.일반 모떼기는 0.2x45°
4.열처리 HRC 50±2 (품번 1,3)
5. 부 외면 명청색,명적색 도장후 가공(품번 2)
6.표면 거칠기 기호 비교표
, Ry50 , Rz50 , N10
, Ry12.5, Rz12.5 , N8
, Ry3.2, Rz3.2 , N6
KS B 0901
빗줄형 널링 m=0.3
KS A ISO 6411-A1/2.12,
3 클램프축 SM45C 1
2 지지대 SC480 1
1 V-블록베이스 SM45C 1
품번 품명 재질 수량 비고
과제명 V-블록클램프 척도 1:1 각법 3

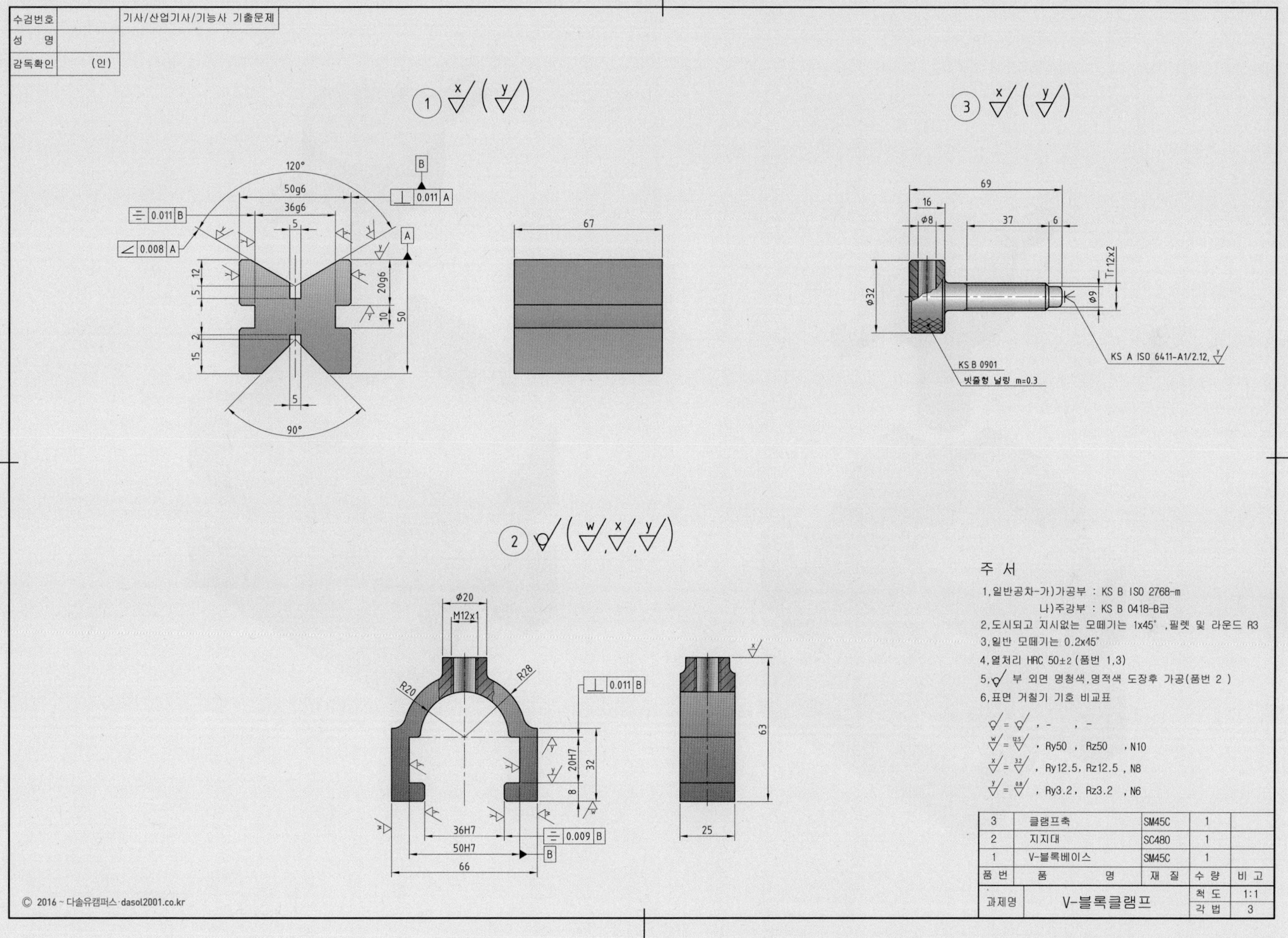
수검번호
기사/산업기사/기능사 기출문제
성 명
감독확인 (인)
1
120°
50g6
36g6
0.011 B
0.008 A
0.011 A
20g6
50
90°
67
3
69
16
φ8
37
6
φ32
Tr12x2
φ9
KS B 0901
빗줄형 널링 m=0.3
KS A ISO 6411-A1/2.12,
2
φ20
M12x1
R20
R28
0.011 B
20H7
32
36H7
50H7
66
0.009 B
63
25
주 서
1.일반공차-가)가공부 : KS B ISO 2768-m
나)주강부 : KS B 0418-B급
2.도시되고 지시없는 모떼기는 1x45°, 필렛 및 라운드 R3
3.일반 모떼기는 0.2x45°
4.열처리 HRC 50±2 (품번 1,3)
5. 부 외면 명청색,명적색 도장후 가공(품번 2)
6.표면 거칠기 기호 비교표
, Ry50 , Rz50 , N10
, Ry12.5, Rz12.5 , N8
, Ry3.2 , Rz3.2 , N6
3 클램프축 SM45C 1
2 지지대 SC480 1
1 V-블록베이스 SM45C 1
품번 품명 재질 수량 비고
과제명 V-블록클램프 척도 1:1 각법 3
© 2016 ~ 다솔유캠퍼스·dasol2001.co.kr

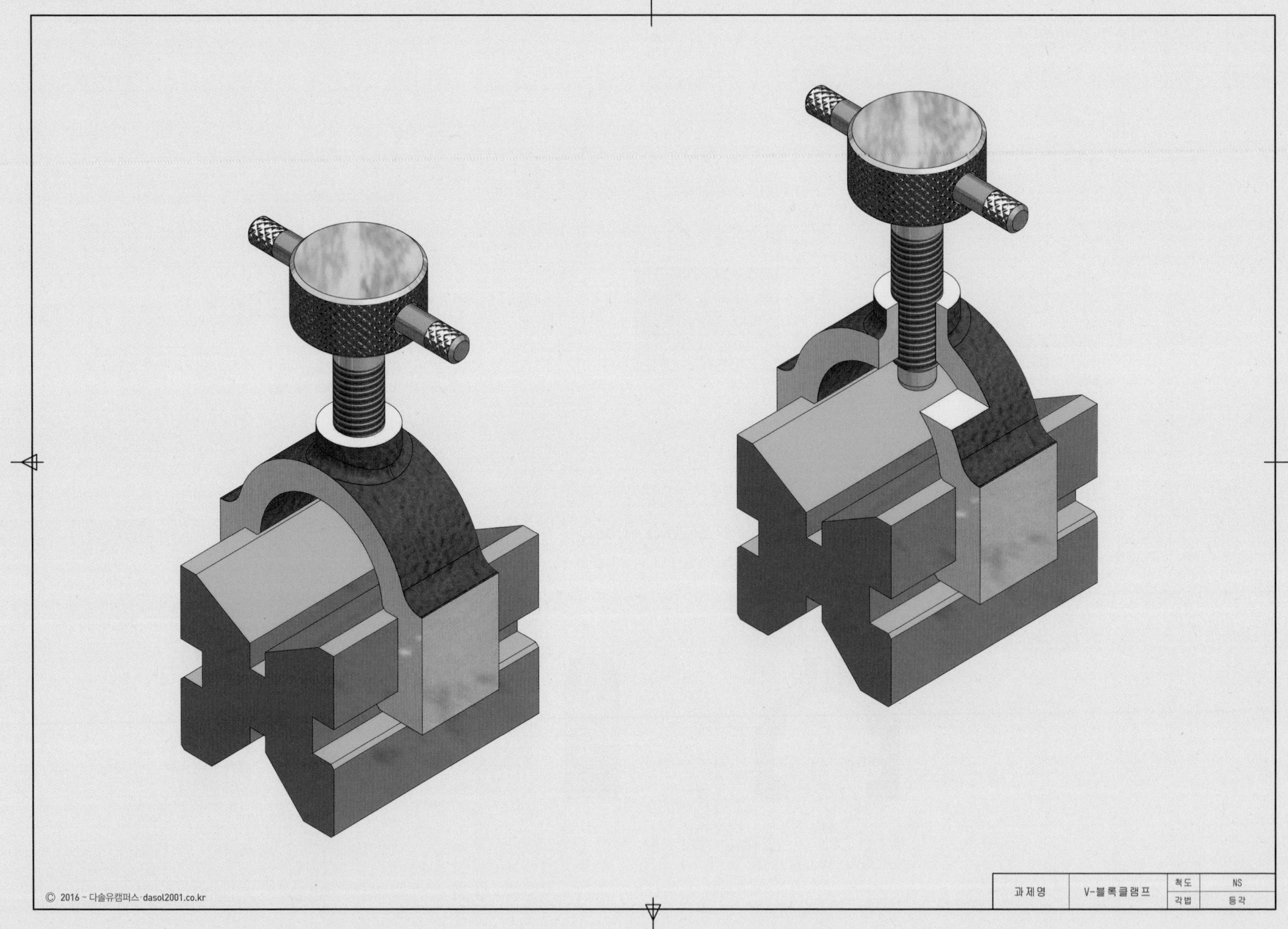
© 2016 ~ 다솔유캠퍼스·dasol2001.co.kr
과제명
V-블록클램프
척도
NS
각법
등각

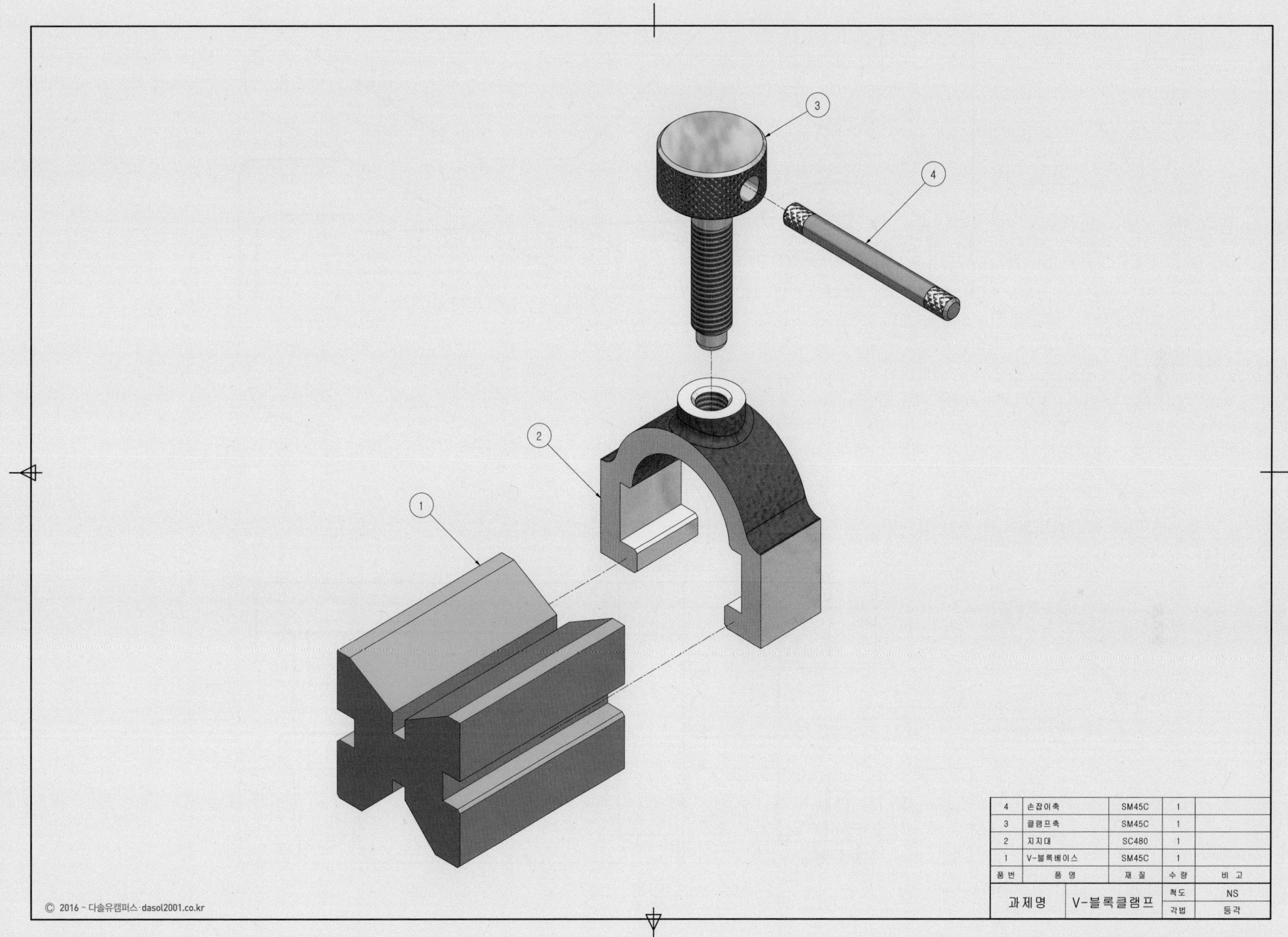
3
4
2
1
4 손잡이축 SM45C 1
3 클램프축 SM45C 1
2 지지대 SC480 1
1 V-블록베이스 SM45C 1
품번 품명 재질 수량 비고
과제명 V-블록클램프
척도 NS
각법 등각
© 2016 ~ 다솔유캠퍼스·dasol2001.co.kr

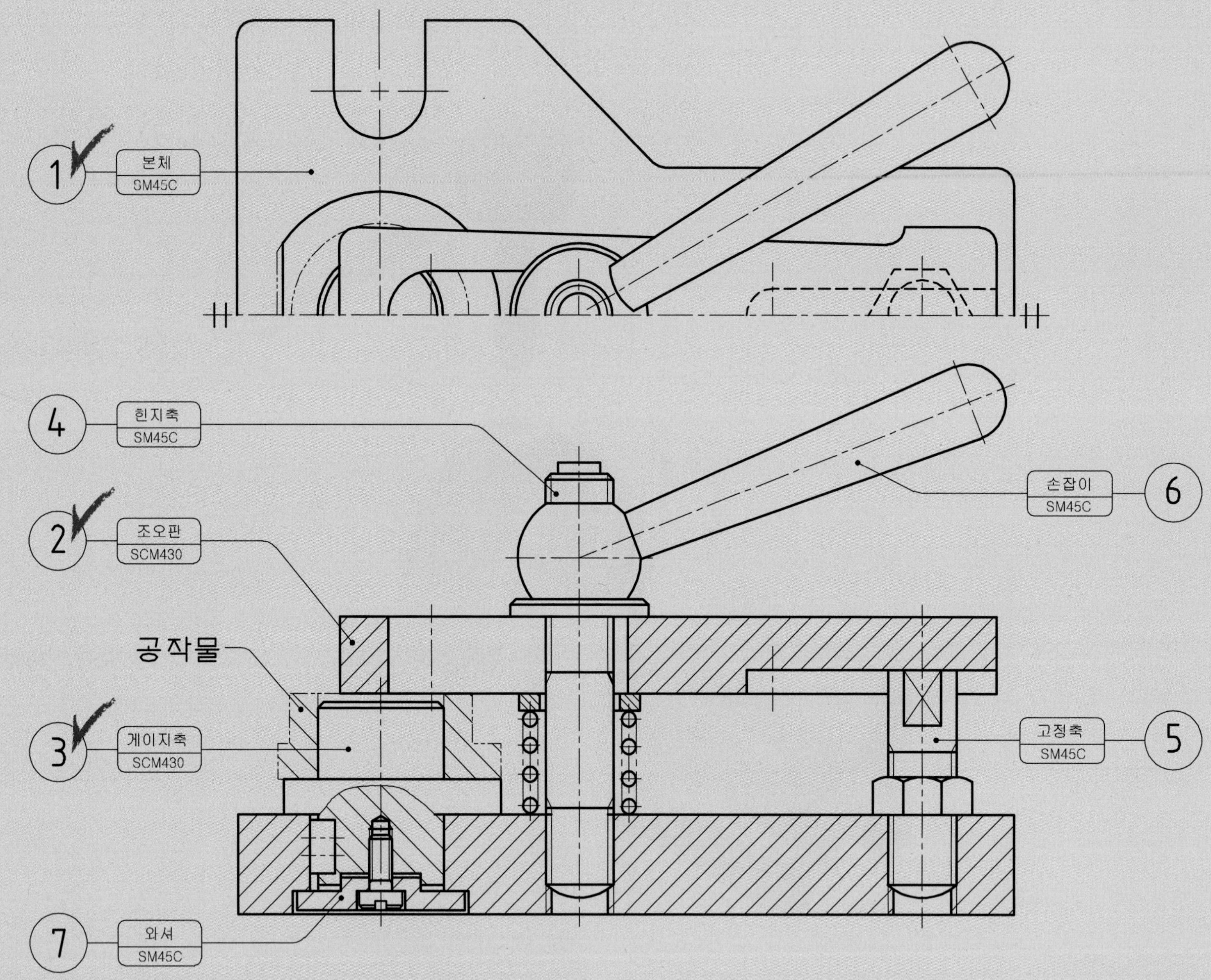
1
본체
SM45C
4
힌지축
SM45C
2
조오판
SCM430
공작물
3
게이지축
SCM430
7
와셔
SM45C
손잡이
SM45C
6
고정축
SM45C
5

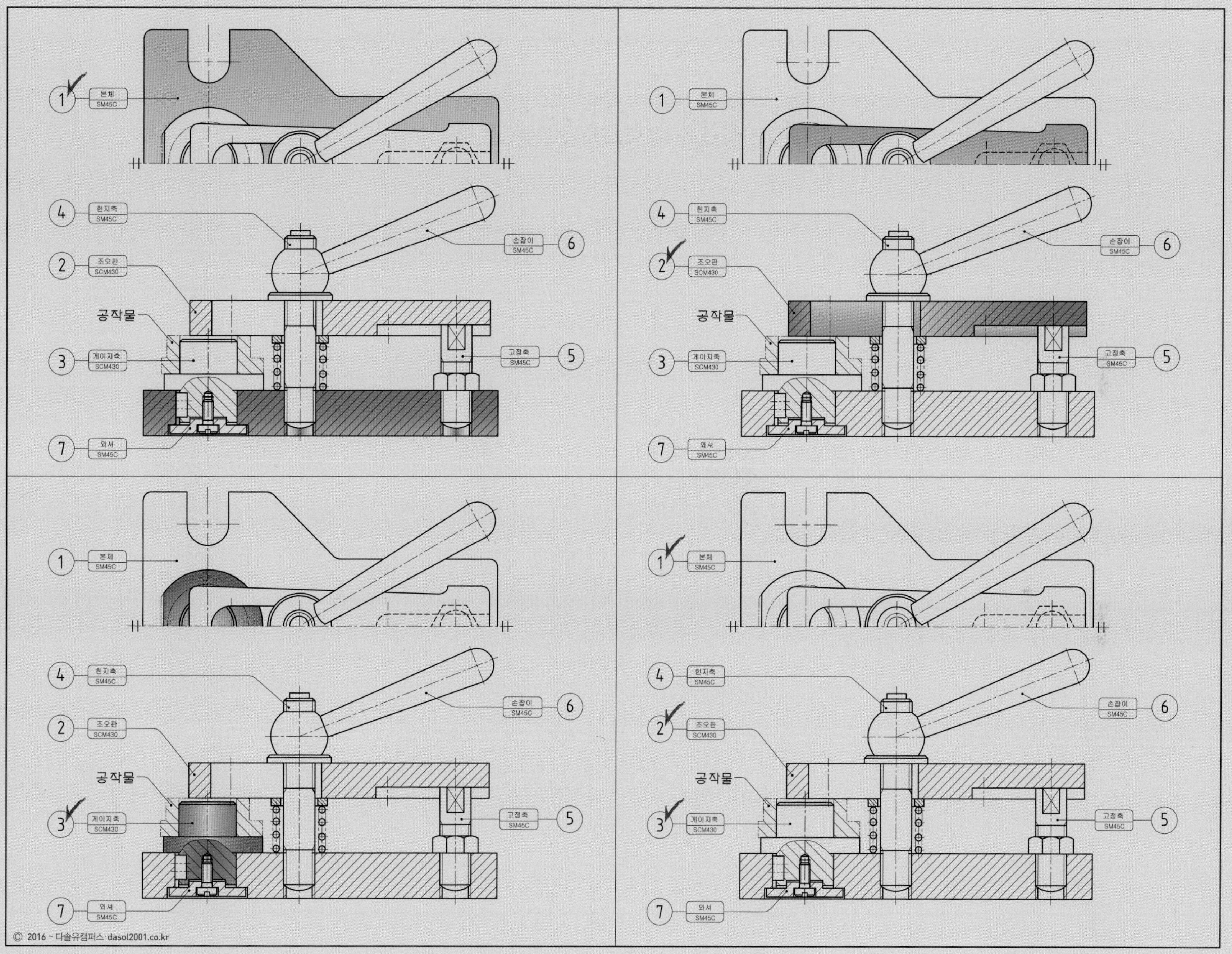
1
본체
SM45C
4
힌지축
SM45C
2
조오판
SCM430
공작물
3
게이지축
SCM430
7
와셔
SM45C
손잡이
SM45C
6
고정축
SM45C
5
© 2016 ~ 다솔유캠퍼스·dasol2001.co.kr

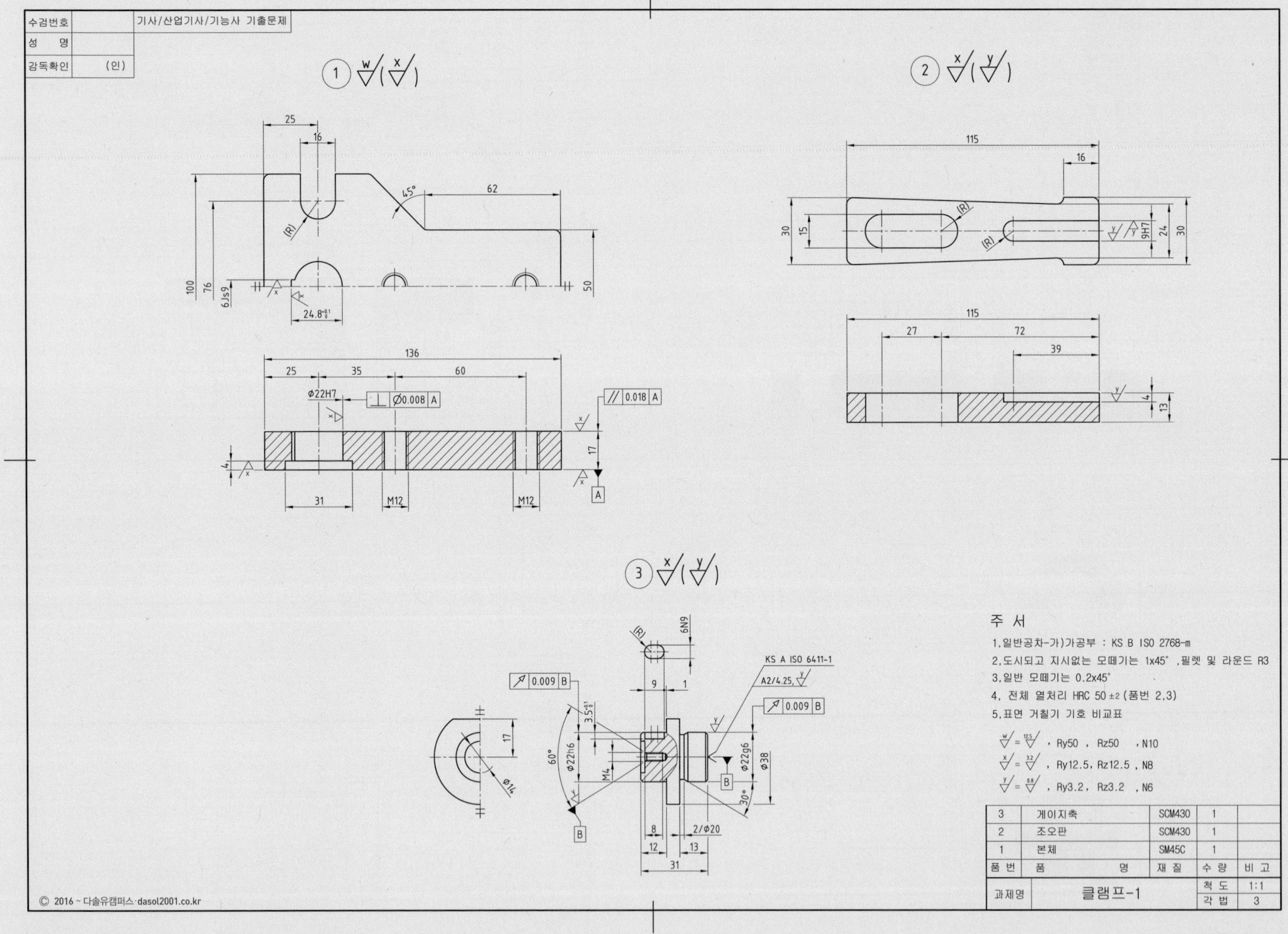
수검번호
성 명
감독확인 (인)
기사/산업기사/기능사 기출문제
주 서
1.일반공차-가)가공부 : KS B ISO 2768-m
2.도시되고 지시없는 모떼기는 1x45°,필렛 및 라운드 R3
3.일반 모떼기는 0.2x45°
4, 전체 열처리 HRC 50±2 (품번 2,3)
5.표면 거칠기 기호 비교표
, Ry50 , Rz50 , N10
, Ry12.5, Rz12.5 , N8
, Ry3.2 , Rz3.2 , N6
KS A ISO 6411-1
A2/4.25
3 게이지축 SCM430 1
2 조오판 SCM430 1
1 본체 SM45C 1
품번 품 명 재 질 수 량 비 고
과제명 클램프-1
척 도 1:1
각 법 3

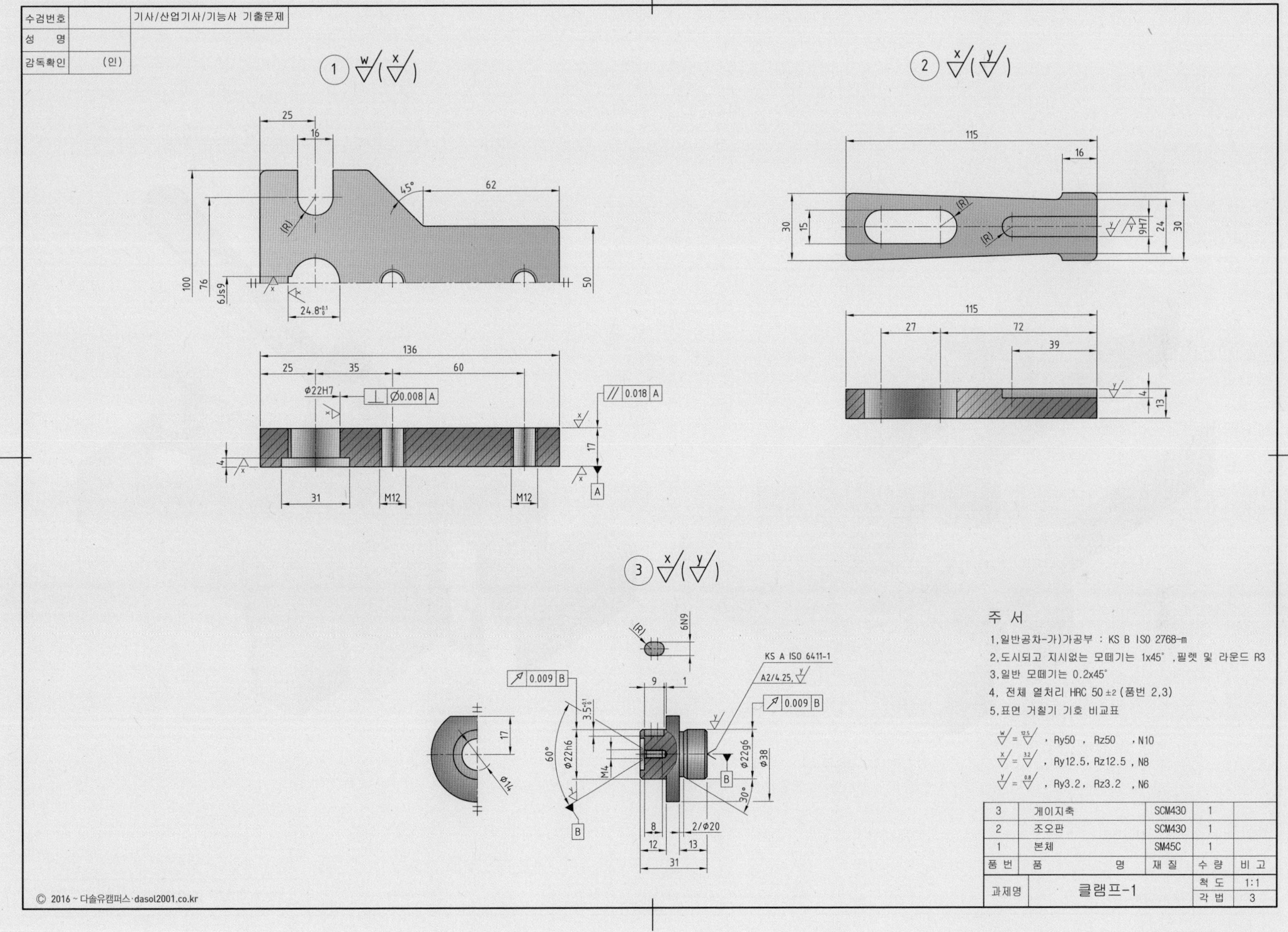

수검번호
기사/산업기사/기능사 기출문제
성 명
감독확인 (인)
주 서
1.일반공차-가)가공부 : KS B ISO 2768-m
2.도시되고 지시없는 모떼기는 1x45° ,필렛 및 라운드 R3
3.일반 모떼기는 0.2x45°
4. 전체 열처리 HRC 50±2 (품번 2,3)
5.표면 거칠기 기호 비교표
, Ry50 , Rz50 , N10
, Ry12.5, Rz12.5 , N8
, Ry3.2, Rz3.2 , N6
3 게이지축 SCM430 1
2 조오판 SCM430 1
1 본체 SM45C 1
품 번 품 명 재 질 수 량 비 고
과제명 클램프-1 척 도 1:1 각 법 3
KS A ISO 6411-1
A2/4.25
© 2016 ~ 다솔유캠퍼스·dasol2001.co.kr

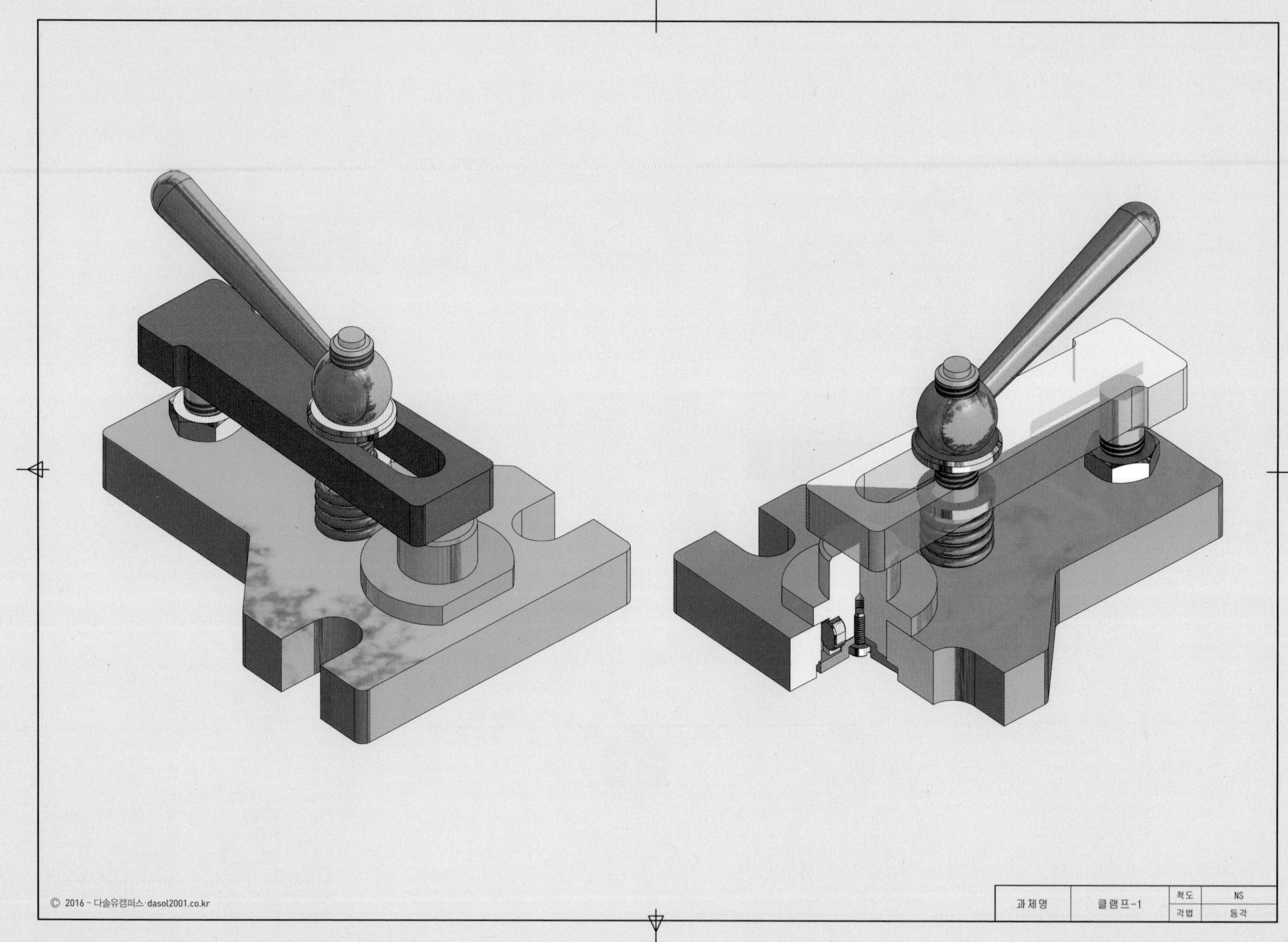
© 2016 ~ 다솔유캠퍼스 · dasol2001.co.kr
과제명
클램프-1
척도
NS
각법
등각

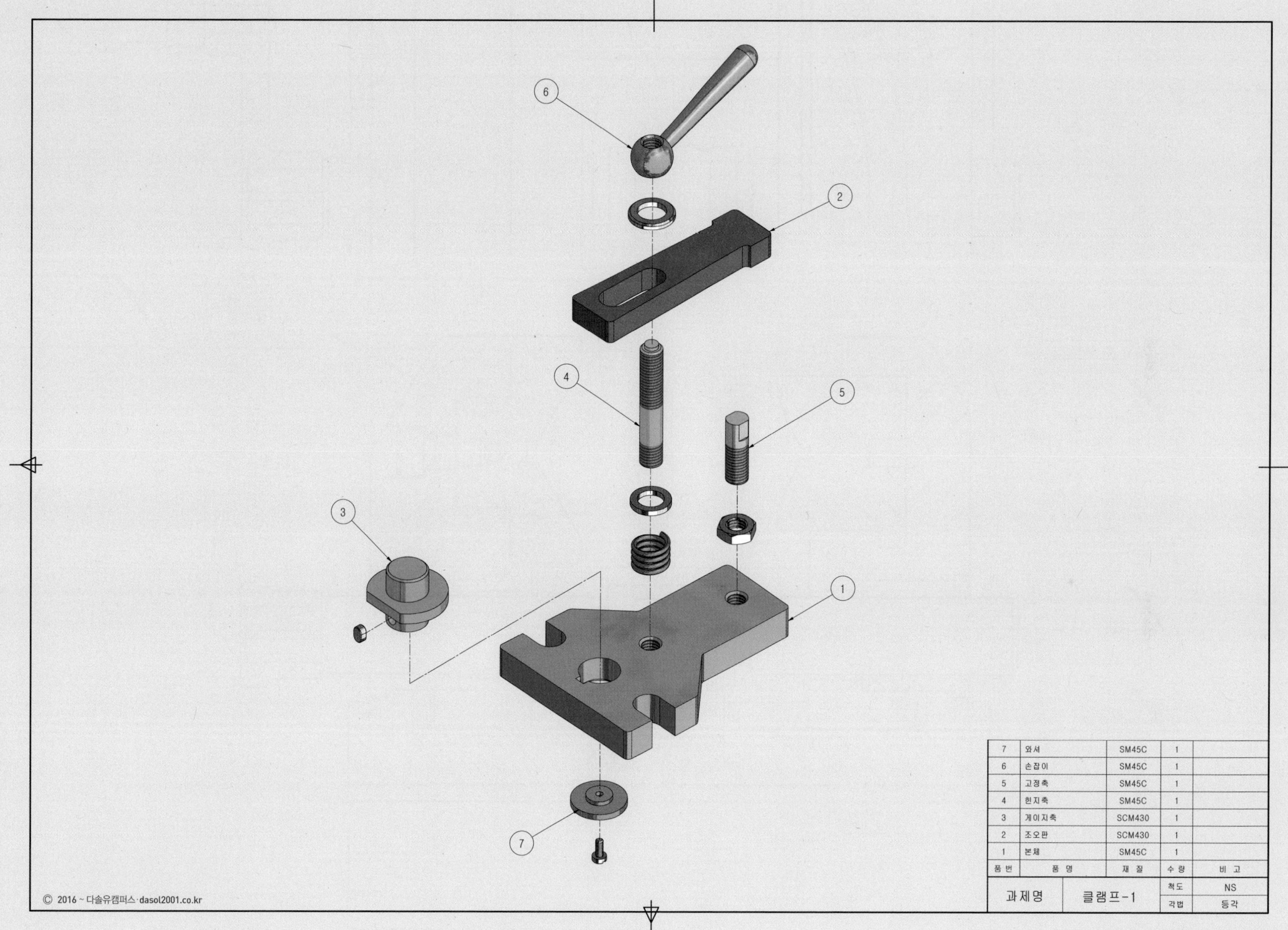


| 7 | 와셔 | SM45C | 1 | |
|---|---|---|---|---|
| 6 | 손잡이 | SM45C | 1 | |
| 5 | 고정축 | SM45C | 1 | |
| 4 | 힌지축 | SM45C | 1 | |
| 3 | 게이지축 | SCM430 | 1 | |
| 2 | 조오판 | SCM430 | 1 | |
| 1 | 본체 | SM45C | 1 | |
| 품번 | 품 명 | 재 질 | 수 량 | 비 고 |
| 과제명 | 클램프-1 | | 척도 | NS |
| | | | 각법 | 등각 |

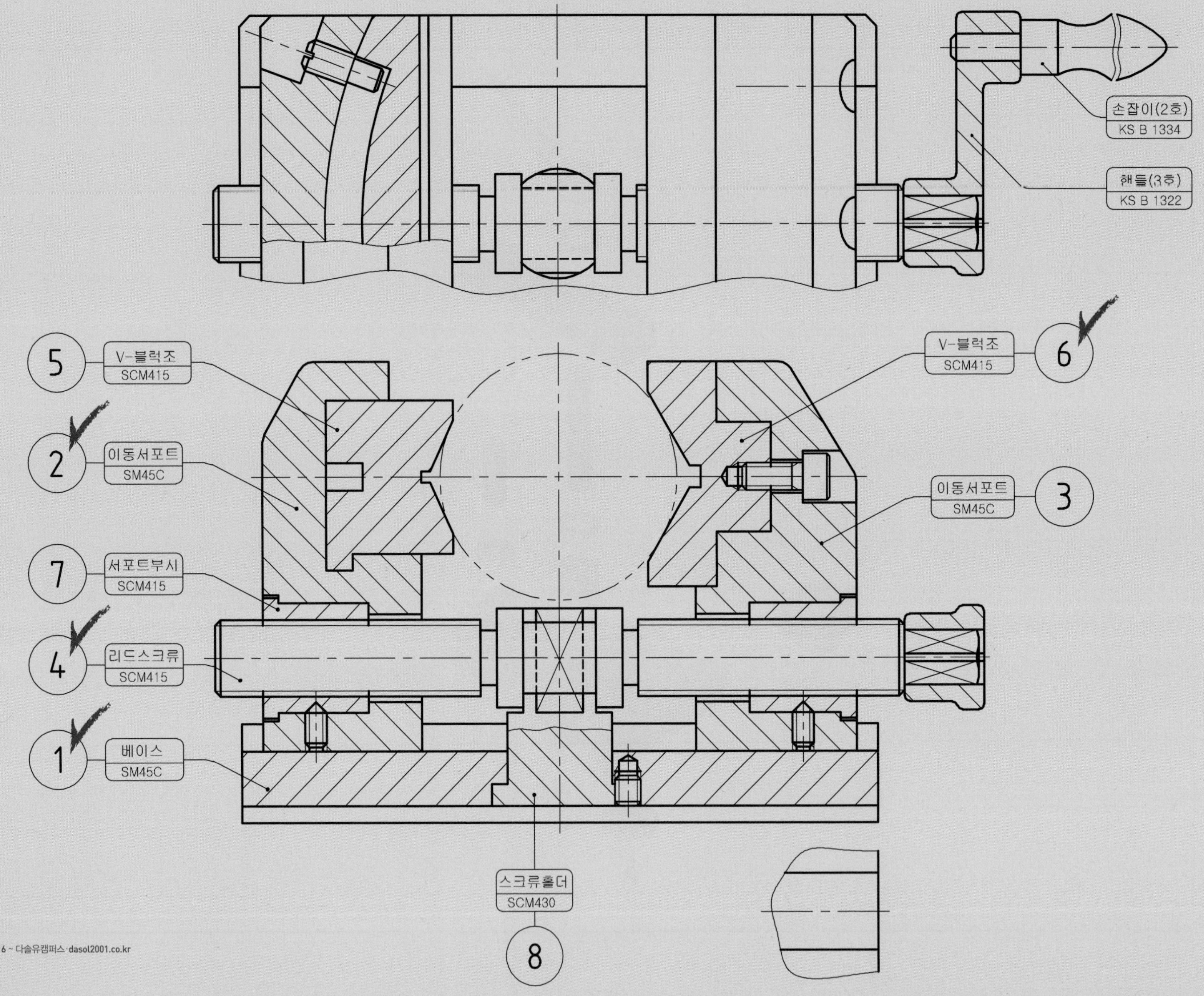

손잡이(2호)
KS B 1334
핸들(3호)
KS B 1322
5
V-블럭조
SCM415
6
V-블럭조
SCM415
2
이동서포트
SM45C
3
이동서포트
SM45C
7
서포트부시
SCM415
4
리드스크류
SCM415
1
베이스
SM45C
스크류홀더
SCM430
8

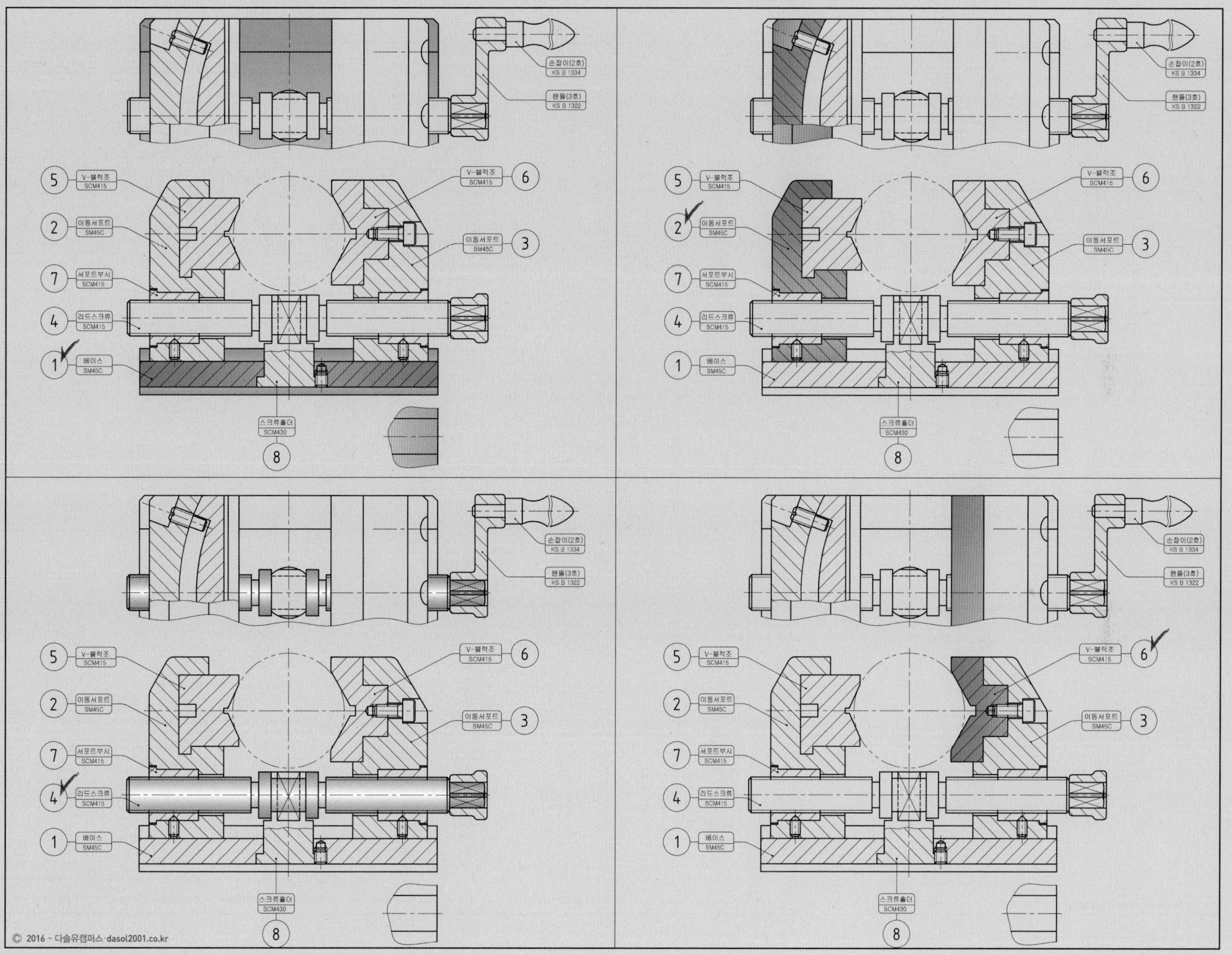
손잡이(2호)
KS B 1334
핸들(3호)
KS B 1322
V-블럭조
SCM415
이동서포트
SM45C
서포트부시
SCM415
리드스크류
SCM415
베이스
SM45C
스크류홀더
SCM430
© 2016 ~ 다솔유캠퍼스·dasol2001.co.kr

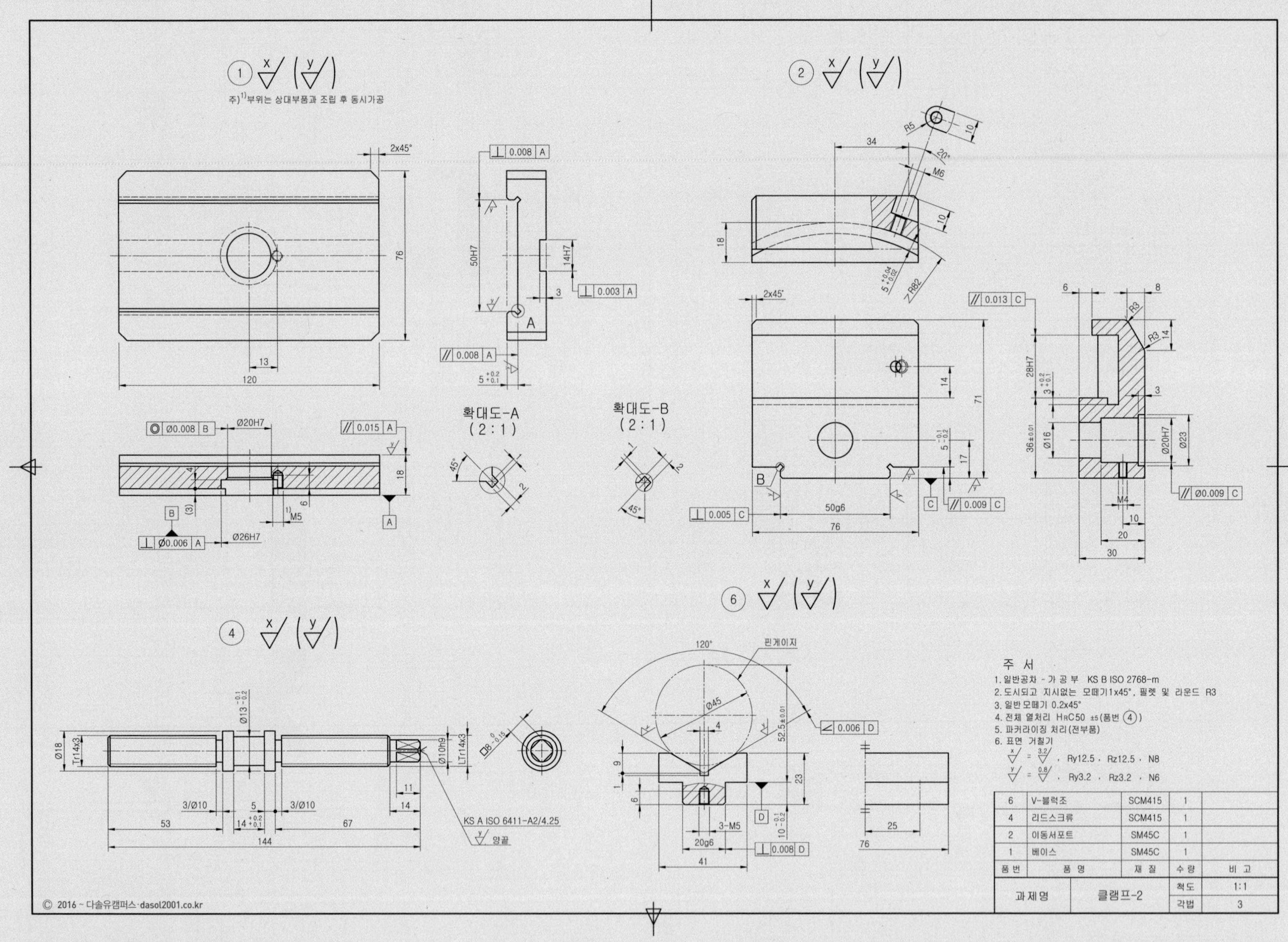

주)1)부위는 상대부품과 조립 후 동시가공
확대도-A
(2 : 1)
확대도-B
(2 : 1)
핀게이지
KS A ISO 6411-A2/4.25
양끝
주 서
1. 일반공차 - 가 공 부 KS B ISO 2768-m
2. 도시되고 지시없는 모떼기1x45°, 필렛 및 라운드 R3
3. 일반 모떼기 0.2x45°
4. 전체 열처리 HRC50 ±5(품번 ④)
5. 파커라이징 처리(전부품)
6. 표면 거칠기
Ry12.5 , Rz12.5 , N8
Ry3.2 , Rz3.2 , N6
6 V-블럭조 SCM415 1
4 리드스크류 SCM415 1
2 이동서포트 SM45C 1
1 베이스 SM45C 1
품번 품 명 재 질 수량 비 고
과제명 클램프-2 척도 1:1 각법 3

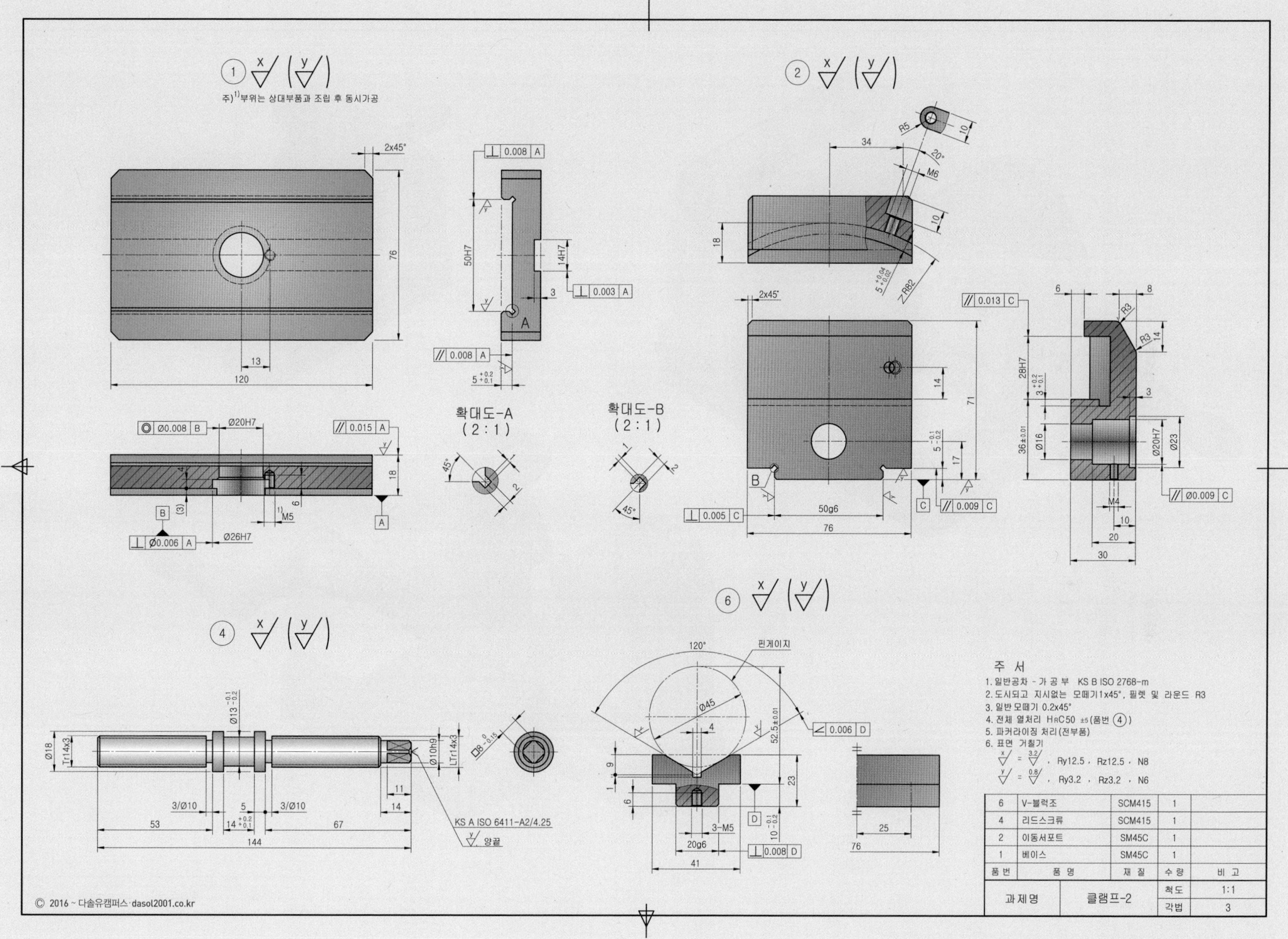

주)1)부위는 상대부품과 조립 후 동시가공
확대도-A (2:1)
확대도-B (2:1)
핀게이지
주 서
1. 일반공차 - 가 공 부 KS B ISO 2768-m
2. 도시되고 지시없는 모떼기1x45°, 필렛 및 라운드 R3
3. 일반 모떼기 0.2x45°
4. 전체 열처리 HRC50 ±5(품번 ④)
5. 파커라이징 처리(전부품)
6. 표면 거칠기
Ry12.5 , Rz12.5 , N8
Ry3.2 , Rz3.2 , N6
KS A ISO 6411-A2/4.25
양끝
6 V-블럭조 SCM415 1
4 리드스크류 SCM415 1
2 이동서포트 SM45C 1
1 베이스 SM45C 1
품번 품명 재질 수량 비고
과제명 클램프-2 척도 1:1 각법 3
© 2016 ~ 다솔유캠퍼스·dasol2001.co.kr

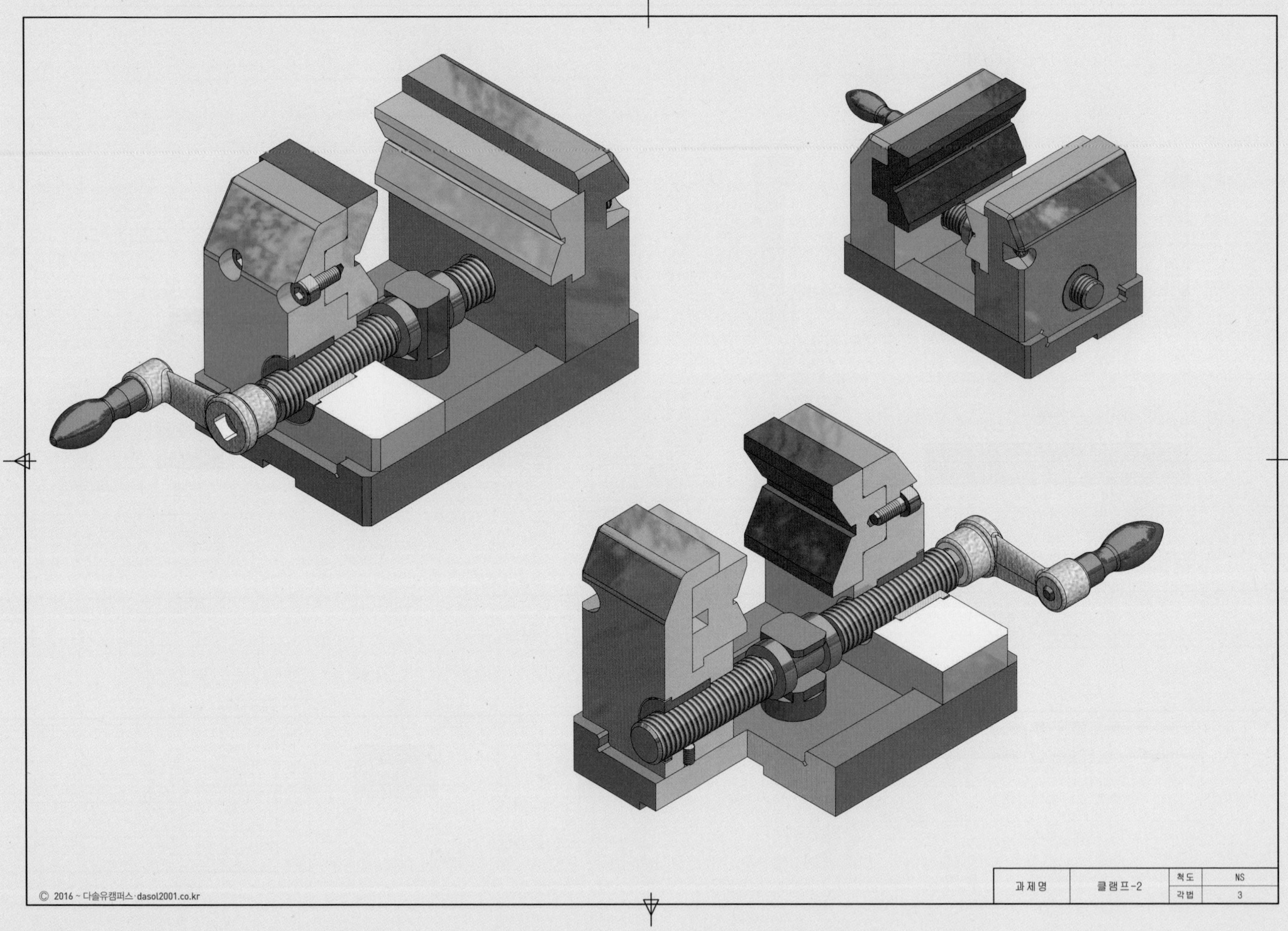

과제명
클램프-2
척도
NS
각법
3

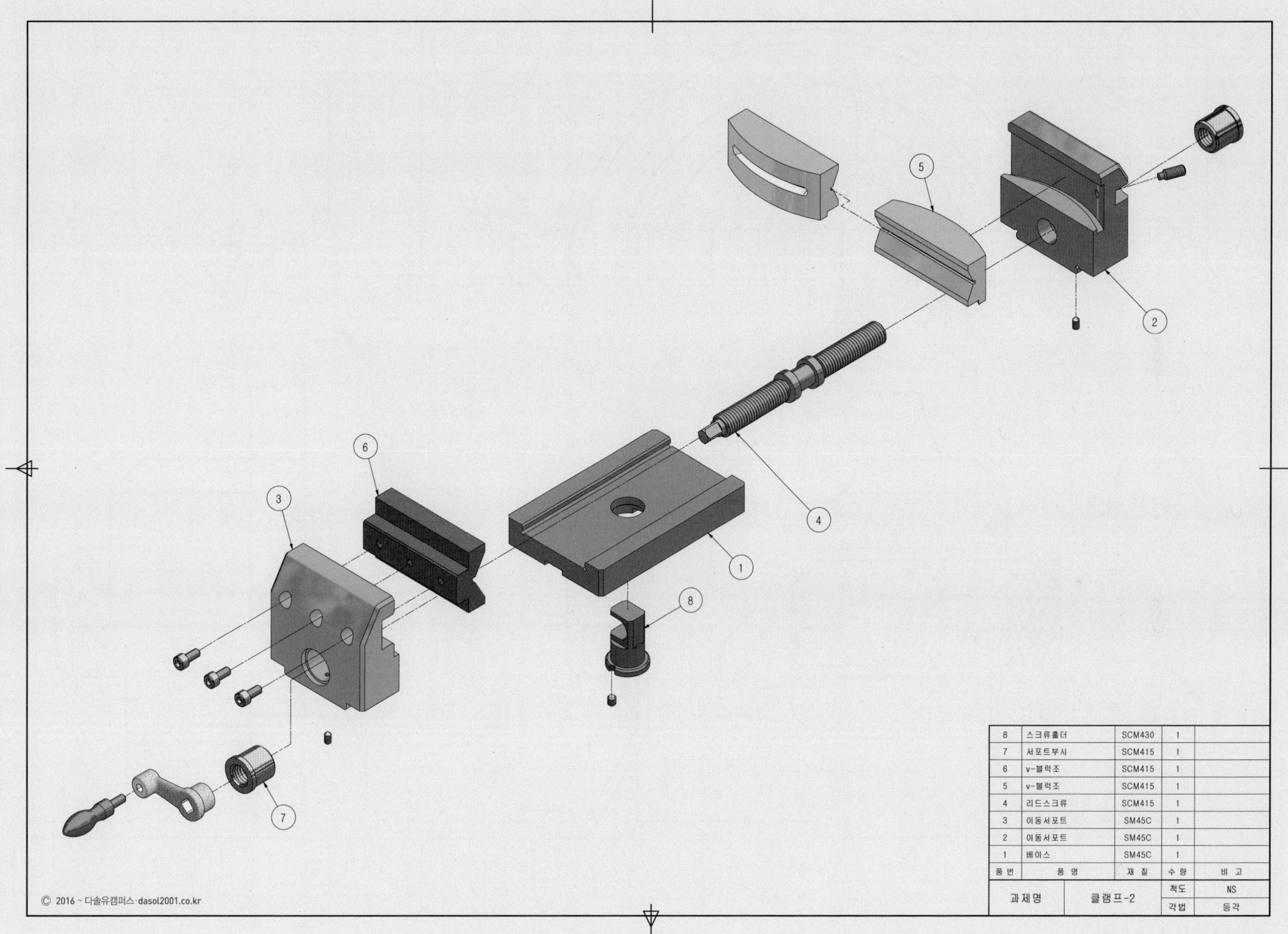


| 품 번 | 품 명 | 재 질 | 수 량 | 비 고 |
|---|---|---|---|---|
| 8 | 스크류홀더 | SCM430 | 1 | |
| 7 | 서포트부시 | SCM415 | 1 | |
| 6 | v-블럭조 | SCM415 | 1 | |
| 5 | v-블럭조 | SCM415 | 1 | |
| 4 | 리드스크류 | SCM415 | 1 | |
| 3 | 이동서포트 | SM45C | 1 | |
| 2 | 이동서포트 | SM45C | 1 | |
| 1 | 베이스 | SM45C | 1 | |

| 과제명 | 클램프-2 | 척도 | NS |
|---|---|---|---|
| | | 각법 | 등각 |

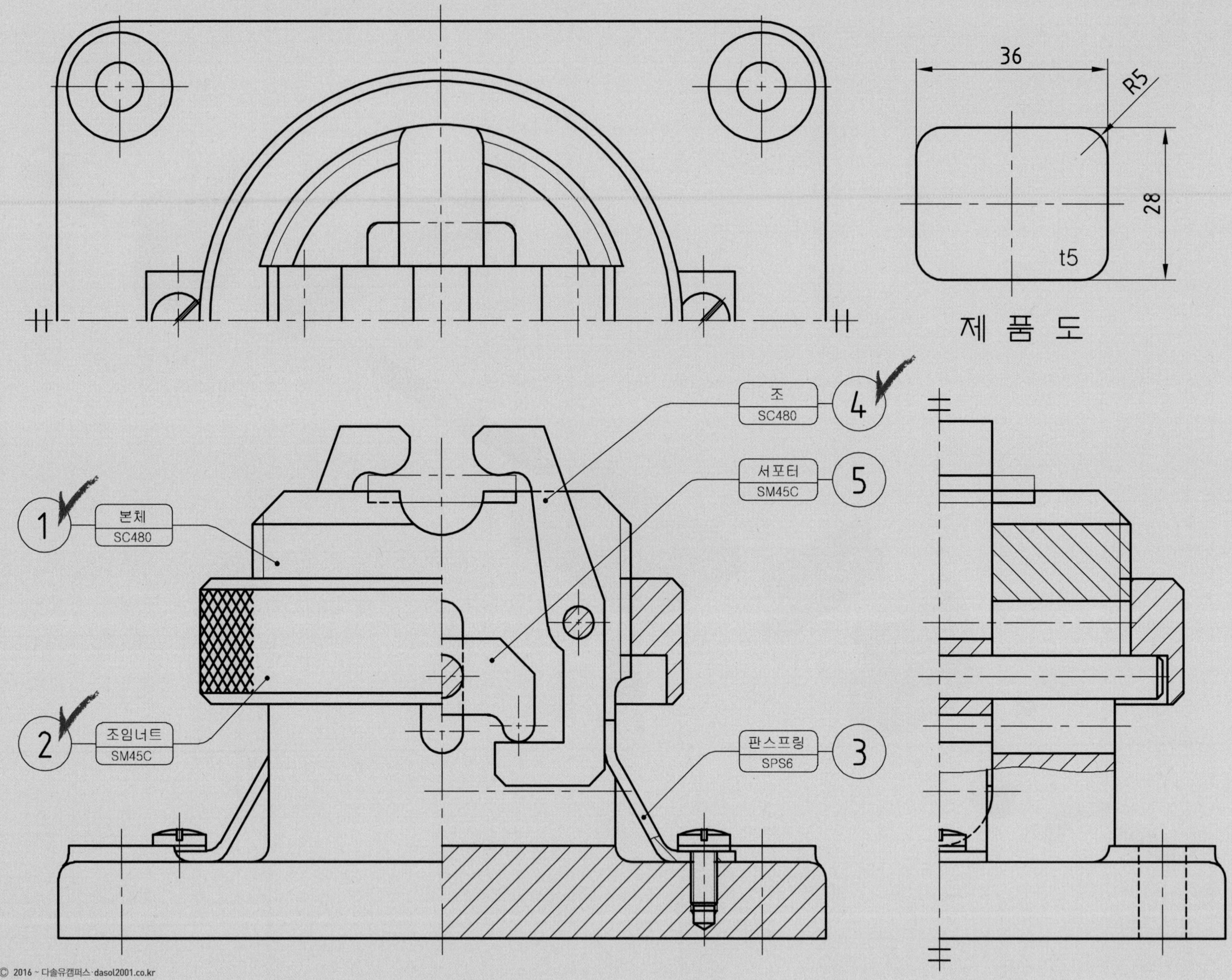
36
R5
28
t5
제 품 도
1
본체
SC480
2
조임너트
SM45C
4
조
SC480
5
서포터
SM45C
3
판스프링
SPS6

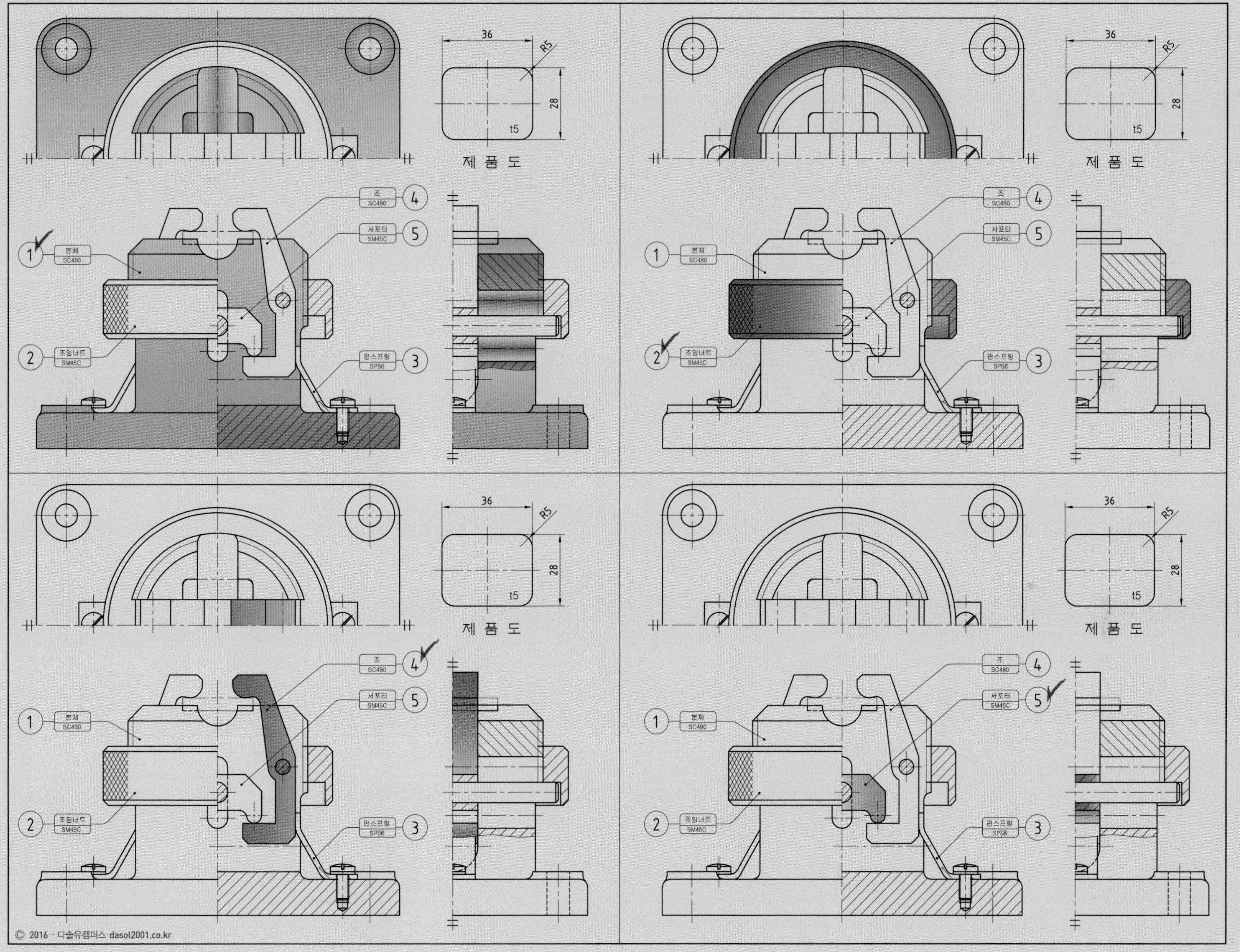
36
R5
28
t5
제 품 도
조
SC480
4
서포터
SM45C
5
본체
SC480
1
조임너트
SM45C
2
판스프링
SPS6
3

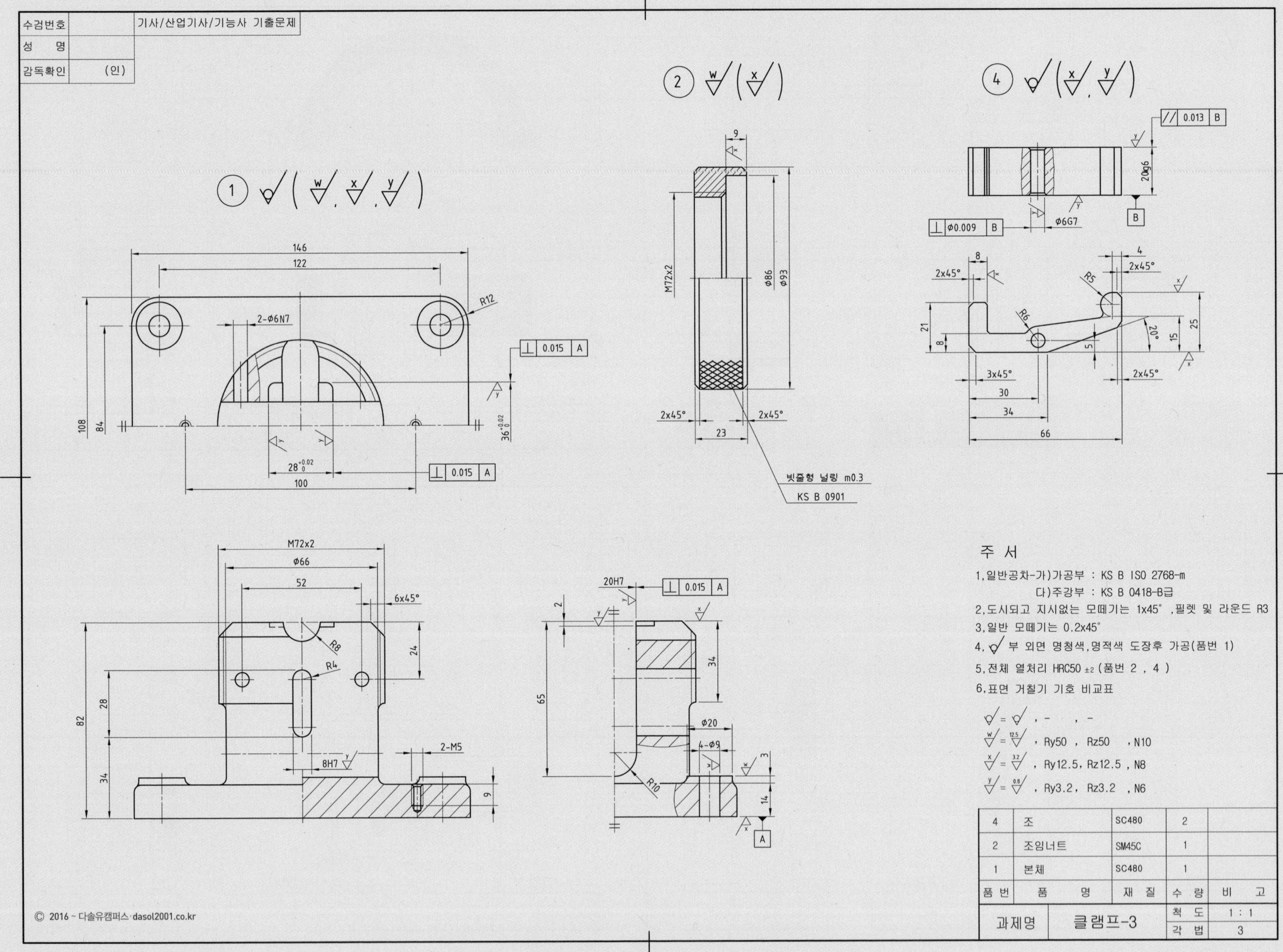

수검번호
성 명
감독확인 (인)
기사/산업기사/기능사 기출문제
주 서
1,일반공차-가)가공부 : KS B ISO 2768-m
다)주강부 : KS B 0418-B급
2,도시되고 지시없는 모떼기는 1x45° ,필렛 및 라운드 R3
3,일반 모떼기는 0.2x45°
4, 부 외면 명청색,명적색 도장후 가공(품번 1)
5,전체 열처리 HRC50 ±2 (품번 2 , 4 )
6,표면 거칠기 기호 비교표
w = 12.5 , Ry50 , Rz50 , N10
x = 3.2 , Ry12.5 , Rz12.5 , N8
y = 0.8 , Ry3.2 , Rz3.2 , N6
빗줄형 널링 m0.3
KS B 0901

| 품번 | 품명 | 재질 | 수량 | 비고 |
|---|---|---|---|---|
| 4 | 조 | SC480 | 2 | |
| 2 | 조임너트 | SM45C | 1 | |
| 1 | 본체 | SC480 | 1 | |

과제명 클램프-3
척도 1 : 1
각법 3
© 2016 ~ 다솔유캠퍼스 · dasol2001.co.kr

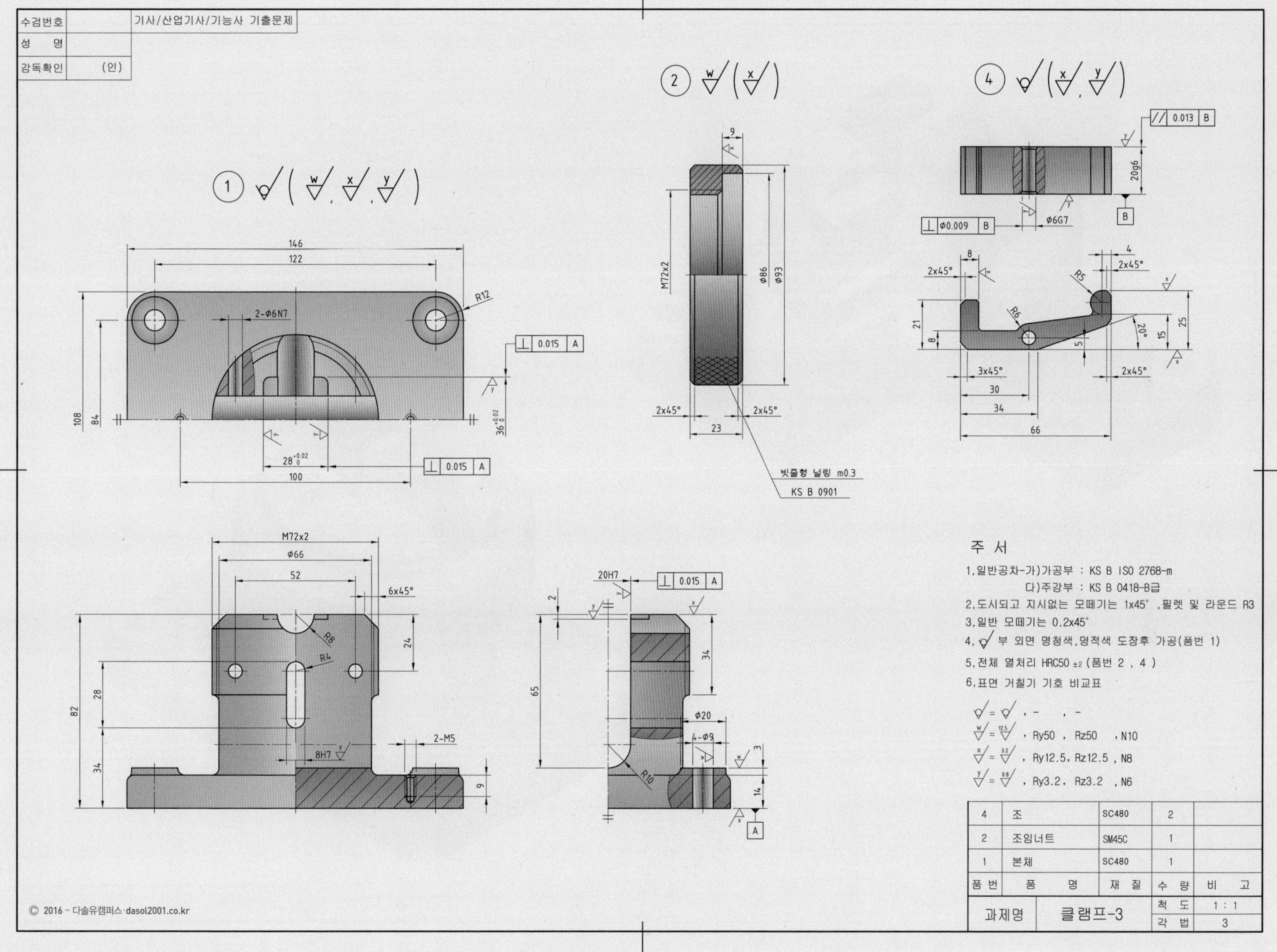
수검번호
기사/산업기사/기능사 기출문제
성 명
감독확인 (인)
주 서
1.일반공차-가)가공부 : KS B ISO 2768-m
다)주강부 : KS B 0418-B급
2.도시되고 지시없는 모떼기는 1x45°,필렛 및 라운드 R3
3.일반 모떼기는 0.2x45°
4. 부 외면 명청색,명적색 도장후 가공(품번 1)
5.전체 열처리 HRC50 ±2 (품번 2 , 4 )
6.표면 거칠기 기호 비교표
, Ry50 , Rz50 , N10
, Ry12.5, Rz12.5 , N8
, Ry3.2, Rz3.2 , N6
빗줄형 널링 m0.3
KS B 0901
4 조 SC480 2
2 조임너트 SM45C 1
1 본체 SC480 1
품번 품명 재질 수량 비고
과제명 클램프-3 척도 1:1 각법 3
© 2016 ~ 다솔유캠퍼스·dasol2001.co.kr

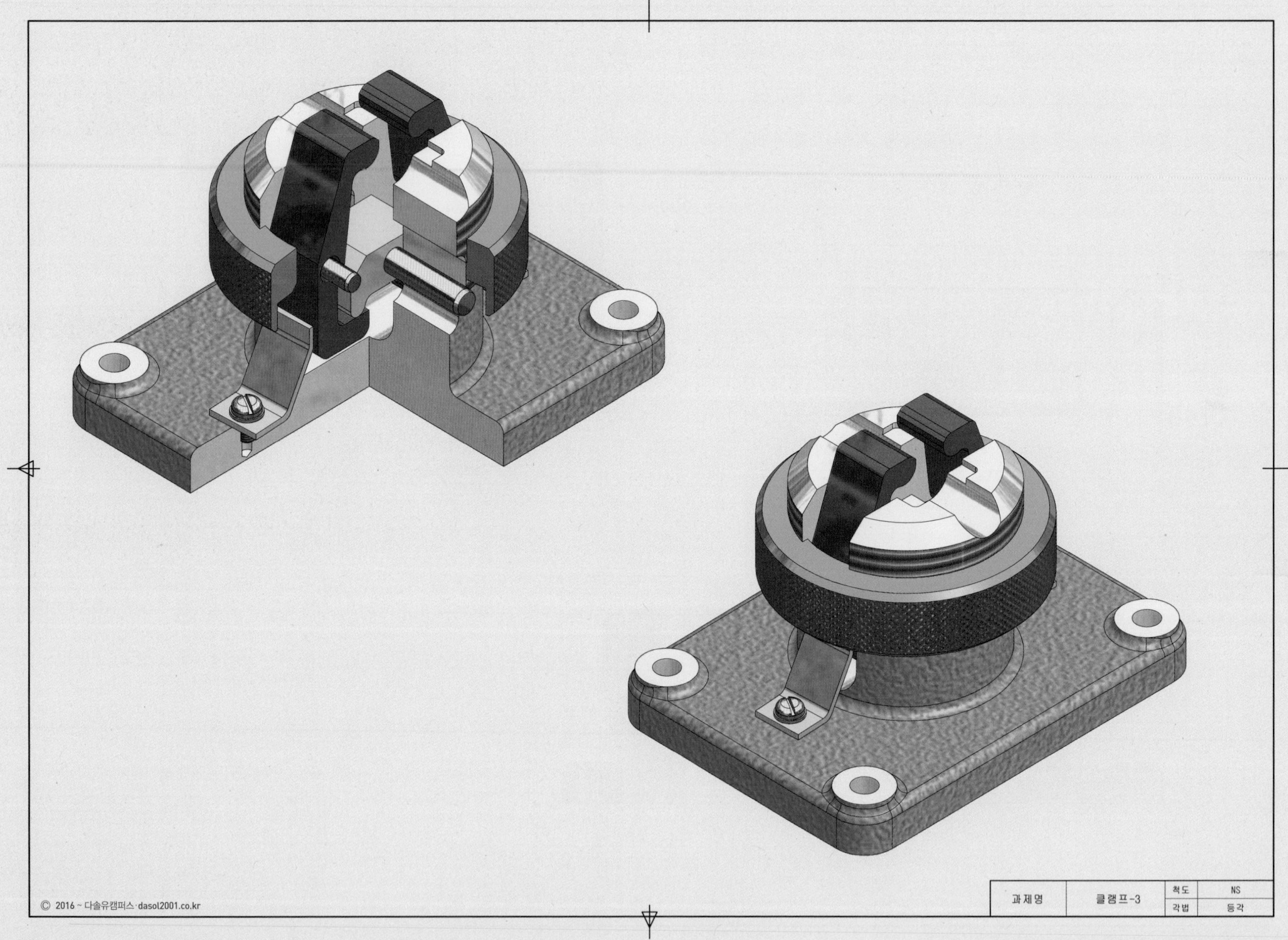

과제명
클램프-3
척도
NS
각법
등각

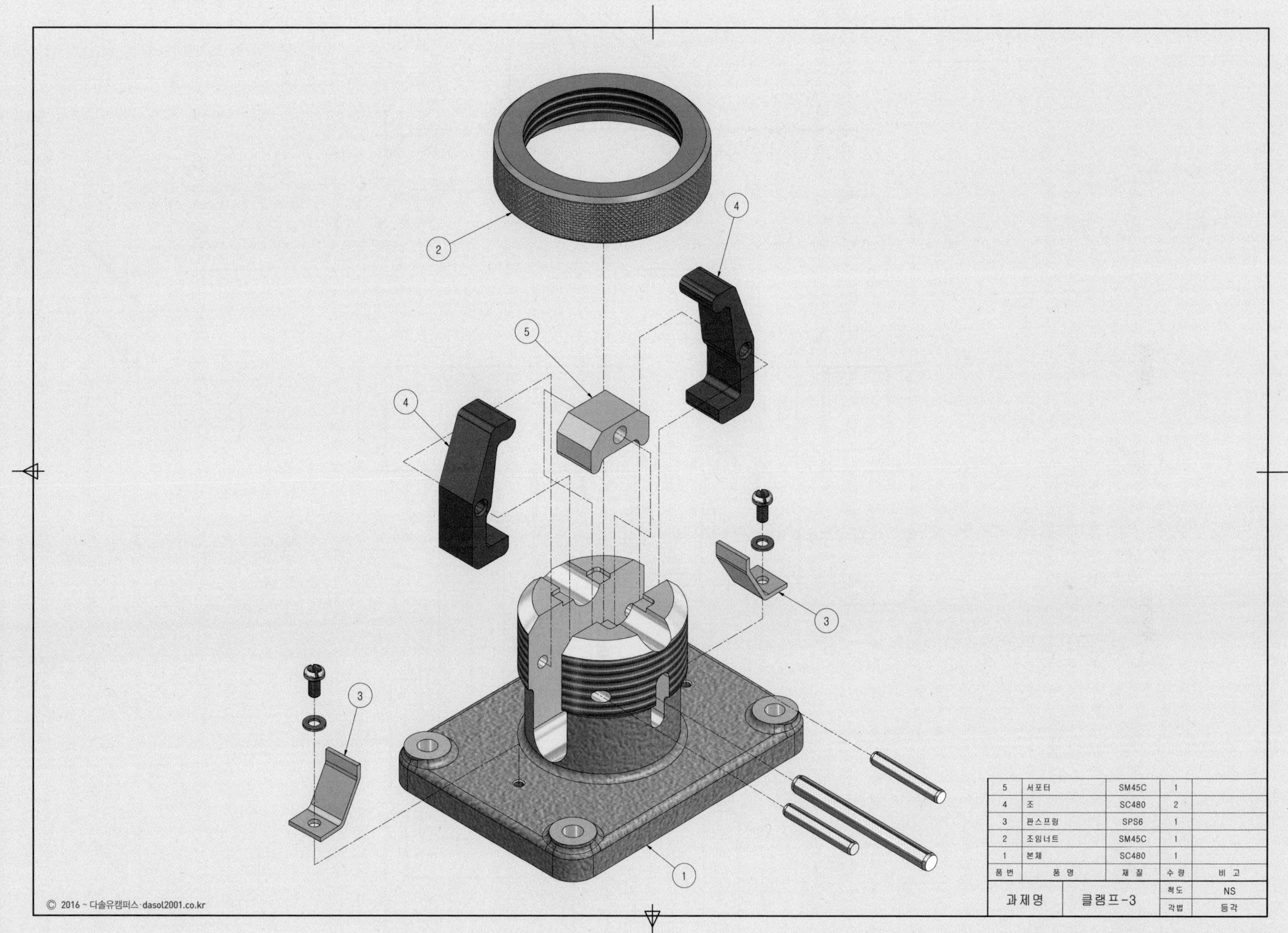


| 5 | 서포터 | SM45C | 1 | |
|---|---|---|---|---|
| 4 | 조 | SC480 | 2 | |
| 3 | 판스프링 | SPS6 | 1 | |
| 2 | 조임너트 | SM45C | 1 | |
| 1 | 본체 | SC480 | 1 | |
| 품번 | 품명 | 재질 | 수량 | 비고 |
| 과제명 | 클램프-3 | | 척도 | NS |
| | | | 각법 | 등각 |

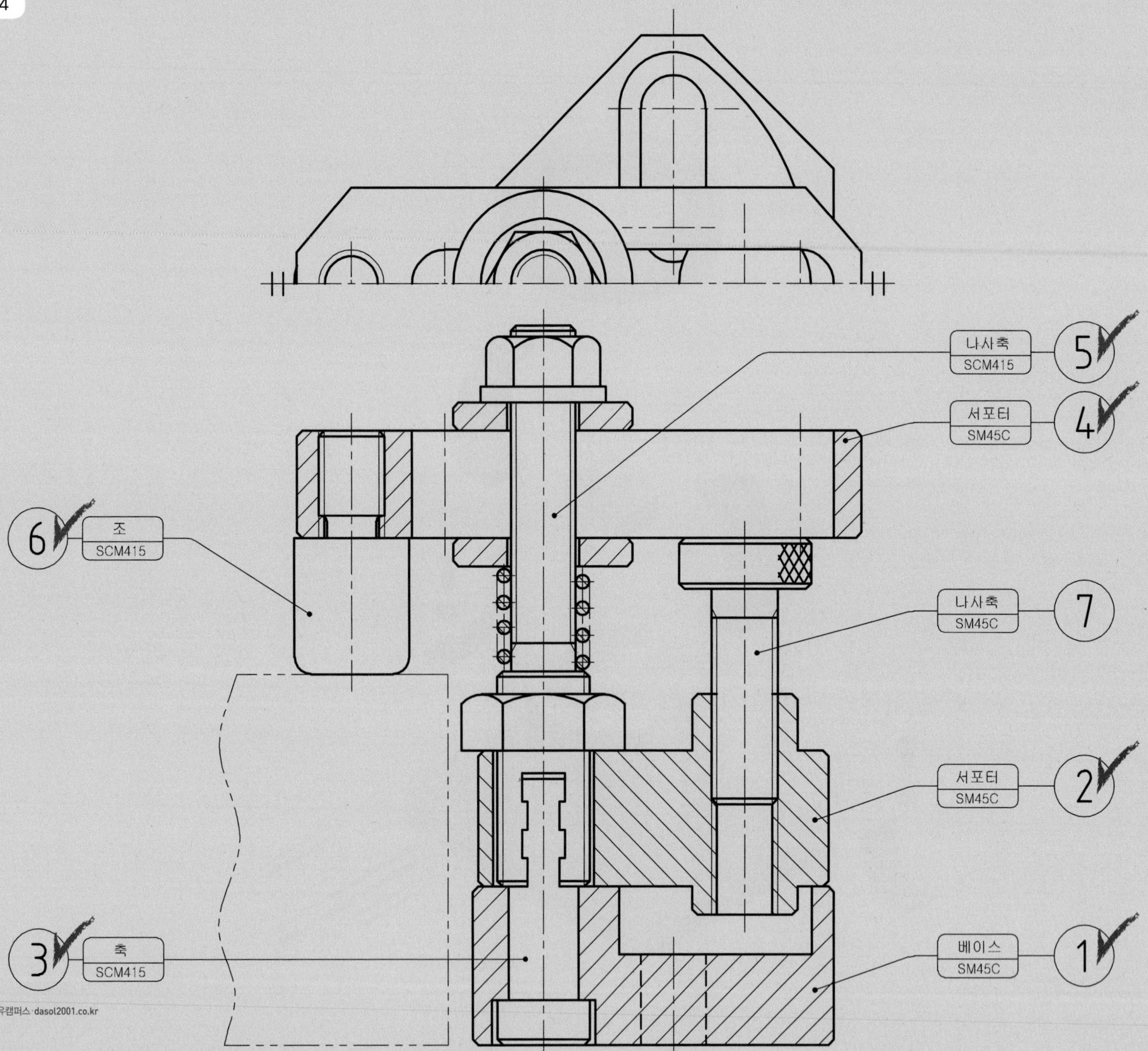

나사축
SCM415
5
서포터
SM45C
4
6
조
SCM415
나사축
SM45C
7
서포터
SM45C
2
3
축
SCM415
베이스
SM45C
1

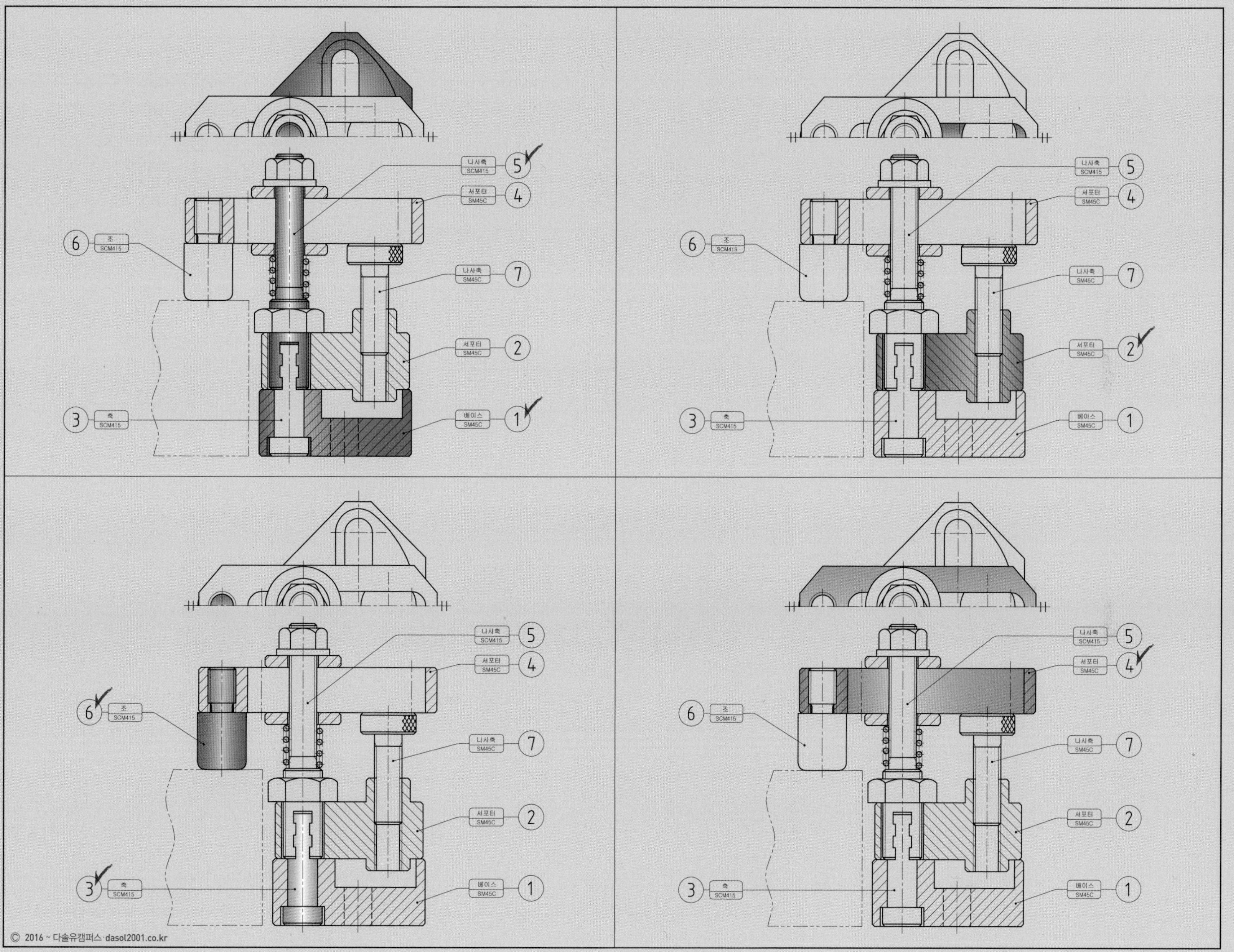
나사축
SCM415
5
서포터
SM45C
4
6
조
SCM415
나사축
SM45C
7
서포터
SM45C
2
3
축
SCM415
베이스
SM45C
1

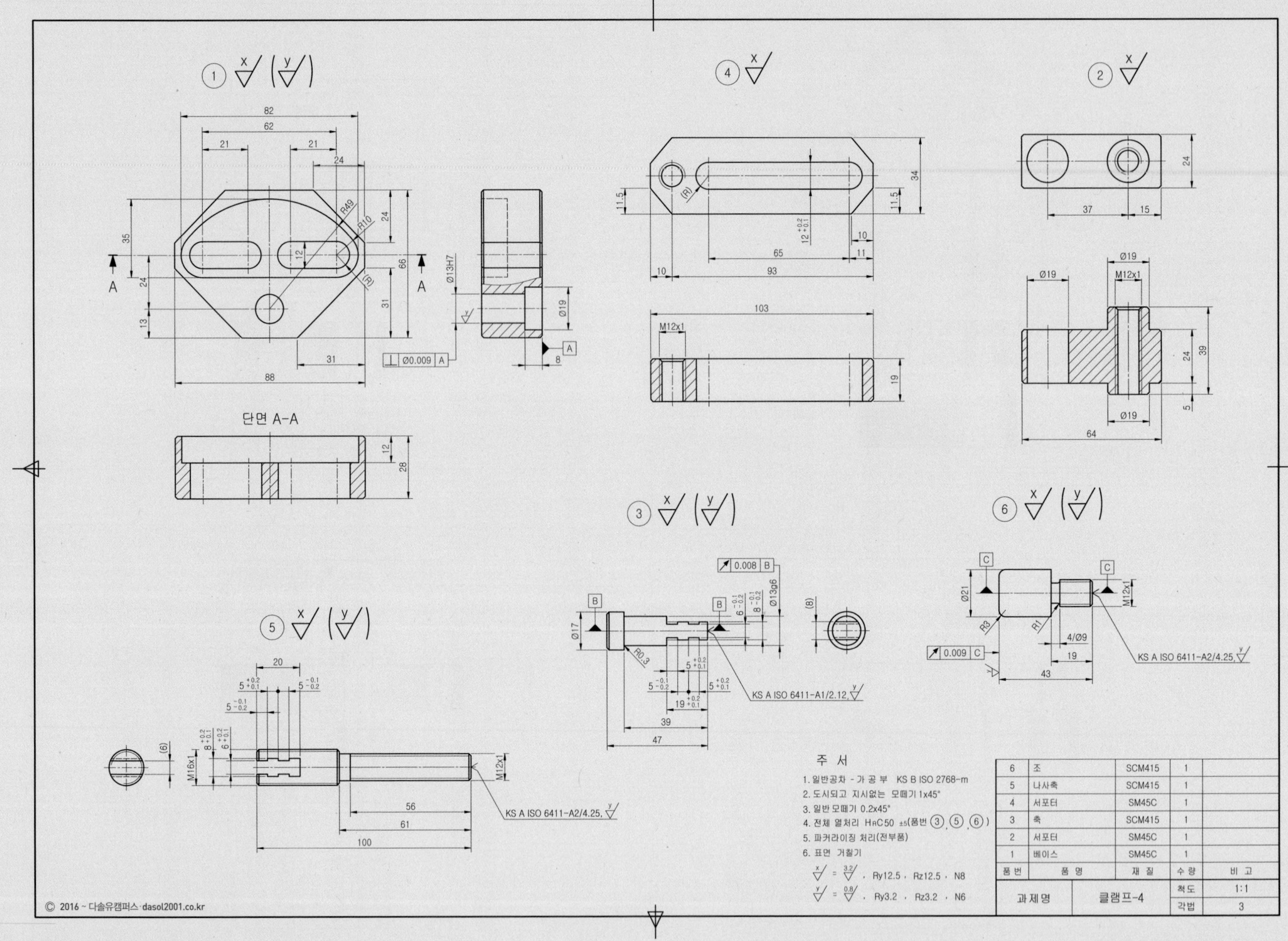


주 서

1. 일반공차 - 가 공 부 KS B ISO 2768-m
2. 도시되고 지시없는 모떼기 1x45°
3. 일반 모떼기 0.2x45°
4. 전체 열처리 HRC50 ±5(품번 ③, ⑤, ⑥)
5. 파커라이징 처리(전부품)
6. 표면 거칠기

x/ = 3.2/ , Ry12.5 , Rz12.5 , N8

y/ = 0.8/ , Ry3.2 , Rz3.2 , N6

| 품번 | 품 명 | 재 질 | 수 량 | 비 고 |
|---|---|---|---|---|
| 6 | 조 | SCM415 | 1 | |
| 5 | 나사축 | SCM415 | 1 | |
| 4 | 서포터 | SM45C | 1 | |
| 3 | 축 | SCM415 | 1 | |
| 2 | 서포터 | SM45C | 1 | |
| 1 | 베이스 | SM45C | 1 | |
| 과제명 | 클램프-4 | | 척도 | 1:1 |
| | | | 각법 | 3 |

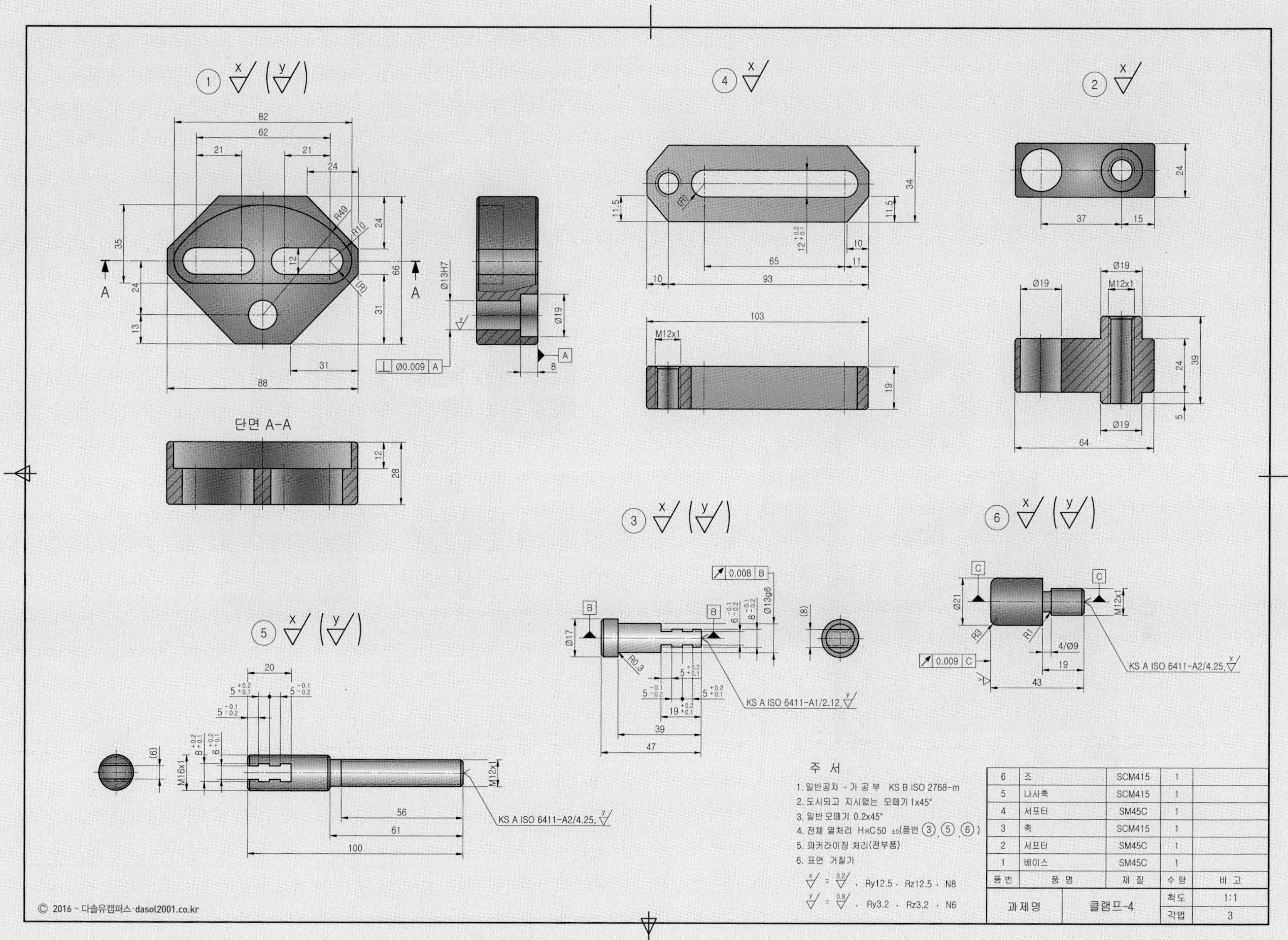


주 서

1. 일반공차 - 가 공 부 KS B ISO 2768-m
2. 도시되고 지시없는 모떼기 1x45°
3. 일반 모떼기 0.2x45°
4. 전체 열처리 HRC50 ±5(품번 ③, ⑤, ⑥)
5. 파커라이징 처리(전부품)
6. 표면 거칠기

x/ = 3.2/ , Ry12.5 , Rz12.5 , N8

y/ = 0.8/ , Ry3.2 , Rz3.2 , N6

| 품 번 | 품 명 | 재 질 | 수 량 | 비 고 |
|---|---|---|---|---|
| 6 | 조 | SCM415 | 1 | |
| 5 | 나사축 | SCM415 | 1 | |
| 4 | 서포터 | SM45C | 1 | |
| 3 | 축 | SCM415 | 1 | |
| 2 | 서포터 | SM45C | 1 | |
| 1 | 베이스 | SM45C | 1 | |
| 과제명 | 클램프-4 | | 척도 | 1:1 |
| | | | 각법 | 3 |

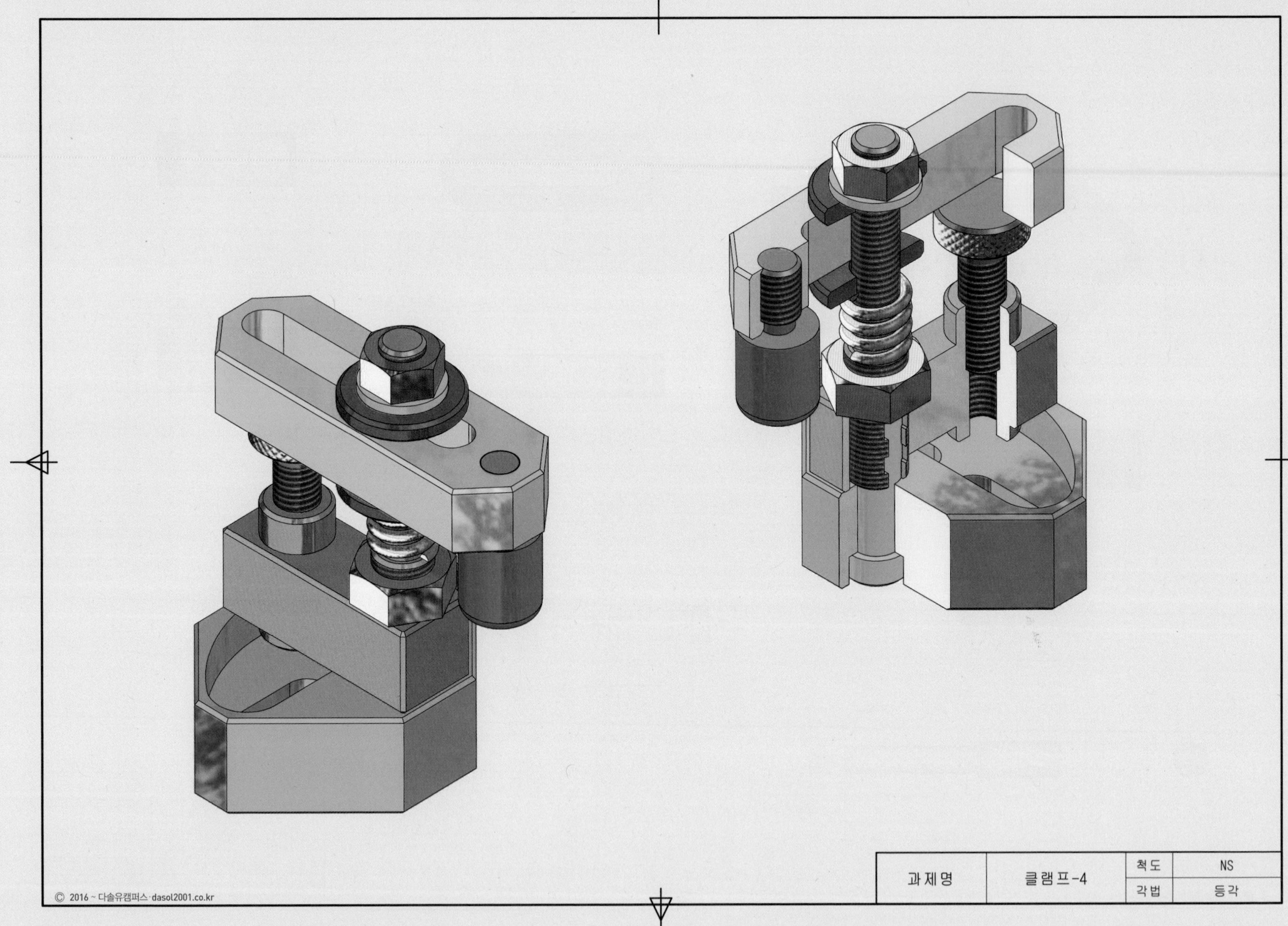

과제명
클램프-4
척도
NS
각법
등각

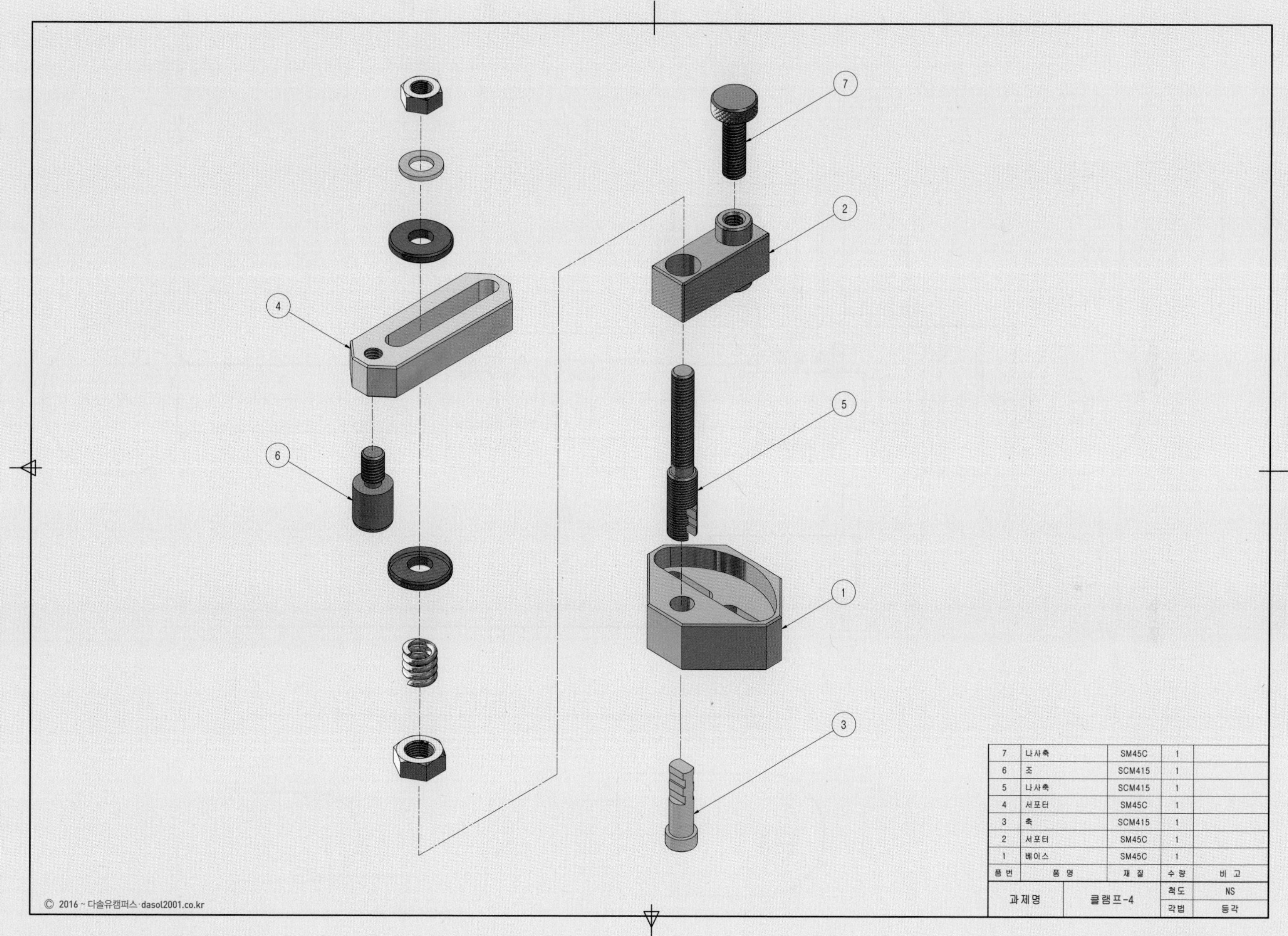


| 7 | 나사축 | SM45C | 1 | |
|---|---|---|---|---|
| 6 | 조 | SCM415 | 1 | |
| 5 | 나사축 | SCM415 | 1 | |
| 4 | 서포터 | SM45C | 1 | |
| 3 | 축 | SCM415 | 1 | |
| 2 | 서포터 | SM45C | 1 | |
| 1 | 베이스 | SM45C | 1 | |
| 품 번 | 품 명 | 재 질 | 수 량 | 비 고 |
| 과 제 명 | 클램프-4 | | 척도 | NS |
| | | | 각법 | 등각 |

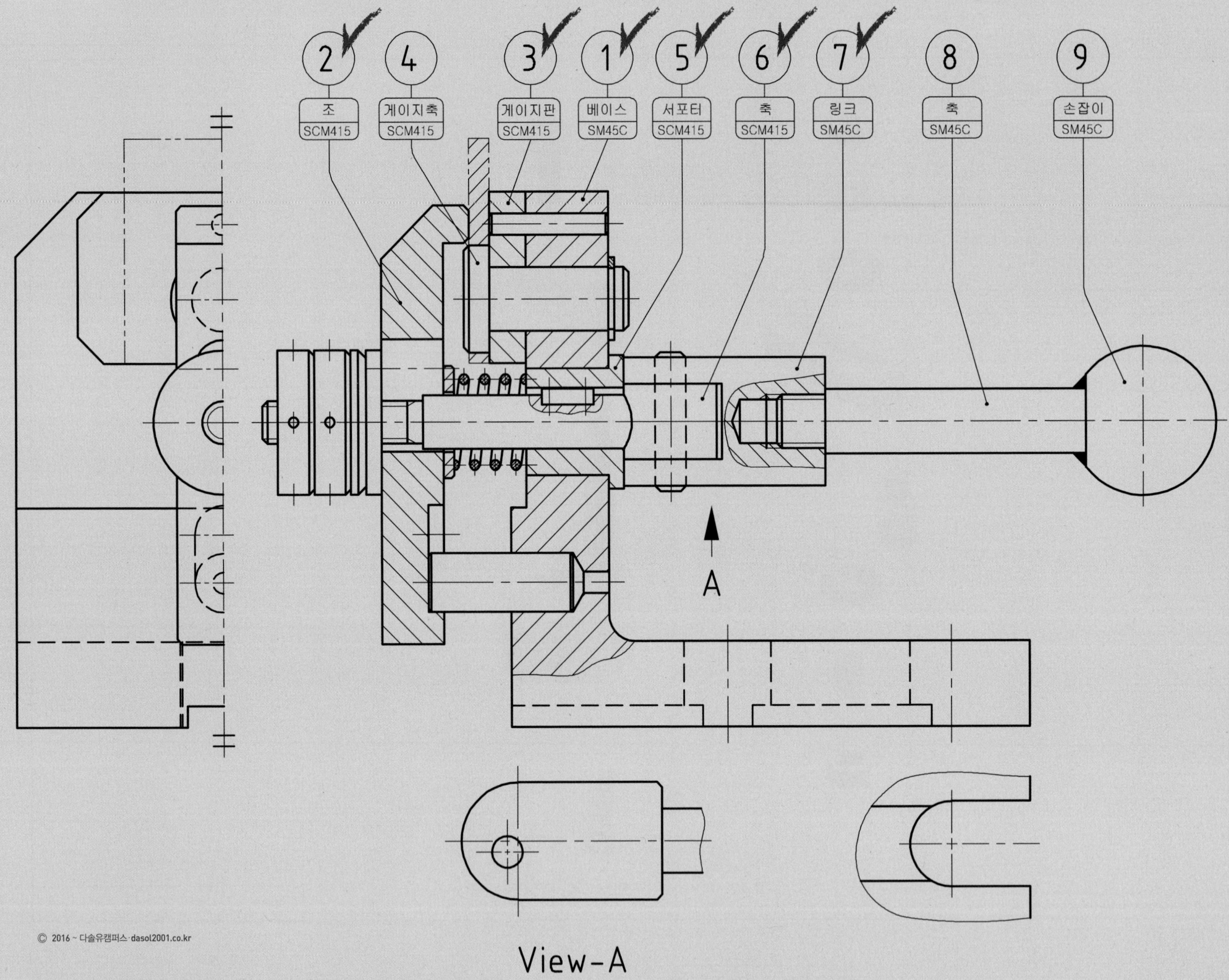
2
조
SCM415
4
게이지축
SCM415
3
게이지판
SCM415
1
베이스
SM45C
5
서포터
SCM415
6
축
SCM415
7
링크
SM45C
8
축
SM45C
9
손잡이
SM45C
A
View-A

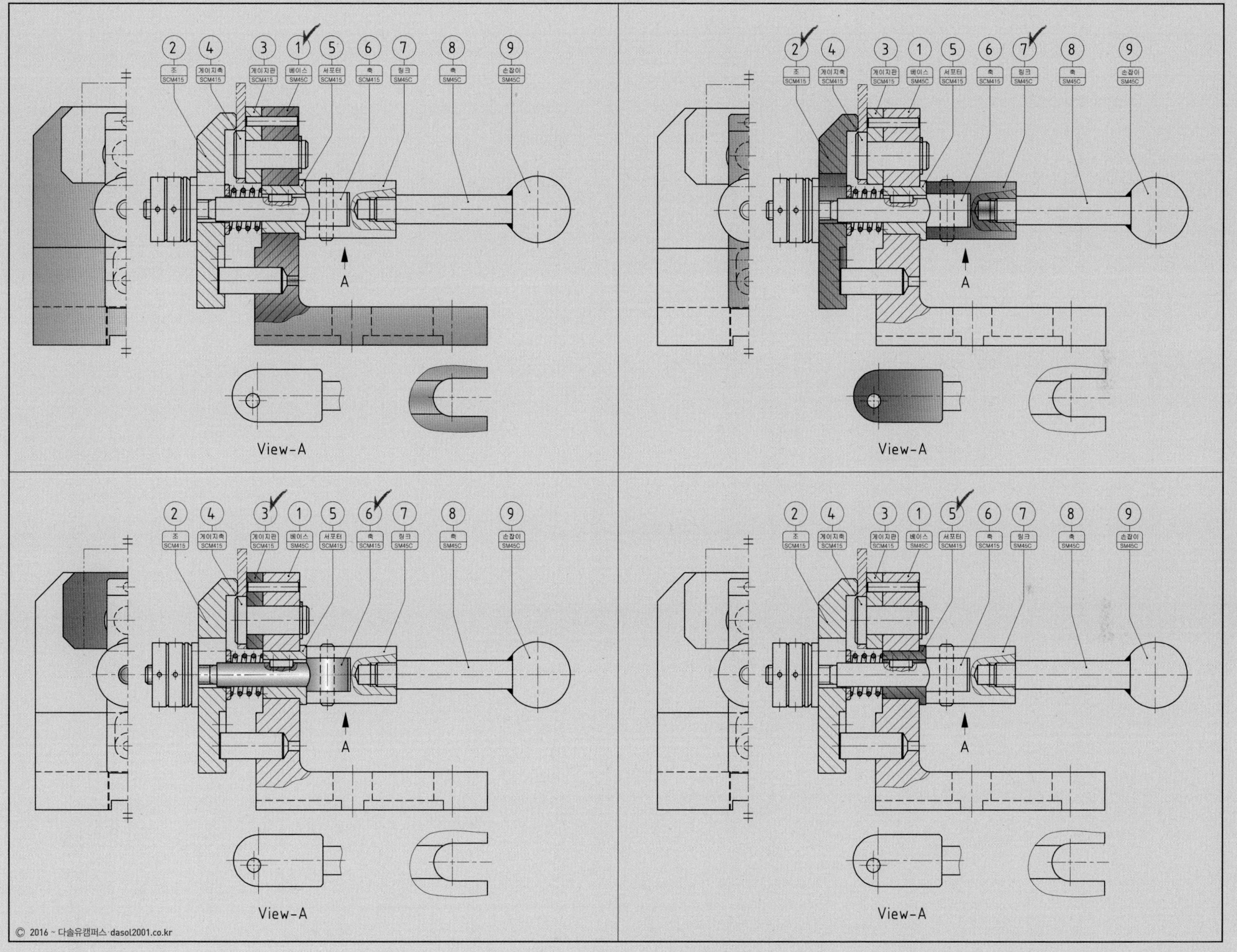
2
조
SCM415
4
게이지축
SCM415
3
게이지판
SCM415
1
베이스
SM45C
5
서포터
SCM415
6
축
SCM415
7
링크
SM45C
8
축
SM45C
9
손잡이
SM45C
A
View-A

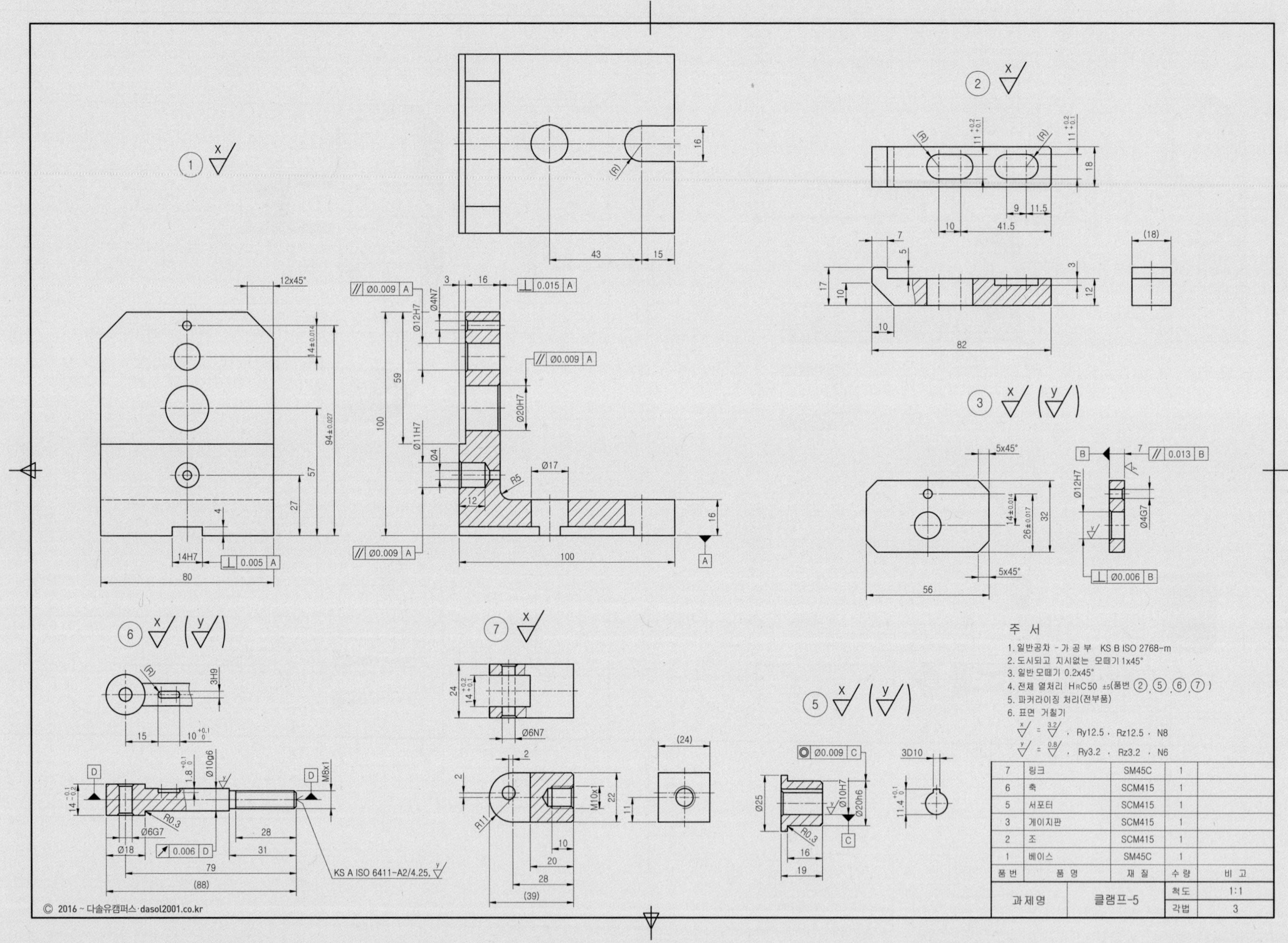
주 서
1. 일반공차 - 가 공 부 KS B ISO 2768-m
2. 도시되고 지시없는 모떼기 1x45°
3. 일반 모떼기 0.2x45°
4. 전체 열처리 HRC50 ±5(품번 ②,⑤,⑥,⑦)
5. 파커라이징 처리(전부품)
6. 표면 거칠기
x = 3.2 , Ry12.5 , Rz12.5 , N8
y = 0.8 , Ry3.2 , Rz3.2 , N6
7 링크 SM45C 1
6 축 SCM415 1
5 서포터 SCM415 1
3 게이지판 SCM415 1
2 조 SCM415 1
1 베이스 SM45C 1
품번 품명 재질 수량 비고
과제명 클램프-5 척도 1:1 각법 3
KS A ISO 6411-A2/4.25
© 2016 ~ 다솔유캠퍼스 · dasol2001.co.kr

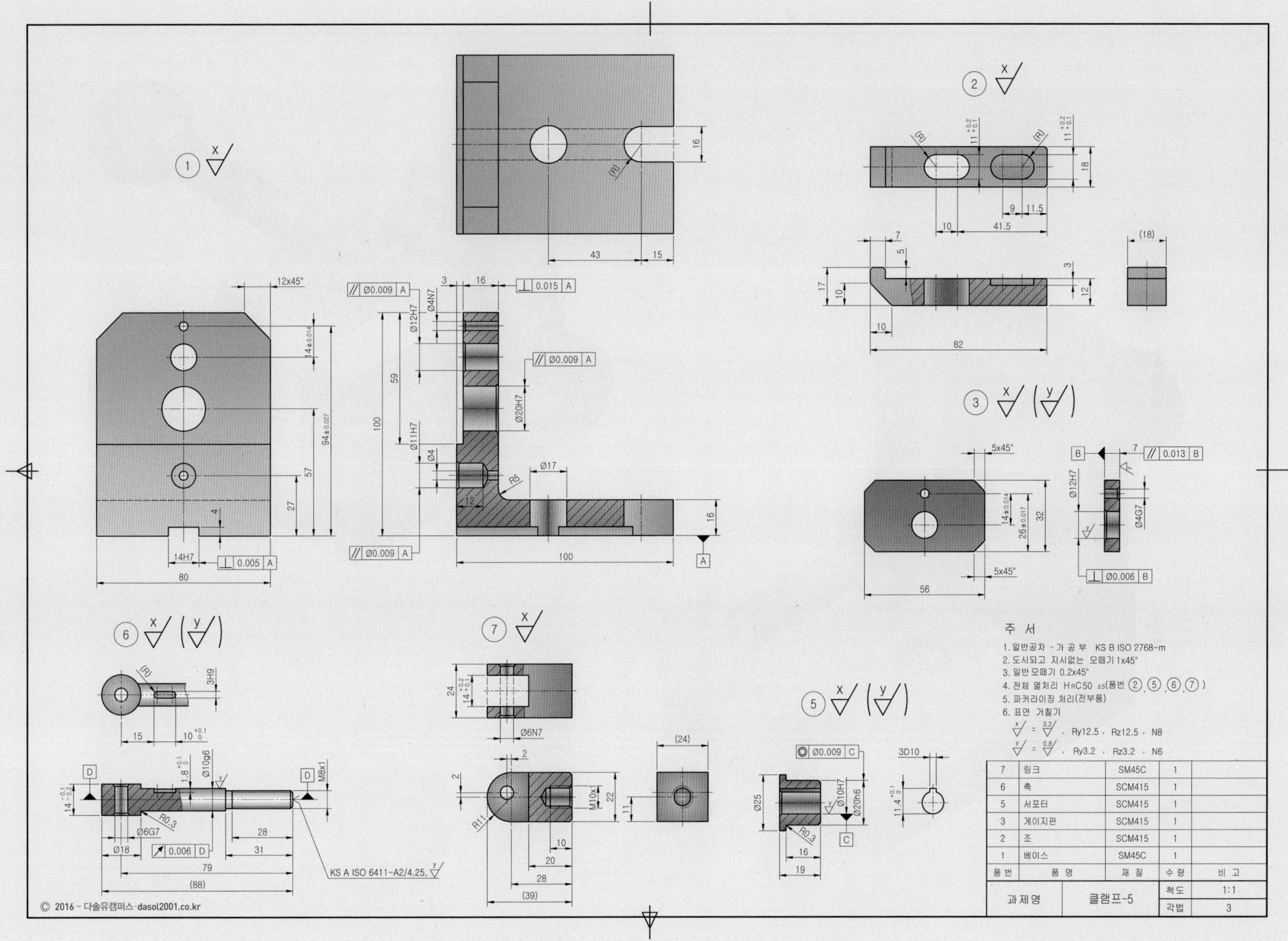
주 서
1. 일반공차 - 가 공 부 KS B ISO 2768-m
2. 도시되고 지시없는 모떼기 1x45°
3. 일반 모떼기 0.2x45°
4. 전체 열처리 HRC50 ±5(품번 ②, ⑤, ⑥, ⑦)
5. 파커라이징 처리(전부품)
6. 표면 거칠기
x = 3.2, Ry12.5, Rz12.5, N8
y = 0.8, Ry3.2, Rz3.2, N6
7 링크 SM45C 1
6 축 SCM415 1
5 서포터 SCM415 1
3 게이지판 SCM415 1
2 조 SCM415 1
1 베이스 SM45C 1
품 번 품 명 재 질 수 량 비 고
과제명 클램프-5 척도 1:1 각법 3
KS A ISO 6411-A2/4.25

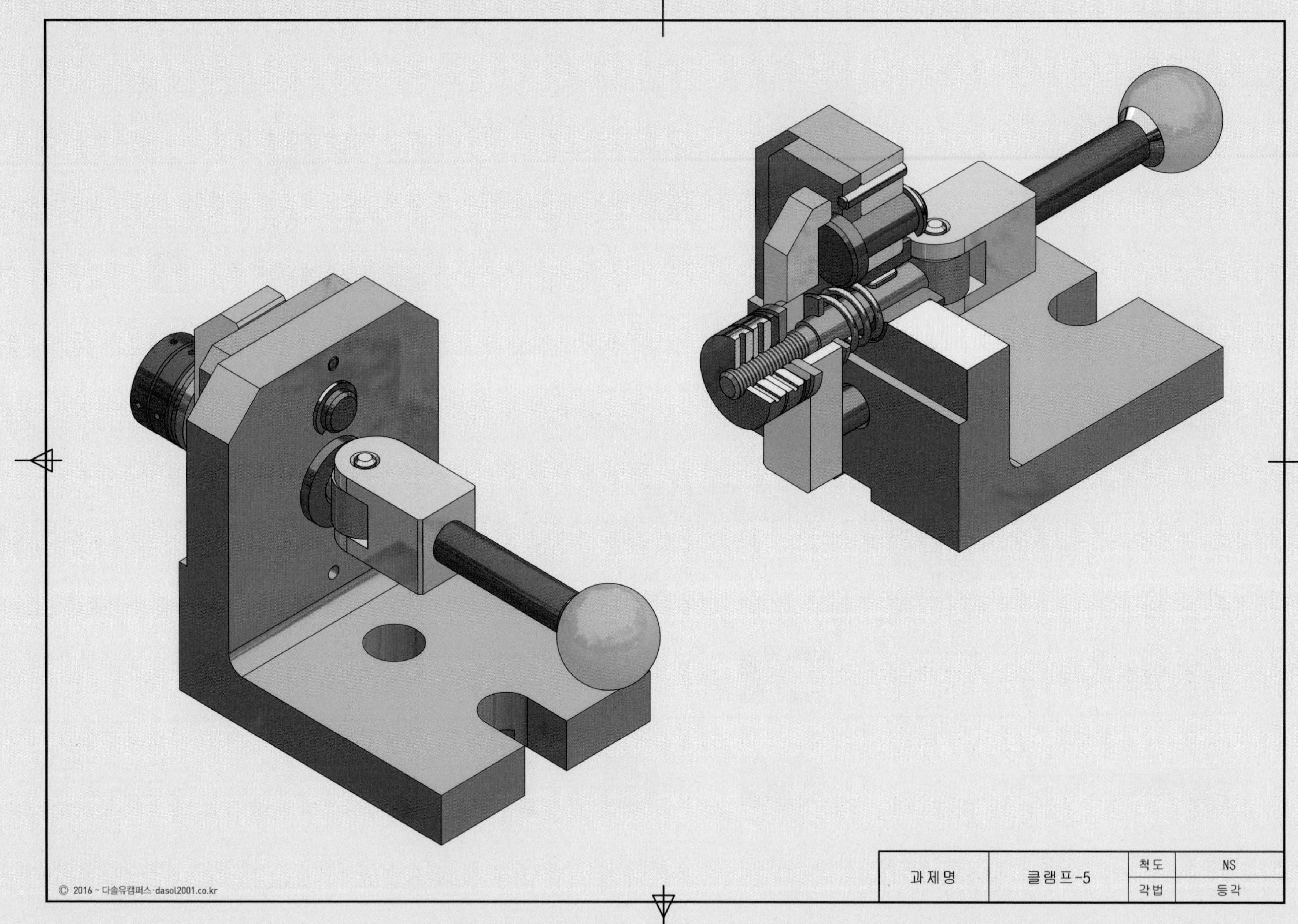
과제명
클램프-5
척도
NS
각법
등각

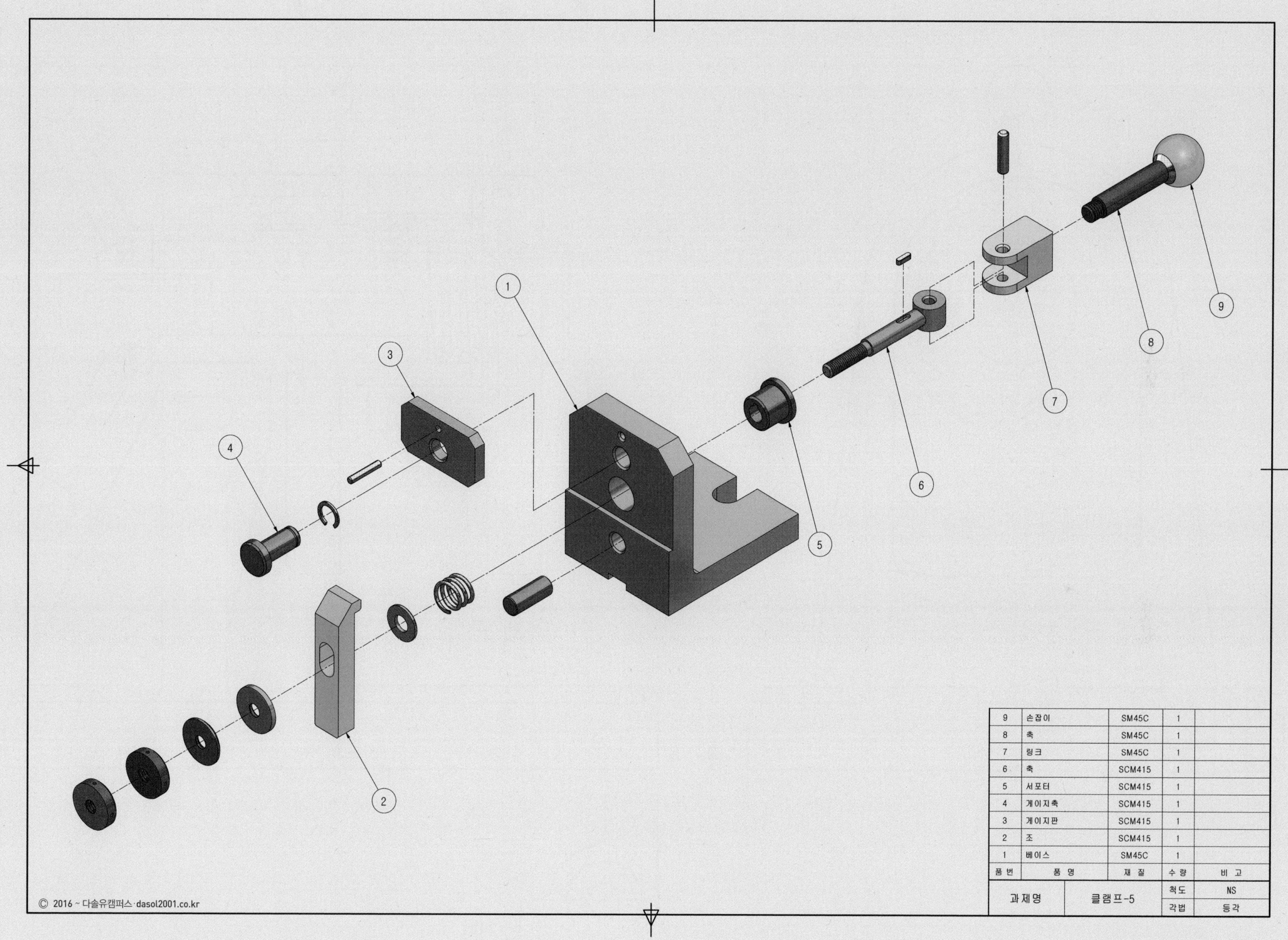


| 9 | 손잡이 | SM45C | 1 | |
|---|---|---|---|---|
| 8 | 축 | SM45C | 1 | |
| 7 | 링크 | SM45C | 1 | |
| 6 | 축 | SCM415 | 1 | |
| 5 | 서포터 | SCM415 | 1 | |
| 4 | 게이지축 | SCM415 | 1 | |
| 3 | 게이지판 | SCM415 | 1 | |
| 2 | 조 | SCM415 | 1 | |
| 1 | 베이스 | SM45C | 1 | |
| 품번 | 품명 | 재질 | 수량 | 비고 |

| 과제명 | 클램프-5 | 척도 | NS |
|---|---|---|---|
| | | 각법 | 등각 |

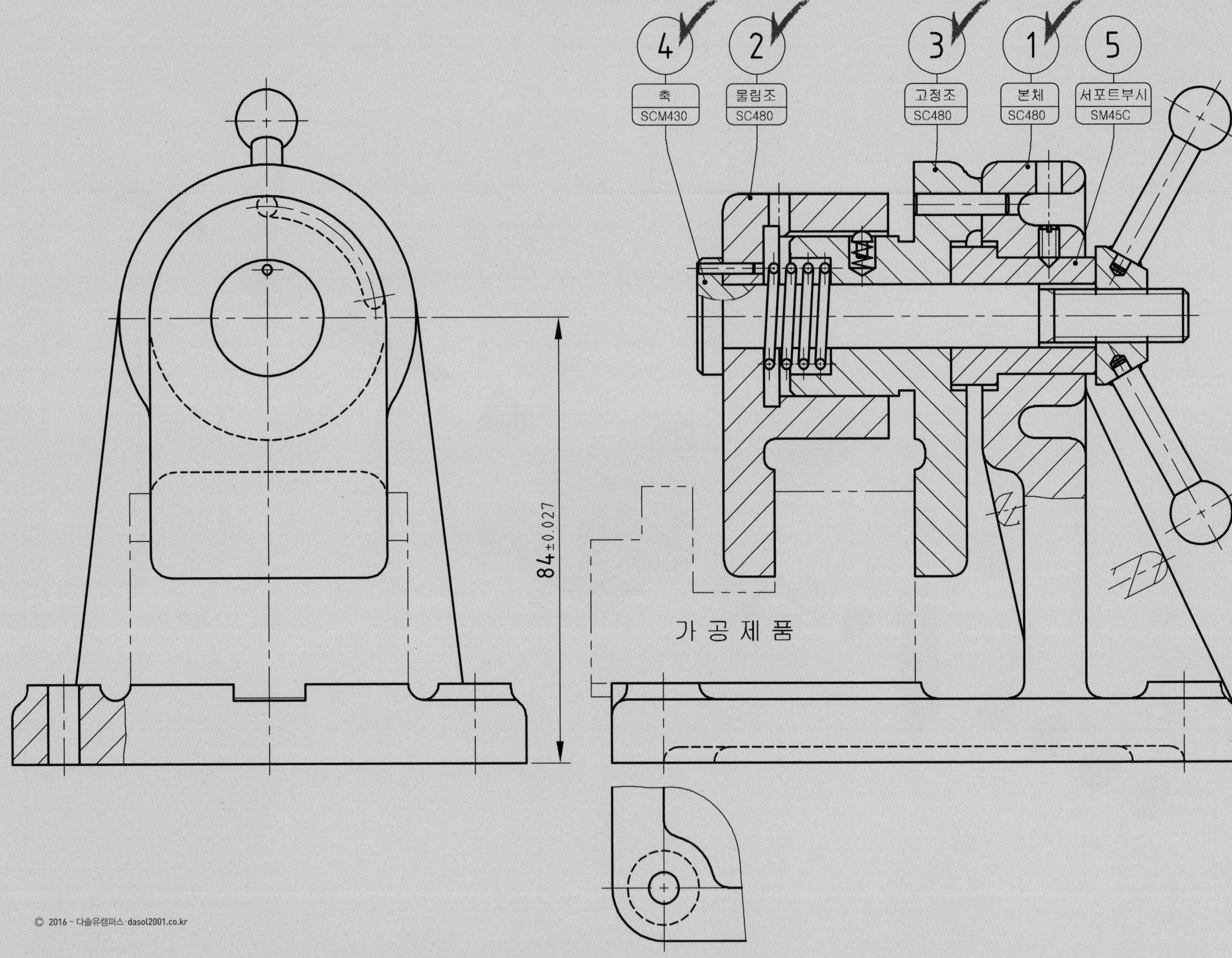
4
축
SCM430
2
울림조
SC480
3
고정조
SC480
1
본체
SC480
5
서포트부시
SM45C
84±0.027
가 공 제 품

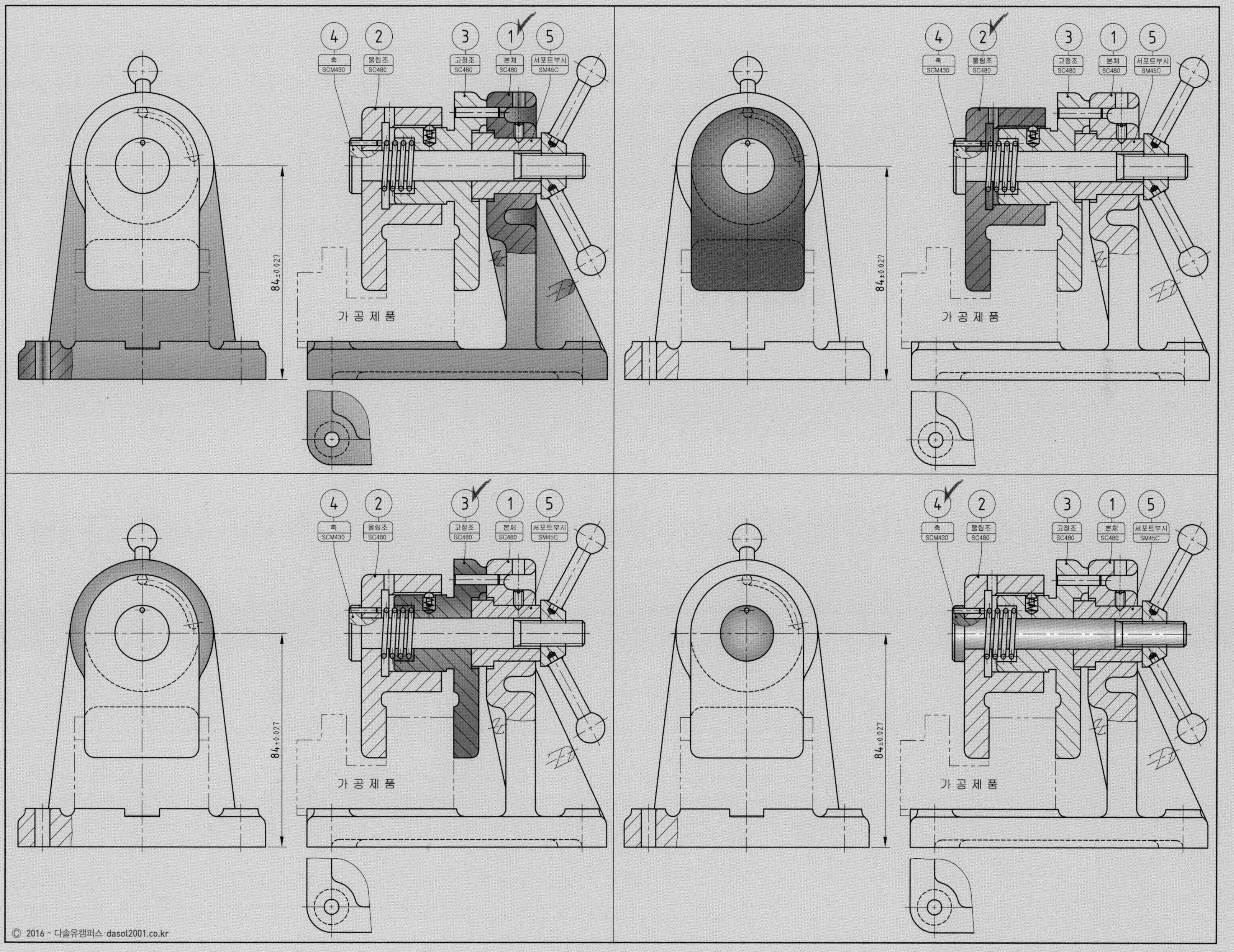
4
2
3
1
5
축
SCM430
몸림조
SC480
고정조
SC480
본체
SC480
서포트부시
SM45C
84±0.027
가 공 제 품

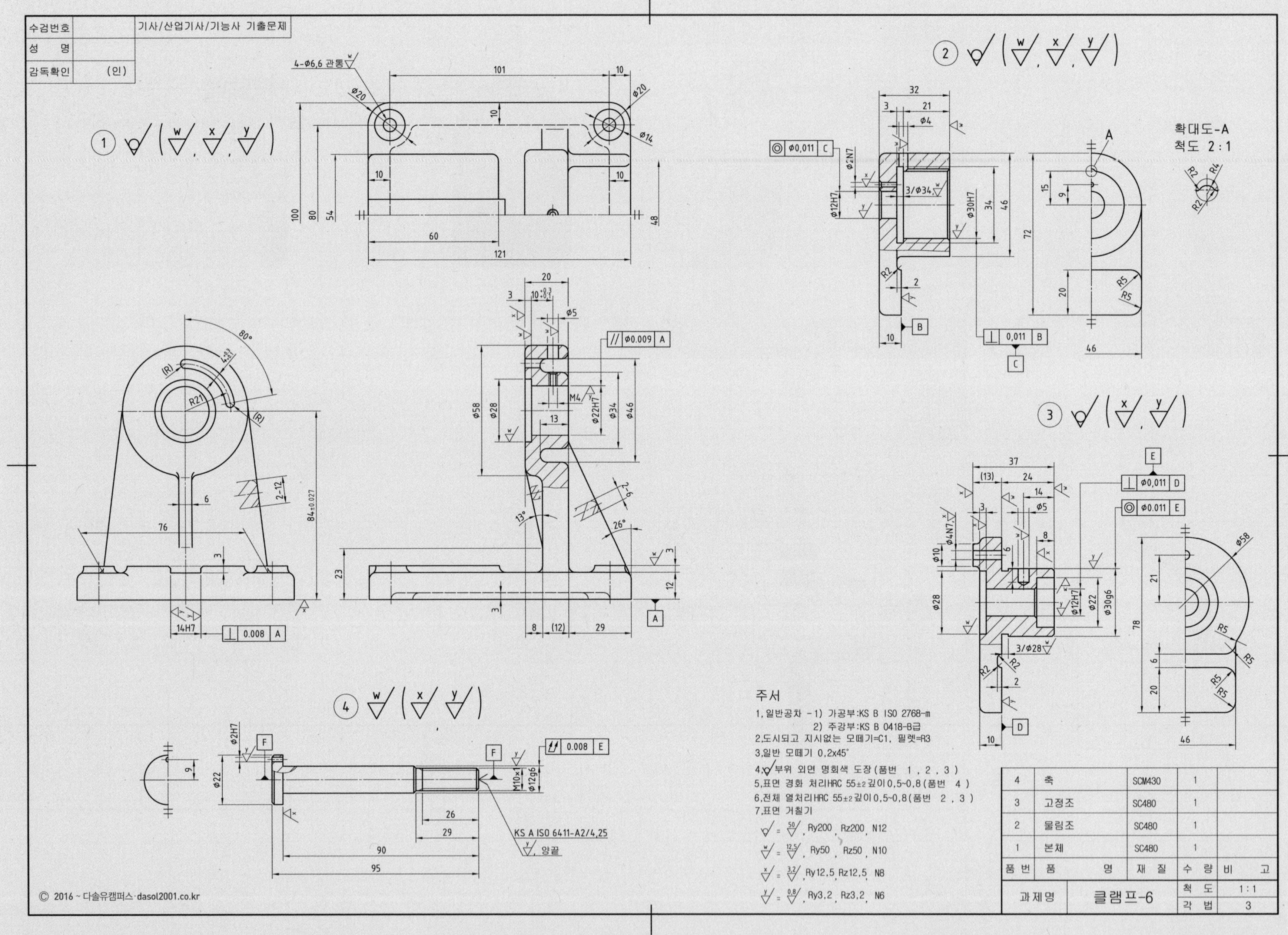

수검번호
성 명
감독확인 (인)
기사/산업기사/기능사 기출문제
확대도-A
척도 2:1
주서
1.일반공차 -1) 가공부:KS B ISO 2768-m
2) 주강부:KS B 0418-B급
2.도시되고 지시없는 모떼기=C1, 필렛=R3
3.일반 모떼기 0.2x45°
4.부위 외면 명회색 도장(품번 1, 2, 3)
5.표면 경화 처리HRC 55±2깊이0.5~0.8(품번 4)
6.전체 열처리HRC 55±2깊이0.5~0.8(품번 2, 3)
7.표면 거칠기
4 축 SCM430 1
3 고정조 SC480 1
2 물림조 SC480 1
1 본체 SC480 1
품번 품명 재질 수량 비고
과제명 클램프-6
척도 1:1
각법 3
© 2016 ~ 다솔유캠퍼스·dasol2001.co.kr

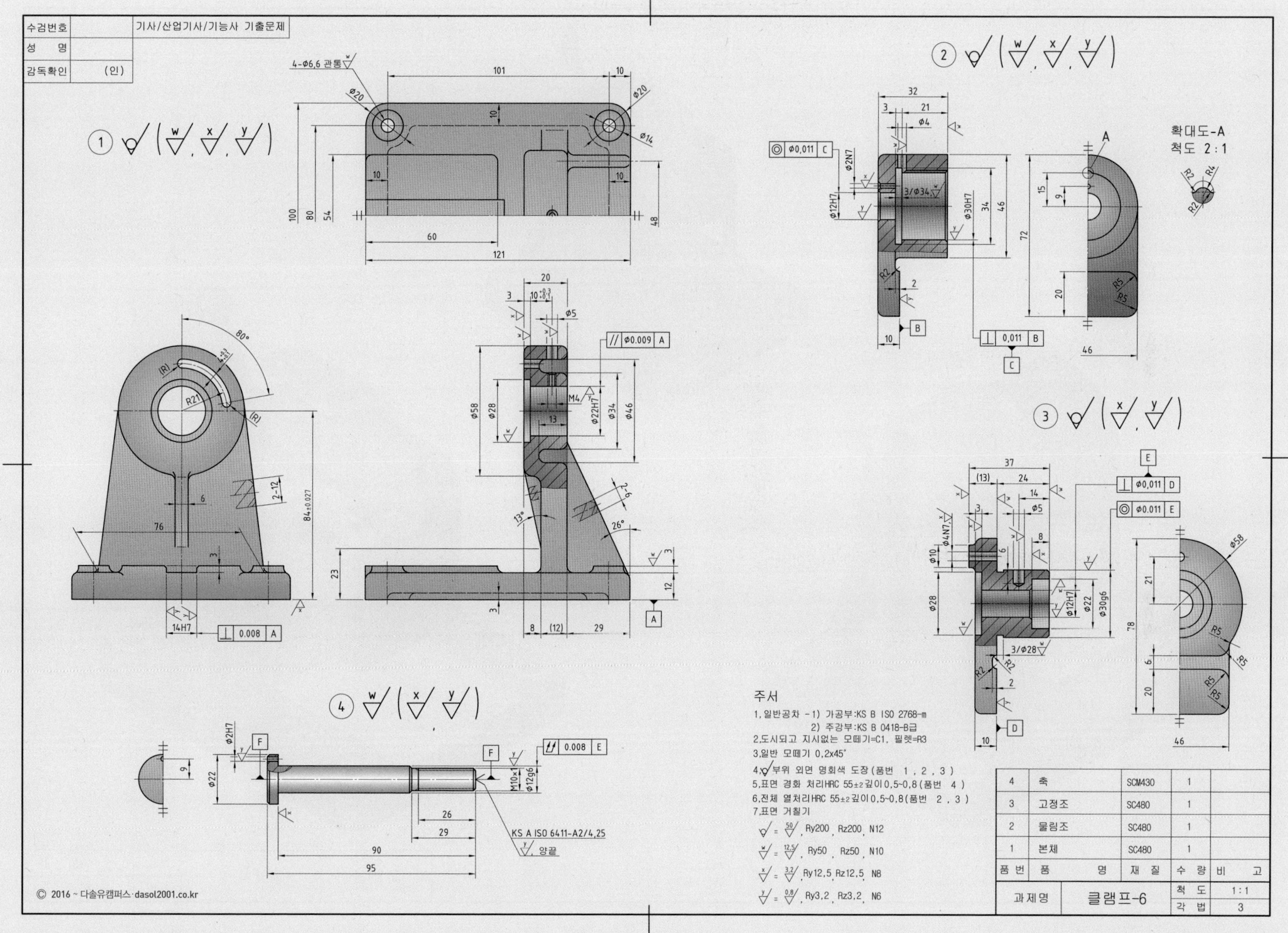


| 4 | 축 | SCM430 | 1 | |
|---|---|---|---|---|
| 3 | 고정조 | SC480 | 1 | |
| 2 | 물림조 | SC480 | 1 | |
| 1 | 본체 | SC480 | 1 | |
| 품 번 | 품 명 | 재 질 | 수 량 | 비 고 |

| 과제명 | 클램프-6 | 척 도 | 1:1 |
|---|---|---|---|
| | | 각 법 | 3 |

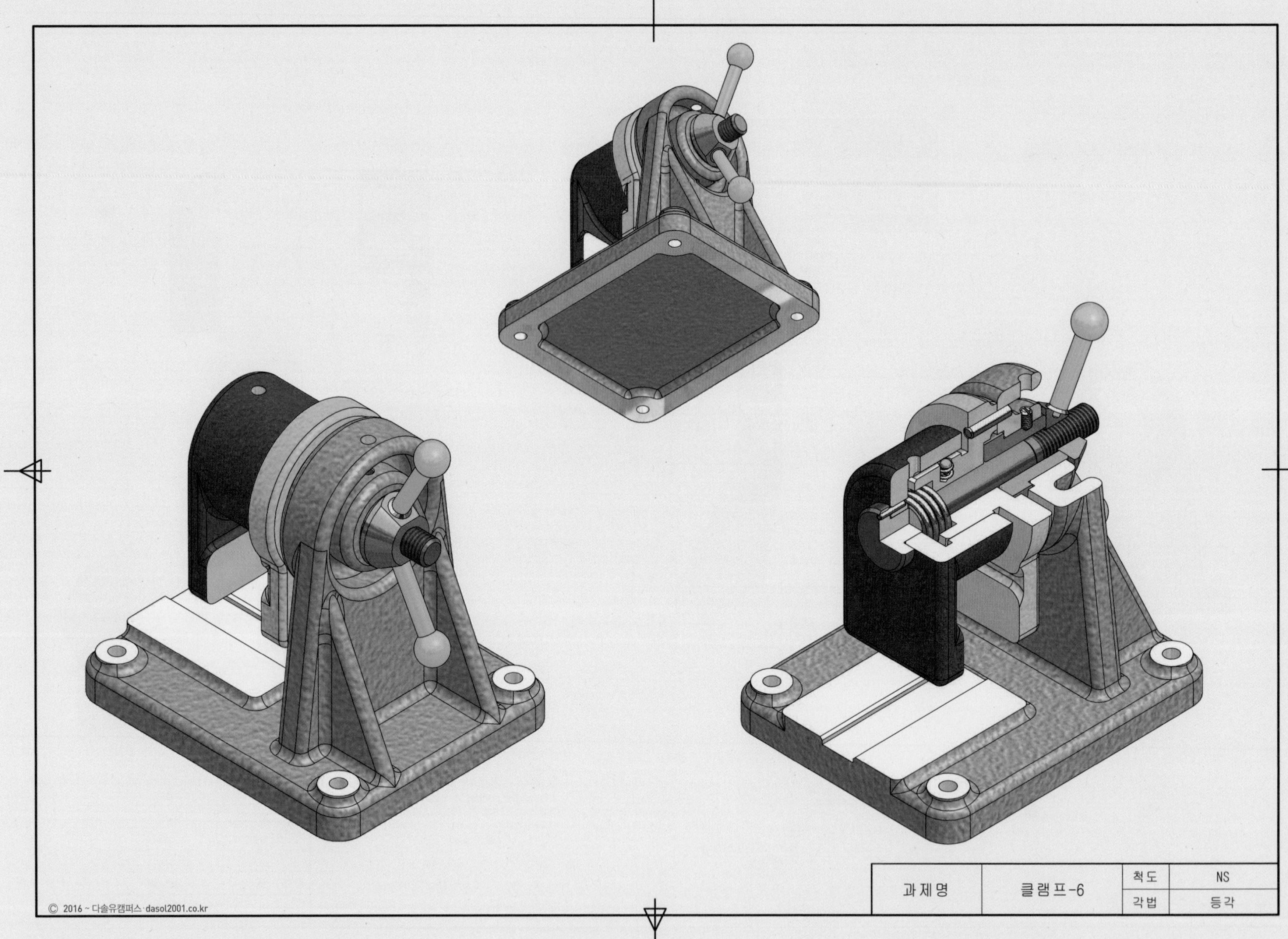

과제명
클램프-6
척도
NS
각법
등각
© 2016 ~ 다솔유캠퍼스·dasol2001.co.kr

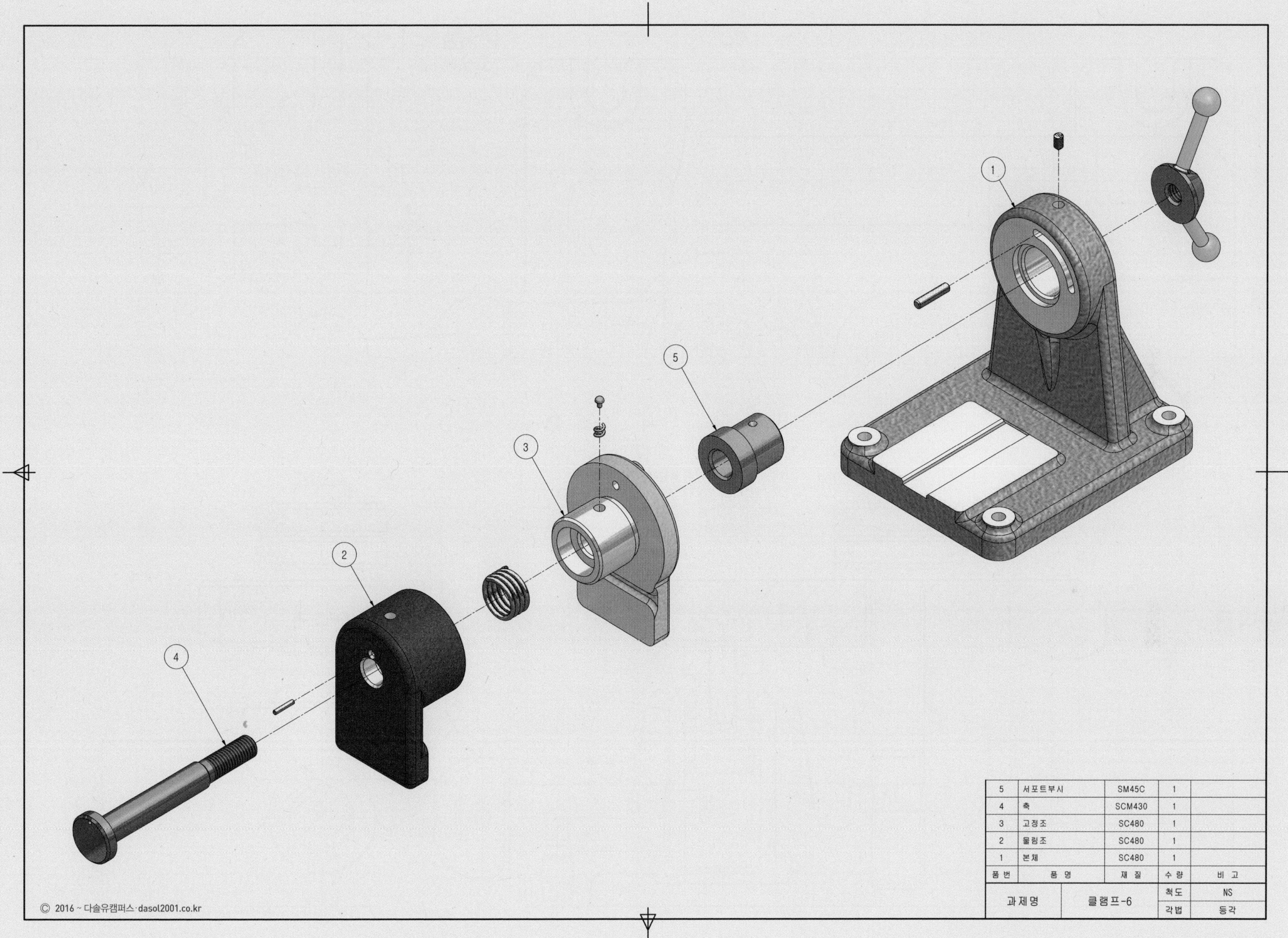


| 5 | 서포트부시 | SM45C | 1 | |
|---|---|---|---|---|
| 4 | 축 | SCM430 | 1 | |
| 3 | 고정조 | SC480 | 1 | |
| 2 | 물림조 | SC480 | 1 | |
| 1 | 본체 | SC480 | 1 | |
| 품 번 | 품 명 | 재 질 | 수 량 | 비 고 |
| 과제명 | 클램프-6 | | 척도 | NS |
| | | | 각법 | 등각 |

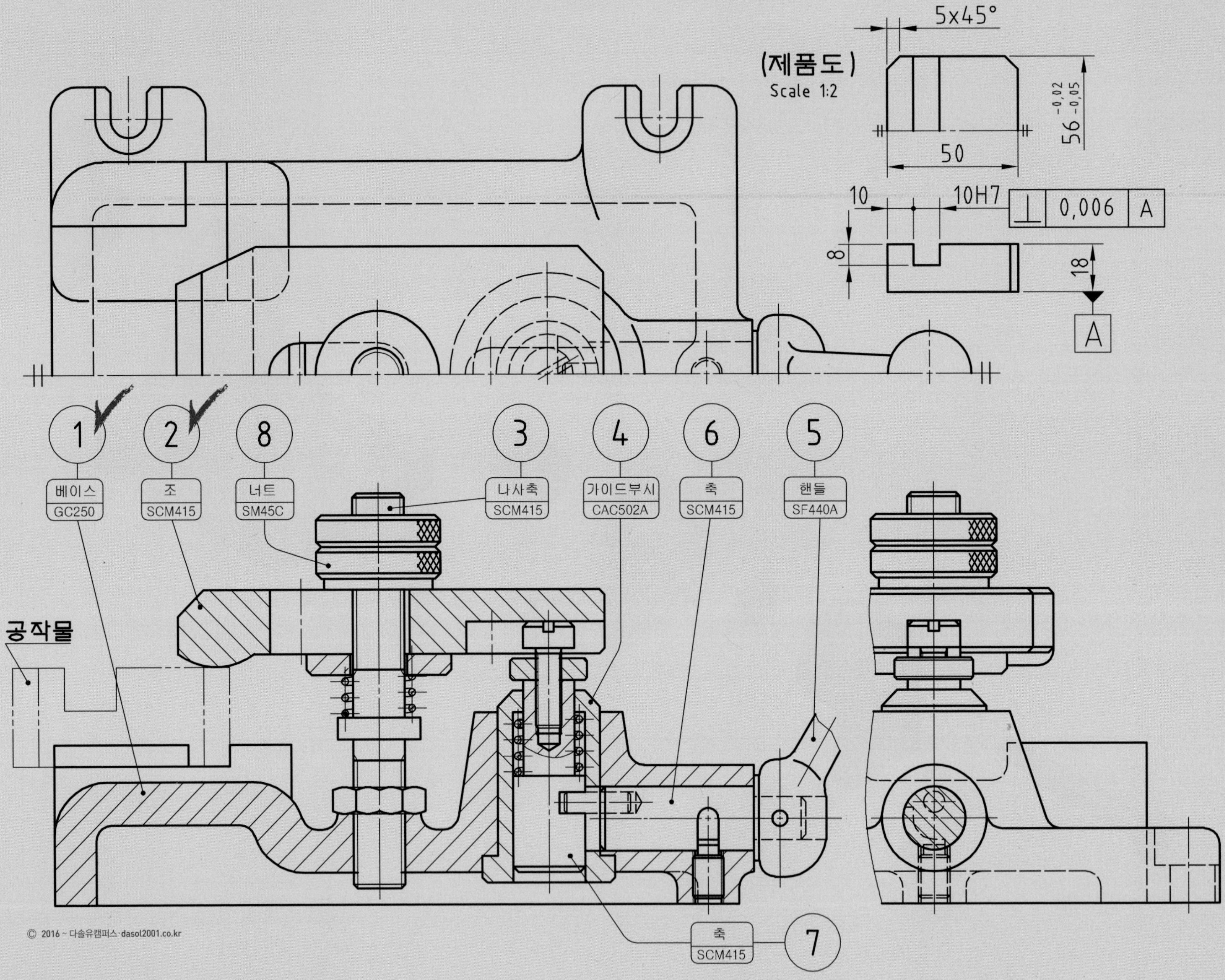
(제품도)
Scale 1:2
5x45°
50
56 -0,02 -0,05
10
10H7
⊥ 0,006 A
8
18
A
1 베이스 GC250
2 조 SCM415
8 너트 SM45C
3 나사축 SCM415
4 가이드부시 CAC502A
6 축 SCM415
5 핸들 SF440A
7 축 SCM415
공작물

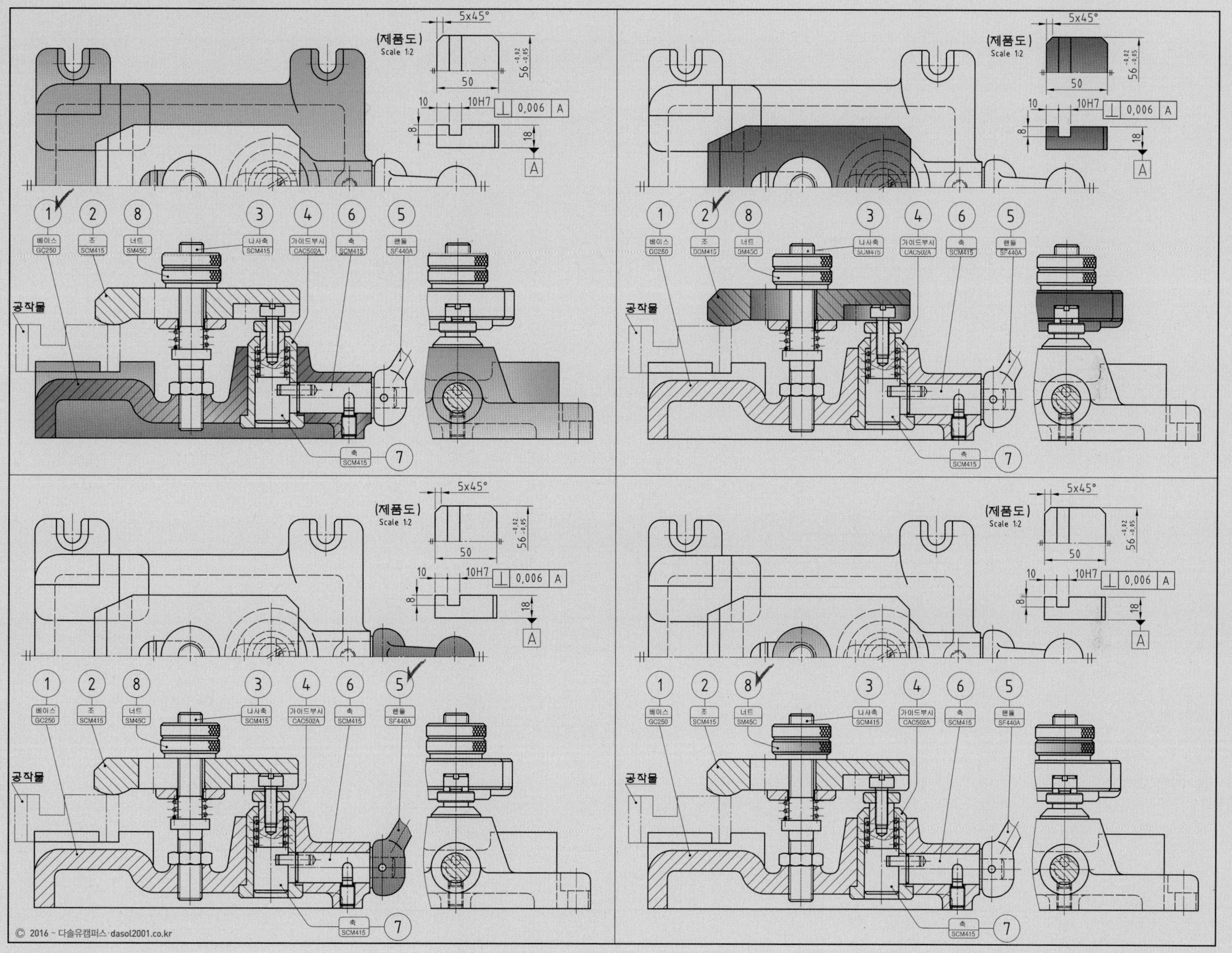
(제품도)
Scale 1:2
5x45°
50
10
10H7
0,006
A
8
18
1
2
8
3
4
6
5
7
베이스 GC250
조 SCM415
너트 SM45C
나사축 SCM415
가이드부시 CAC502A
축 SCM415
핸들 SF440A
축 SCM415
공작물

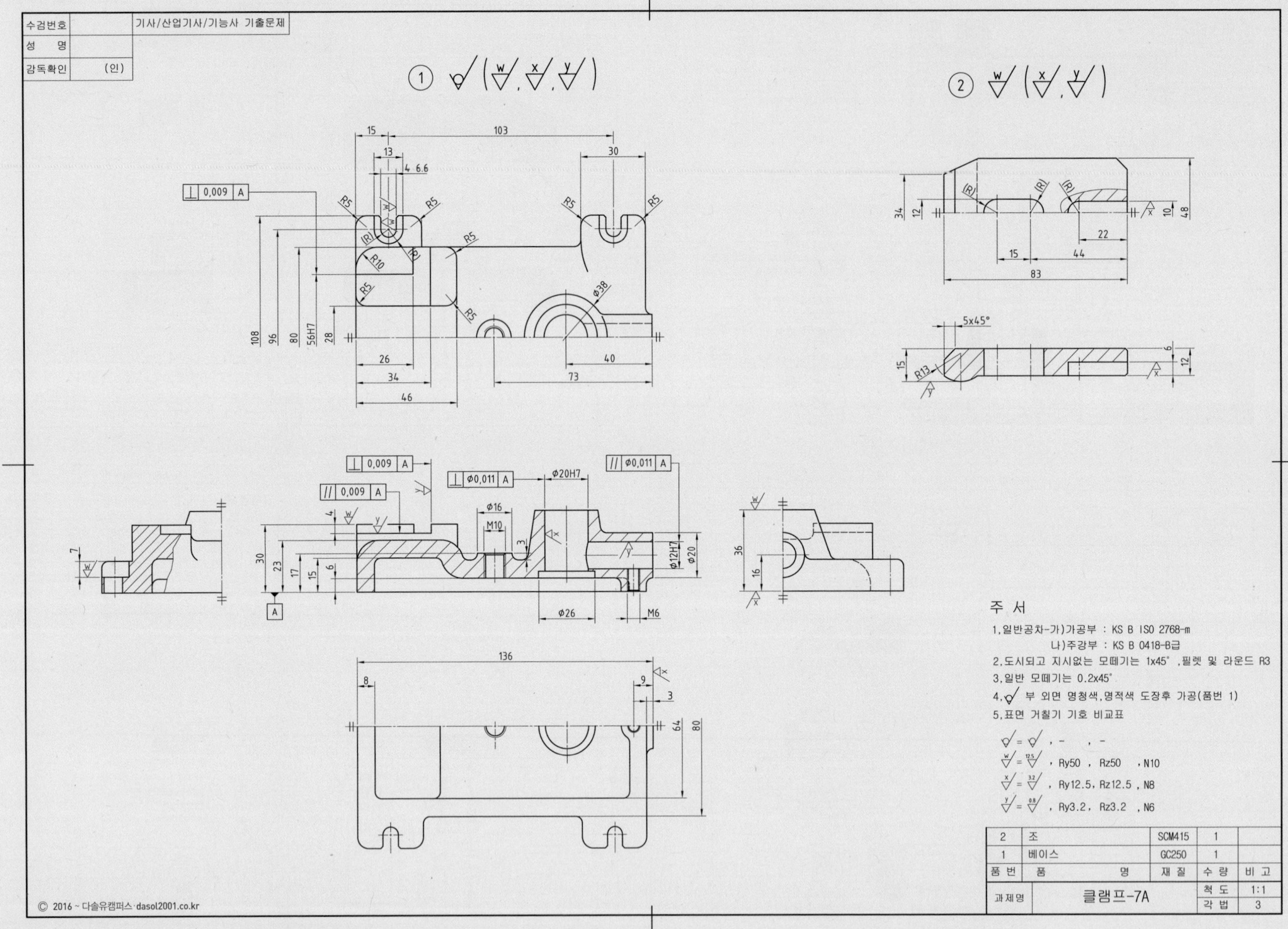

수검번호
성 명
감독확인 (인)
기사/산업기사/기능사 기출문제
주 서
1.일반공차-가)가공부 : KS B ISO 2768-m
나)주강부 : KS B 0418-B급
2.도시되고 지시없는 모떼기는 1x45° ,필렛 및 라운드 R3
3.일반 모떼기는 0.2x45°
4. 부 외면 명청색,명적색 도장후 가공(품번 1)
5.표면 거칠기 기호 비교표
, Ry50 , Rz50 , N10
, Ry12.5, Rz12.5 , N8
, Ry3.2, Rz3.2 , N6
2 조 SCM415 1
1 베이스 GC250 1
품번 품 명 재 질 수 량 비 고
과제명 클램프-7A
척 도 1:1
각 법 3

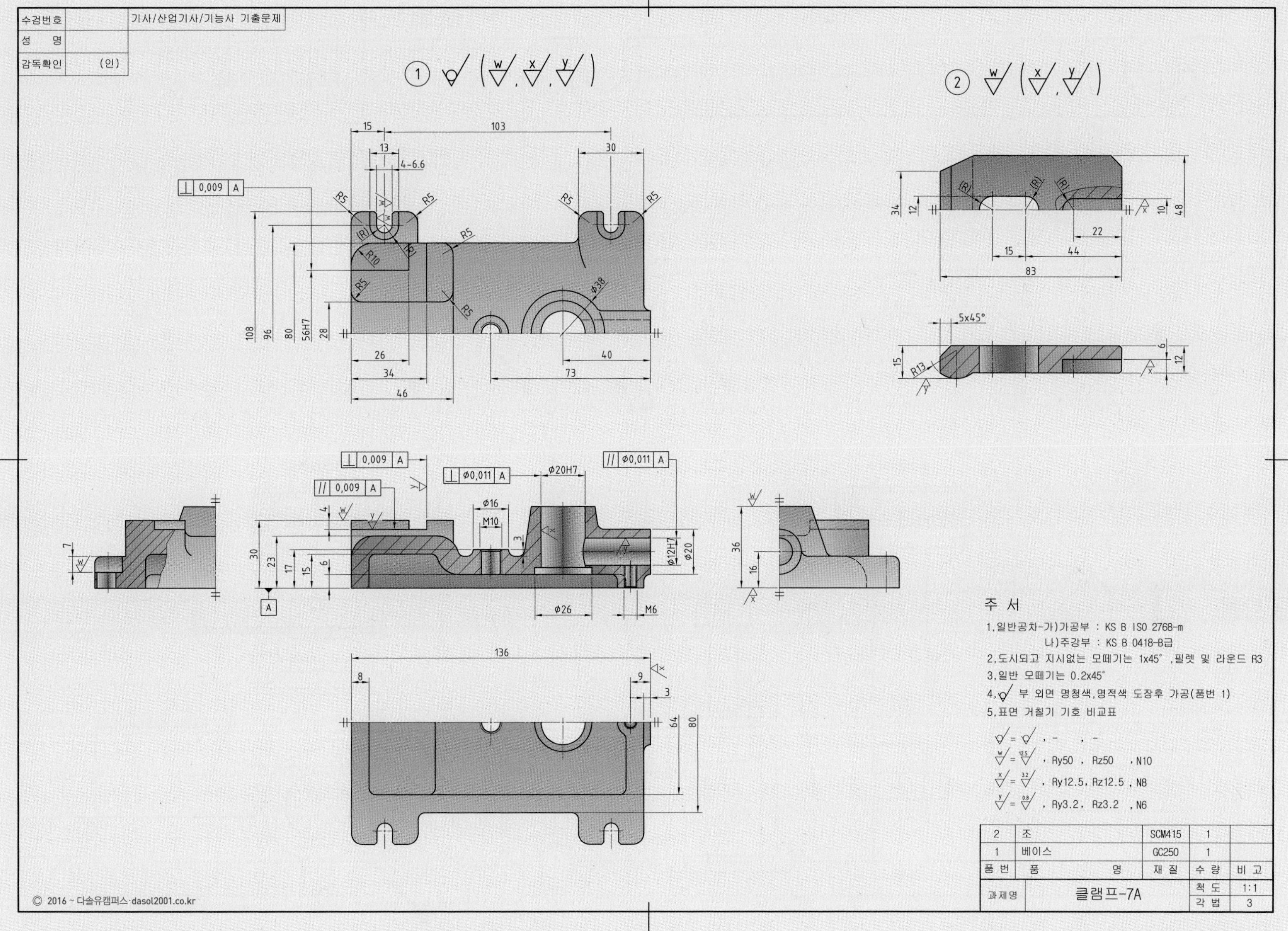

수검번호
성 명
감독확인 (인)
기사/산업기사/기능사 기출문제
주 서
1.일반공차-가)가공부 : KS B ISO 2768-m
나)주강부 : KS B 0418-B급
2.도시되고 지시없는 모떼기는 1x45°, 필렛 및 라운드 R3
3.일반 모떼기는 0.2x45°
4. 부 외면 명청색,명적색 도장후 가공(품번 1)
5.표면 거칠기 기호 비교표
, Ry50 , Rz50 , N10
, Ry12.5, Rz12.5 , N8
, Ry3.2, Rz3.2 , N6
2 조 SCM415 1
1 베이스 GC250 1
품번 품명 재질 수량 비고
과제명 클램프-7A 척도 1:1 각법 3

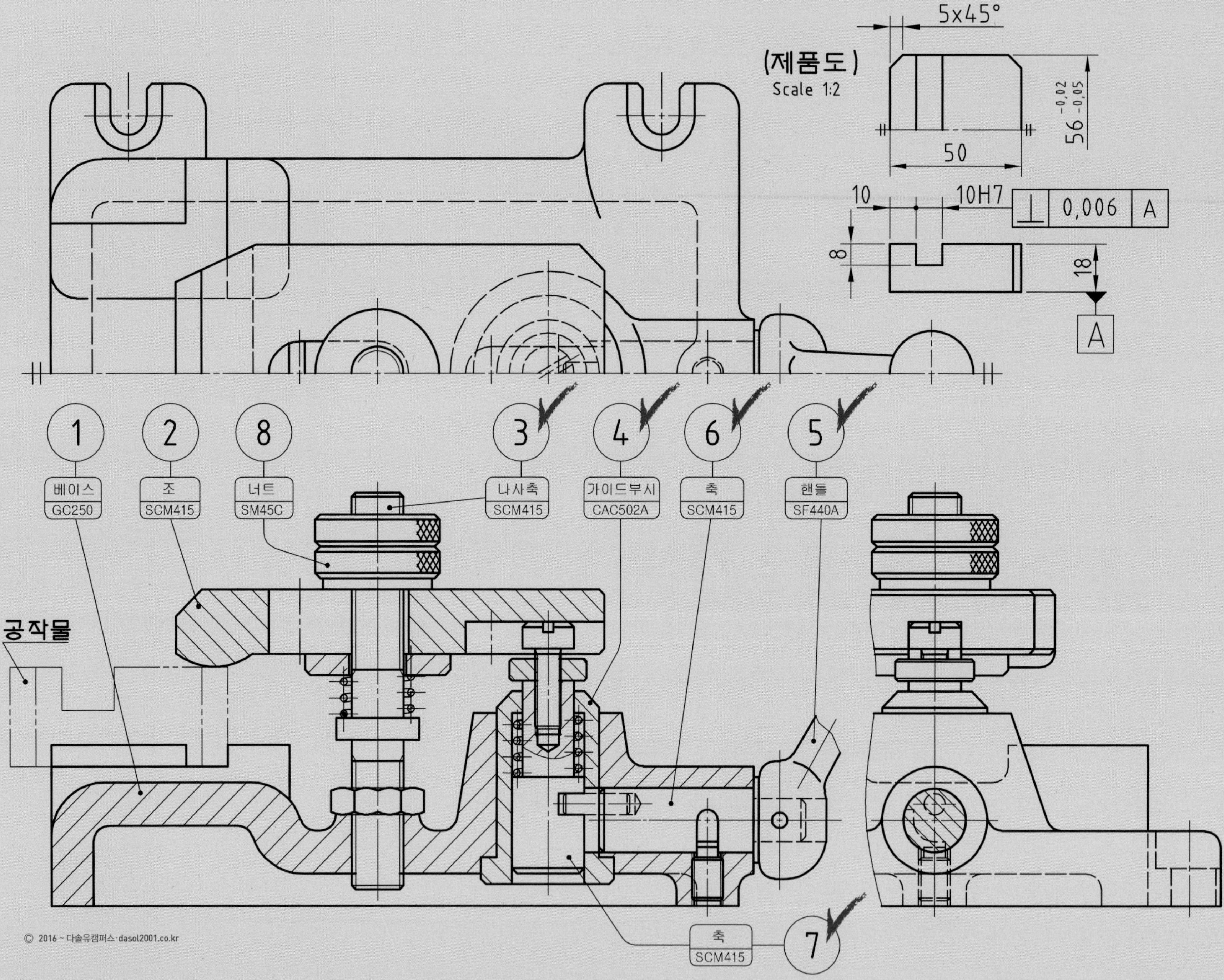
5x45°
(제품도)
Scale 1:2
$56^{-0.02}_{-0.05}$
50
10
10H7
0,006
A
8
18
A
1
베이스
GC250
2
조
SCM415
8
너트
SM45C
3
나사축
SCM415
4
가이드부시
CAC502A
6
축
SCM415
5
핸들
SF440A
공작물
축
SCM415
7

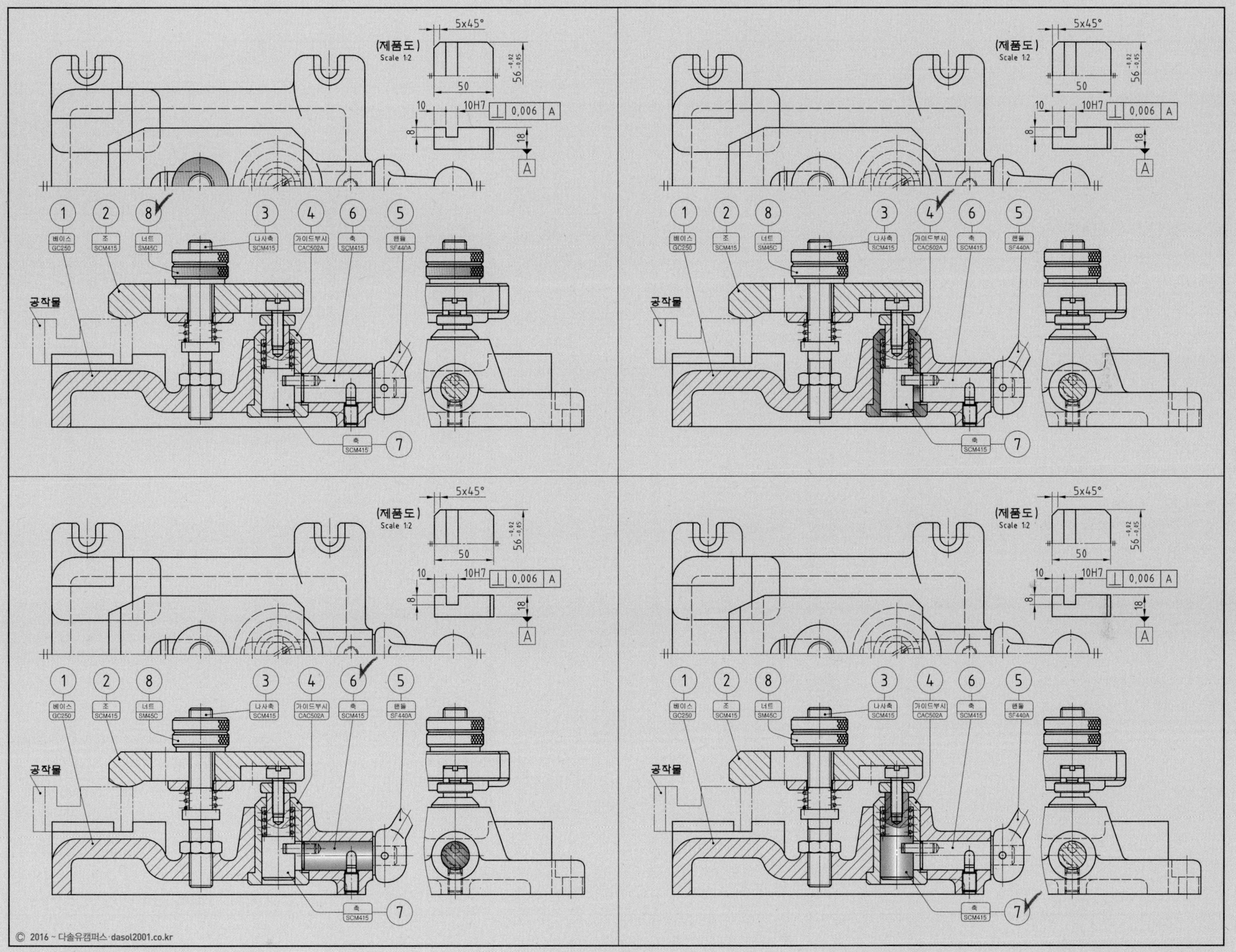
(제품도)
Scale 1:2
5x45°
50
56 -0.02 -0.05
10
10H7
0,006
A
8
18
1
2
8
3
4
6
5
7
베이스
GC250
조
SCM415
너트
SM45C
나사축
SCM415
가이드부시
CAC502A
축
SCM415
핸들
SF440A
공작물

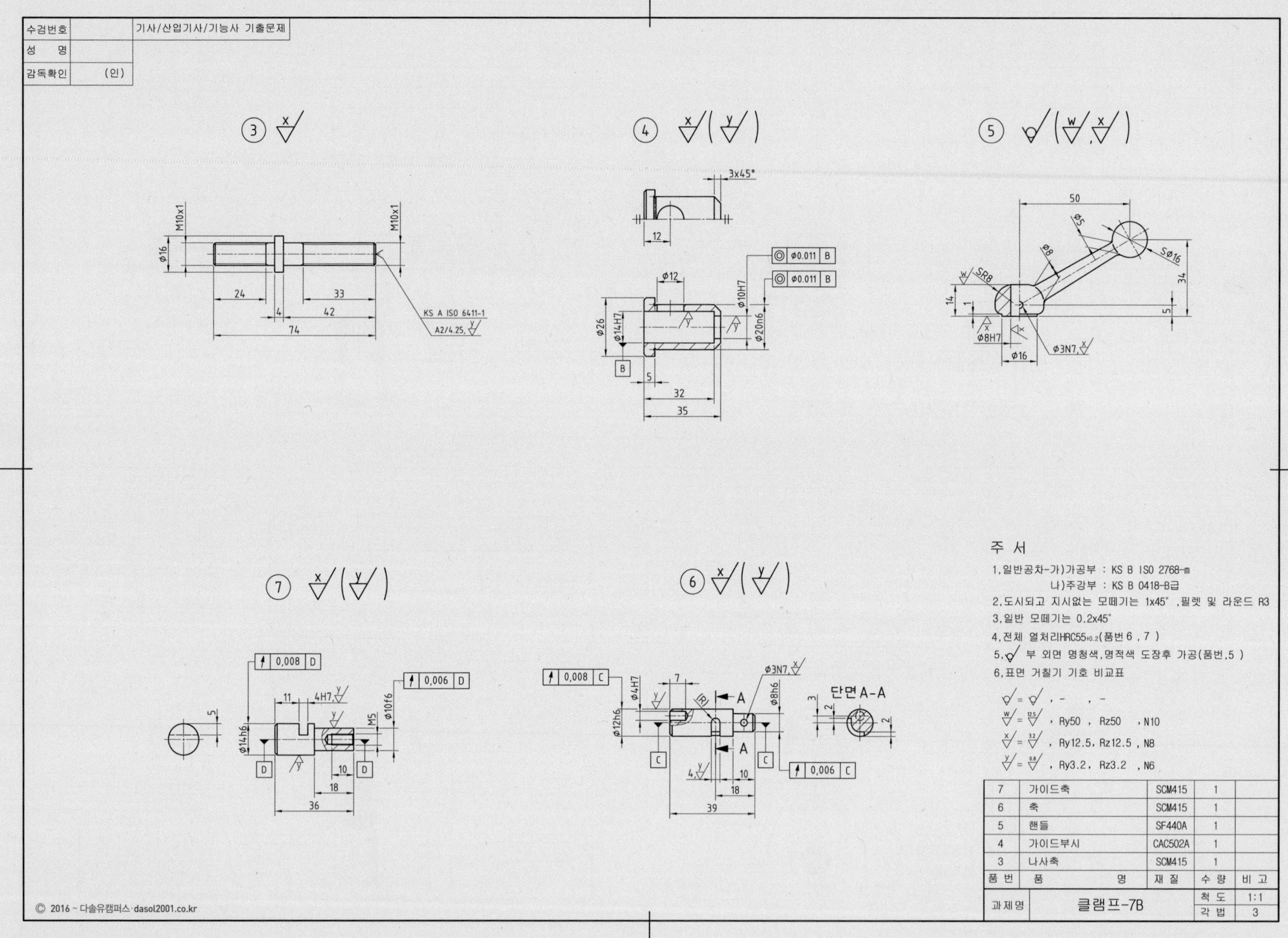


## 주 서

1. 일반공차-가)가공부 : KS B ISO 2768-m
   나)주강부 : KS B 0418-B급
2. 도시되고 지시없는 모떼기는 1x45°, 필렛 및 라운드 R3
3. 일반 모떼기는 0.2x45°
4. 전체 열처리HRC55±0.2(품번 6, 7)
5. ✓ 부 외면 명청색, 명적색 도장후 가공(품번,5)
6. 표면 거칠기 기호 비교표

- ✓ = ✓ , - , -
- w = 12.5 , Ry50 , Rz50 , N10
- x = 3.2 , Ry12.5, Rz12.5 , N8
- y = 0.8 , Ry3.2, Rz3.2 , N6

| 품번 | 품 명 | 재 질 | 수 량 | 비 고 |
|---|---|---|---|---|
| 7 | 가이드축 | SCM415 | 1 | |
| 6 | 축 | SCM415 | 1 | |
| 5 | 핸들 | SF440A | 1 | |
| 4 | 가이드부시 | CAC502A | 1 | |
| 3 | 나사축 | SCM415 | 1 | |

| 과제명 | 클램프-7B | 척 도 | 1:1 |
|---|---|---|---|
| | | 각 법 | 3 |

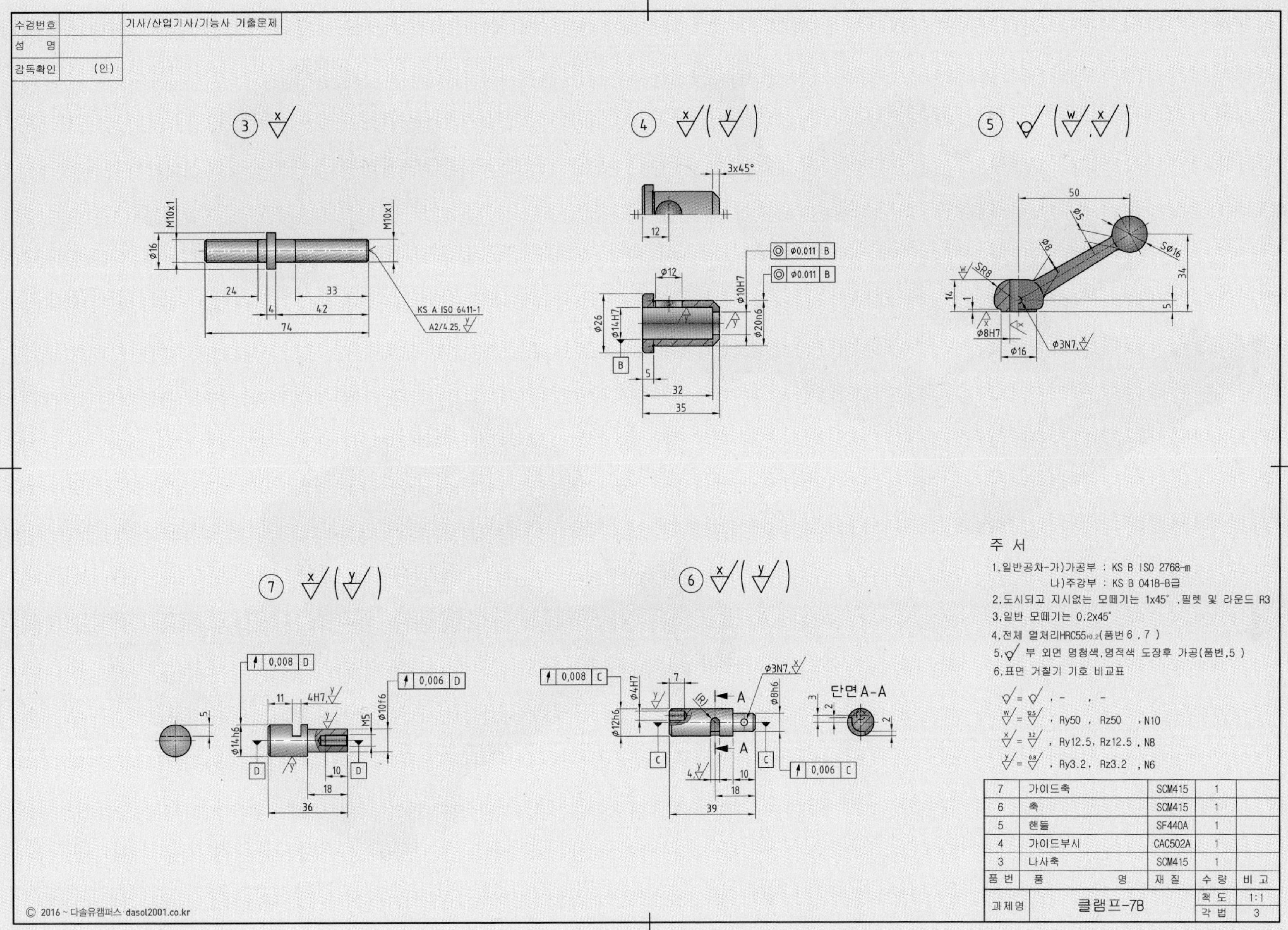


| 품 번 | 품 명 | 재 질 | 수 량 | 비 고 |
|---|---|---|---|---|
| 7 | 가이드축 | SCM415 | 1 | |
| 6 | 축 | SCM415 | 1 | |
| 5 | 핸들 | SF440A | 1 | |
| 4 | 가이드부시 | CAC502A | 1 | |
| 3 | 나사축 | SCM415 | 1 | |

| 과제명 | 클램프-7B | 척 도 | 1:1 |
|---|---|---|---|
| | | 각 법 | 3 |

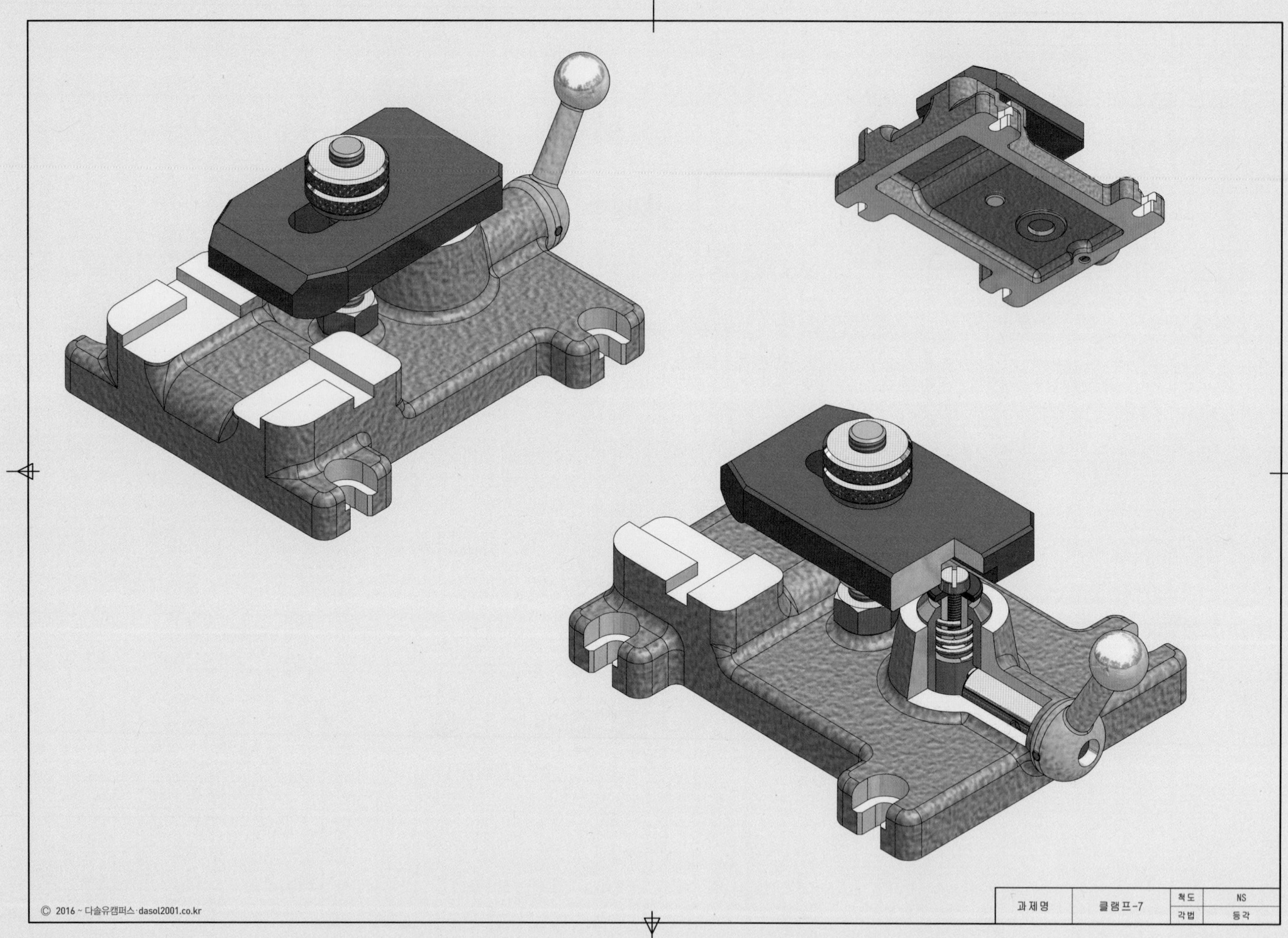

© 2016 ~ 다솔유캠퍼스 · dasol2001.co.kr
과제명
클램프-7
척도
NS
각법
등각

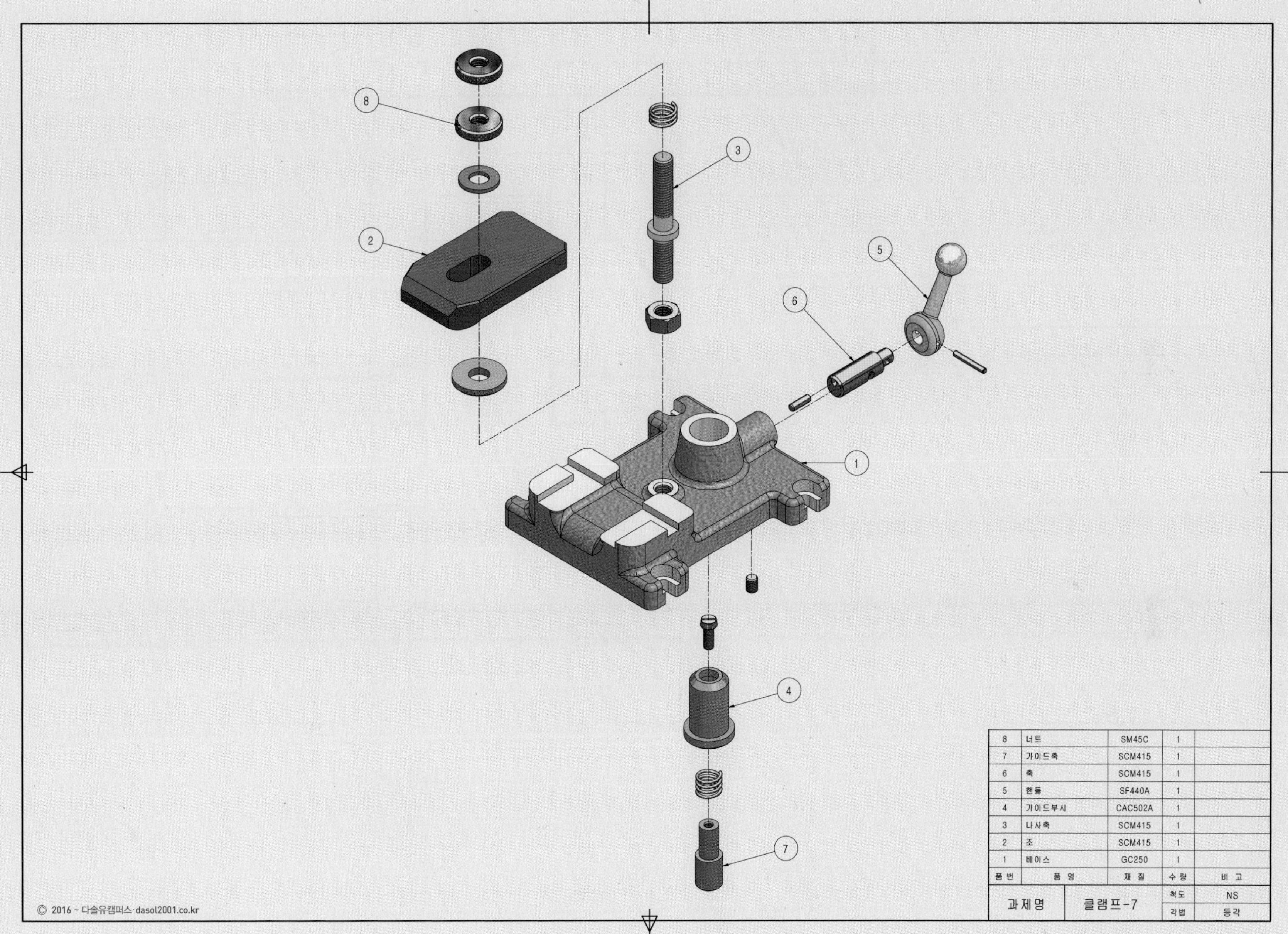


| 8 | 너트 | SM45C | 1 | |
|---|---|---|---|---|
| 7 | 가이드축 | SCM415 | 1 | |
| 6 | 축 | SCM415 | 1 | |
| 5 | 핸들 | SF440A | 1 | |
| 4 | 가이드부시 | CAC502A | 1 | |
| 3 | 나사축 | SCM415 | 1 | |
| 2 | 조 | SCM415 | 1 | |
| 1 | 베이스 | GC250 | 1 | |
| 품번 | 품 명 | 재 질 | 수 량 | 비 고 |
| 과제명 | 클램프-7 | | 척도 | NS |
| | | | 각법 | 등각 |

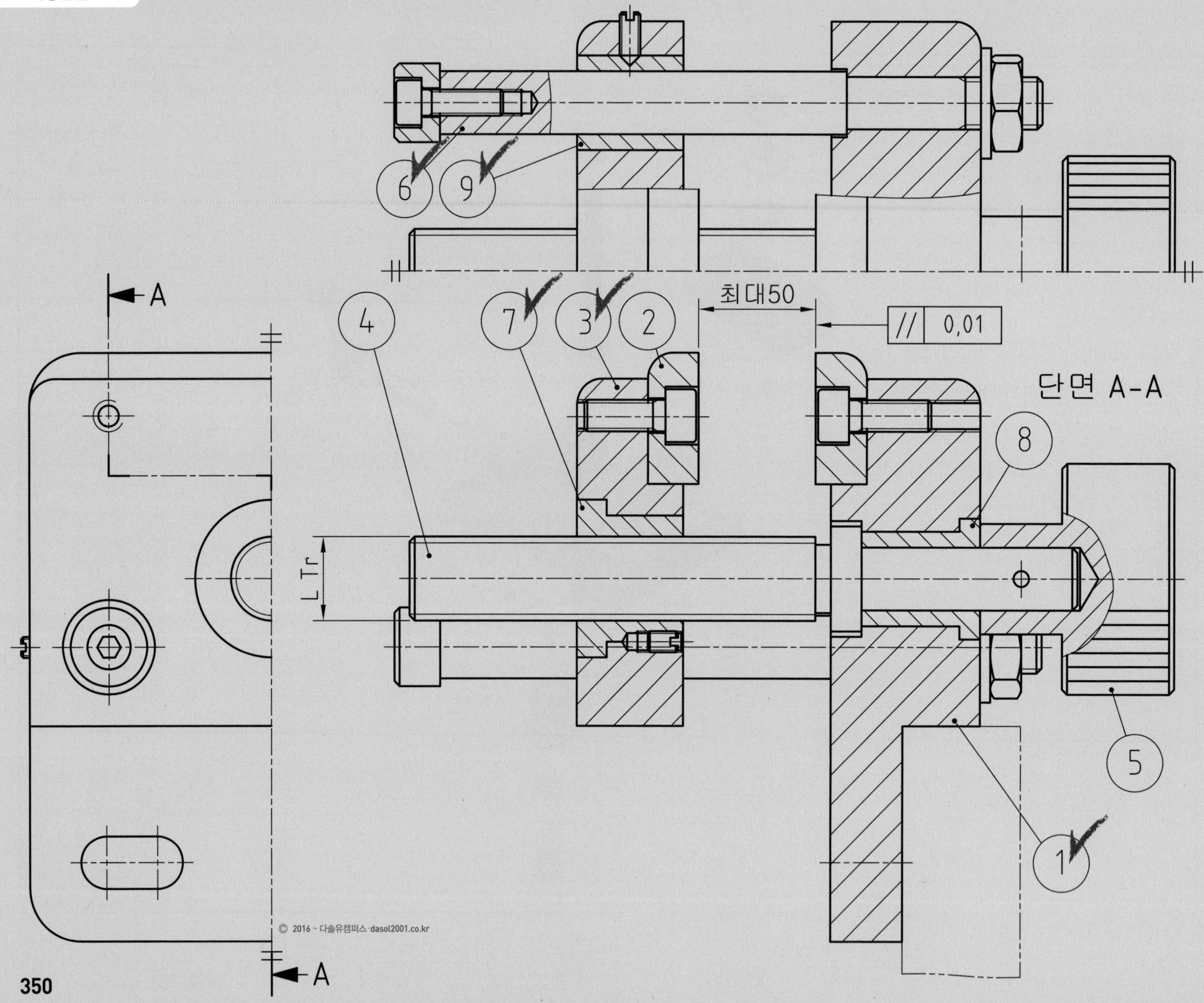
6
9
A
4
7
3
2
최대50
// 0,01
단면 A-A
8
L Tr
5
1
A

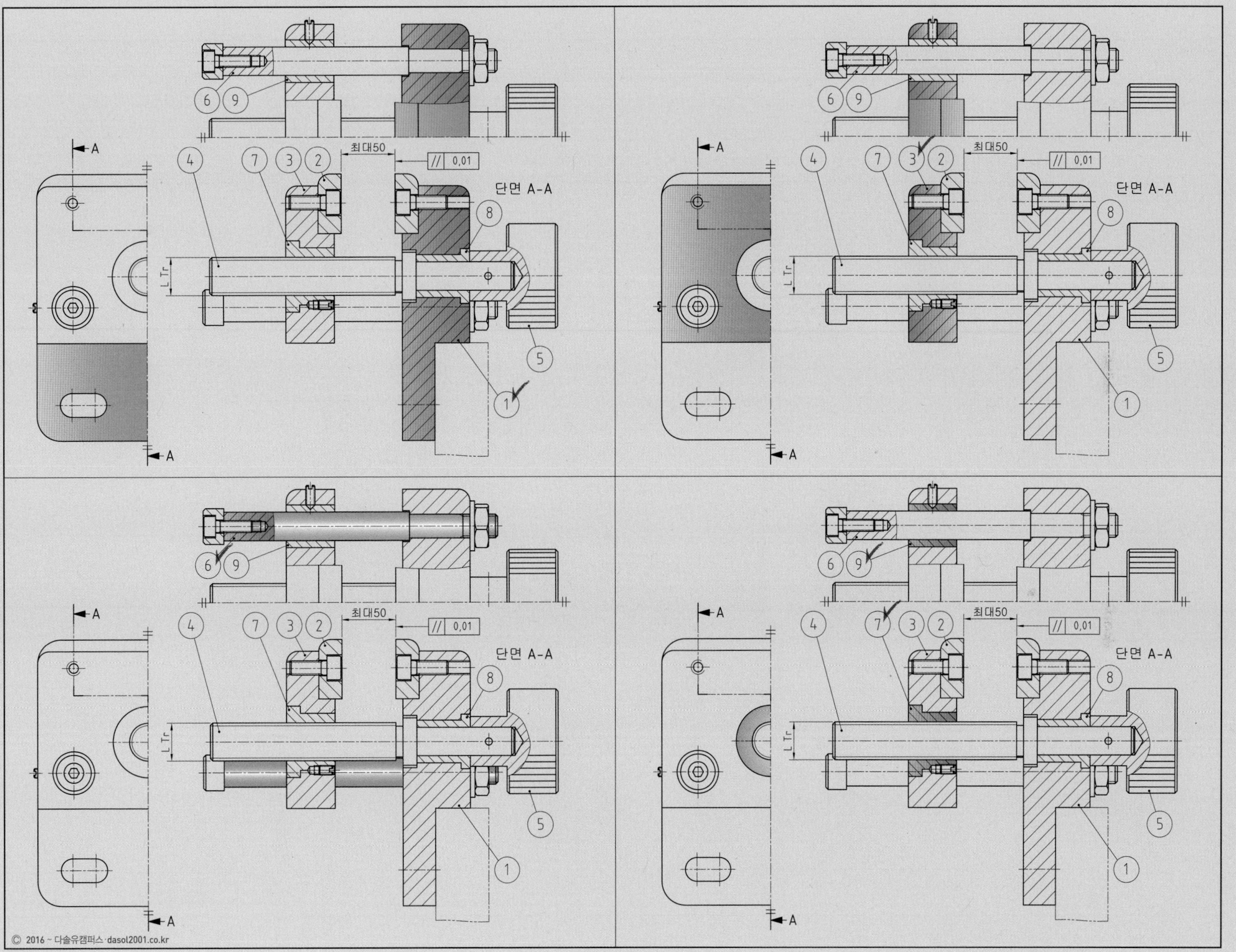

단면 A-A
최대50
// 0,01
L Tr
A
1
2
3
4
5
6
7
8
9

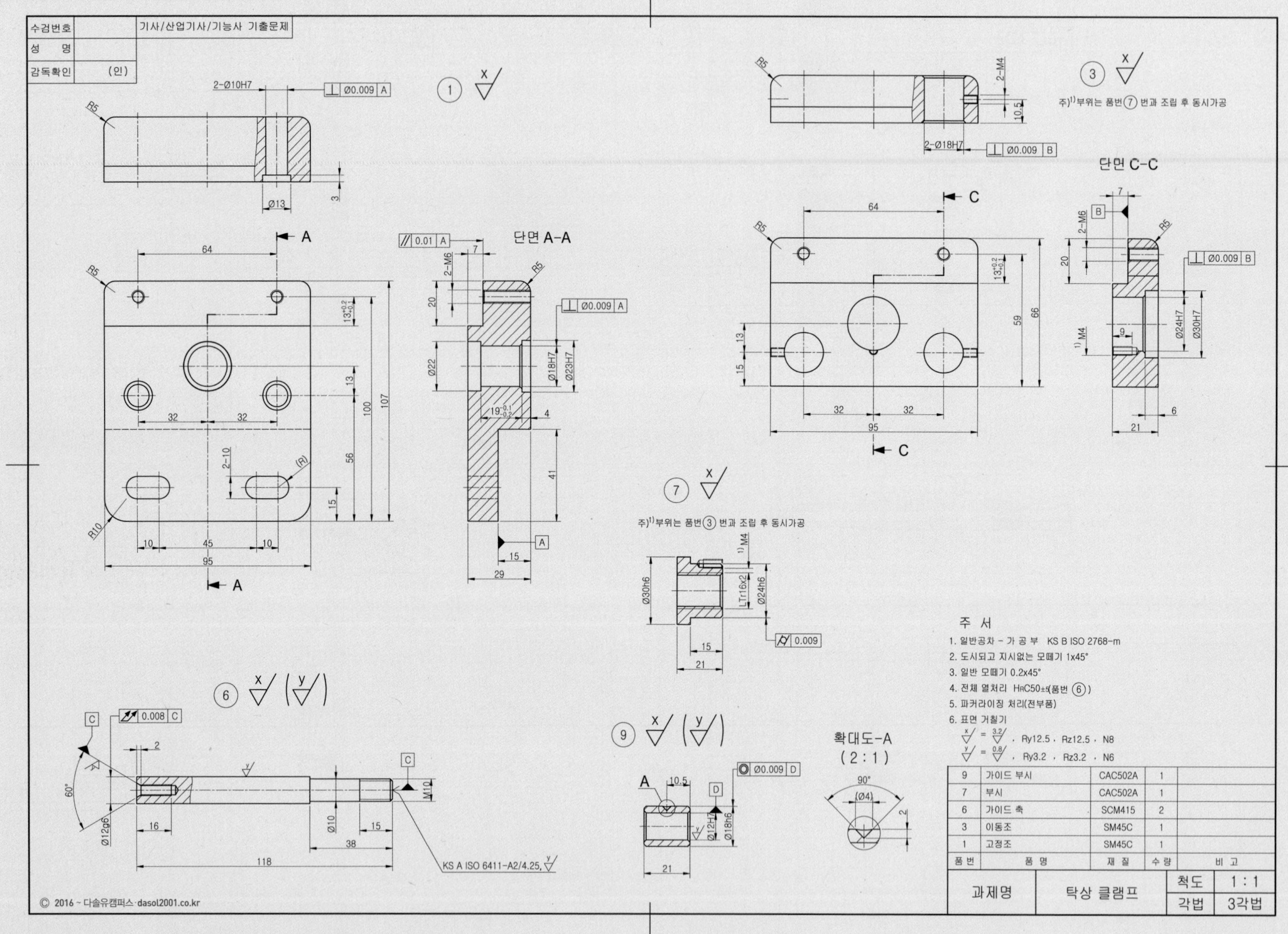

수검번호
성 명
감독확인 (인)
기사/산업기사/기능사 기출문제
단면 A-A
단면 C-C
주)1)부위는 품번⑦ 번과 조립 후 동시가공
주)1)부위는 품번③ 번과 조립 후 동시가공
확대도-A (2 : 1)
KS A ISO 6411-A2/4.25
주 서
1. 일반공차 - 가 공 부 KS B ISO 2768-m
2. 도시되고 지시없는 모떼기 1x45°
3. 일반 모떼기 0.2x45°
4. 전체 열처리 HRC50±1(품번 ⑥)
5. 파커라이징 처리(전부품)
6. 표면 거칠기
Ry12.5 , Rz12.5 , N8
Ry3.2 , Rz3.2 , N6
9 가이드 부시 CAC502A 1
7 부시 CAC502A 1
6 가이드 축 SCM415 2
3 이동조 SM45C 1
1 고정조 SM45C 1
품번 품 명 재 질 수 량 비 고
과제명 탁상 클램프
척도 1 : 1
각법 3각법

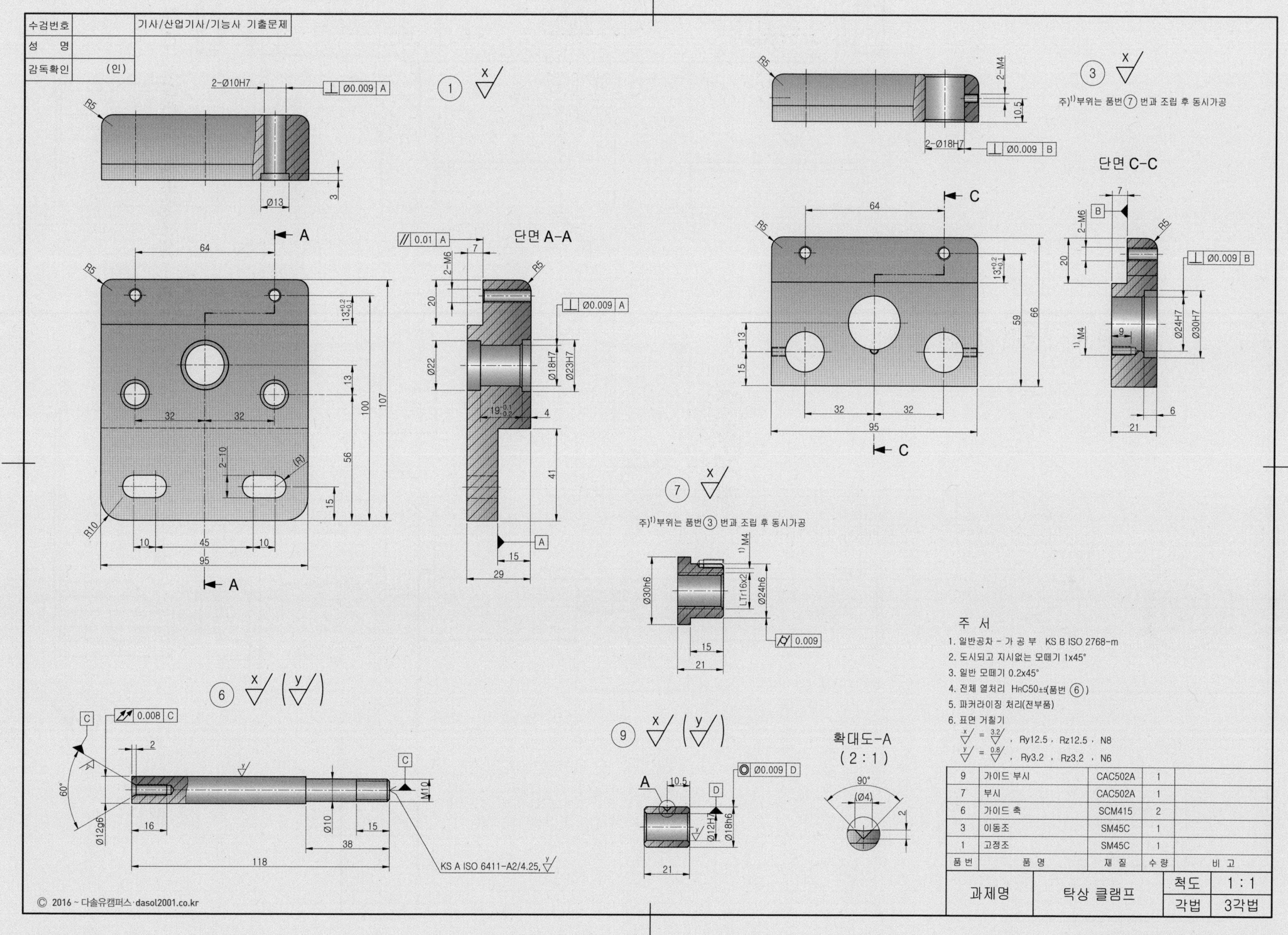


| 품 번 | 품 명 | 재 질 | 수 량 | 비 고 |
|---|---|---|---|---|
| 9 | 가이드 부시 | CAC502A | 1 | |
| 7 | 부시 | CAC502A | 1 | |
| 6 | 가이드 축 | SCM415 | 2 | |
| 3 | 이동조 | SM45C | 1 | |
| 1 | 고정조 | SM45C | 1 | |

| 과제명 | 탁상 클램프 | 척도 | 1 : 1 |
|---|---|---|---|
| | | 각법 | 3각법 |

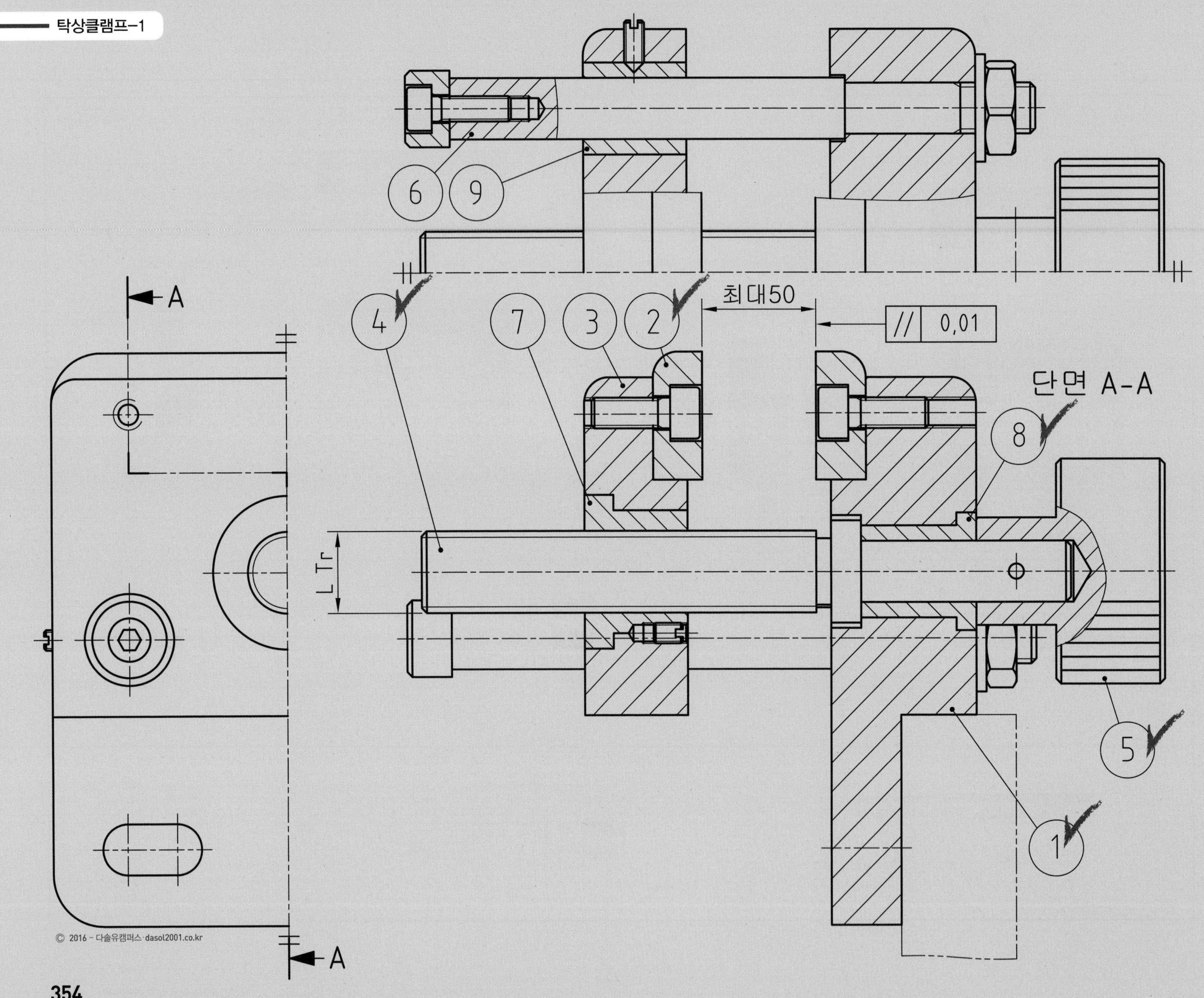
6
9
4
7
3
2
최대50
// 0,01
단면 A-A
8
L Tr
5
1
A
A

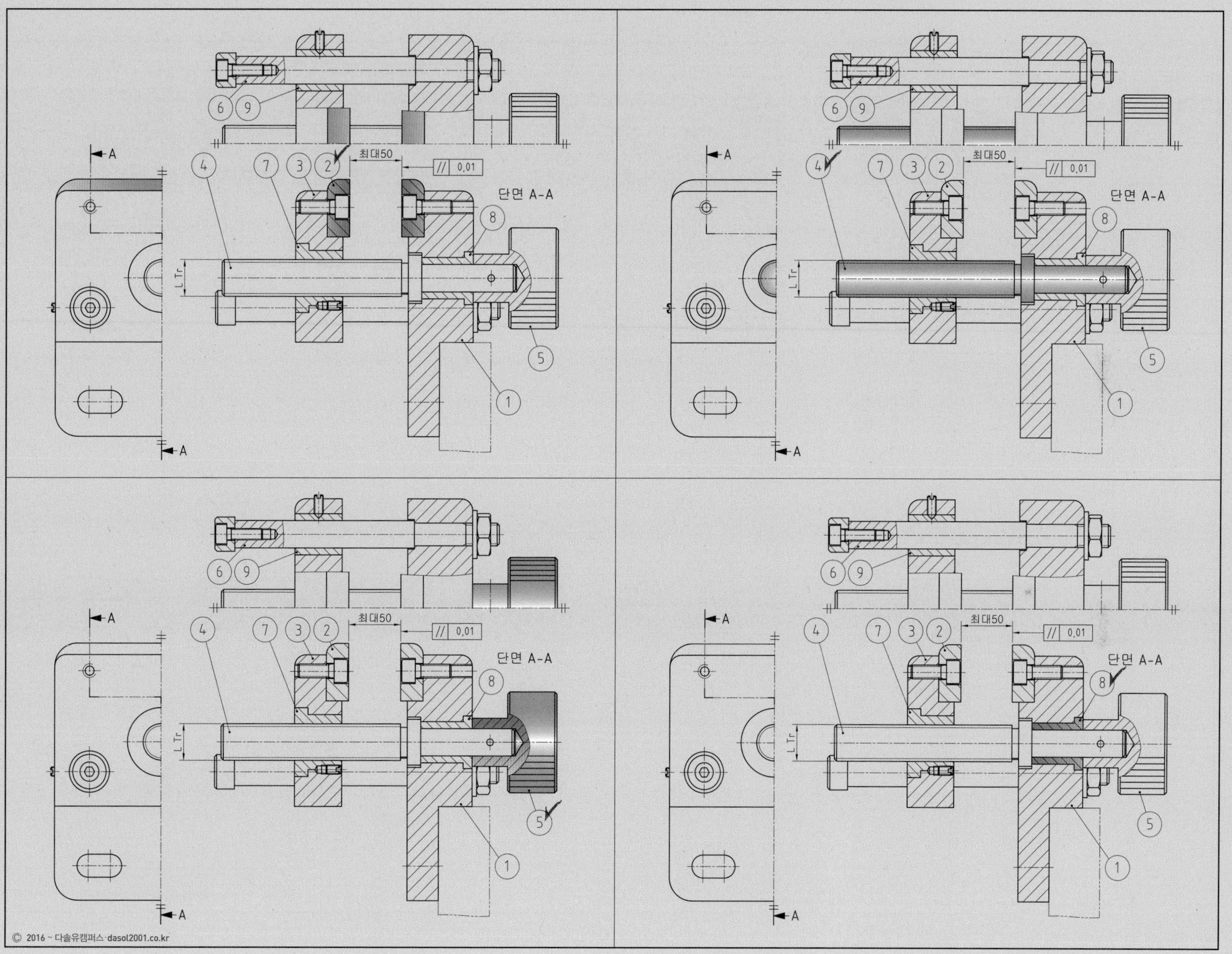

6
9
A
4
7
3
2
최대50
// 0,01
단면 A-A
8
L Tr
5
1

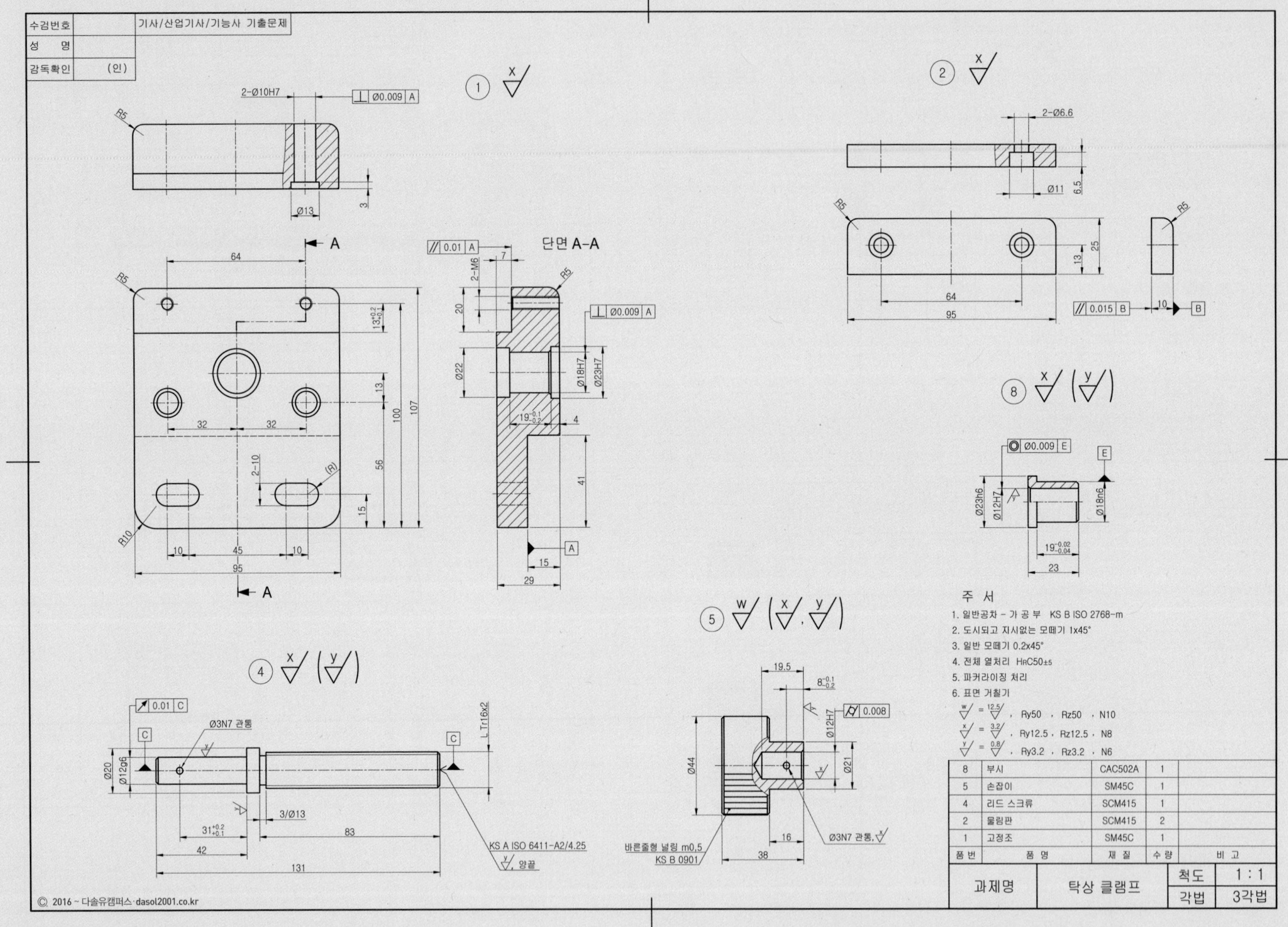


| 품번 | 품 명 | 재 질 | 수 량 | 비 고 |
|---|---|---|---|---|
| 8 | 부시 | CAC502A | 1 | |
| 5 | 손잡이 | SM45C | 1 | |
| 4 | 리드 스크류 | SCM415 | 1 | |
| 2 | 물림판 | SCM415 | 2 | |
| 1 | 고정조 | SM45C | 1 | |

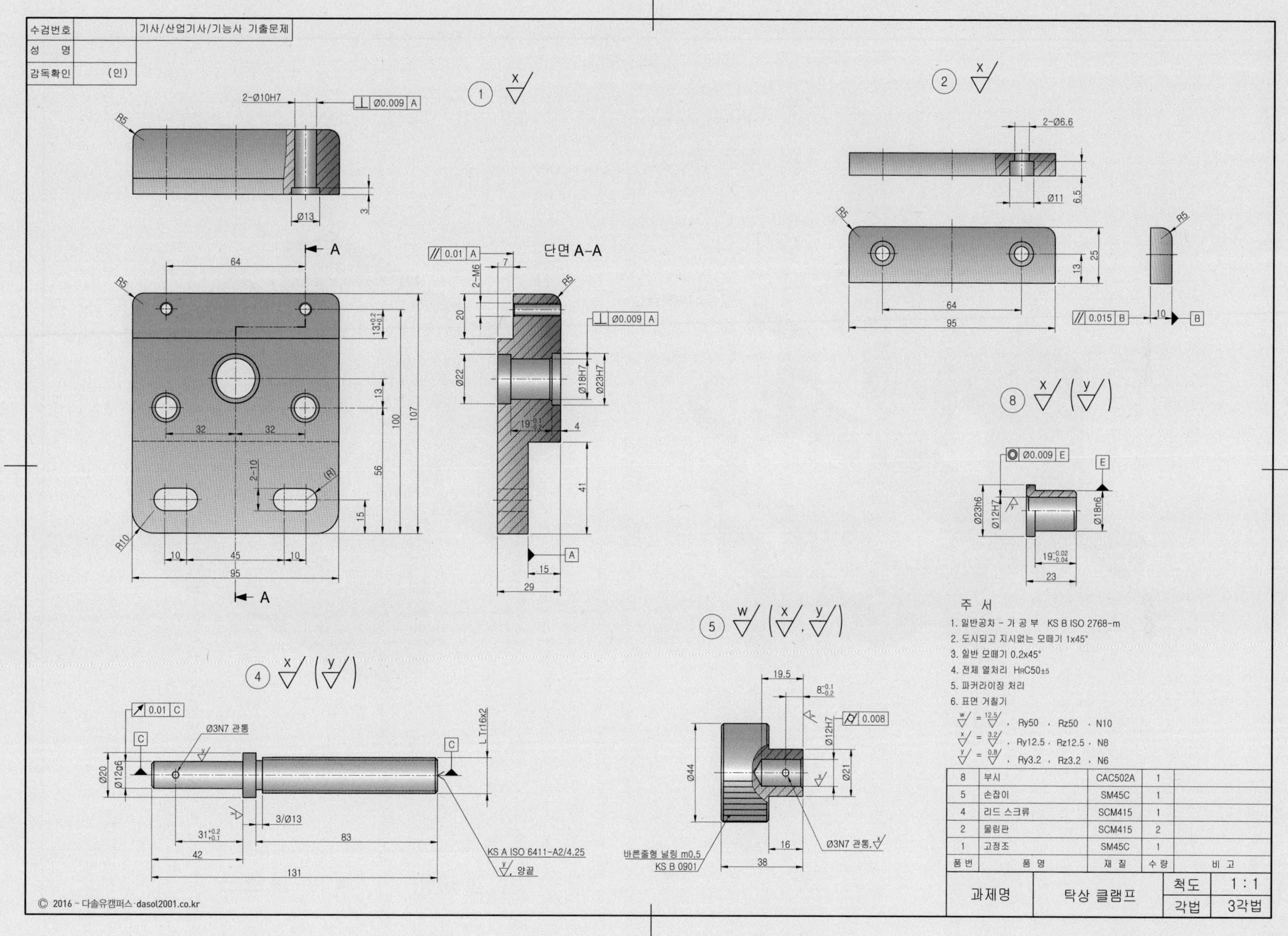

수검번호
기사/산업기사/기능사 기출문제
성 명
감독확인 (인)
단면 A-A
주 서
1. 일반공차 - 가 공 부 KS B ISO 2768-m
2. 도시되고 지시없는 모떼기 1x45°
3. 일반 모떼기 0.2x45°
4. 전체 열처리 HRC50±5
5. 파커라이징 처리
6. 표면 거칠기
w = 12.5 , Ry50 , Rz50 , N10
x = 3.2 , Ry12.5 , Rz12.5 , N8
y = 0.8 , Ry3.2 , Rz3.2 , N6
8 부시 CAC502A 1
5 손잡이 SM45C 1
4 리드 스크류 SCM415 1
2 물림판 SCM415 2
1 고정조 SM45C 1
품번 품명 재질 수량 비고
과제명 탁상 클램프 척도 1 : 1 각법 3각법
KS A ISO 6411-A2/4.25
바른줄형 널링 m0,5
KS B 0901
Ø3N7 관통
L Tr16x2
© 2016 ~ 다솔유캠퍼스·dasol2001.co.kr

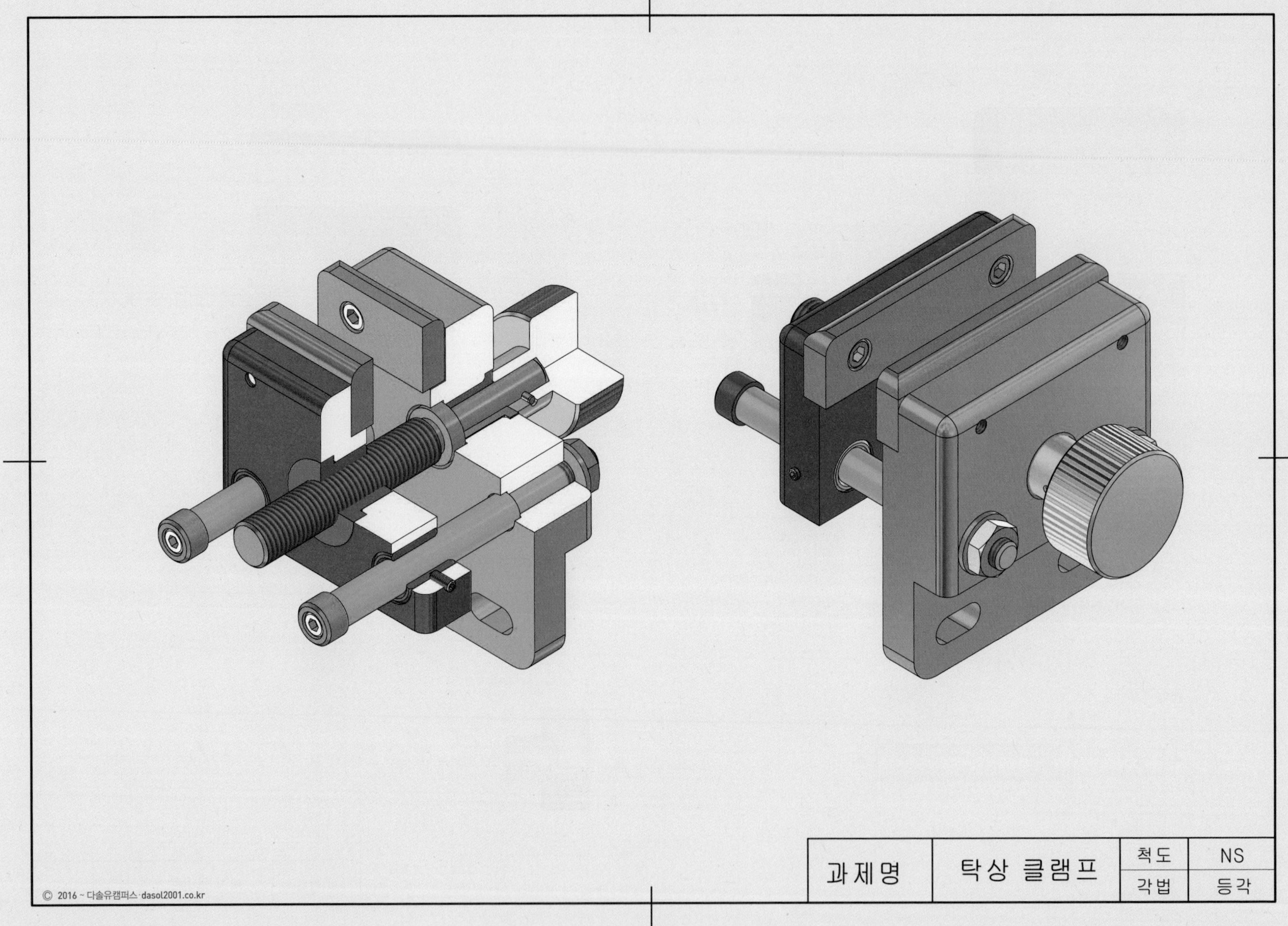
과제명
탁상 클램프
척도
NS
각법
등각
© 2016 ~ 다솔유캠퍼스 dasol2001.co.kr

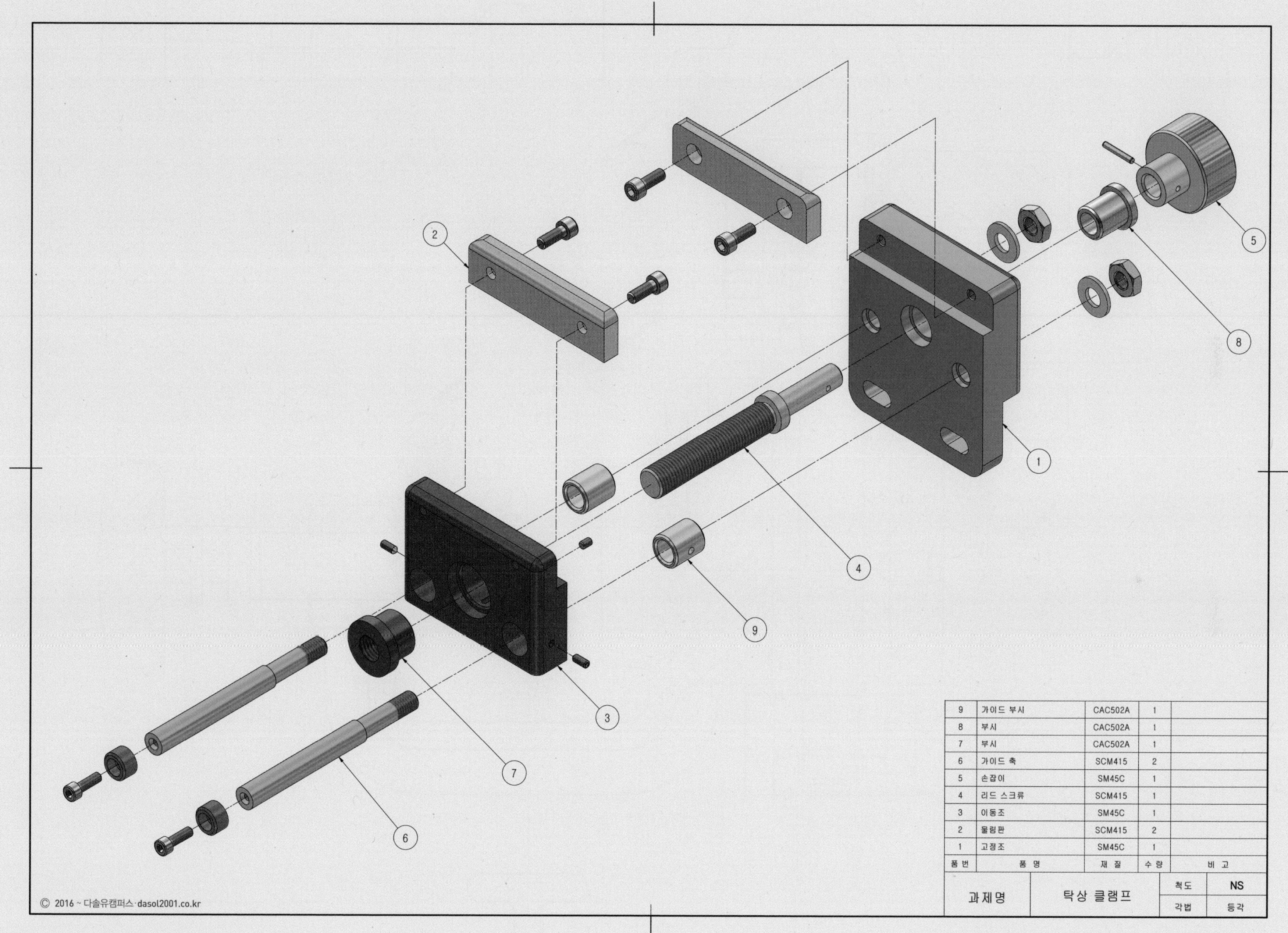


| 9 | 가이드 부시 | CAC502A | 1 | |
|---|---|---|---|---|
| 8 | 부시 | CAC502A | 1 | |
| 7 | 부시 | CAC502A | 1 | |
| 6 | 가이드 축 | SCM415 | 2 | |
| 5 | 손잡이 | SM45C | 1 | |
| 4 | 리드 스크류 | SCM415 | 1 | |
| 3 | 이동조 | SM45C | 1 | |
| 2 | 물림판 | SCM415 | 2 | |
| 1 | 고정조 | SM45C | 1 | |
| 품 번 | 품 명 | 재 질 | 수 량 | 비 고 |

| 과제명 | 탁상 클램프 | 척도 | NS |
|---|---|---|---|
| | | 각법 | 등각 |

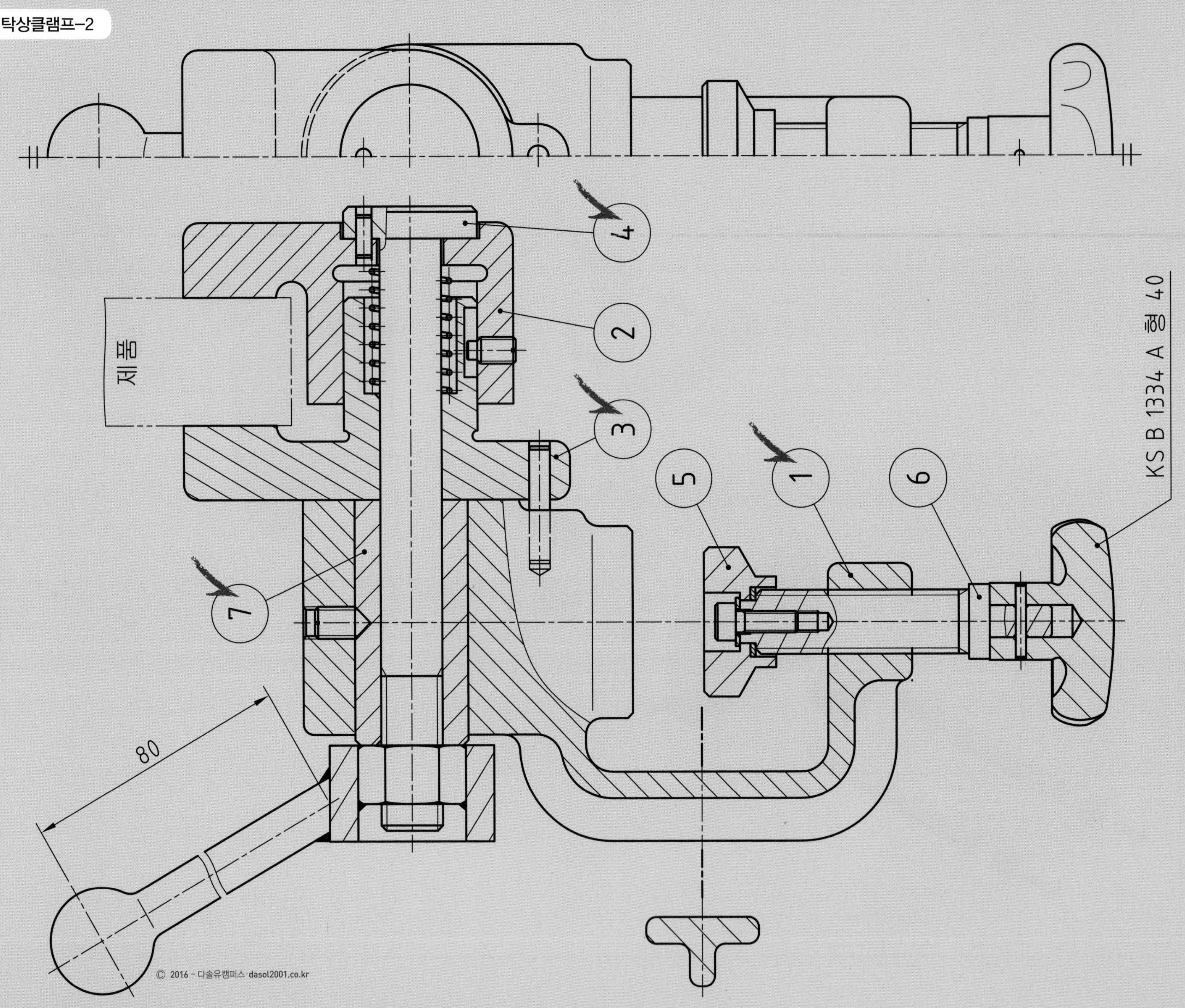
4
2
제품
3
5
1
6
KS B 1334 A 형 40
7
80

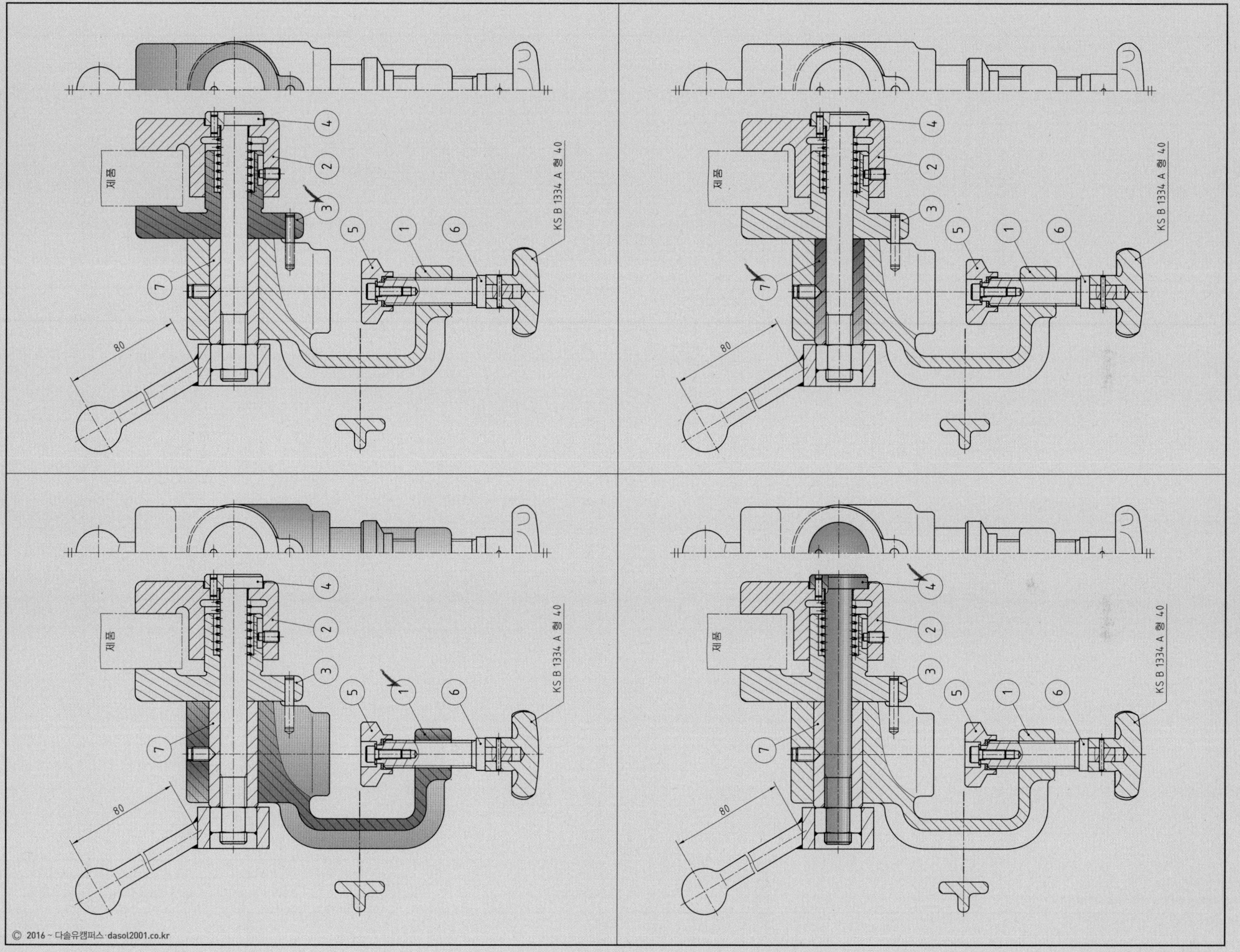

제품
KS B 1334 A 형 40
80
1
2
3
4
5
6
7

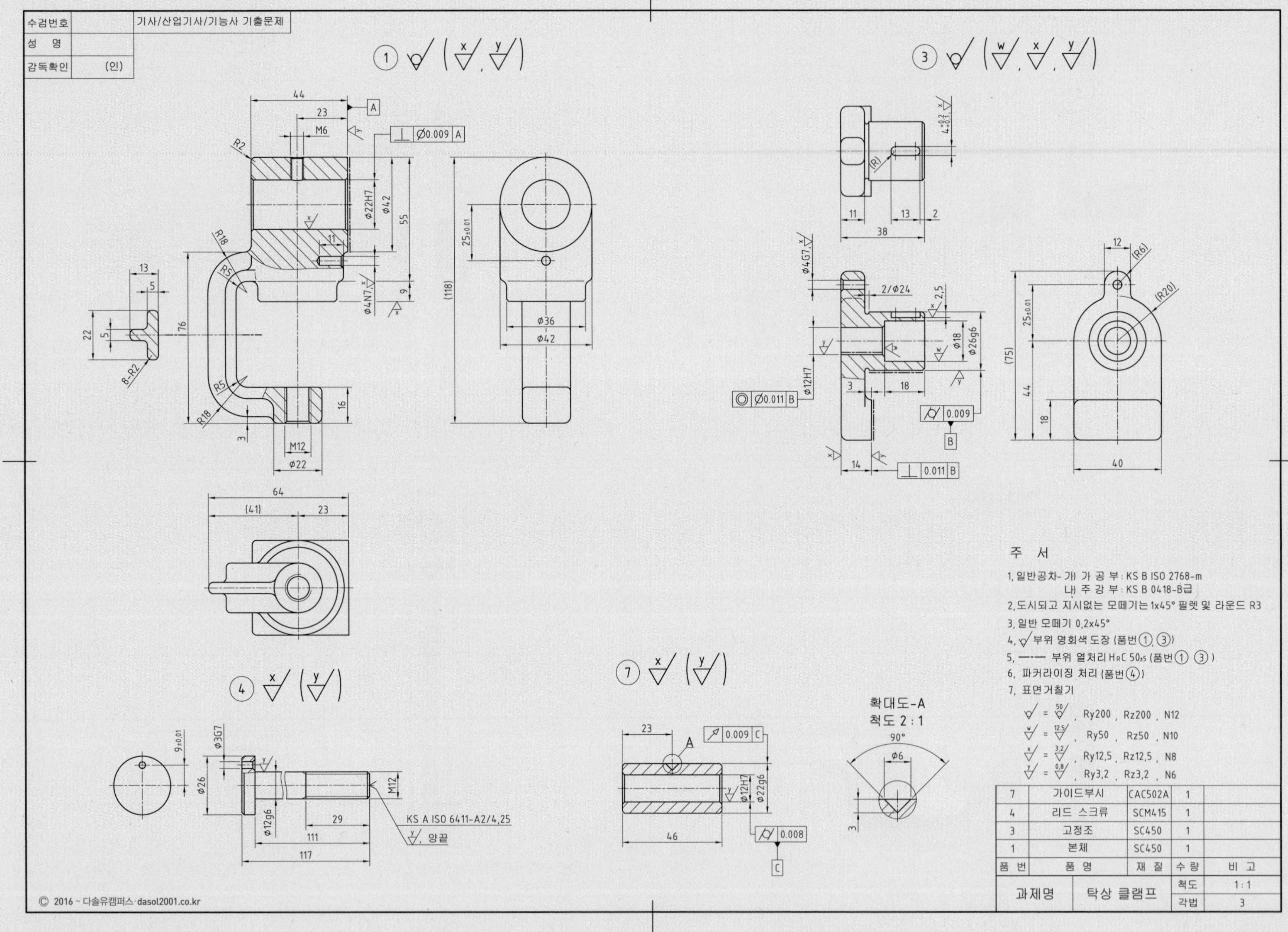
수검번호
성 명
감독확인 (인)
기사/산업기사/기능사 기출문제
① (x, y)
③ (w, x, y)
④ x (y)
⑦ x (y)
44
23
M6
A
⊥ Ø0.009 A
R2
Ø22H7
Ø42
55
R18
R5
11
Ø4N7
9
13
5
22
5
76
8-R2
R5
R18
16
3
M12
Ø22
25±0.01
(118)
Ø36
Ø42
64
(41)
23
4+0.2/+0.1
(R1)
11
13
2
38
Ø4G7
2/Ø24
2.5
Ø18
Ø26g6
Ø12H7
◎ Ø0.011 B
3
18
0.009
B
14
⊥ 0.011 B
12
(R6)
(R20)
25±0.01
(75)
44
18
40
9±0.01
Ø3G7
Ø26
Ø12g6
M12
29
111
117
KS A ISO 6411-A2/4,25
y, 양끝
23
A
0.009 C
Ø12H7
Ø22g6
46
0.008
C
확대도-A
척도 2 : 1
90°
Ø6
3
주 서
1, 일반공차- 가) 가 공 부 : KS B ISO 2768-m
나) 주 강 부 : KS B 0418-B급
2, 도시되고 지시없는 모떼기는 1x45° 필렛 및 라운드 R3
3, 일반 모떼기 0,2x45°
4, 부위 명회색 도장 (품번①, ③)
5, 부위 열처리 HRC 50±5 (품번① ③)
6, 파커라이징 처리 (품번④)
7, 표면거칠기
= 50/ , Ry200 , Rz200 , N12
w = 12.5/ , Ry50 , Rz50 , N10
x = 3.2/ , Ry12,5 , Rz12,5 , N8
y = 0.8/ , Ry3,2 , Rz3,2 , N6
7 | 가이드부시 | CAC502A | 1
4 | 리드 스크류 | SCM415 | 1
3 | 고정조 | SC450 | 1
1 | 본체 | SC450 | 1
품 번 | 품 명 | 재 질 | 수 량 | 비 고
과제명 | 탁상 클램프 | 척도 | 1 : 1
각법 | 3
© 2016 ~ 다솔유캠퍼스 · dasol2001.co.kr

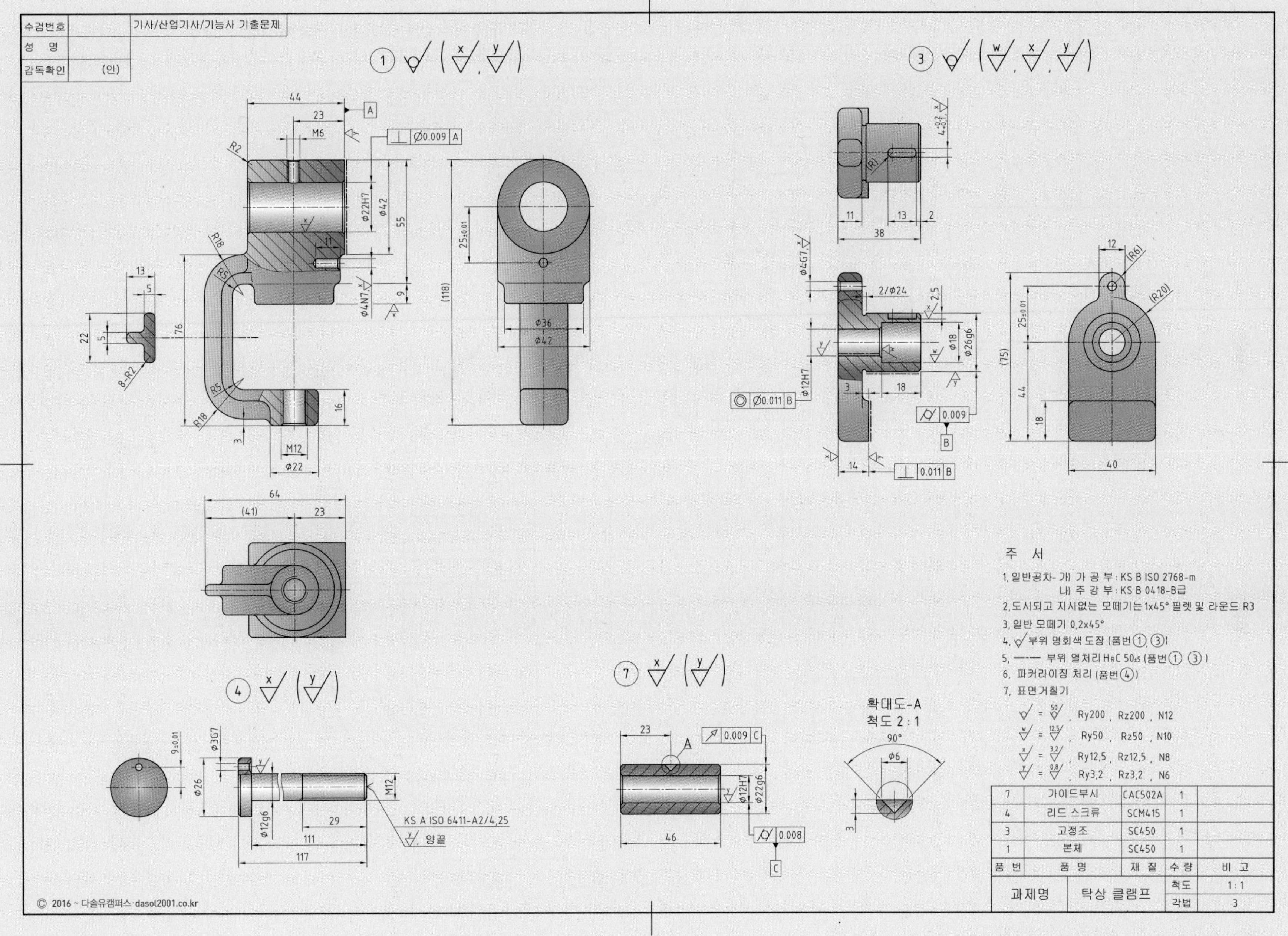


| 품 번 | 품 명 | 재 질 | 수 량 | 비 고 |
|---|---|---|---|---|
| 7 | 가이드부시 | CAC502A | 1 | |
| 4 | 리드 스크류 | SCM415 | 1 | |
| 3 | 고정조 | SC450 | 1 | |
| 1 | 본체 | SC450 | 1 | |

| 과제명 | 탁상 클램프 | 척도 | 1 : 1 |
|---|---|---|---|
| | | 각법 | 3 |

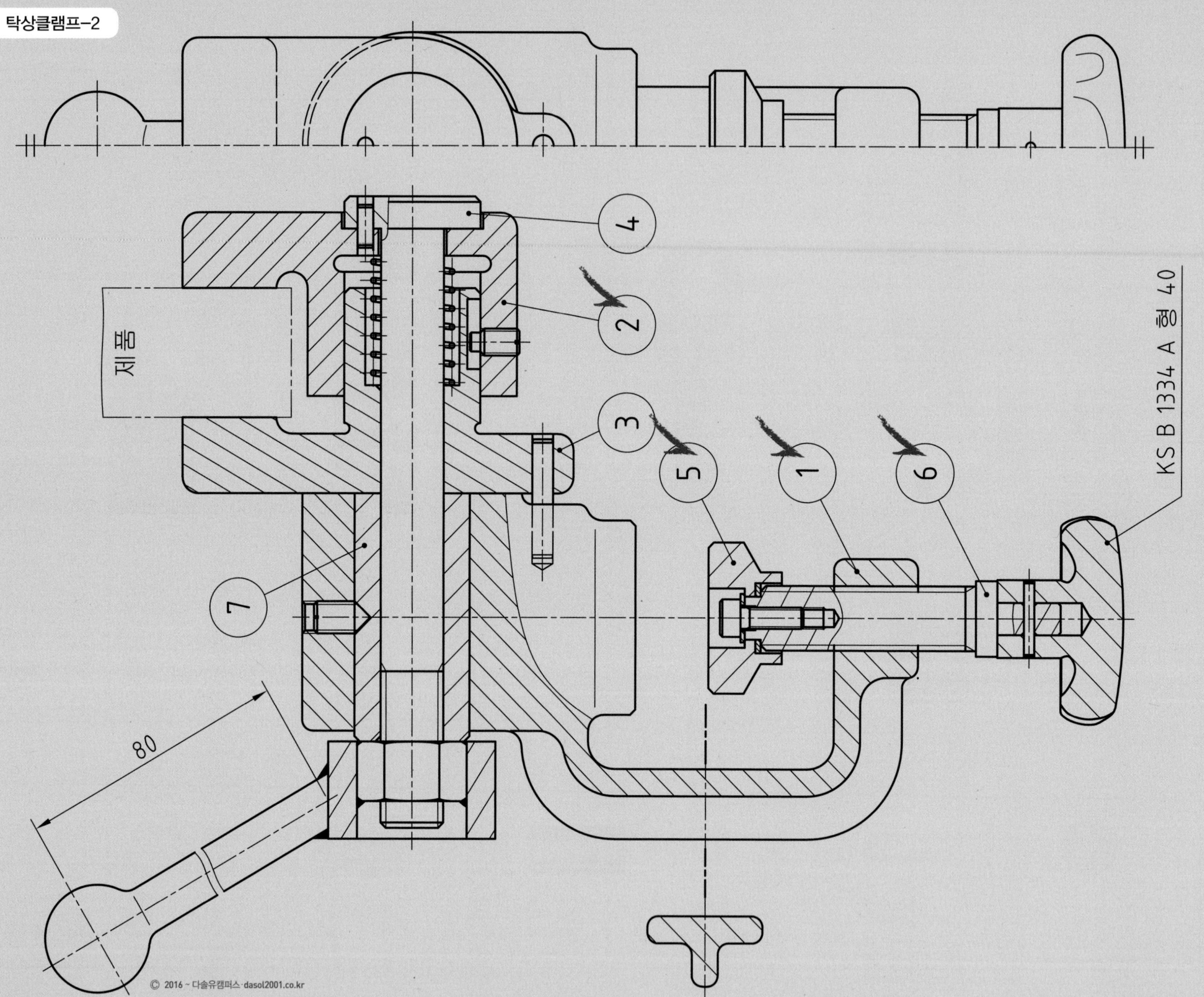
4
2
3
5
1
6
7
제품
KS B 1334 A 형 40
80

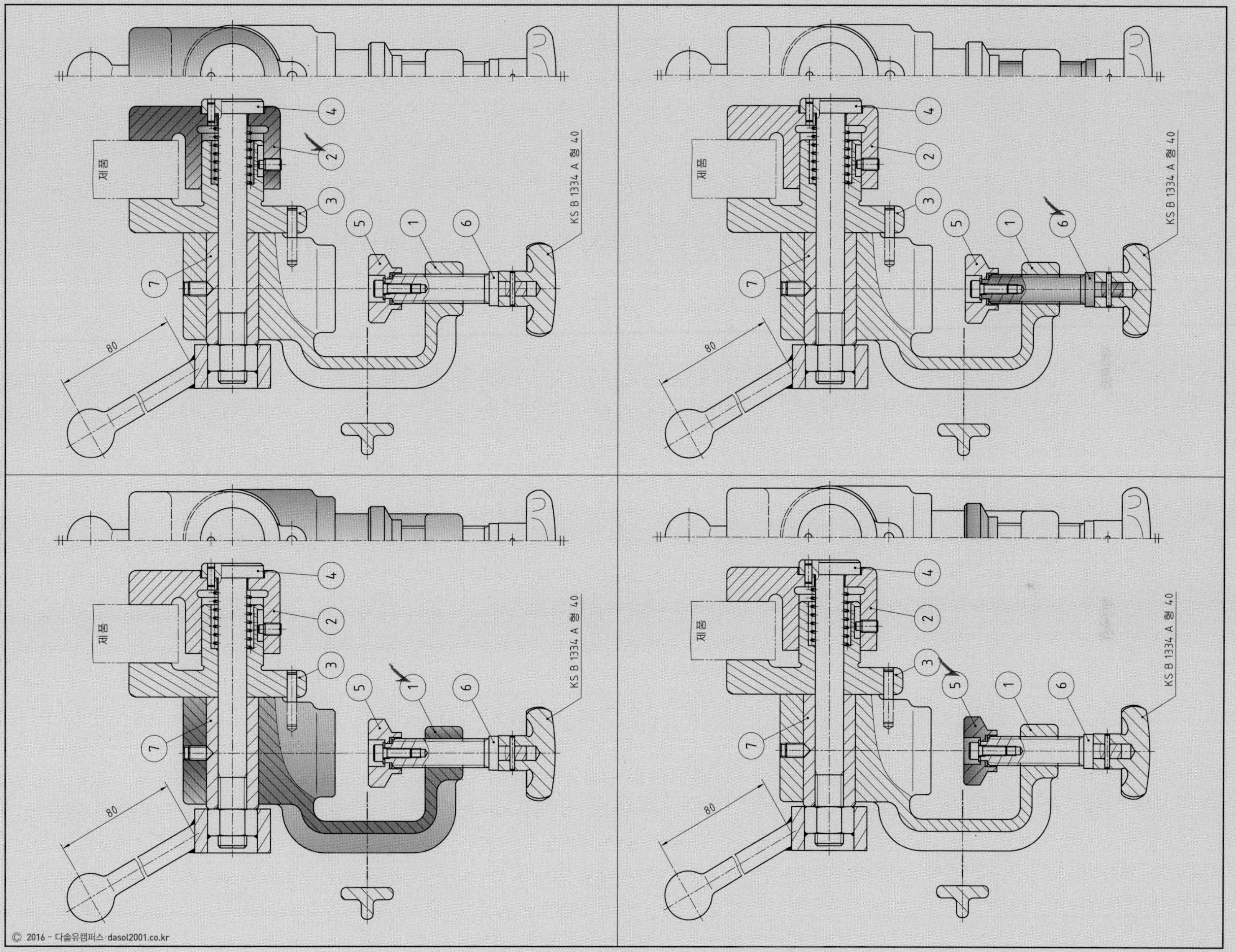

제품
4
2
3
5
1
6
7
80
KS B 1334 A 형 40

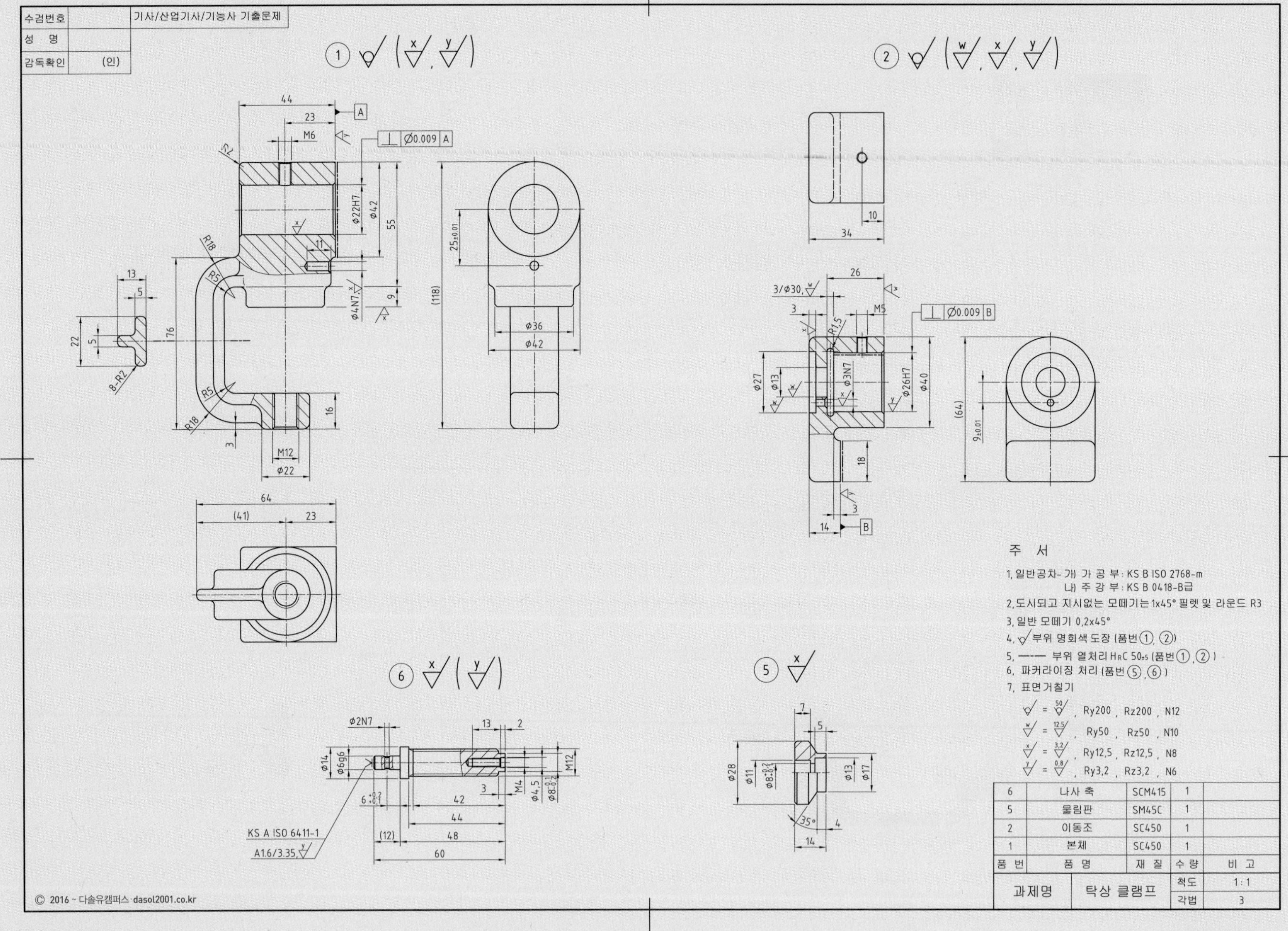

수검번호
성 명
감독확인 (인)
기사/산업기사/기능사 기출문제
주 서
1. 일반공차- 가) 가 공 부 : KS B ISO 2768-m
나) 주 강 부 : KS B 0418-B급
2. 도시되고 지시없는 모떼기는 1x45° 필렛 및 라운드 R3
3. 일반 모떼기 0.2x45°
4. 부위 명회색 도장 (품번①, ②)
5. 부위 열처리 HRC 50±5 (품번①, ②)
6. 파커라이징 처리 (품번⑤, ⑥)
7. 표면거칠기
Ry200, Rz200, N12
Ry50, Rz50, N10
Ry12.5, Rz12.5, N8
Ry3.2, Rz3.2, N6
6 나사 축 SCM415 1
5 물림판 SM45C 1
2 이동조 SC450 1
1 본체 SC450 1
품 번 품 명 재 질 수 량 비 고
과제명 탁상 클램프 척도 1:1 각법 3
KS A ISO 6411-1
A1.6/3.35
© 2016 ~ 다솔유캠퍼스 · dasol2001.co.kr

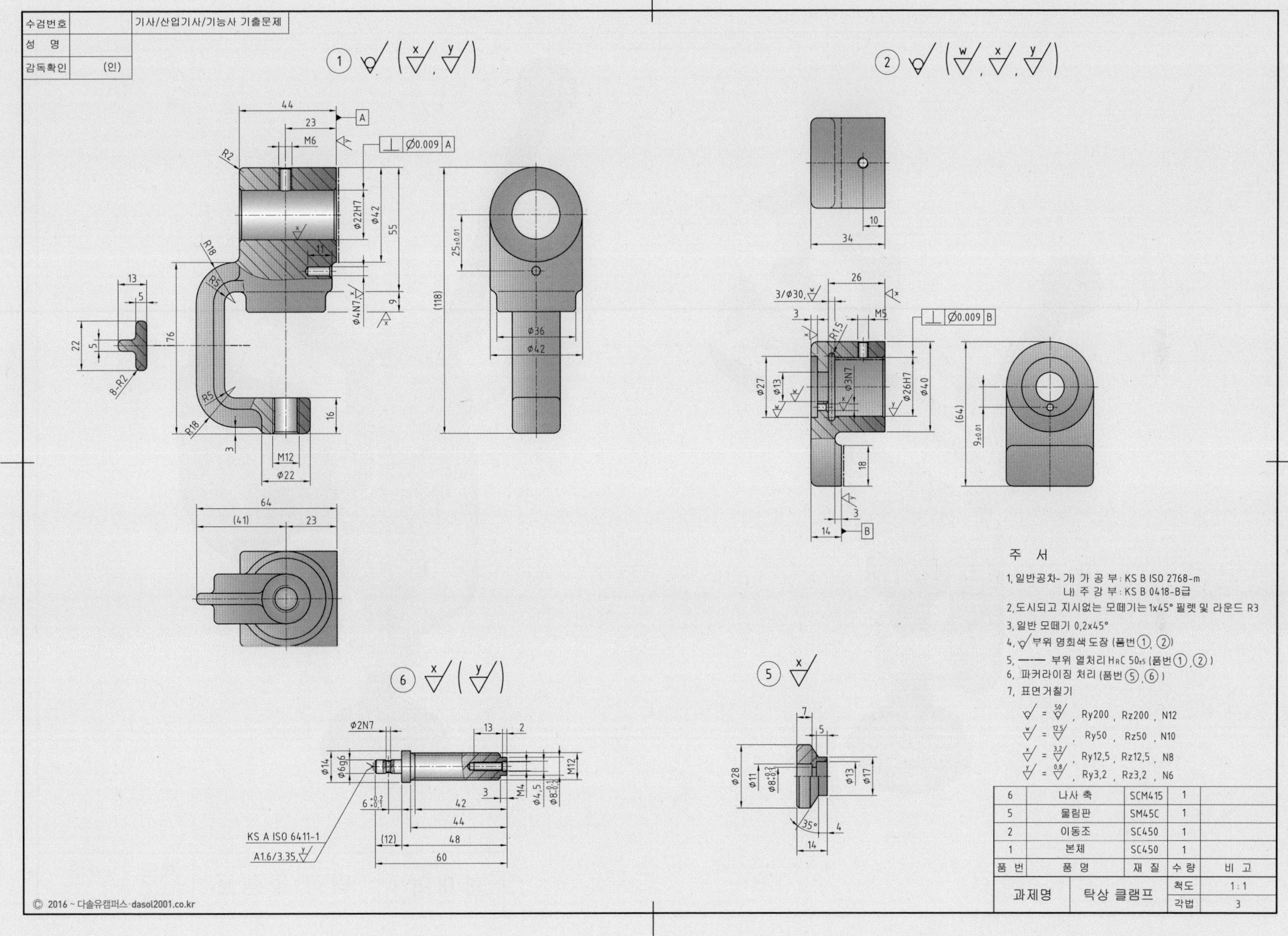


| 6 | 나사 축 | SCM415 | 1 | |
|---|---|---|---|---|
| 5 | 물림판 | SM45C | 1 | |
| 2 | 이동조 | SC450 | 1 | |
| 1 | 본체 | SC450 | 1 | |
| 품 번 | 품 명 | 재 질 | 수 량 | 비 고 |

| 과제명 | 탁상 클램프 | 척도 | 1 : 1 |
|---|---|---|---|
| | | 각법 | 3 |

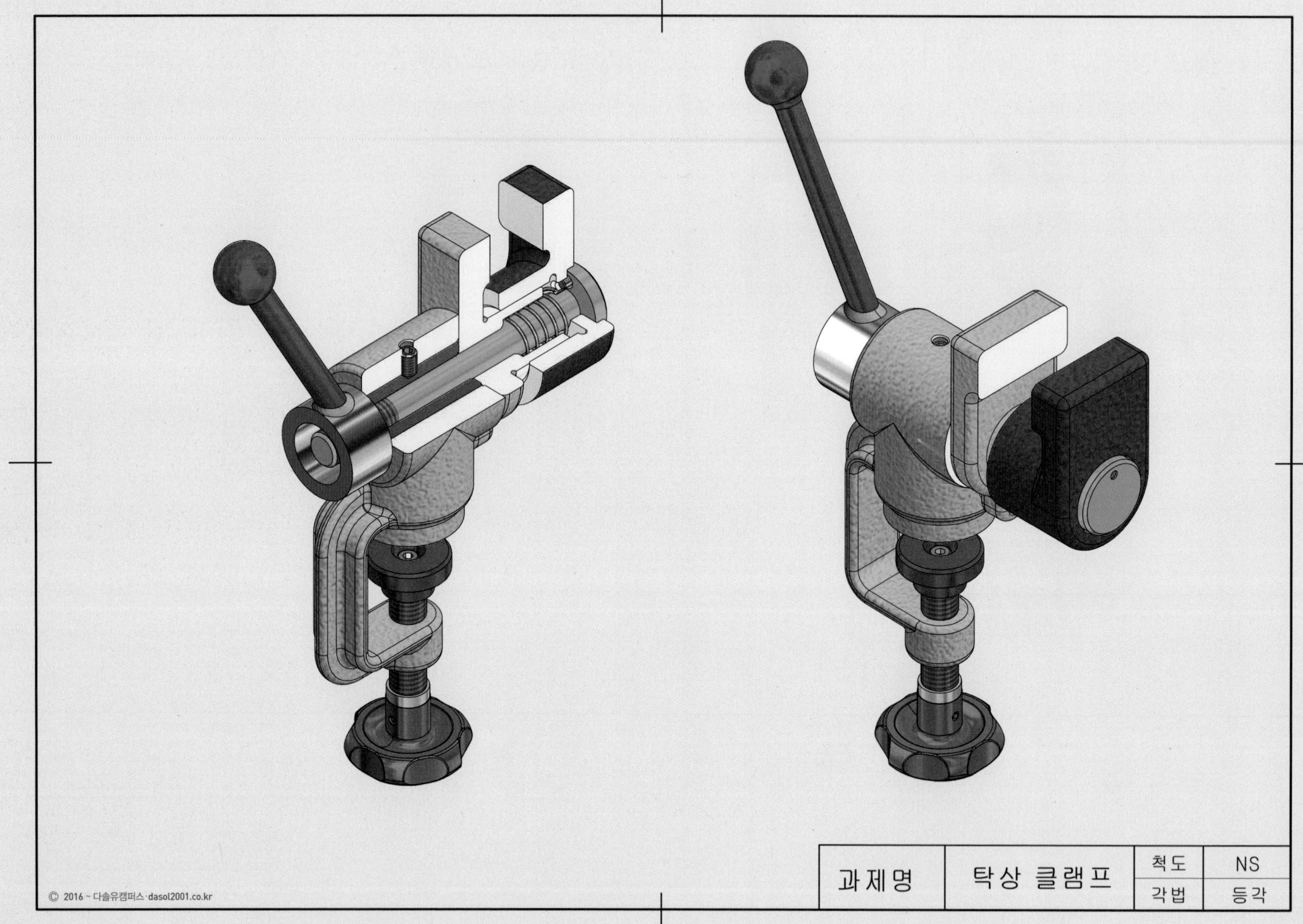
과제명
탁상 클램프
척도
NS
각법
등각

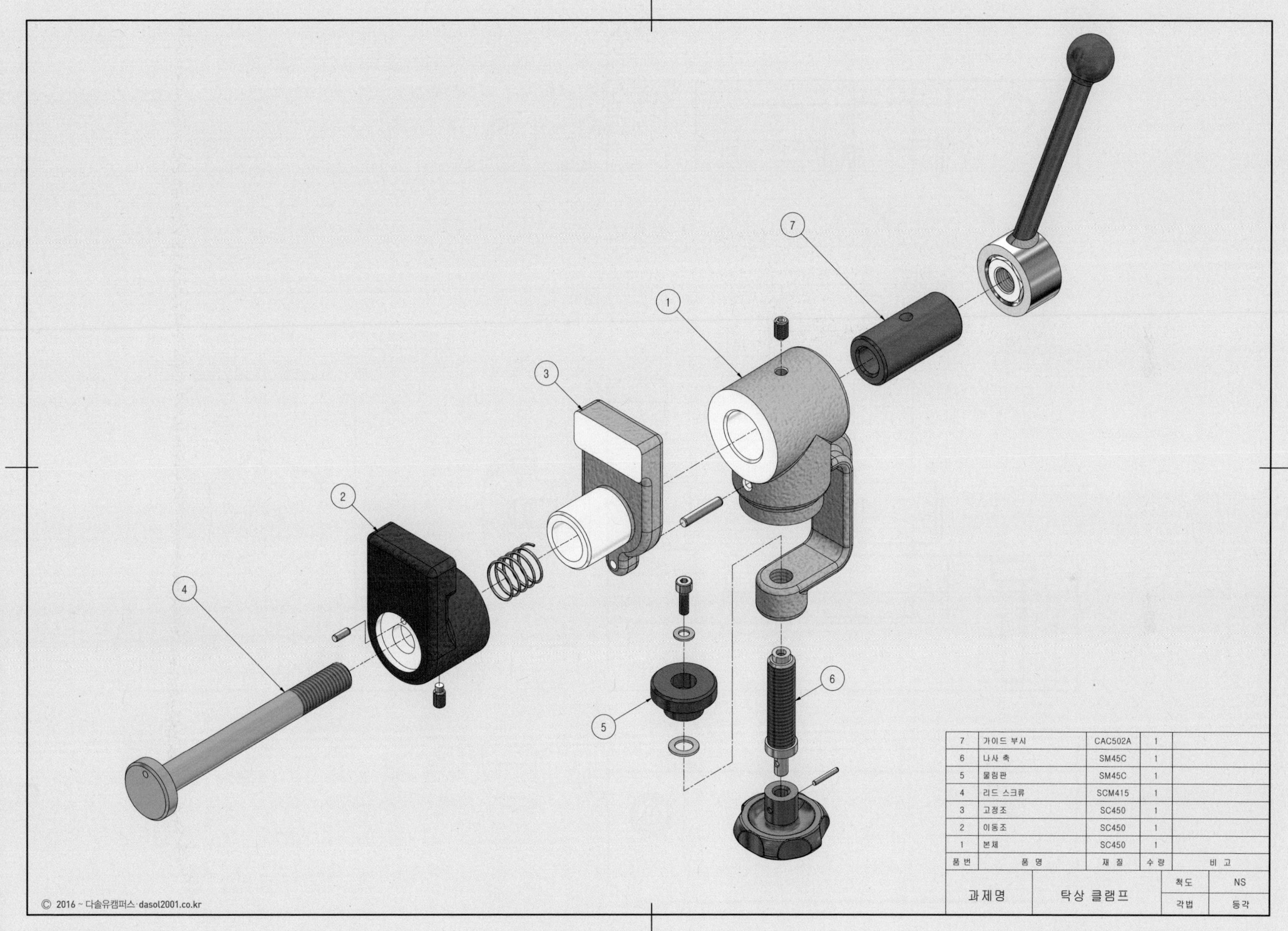


| 품 번 | 품 명 | 재 질 | 수 량 | 비 고 |
|---|---|---|---|---|
| 7 | 가이드 부시 | CAC502A | 1 | |
| 6 | 나사 축 | SM45C | 1 | |
| 5 | 물림판 | SM45C | 1 | |
| 4 | 리드 스크류 | SCM415 | 1 | |
| 3 | 고정조 | SC450 | 1 | |
| 2 | 이동조 | SC450 | 1 | |
| 1 | 본체 | SC450 | 1 | |

| 과제명 | 탁상 클램프 | 척도 | NS |
|---|---|---|---|
| | | 각법 | 등각 |

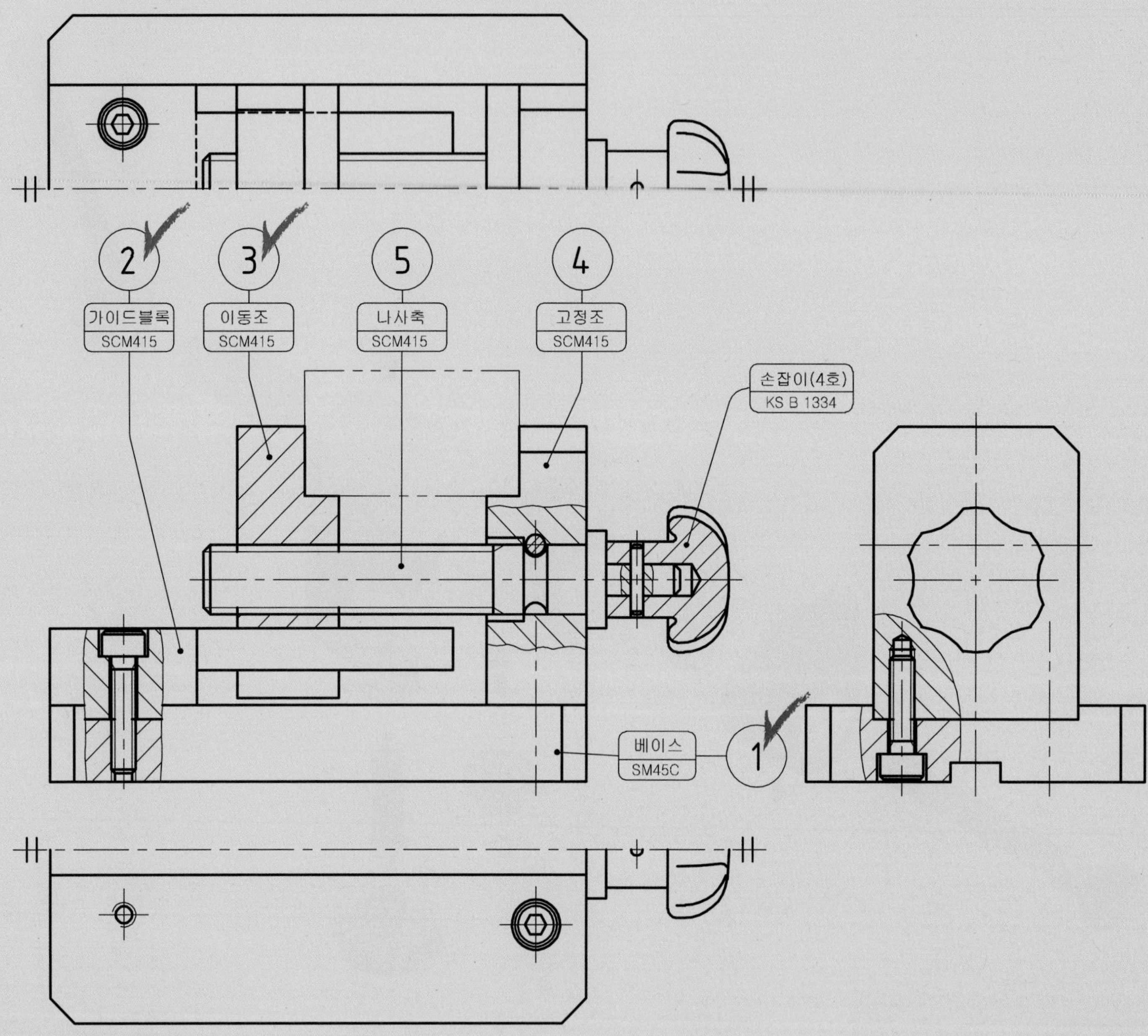
2
가이드블록
SCM415
3
이동조
SCM415
5
나사축
SCM415
4
고정조
SCM415
손잡이(4호)
KS B 1334
베이스
SM45C
1

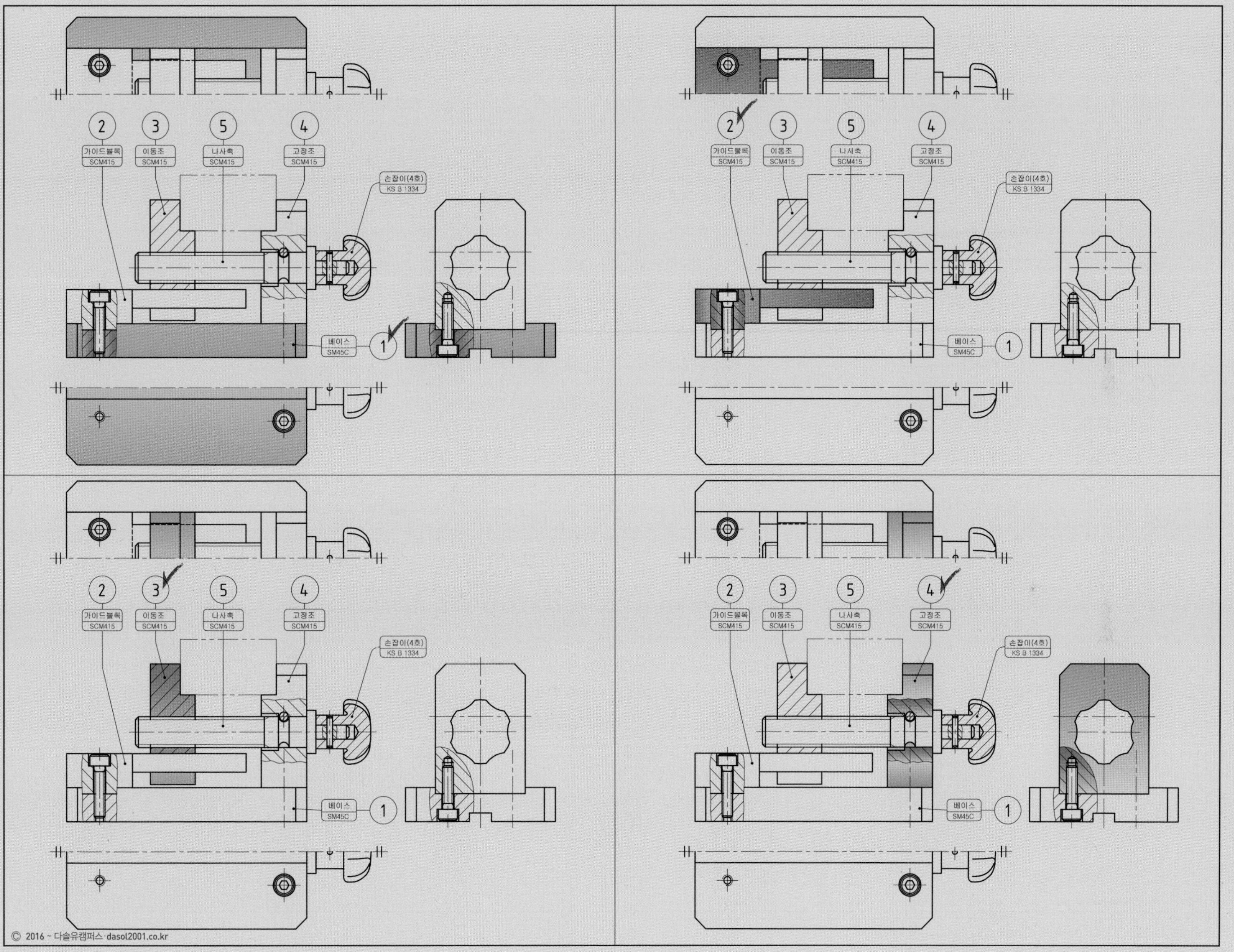

2
가이드블록
SCM415
3
이동조
SCM415
5
나사축
SCM415
4
고정조
SCM415
손잡이(4호)
KS B 1334
베이스
SM45C
1

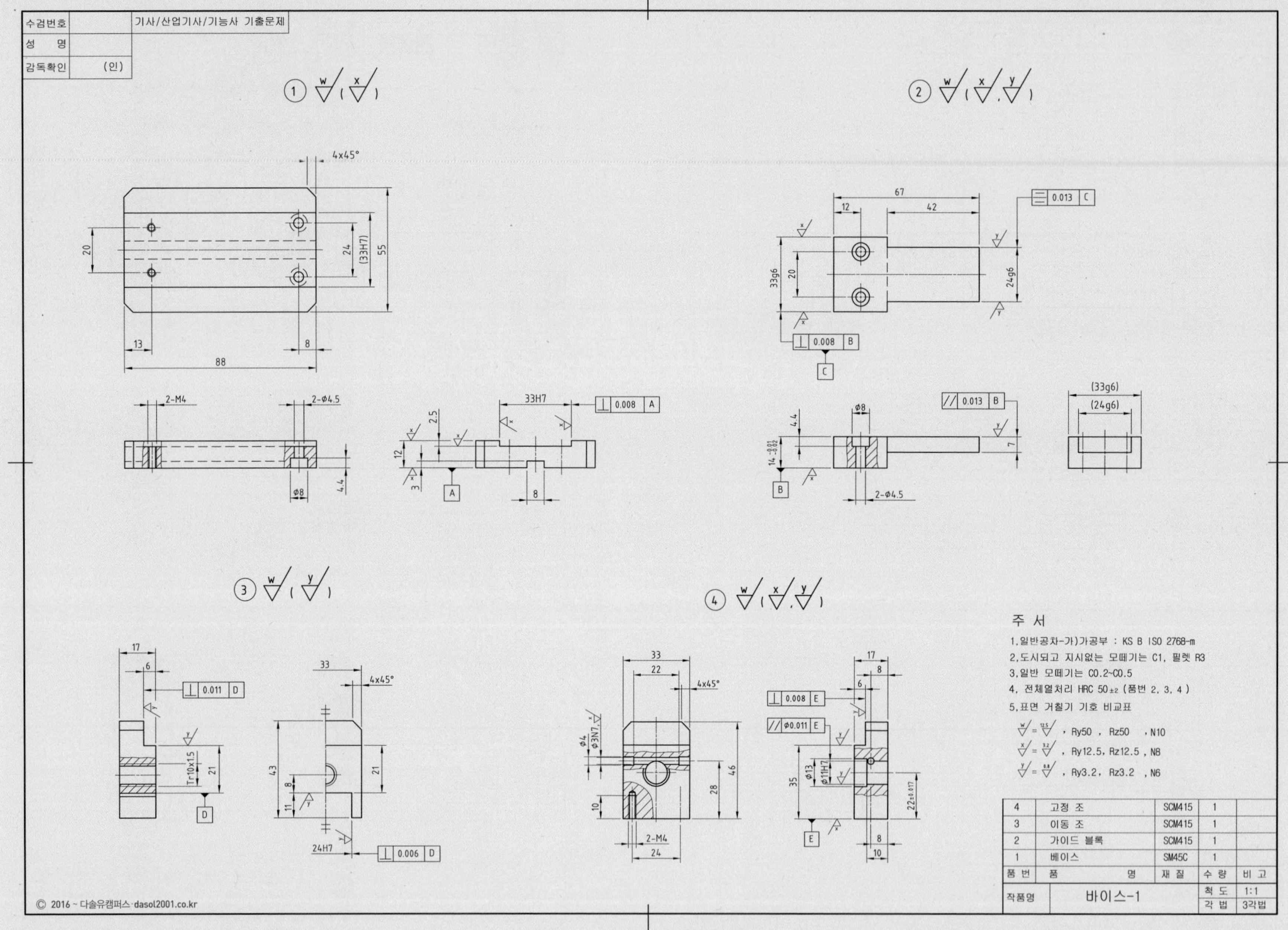

수검번호
기사/산업기사/기능사 기출문제
성 명
감독확인 (인)
주 서
1.일반공차-가)가공부 : KS B ISO 2768-m
2.도시되고 지시없는 모떼기는 C1, 필렛 R3
3.일반 모떼기는 C0.2~C0.5
4. 전체열처리 HRC 50±2 (품번 2, 3, 4 )
5.표면 거칠기 기호 비교표
, Ry50 , Rz50 , N10
, Ry12.5, Rz12.5 , N8
, Ry3.2, Rz3.2 , N6
4 고정 조 SCM415 1
3 이동 조 SCM415 1
2 가이드 블록 SCM415 1
1 베이스 SM45C 1
품 번 품 명 재 질 수 량 비 고
작품명 바이스-1 척 도 1:1 각 법 3각법

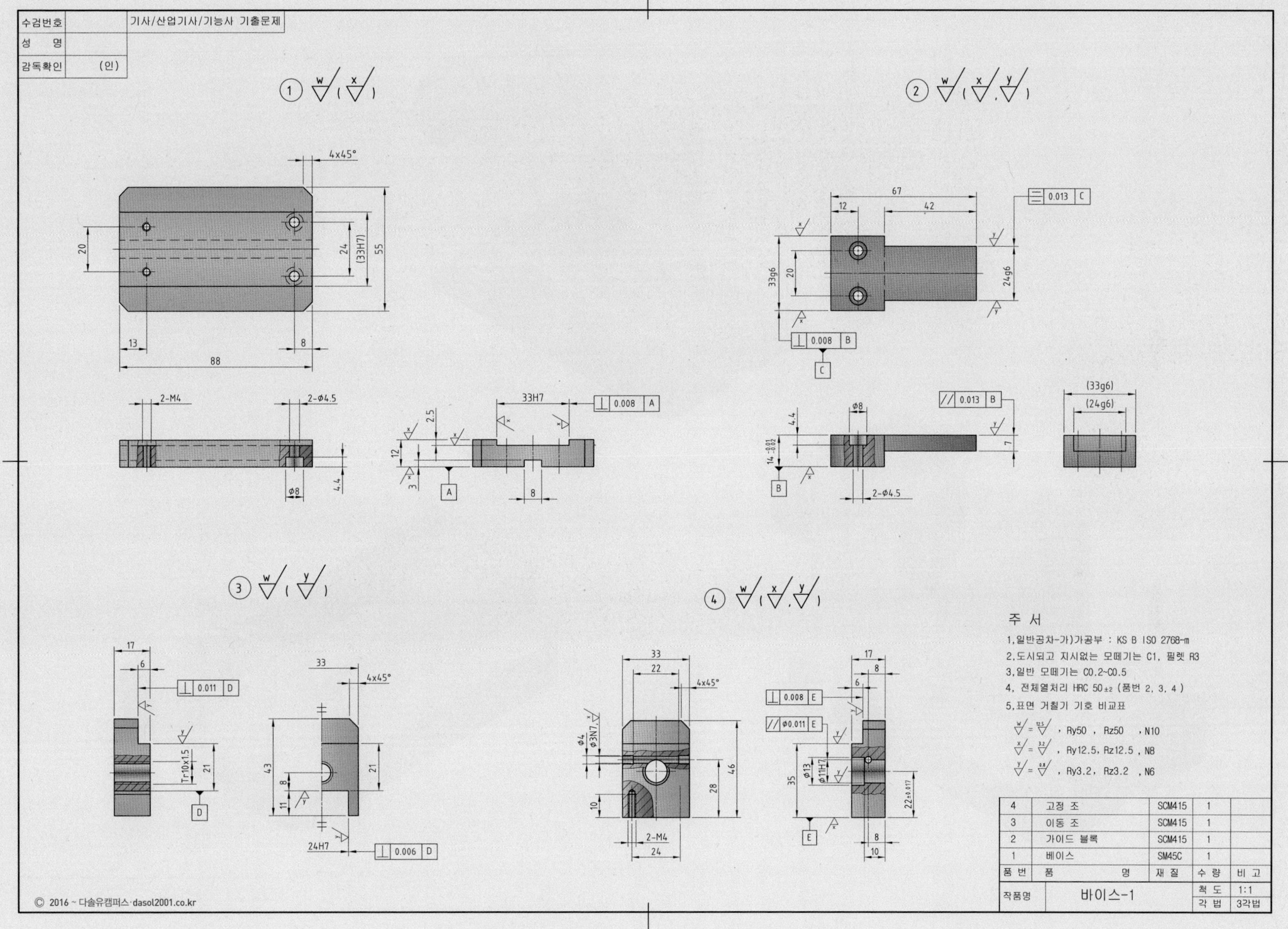

수검번호
성 명
감독확인 (인)
기사/산업기사/기능사 기출문제
주 서
1.일반공차-가)가공부 : KS B ISO 2768-m
2.도시되고 지시없는 모떼기는 C1, 필렛 R3
3.일반 모떼기는 C0.2~C0.5
4, 전체열처리 HRC 50±2 (품번 2, 3, 4 )
5.표면 거칠기 기호 비교표
, Ry50 , Rz50 , N10
, Ry12.5, Rz12.5 , N8
, Ry3.2, Rz3.2 , N6
4 고정 조 SCM415 1
3 이동 조 SCM415 1
2 가이드 블록 SCM415 1
1 베이스 SM45C 1
품 번 품 명 재 질 수 량 비 고
작품명 바이스-1 척 도 1:1 각 법 3각법
© 2016 ~ 다솔유캠퍼스·dasol2001.co.kr

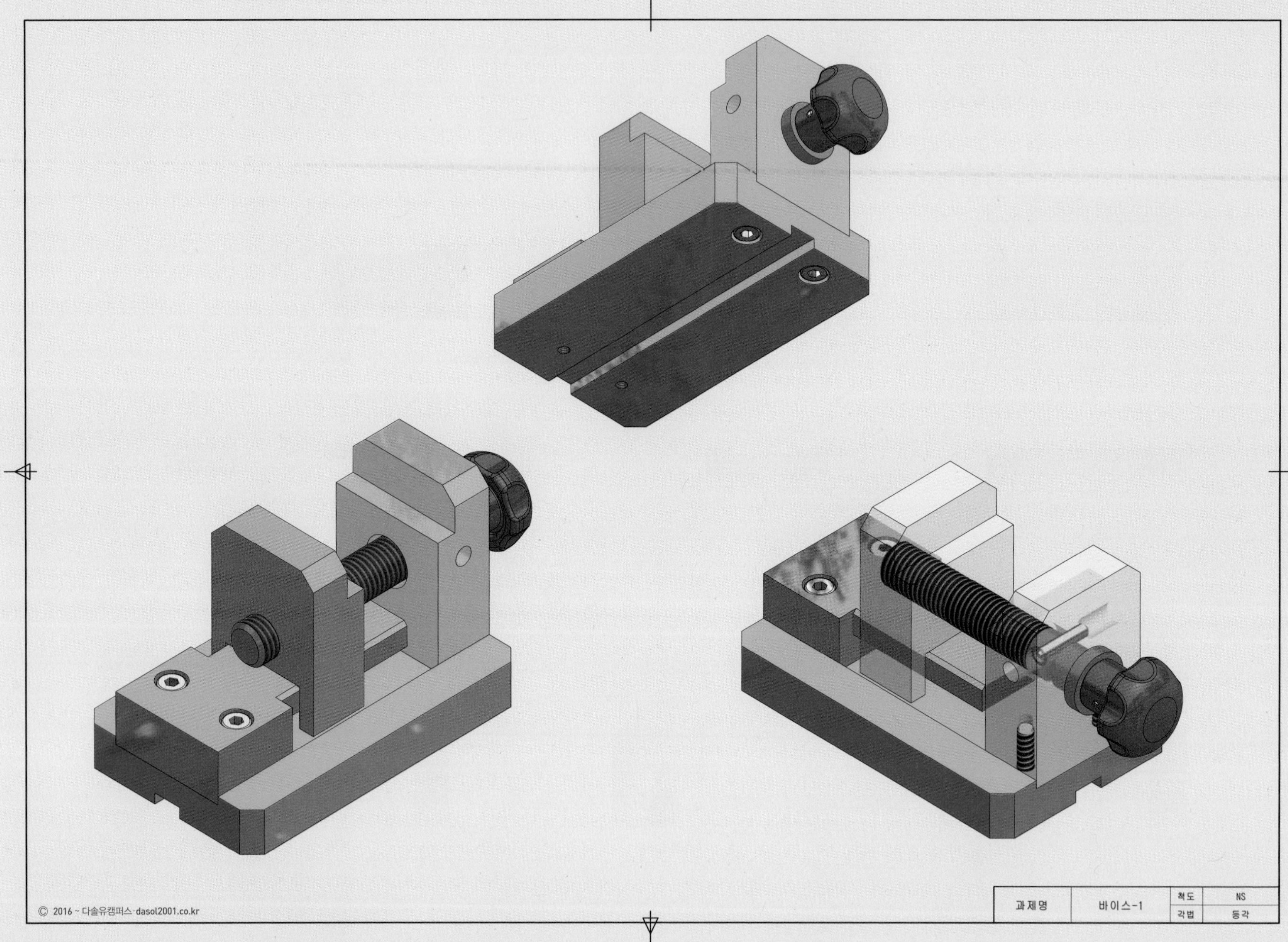

© 2016 ~ 다솔유캠퍼스·dasol2001.co.kr
과제명
바이스-1
척도
NS
각법
등각

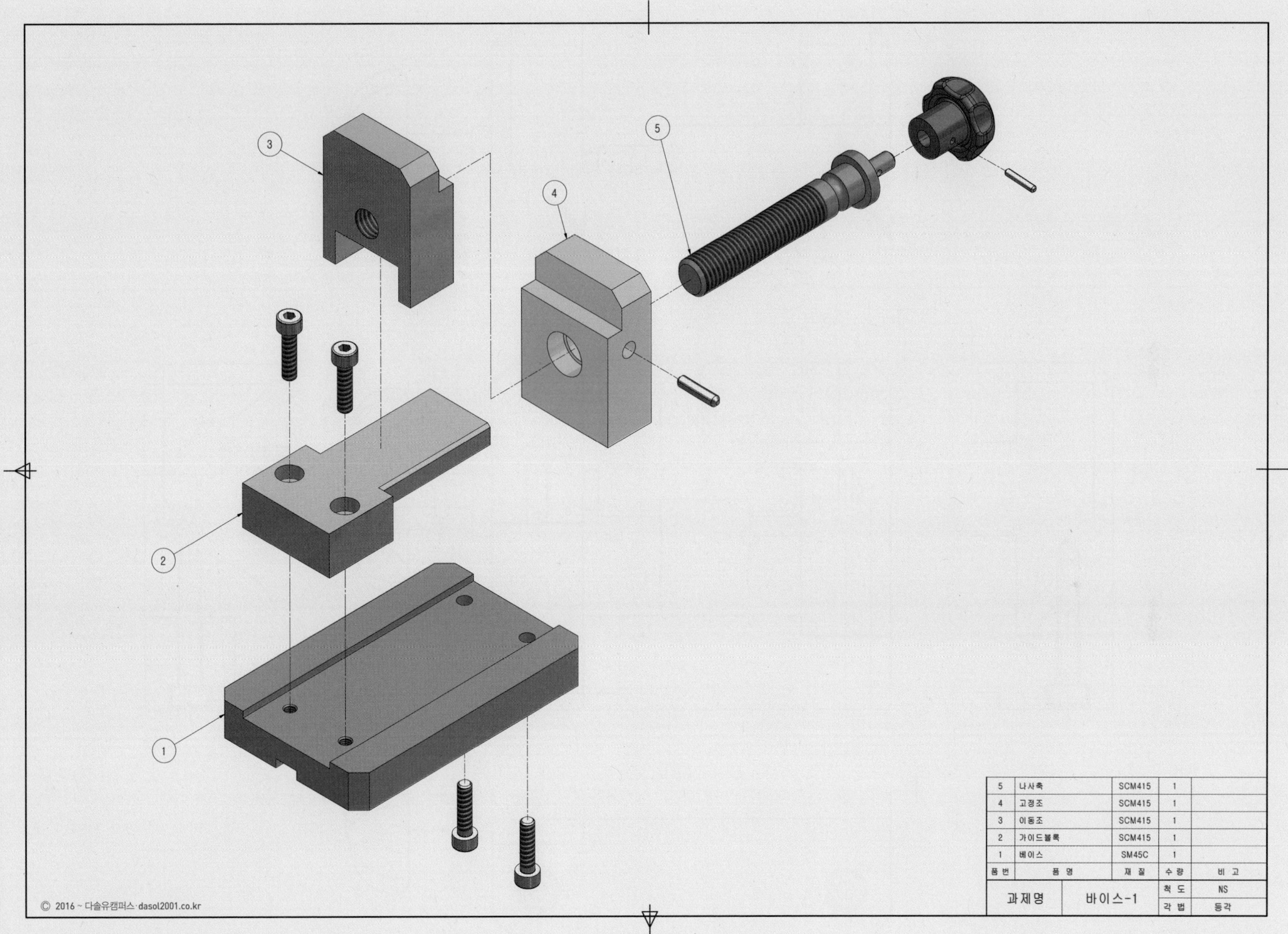


| 5 | 나사축 | SCM415 | 1 | |
|---|---|---|---|---|
| 4 | 고정조 | SCM415 | 1 | |
| 3 | 이동조 | SCM415 | 1 | |
| 2 | 가이드블록 | SCM415 | 1 | |
| 1 | 베이스 | SM45C | 1 | |
| 품번 | 품 명 | 재 질 | 수 량 | 비 고 |
| 과제명 | 바이스-1 | | 척 도 | NS |
| | | | 각 법 | 등각 |

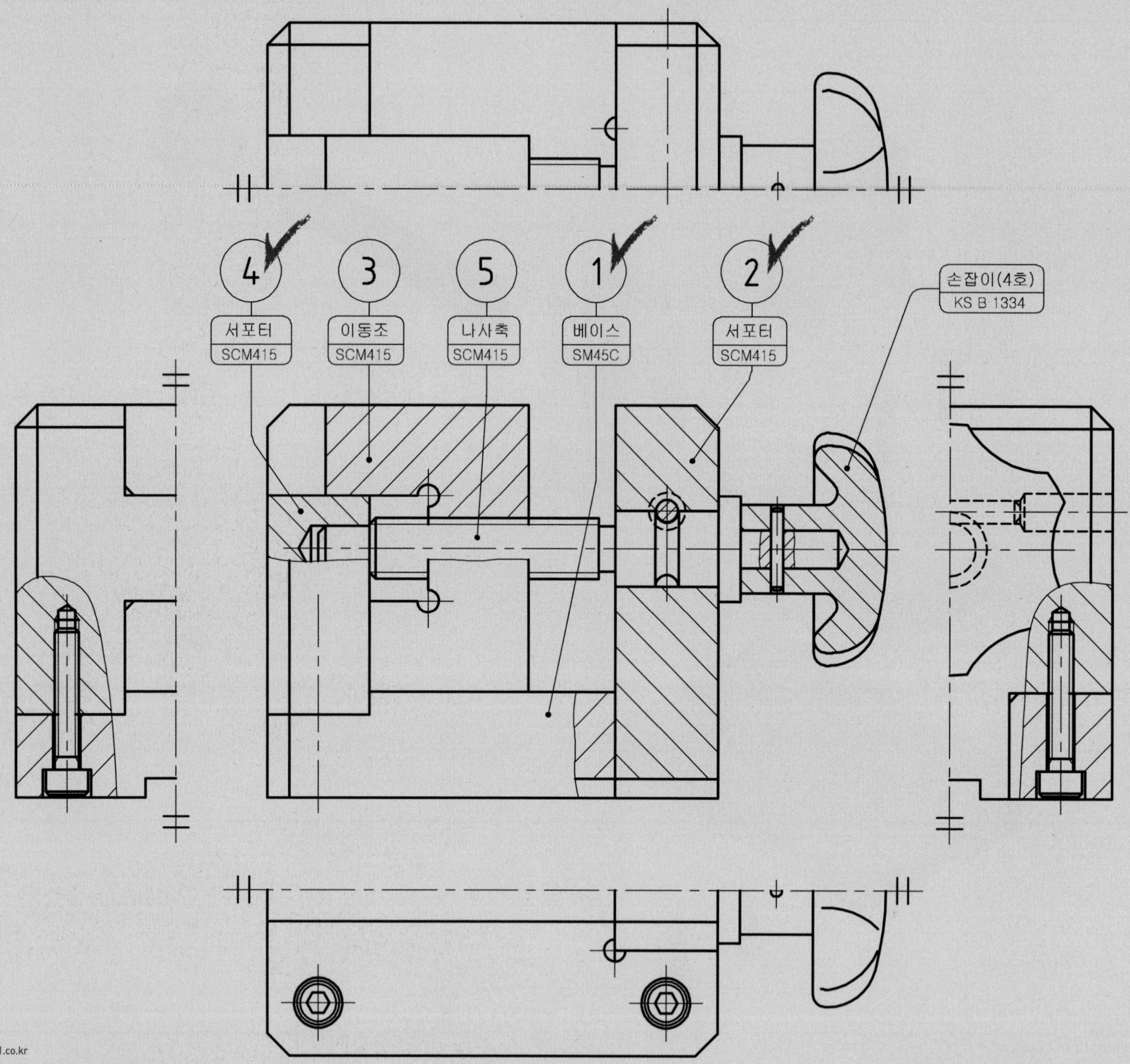
4
3
5
1
2
서포터
SCM415
이동조
SCM415
나사축
SCM415
베이스
SM45C
서포터
SCM415
손잡이(4호)
KS B 1334

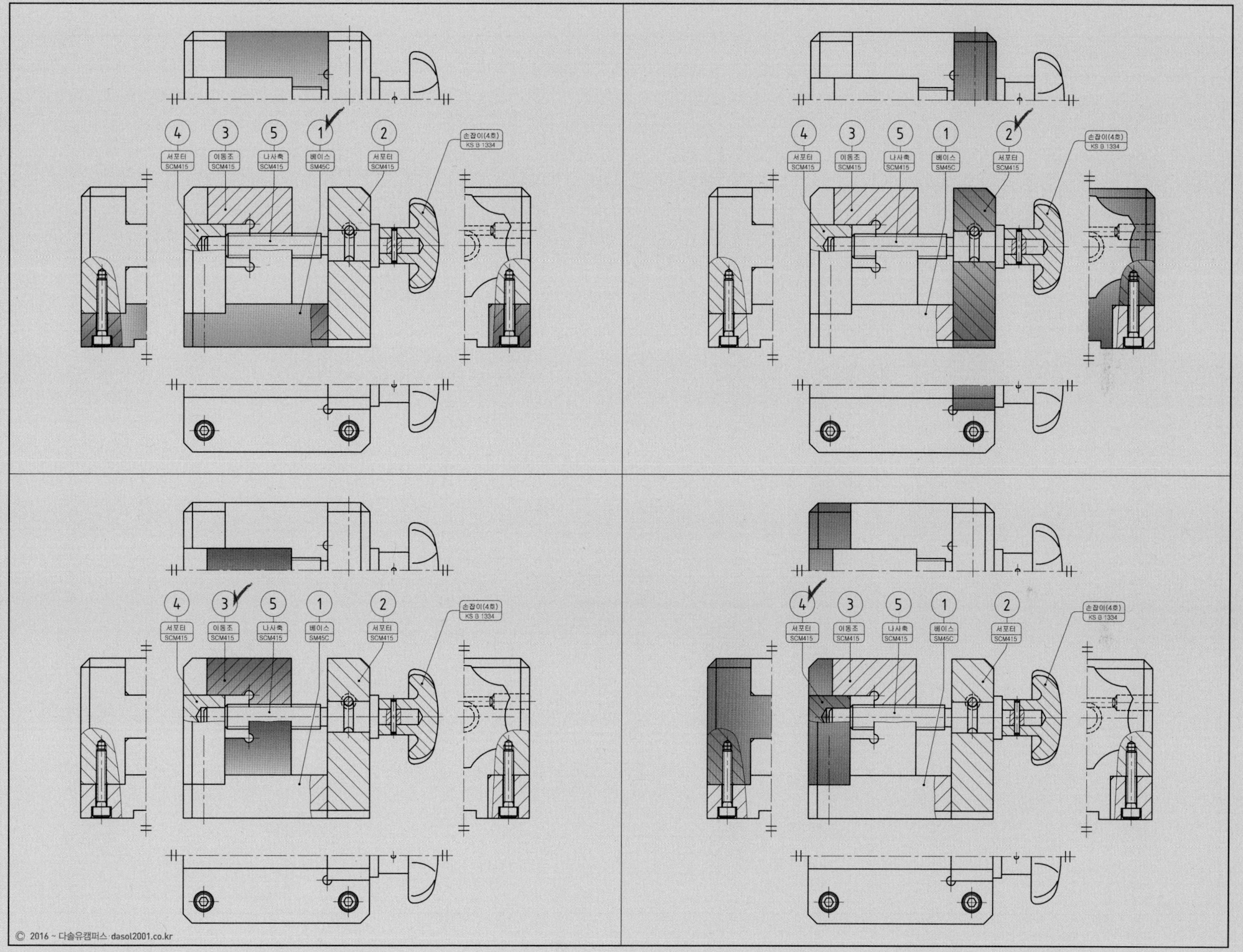
4
3
5
1
2
서포터
SCM415
이동조
SCM415
나사축
SCM415
베이스
SM45C
서포터
SCM415
손잡이(4호)
KS B 1334

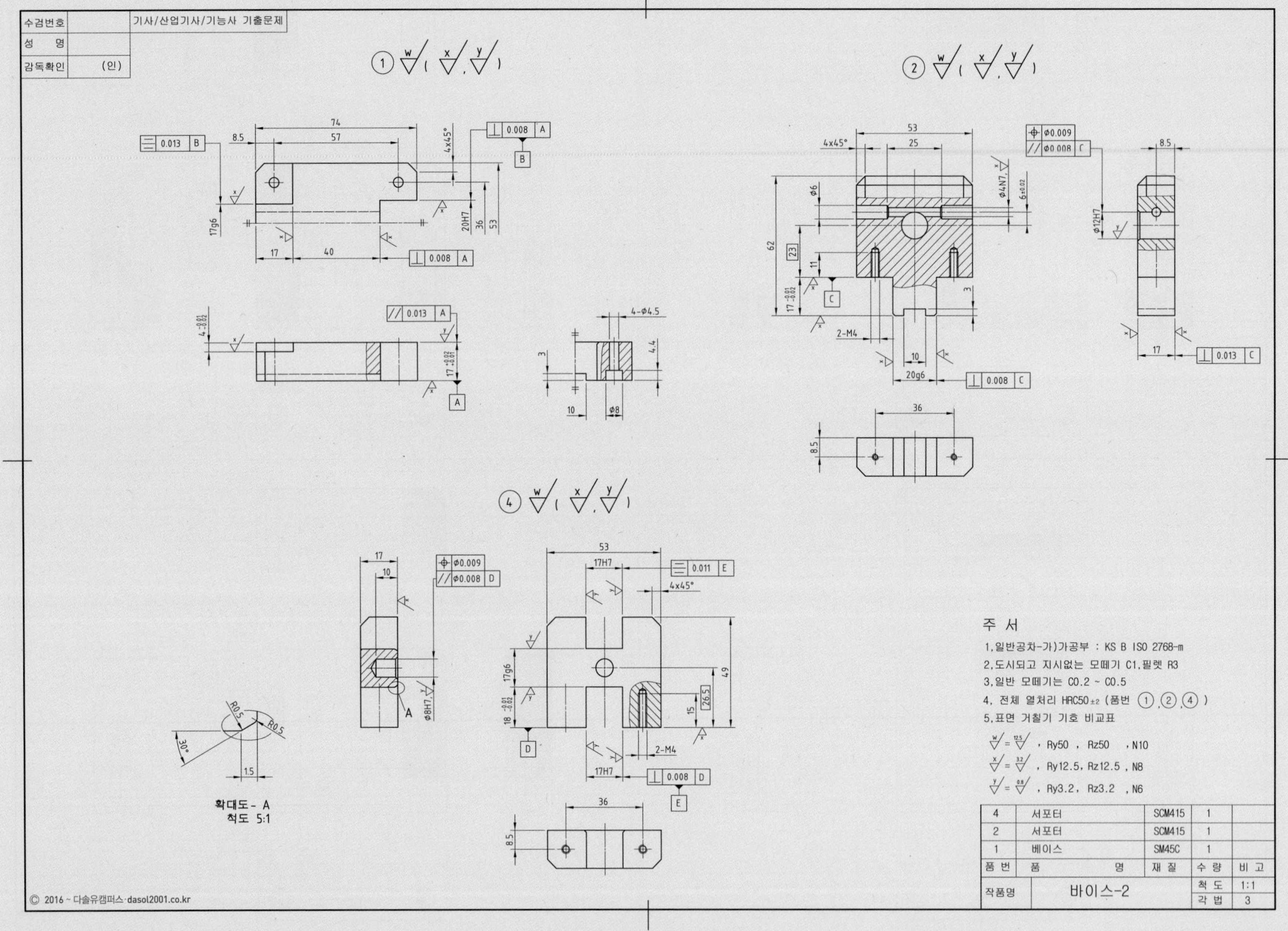
수검번호
성 명
감독확인 (인)
기사/산업기사/기능사 기출문제
확대도- A
척도 5:1
주 서
1,일반공차-가)가공부 : KS B ISO 2768-m
2,도시되고 지시없는 모떼기 C1,필렛 R3
3,일반 모떼기는 C0.2 ~ C0.5
4, 전체 열처리 HRC50±2 (품번 ①,②,④ )
5,표면 거칠기 기호 비교표
, Ry50 , Rz50 , N10
, Ry12.5, Rz12.5 , N8
, Ry3.2, Rz3.2 , N6
4 서포터 SCM415 1
2 서포터 SCM415 1
1 베이스 SM45C 1
품 번 품 명 재 질 수 량 비 고
작품명 바이스-2
척 도 1:1
각 법 3
© 2016 ~ 다솔유캠퍼스 dasol2001.co.kr

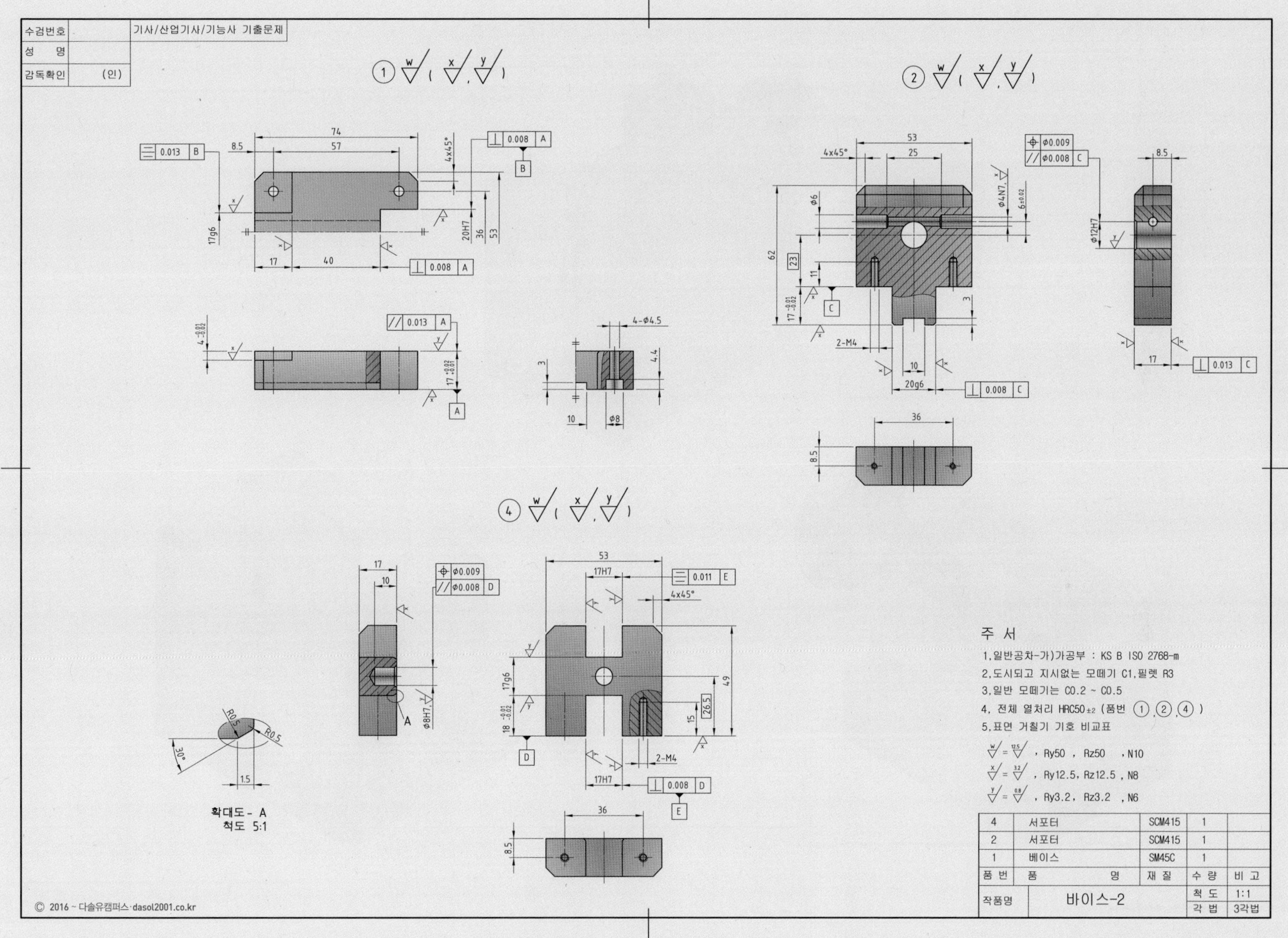

수검번호
성 명
감독확인 (인)
기사/산업기사/기능사 기출문제
확대도- A
척도 5:1
주 서
1.일반공차-가)가공부 : KS B ISO 2768-m
2.도시되고 지시없는 모떼기 C1,필렛 R3
3.일반 모떼기는 C0.2 ~ C0.5
4, 전체 열처리 HRC50±2 (품번 ①,②,④ )
5.표면 거칠기 기호 비교표
, Ry50 , Rz50 , N10
, Ry12.5, Rz12.5 , N8
, Ry3.2, Rz3.2 , N6
4 서포터 SCM415 1
2 서포터 SCM415 1
1 베이스 SM45C 1
품 번 품 명 재 질 수 량 비 고
작품명 바이스-2 척 도 1:1 각 법 3각법
© 2016 ~ 다솔유캠퍼스·dasol2001.co.kr

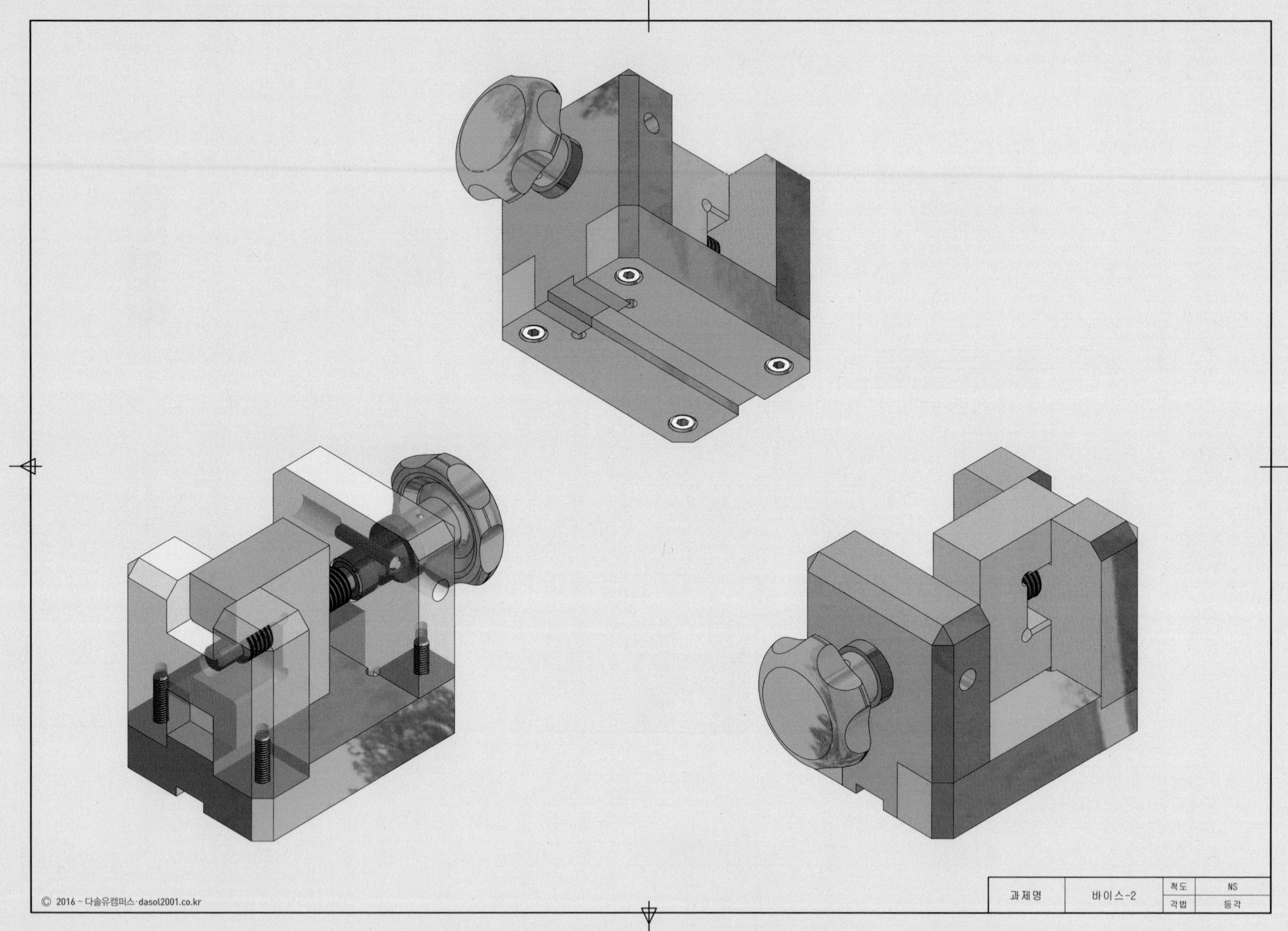
과제명
바이스-2
척도
NS
각법
등각
© 2016 ~ 다솔유캠퍼스 · dasol2001.co.kr

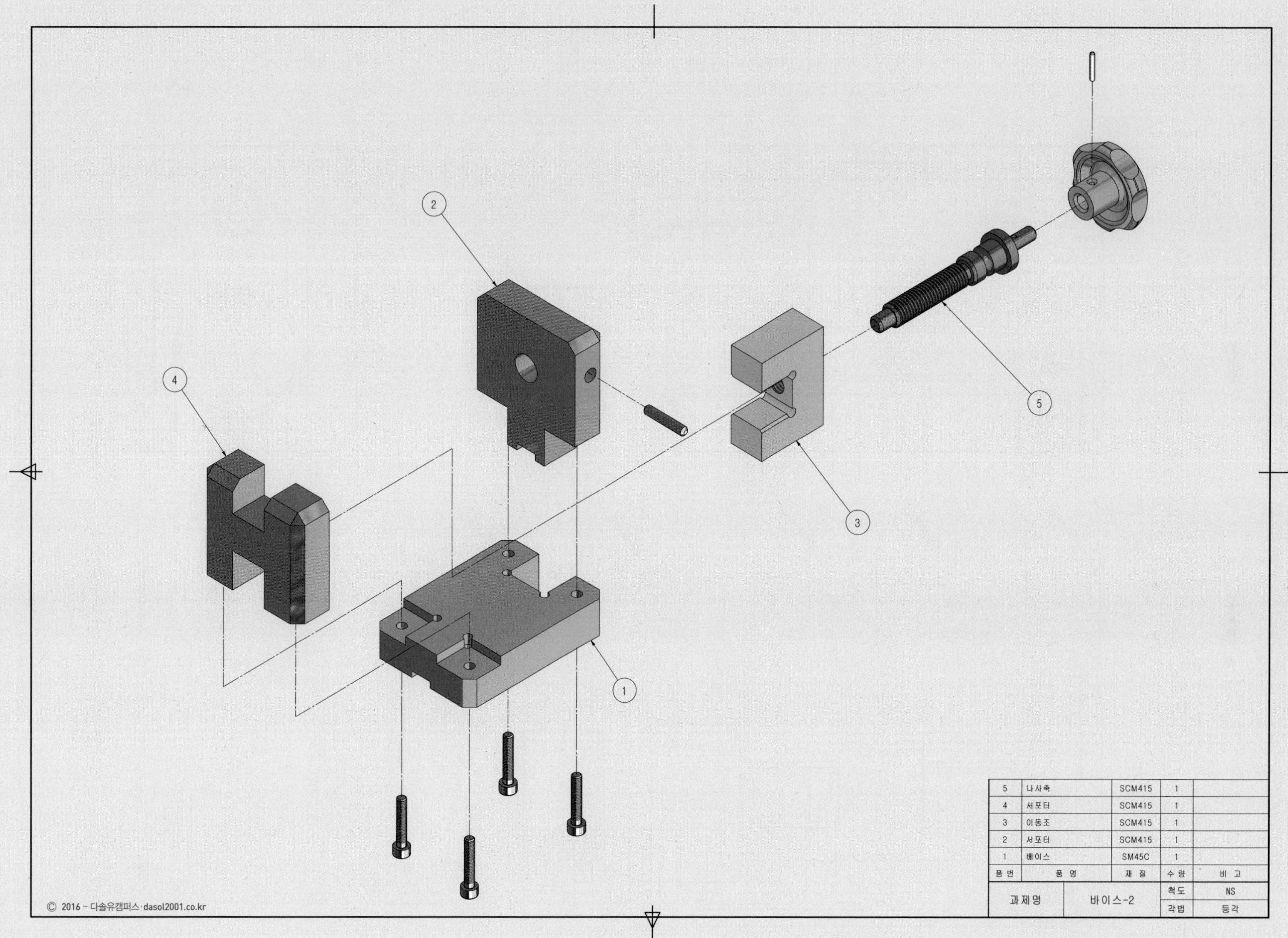
2
4
5
3
1
5 나사축 SCM415 1
4 서포터 SCM415 1
3 이동조 SCM415 1
2 서포터 SCM415 1
1 베이스 SM45C 1
품번 품명 재질 수량 비고
과제명 바이스-2 척도 NS
각법 등각
© 2016 ~ 다솔유캠퍼스·dasol2001.co.kr

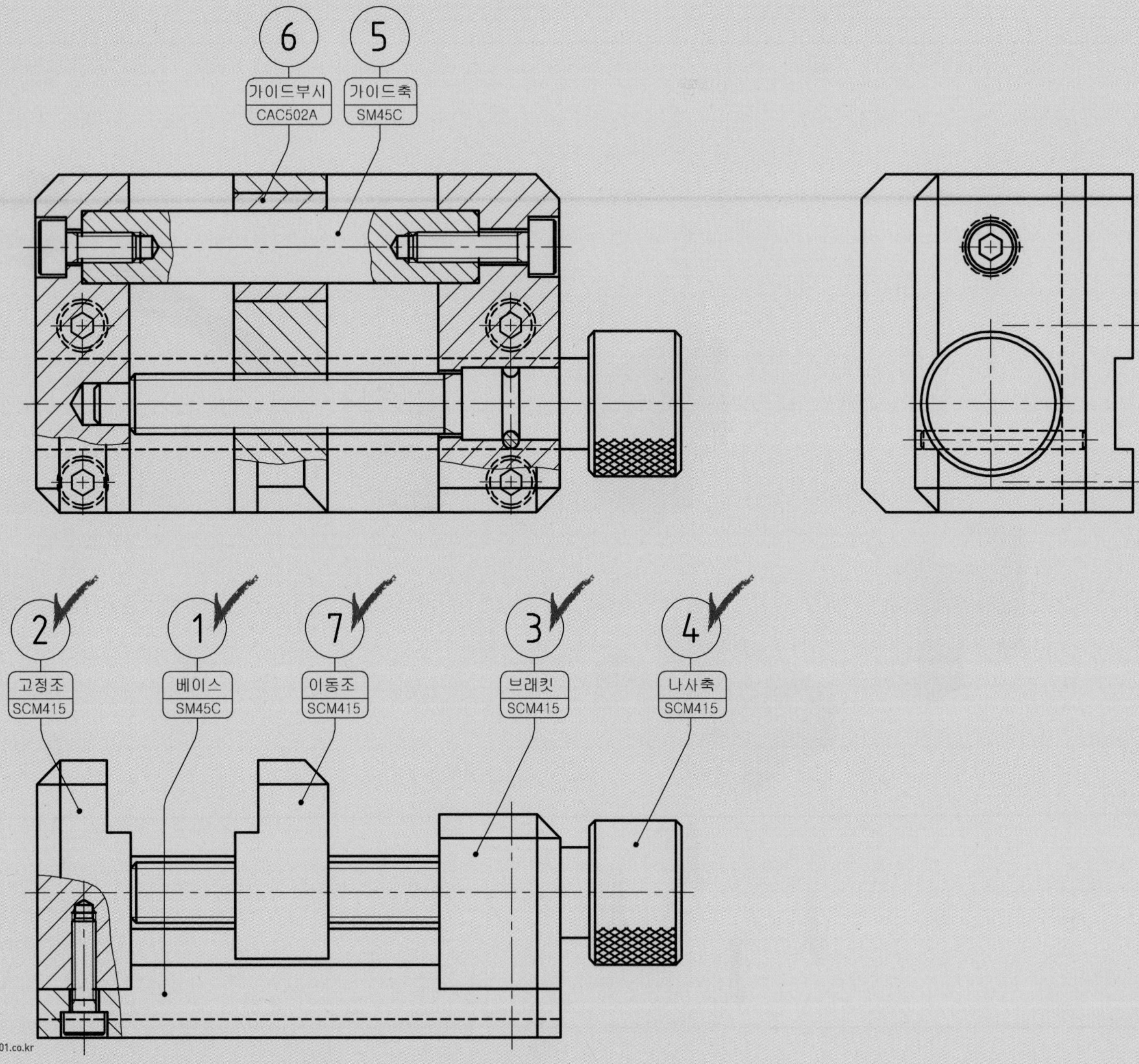
6
가이드부시
CAC502A
5
가이드축
SM45C
2
고정조
SCM415
1
베이스
SM45C
7
이동조
SCM415
3
브래킷
SCM415
4
나사축
SCM415

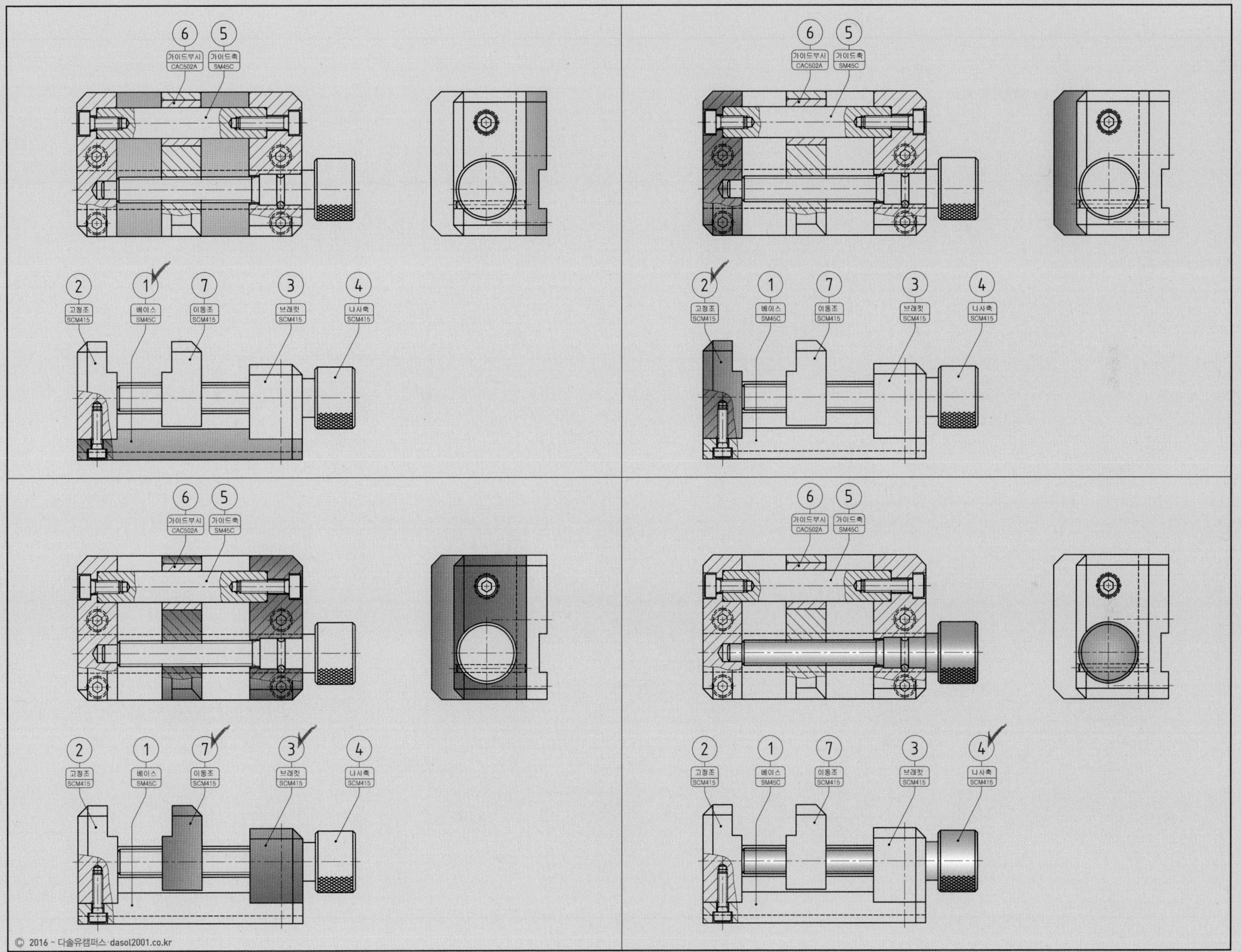
6 가이드부시 CAC502A
5 가이드축 SM45C
2 고정조 SCM415
1 베이스 SM45C
7 이동조 SCM415
3 브래킷 SCM415
4 나사축 SCM415

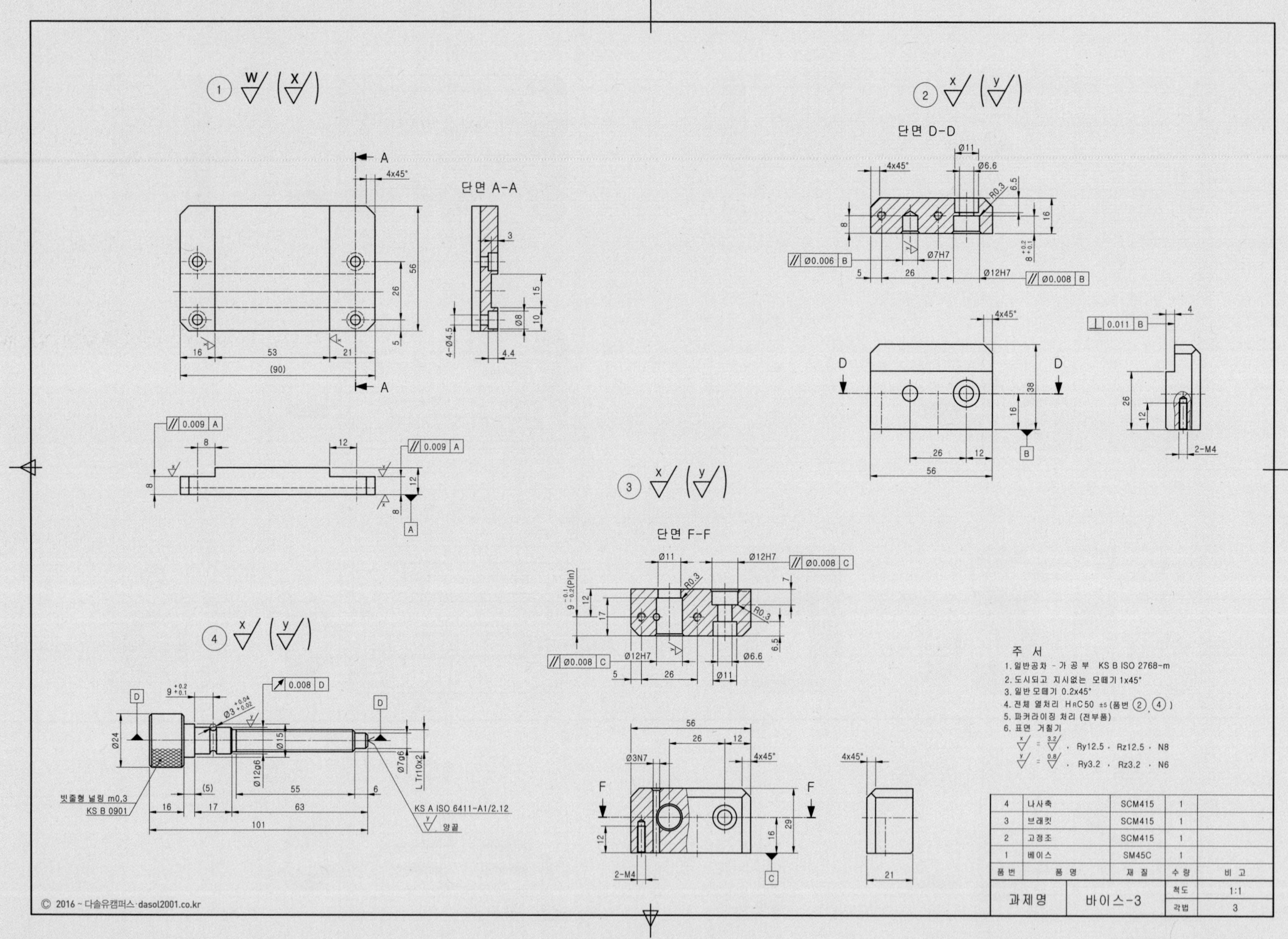
단면 A-A
단면 D-D
단면 F-F
주 서
1. 일반공차 - 가 공 부 KS B ISO 2768-m
2. 도시되고 지시없는 모떼기 1x45°
3. 일반 모떼기 0.2x45°
4. 전체 열처리 HRC50 ±5 (품번 ②, ④)
5. 파커라이징 처리 (전부품)
6. 표면 거칠기
x = 3.2 , Ry12.5 , Rz12.5 , N8
y = 0.8 , Ry3.2 , Rz3.2 , N6
빗줄형 널링 m0.3
KS B 0901
KS A ISO 6411-A1/2.12
양끝
4 나사축 SCM415 1
3 브래킷 SCM415 1
2 고정조 SCM415 1
1 베이스 SM45C 1
품번 품 명 재 질 수 량 비 고
과제명 바이스-3
척도 1:1
각법 3
© 2016 ~ 다솔유캠퍼스·dasol2001.co.kr

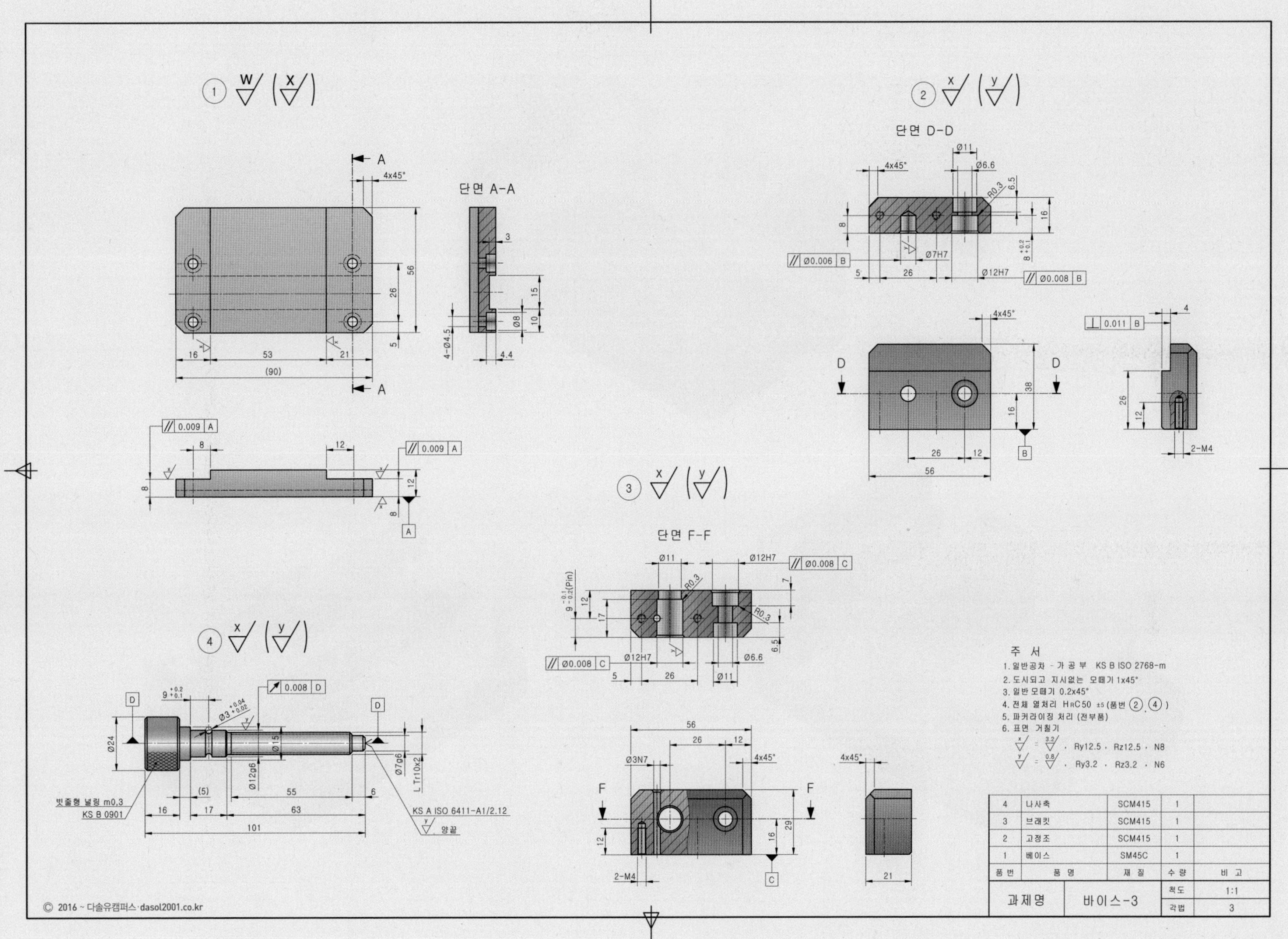


| 품 번 | 품 명 | 재 질 | 수 량 | 비 고 |
|---|---|---|---|---|
| 4 | 나사축 | SCM415 | 1 | |
| 3 | 브래킷 | SCM415 | 1 | |
| 2 | 고정조 | SCM415 | 1 | |
| 1 | 베이스 | SM45C | 1 | |

| 과제명 | 바이스-3 | 척도 | 1:1 |
|---|---|---|---|
| | | 각법 | 3 |

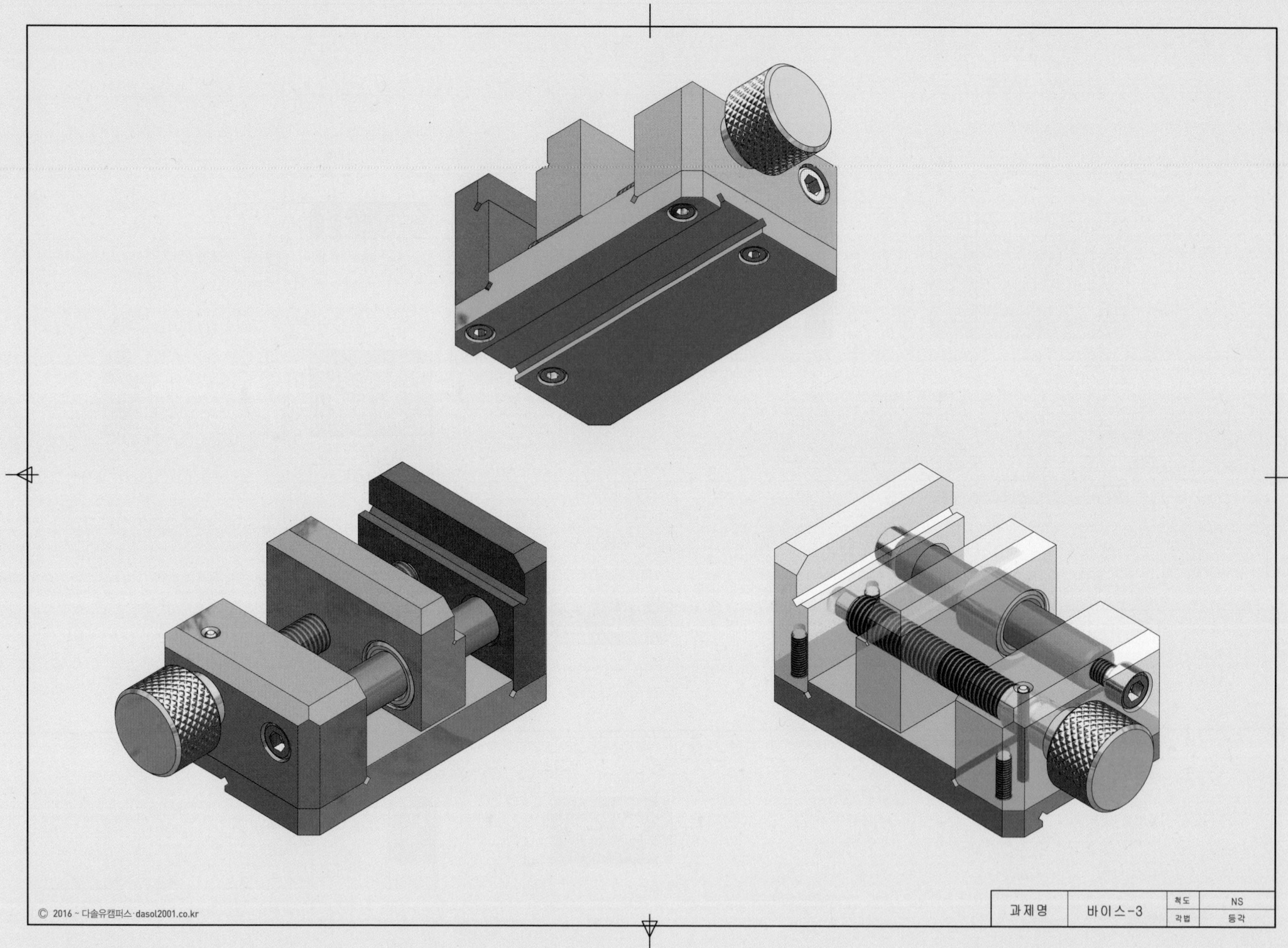
과제명
바이스-3
척도
NS
각법
등각

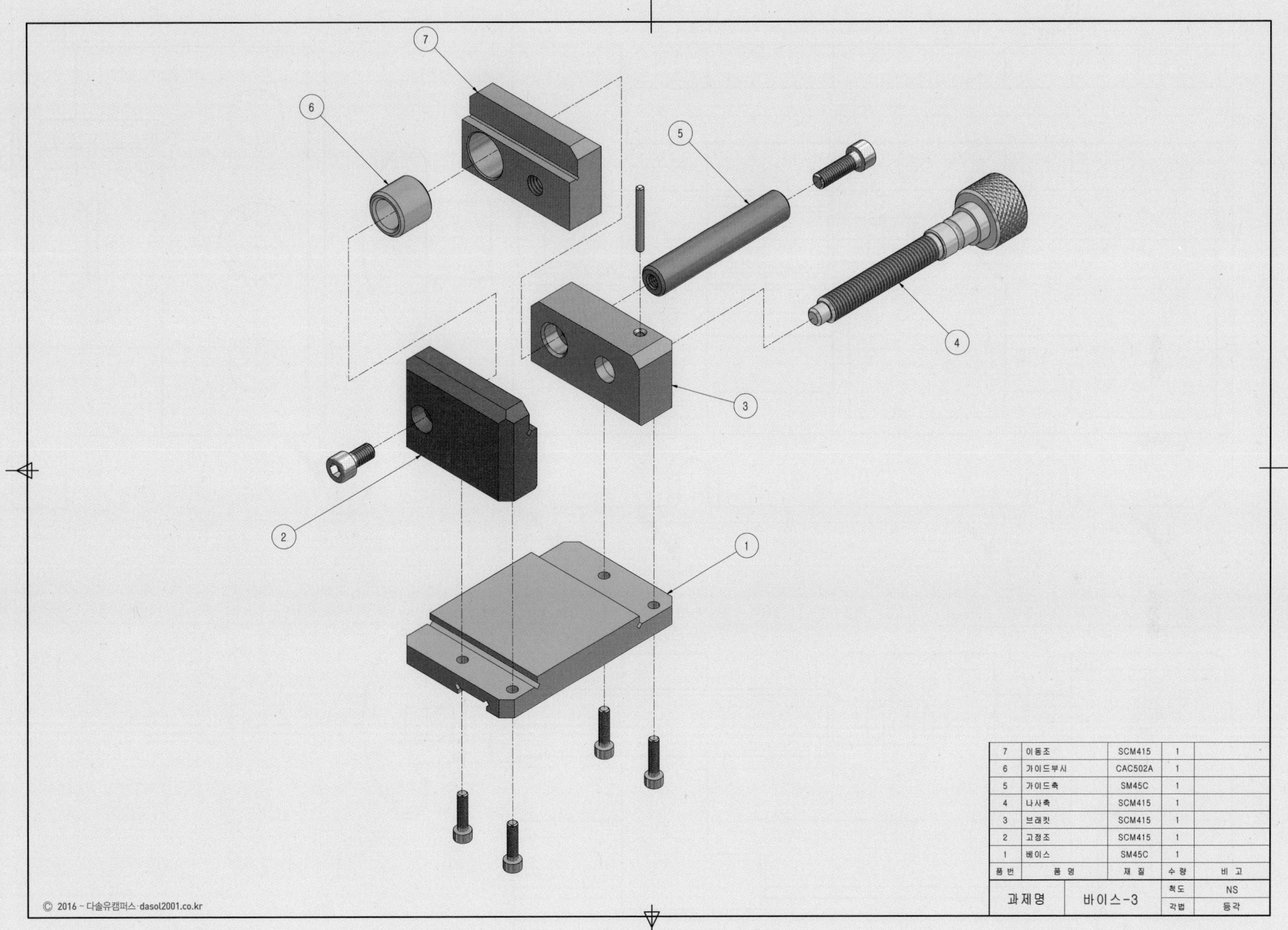


| 7 | 이동조 | SCM415 | 1 | |
|---|---|---|---|---|
| 6 | 가이드부시 | CAC502A | 1 | |
| 5 | 가이드축 | SM45C | 1 | |
| 4 | 나사축 | SCM415 | 1 | |
| 3 | 브래킷 | SCM415 | 1 | |
| 2 | 고정조 | SCM415 | 1 | |
| 1 | 베이스 | SM45C | 1 | |
| 품번 | 품명 | 재질 | 수량 | 비고 |

| 과제명 | 바이스-3 | 척도 | NS |
|---|---|---|---|
| | | 각법 | 등각 |

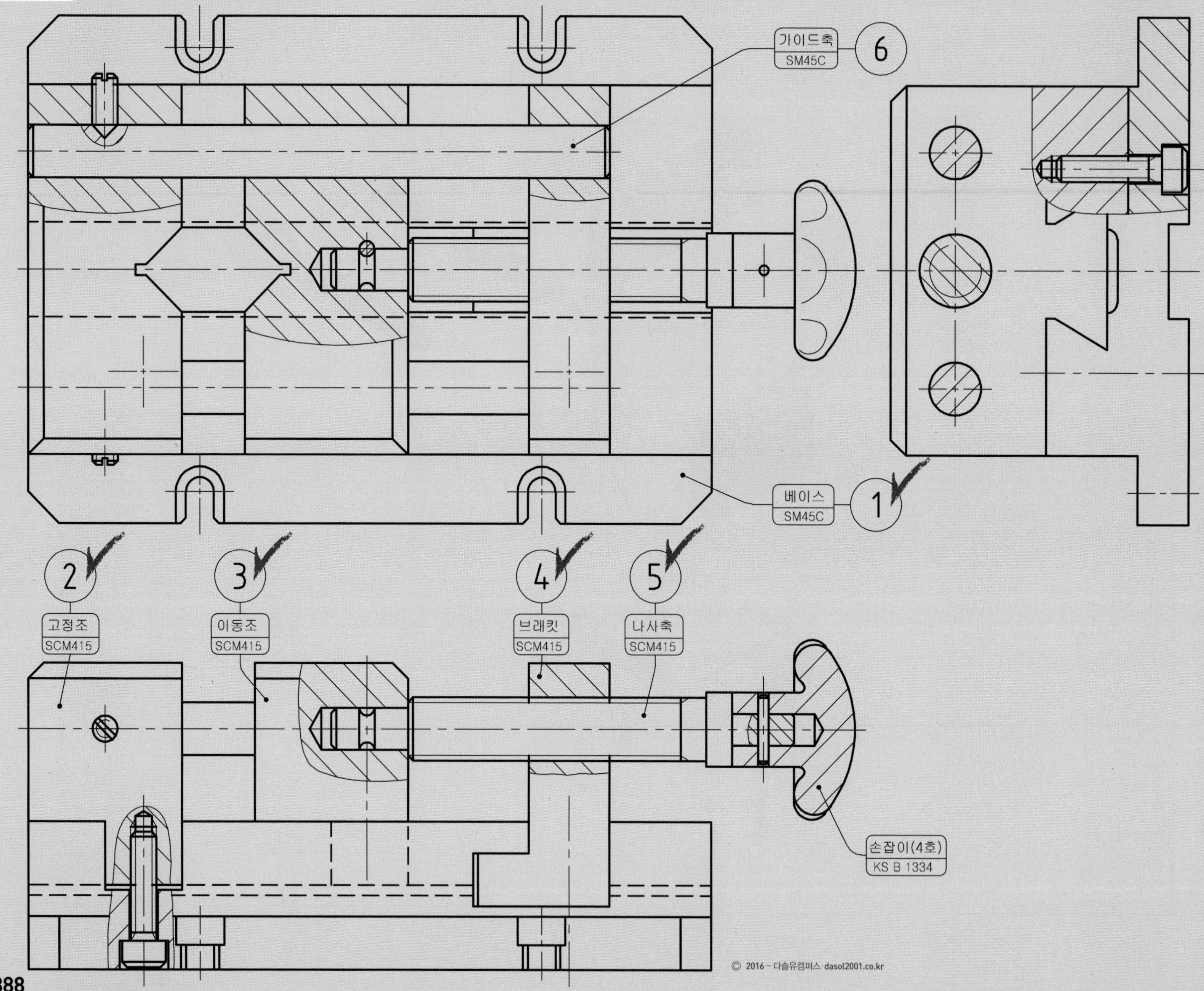

가이드축
SM45C
6
베이스
SM45C
1
2
고정조
SCM415
3
이동조
SCM415
4
브래킷
SCM415
5
나사축
SCM415
손잡이(4호)
KS B 1334

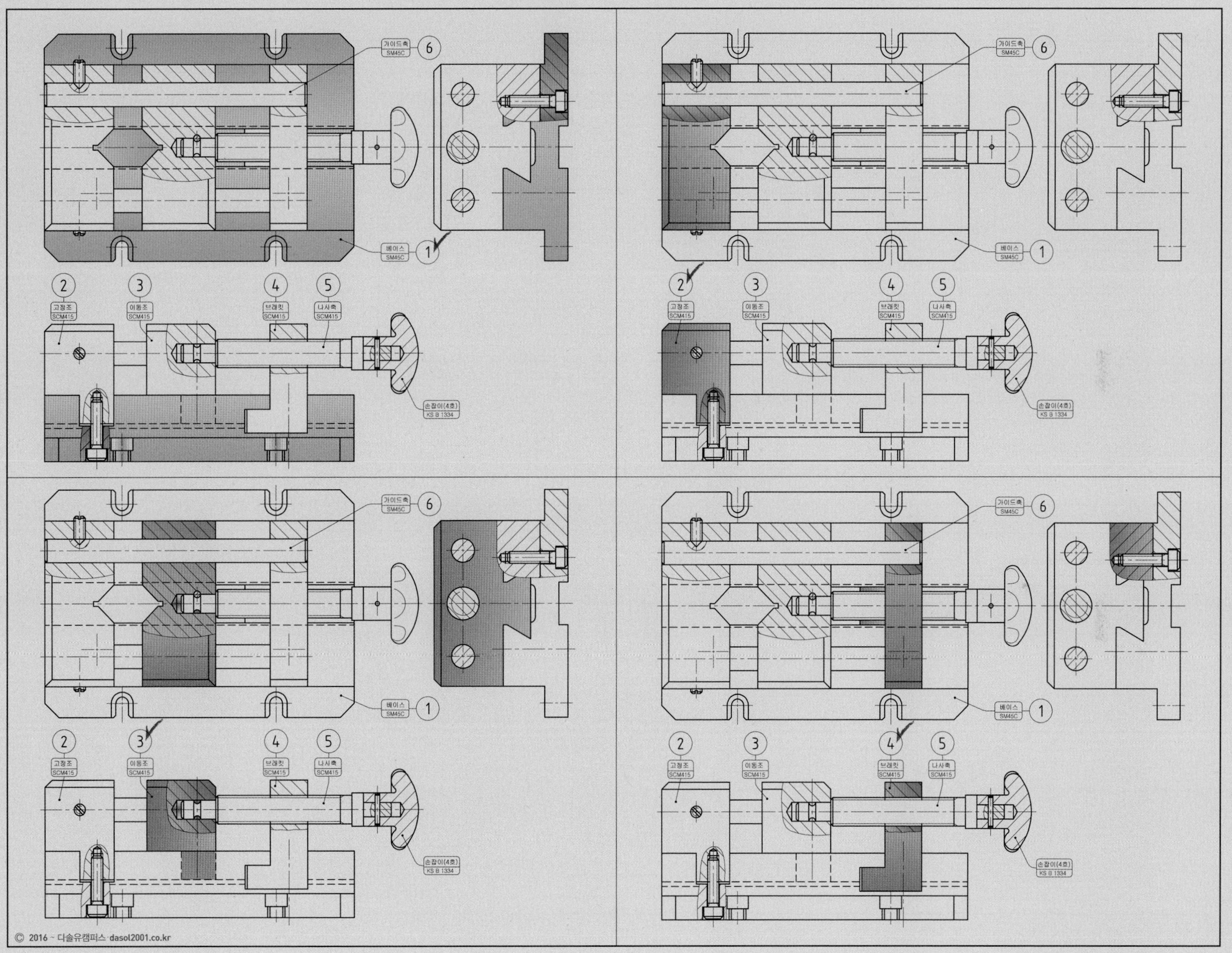

가이드축 SM45C 6
베이스 SM45C 1
2 고정조 SCM415
3 이동조 SCM415
4 브래킷 SCM415
5 나사축 SCM415
손잡이(4호) KS B 1334

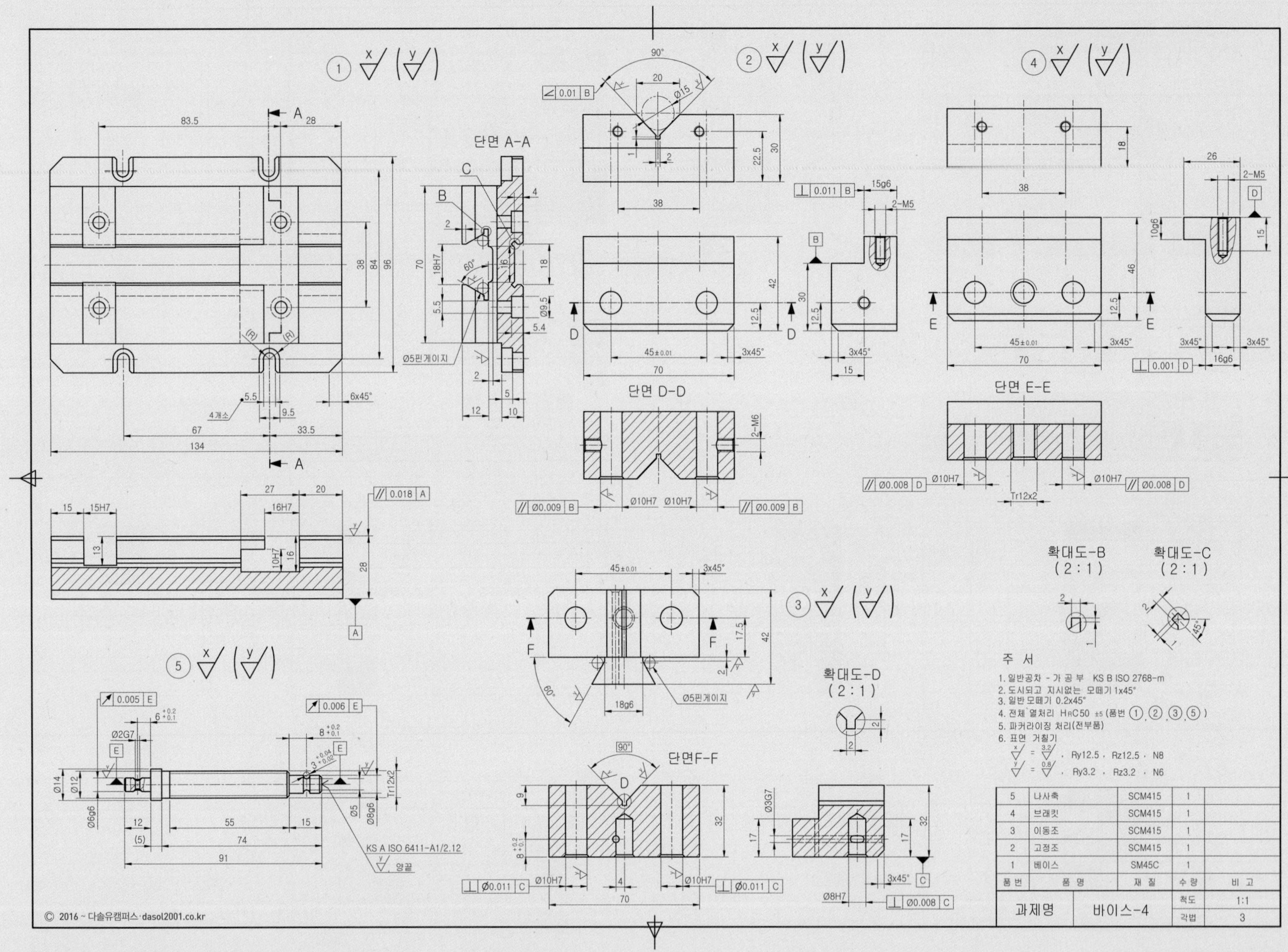

단면 A-A
단면 D-D
단면 E-E
단면F-F
확대도-B (2 : 1)
확대도-C (2 : 1)
확대도-D (2 : 1)
Ø5핀게이지
4개소
KS A ISO 6411-A1/2.12
양끝
주 서
1. 일반공차 - 가 공 부 KS B ISO 2768-m
2. 도시되고 지시없는 모떼기 1x45°
3. 일반 모떼기 0.2x45°
4. 전체 열처리 HRC50 ±5 (품번 ①,②,③,⑤)
5. 파커라이징 처리(전부품)
6. 표면 거칠기
x = 3.2, Ry12.5 , Rz12.5 , N8
y = 0.8, Ry3.2 , Rz3.2 , N6
5 | 나사축 | SCM415 | 1
4 | 브래킷 | SCM415 | 1
3 | 이동조 | SCM415 | 1
2 | 고정조 | SCM415 | 1
1 | 베이스 | SM45C | 1
품 번 | 품 명 | 재 질 | 수 량 | 비 고
과제명 | 바이스-4 | 척도 1:1 | 각법 3
© 2016 ~ 다솔유캠퍼스 dasol2001.co.kr

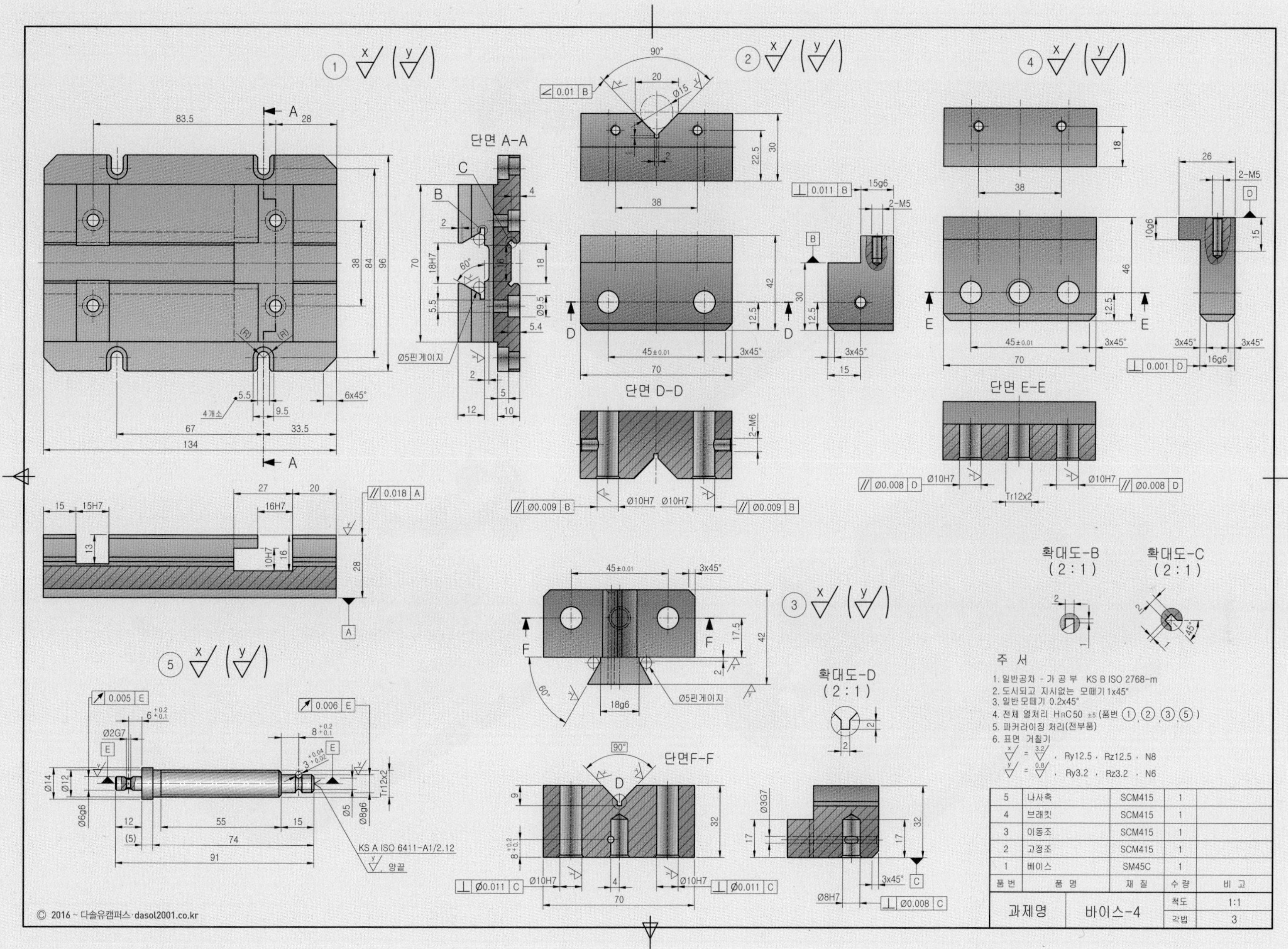
단면 A-A
단면 D-D
단면 E-E
단면F-F
확대도-B (2:1)
확대도-C (2:1)
확대도-D (2:1)
Ø5핀게이지
4개소
KS A ISO 6411-A1/2.12
양끝
주 서
1. 일반공차 - 가 공 부 KS B ISO 2768-m
2. 도시되고 지시없는 모떼기 1x45°
3. 일반 모떼기 0.2x45°
4. 전체 열처리 HRC50 ±5 (품번 ①, ②, ③, ⑤)
5. 파커라이징 처리(전부품)
6. 표면 거칠기
x = 3.2, Ry12.5 , Rz12.5 , N8
y = 0.8, Ry3.2 , Rz3.2 , N6
5 나사축 SCM415 1
4 브래킷 SCM415 1
3 이동조 SCM415 1
2 고정조 SCM415 1
1 베이스 SM45C 1
품번 품명 재질 수량 비고
과제명 바이스-4 척도 1:1 각법 3
© 2016 ~ 다솔유캠퍼스 · dasol2001.co.kr

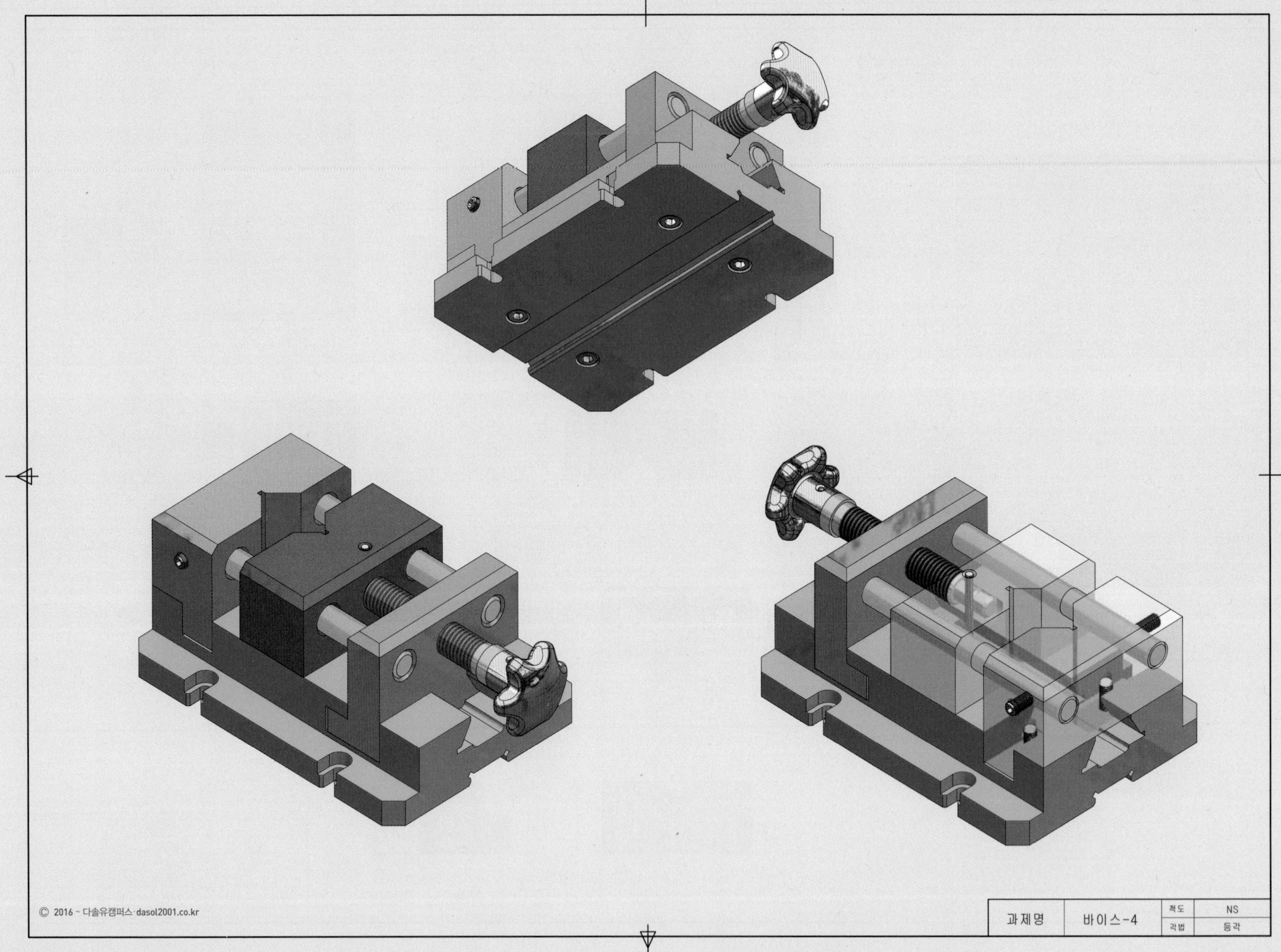
© 2016 ~ 다솔유캠퍼스 dasol2001.co.kr
과제명
바이스-4
척도
NS
각법
등각

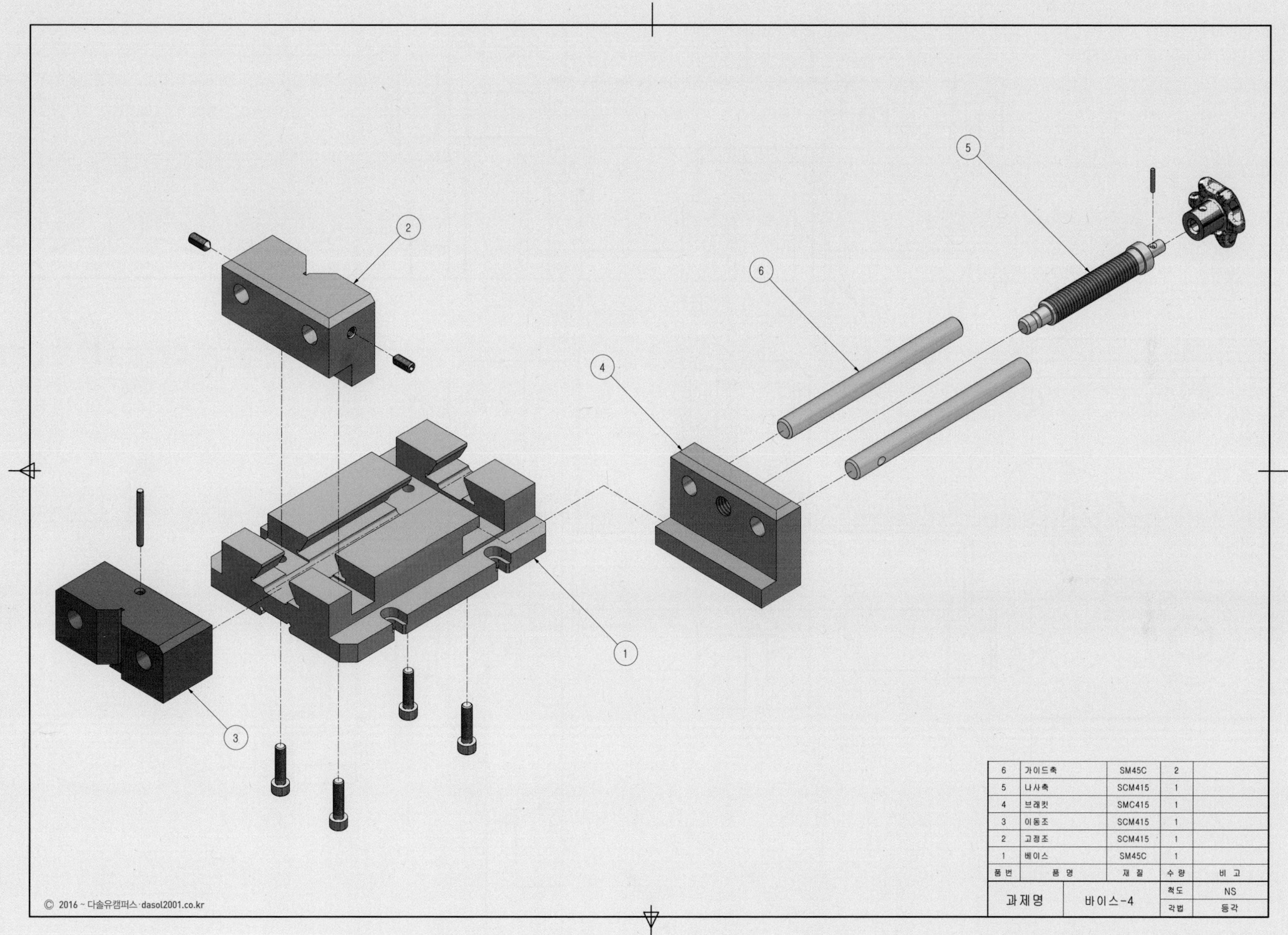


| 6 | 가이드축 | SM45C | 2 | |
|---|---|---|---|---|
| 5 | 나사축 | SCM415 | 1 | |
| 4 | 브래킷 | SMC415 | 1 | |
| 3 | 이동조 | SCM415 | 1 | |
| 2 | 고정조 | SCM415 | 1 | |
| 1 | 베이스 | SM45C | 1 | |
| 품번 | 품 명 | 재 질 | 수 량 | 비 고 |
| 과제명 | 바이스-4 | | 척도 | NS |
| | | | 각법 | 등각 |

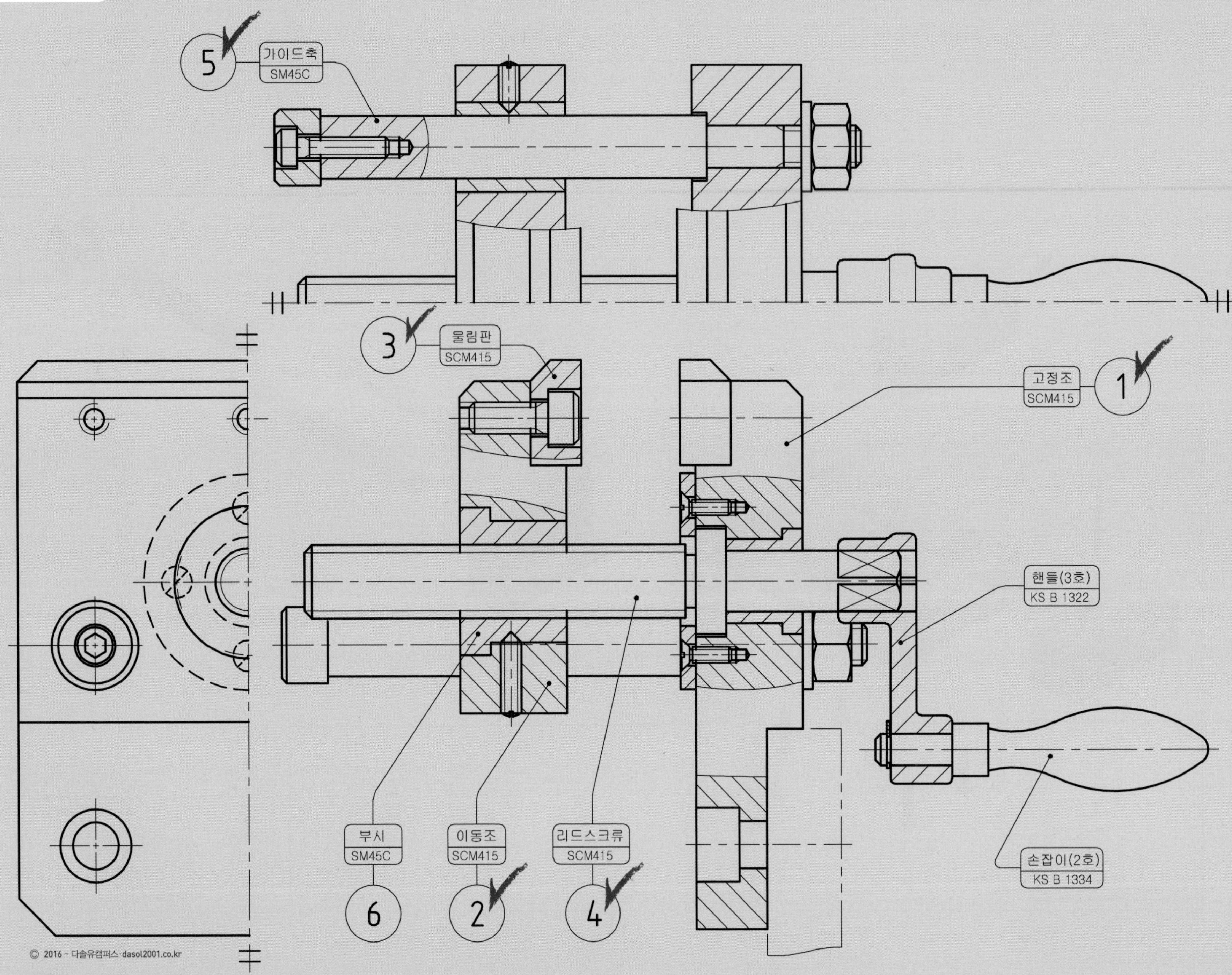
5
가이드축
SM45C
3
물림판
SCM415
고정조
SCM415
1
핸들(3호)
KS B 1322
부시
SM45C
6
이동조
SCM415
2
리드스크류
SCM415
4
손잡이(2호)
KS B 1334

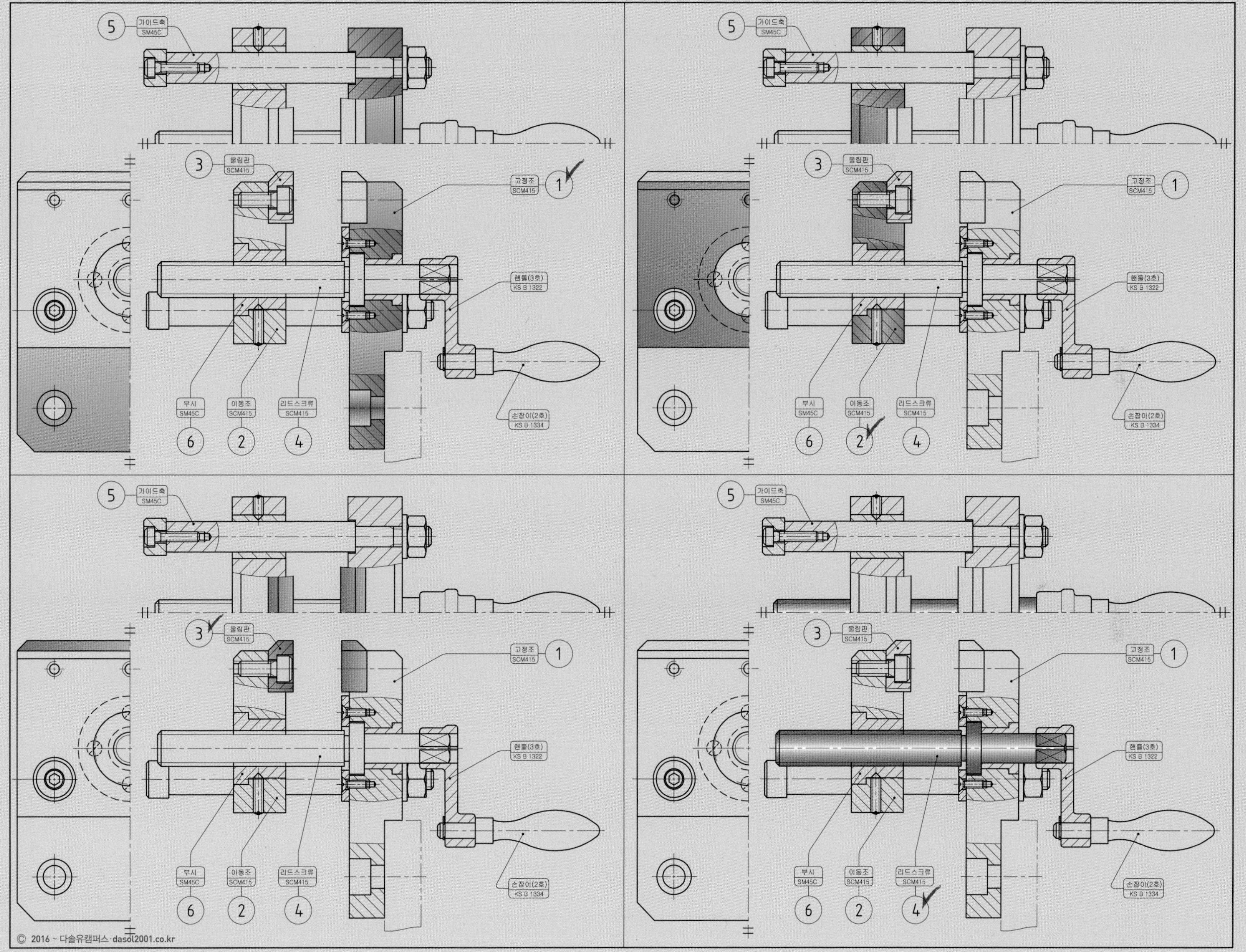
가이드축
SM45C
물림판
SCM415
고정조
SCM415
핸들(3호)
KS B 1322
부시
SM45C
이동조
SCM415
리드스크류
SCM415
손잡이(2호)
KS B 1334

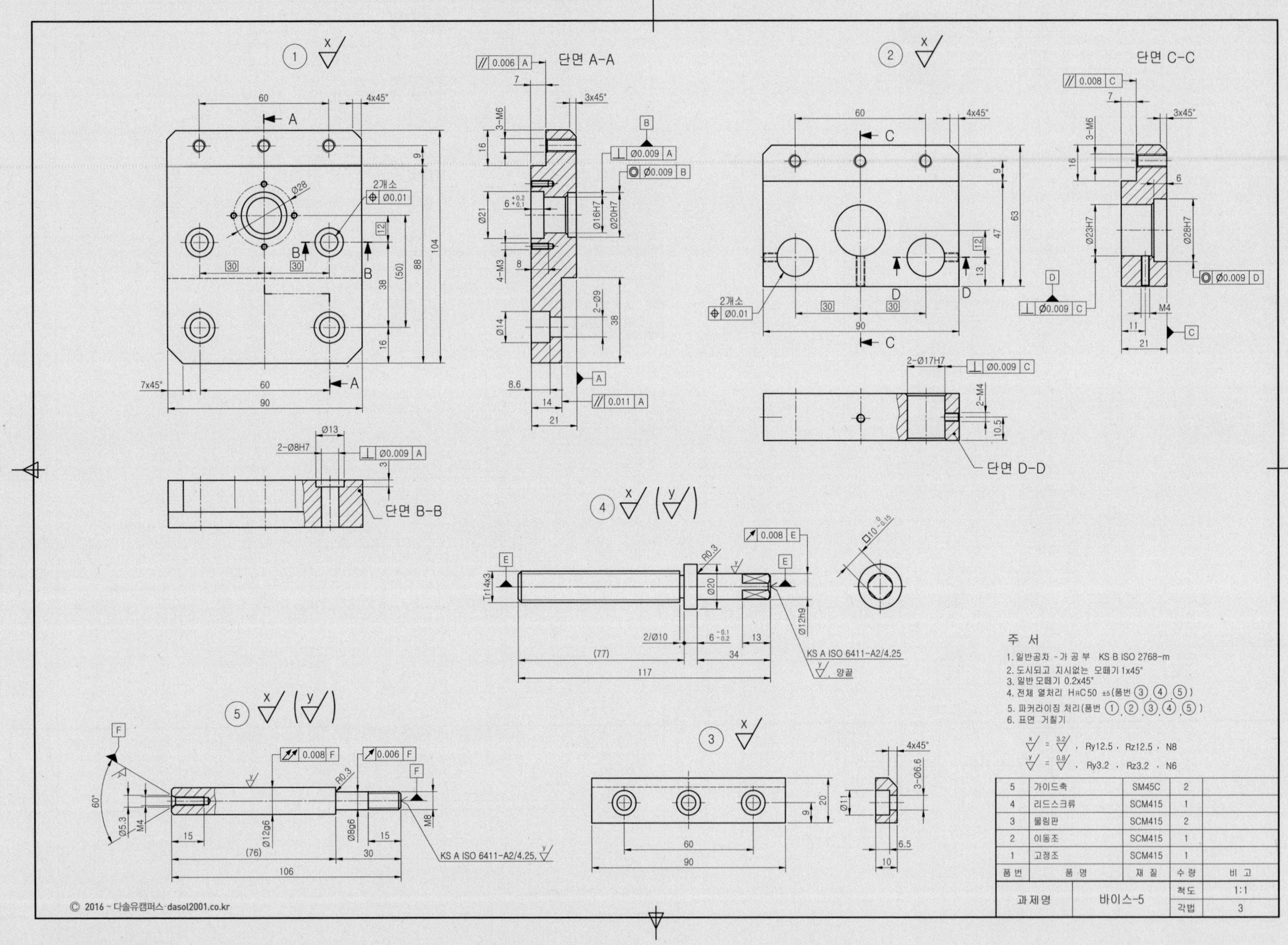


| 품 번 | 품 명 | 재 질 | 수 량 | 비 고 |
|---|---|---|---|---|
| 5 | 가이드축 | SM45C | 2 | |
| 4 | 리드스크류 | SCM415 | 1 | |
| 3 | 물림판 | SCM415 | 2 | |
| 2 | 이동조 | SCM415 | 1 | |
| 1 | 고정조 | SCM415 | 1 | |

| 과제명 | 바이스-5 | 척도 | 1:1 |
|---|---|---|---|
| | | 각법 | 3 |

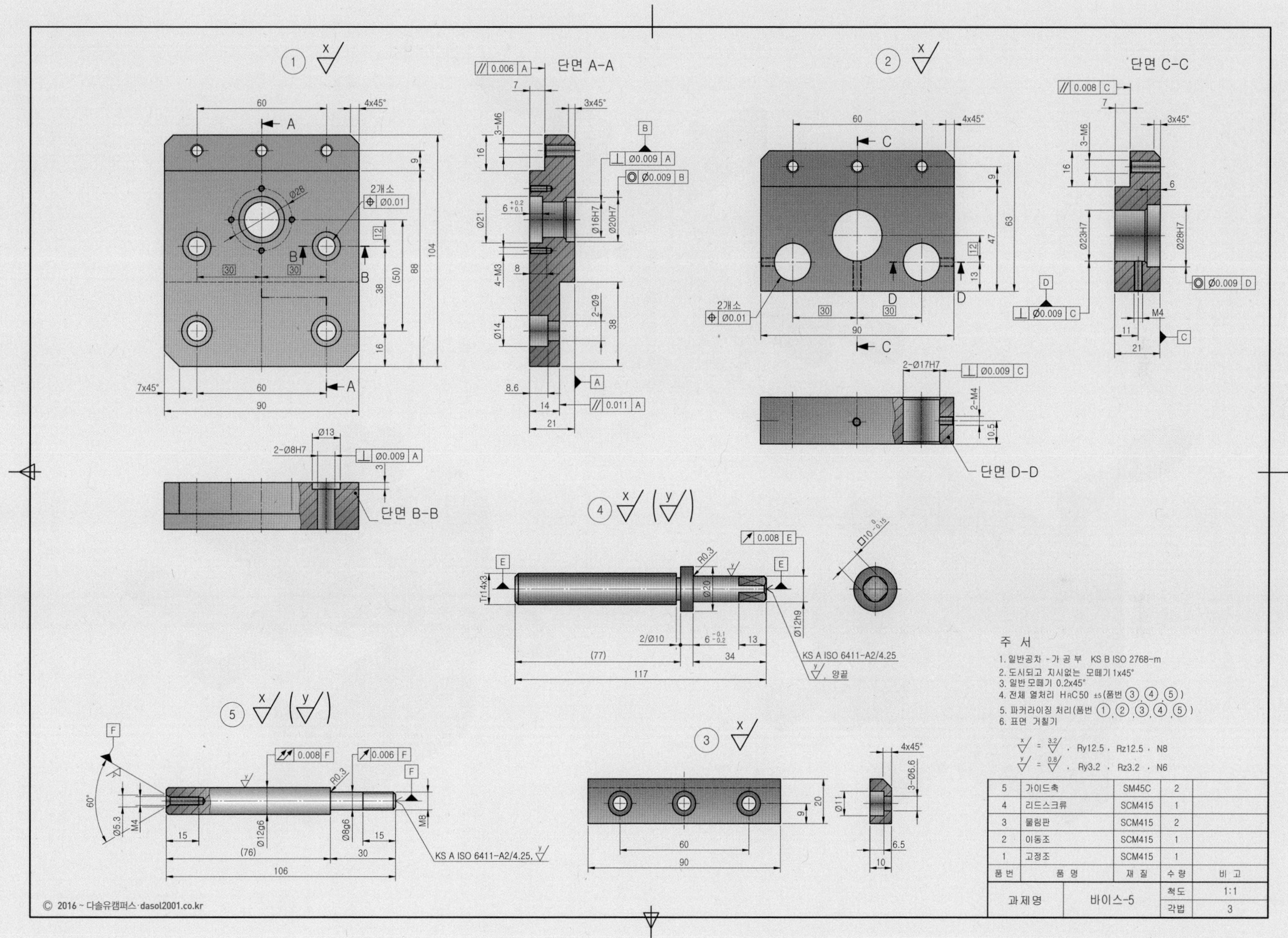
단면 A-A
단면 B-B
단면 C-C
단면 D-D
KS A ISO 6411-A2/4.25
양끝
주 서
1. 일반공차 -가 공 부 KS B ISO 2768-m
2. 도시되고 지시없는 모떼기 1x45°
3. 일반 모떼기 0.2x45°
4. 전체 열처리 HRC50 ±5(품번 ③, ④, ⑤)
5. 파커라이징 처리(품번 ①, ②, ③, ④, ⑤)
6. 표면 거칠기
x = 3.2, Ry12.5, Rz12.5, N8
y = 0.8, Ry3.2, Rz3.2, N6
5 가이드축 SM45C 2
4 리드스크류 SCM415 1
3 물림판 SCM415 2
2 이동조 SCM415 1
1 고정조 SCM415 1
품 번 품 명 재 질 수 량 비 고
과 제 명 바이스-5 척도 1:1 각법 3

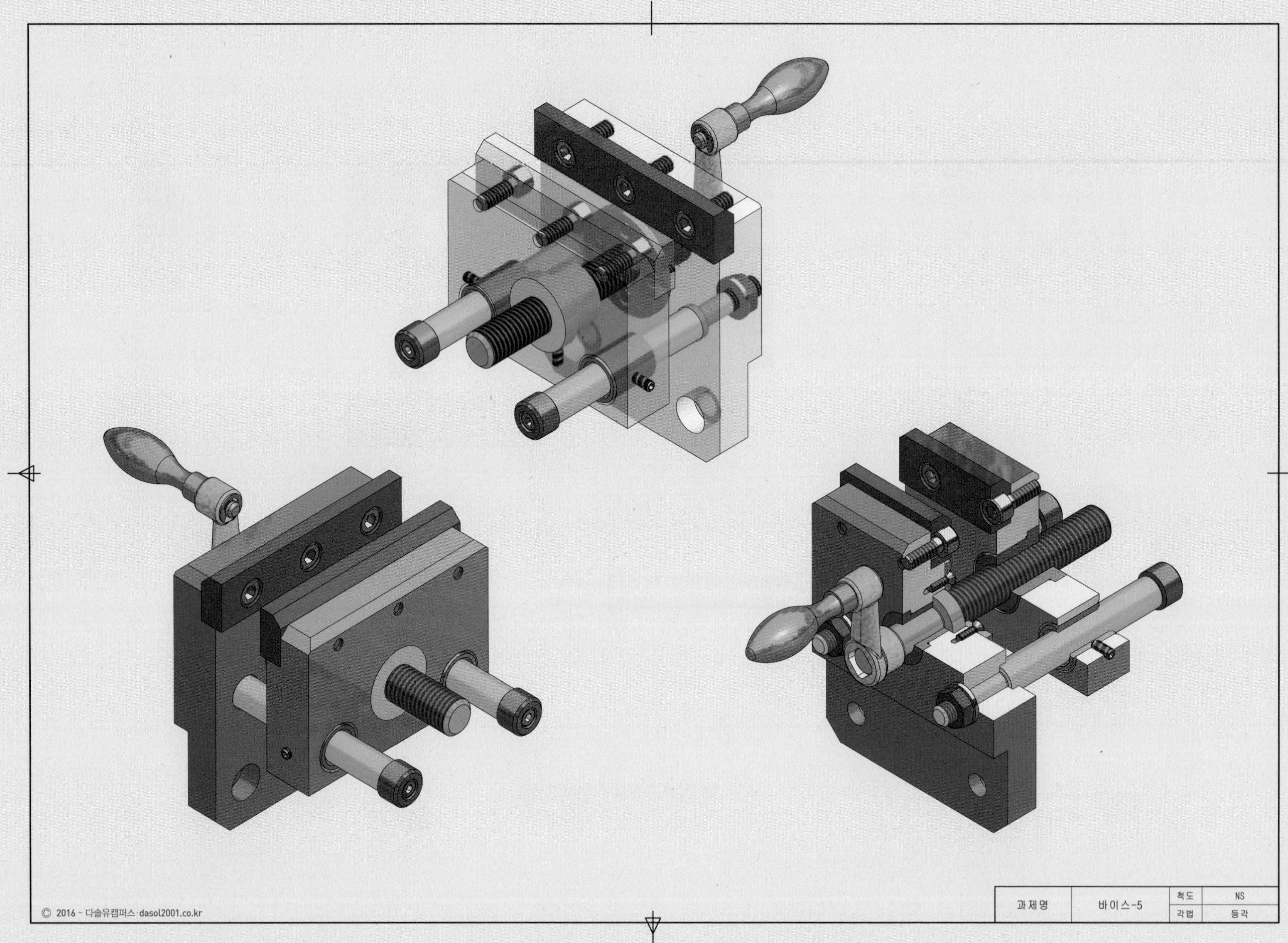
과제명
바이스-5
척도
NS
각법
등각

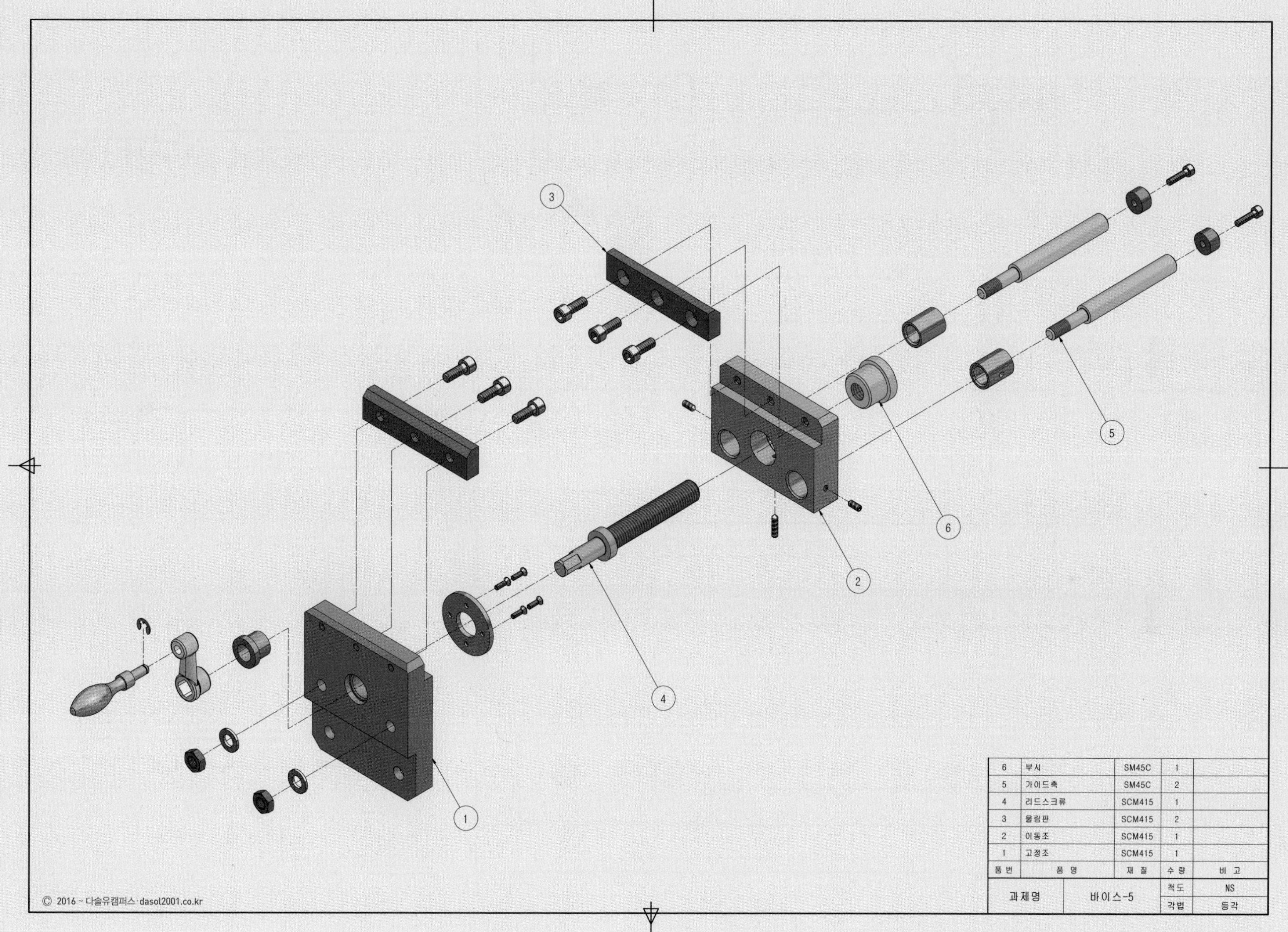


| 6 | 부시 | SM45C | 1 | |
| --- | --- | --- | --- | --- |
| 5 | 가이드축 | SM45C | 2 | |
| 4 | 리드스크류 | SCM415 | 1 | |
| 3 | 물림판 | SCM415 | 2 | |
| 2 | 이동조 | SCM415 | 1 | |
| 1 | 고정조 | SCM415 | 1 | |
| 품번 | 품 명 | 재 질 | 수 량 | 비 고 |

| 과제명 | 바이스-5 | 척도 | NS |
| --- | --- | --- | --- |
| | | 각법 | 등각 |

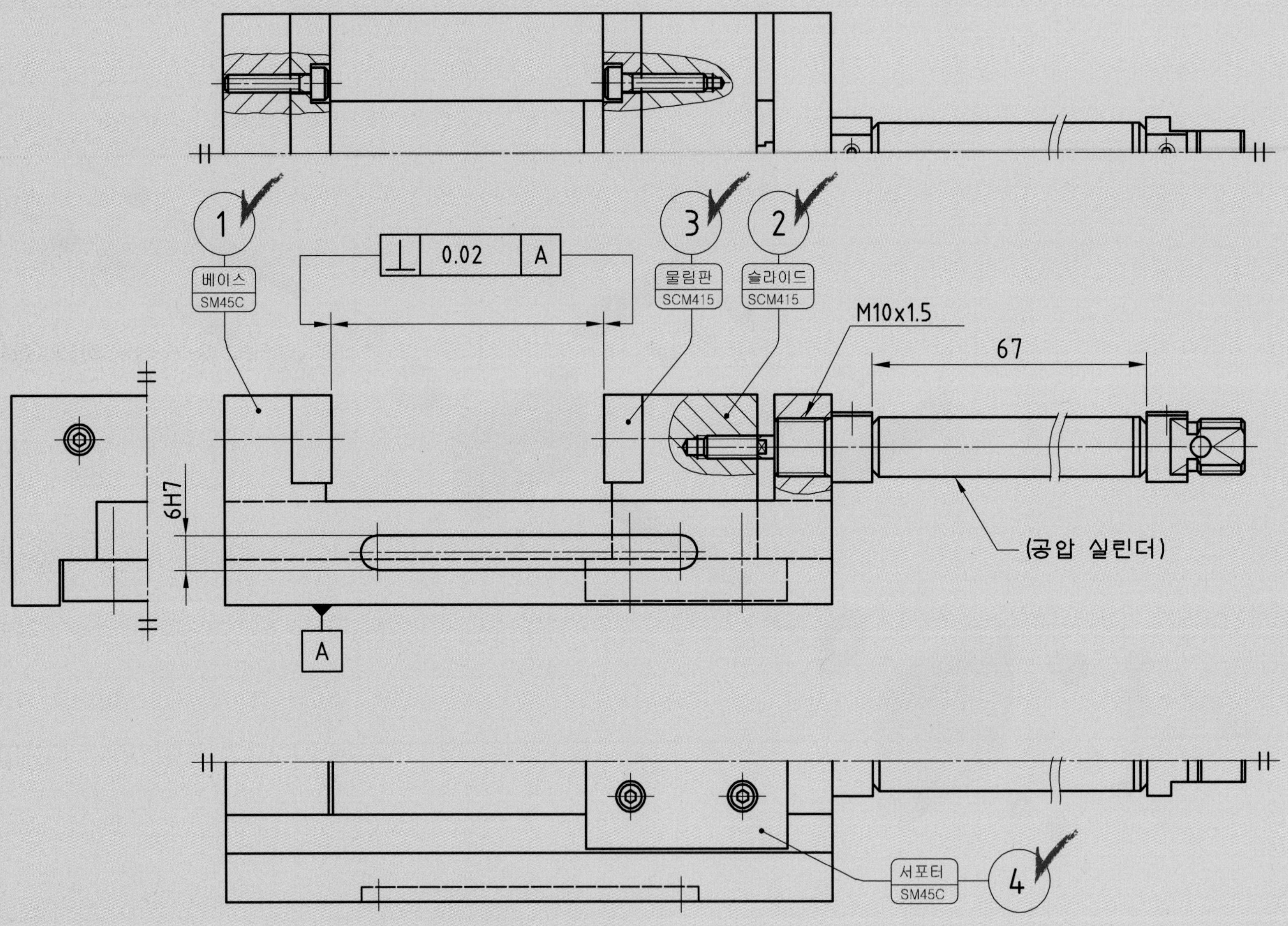
1
베이스
SM45C
3
물림판
SCM415
2
슬라이드
SCM415
0.02
A
M10x1.5
67
6H7
A
(공압 실린더)
서포터
SM45C
4

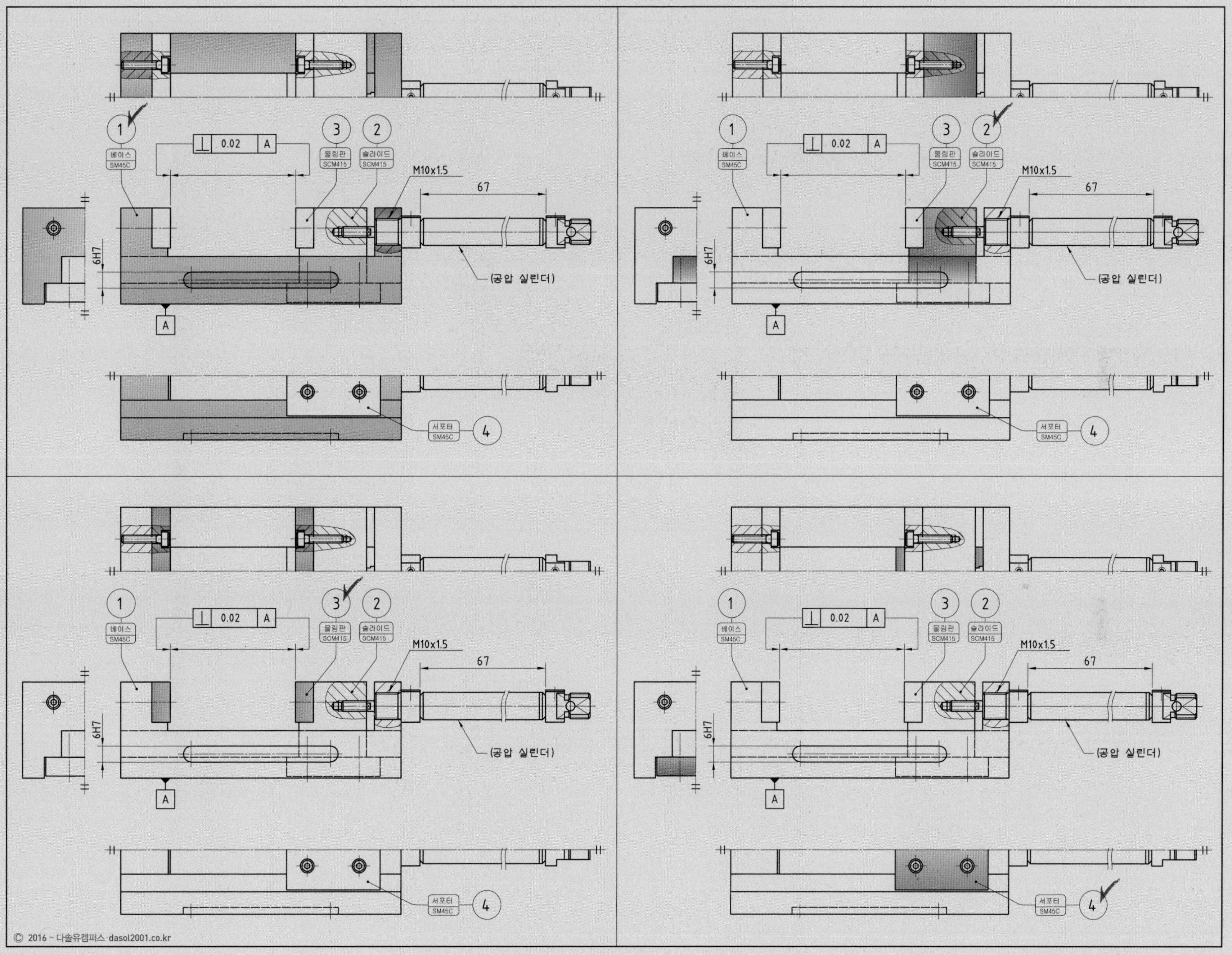
1
베이스
SM45C
3
물림판
SCM415
2
슬라이드
SCM415
0.02 A
M10x1.5
67
6H7
A
(공압 실린더)
서포터
SM45C
4

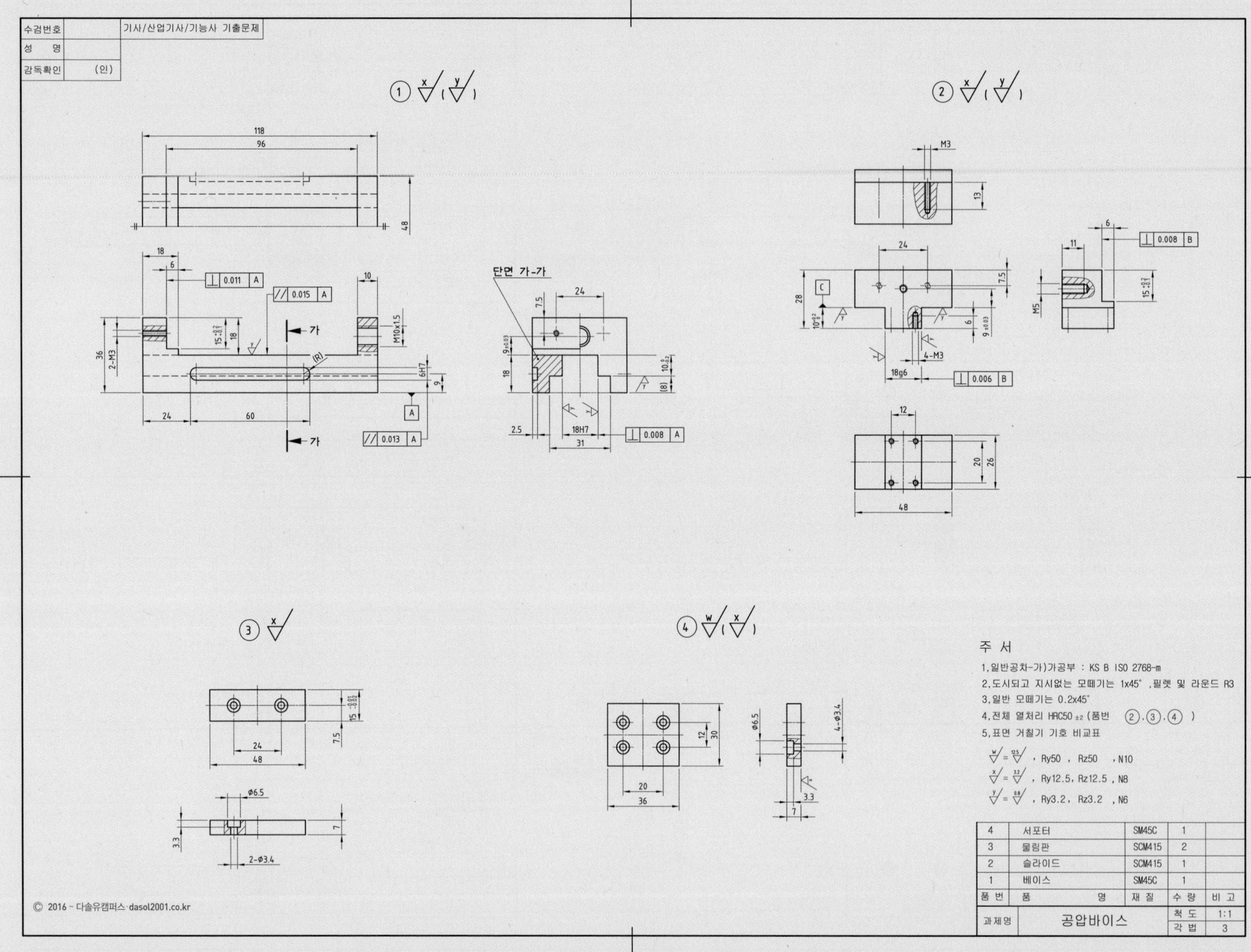
수검번호
성 명
감독확인 (인)
기사/산업기사/기능사 기출문제
단면 가-가
주 서
1,일반공차-가)가공부 : KS B ISO 2768-m
2,도시되고 지시없는 모떼기는 1x45˚ ,필렛 및 라운드 R3
3,일반 모떼기는 0.2x45˚
4,전체 열처리 HRC50 ±2 (품번 ②,③,④ )
5,표면 거칠기 기호 비교표
, Ry50 , Rz50 , N10
, Ry12.5, Rz12.5 , N8
, Ry3.2, Rz3.2 , N6
4 서포터 SM45C 1
3 물림판 SCM415 2
2 슬라이드 SCM415 1
1 베이스 SM45C 1
품번 품 명 재 질 수 량 비 고
과제명 공압바이스 척 도 1:1 각 법 3
© 2016 ~ 다솔유캠퍼스·dasol2001.co.kr

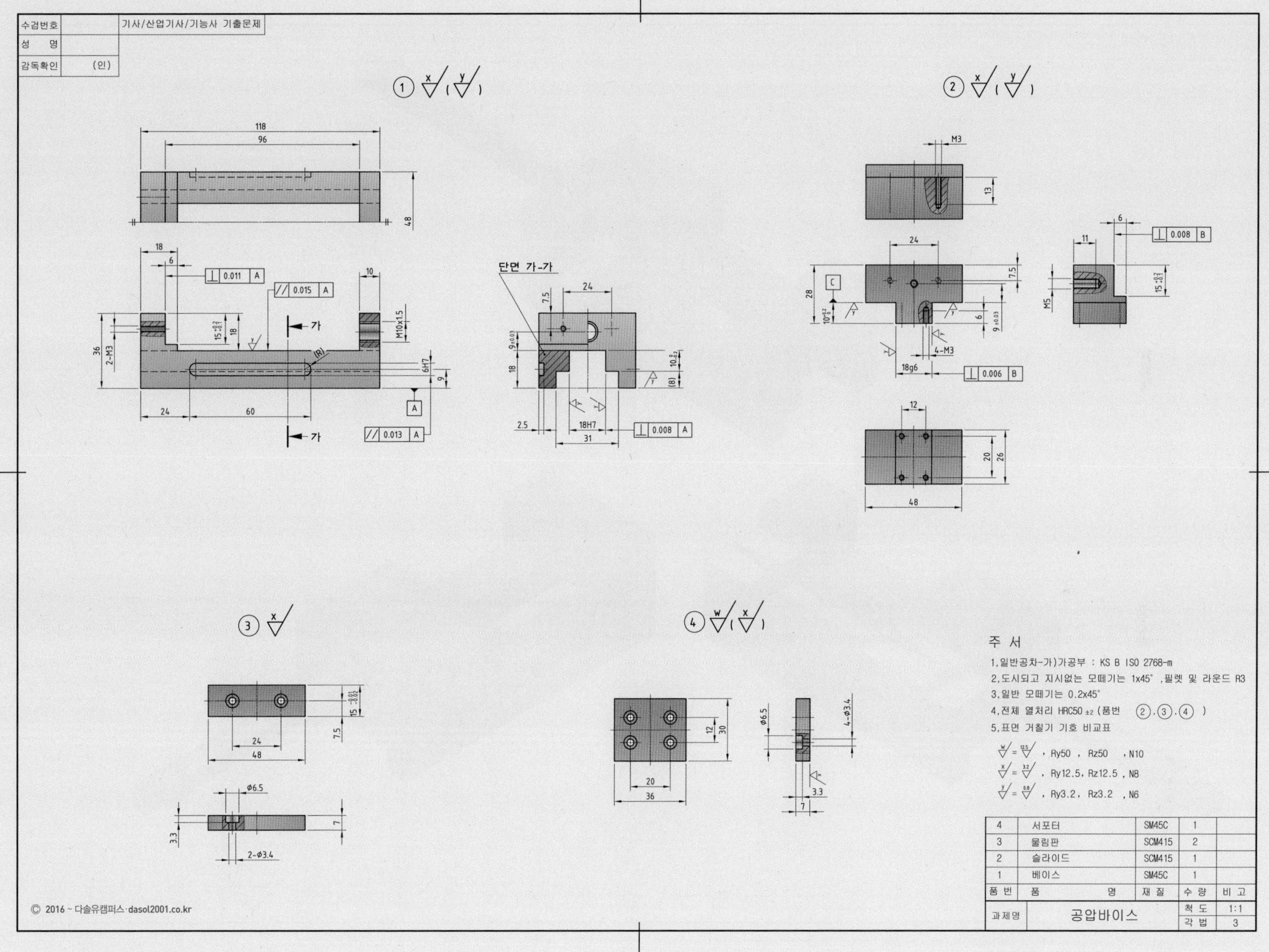


| 4 | 서포터 | SM45C | 1 | |
|---|---|---|---|---|
| 3 | 물림판 | SCM415 | 2 | |
| 2 | 슬라이드 | SCM415 | 1 | |
| 1 | 베이스 | SM45C | 1 | |
| 품 번 | 품 명 | 재 질 | 수 량 | 비 고 |

| 과제명 | 공압바이스 | 척 도 | 1:1 |
|---|---|---|---|
| | | 각 법 | 3 |

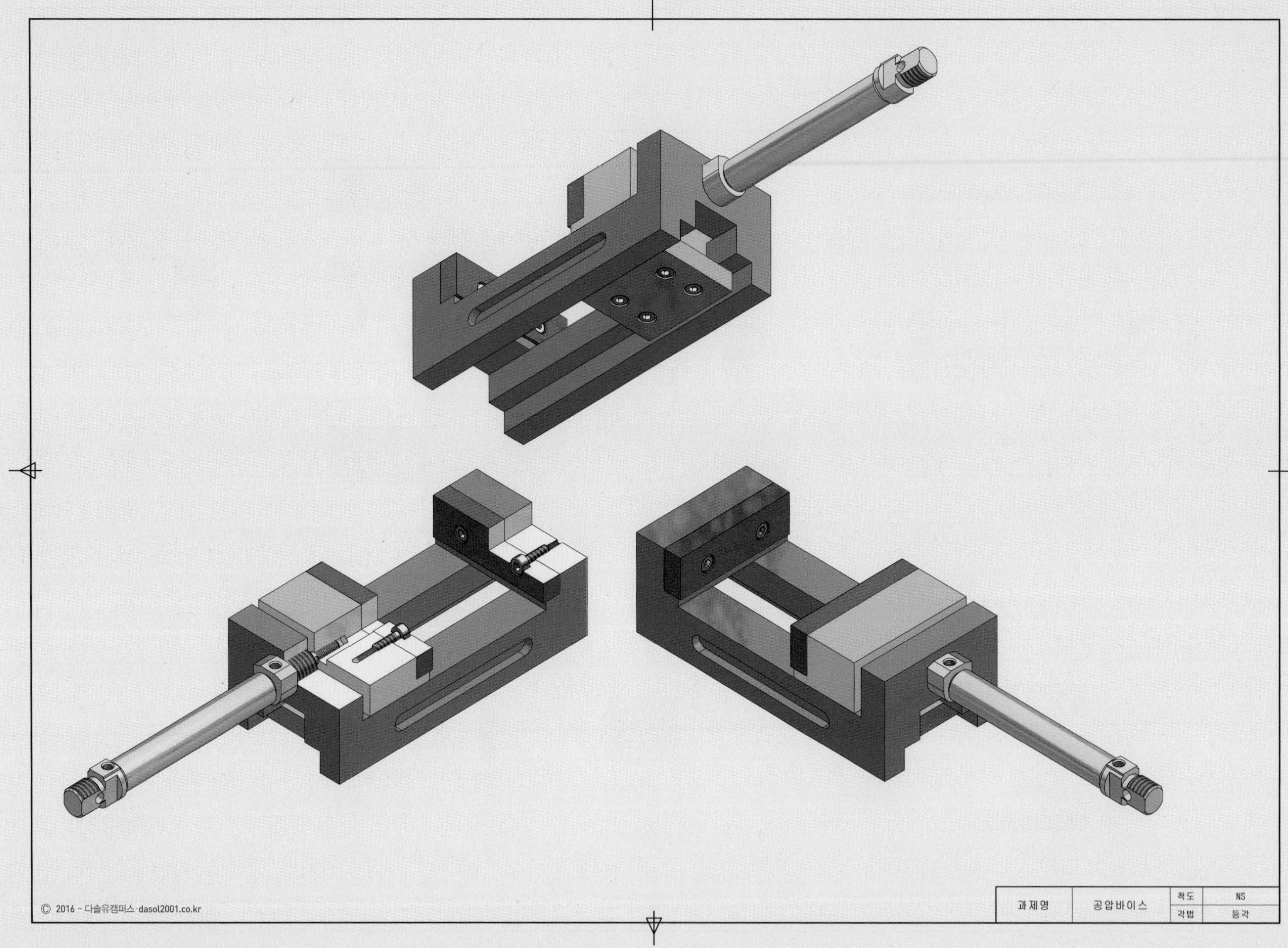
© 2016 ~ 다솔유캠퍼스 · dasol2001.co.kr
과제명
공압바이스
척도
NS
각법
등각

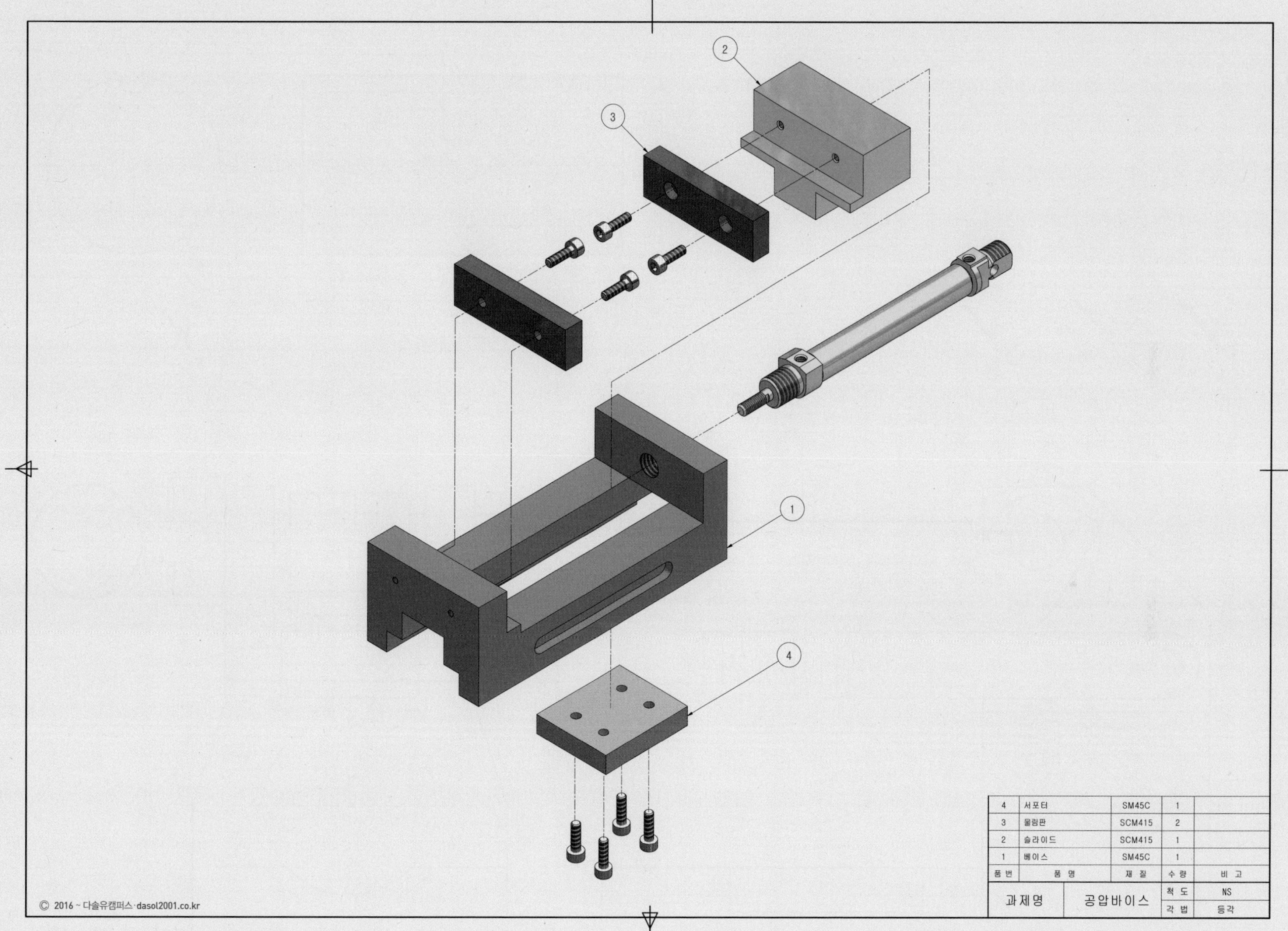


| 4 | 서포터 | SM45C | 1 | |
|---|---|---|---|---|
| 3 | 물림판 | SCM415 | 2 | |
| 2 | 슬라이드 | SCM415 | 1 | |
| 1 | 베이스 | SM45C | 1 | |
| 품 번 | 품 명 | 재 질 | 수 량 | 비 고 |
| 과제명 | 공압바이스 | | 척 도 | NS |
| | | | 각 법 | 등각 |

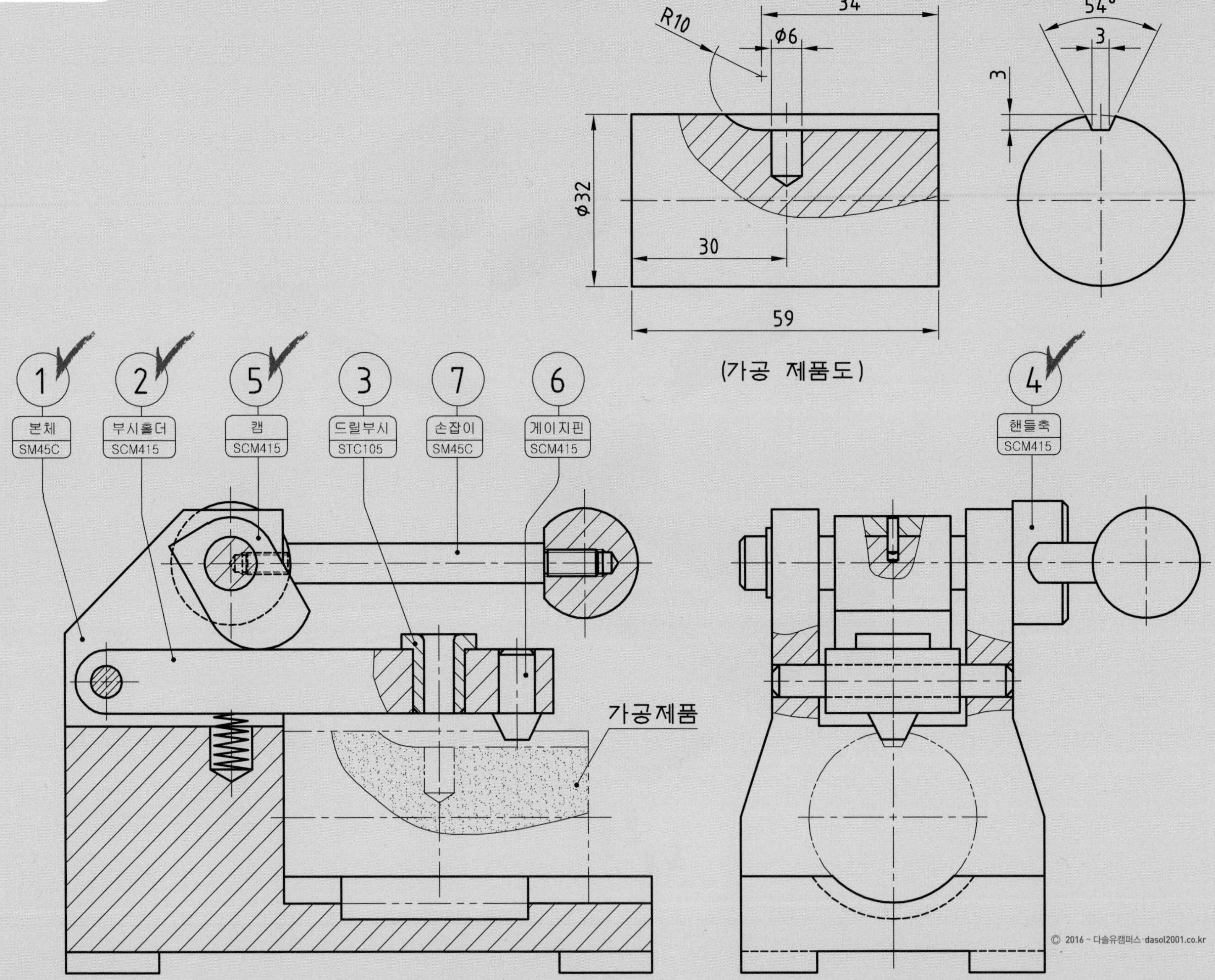

R10
34
φ6
54°
3
3
φ32
30
59
(가공 제품도)
1
본체
SM45C
2
부시홀더
SCM415
5
캠
SCM415
3
드릴부시
STC105
7
손잡이
SM45C
6
게이지핀
SCM415
4
핸들축
SCM415
가공제품

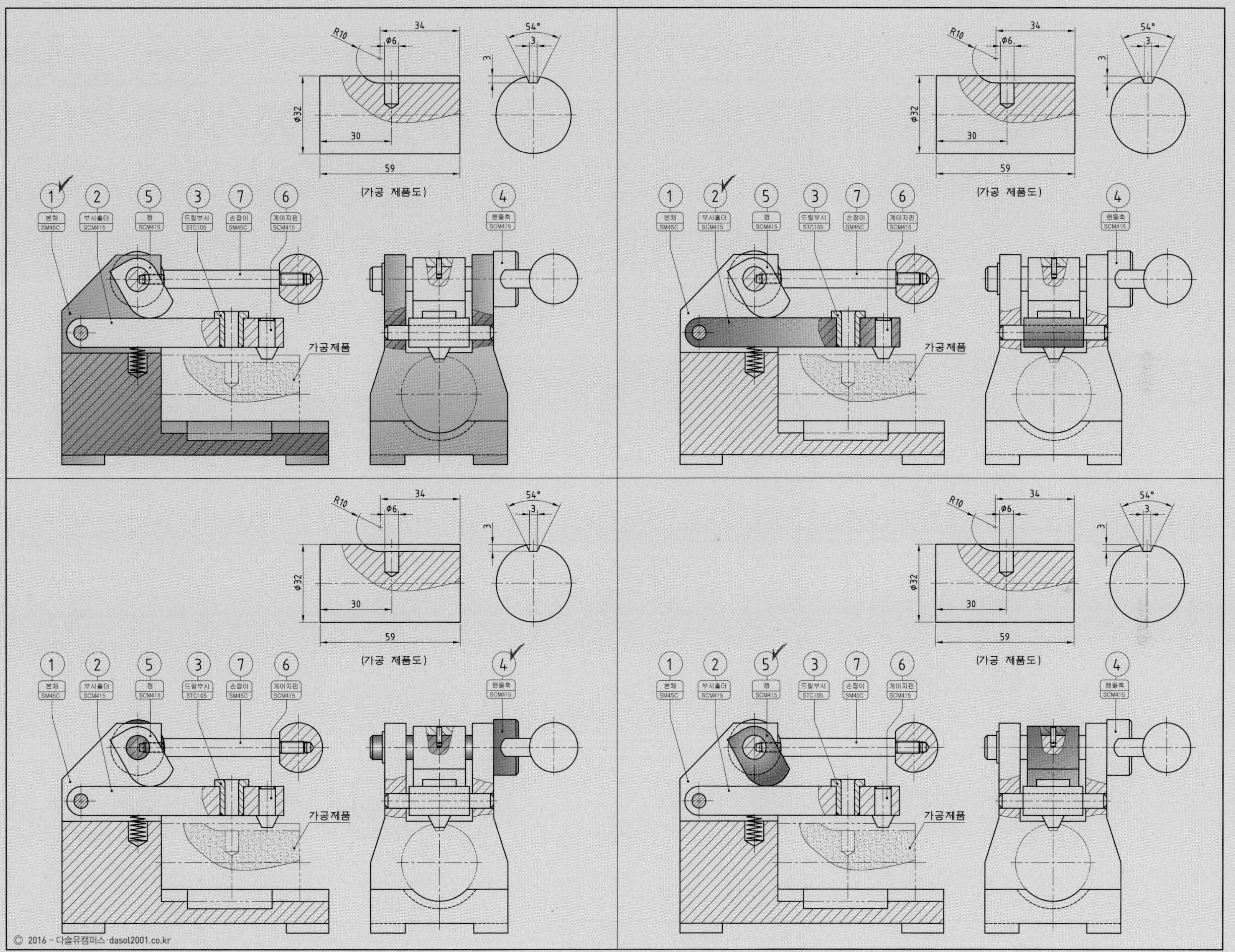
R10
34
φ6
54°
3
φ32
30
59
(가공 제품도)
1 본체 SM45C
2 부시홀더 SCM415
5 캠 SCM415
3 드릴부시 STC105
7 손잡이 SM45C
6 게이지핀 SCM415
4 핸들축 SCM415
가공제품

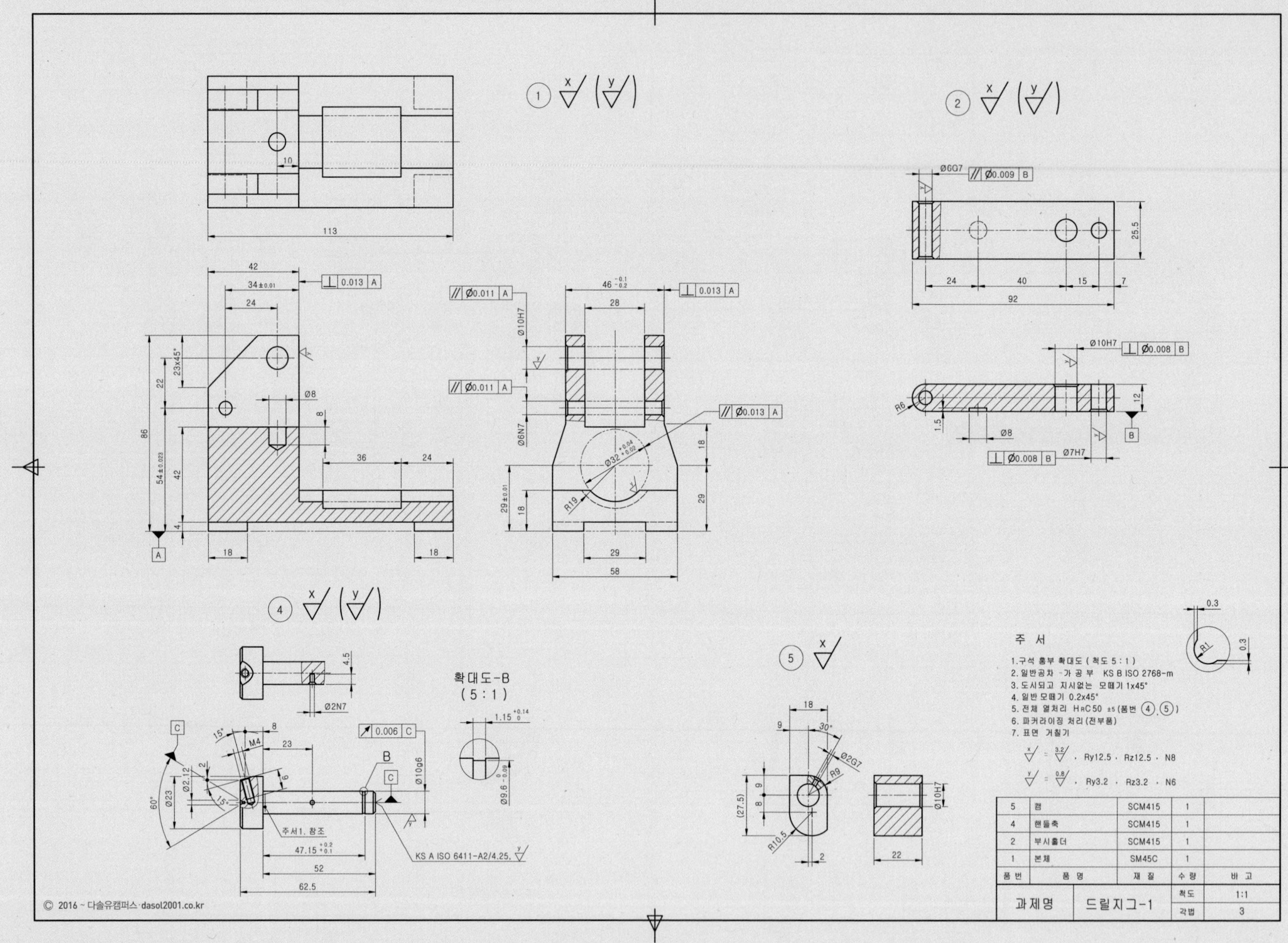
확대도-B
(5 : 1)
주서1. 참조
KS A ISO 6411-A2/4.25
주 서
1.구석 홈부 확대도 ( 척도 5 : 1 )
2.일반공차 -가 공 부 KS B ISO 2768-m
3.도시되고 지시없는 모떼기 1x45°
4.일반 모떼기 0.2x45°
5.전체 열처리 HRC50 ±5 (품번 ④,⑤)
6.파커라이징 처리(전부품)
7.표면 거칠기
Ry12.5 , Rz12.5 , N8
Ry3.2 , Rz3.2 , N6
5 캡 SCM415 1
4 핸들축 SCM415 1
2 부시홀더 SCM415 1
1 본체 SM45C 1
품번 품명 재질 수량 비고
과제명 드릴지그-1 척도 1:1 각법 3

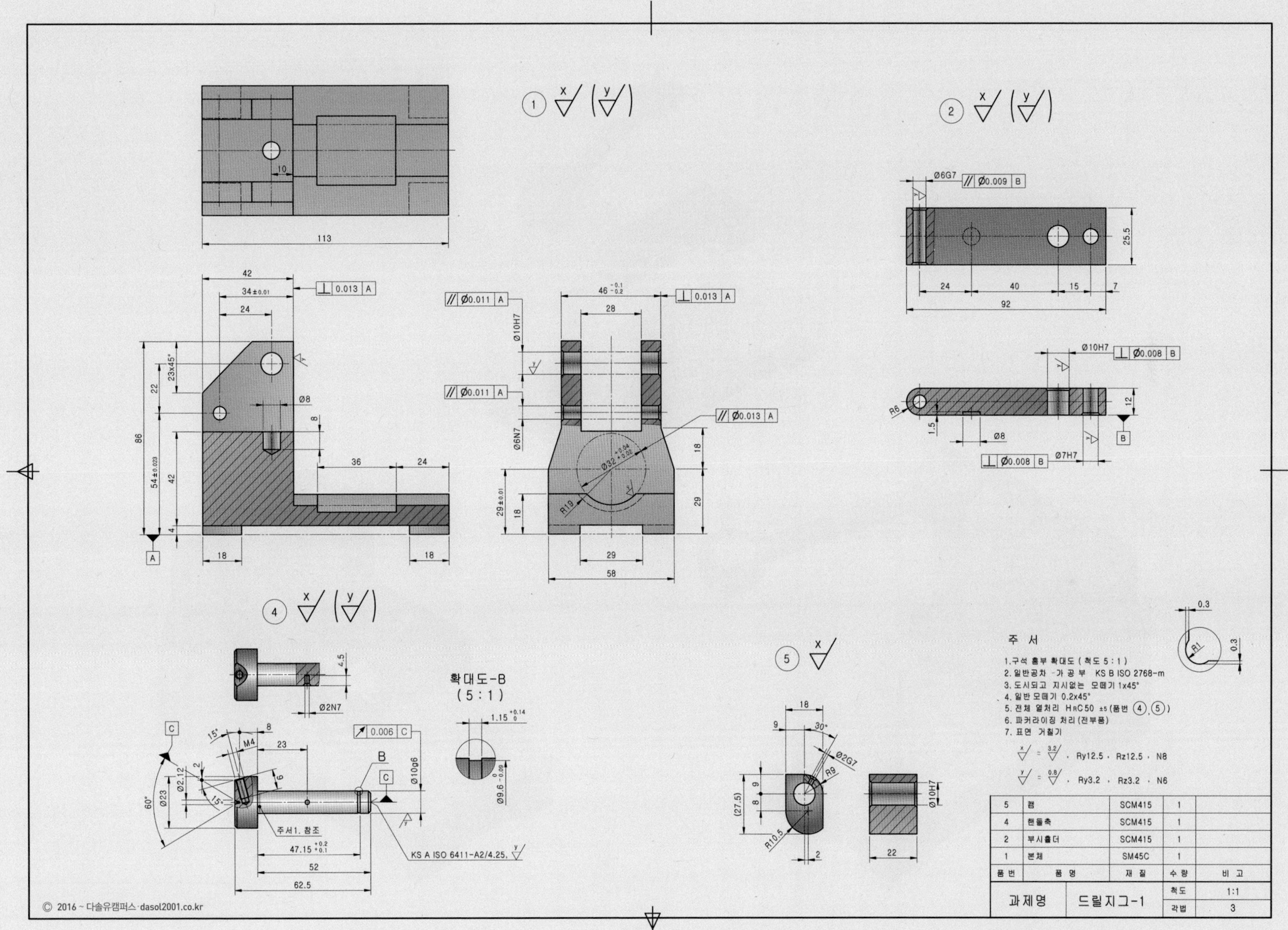
① x (y)
② x (y)
④ x (y)
⑤ x
113
10
42
34±0.01
24
0.013 A
86
54±0.023
22
23x45°
42
4
Ø8
8
36
24
18
18
A
Ø10H7
Ø6N7
Ø0.011 A
Ø0.011 A
46 -0.1 -0.2
28
0.013 A
Ø0.013 A
Ø32 +0.04 +0.02
R19
18
29
29±0.01
18
29
58
Ø6G7
Ø0.009 B
25.5
24
40
15
7
92
Ø10H7
Ø0.008 B
R6
1.5
Ø8
12
B
Ø7H7
Ø0.008 B
4.5
Ø2N7
확대도-B
(5 : 1)
1.15 +0.14 0
Ø9.6 0 -0.09
C
15°
8
M4
23
0.006 C
B
Ø10g6
60°
Ø23
Ø2.12
2
15°
6
주서1. 참조
47.15 +0.2 +0.1
52
62.5
KS A ISO 6411-A2/4.25,
18
9
30°
Ø2G7
R9
(27.5)
9
8
R10.5
2
22
Ø10H7
0.3
R1
0.3
주 서
1.구석 홈부 확대도 ( 척도 5 : 1 )
2. 일반공차 -가 공 부 KS B ISO 2768-m
3. 도시되고 지시없는 모떼기 1x45°
4. 일반 모떼기 0.2x45°
5. 전체 열처리 HRC50 ±5 (품번 ④, ⑤)
6. 파커라이징 처리 (전부품)
7. 표면 거칠기
x = 3.2 , Ry12.5 , Rz12.5 , N8
y = 0.8 , Ry3.2 , Rz3.2 , N6
5 캠 SCM415 1
4 핸들축 SCM415 1
2 부시홀더 SCM415 1
1 본체 SM45C 1
품번 품명 재질 수량 비고
과제명 드릴지그-1 척도 1:1 각법 3

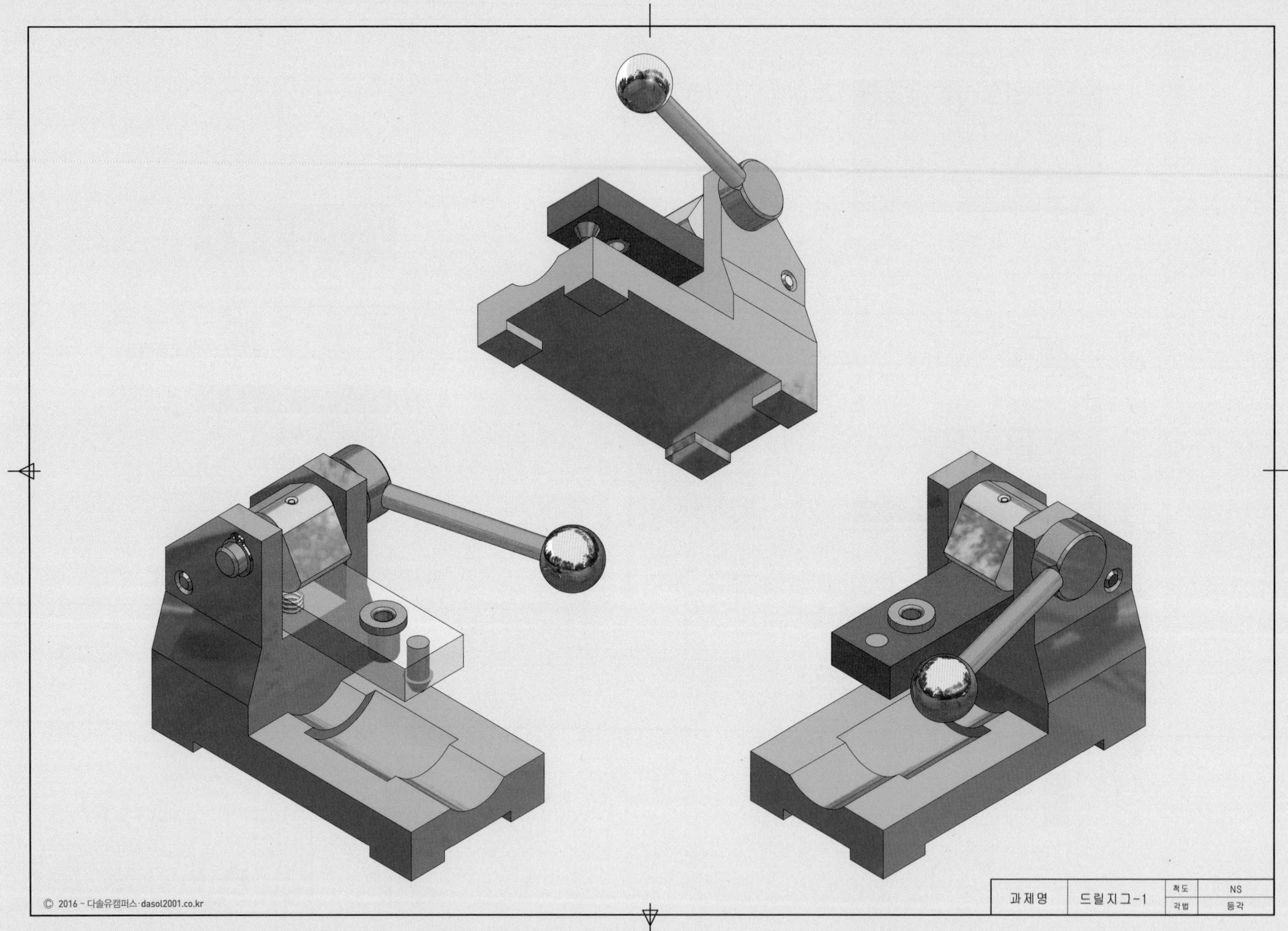
과제명
드릴지그-1
척도
NS
각법
등각
© 2016 ~ 다솔유캠퍼스·dasol2001.co.kr

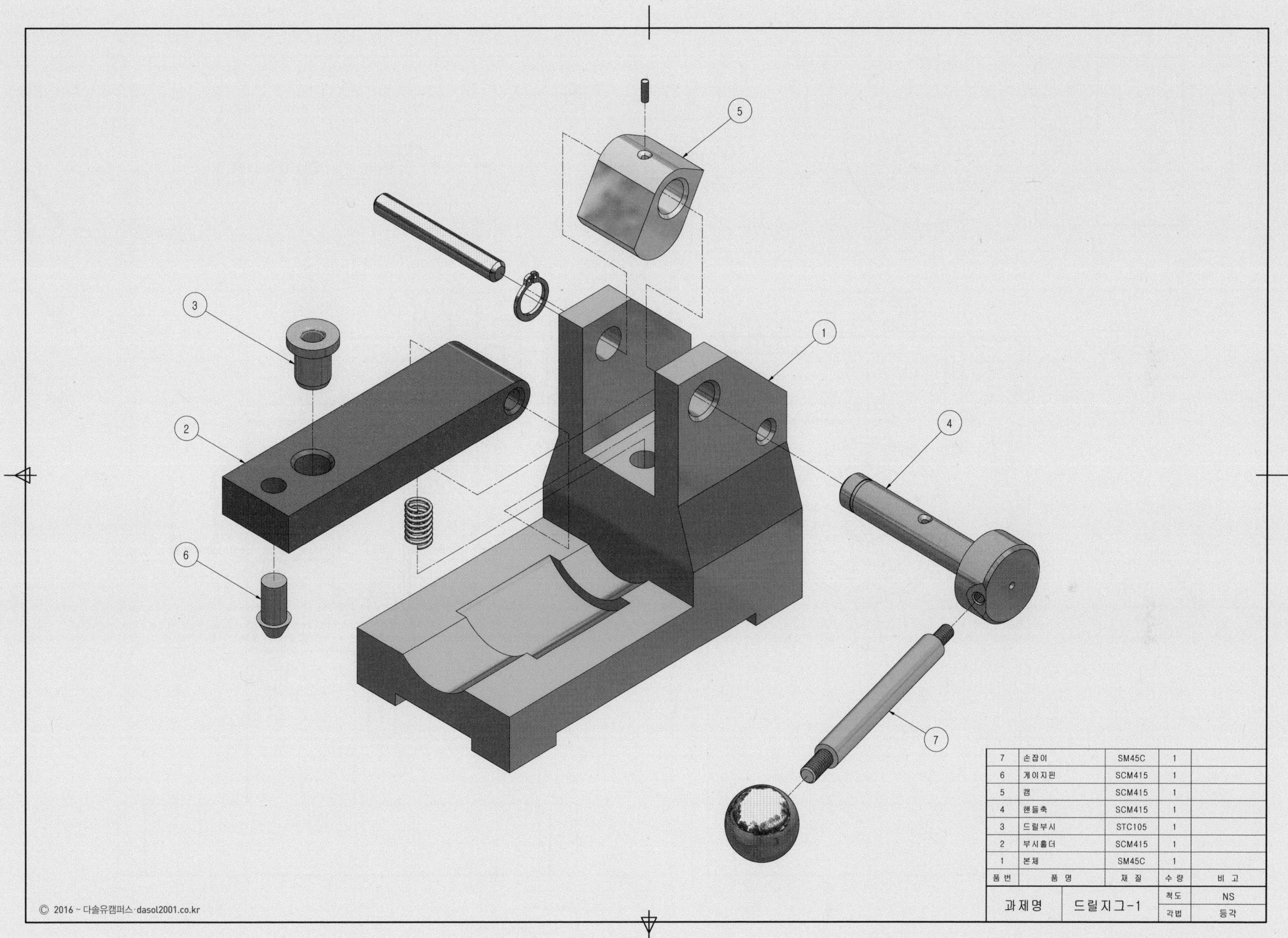


| 품 번 | 품 명 | 재 질 | 수 량 | 비 고 |
|---|---|---|---|---|
| 7 | 손잡이 | SM45C | 1 | |
| 6 | 게이지핀 | SCM415 | 1 | |
| 5 | 캠 | SCM415 | 1 | |
| 4 | 핸들축 | SCM415 | 1 | |
| 3 | 드릴부시 | STC105 | 1 | |
| 2 | 부시홀더 | SCM415 | 1 | |
| 1 | 본체 | SM45C | 1 | |

| 과제명 | 드릴지그-1 | 척도 | NS |
|---|---|---|---|
| | | 각법 | 등각 |

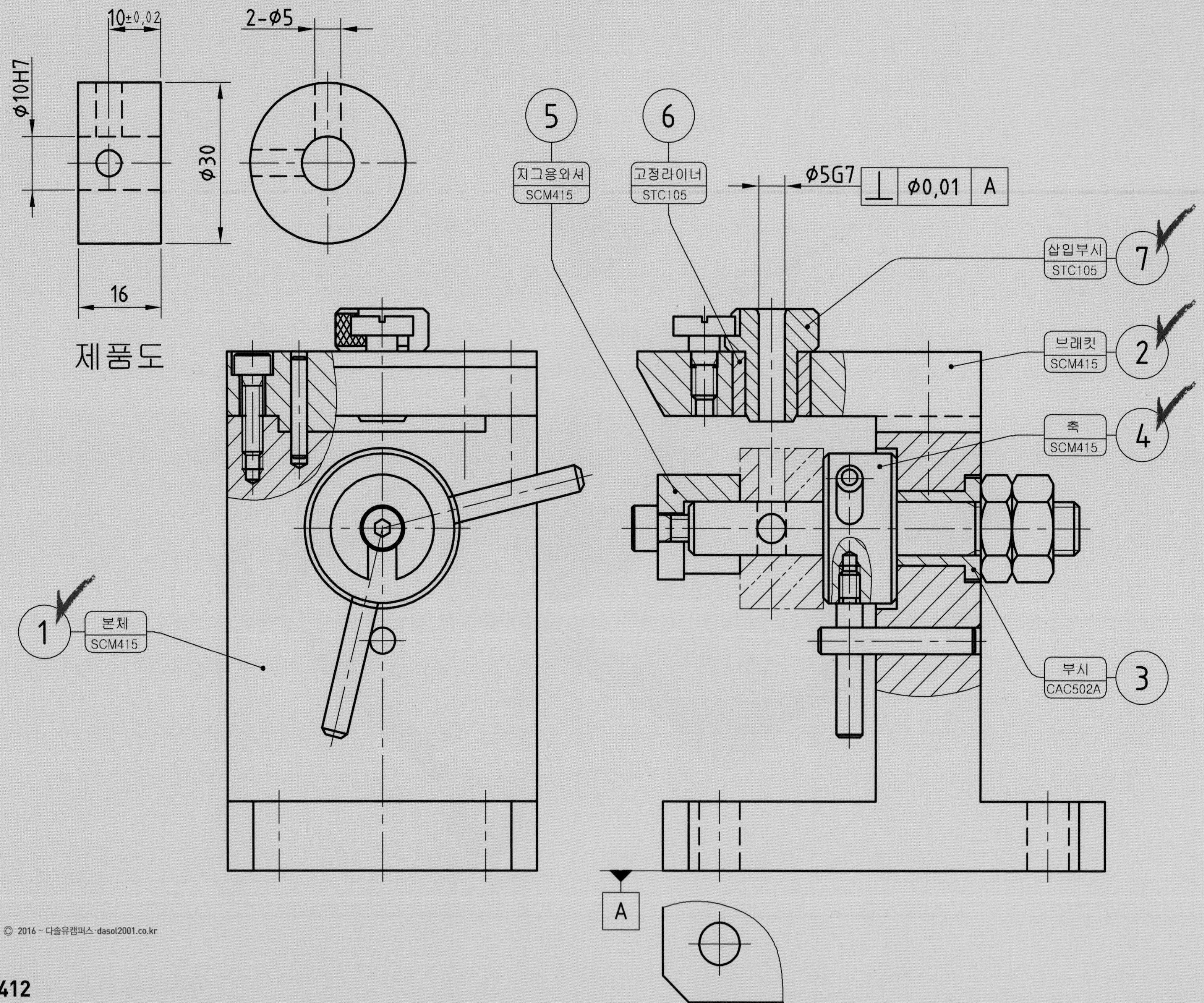
10±0,02
2-Ø5
Ø10H7
Ø30
16
제품도
5
지그용와셔
SCM415
6
고정라이너
STC105
Ø5G7
Ø0,01
A
삽입부시
STC105
7
브래킷
SCM415
2
축
SCM415
4
1
본체
SCM415
부시
CAC502A
3
A

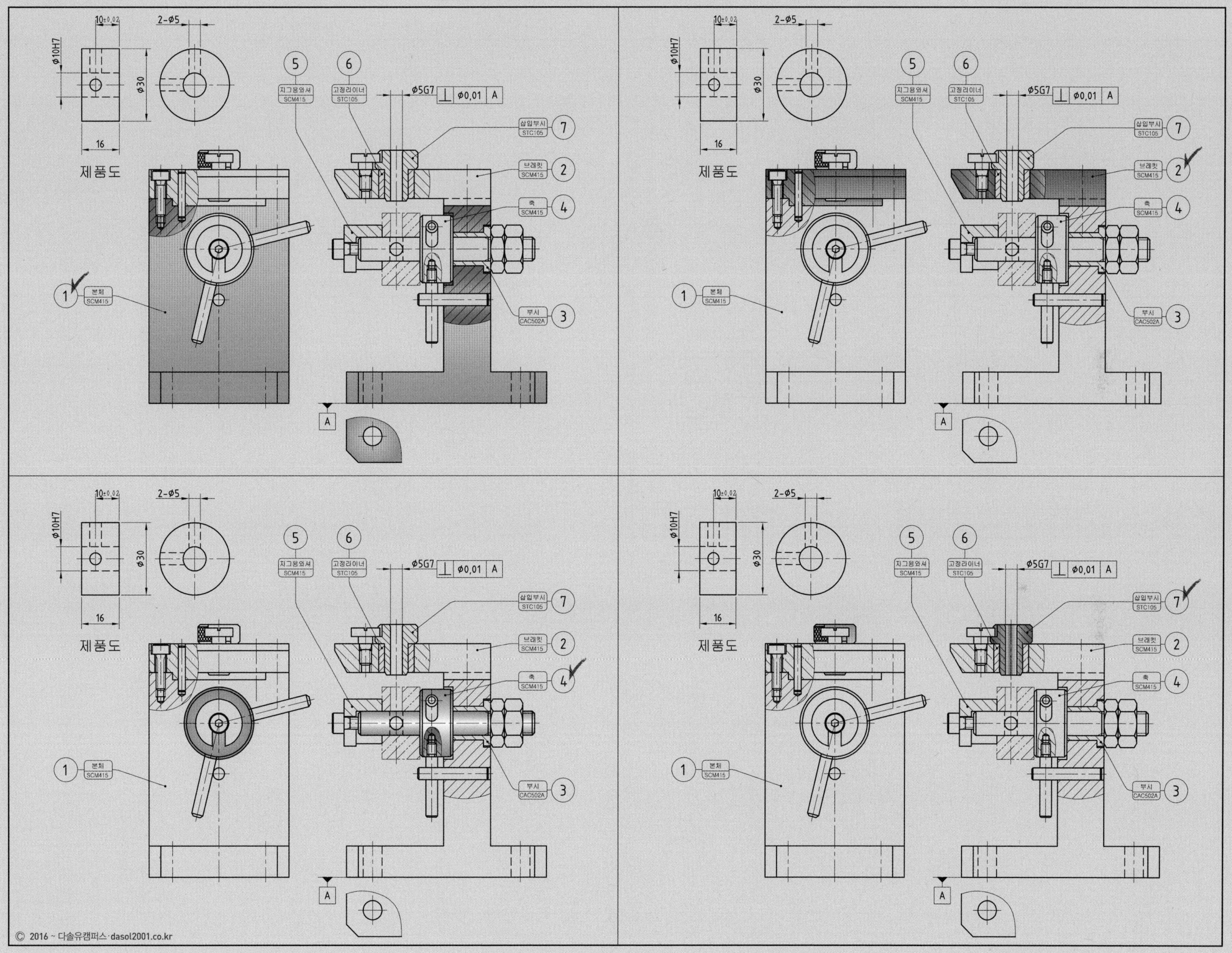
10±0.02
2-ϕ5
ϕ10H7
ϕ30
16
제품도
5
지그용와셔
SCM415
6
고정라이너
STC105
ϕ5G7
⊥ ϕ0.01 A
삽입부시
STC105
7
브래킷
SCM415
2
축
SCM415
4
부시
CAC502A
3
1
본체
SCM415
A

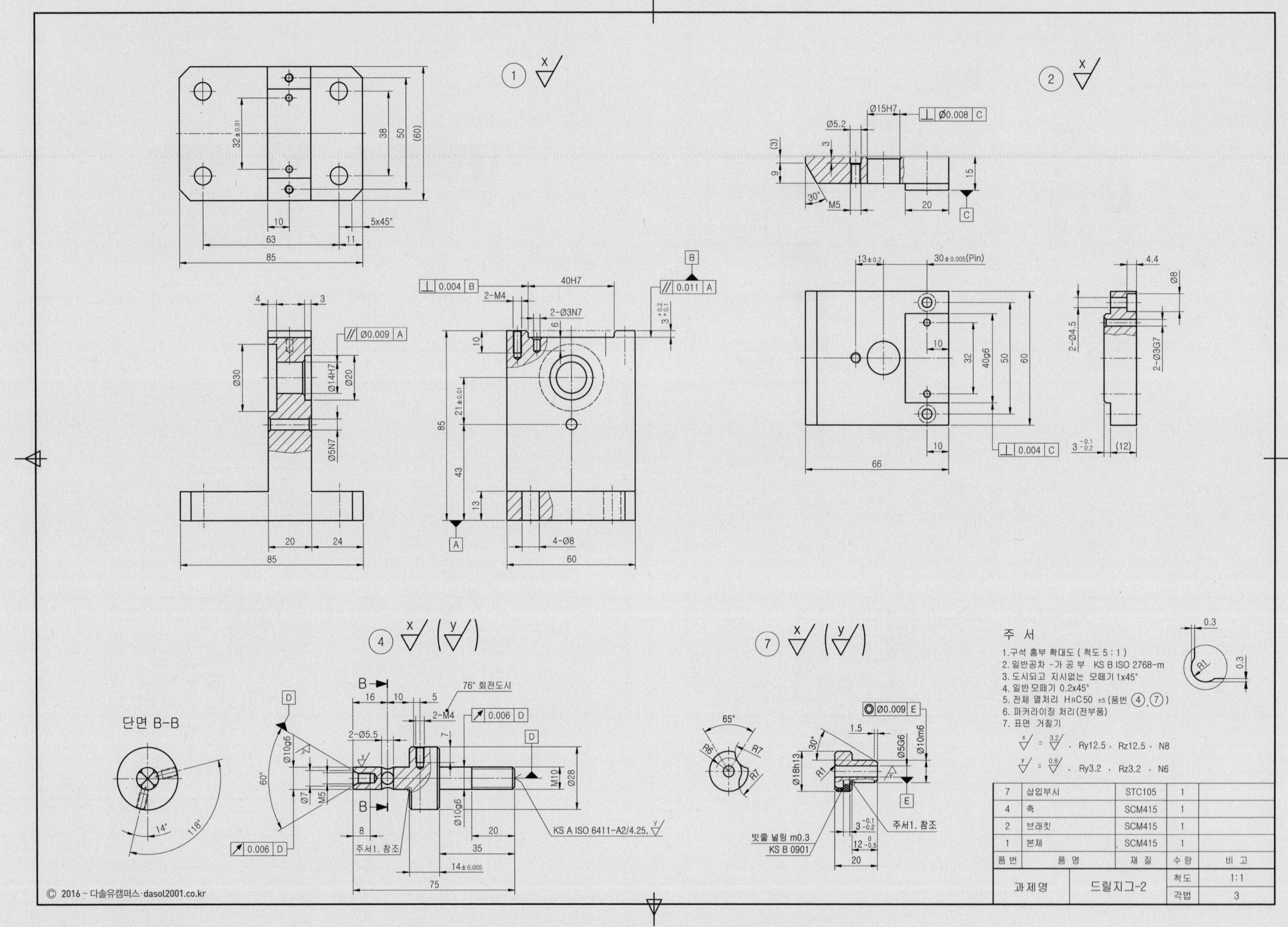
주 서
1.구석 홈부 확대도 ( 척도 5 : 1 )
2.일반공차 -가 공 부 KS B ISO 2768-m
3.도시되고 지시없는 모떼기 1x45°
4.일반모떼기 0.2x45°
5.전체 열처리 HRC50 ±5 (품번 ④,⑦)
6.파커라이징 처리(전부품)
7.표면 거칠기
= 3.2, Ry12.5 , Rz12.5 , N8
= 0.8, Ry3.2 , Rz3.2 , N6
7 삽입부시 STC105 1
4 축 SCM415 1
2 브래킷 SCM415 1
1 본체 SCM415 1
품번 품 명 재 질 수 량 비 고
과제명 드릴지그-2 척도 1:1 각법 3
단면 B-B
76° 회전도시
KS A ISO 6411-A2/4.25
주서1. 참조
빗줄 널링 m0.3
KS B 0901
© 2016 ~ 다솔유캠퍼스·dasol2001.co.kr

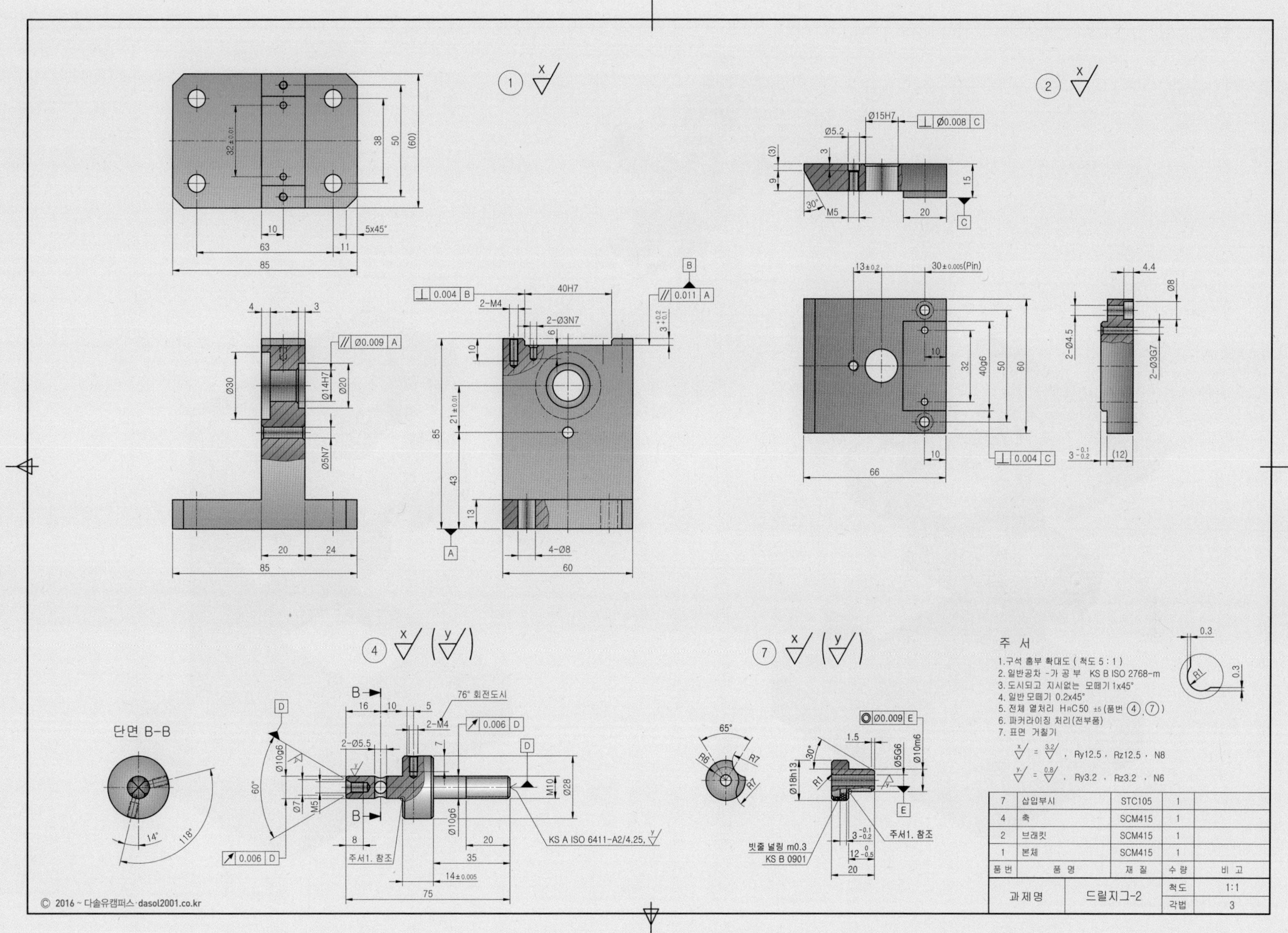


| 7 | 삽입부시 | STC105 | 1 | |
|---|---|---|---|---|
| 4 | 축 | SCM415 | 1 | |
| 2 | 브래킷 | SCM415 | 1 | |
| 1 | 본체 | SCM415 | 1 | |
| 품번 | 품 명 | 재 질 | 수 량 | 비 고 |

| 과제명 | 드릴지그-2 | 척도 | 1:1 |
|---|---|---|---|
| | | 각법 | 3 |

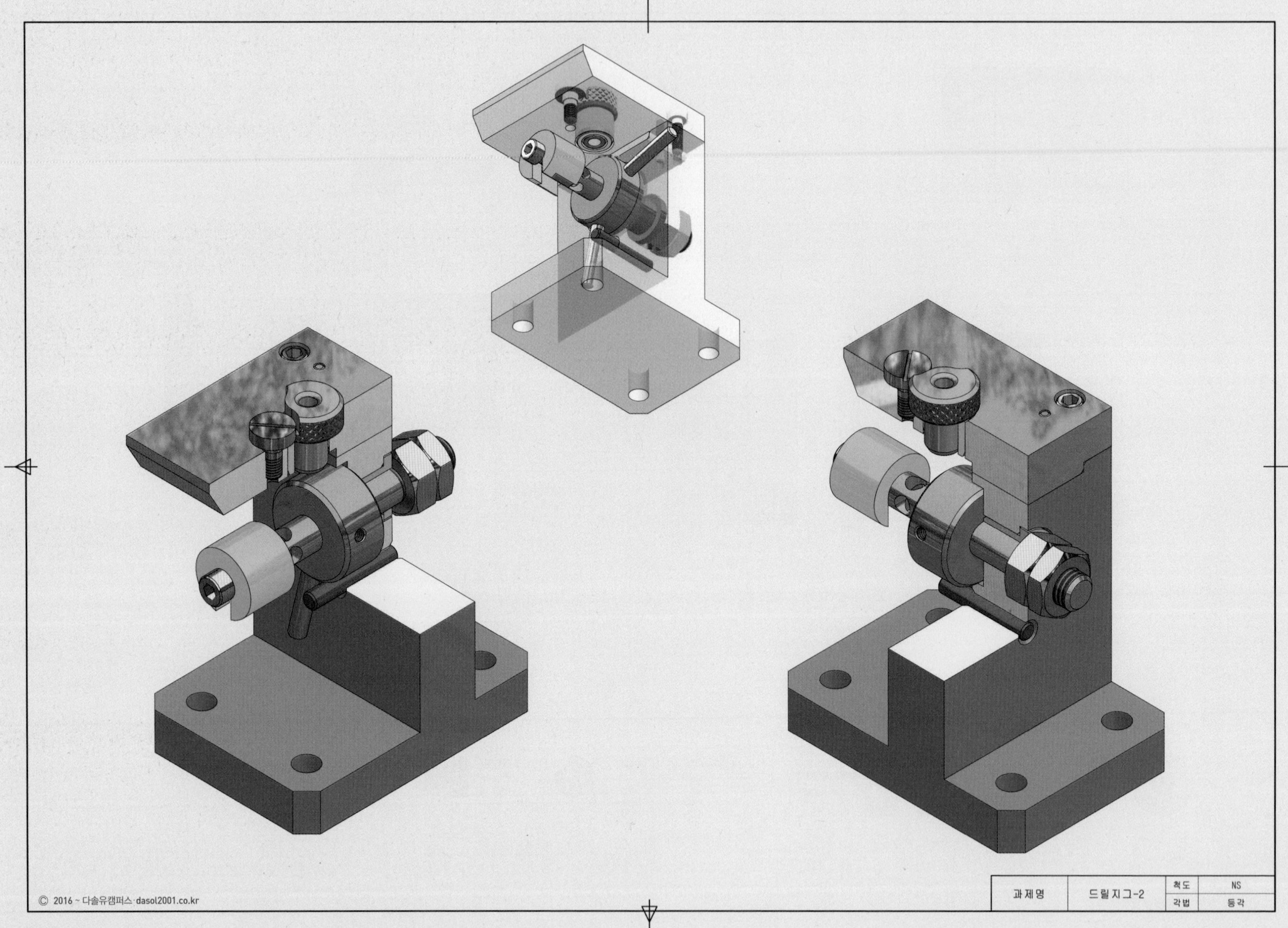
© 2016 ~ 다솔유캠퍼스·dasol2001.co.kr
과제명
드릴지그-2
척도
NS
각법
등각

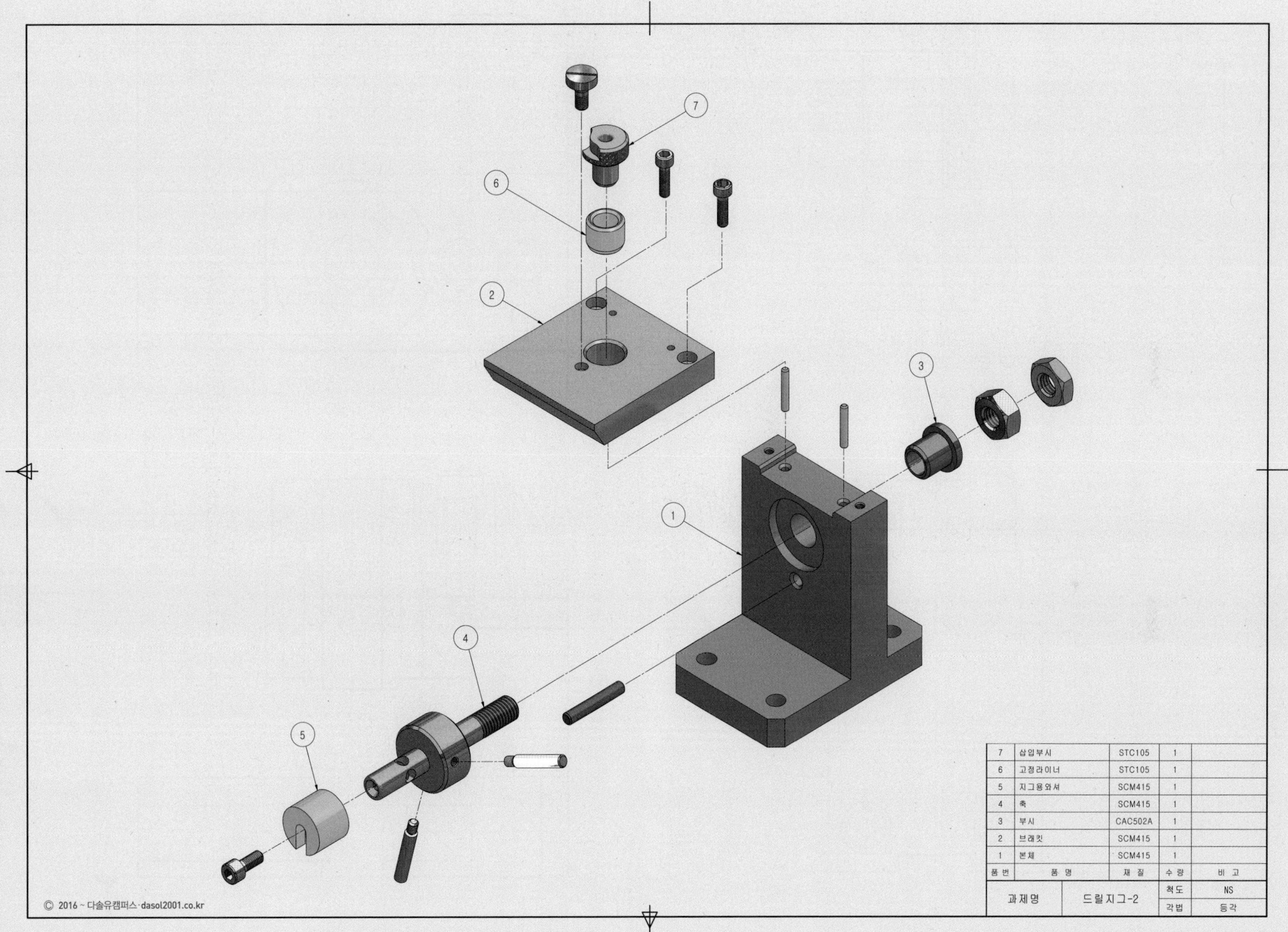


| 7 | 삽입부시 | STC105 | 1 | |
|---|---|---|---|---|
| 6 | 고정라이너 | STC105 | 1 | |
| 5 | 지그용와셔 | SCM415 | 1 | |
| 4 | 축 | SCM415 | 1 | |
| 3 | 부시 | CAC502A | 1 | |
| 2 | 브래킷 | SCM415 | 1 | |
| 1 | 본체 | SCM415 | 1 | |
| 품번 | 품 명 | 재 질 | 수 량 | 비 고 |

| 과제명 | 드릴지그-2 | 척도 | NS |
|---|---|---|---|
| | | 각법 | 등각 |

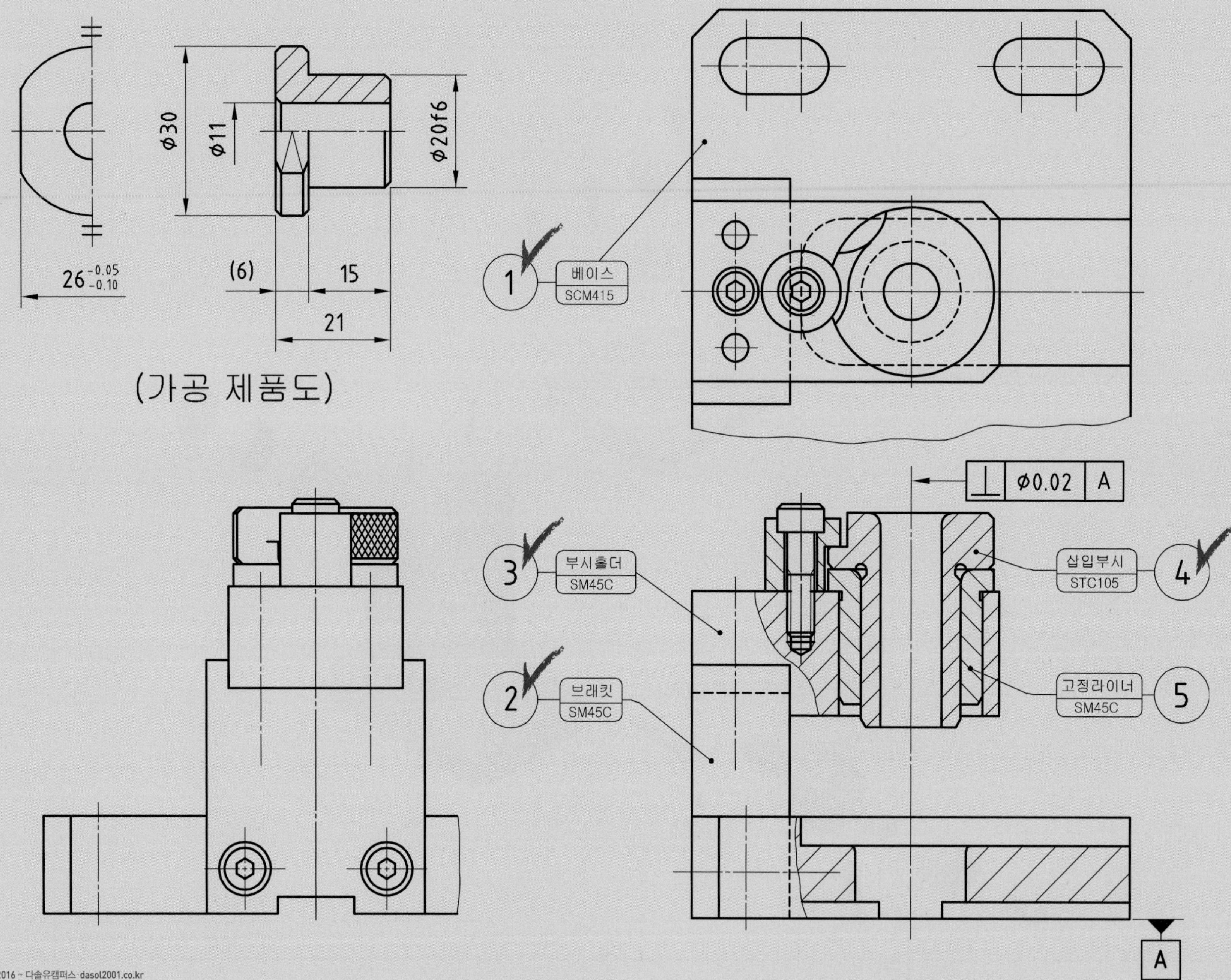

φ30
φ11
φ20f6
26 -0.05 -0.10
(6)
15
21
(가공 제품도)
1
베이스
SCM415
3
부시홀더
SM45C
2
브래킷
SM45C
φ0.02
A
삽입부시
STC105
4
고정라이너
SM45C
5
A

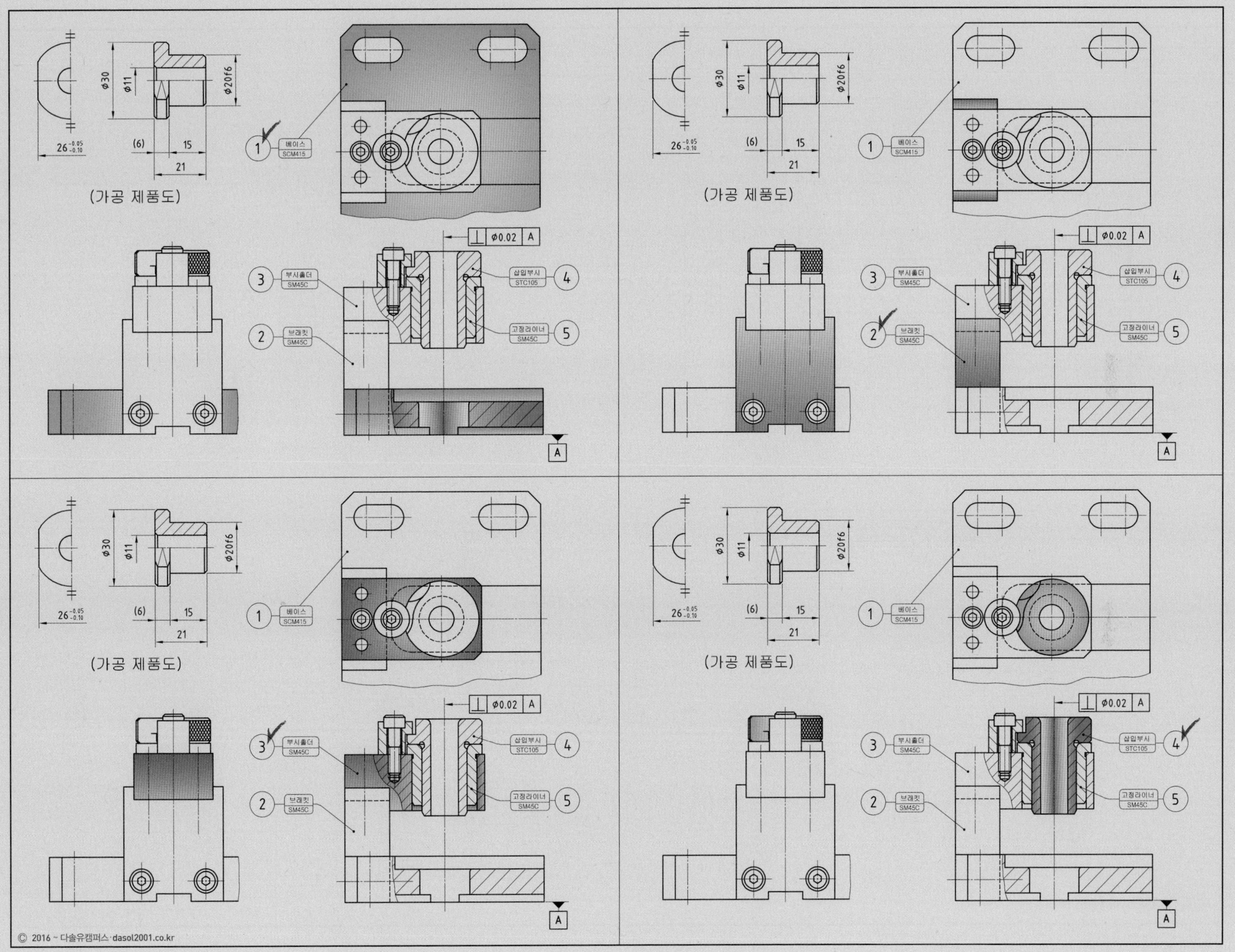
(가공 제품도)
φ30
φ11
φ20f6
$26^{-0.05}_{-0.10}$
(6)
15
21
1 베이스 SCM415
2 브래킷 SM45C
3 부시홀더 SM45C
4 삽입부시 STC105
5 고정라이너 SM45C
⊥ φ0.02 A
A
© 2016 ~ 다솔유캠퍼스·dasol2001.co.kr

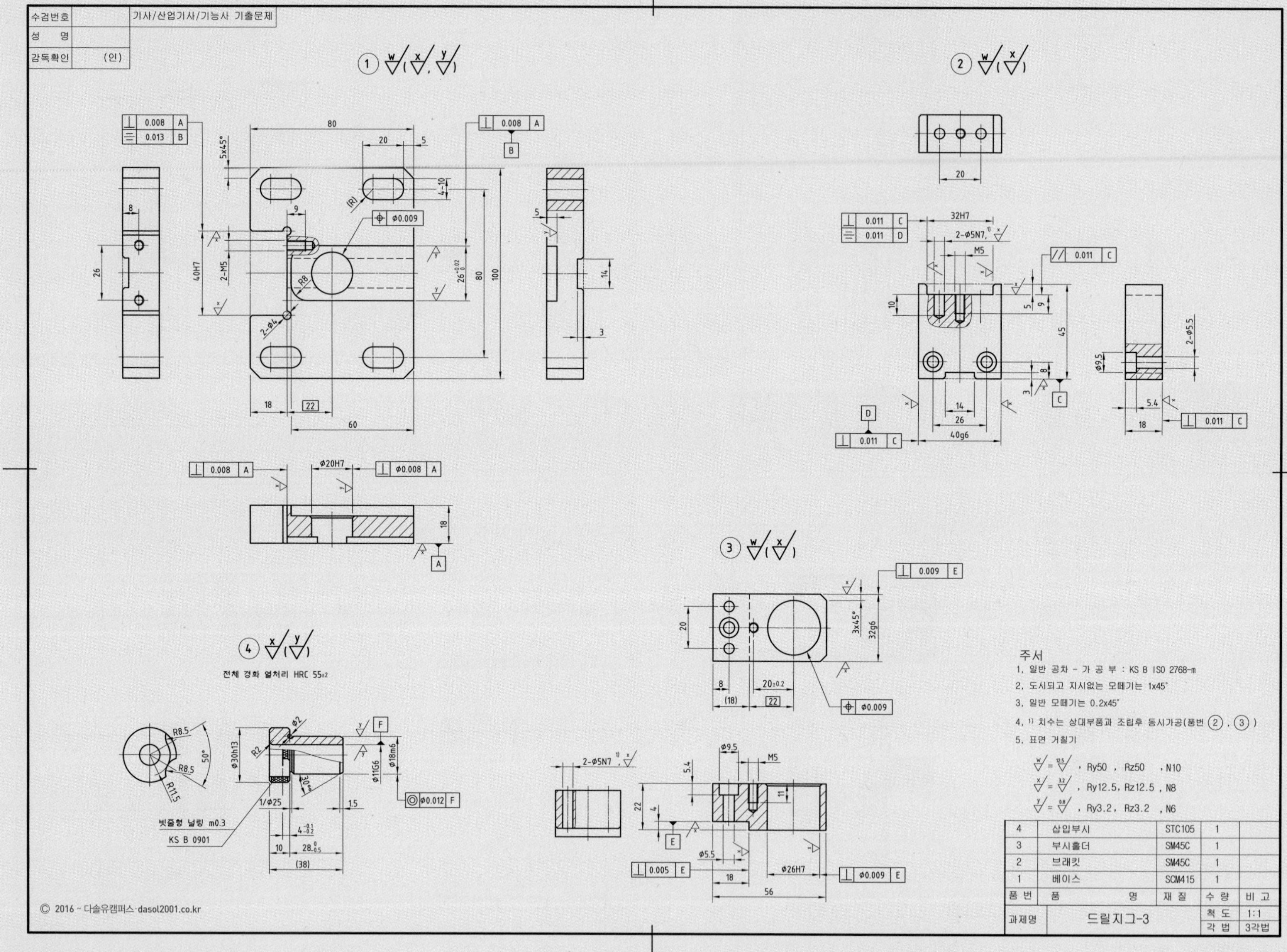
수검번호
성 명
감독확인 (인)
기사/산업기사/기능사 기출문제
전체 경화 열처리 HRC 55±2
빗줄형 널링 m0.3
KS B 0901
주서
1. 일반 공차 - 가 공 부 : KS B ISO 2768-m
2. 도시되고 지시없는 모떼기는 1x45°
3. 일반 모떼기는 0.2x45°
4. 1) 치수는 상대부품과 조립후 동시가공(품번 ②, ③)
5. 표면 거칠기
w = 12.5 , Ry50 , Rz50 , N10
x = 3.2 , Ry12.5, Rz12.5 , N8
y = 0.8 , Ry3.2 , Rz3.2 , N6
4 삽입부시 STC105 1
3 부시홀더 SM45C 1
2 브래킷 SM45C 1
1 베이스 SCM415 1
품번 품 명 재 질 수 량 비 고
과제명 드릴지그-3 척 도 1:1 각 법 3각법
© 2016 ~ 다솔유캠퍼스·dasol2001.co.kr

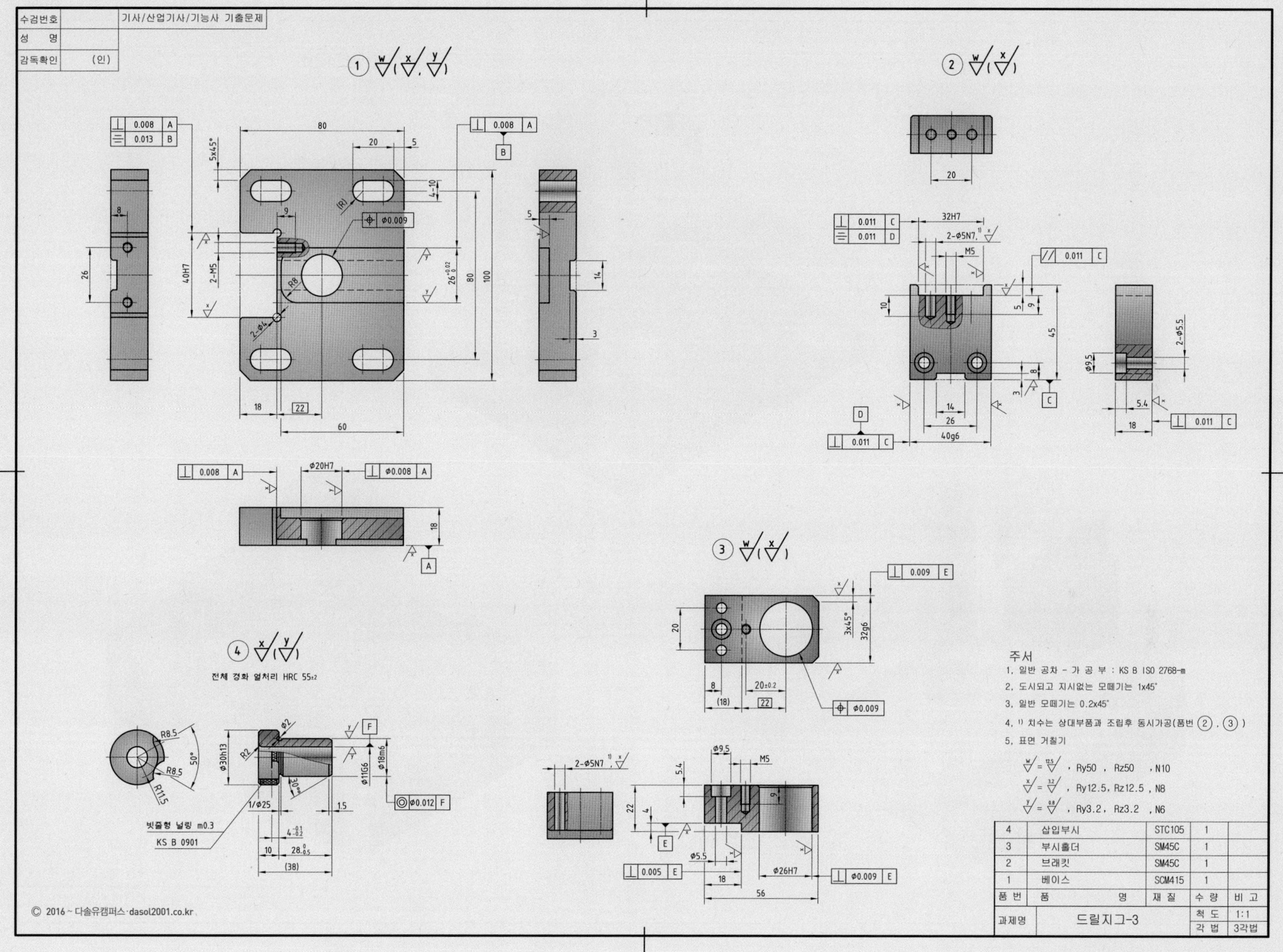
수검번호
기사/산업기사/기능사 기출문제
성 명
감독확인 (인)
전체 경화 열처리 HRC 55±2
빗줄형 널링 m0.3
KS B 0901
주서
1. 일반 공차 - 가 공 부 : KS B ISO 2768-m
2. 도시되고 지시없는 모떼기는 1x45°
3. 일반 모떼기는 0.2x45°
4. 1) 치수는 상대부품과 조립후 동시가공(품번 ②, ③)
5. 표면 거칠기
w = 12.5 , Ry50 , Rz50 , N10
x = 3.2 , Ry12.5, Rz12.5 , N8
y = 0.8 , Ry3.2, Rz3.2 , N6
4 | 삽입부시 | STC105 | 1
3 | 부시홀더 | SM45C | 1
2 | 브래킷 | SM45C | 1
1 | 베이스 | SCM415 | 1
품 번 | 품 명 | 재 질 | 수 량 | 비 고
과제명 | 드릴지그-3 | 척 도 1:1 | 각 법 3각법
© 2016 ~ 다솔유캠퍼스 · dasol2001.co.kr

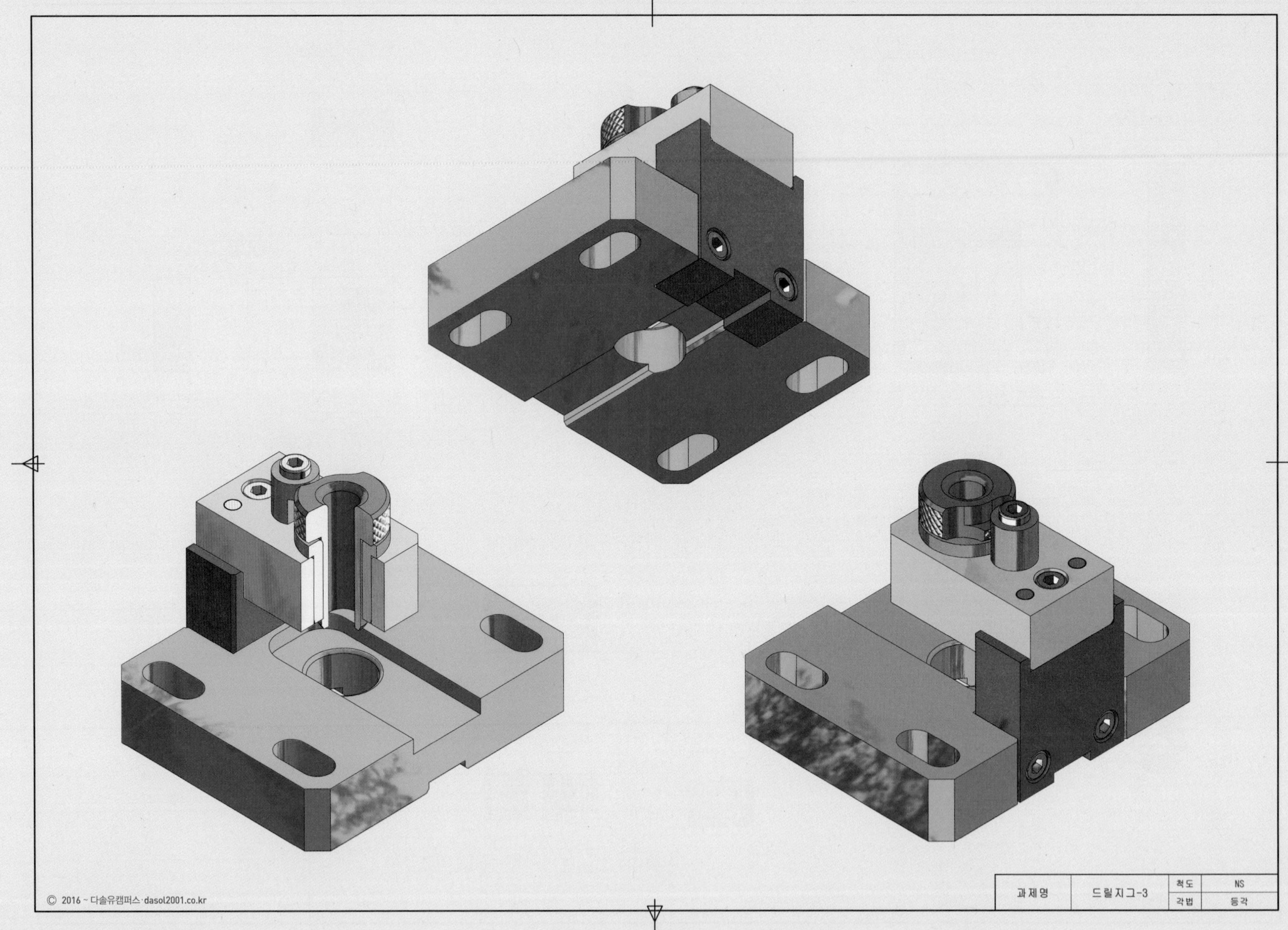
과제명
드릴지그-3
척도
NS
각법
등각
© 2016 ~ 다솔유캠퍼스·dasol2001.co.kr

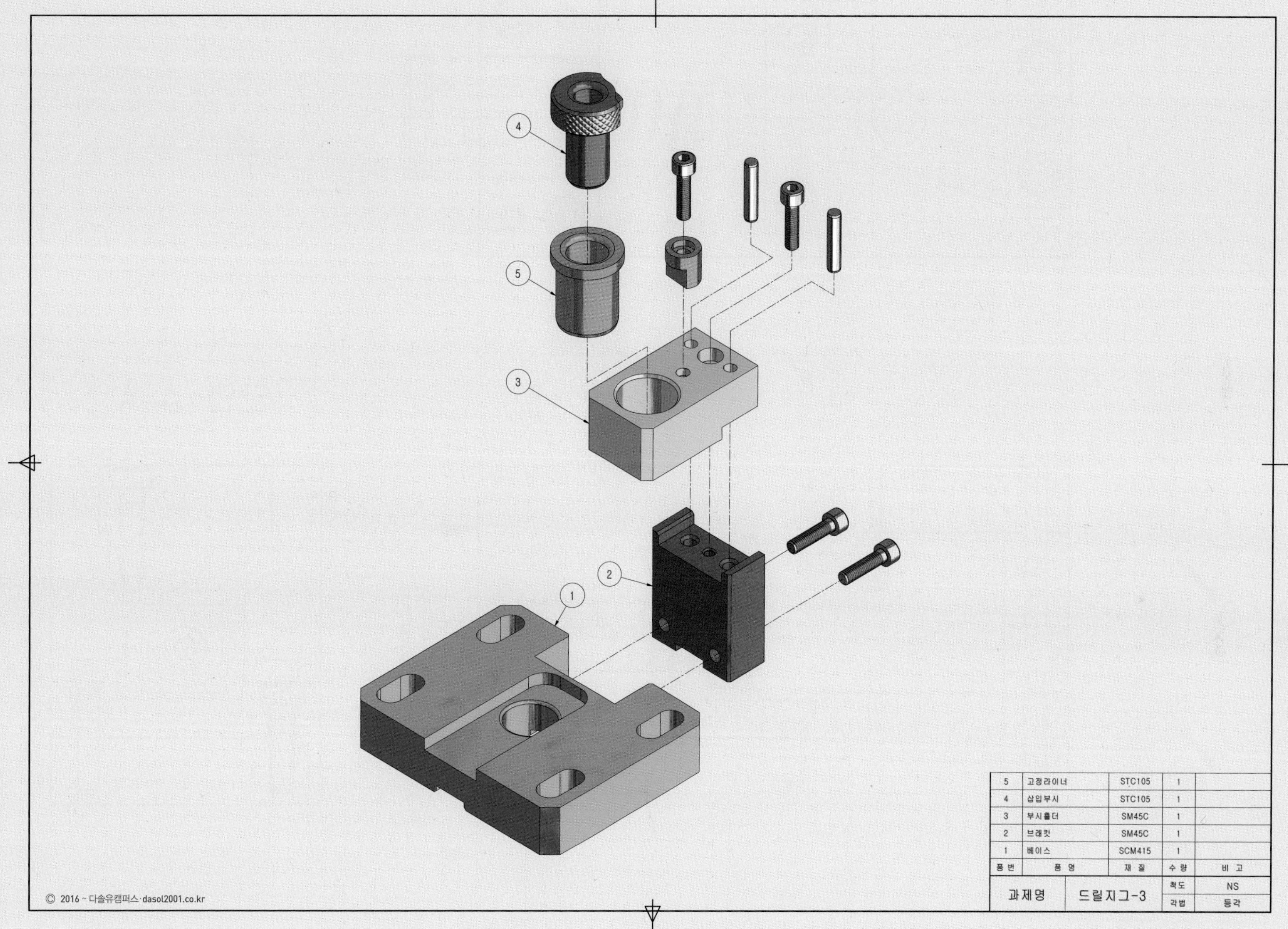


| 5 | 고정라이너 | STC105 | 1 | |
|---|---|---|---|---|
| 4 | 삽입부시 | STC105 | 1 | |
| 3 | 부시홀더 | SM45C | 1 | |
| 2 | 브래킷 | SM45C | 1 | |
| 1 | 베이스 | SCM415 | 1 | |
| 품번 | 품 명 | 재 질 | 수 량 | 비 고 |
| 과제명 | 드릴지그-3 | | 척도 | NS |
| | | | 각법 | 등각 |

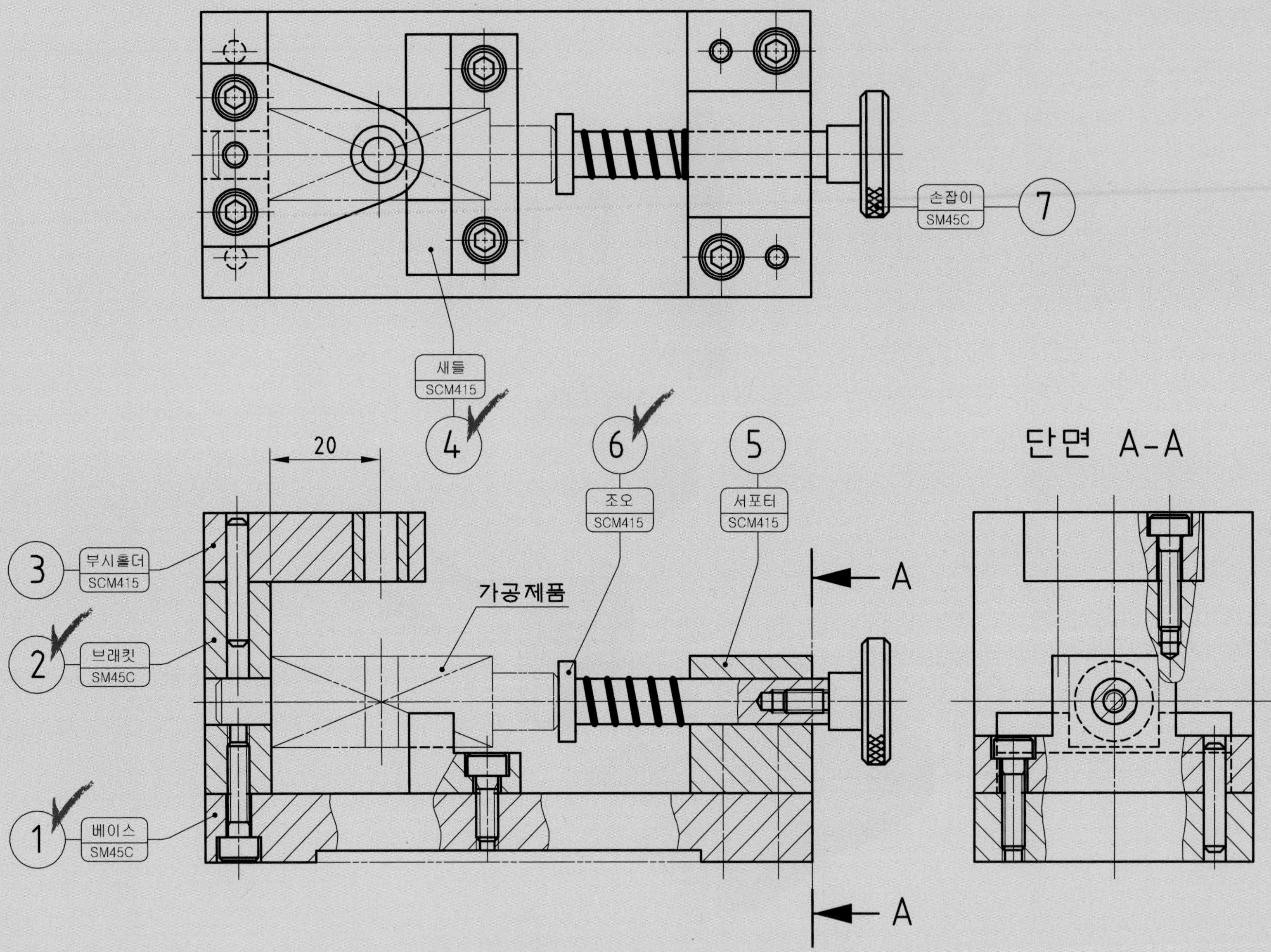

손잡이
SM45C
7
새들
SCM415
4
20
6
5
단면 A-A
조오
SCM415
서포터
SCM415
3
부시홀더
SCM415
가공제품
A
2
브래킷
SM45C
1
베이스
SM45C
A

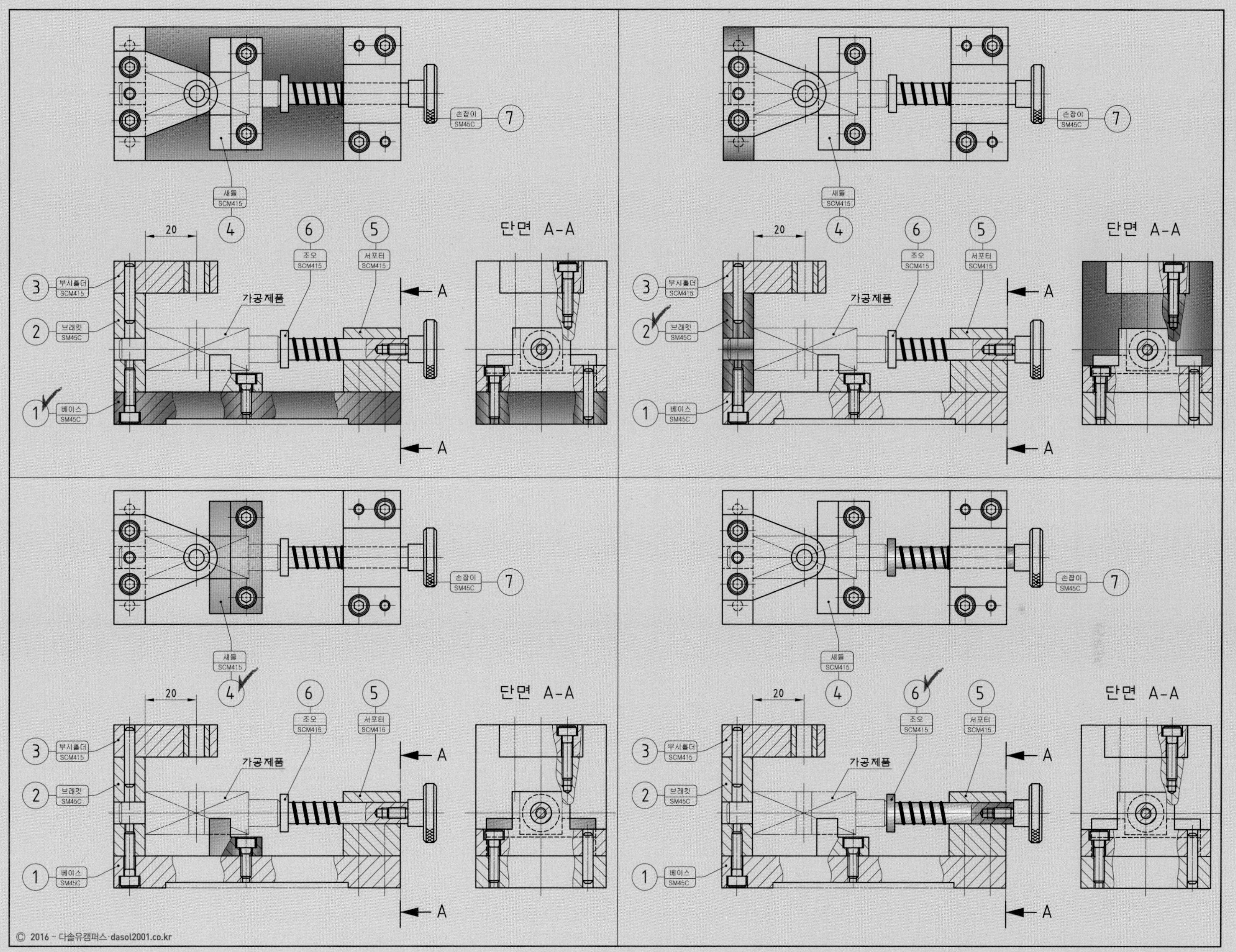
손잡이
SM45C
7
새들
SCM415
4
20
6
5
단면 A-A
조오
SCM415
서포터
SCM415
3
부시홀더
SCM415
가공제품
A
2
브래킷
SM45C
1
베이스
SM45C
A

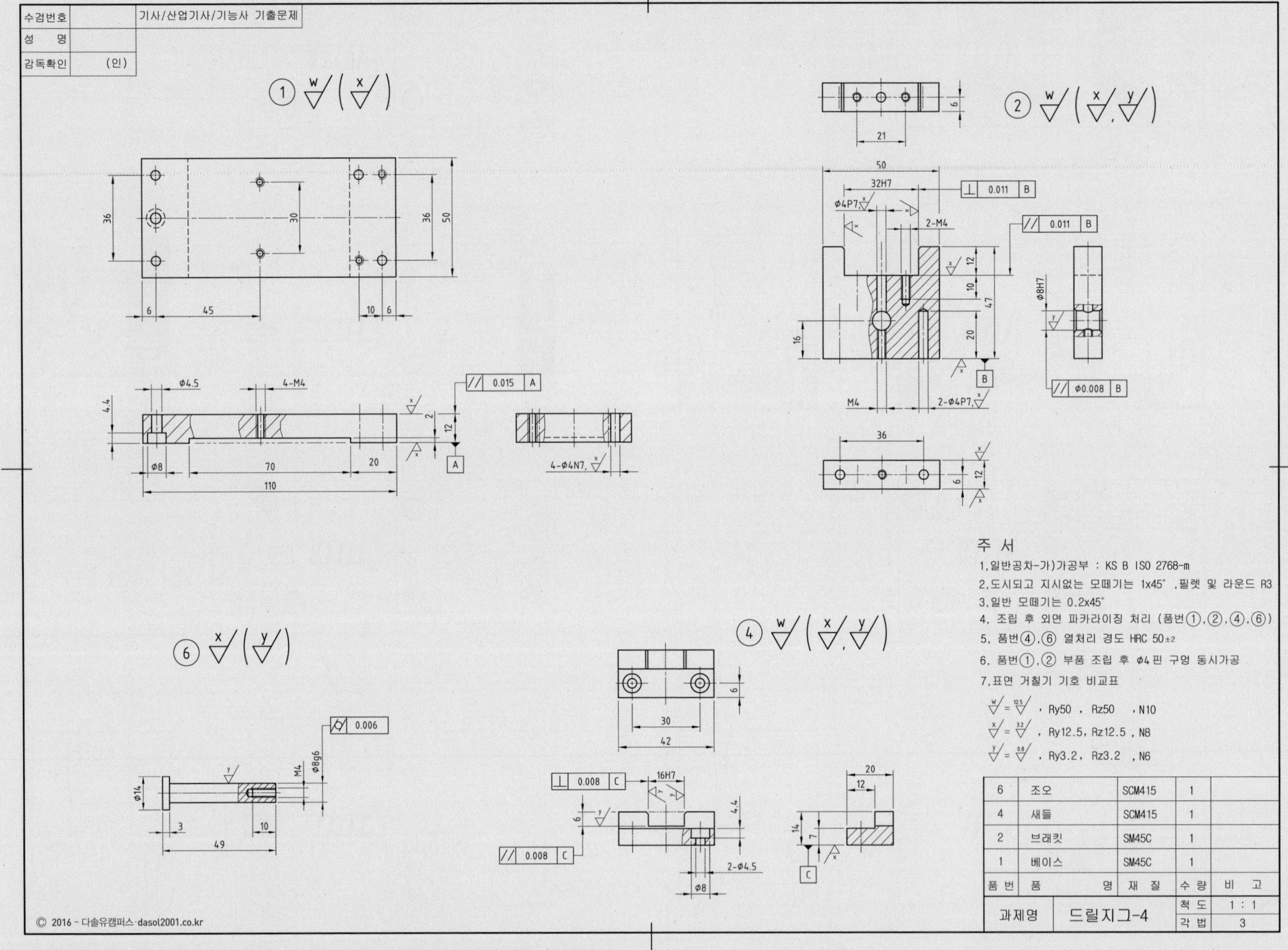
수검번호
성 명
감독확인 (인)
기사/산업기사/기능사 기출문제
주 서
1,일반공차-가)가공부 : KS B ISO 2768-m
2,도시되고 지시없는 모떼기는 1x45° ,필렛 및 라운드 R3
3,일반 모떼기는 0.2x45°
4, 조립 후 외면 파카라이징 처리 (품번①,②,④,⑥)
5, 품번④,⑥ 열처리 경도 HRC 50±2
6, 품번①,② 부품 조립 후 ϕ4 핀 구멍 동시가공
7,표면 거칠기 기호 비교표
, Ry50 , Rz50 , N10
, Ry12.5 , Rz12.5 , N8
, Ry3.2 , Rz3.2 , N6
6 조오 SCM415 1
4 새들 SCM415 1
2 브래킷 SM45C 1
1 베이스 SM45C 1
품 번 품 명 재 질 수 량 비 고
과제명 드릴지그-4
척 도 1 : 1
각 법 3
© 2016 ~ 다솔유캠퍼스·dasol2001.co.kr

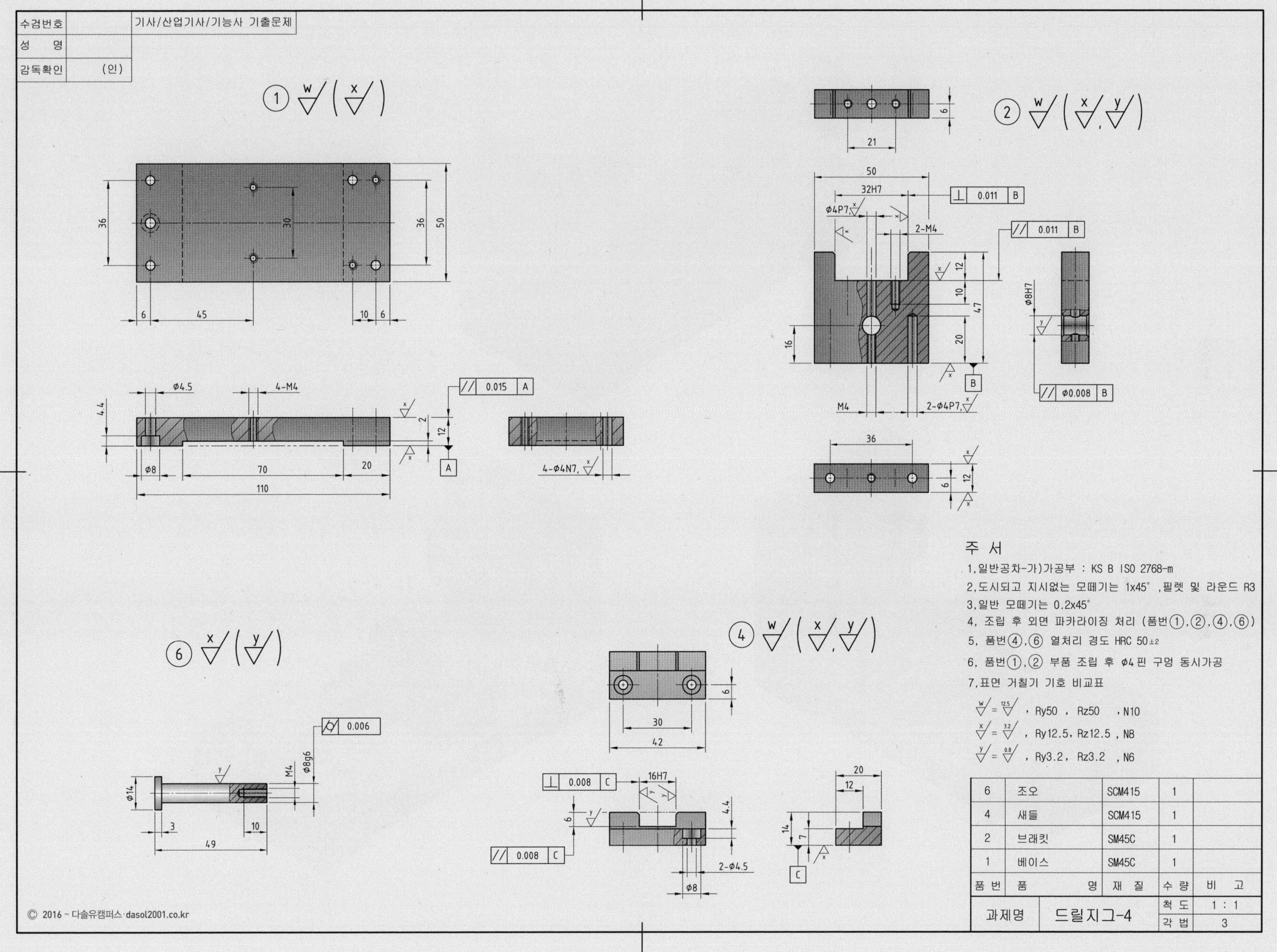
수검번호
기사/산업기사/기능사 기출문제
성 명
감독확인 (인)
주 서
1.일반공차-가)가공부 : KS B ISO 2768-m
2.도시되고 지시없는 모떼기는 1x45°,필렛 및 라운드 R3
3.일반 모떼기는 0.2x45°
4. 조립 후 외면 파카라이징 처리 (품번①,②,④,⑥)
5. 품번④,⑥ 열처리 경도 HRC 50±2
6. 품번①,② 부품 조립 후 ϕ4핀 구멍 동시가공
7.표면 거칠기 기호 비교표
, Ry50 , Rz50 , N10
, Ry12.5, Rz12.5 , N8
, Ry3.2, Rz3.2 , N6
6 조오 SCM415 1
4 새들 SCM415 1
2 브래킷 SM45C 1
1 베이스 SM45C 1
품번 품명 재질 수량 비고
과제명 드릴지그-4 척도 1 : 1 각법 3
© 2016 ~ 다솔유캠퍼스 dasol2001.co.kr

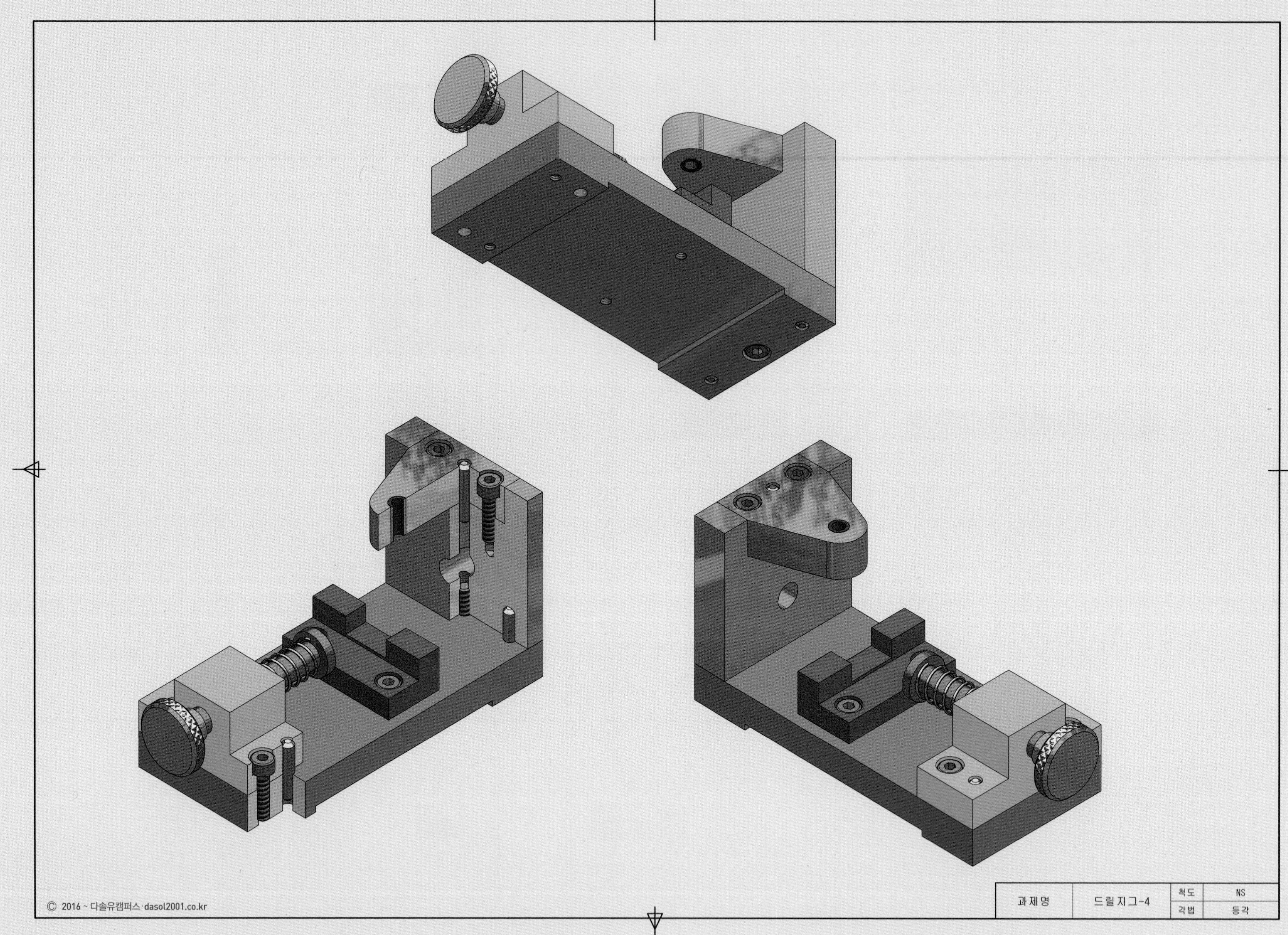

© 2016 ~ 다솔유캠퍼스·dasol2001.co.kr
과제명
드릴지그-4
척도
NS
각법
등각

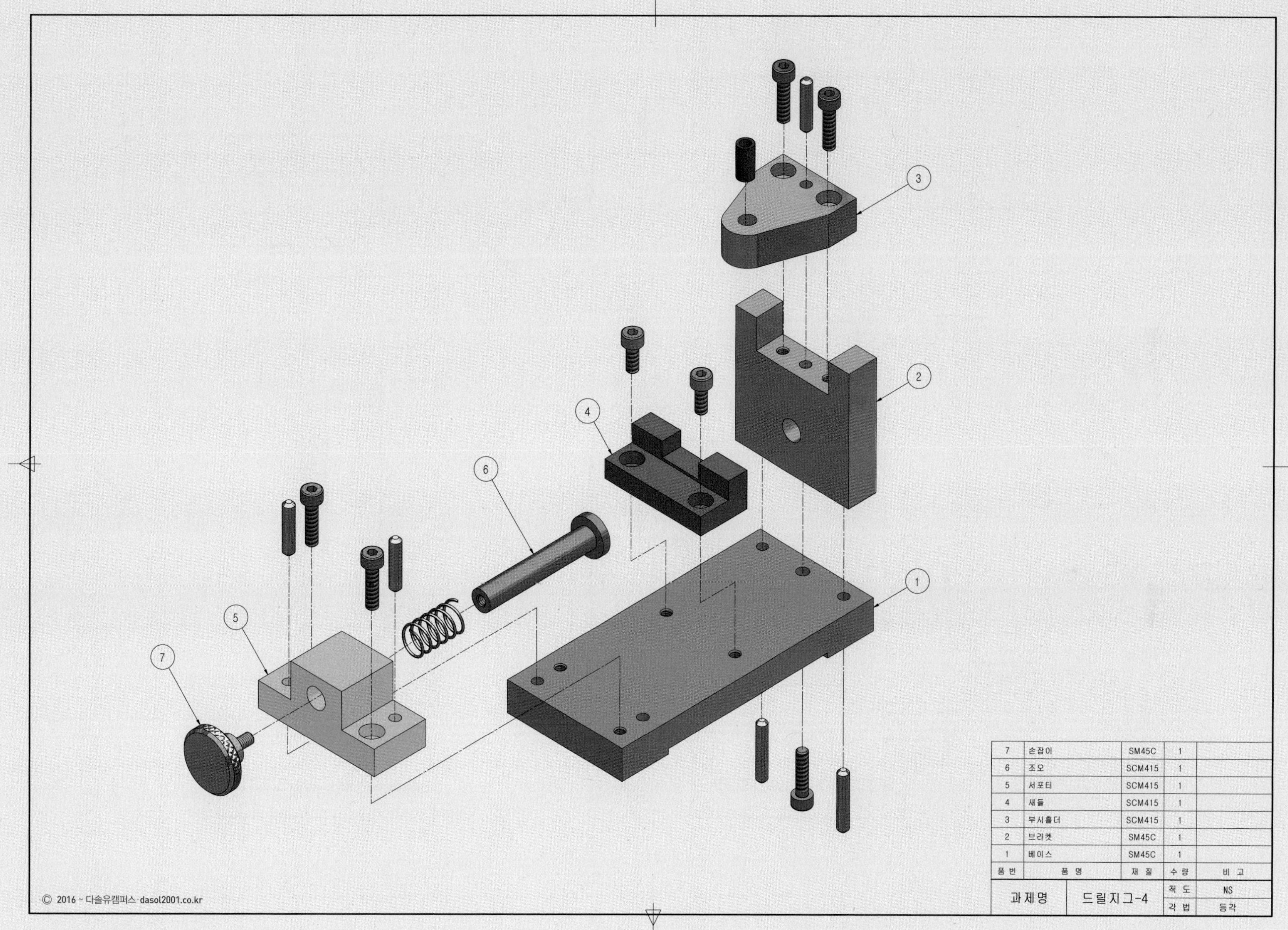


| 품번 | 품명 | 재질 | 수량 | 비고 |
|---|---|---|---|---|
| 7 | 손잡이 | SM45C | 1 | |
| 6 | 조오 | SCM415 | 1 | |
| 5 | 서포터 | SCM415 | 1 | |
| 4 | 새들 | SCM415 | 1 | |
| 3 | 부시홀더 | SCM415 | 1 | |
| 2 | 브라켓 | SM45C | 1 | |
| 1 | 베이스 | SM45C | 1 | |

| 과제명 | 드릴지그-4 | 척도 | NS |
|---|---|---|---|
| | | 각법 | 등각 |

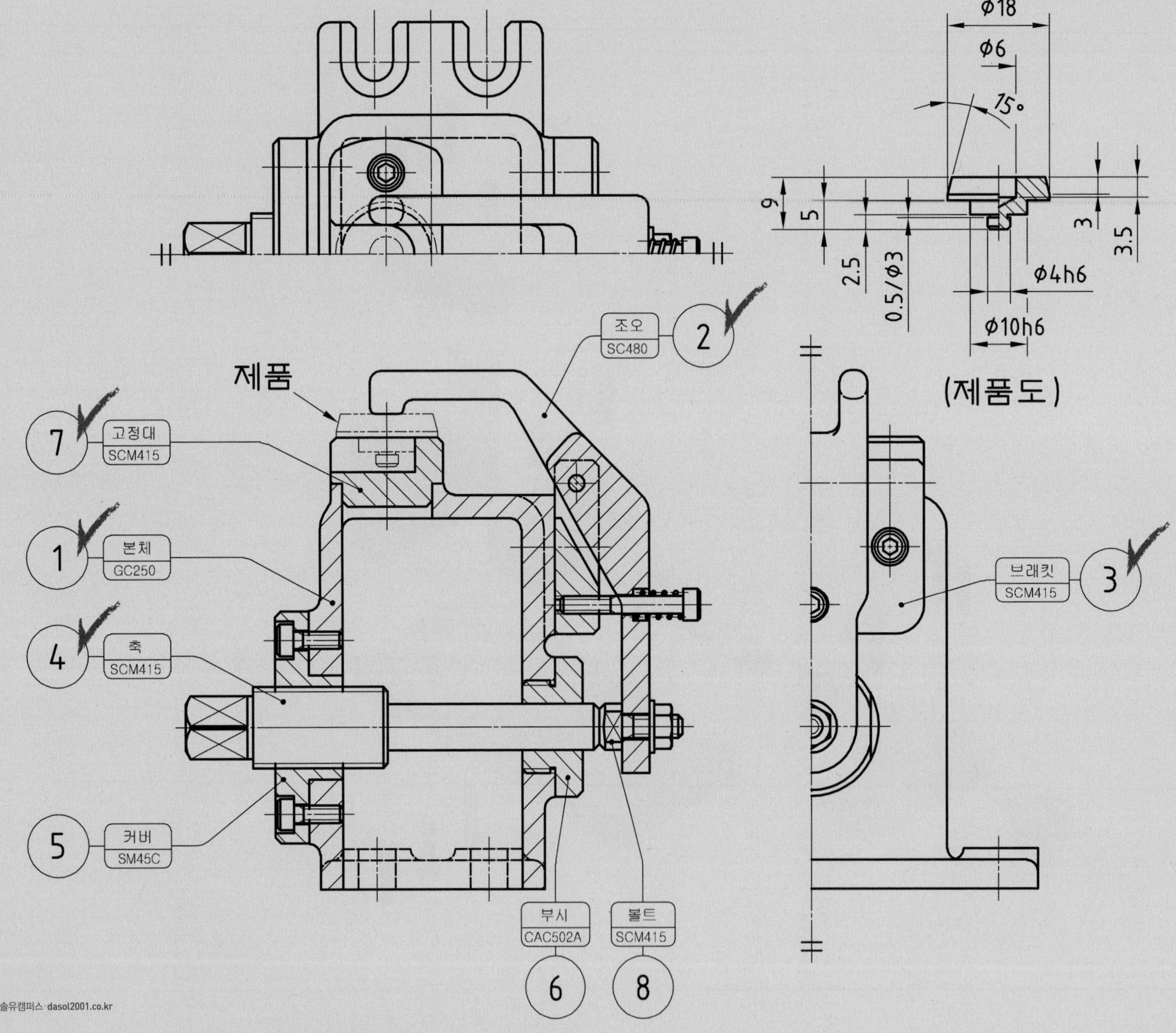
Ø18
Ø6
15°
9
5
2.5
0.5/Ø3
3
3.5
Ø4h6
Ø10h6
(제품도)
제품
조오
SC480
2
7
고정대
SCM415
1
본체
GC250
4
축
SCM415
5
커버
SM45C
브래킷
SCM415
3
부시
CAC502A
6
볼트
SCM415
8

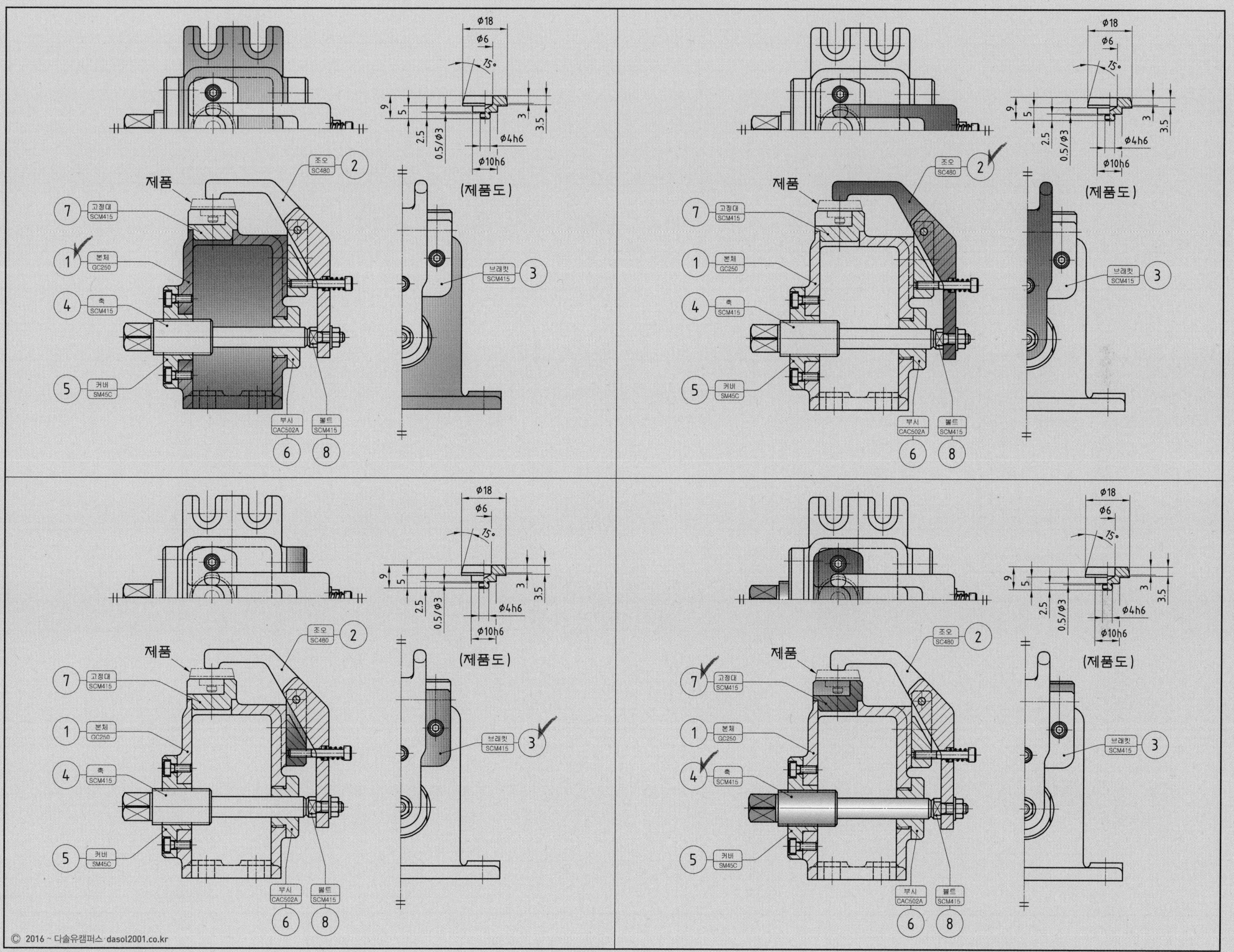

Φ18
Φ6
15°
9
5
3
3.5
2.5
0.5/Φ3
Φ4h6
Φ10h6
(제품도)
제품
1 본체 GC250
2 조오 SC480
3 브래킷 SCM415
4 축 SCM415
5 커버 SM45C
6 부시 CAC502A
7 고정대 SCM415
8 볼트 SCM415

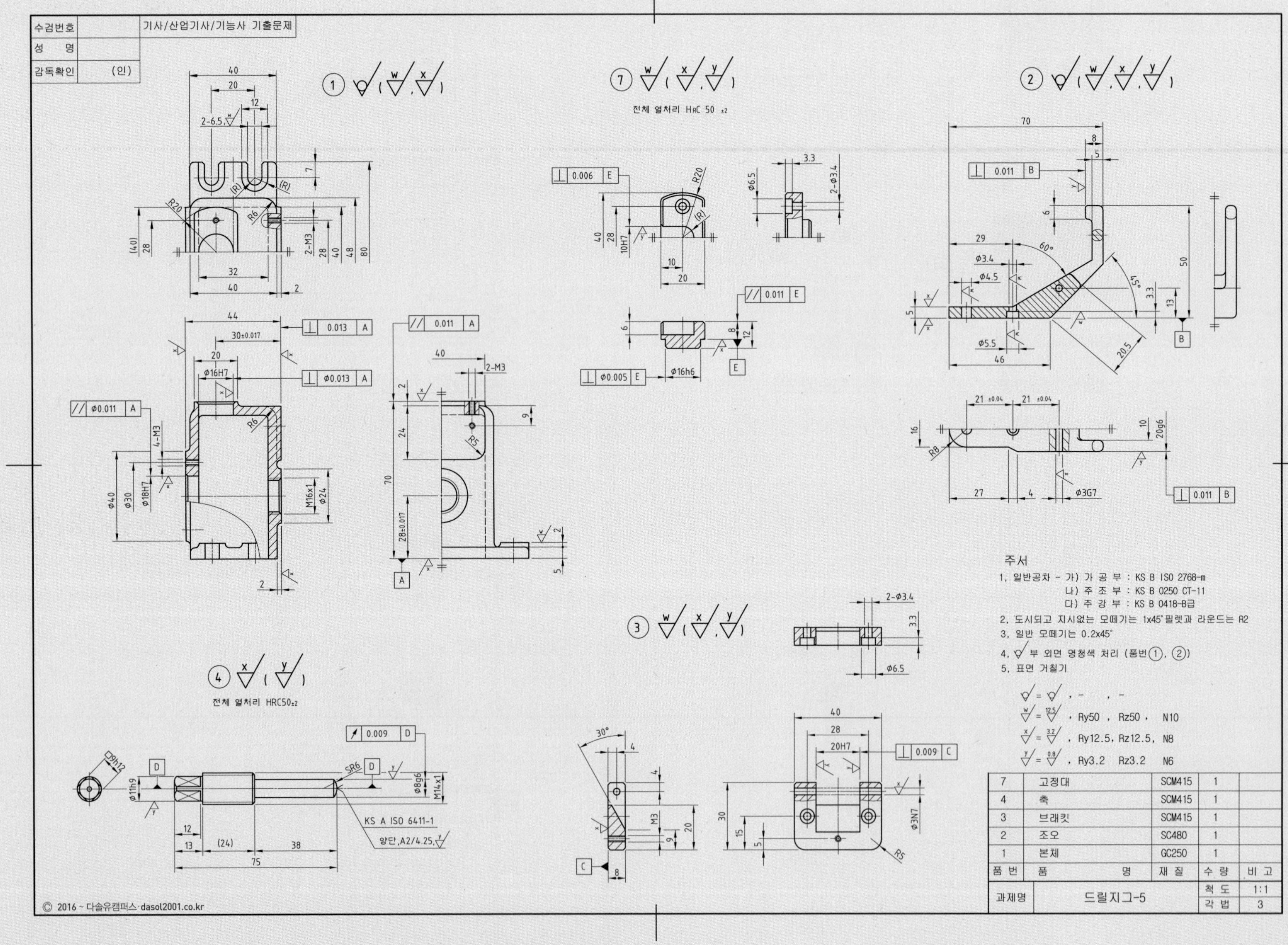

수검번호
성 명
감독확인 (인)
기사/산업기사/기능사 기출문제
전체 열처리 HRC 50 ±2
전체 열처리 HRC50±2
KS A ISO 6411-1
양단, A2/4.25
주서
1. 일반공차 - 가) 가 공 부 : KS B ISO 2768-m
나) 주 조 부 : KS B 0250 CT-11
다) 주 강 부 : KS B 0418-B급
2. 도시되고 지시없는 모떼기는 1x45° 필렛과 라운드는 R2
3. 일반 모떼기는 0.2x45°
4. 부 외면 명청색 처리 (품번①, ②)
5. 표면 거칠기
Ry50 , Rz50 , N10
Ry12.5, Rz12.5, N8
Ry3.2 Rz3.2 N6
7 고정대 SCM415 1
4 축 SCM415 1
3 브래킷 SCM415 1
2 조오 SC480 1
1 본체 GC250 1
품 번 품 명 재 질 수 량 비 고
과제명 드릴지그-5
척 도 1:1
각 법 3
© 2016 ~ 다솔유캠퍼스·dasol2001.co.kr

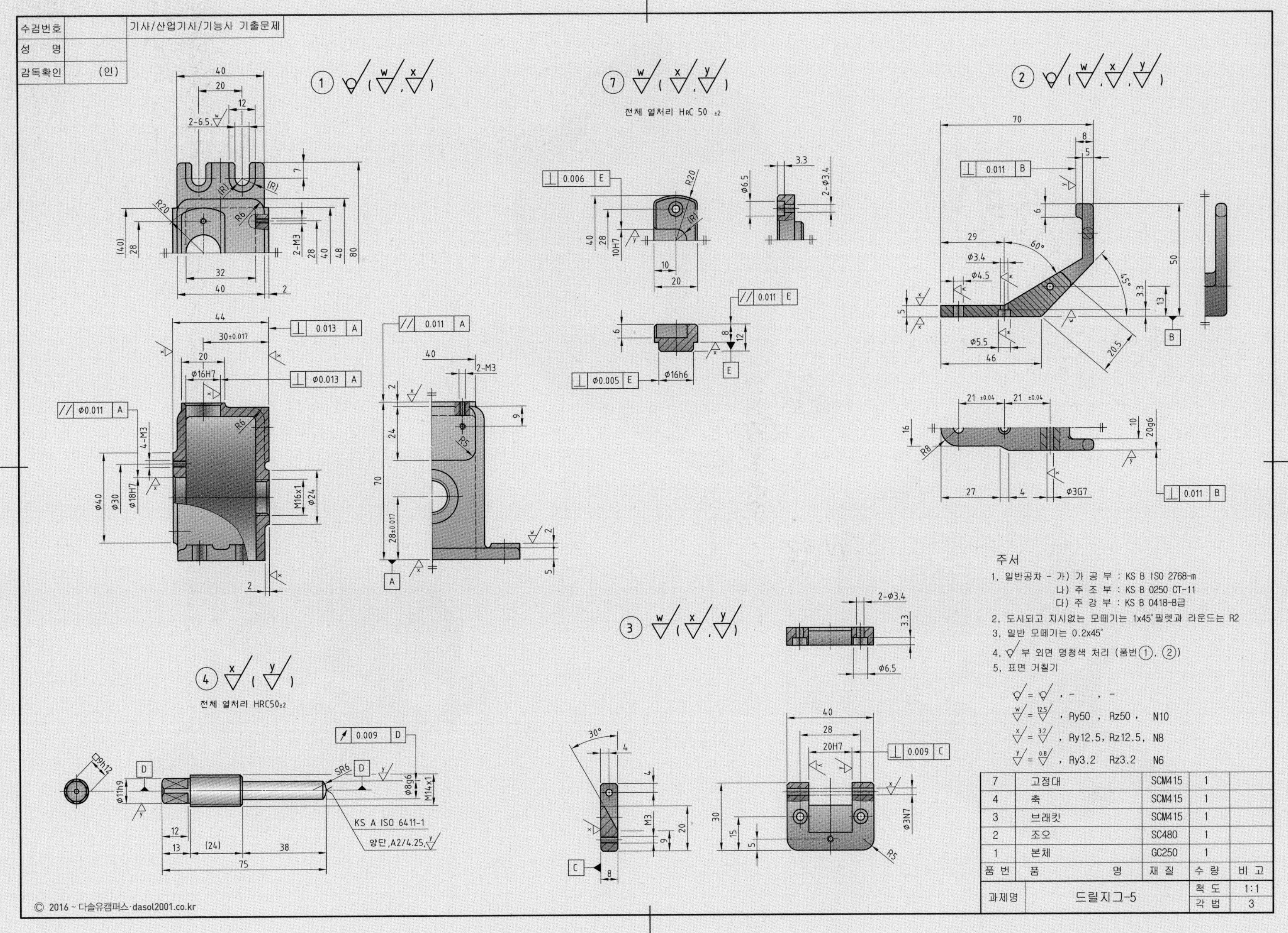
수검번호
기사/산업기사/기능사 기출문제
성 명
감독확인 (인)
전체 열처리 HRC 50 ±2
전체 열처리 HRC50±2
주서
1. 일반공차 - 가) 가 공 부 : KS B ISO 2768-m
나) 주 조 부 : KS B 0250 CT-11
다) 주 강 부 : KS B 0418-B급
2. 도시되고 지시없는 모떼기는 1x45° 필렛과 라운드는 R2
3. 일반 모떼기는 0.2x45°
4. 부 외면 명청색 처리 (품번①, ②)
5. 표면 거칠기
, Ry50 , Rz50 , N10
, Ry12.5, Rz12.5, N8
, Ry3.2 Rz3.2 N6
KS A ISO 6411-1
양단,A2/4.25,
7 고정대 SCM415 1
4 축 SCM415 1
3 브래킷 SCM415 1
2 조오 SC480 1
1 본체 GC250 1
품번 품 명 재질 수량 비고
과제명 드릴지그-5 척도 1:1 각법 3
© 2016 ~ 다솔유캠퍼스·dasol2001.co.kr

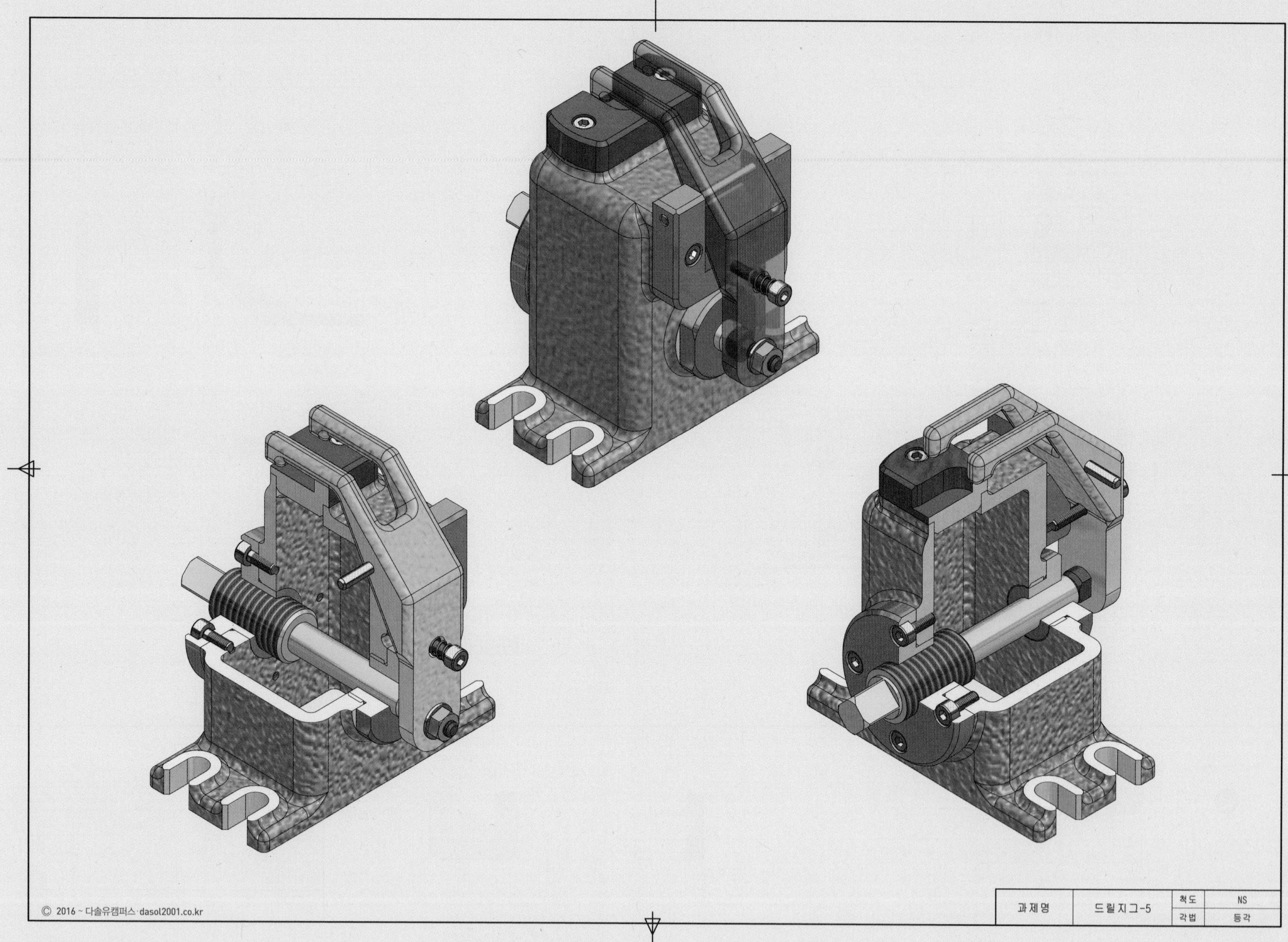
과제명
드릴지그-5
척도
NS
각법
등각

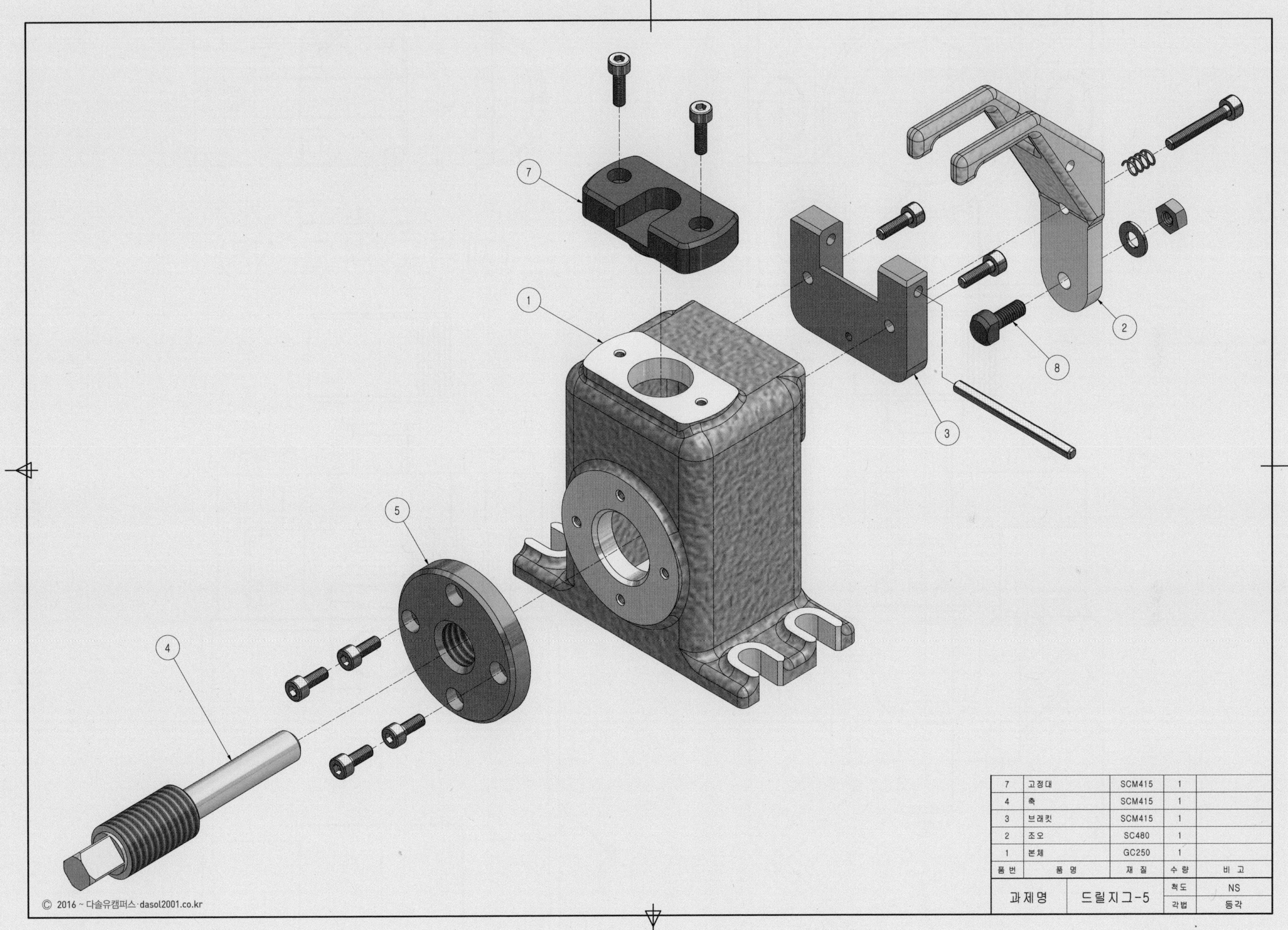


| 7 | 고정대 | SCM415 | 1 | |
|---|---|---|---|---|
| 4 | 축 | SCM415 | 1 | |
| 3 | 브래킷 | SCM415 | 1 | |
| 2 | 조오 | SC480 | 1 | |
| 1 | 본체 | GC250 | 1 | |
| 품번 | 품 명 | 재 질 | 수 량 | 비 고 |
| 과제명 | 드릴지그-5 | | 척도 | NS |
| | | | 각법 | 등각 |

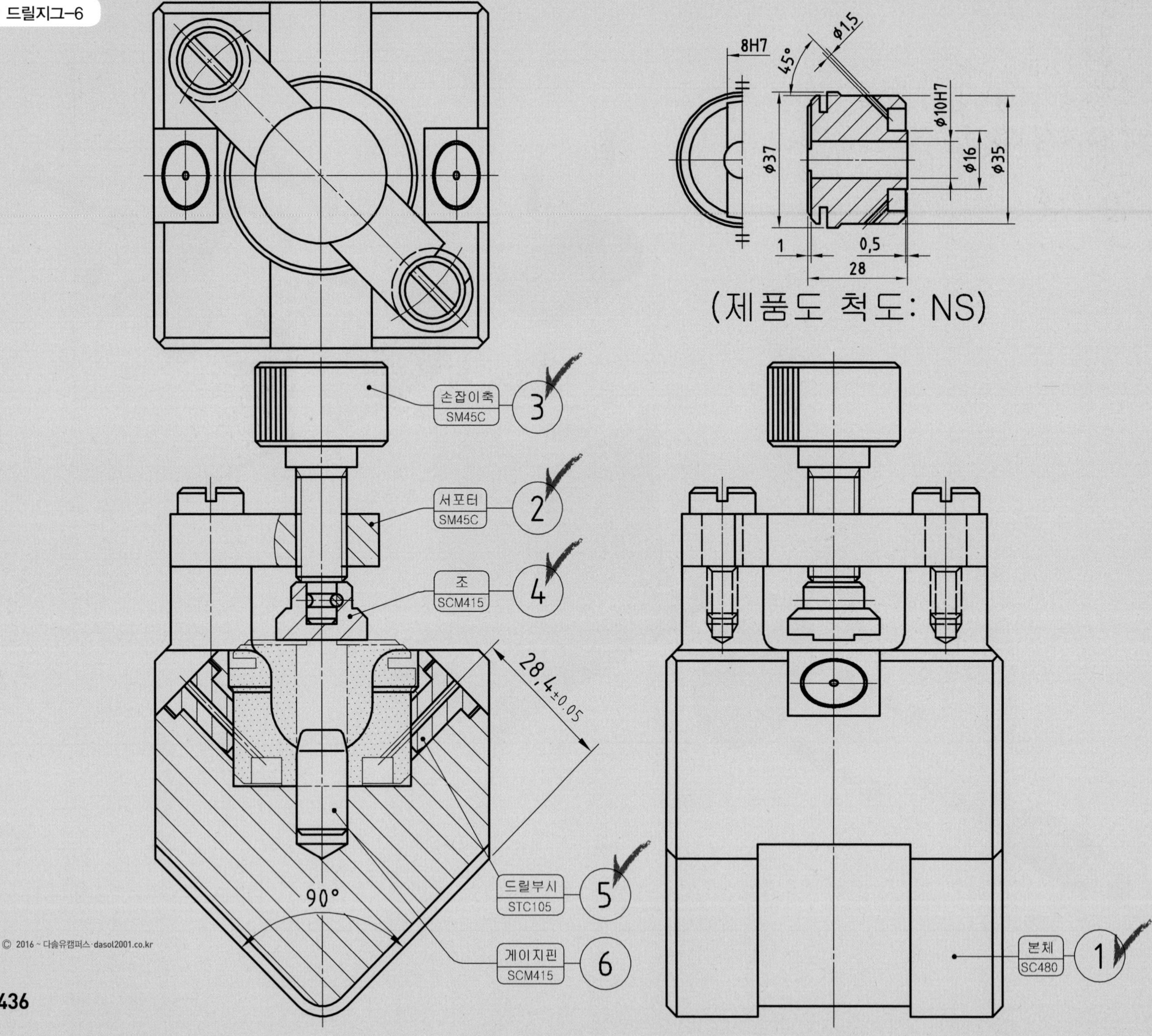
8H7
45°
ϕ1,5
ϕ10H7
ϕ37
ϕ16
ϕ35
1
0,5
28
(제품도 척도: NS)
손잡이축
SM45C
3
서포터
SM45C
2
조
SCM415
4
28,4±0.05
드릴부시
STC105
5
90°
게이지핀
SCM415
6
본체
SC480
1

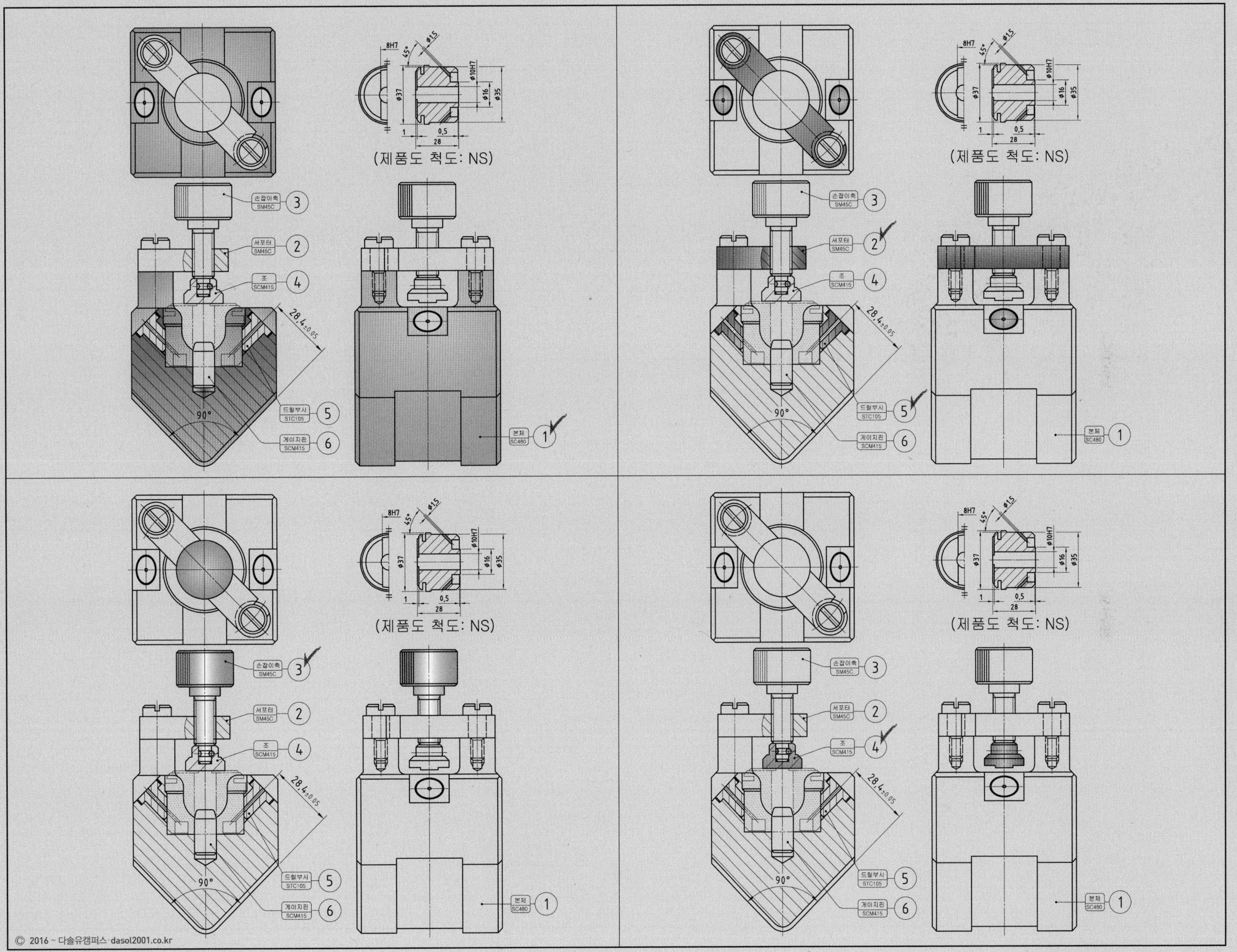
8H7
45°
φ1.5
φ37
φ10H7
φ16
φ35
1
0.5
28
(제품도 척도: NS)
손잡이축
SM45C
3
서포터
SM45C
2
조
SCM415
4
28.4±0.05
90°
드릴부시
STC105
5
게이지핀
SCM415
6
본체
SC480
1

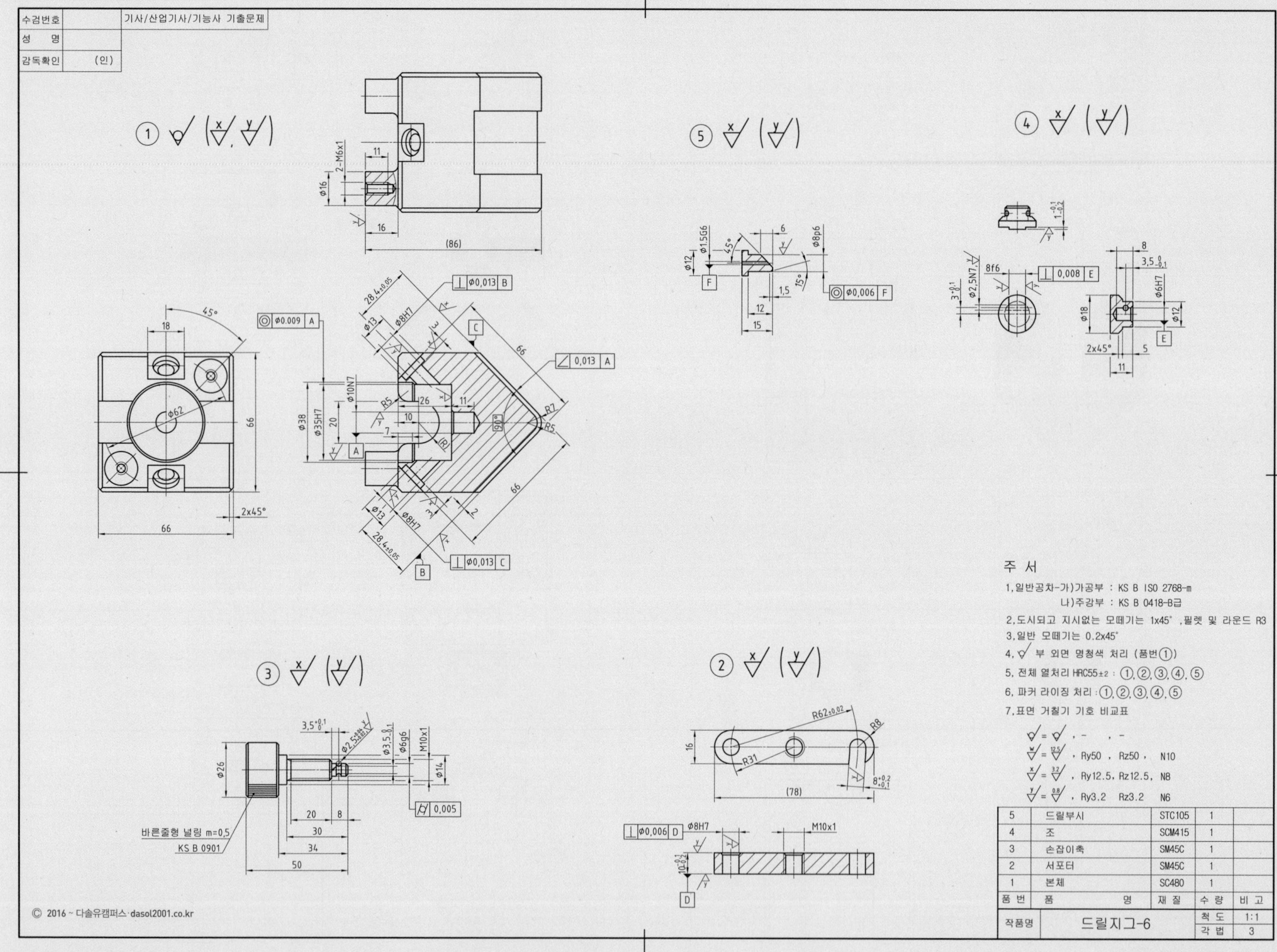
수검번호
기사/산업기사/기능사 기출문제
성 명
감독확인 (인)
주 서
1.일반공차-가)가공부 : KS B ISO 2768-m
나)주강부 : KS B 0418-B급
2.도시되고 지시없는 모떼기는 1x45°,필렛 및 라운드 R3
3.일반 모떼기는 0.2x45°
4.부 외면 명청색 처리 (품번①)
5.전체 열처리 HRC55±2 : ①,②,③,④,⑤
6.파커 라이징 처리 : ①,②,③,④,⑤
7.표면 거칠기 기호 비교표
Ry50, Rz50, N10
Ry12.5, Rz12.5, N8
Ry3.2 Rz3.2 N6
5 드릴부시 STC105 1
4 조 SCM415 1
3 손잡이축 SM45C 1
2 서포터 SM45C 1
1 본체 SC480 1
품번 품 명 재질 수량 비고
작품명 드릴지그-6 척도 1:1 각법 3
바른줄형 널링 m=0.5
KS B 0901
© 2016 ~ 다솔유캠퍼스·dasol2001.co.kr

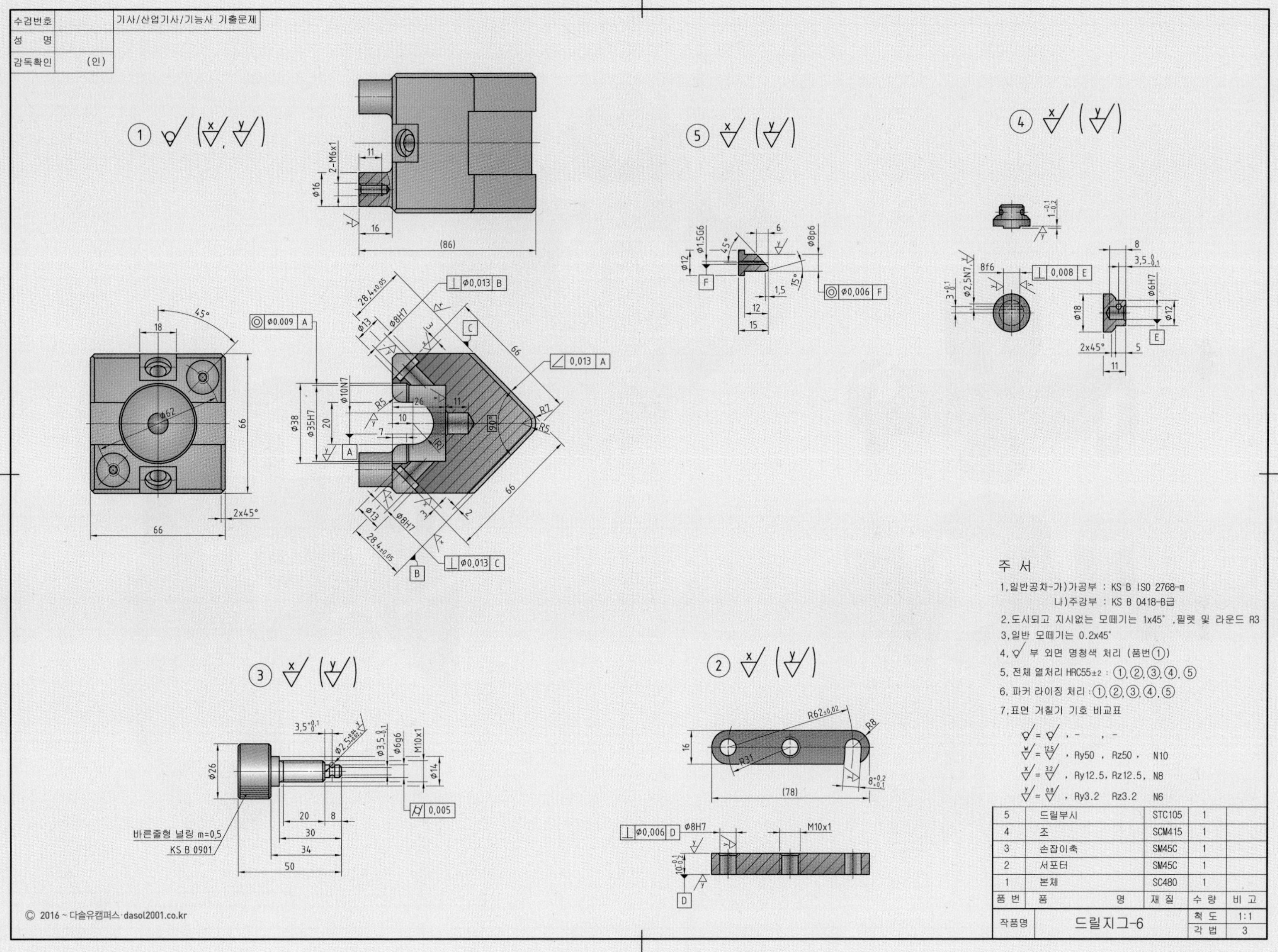

수검번호
성 명
감독확인 (인)
기사/산업기사/기능사 기출문제
① (x, y)
⑤ x (y)
④ x (y)
③ x (y)
② x (y)
2-M6x1
φ16
11
16
(86)
28.4±0.05
φ13
φ8H7
φ0,013 B
φ0,013 C
φ0.009 A
0,013 A
45°
18
φ62
66
2x45°
φ10N7
φ38
φ35H7
20
R5
26
11
10
7
90°
R7
R5
R
66
2
φ1.5G6
45°
6
φ8p6
φ12
1,5
15°
12
15
φ0,006 F
1-0.1/-0.2
8
3,5 0/-0.1
8f6
0,008 E
3-0.1/0
φ2,5N7
φ6H7
φ18
φ12
2x45°
5
11
주 서
1.일반공차-가)가공부 : KS B ISO 2768-m
나)주강부 : KS B 0418-B급
2.도시되고 지시없는 모떼기는 1x45°,필렛 및 라운드 R3
3.일반 모떼기는 0.2x45°
4. 부 외면 명청색 처리 (품번①)
5. 전체 열처리 HRC55±2 : ①,②,③,④,⑤
6. 파커 라이징 처리 :①,②,③,④,⑤
7.표면 거칠기 기호 비교표
w = 12.5, Ry50 , Rz50 , N10
x = 3.2, Ry12.5, Rz12.5, N8
y = 0.8, Ry3.2 Rz3.2 N6
3,5+0.1/0
φ2,5
φ3,5
φ6g6
M10x1
φ26
φ14
0,005
20
8
30
34
50
바른줄형 널링 m=0,5
KS B 0901
R62±0.02
R8
16
R31
8+0.2/+0.1
(78)
φ0,006 D
φ8H7
M10x1
10-0.1/-0.2
5 드릴부시 STC105 1
4 조 SCM415 1
3 손잡이축 SM45C 1
2 서포터 SM45C 1
1 본체 SC480 1
품번 품 명 재질 수량 비고
작품명 드릴지그-6 척도 1:1 각법 3

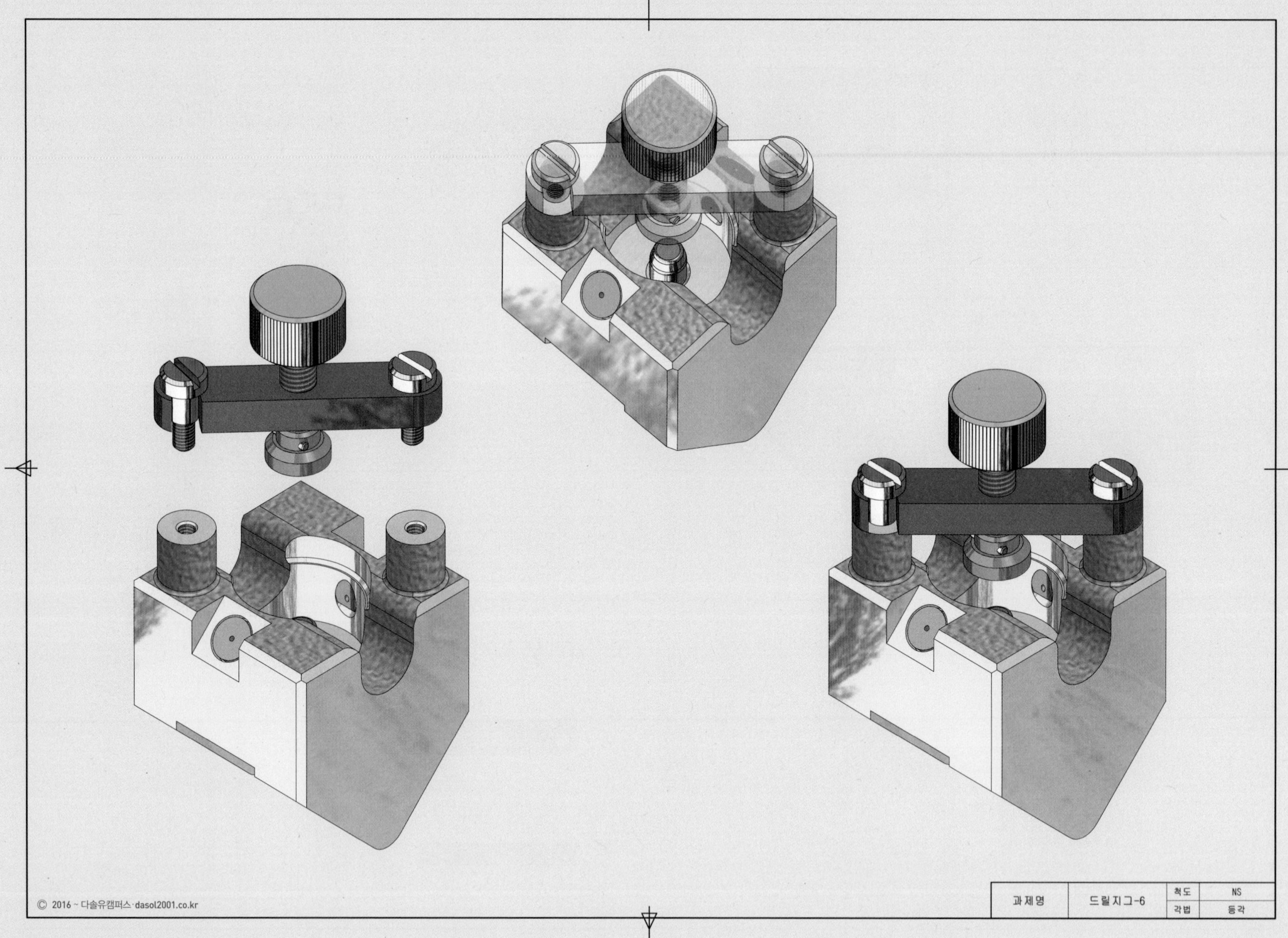
© 2016 ~ 다솔유캠퍼스·dasol2001.co.kr
과제명
드릴지그-6
척도
NS
각법
등각

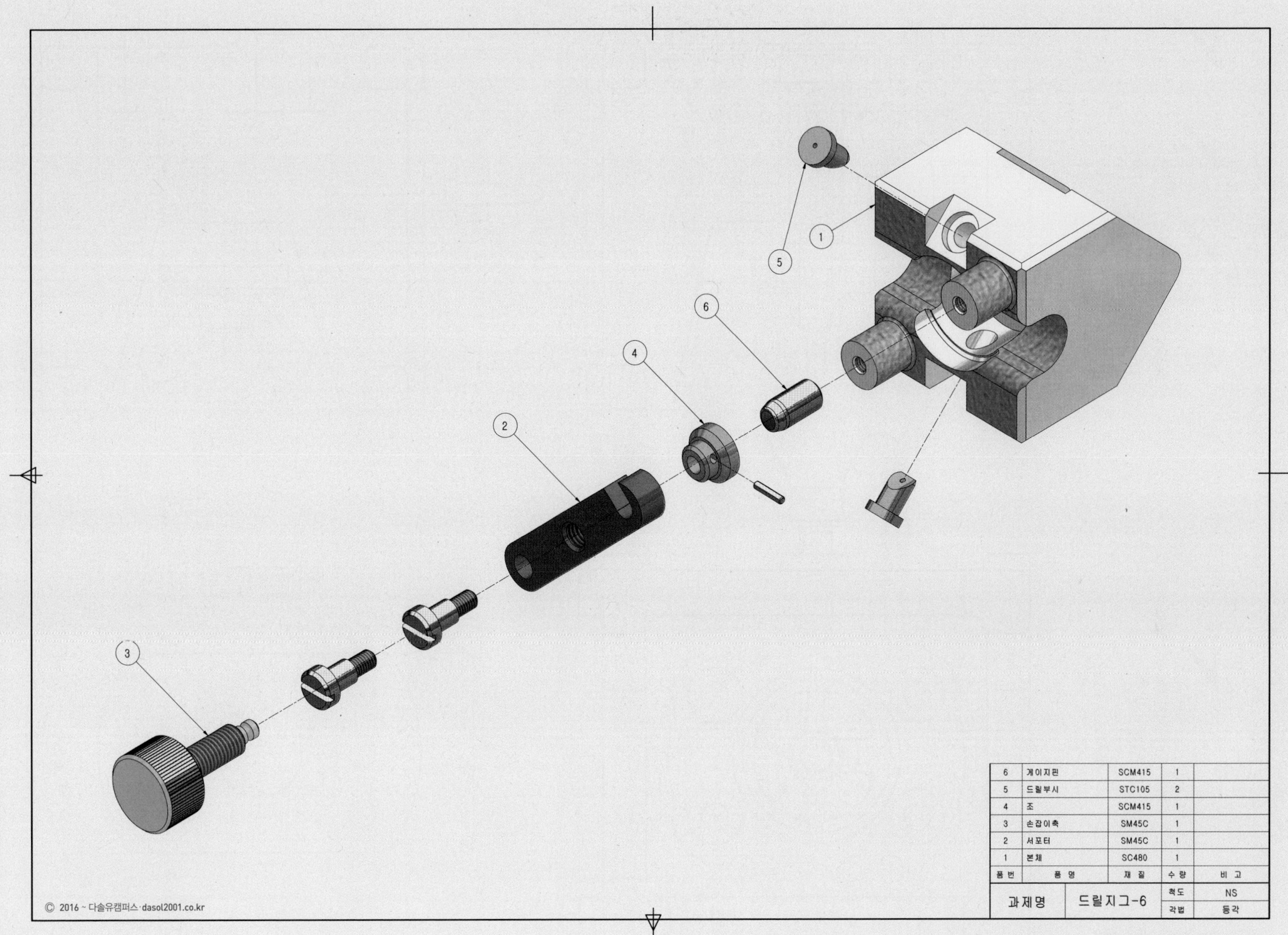


| 6 | 게이지핀 | SCM415 | 1 | |
|---|---|---|---|---|
| 5 | 드릴부시 | STC105 | 2 | |
| 4 | 조 | SCM415 | 1 | |
| 3 | 손잡이축 | SM45C | 1 | |
| 2 | 서포터 | SM45C | 1 | |
| 1 | 본체 | SC480 | 1 | |
| 품번 | 품 명 | 재 질 | 수 량 | 비 고 |

| 과제명 | 드릴지그-6 | 척도 | NS |
|---|---|---|---|
| | | 각법 | 등각 |

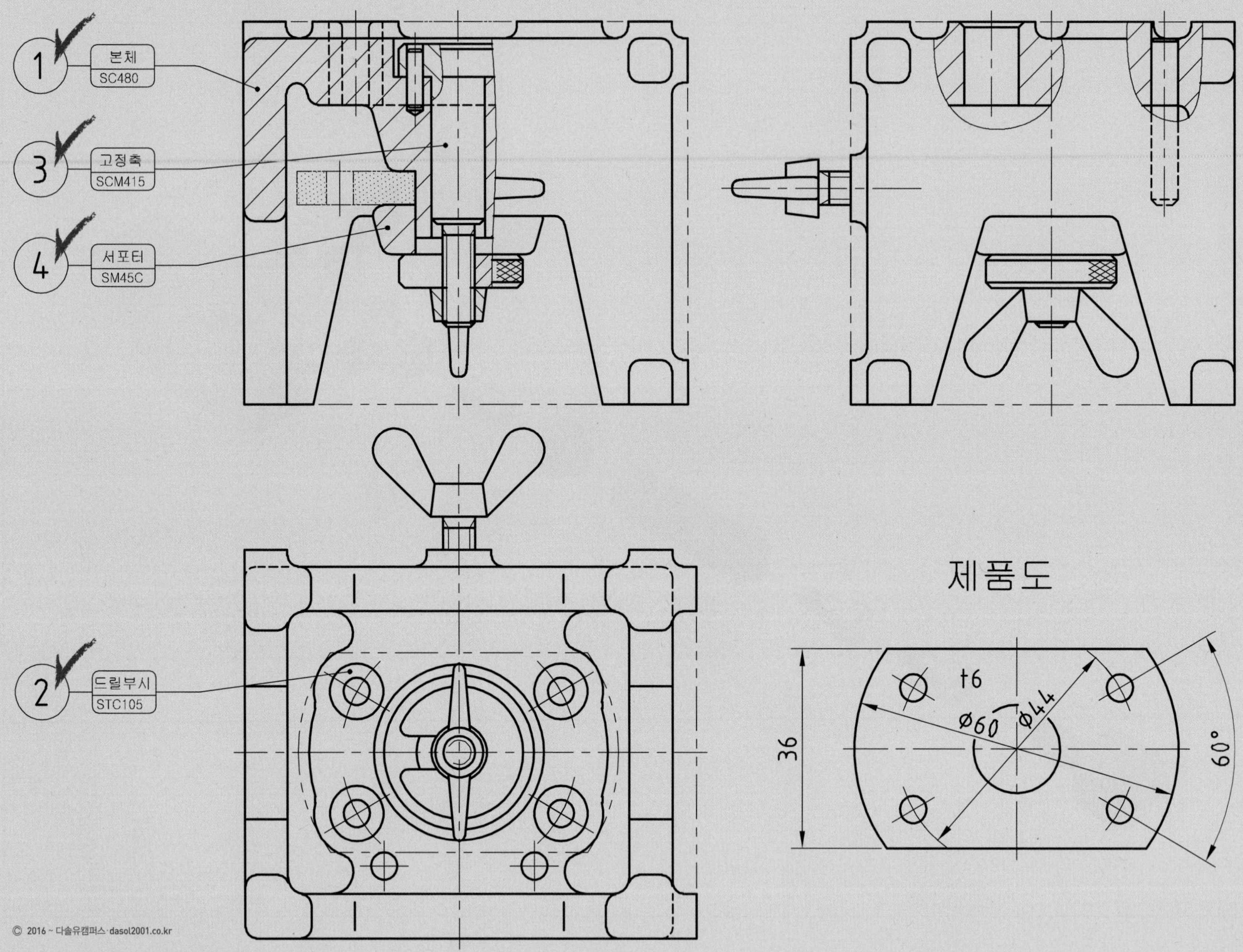
1
본체
SC480
3
고정축
SCM415
4
서포터
SM45C
2
드릴부시
STC105
제품도
t6
Ø60
Ø44
36
60°

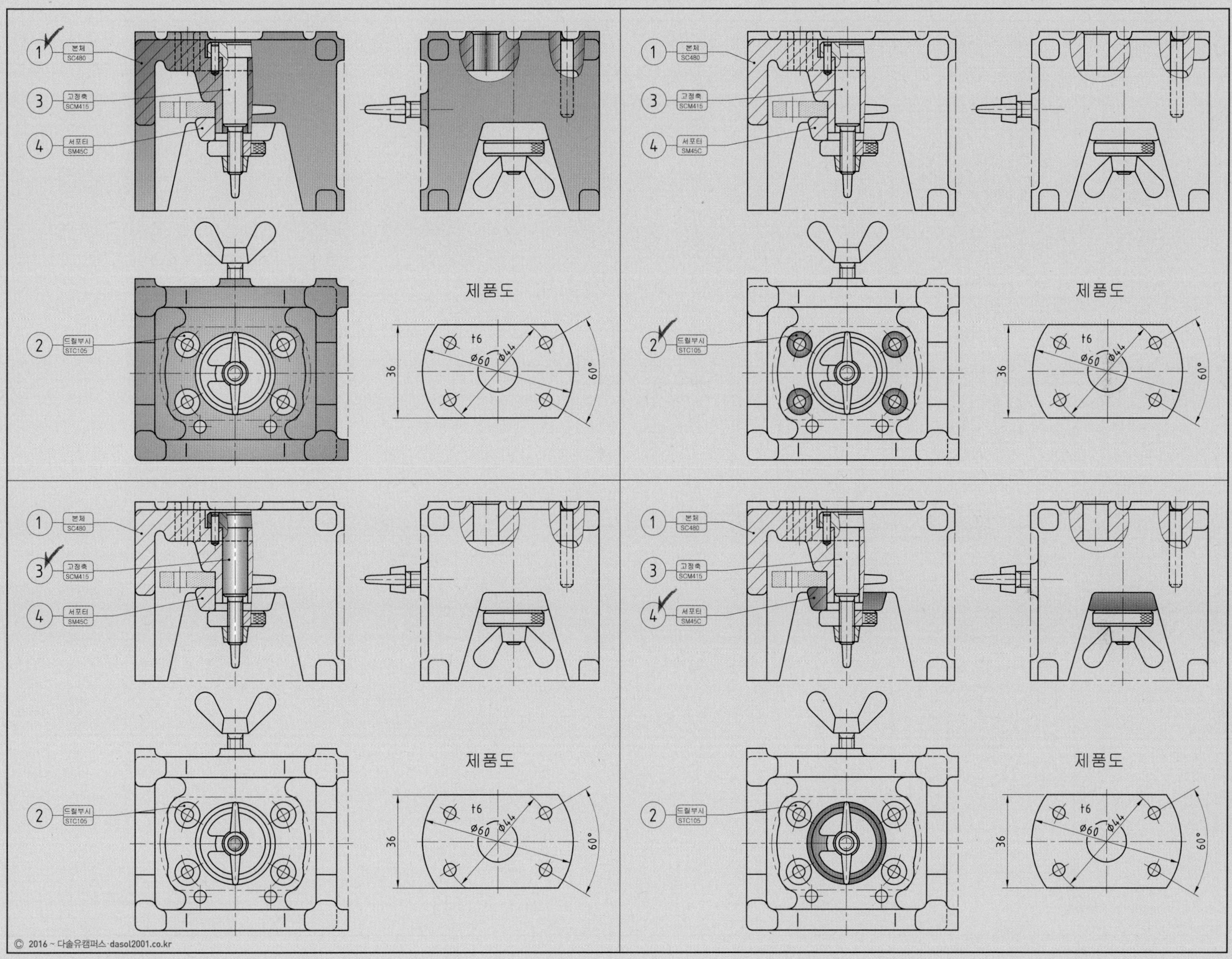
1
본체
SC480
3
고정축
SCM415
4
서포터
SM45C
2
드릴부시
STC105
제품도
t6
Ø60
Ø44
36
60°
1
본체
SC480
3
고정축
SCM415
4
서포터
SM45C
2
드릴부시
STC105
제품도
t6
Ø60
Ø44
36
60°
1
본체
SC480
3
고정축
SCM415
4
서포터
SM45C
2
드릴부시
STC105
제품도
t6
Ø60
Ø44
36
60°
1
본체
SC480
3
고정축
SCM415
4
서포터
SM45C
2
드릴부시
STC105
제품도
t6
Ø60
Ø44
36
60°

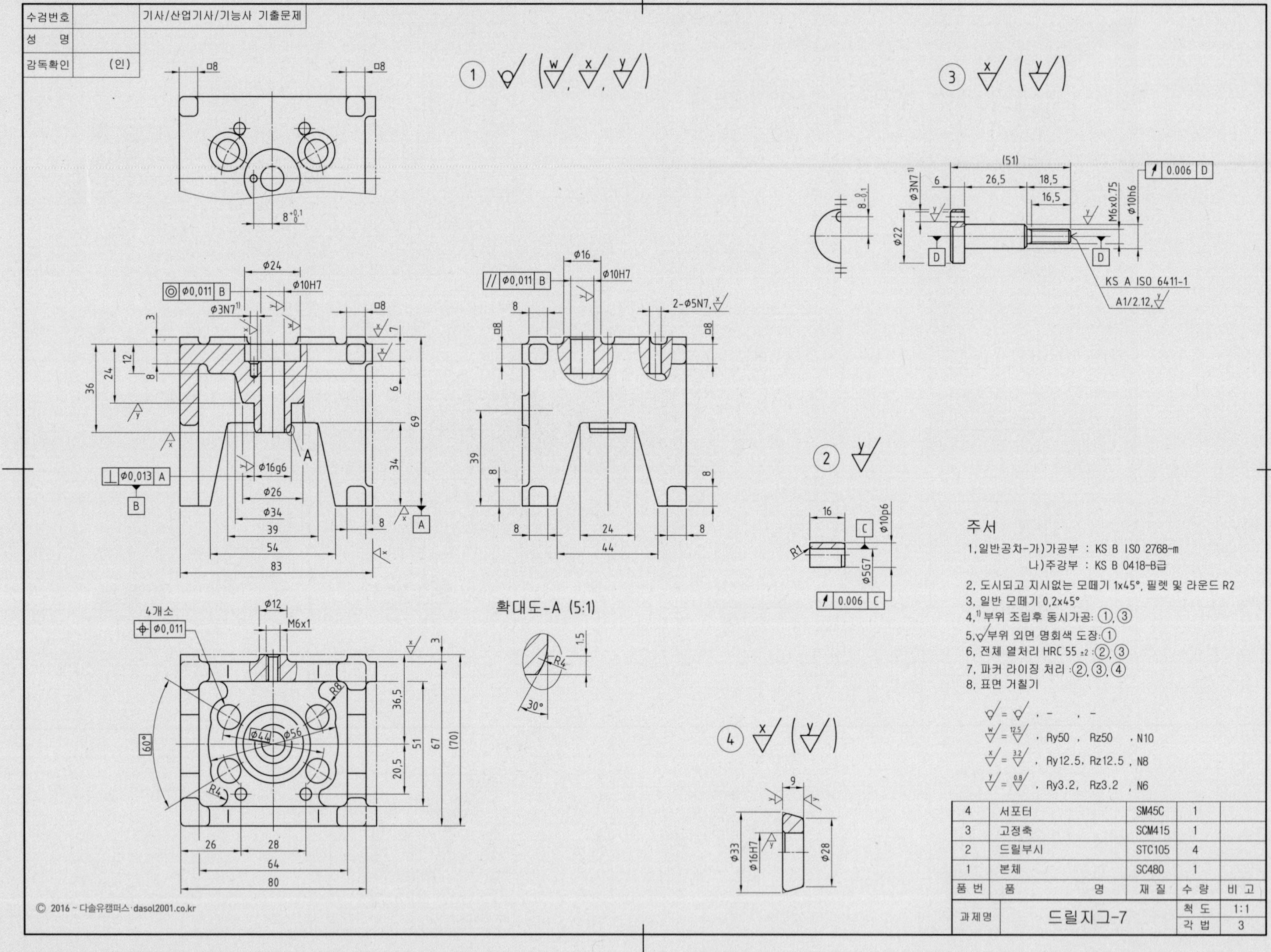


| 품번 | 품명 | 재질 | 수량 | 비고 |
|---|---|---|---|---|
| 4 | 서포터 | SM45C | 1 | |
| 3 | 고정축 | SCM415 | 1 | |
| 2 | 드릴부시 | STC105 | 4 | |
| 1 | 본체 | SC480 | 1 | |

| 과제명 | 드릴지그-7 | 척도 | 1:1 |
|---|---|---|---|
| | | 각법 | 3 |

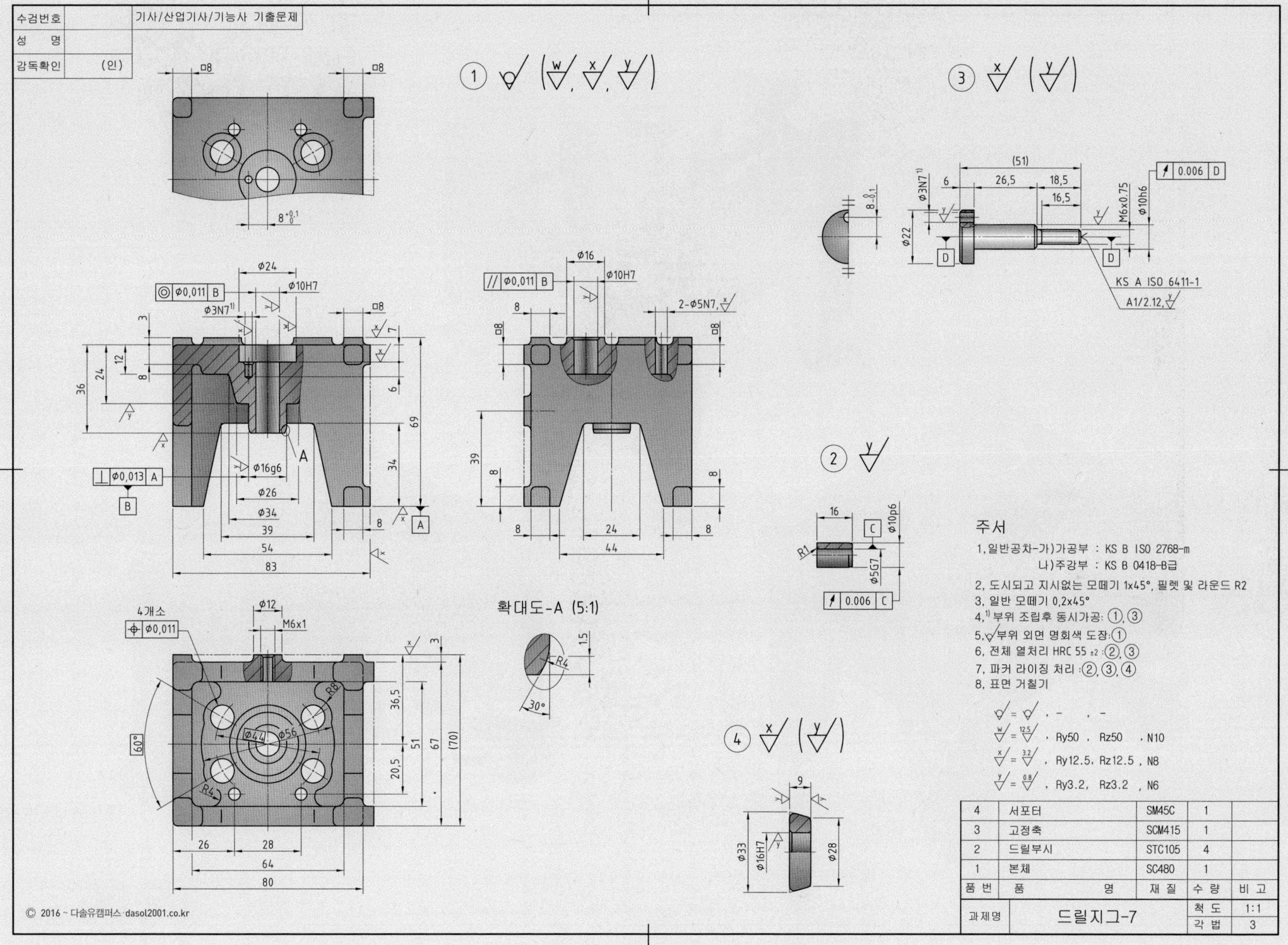

수검번호
성 명
감독확인 (인)
기사/산업기사/기능사 기출문제
확대도-A (5:1)
주서
1. 일반공차-가)가공부 : KS B ISO 2768-m
나)주강부 : KS B 0418-B급
2. 도시되고 지시없는 모떼기 1x45°, 필렛 및 라운드 R2
3. 일반 모떼기 0.2x45°
4. 1) 부위 조립후 동시가공: ①, ③
5. 부위 외면 명회색 도장: ①
6. 전체 열처리 HRC 55 ±2 : ②, ③
7. 파커 라이징 처리 : ②, ③, ④
8. 표면 거칠기
Ry50 , Rz50 , N10
Ry12.5, Rz12.5 , N8
Ry3.2, Rz3.2 , N6
4 서포터 SM45C 1
3 고정축 SCM415 1
2 드릴부시 STC105 4
1 본체 SC480 1
품번 품명 재질 수량 비고
과제명 드릴지그-7 척도 1:1 각법 3
KS A ISO 6411-1
A1/2.12
© 2016 ~ 다솔유캠퍼스 dasol2001.co.kr

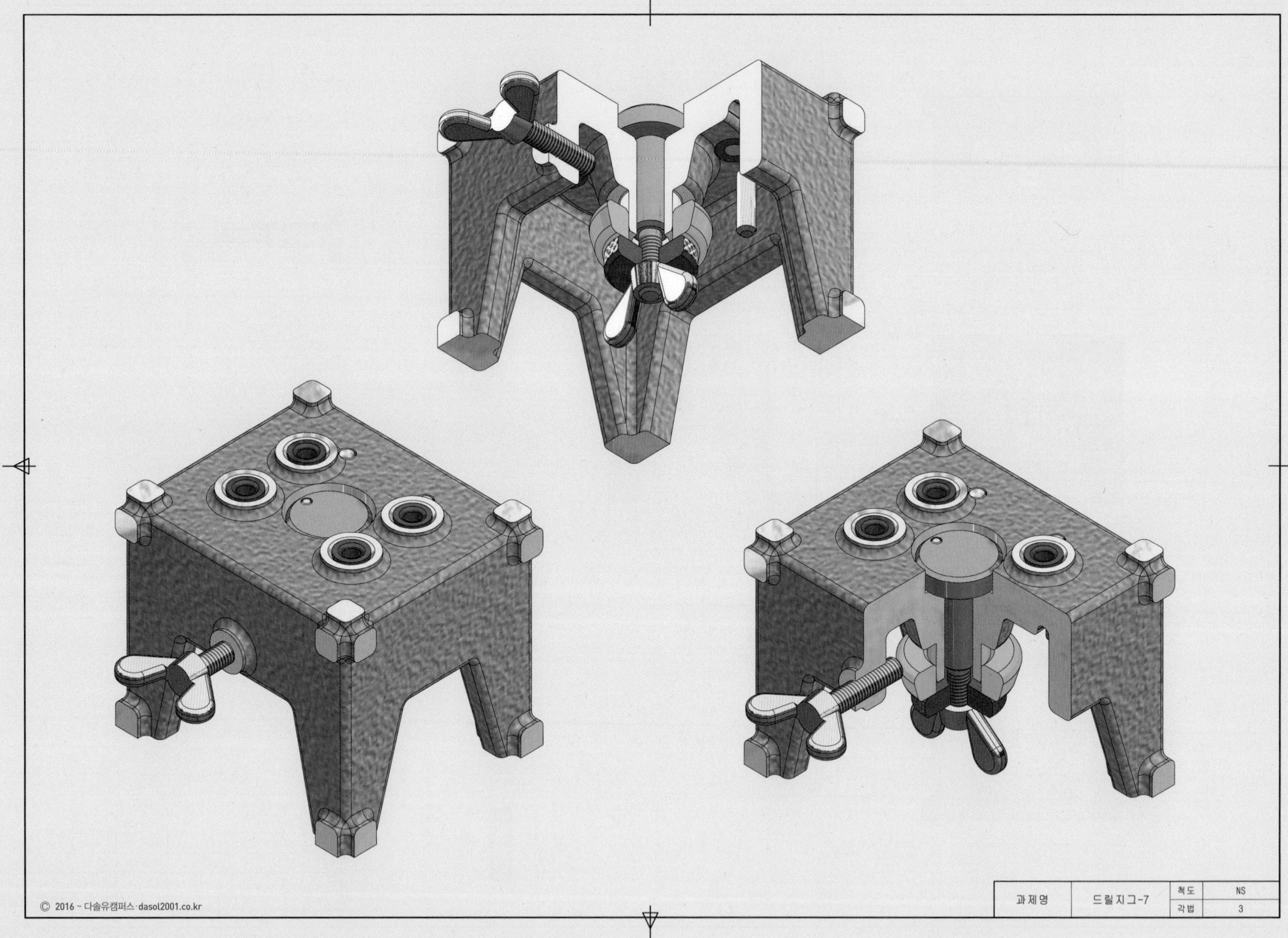

| 과제명 | 드릴지그-7 | 척도 | NS |
|---|---|---|---|
| | | 각법 | 3 |

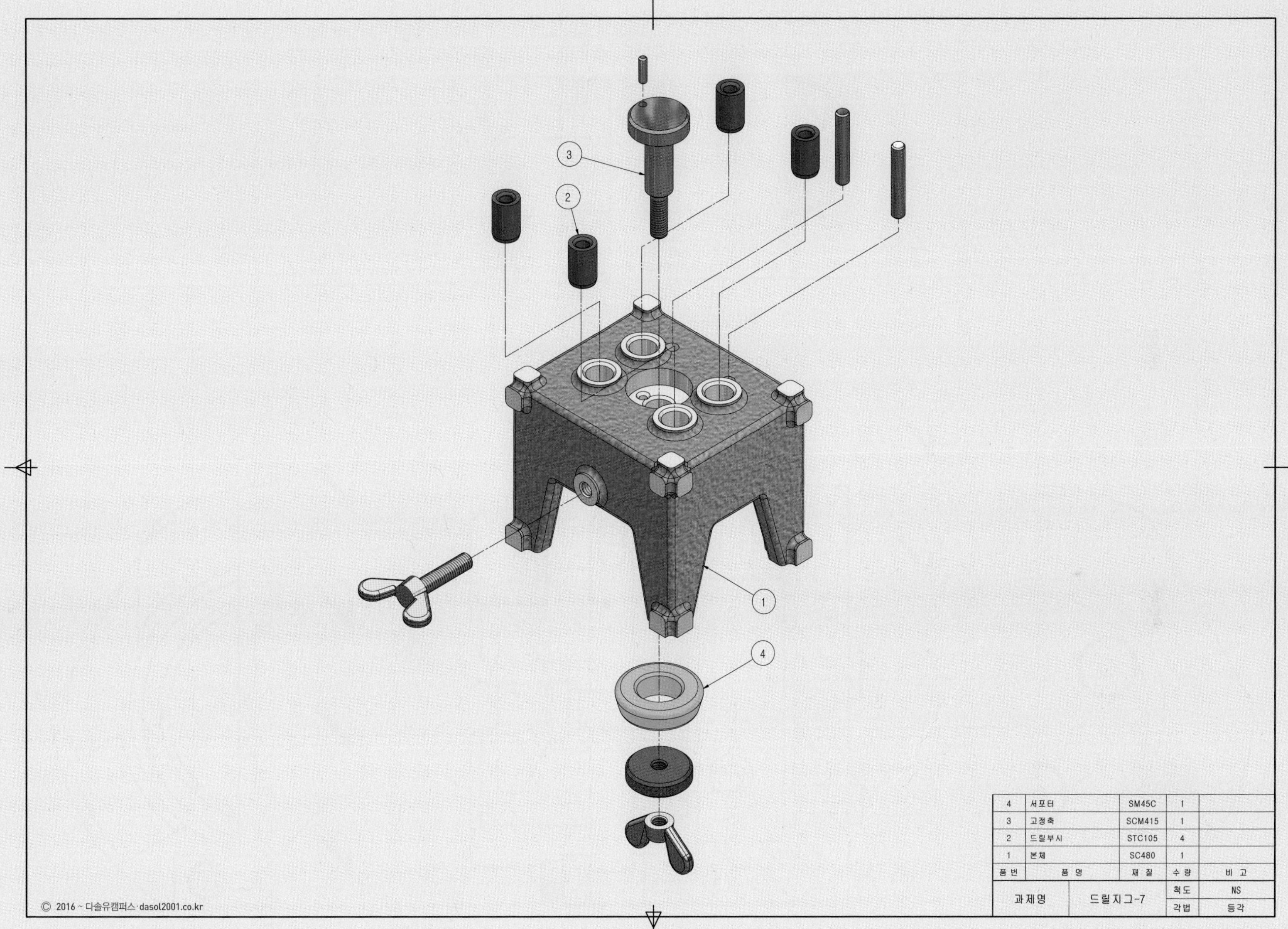


| 4 | 서포터 | SM45C | 1 | |
|---|---|---|---|---|
| 3 | 고정축 | SCM415 | 1 | |
| 2 | 드릴부시 | STC105 | 4 | |
| 1 | 본체 | SC480 | 1 | |
| 품번 | 품 명 | 재 질 | 수 량 | 비 고 |
| 과제명 | 드릴지그-7 | | 척도 | NS |
| | | | 각법 | 등각 |

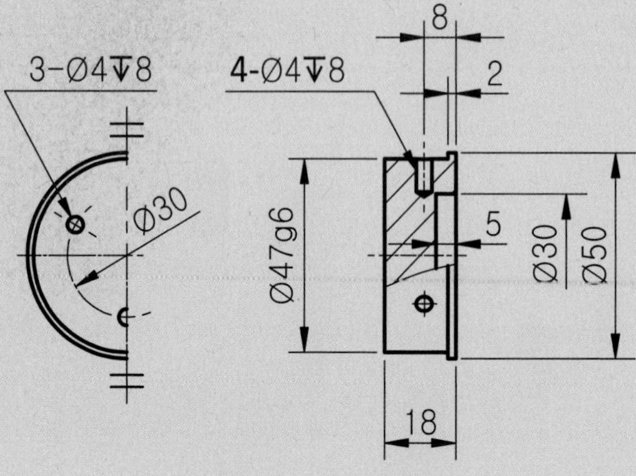


제품도(1 : 2 )

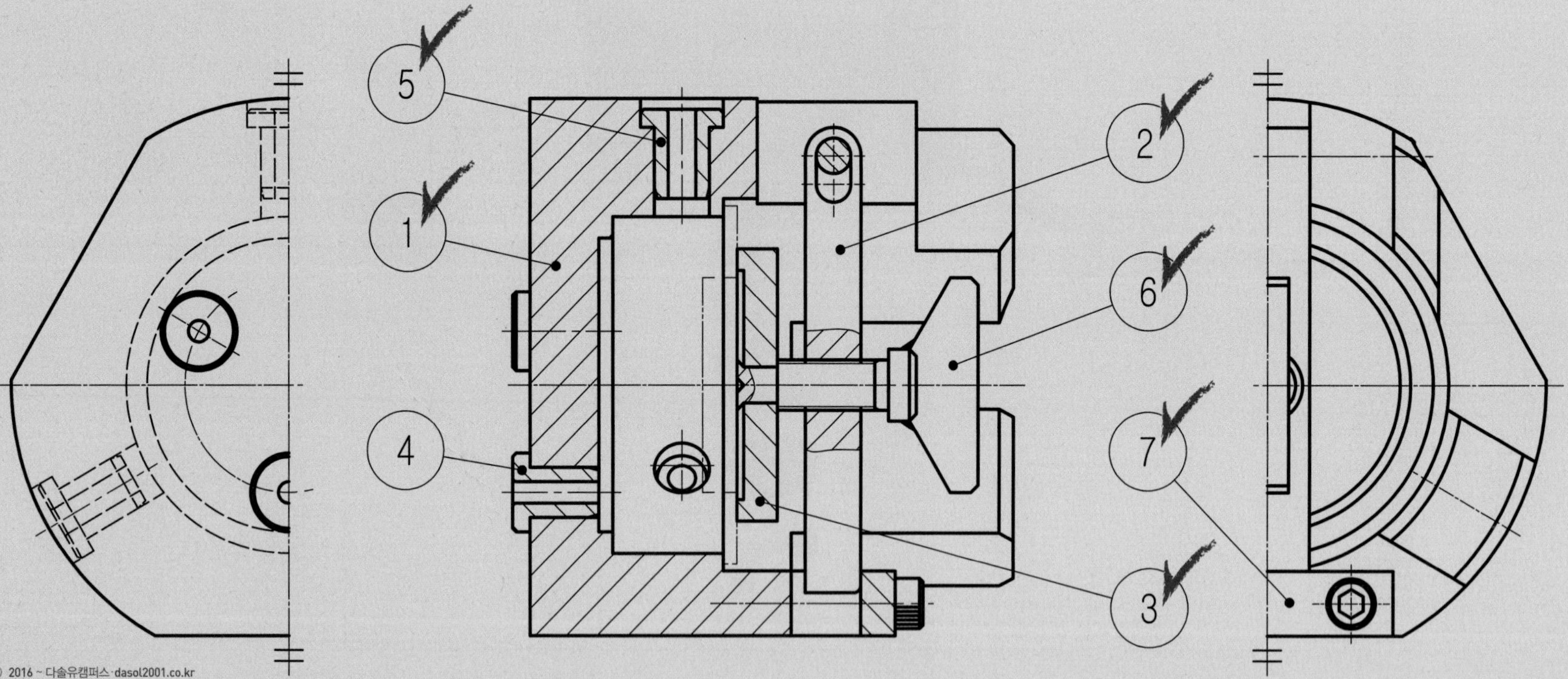

1
2
3
4
5
6
7

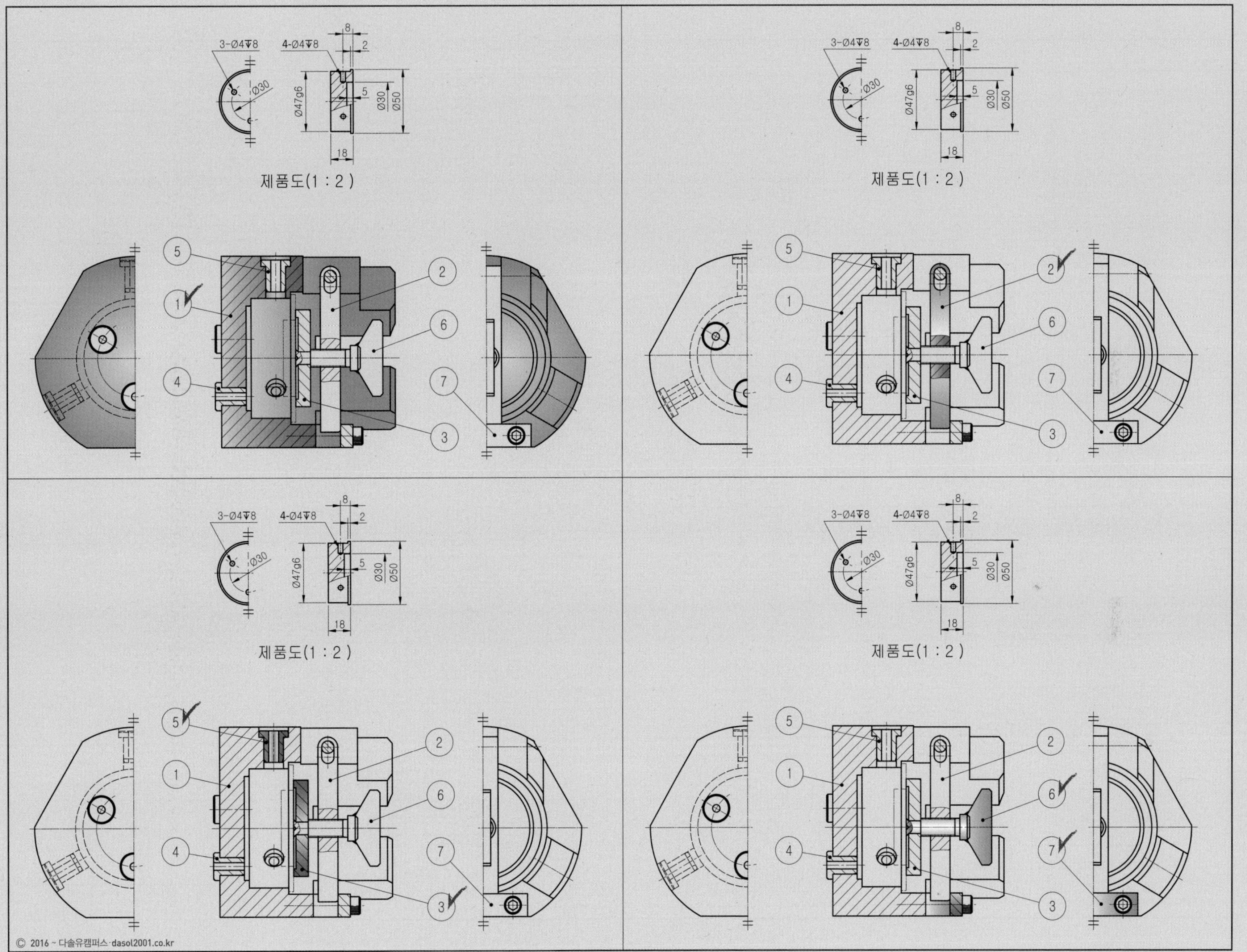
3-Ø4↧8
4-Ø4↧8
8
2
Ø30
5
Ø47g6
Ø30
Ø50
18
제품도(1 : 2 )
1
2
3
4
5
6
7

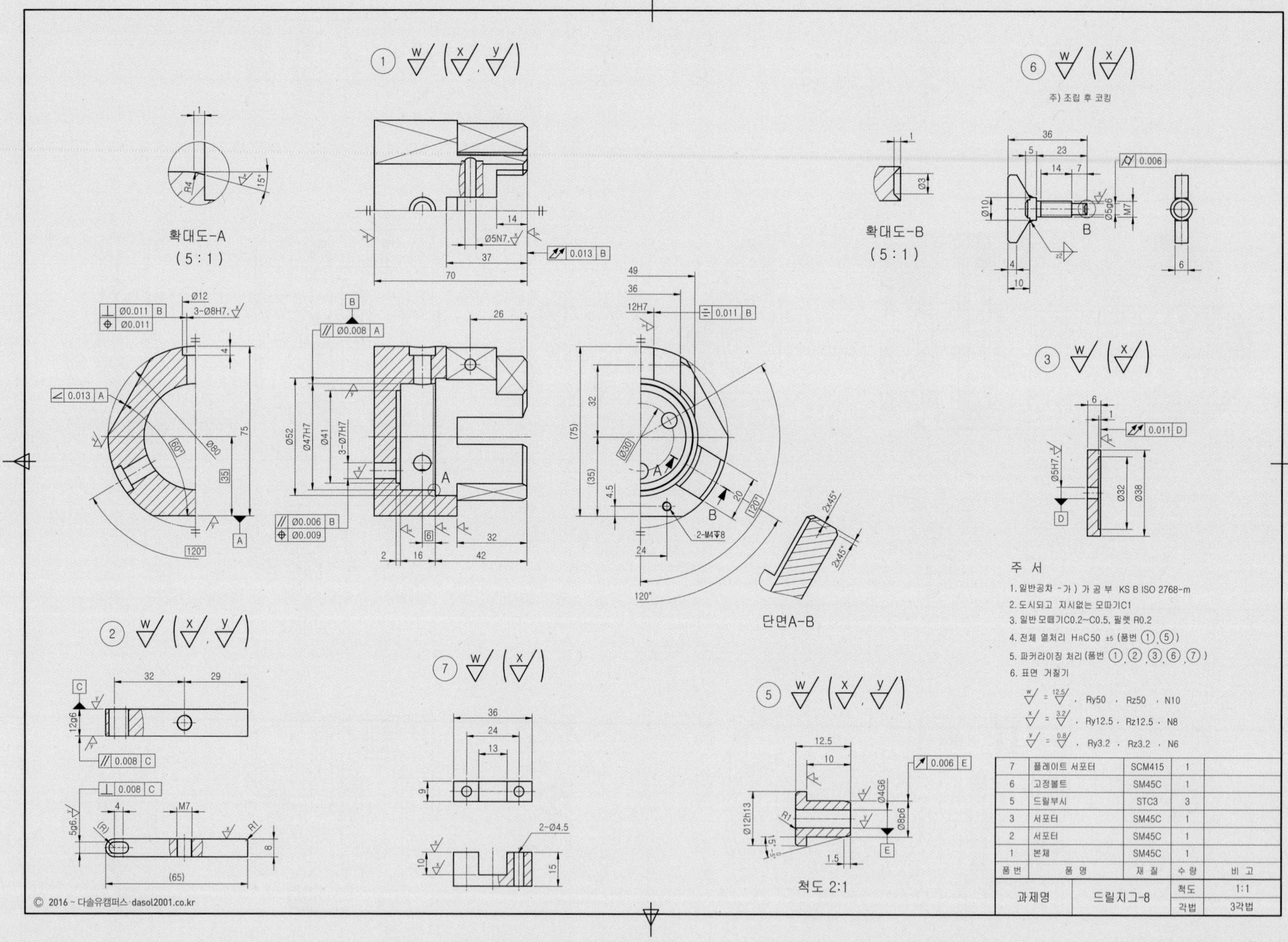
확대도-A
(5 : 1)
확대도-B
(5 : 1)
주) 조립 후 코킹
단면A-B
척도 2:1
주 서
1. 일반공차 -가) 가 공 부 KS B ISO 2768-m
2. 도시되고 지시없는 모따기C1
3. 일반 모떼기C0.2~C0.5, 필렛 R0.2
4. 전체 열처리 HRC50 ±5 (품번 ①, ⑤)
5. 파커라이징 처리 (품번 ①, ②, ③, ⑥, ⑦)
6. 표면 거칠기
w = 12.5, Ry50, Rz50, N10
x = 3.2, Ry12.5, Rz12.5, N8
y = 0.8, Ry3.2, Rz3.2, N6
7 플레이트 서포터 SCM415 1
6 고정볼트 SM45C 1
5 드릴부시 STC3 3
3 서포터 SM45C 1
2 서포터 SM45C 1
1 본체 SM45C 1
품번 품명 재질 수량 비고
과제명 드릴지그-8 척도 1:1 각법 3각법
© 2016 ~ 다솔유캠퍼스 dasol2001.co.kr

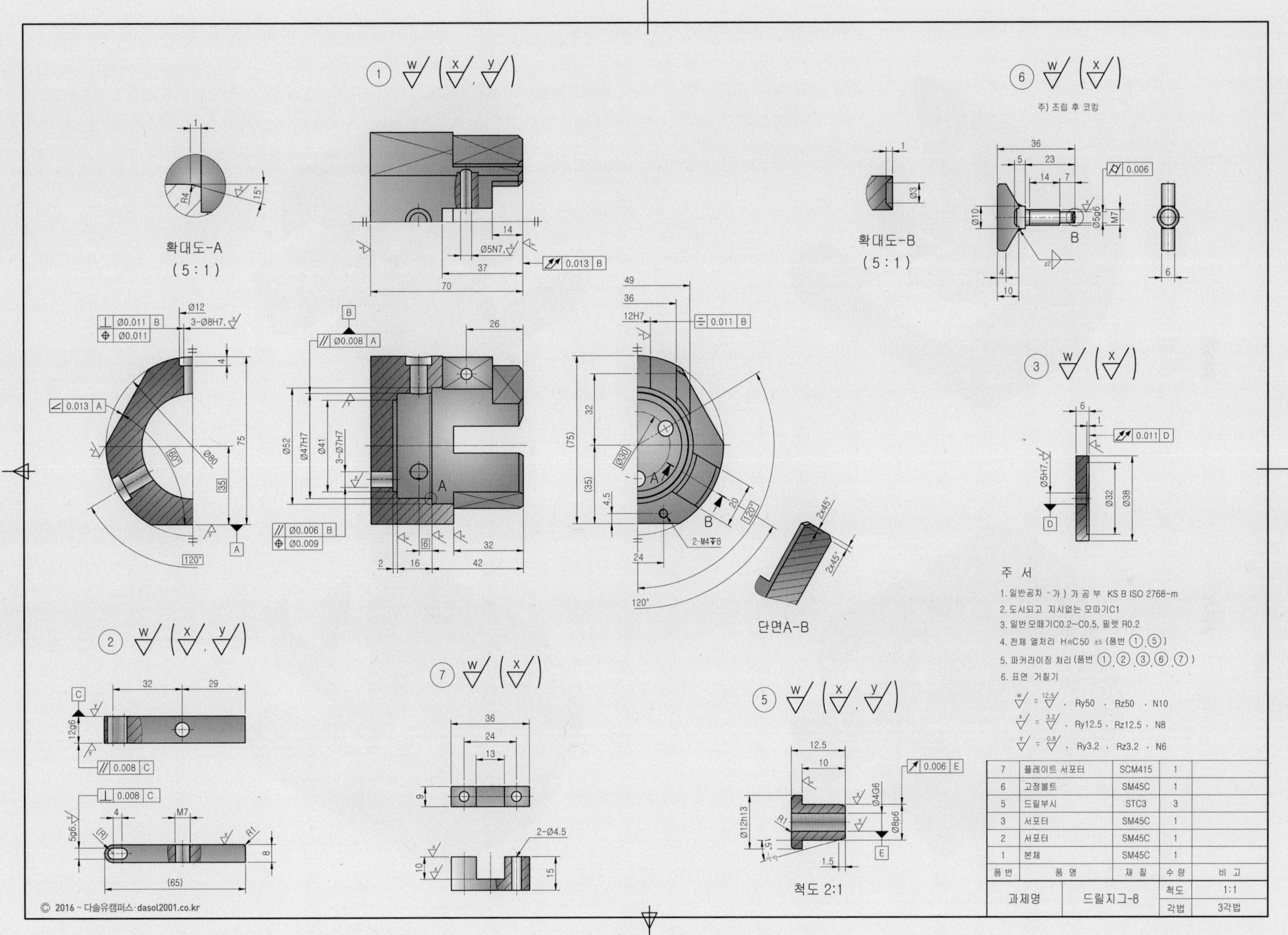


| 7 | 플레이트 서포터 | SCM415 | 1 | |
|---|---|---|---|---|
| 6 | 고정볼트 | SM45C | 1 | |
| 5 | 드릴부시 | STC3 | 3 | |
| 3 | 서포터 | SM45C | 1 | |
| 2 | 서포터 | SM45C | 1 | |
| 1 | 본체 | SM45C | 1 | |
| 품 번 | 품 명 | 재 질 | 수 량 | 비 고 |
| 과제명 | 드릴지그-8 | | 척도 | 1:1 |
| | | | 각법 | 3각법 |

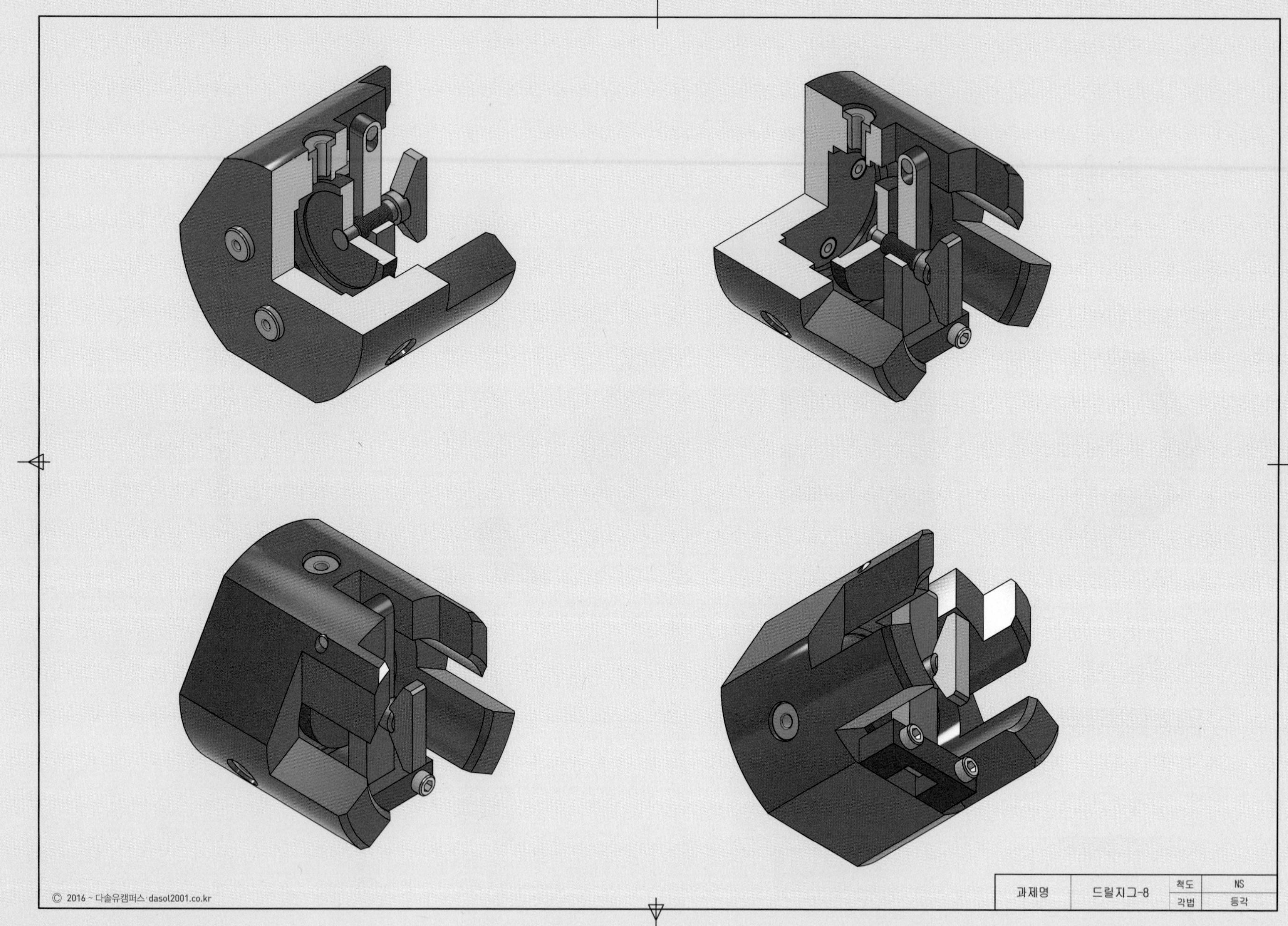
© 2016 ~ 다솔유캠퍼스·dasol2001.co.kr
과제명
드릴지그-8
척도
NS
각법
등각

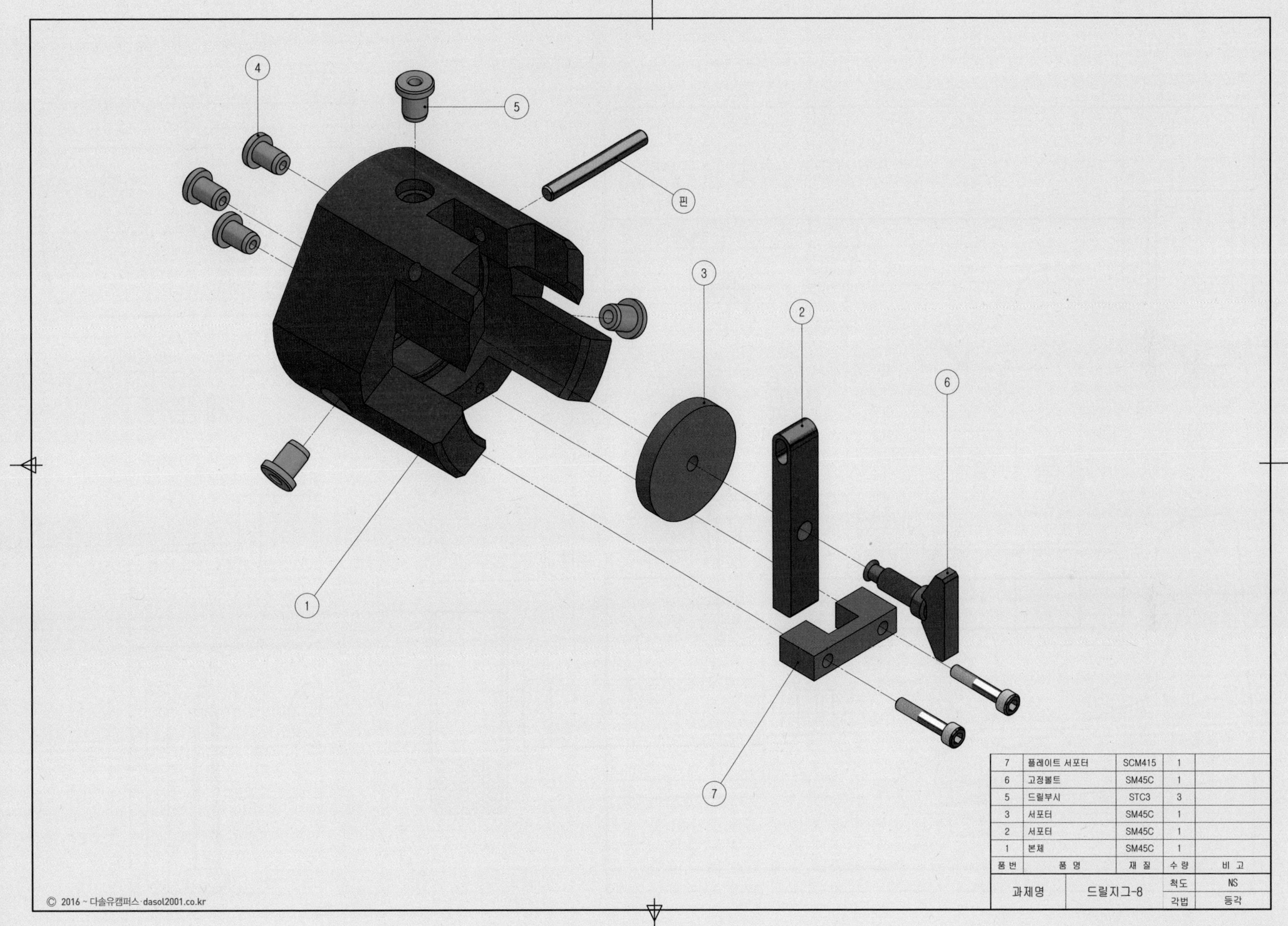


| 7 | 플레이트 서포터 | SCM415 | 1 | |
|---|---|---|---|---|
| 6 | 고정볼트 | SM45C | 1 | |
| 5 | 드릴부시 | STC3 | 3 | |
| 3 | 서포터 | SM45C | 1 | |
| 2 | 서포터 | SM45C | 1 | |
| 1 | 본체 | SM45C | 1 | |
| 품번 | 품 명 | 재 질 | 수 량 | 비 고 |
| 과제명 | 드릴지그-8 | | 척도 | NS |
| | | | 각법 | 등각 |

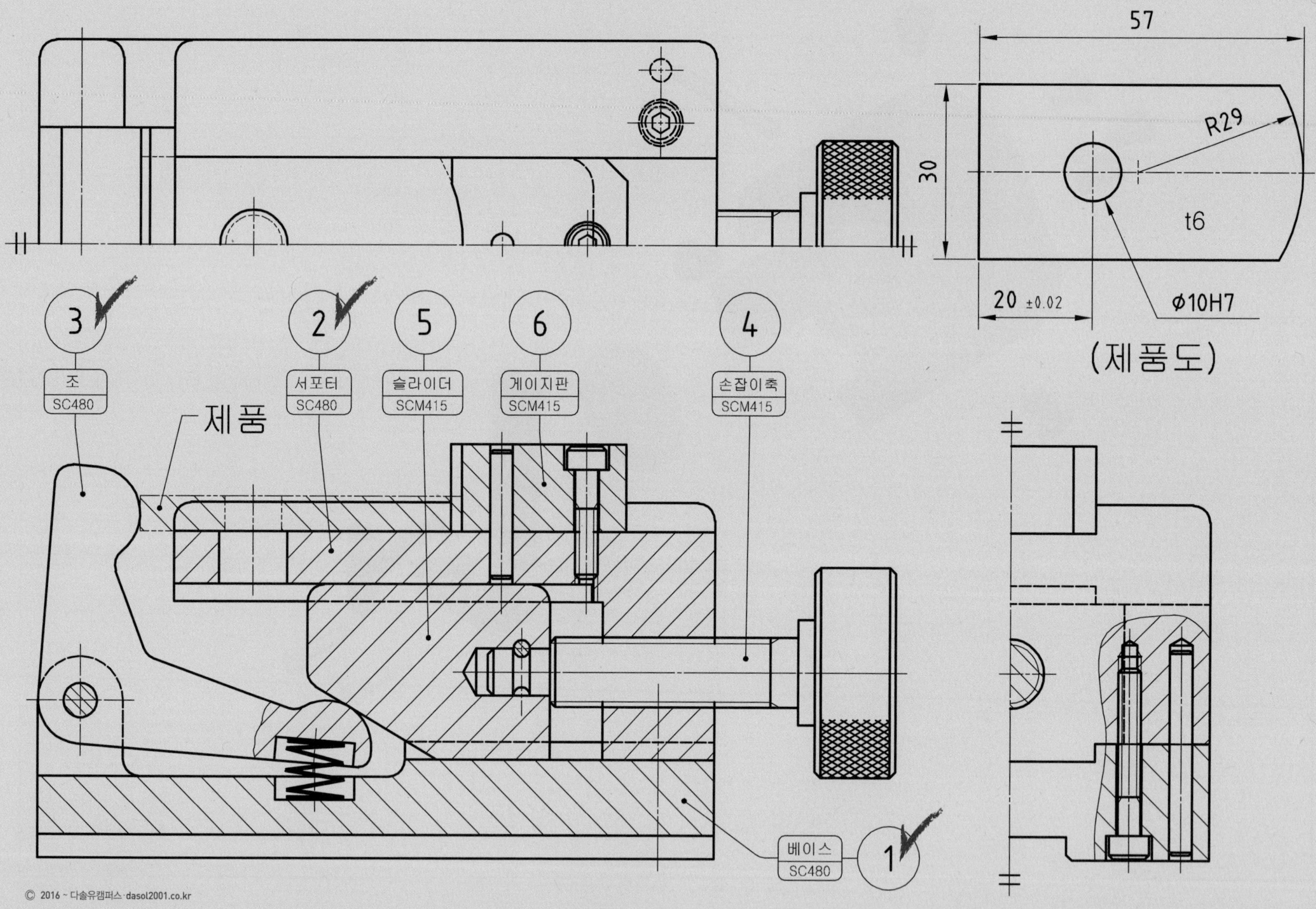
57
R29
30
t6
20 ±0.02
Ø10H7
(제품도)
3
조
SC480
2
서포터
SC480
5
슬라이더
SCM415
6
게이지판
SCM415
4
손잡이축
SCM415
제품
베이스
SC480
1

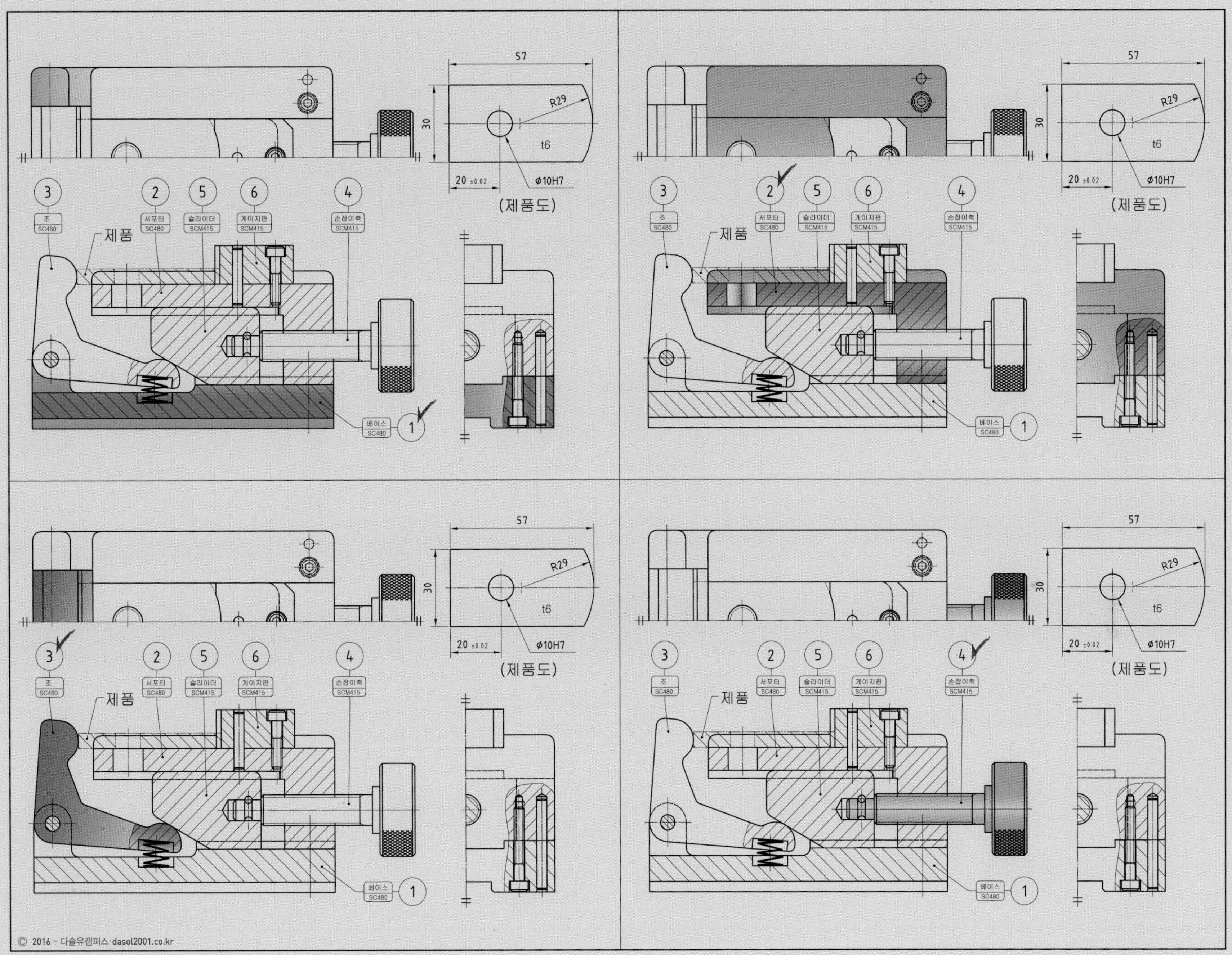
57
R29
30
t6
20 ±0.02
ϕ10H7
(제품도)
3
조
SC480
2
서포터
SC480
5
슬라이더
SCM415
6
게이지판
SCM415
4
손잡이축
SCM415
제품
베이스
SC480
1

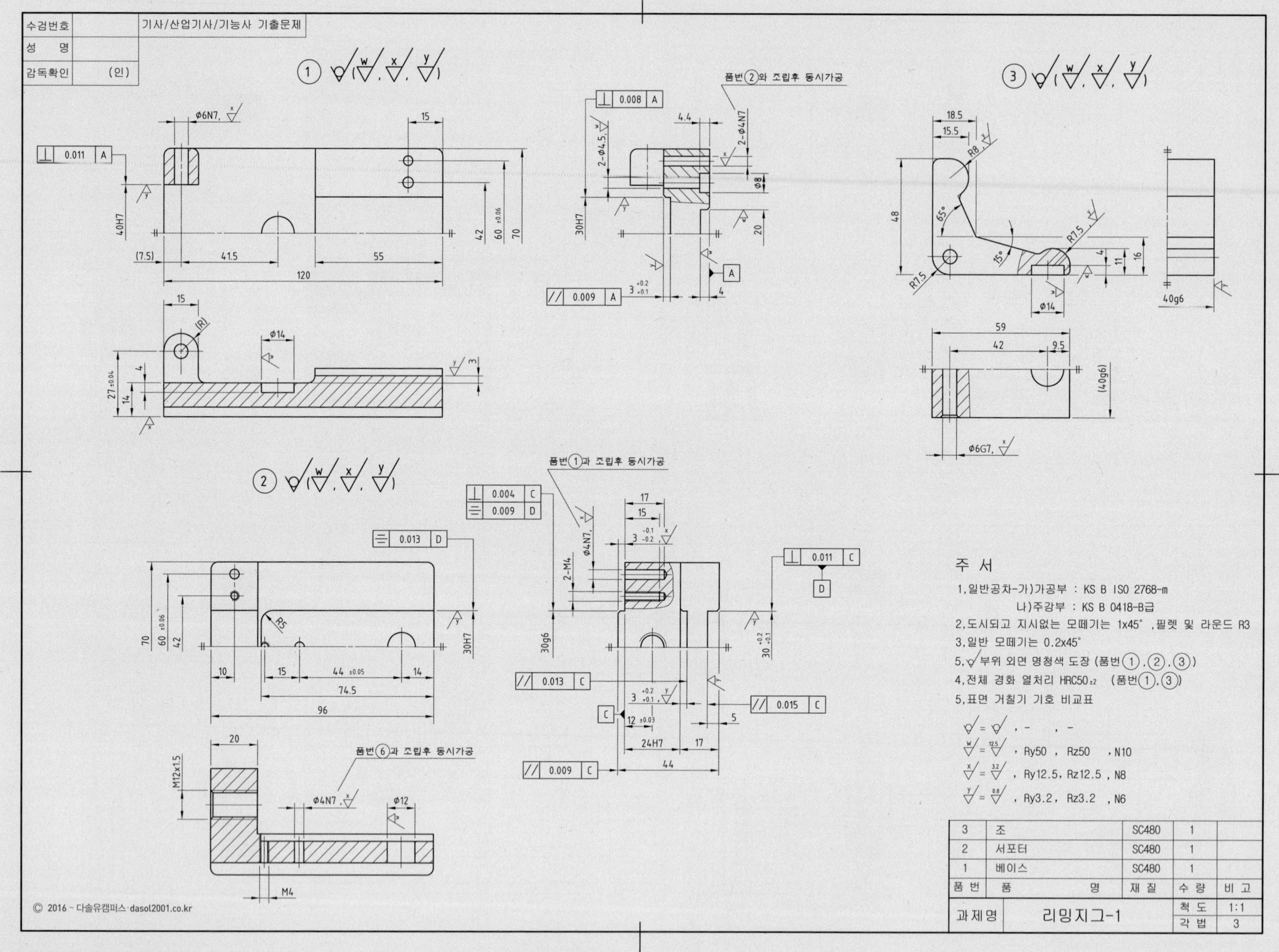

수검번호
성 명
감독확인 (인)
기사/산업기사/기능사 기출문제
품번②와 조립후 동시가공
품번①과 조립후 동시가공
품번⑥과 조립후 동시가공
주 서
1.일반공차-가)가공부 : KS B ISO 2768-m
나)주강부 : KS B 0418-B급
2.도시되고 지시없는 모떼기는 1x45°,필렛 및 라운드 R3
3.일반 모떼기는 0.2x45°
5.부위 외면 명청색 도장 (품번①,②,③)
4.전체 경화 열처리 HRC50±2 (품번①,③)
5.표면 거칠기 기호 비교표
Ry50 , Rz50 , N10
Ry12.5, Rz12.5 , N8
Ry3.2, Rz3.2 , N6
3 조 SC480 1
2 서포터 SC480 1
1 베이스 SC480 1
품번 품 명 재 질 수 량 비 고
과제명 리밍지그-1 척도 1:1 각법 3

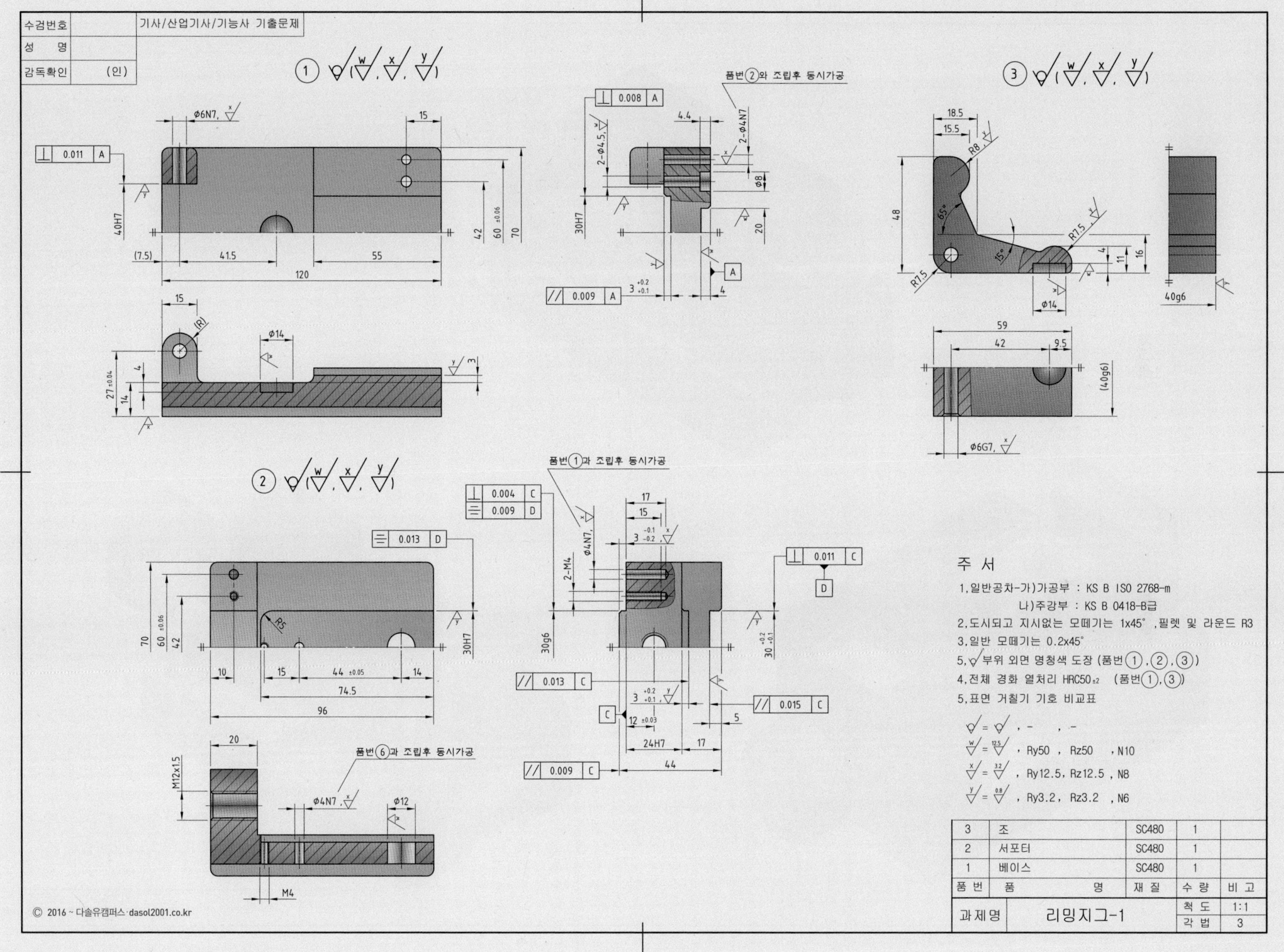
수검번호
성 명
감독확인 (인)
기사/산업기사/기능사 기출문제
품번②와 조립후 동시가공
품번①과 조립후 동시가공
품번⑥과 조립후 동시가공
주 서
1.일반공차-가)가공부 : KS B ISO 2768-m
나)주강부 : KS B 0418-B급
2.도시되고 지시없는 모떼기는 1x45° ,필렛 및 라운드 R3
3.일반 모떼기는 0.2x45°
5.부위 외면 명청색 도장 (품번①,②,③)
4.전체 경화 열처리 HRC50±2 (품번①,③)
5.표면 거칠기 기호 비교표
, Ry50 , Rz50 , N10
, Ry12.5 , Rz12.5 , N8
, Ry3.2 , Rz3.2 , N6
3 조 SC480 1
2 서포터 SC480 1
1 베이스 SC480 1
품번 품 명 재질 수량 비고
과제명 리밍지그-1 척도 1:1 각법 3
© 2016 ~ 다솔유캠퍼스 dasol2001.co.kr

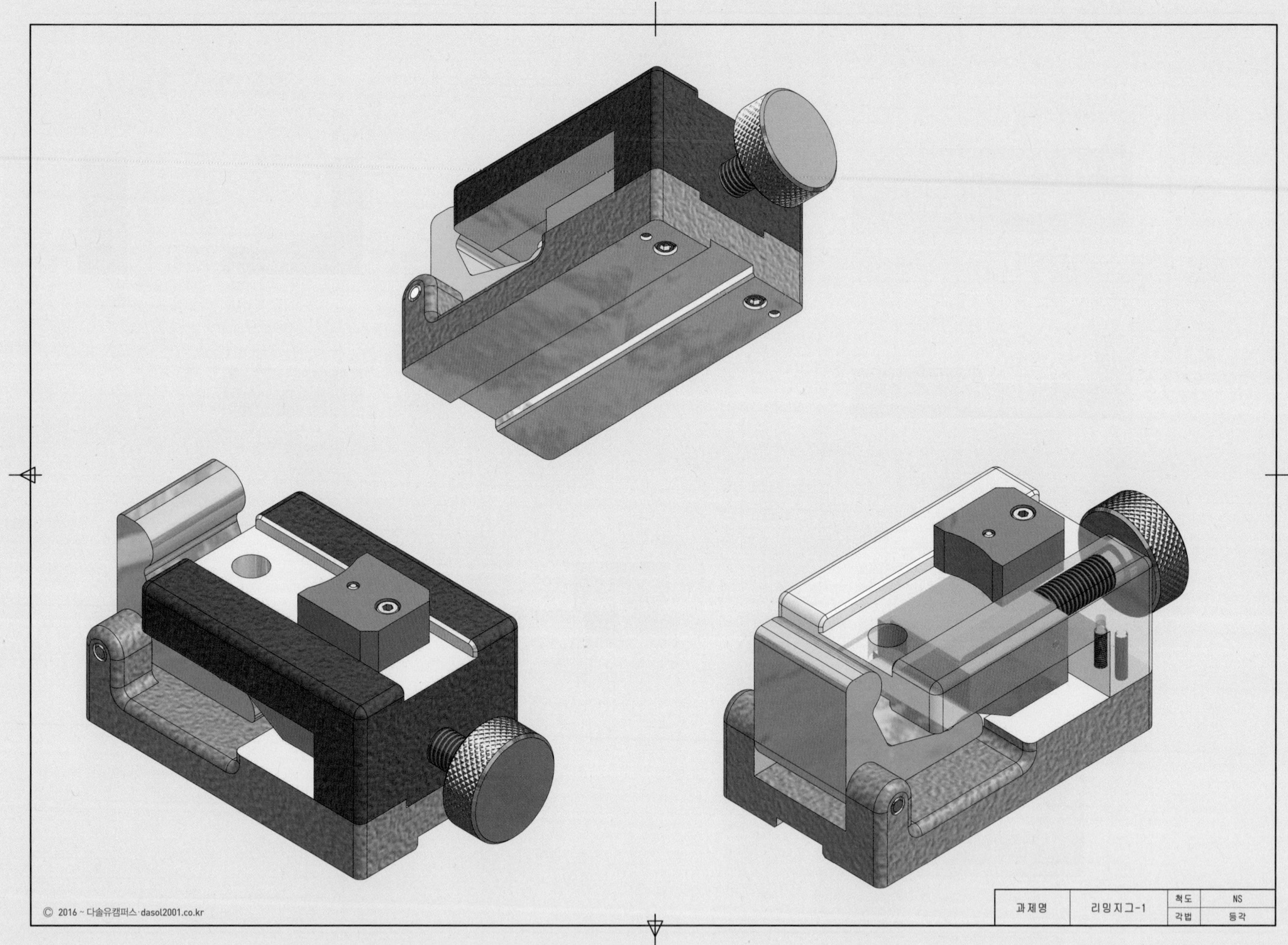
© 2016 ~ 다솔유캠퍼스·dasol2001.co.kr
과제명
리밍지그-1
척도
NS
각법
등각

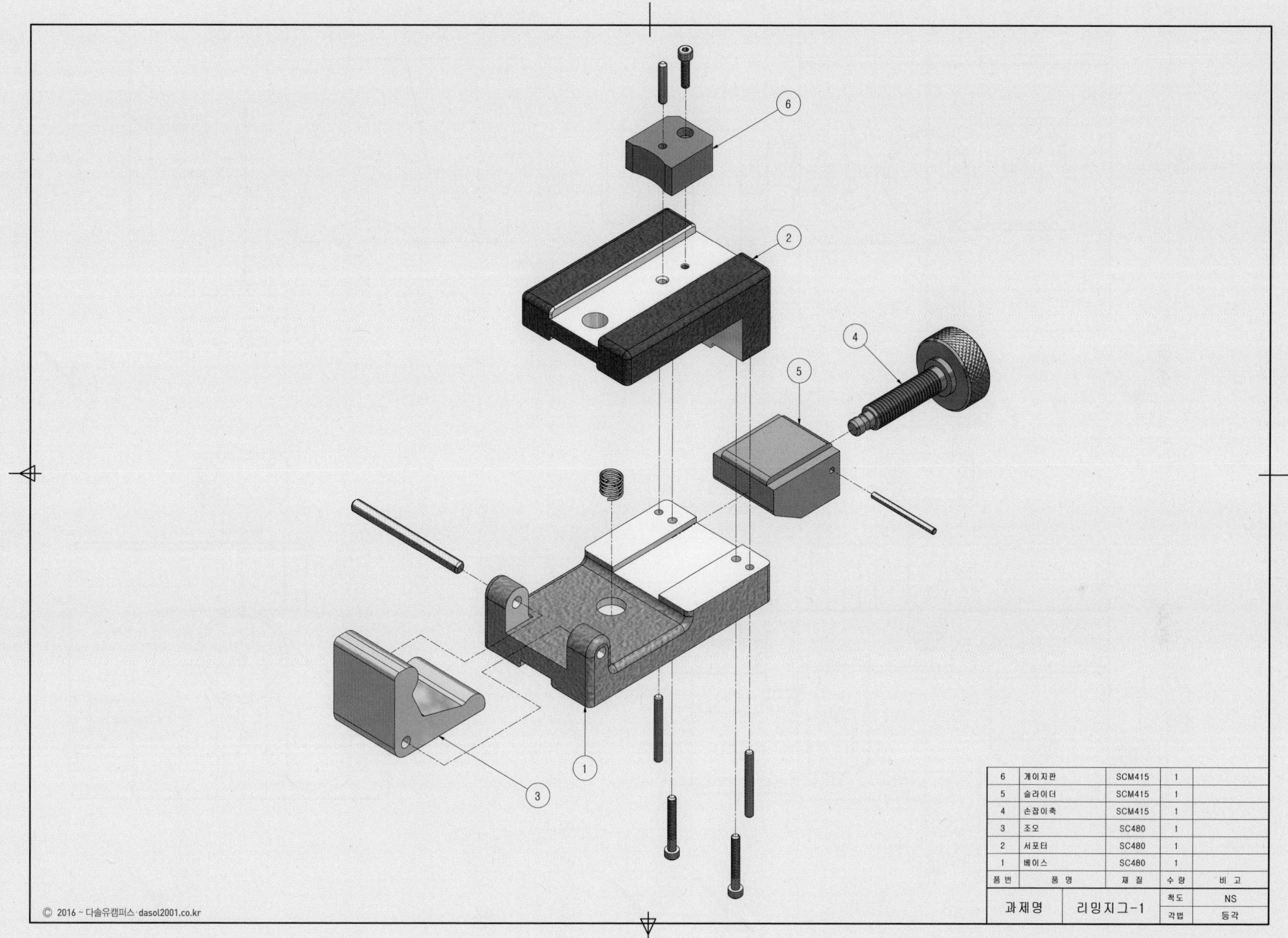


| 6 | 게이지판 | SCM415 | 1 | |
|---|---|---|---|---|
| 5 | 슬라이더 | SCM415 | 1 | |
| 4 | 손잡이축 | SCM415 | 1 | |
| 3 | 조오 | SC480 | 1 | |
| 2 | 서포터 | SC480 | 1 | |
| 1 | 베이스 | SC480 | 1 | |
| 품번 | 품 명 | 재 질 | 수 량 | 비 고 |
| 과제명 | 리밍지그-1 | | 척도 | NS |
| | | | 각법 | 등각 |

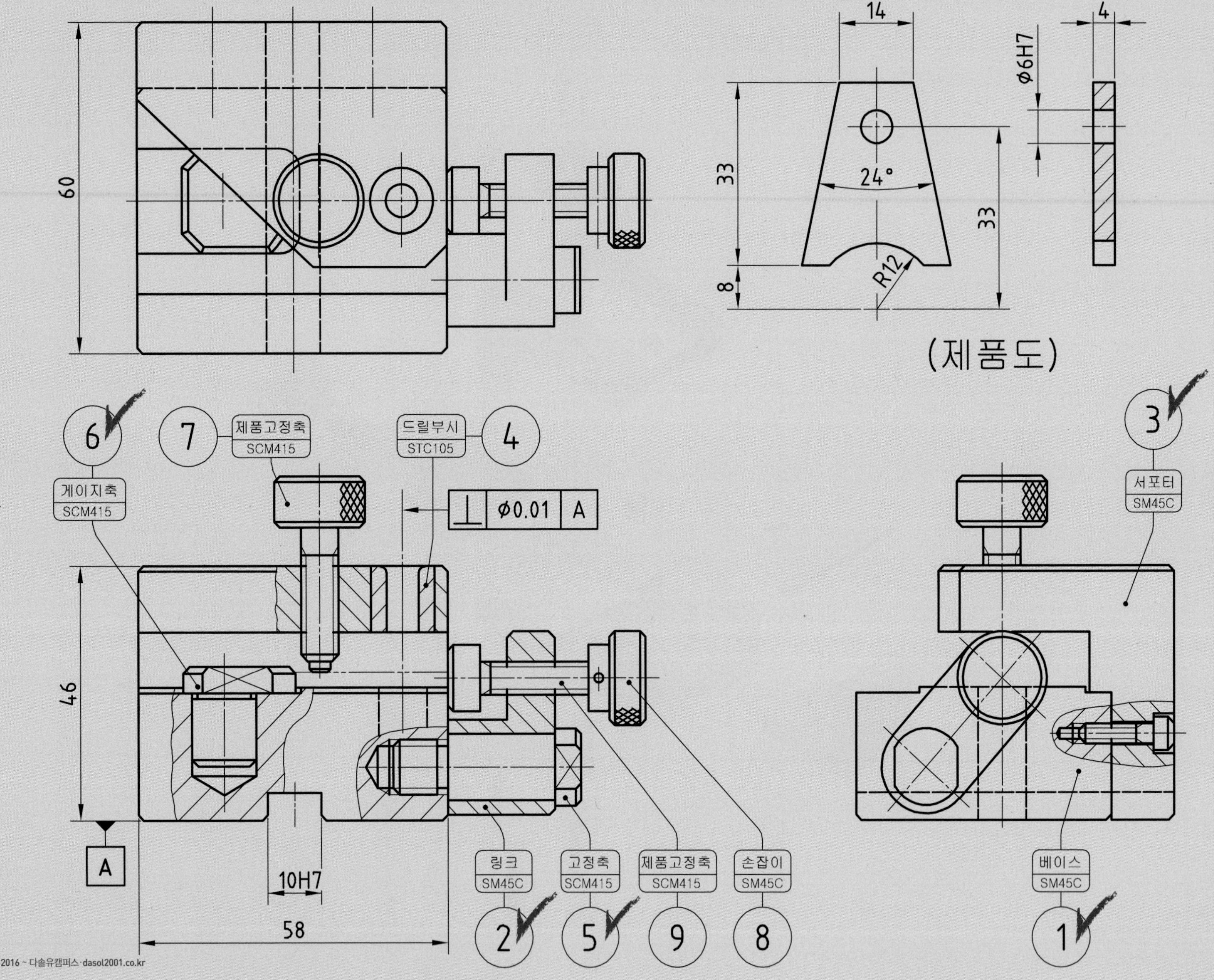

60
14
4
Φ6H7
33
24°
33
8
R12
(제품도)
6
게이지축
SCM415
7
제품고정축
SCM415
드릴부시
STC105
4
⊥ Φ0.01 A
3
서포터
SM45C
46
A
10H7
58
링크
SM45C
2
고정축
SCM415
5
제품고정축
SCM415
9
손잡이
SM45C
8
베이스
SM45C
1

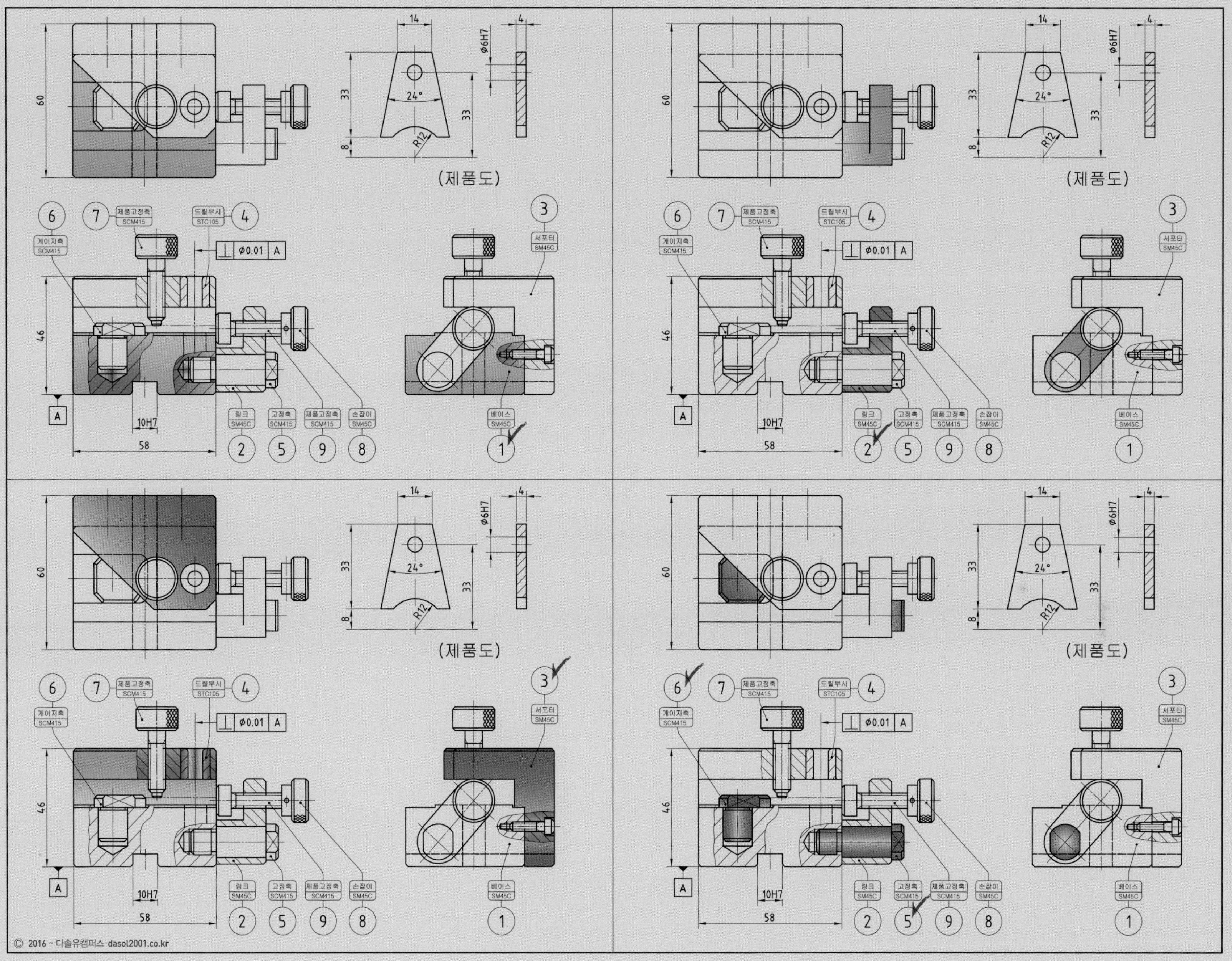

(제품도)
14
4
Ø6H7
33
24°
R12
8
60
46
58
10H7
A
Ø0.01 A
6 게이지축 SCM415
7 제품고정축 SCM415
4 드릴부시 STC105
3 서포터 SM45C
2 링크 SM45C
5 고정축 SCM415
9 제품고정축 SCM415
8 손잡이 SM45C
1 베이스 SM45C

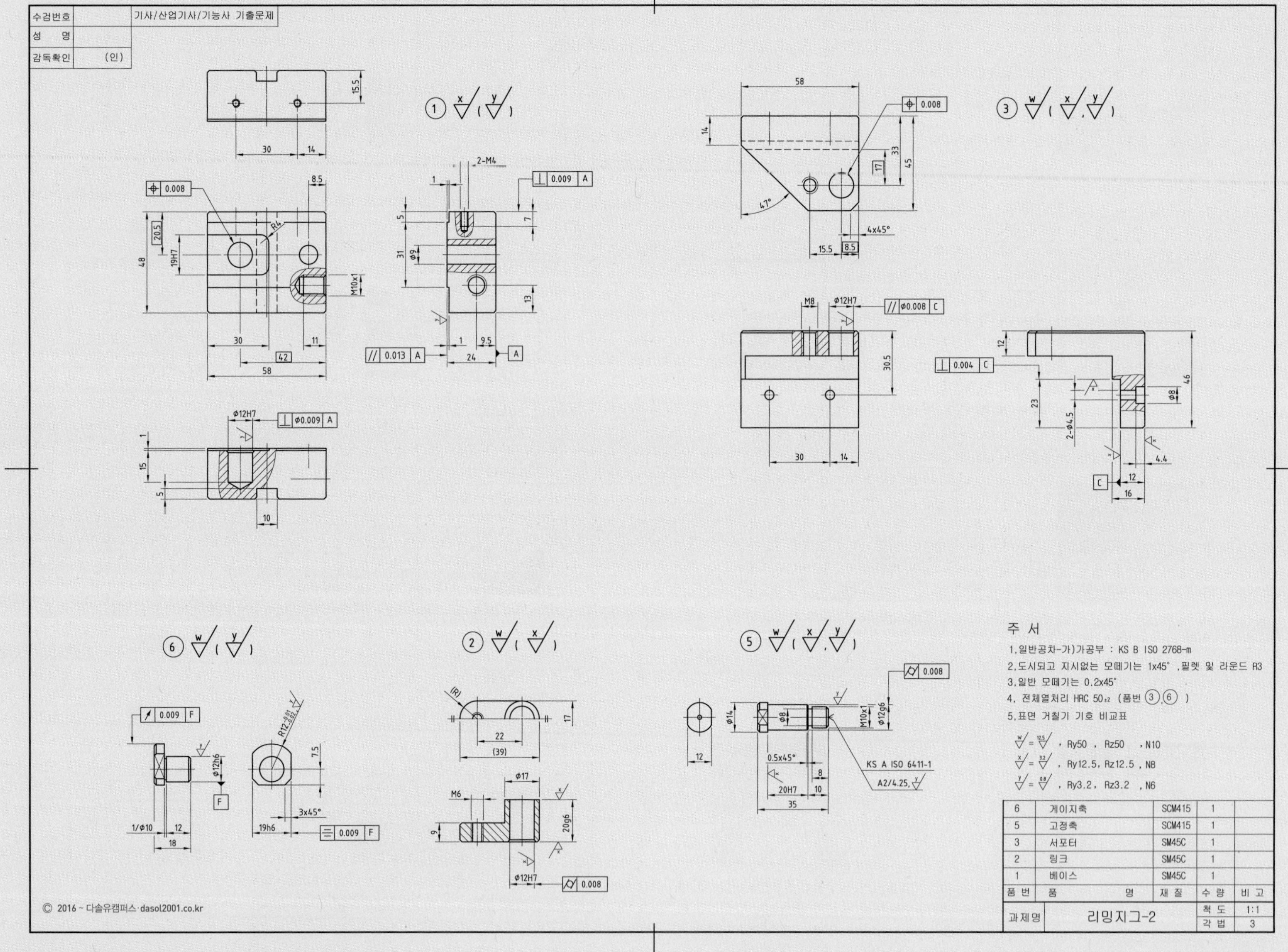

수검번호
성 명
감독확인 (인)
기사/산업기사/기능사 기출문제
주 서
1.일반공차-가)가공부 : KS B ISO 2768-m
2.도시되고 지시없는 모떼기는 1x45°,필렛 및 라운드 R3
3.일반 모떼기는 0.2x45°
4. 전체열처리 HRC 50±2 (품번 ③,⑥ )
5.표면 거칠기 기호 비교표
, Ry50 , Rz50 , N10
, Ry12.5, Rz12.5 , N8
, Ry3.2, Rz3.2 , N6
6 게이지축 SCM415 1
5 고정축 SCM415 1
3 서포터 SM45C 1
2 링크 SM45C 1
1 베이스 SM45C 1
품 번 품 명 재 질 수 량 비 고
과제명 리밍지그-2 척 도 1:1 각 법 3
© 2016 ~ 다솔유캠퍼스·dasol2001.co.kr

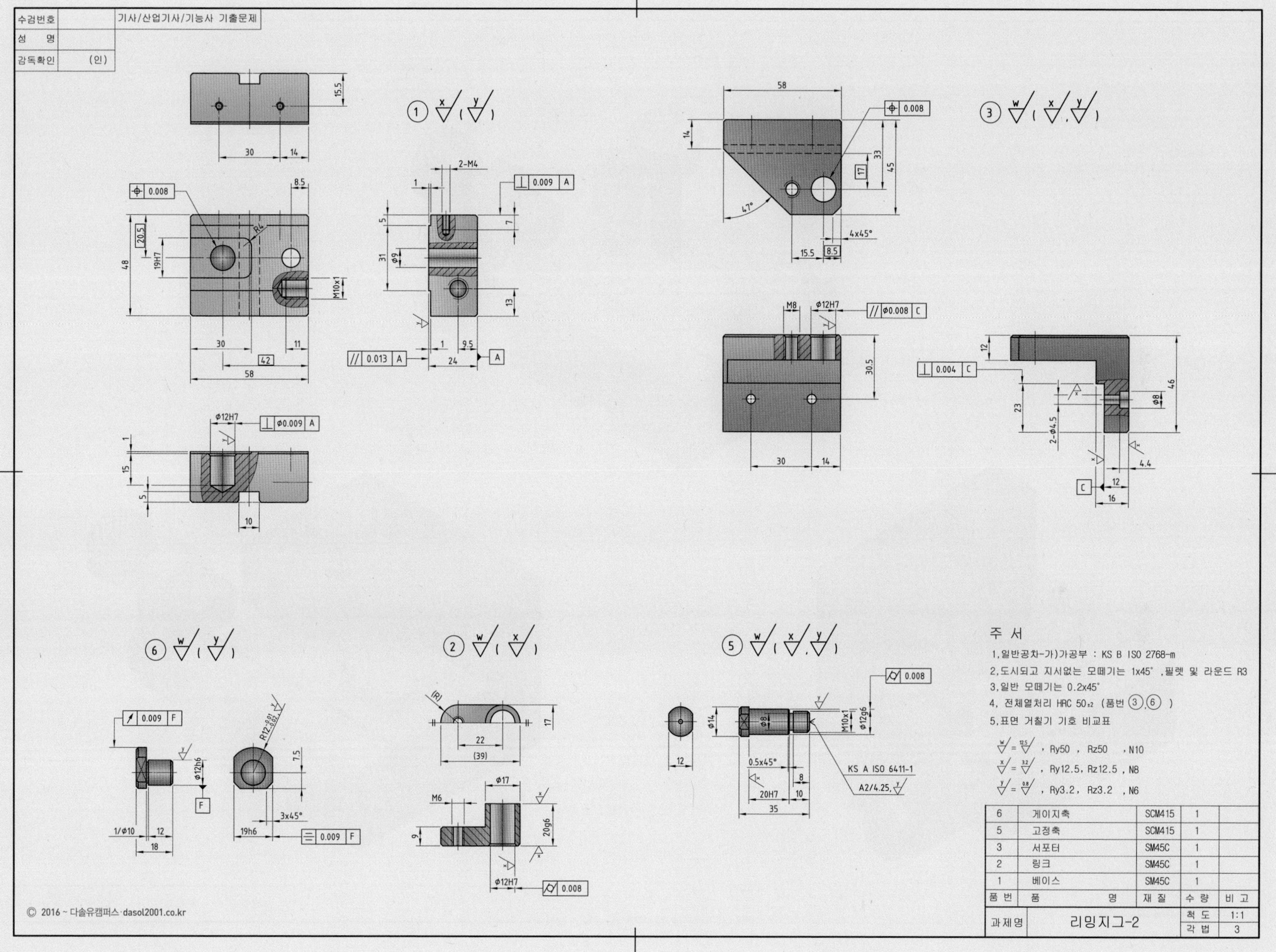
수검번호
성 명
감독확인 (인)
기사/산업기사/기능사 기출문제
주 서
1.일반공차-가)가공부 : KS B ISO 2768-m
2.도시되고 지시없는 모떼기는 1x45° ,필렛 및 라운드 R3
3.일반 모떼기는 0.2x45°
4, 전체열처리 HRC 50±2 (품번 ③,⑥ )
5.표면 거칠기 기호 비교표
, Ry50 , Rz50 , N10
, Ry12.5, Rz12.5 , N8
, Ry3.2, Rz3.2 , N6
6 게이지축 SCM415 1
5 고정축 SCM415 1
3 서포터 SM45C 1
2 링크 SM45C 1
1 베이스 SM45C 1
품번 품 명 재 질 수 량 비 고
과제명 리밍지그-2 척 도 1:1 각 법 3
KS A ISO 6411-1
A2/4.25
© 2016 ~ 다솔유캠퍼스·dasol2001.co.kr

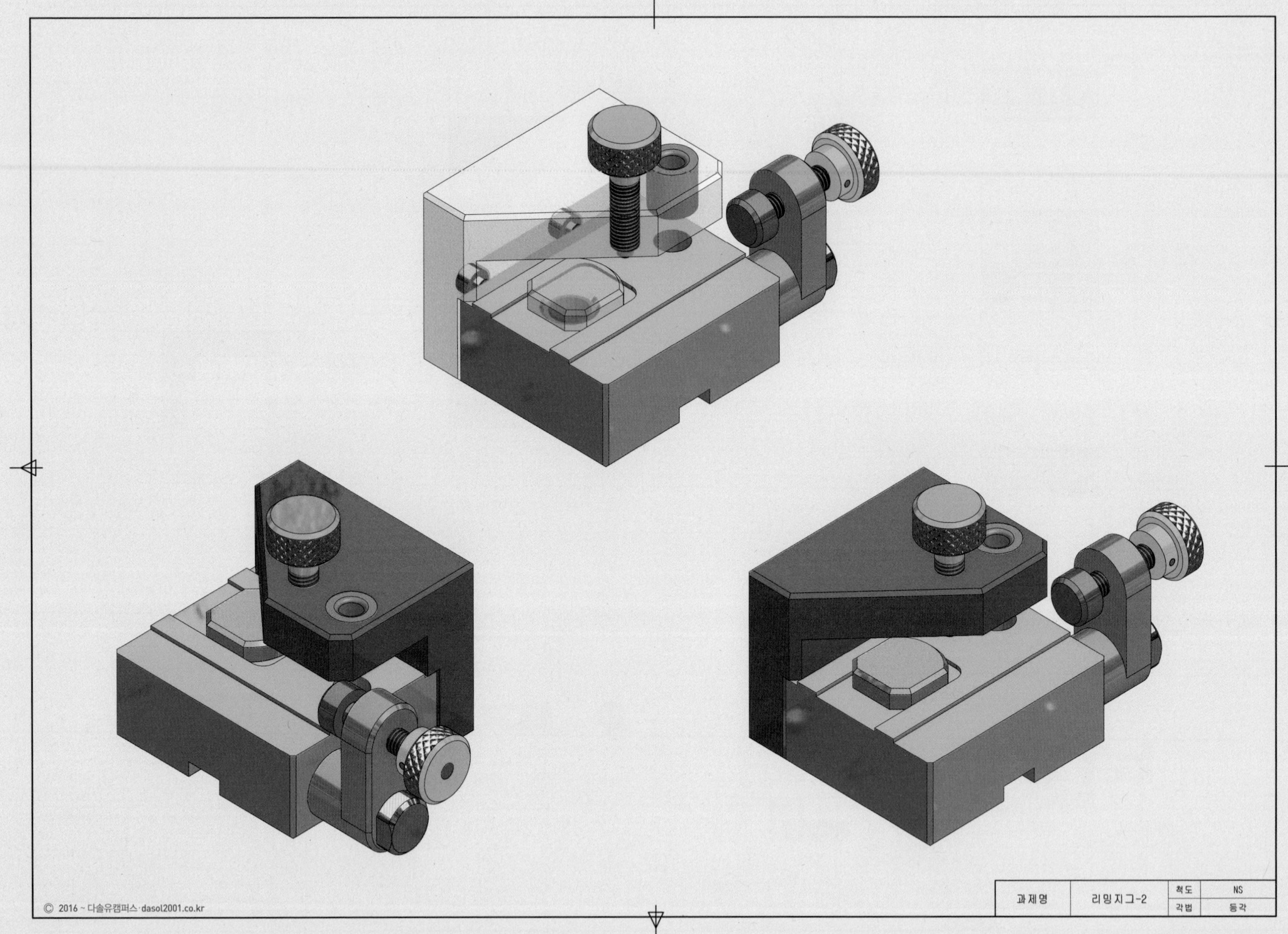

과제명
리밍지그-2
척도
NS
각법
등각

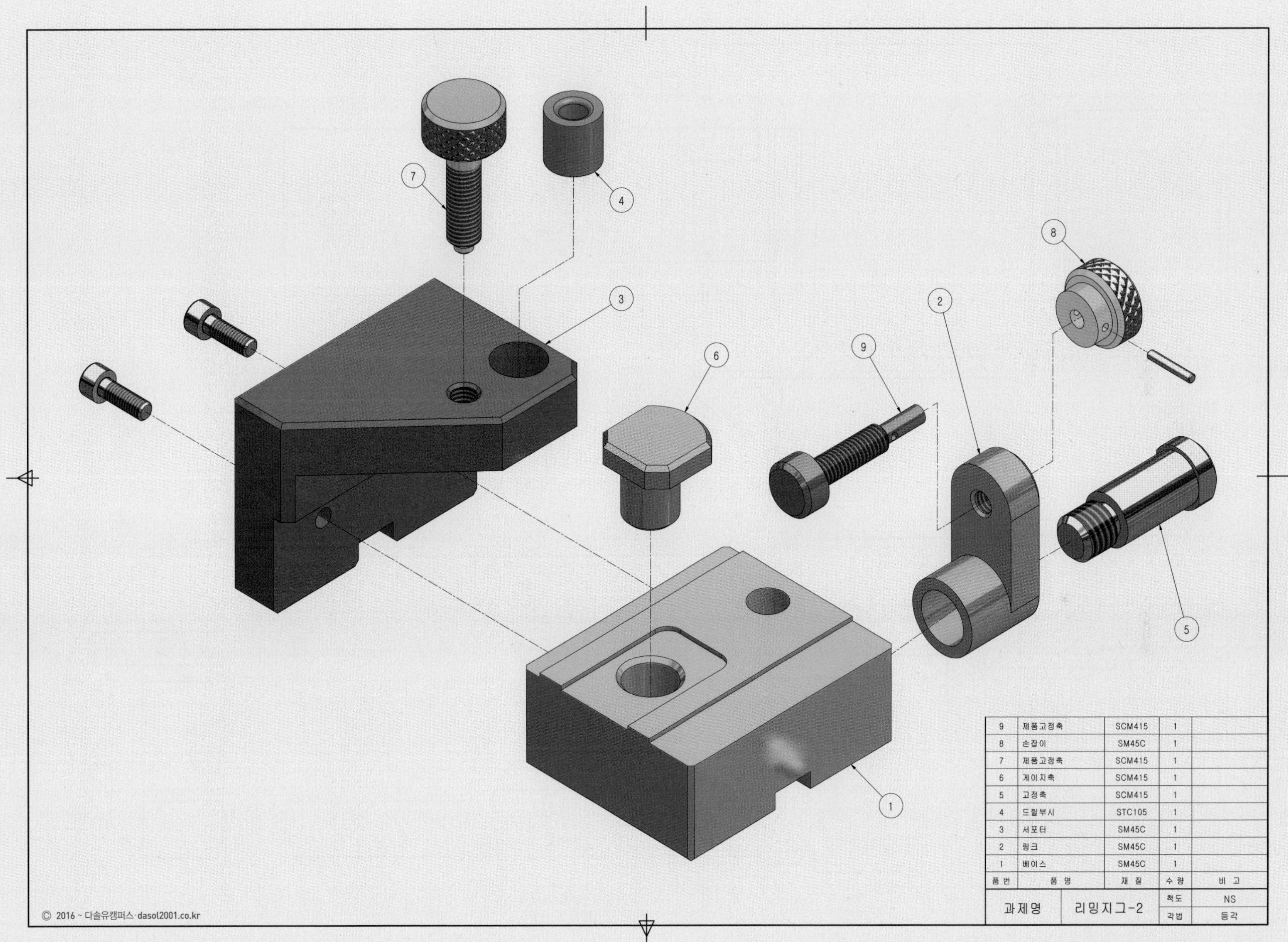


| 품 번 | 품 명 | 재 질 | 수 량 | 비 고 |
|---|---|---|---|---|
| 9 | 제품고정축 | SCM415 | 1 | |
| 8 | 손잡이 | SM45C | 1 | |
| 7 | 제품고정축 | SCM415 | 1 | |
| 6 | 게이지축 | SCM415 | 1 | |
| 5 | 고정축 | SCM415 | 1 | |
| 4 | 드릴부시 | STC105 | 1 | |
| 3 | 서포터 | SM45C | 1 | |
| 2 | 링크 | SM45C | 1 | |
| 1 | 베이스 | SM45C | 1 | |

| 과제명 | 리밍지그-2 | 척도 | NS |
|---|---|---|---|
| | | 각법 | 등각 |

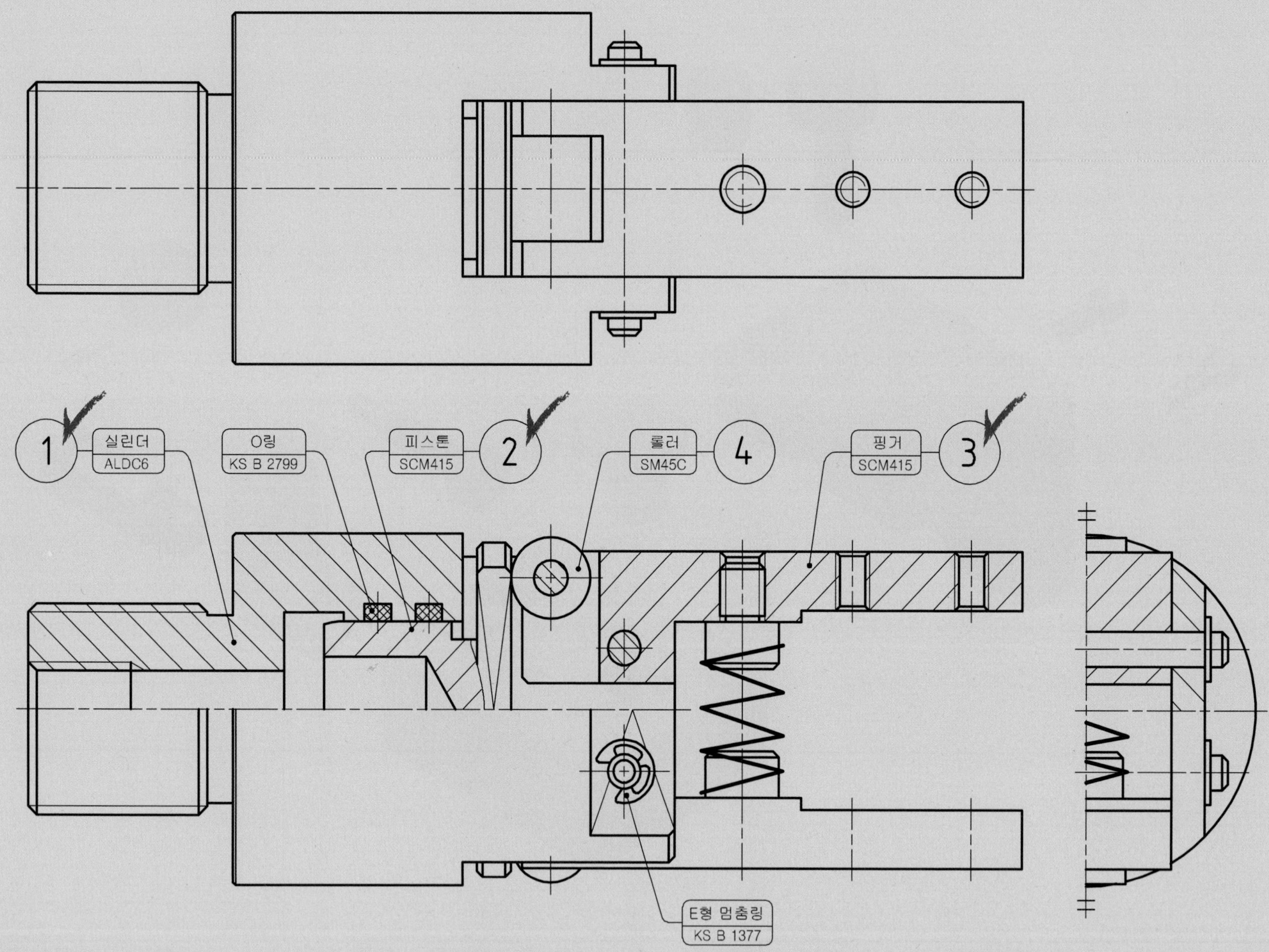
1
실린더
ALDC6
O링
KS B 2799
피스톤
SCM415
2
롤러
SM45C
4
핑거
SCM415
3
E형 멈춤링
KS B 1377

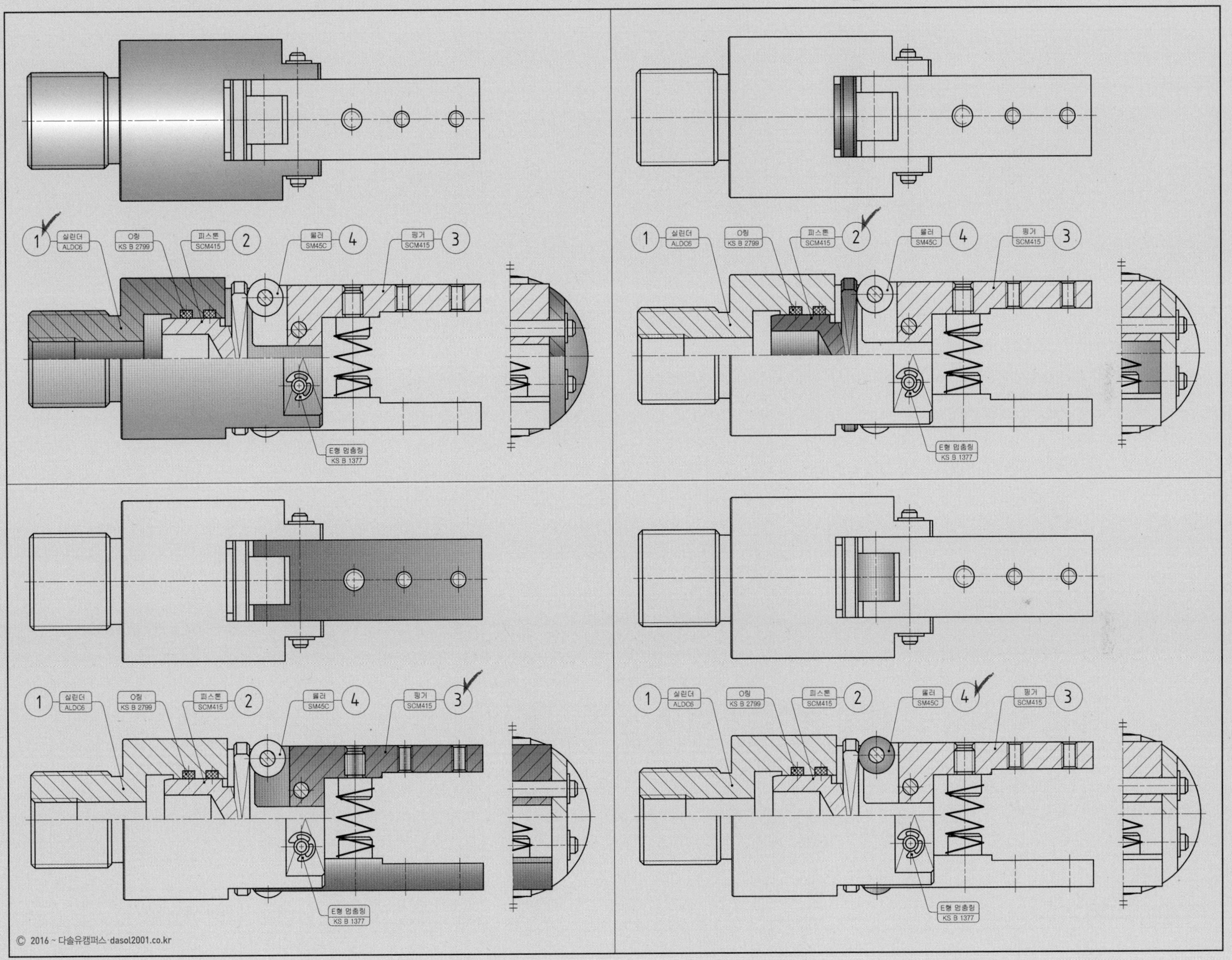
1 실린더 ALDC6
O링 KS B 2799
피스톤 SCM415 2
롤러 SM45C 4
핑거 SCM415 3
E형 멈춤링 KS B 1377
© 2016 ~ 다솔유캠퍼스·dasol2001.co.kr

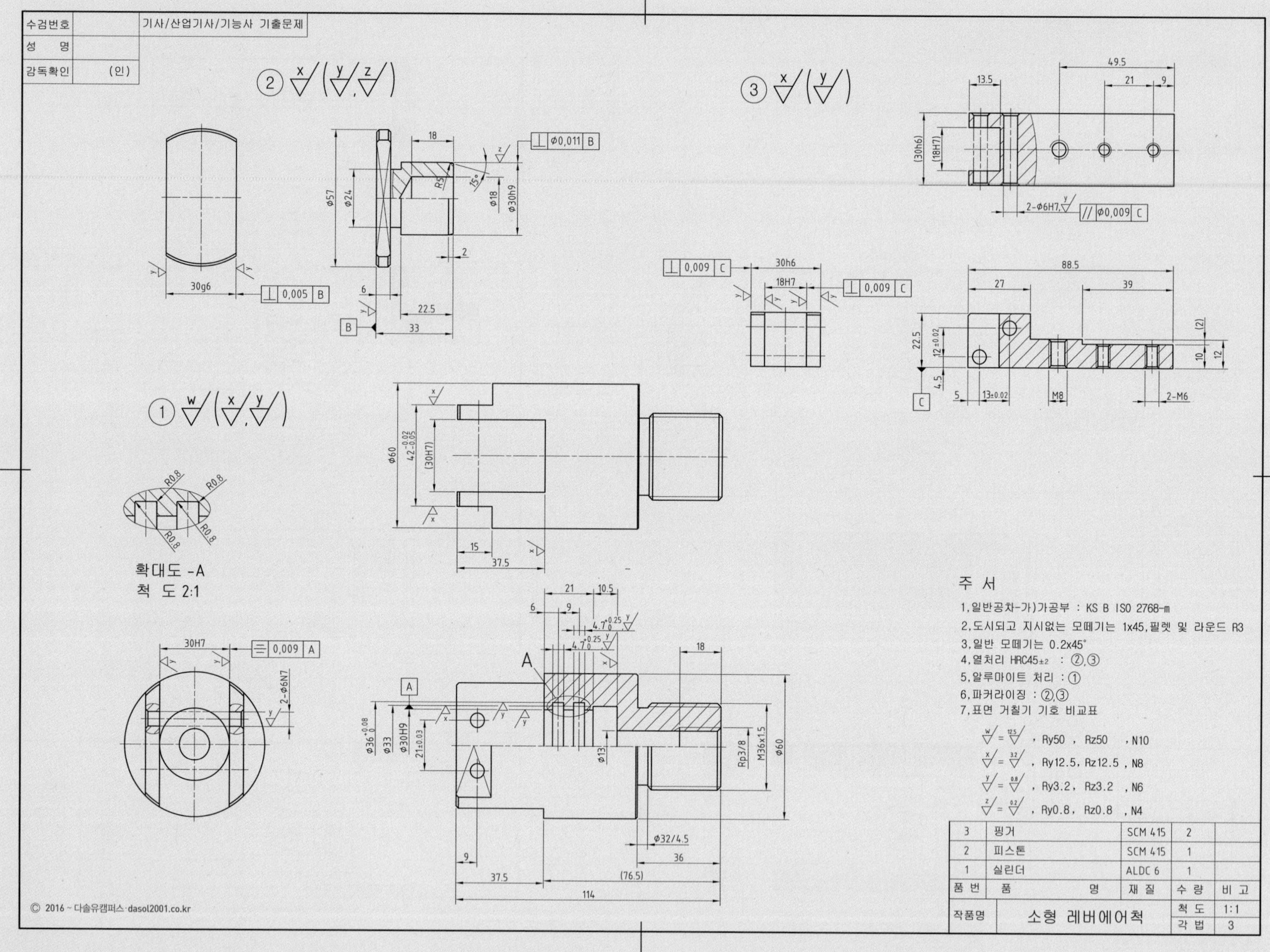
수검번호
기사/산업기사/기능사 기출문제
성 명
감독확인 (인)
확대도 -A
척 도 2:1
주 서
1,일반공차-가)가공부 : KS B ISO 2768-m
2,도시되고 지시없는 모떼기는 1x45,필렛 및 라운드 R3
3,일반 모떼기는 0.2x45°
4,열처리 HRC45±2 : ②,③
5,알루마이트 처리 : ①
6,파커라이징 : ②,③
7,표면 거칠기 기호 비교표
, Ry50 , Rz50 , N10
, Ry12.5, Rz12.5 , N8
, Ry3.2 , Rz3.2 , N6
, Ry0.8 , Rz0.8 , N4
3 | 핑거 | SCM 415 | 2
2 | 피스톤 | SCM 415 | 1
1 | 실린더 | ALDC 6 | 1
품 번 | 품 명 | 재 질 | 수 량 | 비 고
작품명 | 소형 레버에어척 | 척 도 | 1:1
각 법 | 3
© 2016 ~ 다솔유캠퍼스·dasol2001.co.kr

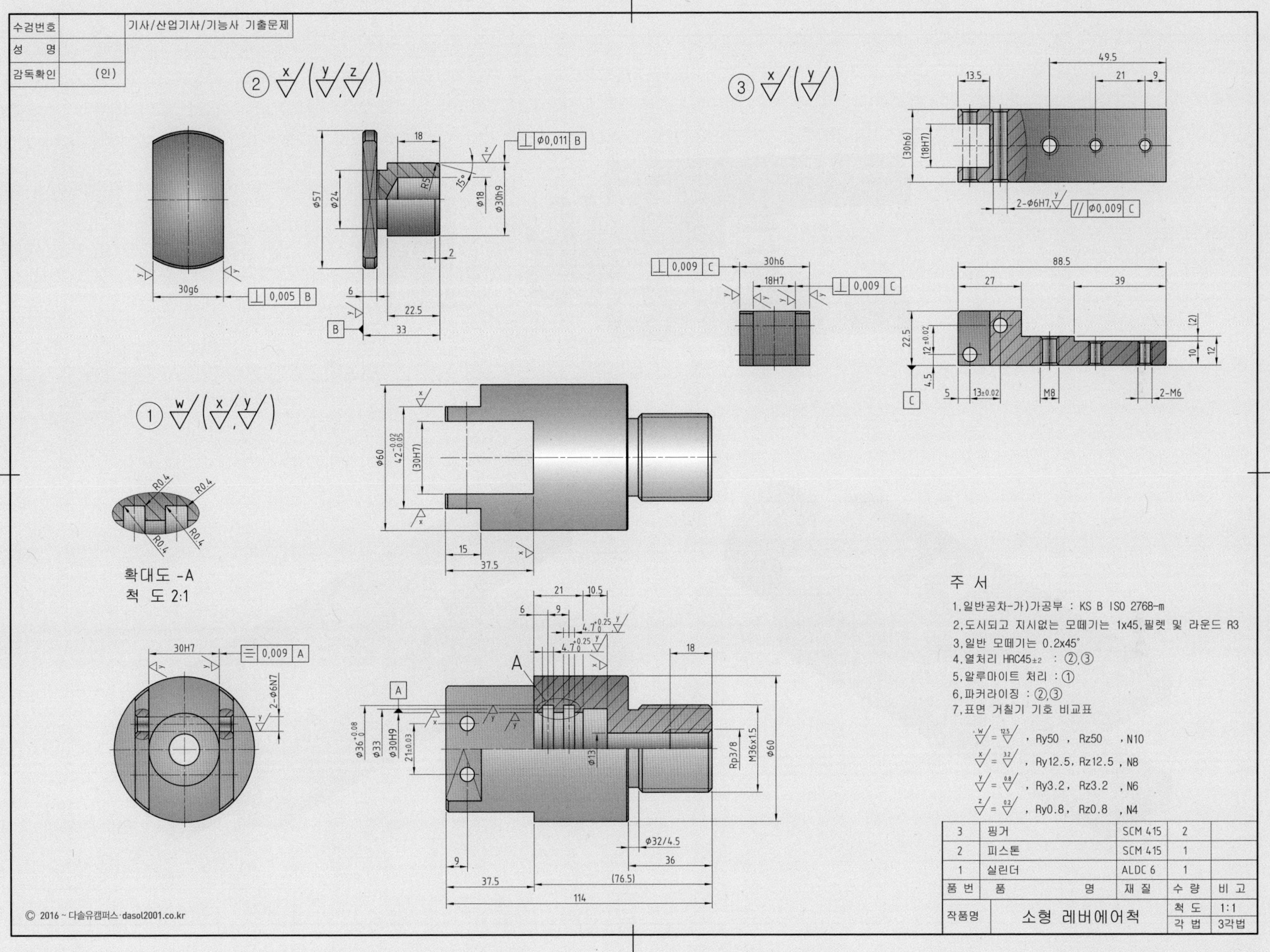
수검번호
성 명
감독확인 (인)
기사/산업기사/기능사 기출문제
확대도 -A
척 도 2:1
주 서
1.일반공차-가)가공부 : KS B ISO 2768-m
2.도시되고 지시없는 모떼기는 1x45,필렛 및 라운드 R3
3.일반 모떼기는 0.2x45°
4.열처리 HRC45±2 : ②,③
5.알루마이트 처리 : ①
6.파커라이징 : ②,③
7.표면 거칠기 기호 비교표
, Ry50 , Rz50 , N10
, Ry12.5, Rz12.5 , N8
, Ry3.2, Rz3.2 , N6
, Ry0.8, Rz0.8 , N4
3 핑거 SCM 415 2
2 피스톤 SCM 415 1
1 실린더 ALDC 6 1
품 번 품 명 재 질 수 량 비 고
작품명 소형 레버에어척 척 도 1:1 각 법 3각법
© 2016 ~ 다솔유캠퍼스·dasol2001.co.kr

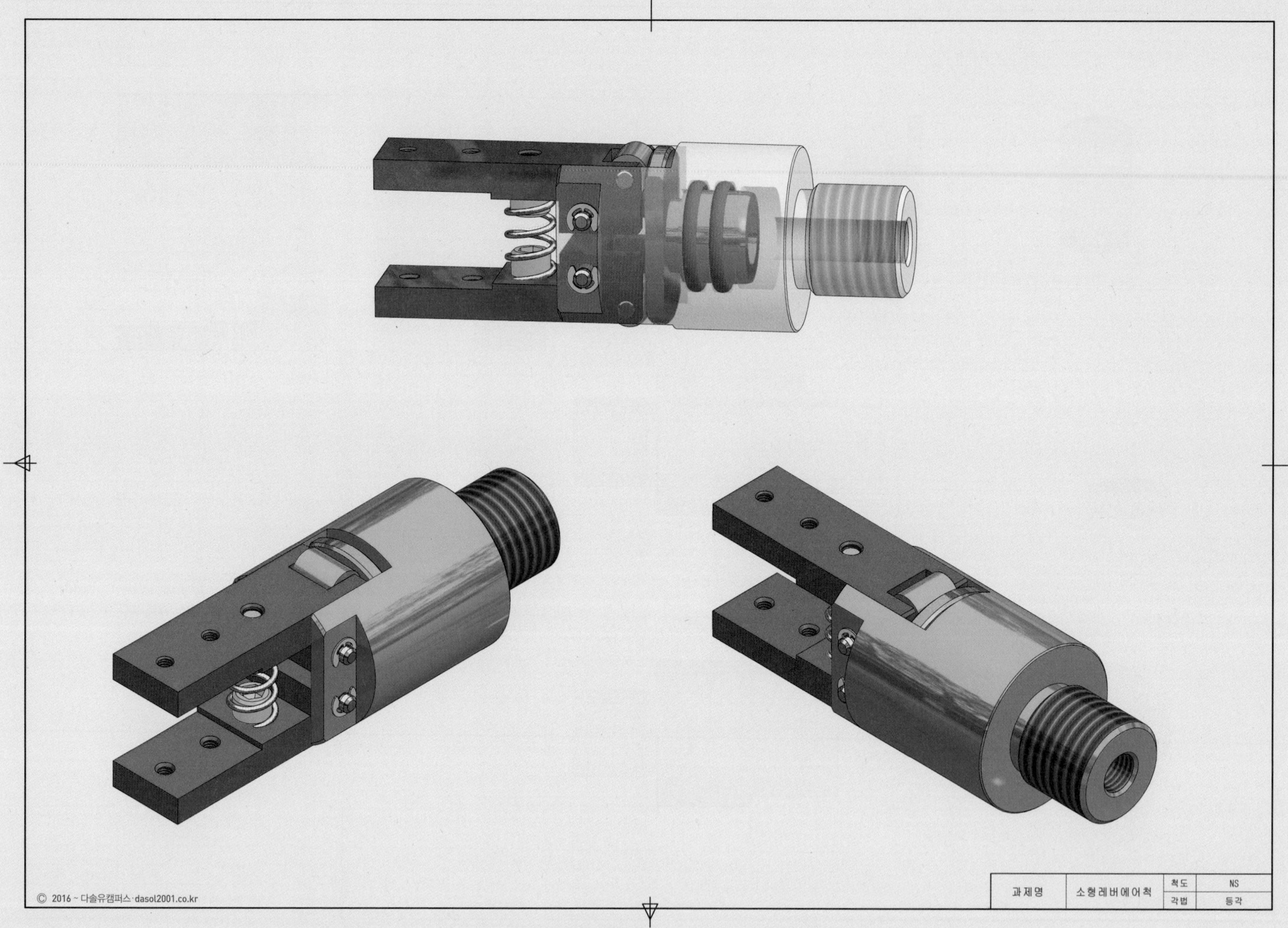

© 2016 ~ 다솔유캠퍼스·dasol2001.co.kr
과제명
소형레버에어척
척도
NS
각법
등각

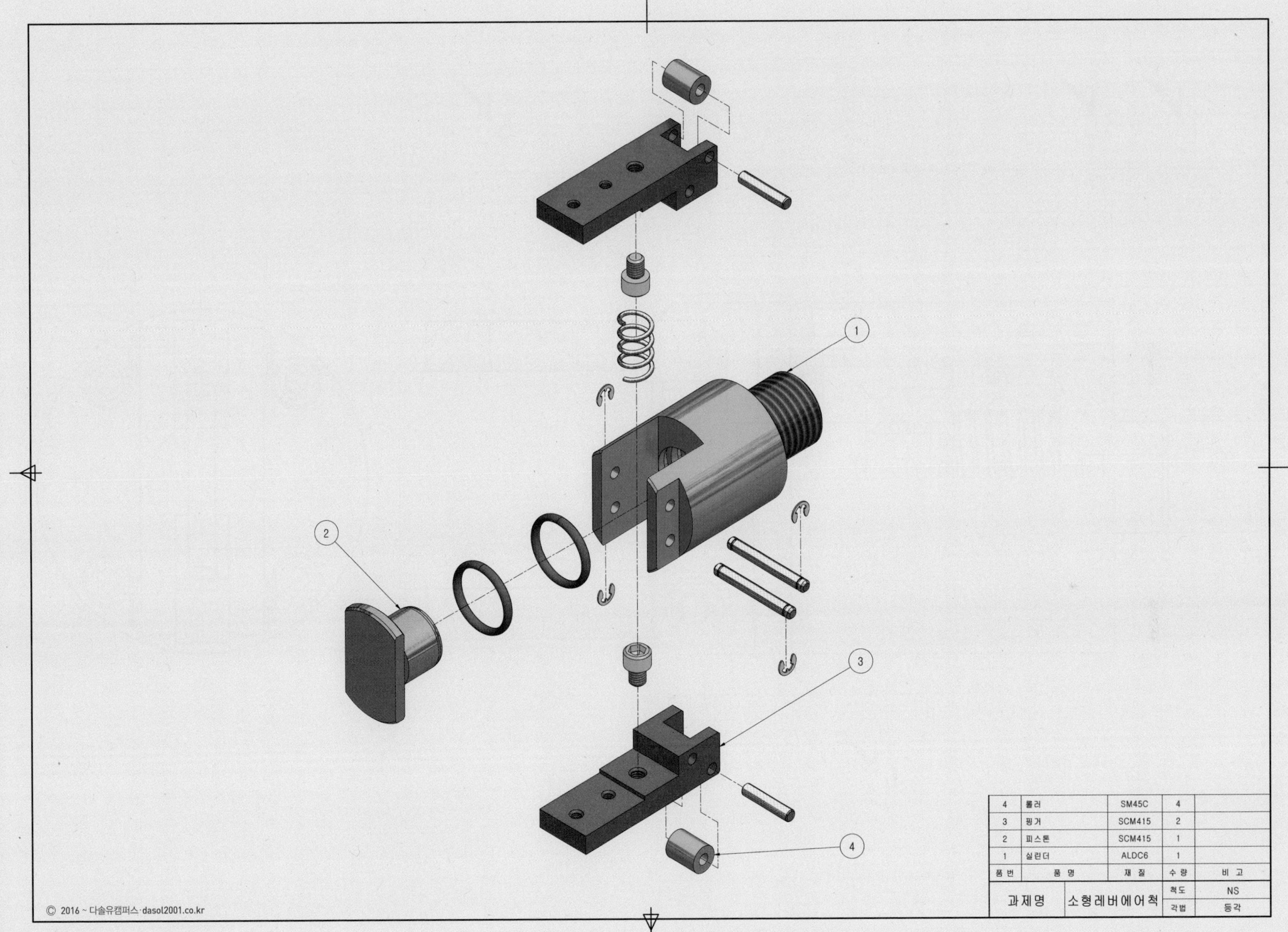


| 4 | 롤러 | SM45C | 4 | |
|---|---|---|---|---|
| 3 | 핑거 | SCM415 | 2 | |
| 2 | 피스톤 | SCM415 | 1 | |
| 1 | 실린더 | ALDC6 | 1 | |
| 품 번 | 품 명 | 재 질 | 수 량 | 비 고 |
| 과제명 | 소형레버에어척 | | 척도 | NS |
| | | | 각법 | 등각 |

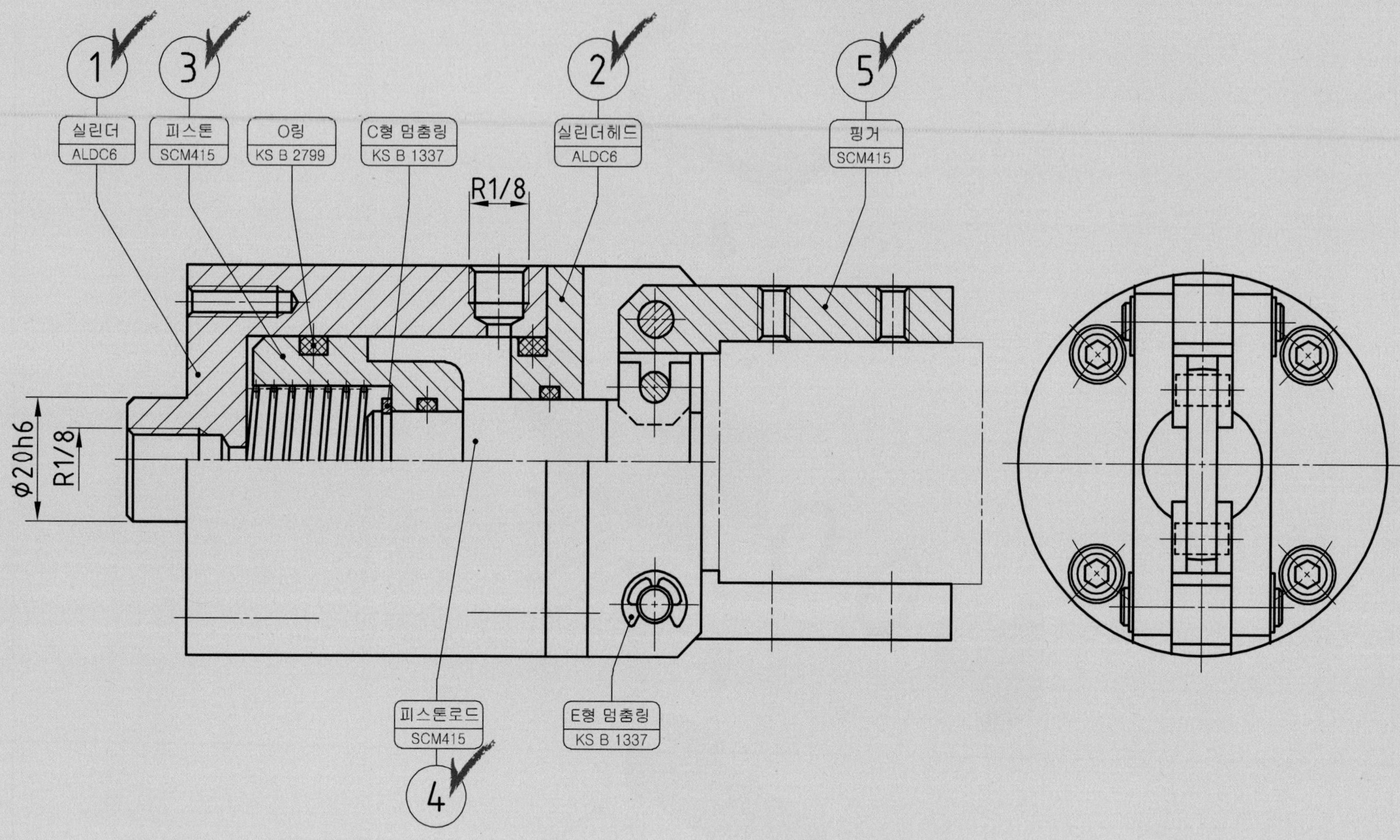
1
3
2
5
실린더
ALDC6
피스톤
SCM415
O링
KS B 2799
C형 멈춤링
KS B 1337
실린더헤드
ALDC6
핑거
SCM415
R1/8
Ø20h6
R1/8
피스톤로드
SCM415
E형 멈춤링
KS B 1337
4

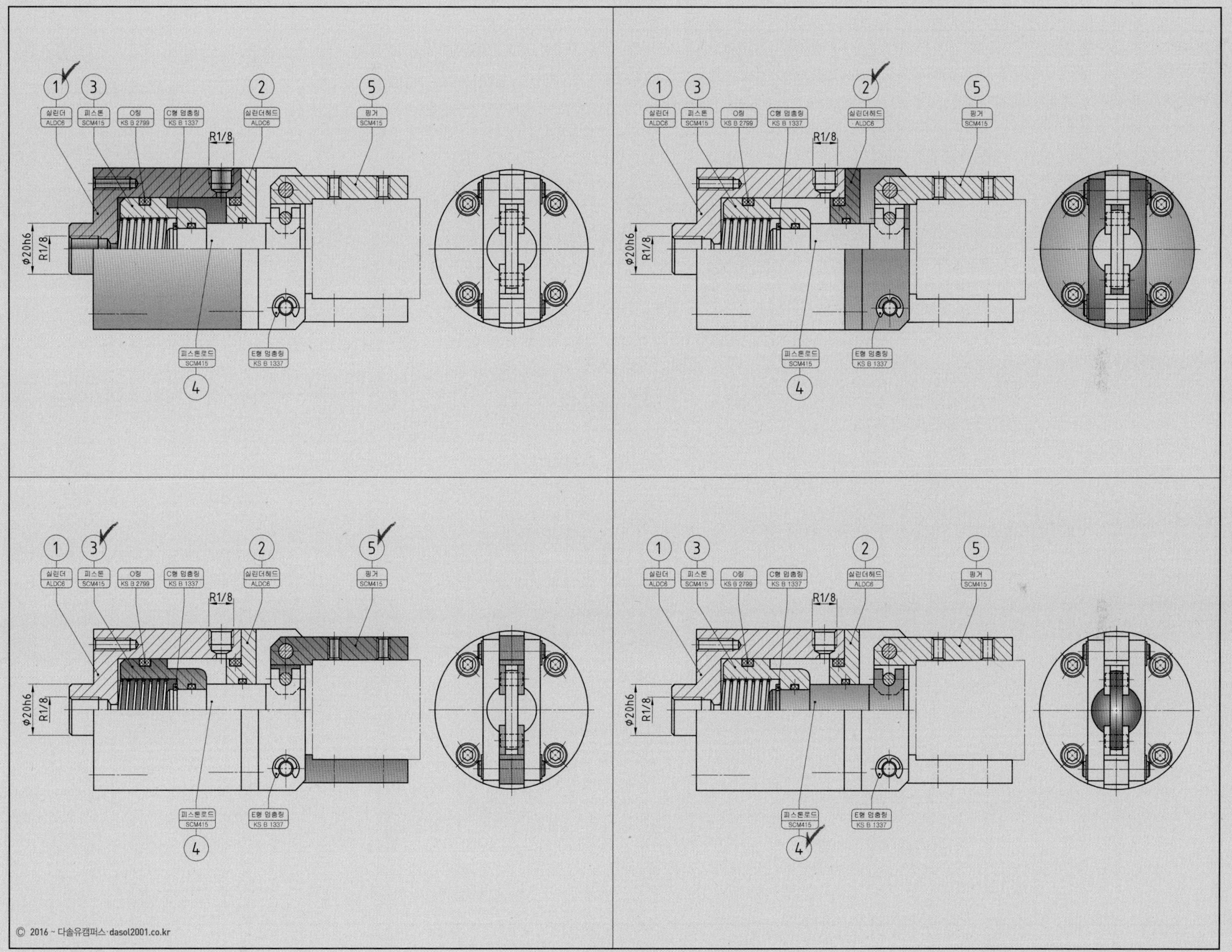
1
3
2
5
실린더
ALDC6
피스톤
SCM415
O링
KS B 2799
C형 멈춤링
KS B 1337
실린더헤드
ALDC6
핑거
SCM415
R1/8
φ20h6
R1/8
피스톤로드
SCM415
E형 멈춤링
KS B 1337
4

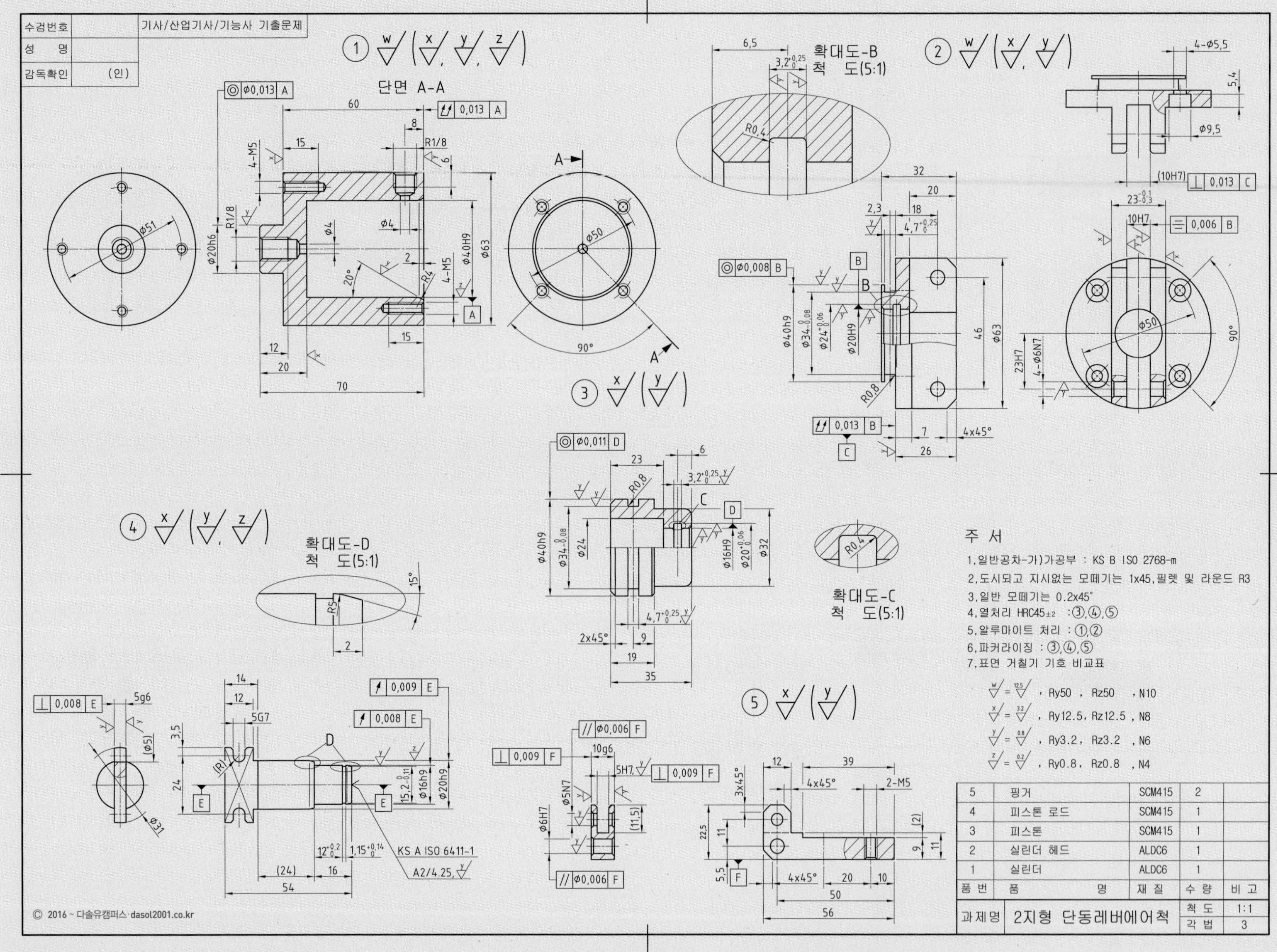


| 품번 | 품명 | 재질 | 수량 | 비고 |
|---|---|---|---|---|
| 5 | 핑거 | SCM415 | 2 | |
| 4 | 피스톤 로드 | SCM415 | 1 | |
| 3 | 피스톤 | SCM415 | 1 | |
| 2 | 실린더 헤드 | ALDC6 | 1 | |
| 1 | 실린더 | ALDC6 | 1 | |

| 과제명 | 2지형 단동레버에어척 | 척도 | 1:1 |
|---|---|---|---|
| | | 각법 | 3 |

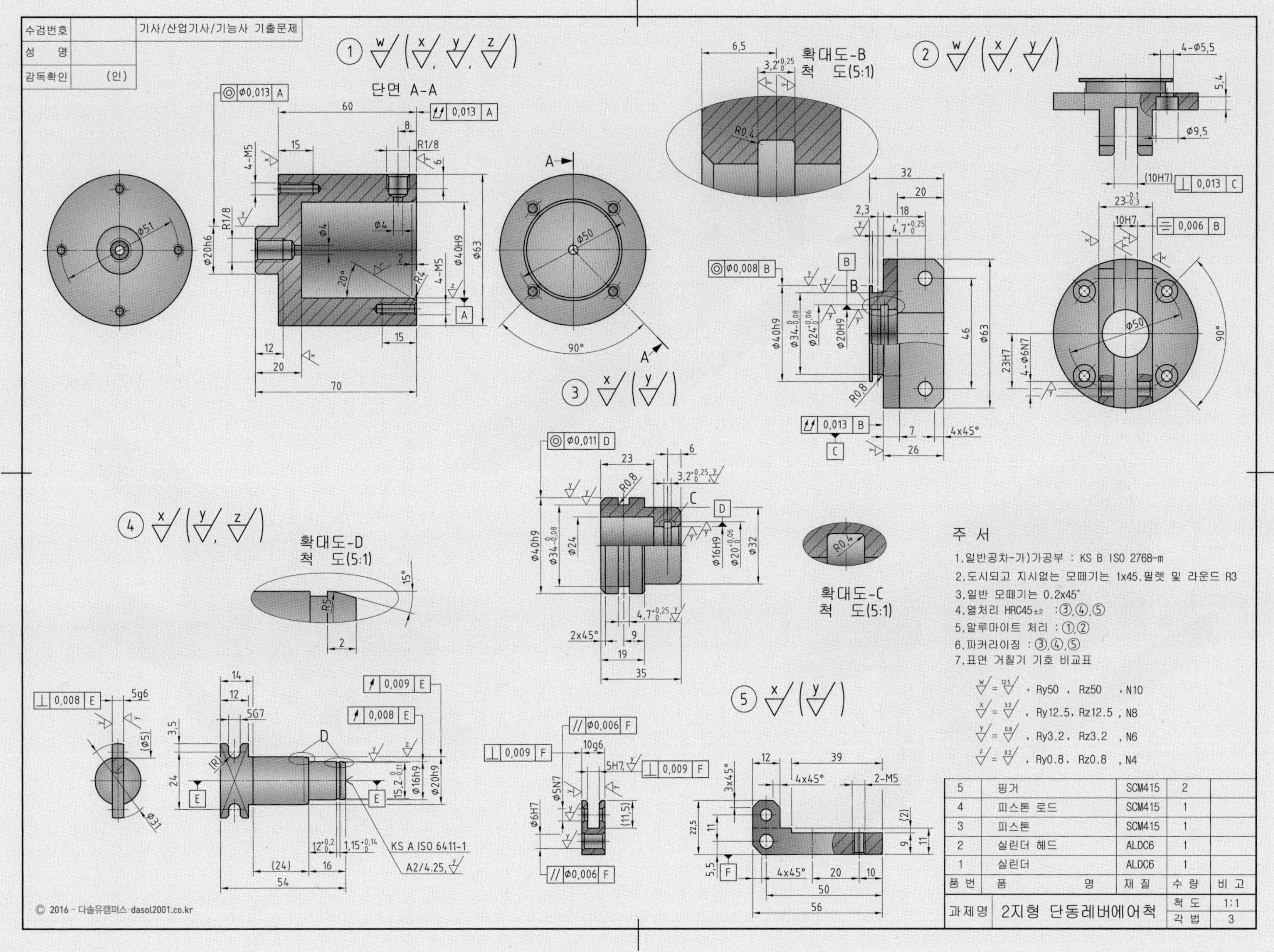


| 품 번 | 품 명 | 재 질 | 수 량 | 비 고 |
|---|---|---|---|---|
| 5 | 핑거 | SCM415 | 2 | |
| 4 | 피스톤 로드 | SCM415 | 1 | |
| 3 | 피스톤 | SCM415 | 1 | |
| 2 | 실린더 헤드 | ALDC6 | 1 | |
| 1 | 실린더 | ALDC6 | 1 | |

| 과제명 | 2지형 단동레버에어척 | 척 도 | 1:1 |
|---|---|---|---|
| | | 각 법 | 3 |

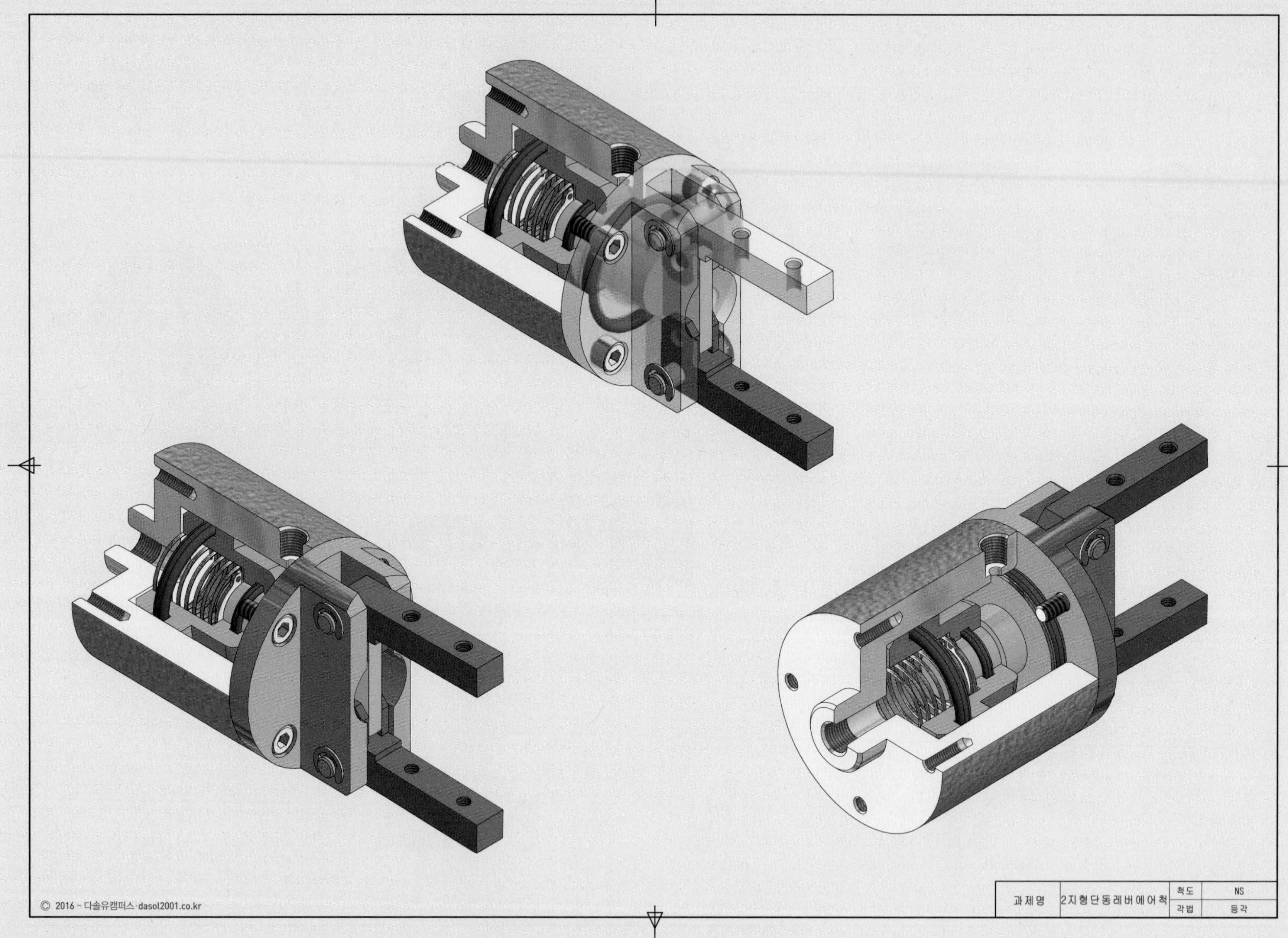
© 2016 ~ 다솔유캠퍼스·dasol2001.co.kr
과제명
2지형단동레버에어척
척도
NS
각법
등각

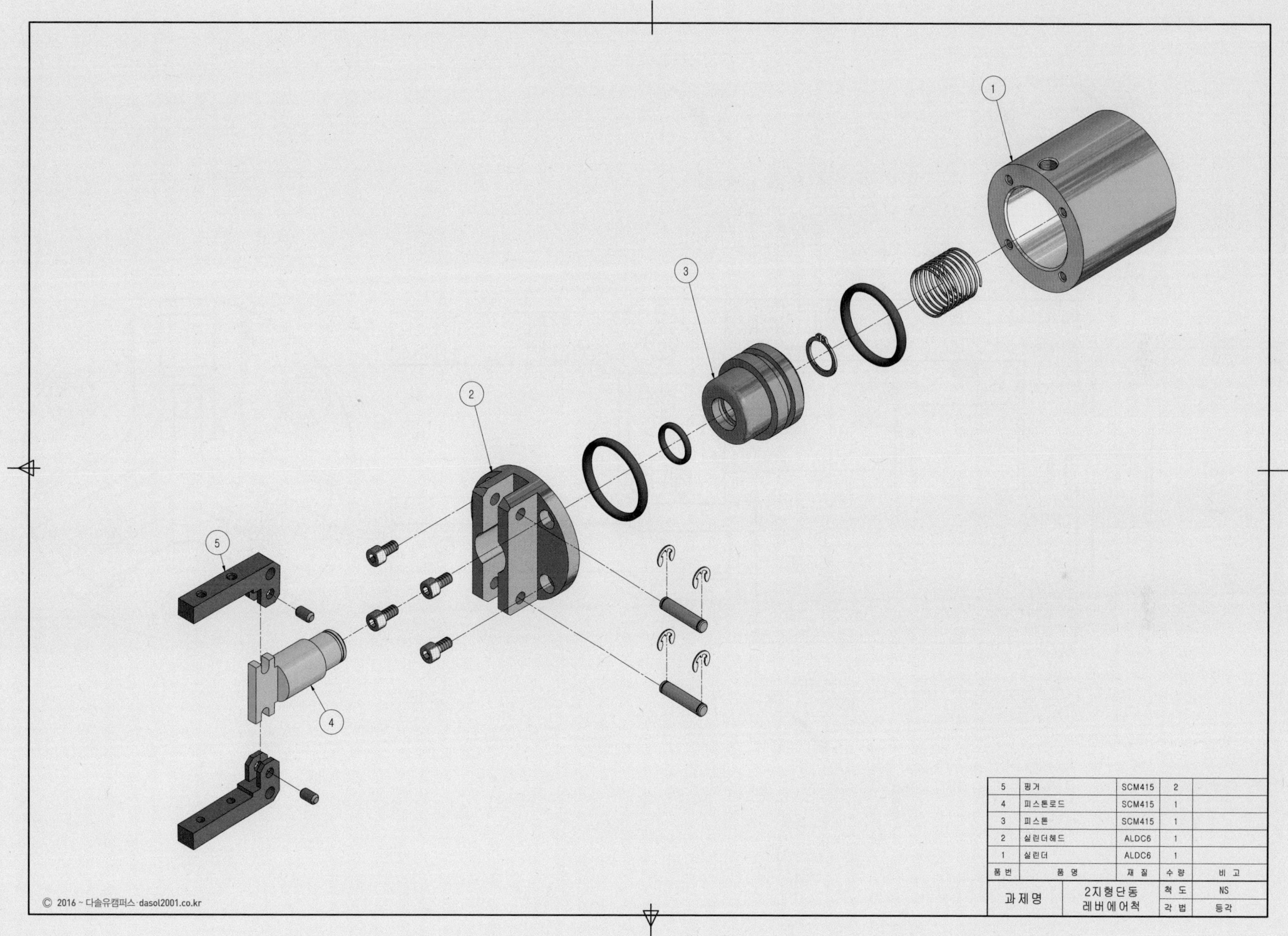


| 5 | 핑거 | SCM415 | 2 | |
|---|---|---|---|---|
| 4 | 피스톤로드 | SCM415 | 1 | |
| 3 | 피스톤 | SCM415 | 1 | |
| 2 | 실린더헤드 | ALDC6 | 1 | |
| 1 | 실린더 | ALDC6 | 1 | |
| 품번 | 품명 | 재질 | 수량 | 비고 |
| 과제명 | 2지형단동 레버에어척 | | 척도 | NS |
| | | | 각법 | 등각 |

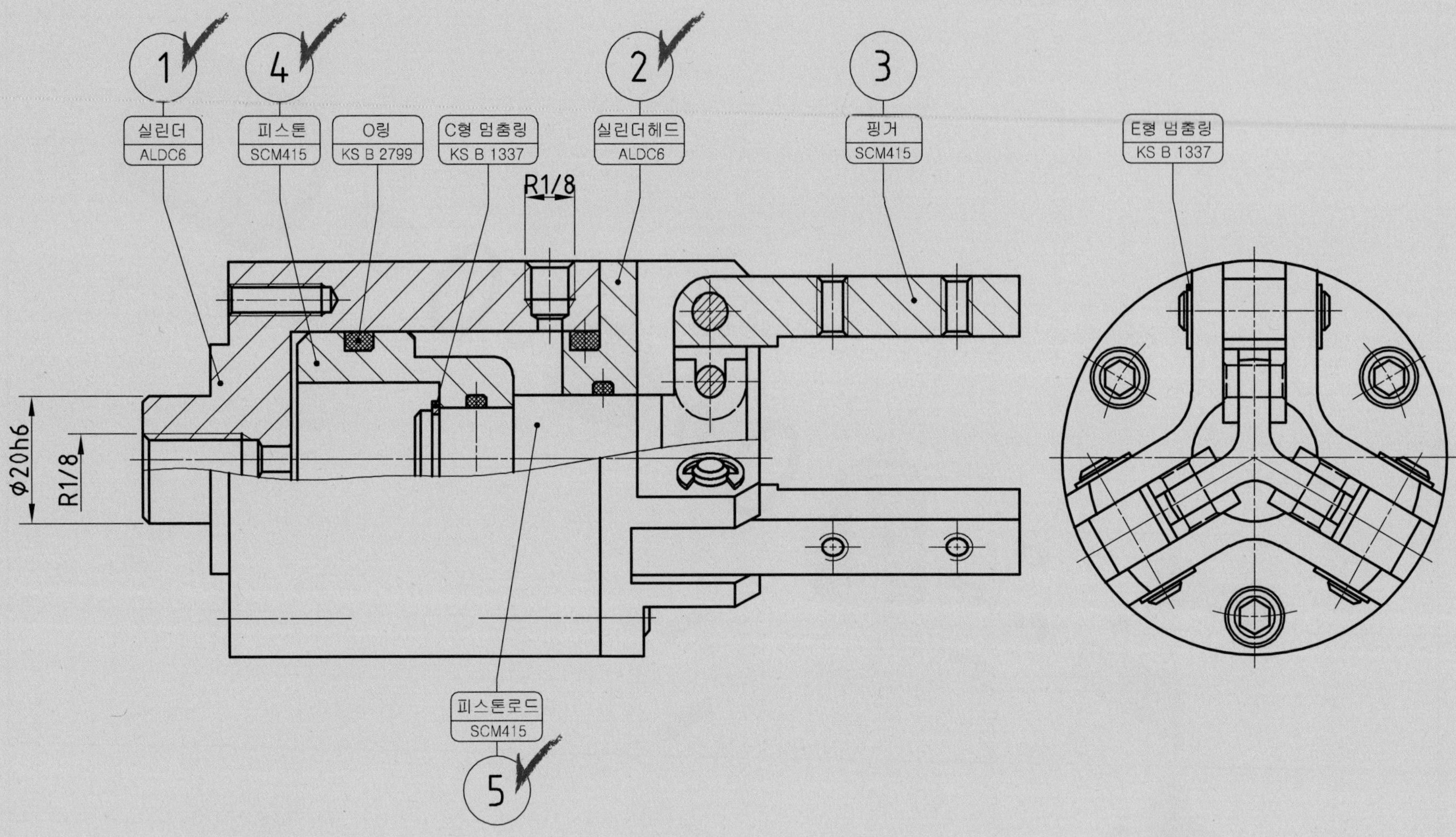
1
실린더
ALDC6
4
피스톤
SCM415
O링
KS B 2799
C형 멈춤링
KS B 1337
2
실린더헤드
ALDC6
3
핑거
SCM415
E형 멈춤링
KS B 1337
R1/8
ϕ20h6
R1/8
피스톤로드
SCM415
5

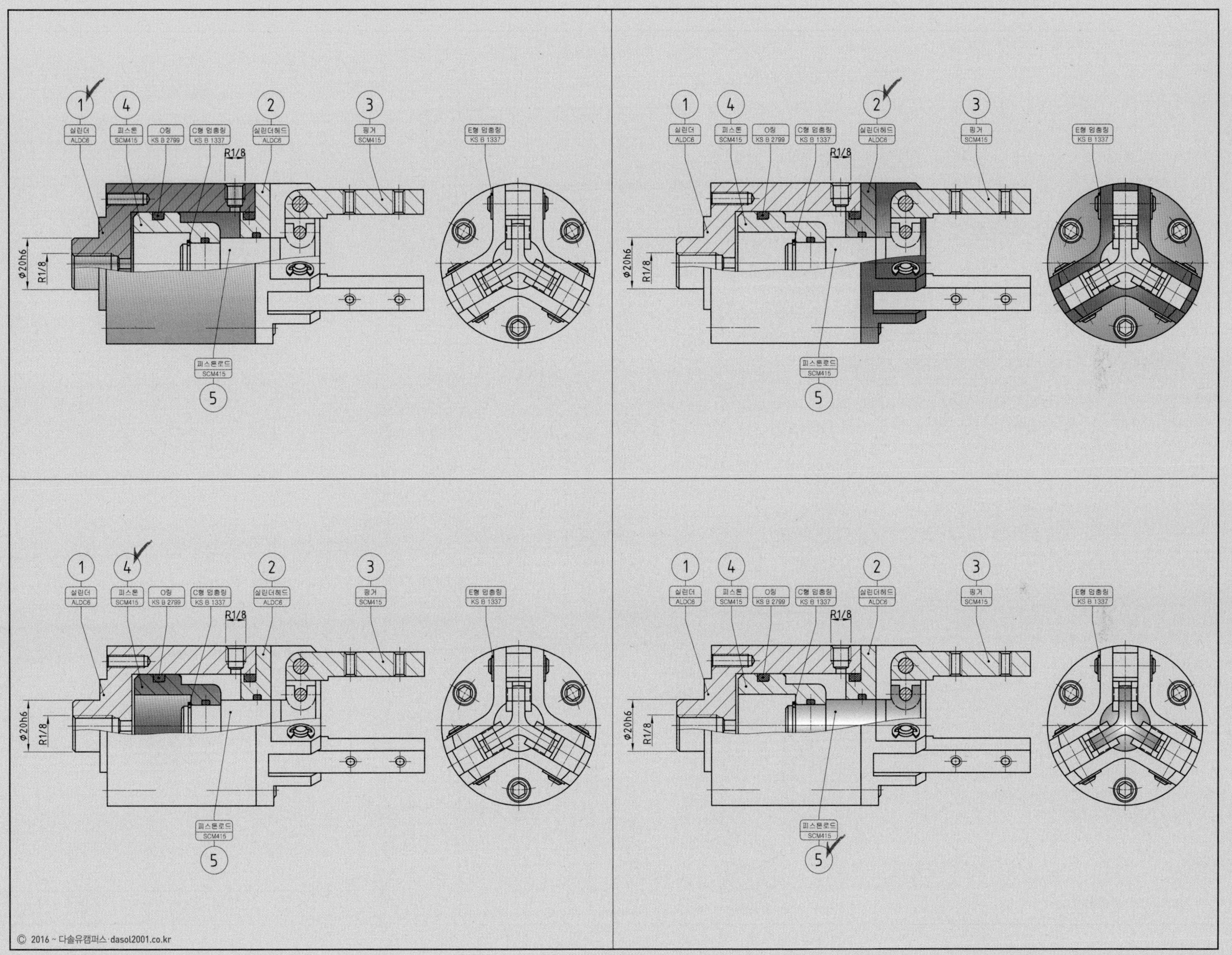
1
4
2
3
실린더
ALDC6
피스톤
SCM415
O링
KS B 2799
C형 멈춤링
KS B 1337
실린더헤드
ALDC6
핑거
SCM415
E형 멈춤링
KS B 1337
R1/8
φ20h6
피스톤로드
SCM415
5

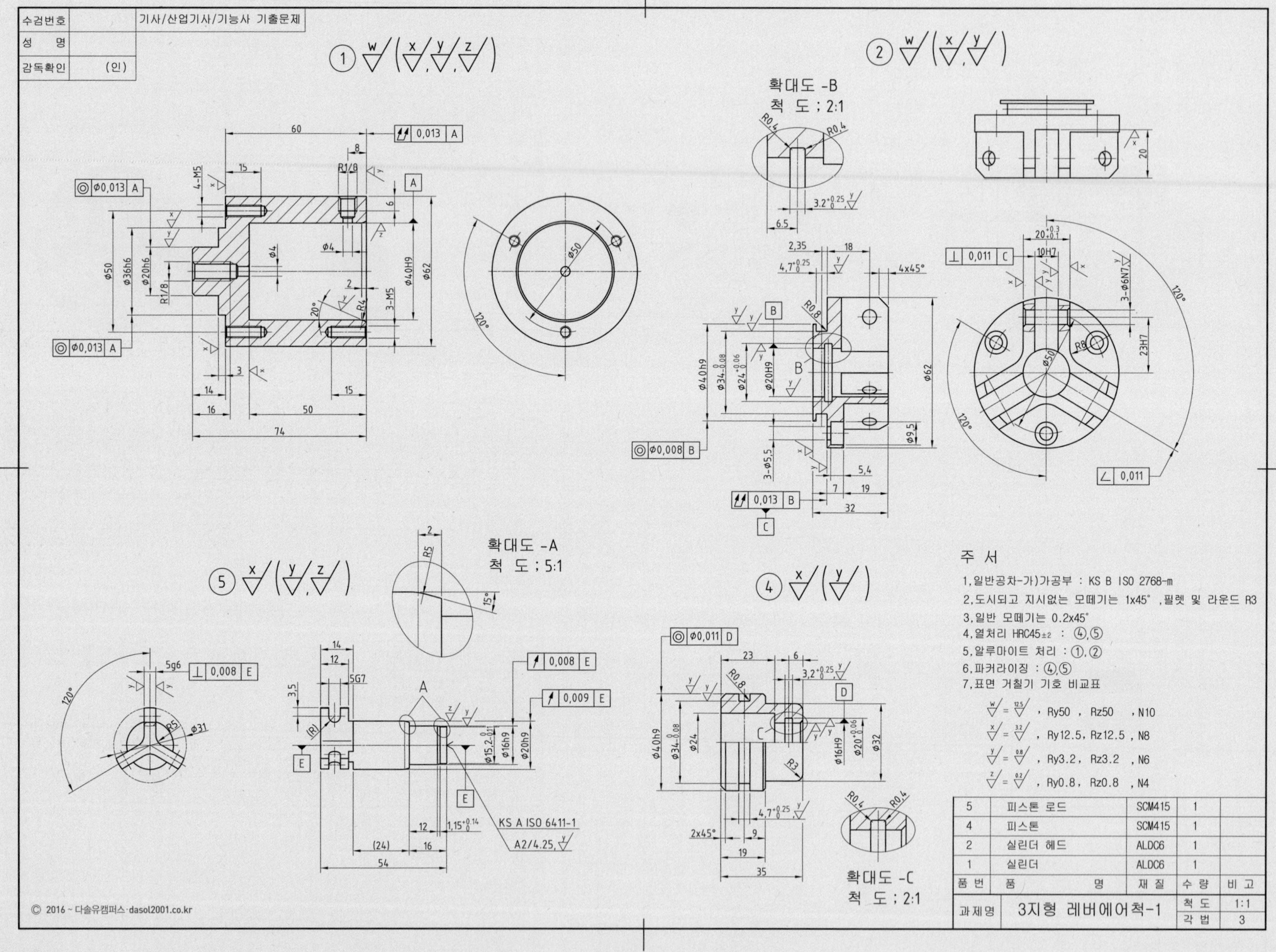

수검번호
성 명
감독확인 (인)
기사/산업기사/기능사 기출문제
①
②
④
⑤
확대도 -B
척 도 ; 2:1
확대도 -A
척 도 ; 5:1
확대도 -C
척 도 ; 2:1
주 서
1,일반공차-가)가공부 : KS B ISO 2768-m
2,도시되고 지시없는 모떼기는 1x45° ,필렛 및 라운드 R3
3,일반 모떼기는 0.2x45°
4,열처리 HRC45±2 : ④,⑤
5,알루마이트 처리 : ①,②
6,파커라이징 : ④,⑤
7,표면 거칠기 기호 비교표
, Ry50 , Rz50 , N10
, Ry12.5, Rz12.5 , N8
, Ry3.2, Rz3.2 , N6
, Ry0.8, Rz0.8 , N4
5 피스톤 로드 SCM415 1
4 피스톤 SCM415 1
2 실린더 헤드 ALDC6 1
1 실린더 ALDC6 1
품 번 품 명 재 질 수 량 비 고
과제명 3지형 레버에어척-1 척 도 1:1 각 법 3
KS A ISO 6411-1
A2/4.25,

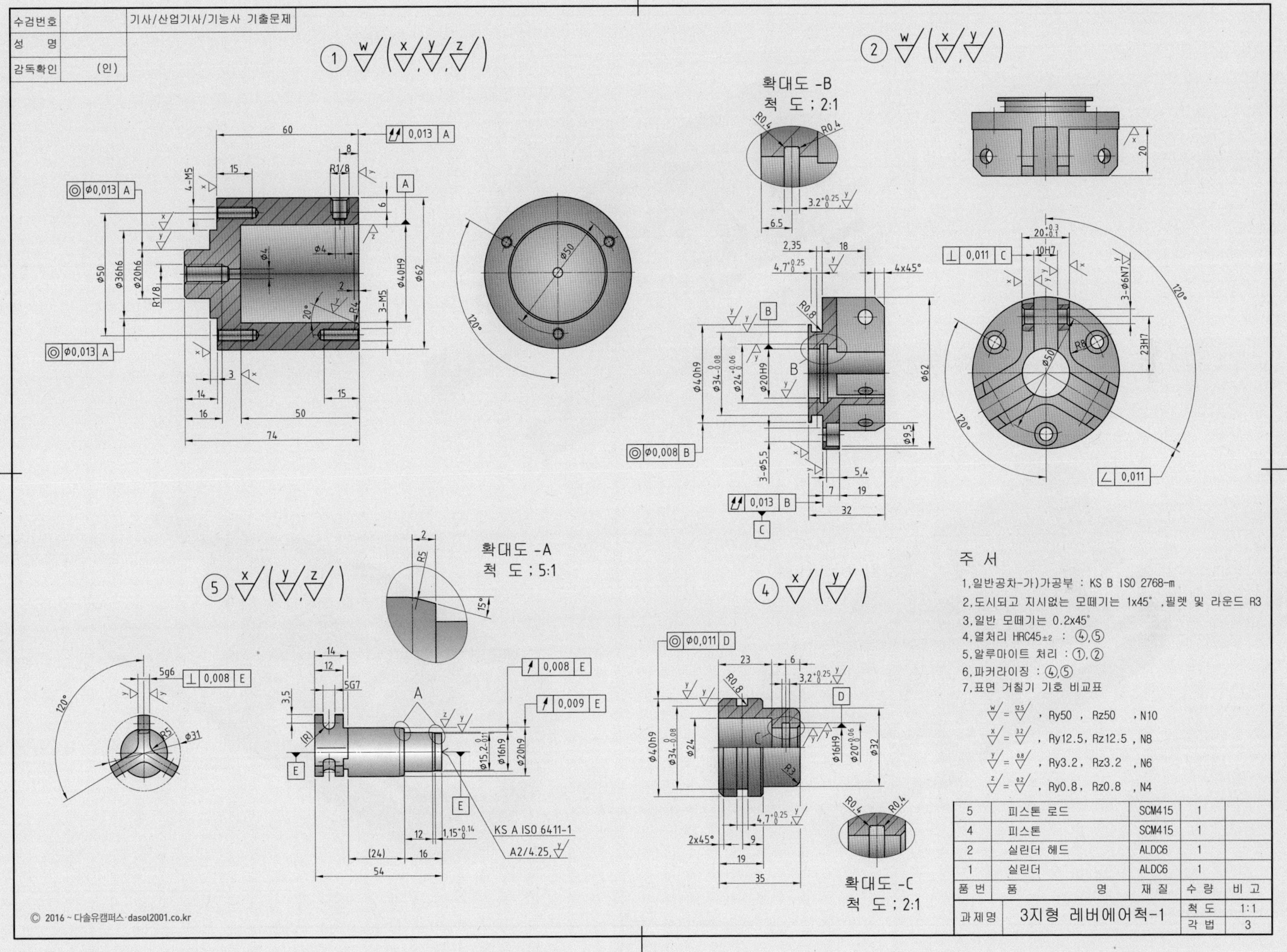
수검번호
성 명
감독확인 (인)
기사/산업기사/기능사 기출문제
확대도 -B
척 도 ; 2:1
확대도 -A
척 도 ; 5:1
확대도 -C
척 도 ; 2:1
주 서
1.일반공차-가)가공부 : KS B ISO 2768-m
2.도시되고 지시없는 모떼기는 1x45°, 필렛 및 라운드 R3
3.일반 모떼기는 0.2x45°
4.열처리 HRC45±2 : ④,⑤
5.알루마이트 처리 : ①,②
6.파커라이징 : ④,⑤
7.표면 거칠기 기호 비교표
, Ry50 , Rz50 , N10
, Ry12.5, Rz12.5 , N8
, Ry3.2, Rz3.2 , N6
, Ry0.8, Rz0.8 , N4
5 피스톤 로드 SCM415 1
4 피스톤 SCM415 1
2 실린더 헤드 ALDC6 1
1 실린더 ALDC6 1
품번 품 명 재질 수량 비고
과제명 3지형 레버에어척-1 척도 1:1 각법 3
KS A ISO 6411-1
A2/4.25,
© 2016 ~ 다솔유캠퍼스 · dasol2001.co.kr

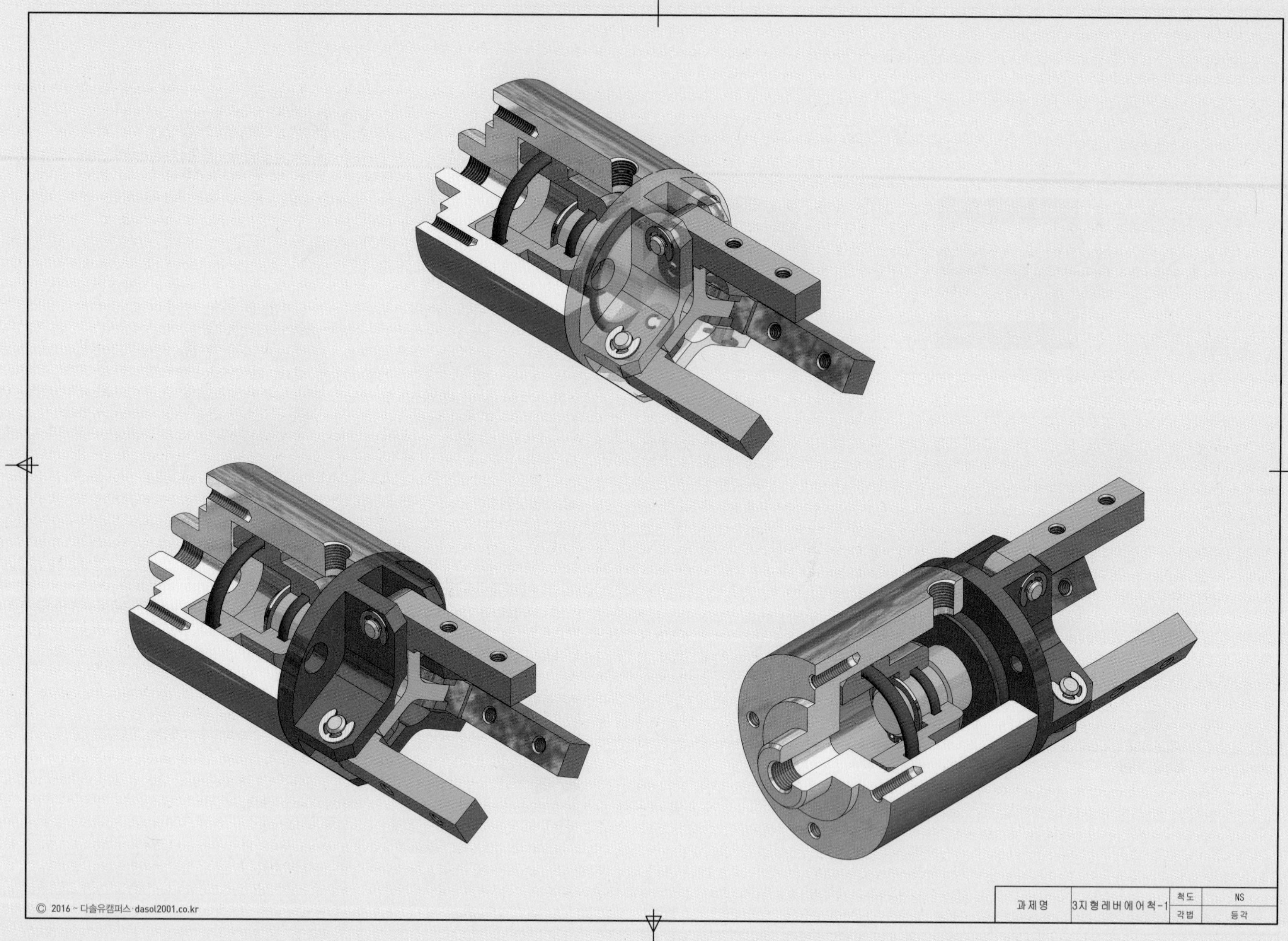

© 2016 ~ 다솔유캠퍼스 dasol2001.co.kr
과제명
3지형 레버에어척-1
척도
NS
각법
등각

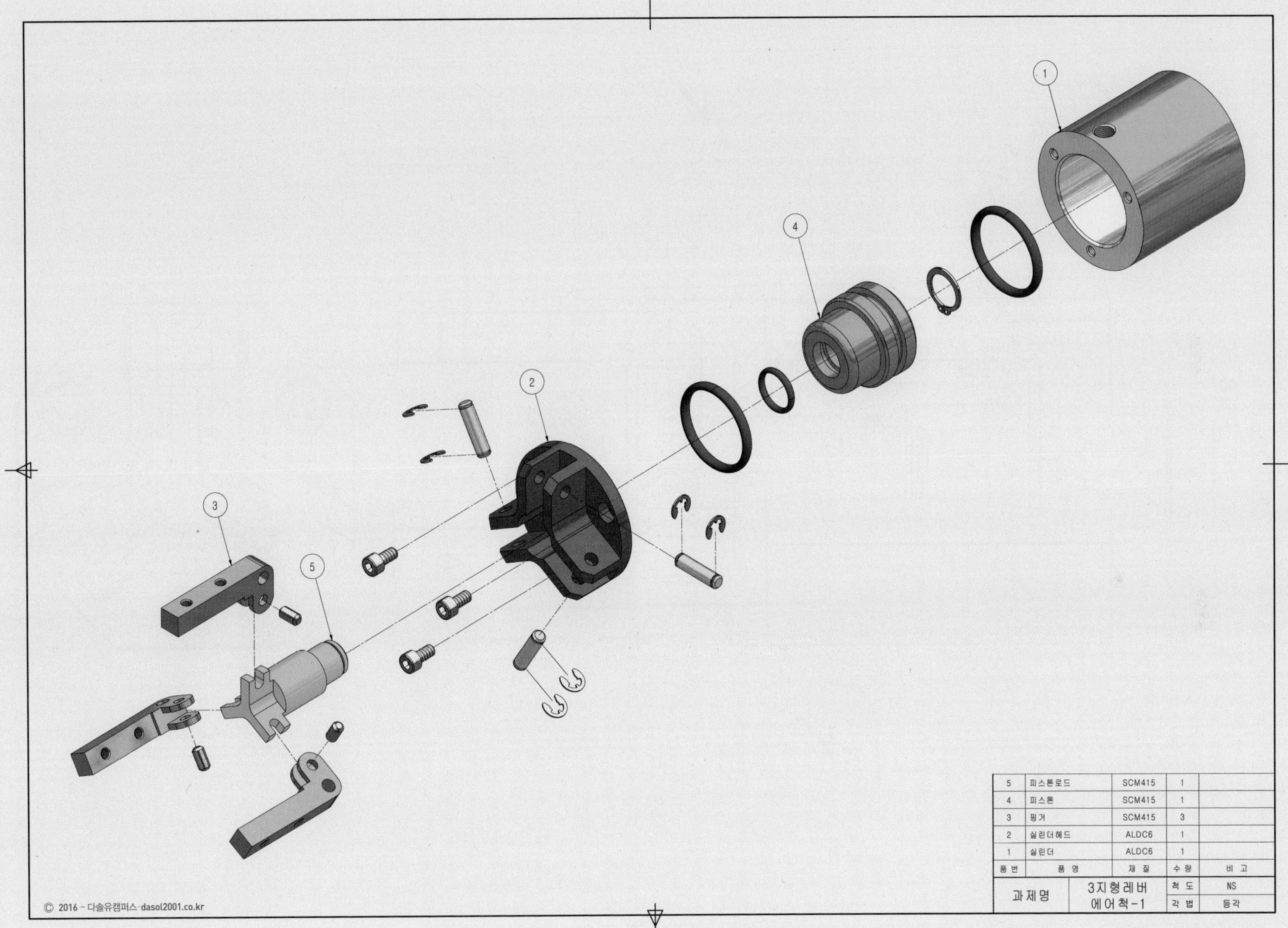


| 5 | 피스톤로드 | SCM415 | 1 | |
|---|---|---|---|---|
| 4 | 피스톤 | SCM415 | 1 | |
| 3 | 핑거 | SCM415 | 3 | |
| 2 | 실린더헤드 | ALDC6 | 1 | |
| 1 | 실린더 | ALDC6 | 1 | |
| 품번 | 품 명 | 재 질 | 수 량 | 비 고 |

| 과제명 | 3지형레버 에어척-1 | 척 도 | NS |
|---|---|---|---|
| | | 각 법 | 등각 |

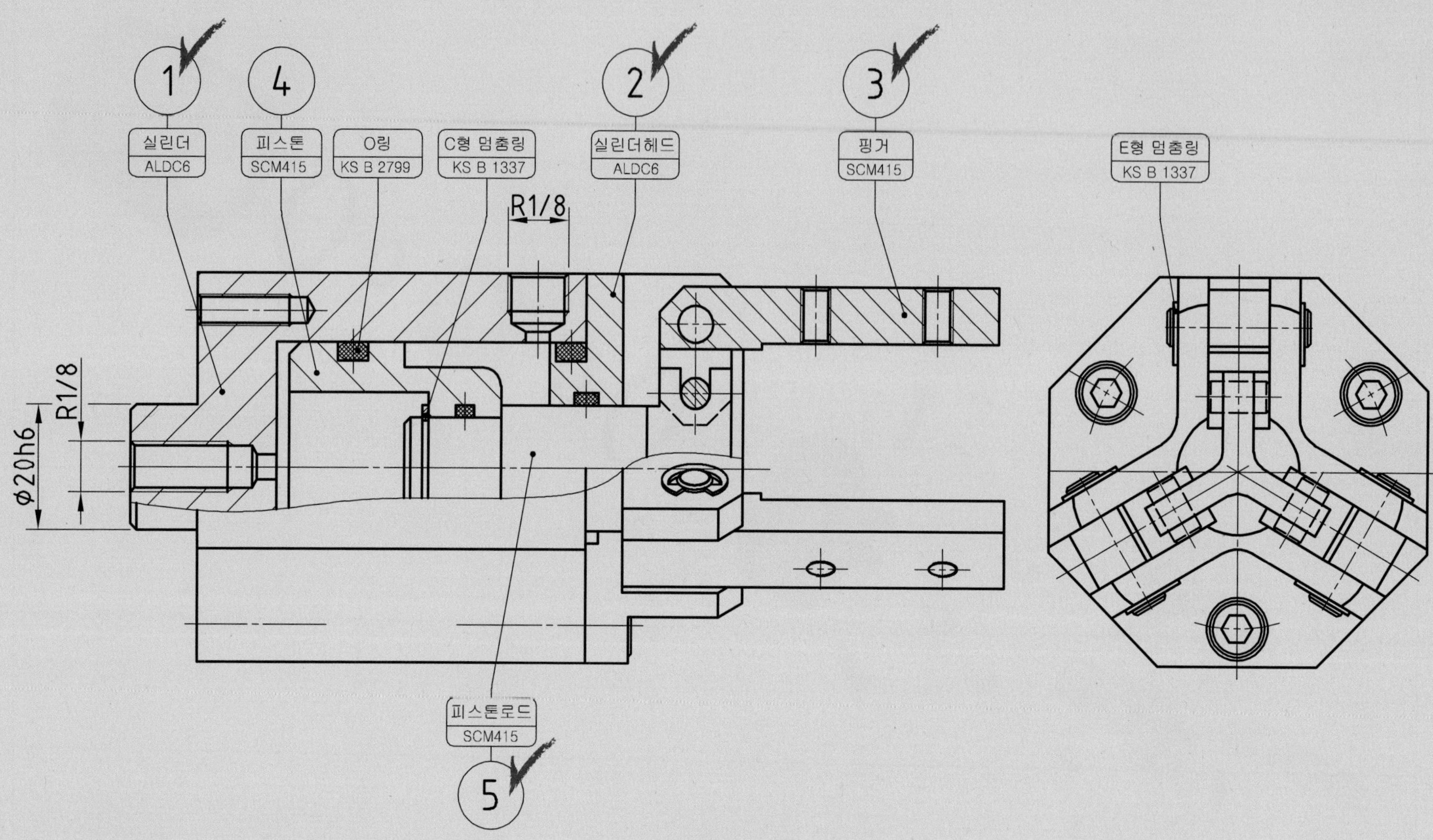
1
실린더
ALDC6
4
피스톤
SCM415
O링
KS B 2799
C형 멈춤링
KS B 1337
2
실린더헤드
ALDC6
3
핑거
SCM415
E형 멈춤링
KS B 1337
R1/8
R1/8
Φ20h6
피스톤로드
SCM415
5

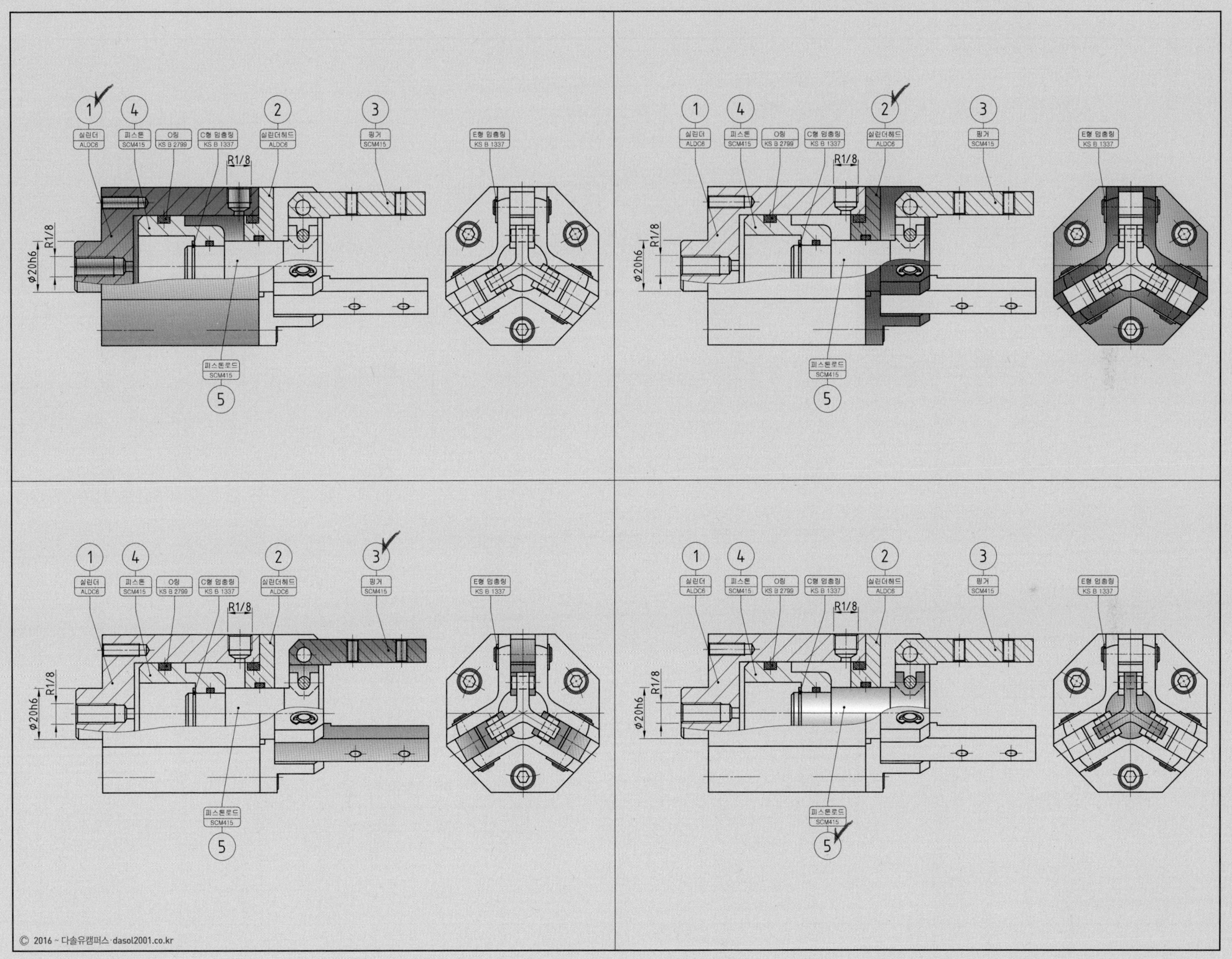
1
실린더
ALDC6
4
피스톤
SCM415
O링
KS B 2799
C형 멈춤링
KS B 1337
2
실린더헤드
ALDC6
3
링거
SCM415
E형 멈춤링
KS B 1337
R1/8
Ø20h6
피스톤로드
SCM415
5

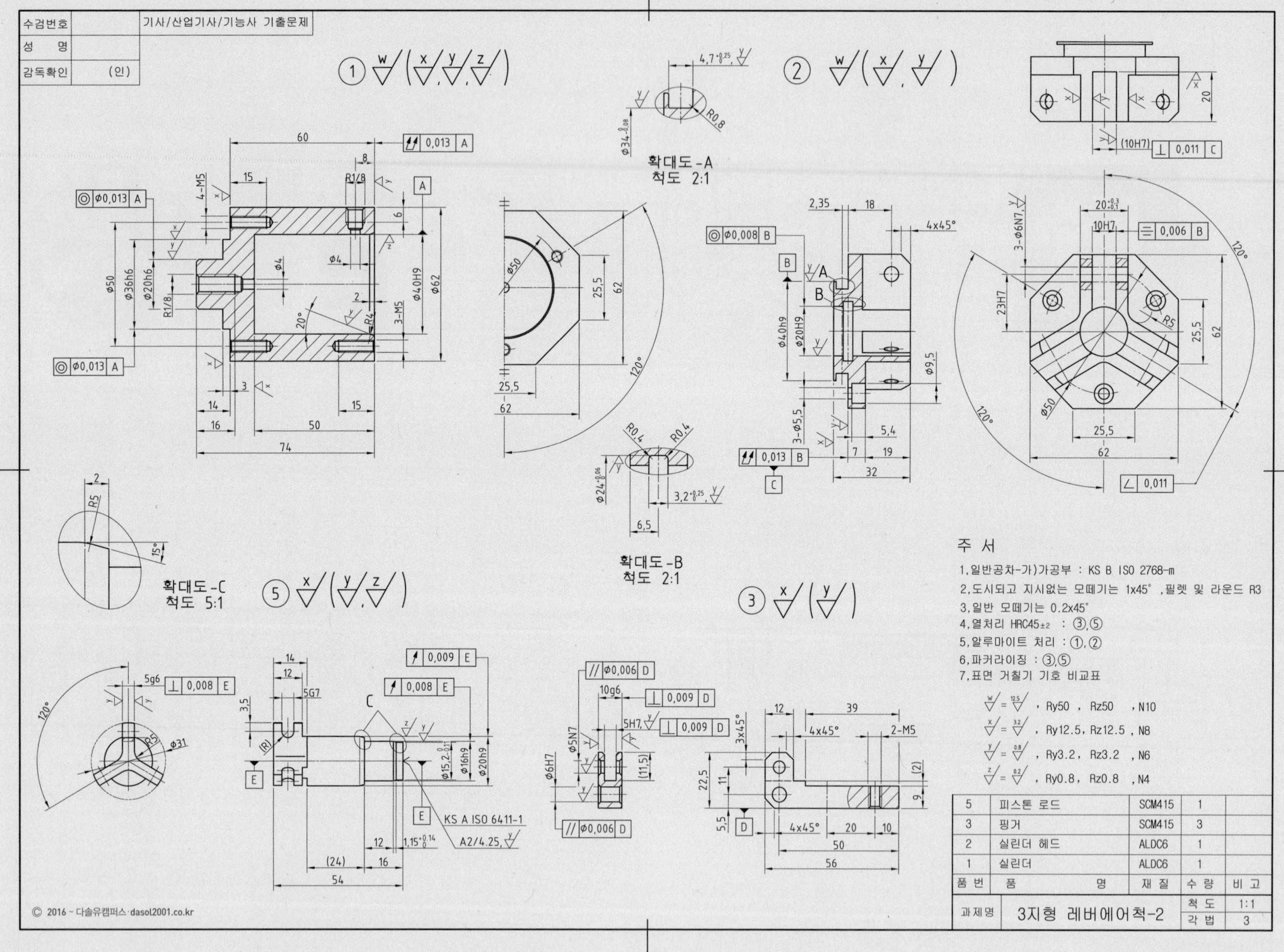
수검번호
성 명
감독확인 (인)
기사/산업기사/기능사 기출문제
확대도-A
척도 2:1
확대도-B
척도 2:1
확대도-C
척도 5:1
주 서
1.일반공차-가)가공부 : KS B ISO 2768-m
2.도시되고 지시없는 모떼기는 1x45° ,필렛 및 라운드 R3
3.일반 모떼기는 0.2x45°
4.열처리 HRC45±2 : ③,⑤
5.알루마이트 처리 : ①,②
6.파커라이징 : ③,⑤
7.표면 거칠기 기호 비교표
, Ry50 , Rz50 , N10
, Ry12.5, Rz12.5 , N8
, Ry3.2, Rz3.2 , N6
, Ry0.8, Rz0.8 , N4
5 피스톤 로드 SCM415 1
3 핑거 SCM415 3
2 실린더 헤드 ALDC6 1
1 실린더 ALDC6 1
품번 품 명 재 질 수 량 비 고
과제명 3지형 레버에어척-2
척 도 1:1
각 법 3
KS A ISO 6411-1
A2/4.25,
© 2016 ~ 다솔유캠퍼스·dasol2001.co.kr

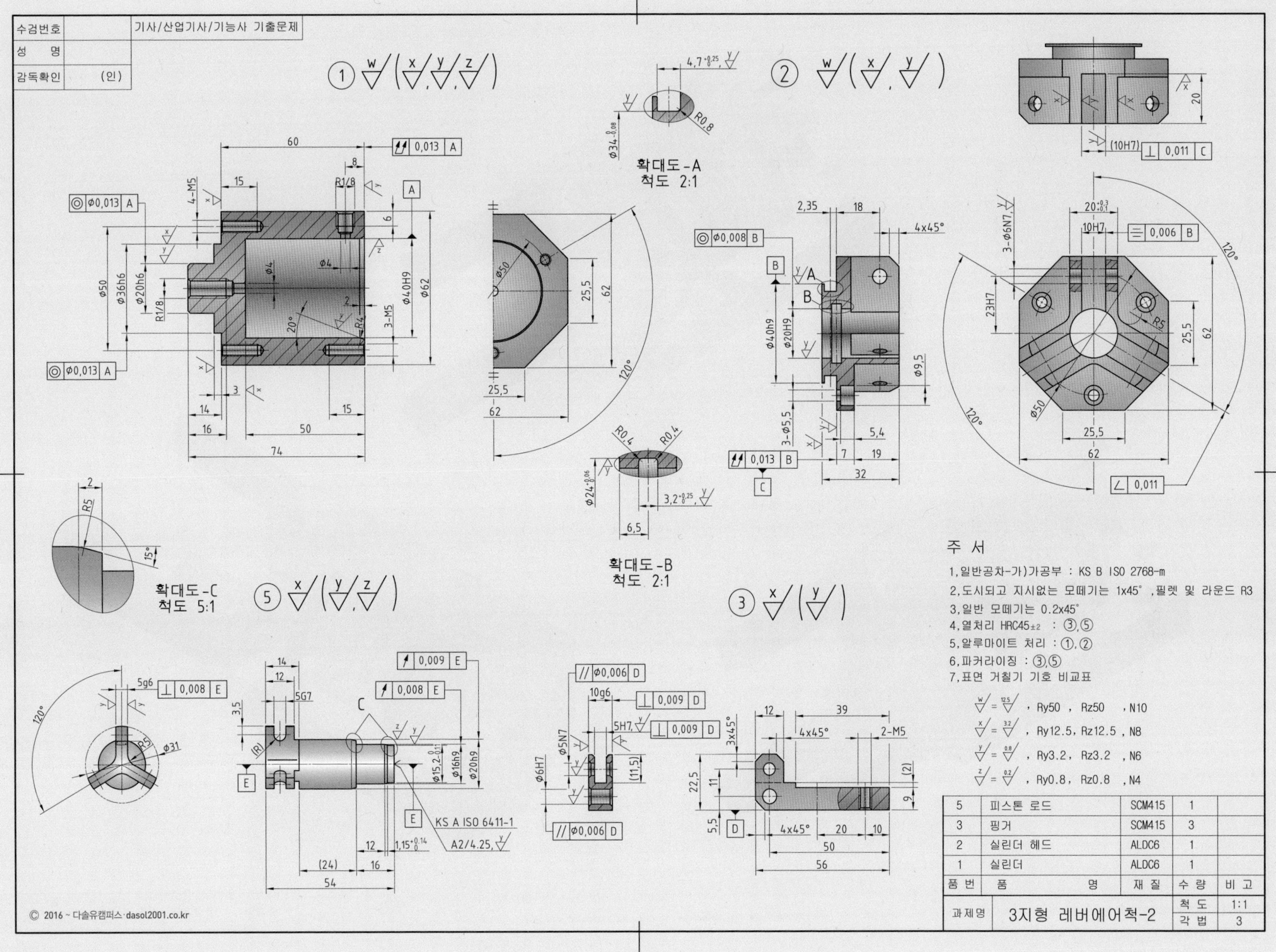
수검번호
기사/산업기사/기능사 기출문제
성 명
감독확인 (인)
확대도-A
척도 2:1
확대도-B
척도 2:1
확대도-C
척도 5:1
주 서
1,일반공차-가)가공부 : KS B ISO 2768-m
2,도시되고 지시없는 모떼기는 1x45° ,필렛 및 라운드 R3
3,일반 모떼기는 0.2x45°
4,열처리 HRC45±2 : ③,⑤
5,알루마이트 처리 : ①,②
6,파커라이징 : ③,⑤
7,표면 거칠기 기호 비교표
, Ry50 , Rz50 , N10
, Ry12.5, Rz12.5 , N8
, Ry3.2, Rz3.2 , N6
, Ry0.8, Rz0.8 , N4
KS A ISO 6411-1
A2/4.25
5 피스톤 로드 SCM415 1
3 핑거 SCM415 3
2 실린더 헤드 ALDC6 1
1 실린더 ALDC6 1
품 번 품 명 재 질 수 량 비 고
과제명 3지형 레버에어척-2
척 도 1:1
각 법 3
© 2016 - 다솔유캠퍼스 · dasol2001.co.kr

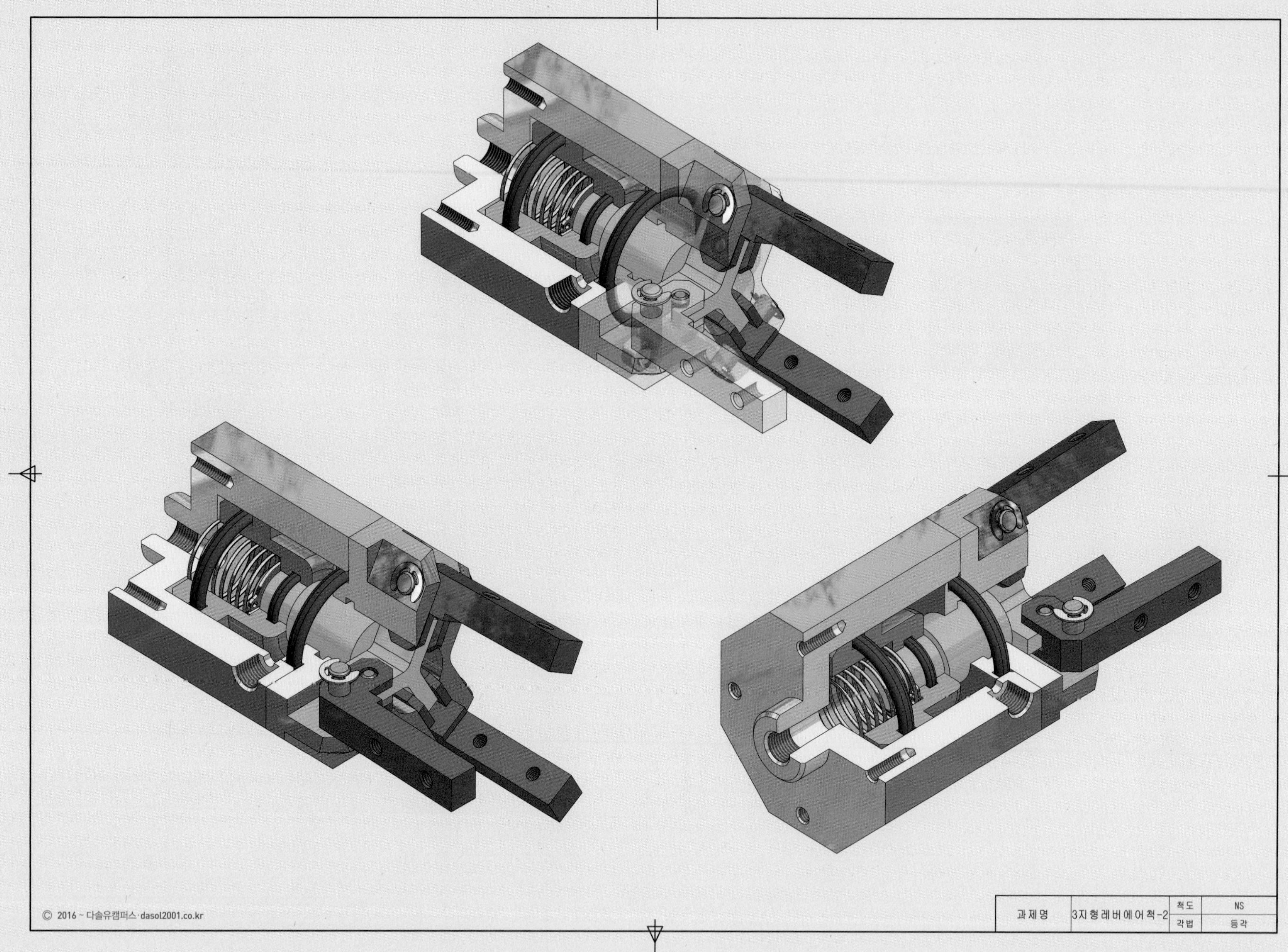
© 2016 ~ 다솔유캠퍼스·dasol2001.co.kr
과제명
3지형레버에어척-2
척도
NS
각법
등각

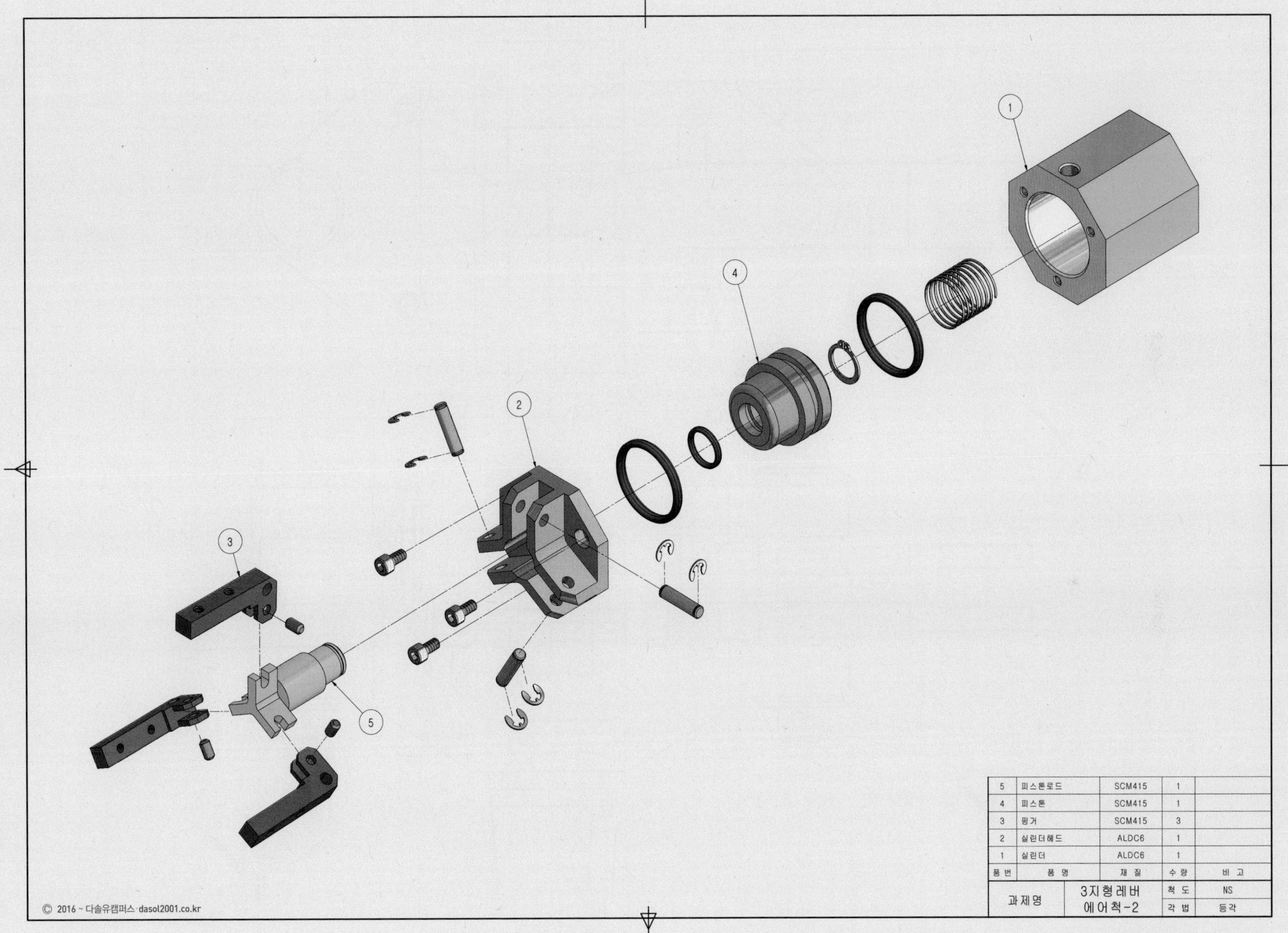


| 5 | 피스톤로드 | SCM415 | 1 | |
|---|---|---|---|---|
| 4 | 피스톤 | SCM415 | 1 | |
| 3 | 핑거 | SCM415 | 3 | |
| 2 | 실린더헤드 | ALDC6 | 1 | |
| 1 | 실린더 | ALDC6 | 1 | |
| 품번 | 품 명 | 재 질 | 수 량 | 비 고 |

| 과제명 | 3지형레버 에어척-2 | 척 도 | NS |
|---|---|---|---|
| | | 각 법 | 등각 |

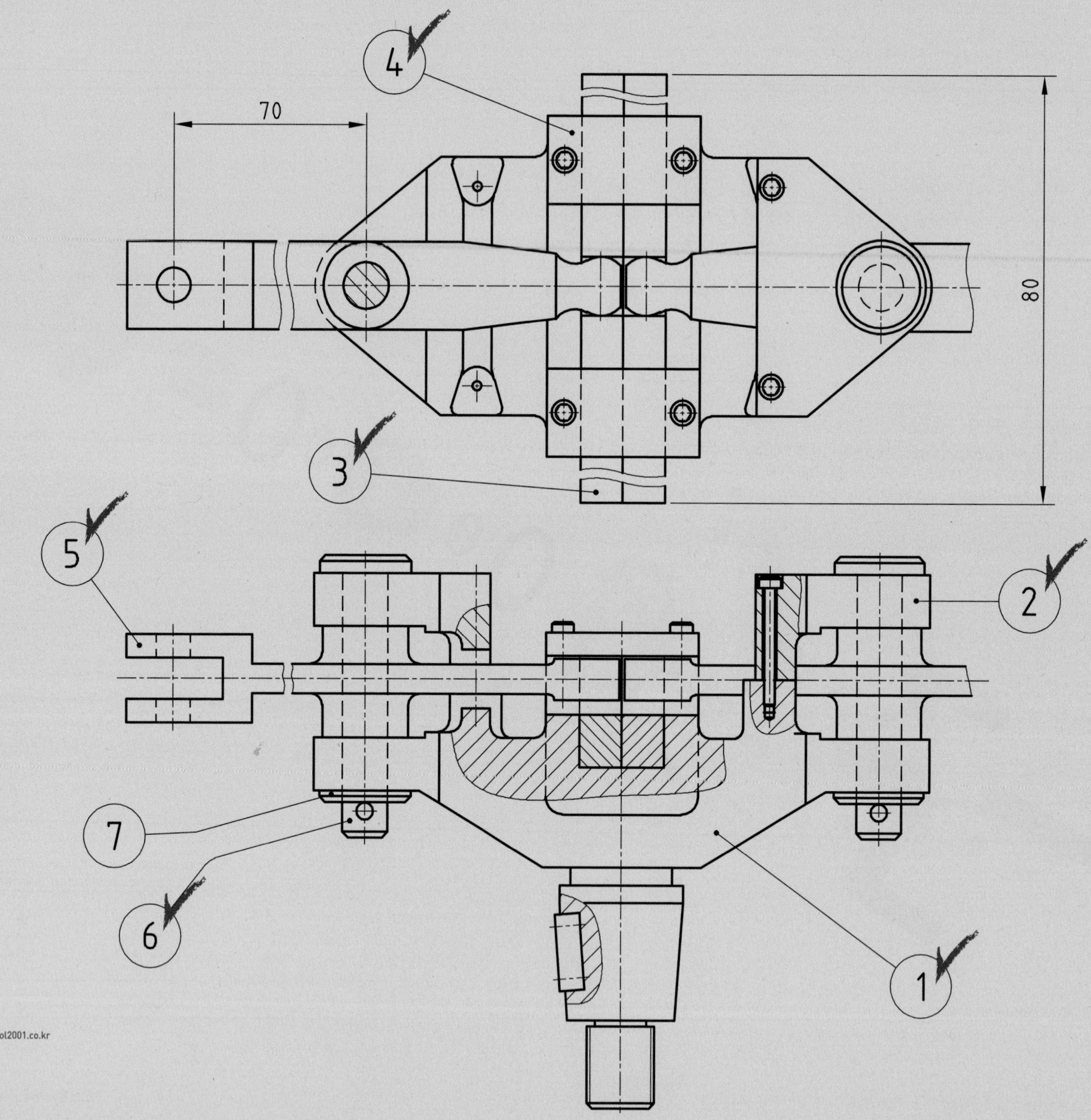
70
80
4
3
5
2
7
6
1

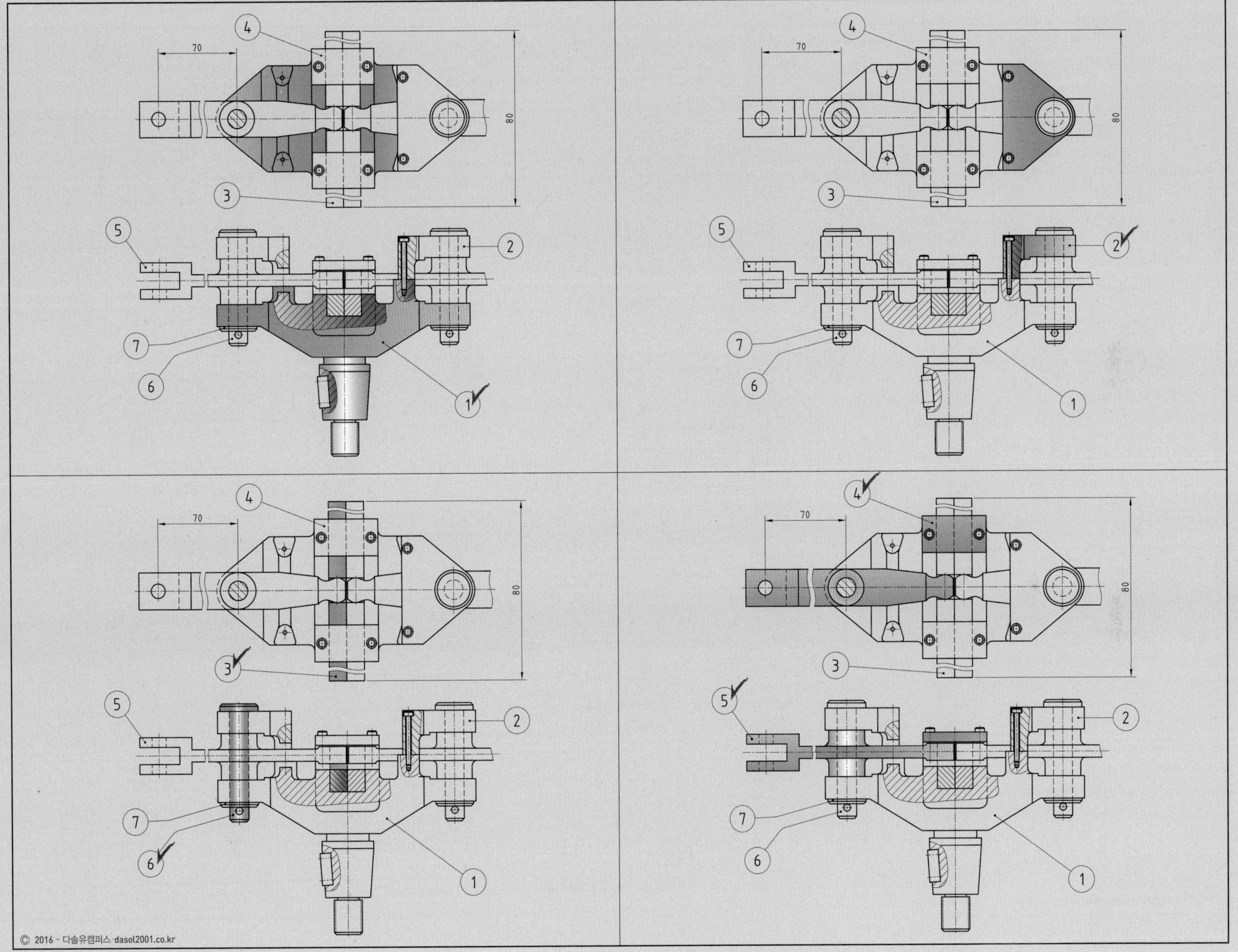
70
80
1
2
3
4
5
6
7

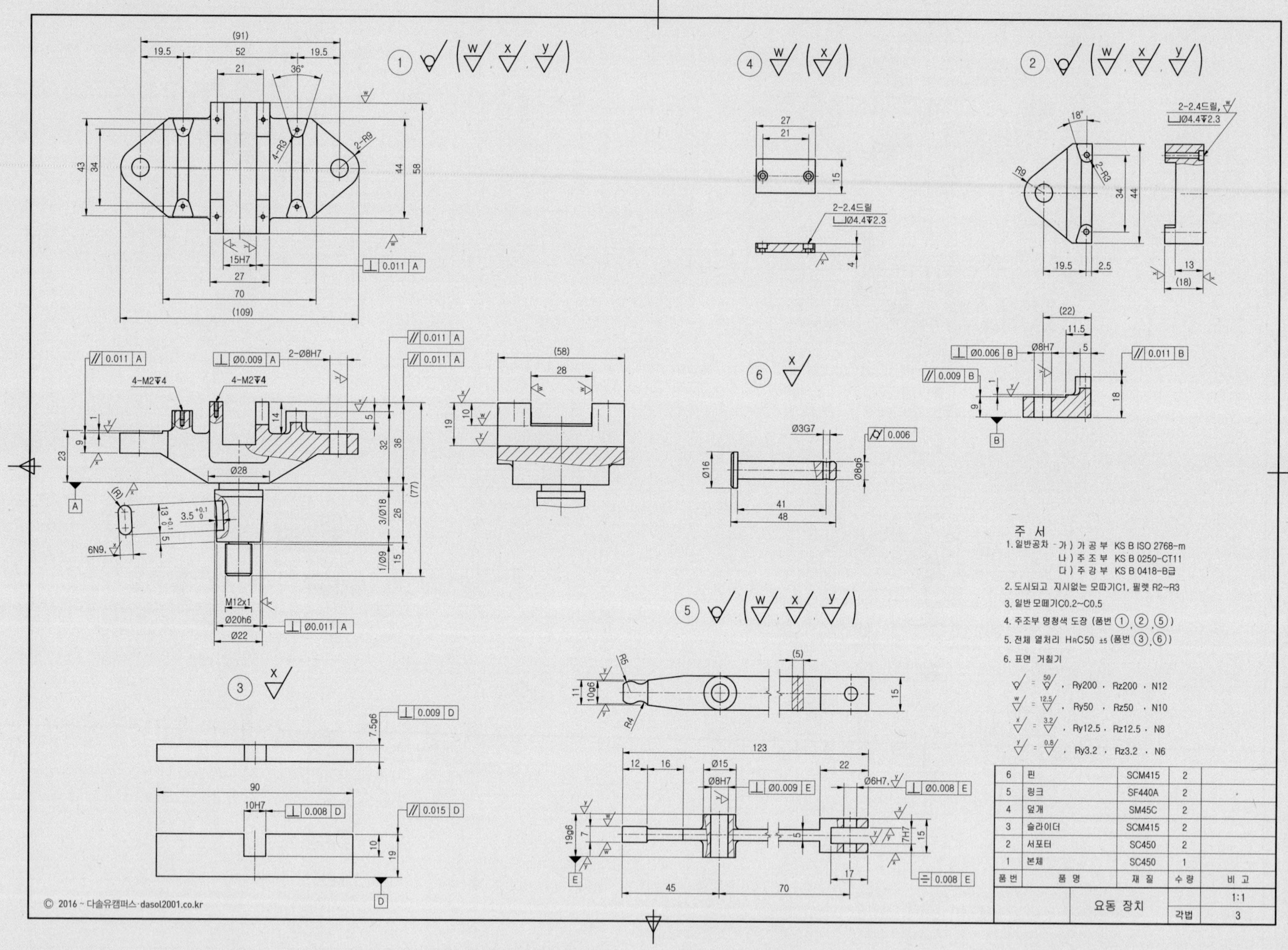


| 품번 | 품 명 | 재 질 | 수 량 | 비 고 |
|---|---|---|---|---|
| 6 | 핀 | SCM415 | 2 | |
| 5 | 링크 | SF440A | 2 | |
| 4 | 덮개 | SM45C | 2 | |
| 3 | 슬라이더 | SCM415 | 2 | |
| 2 | 서포터 | SC450 | 2 | |
| 1 | 본체 | SC450 | 1 | |
| | 요동 장치 | | | 1:1 |
| | | | 각법 | 3 |

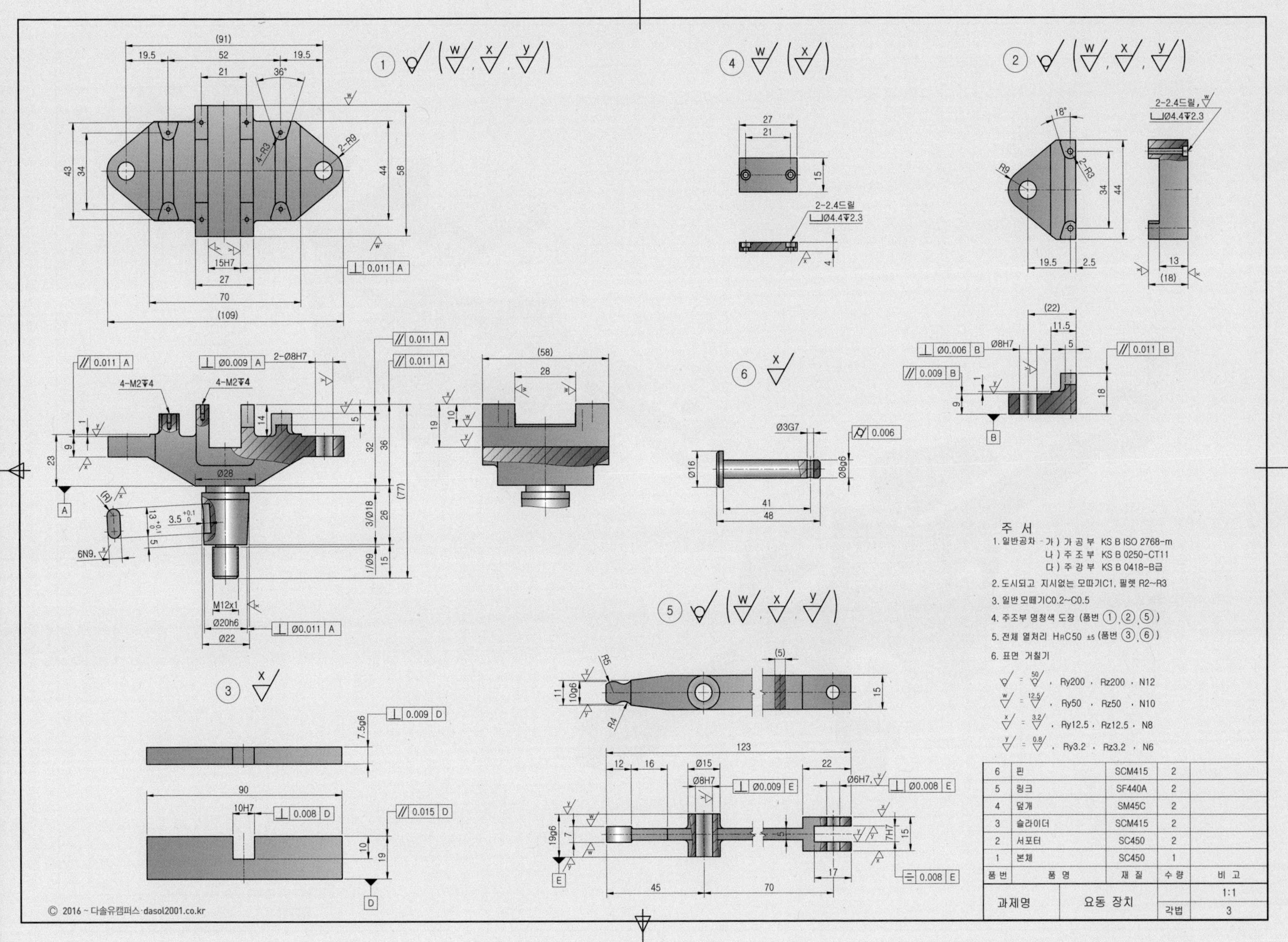


| 품번 | 품명 | 재질 | 수량 | 비고 |
|---|---|---|---|---|
| 6 | 핀 | SCM415 | 2 | |
| 5 | 링크 | SF440A | 2 | |
| 4 | 덮개 | SM45C | 2 | |
| 3 | 슬라이더 | SCM415 | 2 | |
| 2 | 서포터 | SC450 | 2 | |
| 1 | 본체 | SC450 | 1 | |

| 과제명 | 요동 장치 | | 1:1 |
|---|---|---|---|
| | | 각법 | 3 |

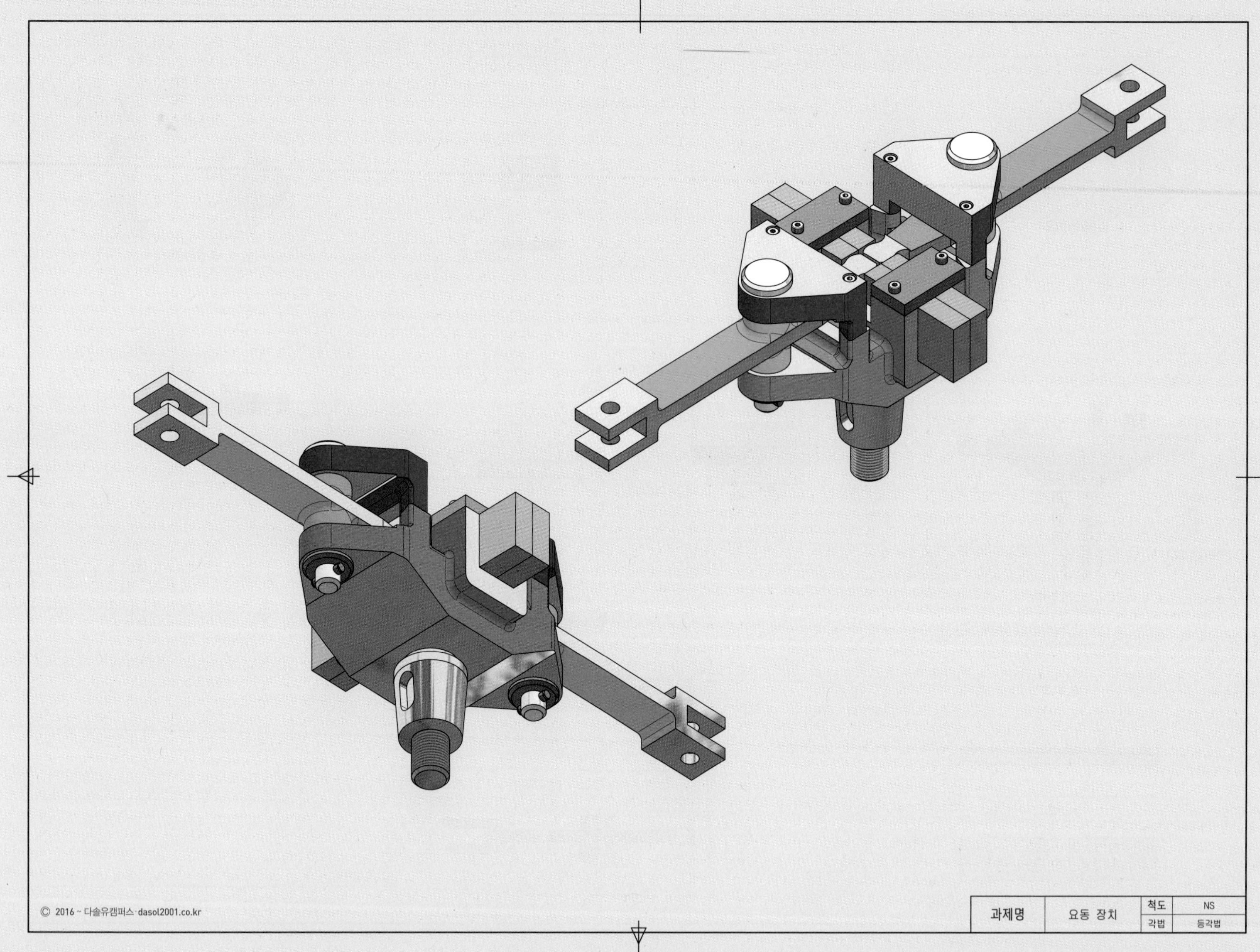
© 2016 ~ 다솔유캠퍼스·dasol2001.co.kr
과제명
요동 장치
척도
NS
각법
등각법

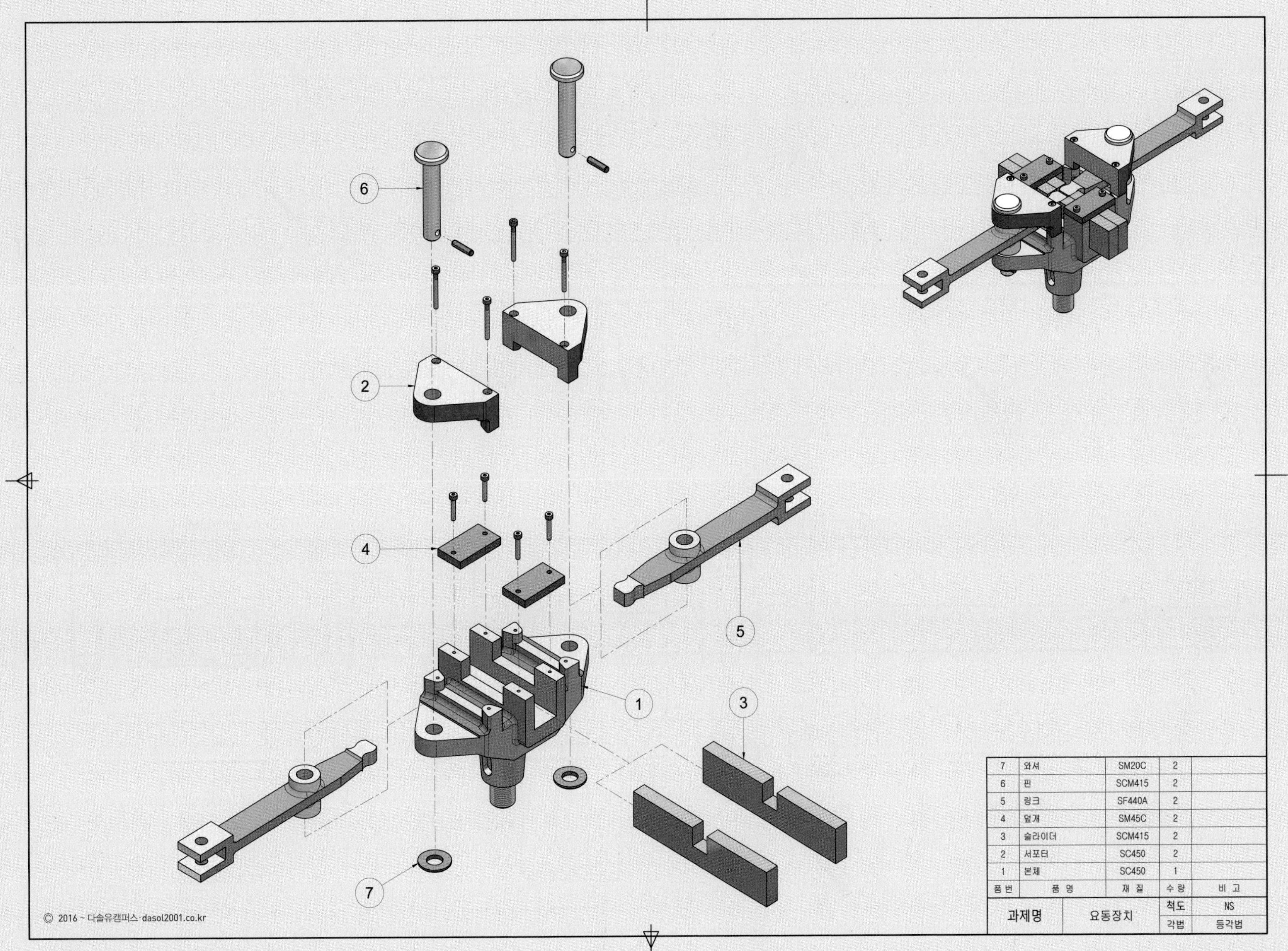


| 품 번 | 품 명 | 재 질 | 수 량 | 비 고 |
|---|---|---|---|---|
| 7 | 와셔 | SM20C | 2 | |
| 6 | 핀 | SCM415 | 2 | |
| 5 | 링크 | SF440A | 2 | |
| 4 | 덮개 | SM45C | 2 | |
| 3 | 슬라이더 | SCM415 | 2 | |
| 2 | 서포터 | SC450 | 2 | |
| 1 | 본체 | SC450 | 1 | |

| 과제명 | 요동장치 | 척도 | NS |
|---|---|---|---|
| | | 각법 | 등각법 |

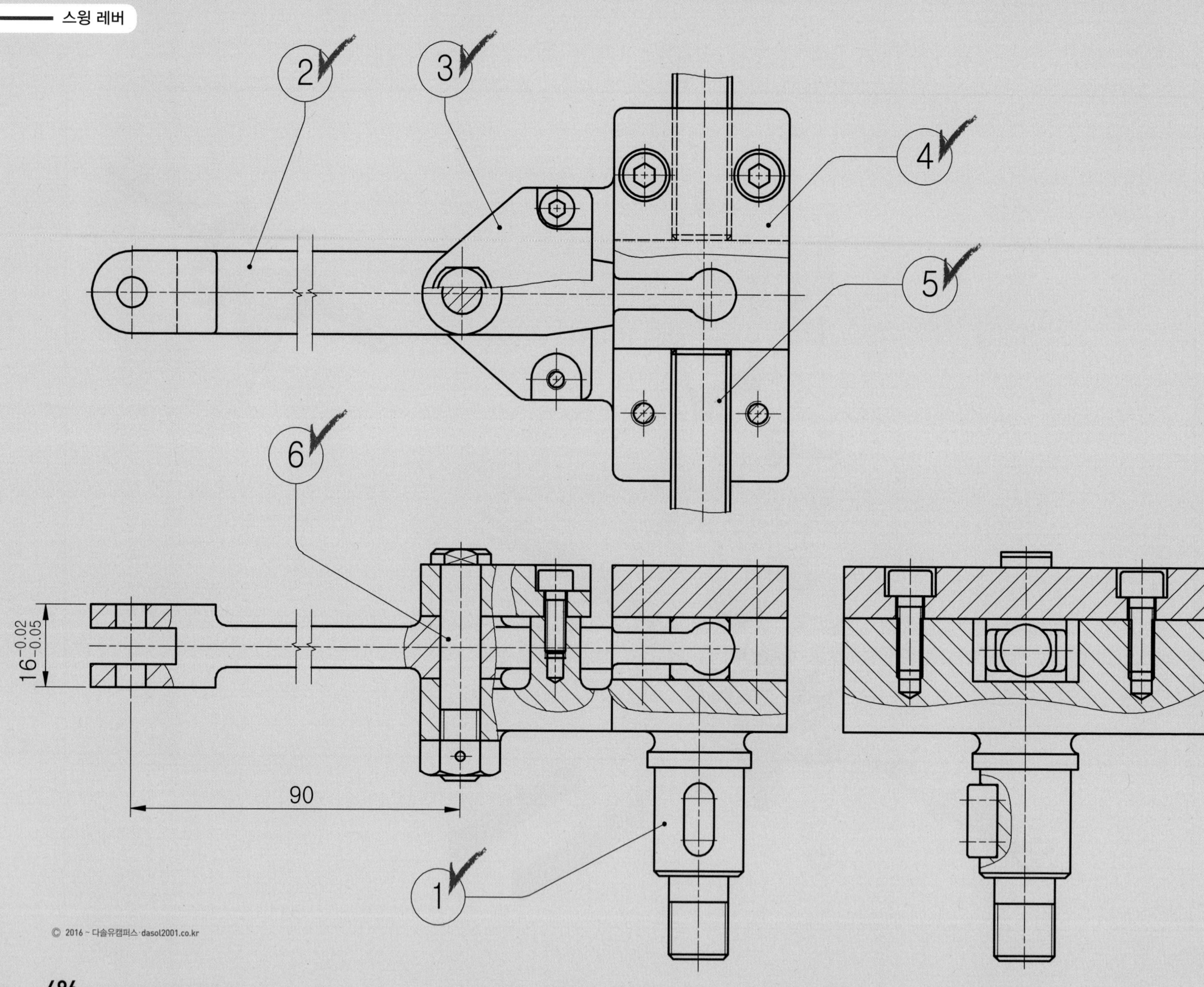
2
3
4
5
6
1
16−0.02 −0.05
90

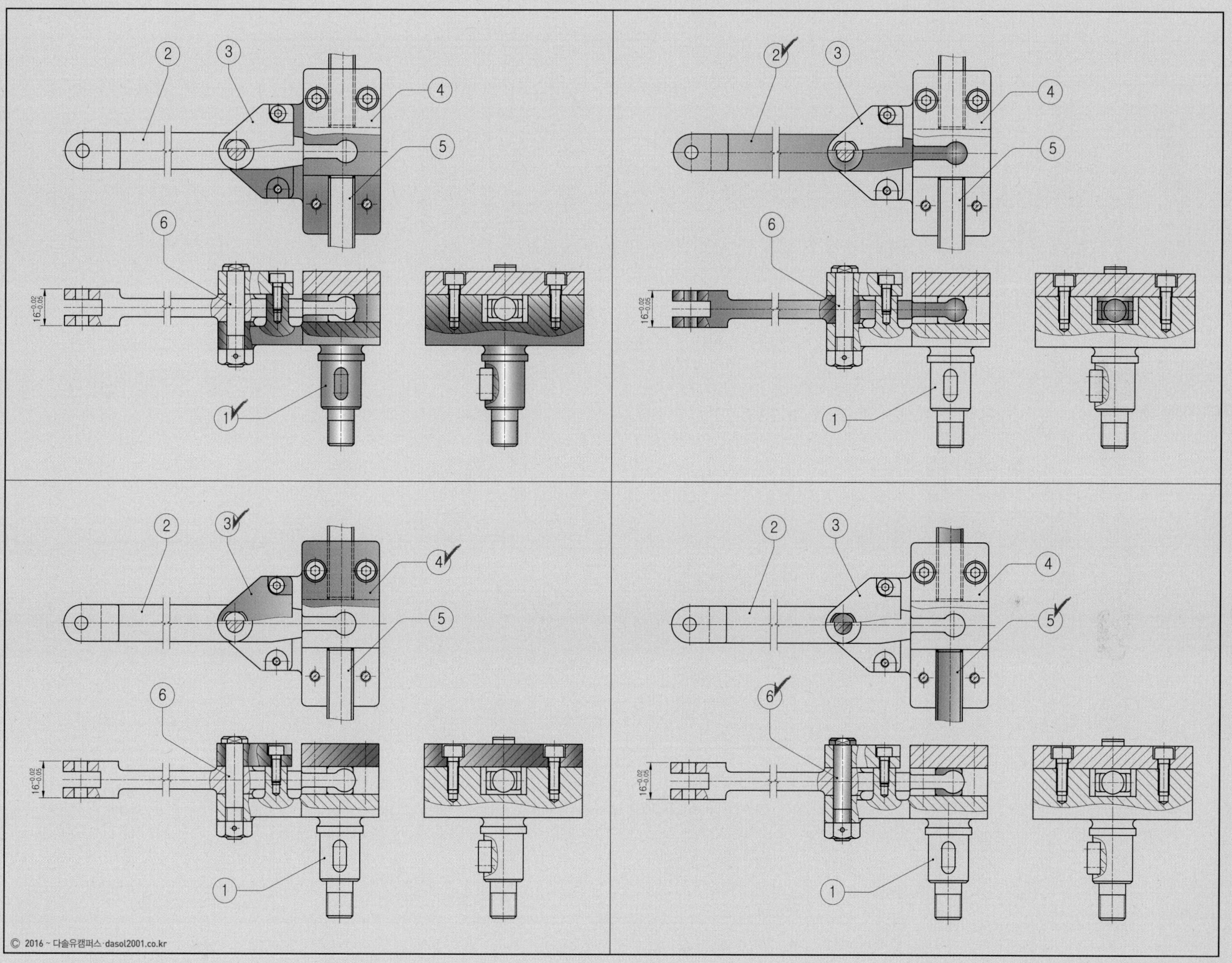
2
3
4
5
6
1
16-0.02 -0.05
© 2016 ~ 다솔유캠퍼스·dasol2001.co.kr

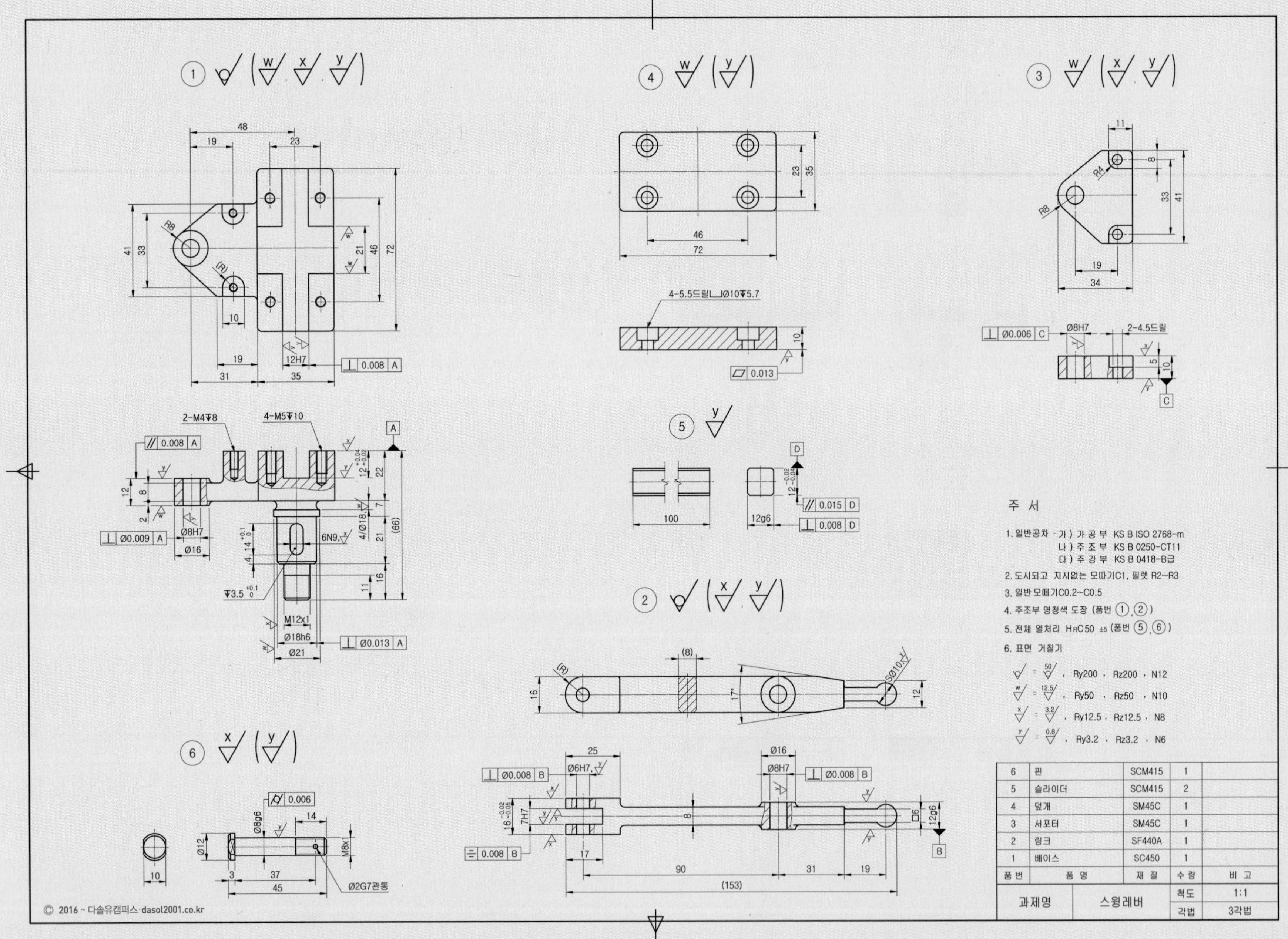


| 품번 | 품 명 | 재 질 | 수 량 | 비 고 |
|---|---|---|---|---|
| 6 | 핀 | SCM415 | 1 | |
| 5 | 슬라이더 | SCM415 | 2 | |
| 4 | 덮개 | SM45C | 1 | |
| 3 | 서포터 | SM45C | 1 | |
| 2 | 링크 | SF440A | 1 | |
| 1 | 베이스 | SC450 | 1 | |

| 과제명 | 스윙레버 | 척도 | 1:1 |
|---|---|---|---|
| | | 각법 | 3각법 |

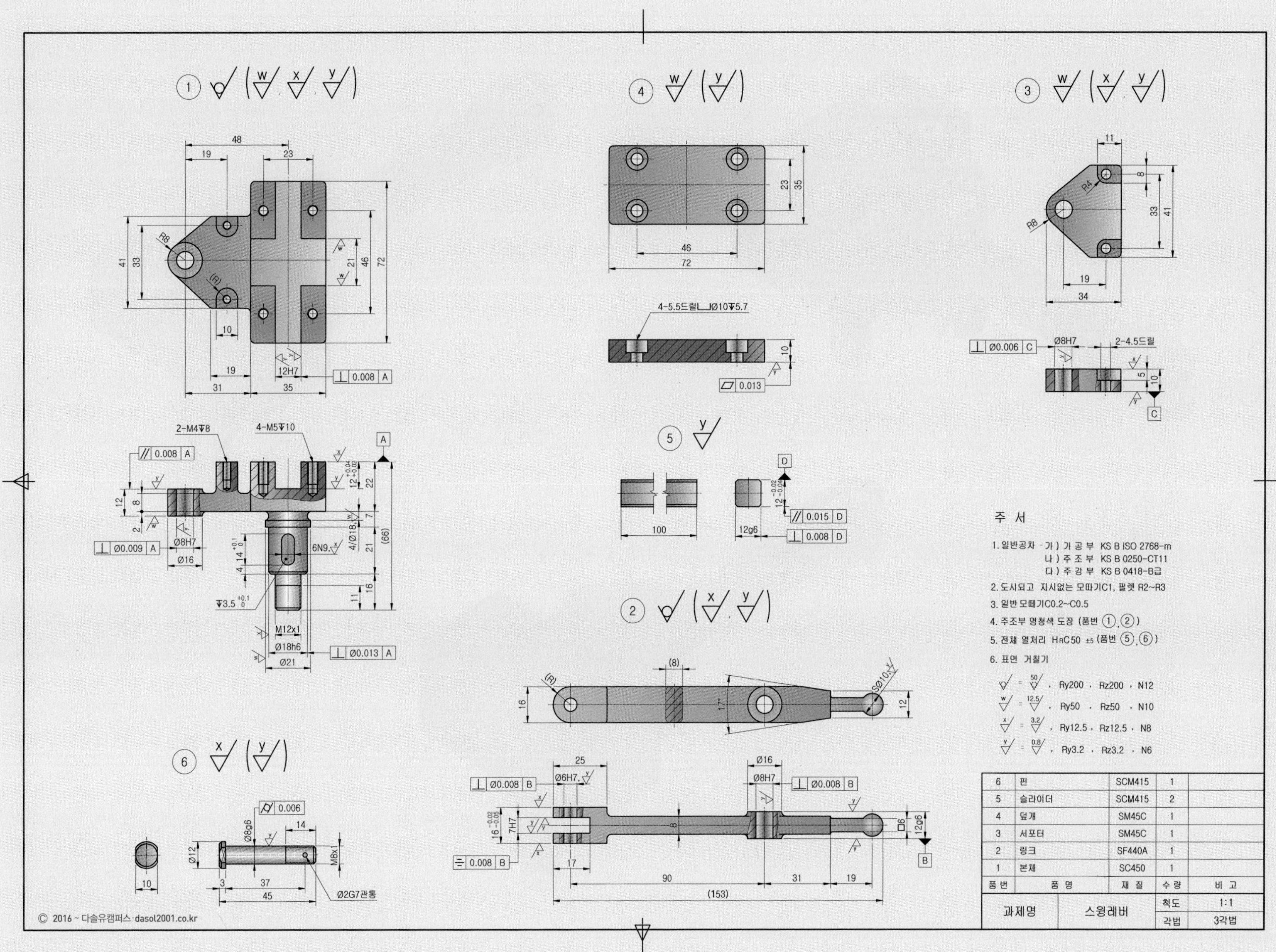


| 품 번 | 품 명 | 재 질 | 수 량 | 비 고 |
|---|---|---|---|---|
| 6 | 핀 | SCM415 | 1 | |
| 5 | 슬라이더 | SCM415 | 2 | |
| 4 | 덮개 | SM45C | 1 | |
| 3 | 서포터 | SM45C | 1 | |
| 2 | 링크 | SF440A | 1 | |
| 1 | 본체 | SC450 | 1 | |
| 과제명 | 스윙레버 | | 척도 | 1:1 |
| | | | 각법 | 3각법 |

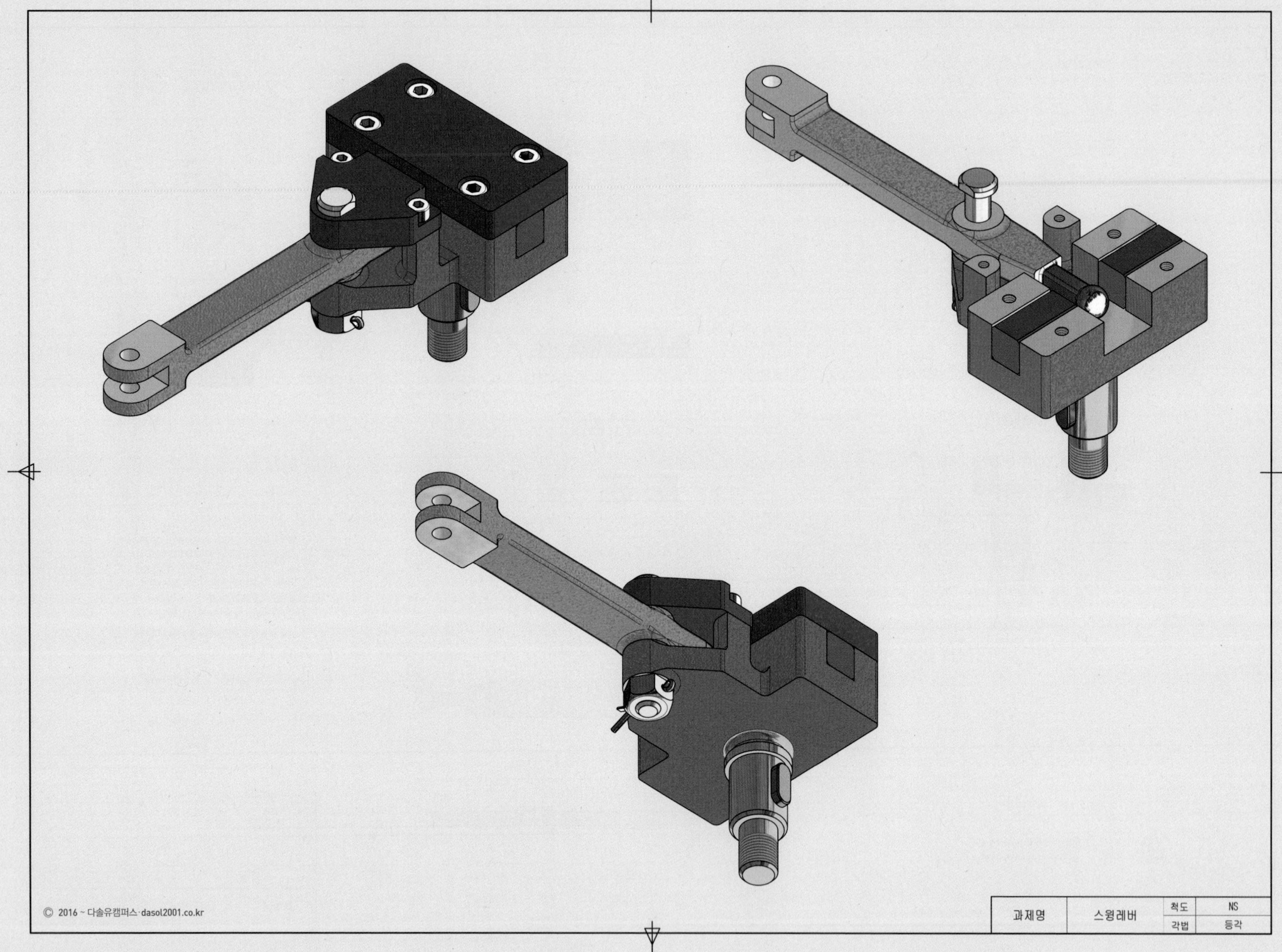
© 2016 ~ 다솔유캠퍼스·dasol2001.co.kr
과제명
스윙레버
척도
NS
각법
등각

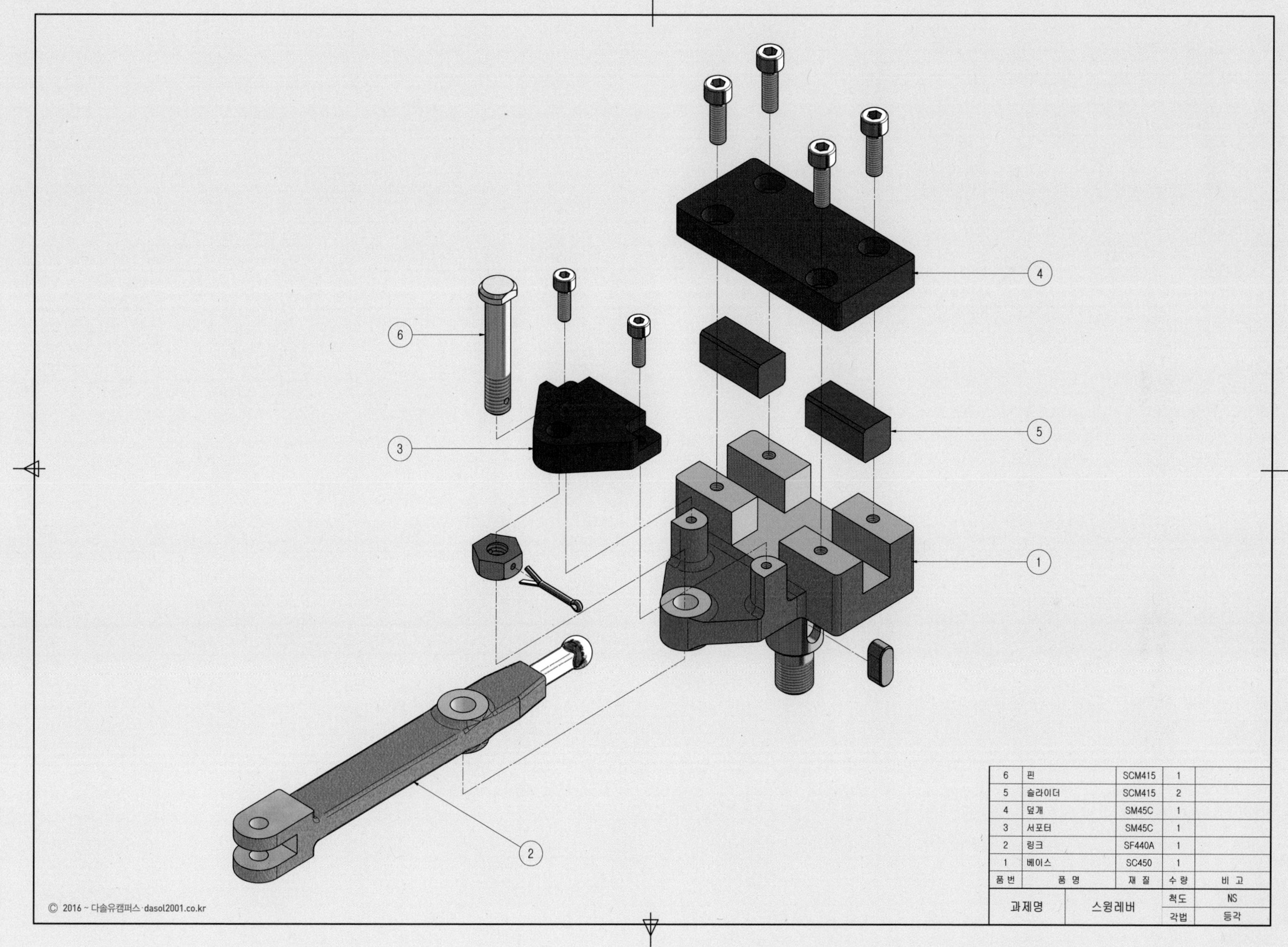


| 6 | 핀 | SCM415 | 1 | |
|---|---|---|---|---|
| 5 | 슬라이더 | SCM415 | 2 | |
| 4 | 덮개 | SM45C | 1 | |
| 3 | 서포터 | SM45C | 1 | |
| 2 | 링크 | SF440A | 1 | |
| 1 | 베이스 | SC450 | 1 | |
| 품번 | 품 명 | 재 질 | 수 량 | 비 고 |
| 과제명 | 스윙레버 | | 척도 | NS |
| | | | 각법 | 등각 |

# 전산응용기계제도
# 실기 출제도면집


**발행일** | 2007년 7월 16일 초판 발행
2008년 7월 10일 개정1판1쇄
2009년 7월 20일 개정2판1쇄
2010년 3월 15일 개정3판1쇄
2011년 1월 10일 개정4판1쇄
2012년 1월 5일 개정5판1쇄
2015년 1월 20일 개정6판1쇄
2019년 2월 10일 개정7판1쇄
2020년 7월 1일 개정8판1쇄
2021년 4월 10일 개정9판1쇄
2021년 10월 10일 개정10판1쇄
2022년 6월 10일 개정10판2쇄
2023년 9월 20일 개정11판1쇄
2024년 6월 10일 개정12판1쇄

**저 자** | 권 신 혁

**발행인** | 정 용 수

**발행처** | 예문사

**주 소** | 경기도 파주시 직지길 460(출판도시) 도서출판 예문사

**T E L** | 031) 955 – 0550

**F A X** | 031) 955 – 0660

**등록번호** | 11 – 76호

**정가 : 33,000원**





http : //www.yeamoonsa.com

ISBN 978-89-274-5469-4 13550